重型机械标准

传动

(上)

全国机器轴与附件标准化技术委员会 编
中国标准出版社

中国标准出版社
北京

图书在版编目(CIP)数据

重型机械标准.传动.上/全国机器轴与附件标准化技术委员会,中国标准出版社编.—北京:中国标准出版社,2018.1

ISBN 978-7-5066-8733-1

Ⅰ.①重… Ⅱ.①全…②中… Ⅲ.①机械—重型—标准—汇编—中国 Ⅳ.①TH-65

中国版本图书馆 CIP 数据核字(2017)第 231020 号

中国标准出版社出版发行
北京市朝阳区和平里西街甲 2 号(100029)
北京市西城区三里河北街 16 号(100045)

网址 www.spc.net.cn
总编室:(010)68533533 发行中心:(010)51780238
读者服务部:(010)68523946
中国标准出版社秦皇岛印刷厂印刷
各地新华书店经销

*

开本 880×1230 1/16 印张 41.5 字数 1 245 千字
2018 年 1 月第一版 2018 年 1 月第一次印刷

*

定价 210.00 元

出 版 说 明

随着装备制造业的快速发展，国家将重型装备提到相当重要的位置。重型机械标准作为生产的依据，不仅在重型机械、矿山机械、冶金和起重运输行业得到贯彻和应用，而且在石油、化工、电力、轻工等行业的设备制造中也得到了广泛的应用，这对推动行业的技术进步、提高产品质量、降低成本起到了重要的作用。此外，重型机械标准在大型成套设备及技术引进与合作生产中，作为统一设计、制造与检验的依据，得到了国内外同行的一致认可，因此其用量非常大。

近几年，随着标准的大量制修订，新标准不断出现，读者迫切需要及时了解和掌握标准内容。为满足广大使用者对标准文本的需求，全国机器轴与附件标准化技术委员会和中国标准出版社共同合作，拟出版《重型机械标准》系列汇编。

本套汇编收集了截至2017年7月底以前批准发布的重型机械标准660多项，分6部分出版，内容主要包括：

——基础；

——材料；

——螺纹与紧固件；

——传动；

——液压、润滑、密封及管路附件；

——弹簧、轴承及其他零件和附件。

本汇编为传动部分，共收录143项标准，分上、中、下三册出版。上册内容包括：键联结、无键联结；带传动和链传动；中册内容包括：联轴器；下册内容包括：制动器、离合器、减速器、齿轮与齿轮传动。

鉴于本汇编收集的标准发布年代不尽相同，汇编时对标准中所用计量单位、符号未做改动。本汇编收集的国家标准的属性已在目录上标明(GB或GB/T)，年号用四位数字表示。鉴于部分国家标准是在标准清理整顿前出版的，故正文部分仍保留原样；读者在使用这些标准时，其属性以目录上标明的为准(标准正文“引用标准”中标准的属性请读者注意查对)。行业标准类同。

我们相信，本汇编的出版，对促进我国重型机械产品质量的提高和行业的发展将起到重要的作用。

编　者

2017年8月

目　录

键联结、无键联结

带　传　动

注:本汇编收集的国家标准的属性已在本目录上标明(GB或GB/T),年号用四位数字表示。鉴于部分国家标准是在标准清理整顿前出版的,现尚未修订,故正文部分仍保留原样;读者在使用这些国家标准时,其属性以本目录上标明的为准(标准正文"引用标准"中标准的属性请读者注意查对)。行业标准的属性和年号类同。

链 传 动

键联结、无键联结

ICS 21.120.20
J 18

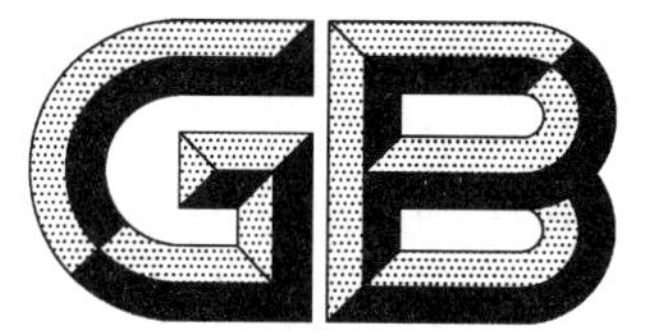

中华人民共和国国家标准

GB/T 1095—2003
代替 GB/T 1095—1979

平键　键槽的剖面尺寸

Square and rectangular keyways

2003-06-05 发布　　2004-02-01 实施

中华人民共和国
国家质量监督检验检疫总局　发布

前 言

本标准是非等效 ASME B18.25.1 M—1996《矩形和长方形键与键槽》对 GB/T 1095—1979《平键 键和键槽的剖面尺寸》的修订。本标准与 GB/T 1095—1979 的主要区别是：

——标准名称由原“平键 键和键槽的剖面尺寸”改为“平键 键槽的剖面尺寸”；

——取消了表中“轴 公称直径 d”一列；

——将原表中第 2 列的“键 公称尺寸 $b\times h$”改为“键尺寸 $b\times h$”；

——将原表中第 3 列的“公称尺寸 b”改为“基本尺寸”；

——表中键槽宽度极限偏差由“较松键联结、一般键联结、较紧键联结”改为“正常联结、紧密联结、松联结”；

——将键槽深度中的“轴 t”改为“轴 t_1”，“毂 t_1”改为“毂 t_2”；

——取消了表中的注；

——取消了附录“关于键槽表面粗糙度和对称度公差”。

本标准自实施之日起，代替 GB/T 1095—1979。

本标准由全国机器轴与附件标准化技术委员会提出并归口。

本标准起草单位：机械科学研究院、上海球明标准件有限公司、石家庄链轮总厂、北京标准件公司。

本标准主要起草人：明翠新、沈志芳、杜 刚、周曰球、丁海军。

平键　键槽的剖面尺寸

1　范围

本标准规定了宽度 b=2 mm～100 mm 的普通型、导向型平键键槽的剖面尺寸。

2　规范性引用文件

下列文件中的条款通过本标准的引用而成为本标准的条款。凡是注日期的引用文件，其随后所有的修改单(不包括勘误的内容)或修订版均不适用于本标准，然而，鼓励根据本标准达成协议的各方研究是否可使用这些文件的最新版本。凡是不注日期的引用文件，其最新版本适用于本标准。

GB/T 1096　普通型　平键

GB/T 1097　导向型　平键

GB/T 1184—1996　形状和位置公差　未注公差值(eqv ISO 2768-2:1989)

3　尺寸与公差

平键键槽的剖面尺寸与公差见图1和表1。

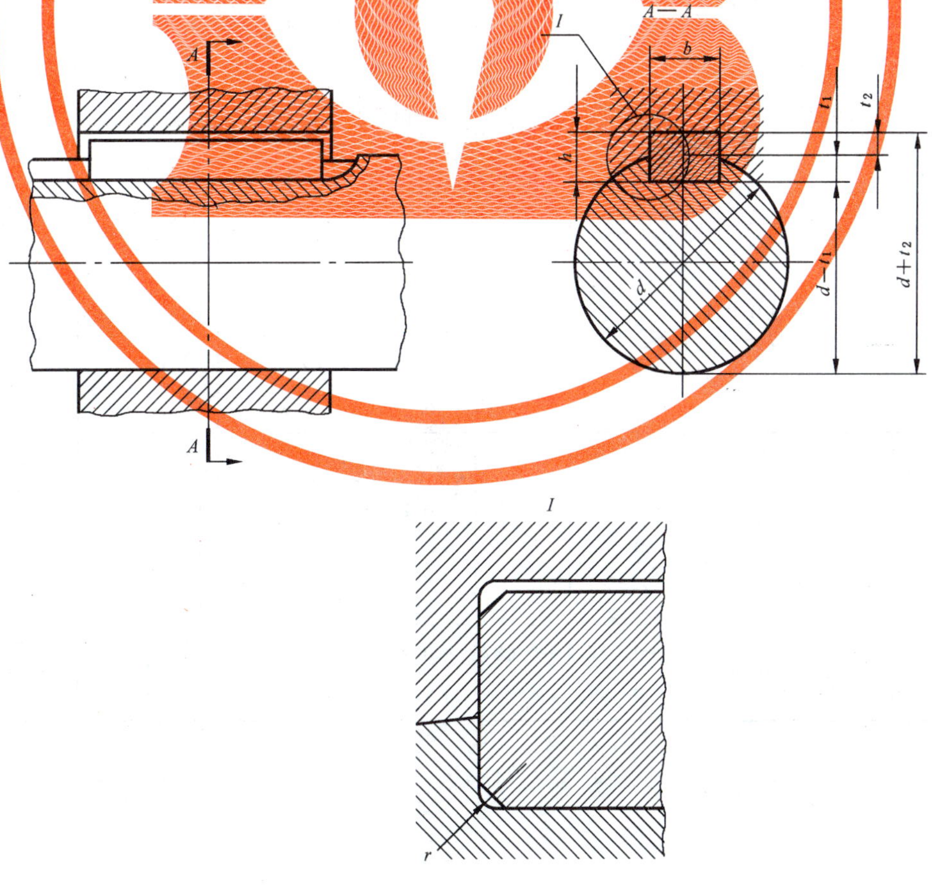

图1　平键键槽的剖面尺寸

表 1　平键键槽的尺寸与公差

单位为毫米

键尺寸 $b\times h$	键槽											
	宽度 b						深度				半径 r	
	基本尺寸	极限偏差					轴 t_1		毂 t_2			
		正常联结		紧密联结	松联结		基本尺寸	极限偏差	基本尺寸	极限偏差		
		轴 N9	毂 JS9	轴和毂 P9	轴 H9	毂 D10					min	max
2×2	2	−0.004 −0.029	±0.012 5	−0.006 −0.031	+0.025 0	+0.060 +0.020	1.2	+0.1 0	1.0	+0.1 0	0.08	0.16
3×3	3						1.8		1.4			
4×4	4	0 −0.030	±0.015	−0.012 −0.042	+0.030 0	+0.078 +0.030	2.5		1.8			
5×5	5						3.0		2.3		0.16	0.25
6×6	6						3.5		2.8			
8×7	8	0 −0.036	±0.018	−0.015 −0.051	+0.036 0	+0.098 +0.040	4.0	+0.2 0	3.3	+0.2 0		
10×8	10						5.0		3.3		0.25	0.40
12×8	12	0 −0.043	±0.021 5	−0.018 −0.061	+0.043 0	+0.120 +0.050	5.0		3.3			
14×9	14						5.5		3.8			
16×10	16						6.0		4.3			
18×11	18						7.0		4.4			
20×12	20	0 −0.052	±0.026	−0.022 −0.074	+0.052 0	+0.149 +0.065	7.5		4.9		0.40	0.60
22×14	22						9.0		5.4			
25×14	25						9.0		5.4			
28×16	28						10.0		6.4			
32×18	32	0 −0.062	±0.031	−0.026 −0.088	+0.062 0	+0.180 +0.080	11.0		7.4			
36×20	36						12.0	+0.3 0	8.4	+0.3 0	0.70	1.00
40×22	40						13.0		9.4			
45×25	45						15.0		10.4			
50×28	50						17.0		11.4			
56×32	56	0 −0.074	±0.037	−0.032 −0.106	+0.074 0	+0.220 +0.100	20.0		12.4		1.20	1.60
63×32	63						20.0		12.4			
70×36	70						22.0		14.4			
80×40	80						25.0		15.4		2.00	2.50
90×45	90	0 −0.087	±0.043 5	−0.037 −0.124	+0.087 0	+0.260 +0.120	28.0		17.4			
100×50	100						31.0		19.5			

4 技术条件

4.1 普通型平键的尺寸应符合 GB/T 1096 的规定。

4.2 导向型平键的尺寸应符合 GB/T 1097 的规定。

4.3 导向型平键的轴槽与轮毂槽用较松键联结的公差。

4.4 平键轴槽的长度公差用 H14。

4.5 轴槽及轮毂槽的宽度 b 对轴及轮毂轴心线的对称度，一般可按 GB/T 1184—1996 表 B4 中对称度公差 7～9 级选取。

4.6 键槽表面粗糙度一般规定

4.6.1 轴槽、轮毂槽的键槽宽度 b 两侧面粗糙度参数 Ra 值推荐为 1.6～3.2 μm。

4.6.2 轴槽底面、轮毂槽底面的表面粗糙度参数 Ra 值为 6.3 μm。

ICS 21.120.20
J 18

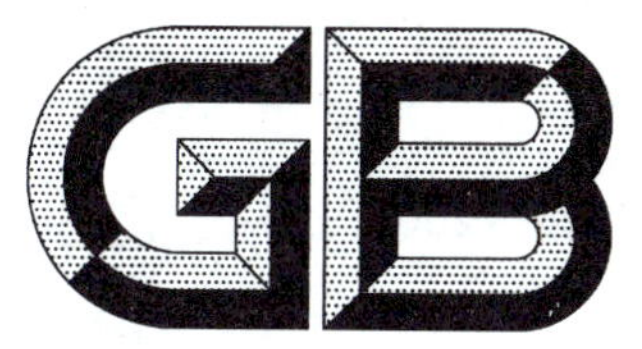

中华人民共和国国家标准

GB/T 1096—2003
代替 GB/T 1096—1979

普通型 平键

Square and rectangular keys

2003-06-05 发布　　2004-02-01 实施

中华人民共和国
国家质量监督检验检疫总局 发布

前言

本标准是非等效 ASME B18.25.1 M—1996《矩形和长方形键与键槽》对 GB/T 1096—1979《普通平键　型式尺寸》的修订。本标准与 GB/T 1096—1979 的主要区别是：

——标准名称由原“普通平键　型式尺寸”改为“普通型　平键”；

——表中键宽 b 的极限偏差由“h 9”改为“h 8”；

——将表中方形截面键高度 h 的极限偏差改为“h 8”一种；

——将表中“平头普通平键(B 型)1 000 件的重量 kg≈”删去，增加“标准长度范围”；

——标记示例改为“GB/T 1096　键 16×10×100”；

——标记示例增加“普通 A 型平键、普通 B 型平键、普通 C 型平键”。

本标准的附录 A 为资料性附录。

本标准自实施之日起，代替 GB/T 1096—1979。

本标准由全国机器轴与附件标准化技术委员会提出并归口。

本标准起草单位：机械科学研究院、上海球明标准件有限公司、石家庄链轮总厂、北京标准件有限公司。

本标准主要起草人：明翠新、沈志芳、杜　刚、周曰球、丁海军。

普通型　平键

1　范围

本标准规定了宽度 b=2 mm～100 mm 的普通 A 型、B 型、C 型的平键。

2　规范性引用文件

下列文件中的条款通过本标准的引用而成为本标准的条款。凡是注日期的引用文件，其随后所有的修改单(不包括勘误的内容)或修订版均不适用于本标准，然而，鼓励根据本标准达成协议的各方研究是否可使用这些文件的最新版本。凡是不注日期的引用文件，其最新版本适用于本标准。

GB/T 321　优先数和优先数系

GB/T 1095　平键　键槽的剖面尺寸

GB/T 1568　键　技术条件

3　尺寸与公差

普通平键的型式尺寸与公差见图 1 和表 1。

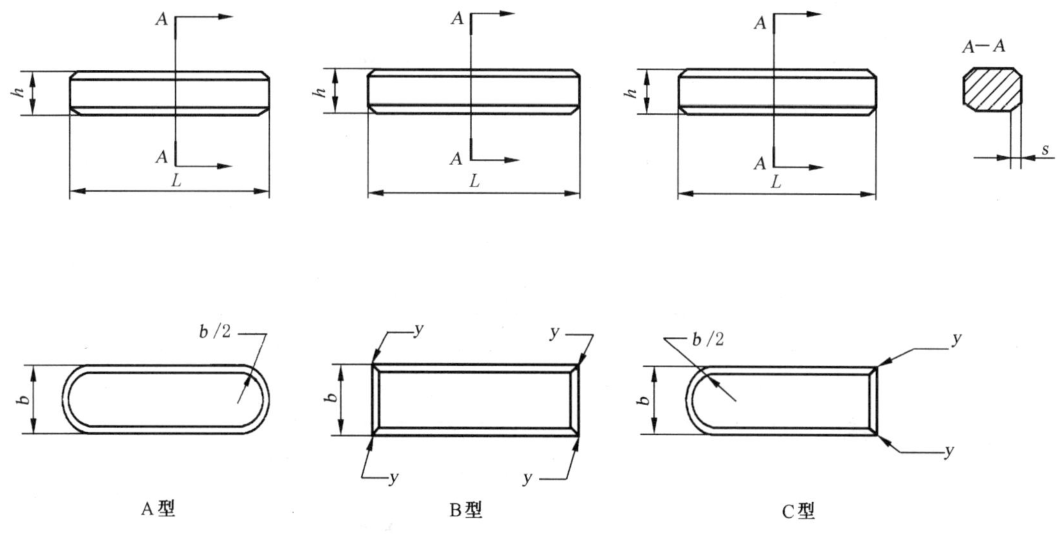

注：$y \leqslant s_{max}$。

图 1　普通平键的型式尺寸

表 1 普通平键的尺寸与公差

单位为毫米

<table>
<tr><td rowspan="2">宽度 b</td><td colspan="2">基本尺寸</td><td>2</td><td>3</td><td>4</td><td>5</td><td>6</td><td>8</td><td>10</td><td>12</td><td>14</td><td>16</td><td>18</td><td>20</td><td>22</td></tr>
<tr><td colspan="2">极限偏差
(h8)</td><td colspan="2">0
−0.014</td><td colspan="3">0
−0.018</td><td colspan="2">0
−0.022</td><td colspan="4">0
−0.027</td><td colspan="2">0
−0.033</td></tr>
<tr><td rowspan="3">高度 h</td><td colspan="2">基本尺寸</td><td>2</td><td>3</td><td>4</td><td>5</td><td>6</td><td>7</td><td>8</td><td>8</td><td>9</td><td>10</td><td>11</td><td>12</td><td>14</td></tr>
<tr><td rowspan="2">极限
偏差</td><td>矩形
(h11)</td><td colspan="2">—</td><td colspan="3">—</td><td colspan="5">0
−0.090</td><td colspan="3">0
−0.110</td></tr>
<tr><td>方形
(h8)</td><td colspan="2">0
−0.014</td><td colspan="3">0
−0.018</td><td colspan="5">—</td><td colspan="3">—</td></tr>
<tr><td colspan="3">倒角或倒圆 s</td><td colspan="3">0.16～0.25</td><td colspan="3">0.25～0.40</td><td colspan="5">0.40～0.60</td><td colspan="2">0.60～0.80</td></tr>
<tr><td colspan="3">长度 L</td><td colspan="13" rowspan="2"></td></tr>
<tr><td>基本
尺寸</td><td colspan="2">极限偏差
(h14)</td></tr>
<tr><td>6</td><td colspan="2" rowspan="3">0
−0.36</td><td></td><td></td><td>—</td><td>—</td><td>—</td><td>—</td><td>—</td><td>—</td><td>—</td><td>—</td><td>—</td><td>—</td><td>—</td></tr>
<tr><td>8</td><td></td><td></td><td></td><td>—</td><td>—</td><td>—</td><td>—</td><td>—</td><td>—</td><td>—</td><td>—</td><td>—</td><td>—</td></tr>
<tr><td>10</td><td></td><td></td><td></td><td></td><td>—</td><td>—</td><td>—</td><td>—</td><td>—</td><td>—</td><td>—</td><td>—</td><td>—</td></tr>
<tr><td>12</td><td colspan="2" rowspan="4">0
−0.43</td><td></td><td></td><td></td><td></td><td>—</td><td>—</td><td>—</td><td>—</td><td>—</td><td>—</td><td>—</td><td>—</td><td>—</td></tr>
<tr><td>14</td><td></td><td></td><td></td><td></td><td></td><td>—</td><td>—</td><td>—</td><td>—</td><td>—</td><td>—</td><td>—</td><td>—</td></tr>
<tr><td>16</td><td></td><td></td><td></td><td></td><td></td><td>—</td><td>—</td><td>—</td><td>—</td><td>—</td><td>—</td><td>—</td><td>—</td></tr>
<tr><td>18</td><td></td><td></td><td></td><td></td><td></td><td></td><td>—</td><td>—</td><td>—</td><td>—</td><td>—</td><td>—</td><td>—</td></tr>
<tr><td>20</td><td colspan="2" rowspan="3">0
−0.52</td><td></td><td></td><td></td><td></td><td></td><td></td><td>—</td><td>—</td><td>—</td><td>—</td><td>—</td><td>—</td><td>—</td></tr>
<tr><td>22</td><td>—</td><td></td><td></td><td>标准</td><td></td><td></td><td></td><td>—</td><td>—</td><td>—</td><td>—</td><td>—</td><td>—</td></tr>
<tr><td>25</td><td>—</td><td></td><td></td><td></td><td></td><td></td><td></td><td>—</td><td>—</td><td>—</td><td>—</td><td>—</td><td>—</td></tr>
<tr><td>28</td><td colspan="2" rowspan="1"></td><td>—</td><td></td><td></td><td></td><td></td><td></td><td></td><td></td><td>—</td><td>—</td><td>—</td><td>—</td><td>—</td></tr>
<tr><td>32</td><td colspan="2" rowspan="5">0
−0.62</td><td>—</td><td></td><td></td><td></td><td></td><td></td><td></td><td></td><td>—</td><td>—</td><td>—</td><td>—</td><td>—</td></tr>
<tr><td>36</td><td>—</td><td></td><td></td><td></td><td></td><td></td><td></td><td></td><td></td><td>—</td><td>—</td><td>—</td><td>—</td></tr>
<tr><td>40</td><td>—</td><td>—</td><td></td><td></td><td></td><td></td><td></td><td></td><td></td><td>—</td><td>—</td><td>—</td><td>—</td></tr>
<tr><td>45</td><td>—</td><td>—</td><td></td><td></td><td></td><td></td><td>长度</td><td></td><td></td><td></td><td>—</td><td>—</td><td>—</td></tr>
<tr><td>50</td><td>—</td><td>—</td><td>—</td><td></td><td></td><td></td><td></td><td></td><td></td><td></td><td></td><td>—</td><td>—</td></tr>
<tr><td>56</td><td colspan="2" rowspan="4">0
−0.74</td><td>—</td><td>—</td><td>—</td><td></td><td></td><td></td><td></td><td></td><td></td><td></td><td></td><td></td><td>—</td></tr>
<tr><td>63</td><td>—</td><td>—</td><td>—</td><td>—</td><td></td><td></td><td></td><td></td><td></td><td></td><td></td><td></td><td></td></tr>
<tr><td>70</td><td>—</td><td>—</td><td>—</td><td>—</td><td></td><td></td><td></td><td></td><td></td><td></td><td></td><td></td><td></td></tr>
<tr><td>80</td><td>—</td><td>—</td><td>—</td><td>—</td><td>—</td><td></td><td></td><td></td><td></td><td></td><td></td><td></td><td></td></tr>
<tr><td>90</td><td colspan="2" rowspan="3">0
−0.87</td><td>—</td><td>—</td><td>—</td><td>—</td><td>—</td><td></td><td></td><td></td><td></td><td>范围</td><td></td><td></td><td></td></tr>
<tr><td>100</td><td>—</td><td>—</td><td>—</td><td>—</td><td>—</td><td>—</td><td></td><td></td><td></td><td></td><td></td><td></td><td></td></tr>
<tr><td>110</td><td>—</td><td>—</td><td>—</td><td>—</td><td>—</td><td>—</td><td></td><td></td><td></td><td></td><td></td><td></td><td></td></tr>
<tr><td>125</td><td colspan="2" rowspan="4">0
−1.00</td><td>—</td><td>—</td><td>—</td><td>—</td><td>—</td><td>—</td><td>—</td><td></td><td></td><td></td><td></td><td></td><td></td></tr>
<tr><td>140</td><td>—</td><td>—</td><td>—</td><td>—</td><td>—</td><td>—</td><td>—</td><td></td><td></td><td></td><td></td><td></td><td></td></tr>
<tr><td>160</td><td>—</td><td>—</td><td>—</td><td>—</td><td>—</td><td>—</td><td>—</td><td>—</td><td></td><td></td><td></td><td></td><td></td></tr>
<tr><td>180</td><td>—</td><td>—</td><td>—</td><td>—</td><td>—</td><td>—</td><td>—</td><td>—</td><td>—</td><td></td><td></td><td></td><td></td></tr>
<tr><td>200</td><td colspan="2" rowspan="3">0
−1.15</td><td>—</td><td>—</td><td>—</td><td>—</td><td>—</td><td>—</td><td>—</td><td>—</td><td>—</td><td>—</td><td></td><td></td><td></td></tr>
<tr><td>220</td><td>—</td><td>—</td><td>—</td><td>—</td><td>—</td><td>—</td><td>—</td><td>—</td><td>—</td><td>—</td><td>—</td><td></td><td></td></tr>
<tr><td>250</td><td>—</td><td>—</td><td>—</td><td>—</td><td>—</td><td>—</td><td>—</td><td>—</td><td>—</td><td>—</td><td>—</td><td>—</td><td></td></tr>
</table>

表 1（续）

单位为毫米

		25	28	32	36	40	45	50	56	63	70	80	90	100
宽度 *b*	基本尺寸	25	28	32	36	40	45	50	56	63	70	80	90	100
	极限偏差（h8）	0 −0.033		0 −0.039					0 −0.046				0 −0.054	
高度 *h*	基本尺寸	14	16	18	20	22	25	28	32	32	36	40	45	50
	极限偏差 矩形（h11）	0 −0.110			0 −0.130				0 −0.160					
	极限偏差 方形（h8）	—			—				—					
倒角或倒圆 *s*		0.60～0.80			1.00～1.20				1.60～2.00			2.50～3.00		
长度 *L* 基本尺寸	极限偏差（h14）													
70	0 −0.74		—	—	—	—	—	—	—	—	—	—	—	—
80				—	—	—	—	—	—	—	—	—	—	—
90	0 −0.87				—	—	—	—	—	—	—	—	—	—
100							—	—	—	—	—	—	—	—
110								—	—	—	—	—	—	—
125	0 −1.00								—	—	—	—	—	—
140										—	—	—	—	—
160					标准						—	—	—	—
180												—	—	—
200	0 −1.15												—	—
220														—
250								长度						
280	0 −1.30													
320	0 −1.40	—												
360		—	—								范围			
400		—	—	—										
450	0 −1.55	—	—	—	—	—								
500		—	—	—	—	—	—							

4 技术条件

4.1 普通型平键的技术条件应符合 GB/T 1568 的规定。

4.2 键槽的尺寸应符合 GB/T 1095 的规定。

4.3 当键长大于 500 mm 时，其长度应按 GB/T 321 的 R 20 系列选取，为减小由于直线度而引起的问题，键长应小于10倍的键宽。

5 标记

标记示例：

宽度 b=16 mm、高度 h=10 mm、长度 L=100 mm 普通 A 型平键的标记为：

GB/T 1096 键 16×10×100

宽度 b=16 mm、高度 h=10 mm、长度 L=100 mm 普通 B 型平键的标记为：

GB/T 1096 键 B 16×10×100

宽度 b=16 mm、高度 h=10 mm、长度 L=100 mm 普通 C 型平键的标记为：

GB/T 1096 键 C 16×10×100

附　录　A
（资料性附录）
普通平键的起键螺孔尺寸

A.1　当需要时，键允许带起键螺孔，起键螺孔的尺寸见图 A.1 和表 A.1。

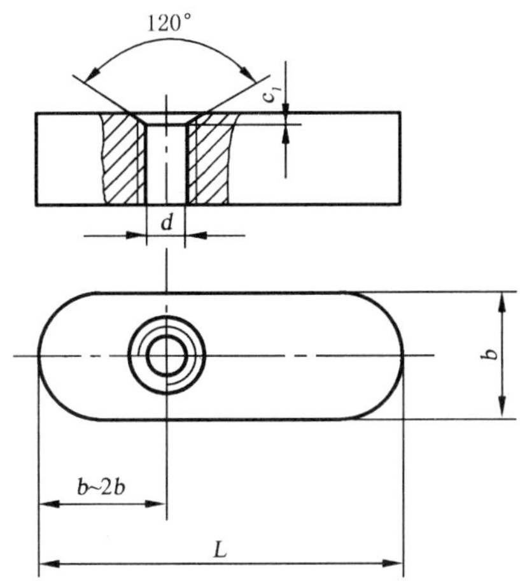

图 A.1　起键螺孔的位置

表 A.1　起键螺孔的尺寸

单位为毫米

b	8	10	12	14	16	18	20	22	25	28	32	36	40	45	50	56	63	70	80	90	100
d	M3		M4	M5		M6			M8		M10	M12						M16		M20	
c_1	0.3		0.5									1						2			

A.2　较长的键可以采用两个对称的起键螺孔。

ICS 21.120.30
J 18

中华人民共和国国家标准

GB/T 1097—2003
代替 GB/T 1097—1979

导向型 平键

Square and rectangular keys

2003-04-29 发布 2003-12-01 实施

中华人民共和国
国家质量监督检验检疫总局 发布

前　言

本标准是对 GB/T 1097—1979《导向平键　型式尺寸》的修订。

本标准与 GB/T 1097—1979 的主要区别是：

——标准名称由原“导向平键　型式尺寸”改为“导向型　平键”；

——表中键宽 b 的极限偏差由“h9”改为“h8”；

——将原表中“导向平键(B 型)每 1 000 件的重量　kg≈”删去，增加“标准长度范围”；

——标记示例改为“GB/T 1097　键 16×100”；

——标记示例增加“导向 A 型平键、导向 B 型平键”。

本标准自实施之日起，代替 GB/T 1097—1979。

本标准由全国机器轴与附件标准化技术委员会提出并归口。

本标准起草单位：机械科学研究院、上海球明标准件有限公司、石家庄链轮总厂、北京标准件有限公司。

本标准主要起草人：明翠新、沈志芳、杜　刚、周曰球、丁海军。

导向型　平键

1　范围

本标准规定了宽度 b=8 mm～45 mm 的导向型平键。

2　规范性引用文件

下列文件中的条款通过本标准的引用而成为本标准的条款。凡是注日期的引用文件，其随后所有的修改单(不包括勘误的内容)或修订版均不适用于本标准，然而，鼓励根据本标准达成协议的各方研究是否可使用这些文件的最新版本。凡是不注日期的引用文件，其最新版本适用于本标准。

GB/T 65　开槽圆柱头螺钉

GB/T 321　优先数和优先数系

GB/T 822　十字槽圆柱头螺钉

GB/T 1095　平键　键槽的剖面尺寸

GB/T 1568　键　技术条件

3　尺寸与公差

导向型平键的型式尺寸与公差见图 1 和表 1。

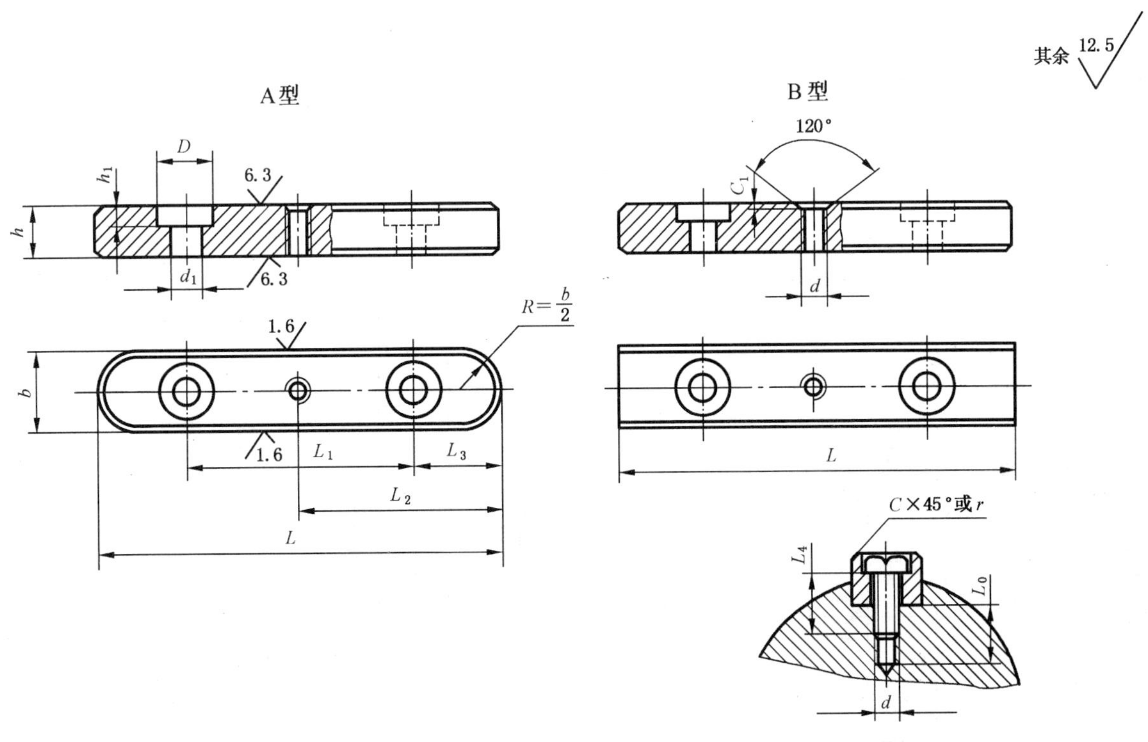

图 1　导向平键的型式尺寸

表 1　导向平键的尺寸与公差

单位为毫米

b	基本尺寸			8	10	12	14	16	18	20	22	25	28	32	36	40	45
	极限偏差 (h8)			0 −0.022		0 −0.027				0 −0.033				0 −0.039			
h	基本尺寸			7	8	8	9	10	11	12	14	14	16	18	20	22	25
	极限偏差 (h11)			0 −0.090					0 −0.110						0 −0.130		
C 或 r				0.25~0.40	0.40~0.60					0.60~0.80					1.00~1.20		
h_1				2.4		3.0	3.5		4.5			6		7	8		
d				M3		M4	M5		M6			M8		M10	M12		
d_1				3.4		4.5	5.5		6.6			9		11	14		
D				6		8.5	10		12			15		18	22		
C_1				0.3		0.5									1.0		
L_0				7	8	10			12			15		18	22		
螺钉($d\times L_4$)				M3×8	M3×10	M4×10	M5×10		M6×12		M6×16	M8×16		M10×20	M12×25		
L	L_1	L_2	L_3														
25	13	12.5	6			—	—	—	—	—	—	—	—	—	—	—	—
28	14	14	7				—	—	—	—	—	—	—	—	—	—	—
32	16	16	8				—	—	—	—	—	—	—	—	—	—	—
36	18	18	9					—	—	—	—	—	—	—	—	—	—
40	20	20	10					—	—	—	—	—	—	—	—	—	—
45	23	22.5	11						—	—	—	—	—	—	—	—	—
50	26	25	12							—	—	—	—	—	—	—	—
56	30	28	13								—	—	—	—	—	—	—
63	35	31.5	14									—	—	—	—	—	—
70	40	35	15				标准						—	—	—	—	—
80	48	40	16											—	—	—	—
90	54	45	18												—	—	—
100	60	50	20	—													—
110	66	55	22	—						长度							
125	75	62	25	—	—												
140	80	70	30	—	—												
160	90	80	35	—	—	—											
180	100	90	40	—	—	—	—							范围			
200	110	100	45	—	—	—	—	—									
220	120	110	50	—	—	—	—	—	—								
250	140	125	55	—	—	—	—	—	—	—							
280	160	140	60	—	—	—	—	—	—	—	—						
320	180	160	70	—	—	—	—	—	—	—	—	—					
360	200	180	80	—	—	—	—	—	—	—	—	—	—				
400	220	200	90	—	—	—	—	—	—	—	—	—	—	—			
450	250	225	100	—	—	—	—	—	—	—	—	—	—	—	—	—	

4 技术条件

4.1 导向型平键的技术条件应符合 GB/T 1568 的规定。

4.2 键槽的尺寸应符合 GB/T 1095 的规定。

4.3 当键长大于 450 mm 时，其长度应按 GB/T 321 的 R20 系列选取。为减小由于直线度而引起的问题，键长应小于 10 倍的键宽。

4.4 固定用螺钉应符合 GB/T 822 或 GB/T 65 的规定。

5 标记

标记示例：

宽度 b=16 mm、高度 h=10 mm、长度 L=100 mm 导向 A 型平键的标记为：

GB/T 1097 键 16×100

宽度 b=16 mm、高度 h=10 mm、长度 L=100 mm 导向 B 型平键的标记为：

GB/T 1097 键 B16×100

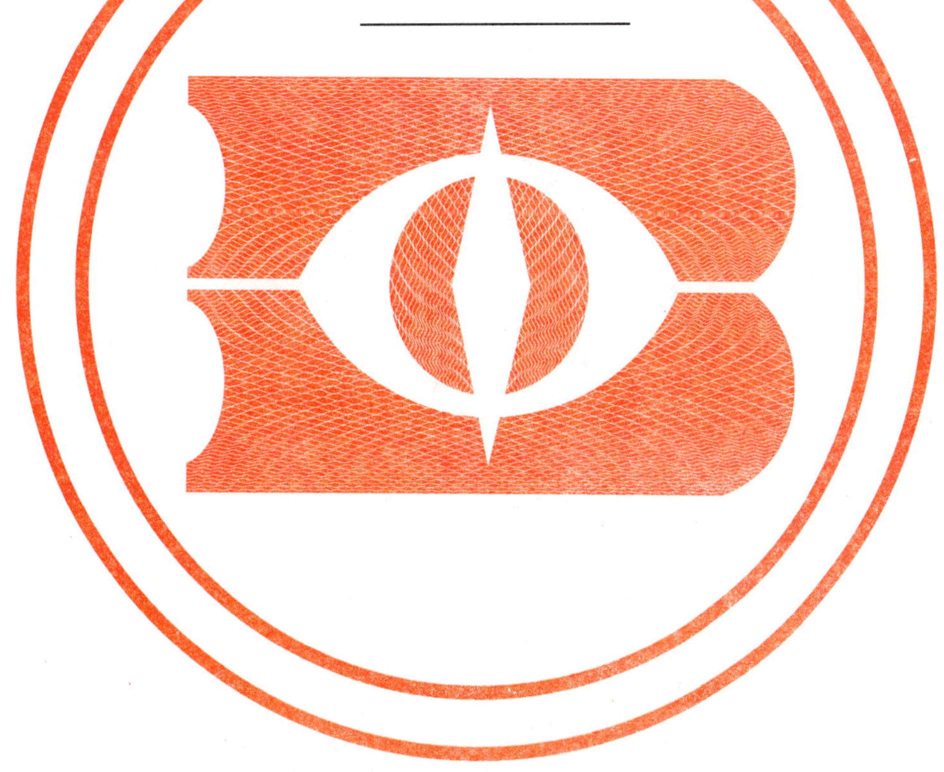

ICS 21.120.20
J 18

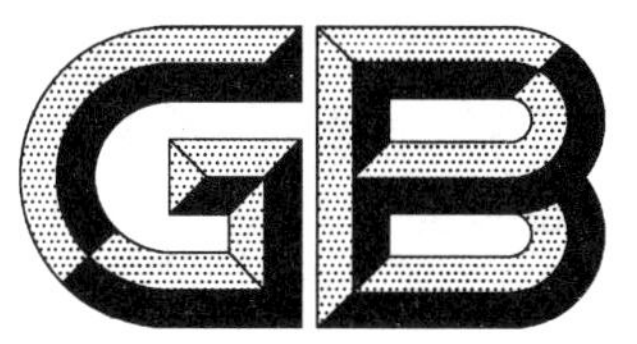

中华人民共和国国家标准

GB/T 1098—2003
代替 GB/T 1098—1979

半圆键　键槽的剖面尺寸

Woodruff keyways

2003-06-05 发布　　2004-02-01 实施

中华人民共和国
国家质量监督检验检疫总局 发布

前　言

本标准是非等效 ASME B18.25.2 M—1996《半圆键和键槽》对 GB/T 1098—1979《半圆键　键和键槽的剖面尺寸》的修订。本标准与 GB/T 1098—1979 的主要区别是：

——标准名称由原“半圆键　键和键槽的剖面尺寸”改为“半圆键　键槽的剖面尺寸”；

——取消了表中“轴径 d”的两列；

——将原表中第 3 列的“键　公称尺寸 $b \times h \times d_1$”改为“键尺寸 $b \times h \times D$”；

——将原表中第 4 列的“公称尺寸”改为“基本尺寸”；

——表中键槽宽度极限偏差由“较松键联结、一般键联结、较紧键联结”改为“正常联结、紧密联结、松联结”；

——将键槽深度中的“轴 t”改为“轴 t_1”，将“毂 t_1”改为“毂 t_2”；

——取消了表中的注；

——取消了附录“关于键槽表面粗糙度和对称度公差”。

本标准自实施之日起，代替 GB/T 1098—1979。

本标准由全国机器轴与附件标准化技术委员会提出并归口。

本标准起草单位：机械科学研究院、上海球明标准件有限公司、石家庄链轮总厂、北京标准件有限公司。

本标准主要起草人：明翠新、沈志芳、杜　刚、周曰球、丁海军。

半圆键　键槽的剖面尺寸

1　范围

本标准规定了宽度 b=1 mm～10 mm 的普通型和平底型半圆键键槽的剖面尺寸。

2　规范性引用文件

下列文件中的条款通过本标准的引用而成为本标准的条款。凡是注日期的引用文件，其随后所有的修改单(不包括勘误的内容)或修订版均不适用于本标准，然而，鼓励根据本标准达成协议的各方研究是否可使用这些文件的最新版本。凡是不注日期的引用文件，其最新版本适用于本标准。

GB/T 1031　表面粗糙度　参数及其数值(neq ISO 468:1982)

GB/T 1099.1　普通型　半圆键

GB/T 1184—1996　形状和位置公差　未注公差值(eqv ISO 2768-2:1989)

3　尺寸与公差

半圆键键槽的剖面尺寸与公差见图1和表1。

I

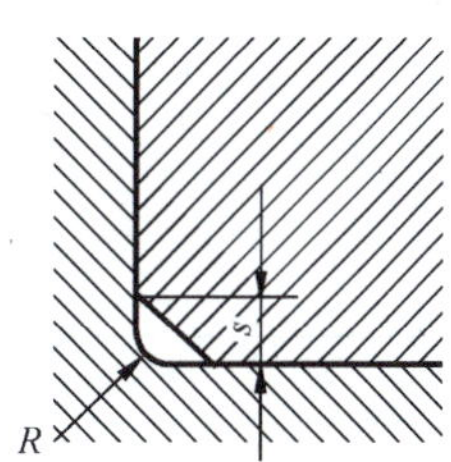

注：键尺寸中的公称直径 D 即为键槽直径最小值。

图1　半圆键键槽的剖面尺寸

表 1 半圆键键槽的尺寸与公差

单位为毫米

<table>
<tr><td rowspan="4">键尺寸
$b\times h\times D$</td><td colspan="12">键 槽</td></tr>
<tr><td colspan="6">宽 度 b</td><td colspan="4">深 度</td><td colspan="2" rowspan="2">半 径
R</td></tr>
<tr><td rowspan="2">基本
尺寸</td><td colspan="5">极 限 偏 差</td><td colspan="2">轴 t_1</td><td colspan="2">毂 t_2</td></tr>
<tr><td colspan="2">正常联结</td><td>紧密联结</td><td colspan="2">松联结</td><td rowspan="2">基本
尺寸</td><td rowspan="2">极限
偏差</td><td rowspan="2">基本
尺寸</td><td rowspan="2">极限
偏差</td><td rowspan="2">max</td><td rowspan="2">min</td></tr>
<tr><td></td><td></td><td>轴 N9</td><td>毂 JS9</td><td>轴和毂 P9</td><td>轴 H9</td><td>毂 D10</td></tr>
<tr><td>1×1.4×4
1×1.1×4</td><td>1</td><td rowspan="7">−0.004
−0.029</td><td rowspan="7">±0.012 5</td><td rowspan="7">−0.006
−0.031</td><td rowspan="7">+0.025
0</td><td rowspan="7">+0.060
+0.020</td><td>1.0</td><td rowspan="5">+0.1
0</td><td>0.6</td><td rowspan="13">+0.1
0</td><td rowspan="7">0.16</td><td rowspan="7">0.08</td></tr>
<tr><td>1.5×2.6×7
1.5×2.1×7</td><td>1.5</td><td>2.0</td><td>0.8</td></tr>
<tr><td>2×2.6×7
2×2.1×7</td><td>2</td><td>1.8</td><td>1.0</td></tr>
<tr><td>2×3.7×10
2×3×10</td><td>2</td><td>2.9</td><td>1.0</td></tr>
<tr><td>2.5×3.7×10
2.5×3×10</td><td>2.5</td><td>2.7</td><td>1.2</td></tr>
<tr><td>3×5×13
3×4×13</td><td>3</td><td>3.8</td><td rowspan="6">+0.2
0</td><td>1.4</td></tr>
<tr><td>3×6.5×16
3×5.2×16</td><td>3</td><td>5.3</td><td>1.4</td></tr>
<tr><td>4×6.5×16
4×5.2×16</td><td>4</td><td rowspan="7">0
−0.030</td><td rowspan="7">±0.015</td><td rowspan="7">−0.012
−0.042</td><td rowspan="7">+0.030
0</td><td rowspan="7">+0.078
+0.030</td><td>5.0</td><td>1.8</td><td rowspan="7">0.25</td><td rowspan="7">0.16</td></tr>
<tr><td>4×7.5×19
4×6×19</td><td>4</td><td>6.0</td><td>1.8</td></tr>
<tr><td>5×6.5×16
5×5.2×19</td><td>5</td><td>4.5</td><td>2.3</td></tr>
<tr><td>5×7.5×19
5×6×19</td><td>5</td><td>5.5</td><td>2.3</td></tr>
<tr><td>5×9×22
5×7.2×22</td><td>5</td><td>7.0</td><td rowspan="5">+0.3
0</td><td>2.3</td></tr>
<tr><td>6×9×22
6×7.2×22</td><td>6</td><td>6.5</td><td>2.8</td></tr>
<tr><td>6×10×25
6×8×25</td><td>6</td><td>7.5</td><td>2.8</td><td rowspan="3">+0.2
0</td></tr>
<tr><td>8×11×28
8×8.8×28</td><td>8</td><td rowspan="2">0
−0.036</td><td rowspan="2">±0.018</td><td rowspan="2">−0.015
−0.051</td><td rowspan="2">+0.036
0</td><td rowspan="2">+0.098
+0.040</td><td>8.0</td><td>3.3</td><td rowspan="2">0.40</td><td rowspan="2">0.25</td></tr>
<tr><td>10×13×32
10×10.4×32</td><td>10</td><td>10</td><td>3.3</td></tr>
</table>

4 技术条件

4.1 普通型半圆键的尺寸应符合 GB/T 1099.1 的规定。

4.2 平底型半圆键的尺寸应符合 GB/T 1099.2 的规定。

4.3 轴槽及轮毂槽的宽度 b 对轴及轮毂轴心线的对称度，一般可按 GB/T 1184—1996 表 B4 中对称度公差 7～9 级选取。

4.4 键槽表面粗糙度一般规定

4.4.1 轴槽、轮毂槽的键槽宽度 b 两侧面粗糙度参数按 GB/T 1031，选 Ra 值为 1.6～3.2 μm；

4.4.2 轴槽底面、轮毂槽底面的表面粗糙度参数按 GB/T 1031，选 Ra 值为 6.3 μm。

ICS 21.120.20
J 18

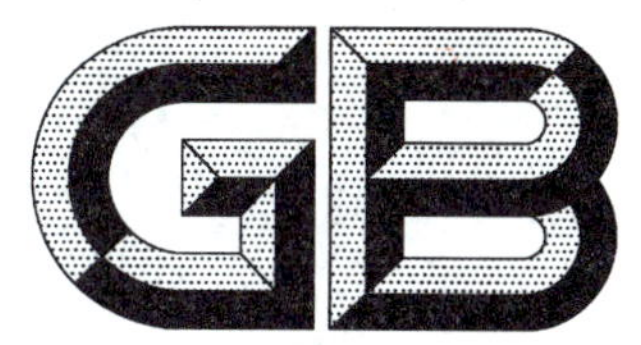

中华人民共和国国家标准

GB/T 1099.1—2003
代替 GB/T 1099—1979

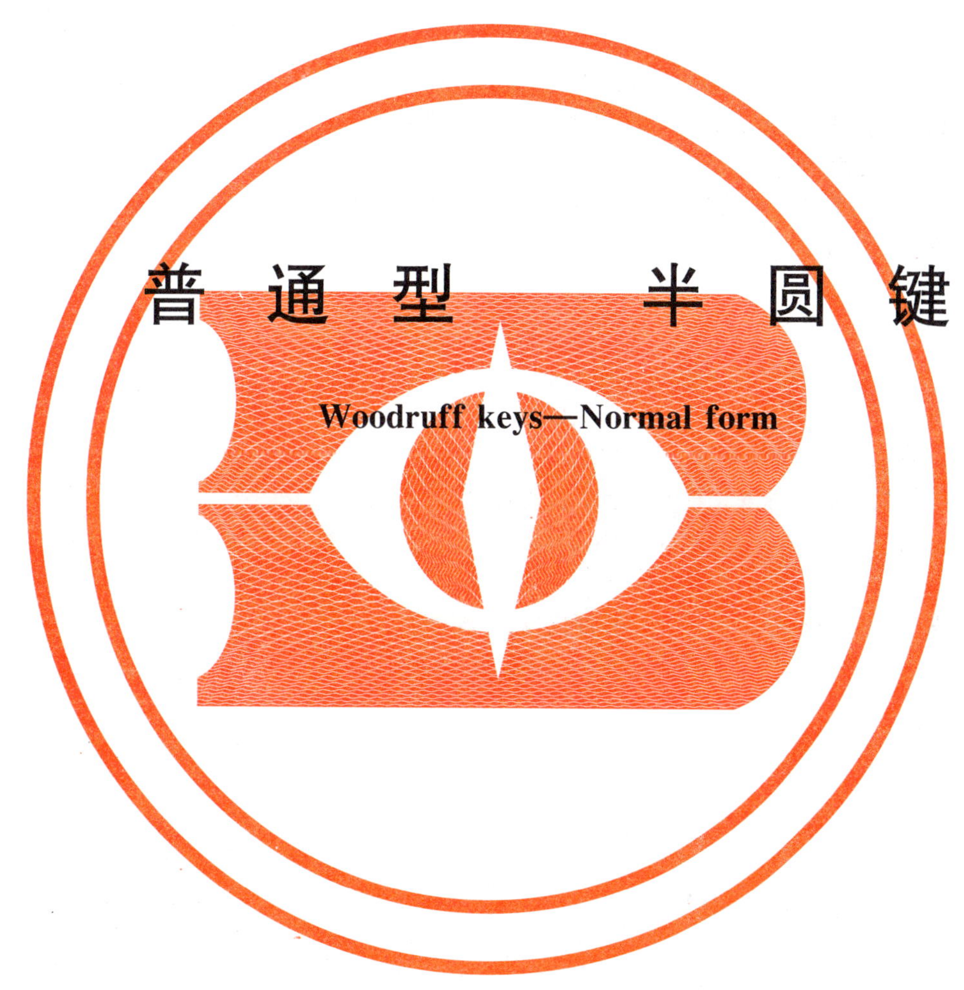

普通型 半圆键

Woodruff keys—Normal form

2003-04-29 发布　　　　2003-12-01 实施

中华人民共和国
国家质量监督检验检疫总局　发布

前　言

GB/T 1099《半圆键》分为两个部分：

——第1部分：普通型　半圆键

——第2部分：平底型　半圆键

本部分是非等效 ASME B18.25.2M—1996《半圆键和键槽》对 GB/T 1099—1979《半圆键　型式尺寸》的修订。

本部分与 GB/T 1099—1979 的主要区别是：

——标准名称由原“半圆键　型式尺寸”改为“普通型　半圆键”；

——表中增加了“键尺寸”一列；

——将表中键宽 b 的极限偏差“h 9”取消，键宽 b 的下偏差统一为“－0.025”；

——将表中键高度 h 的极限偏差由“h 11”改为“h 12”；

——将表中“d_1”改为“D”；

——取消表中“L”一列；

——取消表中“每 1 000 件的重量 kg≈”一列；

——标记示例改为“GB/T 1099.1　键 6×10×25”。

本部分自实施之日起，代替 GB/T 1099—1979。

本部分由全国机器轴与附件标准化技术委员会提出并归口。

本部分起草单位：机械科学研究院、上海球明标准件有限公司、石家庄链轮总厂、北京标准件有限公司。

本部分主要起草人：明翠新、沈志芳、杜　刚、周曰球、丁海军。

普 通 型　　半 圆 键

1 范围

本标准规定了宽度 b=1 mm～10 mm 的普通型半圆键。

2 规范性引用文件

下列文件中的条款通过本标准的引用而成为本标准的条款。凡是注日期的引用文件，其随后所有的修改单(不包括勘误的内容)或修订版均不适用于本标准，然而，鼓励根据本标准达成协议的各方研究是否可使用这些文件的最新版本。凡是不注日期的引用文件，其最新版本适用于本标准。

GB/T 1098　半圆键　键槽的剖面尺寸

GB/T 1568　键　技术条件

3 尺寸与公差

普通型半圆键的尺寸与公差见图 1 和表 1。

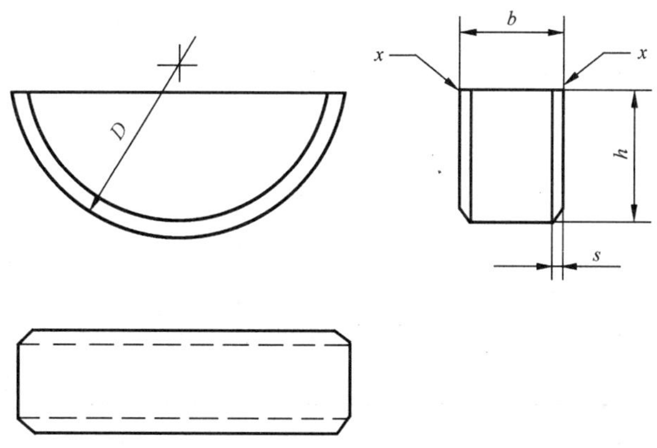

注：$x \leqslant s_{max}$

图 1　普通型半圆键的剖面尺寸

表 1 普通型半圆键的尺寸与公差

单位为毫米

<table>
<tr><th rowspan="2">键尺寸
$b \times h \times D$</th><th colspan="2">宽度 b</th><th colspan="2">高度 h</th><th colspan="2">直径 D</th><th colspan="2">倒角或倒圆 s</th></tr>
<tr><th>基本尺寸</th><th>极限偏差</th><th>基本尺寸</th><th>极限偏差
(h 12)</th><th>基本尺寸</th><th>极限偏差
(h 12)</th><th>min</th><th>max</th></tr>
<tr><td>1×1.4×4</td><td>1</td><td rowspan="16">0
−0.025</td><td>1.4</td><td rowspan="3">0
−0.10</td><td>4</td><td>0
−0.120</td><td rowspan="7">0.16</td><td rowspan="7">0.25</td></tr>
<tr><td>1.5×2.6×7</td><td>1.5</td><td>2.6</td><td>7</td><td rowspan="4">0
−0.150</td></tr>
<tr><td>2×2.6×7</td><td>2</td><td>2.6</td><td>7</td></tr>
<tr><td>2×3.7×10</td><td>2</td><td>3.7</td><td rowspan="3">0
−0.12</td><td>10</td></tr>
<tr><td>2.5×3.7×10</td><td>2.5</td><td>3.7</td><td>10</td></tr>
<tr><td>3×5×13</td><td>3</td><td>5</td><td>13</td><td rowspan="3">0
−0.180</td></tr>
<tr><td>3×6.5×16</td><td>3</td><td>6.5</td><td rowspan="8">0
−0.15</td><td>16</td></tr>
<tr><td>4×6.5×16</td><td>4</td><td>6.5</td><td>16</td><td rowspan="7">0.25</td><td rowspan="7">0.40</td></tr>
<tr><td>4×7.5×19</td><td>4</td><td>7.5</td><td>19</td><td>0
−0.210</td></tr>
<tr><td>5×6.5×16</td><td>5</td><td>6.5</td><td>16</td><td>0
−0.180</td></tr>
<tr><td>5×7.5×19</td><td>5</td><td>7.5</td><td>19</td><td rowspan="5">0
−0.210</td></tr>
<tr><td>5×9×22</td><td>5</td><td>9</td><td>22</td></tr>
<tr><td>6×9×22</td><td>6</td><td>9</td><td>22</td></tr>
<tr><td>6×10×25</td><td>6</td><td>10</td><td>25</td></tr>
<tr><td>8×11×28</td><td>8</td><td>11</td><td rowspan="2">0
−0.18</td><td>28</td><td rowspan="2">0.40</td><td rowspan="2">0.60</td></tr>
<tr><td>10×13×32</td><td>10</td><td>13</td><td>32</td><td>0
−0.250</td></tr>
</table>

4 技术条件

4.1 半圆键的技术条件应符合 GB/T 1568 的规定。

4.2 键槽的尺寸应符合 GB/T 1098 的规定。

5 标记

标记示例：

宽度 b=6 mm、高度 h=10 mm、直径 D=25 mm 普通型半圆键的标记为：

GB/T 1099.1 键 6×10×25

前　　言

本标准是对国家标准 GB/T 1144—1987《矩形花键尺寸、公差和检验》的修订。修订时，将原标准中的部分技术内容做了修改，将“附录 B　矩形花键对称度和等分度公差(参考件)”改为“附录 A(标准的附录)　矩形花键对称度和等分度公差”，同时，对原标准进行了编辑性的修改。

本标准非等效采用 ISO 14:1982《圆柱轴用小径定心矩形花键　尺寸、公差和检验》。

本标准的附录 A 和附录 B 都是标准的附录。

本标准自实施之日起，代替 GB/T 1144—1987。

本标准由中国机械工业联合会提出。

本标准由全国机器轴与附件标准化技术委员会归口。

本标准起草单位：机械科学研究院、沈阳第一机床厂、哈尔滨第一工具厂。

本标准主要起草人：明翠新、张连娣、齐秀坤。

中华人民共和国国家标准

矩形花键尺寸、公差和检验

GB/T 1144—2001
neq ISO 14:1982

代替 GB/T 1144—1987

Straight-sided spline—Dimensions, tolerances and verification

1 范围

本标准规定了圆柱直齿小径定心矩形花键的基本尺寸、公差与配合、检验规则和标记方法及其量规的尺寸公差和数值表。

本标准适用于矩形花键及其量规的设计、制造与检验。

2 引用标准

下列标准所包含的条文，通过在本标准中引用而构成为本标准的条文。本标准出版时，所示版本均为有效。所有标准都会被修订，使用本标准的各方应探讨使用下列标准最新版本的可能性。

GB/T 1801—1999 极限与配合 公差带与配合的选择(eqv ISO 1829:1975)

GB/T 4249—1996 公差原则(eqv ISO 8015:1985)

3 基本尺寸

矩形花键尺寸规定了轻、中两个系列，内花键和外花键的基本尺寸见图 1 和表 1。

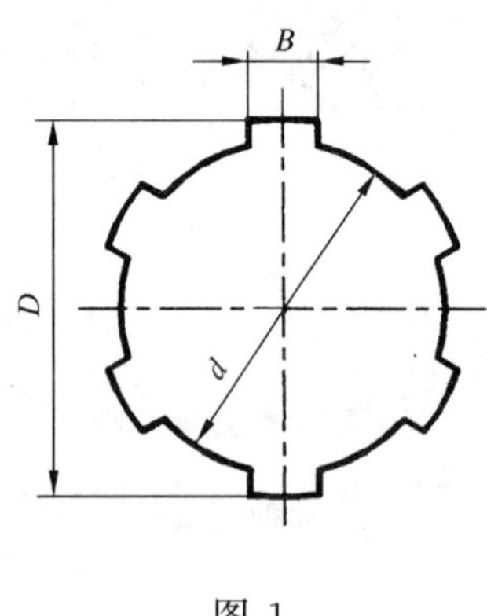

图 1

中华人民共和国国家质量监督检验检疫总局 2001-12-17 批准 2002-06-01 实施

表 1 基本尺寸系列

mm

小径 d	轻系列				中系列			
	规格 $N\times d\times D\times B$	键数 N	大径 D	键宽 B	规格 $N\times d\times D\times B$	键数 N	大径 D	键宽 B
11	—	—	—	—	6×11×14×3	6	14	3
13					6×13×16×3.5		16	3.5
16					6×16×20×4		20	4
18					6×18×22×5		22	5
21					6×21×25×5		25	
23	6×23×26×6	6	26	6	6×23×28×6		28	6
26	6×26×30×6		30		6×26×32×6		32	
28	6×28×32×7		32	7	6×28×34×7		34	7
32	6×32×36×6		36	6	8×32×38×6	8	38	6
36	8×36×40×7	8	40	7	8×36×42×7		42	7
42	8×42×46×8		46	8	8×42×48×8		48	8
46	8×46×50×9		50	9	8×46×54×9		54	9
52	8×52×58×10		58	10	8×52×60×10		60	10
56	8×56×62×10		62		8×56×65×10		65	
62	8×62×68×12		68	12	8×62×72×12		72	12
72	10×72×78×12	10	78		10×72×82×12	10	82	
82	10×82×88×12		88		10×82×92×12		92	
92	10×92×98×14		98	14	10×92×102×14		102	14
102	10×102×108×16		108	16	10×102×112×16		112	16
112	10×112×120×18		120	18	10×112×125×18		125	18

4 键槽截面形状和尺寸

矩形花键的键槽截面形状和尺寸见图 2 和表 2。

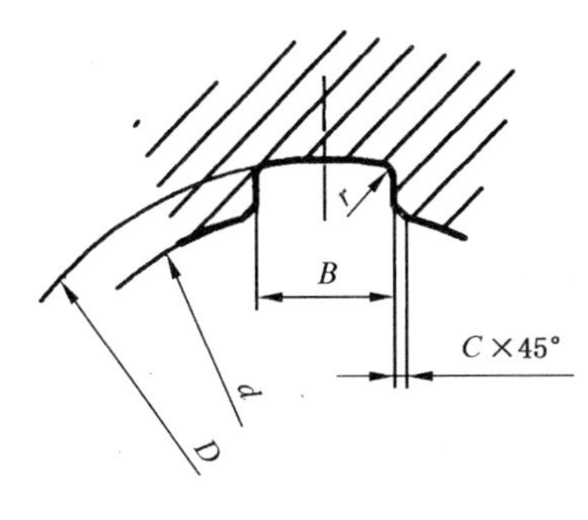

a）内花键

b）外花键

图 2

表 2 键槽的截面尺寸 mm

<table>
<tr><th colspan="5">轻 系 列</th><th colspan="5">中 系 列</th></tr>
<tr><th rowspan="2">规 格
$N\times d\times D\times B$</th><th rowspan="2">$C$</th><th rowspan="2">$r$</th><th>$d_{1\ \min}$</th><th>$a_{\min}$</th><th rowspan="2">规 格
$N\times d\times D\times B$</th><th rowspan="2">$C$</th><th rowspan="2">$r$</th><th>$d_{1\ \min}$</th><th>$a_{\min}$</th></tr>
<tr><th colspan="2">参考</th><th colspan="2">参考</th></tr>
<tr><td rowspan="5">—</td><td rowspan="5">—</td><td rowspan="5">—</td><td rowspan="5">—</td><td rowspan="5">—</td><td>6×11×14×3</td><td rowspan="2">0.2</td><td rowspan="2">0.1</td><td rowspan="2">—</td><td rowspan="2">—</td></tr>
<tr><td>6×13×16×3.5</td></tr>
<tr><td>6×16×20×4</td><td rowspan="4">0.3</td><td rowspan="4">0.2</td><td>14.4</td><td rowspan="2">1.0</td></tr>
<tr><td>6×18×22×5</td><td>16.6</td></tr>
<tr><td>6×21×25×5</td><td>19.5</td><td>2.0</td></tr>
<tr><td>6×23×26×6</td><td>0.2</td><td>0.1</td><td>22</td><td>3.5</td><td>6×23×28×6</td><td>21.2</td><td rowspan="2">1.2</td></tr>
<tr><td>6×26×30×6</td><td rowspan="6">0.3</td><td rowspan="6">0.2</td><td>24.5</td><td>3.8</td><td>6×26×32×6</td><td rowspan="5">0.4</td><td rowspan="5">0.3</td><td>23.6</td></tr>
<tr><td>6×28×32×7</td><td>26.6</td><td>4.0</td><td>6×28×34×7</td><td>25.8</td><td>1.4</td></tr>
<tr><td>8×32×36×6</td><td>30.3</td><td>2.7</td><td>8×32×38×6</td><td>29.4</td><td rowspan="2">1.0</td></tr>
<tr><td>8×36×40×7</td><td>34.4</td><td>3.5</td><td>8×36×42×7</td><td>33.4</td></tr>
<tr><td>8×42×46×8</td><td>40.5</td><td>5.0</td><td>8×42×48×8</td><td>39.4</td><td>2.5</td></tr>
<tr><td>8×46×50×9</td><td>44.6</td><td>5.7</td><td>8×46×54×9</td><td rowspan="3">0.5</td><td rowspan="3">0.4</td><td>42.6</td><td>1.4</td></tr>
<tr><td>8×52×58×10</td><td rowspan="7">0.4</td><td rowspan="7">0.3</td><td>49.6</td><td>4.8</td><td>8×52×60×10</td><td>48.6</td><td rowspan="2">2.5</td></tr>
<tr><td>8×56×62×10</td><td>53.5</td><td>6.5</td><td>8×56×65×10</td><td>52.0</td></tr>
<tr><td>8×62×68×12</td><td>59.7</td><td>7.3</td><td>8×62×72×12</td><td rowspan="6">0.6</td><td rowspan="6">0.5</td><td>57.7</td><td>2.4</td></tr>
<tr><td>10×72×78×12</td><td>69.6</td><td>5.4</td><td>10×72×82×12</td><td>67.7</td><td>1.0</td></tr>
<tr><td>10×82×88×12</td><td>79.3</td><td>8.5</td><td>10×82×92×12</td><td>77.0</td><td>2.9</td></tr>
<tr><td>10×92×98×14</td><td>89.6</td><td>9.9</td><td>10×92×102×14</td><td>87.3</td><td>4.5</td></tr>
<tr><td>10×102×108×16</td><td>99.6</td><td>11.3</td><td>10×102×112×16</td><td>97.7</td><td>6.2</td></tr>
<tr><td>10×112×120×18</td><td>0.5</td><td>0.4</td><td>108.8</td><td>10.5</td><td>10×112×125×18</td><td>106.2</td><td>4.1</td></tr>
</table>

5 公差与配合

5.1 内花键和外花键的尺寸公差带应符合 GB/T 1801 的规定，并按表 3 取值。

表 3　内、外花键的尺寸公差带

<table>
<tr><th colspan="4">内　　花　　键</th><th colspan="3">外　　花　　键</th><th rowspan="3">装配型式</th></tr>
<tr><th rowspan="2">d</th><th rowspan="2">D</th><th colspan="2">B</th><th rowspan="2">d</th><th rowspan="2">D</th><th rowspan="2">B</th></tr>
<tr><th>拉削后不热处理</th><th>拉削后热处理</th></tr>
<tr><td colspan="8">一　　般　　用</td></tr>
<tr><td rowspan="3">H7</td><td rowspan="3">H10</td><td rowspan="3">H9</td><td rowspan="3">H11</td><td>f7</td><td rowspan="3">a11</td><td>d10</td><td>滑动</td></tr>
<tr><td>g7</td><td>f9</td><td>紧滑动</td></tr>
<tr><td>h7</td><td>h10</td><td>固定</td></tr>
<tr><td colspan="8">精　密　传　动　用</td></tr>
<tr><td rowspan="3">H5</td><td rowspan="6">H10</td><td colspan="2" rowspan="6">H7、H9</td><td>f5</td><td rowspan="6">a11</td><td>d8</td><td>滑动</td></tr>
<tr><td>g5</td><td>f7</td><td>紧滑动</td></tr>
<tr><td>h5</td><td>h8</td><td>固定</td></tr>
<tr><td rowspan="3">H6</td><td>f6</td><td>d8</td><td>滑动</td></tr>
<tr><td>g6</td><td>f7</td><td>紧滑动</td></tr>
<tr><td>h6</td><td>h8</td><td>固定</td></tr>
<tr><td colspan="8">注
1　精密传动用的内花键，当需要控制键侧配合间隙时，槽宽可选 H7，一般情况下可选 H9。
2　d 为 H6 和 H7 的内花键，允许与提高一级的外花键配合。</td></tr>
</table>

5.2　小径的极限尺寸遵守 GB/T 4249 规定的包容原则。

5.3　花键的形状和位置公差

5.3.1　采用综合检验法时，花键的位置度公差按图 3 和表 4 的规定。

5.3.2　采用单项检验法时，花键的位置度公差按附录 A（标准的附录）的规定。

5.3.3　对较长的花键，可根据产品性能自行规定键侧对轴线的平行度公差。

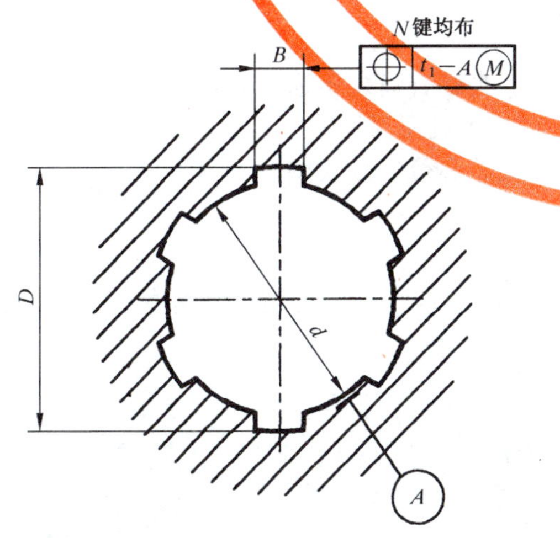

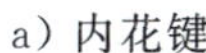
a）内花键

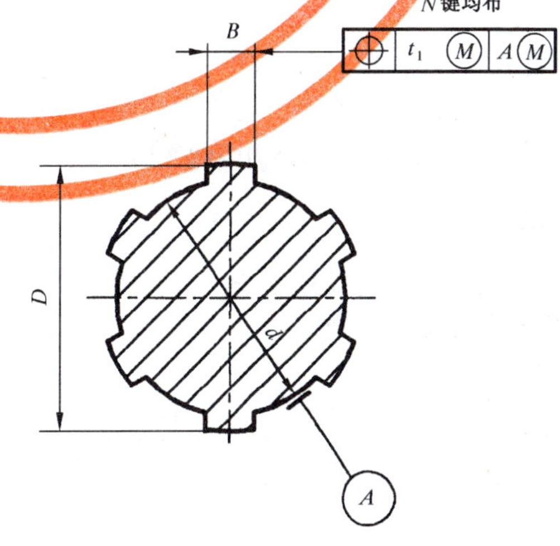

b）外花键

图 3

表 4　位置度公差

mm

<table>
<tr><td colspan="3">键槽宽或键宽 B</td><td>3</td><td>3.5～6</td><td>7～10</td><td>12～18</td></tr>
<tr><td rowspan="3">t_1</td><td colspan="2">键槽宽</td><td>0.010</td><td>0.015</td><td>0.020</td><td>0.025</td></tr>
<tr><td rowspan="2">键宽</td><td>滑动、固定</td><td>0.010</td><td>0.015</td><td>0.020</td><td>0.025</td></tr>
<tr><td>紧滑动</td><td>0.006</td><td>0.010</td><td>0.013</td><td>0.016</td></tr>
</table>

6　检验规则

6.1　内花键的检验

6.1.1　用花键综合通规同时检验下列各项目，以保证配合要求和安装要求：

小径　min；

大径　max；

键槽宽　min；

大径对小径的同轴度；

键槽的位置度，用单项检验法检验等分度、对称度公差以代替位置度公差。

6.1.2　用单项止规（或其他量具）分别检验下列项目的最大极限尺寸：

小径；

大径；

键槽宽。

6.2　外花键的检验

6.2.1　用花键综合通规，同时检验下列各项目，以保证配合要求和安装要求：

小径　max；

大径　min；

键宽　max；

大径对小径的同轴度；

键的位置度，用单项检验法检验等分度、对称度公差以代替位置度公差。

6.2.2　用单项止规（或其他量具）分别检验下列项目的最大极限尺寸：

小径；

大径；

键宽。

6.3　检验时，综合通规通过，单项止规不通过，则花键合格。当综合通规不通过时，花键不合格。

6.4　花键综合通规、单项止规的公差带和数值表见附录 B（标准的附录）。

6.5　当无综合通规时，可采用单项检验法检验花键的尺寸偏差和位置度误差。

7　标记

矩形花键的标记代号应按次序包括下列内容：键数 N，小径 d，大径 D，键宽 B，基本尺寸及配合公差带代号和标准号。

标记示例：

花键 $N=6$；$d=23\dfrac{H7}{f7}$；$D=26\dfrac{H10}{a11}$；$B=6\dfrac{H11}{d10}$的标记为：

花键规格：$N\times d\times D\times B$

$6\times23\times26\times6$

花键副：$6\times23\dfrac{H7}{f7}\times26\dfrac{H10}{a11}\times6\dfrac{H11}{d10}$　GB/T 1144—2001

内花键：6×23H7×26H10×6H11　GB/T 1144—2001

外花键：6×23f7×26a11×6d10　GB/T 1144—2001

附 录 A
（标准的附录）
矩形花键对称度和等分度公差

花键的对称度和等分度公差一般适用于单项检验法。

A1 键槽宽或键宽的对称度公差和标注见图 A1 和表 A1。

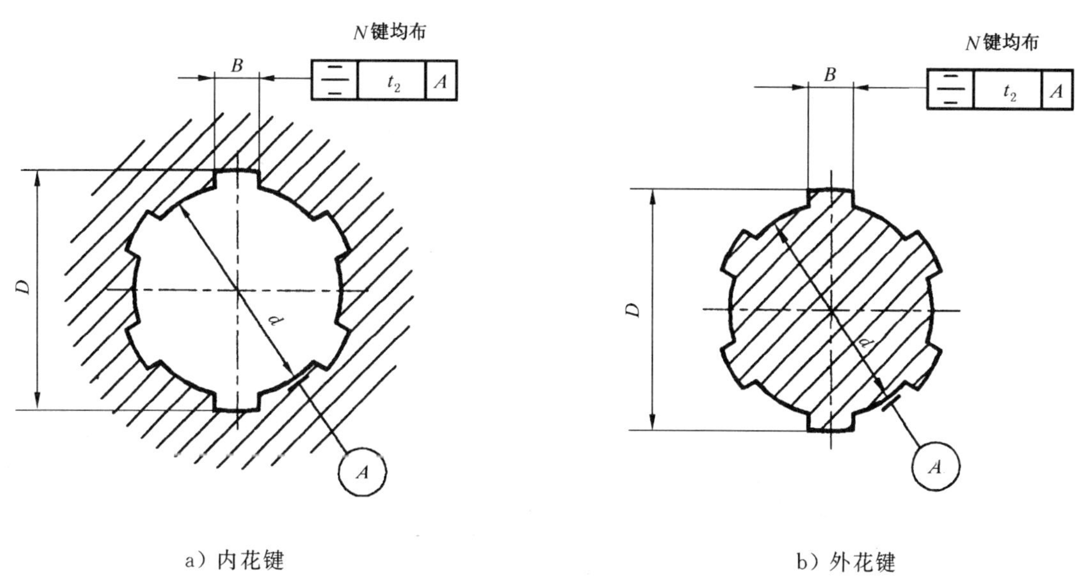

a）内花键　　b）外花键

图 A1

表 A1　对称度公差　　mm

键槽宽或键宽 B		3	3.5～6	7～10	12～18
t_2	一般用	0.010	0.012	0.015	0.018
	精密传动用	0.006	0.008	0.009	0.011

A2 键槽宽或键宽的等分度公差值等于其对称度公差值(见表 A1)。

附 录 B
（标准的附录）
矩形花键综合通规和单项止规的尺寸公差带和数值表

B1 检验矩形花键小径用的量规公差带见图 B1，量规公差值和位置要素值见表 B1。

B2 检验矩形花键大径用的量规公差带见图 B2，量规公差值和位置要素值见表 B2。

B3 检验矩形花键键槽宽和键宽用的量规公差带见图 B3，量规公差值和位置要素值见表 B3。

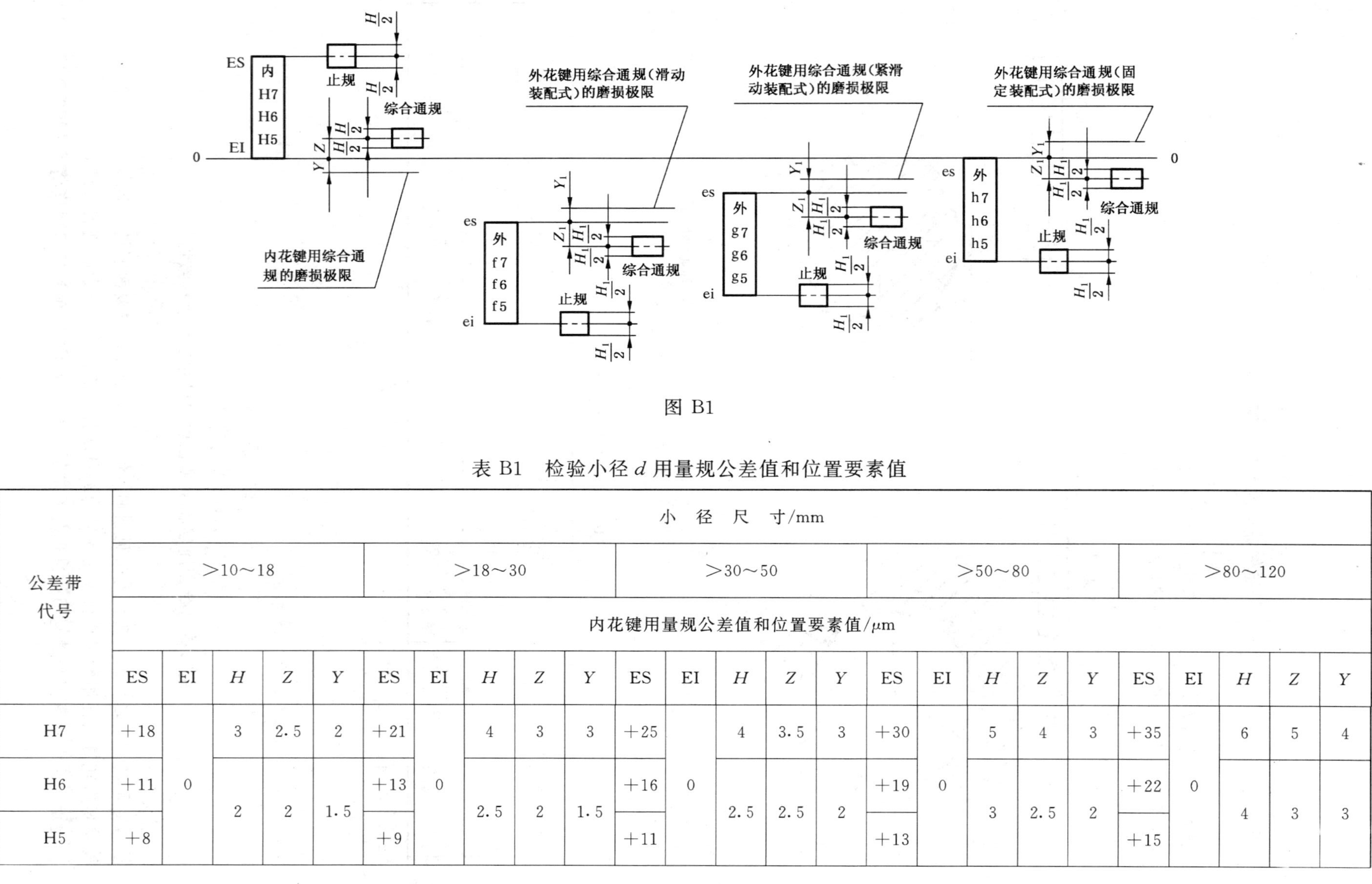

图 B1

表 B1 检验小径 d 用量规公差值和位置要素值

公差带代号	小径尺寸/mm																								
	>10～18					>18～30					>30～50					>50～80					>80～120				
	内花键用量规公差值和位置要素值/μm																								
	ES	EI	H	Z	Y	ES	EI	H	Z	Y	ES	EI	H	Z	Y	ES	EI	H	Z	Y	ES	EI	H	Z	Y
H7	+18		3	2.5	2	+21		4	3	3	+25		4	3.5	3	+30		5	4	3	+35		6	5	4
H6	+11	0	2	2	1.5	+13	0	2.5	2	1.5	+16	0	2.5	2.5	2	+19	0	3	2.5	2	+22	0	4	3	3
H5	+8					+9					+11					+13					+15				

表 B1(完)

<table>
<tr><th rowspan="3">公差带代号</th><th colspan="25">小 径 尺 寸/mm</th></tr>
<tr><th colspan="5">>10～18</th><th colspan="5">>18～30</th><th colspan="5">>30～50</th><th colspan="5">>50～80</th><th colspan="5">>80～120</th></tr>
<tr><th colspan="25">外花键用量规公差值和位置要素值/μm</th></tr>
<tr><th></th><th>es</th><th>ei</th><th>H_1</th><th>Z_1</th><th>Y_1</th><th>es</th><th>ei</th><th>H_1</th><th>Z_1</th><th>Y_1</th><th>es</th><th>ei</th><th>H_1</th><th>Z_1</th><th>Y_1</th><th>es</th><th>ei</th><th>H_1</th><th>Z_1</th><th>Y_1</th><th>es</th><th>ei</th><th>H_1</th><th>Z_1</th><th>Y_1</th></tr>
<tr><td>f7</td><td rowspan="3">−16</td><td>−34</td><td rowspan="2">3</td><td rowspan="2">2.5</td><td rowspan="2">2</td><td rowspan="3">−20</td><td>−41</td><td rowspan="2">4</td><td rowspan="2">3</td><td rowspan="2">3</td><td rowspan="3">−25</td><td>−50</td><td rowspan="2">4</td><td rowspan="2">3.5</td><td rowspan="2">3</td><td rowspan="3">−30</td><td>−60</td><td rowspan="2">5</td><td rowspan="2">4</td><td rowspan="2">3</td><td rowspan="3">−36</td><td>−71</td><td rowspan="2">6</td><td rowspan="2">5</td><td rowspan="2">4</td></tr>
<tr><td>f6</td><td>−27</td><td>−33</td><td>−41</td><td>−49</td><td>−58</td></tr>
<tr><td>f5</td><td>−24</td><td>2</td><td>2</td><td>1.5</td><td>−29</td><td>2.5</td><td>2</td><td>1.5</td><td>−36</td><td>2.5</td><td>2.5</td><td>2</td><td>−43</td><td>3</td><td>2.5</td><td>2</td><td>−51</td><td>4</td><td>3</td><td>3</td></tr>
<tr><td>g7</td><td rowspan="3">−6</td><td>−24</td><td rowspan="2">3</td><td rowspan="2">2.5</td><td rowspan="2">2</td><td rowspan="3">−7</td><td>−28</td><td rowspan="2">4</td><td rowspan="2">3</td><td rowspan="2">3</td><td rowspan="3">−9</td><td>−34</td><td rowspan="2">4</td><td rowspan="2">3.5</td><td rowspan="2">3</td><td rowspan="3">−10</td><td>−40</td><td rowspan="2">5</td><td rowspan="2">4</td><td rowspan="2">3</td><td rowspan="3">−12</td><td>−47</td><td rowspan="2">6</td><td rowspan="2">5</td><td rowspan="2">4</td></tr>
<tr><td>g6</td><td>−17</td><td>−20</td><td>−25</td><td>−29</td><td>−34</td></tr>
<tr><td>g5</td><td>−14</td><td>2</td><td>2</td><td>1.5</td><td>−16</td><td>2.5</td><td>2</td><td>1.5</td><td>−20</td><td>2.5</td><td>2.5</td><td>2</td><td>−23</td><td>3</td><td>2.5</td><td>2</td><td>−27</td><td>4</td><td>3</td><td>3</td></tr>
<tr><td>h7</td><td rowspan="3">0</td><td>−18</td><td rowspan="2">3</td><td rowspan="2">2.5</td><td rowspan="2">2</td><td rowspan="3">0</td><td>−21</td><td rowspan="2">4</td><td rowspan="2">3</td><td rowspan="2">3</td><td rowspan="3">0</td><td>−25</td><td rowspan="2">4</td><td rowspan="2">3.5</td><td rowspan="2">3</td><td rowspan="3">0</td><td>−30</td><td rowspan="2">5</td><td rowspan="2">4</td><td rowspan="2">3</td><td rowspan="3">0</td><td>−35</td><td rowspan="2">6</td><td rowspan="2">5</td><td rowspan="2">4</td></tr>
<tr><td>h6</td><td>−11</td><td>−13</td><td>−16</td><td>−19</td><td>−22</td></tr>
<tr><td>h5</td><td>−8</td><td>2</td><td>2</td><td>1.5</td><td>−9</td><td>2.5</td><td>2</td><td>1.5</td><td>−11</td><td>2.5</td><td>2.5</td><td>2</td><td>−13</td><td>3</td><td>2.5</td><td>2</td><td>−15</td><td>4</td><td>3</td><td>3</td></tr>
</table>

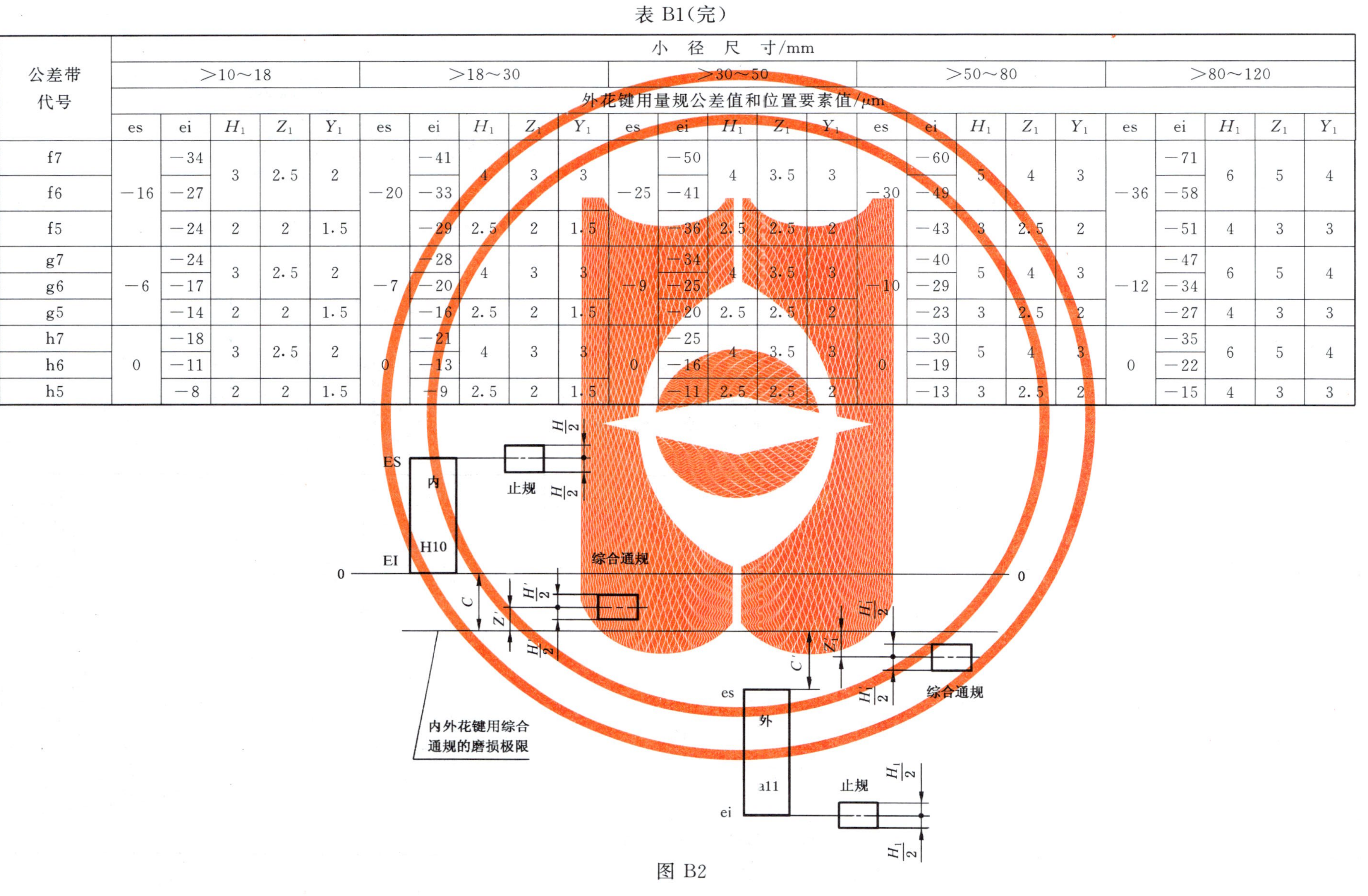

图 B2

表 B2 检验大径 D 用量规公差值和位置要素值

大径尺寸 mm	量规公差值和位置要素值/μm													
	内花键大径公差带	ES	EI	H	C	Z'	H'	外花键大径公差带	es	ei	H_1	C'	Z_1'	H_1'
>10～18	H10	+70	0	3	145	10.5	11	a11	−290	−400	8	145	10.5	11
>18～30		+84		4	150	12.5	13		−300	−430	9	150	12.5	13
>30～40		+100			155	15	16		−310	−470	11	155	15	16
>40～50					160				−320	−480		160		
>50～65		+120		5	170	17.5	19		−340	−530	13	170	17.5	19
>65～80					180				−360	−550		180		
>80～100		+140		6	190	21	22		−380	−600	15	190	21	22
>100～120					205				−410	−630		205		
>120～125		+160		8	230	24.5	25		−460	−710	18	230	24.5	25

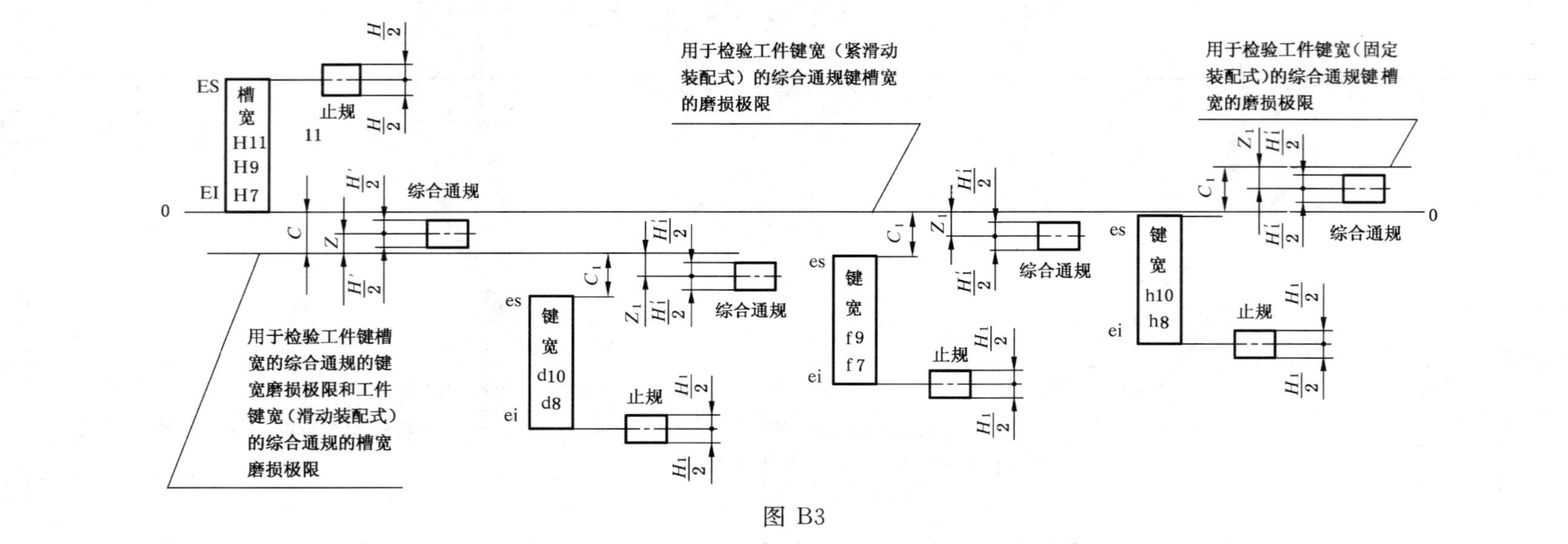

图 B3

表 B3 检验键槽宽和键宽用量规的公差值和位置要素值

公差带代号	键槽宽和键宽尺寸/mm																							
	≤3						>3～6						>6～10						>10～18					
	键槽宽用量规公差值和位置要素值/μm																							
	ES	EI	H	C	Z	H'	ES	EI	H	C	Z	H'	ES	EI	H	C	Z	H'	ES	EI	H	C	Z	H'
H11	+60		4				+75		5				+90		6				+110		8			
H9	+25	0	2	10	6	6	+30	0	2.5	15	8	8	+36	0	2.5	20	8.5	9	+43	0	3	25	10.5	11
H7	+10						+12						+15						+18					
	键宽用量规公差值和位置要素值/μm																							
	es	ei	H_1	C_1	Z_1	H_1'	es	ei	H_1	C_1	Z_1	H_1'	es	ei	H_1	C_1	Z_1	H_1'	es	ei	H_1	C_1	Z_1	H_1'
d10	-20	-60		10			-30	-78		15			-40	-98		20			-50	-120		25		
d8		-34						-48						-62						-77				
f9	-6	-31	2	6	6	6	-10	-40	2.5	10	8	8	-13	-49	2.5	13	8.5	9	-16	-59	3	16	10.5	11
f7		-16						-22						-28						-34				
h10	0	-40		10			0	-48		15			0	-58		20			0	-70		25		
h8		-14						-18						-22						-27				

ICS 21.120.20
J 18

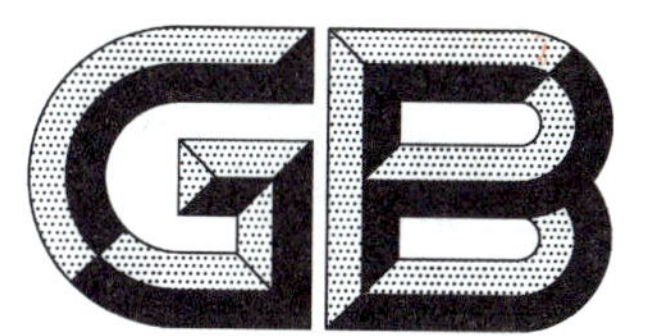

中华人民共和国国家标准

GB/T 1563—2017
代替 GB/T 1563—2003

楔键　键槽的剖面尺寸

Taper keys—Cross section dimensions of keyways

2017-02-28 发布　　　　2017-06-01 实施

中华人民共和国国家质量监督检验检疫总局
中国国家标准化管理委员会　发布

前　　言

本标准按照 GB/T 1.1—2009 给出的规则起草。

本标准代替 GB/T 1563—2003《楔键　键槽的剖面尺寸》。

与 GB/T 1563—2003 相比主要技术变化如下：

——修改了毂的极限偏差(见表 1)；

——对键槽的表面粗糙度做了相应调整(见 4.3)。

本标准由全国机器轴与附件标准化技术委员会(SAC/TC 109)提出并归口。

本标准起草单位：中机生产力促进中心、河北北环机械通用零部件有限公司、太原重工股份有限公司。

本标准主要起草人：明翠新、薛根友、王晓凌、李海斌、朱悦。

本标准所代替标准的历次版本发布情况为：

——GB/T 1563—1979、GB/T 1563—2003。

楔键　键槽的剖面尺寸

1　范围

本标准规定了键槽宽度 b＝2 mm～100 mm 的普通型和钩头型楔键键槽的剖面尺寸。

本标准适用于普通型和钩头型楔键。

2　规范性引用文件

下列文件对于本文件的应用是必不可少的。凡是注日期的引用文件，仅注日期的版本适用于本文件。凡是不注日期的引用文件，其最新版本(包括所有的修改单)适用于本文件。

GB/T 1031　产品几何技术规范(GPS)表面结构　轮廓法　表面粗糙度参数及其数值

GB/T 1564　普通型　楔键

GB/T 1565　钩头型　楔键

3　尺寸与公差

楔键键槽的剖面尺寸与公差见图 1 和表 1。

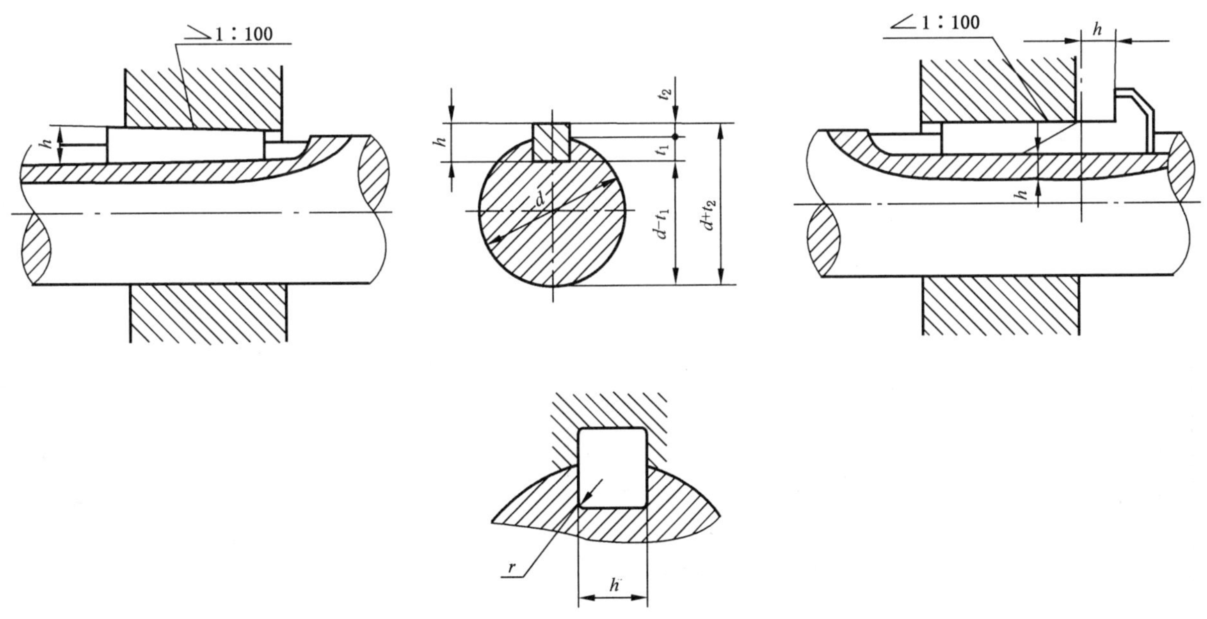

注 1：$(d+t_2)$及 t_2 表示大端轮毂槽深度。

注 2：安装时，键的斜面与轮毂槽的斜面紧密贴合。

图 1　楔键键槽的剖面尺寸

表 1　楔键键槽的尺寸与公差

单位为毫米

键尺寸 $b\times h$	键 宽度 b 基本尺寸	极限偏差 正常联结 轴 N9	极限偏差 正常联结 毂 JS9	极限偏差 紧密联结 轴和毂 P9	极限偏差 松联结 轴 H9	极限偏差 松联结 毂 D10	槽 深度 轴 t_1 基本尺寸	轴 t_1 极限偏差	毂 t_2 基本尺寸	毂 t_2 极限偏差	半径 r min	半径 r max
2×2	2	−0.004 −0.029	±0.012	−0.006 −0.031	+0.025 0	+0.060 +0.020	1.2	+0.1 0	1.0	+0.1 0	0.08	0.16
3×3	3						1.8		1.4			
4×4	4	0 −0.030	±0.015	−0.012 −0.042	+0.030 0	+0.078 +0.030	2.5		1.8			
5×5	5						3.0		2.3		0.16	0.25
6×6	6						3.5		2.8			
8×7	8	0 −0.036	±0.018	−0.015 −0.051	+0.036 0	+0.098 +0.040	4.0	+0.2 0	3.3	+0.2 0		
10×8	10						5.0		3.3		0.25	0.40
12×8	12	0 −0.043	±0.021	−0.018 −0.061	+0.043 0	+0.120 +0.050	5.0		3.3			
14×9	14						5.5		3.8			
16×10	16						6.0		4.3			
18×11	18						7.0		4.4			
20×12	20	0 −0.052	±0.026	−0.022 −0.074	+0.052 0	+0.149 +0.065	7.5		4.9		0.40	0.60
22×14	22						9.0		5.4			
25×14	25						9.0		5.4			
28×16	28						10.0		6.4			
32×18	32	0 −0.062	±0.031	−0.026 −0.088	+0.062 0	+0.180 +0.080	11.0		7.4			
36×20	36						12.0	+0.3 0	8.4	+0.3 0	0.70	1.00
40×22	40						13.0		9.4			
45×25	45						15.0		10.4			
50×28	50						17.0		11.4			
56×32	56	0 −0.074	±0.037	−0.032 −0.106	+0.074 0	+0.220 +0.100	20.0		12.4		1.20	1.60
63×32	63						20.0		12.4			
70×36	70						22.0		14.4			
80×40	80						25.0		15.4		2.00	2.50
90×45	90	0 −0.087	±0.043	−0.037 −0.124	+0.087 0	+0.260 +0.120	28.0		17.4			
100×50	100						31.0		19.5			

4　技术条件

4.1　普通型楔键的尺寸应符合 GB/T 1564 的规定。

4.2 钩头型楔键的尺寸应符合 GB/T 1565 的规定。

4.3 键槽表面粗糙度一般规定：

a) 轴槽、轮毂槽的键槽宽度 b 两侧面粗糙度参数按 GB/T 1031，选 Ra 值为 6.3 μm。

b) 轴槽底面、轮毂槽底面的表面粗糙度参数按 GB/T 1031，选 Ra 值为 1.6 μm～3.2 μm。

ICS 21.120.20
J 18

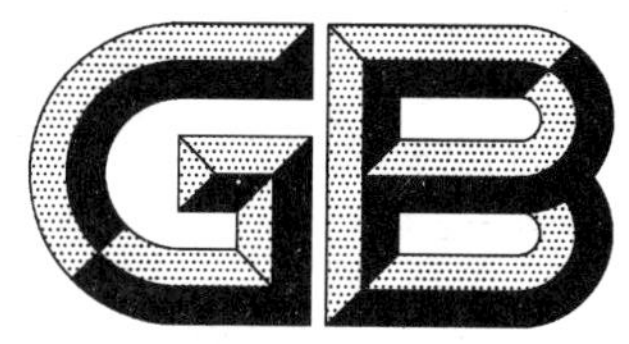

中华人民共和国国家标准

GB/T 1564—2003
代替 GB/T 1564—1979

普通型 楔键

Taper keys for general use

2003-06-05 发布 2004-02-01 实施

中华人民共和国
国家质量监督检验检疫总局 发布

前　言

本标准是对 GB/T 1564—1979《普通楔键　型式尺寸》的修订。本标准与 GB/T 1564—1979 的主要区别是：

——标准名称由原“普通楔键　型式尺寸”改为“普通型　楔键”；

——表中键宽 b 的极限偏差由“h 9”改为“h 8”；

——将表中“平头普通楔键(B型)1 000 件的重量 kg≈”删去，改为“标准长度范围”；

——标记示例改为“GB/T 1564　键 16×100”；

——标记示例增加“普通 A 型楔键、普通 B 型楔键、普通 C 型楔键”。

本标准自实施之日起，代替 GB/T 1564—1979。

本标准由全国机器轴与附件标准化技术委员会提出并归口。

本标准起草单位：机械科学研究院、上海球明标准件有限公司、石家庄链轮总厂、北京标准件有限公司。

本标准主要起草人：明翠新、沈志芳、杜　刚、周曰球、丁海军。

普 通 型 楔 键

1 范围

本标准规定了宽度 b=2 mm～100 mm 的普通 A 型、B 型、C 型楔键尺寸。

2 规范性引用文件

下列文件中的条款通过本标准的引用而成为本标准的条款。凡是注日期的引用文件，其随后所有的修改单(不包括勘误的内容)或修订版均不适用于本标准，然而，鼓励根据本标准达成协议的各方研究是否可使用这些文件的最新版本。凡是不注日期的引用文件，其最新版本适用于本标准。

GB/T 321 优先数和优先数系

GB/T 1563 楔键 键槽的剖面尺寸

GB/T 1568 键 技术条件

3 尺寸与公差

普通楔键的型式尺寸与公差见图 1 和表 1。

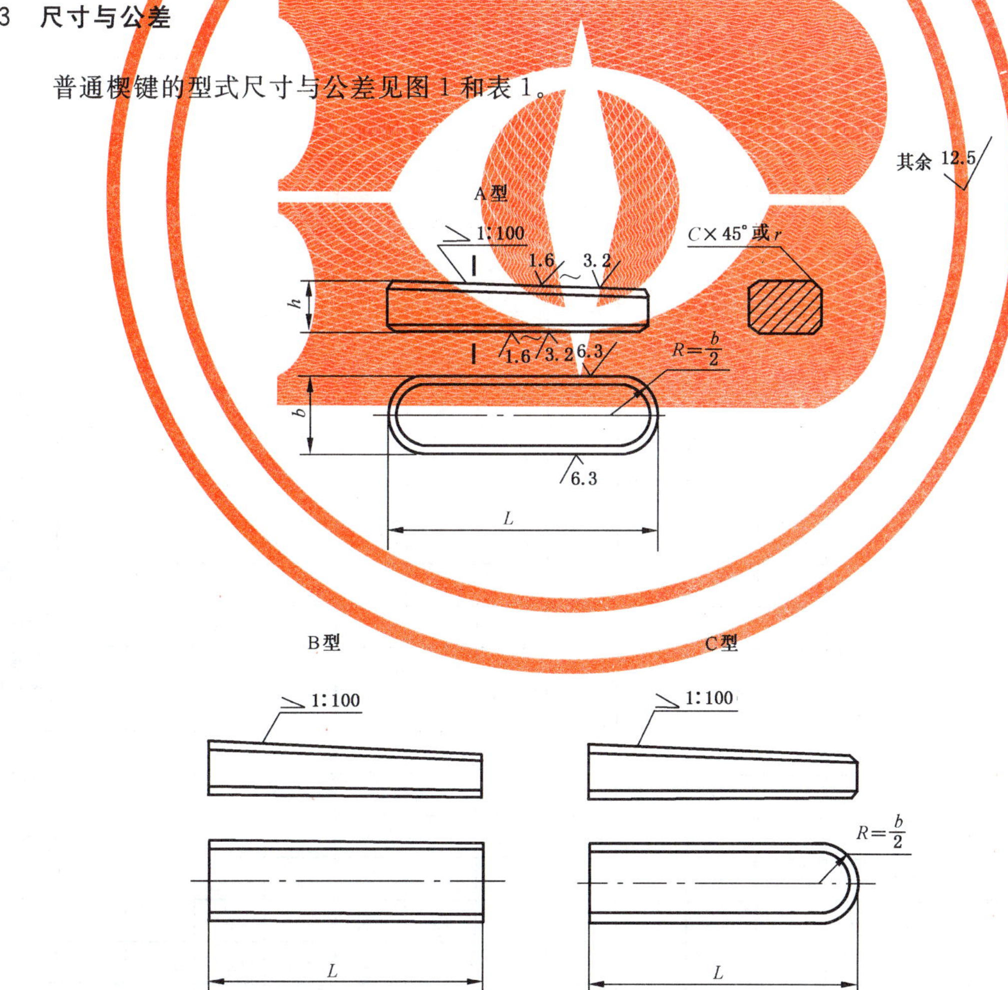

图 1 普通楔键的型式尺寸

表 1 普通楔键的尺寸与公差

单位为毫米

宽度 *b*	基本尺寸	2	3	4	5	6	8	10	12	14	16	18	20	22
	极限偏差 (h 8)	0 −0.014		0 −0.018			0 −0.022		0 −0.027				0 −0.033	
高度 *h*	基本尺寸	2	3	4	5	6	7	8	8	9	10	11	12	14
	极限偏差 (h 11)	0 −0.060		0 −0.075			0 −0.090					0 −0.110		
倒角或倒圆 *s*		0.16～0.25			0.25～0.40			0.40～0.60					0.60～0.80	
长度 *L*														
基本尺寸	极限偏差 (h 14)													
6	0 −0.36			—	—	—	—	—	—	—	—	—	—	—
8					—	—	—	—	—	—	—	—	—	—
10						—	—	—	—	—	—	—	—	—
12	0 −0.43					—	—	—	—	—	—	—	—	—
14							—	—	—	—	—	—	—	—
16							—	—	—	—	—	—	—	—
18								—	—	—	—	—	—	—
20	0 −0.52							—	—	—	—	—	—	—
22		—			标准				—	—	—	—	—	—
25		—							—	—	—	—	—	—
28		—								—	—	—	—	—
32	0 −0.62	—								—	—	—	—	—
36		—									—	—	—	—
40		—	—								—	—	—	—
45		—	—					长度				—	—	—
50		—	—	—									—	—
56	0 −0.74	—	—	—										—
63		—	—	—	—									
70		—	—	—	—									
80		—	—	—	—	—								
90	0 −0.87	—	—	—	—	—					范围			
100		—	—	—	—	—	—							
110		—	—	—	—	—	—							
125	0 −1.00	—	—	—	—	—	—	—						
140		—	—	—	—	—	—	—						
160		—	—	—	—	—	—	—	—					
180		—	—	—	—	—	—	—	—	—				
200	0 −1.15	—	—	—	—	—	—	—	—	—	—			
220		—	—	—	—	—	—	—	—	—	—	—		
250		—	—	—	—	—	—	—	—	—	—	—	—	

表 1（续） 单位为毫米

宽度 *b*	基本尺寸	25	28	32	36	40	45	50	56	63	70	80	90	100
	极限偏差 （h 8）	0 −0.033		0 −0.039					0 −0.046				0 −0.054	
高度 *h*	基本尺寸	14	16	18	20	22	25	28	32	32	36	40	45	50
	极限偏差 （h 11）	0 −0.110			0 −0.130				0 −0.160					
倒角或倒圆 *s*		0.60～0.80			1.00～1.20				1.60～2.00			2.50～3.00		
长度 *L*														
基本尺寸	极限偏差 （h 14）													
70	0 −0.74		—	—	—	—	—	—	—	—	—	—	—	—
80				—	—	—	—	—	—	—	—	—	—	—
90	0 −0.87				—	—	—	—	—	—	—	—	—	—
100							—	—	—	—	—	—	—	—
110								—	—	—	—	—	—	—
125	0 −1.00								—	—	—	—	—	—
140										—	—	—	—	—
160					标准						—	—	—	—
180												—	—	—
200	0 −1.15												—	—
220														—
250								长度						
280	0 −1.30													
320	0 −1.40	—												
360		—	—								范围			
400		—	—	—										
450	0 −1.55	—	—	—	—	—								
500		—	—	—	—	—	—							

4 技术条件

4.1 普通型楔键的技术条件应符合 GB/T 1568 的规定。

4.2 键槽的尺寸应符合 GB/T 1563 的规定。

4.3 当键长大于 500 mm 时，其长度应按 GB/T 321 的 R20 系列选取，为减小由于直线度而引起的问题，键长应小于 10 倍的键宽。

5 标记

标记示例：

宽度 b=16 mm、高度 h=10 mm、长度 L=100 mm 普通 A 型楔键的标记为：

GB/T 1564　键 16×100

宽度 b=16 mm、高度 h=10 mm、长度 L=100 mm 普通 B 型楔键的标记为：

GB/T 1564　键 B 16×100

宽度 b=16 mm、高度 h=10 mm、长度 L=100 mm 普通 C 型楔键的标记为：

GB/T 1564　键 C 16×100

ICS 21.120.30
J 18

中华人民共和国国家标准

GB/T 1565—2003
代替 GB/T 1565—1979

钩头型 楔键

Gib head taper keys

2003-04-29 发布 2003-12-01 实施

中华人民共和国
国家质量监督检验检疫总局 发布

前　言

本标准是对 GB/T 1565—1979《钩头楔键　型式尺寸》的修订。本标准与 GB/T 1565—1979 的主要区别是：

——标准名称由原“钩头楔键　型式尺寸”改为“钩头型　楔键”；

——表中键宽 b 的极限偏差由“h 9”改为“h 8”；

——将表中“平头普通楔键(B 型)1 000 件的重量　kg≈”删去，改为“标准长度范围”；

——标记示例改为“GB/T 1565　键 16×100”。

本标准自实施之日起，代替 GB/T 1565—1979。

本标准由全国机器轴与附件标准化技术委员会提出并归口。

本标准起草单位：机械科学研究院、上海球明标准件有限公司、石家庄链轮总厂、北京标准件有限公司。

本标准主要起草人：明翠新、沈志芳、杜　刚、周曰球、丁海军。

钩 头 型　楔 键

1　范围

本标准规定了宽度 b=4 mm～100 mm 的钩头型楔键。

2　规范性引用文件

下列文件中的条款通过本标准的引用而成为本标准的条款。凡是注日期的引用文件，其随后所有的修改单(不包括勘误的内容)或修订版均不适用于本标准，然而，鼓励根据本标准达成协议的各方研究是否可使用这些文件的最新版本。凡是不注日期的引用文件，其最新版本适用于本标准。

GB/T 321　优先数和优先数系

GB/T 1563　楔键　键槽的剖面尺寸

GB/T 1568　键　技术条件

3　尺寸与公差

钩头型楔键的型式尺寸与公差见图1和表1。

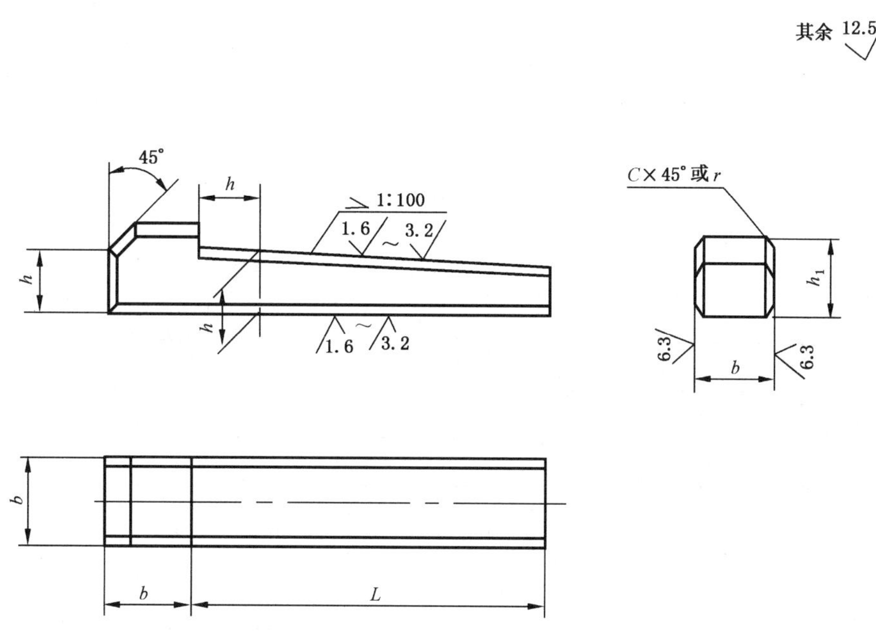

图1　钩头型楔键的型式尺寸

表 1 钩头型楔键的尺寸与公差

单位为毫米

宽度 b	基本尺寸	4	5	6	8	10	12	14	16	18	20	22	25
	极限偏差 (h 8)	0 −0.018			0 −0.022		0 −0.027				0 −0.033		
高度 h	基本尺寸	4	5	6	7	8	8	9	10	11	12	14	14
	极限偏差 (h 11)	0 −0.075			0 −0.090					0 −0.110			
h_1		7	8	10	11	12	12	14	16	18	20	22	22
倒角或倒圆 s		0.16～0.25	0.25～0.40			0.40～0.60					0.60～0.80		
长度 L													
基本尺寸	极限偏差 (h 14)												
14	0 −0.43				—	—	—	—	—	—	—	—	—
16					—	—	—	—	—	—	—	—	—
18						—	—	—	—	—	—	—	—
20	0 −0.52					—	—	—	—	—	—	—	—
22							—	—	—	—	—	—	—
25							—	—	—	—	—	—	—
28	0 −0.62							—	—	—	—	—	—
32								—	—	—	—	—	—
36									—	—	—	—	—
40					标准				—	—	—	—	—
45										—	—	—	—
50		—									—	—	—
56	0 −0.74	—										—	—
63		—	—										—
70		—	—					长度					
80		—	—	—									
90	0 −0.87	—	—	—									
100		—	—	—	—								
110		—	—	—	—						范围		
125	0 −1.00	—	—	—	—	—							
140		—	—	—	—	—							
160		—	—	—	—	—	—						
180		—	—	—	—	—	—	—					
200	0 −1.15	—	—	—	—	—	—	—	—				
220		—	—	—	—	—	—	—	—	—			
250		—	—	—	—	—	—	—	—	—	—		
280	0 −1.30	—	—	—	—	—	—	—	—	—	—	—	

表 1(续)

单位为毫米

宽度 b	基本尺寸	28	32	36	40	45	50	56	63	70	80	90	100
	极限偏差 (h 8)	0 −0.033	0 −0.039					0 −0.046				0 −0.054	
高度 h	基本尺寸	16	18	20	22	25	28	32	32	36	40	45	50
	极限偏差 (h 11)	0 −0.110		0 −0.130				0 −0.160					
h_1		25	28	32	36	40	45	50	50	56	63	70	80
倒角或倒圆 s		0.60～0.80		1.00～1.20				1.60～2.00			2.50～3.00		
长度 L													
基本尺寸	极限偏差 (h 14)												
80	0 −0.74		—	—	—	—	—	—	—	—	—	—	—
90	0 −0.87			—	—	—	—	—	—	—	—	—	—
100						—	—	—	—	—	—	—	—
110							—	—	—	—	—	—	—
125	0 −1.00							—	—	—	—	—	—
140									—	—	—	—	—
160										—	—	—	—
180											—	—	—
200	0 −1.15											—	—
220													—
250								长度					
280	0 −1.30												
320	0 −1.40												
360		—									范围		
400		—	—										
450	0 −1.55	—	—	—	—	—							
500		—	—	—	—	—							

4 技术条件

4.1 普通型楔键的技术条件应符合 GB/T 1568 的规定。

4.2 键槽的尺寸应符合 GB/T 1563 的规定。

4.3 当键长大于 500 mm 时，其长度应按 GB/T 321 的 R20 系列选取。为减小由于直线度而引起的问题，键长应小于 10 倍的键宽。

5 标记

标记示例：

宽度 b=16 mm、高度 h=10 mm、长度 L=100 mm 钩头型楔键的标记为：

GB/T 1565　键 16×100

ICS 21.120.20
J 18

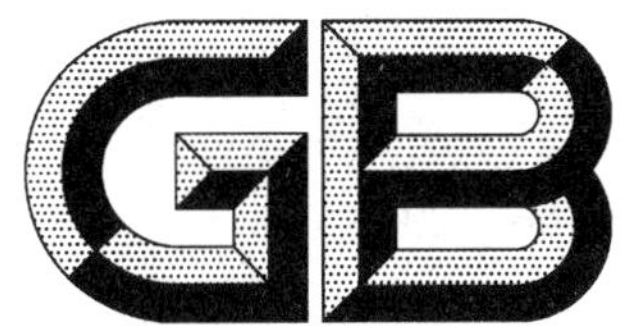

中华人民共和国国家标准

GB/T 1566—2003
代替 GB/T 1566—1979

薄型平键　键槽的剖面尺寸

Square and rectangular thin keyways

2003-06-05 发布　　2004-02-01 实施

中华人民共和国
国家质量监督检验检疫总局　发布

前　言

本标准是非等效 ASME B18.25.1 M—1996《矩形和长方形键与键槽》对 GB/T 1566—1979《薄型平键　键和键槽的剖面尺寸》的修订。本标准与 GB/T 1566—1979 的主要区别是：

——标准名称由原"薄型平键　键和键槽的剖面尺寸"改为"薄型平键　键槽的剖面尺寸"；

——取消了表中"轴　公称直径 d"一列；

——将原表中第 2 列的"键　公称尺寸 $b\times h$"改为"键尺寸 $b\times h$"；

——将原表中第 3 列的"公称尺寸 b"改为"基本尺寸"；

——表中键槽宽度极限偏差由"较松键联结、一般键联结、较紧键联结"改为"正常联结、紧密联结、松联结"；

——将键槽深度中的"轴 t"改为"轴 t_1"，"毂 t_1"改为"毂 t_2"；

——取消了表中的注；

——取消了附录"关于键槽表面粗糙度和对称度公差"。

本标准自实施之日起，代替 GB/T 1566—1979。

本标准由全国机器轴与附件标准化技术委员会提出并归口。

本标准起草单位：机械科学研究院、上海球明标准件有限公司。

本标准主要起草人：明翠新、沈志芳。

薄型平键　键槽的剖面尺寸

1　范围

本标准规定了宽度 b=5 mm～36 mm 的薄型平键键槽的剖面尺寸。

2　规范性引用文件

下列文件中的条款通过本标准的引用而成为本标准的条款。凡是注日期的引用文件，其随后所有的修改单(不包括勘误的内容)或修订版均不适用于本标准，然而，鼓励根据本标准达成协议的各方研究是否可使用这些文件的最新版本。凡是不注日期的引用文件，其最新版本适用于本标准。

GB/T 1031　表面粗糙度　参数及其数值(neq ISO 468:1982)

GB/T 1184—1996　形状和位置公差　未注公差值(eqv ISO 2768-2:1989)

GB/T 1567　薄型　平键

3　尺寸与公差

薄型平键键槽的剖面尺寸与公差见图 1 和表 1。

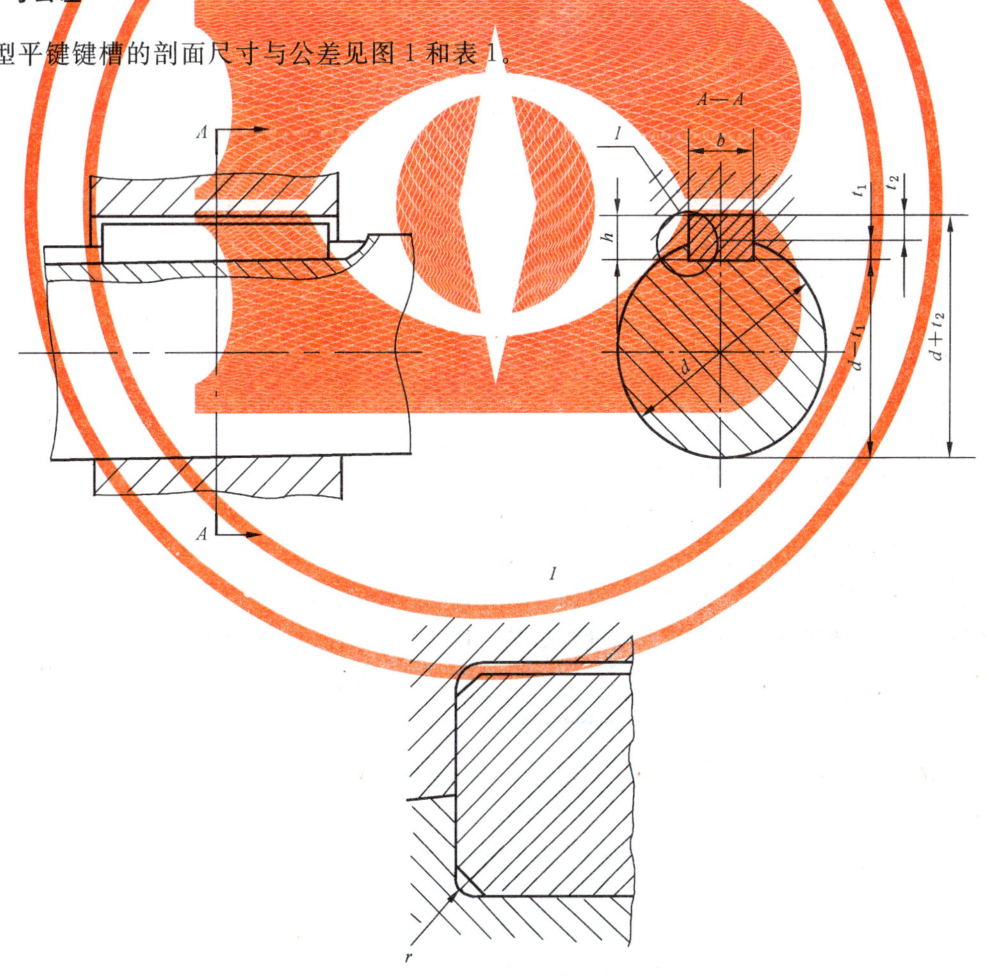

图 1　薄型平键键槽的剖面尺寸

表 1　薄型平键键槽的尺寸与公差

单位为毫米

<table>
<tr><td rowspan="5">键尺寸
$b \times h$</td><td colspan="12">键　　槽</td></tr>
<tr><td colspan="6">宽　度　b</td><td colspan="4">深　度</td><td colspan="2" rowspan="2">半径　r</td></tr>
<tr><td rowspan="3">基本尺寸</td><td colspan="5">极　限　偏　差</td><td colspan="2">轴　t_1</td><td colspan="2">毂　t_2</td></tr>
<tr><td colspan="2">正常联结</td><td>紧密联结</td><td colspan="2">松联结</td><td rowspan="2">基本尺寸</td><td rowspan="2">极限偏差</td><td rowspan="2">基本尺寸</td><td rowspan="2">极限偏差</td><td rowspan="2">min</td><td rowspan="2">max</td></tr>
<tr><td>轴 N9</td><td>毂 JS9</td><td>轴和毂 P9</td><td>轴 H9</td><td>毂 D10</td></tr>
<tr><td>5×3</td><td>5</td><td rowspan="2">0
−0.030</td><td rowspan="2">±0.015</td><td rowspan="2">−0.012
−0.042</td><td rowspan="2">+0.030
0</td><td rowspan="2">+0.078
+0.030</td><td>1.8</td><td rowspan="6">+0.1
0</td><td>1.4</td><td rowspan="6">+0.1
0</td><td rowspan="3">0.16</td><td rowspan="3">0.25</td></tr>
<tr><td>6×4</td><td>6</td><td>2.5</td><td>1.8</td></tr>
<tr><td>8×5</td><td>8</td><td rowspan="2">0
−0.036</td><td rowspan="2">±0.018</td><td rowspan="2">−0.015
−0.051</td><td rowspan="2">+0.036
0</td><td rowspan="2">+0.098
+0.040</td><td>3.0</td><td>2.3</td></tr>
<tr><td>10×6</td><td>10</td><td>3.5</td><td>2.8</td><td rowspan="5">0.25</td><td rowspan="5">0.40</td></tr>
<tr><td>12×6</td><td>12</td><td rowspan="4">0
−0.043</td><td rowspan="4">±0.0215</td><td rowspan="4">−0.018
−0.061</td><td rowspan="4">+0.043
0</td><td rowspan="4">+0.120
+0.050</td><td>3.5</td><td>2.8</td></tr>
<tr><td>14×6</td><td>14</td><td>3.5</td><td>2.8</td></tr>
<tr><td>16×7</td><td>16</td><td>4.0</td><td rowspan="8">+0.2
0</td><td>3.3</td><td rowspan="8">+0.2
0</td></tr>
<tr><td>18×7</td><td>18</td><td>4.0</td><td>3.3</td></tr>
<tr><td>20×8</td><td>20</td><td rowspan="4">0
−0.052</td><td rowspan="4">±0.026</td><td rowspan="4">−0.022
−0.074</td><td rowspan="4">+0.052
0</td><td rowspan="4">+0.149
+0.065</td><td>5.0</td><td>3.3</td><td rowspan="5">0.40</td><td rowspan="5">0.60</td></tr>
<tr><td>22×9</td><td>22</td><td>5.5</td><td>3.8</td></tr>
<tr><td>25×9</td><td>25</td><td>5.5</td><td>3.8</td></tr>
<tr><td>28×10</td><td>28</td><td>6.0</td><td>4.3</td></tr>
<tr><td>32×11</td><td>32</td><td rowspan="2">0
−0.062</td><td rowspan="2">±0.031</td><td rowspan="2">−0.026
−0.088</td><td rowspan="2">+0.062
0</td><td rowspan="2">+0.180
+0.080</td><td>7.0</td><td>4.4</td></tr>
<tr><td>36×12</td><td>36</td><td>7.5</td><td>4.9</td><td>0.70</td><td>1.0</td></tr>
</table>

4　技术条件

4.1　薄型平键的尺寸应符合 GB/T 1567 的规定。

4.2　薄型平键的轴槽长度公差用 H14。

4.3　轴槽及轮毂槽的宽度 b 对轴及轮毂轴心线的对称度，一般可按 GB/T 1184—1996 表 B4 中的对称度公差 7～9 级选取。

4.4　键槽表面粗糙度一般规定

4.4.1　轴槽、轮毂槽的键槽宽度 b 两侧面粗糙度参数按 GB/T 1031，选 Ra 值为 1.6～3.2 μm；

4.4.2　轴槽底面、轮毂槽底面的表面粗糙度参数按 GB/T 1031，选 Ra 值为 6.3 μm。

ICS 21.120.20
J 18

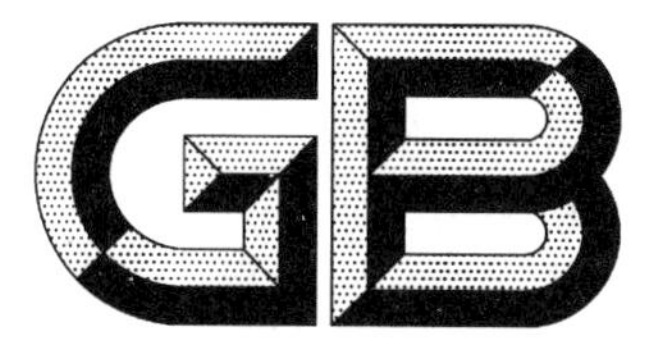

中华人民共和国国家标准

GB/T 1567—2003
代替 GB/T 1567—1979

薄型　平键

Sguare and rectangular thin keys

2003-06-05 发布　　2004-02-01 实施

中华人民共和国国家质量监督检验检疫总局 发布

前　言

本标准是非等效 ASME B18.25.1 M—1996《矩形和长方形键与键槽》对 GB/T 1567—1979《薄型平键　型式尺寸》的修订。本标准与 GB/T 1567—1979 的主要区别是：

——标准名称由原“薄型平键　型式尺寸”改为“薄型　平键”；

——表中键宽 b 的极限偏差由“h 9”改为“h 8”；

——将表中“平头薄型平键(B 型)每 1 000 件的重量　kg≈”删去，增加“标准长度范围”；

——标记示例改为“GB/T 1567　键 16×10×100”等；

——标记示例增加“薄 A 型平键、薄 B 型平键、薄 C 型平键”。

本标准自实施之日起，代替 GB/T 1567—1979。

本标准由全国机器轴与附件标准化技术委员会提出并归口。

本标准起草单位：机械科学研究院、上海球明标准件有限公司、石家庄链轮总厂、北京标准件有限公司。

本标准主要起草人：明翠新、沈志芳、杜　刚、周曰球、丁海军。

薄型 平键

1 范围

本标准规定了宽度 b=5 mm～36 mm 的薄 A 型、B 型、C 型的平键尺寸。

2 规范性引用文件

下列文件中的条款通过本标准的引用而成为本标准的条款。凡是注日期的引用文件，其随后所有的修改单(不包括勘误的内容)或修订版均不适用于本标准，然而，鼓励根据本标准达成协议的各方研究是否可使用这些文件的最新版本。凡是不注日期的引用文件，其最新版本适用于本标准。

GB/T 1566 薄型平键 键槽的剖面尺寸

GB/T 1568 键 技术条件

3 尺寸与公差

薄型平键的型式尺寸与公差见图 1 和表 1。

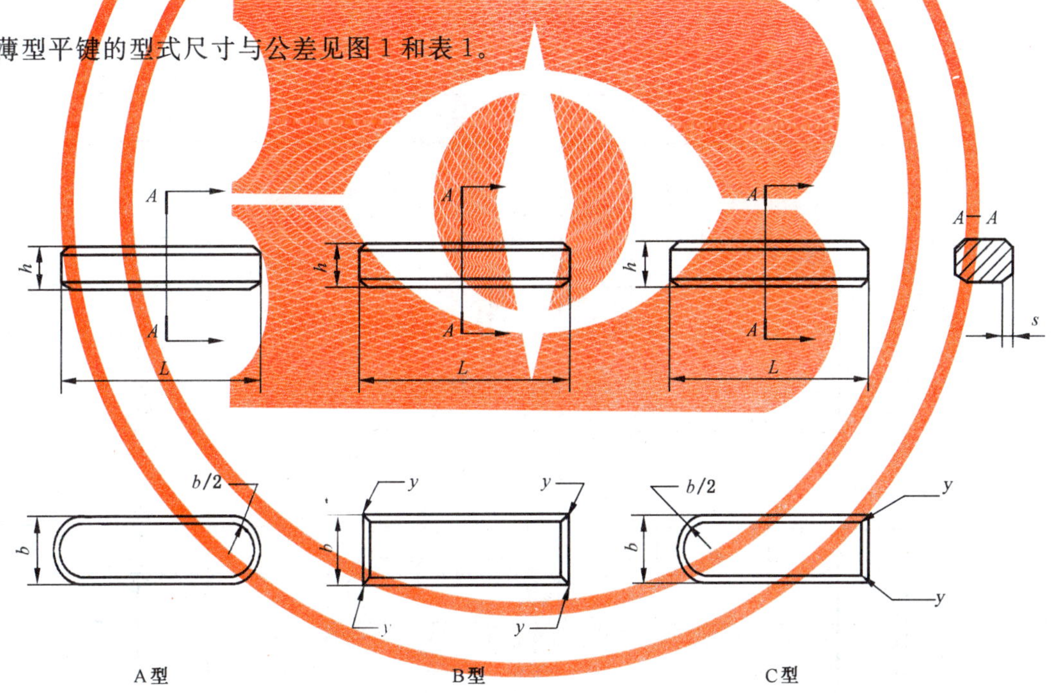

注：$y \leq s_{max}$。

图 1 薄型平键的型式尺寸

表 1 薄型平键的尺寸与公差

单位为毫米

宽度 *b*	基本尺寸	5	6	8	10	12	14	16	18	20	22	25	28	32	36
	极限偏差 (h 8)	0 −0.018		0 −0.022		0 −0.027				0 −0.033				0 −0.039	
高度 *h*	基本尺寸	3	4	5	6	6	6	7	7	8	9	9	10	11	12
	极限偏差 (h 11)	0 −0.060	0 −0.075					0 −0.090						0 −0.110	
倒角或倒圆 *s*		0.25～0.40			0.40～0.60					0.60～0.80				1.0～1.2	
长度 *L*															
基本尺寸	极限偏差 (h 14)														
10	0 −0.36		—	—	—	—	—	—	—	—	—	—	—	—	—
12	0 −0.43		—	—	—	—	—	—	—	—	—	—	—	—	—
14				—	—	—	—	—	—	—	—	—	—	—	—
16				—	—	—	—	—	—	—	—	—	—	—	—
18					—	—	—	—	—	—	—	—	—	—	—
20	0 −0.52				—	—	—	—	—	—	—	—	—	—	—
22						—	—	—	—	—	—	—	—	—	—
25						—	—	—	—	—	—	—	—	—	—
28							—	—	—	—	—	—	—	—	—
32	0 −0.62		标准				—	—	—	—	—	—	—	—	—
36								—	—	—	—	—	—	—	—
40								—	—	—	—	—	—	—	—
45									—	—	—	—	—	—	—
50										—	—	—	—	—	—
56	0 −0.74					长度					—	—	—	—	—
63		—										—	—	—	—
70		—											—	—	—
80		—	—											—	—
90	0 −0.87	—	—												—
100		—	—	—						范围					
110		—	—	—											
125	0 −1.00	—	—	—	—										
140		—	—	—	—										
160		—	—	—	—	—									
180		—	—	—	—	—	—								

表 1 （续）

单位为毫米

宽度 *b*	基本尺寸	5	6	8	10	12	14	16	18	20	22	25	28	32	36
	极限偏差 (h 8)	0 −0.018		0 −0.022		0 −0.027				0 −0.033				0 −0.039	
高度 *h*	基本尺寸	3	4	5	6	6	6	7	7	8	9	9	10	11	12
	极限偏差 (h 11)	0 −0.060	0 −0.075					0 −0.090						0 −0.110	
倒角或倒圆 *s*		0.25～0.40			0.40～0.60					0.60～0.80				1.0～1.2	
长度 *L*															
基本尺寸	极限偏差 (h 14)														
200	0 −1.15	—	—	—	—	—	—	—		标准					
220		—	—	—	—	—	—	—	—						
250		—	—	—	—	—	—	—	—	—		长度			
280	0 −1.30	—	—	—	—					—	—				
320	0 −1.40	—	—	—	—	—	—	—	—	—	—	—		范围	
360		—	—	—	—	—	—	—	—	—	—	—	—		
400		—	—	—	—	—	—	—	—	—	—	—	—	—	

4 技术条件

4.1 薄型平键的技术条件应符合 GB/T 1568 的规定。

4.2 键槽的尺寸应符合 GB/T 1566 的规定。

5 标记

标记示例：

宽度 b=16 mm、高度 h=7 mm、长度 L=100 mm 薄 A 型平键的标记为：

GB/T 1567　键 16×7×100

宽度 b=16 mm、高度 h=7 mm、长度 L=100 mm 薄 B 型平键的标记为：

GB/T 1567　键 B 16×7×100

宽度 b=16 mm、高度 h=7 mm、长度 L=100 mm 薄 C 型平键的标记为：

GB/T 1567　键 C 16×7×100

ICS 21.120.20
J 18

中华人民共和国国家标准

GB/T 1974—2003
代替 GB/T 1974—1980

切向键及其键槽

Tangential keys and keyways

2003-06-05 发布　　　　2004-02-01 实施

中华人民共和国
国家质量监督检验检疫总局 发布

前　言

本标准是非等效 ISO 3117:1977《切向键及其键槽》对 GB/T 1974—1980《切向键及其键槽》的修订。本标准与 GB/T 1974—1980 的主要区别是:

——将原标准中的第 2 章归入表 1;

——将原标准中的第 3 章归入表 2;

——将原标准中第 4 章的内容改为 4.1 的内容;

——增加普通切向键轴径“63、71、125、440、460 mm”;

——增加强力切向键轴径“125、440、460 mm”,取消了 630 mm 以上的规格,并在表 1 和表 2 中分别给出了推荐公式;

——增加标记示例;

——在图 1 的图注中增加注 4 和注 5 两条。

本标准自实施之日起,代替 GB/T 1974—1980。

本标准由全国机器轴与附件标准化技术委员会提出并归口。

本标准起草单位:机械科学研究院、上海球明标准件有限公司。

本标准主要起草人:明翠新、沈志芳。

切向键及其键槽

1 范围

本标准规定了轴径 d=60 mm～630 mm 的普通型切向键及键槽和轴径 d=100 mm～630 mm 的强力型切向键及键槽。

2 规范性引用文件

下列文件中的条款通过本标准的引用而成为本标准的条款。凡是注日期的引用文件，其随后所有的修改单（不包括勘误的内容）或修订版均不适用于本标准，然而，鼓励根据本标准达成协议的各方研究是否可使用这些文件的最新版本。凡是不注日期的引用文件，其最新版本适用于本标准。

GB/T 1568 键 技术条件

3 尺寸与公差

3.1 普通型切向键及键槽的型式尺寸与公差见图 1 和表 1。

3.2 强力型切向键及键槽的型式尺寸与公差见图 1 和表 2。

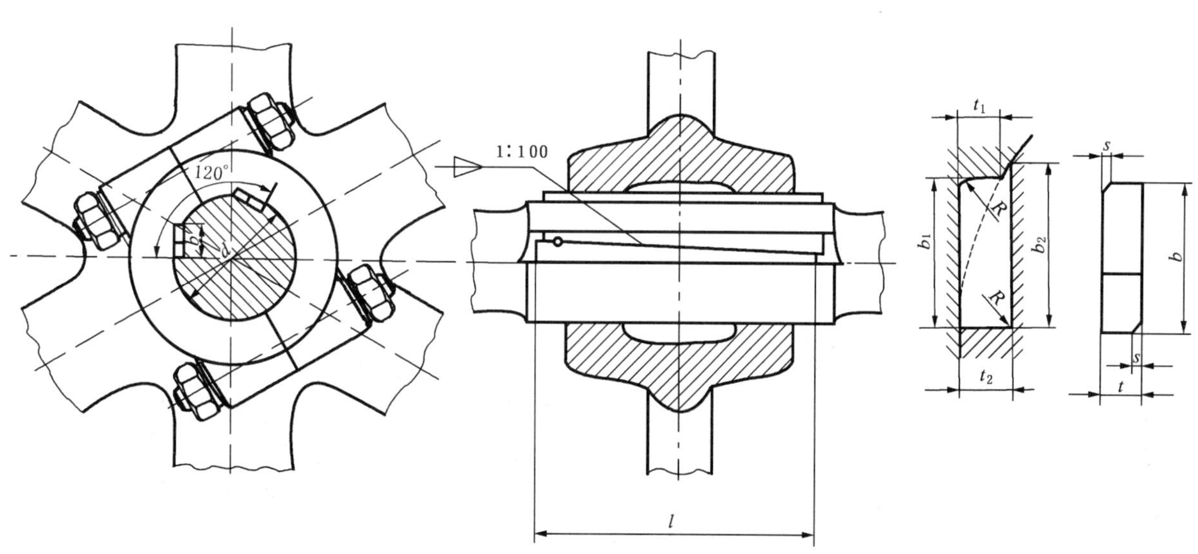

注 1：一对切向键在装配之后的相互位置应用销或其他适当的方法固定。

注 2：长度 L 按实际结构确定，建议一般比轮毂厚度长 10%～15%。

注 3：一对切向键在装配时，1∶100 的两斜面之间，以及键的两工作面与轴槽和轮毂槽的工作面之间都必须紧密结合。

注 4：当出现交变冲击负荷时，轴径从 100 mm 起，推荐选用强力切向键。

注 5：两副切向键如果 120°安装有困难时，也可以 180°安装。

图 1 切向键的型式尺寸

表 1 切向键及键槽的尺寸与公差

单位为毫米

轴径 d	键					键槽							
	厚度 t		计算宽度 b	倒角 s		深度				计算宽度		半径 R	
						轮毂 t_1		轴 t_2		轮毂 b_1	轴 b_2		
	尺寸	偏差 h11		min	max	尺寸	偏差	尺寸	偏差			max	min
60	7	0 −0.090	19.3	0.6	0.8	7	0 −0.2	7.3	+0.2 0	19.3	19.6	0.6	0.4
63			19.8							19.8	20.2		
65			20.1							20.1	20.5		
70			21.0							21.0	21.4		
71	8		22.5			8		8.3		22.5	22.8		
75			23.2							23.2	23.5		
80			24.0							24.0	24.4		
85			24.8							24.8	25.2		
90			25.6							25.6	26.0		
95	9		27.8			9		9.3		27.8	28.2		
100			28.6							28.6	29.0		
110			30.1							30.1	30.6		
120	10		33.2	1.0	1.2	10		10.3		33.2	33.6	1.0	0.7
125			33.9							33.9	34.4		
130			34.6							34.6	35.1		
140	11	0 −0.110	37.7			11		11.4		37.7	38.3		
150			39.1							39.1	39.7		
160	12		42.1			12	0 −0.3	12.4	+0.3 0	42.1	42.8		
170			43.5							43.5	44.2		
180			44.9							44.9	45.6		
190	14		49.6			14		14.4		49.6	50.3		
200			51.0							51.0	51.7		
220	16		57.1	1.6	2.0	16		16.4		57.1	57.8	1.6	1.2
240			59.9							59.9	60.6		
250	18		64.6			18		18.4		64.6	65.3		
260			66.0							66.0	66.7		
280	20	0 −0.130	72.1	2.5	3.0	20		20.4		72.1	72.8	2.5	2.0
300			74.8							74.8	75.5		
320	22		81.0			22		22.4		81.0	81.6		
340			83.6							83.6	84.3		
360	26		93.2			26		26.4		93.2	93.8		
380			95.9							95.9	96.6		
400			98.6							98.6	99.3		
420	30		108.2	3.0	4.0	30		30.4		108.2	108.8	3.0	2.5
440			110.9							110.9	111.6		
450			112.3							112.3	112.9		
460			113.6							113.6	114.3		

表 1（续）

单位为毫米

轴径 d	键					键槽							
	厚度 t		计算宽度 b	倒角 s		深度				计算宽度		半径 R	
						轮毂 t_1		轴 t_2		轮毂 b_1	轴 b_2		
	尺寸	偏差 h11		min	max	尺寸	偏差	尺寸	偏差			max	min
480	34	0 −0.160	123.1	3.0	4.0	34	0 −0.3	34.4	+0.3 0	123.1	123.8	3.0	2.5
500			125.9							125.9	126.6		
530	38		136.7			38		38.4		136.7	137.4		
560			140.8							140.8	141.5		
600	42		153.1			42		42.4		153.1	153.8		
630			157.1							157.1	157.8		

注 1：当轴径 d 位于两相邻轴径值之间时，采用大轴径值的 t 和 t_1、t_2，但 b 和 b_1、b_2 须按式(1)、式(2)计算：

$$b = b_1 = \sqrt{t(d-t)} \quad \cdots\cdots (1)$$

$$b_2 = \sqrt{t_2(d-t_2)} \quad \cdots\cdots (2)$$

注 2：当轴径 d 超过 630 mm 时，推荐：$t=t_1=0.07\,d$，$b=b_1=0.25\,d$。

表 2 强力型切向键及键槽尺寸

单位为毫米

轴径 d	键					键槽							
	厚度 t		计算宽度 b	倒角 s		深度				计算宽度		半径 R	
						轮毂 t_1		轴 t_2		轮毂 b_1	轴 b_2		
	尺寸	偏差 h11		min	max	尺寸	偏差	尺寸	偏差			max	min
100	10	0 −0.090	30	1.0	1.2	10	0 −0.2	10.3	+0.2 0	30	30.4	1.0	0.7
110	11	0 −0.110	33			11	0 −0.3	11.4	+0.3 0	33	33.5		
120	12		36			12		12.4		36	36.5		
125	12.5		37.5			12.5		12.9		37.5	38.0		
130	13		39			13		13.4		39	39.5		
140	14		42			14		14.4		42	42.5		
150	15		45			15		15.4		45	45.5		
160	16		48			16		16.4		48	48.5		
170	17		51	1.6	2.0	17		17.4		51	51.5	1.6	1.2
180	18		54			18		18.4		54	54.5		
190	19	0 −0.130	57			19		19.4		57	57.5		
200	20		60			20		20.4		60	60.5		
220	22		66			22		22.4		66	66.5		
240	24		72	2.5	3.0	24		24.4		72	72.5	2.5	2.0
250	25		75			25		25.4		75	75.5		
260	26		78			26		26.4		78	78.5		
280	28		84			28		28.4		84	84.5		
300	30		90			30		30.4		90	90.5		
320	32	0 −0.160	96			32		32.4		96	96.5		
340	34		102	3.0	4.0	34		34.4		102	102.5	3.0	2.5
360	36		108			36		36.4		108	108.5		
380	38		114			38		38.4		114	114.5		
400	40		120			40		40.4		120	120.5		
420	42		126			42		42.4		126	126.5		

表 2（续） 单位为毫米

轴径 d	键					键槽							
	厚度 t		计算宽度 b	倒角 s		深度				计算宽度		半径 R	
						轮毂 t_1		轴 t_2		轮毂 b_1	轴 b_2		
	尺寸	偏差 h11		min	max	尺寸	偏差	尺寸	偏差			max	min
440	44		132			44		44.4		132	132.5		
450	45		135			45		45.4		135	135.5		
460	46	0 −0.160	138			46		46.4		138	138.5		
480	48		144			48		48.4		144	144.5		
500	50		150	3.0	4.0	50	0 −0.3	50.5	+0.3 0	150	150.7	3.0	2.5
530	53		159			53		53.5		159	159.7		
560	56	0 −0.190	168			56		56.5		168	168.7		
600	60		180			60		60.5		180	180.7		
630	63		189			63		63.5		189	189.7		

注 1：当轴径 d 位于两相邻轴径值之间时，键与键槽的尺寸按式(1)～式(6)计算：

$$t = t_1 = 0.1\,d \qquad (1)$$

$$b = b_1 = 0.3\,d \qquad (2)$$

$$t_2 = t + 0.3\ \text{mm}（当\ t \leqslant 10\ \text{mm}） \qquad (3)$$

$$t_2 = t + 0.4\ \text{mm}（当\ 10\ \text{mm} < t \leqslant 45\ \text{mm}） \qquad (4)$$

$$t_2 = t + 0.5\ \text{mm}（当\ t > 45\ \text{mm}） \qquad (5)$$

$$b_2 = \sqrt{t_2(d - t_2)} \qquad (6)$$

注 2：当轴径 d 超过 630 mm 时，推荐：$t=t_1=0.1\,d$，$b=b_1=0.3\,d$。

4 技术条件

4.1 切向键的技术条件应符合 GB/T 1568 的规定。

4.2 键槽的尺寸应符合本标准的规定。

5 标记

标记示例：

计算宽度 b=24 mm、厚度 t=8 mm、长度 l=100 mm 的普通型切向键的标记为：

GB/T 1974 切向键 24×8×100

计算宽度 b=60 mm、厚度 t=20 mm、长度 l=250 mm 的强力型切向键的标记为：

GB/T 1974 强力切向键 60×20×250

ICS 21.120.30
J 18

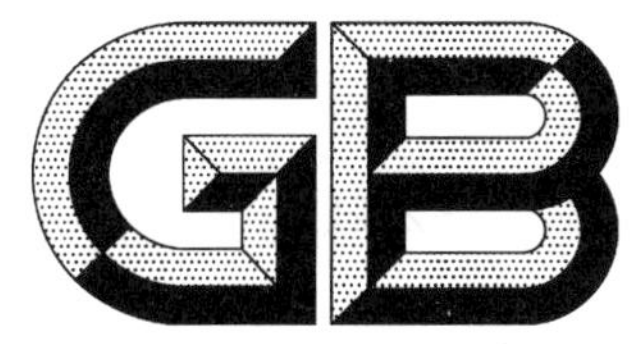

中华人民共和国国家标准

GB/T 3478.1—2008
代替 GB/T 3478.1—1995

圆柱直齿渐开线花键（米制模数　齿侧配合）第1部分：总论

Straight cylindrical involute splines—Metric module, side fit—Part 1: Generalities

（ISO 4156-1：2005，MOD）

2008-09-22 发布　　2009-05-01 实施

中华人民共和国国家质量监督检验检疫总局
中国国家标准化管理委员会　发布

前　言

GB/T 3478《圆柱直齿渐开线花键(米制模数　齿侧配合)》分为九个部分：

——第1部分：总论；

——第2部分：30°压力角尺寸表；

——第3部分：37.5°压力角尺寸表；

——第4部分：45°压力角尺寸表；

——第5部分：检验；

——第6部分：30°压力角 M 值和 W 值；

——第7部分：37.5°压力角 M 值和 W 值；

——第8部分：45°压力角 M 值和 W 值；

——第9部分：量棒。

本部分为GB/T 3478的第1部分。

本部分修改采用ISO 4156-1：2005《圆柱直齿渐开线花键(米制模数　齿侧配合)　第1部分：总论》，主要差异如下：

——术语和定义表格化，方便使用；

——删去了齿侧配合图，增加了渐开线花键联结图；

——删去了齿形误差、齿向误差与齿距累积误差理论分析图，增加了具体公差数值表；

——增加了单项检验法；

——增加了附录A"内花键采用直线齿形的条件和要求"与附录B"齿圈径向跳动公差"。

本部分是对GB/T 3478.1—1995《圆柱直齿渐开线花键　模数　基本齿廓　公差》的修订，与GB/T 3478.1—1995相比主要差异如下：

——标准名称由《圆柱直齿渐开线花键　模数　基本齿廓　公差》改为《圆柱直齿渐开线花键(米制模数　齿侧配合)　第1部分：总论》；

——修改了原标准中的错误，并按GB/T 1.1做了编辑性的修改；

——增加了图5和附录C"花键计算示例"。

本部分的附录A为规范性附录，附录B和附录C为资料性附录。

本部分由全国机器轴与附件标准化技术委员会提出并归口。

本部分起草单位：中机生产力促进中心、哈尔滨东安发动机制造公司、石家庄链轮总厂、中国第二重型机械集团公司、太原重工股份有限公司。

本部分主要起草人：明翠新、常宝印、许文江、谭仁万、王晓凌、邓高见。

本部分所代替标准的历次版本发布情况为：

——GB 3478.1—83、GB/T 3478.1—1995。

圆柱直齿渐开线花键
（米制模数　齿侧配合）
第1部分：总论

1　范围

GB/T 3478的本部分规定了圆柱直齿渐开线花键的模数系列、基本齿廓、公差和齿侧配合类别等内容。

本部分适用于标准压力角为30°和37.5°（模数从0.5 mm～10 mm）以及45°（模数从0.25 mm～2.5 mm）齿侧配合的圆柱直齿渐开线花键。

注：为便于计算机管理，37°30′以37.5°表示。

2　规范性引用文件

下列文件中的条款通过GB/T 3478的本部分的引用而成为本部分的条款。凡是注日期的引用文件，其随后所有的修改单（不包括勘误的内容）或修订版均不适用于本部分，然而，鼓励根据本部分达成协议的各方研究是否可使用这些文件的最新版本。凡是不注日期的引用文件，其最新版本适用于本部分。

GB/T 1800.1　产品几何技术规范（GPS）极限与配合　第1部分：公差、偏差和配合的基础

GB/T 3478.5　圆柱直齿渐开线花键（米制模数　齿侧配合）　第5部分：检验（GB/T 3478.5—2008，ISO 4156-3：2005，（Straight cylindrical involute splines—Metric module，side fit—Part 3：Inspection），MOD）

3　术语和定义

本部分采用的术语和定义见表1和图1（30°压力角平齿根，以下简称30°平齿根；30°压力角圆齿根，以下简称30°圆齿根；37.5°压力角圆齿根，以下简称37.5°圆齿根；45°压力角圆齿根，以下简称45°圆齿根）。

下列术语和定义适用于本部分。

表1　术语、代号和定义

序号	术　　语	代号	定　　义
1	花键联结　spline joint		两零件上等距分布且齿数相同的键齿相互联结，并传递转矩或运动的同轴偶件 在内圆柱表面上的花键为内花键，在外圆柱表面上的花键为外花键
2	渐开线花键　involute spline		具有渐开线齿形的花键
3	齿根圆弧　circle root arc 齿根圆弧最小曲率半径　circle root arc minimum radius of curvature 内花键　internal spline 外花键　external spline	 $R_{i\,min}$ $R_{e\,min}$	连接渐开线齿形与齿根圆的过渡曲线

表 1（续）

序号	术　语	代号	定　义
4	平齿根花键　flat root spline		在花键同一齿槽上，两侧渐开线齿形各由一段过渡曲线与齿根圆相连接的花键
5	圆齿根花键　fillet root spline		在花键同一齿槽上，两侧渐开线齿形由一段或近似一段过渡曲线与齿根圆相连接的花键
6	模数　module	m	表示渐开线花键键齿大小的参数，其数值为齿距除以圆周率 π 所得的商，以 mm 计
7	齿数　number of teeth	z	
8	分度圆　pitch circle		计算花键尺寸用的基准圆，在此圆上的模数和压力角为标准值
9	分度圆直径　pitch circle diameter	D	
10	齿距　pitch	p	分度圆上两相邻同侧齿形之间的弧长，其值为圆周率 π 乘以模数 m
11	压力角　pressure angle	α	齿形上任意点的压力角，为过该点花键的径向线与齿形在该点的切线所夹锐角
12	标准压力角　standard pressure angle	α_D	规定在分度圆上的压力角
13	基圆　base circle		展成渐开线齿形的假想圆
14	基圆直径　base diameter	D_b	
15	大径　major diameter 内花键　internal spline 外花键　external spline	 D_{ei} D_{ee}	内花键齿根圆(大圆)或外花键齿顶圆(大圆)的直径
16	小径　minor diameter 内花键　internal spline 外花键　external spline	 D_{ii} D_{ie}	内花键齿顶圆(小圆)或外花键齿根圆(小圆)的直径
17	渐开线终止圆　spline final circle		内花键齿形终止点的圆，此圆与小圆共同形成渐开线齿形的控制界限
18	渐开线终止圆直径　form diameter，internal spline	D_{Fi}	
19	渐开线起始圆　spline startcircle		外花键齿形起始点的圆，此圆与大圆共同形成渐开线齿形的控制界限
20	渐开线起始圆直径　form diameter，external spline	D_{Fe}	
21	基本齿槽宽　basic space width	E	内花键分度圆上弧齿槽宽的基本尺寸，其值为齿距之半
22	实际齿槽宽　actual space width 最大值　maximum actual space width 最小值　minimum actual space width	 E_{max} E_{min}	在内花键分度圆上各齿槽的弧齿槽宽

表 1（续）

序号	术　语	代号	定　义
23	作用齿槽宽　effective space width 最大值　maximum effective space width 最小值　minimum effective space width	E_v $E_{v\ max}$ $E_{v\ min}$	数值等于一与之在全齿长上配合（无间隙且无过盈）的理想全齿外花键分度圆弧齿厚的齿槽宽
24	基本齿厚　basic tooth thickness	S	外花键分度圆上弧齿厚，其值为齿距之半
25	实际齿厚　actual tooth thickness 最大值　maximum actual tooth thickness 最小值　minimum actual tooth thickness	 S_{max} S_{min}	在外花键分度圆上各键齿的弧齿厚
26	作用齿厚　effective tooth thickness 最大值　maximum effective tooth thickness 最小值　minimum effective tooth thickness	S_v $S_{v\ max}$ $S_{v\ min}$	数值等于与之在全齿长上配合（无间隙且无过盈）的理想全齿内花键分度圆弧齿槽宽的齿厚
27	作用侧隙　effective clearance （全齿侧隙）	C_v	内花键作用齿槽宽减去与之相配合的外花键作用齿厚。正值为间隙，负值为过盈
28	理论侧隙　theoretical clearance （单齿侧隙）	C	内花键实际齿槽宽减去与之相配合的外花键实际齿厚
29	齿形裕度　form clearance	C_F	在花键联结中，渐开线齿形超过结合部分的径向距离
30	总公差　total tolerance	$T+\lambda$	加工公差与综合公差之和
31	加工公差　machining tolerance	T	实际齿槽宽或实际齿厚的允许变动量
32	综合公差　deviation allowance	λ	花键齿（或齿槽）的形状和位置误差的允许范围
33	齿距累积公差　total pitch deviation	F_p	在分度圆上任意两个同侧齿面间的实际弧长与理论弧长之差的最大绝对值的允许范围
34	齿形公差　total profile deviation	F_α	在齿形工作部分（包括齿形裕度、不包括齿顶倒棱）包容实际齿形的两条理论齿形之间法向距离的允许范围
35	齿向公差　total helix deviation	F_β	在花键配合长度范围内，包容实际齿线的两条理论齿线之间分度圆弧长的允许范围 齿线是分度圆柱面与齿面的交线
36	棒间距　measurement between two balls or pins, internal	M_{Ri}	借助两量棒测量内花键实际齿槽宽时两量棒间的内侧距离，统称为 M 值
37	跨棒距　measurement between two balls or pins, external	M_{Re}	借助两量棒测量外花键实际齿厚时两量棒间的外侧距离，统称为 M 值
38	公法线长度　measurement over K teeth 公法线平均长度　average value of measurement over K teeth	 W	相隔 K 个齿的两外侧齿面各与两平行平面之中的一个平面相切，此两平行平面之间的垂直距离 必须指明两平行平面所跨的齿数 同一花键上实际测得的公法线长度的平均值
39	基本尺寸　base dimension		设计给定的尺寸，该尺寸是规定公差的基础
40	辅助尺寸　auxiliary dimension		仅在必要时供生产和控制用的尺寸

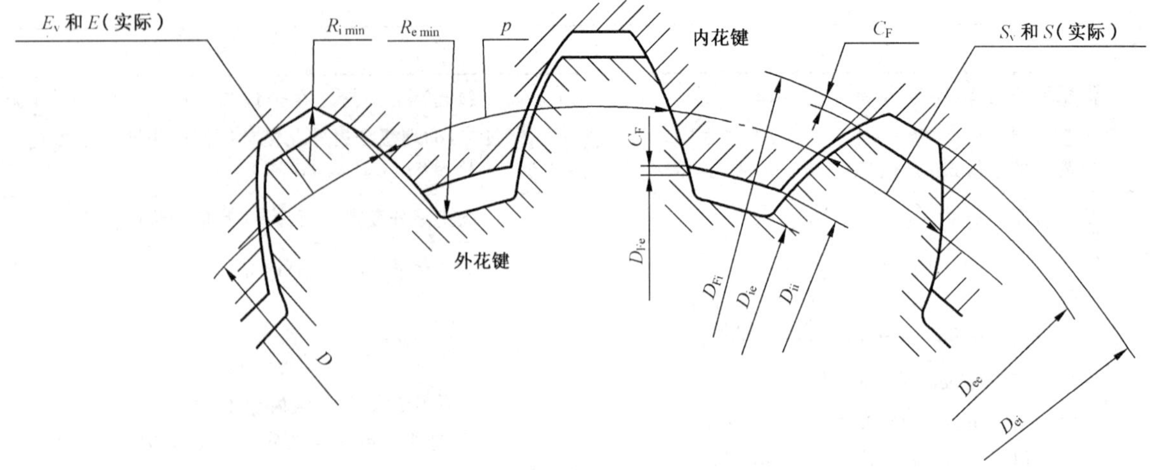

a) 30°平齿根

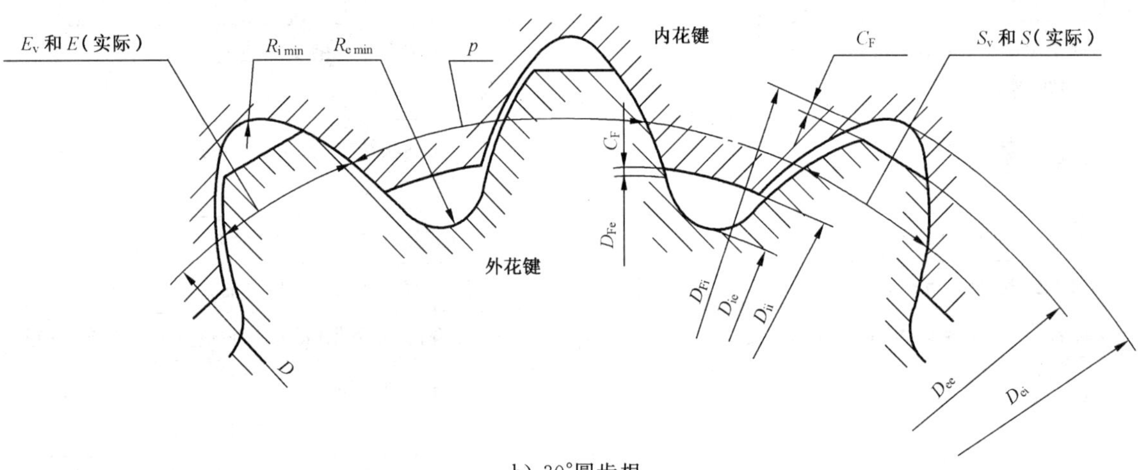

b) 30°圆齿根

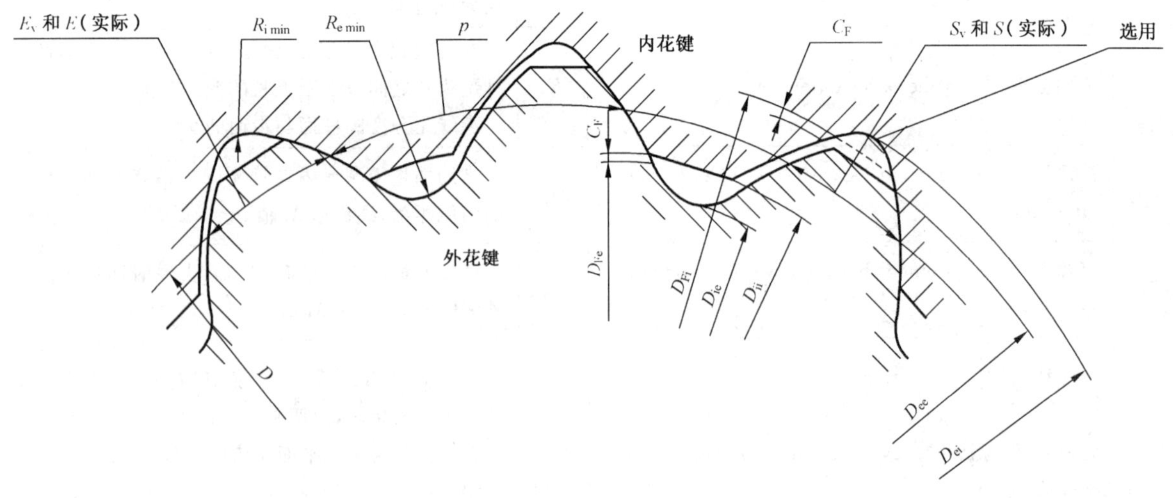

c) 37.5°圆齿根

图 1 渐开线花键联结

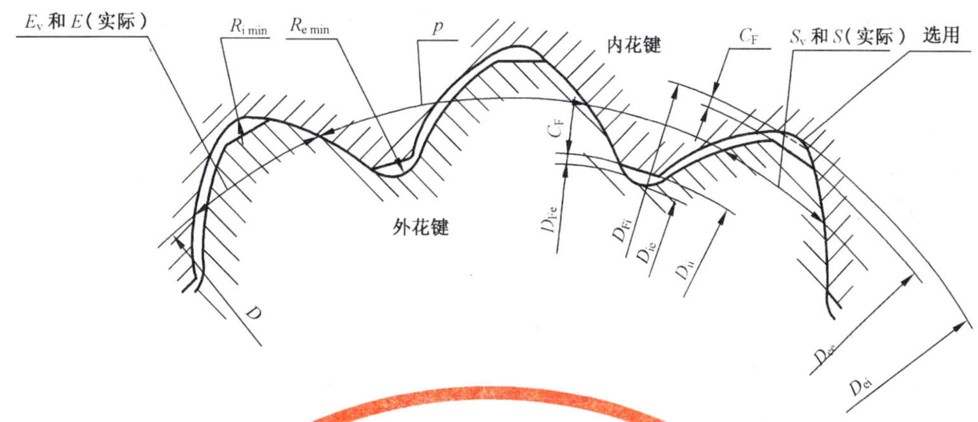

d) 45°圆齿根

图 1(续)

4 基本参数

4.1 基本参数见表 2。

4.2 标准压力角 α_D 是基本齿廓的齿形角。

4.3 模数 m 分为两个系列,共 15 种,优先采用第 1 系列。

表 2 基本参数

单位为毫米

齿[a]	模数 m		齿距 p	基本齿槽宽 E 或基本齿厚 S	
				α_D	
	第 1 系列	第 2 系列		30°、37.5°	45°
	0.25	—	0.785	—	0.393
	0.5	—	1.571	0.785	0.785
	—	0.75	2.356	1.178	1.178
	1	—	3.142	1.571	1.571
	—	1.25	3.927	1.963	1.963
	1.5	—	4.712	2.356	2.356
	—	1.75	5.498	2.749	2.749
	2	—	6.283	3.142	3.142
	2.5	—	7.851	3.927	3.927
	3	—	9.425	4.712	—
	—	4	12.566	6.283	—

表 2（续） 单位为毫米

齿[a]	模数 m		齿距 p	基本齿槽宽 E 或基本齿厚 S	
				α_D	
	第 1 系列	第 2 系列		30°、37.5°	45°
	5	—	15.708	7.854	—
	—	6	18.850	9.425	—
	—	8	25.133	12.566	—
	10	—	31.416	15.708	—

[a] 为便于对比，给出标准压力角 α_D 为 30°、齿数为 30 时，不同模数、比例为 1∶1 的花键齿的大小。

5 基本齿廓

5.1 本部分按三种齿形角和两种齿根规定了四种基本齿廓，见图 2。

5.2 渐开线花键的基本齿廓是指基本齿条的法向齿廓。基本齿条是指直径为无穷大的无误差的理想花键。

5.3 基本齿廓是确定渐开线花键尺寸的依据。

5.4 基准线是横贯基本齿廓的一条直线，以此线为基准，确定基本齿廓的尺寸。

5.5 内花键基本齿廓的齿根圆弧半径 ρ_{Fi} 和外花键基本齿廓的齿根圆弧半径 ρ_{Fe} 均为定值。

注：采用各种展成法加工的花键，其齿根圆弧曲率半径是变化的，在圆弧与外花键小圆（或内花键大圆）相切点为最小，沿圆弧逐渐增加，至外花键渐开线起点（或内花键渐开线终点）附近为最大。

5.6 所有基本齿廓的齿形裕度 C_F 值均为 0.1m。

5.7 允许平齿根和圆齿根的基本齿廓在内、外花键上混合使用。

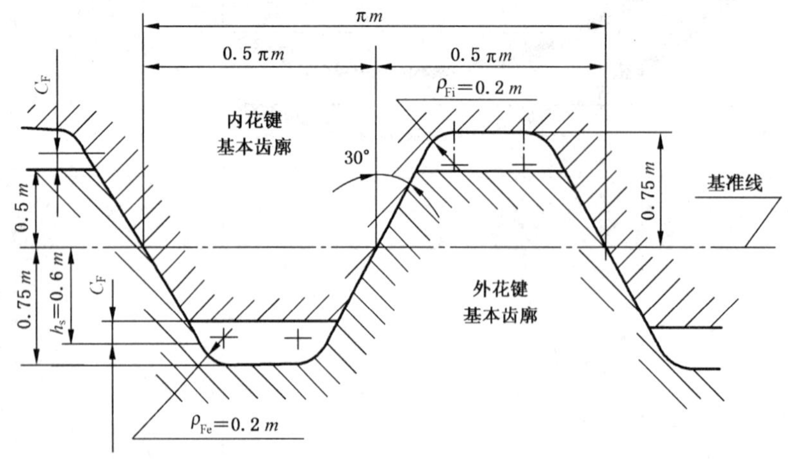

a) 30°平齿根

图 2 基本齿廓

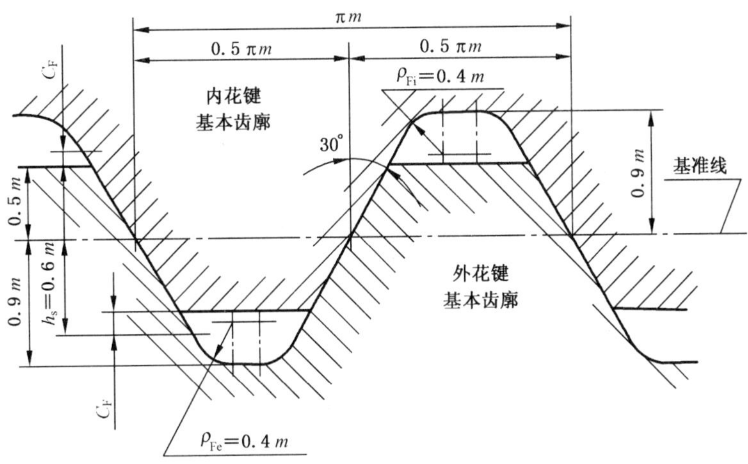

b) 30°圆齿根

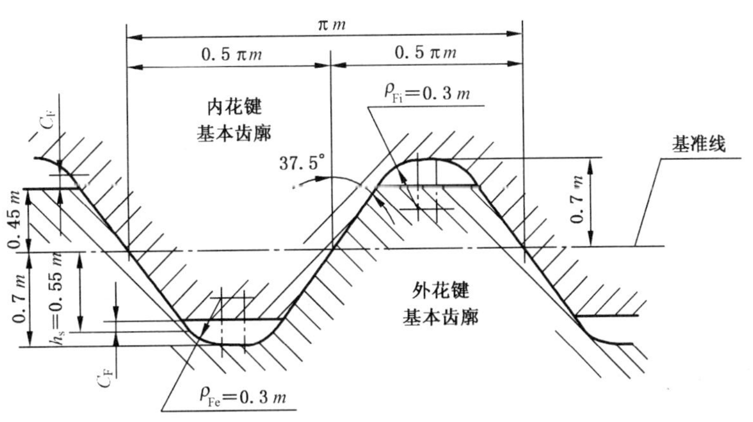

c) 37.5°圆齿根

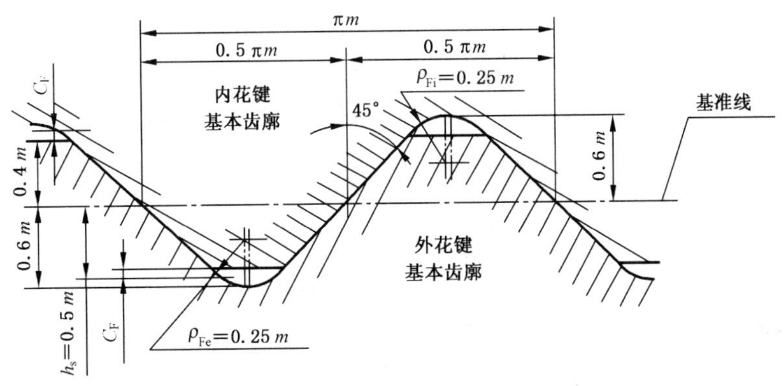

d) 45°圆齿根

图 2（续）

6 尺寸系列

6.1 花键尺寸的计算公式见表 3。

6.2 外花键大径基本尺寸系列见表 4～表 6。括号内的模数为第 2 系列。当表中的尺寸不能满足产品结构需要时，允许齿数不按表规定，但必须保持标准中规定的几何参数关系及公差配合，以便采用标准刀具。

表 3 花键尺寸计算公式

单位为毫米

项　　目	代　　号	公式或说明
分度圆直径	D	mz
基圆直径	D_b	$mz\cos\alpha_D$
齿距	p	πm
内花键大径基本尺寸 30°平齿根 30°圆齿根 37.5°圆齿根 45°圆齿根	 D_{ei} D_{ei} D_{ei} D_{ei}	 $m(z+1.5)$ $m(z+1.8)$ $m(z+1.4)$（见注 1） $m(z+1.2)$（见注 1）
内花键大径下偏差		0
内花键大径公差		从 IT12、IT13 或 IT14 中选取
内花键渐开线终止圆直径最小值 30°平齿根和圆齿根 37.5°圆齿根 45°圆齿根	 $D_{Fi\ min}$ $D_{Fi\ min}$ $D_{Fi\ min}$	 $m(z+1)+2C_F$ $m(z+0.9)+2C_F$ $m(z+0.8)+2C_F$
内花键小径基本尺寸	D_{ii}	$D_{Fe\ max}+2C_F$（见注 2）
内花键小径极限偏差		见表 25
基本齿槽宽	E	$0.5\pi m$
作用齿槽宽最小值	$E_{v\ min}$	$0.5\pi m$
实际齿槽宽最大值	E_{max}	$E_{v\ min}+(T+\lambda)$（见 8.1 和表 7～表 21）
实际齿槽宽最小值	E_{min}	$E_{v\ min}+\lambda$（见 8.2 和表 7～表 21）
作用齿槽宽最大值	$E_{v\ max}$	$E_{max}-\lambda$
外花键作用齿厚上偏差	es_v	见表 23 和图 3

表 3（续） 单位为毫米

项目	代号	公式或说明
外花键大径基本尺寸 30°平齿根和圆齿根 37.5°圆齿根 45°圆齿根	 D_{ee} D_{ee} D_{ee}	 $m(z+1)$ $m(z+0.9)$ $m(z+0.8)$
外花键大径上偏差		$es_v/\tan\alpha_D$ 见表 24
外花键大径公差		见表 25
外花键渐开线起始圆直径最大值	$D_{Fe\ max}$	$2\times\sqrt{(0.5D_b)^2+\left[0.5D\sin\alpha_D-\dfrac{h_s-\dfrac{0.5es_v}{\tan\alpha_D}}{\sin\alpha_D}\right]^2}$ （见注 3） 式中 h_s 见图 2
外花键小径基本尺寸 30°平齿根 30°圆齿根 37.5°圆齿根 45°圆齿根	 D_{ie} D_{ie} D_{ie} D_{ie}	 $m(z-1.5)$ $m(z-1.8)$ $m(z-1.4)$ $m(z-1.2)$
外花键小径上偏差		$es_v/\tan\alpha_D$ 见表 24
外花键小径公差		从 IT12、IT13 或 IT14 中选取
基本齿厚	S	$0.5\pi m$
作用齿厚最大值	$S_{v\ max}$	$S+es_v$
实际齿厚最小值	S_{min}	$S_{v\ max}-(T+\lambda)$（见 8.1 和表 7～表 21）
实际齿厚最大值	S_{max}	$S_{v\ max}-\lambda$（见 8.2 和表 7～表 21）
作用齿厚最小值	$S_{v\ min}$	$S_{min}+\lambda$
齿形裕度	C_F	$0.1m$（见注 4）

注 1：37.5°和 45°圆齿根内花键允许选用平齿根，此时，内花键大径基本尺寸 D_{ei} 应大于内花键渐开线终止圆直径最小值 $D_{Fi\ min}$。

注 2：对所有花键齿侧配合类别，均按 H/h 配合类别取 $D_{Fe\ max}$ 值。

注 3：本公式是按齿条形刀具加工原理推导的。

注 4：除 H/h 配合类别 C_F 等于 $0.1m$ 外，其他各种配合类别的齿形裕度均有变化。

表 4 30°外花键大径基本尺寸系列表

$D_{ee}=m(z+1)$

单位为毫米

齿数	模数 m													
z	0.5	(0.75)	1	(1.25)	1.5	(1.75)	2	2.5	3	(4)	5	(6)	(8)	10
10	5.50	8.25	11	13.75	16.50	19.25	22	27.50	33	44	55	66	88	110
11	6.00	9.00	12	15.00	18.00	21.00	24	30.00	36	48	60	72	96	120
12	6.50	9.75	13	16.25	19.50	22.75	26	32.50	39	52	65	78	104	130
13	7.00	10.50	14	17.50	21.00	24.50	28	35.00	42	56	70	84	112	140
14	7.50	11.25	15	18.75	22.50	26.25	30	37.50	45	60	75	90	120	150
15	8.00	12.00	16	20.00	24.00	28.00	32	40.00	48	64	80	96	128	160
16	8.50	12.75	17	21.25	25.50	29.75	34	42.50	51	68	85	102	136	170
17	9.00	13.50	18	22.50	27.00	31.50	36	45.00	54	72	90	108	144	180
18	9.50	14.25	19	23.75	28.50	33.25	38	47.50	57	76	95	114	152	190
19	10.00	15.00	20	25.00	30.00	35.00	40	50.00	60	80	100	120	160	200
20	10.50	15.75	21	26.25	31.50	36.75	42	52.50	63	84	105	126	168	210
21	11.00	16.50	22	27.50	33.00	38.50	44	55.00	66	88	110	132	176	220
22	11.50	17.25	23	28.75	34.50	40.25	46	57.50	69	92	115	138	184	230
23	12.00	18.00	24	30.00	36.00	42.00	48	60.00	72	96	120	144	192	240
24	12.50	18.75	25	31.25	37.50	43.75	50	62.50	75	100	125	150	200	250
25	13.00	19.50	26	32.50	39.00	45.50	52	65.00	78	104	130	156	208	260
26	13.50	20.25	27	33.75	40.50	47.25	54	67.50	81	108	135	162	216	270
27	14.00	21.00	28	35.00	42.00	49.00	56	70.00	84	112	140	168	224	280
28	14.50	21.75	29	36.25	43.50	50.75	58	72.50	87	116	145	174	232	290
29	15.00	22.50	30	37.50	45.00	52.50	60	75.00	90	120	150	180	240	300
30	15.50	23.25	31	38.75	46.50	54.25	62	77.50	93	124	155	186	248	310
31	16.00	24.00	32	40.00	48.00	56.00	64	80.00	96	128	160	192	256	320
32	16.50	24.75	33	41.25	49.50	57.75	66	82.50	99	132	165	198	264	330
33	17.00	25.50	34	42.50	51.00	59.50	68	85.00	102	136	170	204	272	340
34	17.50	26.25	35	43.75	52.50	61.25	70	87.50	105	140	175	210	280	350
35	18.00	27.00	36	45.00	54.00	63.00	72	90.00	108	144	180	216	288	360
36	18.50	27.75	37	46.25	55.50	64.75	74	92.50	111	148	185	222	296	370
37	19.00	28.50	38	47.50	57.00	66.50	76	95.00	114	152	190	228	304	380
38	19.50	29.25	39	48.75	58.50	68.25	78	97.50	117	156	195	234	312	390
39	20.00	30.00	40	50.00	60.00	70.00	80	100.00	120	160	200	240	320	400
40	20.50	30.75	41	51.25	61.50	71.75	82	102.5	123	164	205	246	328	410
41	21.00	31.50	42	52.50	63.00	73.50	84	105.0	126	168	210	252	336	420
42	21.50	32.25	43	53.75	64.50	75.25	86	107.5	129	172	215	258	344	430
43	22.00	33.00	44	55.00	66.00	77.00	88	110.0	132	176	220	264	352	440
44	22.50	33.75	45	56.25	67.50	78.75	90	112.5	135	180	225	270	360	450
45	23.00	34.50	46	57.50	69.00	80.50	92	115.0	138	184	230	276	368	460
46	23.50	35.25	47	58.75	70.50	82.25	94	117.5	141	188	235	282	376	470
47	24.00	36.00	48	60.00	72.00	84.00	96	120.0	144	192	240	288	384	480
48	24.50	36.75	49	61.25	73.50	85.75	98	122.5	147	196	245	294	392	490
49	25.00	37.50	50	62.50	75.00	87.50	100	125.0	150	200	250	300	400	500
50	25.50	38.25	51	63.75	76.50	89.25	102	127.5	153	204	255	306	408	510
51	26.00	39.00	52	65.00	78.00	91.00	104	130.0	156	208	260	312	416	520
52	26.50	39.75	53	66.25	79.50	92.75	106	132.5	159	212	265	318	424	530
53	27.00	40.50	54	67.50	81.00	94.50	108	135.0	162	216	270	324	432	540
54	27.50	41.25	55	68.75	82.50	96.25	110	137.5	165	220	275	330	440	550
55	28.00	42.00	56	70.00	84.00	98.00	112	140.0	168	224	280	336	448	560

表 4(续)

单位为毫米

齿数 z	模数 m													
	0.5	(0.75)	1	(1.25)	1.5	(1.75)	2	2.5	3	(4)	5	(6)	(8)	10
56	28.50	42.75	57	71.25	85.50	99.75	114	142.50	171	228	285	342	456	570
57	209.0	43.50	58	72.50	87.00	101.50	116	145.00	174	232	290	348	464	580
58	29.50	44.25	59	73.75	88.50	103.25	118	147.50	177	236	295	354	472	590
59	30.00	45.00	60	75.00	90.00	105.00	120	150.00	180	240	300	360	480	600
60	30.50	45.75	61	76.25	91.50	106.75	122	152.50	183	244	305	366	488	610
61	31.00	46.50	62	77.50	93.00	108.50	124	155.00	186	248	310	372	496	620
62	31.50	47.25	63	78.75	94.50	110.25	126	157.50	189	252	315	378	504	630
63	32.00	48.00	64	80.00	96.00	112.00	128	160.00	192	256	320	384	512	640
64	32.50	48.75	65	81.25	97.50	113.75	130	162.50	195	260	325	390	520	650
65	33.00	49.50	66	82.50	99.00	115.50	132	165.00	198	264	330	396	528	660
66	33.50	50.25	67	83.75	100.50	117.25	134	167.50	201	268	335	402	536	670
67	34.00	51.00	68	85.00	102.00	119.00	136	170.00	204	272	340	408	544	680
68	34.50	51.75	69	86.25	103.50	120.75	138	172.50	207	276	345	414	552	690
69	35.00	52.50	70	87.50	105.00	122.50	140	175.00	210	280	350	420	560	700
70	35.50	53.25	71	88.75	106.50	124.25	142	177.50	213	284	355	426	568	710
71	36.00	54.00	72	90.00	108.00	126.00	144	180.00	216	288	360	432	576	720
72	36.50	54.75	73	91.25	109.50	127.75	146	182.50	219	292	365	438	584	730
73	37.00	55.50	74	92.50	111.00	129.50	148	185.00	222	296	370	444	592	740
74	37.50	56.25	75	93.75	112.50	131.25	150	187.50	225	300	375	450	600	750
75	38.00	57.00	76	95.00	114.00	133.00	152	190.00	228	304	380	456	608	760
76	38.50	57.75	77	96.25	115.50	134.75	154	192.50	231	308	385	462	616	770
77	39.00	58.50	78	97.50	117.00	136.50	156	195.00	234	312	390	468	624	780
78	39.50	59.25	79	98.75	118.50	138.25	158	197.50	237	316	395	474	632	790
79	40.00	60.00	80	100.00	120.00	140.00	160	200.00	240	320	400	480	640	800
80	40.50	60.75	81	101.25	121.50	141.75	162	202.50	243	324	405	486	648	810
81	41.00	61.50	82	102.50	123.00	143.50	164	205.00	246	328	410	492	656	820
82	41.50	62.25	83	103.75	124.50	145.25	166	207.50	249	332	415	498	664	830
83	42.00	63.00	84	105.00	126.00	147.00	168	210.00	252	336	420	504	672	840
84	42.50	63.75	85	106.25	127.50	148.75	170	212.50	255	340	425	510	680	850
85	43.00	64.50	86	107.50	129.00	150.50	172	215.00	258	344	430	516	688	860
86	43.50	65.25	87	108.75	130.50	152.25	174	217.50	261	348	435	522	696	870
87	44.00	66.00	88	110.00	132.00	154.00	176	220.00	264	352	440	528	704	880
88	44.50	66.75	89	111.25	133.50	155.75	178	222.50	267	356	445	534	712	890
89	45.00	67.50	90	112.50	135.00	157.50	180	225.00	270	360	450	540	720	900
90	45.50	68.25	91	113.75	136.50	159.25	182	227.50	273	364	455	546	728	910
91	46.00	69.00	92	115.00	138.00	161.00	184	230.00	276	368	460	552	736	920
92	46.50	69.75	93	116.25	139.50	162.75	186	232.50	279	372	465	558	744	930
93	47.00	70.50	94	117.50	141.00	164.50	188	235.00	282	376	470	564	752	940
94	47.50	71.25	95	118.75	142.50	166.25	190	237.50	285	380	475	570	760	950
95	48.00	72.00	96	120.00	144.00	168.00	192	240.00	288	384	480	576	768	960
96	48.50	72.75	97	121.25	145.50	169.75	194	242.50	291	388	485	582	776	970
97	49.00	73.50	98	122.50	147.00	171.50	196	245.00	294	392	490	588	784	980
98	49.50	74.25	99	123.75	148.50	173.25	198	247.50	297	396	495	594	792	990
99	50.00	75.00	100	125.00	150.00	175.00	200	250.00	300	400	500	600	800	1 000
100	50.50	75.75	101	126.25	151.50	176.75	202	252.50	303	404	505	606	808	1 010

表 5　37.5°外花键大径基本尺寸系列表

$D_{ee}=m(z+0.9)$

单位为毫米

齿数 z	模数 m													
	0.5	(0.75)	1	(1.25)	1.5	(1.75)	2	2.5	3	(4)	5	(6)	(8)	10
10	5.45	8.18	10.90	13.63	16.35	19.08	21.80	27.25	32.70	43.60	54.50	65.40	87.20	109
11	5.95	8.93	11.90	14.88	17.85	20.83	23.80	29.75	35.70	47.60	59.50	71.40	95.20	119
12	6.45	9.68	12.90	16.13	19.35	22.58	25.80	32.25	38.70	51.60	64.50	77.40	103.20	129
13	6.95	10.43	13.90	17.38	20.85	24.33	27.80	34.75	41.70	55.60	69.50	83.40	111.20	139
14	7.45	11.18	14.90	18.63	22.35	26.08	29.80	37.25	44.70	59.60	74.50	89.40	119.20	149
15	7.95	11.93	15.90	19.88	23.85	27.83	31.80	39.75	47.70	63.60	79.50	95.40	127.20	159
16	8.45	12.68	16.90	21.13	25.35	29.58	33.80	42.25	50.70	67.60	84.50	101.40	135.20	169
17	8.95	13.43	17.90	22.38	26.85	31.33	35.80	44.75	53.70	71.60	89.50	107.40	143.20	179
18	9.45	14.18	18.90	23.63	28.35	33.08	37.80	47.25	56.70	75.60	94.50	113.40	151.20	189
19	9.95	14.93	19.90	24.88	29.85	34.83	39.80	49.75	59.70	79.60	99.50	119.40	159.20	199
20	10.45	15.68	20.90	26.13	31.35	36.58	41.80	52.25	62.70	83.60	104.50	125.40	167.20	209
21	10.95	16.43	21.90	27.38	32.85	38.33	43.80	54.75	65.70	87.60	109.50	131.40	175.20	219
22	11.45	17.18	22.90	28.63	34.35	40.08	45.80	57.25	68.70	91.60	114.50	137.40	183.20	229
23	11.95	17.93	23.90	29.88	35.85	41.83	47.80	59.75	71.70	95.60	119.50	143.40	191.20	239
24	12.45	18.68	24.90	31.13	37.35	43.58	49.80	62.25	74.70	99.60	124.50	149.40	199.20	249
25	12.95	19.43	25.90	32.38	38.85	45.33	51.80	64.75	77.70	103.60	129.50	155.40	207.20	259
26	13.45	20.18	26.90	33.63	40.35	47.08	53.80	67.25	80.70	107.60	134.50	161.40	215.20	269
27	13.95	20.93	27.90	34.88	41.85	48.83	55.80	69.75	83.70	111.60	139.50	167.40	223.20	279
28	14.45	21.68	28.90	36.13	43.35	50.58	57.80	72.25	86.70	115.60	144.50	173.40	231.20	289
29	14.95	22.43	29.90	37.38	44.85	52.33	59.80	74.75	89.70	119.60	149.50	179.40	239.20	299
30	15.45	23.18	30.90	38.63	46.35	54.08	61.80	77.25	92.70	123.60	154.50	185.40	247.20	309
31	15.95	23.93	31.90	39.88	47.85	55.83	63.80	79.75	95.70	127.60	159.50	191.40	255.20	319
32	16.45	24.68	32.90	41.13	49.35	57.58	65.80	82.25	98.70	131.60	164.50	197.40	263.20	329
33	16.95	25.43	33.90	42.38	50.85	59.33	67.80	84.75	101.70	135.60	169.50	203.40	271.20	339
34	17.45	26.18	34.90	43.63	52.35	61.08	69.80	87.25	104.70	139.60	174.50	209.40	279.20	349
35	17.95	26.93	35.90	44.88	53.85	62.83	71.80	89.75	107.70	143.60	179.50	215.40	287.20	359
36	18.45	27.68	36.90	46.13	55.35	64.58	73.80	92.25	110.70	147.60	184.50	221.40	295.20	369
37	18.95	28.43	37.90	47.38	56.85	66.33	75.80	94.75	113.70	151.60	189.50	227.40	303.20	379
38	19.45	29.18	38.90	48.63	58.35	68.08	77.80	97.25	116.70	155.60	194.50	233.40	311.20	389
39	19.95	29.93	39.90	49.88	59.85	69.83	79.80	99.75	119.70	159.60	199.50	239.40	319.20	399
40	20.45	30.68	40.90	51.13	61.35	71.58	81.80	102.30	122.70	163.60	204.50	245.40	327.20	409
41	20.95	31.43	41.90	52.38	62.85	73.33	83.80	104.80	125.70	167.60	209.50	251.40	335.20	419
42	21.45	32.18	42.90	53.63	64.35	75.08	85.80	107.30	128.70	171.60	214.50	257.40	343.20	429
43	21.95	32.93	43.90	54.88	65.85	76.83	87.80	109.80	131.70	175.60	219.50	263.40	351.20	439
44	22.45	33.68	44.90	56.13	67.35	78.58	89.80	112.30	134.70	179.60	224.50	269.40	359.20	449
45	22.95	34.43	45.90	57.38	68.85	80.33	91.80	114.80	137.70	183.60	229.50	275.40	367.20	459
46	23.45	35.18	46.90	58.63	70.35	82.08	93.80	117.30	140.70	187.60	234.50	281.40	375.20	469
47	23.95	35.93	47.90	59.88	71.85	83.83	95.80	119.80	143.70	191.60	239.50	287.40	383.20	479
48	24.45	36.68	48.90	61.13	73.35	85.58	97.80	122.30	146.70	195.60	244.50	293.40	391.20	489
49	24.95	37.43	49.90	62.38	74.85	87.33	99.80	124.80	149.70	199.60	249.50	299.40	399.20	499
50	25.45	38.18	50.90	63.63	76.35	89.08	101.80	127.30	152.70	203.60	254.50	305.40	407.20	509
51	25.95	38.93	51.90	64.88	77.85	90.83	103.80	129.80	155.70	207.60	259.50	311.40	415.20	519
52	26.45	39.68	52.90	66.13	79.35	92.58	105.80	132.30	158.70	211.60	264.50	317.40	423.20	529
53	26.95	40.43	53.90	67.38	80.85	94.33	107.80	134.80	161.70	215.60	269.50	323.40	431.20	539
54	27.45	41.18	54.90	68.63	82.35	96.08	109.80	137.30	164.70	219.60	274.50	329.40	439.20	549
55	27.95	41.93	55.90	69.88	83.85	97.83	111.80	139.80	167.70	223.60	279.50	335.40	447.20	559

表 5（续）

单位为毫米

齿数 z	模数 m													
	0.5	(0.75)	1	(1.25)	1.5	(1.75)	2	2.5	3	(4)	5	(6)	(8)	10
56	28.45	42.68	42.68	71.13	85.35	99.58	113.80	142.30	170.70	227.60	284.50	341.40	455.20	569
57	28.95	43.43	43.43	72.38	86.85	101.33	115.80	144.80	173.70	231.60	289.50	347.40	463.20	579
58	29.45	44.18	44.18	73.63	88.35	103.08	117.80	147.30	176.70	235.60	294.50	353.40	471.20	589
59	29.95	44.93	44.93	74.88	89.85	104.83	119.80	149.80	179.70	239.60	299.50	359.40	479.20	599
60	30.45	45.68	45.68	76.13	91.35	106.58	121.80	152.30	182.70	243.60	304.50	365.40	487.20	609
61	30.95	46.43	46.43	77.38	92.85	108.33	123.80	154.80	185.70	247.60	309.50	371.40	495.20	619
62	31.45	47.18	47.18	78.63	94.35	110.08	125.80	157.30	188.70	251.60	314.50	377.40	503.20	629
63	31.95	47.93	47.93	79.88	95.85	111.83	127.80	159.80	191.70	255.60	319.50	383.40	511.20	639
64	32.45	48.68	48.68	81.13	97.35	113.58	129.80	162.30	194.70	259.60	324.50	389.40	519.20	649
65	32.95	49.43	49.43	82.38	98.85	115.33	131.80	164.80	197.70	263.60	329.50	395.40	527.20	659
66	33.45	50.18	50.18	83.63	100.4	117.08	133.80	167.30	200.70	267.60	334.50	401.40	535.20	669
67	33.95	50.93	50.93	84.88	101.9	118.83	135.80	169.80	203.70	271.60	339.50	407.40	543.20	679
68	34.45	51.68	51.68	86.13	103.4	120.58	137.80	172.30	206.70	275.60	344.50	413.40	551.20	689
69	34.95	52.43	52.43	87.38	104.9	122.33	139.80	174.80	209.70	279.60	349.50	419.40	559.20	699
70	35.45	53.18	53.18	88.63	106.4	124.08	141.80	177.30	212.70	283.60	354.50	425.40	567.20	709
71	35.95	53.93	53.93	89.88	107.9	125.83	143.80	179.80	215.70	287.60	359.50	431.40	575.20	719
72	36.45	54.68	54.68	91.13	109.4	127.58	145.80	182.30	218.70	291.60	364.50	437.40	583.20	729
73	36.95	55.43	55.43	92.38	110.9	129.33	147.80	184.80	221.70	295.60	369.50	443.40	591.20	739
74	37.45	56.18	56.18	93.63	112.4	131.08	149.80	187.30	224.70	299.60	374.50	449.40	599.20	749
75	37.95	56.93	56.93	94.88	113.9	132.83	151.80	189.80	227.70	303.60	379.50	455.40	607.20	759
76	38.45	57.68	57.68	96.13	115.4	134.58	153.80	192.30	230.70	307.60	384.50	461.40	615.20	769
77	38.95	58.43	58.43	97.38	116.9	136.33	155.80	194.80	233.70	311.60	389.50	467.40	623.20	779
78	39.45	59.18	59.18	98.63	118.4	138.08	157.80	197.30	236.70	315.60	394.50	473.40	631.20	789
79	39.95	59.93	59.93	99.88	119.9	139.83	159.80	199.80	239.70	319.60	399.50	479.40	639.20	799
80	40.45	60.68	60.68	101.13	121.4	141.58	161.80	202.30	242.70	323.60	404.50	485.40	647.20	809
81	40.95	61.43	61.43	102.38	122.9	143.33	163.80	204.80	245.70	327.60	409.50	491.40	655.20	819
82	41.45	62.18	62.18	103.63	124.4	145.08	165.80	207.30	248.70	331.60	414.50	497.40	663.20	829
83	41.95	62.93	62.93	104.88	125.9	146.83	167.80	209.80	251.70	335.60	419.50	503.40	671.20	839
84	42.45	63.68	63.68	106.13	127.4	148.58	169.80	212.30	254.70	339.60	424.50	509.40	679.20	849
85	42.95	64.43	64.43	107.38	128.9	150.33	171.80	214.80	257.70	343.60	429.50	515.40	687.20	859
86	43.45	65.18	65.18	108.63	130.4	152.08	173.80	217.30	260.70	347.60	434.50	521.40	695.20	869
87	43.95	65.93	65.93	109.88	131.9	153.83	175.80	219.80	263.70	351.60	439.50	527.40	703.20	879
88	44.45	66.68	66.68	111.13	133.4	155.58	177.80	222.30	266.70	355.60	444.50	533.40	711.20	889
89	44.95	67.43	67.43	112.38	134.9	157.33	179.80	224.80	269.70	359.60	449.50	539.40	719.20	899
90	45.45	68.18	68.18	113.63	136.4	159.08	181.80	227.30	272.70	363.60	454.50	545.40	727.20	909
91	45.95	68.93	68.93	114.88	137.9	160.83	183.80	229.80	275.70	367.60	459.50	551.40	735.20	919
92	46.45	69.68	69.68	116.13	139.4	162.58	185.80	232.30	278.70	371.60	464.50	557.40	743.20	929
93	46.95	70.43	70.43	117.38	140.9	164.33	187.80	234.80	281.70	375.60	469.50	563.40	751.20	939
94	47.45	71.18	71.18	118.63	142.4	166.08	189.80	237.30	284.70	379.60	474.50	569.40	759.20	949
95	47.95	71.93	71.93	119.88	143.9	167.83	191.80	239.80	287.70	383.60	479.50	575.40	767.20	959
96	48.45	72.68	72.68	121.13	145.4	169.58	193.80	242.30	290.70	387.60	484.50	581.40	775.20	969
97	48.95	73.43	73.43	122.38	146.9	171.33	195.80	244.80	293.70	391.60	489.50	587.40	783.20	979
98	49.45	74.18	74.18	123.63	148.4	173.08	197.80	247.30	296.70	395.60	494.50	593.40	791.20	989
99	49.95	74.93	74.93	124.88	149.9	174.83	199.80	249.80	299.70	399.60	499.50	599.40	799.20	999
100	50.45	75.68	75.68	126.13	151.4	176.58	201.80	252.30	302.70	403.60	504.50	605.40	807.20	1 009

表 6　45°外花键大径基本尺寸系列表

$$D_{ee}=m(z+0.8)$$

单位为毫米

齿数 z	模数 m								
	0.25	0.5	(0.75)	1	1.25	1.5	1.75	2	2.5
10	2.70	5.40	8.10	10.80	13.50	16.20	18.90	21.60	27.00
11	2.95	5.90	8.85	11.80	14.75	17.70	20.65	23.60	29.50
12	3.20	6.40	9.60	12.80	16.00	19.20	22.40	25.60	32.00
13	3.45	6.90	10.35	13.80	17.25	20.70	24.15	27.60	34.50
14	3.70	7.40	11.10	14.80	18.50	22.20	25.90	29.60	37.00
15	3.95	7.90	11.85	15.80	19.75	23.70	27.65	31.60	39.50
16	4.20	8.40	12.60	16.80	21.00	25.20	29.40	33.60	42.00
17	4.45	8.90	13.35	17.80	22.25	26.70	31.15	35.60	44.50
18	4.70	9.40	14.10	18.80	23.50	28.20	32.90	37.60	47.00
19	4.95	9.90	14.85	19.80	24.75	29.70	34.65	39.60	49.50
20	5.20	10.40	15.60	20.80	26.00	31.20	36.40	41.60	52.00
21	5.45	10.90	16.35	21.80	27.25	32.70	38.15	43.60	54.50
22	5.70	11.40	17.10	22.80	28.50	34.20	39.90	45.60	57.00
23	5.95	11.90	17.85	23.80	29.75	35.70	41.65	47.60	59.50
24	6.20	12.40	18.60	24.80	31.00	37.20	43.40	49.60	62.00
25	6.45	12.90	19.35	25.80	32.25	38.70	45.15	51.60	64.50
26	6.70	13.40	20.10	26.80	33.50	40.20	46.90	53.60	67.00
27	6.95	13.90	20.85	27.80	34.75	41.70	48.65	55.60	69.50
28	7.20	14.40	21.60	28.80	36.00	43.20	50.40	57.60	72.00
29	7.45	14.90	22.35	29.80	37.25	44.70	52.15	59.60	74.50
30	7.70	15.40	23.10	30.80	38.50	46.20	53.90	61.60	77.00
31	7.95	15.90	23.85	31.80	39.75	47.70	55.65	63.60	79.50
32	8.20	16.40	24.60	32.80	41.00	49.20	57.40	65.60	82.00
33	8.45	16.90	25.35	33.80	42.25	50.70	59.15	67.60	84.50
34	8.70	17.40	26.10	34.80	43.50	52.20	60.90	69.60	87.00
35	8.95	17.90	26.85	35.80	44.75	53.70	62.65	71.60	89.50
36	9.20	18.40	27.60	36.80	46.00	55.20	64.40	73.60	92.00
37	9.45	18.90	28.35	37.80	47.25	56.70	66.15	75.60	94.50
38	9.70	19.40	29.10	38.80	48.50	58.20	67.90	77.60	97.00
39	9.95	19.90	29.85	39.80	49.75	59.70	69.65	79.60	99.50
40	10.20	20.40	30.60	40.80	51.00	61.20	71.40	81.60	102.00
41	10.45	20.90	31.35	41.80	52.25	62.70	73.15	83.60	104.50
42	10.70	21.40	32.10	42.80	53.50	64.20	74.90	85.60	107.00
43	10.95	21.90	32.85	43.80	54.75	65.70	76.65	87.60	109.50
44	11.20	22.40	33.60	44.80	56.00	67.20	78.40	89.60	112.00
45	11.45	22.90	34.35	45.80	57.25	68.70	80.15	91.60	114.50
46	11.70	23.40	35.10	46.80	58.50	70.20	81.90	93.60	117.00
47	11.95	23.90	35.85	47.80	59.75	71.70	83.65	95.60	119.50
48	12.20	24.40	36.60	48.80	61.00	73.20	85.40	97.60	122.00
49	12.45	24.90	37.35	49.80	62.25	74.70	87.15	99.60	124.50
50	12.70	25.40	38.10	50.80	63.50	76.20	88.90	101.60	127.00
51	12.95	25.90	38.85	51.80	64.75	77.70	90.65	103.60	129.50
52	13.20	26.40	39.60	52.80	66.00	79.20	92.40	105.60	132.00
53	13.45	26.90	40.35	53.80	67.25	80.70	94.15	107.60	134.50
54	13.70	27.40	41.10	54.80	68.50	82.20	95.90	109.60	137.00
55	13.95	27.90	41.85	55.80	69.75	83.70	97.65	111.60	139.50

表 6（续）

单位为毫米

齿数 z	模数 m								
	0.25	0.5	(0.75)	1	1.25	1.5	1.75	2	2.5
56	14.20	28.40	42.60	56.80	71.00	85.20	99.40	113.60	142.00
57	14.45	28.90	43.35	57.80	72.25	86.70	101.15	115.60	144.50
58	14.70	29.40	44.10	58.80	73.50	88.20	102.90	117.60	147.00
59	14.95	29.90	44.85	59.80	74.75	89.70	104.65	119.60	149.50
60	15.20	30.40	45.60	60.80	76.00	91.20	106.40	121.60	152.00
61	15.45	30.90	46.35	61.80	77.25	92.70	108.15	123.60	154.50
62	15.70	31.40	47.10	62.80	78.50	94.20	109.90	125.60	157.00
63	15.95	31.90	47.85	63.80	79.75	95.70	111.65	127.60	159.50
64	16.20	32.40	48.60	64.80	81.00	97.20	113.40	129.60	162.00
65	16.45	32.90	49.35	65.80	82.25	98.70	115.15	131.60	164.50
66	16.70	33.40	50.10	66.80	83.50	100.20	116.90	133.60	167.00
67	16.95	33.90	50.85	67.80	84.75	101.70	118.65	135.60	169.50
68	17.20	34.40	51.60	68.80	86.00	103.20	120.40	137.60	172.00
69	17.45	34.90	52.35	69.80	87.25	104.70	122.15	139.60	174.50
70	17.70	35.40	53.10	70.80	88.50	106.20	123.90	141.60	177.00
71	17.95	35.90	53.85	71.80	89.75	107.70	125.65	143.60	179.50
72	18.20	36.40	54.60	72.80	91.00	109.20	127.40	145.60	182.00
73	18.45	36.90	55.35	73.80	92.25	110.70	129.15	147.60	184.50
74	18.70	37.40	56.10	74.80	93.50	112.20	130.90	149.60	187.00
75	18.95	37.90	56.85	75.80	94.75	113.70	132.65	151.60	189.50
76	19.20	38.40	57.60	76.80	96.00	115.20	134.40	153.60	192.00
77	19.45	38.90	58.35	77.80	97.25	116.70	136.15	155.60	194.50
78	19.70	39.40	59.10	78.80	98.50	118.20	137.90	157.60	197.00
79	19.95	39.90	59.85	79.80	99.75	119.70	139.65	159.60	199.50
80	20.20	40.40	60.60	80.80	101.0	121.20	141.40	161.60	202.00
81	20.45	40.90	61.35	81.80	102.3	122.70	143.15	163.60	204.50
82	20.70	41.40	62.10	82.80	103.5	124.20	144.90	165.60	207.00
83	20.95	41.90	62.85	83.80	104.8	125.70	146.65	167.60	209.50
84	21.20	42.40	63.60	84.80	106.0	127.20	148.40	169.60	212.00
85	21.45	42.90	64.35	85.80	107.3	128.70	150.15	171.60	214.50
86	21.70	43.40	65.10	86.80	108.5	130.20	151.90	173.60	217.00
87	21.95	43.90	65.85	87.80	109.8	131.70	153.65	175.60	219.50
88	22.20	44.40	66.60	88.80	111.0	133.20	155.40	177.60	222.00
89	22.45	44.90	67.35	89.80	112.3	134.70	157.15	179.60	224.50
90	22.70	45.40	68.10	90.80	113.5	136.20	158.90	181.60	227.00
91	22.95	45.90	68.85	91.80	114.8	137.70	160.65	183.60	229.50
92	23.20	46.40	69.60	92.80	116.0	139.20	162.40	185.60	232.00
93	23.45	46.90	70.35	93.80	117.3	140.70	164.15	187.60	234.50
94	23.70	47.40	71.10	94.80	118.5	142.20	165.90	189.60	237.00
95	23.95	47.90	71.85	95.80	119.8	143.70	167.65	191.60	239.50
96	24.20	48.40	72.60	96.80	121.0	145.20	169.40	193.60	242.00
97	24.45	48.90	73.35	97.80	122.3	146.70	171.15	195.60	244.50
98	24.70	49.40	74.10	98.80	123.5	148.20	172.90	197.60	247.00
99	24.95	49.90	74.85	99.80	124.8	149.70	174.65	199.60	249.50
100	25.20	50.40	75.60	100.80	126.0	151.20	176.40	201.60	252.00

7 公差等级

本部分规定了4、5、6和7四个公差等级。

8 公差

8.1 总公差($T+\lambda$)

齿槽宽和齿厚的总公差计算式如下(单位为μm):

a) 公差等级为4级时,计算式为 $10i_d$[1] $+40i_E$[2];

b) 公差等级为5级时,计算式为 $16i_d$[1] $+64i_E$[2];

c) 公差等级为6级时,计算式为 $25i_d$[1] $+100i_E$[2];

d) 公差等级为7级时,计算式为 $40i_d$[1] $+160i_E$[2]。

8.2 综合公差 λ

综合公差是根据齿距累积误差、齿形误差和齿向误差对花键配合的综合影响给定的。考虑到各单项误差不太可能同时以最大值出现在同一花键上,而且三项单项误差不太可能相互无补偿地影响花键配合等情况,所以综合公差按下式计算(单位为μm):

$$\lambda = 0.6\sqrt{F_p{}^2 + F_\alpha{}^2 + F_\beta{}^2}$$

表7～表21中的 λ 值是按花键的长度为其分度圆直径一半的齿向公差计算的。若长度不同,必要时 λ 值可调整,但总公差($T+\lambda$)不变。

8.3 加工公差 T

加工公差为总公差($T+\lambda$)与综合公差 λ 之差,即($T+\lambda$)$-\lambda$。

8.4 齿距累积公差 F_p

齿距累积公差 F_p 的计算式如下(单位为μm):

a) 公差等级为4级时,计算式为 $2.5\sqrt{L}+6.3$;

b) 公差等级为5级时,计算式为 $3.55\sqrt{L}+9$;

c) 公差等级为6级时,计算式为 $5.0\sqrt{L}+12.5$;

d) 公差等级为7级时,计算式为 $7.1\sqrt{L}+18$。

式中:L 为分度圆周长之半,即 $L=\pi mz/2$,单位为mm。

8.5 齿形公差 F_α

8.5.1 齿形公差 F_α 的计算式如下(单位为μm):

a) 公差等级为4级时,计算式为 $1.6\varphi_f+10$;

b) 公差等级为5级时,计算式为 $2.5\varphi_f+16$;

c) 公差等级为6级时,计算式为 $4.0\varphi_f+25$;

d) 公差等级为7级时,计算式为 $6.3\varphi_f+40$。

式中:公差因数 $\varphi_f=m+0.0125mz$,单位为mm。

8.5.2 45°压力角内花键允许采用直线齿形,其差值 Δ_1 和 Δ_2 见附录A。

---

1) 以分度圆直径 D 为基础的公差,其公差单位 i_d 为:

当 $D\leqslant 500$ mm时,$i_d=0.45\sqrt[3]{D}+0.001D$

当 $D>500$ mm时,$i_d=0.004D+2.1$

2) 以基本齿槽宽 E 或基本齿厚 S 为基础的公差,其公差单位 i_E 或 i_S 为:

$i_E=0.45\sqrt[3]{E}+0.001E$(内花键用)

$i_S=0.45\sqrt[3]{S}+0.001S$(外花键用)

式中:D、E 和 S 的单位为mm。

8.6 齿向公差 F_β

齿向公差 F_β 的计算式如下(单位为 μm):

a) 公差等级为 4 级时,计算式为 $0.8\sqrt{g}+4$;

b) 公差等级为 5 级时,计算式为 $1.0\sqrt{g}+5$;

c) 公差等级为 6 级时,计算式为 $1.25\sqrt{g}+6.3$;

d) 公差等级为 7 级时,计算式为 $2.0\sqrt{g}+10$。

式中:g 为花键配合长度,单位为 mm。

8.7 公差值

8.7.1 花键的总公差($T+\lambda$)、综合公差 λ、齿距累积公差 F_p 和齿形公差 F_α 的数值见表 7~表 21。齿向公差 F_β 的数值见表 22。当花键齿数超过表中数值时,可按 8.1~8.5 规定的计算式计算。

8.7.2 作用齿槽宽 E_v 的下偏差和作用齿厚 S_v 的上偏差见表 23。

8.7.3 外花键小径 D_{ie} 和大径 D_{ee} 的上偏差见表 24。

8.7.4 内花键小径 D_{ii} 的极限偏差值和外花键大径 D_{ee} 的公差见表 25。

8.7.5 齿根圆弧最小曲率半径 $R_{i\,min}$ 和 $R_{e\,min}$ 见表 26。

表 7　总公差($T+\lambda$)、综合公差 λ、齿距累积公差 F_p 和齿形公差 F_α

$m=0.25$ mm

单位为微米

齿数 z	公差等级																齿数 z
	4				5				6				7				
	$T+\lambda$	λ	F_p	F_α	$T+\lambda$	λ	F_p	F_α	$T+\lambda$	λ	F_p	F_α	$T+\lambda$	λ	F_p	F_α	
10	19	10	11	10	31	14	16	17	48	21	22	26	77	32	32	42	10
11	20	10	11	10	31	15	16	17	49	21	23	26	78	33	33	42	11
12	20	10	12	10	32	15	17	17	49	22	23	26	79	33	33	42	12
13	20	10	12	10	32	15	17	17	50	22	24	26	80	33	34	42	13
14	20	10	12	10	32	15	17	17	50	22	24	26	80	33	35	42	14
15	20	10	12	10	32	15	18	17	51	22	25	26	81	34	35	42	15
16	20	10	13	10	33	15	18	17	51	22	25	26	82	34	36	42	16
17	21	10	13	10	33	15	18	17	51	22	25	26	82	34	36	42	17
18	21	10	13	10	33	15	18	17	52	23	26	26	83	34	37	42	18
19	21	11	13	10	33	16	19	17	52	23	26	26	83	35	37	42	19
20	21	11	13	11	34	16	19	17	52	23	27	26	84	35	38	42	20
21	21	11	13	11	34	16	19	17	53	23	27	26	84	35	38	42	21
22	21	11	14	11	34	16	19	17	53	23	27	26	85	35	39	42	22
23	21	11	14	11	34	16	20	17	53	23	28	26	85	35	39	42	23
24	21	11	14	11	34	16	20	17	54	24	28	26	86	36	40	42	24
25	22	11	14	11	34	16	20	17	54	24	28	26	86	36	40	42	25
26	22	11	14	11	35	16	20	17	54	24	28	26	87	36	41	42	26
27	22	11	14	11	35	16	21	17	54	24	29	26	87	36	41	42	27
28	22	11	15	11	35	17	21	17	55	24	29	26	87	36	42	42	28
29	22	11	15	11	35	17	21	17	55	24	29	26	88	37	42	42	29
30	22	11	15	11	35	17	21	17	55	24	30	26	88	37	42	42	30
31	22	12	15	11	35	17	21	17	55	25	30	26	89	37	43	42	31
32	22	12	15	11	36	17	22	17	56	25	30	26	89	37	43	42	32
33	22	12	15	11	36	17	22	17	56	25	30	26	89	37	44	42	33
34	22	12	15	11	36	17	22	17	56	25	31	26	90	38	44	42	34
35	23	12	16	11	36	17	22	17	56	25	31	26	90	38	44	42	35
36	23	12	16	11	36	17	22	17	57	25	31	26	91	38	45	42	36
37	23	12	16	11	36	17	23	17	57	25	32	26	91	38	45	42	37
38	23	12	16	11	37	18	23	17	57	25	32	26	91	38	45	42	38
39	23	12	16	11	37	18	23	17	57	26	32	26	92	38	46	42	39
40	23	12	16	11	37	18	23	17	57	26	32	27	92	39	46	42	40
41	23	12	16	11	37	18	23	17	58	26	33	27	92	39	46	42	41
42	23	12	16	11	37	18	23	17	58	26	33	27	93	39	47	42	42
43	23	12	17	11	37	18	24	17	58	26	33	27	93	39	47	42	43
44	23	12	17	11	37	18	24	17	58	26	33	27	93	39	48	42	44
45	23	12	17	11	37	18	24	17	58	26	34	27	94	39	48	42	45
46	23	13	17	11	38	18	24	17	59	26	34	27	94	40	48	42	46
47	24	13	17	11	38	18	24	17	59	26	34	27	94	40	49	43	47
48	24	13	17	11	38	18	24	17	59	27	34	27	94	40	49	43	48
49	24	13	17	11	38	18	25	17	59	27	34	27	95	40	49	43	49
50	24	13	17	11	38	19	25	17	59	27	35	27	95	40	49	43	50
51	24	13	17	11	38	19	25	17	60	27	35	27	95	40	50	43	51
52	24	13	18	11	38	19	25	17	60	27	35	27	96	40	50	43	52
53	24	13	18	11	38	19	25	17	60	27	35	27	96	41	50	43	53
54	24	13	18	11	38	19	25	17	60	27	36	27	96	41	51	43	54
55	24	13	18	11	39	19	25	17	60	27	36	27	96	41	51	43	55

表 7（续）

单位为微米

齿数 z	公差等级																齿数 z
	4				5				6				7				
	$T+\lambda$	λ	F_p	F_α	$T+\lambda$	λ	F_p	F_α	$T+\lambda$	λ	F_p	F_α	$T+\lambda$	λ	F_p	F_α	
55	24	13	18	11	39	19	25	17	60	27	36	27	96	41	51	43	55
56	24	13	18	11	39	19	26	17	60	27	36	27	97	41	51	43	56
57	24	13	18	11	39	19	26	17	61	28	36	27	97	41	52	43	57
58	24	13	18	11	39	19	26	17	61	28	36	27	97	41	52	43	58
59	24	13	18	11	39	19	26	17	61	28	37	27	97	42	52	43	59
60	24	13	18	11	39	19	26	17	61	28	37	27	98	42	52	43	60
61	25	13	19	11	39	19	26	17	61	28	37	27	98	42	53	43	61
62	25	13	19	11	39	20	27	17	61	28	37	27	98	42	53	43	62
63	25	13	19	11	39	20	27	17	62	28	37	27	99	42	53	43	63
64	25	14	19	11	40	20	27	17	62	28	38	27	99	42	54	43	64
65	25	14	19	11	40	20	27	17	62	28	38	27	99	42	54	43	65
66	25	14	19	11	40	20	27	17	62	29	38	27	99	43	54	43	66
67	25	14	19	11	40	20	27	17	62	29	38	27	99	43	54	43	67
68	25	14	19	11	40	20	27	17	62	29	38	27	100	43	55	43	68
69	25	14	19	11	40	20	27	17	62	29	39	27	100	43	55	43	69
70	25	14	19	11	40	20	28	17	63	29	39	27	100	43	55	43	70
71	25	14	20	11	40	20	28	17	63	29	39	27	100	43	55	43	71
72	25	14	20	11	40	20	28	17	63	29	39	27	101	43	56	43	72
73	25	14	20	11	40	20	28	17	63	29	39	27	101	43	56	43	73
74	25	14	20	11	40	20	28	17	63	29	39	27	101	44	56	43	74
75	25	14	20	11	41	20	28	17	63	29	40	27	101	44	57	43	75
76	25	14	20	11	41	21	28	17	63	29	40	27	102	44	57	43	76
77	25	14	20	11	41	21	29	17	64	30	40	27	102	44	57	43	77
78	25	14	20	11	41	21	29	17	64	30	40	27	102	44	57	43	78
79	26	14	20	11	41	21	29	17	64	30	40	27	102	44	58	43	79
80	26	14	20	11	41	21	29	17	64	30	41	27	102	44	58	43	80
81	26	14	20	11	41	21	29	17	64	30	41	27	103	44	58	43	81
82	26	14	20	11	41	21	29	17	64	30	41	27	103	45	58	43	82
83	26	14	21	11	41	21	29	17	64	30	41	27	103	45	59	43	83
84	26	15	21	11	41	21	29	17	65	30	41	27	103	45	59	43	84
85	26	15	21	11	41	21	30	17	65	30	41	27	103	45	59	43	85
86	26	15	21	11	41	21	30	17	65	30	42	27	104	45	59	43	86
87	26	15	21	11	42	21	30	17	65	30	42	27	104	45	60	43	87
88	26	15	21	11	42	21	30	17	65	31	42	27	104	45	60	43	88
89	26	15	21	11	42	21	30	17	65	31	42	27	104	46	60	43	89
90	26	15	21	11	42	21	30	17	65	31	42	27	104	46	60	43	90
91	26	15	21	11	42	22	30	17	65	31	42	27	105	46	60	43	91
92	26	15	21	11	42	22	30	17	66	31	43	27	105	46	61	43	92
93	26	15	21	11	42	22	30	17	66	31	43	27	105	46	61	43	93
94	26	15	21	11	42	22	31	17	66	31	43	27	105	46	61	43	94
95	26	15	22	11	42	22	31	17	66	31	43	27	105	46	61	43	95
96	26	15	22	11	42	22	31	17	66	31	43	27	106	46	62	43	96
97	26	15	22	11	42	22	31	17	66	31	43	27	106	46	62	43	97
98	27	15	22	11	42	22	31	17	66	31	44	27	106	47	62	44	98
99	27	15	22	11	42	22	31	17	66	32	44	27	106	47	62	44	99
100	27	15	22	11	43	22	31	17	66	32	44	27	106	47	62	44	100

表 8　总公差($T+\lambda$)、综合公差 λ、齿距累积公差 F_p 和齿形公差 F_α

$m=0.5$ mm

单位为微米

齿数 z	公差等级																齿数 z
	4				5				6				7				
	$T+\lambda$	λ	F_p	F_α	$T+\lambda$	λ	F_p	F_α	$T+\lambda$	λ	F_p	F_α	$T+\lambda$	λ	F_p	F_α	
10	24	11	13	11	39	16	19	17	61	23	27	27	98	36	38	44	10
11	25	11	14	11	39	16	19	17	62	24	27	27	99	36	39	44	11
12	25	11	14	11	40	16	20	17	62	24	28	27	99	36	40	44	12
13	25	11	14	11	40	17	20	17	63	24	28	27	100	37	41	44	13
14	25	11	15	11	41	17	21	17	63	25	29	27	101	37	42	44	14
15	26	12	15	11	41	17	21	17	64	25	30	27	102	37	42	44	15
16	26	12	15	11	41	17	22	18	64	25	30	27	103	38	43	44	16
17	26	12	15	11	41	17	22	18	65	25	31	27	104	38	44	44	17
18	26	12	16	11	42	18	22	18	65	26	31	27	104	39	45	44	18
19	26	12	16	11	42	18	23	18	66	26	32	27	105	39	45	44	19
20	26	12	16	11	42	18	23	18	66	26	32	28	106	39	46	44	20
21	27	12	16	11	43	18	23	18	66	26	33	28	106	40	47	44	21
22	27	13	17	11	43	18	24	18	67	27	33	28	107	40	48	44	22
23	27	13	17	11	43	18	24	18	67	27	34	28	108	40	48	44	23
24	27	13	17	11	43	19	24	18	68	27	34	28	108	40	49	44	24
25	27	13	17	11	44	19	25	18	68	27	35	28	109	41	49	44	25
26	27	13	18	11	44	19	25	18	68	27	35	28	109	41	50	44	26
27	27	13	18	11	44	19	25	18	69	28	36	28	110	41	51	44	27
28	28	13	18	11	44	19	26	18	69	28	36	28	110	42	51	44	28
29	28	13	18	11	44	19	26	18	69	28	36	28	111	42	52	44	29
30	28	13	18	11	45	20	26	18	70	28	37	28	112	42	52	44	30
31	28	14	19	11	45	20	27	18	70	28	37	28	112	43	53	44	31
32	28	14	19	11	45	20	27	18	70	29	38	28	113	43	54	44	32
33	28	14	19	11	45	20	27	18	71	29	38	28	113	43	54	44	33
34	28	14	19	11	45	20	27	18	71	29	38	28	113	43	55	44	34
35	28	14	19	11	46	20	28	18	71	29	39	28	114	44	55	45	35
36	29	14	20	11	46	20	28	18	72	29	39	28	114	44	56	45	36
37	29	14	20	11	46	21	28	18	72	30	39	28	115	44	56	45	37
38	29	14	20	11	46	21	28	18	72	30	40	28	115	44	57	45	38
39	29	14	20	11	46	21	29	18	72	30	40	28	116	45	57	45	39
40	29	14	20	11	46	21	29	18	73	30	41	28	116	45	58	45	40
41	29	15	20	11	47	21	29	18	73	30	41	28	117	45	58	45	41
42	29	15	21	11	47	21	29	18	73	31	41	28	117	45	59	45	42
43	29	15	21	11	47	21	30	18	73	31	42	28	117	46	59	45	43
44	29	15	21	11	47	21	30	18	74	31	42	28	118	46	60	45	44
45	30	15	21	11	47	22	30	18	74	31	42	28	118	46	60	45	45
46	30	15	21	11	47	22	30	18	74	31	43	28	119	46	61	45	46
47	30	15	21	11	48	22	31	18	74	31	43	28	119	47	61	45	47
48	30	15	22	11	48	22	31	18	75	32	43	28	119	47	62	45	48
49	30	15	22	11	48	22	31	18	75	32	44	28	120	47	62	45	49
50	30	15	22	11	48	22	31	18	75	32	44	28	120	47	62	45	50
51	30	15	22	11	48	22	31	18	75	32	44	28	121	48	63	45	51
52	30	16	22	11	48	22	32	18	76	32	44	28	121	48	63	45	52
53	30	16	22	11	48	23	32	18	76	32	45	28	121	48	64	45	53
54	30	16	23	11	49	23	32	18	76	33	45	28	122	48	64	45	54
55	30	16	23	11	49	23	32	18	76	33	45	28	122	49	65	45	55

表 8（续）

单位为微米

齿数 z	公差等级																齿数 z
	4				5				6				7				
	$T+\lambda$	λ	F_p	F_α	$T+\lambda$	λ	F_p	F_α	$T+\lambda$	λ	F_p	F_α	$T+\lambda$	λ	F_p	F_α	
56	31	16	23	11	49	23	33	18	76	33	46	28	122	49	65	45	56
57	31	16	23	11	49	23	33	18	77	33	46	28	123	49	66	45	57
58	31	16	23	11	49	23	33	18	77	33	46	28	123	49	66	45	58
59	31	16	23	11	49	23	33	18	77	33	47	28	123	49	66	45	59
60	31	16	23	11	49	23	33	18	77	34	47	29	124	50	67	46	60
61	31	16	24	11	50	24	34	18	77	34	47	29	124	50	67	46	61
62	31	16	24	11	50	24	34	18	78	34	47	29	124	50	68	46	62
63	31	16	24	11	50	24	34	18	78	34	48	29	125	50	68	46	63
64	31	17	24	11	50	24	34	18	78	34	48	29	125	50	68	46	64
65	31	17	24	11	50	24	34	18	78	34	48	29	125	51	69	46	65
66	31	17	24	11	50	24	35	18	78	34	48	29	126	51	69	46	66
67	31	17	24	11	50	24	35	18	79	35	49	29	126	51	70	46	67
68	32	17	25	11	50	24	35	18	79	35	49	29	126	51	70	46	68
69	32	17	25	11	51	24	35	18	79	35	49	29	126	52	70	46	69
70	32	17	25	12	51	25	35	18	79	35	50	29	127	52	71	46	70
71	32	17	25	12	51	25	36	18	79	35	50	29	127	52	71	46	71
72	32	17	25	12	51	25	36	18	80	35	50	29	127	52	71	46	72
73	32	17	25	12	51	25	36	18	80	36	50	29	128	52	72	46	73
74	32	17	25	12	51	25	36	18	80	36	51	29	128	53	72	46	74
75	32	17	25	12	51	25	36	18	80	36	51	29	128	53	72	46	75
76	32	17	26	12	51	25	36	18	80	36	51	29	129	53	73	46	76
77	32	18	26	12	52	25	37	18	81	36	51	29	129	53	73	46	77
78	32	18	26	12	52	25	37	18	81	36	52	29	129	53	74	46	78
79	32	18	26	12	52	25	37	18	81	36	52	29	129	54	74	46	79
80	32	18	26	12	52	26	37	19	81	36	52	29	130	54	74	46	80
81	32	18	26	12	52	26	37	19	81	37	52	29	130	54	75	46	81
82	33	18	26	12	52	26	37	19	81	37	53	29	130	54	75	46	82
83	33	18	26	12	52	26	38	19	82	37	53	29	130	54	75	46	83
84	33	18	27	12	52	26	38	19	82	37	53	29	131	55	76	46	84
85	33	18	27	12	52	26	38	19	82	37	53	29	131	55	76	46	85
86	33	18	27	12	53	26	38	19	82	37	54	29	131	55	76	47	86
87	33	18	27	12	53	26	38	19	82	37	54	29	132	55	77	47	87
88	33	18	27	12	53	26	39	19	82	38	54	29	132	55	77	47	88
89	33	18	27	12	53	26	39	19	83	38	54	29	132	55	77	47	89
90	33	18	27	12	53	27	39	19	83	38	55	29	132	56	78	47	90
91	33	19	27	12	53	27	39	19	83	38	55	29	133	56	78	47	91
92	33	19	28	12	53	27	39	19	83	38	55	29	133	56	78	47	92
93	33	19	28	12	53	27	39	19	83	38	55	29	133	56	79	47	93
94	33	19	28	12	53	27	40	19	83	38	55	29	133	56	79	47	94
95	33	19	28	12	53	27	40	19	83	39	56	29	134	57	79	47	95
96	33	19	28	12	54	27	40	19	84	39	56	29	134	57	80	47	96
97	34	19	28	12	54	27	40	19	84	39	56	29	134	57	80	47	97
98	34	19	28	12	54	27	40	19	84	39	56	29	134	57	80	47	98
99	34	19	28	12	54	27	40	19	84	39	57	29	135	57	81	47	99
100	34	19	28	12	54	27	40	19	84	39	57	30	135	57	81	47	100

表 9　总公差($T+\lambda$)、综合公差 λ、齿距累积公差 F_p 和齿形公差 F_α

m=0.75 mm

单位为微米

齿数 z	公差等级																齿数 z
	4				5				6				7				
	$T+\lambda$	λ	F_p	F_α	$T+\lambda$	λ	F_p	F_α	$T+\lambda$	λ	F_p	F_α	$T+\lambda$	λ	F_p	F_α	
10	28	12	15	11	45	17	21	18	70	25	30	28	112	38	42	45	10
11	28	12	15	11	45	18	22	18	71	26	30	28	113	39	44	45	11
12	29	12	16	11	46	18	22	18	71	26	31	28	114	39	45	45	12
13	29	12	16	11	46	18	23	18	72	26	32	28	115	40	46	45	13
14	29	13	16	11	46	18	23	18	73	27	33	29	116	40	47	46	14
15	29	13	17	11	47	19	24	18	73	27	34	29	117	41	48	46	15
16	29	13	17	11	47	19	24	18	74	27	34	29	118	41	49	46	16
17	30	13	17	11	48	19	25	18	74	28	35	29	119	42	50	46	17
18	30	13	18	11	48	19	25	18	75	28	36	29	120	42	51	46	18
19	30	13	18	11	48	20	26	18	75	28	36	29	120	42	52	46	19
20	30	14	18	12	48	20	26	18	76	29	37	29	121	43	52	46	20
21	30	14	19	12	49	20	27	18	76	29	37	29	122	43	53	46	21
22	31	14	19	12	49	20	27	18	77	29	38	29	123	44	54	46	22
23	31	14	19	12	49	20	27	18	77	29	39	29	123	44	55	46	23
24	31	14	20	12	50	21	28	18	78	30	39	29	124	44	56	46	24
25	31	14	20	12	50	21	28	18	78	30	40	29	125	45	57	46	25
26	31	14	20	12	50	21	29	18	78	30	40	29	125	45	57	46	26
27	32	15	20	12	50	21	29	19	79	31	41	29	126	46	58	46	27
28	32	15	21	12	51	21	29	19	79	31	41	29	127	46	59	46	28
29	32	15	21	12	51	22	30	19	80	31	42	29	127	46	60	46	29
30	32	15	21	12	51	22	30	19	80	31	42	29	128	47	60	46	30
31	32	15	21	12	51	22	30	19	80	32	43	29	128	47	61	47	31
32	32	15	22	12	52	22	31	19	81	32	43	29	129	47	62	47	32
33	32	15	22	12	52	22	31	19	81	32	44	29	130	48	62	47	33
34	33	16	22	12	52	23	31	19	81	32	44	29	130	48	63	47	34
35	33	16	22	12	52	23	32	19	82	33	45	29	131	48	64	47	35
36	33	16	23	12	52	23	32	19	82	33	45	29	131	49	64	47	36
37	33	16	23	12	53	23	32	19	82	33	46	29	132	49	65	47	37
38	33	16	23	12	53	23	33	19	83	33	46	29	132	49	66	47	38
39	33	16	23	12	53	23	33	19	83	34	46	29	133	50	66	47	39
40	33	16	23	12	53	24	33	19	83	34	47	30	133	50	67	47	40
41	33	16	24	12	54	24	34	19	84	34	47	30	134	50	67	47	41
42	34	17	24	12	54	24	34	19	84	34	48	30	134	51	68	47	42
43	34	17	24	12	54	24	34	19	84	35	48	30	135	51	69	47	43
44	34	17	24	12	54	24	35	19	85	35	48	30	135	51	69	47	44
45	34	17	25	12	54	24	35	19	85	35	49	30	136	52	70	47	45
46	34	17	25	12	54	25	35	19	85	35	49	30	136	52	70	47	46
47	34	17	25	12	55	25	35	19	85	35	50	30	137	52	71	48	47
48	34	17	25	12	55	25	36	19	86	36	50	30	137	53	71	48	48
49	34	17	25	12	55	25	36	19	86	36	50	30	137	53	72	48	49
50	34	17	25	12	55	25	36	19	86	36	51	30	138	53	72	48	50
51	35	18	26	12	55	25	37	19	86	36	51	30	138	54	73	48	51
52	35	18	26	12	56	26	37	19	87	37	52	30	139	54	74	48	52
53	35	18	26	12	56	26	37	19	87	37	52	30	139	54	74	48	53
54	35	18	26	12	56	26	37	19	87	37	52	30	140	54	75	48	54
55	35	18	26	12	56	26	38	19	87	37	53	30	140	55	75	48	55

表 9（续）

单位为微米

齿数 z	公差等级																齿数 z
	4				5				6				7				
	$T+\lambda$	λ	F_p	F_α	$T+\lambda$	λ	F_p	F_α	$T+\lambda$	λ	F_p	F_α	$T+\lambda$	λ	F_p	F_α	
56	35	18	27	12	56	26	38	19	88	37	53	30	140	55	76	48	56
57	35	18	27	12	56	26	38	19	88	38	53	30	141	55	76	48	57
58	35	18	27	12	56	26	38	19	88	38	54	30	141	56	77	48	58
59	35	18	27	12	57	27	39	19	88	38	54	30	142	56	77	48	59
60	35	19	27	12	57	27	39	19	89	38	55	30	142	56	78	48	60
61	36	19	27	12	57	27	39	19	89	38	55	30	142	56	78	48	61
62	36	19	28	12	57	27	39	19	89	39	55	30	143	57	79	48	62
63	36	19	28	12	57	27	40	19	89	39	56	30	143	57	79	48	63
64	36	19	28	12	57	27	40	19	90	39	56	30	143	57	80	49	64
65	36	19	28	12	58	27	40	19	90	39	56	30	144	57	80	49	65
66	36	19	28	12	58	28	40	19	90	39	57	30	144	58	81	49	66
67	36	19	29	12	58	28	41	19	90	39	57	31	145	58	81	49	67
68	36	19	29	12	58	28	41	19	91	40	57	31	145	58	82	49	68
69	36	19	29	12	58	28	41	19	91	40	58	31	145	59	82	49	69
70	36	20	29	12	58	28	41	20	91	40	58	31	146	59	82	49	70
71	36	20	29	12	58	28	41	20	91	40	58	31	146	59	83	49	71
72	37	20	29	12	59	28	42	20	91	40	59	31	146	59	83	49	72
73	37	20	29	12	59	28	42	20	92	41	59	31	147	60	84	49	73
74	37	20	30	12	59	29	42	20	92	41	59	31	147	60	84	49	74
75	37	20	30	12	59	29	42	20	92	41	59	31	147	60	85	49	75
76	37	20	30	12	59	29	43	20	92	41	60	31	148	60	85	49	76
77	37	20	30	12	59	29	43	20	93	41	60	31	148	61	86	49	77
78	37	20	30	12	59	29	43	20	93	41	60	31	148	61	86	49	78
79	37	20	30	12	59	29	43	20	93	42	61	31	149	61	86	49	79
80	37	20	31	12	60	29	43	20	93	42	61	31	149	61	87	49	80
81	37	21	31	12	60	29	44	20	93	42	61	31	149	62	87	50	81
82	37	21	31	12	60	30	44	20	94	42	62	31	150	62	88	50	82
83	37	21	31	12	60	30	44	20	94	42	62	31	150	62	88	50	83
84	38	21	31	12	60	30	44	20	94	43	62	31	150	62	89	50	84
85	38	21	31	12	60	30	45	20	94	43	63	31	151	63	89	50	85
86	38	21	31	12	60	30	45	20	94	43	63	31	151	63	89	50	86
87	38	21	32	13	60	30	45	20	95	43	63	31	151	63	90	50	87
88	38	21	32	13	61	30	45	20	95	43	63	31	152	63	90	50	88
89	38	21	32	13	61	30	45	20	95	43	64	31	152	63	91	50	89
90	38	21	32	13	61	31	46	20	95	44	64	31	152	64	91	50	90
91	38	21	32	13	61	31	46	20	95	44	64	31	152	64	92	50	91
92	38	21	32	13	61	31	46	20	95	44	65	31	153	64	92	50	92
93	38	22	32	13	61	31	46	20	96	44	65	31	153	64	92	50	93
94	38	22	33	13	61	31	46	20	96	44	65	32	153	65	93	50	94
95	38	22	33	13	61	31	47	20	96	44	65	32	154	65	93	50	95
96	38	22	33	13	62	31	47	20	96	45	66	32	154	65	94	50	96
97	39	22	33	13	62	31	47	20	96	45	66	32	154	65	94	50	97
98	39	22	33	13	62	31	47	20	97	45	66	32	154	66	94	51	98
99	39	22	33	13	62	32	47	20	97	45	66	32	155	66	95	51	99
100	39	22	33	13	62	32	48	20	97	45	67	32	155	66	95	51	100

表 10 总公差($T+\lambda$)、综合公差 λ、齿距累积公差 F_p 和齿形公差 F_α

$m=1$ mm

单位为微米

齿数 z	公差等级																齿数 z
	4				5				6				7				
	$T+\lambda$	λ	F_p	F_α	$T+\lambda$	λ	F_p	F_α	$T+\lambda$	λ	F_p	F_α	$T+\lambda$	λ	F_p	F_α	
10	31	13	16	12	49	18	23	19	77	27	32	30	123	40	46	47	10
11	31	13	17	12	50	19	24	19	78	27	33	30	124	41	48	47	11
12	31	13	17	12	50	19	24	19	78	28	34	30	126	42	49	47	12
13	32	13	18	12	51	19	25	19	79	28	35	30	127	42	50	47	13
14	32	13	18	12	51	20	26	19	80	29	36	30	128	43	51	47	14
15	32	14	18	12	52	20	26	19	81	29	37	30	129	43	52	47	15
16	32	14	19	12	52	20	27	19	81	29	38	30	130	44	54	48	16
17	33	14	19	12	52	21	27	19	82	30	38	30	131	45	55	48	17
18	33	14	20	12	53	21	28	19	82	30	39	30	132	45	56	48	18
19	33	14	20	12	53	21	28	19	83	31	40	30	133	46	57	48	19
20	33	15	20	12	53	21	29	19	83	31	41	30	134	46	58	48	20
21	34	15	21	12	54	22	29	19	84	31	41	30	134	47	59	48	21
22	34	15	21	12	54	22	30	19	85	32	42	30	135	47	60	48	22
23	34	15	21	12	54	22	30	19	85	32	43	30	136	48	61	48	23
24	34	15	22	12	55	22	31	19	85	32	43	30	137	48	62	48	24
25	34	16	22	12	55	23	31	19	86	33	44	30	138	48	62	48	25
26	35	16	22	12	55	23	32	19	86	33	44	30	138	49	63	48	26
27	35	16	23	12	56	23	32	19	87	33	45	30	139	49	64	48	27
28	35	16	23	12	56	23	33	19	87	34	46	30	140	50	65	49	28
29	35	16	23	12	56	24	33	19	88	34	46	30	140	50	66	49	29
30	35	16	23	12	56	24	33	19	88	34	47	31	141	51	67	49	30
31	35	17	24	12	57	24	34	19	89	34	47	31	142	51	68	49	31
32	36	17	24	12	57	24	34	20	89	35	48	31	142	52	68	49	32
33	36	17	24	12	57	24	35	20	89	35	48	31	143	52	69	49	33
34	36	17	25	12	57	25	35	20	90	35	49	31	144	52	70	49	34
35	36	17	25	12	58	25	35	20	90	36	50	31	144	53	71	49	35
36	36	17	25	12	58	25	36	20	90	36	50	31	145	53	71	49	36
37	36	18	25	12	58	25	36	20	91	36	51	31	145	54	72	49	37
38	36	18	26	12	58	25	36	20	91	37	51	31	146	54	73	49	38
39	37	18	26	12	59	26	37	20	92	37	52	31	146	54	74	49	39
40	37	18	26	12	59	26	37	20	92	37	52	31	147	55	74	49	40
41	37	18	26	12	59	26	37	20	92	37	53	31	148	55	75	50	41
42	37	18	27	12	59	26	38	20	93	38	53	31	148	55	76	50	42
43	37	18	27	12	59	26	38	20	93	38	54	31	149	56	76	50	43
44	37	18	27	12	60	27	39	20	93	38	54	31	149	56	77	50	44
45	37	19	27	13	60	27	39	20	94	38	55	31	150	57	78	50	45
46	38	19	28	13	60	27	39	20	94	39	55	31	150	57	78	50	46
47	38	19	28	13	60	27	40	20	94	39	55	31	151	57	79	50	47
48	38	19	28	13	60	27	40	20	94	39	56	31	151	58	80	50	48
49	38	19	28	13	61	28	40	20	95	39	56	31	152	58	80	50	49
50	38	19	28	13	61	28	40	20	95	40	57	32	152	58	81	50	50
51	38	19	29	13	61	28	41	20	95	40	57	32	153	59	82	50	51
52	38	20	29	13	61	28	41	20	96	40	58	32	153	59	82	50	52
53	38	20	29	13	61	28	41	20	96	40	58	32	154	59	83	50	53
54	39	20	29	13	62	28	42	20	96	41	59	32	154	60	83	51	54
55	39	20	30	13	62	29	42	20	97	41	59	32	154	60	84	51	55

表 10（续）

单位为微米

齿数 z	公差等级																齿数 z
	4				5				6				7				
	$T+\lambda$	λ	F_p	F_α	$T+\lambda$	λ	F_p	F_α	$T+\lambda$	λ	F_p	F_α	$T+\lambda$	λ	F_p	F_α	
56	39	20	30	13	62	29	42	20	97	41	59	32	155	60	85	51	56
57	39	20	30	13	62	29	43	20	97	41	60	32	155	61	85	51	57
58	39	20	30	13	62	29	43	20	97	42	60	32	156	61	86	51	58
59	39	20	30	13	63	29	43	20	98	42	61	32	156	61	86	51	59
60	39	21	31	13	63	29	43	20	98	42	61	32	157	62	87	51	60
61	39	21	31	13	63	30	44	20	98	42	61	32	157	62	88	51	61
62	39	21	31	13	63	30	44	20	98	43	62	32	158	62	88	51	62
63	39	21	31	13	63	30	44	20	99	43	62	32	158	63	89	51	63
64	40	21	31	13	63	30	45	21	99	43	63	32	158	63	89	51	64
65	40	21	32	13	64	30	45	21	99	43	63	32	159	63	90	51	65
66	40	21	32	13	64	30	45	21	100	43	63	32	159	64	90	51	66
67	40	21	32	13	64	31	45	21	100	44	64	32	160	64	91	52	67
68	40	21	32	13	64	31	46	21	100	44	64	32	160	64	91	52	68
69	40	22	32	13	64	31	46	21	100	44	65	32	160	65	92	52	69
70	40	22	33	13	64	31	46	21	101	44	65	33	161	65	92	52	70
71	40	22	33	13	64	31	46	21	101	45	65	33	161	65	93	52	71
72	40	22	33	13	65	31	47	21	101	45	66	33	162	66	94	52	72
73	40	22	33	13	65	32	47	21	101	45	66	33	162	66	94	52	73
74	41	22	33	13	65	32	47	21	101	45	66	33	162	66	95	52	74
75	41	22	33	13	65	32	48	21	102	45	67	33	163	66	95	52	75
76	41	22	34	13	65	32	48	21	102	46	67	33	163	67	96	52	76
77	41	22	34	13	65	32	48	21	102	46	67	33	163	67	96	52	77
78	41	23	34	13	66	32	48	21	102	46	68	33	164	67	97	52	78
79	41	23	34	13	66	32	49	21	103	46	68	33	164	68	97	53	79
80	41	23	34	13	66	33	49	21	103	46	69	33	165	68	98	53	80
81	41	23	35	13	66	33	49	21	103	47	69	33	165	68	98	53	81
82	41	23	35	13	66	33	49	21	103	47	69	33	165	68	99	53	82
83	41	23	35	13	66	33	50	21	104	47	70	33	166	69	99	53	83
84	42	23	35	13	66	33	50	21	104	47	70	33	166	69	100	53	84
85	42	23	35	13	67	33	50	21	104	47	70	33	166	69	100	53	85
86	42	23	35	13	67	33	50	21	104	48	71	33	167	70	101	53	86
87	42	23	36	13	67	34	51	21	104	48	71	33	167	70	101	53	87
88	42	24	36	13	67	34	51	21	105	48	71	33	167	70	101	53	88
89	42	24	36	13	67	34	51	21	105	48	72	33	168	70	102	53	89
90	42	24	36	13	67	34	51	21	105	48	72	34	168	71	102	53	90
91	42	24	36	13	67	34	51	21	105	49	72	34	168	71	103	53	91
92	42	24	36	13	68	34	52	21	105	49	73	34	169	71	103	54	92
93	42	24	37	13	68	34	52	21	106	49	73	34	169	72	104	54	93
94	42	24	37	13	68	35	52	21	106	49	73	34	169	72	104	54	94
95	42	24	37	14	68	35	52	21	106	49	74	34	170	72	105	54	95
96	43	24	37	14	68	35	53	22	106	50	74	34	170	72	105	54	96
97	43	24	37	14	68	35	53	22	106	50	74	34	170	73	106	54	97
98	43	25	37	14	68	35	53	22	107	50	75	34	171	73	106	54	98
99	43	25	37	14	68	35	53	22	107	50	75	34	171	73	107	54	99
100	43	25	38	14	69	35	53	22	107	50	75	34	171	73	107	54	100

表 11 总公差($T+\lambda$)、综合公差 λ、齿距累积公差 F_p 和齿形公差 F_α

$m=1.25$ mm

单位为微米

齿数 z	公差等级																齿数 z
	4				5				6				7				
	$T+\lambda$	λ	F_p	F_α	$T+\lambda$	λ	F_p	F_α	$T+\lambda$	λ	F_p	F_α	$T+\lambda$	λ	F_p	F_α	
10	33	13	17	12	53	19	25	20	83	28	35	31	133	43	49	49	10
11	34	14	18	12	54	20	25	20	84	29	36	31	134	43	51	49	11
12	34	14	18	12	54	20	26	20	85	29	37	31	135	44	52	49	12
13	34	14	19	12	55	21	27	20	85	30	38	31	137	45	54	49	13
14	34	14	19	12	55	21	28	20	86	30	39	31	138	45	55	49	14
15	35	15	20	12	56	21	28	20	87	31	40	31	139	46	57	49	15
16	35	15	20	12	56	22	29	20	88	31	41	31	140	47	58	49	16
17	35	15	21	12	56	22	30	20	88	32	41	31	141	47	59	50	17
18	36	15	21	12	57	22	30	20	89	32	42	31	142	48	60	50	18
19	36	15	22	12	57	23	31	20	89	33	43	31	143	48	61	50	19
20	36	16	22	13	58	23	31	20	90	33	44	31	144	49	62	50	20
21	36	16	22	13	58	23	32	20	91	33	45	31	145	50	64	50	21
22	36	16	23	13	58	23	32	20	91	34	45	31	146	50	65	50	22
23	37	16	23	13	59	24	33	20	92	34	46	31	147	51	66	50	23
24	37	17	23	13	59	24	33	20	92	35	47	32	148	51	67	50	24
25	37	17	24	13	59	24	34	20	93	35	48	32	148	52	68	50	25
26	37	17	24	13	60	25	34	20	93	35	48	32	149	52	69	50	26
27	37	17	25	13	60	25	35	20	94	36	49	32	150	53	70	51	27
28	38	17	25	13	60	25	35	20	94	36	50	32	151	53	71	51	28
29	38	17	25	13	61	25	36	20	95	36	50	32	151	54	72	51	29
30	38	18	25	13	61	26	36	20	95	37	51	32	152	54	72	51	30
31	38	18	26	13	61	26	37	20	96	37	52	32	153	55	73	51	31
32	38	18	26	13	61	26	37	20	96	37	52	32	154	55	74	51	32
33	39	18	26	13	62	26	38	20	96	38	53	32	154	56	75	51	33
34	39	18	27	13	62	27	38	20	97	38	53	32	155	56	76	51	34
35	39	19	27	13	62	27	38	20	97	38	54	32	156	57	77	51	35
36	39	19	27	13	62	27	39	21	98	39	55	32	156	57	78	51	36
37	39	19	28	13	63	27	39	21	98	39	55	32	157	58	79	52	37
38	39	19	28	13	63	27	40	21	98	39	56	32	157	58	79	52	38
39	40	19	28	13	63	28	40	21	99	40	56	32	158	58	80	52	39
40	40	19	28	13	63	28	40	21	99	40	57	33	159	59	81	52	40
41	40	20	29	13	64	28	41	21	100	40	57	33	159	59	82	52	41
42	40	20	29	13	64	28	41	21	100	41	58	33	160	60	82	52	42
43	40	20	29	13	64	29	42	21	100	41	58	33	160	60	83	52	43
44	40	20	30	13	64	29	42	21	101	41	59	33	161	61	84	52	44
45	40	20	30	13	65	29	42	21	101	42	59	33	162	61	85	52	45
46	41	20	30	13	65	29	43	21	101	42	60	33	162	61	85	52	46
47	41	20	30	13	65	29	43	21	102	42	61	33	163	62	86	53	47
48	41	21	31	13	65	30	43	21	102	42	61	33	163	62	87	53	48
49	41	21	31	13	66	30	44	21	102	43	62	33	164	63	88	53	49
50	41	21	31	13	66	30	44	21	103	43	62	33	164	63	88	53	50
51	41	21	31	13	66	30	45	21	103	43	63	33	165	63	89	53	51
52	41	21	32	13	66	30	45	21	103	44	63	33	165	64	90	53	52
53	41	21	32	13	66	31	45	21	104	44	64	33	166	64	90	53	53
54	42	21	32	13	67	31	46	21	104	44	64	33	166	65	91	53	54
55	42	22	32	13	67	31	46	21	104	44	64	33	167	65	92	53	55

表 11（续） 单位为微米

齿数 z	公差等级																齿数 z
	4				5				6				7				
	$T+\lambda$	λ	F_p	F_α	$T+\lambda$	λ	F_p	F_α	$T+\lambda$	λ	F_p	F_α	$T+\lambda$	λ	F_p	F_α	
56	42	22	33	13	67	31	46	21	105	45	65	34	167	65	92	53	56
57	42	22	33	13	67	31	47	21	105	45	65	34	168	66	93	53	57
58	42	22	33	13	67	32	47	21	105	45	66	34	168	66	94	54	58
59	42	22	33	13	68	32	47	21	105	45	66	34	169	67	94	54	59
60	42	22	33	14	68	32	48	21	106	46	67	34	169	67	95	54	60
61	42	22	34	14	68	32	48	22	106	46	67	34	170	67	96	54	61
62	43	23	34	14	68	32	48	22	106	46	68	34	170	68	96	54	62
63	43	23	34	14	68	33	48	22	107	46	68	34	171	68	97	54	63
64	43	23	34	14	68	33	49	22	107	47	69	34	171	68	98	54	64
65	43	23	35	14	69	33	49	22	107	47	69	34	172	69	98	54	65
66	43	23	35	14	69	33	49	22	107	47	69	34	172	69	99	54	66
67	43	23	35	14	69	33	50	22	108	47	70	34	172	69	99	54	67
68	43	23	35	14	69	33	50	22	108	48	70	34	173	70	100	55	68
69	43	23	35	14	69	34	50	22	108	48	71	34	173	70	101	55	69
70	43	24	36	14	69	34	51	22	109	48	71	34	174	70	101	55	70
71	44	24	36	14	70	34	51	22	109	48	72	34	174	71	102	55	71
72	44	24	36	14	70	34	51	22	109	49	72	35	175	71	102	55	72
73	44	24	36	14	70	34	52	22	109	49	72	35	175	71	103	55	73
74	44	24	36	14	70	35	52	22	110	49	73	35	175	72	104	55	74
75	44	24	37	14	70	35	52	22	110	49	73	35	176	72	104	55	75
76	44	24	37	14	71	35	52	22	110	50	74	35	176	72	105	55	76
77	44	24	37	14	71	35	53	22	110	50	74	35	177	73	105	55	77
78	44	25	37	14	71	35	53	22	111	50	74	35	177	73	106	56	78
79	44	25	37	14	71	35	53	22	111	50	75	35	177	73	106	56	79
80	44	25	38	14	71	36	53	22	111	51	75	35	178	74	107	56	80
81	45	25	38	14	71	36	54	22	111	51	76	35	178	74	108	56	81
82	45	25	38	14	71	36	54	22	112	51	76	35	179	74	108	56	82
83	45	25	38	14	72	36	54	22	112	51	76	35	179	75	109	56	83
84	45	25	38	14	72	36	55	22	112	51	77	35	179	75	109	56	84
85	45	25	39	14	72	36	55	22	112	52	77	35	180	75	110	56	85
86	45	25	39	14	72	36	55	22	113	52	77	35	180	76	110	56	86
87	45	26	39	14	72	37	55	23	113	52	78	35	181	76	111	56	87
88	45	26	39	14	72	37	56	23	113	52	78	36	181	76	111	57	88
89	45	26	39	14	73	37	56	23	113	53	79	36	181	77	112	57	89
90	45	26	40	14	73	37	56	23	114	53	79	36	182	77	112	57	90
91	46	26	40	14	73	37	56	23	114	53	79	36	182	77	113	57	91
92	46	26	40	14	73	37	57	23	114	53	80	36	182	78	113	57	92
93	46	26	40	14	73	38	57	23	114	53	80	36	183	78	114	57	93
94	46	26	40	14	73	38	57	23	114	54	80	36	183	78	114	57	94
95	46	26	40	14	73	38	57	23	115	54	81	36	184	79	115	57	95
96	46	27	41	14	74	38	58	23	115	54	81	36	184	79	115	57	96
97	46	27	41	14	74	38	58	23	115	54	82	36	184	79	116	57	97
98	46	27	41	14	74	38	58	23	115	55	82	36	185	79	116	58	98
99	46	27	41	14	74	38	58	23	116	55	82	36	185	80	117	58	99
100	46	27	41	15	74	39	59	23	116	55	83	36	185	80	117	58	100

表 12 总公差($T+\lambda$)、综合公差 λ、齿距累积公差 F_p 和齿形公差 F_α

$m=1.5$ mm

单位为微米

齿数 z	公差等级																齿数 z
	4				5				6				7				
	$T+\lambda$	λ	F_p	F_α	$T+\lambda$	λ	F_p	F_α	$T+\lambda$	λ	F_p	F_α	$T+\lambda$	λ	F_p	F_α	
10	35	14	18	13	56	20	26	20	88	30	37	32	141	45	52	51	10
11	36	14	19	13	57	21	27	20	89	30	38	32	143	46	54	51	11
12	36	15	20	13	58	21	28	20	90	31	39	32	144	46	56	51	12
13	36	15	20	13	58	22	29	20	91	31	40	32	145	47	57	51	13
14	37	15	21	13	59	22	29	20	92	32	41	32	147	48	59	51	14
15	37	15	21	13	59	22	30	20	92	32	42	32	148	48	60	51	15
16	37	16	22	13	60	23	31	21	93	33	43	32	149	49	62	51	16
17	38	16	22	13	60	23	31	21	94	33	44	32	150	50	63	51	17
18	38	16	23	13	60	23	32	21	94	34	45	32	151	51	64	52	18
19	38	16	23	13	61	24	33	21	95	34	46	32	152	51	66	52	19
20	38	17	23	13	61	24	33	21	96	35	47	33	153	52	67	52	20
21	39	17	24	13	62	24	34	21	96	35	48	33	154	52	68	52	21
22	39	17	24	13	62	25	35	21	97	36	48	33	155	53	69	52	22
23	39	17	25	13	62	25	35	21	98	36	49	33	156	54	70	52	23
24	39	18	25	13	63	25	36	21	98	37	50	33	157	54	71	52	24
25	39	18	25	13	63	26	36	21	99	37	51	33	158	55	72	52	25
26	40	18	26	13	63	26	37	21	99	37	52	33	159	55	74	53	26
27	40	18	26	13	64	26	37	21	100	38	52	33	160	56	75	53	27
28	40	18	27	13	64	27	38	21	100	38	53	33	160	57	76	53	28
29	40	19	27	13	64	27	38	21	101	39	54	33	161	57	77	53	29
30	40	19	27	13	65	27	39	21	101	39	55	33	162	58	78	53	30
31	41	19	28	13	65	27	39	21	102	39	55	33	163	58	79	53	31
32	41	19	28	13	65	28	40	21	102	40	56	33	163	59	80	53	32
33	41	19	28	13	66	28	40	21	103	40	57	33	164	59	81	53	33
34	41	20	29	13	66	28	41	21	103	41	57	34	165	60	82	53	34
35	41	20	29	13	66	29	41	21	103	41	58	34	166	60	82	54	35
36	42	20	29	13	67	29	42	21	104	41	59	34	166	61	83	54	36
37	42	20	30	14	67	29	42	21	104	42	59	34	167	61	84	54	37
38	42	20	30	14	67	29	43	22	105	42	60	34	168	62	85	54	38
39	42	21	30	14	67	30	43	22	105	42	60	34	168	62	86	54	39
40	42	21	31	14	68	30	43	22	106	43	61	34	169	63	87	54	40
41	42	21	31	14	68	30	44	22	106	43	62	34	170	63	88	54	41
42	43	21	31	14	68	30	44	22	106	43	62	34	170	64	89	54	42
43	43	21	31	14	68	31	45	22	107	44	63	34	171	64	89	55	43
44	43	21	32	14	69	31	45	22	107	44	63	34	171	65	90	55	44
45	43	22	32	14	69	31	46	22	108	44	64	34	172	65	91	55	45
46	43	22	32	14	69	31	46	22	108	45	65	34	173	66	92	55	46
47	43	22	33	14	69	31	46	22	108	45	65	35	173	66	93	55	47
48	43	22	33	14	70	32	47	22	109	45	66	35	174	66	94	55	48
49	44	22	33	14	70	32	47	22	109	46	66	35	174	67	94	55	49
50	44	22	33	14	70	32	48	22	109	46	67	35	175	67	95	55	50
51	44	23	34	14	70	32	48	22	110	46	67	35	176	68	96	55	51
52	44	23	34	14	70	33	48	22	110	47	68	35	176	68	97	56	52
53	44	23	34	14	71	33	49	22	110	47	68	35	177	69	97	56	53
54	44	23	35	14	71	33	49	22	111	47	69	35	177	69	98	56	54
55	44	23	35	14	71	33	49	22	111	47	69	35	178	70	99	56	55

表 12（续）

单位为微米

齿数 z	公差等级 4 $T+\lambda$	λ	F_p	F_α	5 $T+\lambda$	λ	F_p	F_α	6 $T+\lambda$	λ	F_p	F_α	7 $T+\lambda$	λ	F_p	F_α	齿数 z
56	45	23	35	14	71	33	50	22	111	48	70	35	178	70	100	56	56
57	45	23	35	14	72	34	50	22	112	48	70	35	179	70	100	56	57
58	45	24	36	14	72	34	51	22	112	48	71	35	179	71	101	56	58
59	45	24	36	14	72	34	51	23	112	49	71	35	180	71	102	56	59
60	45	24	36	14	72	34	51	23	113	49	72	36	180	72	102	57	60
61	45	24	36	14	72	35	52	23	113	49	72	36	181	72	103	57	61
62	45	24	37	14	73	35	52	23	113	50	73	36	181	72	104	57	62
63	45	24	37	14	73	35	52	23	114	50	73	36	182	73	105	57	63
64	46	24	37	14	73	35	53	23	114	50	74	36	182	73	105	57	64
65	46	25	37	14	73	35	53	23	114	50	74	36	183	74	106	57	65
66	46	25	37	14	73	36	53	23	115	51	75	36	183	74	107	57	66
67	46	25	38	14	73	36	54	23	115	51	75	36	184	74	107	57	67
68	46	25	38	14	74	36	54	23	115	51	76	36	184	75	108	57	68
69	46	25	38	14	74	36	54	23	115	51	76	36	185	75	109	58	69
70	46	25	38	15	74	36	55	23	116	52	77	36	185	76	109	58	70
71	46	25	39	15	74	36	55	23	116	52	77	36	186	76	110	58	71
72	47	26	39	15	74	37	55	23	116	52	78	36	186	76	110	58	72
73	47	26	39	15	75	37	56	23	117	53	78	36	187	77	111	58	73
74	47	26	39	15	75	37	56	23	117	53	79	37	187	77	112	58	74
75	47	26	40	15	75	37	56	23	117	53	79	37	187	77	112	58	75
76	47	26	40	15	75	37	57	23	117	53	79	37	188	78	113	58	76
77	47	26	40	15	75	38	57	23	118	54	80	37	188	78	114	59	77
78	47	26	40	15	75	38	57	23	118	54	80	37	189	79	114	59	78
79	47	27	40	15	76	38	57	23	118	54	81	37	189	79	115	59	79
80	47	27	41	15	76	38	58	24	119	54	81	37	190	79	115	59	80
81	48	27	41	15	76	38	58	24	119	55	82	37	190	80	116	59	81
82	48	27	41	15	76	39	58	24	119	55	82	37	190	80	117	59	82
83	48	27	41	15	76	39	59	24	119	55	82	37	191	80	117	59	83
84	48	27	41	15	77	39	59	24	120	55	83	37	191	81	118	59	84
85	48	27	42	15	77	39	59	24	120	56	83	37	192	81	118	59	85
86	48	27	42	15	77	39	60	24	120	56	84	37	192	81	119	60	86
87	48	28	42	15	77	39	60	24	120	56	84	38	193	82	120	60	87
88	48	28	42	15	77	40	60	24	121	56	84	38	193	82	120	60	88
89	48	28	43	15	77	40	60	24	121	57	85	38	193	82	121	60	89
90	48	28	43	15	77	40	61	24	121	57	85	38	194	83	121	60	90
91	49	28	43	15	78	40	61	24	121	57	86	38	194	83	122	60	91
92	49	28	43	15	78	40	61	24	122	57	86	38	195	83	123	60	92
93	49	28	43	15	78	40	62	24	122	58	87	38	195	84	123	60	93
94	49	28	44	15	78	41	62	24	122	58	87	38	195	84	124	61	94
95	49	29	44	15	78	41	62	24	122	58	87	38	196	85	124	61	95
96	49	29	44	15	78	41	62	24	123	58	88	38	196	85	125	61	96
97	49	29	44	15	79	41	63	24	123	59	88	38	196	85	125	61	97
98	49	29	44	15	79	41	63	24	123	59	88	38	197	86	126	61	98
99	49	29	44	15	79	41	63	24	123	59	89	38	197	86	126	61	99
100	49	29	45	15	79	42	63	24	124	59	89	39	198	86	127	61	100

表 13　总公差($T+\lambda$)、综合公差 λ、齿距累积公差 F_p 和齿形公差 F_α

$m=1.75$ mm

单位为微米

齿数 z	公差等级																齿数 z
	4				5				6				7				
	$T+\lambda$	λ	F_p	F_α	$T+\lambda$	λ	F_p	F_α	$T+\lambda$	λ	F_p	F_α	$T+\lambda$	λ	F_p	F_α	
10	37	15	19	13	59	21	28	21	93	31	39	33	149	47	55	52	10
11	38	15	20	13	60	22	29	21	94	32	40	33	150	48	57	53	11
12	38	15	21	13	61	22	29	21	95	32	41	33	152	48	59	53	12
13	38	16	21	13	61	23	30	21	96	33	42	33	153	49	60	53	13
14	39	16	22	13	62	23	31	21	97	33	44	33	154	50	62	53	14
15	39	16	22	13	62	24	32	21	97	34	45	33	156	51	64	53	15
16	39	16	23	13	63	24	33	21	98	35	46	33	157	52	65	53	16
17	40	17	23	13	63	24	33	21	99	35	47	33	158	52	67	53	17
18	40	17	24	13	64	25	34	21	100	36	48	34	159	53	68	54	18
19	40	17	24	13	64	25	35	21	100	36	49	34	160	54	69	54	19
20	40	18	25	14	65	25	35	21	101	37	50	34	161	54	71	54	20
21	41	18	25	14	65	26	36	22	102	37	50	34	163	55	72	54	21
22	41	18	26	14	65	26	37	22	102	38	51	34	164	56	73	54	22
23	41	18	26	14	66	26	37	22	103	38	52	34	164	56	74	54	23
24	41	19	27	14	66	27	38	22	103	39	53	34	165	57	76	54	24
25	42	19	27	14	67	27	38	22	104	39	54	34	166	58	77	54	25
26	42	19	27	14	67	27	39	22	105	39	55	34	167	58	78	55	26
27	42	19	28	14	67	28	40	22	105	40	56	34	168	59	79	55	27
28	42	19	28	14	68	28	40	22	106	40	56	34	169	60	80	55	28
29	42	20	29	14	68	28	41	22	106	41	57	35	170	60	81	55	29
30	43	20	29	14	68	29	41	22	107	41	58	35	171	61	82	55	30
31	43	20	29	14	69	29	42	22	107	42	59	35	171	61	84	55	31
32	43	20	30	14	69	29	42	22	108	42	59	35	172	62	85	55	32
33	43	21	30	14	69	30	43	22	108	42	60	35	173	62	86	56	33
34	43	21	30	14	70	30	43	22	109	43	61	35	174	63	87	56	34
35	44	21	31	14	70	30	44	22	109	43	62	35	175	64	88	56	35
36	44	21	31	14	70	30	44	22	110	44	62	35	175	64	89	56	36
37	44	21	32	14	70	31	45	22	110	44	63	35	176	65	90	56	37
38	44	22	32	14	71	31	45	22	110	44	64	35	177	65	91	56	38
39	44	22	32	14	71	31	46	23	111	45	64	35	177	66	92	56	39
40	45	22	33	14	71	32	46	23	111	45	65	36	178	66	92	57	40
41	45	22	33	14	72	32	47	23	112	46	66	36	179	67	93	57	41
42	45	22	33	14	72	32	47	23	112	46	66	36	179	67	94	57	42
43	45	22	33	14	72	32	48	23	113	46	67	36	180	68	95	57	43
44	45	23	34	14	72	33	48	23	113	47	67	36	181	68	96	57	44
45	45	23	34	14	73	33	48	23	113	47	68	36	181	69	97	57	45
46	46	23	34	14	73	33	49	23	114	47	69	36	182	69	98	57	46
47	46	23	35	14	73	33	49	23	114	48	69	36	183	70	99	58	47
48	46	23	35	14	73	34	50	23	115	48	70	36	183	70	100	58	48
49	46	24	35	15	74	34	50	23	115	48	71	36	184	71	100	58	49
50	46	24	36	15	74	34	51	23	115	49	71	36	185	71	101	58	50
51	46	24	36	15	74	34	51	23	116	49	72	36	185	72	102	58	51
52	46	24	36	15	74	35	51	23	116	49	72	37	186	72	103	58	52
53	47	24	36	15	75	35	52	23	116	50	73	37	186	73	104	58	53
54	47	24	37	15	75	35	52	23	117	50	73	37	187	73	105	58	54
55	47	25	37	15	75	35	53	23	117	50	74	37	187	74	105	59	55

表 13（续）

单位为微米

齿数 z	公差等级																齿数 z
	4				5				6				7				
	$T+\lambda$	λ	F_p	F_α	$T+\lambda$	λ	F_p	F_α	$T+\lambda$	λ	F_p	F_α	$T+\lambda$	λ	F_p	F_α	
56	47	25	37	15	75	36	53	23	118	51	75	37	188	74	106	59	56
57	47	25	38	15	75	36	53	23	118	51	75	37	189	75	107	59	57
58	47	25	38	15	76	36	54	24	118	51	76	37	189	75	108	59	58
59	47	25	38	15	76	36	54	24	119	52	76	37	190	76	108	59	59
60	48	25	38	15	76	36	55	24	119	52	77	37	190	76	109	59	60
61	48	26	39	15	76	37	55	24	119	52	77	37	191	76	110	59	61
62	48	26	39	15	77	37	55	24	120	53	78	37	191	77	111	60	62
63	48	26	39	15	77	37	56	24	120	53	78	38	192	77	111	60	63
64	48	26	39	15	77	37	56	24	120	53	79	38	192	78	112	60	64
65	48	26	40	15	77	38	56	24	121	54	79	38	193	78	113	60	65
66	48	26	40	15	77	38	57	24	121	54	80	38	193	79	114	60	66
67	48	26	40	15	78	38	57	24	121	54	80	38	194	79	114	60	67
68	49	27	40	15	78	38	58	24	122	54	81	38	194	79	115	60	68
69	49	27	41	15	78	38	58	24	122	55	81	38	195	80	116	61	69
70	49	27	41	15	78	39	58	24	122	55	82	38	195	80	116	61	70
71	49	27	41	15	78	39	59	24	122	55	82	38	196	81	117	61	71
72	49	27	41	15	79	39	59	24	123	56	83	38	196	81	118	61	72
73	49	27	42	15	79	39	59	24	123	56	83	38	197	82	119	61	73
74	49	28	42	15	79	39	60	24	123	56	84	38	197	82	119	61	74
75	49	28	42	15	79	40	60	24	124	56	84	39	198	82	120	61	75
76	50	28	42	15	79	40	60	25	124	57	85	39	198	83	121	61	76
77	50	28	43	15	80	40	61	25	124	57	85	39	199	83	121	62	77
78	50	28	43	16	80	40	61	25	125	57	86	39	199	84	122	62	78
79	50	28	43	16	80	40	61	25	125	58	86	39	200	84	123	62	79
80	50	28	43	16	80	41	62	25	125	58	87	39	200	84	123	62	80
81	50	29	44	16	80	41	62	25	125	58	87	39	201	85	124	62	81
82	50	29	44	16	80	41	62	25	126	58	88	39	201	85	125	62	82
83	50	29	44	16	81	41	63	25	126	59	88	39	202	86	125	62	83
84	50	29	44	16	81	41	63	25	126	59	88	39	202	86	126	63	84
85	51	29	45	16	81	42	63	25	127	59	89	39	202	86	127	63	85
86	51	29	45	16	81	42	64	25	127	60	89	40	203	87	127	63	86
87	51	29	45	16	81	42	64	25	127	60	90	40	203	87	128	63	87
88	51	29	45	16	81	42	64	25	127	60	90	40	204	87	128	63	88
89	51	30	45	16	82	42	65	25	128	60	91	40	204	88	129	63	89
90	51	30	46	16	82	43	65	25	128	61	91	40	205	88	130	63	90
91	51	30	46	16	82	43	65	25	128	61	92	40	205	89	130	64	91
92	51	30	46	16	82	43	65	25	128	61	92	40	205	89	131	64	92
93	51	30	46	16	82	43	66	25	129	61	92	40	206	89	132	64	93
94	52	30	46	16	83	43	66	26	129	62	93	40	206	90	132	64	94
95	52	30	47	16	83	44	66	26	129	62	93	40	207	90	133	64	95
96	52	31	47	16	83	44	67	26	129	62	94	40	207	90	133	64	96
97	52	31	47	16	83	44	67	26	130	62	94	40	208	91	134	64	97
98	52	31	47	16	83	44	67	26	130	63	95	41	208	91	135	65	98
99	52	31	48	16	83	44	68	26	130	63	95	41	208	92	135	65	99
100	52	31	48	16	84	44	68	26	130	63	95	41	209	92	136	65	100

表 14 总公差($T+\lambda$)、综合公差 λ、齿距累积公差 F_p 和齿形公差 F_α

$m=2$ mm

单位为微米

齿数 z	公差等级																齿数 z
	4				5				6				7				
	$T+\lambda$	λ	F_p	F_α	$T+\lambda$	λ	F_p	F_α	$T+\lambda$	λ	F_p	F_α	$T+\lambda$	λ	F_p	F_α	
10	39	15	20	14	62	22	29	22	97	32	41	34	156	49	58	54	10
11	39	16	21	14	63	23	30	22	98	33	42	34	157	49	60	54	11
12	40	16	22	14	63	23	31	22	99	34	43	34	159	50	62	54	12
13	40	16	22	14	64	24	32	22	100	34	44	34	160	51	63	55	13
14	40	17	23	14	65	24	33	22	101	35	46	34	162	52	65	55	14
15	41	17	23	14	65	25	33	22	102	36	47	35	163	53	67	55	15
16	41	17	24	14	66	25	34	22	103	36	48	35	164	54	68	55	16
17	41	17	25	14	66	25	35	22	103	37	49	35	166	55	70	55	17
18	42	18	25	14	67	26	36	22	104	37	50	35	167	55	71	55	18
19	42	18	26	14	67	26	36	22	105	38	51	35	168	56	73	56	19
20	42	18	26	14	68	27	37	22	106	38	52	35	169	57	74	56	20
21	43	19	27	14	68	27	38	22	106	39	53	35	170	58	76	56	21
22	43	19	27	14	68	27	39	22	107	39	54	35	171	58	77	56	22
23	43	19	28	14	69	28	39	22	108	40	55	35	172	59	78	56	23
24	43	19	28	14	69	28	40	23	108	40	56	35	173	60	80	56	24
25	44	20	28	14	70	28	40	23	109	41	57	36	174	60	81	57	25
26	44	20	29	14	70	29	41	23	109	41	58	36	175	61	82	57	26
27	44	20	29	14	70	29	42	23	110	42	59	36	176	62	83	57	27
28	44	20	30	14	71	29	42	23	111	42	59	36	177	62	85	57	28
29	44	21	30	14	71	30	43	23	111	43	60	36	178	63	86	57	29
30	45	21	31	14	71	30	43	23	112	43	61	36	179	64	87	57	30
31	45	21	31	14	72	30	44	23	112	44	62	36	180	64	88	57	31
32	45	21	31	14	72	31	45	23	113	44	63	36	180	65	89	58	32
33	45	22	32	15	72	31	45	23	113	45	63	36	181	66	90	58	33
34	46	22	32	15	73	31	46	23	114	45	64	36	182	66	91	58	34
35	46	22	33	15	73	32	46	23	114	45	65	37	183	67	92	58	35
36	46	22	33	15	73	32	47	23	115	46	66	37	184	67	94	58	36
37	46	22	33	15	74	32	47	23	115	46	66	37	184	68	95	58	37
38	46	23	34	15	74	33	48	23	116	47	67	37	185	69	96	59	38
39	46	23	34	15	74	33	48	23	116	47	68	37	186	69	97	59	39
40	47	23	34	15	75	33	49	24	117	48	69	37	187	70	98	59	40
41	47	23	35	15	75	33	49	24	117	48	69	37	187	70	99	59	41
42	47	23	35	15	75	34	50	24	117	48	70	37	188	71	100	59	42
43	47	24	35	15	75	34	50	24	118	49	71	37	189	71	101	59	43
44	47	24	36	15	76	34	51	24	118	49	71	37	189	72	101	60	44
45	48	24	36	15	76	35	51	24	119	49	72	38	190	73	102	60	45
46	48	24	36	15	76	35	52	24	119	50	73	38	191	73	103	60	46
47	48	24	37	15	77	35	52	24	120	50	73	38	191	74	104	60	47
48	48	25	37	15	77	35	53	24	120	51	74	38	192	74	105	60	48
49	48	25	37	15	77	36	53	24	120	51	75	38	193	75	106	60	49
50	48	25	38	15	77	36	53	24	121	51	75	38	193	75	107	60	50
51	48	25	38	15	78	36	54	24	121	52	76	38	194	76	108	61	51
52	49	25	38	15	78	36	54	24	122	52	76	38	195	76	109	61	52
53	49	26	39	15	78	37	55	24	122	52	77	38	195	77	110	61	53
54	49	26	39	15	78	37	55	24	122	53	78	38	196	77	110	61	54
55	49	26	39	15	79	37	56	24	123	53	78	39	196	78	111	61	55

表 14（续）

单位为微米

齿数 z	公差等级																齿数 z
	4				5				6				7				
	$T+\lambda$	λ	F_p	F_α	$T+\lambda$	λ	F_p	F_α	$T+\lambda$	λ	F_p	F_α	$T+\lambda$	λ	F_p	F_α	
56	49	26	39	15	79	37	56	25	123	53	79	39	197	78	112	61	56
57	49	26	40	15	79	38	57	25	124	54	79	39	198	79	113	62	57
58	50	26	40	16	79	38	57	25	124	54	80	39	198	79	114	62	58
59	50	27	40	16	80	38	57	25	124	55	81	39	199	80	115	62	59
60	50	27	41	16	80	38	58	25	125	55	81	39	199	80	115	62	60
61	50	27	41	16	80	39	58	25	125	55	82	39	200	81	116	62	61
62	50	27	41	16	80	39	59	25	125	56	82	39	200	81	117	62	62
63	50	27	41	16	80	39	59	25	126	56	83	39	201	82	118	63	63
64	50	27	42	16	81	39	59	25	126	56	83	39	202	82	119	63	64
65	51	28	42	16	81	40	60	25	126	57	84	40	202	82	119	63	65
66	51	28	42	16	81	40	60	25	127	57	84	40	203	83	120	63	66
67	51	28	43	16	81	40	61	25	127	57	85	40	203	83	121	63	67
68	51	28	43	16	82	40	61	25	127	57	86	40	204	84	122	63	68
69	51	28	43	16	82	41	61	25	128	58	86	40	204	84	123	63	69
70	51	28	43	16	82	41	62	25	128	58	87	40	205	85	123	64	70
71	51	29	44	16	82	41	62	25	128	58	87	40	205	85	124	64	71
72	51	29	44	16	82	41	62	26	129	59	88	40	206	86	125	64	72
73	52	29	44	16	83	41	63	26	129	59	88	40	206	86	126	64	73
74	52	29	44	16	83	42	63	26	129	59	89	40	207	87	126	64	74
75	52	29	45	16	83	42	63	26	130	60	89	41	207	87	127	64	75
76	52	29	45	16	83	42	64	26	130	60	90	41	208	87	128	65	76
77	52	30	45	16	83	42	64	26	130	60	90	41	208	88	128	65	77
78	52	30	45	16	84	43	65	26	131	61	91	41	209	88	129	65	78
79	52	30	46	16	84	43	65	26	131	61	91	41	209	89	130	65	79
80	52	30	46	16	84	43	65	26	131	61	92	41	210	89	131	65	80
81	53	30	46	16	84	43	66	26	131	62	92	41	210	90	131	65	81
82	53	30	46	16	84	43	66	26	132	62	93	41	211	90	132	66	82
83	53	30	47	17	85	44	66	26	132	62	93	41	211	90	133	66	83
84	53	31	47	17	85	44	67	26	132	62	94	41	212	91	133	66	84
85	53	31	47	17	85	44	67	26	133	63	94	42	212	91	134	66	85
86	53	31	47	17	85	44	67	26	133	63	95	42	213	92	135	66	86
87	53	31	48	17	85	44	68	26	133	63	95	42	213	92	135	66	87
88	53	31	48	17	85	45	68	27	134	64	96	42	214	92	136	66	88
89	54	31	48	17	86	45	68	27	134	64	96	42	214	93	137	67	89
90	54	31	48	17	86	45	69	27	134	64	97	42	215	93	137	67	90
91	54	32	49	17	86	45	69	27	134	64	97	42	215	94	138	67	91
92	54	32	49	17	86	45	69	27	135	65	98	42	215	94	139	67	92
93	54	32	49	17	86	46	70	27	135	65	98	42	216	94	139	67	93
94	54	32	49	17	87	46	70	27	135	65	98	42	216	95	140	67	94
95	54	32	49	17	87	46	70	27	136	66	99	43	217	95	141	68	95
96	54	32	50	17	87	46	71	27	136	66	99	43	217	96	141	68	96
97	54	32	50	17	87	46	71	27	136	66	100	43	218	96	142	68	97
98	55	33	50	17	87	47	71	27	136	66	100	43	218	96	143	68	98
99	55	33	50	17	87	47	72	27	137	67	101	43	219	97	143	68	99
100	55	33	51	17	88	47	72	27	137	67	101	43	219	97	144	68	100

表 15 总公差($T+\lambda$)、综合公差 λ、齿距累积公差 F_p 和齿形公差 F_α

m=2.5 mm

单位为微米

齿数 z	公差等级																齿数 z
	4				5				6				7				
	$T+\lambda$	λ	F_p	F_α	$T+\lambda$	λ	F_p	F_α	$T+\lambda$	λ	F_p	F_α	$T+\lambda$	λ	F_p	F_α	
10	42	16	22	15	67	24	31	23	105	35	44	36	168	52	62	58	10
11	42	17	23	15	68	24	32	23	106	35	45	36	170	53	65	58	11
12	43	17	23	15	68	25	33	23	107	36	47	37	171	54	67	58	12
13	43	18	24	15	69	25	34	23	108	37	48	37	173	55	69	58	13
14	44	18	25	15	70	26	35	23	109	38	50	37	174	56	71	59	14
15	44	18	25	15	70	26	36	23	110	38	51	37	176	57	72	59	15
16	44	19	26	15	71	27	37	24	111	39	52	37	177	58	74	59	16
17	45	19	27	15	71	27	38	24	112	40	53	37	179	59	76	59	17
18	45	19	27	15	72	28	39	24	112	40	55	37	180	60	78	59	18
19	45	20	28	15	72	28	40	24	113	41	56	37	181	61	79	59	19
20	46	20	28	15	73	29	40	24	114	42	57	38	182	62	81	60	20
21	46	20	29	15	73	29	41	24	115	42	58	38	184	62	82	60	21
22	46	21	30	15	74	30	42	24	115	43	59	38	185	63	84	60	22
23	46	21	30	15	74	30	43	24	116	43	60	38	186	64	85	60	23
24	47	21	31	15	75	30	43	24	117	44	61	38	187	65	87	60	24
25	47	21	31	15	75	31	44	24	118	44	62	38	188	66	88	61	25
26	47	22	32	15	76	31	45	24	118	45	63	38	189	66	90	61	26
27	48	22	32	15	76	32	46	24	119	46	64	38	190	67	91	61	27
28	48	22	33	15	76	32	46	24	119	46	65	39	191	68	92	61	28
29	48	22	33	15	77	32	47	25	120	47	66	39	192	69	94	61	29
30	48	23	33	16	77	33	48	25	121	47	67	39	193	69	95	62	30
31	48	23	34	16	78	33	48	25	121	48	68	39	194	70	96	62	31
32	49	23	34	16	78	34	49	25	122	48	69	39	195	71	98	62	32
33	49	24	35	16	78	34	49	25	122	49	69	39	196	71	99	62	33
34	49	24	35	16	79	34	50	25	123	49	70	39	197	72	100	62	34
35	49	24	36	16	79	35	51	25	123	50	71	39	197	73	101	63	35
36	50	24	36	16	79	35	51	25	124	50	72	40	198	73	102	63	36
37	50	25	36	16	80	35	52	25	124	51	73	40	199	74	104	63	37
38	50	25	37	16	80	36	52	25	125	51	74	40	200	75	105	63	38
39	50	25	37	16	80	36	53	25	125	51	74	40	201	75	106	63	39
40	50	25	38	16	81	36	53	25	126	52	75	40	202	76	107	64	40
41	51	25	38	16	81	37	54	25	126	52	76	40	202	77	108	64	41
42	51	26	38	16	81	37	55	26	127	53	77	40	203	77	109	64	42
43	51	26	39	16	82	37	55	26	127	53	77	40	204	78	110	64	43
44	51	26	39	16	82	38	56	26	128	54	78	41	205	79	111	64	44
45	51	26	40	16	82	38	56	26	128	54	79	41	205	79	112	65	45
46	52	27	40	16	82	38	57	26	129	55	80	41	206	80	113	65	46
47	52	27	40	16	83	38	57	26	129	55	80	41	207	80	114	65	47
48	52	27	41	16	83	39	58	26	130	55	81	41	208	81	115	65	48
49	52	27	41	16	83	39	58	26	130	56	82	41	208	82	116	65	49
50	52	27	41	17	84	39	59	26	131	56	83	41	209	82	117	66	50
51	52	28	42	17	84	40	59	26	131	57	83	41	210	83	118	66	51
52	53	28	42	17	84	40	60	26	132	57	84	42	210	83	119	66	52
53	53	28	42	17	84	40	60	26	132	57	85	42	211	84	120	66	53
54	53	28	43	17	85	41	61	26	132	58	85	42	212	85	121	66	54
55	53	28	43	17	85	41	61	27	133	58	86	42	212	85	122	67	55

表 15（续）

单位为微米

齿数 z	公差等级																齿数 z
	4				5				6				7				
	$T+\lambda$	λ	F_p	F_α	$T+\lambda$	λ	F_p	F_α	$T+\lambda$	λ	F_p	F_α	$T+\lambda$	λ	F_p	F_α	
56	53	29	43	17	85	41	62	27	133	59	87	42	213	86	123	67	56
57	53	29	44	17	85	41	62	27	134	59	87	42	214	86	124	67	57
58	54	29	44	17	86	42	63	27	134	59	88	42	214	87	125	67	58
59	54	29	44	17	86	42	63	27	134	60	89	42	215	87	126	67	59
60	54	29	45	17	86	42	63	27	135	60	89	43	216	88	127	68	60
61	54	30	45	17	87	42	64	27	135	61	90	43	216	88	128	68	61
62	54	30	45	17	87	43	64	27	136	61	91	43	217	89	129	68	62
63	54	30	46	17	87	43	65	27	136	61	91	43	218	89	130	68	63
64	55	30	46	17	87	43	65	27	136	62	92	43	218	90	131	68	64
65	55	30	46	17	87	44	66	27	137	62	92	43	219	91	131	69	65
66	55	31	47	17	88	44	66	27	137	62	93	43	219	91	132	69	66
67	55	31	47	17	88	44	67	27	137	63	94	43	220	92	133	69	67
68	55	31	47	17	88	44	67	28	138	63	94	44	221	92	134	69	68
69	55	31	47	17	88	45	67	28	138	64	95	44	221	93	135	69	69
70	55	31	48	18	89	45	68	28	139	64	95	44	222	93	136	70	70
71	56	31	48	18	89	45	68	28	139	64	96	44	222	94	137	70	71
72	56	32	48	18	89	45	69	28	139	65	97	44	223	94	137	70	72
73	56	32	49	18	89	46	69	28	140	65	97	44	223	95	138	70	73
74	56	32	49	18	90	46	70	28	140	65	98	44	224	95	139	70	74
75	56	32	49	18	90	46	70	28	140	66	98	44	225	96	140	71	75
76	56	32	49	18	90	46	70	28	141	66	99	45	225	96	141	71	76
77	56	33	50	18	90	47	71	28	141	66	99	45	226	97	141	71	77
78	57	33	50	18	90	47	71	28	141	67	100	45	226	97	142	71	78
79	57	33	50	18	91	47	72	28	142	67	101	45	227	98	143	71	79
80	57	33	51	18	91	47	72	29	142	67	101	45	227	98	144	72	80
81	57	33	51	18	91	48	72	29	142	68	102	45	228	99	145	72	81
82	57	33	51	18	91	48	73	29	143	68	102	45	228	99	145	72	82
83	57	34	51	18	92	48	73	29	143	68	103	45	229	99	146	72	83
84	57	34	52	18	92	48	73	29	143	69	103	46	229	100	147	72	84
85	57	34	52	18	92	48	74	29	144	69	104	46	230	100	148	72	85
86	58	34	52	18	92	49	74	29	144	69	104	46	230	101	148	73	86
87	58	34	53	18	92	49	75	29	144	70	105	46	231	101	149	73	87
88	58	34	53	18	93	49	75	29	145	70	105	46	231	102	150	73	88
89	58	35	53	18	93	49	75	29	145	70	106	46	232	102	151	73	89
90	58	35	53	19	93	50	76	29	145	71	106	46	232	103	151	73	90
91	58	35	54	19	93	50	76	29	146	71	107	46	233	103	152	74	91
92	58	35	54	19	93	50	76	29	146	71	108	47	233	104	153	74	92
93	58	35	54	19	94	50	77	30	146	72	108	47	234	104	154	74	93
94	59	35	54	19	94	51	77	30	147	72	109	47	234	105	154	74	94
95	59	35	55	19	94	51	78	30	147	72	109	47	235	105	155	74	95
96	59	36	55	19	94	51	78	30	147	73	110	47	235	105	156	75	96
97	59	36	55	19	94	51	78	30	147	73	110	47	236	106	157	75	97
98	59	36	55	19	95	51	79	30	148	73	111	47	236	106	157	75	98
99	59	36	56	19	95	52	79	30	148	73	111	47	237	107	158	75	99
100	59	36	56	19	95	52	79	30	148	74	112	48	237	107	159	75	100

表 16 总公差($T+\lambda$)、综合公差 λ、齿距累积公差 F_p 和齿形公差 F_α

$m=3$ mm

单位为微米

齿数 z	公差等级																齿数 z
	4				5				6				7				
	$T+\lambda$	λ	F_p	F_α	$T+\lambda$	λ	F_p	F_α	$T+\lambda$	λ	F_p	F_α	$T+\lambda$	λ	F_p	F_α	
10	45	17	23	15	71	25	33	24	112	37	47	39	178	55	67	61	10
11	45	18	24	15	72	26	35	25	113	38	48	39	180	57	69	61	11
12	46	18	25	16	73	27	36	25	114	39	50	39	182	58	71	62	12
13	46	19	26	16	74	27	37	25	115	39	52	39	184	59	74	62	13
14	46	19	27	16	74	28	38	25	116	40	53	39	186	60	76	62	14
15	47	19	27	16	75	28	39	25	117	41	55	39	187	61	78	62	15
16	47	20	28	16	75	29	40	25	118	42	56	39	189	62	80	63	16
17	48	20	29	16	76	29	41	25	119	42	57	40	190	63	82	63	17
18	48	21	29	16	77	30	42	25	120	43	59	40	192	64	83	63	18
19	48	21	30	16	77	30	43	25	121	44	60	40	193	65	85	63	19
20	49	21	31	16	78	31	43	25	121	44	61	40	194	66	87	64	20
21	49	22	31	16	78	31	44	25	122	45	62	40	195	67	89	64	21
22	49	22	32	16	79	32	45	26	123	46	63	40	197	68	90	64	22
23	49	22	32	16	79	32	46	26	124	46	65	40	198	69	92	64	23
24	50	23	33	16	80	33	47	26	124	47	66	41	199	69	94	65	24
25	50	23	33	16	80	33	48	26	125	48	67	41	200	70	95	65	25
26	50	23	34	16	81	34	48	26	126	48	68	41	201	71	97	65	26
27	51	24	35	16	81	34	49	26	127	49	69	41	202	72	98	65	27
28	51	24	35	16	81	34	50	26	127	49	70	41	203	73	100	66	28
29	51	24	36	17	82	35	51	26	128	50	71	41	205	74	101	66	29
30	51	24	36	17	82	35	51	26	128	51	72	42	206	74	102	66	30
31	52	25	37	17	83	36	52	26	129	51	73	42	207	75	104	66	31
32	52	25	37	17	83	36	53	27	130	52	74	42	208	76	105	66	32
33	52	25	37	17	83	36	53	27	130	52	75	42	209	77	107	67	33
34	52	26	38	17	84	37	54	27	131	53	76	42	209	78	108	67	34
35	53	26	38	17	84	37	55	27	131	53	77	42	210	78	109	67	35
36	53	26	39	17	85	38	55	27	132	54	78	42	211	79	110	67	36
37	53	26	39	17	85	38	56	27	133	54	79	43	212	80	112	68	37
38	53	27	40	17	85	38	57	27	133	55	79	43	213	81	113	68	38
39	53	27	40	17	86	39	57	27	134	55	80	43	214	81	114	68	39
40	54	27	41	17	86	39	58	27	134	56	81	43	215	82	115	68	40
41	54	27	41	17	86	39	58	27	135	56	82	43	216	83	117	69	41
42	54	28	41	17	87	40	59	27	135	57	83	43	217	83	118	69	42
43	54	28	42	17	87	40	60	28	136	57	84	43	217	84	119	69	43
44	55	28	42	17	87	40	60	28	136	58	84	44	218	85	120	69	44
45	55	28	43	18	88	41	61	28	137	58	85	44	219	85	121	70	45
46	55	29	43	18	88	41	61	28	137	59	86	44	220	86	123	70	46
47	55	29	44	18	88	41	62	28	138	59	87	44	221	87	124	70	47
48	55	29	44	18	89	42	62	28	138	60	88	44	221	87	125	70	48
49	56	29	44	18	89	42	63	28	139	60	88	44	222	88	126	70	49
50	56	30	45	18	89	42	63	28	139	61	89	45	223	89	127	71	50
51	56	30	45	18	89	43	64	28	140	61	90	45	224	89	128	71	51
52	56	30	45	18	90	43	65	28	140	62	91	45	224	90	129	71	52
53	56	30	46	18	90	43	65	28	141	62	92	45	225	91	130	71	53
54	56	30	46	18	90	44	66	29	141	63	92	45	226	91	131	72	54
55	57	31	47	18	91	44	66	29	142	63	93	45	227	92	132	72	55

表 16（续）

单位为微米

齿数 z	公差等级																齿数 z
	4				5				6				7				
	$T+\lambda$	λ	F_p	F_α	$T+\lambda$	λ	F_p	F_α	$T+\lambda$	λ	F_p	F_α	$T+\lambda$	λ	F_p	F_α	
56	57	31	47	18	91	44	67	29	142	63	94	45	227	93	133	72	56
57	57	31	47	18	91	45	67	29	142	64	94	46	228	93	134	72	57
58	57	31	48	18	91	45	68	29	143	64	95	46	229	94	135	73	58
59	57	32	48	18	92	45	68	29	143	65	96	46	229	94	136	73	59
60	58	32	48	18	92	46	69	29	144	65	97	46	230	95	137	73	60
61	58	32	49	18	92	46	69	29	144	66	97	46	231	96	138	73	61
62	58	32	49	19	93	46	70	29	145	66	98	46	231	96	139	74	62
63	58	32	49	19	93	46	70	29	145	66	99	46	232	97	140	74	63
64	58	33	50	19	93	47	71	30	145	67	99	47	233	97	141	74	64
65	58	33	50	19	93	47	71	30	146	67	100	47	233	98	142	74	65
66	59	33	50	19	94	47	72	30	146	68	101	47	234	99	143	74	66
67	59	33	51	19	94	48	72	30	147	68	101	47	235	99	144	75	67
68	59	33	51	19	94	48	73	30	147	68	102	47	235	100	145	75	68
69	59	34	51	19	94	48	73	30	147	69	103	47	236	100	146	75	69
70	59	34	52	19	95	49	73	30	148	69	103	48	237	101	147	75	70
71	59	34	52	19	95	49	74	30	148	70	104	48	237	101	148	76	71
72	59	34	52	19	95	49	74	30	149	70	105	48	238	102	149	76	72
73	60	34	53	19	95	49	75	30	149	70	105	48	238	102	150	76	73
74	60	35	53	19	96	50	75	30	149	71	106	48	239	103	151	76	74
75	60	35	53	19	96	50	76	31	150	71	106	48	240	104	151	77	75
76	60	35	54	19	96	50	76	31	150	72	107	48	240	104	152	77	76
77	60	35	54	19	96	50	77	31	151	72	108	49	241	105	153	77	77
78	60	35	54	19	97	51	77	31	151	72	108	49	241	105	154	77	78
79	61	36	55	20	97	51	77	31	151	73	109	49	242	106	155	78	79
80	61	36	55	20	97	51	78	31	152	73	110	49	243	106	156	78	80
81	61	36	55	20	97	51	78	31	152	73	110	49	243	107	157	78	81
82	61	36	55	20	98	52	79	31	152	74	111	49	244	107	158	78	82
83	61	36	56	20	98	52	79	31	153	74	111	49	244	108	158	79	83
84	61	37	56	20	98	52	80	31	153	74	112	50	245	108	159	79	84
85	61	37	56	20	98	53	80	31	153	75	113	50	246	109	160	79	85
86	62	37	57	20	98	53	80	32	154	75	113	50	246	109	161	79	86
87	62	37	57	20	99	53	81	32	154	76	114	50	247	110	162	79	87
88	62	37	57	20	99	53	81	32	155	76	114	50	247	110	163	80	88
89	62	37	57	20	99	54	82	32	155	76	115	50	248	111	163	80	89
90	62	38	58	20	99	54	82	32	155	77	115	51	248	111	164	80	90
91	62	38	58	20	100	54	83	32	156	77	116	51	249	112	165	80	91
92	62	38	58	20	100	54	83	32	156	77	117	51	249	112	166	81	92
93	62	38	59	20	100	55	83	32	156	78	117	51	250	113	167	81	93
94	63	38	59	20	100	55	84	32	157	78	118	51	250	113	167	81	94
95	63	38	59	21	100	55	84	32	157	78	118	51	251	114	168	81	95
96	63	39	59	21	101	55	85	33	157	79	119	51	252	114	169	82	96
97	63	39	60	21	101	56	85	33	158	79	119	52	252	115	170	82	97
98	63	39	60	21	101	56	85	33	158	79	120	52	253	115	171	82	98
99	63	39	60	21	101	56	86	33	158	80	120	52	253	116	171	82	99
100	63	39	61	21	101	56	86	33	159	80	121	52	254	116	172	83	100

表 17　总公差($T+\lambda$)、综合公差 λ、齿距累积公差 F_p 和齿形公差 F_α

$m=4$ mm

单位为微米

齿数 z	公差等级																齿数 z
	4				5				6				7				
	$T+\lambda$	λ	F_p	F_α	$T+\lambda$	λ	F_p	F_α	$T+\lambda$	λ	F_p	F_α	$T+\lambda$	λ	F_p	F_α	
10	49	19	26	17	79	28	37	27	123	41	52	43	197	62	74	68	10
11	50	20	27	17	80	29	39	27	124	42	54	43	199	63	77	69	11
12	50	20	28	17	80	30	40	28	126	43	56	43	201	64	80	69	12
13	51	21	29	17	81	30	41	28	127	44	58	44	203	66	82	69	13
14	51	21	30	18	82	31	42	28	128	45	59	44	205	67	85	70	14
15	52	22	31	18	83	32	43	28	129	46	61	44	207	68	87	70	15
16	52	22	31	18	83	32	45	28	130	47	63	44	208	69	89	70	16
17	52	23	32	18	84	33	46	28	131	48	64	44	210	70	91	71	17
18	53	23	33	18	85	33	47	28	132	48	66	45	211	72	94	71	18
19	53	23	34	18	85	34	48	28	133	49	67	45	213	73	96	71	19
20	54	24	34	18	86	35	49	29	134	50	69	45	214	74	98	72	20
21	54	24	35	18	86	35	50	29	135	51	70	45	216	75	100	72	21
22	54	25	36	18	87	36	51	29	136	51	71	45	217	76	101	72	22
23	55	25	36	18	87	36	52	29	137	52	73	46	219	77	103	72	23
24	55	25	37	18	88	37	53	29	137	53	74	46	220	78	105	73	24
25	55	26	38	18	88	37	53	29	138	54	75	46	221	79	107	73	25
26	56	26	38	18	89	38	54	29	139	54	76	46	222	80	109	73	26
27	56	27	39	19	89	38	55	29	140	55	78	46	224	81	110	74	27
28	56	27	39	19	90	39	56	30	141	56	79	47	225	82	112	74	28
29	57	27	40	19	90	39	57	30	141	56	80	47	226	83	114	74	29
30	57	28	41	19	91	40	58	30	142	57	81	47	227	84	115	75	30
31	57	28	41	19	91	40	59	30	143	58	82	47	228	85	117	75	31
32	57	28	42	19	92	41	59	30	143	58	83	47	229	86	119	75	32
33	58	29	42	19	92	41	60	30	144	59	84	48	231	87	120	76	33
34	58	29	43	19	93	42	61	30	145	60	86	48	232	88	122	76	34
35	58	29	43	19	93	42	62	30	145	60	87	48	233	88	123	76	35
36	58	29	44	19	93	42	62	31	146	61	88	48	234	89	125	77	36
37	59	30	44	19	94	43	63	31	147	62	89	48	235	90	126	77	37
38	59	30	45	19	94	43	64	31	147	62	90	49	236	91	128	77	38
39	59	30	45	20	95	44	65	31	148	63	91	49	237	92	129	77	39
40	59	31	46	20	95	44	65	31	149	63	92	49	238	93	131	78	40
41	60	31	46	20	95	45	66	31	149	64	93	49	239	94	132	78	41
42	60	31	47	20	96	45	67	31	150	64	94	49	240	94	133	78	42
43	60	32	47	20	96	45	67	31	150	65	95	50	241	95	135	79	43
44	60	32	48	20	97	46	68	32	151	66	96	50	242	96	136	79	44
45	61	32	48	20	97	46	69	32	152	66	97	50	242	97	137	79	45
46	61	32	49	20	97	47	69	32	152	67	98	50	243	98	139	80	46
47	61	33	49	20	98	47	70	32	153	67	98	50	244	98	140	80	47
48	61	33	50	20	98	47	71	32	153	68	99	51	245	99	141	80	48
49	61	33	50	20	98	48	71	32	154	68	100	51	246	100	143	81	49
50	62	34	51	20	99	48	72	32	154	69	101	51	247	101	144	81	50
51	62	34	51	20	99	49	73	32	155	69	102	51	248	101	145	81	51
52	62	34	51	21	99	49	73	33	155	70	103	51	249	102	146	82	52
53	62	34	52	21	100	49	74	33	156	70	104	52	249	103	148	82	53
54	63	35	52	21	100	50	74	33	156	71	105	52	250	104	149	82	54
55	63	35	53	21	100	50	75	33	157	71	105	52	251	104	150	83	55

表 17（续）

单位为微米

齿数 z	公差等级																齿数 z
	4				5				6				7				
	$T+\lambda$	λ	F_p	F_α	$T+\lambda$	λ	F_p	F_α	$T+\lambda$	λ	F_p	F_α	$T+\lambda$	λ	F_p	F_α	
56	63	35	53	21	101	50	76	33	157	72	106	52	252	105	151	83	56
57	63	35	54	21	101	51	76	33	158	73	107	52	253	106	152	83	57
58	63	36	54	21	101	51	77	33	158	73	108	53	253	107	154	83	58
59	64	36	54	21	102	51	77	33	159	74	109	53	254	107	155	84	59
60	64	36	55	21	102	52	78	34	159	74	110	53	255	108	156	84	60
61	64	36	55	21	102	52	79	34	160	75	110	53	256	109	157	84	61
62	64	37	56	21	103	52	79	34	160	75	111	53	257	109	158	85	62
63	64	37	56	21	103	53	80	34	161	75	112	54	257	110	159	85	63
64	65	37	56	22	103	53	80	34	161	76	113	54	258	111	160	85	64
65	65	37	57	22	104	54	81	34	162	76	114	54	259	111	161	86	65
66	65	38	57	22	104	54	81	34	162	77	114	54	260	112	163	86	66
67	65	38	58	22	104	54	82	34	163	77	115	54	260	113	164	86	67
68	65	38	58	22	104	55	82	35	163	78	116	55	261	113	165	87	68
69	65	38	58	22	105	55	83	35	164	78	117	55	262	114	166	87	69
70	66	38	59	22	105	55	83	35	164	79	117	55	263	115	167	87	70
71	66	39	59	22	105	55	84	35	165	79	118	55	263	115	168	88	71
72	66	39	59	22	106	56	85	35	165	80	119	55	264	116	169	88	72
73	66	39	60	22	106	56	85	35	165	80	120	56	265	117	170	88	73
74	66	39	60	22	106	56	86	35	166	81	120	56	265	117	171	89	74
75	67	40	61	22	106	57	86	35	166	81	121	56	266	118	172	89	75
76	67	40	61	22	107	57	87	36	167	82	122	56	267	119	173	89	76
77	67	40	61	23	107	57	87	36	167	82	122	56	267	119	174	89	77
78	67	40	62	23	107	58	88	36	168	82	123	57	268	120	175	90	78
79	67	41	62	23	108	58	88	36	168	83	124	57	269	121	176	90	79
80	67	41	62	23	108	58	89	36	168	83	125	57	269	121	177	90	80
81	68	41	63	23	108	59	89	36	169	84	125	57	270	122	178	91	81
82	68	41	63	23	108	59	90	36	169	84	126	57	271	122	179	91	82
83	68	41	63	23	109	59	90	36	170	85	127	58	271	123	180	91	83
84	68	42	64	23	109	60	91	37	170	85	127	58	272	124	181	92	84
85	68	42	64	23	109	60	91	37	170	85	128	58	273	124	182	92	85
86	68	42	64	23	109	60	92	37	171	86	129	58	273	125	183	92	86
87	69	42	65	23	110	60	92	37	171	86	129	58	274	126	184	93	87
88	69	42	65	23	110	61	92	37	172	87	130	59	275	126	185	93	88
89	69	43	65	24	110	61	93	37	172	87	131	59	275	127	186	93	89
90	69	43	66	24	110	61	93	37	172	88	131	59	276	127	187	94	90
91	69	43	66	24	111	62	94	37	173	88	132	59	277	128	188	94	91
92	69	43	66	24	111	62	94	38	173	88	133	59	277	128	189	94	92
93	69	43	67	24	111	62	95	38	174	89	133	60	278	129	190	94	93
94	70	44	67	24	111	63	95	38	174	89	134	60	278	130	191	95	94
95	70	44	67	24	112	63	96	38	174	90	135	60	279	130	191	95	95
96	70	44	68	24	112	63	96	38	175	90	135	60	280	131	192	95	96
97	70	44	68	24	112	63	97	38	175	90	136	60	280	131	193	96	97
98	70	44	68	24	112	64	97	38	176	91	137	61	281	132	194	96	98
99	70	45	69	24	113	64	98	38	176	91	137	61	282	133	195	96	99
100	71	45	69	24	113	64	98	39	176	92	138	61	282	133	196	97	100

表 18 总公差($T+\lambda$)、综合公差 λ、齿距累积公差 F_p 和齿形公差 F_α

$m=5$ mm

单位为微米

齿数 z	公差等级																齿数 z
	4				5				6				7				
	$T+\lambda$	λ	F_p	F_α	$T+\lambda$	λ	F_p	F_α	$T+\lambda$	λ	F_p	F_α	$T+\lambda$	λ	F_p	F_α	
10	53	21	28	19	85	31	40	30	133	45	57	213	48	67	81	75	10
11	54	22	30	19	86	32	42	30	134	46	59	215	48	69	84	76	11
12	54	22	31	19	87	32	43	30	136	47	61	217	48	70	87	76	12
13	55	23	32	19	88	33	45	31	137	48	63	219	48	72	90	77	13
14	55	23	33	19	88	34	46	31	138	49	65	221	49	73	92	77	14
15	56	24	33	20	89	35	48	31	139	50	67	223	49	75	95	77	15
16	56	24	34	20	90	35	49	31	141	51	69	225	49	76	98	78	16
17	57	25	35	20	91	36	50	31	142	52	70	227	49	77	100	78	17
18	57	25	36	20	91	37	51	31	143	53	72	228	50	79	102	79	18
19	58	26	37	20	92	37	52	31	144	54	74	230	50	80	105	79	19
20	58	26	38	20	93	38	53	32	145	55	75	232	50	81	107	79	20
21	58	27	38	20	93	39	55	32	146	56	77	233	50	82	109	80	21
22	59	27	39	20	94	39	56	32	147	57	78	235	51	84	111	80	22
23	59	28	40	20	95	40	57	32	148	57	80	236	51	85	113	81	23
24	59	28	41	20	95	40	58	32	149	58	81	238	51	86	115	81	24
25	60	28	41	21	96	41	59	32	149	59	83	239	51	87	117	81	25
26	60	29	42	21	96	42	60	33	150	60	84	241	52	88	119	82	26
27	60	29	43	21	97	42	61	33	151	61	85	242	52	89	121	82	27
28	61	30	43	21	97	43	62	33	152	61	87	243	52	90	123	83	28
29	61	30	44	21	98	43	63	33	153	62	88	244	52	92	125	83	29
30	61	30	45	21	98	44	63	33	154	63	89	246	53	93	127	83	30
31	62	31	45	21	99	44	64	33	154	64	91	247	53	94	129	84	31
32	62	31	46	21	99	45	65	34	155	64	92	248	53	95	131	84	32
33	62	31	47	21	100	45	66	34	156	65	93	249	53	96	132	84	33
34	63	32	47	21	100	46	67	34	157	66	94	251	54	97	134	85	34
35	63	32	48	22	101	46	68	34	157	67	95	252	54	98	136	85	35
36	63	33	48	22	101	47	69	34	158	67	97	253	54	99	137	86	36
37	64	33	49	22	102	47	70	34	159	68	98	254	54	100	139	86	37
38	64	33	49	22	102	48	70	34	159	69	99	255	55	101	141	86	38
39	64	34	50	22	103	48	71	35	160	69	100	256	55	102	142	87	39
40	64	34	51	22	103	49	72	35	161	70	101	257	55	103	144	87	40
41	65	34	51	22	103	49	73	35	162	71	102	258	55	103	145	88	41
42	65	35	52	22	104	50	73	35	162	71	103	259	56	104	147	88	42
43	65	35	52	22	104	50	74	35	163	72	104	261	56	105	148	88	43
44	65	35	53	22	105	51	75	35	163	73	105	262	56	106	150	89	44
45	66	36	53	23	105	51	76	36	164	73	106	263	56	107	151	89	45
46	66	36	54	23	105	52	76	36	165	74	108	264	57	108	153	90	46
47	66	36	54	23	106	52	77	36	165	74	109	265	57	109	154	90	47
48	66	36	55	23	106	52	78	36	166	75	110	266	57	110	156	90	48
49	67	37	55	23	107	53	79	36	167	76	111	267	57	111	157	91	49
50	67	37	56	23	107	53	79	36	167	76	112	267	58	112	159	91	50
51	67	37	56	23	107	54	80	36	168	77	113	268	58	112	160	92	51
52	67	38	57	23	108	54	81	37	168	77	114	269	58	113	161	92	52
53	68	38	57	23	108	55	81	37	169	78	115	270	58	114	163	92	53
54	68	38	58	23	108	55	82	37	170	79	115	271	59	115	164	93	54
55	68	39	58	24	109	55	83	37	170	79	116	272	59	116	166	93	55

表 18（续）

单位为微米

齿数 z	公差等级																齿数 z
	4				5				6				7				
	$T+\lambda$	λ	F_p	F_α	$T+\lambda$	λ	F_p	F_α	$T+\lambda$	λ	F_p	F_α	$T+\lambda$	λ	F_p	F_α	
56	68	39	59	24	109	56	83	37	171	80	117	59	273	117	167	94	56
57	68	39	59	24	110	56	84	37	171	80	118	59	274	117	168	94	57
58	69	39	60	24	110	57	85	38	172	81	119	60	275	118	170	94	58
59	69	40	60	24	110	57	85	38	172	82	120	60	276	119	171	95	59
60	69	40	61	24	111	57	86	38	173	82	121	60	277	120	172	95	60
61	69	40	61	24	111	58	87	38	173	83	122	60	277	121	173	96	61
62	70	41	61	24	111	58	87	38	174	83	123	61	278	121	175	96	62
63	70	41	62	24	112	59	88	38	174	84	124	61	279	122	176	96	63
64	70	41	62	24	112	59	89	39	175	84	125	61	280	123	177	97	64
65	70	41	63	25	112	59	89	39	175	85	125	61	281	124	178	97	65
66	70	42	63	25	113	60	90	39	176	85	126	62	282	124	180	97	66
67	71	42	64	25	113	60	90	39	177	86	127	62	282	125	181	98	67
68	71	42	64	25	113	60	91	39	177	86	128	62	283	126	182	98	68
69	71	42	64	25	114	61	92	39	178	87	129	62	284	127	183	99	69
70	71	43	65	25	114	61	92	39	178	87	130	63	285	128	184	99	70
71	71	43	65	25	114	62	93	40	179	88	131	63	286	128	186	99	71
72	72	43	66	25	115	62	93	40	179	89	131	63	286	129	187	100	72
73	72	43	66	25	115	62	94	40	180	89	132	63	287	130	188	100	73
74	72	44	67	25	115	63	95	40	180	90	133	64	288	130	189	101	74
75	72	44	67	26	116	63	95	40	181	90	134	64	289	131	190	101	75
76	72	44	67	26	116	63	96	40	181	91	135	64	290	132	191	101	76
77	73	44	68	26	116	64	96	41	181	91	135	64	290	133	193	102	77
78	73	45	68	26	116	64	97	41	182	92	136	65	291	133	194	102	78
79	73	45	69	26	117	64	97	41	182	92	137	65	292	134	195	103	79
80	73	45	69	26	117	65	98	41	183	93	138	65	293	135	196	103	80
81	73	45	69	26	117	65	99	41	183	93	139	65	293	136	197	103	81
82	74	46	70	26	118	65	99	41	184	94	139	66	294	136	198	104	82
83	74	46	70	26	118	66	100	41	184	94	140	66	295	137	199	104	83
84	74	46	71	26	118	66	100	42	185	95	141	66	296	138	200	105	84
85	74	46	71	27	119	66	101	42	185	95	142	66	296	138	201	105	85
86	74	47	71	27	119	67	101	42	186	95	142	67	297	139	203	105	86
87	74	47	72	27	119	67	102	42	186	96	143	67	298	140	204	106	87
88	75	47	72	27	119	67	102	42	187	96	144	67	299	140	205	106	88
89	75	47	72	27	120	68	103	42	187	97	145	67	299	141	206	107	89
90	75	48	73	27	120	68	103	43	187	97	145	68	300	142	207	107	90
91	75	48	73	27	120	68	104	43	188	98	146	68	301	142	208	107	91
92	75	48	74	27	121	69	104	43	188	98	147	68	301	143	209	108	92
93	76	48	74	27	121	69	105	43	189	99	148	68	302	144	210	108	93
94	76	48	74	27	121	69	105	43	189	99	148	69	303	144	211	109	94
95	76	49	75	28	121	70	106	43	190	100	149	69	303	145	212	109	95
96	76	49	75	28	122	70	106	44	190	100	150	69	304	146	213	109	96
97	76	49	75	28	122	70	107	44	191	101	151	69	305	146	214	110	97
98	76	49	76	28	122	71	107	44	191	101	151	70	305	147	215	110	98
99	77	50	76	28	122	71	108	44	191	102	152	70	306	148	216	110	99
100	77	50	76	28	123	71	108	44	192	102	153	70	307	148	217	111	100

表 19 总公差($T+\lambda$)、综合公差 λ、齿距累积公差 F_p 和齿形公差 F_α

$m=6$ mm

单位为微米

齿数 z	公差等级																齿数 z
	4				5				6				7				
	$T+\lambda$	λ	F_p	F_α	$T+\lambda$	λ	F_p	F_α	$T+\lambda$	λ	F_p	F_α	$T+\lambda$	λ	F_p	F_α	
10	57	23	31	21	91	33	43	33	141	49	61	52	226	73	87	83	10
11	57	23	32	21	92	34	45	33	143	50	63	52	229	75	90	83	11
12	58	24	33	21	92	35	47	33	144	51	66	53	231	76	94	83	12
13	58	25	34	21	93	36	48	33	146	52	68	53	233	78	97	84	13
14	59	25	35	21	94	37	50	34	147	53	70	53	236	80	100	84	14
15	59	26	36	21	95	37	51	34	149	55	72	54	238	81	102	85	15
16	60	26	37	22	96	38	53	34	150	56	74	54	240	83	105	85	16
17	60	27	38	22	97	39	54	34	151	57	76	54	242	84	108	86	17
18	61	27	39	22	97	40	55	34	152	58	78	54	243	85	110	86	18
19	61	28	40	22	98	40	57	35	153	59	79	55	245	87	113	87	19
20	62	28	41	22	99	41	58	35	154	60	81	55	247	88	115	87	20
21	62	29	41	22	99	42	59	35	155	61	83	55	249	90	118	88	21
22	63	29	42	22	100	43	60	35	156	61	84	56	250	91	120	88	22
23	63	30	43	22	101	43	61	35	157	62	86	56	252	92	123	89	23
24	63	30	44	22	101	44	62	36	158	63	88	56	253	93	125	89	24
25	64	31	45	23	102	44	63	36	159	64	89	57	255	95	127	90	25
26	64	31	45	23	103	45	65	36	160	65	91	57	256	96	129	90	26
27	64	32	46	23	103	46	66	36	161	66	92	57	258	97	131	91	27
28	65	32	47	23	104	46	67	36	162	67	94	57	259	98	133	91	28
29	65	32	48	23	104	47	68	36	163	68	95	58	261	100	135	92	29
30	66	33	48	23	105	48	69	37	164	68	97	58	262	101	137	92	30
31	66	33	49	23	105	48	70	37	165	69	98	58	263	102	139	92	31
32	66	34	50	23	106	49	71	37	166	70	99	59	265	103	141	93	32
33	67	34	50	24	106	49	72	37	166	71	101	59	266	104	143	93	33
34	67	35	51	24	107	50	73	37	167	72	102	59	267	105	145	94	34
35	67	35	52	24	107	50	73	38	168	72	103	60	269	106	147	94	35
36	67	35	52	24	108	51	74	38	169	73	105	60	270	107	149	95	36
37	68	36	53	24	108	51	75	38	169	74	106	60	271	109	151	95	37
38	68	36	54	24	109	52	76	38	170	75	107	60	272	110	152	96	38
39	68	36	54	24	109	53	77	38	171	75	108	61	274	111	154	96	39
40	69	37	55	24	110	53	78	39	172	76	110	61	275	112	156	97	40
41	69	37	55	25	110	54	79	39	172	77	111	61	276	113	158	97	41
42	69	38	56	25	111	54	80	39	173	78	112	62	277	114	159	98	42
43	70	38	57	25	111	55	80	39	174	78	113	62	278	115	161	98	43
44	70	38	57	25	112	55	81	39	175	79	114	62	279	116	163	99	44
45	70	39	58	25	112	56	82	39	175	80	115	63	280	117	164	99	45
46	70	39	58	25	113	56	83	40	176	80	117	63	281	118	166	100	46
47	71	39	59	25	113	57	84	40	177	81	118	63	283	119	167	100	47
48	71	40	59	25	113	57	85	40	177	82	119	63	284	120	169	100	48
49	71	40	60	25	114	57	85	40	178	82	120	64	285	121	171	101	49
50	71	40	61	26	114	58	86	40	179	83	121	64	286	122	172	101	50
51	72	41	61	26	115	58	87	41	179	84	122	64	287	123	174	102	51
52	72	41	62	26	115	59	88	41	180	84	123	65	288	124	175	102	52
53	72	41	62	26	116	59	88	41	181	85	124	65	289	124	177	103	53
54	72	42	63	26	116	60	89	41	181	86	125	65	290	125	178	103	54
55	73	42	63	26	116	60	90	41	182	86	126	66	291	126	180	104	55

表 19（续）

单位为微米

齿数 z	公差等级 4				5				6				7				齿数 z
	$T+\lambda$	λ	F_p	F_α	$T+\lambda$	λ	F_p	F_α	$T+\lambda$	λ	F_p	F_α	$T+\lambda$	λ	F_p	F_α	
56	73	42	64	26	117	61	91	42	182	87	127	66	292	127	181	104	56
57	73	43	64	26	117	61	91	42	183	88	128	66	293	128	183	105	57
58	73	43	65	27	118	62	92	42	184	88	129	66	294	129	184	105	58
59	74	43	65	27	118	62	93	42	184	89	130	67	295	130	185	106	59
60	74	44	66	27	118	63	93	42	185	90	131	67	296	131	187	106	60
61	74	44	66	27	119	63	94	42	185	90	132	67	297	132	188	107	61
62	74	44	67	27	119	63	95	43	186	91	133	68	298	133	190	107	62
63	75	44	67	27	119	64	96	43	187	91	134	68	298	133	191	108	63
64	75	45	68	27	120	64	96	43	187	92	135	68	299	134	192	108	64
65	75	45	68	27	120	65	97	43	188	93	136	69	300	135	194	109	65
66	75	45	69	28	120	65	98	43	188	93	137	69	301	136	195	109	66
67	76	46	69	28	121	65	98	44	189	94	138	69	302	137	196	109	67
68	76	46	70	28	121	66	99	44	189	94	139	69	303	138	198	110	68
69	76	46	70	28	122	66	100	44	190	95	140	70	304	139	199	110	69
70	76	46	71	28	122	67	100	44	191	96	141	70	305	139	200	111	70
71	76	47	71	28	122	67	101	44	191	96	142	70	306	140	202	111	71
72	77	47	71	28	123	68	101	45	192	97	143	71	307	141	203	112	72
73	77	47	72	28	123	68	102	45	192	97	144	71	307	142	204	112	73
74	77	48	72	28	123	68	103	45	193	98	145	71	308	143	206	113	74
75	77	48	73	29	124	69	103	45	193	98	145	72	309	143	207	113	75
76	77	48	73	29	124	69	104	45	194	99	146	72	310	144	208	114	76
77	78	48	74	29	124	70	105	45	194	100	147	72	311	145	209	114	77
78	78	49	74	29	125	70	105	46	195	100	148	72	312	146	211	115	78
79	78	49	75	29	125	70	106	46	195	101	149	73	312	147	212	115	79
80	78	49	75	29	125	71	106	46	196	101	150	73	313	147	213	116	80
81	79	50	75	29	126	71	107	46	196	102	151	73	314	148	214	116	81
82	79	50	76	29	126	71	108	46	197	102	151	74	315	149	215	117	82
83	79	50	76	30	126	72	108	47	197	103	152	74	316	150	217	117	83
84	80	50	77	30	127	72	109	47	199	103	153	74	318	151	218	117	84
85	80	51	77	30	128	73	109	47	199	104	154	75	319	151	219	118	85
86	80	51	77	30	128	73	110	47	200	104	155	75	320	152	220	118	86
87	80	51	78	30	128	73	111	47	201	105	156	75	321	153	221	119	87
88	80	51	78	30	129	74	111	48	201	105	156	75	322	154	222	119	88
89	81	52	79	30	129	74	112	48	202	106	157	76	323	154	224	120	89
90	81	52	79	30	130	74	112	48	202	106	158	76	324	155	225	120	90
91	81	52	80	31	130	75	113	48	203	107	159	76	325	156	226	121	91
92	81	52	80	31	130	75	114	48	204	108	160	77	326	157	227	121	92
93	82	53	80	31	131	76	114	48	204	108	161	77	327	157	228	122	93
94	82	53	81	31	131	76	115	49	205	109	161	77	328	158	229	122	94
95	82	53	81	31	131	76	115	49	205	109	162	78	329	159	230	123	95
96	82	53	81	31	132	77	116	49	206	110	163	78	330	160	232	123	96
97	83	54	82	31	132	77	116	49	207	110	164	78	331	160	233	124	97
98	83	54	82	31	133	77	117	49	207	111	164	78	332	161	234	124	98
99	83	54	83	31	133	78	117	50	208	111	165	79	333	162	235	125	99
100	83	54	83	32	133	78	118	50	208	112	166	79	333	162	236	125	100

表 20　总公差($T+\lambda$)、综合公差 λ、齿距累积公差 F_p 和齿形公差 F_α

$m=8$ mm

单位为微米

齿数 z	公差等级																齿数 z
	4				5				6				7				
	$T+\lambda$	λ	F_p	F_α	$T+\lambda$	λ	F_p	F_α	$T+\lambda$	λ	F_p	F_α	$T+\lambda$	λ	F_p	F_α	
10	62	26	34	24	100	38	49	39	156	56	69	61	250	84	98	97	10
11	63	27	36	25	101	39	51	39	158	57	71	61	253	86	101	97	11
12	64	27	37	25	102	40	53	39	160	58	74	62	255	87	105	98	12
13	64	28	38	25	103	41	54	39	161	60	76	62	258	89	109	99	13
14	65	29	39	25	104	42	56	40	163	61	79	63	260	91	112	99	14
15	66	29	41	25	105	43	58	40	164	62	81	63	263	93	115	100	15
16	66	30	42	25	106	44	59	40	166	64	83	63	265	95	119	100	16
17	67	31	43	26	107	45	61	40	167	65	86	64	267	96	122	101	17
18	67	31	44	26	108	45	62	41	168	66	88	64	269	98	125	102	18
19	68	32	45	26	108	46	64	41	170	67	90	65	271	100	128	102	19
20	68	32	46	26	109	47	65	41	171	68	92	65	273	101	131	103	20
21	69	33	47	26	110	48	67	41	172	69	94	65	275	103	133	104	21
22	69	33	48	26	111	49	68	42	173	70	96	66	277	104	136	104	22
23	70	34	49	26	112	49	69	42	174	72	98	66	279	106	139	105	23
24	70	35	50	27	112	50	71	42	175	73	99	67	281	107	141	106	24
25	71	35	51	27	113	51	72	42	176	74	101	67	282	109	144	106	25
26	71	36	51	27	114	52	73	43	178	75	103	67	284	110	146	107	26
27	71	36	52	27	114	52	74	43	179	76	105	68	286	112	149	107	27
28	72	37	53	27	115	53	76	43	180	77	106	68	287	113	151	108	28
29	72	37	54	27	116	54	77	43	181	78	108	69	289	114	154	109	29
30	73	38	55	28	116	54	78	44	182	79	110	69	291	116	156	109	30
31	73	38	56	28	117	55	79	44	183	80	111	69	292	117	158	110	31
32	73	39	56	28	117	56	80	44	183	81	113	70	294	119	160	111	32
33	74	39	57	28	118	56	81	44	184	81	114	70	295	120	163	111	33
34	74	40	58	28	119	57	82	45	185	82	116	71	297	121	165	112	34
35	75	40	59	28	119	58	83	45	186	83	117	71	298	122	167	112	35
36	75	40	59	29	120	58	85	45	187	84	119	71	299	124	169	113	36
37	75	41	60	29	120	59	86	45	188	85	120	72	301	125	171	114	37
38	76	41	61	29	121	60	87	46	189	86	122	72	302	126	173	114	38
39	76	42	62	29	121	60	88	46	190	87	123	73	304	127	175	115	39
40	76	42	62	29	122	61	89	46	191	88	125	73	305	129	177	116	40
41	77	43	63	29	123	61	90	46	191	89	126	73	306	130	179	116	41
42	77	43	64	30	123	62	91	47	192	89	127	74	308	131	181	117	42
43	77	43	64	30	124	63	92	47	193	90	129	74	309	132	183	117	43
44	78	44	65	30	124	63	92	47	194	91	130	75	310	133	185	118	44
45	78	44	66	30	125	64	93	47	195	92	131	75	311	135	187	119	45
46	78	45	66	30	125	64	94	48	195	93	133	75	313	136	189	119	46
47	78	45	67	30	126	65	95	48	196	93	134	76	314	137	191	120	47
48	79	45	68	30	126	65	96	48	197	94	135	76	315	138	192	121	48
49	79	46	68	31	127	66	97	48	198	95	137	77	316	139	194	121	49
50	79	46	69	31	127	67	98	49	199	96	138	77	318	140	196	122	50
51	80	47	70	31	128	67	99	49	199	97	139	77	319	141	198	123	51
52	80	47	70	31	128	68	100	49	200	97	140	78	320	143	199	123	52
53	80	47	71	31	128	68	101	49	201	98	142	78	321	144	201	124	53
54	81	48	71	31	129	69	101	50	201	99	143	79	322	145	203	124	54
55	81	48	72	32	129	69	102	50	202	100	144	79	323	146	205	125	55

表 20（续）

单位为微米

齿数 z	公差等级																齿数 z
	4				5				6				7				
	$T+\lambda$	λ	F_p	F_α	$T+\lambda$	λ	F_p	F_α	$T+\lambda$	λ	F_p	F_α	$T+\lambda$	λ	F_p	F_α	
56	81	49	73	32	130	70	103	50	203	100	145	79	325	147	206	126	56
57	81	49	73	32	130	70	104	50	204	101	146	80	326	148	208	126	57
58	82	49	74	32	131	71	105	51	204	102	147	80	327	149	210	127	58
59	82	50	74	32	131	71	106	51	205	103	149	81	328	150	211	128	59
60	82	50	75	32	132	72	106	51	206	103	150	81	329	151	213	128	60
61	83	50	76	33	132	72	107	51	206	104	151	81	330	152	215	129	61
62	83	51	76	33	133	73	108	52	207	105	152	82	331	153	216	129	62
63	83	51	77	33	134	73	109	52	209	105	153	82	334	154	218	130	63
64	84	51	77	33	134	74	110	52	209	106	154	83	335	155	219	131	64
65	84	52	78	33	135	74	110	52	210	107	155	83	336	156	221	131	65
66	84	52	78	33	135	75	111	53	211	108	156	83	338	157	222	132	66
67	85	52	79	34	136	75	112	53	212	108	158	84	339	158	224	133	67
68	85	53	79	34	136	76	113	53	213	109	159	84	340	159	226	133	68
69	85	53	80	34	137	76	114	53	213	110	160	85	342	160	227	134	69
70	86	53	80	34	137	77	114	54	214	110	161	85	343	161	229	135	70
71	86	54	81	34	138	77	115	54	215	111	162	85	344	162	230	135	71
72	86	54	81	34	138	78	116	54	216	112	163	86	345	163	232	136	72
73	87	54	82	34	139	78	117	54	217	112	164	86	347	164	233	136	73
74	87	55	83	35	139	79	117	55	217	113	165	87	348	165	235	137	74
75	87	55	83	35	140	79	118	55	218	114	166	87	349	166	236	138	75
76	88	55	84	35	140	80	119	55	219	114	167	87	351	167	237	138	76
77	88	56	84	35	141	80	119	55	220	115	168	88	352	168	239	139	77
78	88	56	85	35	141	81	120	56	221	116	169	88	353	169	240	140	78
79	89	56	85	35	142	81	121	56	221	116	170	89	354	170	242	140	79
80	89	57	86	36	142	81	122	56	222	117	171	89	356	171	243	141	80
81	89	57	86	36	143	82	122	56	223	118	172	89	357	172	245	141	81
82	90	57	87	36	143	82	123	57	224	118	173	90	358	173	246	142	82
83	90	58	87	36	144	83	124	57	225	119	174	90	360	174	247	143	83
84	90	58	88	36	144	83	124	57	225	120	175	91	361	174	249	143	84
85	91	58	88	36	145	84	125	57	226	120	176	91	362	175	250	144	85
86	91	59	88	37	145	84	126	58	227	121	177	91	363	176	251	145	86
87	91	59	89	37	146	85	126	58	228	121	178	92	365	177	253	145	87
88	91	59	89	37	146	85	127	58	229	122	179	92	366	178	254	146	88
89	92	59	90	37	147	85	128	58	229	123	180	93	367	179	255	146	89
90	92	60	90	37	147	86	128	59	230	123	181	93	368	180	257	147	90
91	92	60	91	37	148	86	129	59	231	124	182	93	370	181	258	148	91
92	93	60	91	38	148	87	130	59	232	124	183	94	371	182	259	148	92
93	93	61	92	38	149	87	130	59	233	125	183	94	372	183	261	149	93
94	93	61	92	38	149	88	131	60	233	126	184	95	374	183	262	150	94
95	94	61	93	38	150	88	132	60	234	126	185	95	375	184	263	150	95
96	94	62	93	38	150	88	132	60	235	127	186	95	376	185	265	151	96
97	94	62	94	38	151	89	133	60	236	127	187	96	377	186	266	152	97
98	95	62	94	38	151	89	134	61	237	128	188	96	379	187	267	152	98
99	95	62	94	39	152	90	134	61	237	129	189	97	380	188	268	153	99
100	95	63	95	39	153	90	135	61	238	129	190	97	381	189	270	153	100

表 21　总公差($T+\lambda$)、综合公差 λ、齿距累积公差 F_p 和齿形公差 F_α

$m=10$ mm

单位为微米

齿数 z	公差等级																齿数 z
	4				5				6				7				
	$T+\lambda$	λ	F_p	F_α	$T+\lambda$	λ	F_p	F_α	$T+\lambda$	λ	F_p	F_α	$T+\lambda$	λ	F_p	F_α	
10	68	29	38	28	108	42	53	44	169	62	75	70	270	94	107	111	10
11	68	30	39	28	109	43	56	44	171	64	78	71	273	96	111	112	11
12	69	30	41	28	110	44	58	45	173	65	81	71	276	98	115	112	12
13	70	31	42	29	112	46	60	45	174	67	84	72	279	100	119	113	13
14	70	32	43	29	113	47	62	45	176	68	87	72	282	102	123	114	14
15	71	33	45	29	114	48	63	46	178	70	89	73	284	104	127	115	15
16	72	33	46	29	115	49	65	46	179	71	92	73	287	106	131	116	16
17	72	34	47	29	116	50	67	46	181	72	94	74	289	108	134	116	17
18	73	35	48	30	117	51	69	47	182	74	97	74	291	110	137	117	18
19	73	35	49	30	117	51	70	47	183	75	99	75	294	112	141	118	19
20	74	36	51	30	118	52	72	47	185	76	101	75	296	113	144	119	20
21	74	37	52	30	119	53	73	48	186	78	103	76	298	115	147	120	21
22	75	37	53	30	120	54	75	48	187	79	105	76	300	117	150	120	22
23	75	38	54	31	121	55	76	48	189	80	108	77	302	119	153	121	23
24	76	39	55	31	122	56	78	49	190	81	110	77	304	120	156	122	24
25	76	39	56	31	122	57	79	49	191	82	112	78	306	122	159	123	25
26	77	40	57	31	123	58	81	49	192	84	114	78	308	124	161	123	26
27	77	40	58	31	124	58	82	49	193	85	115	79	310	125	164	124	27
28	78	41	59	32	125	59	83	50	195	86	117	79	311	127	167	125	28
29	78	41	60	32	125	60	85	50	196	87	119	80	313	128	170	126	29
30	79	42	61	32	126	61	86	50	197	88	121	80	315	130	172	127	30
31	79	42	61	32	127	61	87	51	198	89	123	81	317	131	175	127	31
32	80	43	62	32	127	62	89	51	199	90	125	81	318	133	177	128	32
33	80	44	63	33	128	63	90	51	200	91	126	82	320	134	180	129	33
34	80	44	64	33	129	64	91	52	201	92	128	82	322	136	182	130	34
35	81	45	65	33	129	64	92	52	202	93	130	83	323	137	184	131	35
36	81	45	66	33	130	65	93	52	203	94	131	83	325	139	187	131	36
37	82	46	67	33	131	66	95	53	204	95	133	84	326	140	189	132	37
38	82	46	67	34	131	67	96	53	205	96	135	84	328	142	191	133	38
39	82	47	68	34	132	67	97	53	206	97	136	85	330	143	194	134	39
40	83	47	69	34	132	68	98	54	207	98	138	85	331	144	196	135	40
41	83	48	70	34	133	69	99	54	208	99	139	86	333	146	198	135	41
42	83	48	71	34	134	69	100	54	209	100	141	86	334	147	200	136	42
43	84	48	71	35	134	70	101	54	210	101	142	87	335	149	203	137	43
44	84	49	72	35	135	71	102	55	211	102	144	87	337	150	205	138	44
45	85	49	73	35	135	71	103	55	211	103	145	88	338	151	207	138	45
46	85	50	74	35	136	72	104	55	212	104	147	88	340	153	209	139	46
47	85	50	74	35	136	73	105	56	213	105	148	89	341	154	211	140	47
48	86	51	75	36	137	73	106	56	214	106	150	89	343	155	213	141	48
49	86	51	76	36	138	74	107	56	215	107	151	90	344	156	215	142	49
50	86	52	76	36	138	74	108	57	216	107	153	90	345	158	217	142	50
51	87	52	77	36	139	75	109	57	218	108	154	91	348	159	219	143	51
52	87	52	78	36	140	76	110	57	219	109	155	91	350	160	221	144	52
53	88	53	78	37	141	76	111	58	220	110	157	92	351	161	223	145	53
54	88	53	79	37	141	77	112	58	221	111	158	92	353	163	225	146	54
55	89	54	80	37	142	78	113	58	222	112	159	93	355	164	227	146	55

表 21（续）

单位为微米

齿数 z	公差等级																齿数 z
	4				5				6				7				
	$T+\lambda$	λ	F_p	F_α	$T+\lambda$	λ	F_p	F_α	$T+\lambda$	λ	F_p	F_α	$T+\lambda$	λ	F_p	F_α	
56	89	54	80	37	143	78	114	59	223	113	161	93	356	165	229	147	56
57	89	55	81	37	143	79	115	59	224	113	162	94	358	166	230	148	57
58	90	55	82	38	144	79	116	59	225	114	163	94	359	168	232	149	58
59	90	55	82	38	144	80	117	59	226	115	165	95	361	169	234	149	59
60	91	56	83	38	145	80	118	60	227	116	166	95	363	170	236	150	60
61	91	56	84	38	146	81	119	60	228	117	167	96	364	171	238	151	61
62	91	57	84	38	146	82	120	60	229	118	169	96	366	172	240	152	62
63	92	57	85	39	147	82	121	61	230	118	170	97	367	173	241	153	63
64	92	57	86	39	148	83	122	61	231	119	171	97	369	175	243	153	64
65	93	58	86	39	148	83	122	61	232	120	172	98	371	176	245	154	65
66	93	58	87	39	149	84	123	62	233	121	173	98	372	177	247	155	66
67	93	59	87	39	150	84	124	62	234	122	175	99	374	178	248	156	67
68	94	59	88	40	150	85	125	62	235	122	176	99	375	179	250	157	68
69	94	59	89	40	151	86	126	63	236	123	177	100	377	180	252	157	69
70	95	60	89	40	151	86	127	63	237	124	178	100	379	181	253	158	70
71	95	60	90	40	152	87	128	63	238	125	179	101	380	183	255	159	71
72	95	61	90	40	153	87	128	64	239	125	181	101	382	184	257	160	72
73	96	61	91	41	153	88	129	64	240	126	182	102	383	185	258	160	73
74	96	61	92	41	154	88	130	64	241	127	183	102	385	186	260	161	74
75	97	62	92	41	155	89	131	64	242	128	184	103	387	187	262	162	75
76	97	62	93	41	155	89	132	65	243	129	185	103	388	188	263	163	76
77	97	62	93	41	156	90	132	65	244	129	186	104	390	189	265	164	77
78	98	63	94	42	157	90	133	65	245	130	188	104	391	190	267	164	78
79	98	63	94	42	157	91	134	66	246	131	189	105	393	191	268	165	79
80	99	63	95	42	158	91	135	66	247	131	190	105	395	192	270	166	80
81	99	64	95	42	159	92	136	66	248	132	191	106	396	193	271	167	81
82	99	64	96	42	159	92	136	67	249	133	192	106	398	194	273	168	82
83	100	64	97	43	160	93	137	67	250	134	193	107	399	196	274	168	83
84	100	65	97	43	160	93	138	67	251	134	194	107	401	197	276	169	84
85	101	65	98	43	161	94	139	68	252	135	195	108	403	198	277	170	85
86	101	66	98	43	162	94	139	68	253	136	196	108	404	199	279	171	86
87	101	66	99	43	162	95	140	68	254	137	197	109	406	200	280	172	87
88	102	66	99	44	163	95	141	69	255	137	198	109	407	201	282	172	88
89	102	67	100	44	164	96	142	69	256	138	199	110	409	202	283	173	89
90	103	67	100	44	164	96	142	69	257	139	200	110	411	203	285	174	90
91	103	67	101	44	165	97	143	69	258	139	202	111	412	204	286	175	91
92	103	68	101	44	166	97	144	70	259	140	203	111	414	205	288	175	92
93	104	68	102	45	166	98	145	70	260	141	204	112	415	206	289	176	93
94	104	68	102	45	167	98	145	70	261	141	205	112	417	207	291	177	94
95	105	69	103	45	167	99	146	71	262	142	206	113	419	208	292	178	95
96	105	69	103	45	168	99	147	71	263	143	207	113	420	209	294	179	96
97	105	69	104	45	169	100	148	71	264	143	208	114	422	210	295	179	97
98	106	70	104	46	169	100	148	72	265	144	209	114	423	211	297	180	98
99	106	70	105	46	170	101	149	72	266	145	210	115	425	212	298	181	99
100	107	70	105	46	171	101	150	72	267	145	211	115	427	213	299	182	100

表 22　齿向公差 $F_β$

单位为微米

花键配合长度 g/mm		≤5	>5~10	>10~15	>15~20	>20~25	>25~30	>30~35	>35~40	>40~45	>45~50	>50~55	>55~60	>60~70	>70~80	>80~90	>90~100
公差等级	4	6	7	7	8	8	8	9	9	9	10	10	10	11	11	12	12
	5	7	8	9	9	10	10	11	11	12	12	12	13	13	14	14	15
	6	9	10	11	12	13	13	14	14	15	15	16	16	17	17	18	19
	7	14	16	18	19	20	21	22	23	23	24	25	25	27	28	29	30

注：当花键配合长度不为表中数值时，可按 8.6 给出的计算式计算。

表 23　作用齿槽宽 E_v 下偏差和作用齿厚 S_v 上偏差

单位为微米

分度圆直径 D/mm	基本偏差						
	H	d	e	f	h	js	k
	作用齿槽宽 E_v 下偏差	作用齿厚 S_v 上偏差 es_v					
≤6	0	−30	−20	−10	0	+(T+λ)/2	+(T+λ)
>6~10	0	−40	−25	−13	0		
>10~18	0	−50	−32	−16	0		
>18~30	0	−65	−40	−20	0		
>30~50	0	−80	−50	−25	0		
>50~80	0	−100	−60	−30	0		
>80~120	0	−120	−72	−36	0		
>120~180	0	−145	−85	−43	0		
>180~250	0	−170	−100	−50	0		
>250~315	0	−190	−110	−56	0		
>315~400	0	−210	−125	−62	0		
>400~500	0	−230	−135	−68	0		
>500~630	0	−260	−145	−76	0		
>630~800	0	−290	−160	−80	0		
>800~1 000	0	−320	−170	−86	0		

注 1：当表中的作用齿厚上偏差 es_v 值不能满足需要时，可从 GB/T 1800.1 中选择合适的基本偏差。

注 2：总公差$(T+\lambda)$的数值见表 7～表 21。

表 24 外花键小径 D_{ie} 和大径 D_{ee} 的上偏差 $es_v/\tan\alpha_D$

单位为微米

分度圆直径 D/mm	基本偏差											
	d			e			f			h	js	k
	标准压力角 α_D											
	30°	37.5°	45°	30°	37.5°	45°	30°	37.5°	45°	30°、37.5°、45°		
≤6	−52	−39	−30	−35	−26	−20	−17	−13	−10	0	$+(T+\lambda)/2\tan\alpha_D$[a]	$+(T+\lambda)/\tan\alpha_D$[a]
>6～10	−69	−52	−40	−43	−33	−25	−23	−17	−13			
>10～18	−87	−65	−50	−55	−42	−32	−28	−21	−16			
>18～30	−113	−85	−65	−69	−52	−40	−35	−26	−20			
>30～50	−139	−104	−80	−87	−65	−50	−43	−33	−25			
>50～80	−173	−130	−100	−104	−78	−60	−52	−39	−30			
>80～120	−208	−156	−120	−125	−94	−72	−62	−47	−36			
>120～180	−251	−189	−145	−147	−111	−85	−74	−56	−43			
>180～250	−294	−222	−170	−170	−130	−100	−87	−65	−50			
>250～315	−329	−248	−190	−190	−143	−110	−97	−73	−56			
>315～400	−364	−274	−210	−210	−163	−125	−107	−81	−62			
>400～500	−398	−300	−230	−230	−176	−135	−118	−89	−68			
>500～630	−450	−339	−260	−260	−189	−145	−132	−99	−76			
>630～800	−502	−378	−290	−290	−209	−160	−139	−104	−80			
>800～1 000	−554	−417	−320	−320	−222	−170	−149	−112	−86			

[a] 对于大径，取值为零。

表 25 内花键小径 D_{ii} 极限偏差和外花键大径 D_{ee} 公差

单位为微米

直径 D_{ii} 和 D_{ee}/mm	内花键小径 D_{ii} 极限偏差			外花键大径 D_{ee} 公差		
	模数 m/mm					
	0.25～0.75 H10	1～1.75 H11	2～10 H12	0.25～0.75 IT10	1～1.75 IT11	2～10 IT12
≤6	+48 0	—	—	48	—	—
>6～10	+58 0	+90 0	—	58	—	—
>10～18	+70 0	+110 0	+180 0	70	110	—
>18～30	+84 0	+130 0	+210 0	84	130	210
>30～50	+100 0	+160 0	+250 0	100	160	250
>50～80	+120 0	+190 0	+300 0	120	190	300
>80～120	—	+220 0	+350 0	—	220	350
>120～180	—	+250 0	+400 0	—	250	400
>180～250	—	—	+460 0	—	—	460
>250～315	—	—	+520 0	—	—	520

表 25（续）

单位为微米

直径 D_{ii} 和 D_{ee}/ mm	内花键小径 D_{ii} 极限偏差			外花键大径 D_{ee} 公差		
	模　数　m/　mm					
	0.25～0.75 H10	1～1.75 H11	2～10 H12	0.25～0.75 IT10	1～1.75 IT11	2～10 IT12
>315～400	—	—	+570 0	—	—	570
>400～500	—	—	+630 0	—	—	630
>500～630	—	—	+700 0	—	—	700
>630～800	—	—	+800 0	—	—	800
>800～1 000	—	—	+900 0	—	—	900
注：若花键尺寸超出表中数值时，按 GB/T 1800.1 取值。						

表 26　齿根圆弧最小曲率半径 $R_{i\,min}$ 和 $R_{e\,min}$

单位为微米

模数 m/ mm	标准压力角 α_D			
	30°		37.5°	45°
	平齿根 0.2 m	圆齿根 0.4 m	圆齿根 0.3 m	圆齿根 0.25 m
0.25	—	—	—	0.06
0.5	0.10	0.20	0.15	0.12
0.75	0.15	0.30	0.22	0.19
1	0.20	0.40	0.30	0.25
1.25	0.25	0.50	0.38	0.31
1.5	0.30	0.60	0.45	0.38
1.75	0.35	0.70	0.52	0.44
2	0.40	0.80	0.60	0.50
2.5	0.50	1.00	0.75	0.62
3	0.60	1.20	0.90	—
4	0.80	1.60	1.20	—
5	1.00	2.00	1.50	—
6	1.20	2.40	1.80	—
8	1.60	3.20	2.40	—
10	2.00	4.00	3.00	—
注：在产品设计允许的情况下，对平齿根花键，齿根圆弧曲率半径可小于表中数值。				

9　齿侧配合

9.1　花键齿侧配合的性质取决于最小作用侧隙（见图 3）。本部分规定花键联结有六种齿侧配合类别（见图 3）：H/k、H/js、H/h、H/f、H/e 和 H/d。对 45°标准压力角的花键联结，应优先选用 H/k、H/h 和 H/f。

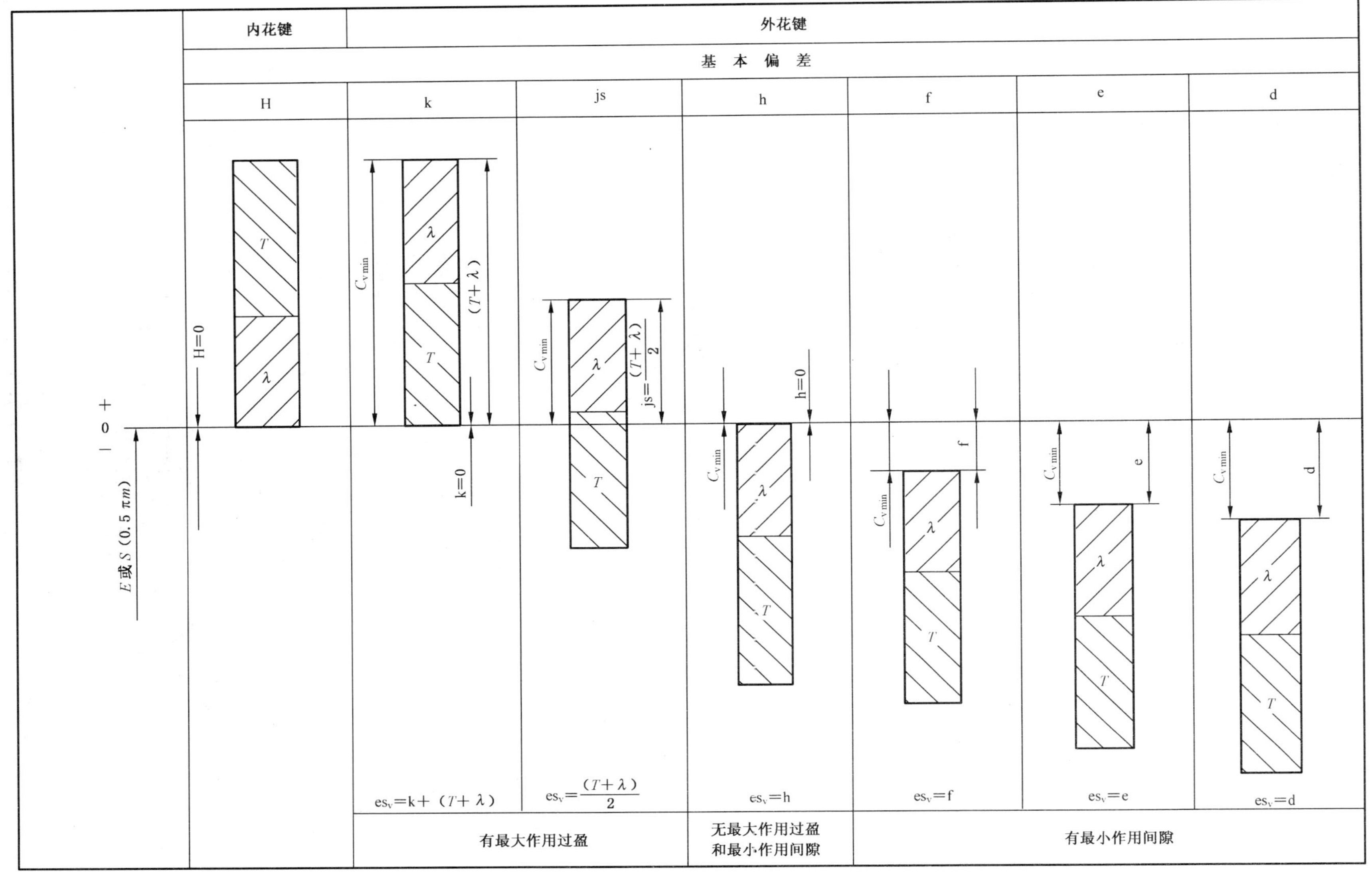

图 3 齿侧配合的公差带分布图

9.2 渐开线花键联结的齿侧配合采用基孔制，即仅用改变外花键作用齿厚上偏差的方法实现不同的配合。

9.3 在渐开线花键联结中，键齿侧面既起驱动作用，又有自动定中心作用，在结构设计时应考虑到这一特点。

当内、外花键对其安装基准有同轴度误差时，将减小花键副的作用间隙或增大作用过盈，因此必要时用调整齿侧配合类别等方法予以补偿。

9.4 允许不同公差等级的内、外花键相互配合。

9.5 齿距累积误差、齿形误差和齿向误差都会减小作用间隙或增大作用过盈，因此标准中给出了综合公差 λ 予以补偿。

9.6 如设计需要，齿圈径向跳动公差 F_r 见附录 B。

10 作用尺寸和实际尺寸

10.1 作用齿槽宽和实际齿槽宽

图 4a)表示的各齿槽均为基本齿槽宽，且具有齿距累积误差、齿形误差和齿向误差的内花键。图 4b) 表示理想(无误差)的外花键与该内花键配合时的情况。由于内花键有误差，所以该外花键即使每个齿厚与内花键齿槽宽相等，也不能装入图 4a)所示的内花键。若要使理想的外花键在任意位置上都可以装入内花键，且作用侧隙为零，则该内花键所有齿槽宽均需按最大干涉量加宽，如图 4c)所示。这些加宽后的齿槽宽即是内花键的各实际齿槽宽；而与之相配合的理想外花键的齿厚是内花键的作用齿槽宽。

10.2 作用齿厚和实际齿厚

与 10.1 同理，对于外花键，作用齿厚大于实际齿厚。

10.3 作用侧隙(间隙或过盈)

内花键作用齿槽宽减去外花键作用齿厚等于作用侧隙(间隙或过盈)，作用侧隙确定了花键联结的配合。正的作用侧隙为间隙，负的作用侧隙为过盈。

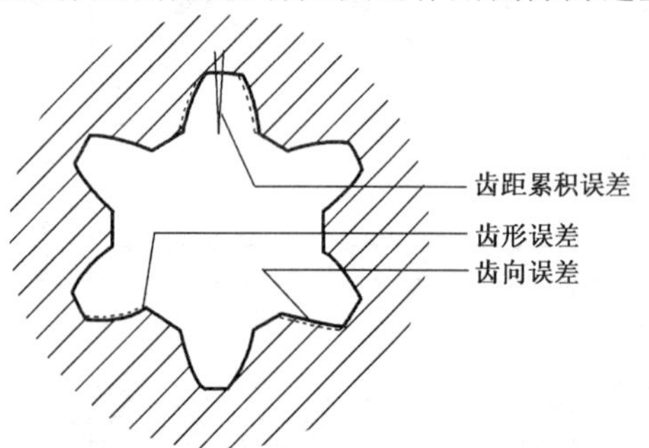

a) 具有基本齿槽宽的有误差的内花键

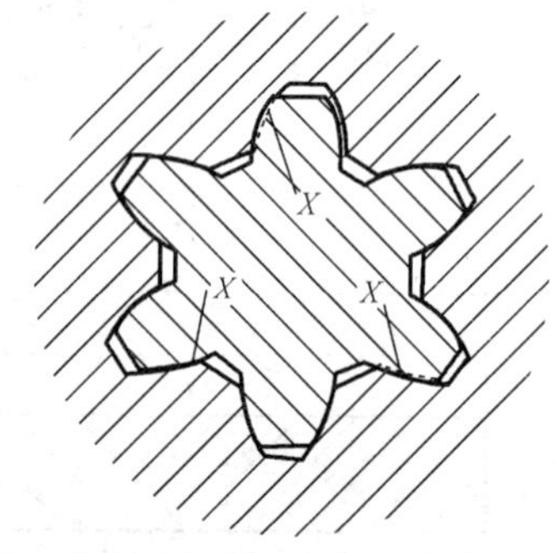

b) 具有基本齿厚的理想外花键在 X 处干涉

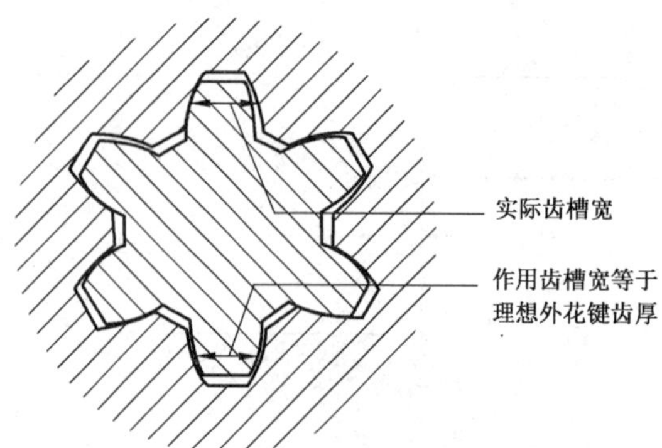

c) 所有齿槽宽按最大干涉量加宽后，内花键与理想外花键的配合(无间隙且无过盈)

图 4 内花键误差的影响

10.4 齿槽宽或齿厚的极限

在加工过程中，实际齿槽宽和实际齿厚的变动，会引起作用尺寸相应变动。因此，齿槽宽有四个极限尺寸——作用齿槽宽最小值、作用齿槽宽最大值、实际齿槽宽最小值、实际齿槽宽最大值；外花键的齿厚也有相应的四个极限尺寸，如图5和图6所示。

10.5 作用齿槽宽、作用齿厚、实际齿槽宽和实际齿厚的用途

10.5.1 作用齿槽宽的最小值和作用齿厚的最大值

这两个尺寸决定了花键联结的作用侧隙最小值，用综合通规检验，它们是综合通规的基本尺寸。

10.5.2 实际齿槽宽最小值和实际齿厚最大值

这两个尺寸一般在单项检验法中使用。当采用综合检验法时，这两个尺寸是辅助尺寸，不作为零件合格与否的依据。

10.5.3 实际齿槽宽最大值和实际齿厚最小值

这两个尺寸是零件合格与否的依据。

10.5.4 作用齿槽宽最大值和作用齿厚最小值

这两个尺寸决定了花键联结的作用侧隙最大值。用综合止规检验。它们是综合止规的基本尺寸。

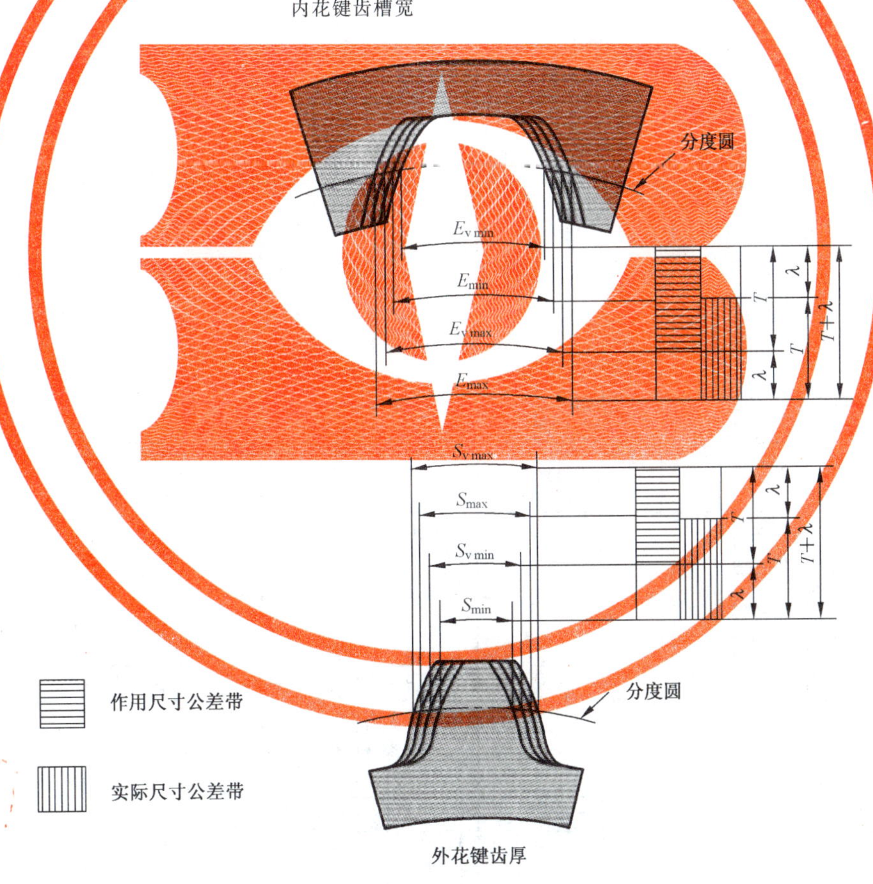

图5 齿槽宽、齿厚的图解

11 检验方法

花键的检验方法见GB/T 3478.5。其中对花键的齿槽宽和齿厚规定了三种综合检验法和一种单项检验法，见图6。

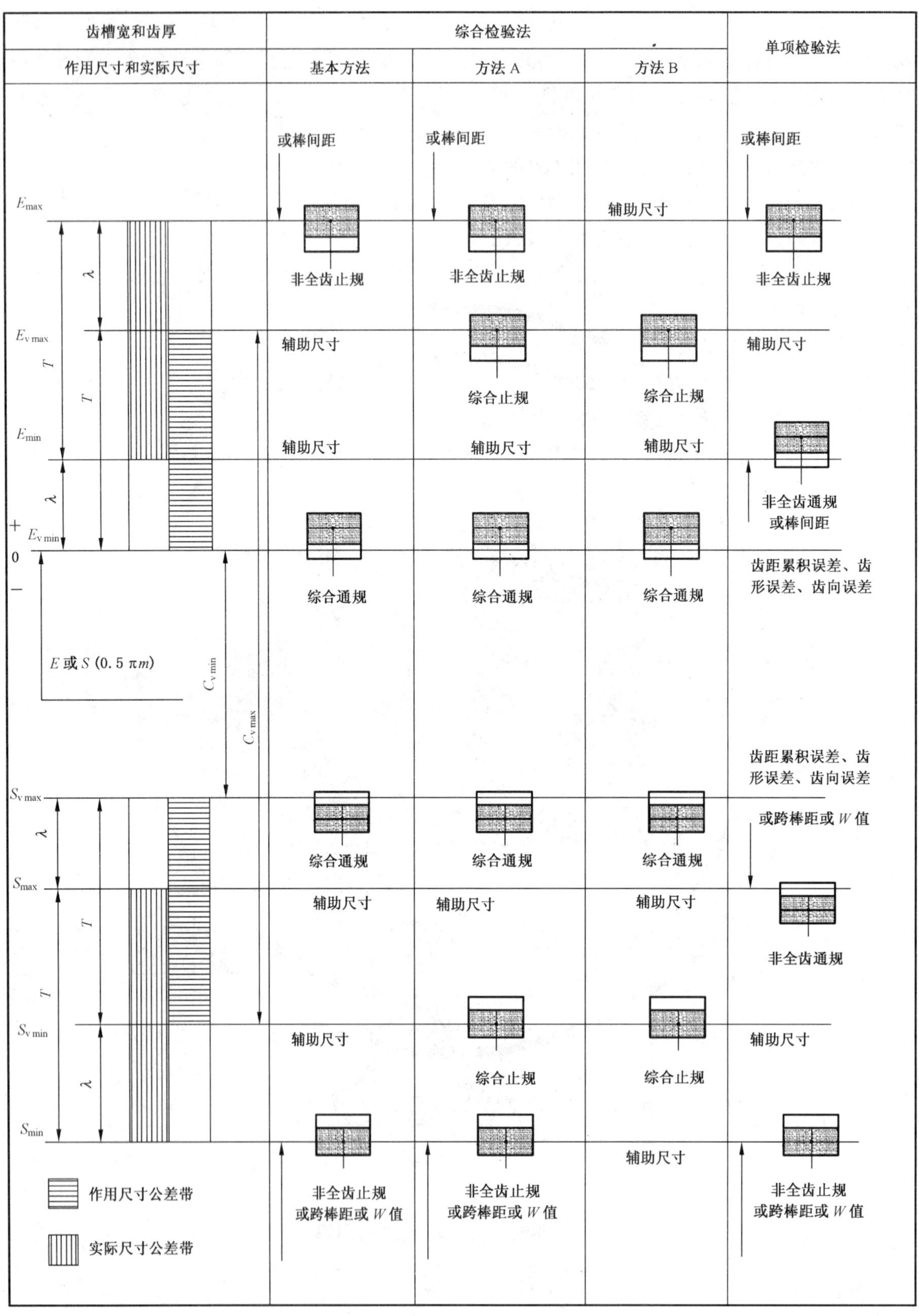

图6　齿槽宽、齿厚及检验图解

11.1 基本方法

用综合通端花键量规(塞规或环规)控制内花键作用齿槽宽最小值 $E_{v\,min}$或外花键作用齿厚最大值 $S_{v\,max}$,从而控制作用侧隙的最小值 $C_{v\,min}$。

同时,用非全齿止端花键量规(塞规或环规)或测量 M 值(棒间距 M_{Ri}或跨棒距 M_{Re}),对外花键可测量公法线平均长度 W 值,控制内花键实际齿槽宽最大值 E_{max}或外花键实际齿厚最小值 S_{min}。从而控制内、外花键的最小实体尺寸。

基本方法是批量生产中常用的检验方法。

11.2 方法 A

在基本方法的基础上增加用综合止端花键量规(塞规或环规)控制内花键作用齿槽宽最大值 $E_{v\,max}$或外花键作用齿厚最小值 $S_{v\,min}$,从而控制作用侧隙的最大值 $C_{v\,max}$。

这种方法适用于双向转动并有回程要求的传动机构。

11.3 方法 B

用综合通端花键量规和综合止端花键量规(塞规或环规)分别控制内花键作用齿槽宽最小值 $E_{v\,min}$和最大值 $E_{v\,max}$或外花键作用齿厚的最大值 $S_{v\,max}$和最小值 $S_{v\,min}$,从而控制作用侧隙的最小值 $C_{v\,min}$和最大值 $C_{v\,max}$。

这种方法是须在采用方法 A 时,经过批量生产证明,工艺质量稳定后,方可采用。若工艺质量出现波动,可能影响产品质量时,还应采用方法 A。

11.4 单项检验法

用非全齿通规和非全齿止规,或测量棒间距 M_{Ri},控制内花键实际齿槽宽最大值 E_{max}和最小值 E_{min},用非全齿通规和非全齿止规,或跨棒距 M_{Re}或公法线平均长度 W 值,控制外花键实际齿厚最大值 S_{max}和最小值 S_{min}。

同时,用测量齿距累积误差、齿形误差和齿向误差,控制综合误差。齿距累积误差和齿向误差允许在花键分度圆附近测量。

这种方法适用于单件或小批量生产、工艺分析、质量分析、无量规,以及因尺寸偏大和偏小而无法制造量规的花键。

12 参数标注

12.1 在零件图样上,应给出制造花键时所需的全部尺寸、公差和参数,列出参数表,表中应给出齿数、模数、压力角、公差等级和配合类别、渐开线终止圆直径最小值或渐开线起始圆直径最大值、齿根圆弧最小曲率半径,以及按 GB/T 3478.5 与选用的检验方法有关的相应项目。也可列出其他项目,例如:大径、小径及其偏差、M 值或 W 值等项目。必要时画出齿形放大图。

12.2 在有关图样和技术文件中,需要标记时,应符合如下规定:

内花键:INT

外花键:EXT

花键副:INT/EXT

齿数:z(前面加齿数值)

模数:m(前面加模数值)

30°平齿根:30P

30°圆齿根:30R

37.5°圆齿根:37.5

45°圆齿根:45

公差等级:4、5、6 或 7

配合类别:H(内花键)

k、js、h、f、e 或 d(外花键)

标准编号:GB/T 3478.1—2008

标记示例:

示例 1:花键副,齿数 24、模数 2.5、30°圆齿根、公差等级为 5 级、配合类别为 H/h。

花键副:INT/EXT　24z×2.5m×30R×5H/5h　GB/T 3478.1—2008

内花键:INT　24z×2.5m×30R×5H　GB/T 3478.1—2008

外花键:EXT　24z×2.5m×30R×5h　GB/T 3478.1—2008

示例 2:花键副,齿数 24、模数 2.5、内花键为 30°平齿根、公差等级为 6 级;外花键为 30°圆齿根、其公差等级为 5 级、配合类别为 H/h。

花键副:INT/EXT　24z×2.5m×30P/R×6H/5h　GB/T 3478.1—2008

内花键:INT　24z×2.5m×30P×6H　GB/T 3478.1—2008

外花键:EXT　24z×2.5m×30R×5h　GB/T 3478.1—2008

示例 3:花键副,齿数 24、模数 2.5、37.5°圆齿根、公差等级为 6 级、配合类别为 H/h。

花键副:INT /EXT　24z×2.5m×37.5×6H/6h　GB/T 3478.1 2008

内花键:INT　24z×2.5m×37.5×6H　GB/T 3478.1—2008

外花键:EXT　24z×2.5m×37.5×6h　GB/T 3478.1—2008

示例 4:花键副,齿数 24、模数 2.5、45°圆齿根、内花键公差等级为 6 级、外花键公差等级为 7 级、配合类别为 H/h。

花键副:INT/EXT　24z×2.5m×45×6H/7h　GB/T 3478.1—2008

内花键:INT　24z×2.5m×45×6H　GB/T 3478.1—2008

外花键:EXT　24z×2.5m×45×7h　GB/T 3478.1—2008

13 计算示例

花键有关尺寸与公差的计算示例见附录 C。

附　录　A
（规范性附录）
内花键采用直线齿形的条件和要求

为便于加工，在产品设计允许的情况下，对45°标准压力角内花键，允许用直线齿形代替渐开线齿形，见图A.1。

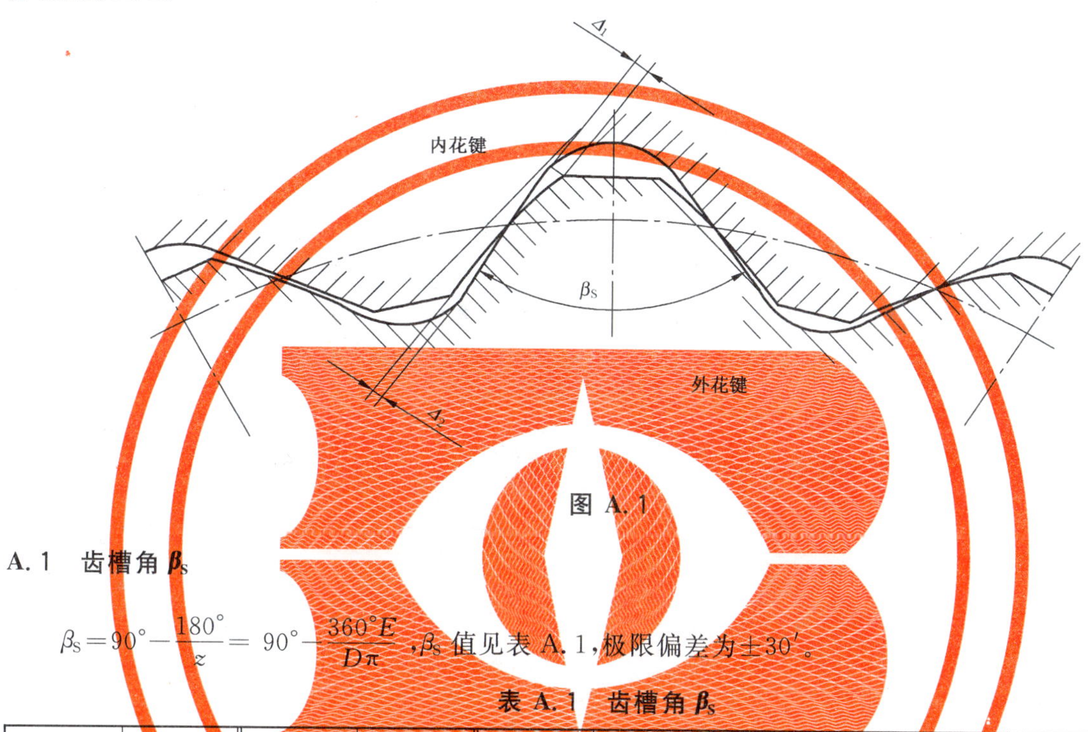

图 A.1

A.1　齿槽角 β_S

$\beta_S = 90° - \frac{180°}{z} = 90° - \frac{360°E}{D\pi}$，$\beta_S$ 值见表A.1，极限偏差为±30′。

表 A.1　齿槽角 β_S

齿数 z	齿槽角 β_S/(°)	齿数 z	齿槽角 β_S/(°)	齿数 z	齿槽角 β_S/(°)	齿数 z	齿槽角 β_S/(°)	齿数 z	齿槽角 β_S/(°)
10	72.00	29	83.79	48	86.25	67	87.31	86	87.91
11	73.64	30	84.00	49	86.33	68	87.35	87	87.93
12	75.00	31	84.19	50	86.40	69	87.39	88	87.95
13	76.15	32	84.38	51	86.47	70	87.43	89	87.98
14	77.14	33	84.55	52	86.54	71	87.47	90	88.00
15	78.00	34	84.71	53	86.60	72	87.50	91	88.02
16	78.75	35	84.86	54	86.67	73	87.53	92	88.04
17	79.41	36	85.00	55	86.73	74	87.57	93	88.06
18	80.00	37	85.14	56	86.79	75	87.60	94	88.09
19	80.53	38	85.26	57	86.84	76	87.63	95	88.11
20	81.00	39	85.38	58	86.90	77	87.66	96	88.13
21	81.43	40	85.50	59	86.95	78	87.69	97	88.14
22	81.82	41	85.61	60	87.00	79	87.72	98	88.16
23	82.17	42	85.71	61	87.05	80	87.75	99	88.18
24	82.50	43	85.81	62	87.10	81	87.78	100	88.20
25	82.80	44	85.91	63	87.14	82	87.81	—	—
26	83.08	45	86.00	64	87.19	83	87.83	—	—
27	83.33	46	86.09	65	87.23	84	87.86	—	—
28	83.57	47	86.17	66	87.27	85	87.88	—	—

A.2 差值 Δ_1 和 Δ_2

当用直线齿形时，在外花键大径和内花键小径处，其直线与渐开线的差值分别为 Δ_1 和 Δ_2，计算式如下：

$$\Delta_1 = \frac{D_b}{2}[\sin\gamma_1 + \tan\alpha_D - (\gamma_1 + \tan\alpha_D)\cos\gamma_1]$$

式中：

$$\gamma_1 = \sqrt{\frac{D_{ee}{}^2}{D_b{}^2} - 1} - \tan\alpha_D \quad \text{（弧度）}$$

$$\Delta_2 = \frac{D_b}{2}[\tan\alpha_D - \sin\gamma_2 - (\tan\alpha_D - \gamma_2)\cos\gamma_2]$$

式中：

$$\gamma_2 = \tan\alpha_D - \sqrt{\frac{D_{ii}{}^2}{D_b{}^2} - 1} \quad \text{（弧度）}$$

计算结果表明：差值 Δ_1 和 Δ_2 随齿数增加而减小，随模数增大而增大，差值 Δ_1 大于 Δ_2。表 A.2 给出差值 Δ_1 数值表，供参考。差值 Δ_1 一般不应大于 40 μm。

表 A.2 差值 Δ_1 数值表

单位为毫米

齿数	模 数 m								
z	0.25	0.5	(0.75)	1	(1.25)	1.5	(1.75)	2	2.5
10	12	23	35	46	58	70	81	93	116
11	11	21	32	42	53	63	74	84	105
12	10	19	29	39	48	58	67	77	96
13	9	18	27	36	44	53	62	71	89
14	8	16	25	33	41	49	58	66	82
15	8	15	23	31	38	46	54	61	77
16	7	14	22	29	36	43	50	57	72
17	7	14	20	27	34	41	47	54	68
18	6	13	19	26	32	38	45	51	64
19	6	12	18	24	30	36	42	48	60
20	6	11	17	23	29	34	40	46	57
21	5	11	16	22	27	33	38	44	55
22	5	10	16	21	26	31	36	42	52
23	5	10	15	20	25	30	35	40	50
24	5	10	14	19	24	29	33	38	48
25	5	9	14	18	23	27	32	37	46
26	4	9	13	18	22	26	31	35	44
27	4	8	13	17	21	25	30	34	42
28	4	8	12	16	20	24	29	33	41
29	4	8	12	16	20	24	28	31	39
30	4	8	11	15	19	23	27	30	38
31	4	7	11	15	18	22	26	29	37
32	4	7	11	14	18	21	25	29	36
33	3	7	10	14	17	21	24	28	35
34	3	7	10	13	17	20	23	27	34
35	3	7	10	13	16	20	23	26	33

表 A.2（续）

单位为毫米

齿数 z	模数 m								
	0.25	0.5	(0.75)	1	(1.25)	1.5	(1.75)	2	2.5
36	3	6	9	13	16	19	22	25	32
37	3	6	9	12	15	18	22	25	31
38	3	6	9	12	15	18	21	24	30
39	3	6	9	12	15	18	20	23	29
40	3	6	9	11	14	17	20	23	28
41	3	6	8	11	14	17	19	22	28
42	3	5	8	11	14	16	19	22	27
43	3	5	8	11	13	16	19	21	26
44	3	5	8	10	13	16	18	21	26
45	3	5	8	10	13	15	18	20	25
46	2	5	7	10	12	15	17	20	25
47	2	5	7	10	12	15	17	19	24
48	2	5	7	9	12	14	17	19	24
49	2	5	7	9	12	14	16	19	23
50	2	5	7	9	11	14	16	18	23
51	2	4	7	9	11	13	16	18	22
52	2	4	7	9	11	13	15	17	22
53	2	4	6	9	11	13	15	17	21
54	2	4	6	8	11	13	15	17	21
55	2	4	6	8	10	12	14	17	21
56	2	4	6	8	10	12	14	16	20
57	2	4	6	8	10	12	14	16	20
58	2	4	6	8	10	12	14	16	20
59	2	4	6	8	10	12	13	15	19
60	2	4	6	8	9	11	13	15	19
61	2	4	6	7	9	11	13	15	19
62	2	4	5	7	9	11	13	15	18
63	2	4	5	7	9	11	13	14	18
64	2	4	5	7	9	11	12	14	18
65	2	3	5	7	9	10	12	14	17
66	2	3	5	7	9	10	12	14	17
67	2	3	5	7	8	10	12	14	17
68	2	3	5	7	8	10	12	13	17
69	2	3	5	7	8	10	12	13	16
70	2	3	5	6	8	10	11	13	16
71	2	3	5	6	8	10	11	13	16
72	2	3	5	6	8	9	11	13	16
73	2	3	5	6	8	9	11	12	16
74	2	3	5	6	8	9	11	12	15
75	2	3	5	6	8	9	11	12	15
76	1	3	4	6	7	9	10	12	15
77	1	3	4	6	7	9	10	12	15
78	1	3	4	6	7	9	10	12	15

表 A.2（续）

单位为毫米

齿数 z	模数 m								
	0.25	0.5	(0.75)	1	(1.25)	1.5	(1.75)	2	2.5
79	1	3	4	6	7	9	10	11	14
80	1	3	4	6	7	9	10	11	14
81	1	3	4	6	7	8	10	11	14
82	1	3	4	6	7	8	10	11	14
83	1	3	4	5	7	8	10	11	14
84	1	3	4	5	7	8	9	11	14
85	1	3	4	5	7	8	9	11	13
86	1	3	4	5	7	8	9	11	13
87	1	3	4	5	7	8	9	10	13
88	1	3	4	5	6	8	9	10	13
89	1	3	4	5	6	8	9	10	13
90	1	3	4	5	6	8	9	10	13
91	1	2	4	5	6	7	9	10	12
92	1	2	4	5	6	7	9	10	12
93	1	2	4	5	6	7	9	10	12
94	1	2	4	5	6	7	8	10	12
95	1	2	4	5	6	7	8	10	12
96	1	2	4	5	6	7	8	9	12
97	1	2	4	5	6	7	8	9	12
98	1	2	3	5	6	7	8	9	12
99	1	2	3	5	6	7	8	9	11
100	1	2	3	5	6	7	8	9	11

A.3 图样标注及标记

A.3.1 当内花键采用直线齿形时，在参数表中应加注齿槽角及其数值。

A.3.2 在有关图样和技术文件中，需要标记时，用“45ST”表示 45°直线齿形圆齿根。

标记示例：

花键副，齿数 24、模数 1.5、内花键为 45°直线齿形圆齿根、其公差等级为 6 级、外花键为 45°渐开线齿形圆齿根、公差等级为 7 级、配合类别为 H/h。

花键副：INT/EXT　24z×1.5m×45ST×6H/7h　GB/T 3478.1—2008

内花键：INT　24z×1.5m×45ST×6H　GB/T 3478.1—2008

外花键：EXT　24z×1.5m×45×7h　GB/T 3478.1—2008

附 录 B
（资料性附录）
齿圈径向跳动公差

齿圈径向跳动公差 F_r：花键在一转范围内，测头在齿槽内或键齿上于分度圆附近双面接触，测头相对于回转轴线的允许变动量。

根据需要，从表 B.1 的公差系列 A、B、C 和 D 中选择齿圈径向跳动公差值。

表 B.1 齿圈径向跳动公差 F_r 单位为微米

公差等级	模数 m/mm	分度圆直径 D/mm															
		≤125				>125～400				>400～800				>800			
		A	B	C	D	A	B	C	D	A	B	C	D	A	B	C	D
4	≤3	10	16	25	36	15	22	36	50	18	28	405	63	20	32	50	71
	4～6	11	18	28	40	16	25	40	56	20	32	50	71	22	36	56	80
	8 和 10	13	20	32	45	18	28	45	63	22	36	56	80	25	40	63	90
5	≤3	16	25	36	45	22	36	50	63	28	45	63	80	32	50	71	90
	4～6	18	28	40	50	25	40	56	71	32	50	71	90	36	56	80	100
	8 和 10	20	32	45	56	28	45	63	86	36	56	80	100	40	63	90	112
6	≤3	25	36	45	71	36	50	63	80	45	63	80	100	50	71	90	112
	4～6	28	40	50	80	40	56	71	100	50	71	90	112	56	80	100	125
	8 和 10	32	45	56	90	45	63	86	112	56	80	100	125	63	90	112	140
7	≤3	36	45	71	100	50	63	80	112	63	80	100	125	71	90	112	140
	4～6	40	50	80	125	71	90	112	140	71	90	112	140	80	100	125	160
	8 和 10	45	56	90	140	80	100	125	160	80	100	125	160	90	112	140	180

附　录　C
（资料性附录）
花键计算示例

C.1　示例 1：INT 25z×1.0m×30P×5H　GB/T 3478.1—2008

$z=25$

$m=1.0$

$\alpha_D=30°$

a）分度圆直径：$D=m\times z=1.0\times 25=25.00$

b）基圆直径：$D_b=m\times z\times \cos\alpha_D=1.0\times 25\times \cos 30°=21.650\ 64$

c）大径最小值：$D_{ei\ min}=m\times(z+1.5)=1.0\times(25+1.5)=26.50$

d）大径最大值：$D_{ei\ max}=D_{ei\ min}+IT12=26.50+0.21=26.71$　（见表 3）

e）渐开线终止圆直径最小值：$D_{Fi\ min}=m\times(z+1)+2\times C_F=1.0\times(25+1)+2\times 0.1=26.20$

其中：$C_F=0.1\times m=0.1\times 1.0=0.1$

f）小径最小值：$D_{ii\ min}=D_{Fe\ max}+2\times C_F=23.89+2\times 0.1=24.09$

$$其中：D_{Fe\ max}=2\times\sqrt{(0.5D_b)^2+\left(0.5D\sin\alpha_D-\frac{h_s-\frac{0.5es_v}{\tan\alpha_D}}{\sin\alpha_D}\right)^2}$$

$$=2\times\sqrt{(0.5\times 21.650\ 64)^2+\left(0.5\times 25.00\times\sin 30°-\frac{0.6-0}{\sin 30°}\right)^2}$$

$$=23.89$$

$h_s=0.6m=0.6\times 1.0=0.6$　（见图 2）

$es_v=0$　（见表 23）

g）小径最大值：$D_{ii\ max}=D_{ii\ min}+H11=24.09+0.13=24.22$　（H11 值见表 25）

h）作用齿槽宽最小值：$E_{v\ min}=0.5\times\pi\times m=0.5\times 1.0\times\pi=1.571$

i）实际齿槽宽最大值：$E_{max}=E_{v\ min}+(T+\lambda)=1.571+0.055=1.626$

其中：由 8.1 可知，5 级时：

$(T+\lambda)=16i_d+64i_E=16\times 1.340\ 8+64\times 0.524\ 7=0.055$ mm（或查表 10）

$i_d=0.45\sqrt[3]{D}+0.001D=0.45\times\sqrt[3]{25.00}+0.001\times 25.00=1.340\ 8$

$i_E=0.45\sqrt[3]{E}+0.001E=0.45\times\sqrt[3]{1.571}+0.001\times 1.571=0.524\ 7$

j）实际齿槽宽最小值：$E_{min}=E_{v\ min}+\lambda=1.571+0.023=1.594$

其中：由 8.2 可知：$\lambda=0.6\sqrt{F_p{}^2+F_\alpha{}^2+F_\beta{}^2}=0.6\times\sqrt{0.031^2+0.019^2+0.009^2}=0.023$ mm

由 8.4 可知：$F_p=3.55\sqrt{L}+9=3.55\times\sqrt{39.269\ 9}+9=0.031$ mm

$L=(\pi\times m\times z)/2=1.0\times 25\times\pi/2=39.269\ 9$

由 8.5 可知：$F_\alpha=2.5\varphi_f+16=2.5\times 1.312\ 5+16=0.019$ mm　（或查表 10）

$\varphi_f=m+0.012\ 5\times m\times z=1.0+0.012\ 5\times 1.0\times 25=1.312\ 5$

由 8.6 可知：$F_\beta=\sqrt{g}+5=\sqrt{12.50}+5=0.009$ mm

$g=D/2=25/2=12.50$

k）作用齿槽宽最大值：$E_{v\ max}=E_{max}-\lambda=1.626-0.023=1.603$

l) 量棒直径：

$$D'_{Ri}=D_b[\tan\alpha_{ci}-\tan(\alpha_{ci}-E_{max}/D+\mathrm{inv}\alpha_{ci}-\mathrm{inv}\alpha_D)]$$

$$=21.650\ 64\times\left[\tan30.177\ 8^\circ-\tan\left(30.177\ 8^\circ\times\frac{\pi}{180^\circ}-\frac{1.626}{25.00}+\mathrm{inv}30.177\ 8^\circ-\mathrm{inv}30^\circ\right)\times\frac{180^\circ}{\pi}\right]$$

$$=1.79$$

取 $D_{Ri}=1.80$

其中：$\alpha_{ci}=\cos^{-1}\dfrac{D_b}{D_{ci}}=\cos^{-1}\dfrac{21.650\ 64}{25.045}=30.177\ 8^\circ$

$D_{ci}=(D_{ee\ max}+D_{ii\ min})/2=[1.0\times(25.00+1)+24.09]/2=25.045$

$D_{ee\ max}=m\times(z+1)=1.0\times(25.00+1)=26.00$

m) 棒间距：

当 $E=E_{max}=1.626$ 时：

最大值：$M_{Ri\ max}=\dfrac{D_b\times\cos\dfrac{90^\circ}{z}}{\cos\alpha_{i\ max}}-D_{Ri}=\dfrac{21.650\ 64\times\cos\dfrac{90^\circ}{25}}{\cos26.403\ 30^\circ}-1.80=22.324$

其中：$\mathrm{inv}\alpha_{i\ max}=\dfrac{E_{max}}{D}+\mathrm{inv}30^\circ-\dfrac{D_{Ri}}{D_b}=\dfrac{1.626}{25.00}+0.053\ 75-\dfrac{1.80}{21.650\ 64}=0.035\ 65$

$\alpha_{i\ max}=26.403\ 30^\circ$

当 $E=E_{min}=1.594$ 时：

最小值：$M_{Ri\ min}=\dfrac{D_b\times\cos\dfrac{90^\circ}{z}}{\cos\alpha_{i\ min}}-D_{Ri}=\dfrac{21.650\ 64\times\cos\dfrac{90^\circ}{25}}{\cos26.092\ 23^\circ}-1.80=22.260$

其中：$\mathrm{inv}\alpha_{i\ min}=\dfrac{E_{min}}{D}+\mathrm{inv}30^\circ-\dfrac{D_{Ri}}{D_b}=\dfrac{1.594}{25.00}+0.053\ 75-\dfrac{1.80}{21.650\ 64}=0.034\ 33$

$\alpha_{i\ min}=26.092\ 23^\circ$

n) 齿根圆弧最小曲率半径(平齿根时)：$R_{i\ min}=0.2m=0.2\times1.0=0.2$ （见表 26）

C.2 示例 2：INT 25z×1.0m×30R×7H GB/T 3478.1—2008

$z=25$

$m=1.0$

$\alpha_D=30^\circ$

a) 分度圆直径：$D=m\times z=1.0\times25=25.00$

b) 基圆直径：$D_b=m\times z\times\cos\alpha_D=1.0\times25\times\cos30^\circ=21.650\ 64$

c) 大径最小值：$D_{ei\ min}=m\times(z+1.8)=1.0\times(25+1.8)=26.80$

d) 大径最大值：$D_{ei\ max}=D_{ei\ min}+\mathrm{IT}12=26.80+0.21=27.01$ （见表 3）

e) 渐开线终止圆直径最小值：$D_{Fi\ min}=m\times(z+1)+2\times C_F=1.0\times(25+1)+2\times0.1=26.20$

其中：$C_F=0.1\times m=0.1\times1.0=0.1$

f) 小径最小值：$D_{ii\ min}=D_{Fe\ max}+2C_F=23.89+2\times0.1=24.09$

其中：$$D_{Fe\ max}=2\times\sqrt{(0.5D_b)^2+\left(0.5D\sin\alpha_D-\frac{h_s-\dfrac{0.5es_v}{\tan\alpha_D}}{\sin\alpha_D}\right)^2}$$

$$=2\times\sqrt{(0.5\times21.650\ 64)^2+\left(0.5\times25.00\times\sin30^\circ-\frac{0.6-0}{\sin30^\circ}\right)^2}$$

$$=23.89$$

$h_s = 0.6m = 0.6 \times 1.0 = 0.6$ （见图 2）

$es_v = 0$ （见表 23）

g） 小径最大值：$D_{ii\,max} = D_{ii\,min} + H11 = 24.09 + 0.13 = 24.22$ （H11 值见表 25）

h） 作用齿槽宽最小值：$E_{v\,min} = 0.5 \times \pi \times m = 0.5 \times 1.0 \times \pi = 1.571$

i） 实际齿槽宽最大值：$E_{max} = E_{v\,min} + (T + \lambda) = 1.571 + 0.138 = 1.709$

其中：由 8.1 可知，7 级时：

$(T + \lambda) = 40i_d + 160i_E = 40 \times 1.340\ 8 + 160 \times 0.524\ 7 = 0.138\ \text{mm}$ （或查表 10）

$i_d = 0.45\sqrt[3]{D} + 0.001D = 0.45 \times \sqrt[3]{25.00} + 0.001 \times 25.00 = 1.340\ 8$

$i_E = 0.45\sqrt[3]{E} + 0.001E = 0.45 \times \sqrt[3]{1.571} + 0.001 \times 1.571 = 0.524\ 7$

j） 实际齿槽宽最小值：$E_{min} = E_{v\,min} + \lambda = 1.571 + 0.048 = 1.619$

其中：由 8.2 可知：$\lambda = 0.6\sqrt{F_p{}^2 + F_\alpha{}^2 + F_\beta{}^2} = 0.6\sqrt{0.062^2 + 0.048^2 + 0.017^2} = 0.048\ \text{mm}$

由 8.4 可知：$F_p = 7.1\sqrt{L} + 18 = 7.1 \times \sqrt{39.269\ 9} + 18 = 0.062\ \text{mm}$

$L = (\pi \times m \times z)/2 = 1.0 \times 25 \times \pi/2 = 39.269\ 9$

由 8.5 可知：$F_\alpha = 6.3\varphi_f + 40 = 6.3 \times 1.312\ 5 + 40 = 0.048\ \text{mm}$

$\varphi_f = m + 0.012\ 5 \times m \times z = 1.0 + 0.012\ 5 \times 1.0 \times 25 = 1.312\ 5$

由 8.6 可知：$F_\beta = 2\sqrt{g} + 10 = 2 \times \sqrt{12.50} + 10 = 0.017\ \text{mm}$

$g = D/2 = 25/2 = 12.50$

k） 作用齿槽宽最大值：$E_{v\,max} = E_{max} - \lambda = 1.709 - 0.048 = 1.661$

l） 量棒直径：

$$D'_{Ri} = D_b[\tan\alpha_{ci} - \tan(\alpha_{ci} - E_{max}/D + \text{inv}\alpha_{ci} - \text{inv}\alpha_D)]$$

$$= 21.650\ 64 \times \left[\tan 30.177\ 8° - \tan\left(30.177\ 8° \times \frac{\pi}{180°} - \frac{1.709}{25.00} + \text{inv}30.177\ 8° - \text{inv}30°\right) \times \frac{180°}{\pi}\right]$$

$$= 1.879$$

取 $D_{Ri} = 1.90$

其中：$\alpha_{ci} = \cos^{-1}\dfrac{D_b}{D_{ci}} = \cos^{-1}\dfrac{21.650\ 64}{25.045} = 30.177\ 8°$

$D_{ci} = (D_{ee\,max} + D_{ii\,min})/2 = [1.0 \times (25.00 + 1) + 24.09]/2 = 25.045$

$D_{ee\,max} = m \times (z + 1) = 1.0 \times (25.00 + 1) = 26.00$

m） 棒间距：

当 $E = E_{max} = 1.709$ 时：

最大值：$M_{Ri\,max} = \dfrac{D_b \times \cos\dfrac{90°}{z}}{\cos\alpha_{i\,max}} - D_{Ri} = \dfrac{21.650\ 64 \times \cos\dfrac{90°}{25}}{\cos 26.097\ 675°} - 1.90 = 22.161$

其中：$\text{inv}\alpha_{i\,max} = \dfrac{E_{max}}{D} + \text{inv}30° - \dfrac{D_{Ri}}{D_b} = \dfrac{1.709}{25.00} + 0.053\ 75 - \dfrac{1.90}{21.650\ 64} = 0.034\ 354\ 278$

$\alpha_{i\,max} = 26.097\ 675°$

当 $E = E_{min} = 1.619$ 时：

最小值：$M_{Ri\,min} = \dfrac{D_b \times \cos\dfrac{90°}{z}}{\cos\alpha_{i\,min}} - D_{Ri} = \dfrac{21.650\ 64 \times \cos\dfrac{90°}{25}}{\cos 25.203\ 2°} - 1.90 = 21.981$

其中：$\text{inv}\alpha_{i\,min} = \dfrac{E_{min}}{D} + \text{inv}30° - \dfrac{D_{Ri}}{D_b} = \dfrac{1.619}{25.00} + 0.053\ 75 - \dfrac{1.90}{21.650\ 64} = 0.030\ 754\ 3$

$\alpha_{i\,min} = 25.203\ 2°$

n） 齿根圆弧最小曲率半径（圆齿根时）：$R_{i\,min} = 0.4\ m = 0.4 \times 1.0 = 0.4$ （见表 26）

C.3 示例 3:EXT 25z×1.0m×30R×4h GB/T 3478.1—2008

$z=25$

$m=1.0$

$\alpha_D=30°$

a) 分度圆直径:$D=m\times z=1.0\times25=25.00$

b) 基圆直径:$D_b=m\times z\times\cos\alpha_D=1.0\times25\times\cos30°=21.650\ 64$

c) 大径最大值:$D_{ee\ max}=m\times(z+1)-\dfrac{es_v}{\tan\alpha_D}=1.0\times(25+1)+\dfrac{0}{\tan30°}=26.00$ (见表 24)

d) 大径最小值:$D_{ee\ min}=D_{ee\ max}-IT11=26.00-0.13=25.87$ (见表 3、表 25)

e) 渐开线起始圆直径最大值:

$$D_{Fe\ max}=2\times\sqrt{(0.5D_b)^2+\left[0.5D\sin\alpha_D-\dfrac{h_s-\dfrac{0.5es_v}{\tan\alpha_D}}{\sin\alpha_D}\right]^2}$$

$$=2\times\sqrt{(0.5\times21.650\ 64)^2+\left(0.5\times25.00\times\sin30°-\dfrac{0.6-0}{\sin30°}\right)^2}$$

$$=23.89$$

其中:$h_s=0.6m=0.6\times1.0=0.6$ (见图 2)

$es_v=0$ (见表 23)

f) 小径最大值:$D_{ie\ max}=m\times(z-1.8)+\dfrac{es_v}{\tan\alpha_D}=1.0\times(25-1.8)+\dfrac{0}{\tan30°}=23.20$

g) 小径最小值:$D_{ie\ min}=D_{ie\ max}-IT12=23.20-0.21=22.99$ (见表 3)

h) 作用齿厚最大值:$S_{v\ max}=0.5\times\pi\times m=1.571$

i) 实际齿厚最小值:$S_{min}=S_{v\ max}-(T+\lambda)=1.571-0.034=1.537$

其中:由 8.1 可知,4 级时:

$(T+\lambda)=10i_d+40i_S=10\times1.340\ 8+40\times0.524\ 7=0.034$ mm (或查表 10)

$i_d=0.45\sqrt[3]{D}+0.001D=0.45\times\sqrt[3]{25.00}+0.001\times25.00=1.340\ 8$

$i_S=0.45\sqrt[3]{S}+0.001S=0.45\times\sqrt[3]{1.571}+0.001\times1.571=0.524\ 7$

j) 实际齿厚最大值:$S_{max}=S_{v\ max}-\lambda=1.571-0.016=1.555$

其中:由 8.2 可知:$\lambda=0.6\sqrt{F_p^2+F_\alpha^2+F_\beta^2}=0.6\sqrt{0.022^2+0.012^2+0.007^2}=0.016$ mm

由 8.4 可知:$F_p=2.5\sqrt{L}+6.3=2.5\sqrt{39.269\ 9}+6.3=0.022$ mm

$L=(\pi\times m\times z)/2=1.0\times25\times\pi/2=39.269\ 9$

由 8.5 可知:$F_\alpha=1.6\varphi_f+10=1.6\times1.312\ 5+10=0.012$ mm

$\varphi_f=m+0.012\ 5\times m\times z=1.0+0.012\ 5\times1.0\times25=1.312\ 5$

由 8.6 可知:$F_\beta=0.8\sqrt{g}+4=0.8\times\sqrt{12.50}+4=0.007$ mm

$g=D/2=25/2=12.50$

k) 作用齿厚最小值:$S_{v\ min}=S_{min}+\lambda=1.537+0.016=1.553$

l) 量棒直径:

$$D'_{Re}=D_b[\tan(\alpha_{ce}+\mathrm{inv}\alpha_{ce}+\frac{\pi}{z}-\frac{S_{min}}{D}-\mathrm{inv}\alpha_D)-\tan\alpha_{ce}]$$

$$=21.650\ 64\times\left[\tan\left(30.177\ 8°\times\frac{\pi}{180°}+\mathrm{inv}30.177\ 8°+\frac{\pi}{25}-\frac{1.537}{25.00}-\mathrm{inv}30°\right)\times\frac{180°}{\pi}-\tan30.177\ 8°\right]$$

$$=1.967$$

取 $D_{Re}=2.00$

其中：$\alpha_{ce}=\cos^{-1}\dfrac{D_b}{D_{ce}}=\cos^{-1}\dfrac{21.65064}{25.045}=30.1778°$

$D_{ce}=(D_{ee\max}+D_{ii\min})/2=(26.00+24.09)/2=25.045$

$D_{ii\min}=D_{Fe\max}+2C_F=23.89+2\times0.1=24.09$

$C_F=0.1\times m=0.1\times1.0=0.1$

m） 跨棒距：

当 $S=S_{\max}=1.555$ 时：

$$最大值：M_{Re\max}=\frac{D_b\times\cos\dfrac{90°}{z}}{\cos\alpha_{e\max}}+D_{Re}=\frac{21.65064\times\cos\dfrac{90°}{25}}{\cos34.19592°}+2.00=28.124$$

$$其中：\mathrm{inv}\alpha_{e\max}=\frac{S_{\max}}{D}+\mathrm{inv}30°+\frac{D_{Re}}{D_b}-\frac{\pi}{z}=\frac{1.555}{25.00}+0.05375+\frac{2.00}{21.65064}-\frac{\pi}{25}=0.082663809$$

$\alpha_{e\max}=34.19592°$

当 $S=S_{\min}=1.537$ 时：

$$最小值：M_{Re\min}=\frac{D_b\times\cos\dfrac{90°}{z}}{\cos\alpha_{e\min}}+D_{Re}=\frac{21.65064\times\cos\dfrac{90°}{25}}{\cos34.10627°}+2.00=28.095$$

$$其中：\mathrm{inv}\alpha_{e\min}=\frac{S_{\min}}{D}+\mathrm{inv}30°+\frac{D_{Re}}{D_b}-\frac{\pi}{z}=\frac{1.537}{25.00}+0.05375+\frac{2.00}{21.65064}-\frac{\pi}{25}=0.0819438$$

$\alpha_{e\min}=34.10627°$

n） 齿根圆弧最小曲率半径(圆齿根时)：$R_{e\min}=0.4m=0.4\times1.0=0.4$ （见表 26）

C.4 示例 4：EXT 25z×1.0m×30R×6e GB/T 3478.1—2008

$z=25$

$m=1.0$

$\alpha_D=30°$

a） 分度圆直径：$D=m\times z=1.0\times25=25.00$

b） 基圆直径：$D_b=m\times z\times\cos\alpha_D=1.0\times25\times\cos30°=21.65064$

c） 大径最大值：$D_{ee\max}=m\times(z+1)+\dfrac{es_v}{\tan\alpha_D}=1.0\times(25+1)-0.069=25.931$

其中：$\dfrac{es_v}{\tan\alpha_D}=-0.069$ （见表 24）

d） 大径最小值：$D_{ee\min}=D_{ee\max}-\mathrm{IT11}=25.931-0.130=25.801$ （见表 3、表 25）

e） 渐开线起始圆直径最大值：

$$D_{Fe\max}=2\times\sqrt{(0.5D_b)^2+\left(0.5D\sin\alpha_D-\frac{h_s-\dfrac{0.5es_v}{\tan\alpha_D}}{\sin\alpha_D}\right)^2}$$

$$=2\times\sqrt{(0.5\times21.65064)^2+\left(0.5\times25.00\times\sin30°-\frac{0.6+0.0345}{\sin30°}\right)^2}$$

$$=23.83$$

其中：$h_s=0.6m=0.6\times1.0=0.6$ （见图 2）

$es_v=-0.040$ （见表 23）

f) 小径最大值：$D_{\mathrm{ie\,max}}=m(z-1.8)+\dfrac{es_v}{\tan 30^\circ}=1.0\times(25-1.8)-0.069=23.131$

g) 小径最小值：$D_{\mathrm{ie\,min}}=D_{\mathrm{ie\,max}}-\mathrm{IT}12=23.131-0.210=22.921$ （见表 3）

h) 作用齿厚最大值：$S_{\mathrm{v\,max}}=S+es_v=0.5\times\pi\times1.0-0.040=1.531$

i) 实际齿厚最小值：$S_{\min}=S_{\mathrm{v\,max}}-(T+\lambda)=1.531-0.086=1.445$

其中：由 8.1 可知，6 级时：

$$(T+\lambda)=25i_d+100i_S=25\times1.3408+100\times0.5247=0.086\ \mathrm{mm}\quad(\text{或查表 }10)$$

$$i_d=0.45\sqrt[3]{D}+0.001D=0.45\times\sqrt[3]{25.00}+0.001\times25.00=1.3408$$

$$i_s=0.45\sqrt[3]{S}+0.001S=0.45\times\sqrt[3]{1.571}+0.001\times1.571=0.5247$$

j) 实际齿厚最大值：$S_{\max}=S_{\mathrm{v\,max}}-\lambda=1.531-0.033=1.498$

其中：由 8.2 可知：$\lambda=0.6\sqrt{F_p{}^2+F_\alpha{}^2+F_\beta{}^2}=0.6\times\sqrt{0.044^2+0.030^2+0.011^2}=0.033\ \mathrm{mm}$

由 8.4 可知：$F_p=5\sqrt{L}+12.5=5\times\sqrt{39.2699}+12.5=0.044\ \mathrm{mm}$

$$L=(\pi\times m\times z)/2=1.0\times25\times\pi/2=39.2699$$

由 8.5 可知：$F_\alpha=4\varphi_f+25=4\times1.3125+25=0.030\ \mathrm{mm}$

$$\varphi_f=m+0.0125\times m\times z=1.0+0.0125\times1.0\times25=1.3125$$

由 8.6 可知：$F_\beta=1.25\sqrt{g}+6.3=1.25\times\sqrt{12.50}+6.3=0.011\ \mathrm{mm}$

$$g=D/2=25/2=12.50$$

k) 作用齿厚最小值：$S_{\mathrm{v\,min}}=S_{\min}+\lambda=1.445+0.033=1.478$

l) 量棒直径：

$$D'_{\mathrm{Re}}=D_b\left[\tan\left(\alpha_{ce}+\mathrm{inv}\alpha_{ce}+\frac{\pi}{z}-\frac{S_{\min}}{D}-\mathrm{inv}\alpha_D\right)-\tan\alpha_{ce}\right]$$

$$=21.65064\times\left[\tan\left(29.92242^\circ\times\frac{\pi}{180^\circ}+\mathrm{inv}29.92242^\circ+\frac{\pi}{25}-\frac{1.445}{25.00}-\mathrm{inv}30^\circ\right)\times\frac{180^\circ}{\pi}-\tan29.92242^\circ\right]$$

$$=2.025$$

取 $D_{\mathrm{Re}}=2.00$

其中：$\alpha_{ce}=\cos^{-1}\dfrac{D_b}{D_{ce}}=\cos^{-1}\dfrac{21.65064}{24.9805}=29.92242^\circ$

$$D_{ce}=(D_{\mathrm{ee\,max}}+D_{\mathrm{ii\,min}})/2=(25.931+24.03)/2=24.9805$$

$$D_{\mathrm{ii\,min}}=D_{\mathrm{Fe\,max}}+2C_F=23.83+2\times0.1=24.03$$

$$C_F=0.1\times m=0.1\times1.0=0.1$$

m) 跨棒距：

当 $S=S_{\max}=1.498$ 时：

最大值：$M_{\mathrm{Re\,max}}=\dfrac{D_b\times\cos\dfrac{90^\circ}{z}}{\cos\alpha_{\mathrm{e\,max}}}+D_{\mathrm{Re}}=\dfrac{21.65064\times\cos\dfrac{90^\circ}{25}}{\cos33.90994^\circ}+2.0=28.036$

其中：$\mathrm{inv}\alpha_{\mathrm{e\,max}}=\dfrac{S_{\max}}{D}+\mathrm{inv}30^\circ+\dfrac{D_{\mathrm{Re}}}{D_b}-\dfrac{\pi}{z}=\dfrac{1.498}{25.00}+0.05375+\dfrac{2.00}{21.65064}-\dfrac{\pi}{25}=0.08038381$

$$\alpha_{\mathrm{e\,max}}=33.90994^\circ$$

当 $S=S_{\min}=1.445$ 时：

最小值：$M_{\mathrm{Re\,min}}=\dfrac{D_b\times\cos\dfrac{90^\circ}{z}}{\cos\alpha_{\mathrm{e\,min}}}+D_{\mathrm{Re}}=\dfrac{21.65064\times\cos\dfrac{90^\circ}{25}}{\cos33.63837^\circ}+2.00=27.954$

其中：$\mathrm{inv}\alpha_{\mathrm{e\,min}}=\dfrac{S_{\min}}{D}+\mathrm{inv}30^\circ+\dfrac{D_{\mathrm{Re}}}{D_b}-\dfrac{\pi}{z}=\dfrac{1.445}{25.00}+0.05375+\dfrac{2.00}{21.65064}-\dfrac{\pi}{25}=0.078263809$

$\alpha_{e\,min}=33.638\ 37°$

n) 齿根圆弧最小曲率半径(圆齿根时):$R_{e\,min}=0.4m=0.4\times1.0=0.4$ (见表 26)

o) 公法线平均长度 W:

最小值:$W_{min}=\cos30°[(K-0.5)\pi m+D\times\text{inv}30°+es_v-(T+\lambda)]$

$=\cos30°[(5-0.5)\times\pi\times1.0+25.00\times0.053\ 75+(-0.04)-0.086]$

$=13.298$

其中:$K=z/6+0.5=25/6+0.5=4.67$ 取 $K=5$

最大值:$W_{max}=W_{min}+T\times\cos30°=13.298+(0.086-0.033)\times\cos30°=13.344$

C.5 示例 5:EXT 25z×1.0×m×30P×5js GB/T 3478.1—2008

$z=25$

$m=1.0$

$\alpha_D=30°$

a) 分度圆直径:$D=m\times z=1.0\times25=25.00$

b) 基圆直径:$D_b=m\times z\times\cos\alpha_D=1.0\times25\times\cos30°=21.650\ 64$

c) 大径最大值:$D_{ee\,max}=m\times(z+1)+\dfrac{es_v}{\tan\alpha_D}=1.0\times(25+1)+0=26.00$

由表 24 可知:$\dfrac{es_v}{\tan\alpha_D}=\dfrac{(T+\lambda)}{2\tan30°}=0.048$ mm(对于大径$\dfrac{es_v}{\tan\alpha_D}=0$)

d) 大径最小值:$D_{ee\,min}=D_{ee\,max}-\text{IT}11=26.00-0.130=25.870$ (见表 3、表 25)

e) 渐开线起始圆直径最大值:

$$D_{Fe\,max}=2\times\sqrt{(0.5D_b)^2+\left(0.5D\sin\alpha_D-\dfrac{h_s-\dfrac{0.5es_v}{\tan\alpha_D}}{\sin\alpha_D}\right)^2}$$

$$=2\times\sqrt{(0.5\times21.650\ 64)^2+\left(0.5\times25.00\times\sin30°-\dfrac{0.6-0.024}{\sin30°}\right)^2}$$

$$=23.93$$

其中:$h_s=0.6m=0.6\times1.0=0.6$ (见图 2)

$es_v=+(T+\lambda)/2=+0.055/2=+0.027\ 5$ (见表 23)

f) 小径最大值:$D_{ie\,max}=m(z-1.5)+\dfrac{es_v}{\tan30°}=1.0\times(25-1.5)+0.048=23.548$

g) 小径最小值:$D_{ie\,min}=D_{ie\,max}-\text{IT}12=23.548-0.210=23.338$ (见表 3)

h) 作用齿厚最大值:$S_{v\,max}=S+es_v=0.5\times\pi\times1.0+0.027\ 5=1.598$

i) 实际齿厚最小值:$S_{min}=S_{v\,max}-(T+\lambda)=1.598-0.055=1.543$

其中:由 8.1 可知,5 级时:

$(T+\lambda)=16i_d+64i_S=16\times1.340\ 8+64\times0.524\ 7=0.055$ mm (或查表 10)

$i_d=0.45\sqrt[3]{D}+0.001D=0.45\times\sqrt[3]{25.00}+0.001\times25.00=1.340\ 8$

$i_S=0.45\sqrt[3]{S}+0.001S=0.45\times\sqrt[3]{1.571}+0.001\times1.571=0.524\ 7$

j) 实际齿厚最大值:$S_{max}=S_{v\,max}-\lambda=1.598-0.023=1.575$

其中:由 8.2 可知:$\lambda=0.6\sqrt{F_p{}^2+F_\alpha{}^2+F_\beta{}^2}=0.6\times\sqrt{0.031^2+0.019^2+0.009^2}=0.023$ mm

由 8.4 可知:$F_p=3.55\sqrt{L}+9=3.55\times\sqrt{39.269\ 9}+9=0.031$ mm

$L=(\pi\times m\times z)/2=1.0\times25\times\pi/2=39.269\ 9$

由 8.5 可知:$F_\alpha=2.5\varphi_f+16=2.5\times1.312\ 5+16=0.019$ mm

$\varphi_f = m + 0.0125 \times m \times z = 1.0 + 0.0125 \times 1.0 \times 25 = 1.3125$

由 8.6 可知：$F_\beta = \sqrt{g} + 5 = \sqrt{12.50} + 5 = 0.009$ mm

$g = D/2 = 25/2 = 12.50$

k) 作用齿厚最小值：$S_{v\,min} = S_{min} + \lambda = 1.543 + 0.023 = 1.566$

l) 量棒直径：

$$D'_{Re} = D_b\left[\tan\left(\alpha_{ce} + \mathrm{inv}\alpha_{ce} + \frac{\pi}{z} - \frac{S_{min}}{D} - \mathrm{inv}\alpha_D\right) - \tan\alpha_{ce}\right]$$

$$= 21.65064 \times \left[\tan\left(30.2563° \times \frac{\pi}{180°} + \mathrm{inv}30.2563° + \frac{\pi}{25.00} - \frac{1.543}{25} - \mathrm{inv}30°\right) \times \frac{180°}{\pi} - \tan 30.2563°\right]$$

$= 1.993$

取 $D_{Re} = 2.00$

其中：$\alpha_{ce} = \cos^{-1}\dfrac{D_b}{D_{ce}} = \cos^{-1}\dfrac{21.65064}{25.065} = 30.2536°$

$D_{ce} = (D_{ee\,max} + D_{ii\,min})/2 = (26.00 + 24.13)/2 = 25.065$

$D_{ii\,min} = D_{Fe\,max} + 2C_F = 23.93 + 2 \times 0.1 = 24.13$

$C_F = 0.1 \times m = 0.1 \times 1.0 = 0.1$

m) 跨棒距：

当 $S = S_{max} = 1.575$ 时：

最大值：$M_{Re\,max} = \dfrac{D_b \times \cos\dfrac{90°}{z}}{\cos\alpha_{e\,max}} + D_{Re} = \dfrac{21.65064 \times \cos\dfrac{90°}{25}}{\cos 34.2948°} + 2.00 = 28.155$

其中：$\mathrm{inv}\alpha_{e\,max} = \dfrac{S_{max}}{D} + \mathrm{inv}30° + \dfrac{D_{Re}}{D_b} - \dfrac{\pi}{z} = \dfrac{1.575}{25.00} + 0.05375 + \dfrac{2.00}{21.65064} - \dfrac{\pi}{25} = 0.08346381$

$\alpha_{e\,max} = 34.2948°$

当 $S = S_{min} = 1.543$ 时：

最小值：$M_{Re\,min} = \dfrac{D_b \times \cos\dfrac{90°}{z}}{\cos\alpha_{e\,min}} + D_{Re} = \dfrac{21.65064 \times \cos\dfrac{90°}{25}}{\cos 34.1345°} + 2.00 = 28.105$

其中：$\mathrm{inv}\alpha_{e\,min} = \dfrac{S_{min}}{D} + \mathrm{inv}30° + \dfrac{D_{Re}}{D_b} - \dfrac{\pi}{z} = \dfrac{1.543}{25.00} + 0.05375 + \dfrac{2.00}{21.65064} - \dfrac{\pi}{25} = 0.08218343$

$\alpha_{e\,min} = 34.1345°$

n) 齿根圆弧最小曲率半径(平齿根时)：$R_{e\,min} = 0.2m = 0.2 \times 1.0 = 0.2$ （见表 26）

o) 公法线平均长度 W：

最小值：$W_{min} = \cos 30°[(K - 0.5)\pi m + D \times \mathrm{inv}30° + es_v - (T + \lambda)]$

$= \cos 30°[(5 - 0.5) \times \pi \times 1.0 + 25.00 \times 0.05375 + 0.0275 - 0.055]$

$= 13.383$

其中：$K = z/6 + 0.5 = 25/6 + 0.5 = 4.67$ 取 $K = 5$

最大值：$W_{max} = W_{min} + T\cos 30° = 13.383 + (0.055 - 0.023) \times \cos 30° = 13.410$

注：各示例中所有线性尺寸单位未注明的均为毫米，计算过程中出现的微米，用时转换为毫米。

ICS 21.120.30
J 18

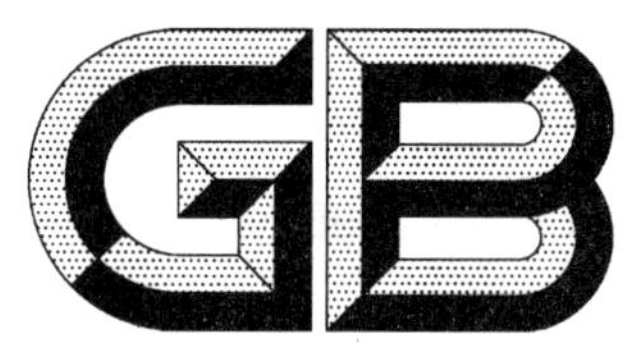

中华人民共和国国家标准

GB/T 3478.2—2008
代替 GB/T 3478.2—1995

圆柱直齿渐开线花键（米制模数 齿侧配合）第2部分：30°压力角尺寸表

Straight cylindrical involute splines—Metric module, side fit—Part 2: 30° pressure angle dimensions tables

(ISO 4156-2:2005, Straight cylindrical involute splines—Metric module, side fit—Part 2: Dimensions, MOD)

2008-09-22 发布　　　　2009-05-01 实施

中华人民共和国国家质量监督检验检疫总局
中国国家标准化管理委员会　发布

前　言

GB/T 3478《圆柱直齿渐开线花键(米制模数　齿侧配合)》分为九个部分：

——第1部分：总论；

——第2部分：30°压力角尺寸表；

——第3部分：37.5°压力角尺寸表；

——第4部分：45°压力角尺寸表；

——第5部分：检验；

——第6部分：30°压力角 M 值和 W 值；

——第7部分：37.5°压力角 M 值和 W 值；

——第8部分：45°压力角 M 值和 W 值；

——第9部分：量棒。

本部分为 GB/T 3478 的第2部分。

本部分修改采用 ISO 4156-2:2005《圆柱直齿渐开线花键(米制模数　齿侧配合)　第2部分：尺寸》，主要差异如下：

——只采用5.1～5.14的内容作为本部分的主要内容。

本部分是对 GB/T 3478.2—1995《圆柱直齿渐开线花键　30°压力角　尺寸表》的修订，主要差异如下：

——标准名称由《圆柱直齿渐开线花键　30°压力角　尺寸表》改为《圆柱直齿渐开线花键(米制模数　齿侧配合)　第2部分：30°压力角尺寸表》；

——修改了原标准中的错误，并按 GB/T 1.1 做了编辑性的修改。

本部分由全国机器轴与附件标准化技术委员会提出并归口。

本部分起草单位：中机生产力促进中心、哈尔滨东安发动机制造公司、石家庄链轮总厂、中国第二重型机械集团公司、太原重工股份有限公司。

本部分主要起草人：明翠新、常宝印、许文江、谭仁万、王晓凌、邓高见。

本部分所代替标准的历次版本发布情况为：

——GB 3478.2—1983、GB/T 3478.2—1995。

圆柱直齿渐开线花键
（米制模数　齿侧配合）
第2部分：30°压力角尺寸表

1　范围

GB/T 3478的本部分规定了30°标准压力角平齿根和圆齿根（以下简称30°平齿根和30°圆齿根）的圆柱直齿渐开线花键所需的全部花键尺寸。

本部分适用于GB/T 3478.1—2008标准中规定的压力角为30°、模数为0.5 mm～10 mm、齿侧配合的渐开线花键。

本部分的尺寸表是按GB/T 3478.1—2008表3计算公式和齿侧配合为H/h、并采用基本检验方法编制的。

2　规范性引用文件

下列文件中的条款通过GB/T 3478的本部分的引用而成为本部分的条款。凡是注日期的引用文件，其随后所有的修改单（不包括勘误的内容）或修订版均不适用于本部分，然而，鼓励根据本部分达成协议的各方研究是否可使用这些文件的最新版本。凡是不注日期的引用文件，其最新版本适用于本部分。

GB/T 1800.1　产品几何技术规范（GPS）极限与配合　第1部分：公差、偏差和配合的基础

GB/T 3478.1—2008　圆柱直齿渐开线花键（米制模数　齿侧配合）　第1部分：总论（ISO 4156-1：2005，MOD）

3　尺寸表

3.1　30°平齿根和30°圆齿根，模数为0.5 mm～10 mm，公差等级为4、5、6和7级的花键尺寸表，见表1～表28。

3.2　内花键小径D_{ii}的极限偏差和外花键大径D_{ee}的公差见GB/T 3478.1—2008表25。

3.3　内花键大径D_{ei}和外花键小径D_{ie}的公差，从GB/T 1800.1的标准公差IT12、IT13或IT14中选取。

3.4　用展成法加工内、外花键时，齿根圆弧半径是变化的，本部分给出的是齿根圆弧最小曲率半径，见GB/T 3478.1—2008表26。

3.5　当选择的检验方法不为基本方法时，其作用齿槽宽最大值、实际齿槽宽最小值、作用齿厚最小值和实际齿厚最大值按下式计算：

作用齿槽宽最大值 $E_{v\,max}=E_{max}-\lambda$；

实际齿槽宽最小值 $E_{min}=E_{v\,min}+\lambda$；

作用齿厚最小值 $S_{v\,min}=S_{min}+\lambda$；

实际齿厚最大值 $S_{max}=S_{v\,max}-\lambda$。

3.6　当花键齿侧配合类别不为H/h时，尺寸表中外花键的尺寸应按下式计算：

作用齿厚最大值 $S_{v\,max}=S+es_v$；

实际齿厚最小值 $S_{min}=S_{v\,max}-(T+\lambda)$。

式中：

es_v——作用齿厚的上偏差，见 GB/T 3478.1—2008 表 23；

$(T+\lambda)$——总公差，见 GB/T 3478.1—2008 表 8～表 21。

外花键大径和小径的上偏差见 GB/T 3478.1—2008 表 24。

3.7 尺寸表中外花键渐开线起始圆直径最大值 $D_{Fe\,max}$ 的数值是按齿条形刀具加工原理推导的公式计算的。

当花键齿侧配合类别不为 H/h 时，$D_{Fe\,max}$ 可根据 GB/T 3478.1—2008 表 3 中的公式计算。

表 1　30°内花键

模数 m=0.5 mm　作用齿槽宽最小值 $E_{v\,min}$=0.785 mm　　单位为毫米

齿数 z	分度圆直径 D	基圆直径 D_b	大径 D_{ei}		渐开线终止圆直径 $D_{Fi\,min}$	小径 D_{ii}	实际齿槽宽最大值 $E_{max}=E_{v\,min}+(T+\lambda)$				齿数 z
			平齿根	圆齿根			4H	5H	6H	7H	
10	5.00	4.330 1	5.75	5.90	5.60	4.62	0.810	0.824	0.846	0.883	10
11	5.50	4.763 1	6.25	6.40	6.10	5.11	0.810	0.825	0.847	0.884	11
12	6.00	5.196 2	6.75	6.90	6.60	5.60	0.810	0.825	0.848	0.885	12
13	6.50	5.629 2	7.25	7.40	7.10	6.09	0.810	0.826	0.848	0.886	13
14	7.00	6.062 2	7.75	7.90	7.60	6.58	0.811	0.826	0.849	0.887	14
15	7.50	6.495 2	8.25	8.40	8.10	7.08	0.811	0.826	0.849	0.887	15
16	8.00	6.928 2	8.75	8.90	8.60	7.57	0.811	0.827	0.850	0.888	16
17	8.50	7.361 2	9.25	9.40	9.10	8.07	0.811	0.827	0.850	0.889	17
18	9.00	7.794 2	9.75	9.90	9.60	8.56	0.811	0.827	0.851	0.890	18
19	9.50	8.227 2	10.25	10.40	10.10	9.06	0.812	0.827	0.851	0.890	19
20	10.00	8.660 3	10.75	10.90	10.60	9.56	0.812	0.828	0.851	0.891	20
21	10.50	9.093 3	11.25	11.40	11.10	10.05	0.812	0.828	0.852	0.892	21
22	11.00	9.526 3	11.75	11.90	11.60	10.55	0.812	0.828	0.852	0.892	22
23	11.50	9.959 3	12.25	12.40	12.10	11.05	0.812	0.828	0.853	0.893	23
24	12.00	10.392 3	12.75	12.90	12.60	11.55	0.812	0.829	0.853	0.894	24
25	12.50	10.825 3	13.25	13.40	13.10	12.05	0.813	0.829	0.853	0.894	25
26	13.00	11.258 3	13.75	13.90	13.60	12.54	0.813	0.829	0.854	0.895	26
27	13.50	11.691 3	14.25	14.40	14.10	13.04	0.813	0.829	0.854	0.895	27
28	14.00	12.124 4	14.75	14.90	14.60	13.54	0.813	0.830	0.854	0.896	28
29	14.50	12.557 4	15.25	15.40	15.10	14.04	0.813	0.830	0.855	0.896	29
30	15.00	12.990 4	15.75	15.90	15.60	14.54	0.813	0.830	0.855	0.897	30
31	15.50	13.423 4	16.25	16.40	16.10	15.04	0.813	0.830	0.855	0.897	31
32	16.00	13.856 4	16.75	16.90	16.60	15.54	0.814	0.830	0.856	0.898	32
33	16.50	14.289 4	17.25	17.40	17.10	16.03	0.814	0.831	0.856	0.898	33
34	17.00	14.722 4	17.75	17.90	17.60	16.53	0.814	0.831	0.856	0.899	34
35	17.50	15.155 4	18.25	18.40	18.10	17.03	0.814	0.831	0.857	0.899	35
36	18.00	15.588 5	18.75	18.90	18.60	17.53	0.814	0.831	0.857	0.900	36
37	18.50	16.021 5	19.25	19.40	19.10	18.03	0.814	0.831	0.857	0.900	37
38	19.00	16.454 5	19.75	19.90	19.60	18.53	0.814	0.832	0.857	0.901	38
39	19.50	16.887 5	20.25	20.40	20.10	19.03	0.814	0.832	0.858	0.901	39
40	20.00	17.320 5	20.75	20.90	20.60	19.53	0.814	0.832	0.858	0.902	40
41	20.50	17.753 5	21.25	21.40	21.10	20.03	0.815	0.832	0.858	0.902	41
42	21.00	18.186 5	21.75	21.90	21.60	20.53	0.815	0.832	0.859	0.902	42
43	21.50	18.619 5	22.25	22.40	22.10	21.03	0.815	0.832	0.859	0.903	43
44	22.00	19.052 6	22.75	22.90	22.60	21.53	0.815	0.833	0.859	0.903	44
45	22.50	19.485 6	23.25	23.40	23.10	22.02	0.815	0.833	0.859	0.904	45
46	23.00	19.918 6	23.75	23.90	23.60	22.52	0.815	0.833	0.860	0.904	46
47	23.50	20.351 6	24.25	24.40	24.10	23.02	0.815	0.833	0.860	0.904	47
48	24.00	20.784 6	24.75	24.90	24.60	23.52	0.815	0.833	0.860	0.905	48
49	24.50	21.217 6	25.25	25.40	25.10	24.02	0.815	0.833	0.860	0.905	49
50	25.00	21.650 6	25.75	25.90	25.60	24.52	0.815	0.833	0.860	0.906	50
51	25.50	22.083 6	26.25	26.40	26.10	25.02	0.816	0.834	0.861	0.906	51
52	26.00	22.516 7	26.75	26.90	26.60	25.52	0.816	0.834	0.861	0.906	52
53	26.50	22.949 7	27.25	27.40	27.10	26.02	0.816	0.834	0.861	0.907	53
54	27.00	23.382 7	27.75	27.90	27.60	26.52	0.816	0.834	0.861	0.907	54
55	27.50	23.815 7	28.25	28.40	28.10	27.02	0.816	0.834	0.862	0.907	55

表 1(续)

单位为毫米

齿数 z	分度圆直径 D	基圆直径 D_b	大径 D_{ei}		渐开线终止圆直径 $D_{Fi\,min}$	小径 D_{ii}	实际齿槽宽最大值 $E_{max}=E_{v\,min}+(T+\lambda)$				齿数 z
			平齿根	圆齿根			4H	5H	6H	7H	
56	28.00	24.248 7	28.75	28.90	28.60	27.52	0.816	0.834	0.862	0.908	56
57	28.50	24.681 7	29.25	29.40	29.10	28.02	0.816	0.834	0.862	0.908	57
58	29.00	25.114 7	29.75	29.90	29.60	28.52	0.816	0.835	0.862	0.908	58
59	29.50	25.547 7	30.25	30.40	30.10	29.02	0.816	0.835	0.862	0.909	59
60	30.00	25.980 8	30.75	30.90	30.60	29.52	0.816	0.835	0.863	0.909	60
61	30.50	26.413 8	31.25	31.40	31.10	30.02	0.816	0.835	0.863	0.909	61
62	31.00	26.846 8	31.75	31.90	31.60	30.52	0.816	0.835	0.863	0.910	62
63	31.50	27.279 8	32.25	32.40	32.10	31.02	0.817	0.835	0.863	0.910	63
64	32.00	27.712 8	32.75	32.90	32.60	31.52	0.817	0.835	0.863	0.910	64
65	32.50	28.145 8	33.25	33.40	33.10	32.02	0.817	0.835	0.864	0.911	65
66	33.00	28.578 8	33.75	33.90	33.60	32.52	0.817	0.836	0.864	0.911	66
67	33.50	29.011 9	34.25	34.40	34.10	33.02	0.817	0.836	0.864	0.911	67
68	34.00	29.444 9	34.75	34.90	34.60	33.52	0.817	0.836	0.864	0.912	68
69	34.50	29.877 9	35.25	35.40	35.10	34.02	0.817	0.836	0.864	0.912	69
70	35.00	30.310 9	35.75	35.90	35.60	34.52	0.817	0.836	0.865	0.912	70
71	35.50	30.743 9	36.25	36.40	36.10	35.02	0.817	0.836	0.865	0.912	71
72	36.00	31.176 9	36.75	36.90	36.60	35.52	0.817	0.836	0.865	0.913	72
73	36.50	31.609 9	37.25	37.40	37.10	36.02	0.817	0.836	0.865	0.913	73
74	37.00	32.042 9	37.75	37.90	37.60	36.51	0.817	0.837	0.865	0.913	74
75	37.50	32.476 0	38.25	38.40	38.10	37.01	0.817	0.837	0.866	0.914	75
76	38.00	32.909 0	38.75	38.90	38.60	37.51	0.818	0.837	0.866	0.914	76
77	38.50	33.342 0	39.25	39.40	39.10	38.01	0.818	0.837	0.866	0.914	77
78	39.00	33.775 0	39.75	39.90	39.60	38.51	0.818	0.837	0.866	0.914	78
79	39.50	34.208 0	40.25	40.40	40.10	39.01	0.818	0.837	0.866	0.915	79
80	40.00	34.641 0	40.75	40.90	40.60	39.51	0.818	0.837	0.866	0.915	80
81	40.50	35.074 0	41.25	41.40	41.10	40.01	0.818	0.837	0.867	0.915	81
82	41.00	35.507 0	41.75	41.90	41.60	40.51	0.818	0.837	0.867	0.916	82
83	41.50	35.940 1	42.25	42.40	42.10	41.01	0.818	0.838	0.867	0.916	83
84	42.00	36.373 1	42.75	42.90	42.60	41.51	0.818	0.838	0.867	0.916	84
85	42.50	36.806 1	43.25	43.40	43.10	42.01	0.818	0.838	0.867	0.916	85
86	43.00	37.239 1	43.75	43.90	43.60	42.51	0.818	0.838	0.867	0.917	86
87	43.50	37.672 1	44.25	44.40	44.10	43.01	0.818	0.838	0.868	0.917	87
88	44.00	38.105 1	44.75	44.90	44.60	43.51	0.818	0.838	0.868	0.917	88
89	44.50	38.538 1	45.25	45.40	45.10	44.01	0.818	0.838	0.868	0.917	89
90	45.00	38.971 1	45.75	45.90	45.60	44.51	0.818	0.838	0.868	0.918	90
91	45.50	39.404 2	46.25	46.40	46.10	45.01	0.819	0.838	0.868	0.918	91
92	46.00	39.837 2	46.75	46.90	46.60	45.51	0.819	0.839	0.868	0.918	92
93	46.50	40.270 2	47.25	47.40	47.10	46.01	0.819	0.839	0.869	0.918	93
94	47.00	40.703 2	47.75	47.90	47.60	46.51	0.819	0.839	0.869	0.919	94
95	47.50	41.136 2	48.25	48.40	48.10	47.01	0.819	0.839	0.869	0.919	95
96	48.00	41.569 2	48.75	48.90	48.60	47.51	0.819	0.839	0.869	0.919	96
97	48.50	42.002 2	49.25	49.40	49.10	48.01	0.819	0.839	0.869	0.919	97
98	49.00	42.435 2	49.75	49.90	49.60	48.51	0.819	0.839	0.869	0.920	98
99	49.50	42.868 3	50.25	50.40	50.10	49.01	0.819	0.839	0.869	0.920	99
100	50.00	43.301 3	50.75	50.90	50.60	49.51	0.819	0.839	0.870	0.920	100

表 2 30°内花键

模数 m=0.75 mm 作用齿槽宽最小值 $E_{v\ min}$=1.178 mm

单位为毫米

齿数 z	分度圆直径 D	基圆直径 D_b	大径 D_{ei}		渐开线终止圆直径 $D_{Fi\ min}$	小径 D_{ii}	实际齿槽宽最大值 $E_{max}=E_{v\ min}+(T+\lambda)$				齿数 z
			平齿根	圆齿根			4H	5H	6H	7H	
10	7.50	6.495 2	8.63	8.85	8.40	6.93	1.206	1.223	1.248	1.290	10
11	8.25	7.144 7	9.38	9.60	9.15	7.66	1.206	1.223	1.249	1.291	11
12	9.00	7.794 2	10.13	10.35	9.90	8.40	1.207	1.224	1.249	1.292	12
13	9.75	8.443 7	10.88	11.10	10.65	9.14	1.207	1.224	1.250	1.293	13
14	10.50	9.093 3	11.63	11.85	11.40	9.88	1.207	1.225	1.251	1.294	14
15	11.25	9.742 8	12.38	12.60	12.15	10.62	1.207	1.225	1.251	1.295	15
16	12.00	10.392 3	13.13	13.35	12.90	11.36	1.208	1.225	1.252	1.296	16
17	12.75	11.041 8	13.88	14.10	13.65	12.10	1.208	1.226	1.252	1.297	17
18	13.50	11.691 3	14.63	14.85	14.40	12.85	1.208	1.226	1.253	1.298	18
19	14.25	12.340 9	15.38	15.60	15.15	13.59	1.208	1.226	1.253	1.298	19
20	15.00	12.990 4	16.13	16.35	15.90	14.34	1.208	1.227	1.254	1.299	20
21	15.75	13.639 9	16.88	17.10	16.65	15.08	1.209	1.227	1.254	1.300	21
22	16.50	14.289 4	17.63	17.85	17.40	15.83	1.209	1.227	1.255	1.301	22
23	17.25	14.938 9	18.38	18.60	18.15	16.57	1.209	1.227	1.255	1.301	23
24	18.00	15.588 5	19.13	19.35	18.90	17.32	1.209	1.228	1.256	1.302	24
25	18.75	16.238 0	19.88	20.10	19.65	18.07	1.209	1.228	1.256	1.303	25
26	19.50	16.887 5	20.63	20.85	20.40	18.82	1.209	1.228	1.256	1.304	26
27	20.25	17.537 0	21.38	21.60	21.15	19.56	1.210	1.229	1.257	1.304	27
28	21.00	18.186 5	22.13	22.35	21.90	20.31	1.210	1.229	1.257	1.305	28
29	21.75	18.836 1	22.88	23.10	22.65	21.06	1.210	1.229	1.258	1.305	29
30	22.50	19.485 6	23.63	23.85	23.40	21.81	1.210	1.229	1.258	1.306	30
31	23.25	20.135 1	24.38	24.60	24.15	22.55	1.210	1.229	1.258	1.307	31
32	24.00	20.784 6	25.13	25.35	24.90	23.30	1.210	1.230	1.259	1.307	32
33	24.75	21.434 1	25.88	26.10	25.65	24.05	1.211	1.230	1.259	1.308	33
34	25.50	22.083 6	26.63	26.85	26.40	24.80	1.211	1.230	1.259	1.308	34
35	26.25	22.733 2	27.38	27.60	27.15	25.55	1.211	1.230	1.260	1.309	35
36	27.00	23.382 7	28.13	28.35	27.90	26.30	1.211	1.231	1.260	1.309	36
37	27.75	24.032 2	28.88	29.10	28.65	27.05	1.211	1.231	1.260	1.310	37
38	28.50	24.681 7	29.63	29.85	29.40	27.79	1.211	1.231	1.261	1.310	38
39	29.25	25.331 2	30.38	30.60	30.15	28.54	1.211	1.231	1.261	1.311	39
40	30.00	25.980 8	31.13	31.35	30.90	29.29	1.211	1.231	1.261	1.311	40
41	30.75	26.630 3	31.88	32.10	31.65	30.04	1.212	1.232	1.262	1.312	41
42	31.50	27.279 8	32.63	32.85	32.40	30.79	1.212	1.232	1.262	1.312	42
43	32.25	27.929 3	33.38	33.60	33.15	31.54	1.212	1.232	1.262	1.313	43
44	33.00	28.578 8	34.13	34.35	33.90	32.29	1.212	1.232	1.263	1.313	44
45	33.75	29.228 4	34.88	35.10	34.65	33.04	1.212	1.232	1.263	1.314	45
46	34.50	29.877 9	35.63	35.85	35.40	33.79	1.212	1.233	1.263	1.314	46
47	35.25	30.527 4	36.38	36.60	36.15	34.54	1.212	1.233	1.263	1.315	47
48	36.00	31.176 9	37.13	37.35	36.90	35.28	1.212	1.233	1.264	1.315	48
49	36.75	31.826 4	37.88	38.10	37.65	36.03	1.212	1.233	1.264	1.316	49
50	37.50	32.476 0	38.63	38.85	38.40	36.78	1.213	1.233	1.264	1.316	50
51	38.25	33.125 5	39.38	39.60	39.15	37.53	1.213	1.233	1.265	1.316	51
52	39.00	33.775 0	40.13	40.35	39.90	38.28	1.213	1.234	1.265	1.317	52
53	39.75	34.424 5	40.88	41.10	40.65	39.03	1.213	1.234	1.265	1.317	53
54	40.50	35.074 0	41.63	41.85	41.40	39.78	1.213	1.234	1.265	1.318	54
55	41.25	35.723 5	42.38	42.60	42.15	40.53	1.213	1.234	1.266	1.318	55

表 2（续）

单位为毫米

齿数 z	分度圆直径 D	基圆直径 D_b	大径 D_{ei}		渐开线终止圆直径 $D_{Fi\ min}$	小径 D_{ii}	实际齿槽宽最大值 $E_{max}=E_{v\ min}+(T+\lambda)$				齿数 z
			平齿根	圆齿根			4H	5H	6H	7H	
56	42.00	36.373 1	43.13	43.35	42.90	41.28	1.213	1.234	1.266	1.318	56
57	42.75	37.022 6	43.88	44.10	43.65	42.03	1.213	1.234	1.266	1.319	57
58	43.50	37.672 1	44.63	44.85	44.40	42.78	1.213	1.235	1.266	1.319	58
59	44.25	38.321 6	45.38	45.60	45.15	43.53	1.213	1.235	1.267	1.320	59
60	45.00	38.971 1	46.13	46.35	45.90	44.28	1.214	1.235	1.267	1.320	60
61	45.75	39.620 7	46.88	47.10	46.65	45.03	1.214	1.235	1.267	1.320	61
62	46.50	40.270 2	47.63	47.85	47.40	45.78	1.214	1.235	1.267	1.321	62
63	47.25	40.919 7	48.38	48.60	48.15	46.53	1.214	1.235	1.268	1.321	63
64	48.00	41.569 2	49.13	49.35	48.90	47.28	1.214	1.235	1.268	1.322	64
65	48.75	42.218 7	49.88	50.10	49.65	48.03	1.214	1.236	1.268	1.322	65
66	49.50	42.868 3	50.63	50.85	50.40	48.77	1.214	1.236	1.268	1.322	66
67	50.25	43.517 8	51.38	51.60	51.15	49.52	1.214	1.236	1.268	1.323	67
68	51.00	44.167 3	52.13	52.35	51.90	50.27	1.214	1.236	1.269	1.323	68
69	51.75	44.816 8	52.88	53.10	52.65	51.02	1.214	1.236	1.269	1.323	69
70	52.50	45.466 3	53.63	53.85	53.40	51.77	1.215	1.236	1.269	1.324	70
71	53.25	46.115 9	54.38	54.60	54.15	52.52	1.215	1.236	1.269	1.324	71
72	54.00	46.765 4	55.13	55.35	54.90	53.27	1.215	1.237	1.270	1.324	72
73	54.75	47.414 9	55.88	56.10	55.65	54.02	1.215	1.237	1.270	1.325	73
74	55.50	48.064 4	56.63	56.85	56.40	54.77	1.215	1.237	1.270	1.325	74
75	56.25	48.713 9	57.38	57.60	57.15	55.52	1.215	1.237	1.270	1.325	75
76	57.00	49.363 4	58.13	58.35	57.90	56.27	1.215	1.237	1.270	1.326	76
77	57.75	50.013 0	58.88	59.10	58.65	57.02	1.215	1.237	1.271	1.326	77
78	58.50	50.662 5	59.63	59.85	59.40	57.77	1.215	1.237	1.271	1.326	78
79	59.25	51.312 0	60.38	60.60	60.15	58.52	1.215	1.238	1.271	1.327	79
80	60.00	51.961 5	61.13	61.35	60.90	59.27	1.215	1.238	1.271	1.327	80
81	60.75	52.611 0	61.88	62.10	61.65	60.02	1.215	1.238	1.271	1.327	81
82	61.50	53.260 6	62.63	62.85	62.40	60.77	1.216	1.238	1.272	1.328	82
83	62.25	53.910 1	63.38	63.60	63.15	61.52	1.216	1.238	1.272	1.328	83
84	63.00	54.559 6	64.13	64.35	63.90	62.27	1.216	1.238	1.272	1.328	84
85	63.75	55.209 1	64.88	65.10	64.65	63.02	1.216	1.238	1.272	1.329	85
86	64.50	55.858 6	65.63	65.85	65.40	63.77	1.216	1.238	1.272	1.329	86
87	65.25	56.508 2	66.38	66.60	66.15	64.52	1.216	1.239	1.273	1.329	87
88	66.00	57.157 7	67.13	67.35	66.90	65.27	1.216	1.239	1.273	1.330	88
89	66.75	57.807 2	67.88	68.10	67.65	66.02	1.216	1.239	1.273	1.330	89
90	67.50	58.456 7	68.63	68.85	68.40	66.77	1.216	1.239	1.273	1.330	90
91	68.25	59.106 2	69.38	69.60	69.15	67.52	1.216	1.239	1.273	1.331	91
92	69.00	59.755 8	70.13	70.35	69.90	68.27	1.216	1.239	1.274	1.331	92
93	69.75	60.405 3	70.88	71.10	70.65	69.02	1.216	1.239	1.274	1.331	93
94	70.50	61.054 8	71.63	71.85	71.40	69.77	1.216	1.239	1.274	1.331	94
95	71.25	61.704 3	72.38	72.60	72.15	70.52	1.216	1.240	1.274	1.332	95
96	72.00	62.353 8	73.13	73.35	72.90	71.27	1.217	1.240	1.274	1.332	96
97	72.75	63.003 3	73.88	74.10	73.65	72.02	1.217	1.240	1.274	1.332	97
98	73.50	63.652 9	74.63	74.85	74.40	72.77	1.217	1.240	1.275	1.333	98
99	74.25	64.302 4	75.38	75.60	75.15	73.52	1.217	1.240	1.275	1.333	99
100	75.00	64.951 9	76.13	76.35	75.90	74.27	1.217	1.240	1.275	1.333	100

表 3　30° 内花键

模数 $m=1$ mm　作用齿槽宽最小值 $E_{v\,min}=1.571$ mm　　单位为毫米

齿数 z	分度圆直径 D	基圆直径 D_b	大径 D_{ei}		渐开线终止圆直径 $D_{Fi\,min}$	小径 D_{ii}	实际齿槽宽最大值 $E_{max}=E_{v\,min}+(T+\lambda)$				齿数 z
			平齿根	圆齿根			4H	5H	6H	7H	
10	10.00	8.660 3	11.50	11.80	11.20	9.24	1.602	1.620	1.648	1.694	10
11	11.00	9.526 3	12.50	12.80	12.20	10.22	1.602	1.621	1.649	1.695	11
12	12.00	10.392 3	13.50	13.80	13.20	11.20	1.602	1.621	1.649	1.696	12
13	13.00	11.258 3	14.50	14.80	14.20	12.18	1.602	1.621	1.650	1.698	13
14	14.00	12.124 4	15.50	15.80	15.20	13.17	1.603	1.622	1.651	1.699	14
15	15.00	12.990 4	16.50	16.80	16.20	14.16	1.603	1.622	1.651	1.700	15
16	16.00	13.856 4	17.50	17.80	17.20	15.15	1.603	1.623	1.652	1.701	16
17	17.00	14.722 4	18.50	18.80	18.20	16.14	1.604	1.623	1.653	1.702	17
18	18.00	15.588 5	19.50	19.80	19.20	17.13	1.604	1.624	1.653	1.703	18
19	19.00	16.454 5	20.50	20.80	20.20	18.12	1.604	1.624	1.654	1.703	19
20	20.00	17.320 5	21.50	21.80	21.20	19.11	1.604	1.624	1.654	1.704	20
21	21.00	18.186 5	22.50	22.80	22.20	20.11	1.604	1.625	1.655	1.705	21
22	22.00	19.052 6	23.50	23.80	23.20	21.10	1.605	1.625	1.655	1.706	22
23	23.00	19.918 6	24.50	24.80	24.20	22.10	1.605	1.625	1.656	1.707	23
24	24.00	20.784 6	25.50	25.80	25.20	23.09	1.605	1.626	1.656	1.708	24
25	25.00	21.650 6	26.50	26.80	26.20	24.09	1.605	1.626	1.657	1.708	25
26	26.00	22.516 7	27.50	27.80	27.20	25.09	1.605	1.626	1.657	1.709	26
27	27.00	23.382 7	28.50	28.80	28.20	26.08	1.606	1.626	1.658	1.710	27
28	28.00	24.248 7	29.50	29.80	29.20	27.08	1.606	1.627	1.658	1.710	28
29	29.00	25.114 7	30.50	30.80	30.20	28.08	1.606	1.627	1.659	1.711	29
30	30.00	25.980 8	31.50	31.80	31.20	29.07	1.606	1.627	1.659	1.712	30
31	31.00	26.846 8	32.50	32.80	32.20	30.07	1.606	1.627	1.659	1.712	31
32	32.00	27.712 8	33.50	33.80	33.20	31.07	1.606	1.628	1.660	1.713	32
33	33.00	28.578 8	34.50	34.80	34.20	32.07	1.607	1.628	1.660	1.714	33
34	34.00	29.444 9	35.50	35.80	35.20	33.07	1.607	1.628	1.661	1.714	34
35	35.00	30.310 9	36.50	36.80	36.20	34.06	1.607	1.628	1.661	1.715	35
36	36.00	31.176 9	37.50	37.80	37.20	35.06	1.607	1.629	1.661	1.716	36
37	37.00	32.042 9	38.50	38.80	38.20	36.06	1.607	1.629	1.662	1.716	37
38	38.00	32.909 0	39.50	39.80	39.20	37.06	1.607	1.629	1.662	1.717	38
39	39.00	33.775 0	40.50	40.80	40.20	38.06	1.607	1.629	1.662	1.717	39
40	40.00	34.641 0	41.50	41.80	41.20	39.06	1.608	1.630	1.663	1.718	40
41	41.00	35.507 0	42.50	42.80	42.20	40.05	1.608	1.630	1.663	1.718	41
42	42.00	36.373 1	43.50	43.80	43.20	41.05	1.608	1.630	1.663	1.719	42
43	43.00	37.239 1	44.50	44.80	44.20	42.05	1.608	1.630	1.664	1.719	43
44	44.00	38.105 1	45.50	45.80	45.20	43.05	1.608	1.630	1.664	1.720	44
45	45.00	38.971 1	46.50	46.80	46.20	44.05	1.608	1.631	1.664	1.720	45
46	46.00	39.837 2	47.50	47.80	47.20	45.05	1.608	1.631	1.665	1.721	46
47	47.00	40.703 2	48.50	48.80	48.20	46.05	1.608	1.631	1.665	1.721	47
48	48.00	41.569 2	49.50	49.80	49.20	47.05	1.609	1.631	1.665	1.722	48
49	49.00	42.435 2	50.50	50.80	50.20	48.05	1.609	1.631	1.666	1.722	49
50	50.00	43.301 3	51.50	51.80	51.20	49.04	1.609	1.632	1.666	1.723	50
51	51.00	44.167 3	52.50	52.80	52.20	50.04	1.609	1.632	1.666	1.723	51
52	52.00	45.033 3	53.50	53.80	53.20	51.04	1.609	1.632	1.666	1.724	52
53	53.00	45.899 3	54.50	54.80	54.20	52.04	1.609	1.632	1.667	1.724	53
54	54.00	46.765 4	55.50	55.80	55.20	53.04	1.609	1.632	1.667	1.725	54
55	55.00	47.631 4	56.50	56.80	56.20	54.04	1.609	1.633	1.667	1.725	55

表 3（续） 单位为毫米

齿数 z	分度圆直径 D	基圆直径 D_b	大径 D_{ei}		渐开线终止圆直径 $D_{Fi\ min}$	小径 D_{ii}	实际齿槽宽最大值 $E_{max}=E_{v\ min}+(T+\lambda)$				齿数 z
			平齿根	圆齿根			4H	5H	6H	7H	
56	56.00	48.497 4	57.50	57.80	57.20	55.04	1.610	1.633	1.668	1.726	56
57	57.00	49.363 4	58.50	58.80	58.20	56.04	1.610	1.633	1.668	1.726	57
58	58.00	50.229 5	59.50	59.80	59.20	57.04	1.610	1.633	1.668	1.727	58
59	59.00	51.095 5	60.50	60.80	60.20	58.04	1.610	1.633	1.668	1.727	59
60	60.00	51.961 5	61.50	61.80	61.20	59.04	1.610	1.633	1.669	1.728	60
61	61.00	52.827 5	62.50	62.80	62.20	60.04	1.610	1.634	1.669	1.728	61
62	62.00	53.693 6	63.50	63.80	63.20	61.04	1.610	1.634	1.669	1.728	62
63	63.00	54.559 6	64.50	64.80	64.20	62.03	1.610	1.634	1.670	1.729	63
64	64.00	55.425 6	65.50	65.80	65.20	63.03	1.610	1.634	1.670	1.729	64
65	65.00	56.291 7	66.50	66.80	66.20	64.03	1.610	1.634	1.670	1.730	65
66	66.00	57.157 7	67.50	67.80	67.20	65.03	1.611	1.634	1.670	1.730	66
67	67.00	58.023 7	68.50	68.80	68.20	66.03	1.611	1.635	1.671	1.730	67
68	68.00	58.889 7	69.50	69.80	69.20	67.03	1.611	1.635	1.671	1.731	68
69	69.00	59.755 8	70.50	70.80	70.20	68.03	1.611	1.635	1.671	1.731	69
70	70.00	60.621 8	71.50	71.80	71.20	69.03	1.611	1.635	1.671	1.732	70
71	71.00	61.487 8	72.50	72.80	72.20	70.03	1.611	1.635	1.672	1.732	71
72	72.00	62.353 8	73.50	73.80	73.20	71.03	1.611	1.635	1.672	1.732	72
73	73.00	63.219 9	74.50	74.80	74.20	72.03	1.611	1.636	1.672	1.733	73
74	74.00	64.085 9	75.50	75.80	75.20	73.03	1.611	1.636	1.672	1.733	74
75	75.00	64.951 9	76.50	76.80	76.20	74.03	1.611	1.636	1.673	1.734	75
76	76.00	65.817 9	77.50	77.80	77.20	75.03	1.612	1.636	1.673	1.734	76
77	77.00	66.684 0	78.50	78.80	78.20	76.03	1.612	1.636	1.673	1.734	77
78	78.00	67.550 0	79.50	79.80	79.20	77.03	1.612	1.636	1.673	1.735	78
79	79.00	68.416 0	80.50	80.80	80.20	78.03	1.612	1.636	1.673	1.735	79
80	80.00	69.282 0	81.50	81.80	81.20	79.03	1.612	1.637	1.674	1.735	80
81	81.00	70.148 1	82.50	82.80	82.20	80.03	1.612	1.637	1.674	1.736	81
82	82.00	71.014 1	83.50	83.80	83.20	81.03	1.612	1.637	1.674	1.736	82
83	83.00	71.880 1	84.50	84.80	84.20	82.03	1.612	1.637	1.674	1.736	83
84	84.00	72.746 1	85.50	85.80	85.20	83.03	1.612	1.637	1.675	1.737	84
85	85.00	73.612 2	86.50	86.80	86.20	84.03	1.612	1.637	1.675	1.737	85
86	86.00	74.478 2	87.50	87.80	87.20	85.03	1.612	1.637	1.675	1.738	86
87	87.00	75.344 2	88.50	88.80	88.20	86.03	1.613	1.638	1.675	1.738	87
88	88.00	76.210 2	89.50	89.80	89.20	87.02	1.613	1.638	1.675	1.738	88
89	89.00	77.076 3	90.50	90.80	90.20	88.02	1.613	1.638	1.676	1.739	89
90	90.00	77.942 3	91.50	91.80	91.20	89.02	1.613	1.638	1.676	1.739	90
91	91.00	78.808 3	92.50	92.80	92.20	90.02	1.613	1.638	1.676	1.739	91
92	92.00	79.674 3	93.50	93.80	93.20	91.02	1.613	1.638	1.676	1.740	92
93	93.00	80.540 4	94.50	94.80	94.20	92.02	1.613	1.638	1.676	1.740	93
94	94.00	81.406 4	95.50	95.80	95.20	93.02	1.613	1.639	1.677	1.740	94
95	95.00	82.272 4	96.50	96.80	96.20	94.02	1.613	1.639	1.677	1.741	95
96	96.00	83.138 4	97.50	97.80	97.20	95.02	1.613	1.639	1.677	1.741	96
97	97.00	84.004 5	98.50	98.80	98.20	96.02	1.613	1.639	1.677	1.741	97
98	98.00	84.870 5	99.50	99.80	99.20	97.02	1.613	1.639	1.677	1.742	98
99	99.00	85.736 5	100.50	100.80	100.20	98.02	1.614	1.639	1.678	1.742	99
100	100.00	86.602 5	101.50	101.80	101.20	99.02	1.614	1.639	1.678	1.742	100

表 4　30°内花键

模数 m＝1.25 mm　作用齿槽宽最小值 $E_{v\,min}$＝1.963 mm　　单位为毫米

齿数 z	分度圆直径 D	基圆直径 D_b	大径 D_{ei}		渐开线终止圆直径 $D_{Fi\,min}$	小径 D_{ii}	实际齿槽宽最大值 $E_{max}=E_{v\,min}+(T+\lambda)$				齿数 z
			平齿根	圆齿根			4H	5H	6H	7H	
10	12.50	10.825 3	14.38	14.75	14.00	11.55	1.997	2.017	2.046	2.096	10
11	13.75	11.907 8	15.63	16.00	15.25	12.77	1.997	2.017	2.047	2.098	11
12	15.00	12.990 4	16.88	17.25	16.50	14.00	1.997	2.018	2.048	2.099	12
13	16.25	14.072 9	18.13	18.50	17.75	15.23	1.998	2.018	2.049	2.100	13
14	17.50	15.155 4	19.38	19.75	19.00	16.46	1.998	2.019	2.050	2.101	14
15	18.75	16.238 0	20.63	21.00	20.25	17.69	1.998	2.019	2.050	2.102	15
16	20.00	17.320 5	21.88	22.25	21.50	18.93	1.999	2.020	2.051	2.104	16
17	21.25	18.403 0	23.13	23.50	22.75	20.17	1.999	2.020	2.052	2.105	17
18	22.50	19.485 6	24.38	24.75	24.00	21.41	1.999	2.020	2.052	2.106	18
19	23.75	20.568 1	25.63	26.00	25.25	22.65	1.999	2.021	2.053	2.107	19
20	25.00	21.650 6	26.88	27.25	26.50	23.89	2.000	2.021	2.054	2.108	20
21	26.25	22.733 2	28.13	28.50	27.75	25.14	2.000	2.021	2.054	2.108	21
22	27.50	23.815 7	29.38	29.75	29.00	26.38	2.000	2.022	2.055	2.109	22
23	28.75	24.898 2	30.63	31.00	30.25	27.62	2.000	2.022	2.055	2.110	23
24	30.00	25.980 8	31.88	32.25	31.50	28.87	2.000	2.023	2.056	2.111	24
25	31.25	27.063 3	33.13	33.50	32.75	30.11	2.001	2.023	2.056	2.112	25
26	32.50	28.145 8	34.38	34.75	34.00	31.36	2.001	2.023	2.057	2.113	26
27	33.75	29.228 4	35.63	36.00	35.25	32.60	2.001	2.023	2.057	2.113	27
28	35.00	30.310 9	36.88	37.25	36.50	33.85	2.001	2.024	2.058	2.114	28
29	36.25	31.393 4	38.13	38.50	37.75	35.10	2.001	2.024	2.058	2.115	29
30	37.50	32.476 0	39.38	39.75	39.00	36.34	2.002	2.024	2.059	2.116	30
31	38.75	33.558 5	40.63	41.00	40.25	37.59	2.002	2.025	2.059	2.116	31
32	40.00	34.641 0	41.88	42.25	41.50	38.84	2.002	2.025	2.059	2.117	32
33	41.25	35.723 5	43.13	43.50	42.75	40.08	2.002	2.025	2.060	2.118	33
34	42.50	36.806 1	44.38	44.75	44.00	41.33	2.002	2.025	2.060	2.118	34
35	43.75	37.888 6	45.63	46.00	45.25	42.58	2.002	2.026	2.061	2.119	35
36	45.00	38.971 1	46.88	47.25	46.50	43.83	2.003	2.026	2.061	2.120	36
37	46.25	40.053 7	48.13	48.50	47.75	45.08	2.003	2.026	2.062	2.120	37
38	47.50	41.136 2	49.38	49.75	49.00	46.32	2.003	2.026	2.062	2.121	38
39	48.75	42.218 7	50.63	51.00	50.25	47.57	2.003	2.027	2.062	2.122	39
40	50.00	43.301 3	51.88	52.25	51.50	48.82	2.003	2.027	2.063	2.122	40
41	51.25	44.383 8	53.13	53.50	52.75	50.07	2.003	2.027	2.063	2.123	41
42	52.50	45.466 3	54.38	54.75	54.00	51.32	2.003	2.027	2.063	2.123	42
43	53.75	46.548 9	55.63	56.00	55.25	52.56	2.004	2.028	2.064	2.124	43
44	55.00	47.631 4	56.88	57.25	56.50	53.81	2.004	2.028	2.064	2.125	44
45	56.25	48.713 9	58.13	58.50	57.75	55.06	2.004	2.028	2.064	2.125	45
46	57.50	49.796 5	59.38	59.75	59.00	56.31	2.004	2.028	2.065	2.126	46
47	58.75	50.879 0	60.63	61.00	60.25	57.56	2.004	2.029	2.065	2.126	47
48	60.00	51.961 5	61.88	62.25	61.50	58.81	2.004	2.029	2.066	2.127	48
49	61.25	53.044 1	63.13	63.50	62.75	60.06	2.004	2.029	2.066	2.127	49
50	62.50	54.126 6	64.38	64.75	64.00	61.31	2.005	2.029	2.066	2.128	50
51	63.75	55.209 1	65.63	66.00	65.25	62.55	2.005	2.029	2.067	2.128	51
52	65.00	56.291 7	66.88	67.25	66.50	63.80	2.005	2.030	2.067	2.129	52
53	66.25	57.374 2	68.13	68.50	67.75	65.05	2.005	2.030	2.067	2.129	53
54	67.50	58.456 7	69.38	69.75	69.00	66.30	2.005	2.030	2.067	2.130	54
55	68.75	59.539 2	70.63	71.00	70.25	67.55	2.005	2.030	2.068	2.130	55

表 4（续）

单位为毫米

齿数 z	分度圆直径 D	基圆直径 D_b	大径 D_{ei}		渐开线终止圆直径 $D_{Fi\ min}$	小径 D_{ii}	实际齿槽宽最大值 $E_{max}=E_{v\ min}+(T+\lambda)$				齿数 z
			平齿根	圆齿根			4H	5H	6H	7H	
56	70.00	60.621 8	71.88	72.25	71.50	68.80	2.005	2.030	2.068	2.131	56
57	71.25	61.704 3	73.13	73.50	72.75	70.05	2.005	2.031	2.068	2.131	57
58	72.50	62.786 8	74.38	74.75	74.00	71.30	2.006	2.031	2.069	2.132	58
59	73.75	63.869 4	75.63	76.00	75.25	72.55	2.006	2.031	2.069	2.132	59
60	75.00	64.951 9	76.88	77.25	76.50	73.80	2.006	2.031	2.069	2.133	60
61	76.25	66.034 4	78.13	78.50	77.75	75.05	2.006	2.031	2.070	2.133	61
62	77.50	67.117 0	79.38	79.75	79.00	76.29	2.006	2.032	2.070	2.134	62
63	78.75	68.199 5	80.63	81.00	80.25	77.54	2.006	2.032	2.070	2.134	63
64	80.00	69.282 0	81.88	82.25	81.50	78.79	2.006	2.032	2.070	2.135	64
65	81.25	70.364 6	83.13	83.50	82.75	80.04	2.006	2.032	2.071	2.135	65
66	82.50	71.447 1	84.38	84.75	84.00	81.29	2.006	2.032	2.071	2.135	66
67	83.75	72.529 6	85.63	86.00	85.25	82.54	2.007	2.032	2.071	2.136	67
68	85.00	73.612 2	86.88	87.25	86.50	83.79	2.007	2.033	2.072	2.136	68
69	86.25	74.694 7	88.13	88.50	87.75	85.04	2.007	2.033	2.072	2.137	69
70	87.50	75.777 2	89.38	89.75	89.00	86.29	2.007	2.033	2.072	2.137	70
71	88.75	76.859 8	90.63	91.00	90.25	87.54	2.007	2.033	2.072	2.138	71
72	90.00	77.942 3	91.88	92.25	91.50	88.79	2.007	2.033	2.073	2.138	72
73	91.25	79.024 8	93.13	93.50	92.75	90.04	2.007	2.034	2.073	2.139	73
74	92.50	80.107 3	94.38	94.75	94.00	91.29	2.007	2.034	2.073	2.139	74
75	93.75	81.189 9	95.63	96.00	95.25	92.54	2.007	2.034	2.073	2.139	75
76	95.00	82.272 4	96.88	97.25	96.50	93.79	2.008	2.034	2.074	2.140	76
77	96.25	83.354 9	98.13	98.50	97.75	95.04	2.008	2.034	2.074	2.140	77
78	97.50	84.437 5	99.38	99.75	99.00	96.29	2.008	2.034	2.074	2.141	78
79	98.75	85.520 0	100.63	101.00	100.25	97.53	2.008	2.034	2.074	2.141	79
80	100.00	86.602 5	101.88	102.25	101.50	98.78	2.008	2.035	2.075	2.141	80
81	101.25	87.685 1	103.13	103.50	102.75	100.03	2.008	2.035	2.075	2.142	81
82	102.50	88.767 6	104.38	104.75	104.00	101.28	2.008	2.035	2.075	2.142	82
83	103.75	89.850 1	105.63	106.00	105.25	102.53	2.008	2.035	2.075	2.143	83
84	105.00	90.932 7	106.88	107.25	106.50	103.78	2.008	2.035	2.076	2.143	84
85	106.25	92.015 2	108.13	108.50	107.75	105.03	2.008	2.035	2.076	2.143	85
86	107.50	93.097 7	109.38	109.75	109.00	106.28	2.009	2.036	2.076	2.144	86
87	108.75	94.180 3	110.63	111.00	110.25	107.53	2.009	2.036	2.076	2.144	87
88	110.00	95.262 8	111.88	112.25	111.50	108.78	2.009	2.036	2.077	2.144	88
89	111.25	96.345 3	113.13	113.50	112.75	110.03	2.009	2.036	2.077	2.145	89
90	112.50	97.427 9	114.38	114.75	114.00	111.28	2.009	2.036	2.077	2.145	90
91	113.75	98.510 4	115.63	116.00	115.25	112.53	2.009	2.036	2.077	2.146	91
92	115.00	99.592 9	116.88	117.25	116.50	113.78	2.009	2.036	2.078	2.146	92
93	116.25	100.675 5	118.13	118.50	117.75	115.03	2.009	2.037	2.078	2.146	93
94	117.50	101.758 0	119.38	119.75	119.00	116.28	2.009	2.037	2.078	2.147	94
95	118.75	102.840 5	120.63	121.00	120.25	117.53	2.009	2.037	2.078	2.147	95
96	120.00	103.923 0	121.88	122.25	121.50	118.78	2.009	2.037	2.078	2.147	96
97	121.25	105.005 6	123.13	123.50	122.75	120.03	2.010	2.037	2.079	2.148	97
98	122.50	106.088 1	124.38	124.75	124.00	121.28	2.010	2.037	2.079	2.148	98
99	123.75	107.170 6	125.63	126.00	125.25	122.53	2.010	2.037	2.079	2.148	99
100	125.00	108.253 2	126.88	127.25	126.50	123.78	2.010	2.038	2.079	2.149	100

表 5　30°内花键

模数 $m=1.5$ mm　作用齿槽宽最小值 $E_{v\ min}=2.356$ mm

单位为毫米

齿数 z	分度圆直径 D	基圆直径 D_b	大径 D_{ei}		渐开线终止圆直径 $D_{Fi\ min}$	小径 D_{ii}	实际齿槽宽最大值 $E_{max}=E_{v\ min}+(T+\lambda)$				齿数 z
			平齿根	圆齿根			4H	5H	6H	7H	
10	15.00	12.990 4	17.25	17.70	16.80	13.86	2.391	2.413	2.444	2.497	10
11	16.50	14.289 4	18.75	19.20	18.30	15.33	2.392	2.413	2.445	2.499	11
12	18.00	15.588 5	20.25	20.70	19.80	16.80	2.392	2.414	2.446	2.500	12
13	19.50	16.887 5	21.75	22.20	21.30	18.27	2.393	2.414	2.447	2.502	13
14	21.00	18.186 5	23.25	23.70	22.80	19.75	2.393	2.415	2.448	2.503	14
15	22.50	19.485 6	24.75	25.20	24.30	21.23	2.393	2.415	2.449	2.504	15
16	24.00	20.784 6	26.25	26.70	25.80	22.72	2.393	2.416	2.449	2.505	16
17	25.50	22.083 6	27.75	28.20	27.30	24.20	2.394	2.416	2.450	2.506	17
18	27.00	23.382 7	29.25	29.70	28.80	25.69	2.394	2.417	2.451	2.507	18
19	28.50	24.681 7	30.75	31.20	30.30	27.18	2.394	2.417	2.451	2.508	19
20	30.00	25.980 8	32.25	32.70	31.80	28.67	2.395	2.417	2.452	2.509	20
21	31.50	27.279 8	33.75	34.20	33.30	30.16	2.395	2.418	2.453	2.510	21
22	33.00	28.578 8	35.25	35.70	34.80	31.66	2.395	2.418	2.453	2.511	22
23	34.50	29.877 9	36.75	37.20	36.30	33.15	2.395	2.419	2.454	2.512	23
24	36.00	31.176 9	38.25	38.70	37.80	34.64	2.395	2.419	2.454	2.513	24
25	37.50	32.476 0	39.75	40.20	39.30	36.14	2.396	2.419	2.455	2.514	25
26	39.00	33.775 0	41.25	41.70	40.80	37.63	2.396	2.420	2.455	2.515	26
27	40.50	35.074 0	42.75	43.20	42.30	39.13	2.396	2.420	2.456	2.516	27
28	42.00	36.373 1	44.25	44.70	43.80	40.62	2.396	2.420	2.456	2.517	28
29	43.50	37.672 1	45.75	46.20	45.30	42.12	2.396	2.421	2.457	2.517	29
30	45.00	38.971 1	47.25	47.70	46.80	43.61	2.397	2.421	2.457	2.518	30
31	46.50	40.270 2	48.75	49.20	48.30	45.11	2.397	2.421	2.458	2.519	31
32	48.00	41.569 2	50.25	50.70	49.80	46.61	2.397	2.422	2.458	2.520	32
33	49.50	42.868 3	51.75	52.20	51.30	48.10	2.397	2.422	2.459	2.520	33
34	51.00	44.167 3	53.25	53.70	52.80	49.60	2.397	2.422	2.459	2.521	34
35	52.50	45.466 3	54.75	55.20	54.30	51.10	2.398	2.422	2.460	2.522	35
36	54.00	46.765 4	56.25	56.70	55.80	52.59	2.398	2.423	2.460	2.522	36
37	55.50	48.064 4	57.75	58.20	57.30	54.09	2.398	2.423	2.461	2.523	37
38	57.00	49.363 4	59.25	59.70	58.80	55.59	2.398	2.423	2.461	2.524	38
39	58.50	50.662 5	60.75	61.20	60.30	57.09	2.398	2.424	2.461	2.524	39
40	60.00	51.961 5	62.25	62.70	61.80	58.58	2.398	2.424	2.462	2.525	40
41	61.50	53.260 6	63.75	64.20	63.30	60.08	2.399	2.424	2.462	2.526	41
42	63.00	54.559 6	65.25	65.70	64.80	61.58	2.399	2.424	2.463	2.526	42
43	64.50	55.858 6	66.75	67.20	66.30	63.08	2.399	2.425	2.463	2.527	43
44	66.00	57.157 7	68.25	68.70	67.80	64.58	2.399	2.425	2.463	2.528	44
45	67.50	58.456 7	69.75	70.20	69.30	66.07	2.399	2.425	2.464	2.528	45
46	69.00	59.755 8	71.25	71.70	70.80	67.57	2.399	2.425	2.464	2.529	46
47	70.50	61.054 8	72.75	73.20	72.30	69.07	2.400	2.425	2.464	2.529	47
48	72.00	62.353 8	74.25	74.70	73.80	70.57	2.400	2.426	2.465	2.530	48
49	73.50	63.652 9	75.75	76.20	75.30	72.07	2.400	2.426	2.465	2.531	49
50	75.00	64.951 9	77.25	77.70	76.80	73.57	2.400	2.426	2.466	2.531	50
51	76.50	66.250 9	78.75	79.20	78.30	75.07	2.400	2.426	2.466	2.532	51
52	78.00	67.550 0	80.25	80.70	79.80	76.56	2.400	2.427	2.466	2.532	52
53	79.50	68.849 0	81.75	82.20	81.30	78.06	2.400	2.427	2.467	2.533	53
54	81.00	70.148 1	83.25	83.70	82.80	79.56	2.400	2.427	2.467	2.533	54
55	82.50	71.447 1	84.75	85.20	84.30	81.06	2.401	2.427	2.467	2.534	55

表 5（续）

单位为毫米

齿数 z	分度圆直径 D	基圆直径 D_b	大径 D_{ei}		渐开线终止圆直径 $D_{Fi\ min}$	小径 D_{ii}	实际齿槽宽最大值 $E_{max}=E_{v\ min}+(T+\lambda)$				齿数 z
			平齿根	圆齿根			4H	5H	6H	7H	
56	84.00	72.746 1	86.25	86.70	85.80	82.56	2.401	2.427	2.468	2.534	56
57	85.50	74.045 2	87.75	88.20	87.30	84.06	2.401	2.428	2.468	2.535	57
58	87.00	75.344 2	89.25	89.70	88.80	85.56	2.401	2.428	2.468	2.535	58
59	88.50	76.643 2	90.75	91.20	90.30	87.06	2.401	2.428	2.469	2.536	59
60	90.00	77.942 3	92.25	92.70	91.80	88.56	2.401	2.428	2.469	2.536	60
61	91.50	79.241 3	93.75	94.20	93.30	90.05	2.401	2.429	2.469	2.537	61
62	93.00	80.540 4	95.25	95.70	94.80	91.55	2.402	2.429	2.470	2.538	62
63	94.50	81.839 4	96.75	97.20	96.30	93.05	2.402	2.429	2.470	2.538	63
64	96.00	83.138 4	98.25	98.70	97.80	94.55	2.402	2.429	2.470	2.538	64
65	97.50	84.437 5	99.75	100.20	99.30	96.05	2.402	2.429	2.470	2.539	65
66	99.00	85.736 5	101.25	101.70	100.80	97.55	2.402	2.429	2.471	2.539	66
67	100.50	87.035 6	102.75	103.20	102.30	99.05	2.402	2.430	2.471	2.540	67
68	102.00	88.334 6	104.25	104.70	103.80	100.55	2.402	2.430	2.471	2.540	68
69	103.50	89.633 6	105.75	106.20	105.30	102.05	2.402	2.430	2.472	2.541	69
70	105.00	90.932 7	107.25	107.70	106.80	103.55	2.402	2.430	2.472	2.541	70
71	106.50	92.231 7	108.75	109.20	108.30	105.05	2.403	2.430	2.472	2.542	71
72	108.00	93.530 7	110.25	110.70	109.80	106.55	2.403	2.431	2.472	2.542	72
73	109.50	94.829 8	111.75	112.20	111.30	108.05	2.403	2.431	2.473	2.543	73
74	111.00	96.128 8	113.25	113.70	112.80	109.54	2.403	2.431	2.473	2.543	74
75	112.50	97.427 9	114.75	115.20	114.30	111.04	2.403	2.431	2.473	2.544	75
76	114.00	98.726 9	116.25	116.70	115.80	112.54	2.403	2.431	2.474	2.544	76
77	115.50	100.025 9	117.75	118.20	117.30	114.04	2.403	2.432	2.474	2.544	77
78	117.00	101.325 0	119.25	119.70	118.80	115.54	2.403	2.432	2.474	2.545	78
79	118.50	102.624 0	120.75	121.20	120.30	117.04	2.403	2.432	2.474	2.545	79
80	120.00	103.923 0	122.25	122.70	121.80	118.54	2.404	2.432	2.475	2.546	80
81	121.50	105.222 1	123.75	124.20	123.30	120.04	2.404	2.432	2.475	2.546	81
82	123.00	106.521 1	125.25	125.70	124.80	121.54	2.404	2.432	2.475	2.547	82
83	124.50	107.820 2	126.75	127.20	126.30	123.04	2.404	2.433	2.475	2.547	83
84	126.00	109.119 2	128.25	128.70	127.80	124.54	2.404	2.433	2.476	2.547	84
85	127.50	110.418 2	129.75	130.20	129.30	126.04	2.404	2.433	2.476	2.548	85
86	129.00	111.717 3	131.25	131.70	130.80	127.54	2.404	2.433	2.476	2.548	86
87	130.50	113.016 3	132.75	133.20	132.30	129.04	2.404	2.433	2.477	2.549	87
88	132.00	114.315 4	134.25	134.70	133.80	130.54	2.404	2.433	2.477	2.549	88
89	133.50	115.614 4	135.75	136.20	135.30	132.04	2.405	2.434	2.477	2.550	89
90	135.00	116.913 4	137.25	137.70	136.80	133.54	2.405	2.434	2.477	2.550	90
91	136.50	118.212 5	138.75	139.20	138.30	135.04	2.405	2.434	2.478	2.550	91
92	138.00	119.511 5	140.25	140.70	139.80	136.54	2.405	2.434	2.478	2.551	92
93	139.50	120.810 5	141.75	142.20	141.30	138.04	2.405	2.434	2.478	2.551	93
94	141.00	122.109 6	143.25	143.70	142.80	139.53	2.405	2.434	2.478	2.552	94
95	142.50	123.408 6	144.75	145.20	144.30	141.03	2.405	2.434	2.479	2.552	95
96	144.00	124.707 7	146.25	146.70	145.80	142.53	2.405	2.435	2.479	2.552	96
97	145.50	126.006 7	147.75	148.20	147.30	144.03	2.405	2.435	2.479	2.553	97
98	147.00	127.305 7	149.25	149.70	148.80	145.53	2.405	2.435	2.479	2.553	98
99	148.50	128.604 8	150.75	151.20	150.30	147.03	2.406	2.435	2.479	2.553	99
100	150.00	129.903 8	152.25	152.70	151.80	148.53	2.406	2.435	2.480	2.554	100

表 6　30°内花键

模数 m=1.75 mm　作用齿槽宽最小值 $E_{v\ min}$=2.749 mm　　单位为毫米

齿数 z	分度圆直径 D	基圆直径 D_b	大径 D_{ei}		渐开线终止圆直径 $D_{Fi\ min}$	小径 D_{ii}	实际齿槽宽最大值 $E_{max}=E_{v\ min}+(T+\lambda)$				齿数 z
			平齿根	圆齿根			4H	5H	6H	7H	
10	17.50	15.155 4	20.13	20.65	19.60	16.17	2.786	2.808	2.842	2.898	10
11	19.25	16.671 0	21.88	22.40	21.35	17.88	2.786	2.809	2.843	2.899	11
12	21.00	18.186 5	23.63	24.15	23.10	19.60	2.787	2.810	2.844	2.901	12
13	22.75	19.702 1	25.38	25.90	24.85	21.32	2.787	2.810	2.845	2.902	13
14	24.50	21.217 6	27.13	27.65	26.60	23.04	2.788	2.811	2.845	2.903	14
15	26.25	22.733 2	28.88	29.40	28.35	24.77	2.788	2.811	2.846	2.905	15
16	28.00	24.248 7	30.63	31.15	30.10	26.50	2.788	2.812	2.847	2.906	16
17	29.75	25.764 3	32.38	32.90	31.85	28.24	2.788	2.812	2.848	2.907	17
18	31.50	27.279 8	34.13	34.65	33.60	29.97	2.789	2.813	2.848	2.908	18
19	33.25	28.795 3	35.88	36.40	35.35	31.71	2.789	2.813	2.849	2.909	19
20	35.00	30.310 9	37.63	38.15	37.10	33.45	2.789	2.813	2.850	2.910	20
21	36.75	31.826 4	39.38	39.90	38.85	35.19	2.790	2.814	2.850	2.911	21
22	38.50	33.342 0	41.13	41.65	40.60	36.93	2.790	2.814	2.851	2.912	22
23	40.25	34.857 5	42.88	43.40	42.35	38.67	2.790	2.815	2.852	2.913	23
24	42.00	36.373 1	44.63	45.15	44.10	40.42	2.790	2.815	2.852	2.914	24
25	43.75	37.888 6	46.38	46.90	45.85	42.16	2.790	2.815	2.853	2.915	25
26	45.50	39.404 2	48.13	48.65	47.60	43.90	2.791	2.816	2.853	2.916	26
27	47.25	40.919 7	49.88	50.40	49.35	45.65	2.791	2.816	2.854	2.917	27
28	49.00	42.435 2	51.63	52.15	51.10	47.39	2.791	2.816	2.855	2.918	28
29	50.75	43.950 8	53.38	53.90	52.85	49.14	2.791	2.817	2.855	2.919	29
30	52.50	45.466 3	55.13	55.65	54.60	50.88	2.792	2.817	2.856	2.920	30
31	54.25	46.981 9	56.88	57.40	56.35	52.63	2.792	2.817	2.856	2.920	31
32	56.00	48.497 4	58.63	59.15	58.10	54.37	2.792	2.818	2.857	2.921	32
33	57.75	50.013 0	60.38	60.90	59.85	56.12	2.792	2.818	2.857	2.922	33
34	59.50	51.528 5	62.13	62.65	61.60	57.87	2.792	2.818	2.858	2.923	34
35	61.25	53.044 1	63.88	64.40	63.35	59.61	2.793	2.819	2.858	2.923	35
36	63.00	54.559 6	65.63	66.15	65.10	61.36	2.793	2.819	2.858	2.924	36
37	64.75	56.075 1	67.38	67.90	66.85	63.11	2.793	2.819	2.859	2.925	37
38	66.50	57.590 7	69.13	69.65	68.60	64.85	2.793	2.820	2.859	2.926	38
39	68.25	59.106 2	70.88	71.40	70.35	66.60	2.793	2.820	2.860	2.926	39
40	70.00	60.621 8	72.63	73.15	72.10	68.35	2.793	2.820	2.860	2.927	40
41	71.75	62.137 3	74.38	74.90	73.85	70.09	2.794	2.820	2.861	2.928	41
42	73.50	63.652 9	76.13	76.65	75.60	71.84	2.794	2.821	2.861	2.928	42
43	75.25	65.168 4	77.88	78.40	77.35	73.59	2.794	2.821	2.861	2.929	43
44	77.00	66.684 0	79.63	80.15	79.10	75.34	2.794	2.821	2.862	2.930	44
45	78.75	68.199 5	81.38	81.90	80.85	77.09	2.794	2.821	2.862	2.930	45
46	80.50	69.715 0	83.13	83.65	82.60	78.83	2.794	2.822	2.863	2.931	46
47	82.25	71.230 6	84.88	85.40	84.35	80.58	2.795	2.822	2.863	2.932	47
48	84.00	72.746 1	86.63	87.15	86.10	82.33	2.795	2.822	2.863	2.932	48
49	85.75	74.261 7	88.38	88.90	87.85	84.08	2.795	2.822	2.864	2.933	49
50	87.50	75.777 2	90.13	90.65	89.60	85.83	2.795	2.823	2.864	2.933	50
51	89.25	77.292 8	91.88	92.40	91.35	87.58	2.795	2.823	2.865	2.934	51
52	91.00	78.808 3	93.63	94.15	93.10	89.32	2.795	2.823	2.865	2.935	52
53	92.75	80.323 9	95.38	95.90	94.85	91.07	2.795	2.823	2.865	2.935	53
54	94.50	81.839 4	97.13	97.65	96.60	92.82	2.796	2.824	2.866	2.936	54
55	96.25	83.354 9	98.88	99.40	98.35	94.57	2.796	2.824	2.866	2.936	55

表 6（续）

单位为毫米

齿数 z	分度圆直径 D	基圆直径 D_b	大径 D_{ei}		渐开线终止圆直径 $D_{Fi\,min}$	小径 D_{ii}	实际齿槽宽最大值 $E_{max}=E_{v\,min}+(T+\lambda)$				齿数 z
			平齿根	圆齿根			4H	5H	6H	7H	
56	98.00	84.870 5	100.63	101.15	100.10	96.32	2.796	2.824	2.866	2.937	56
57	99.75	86.386 0	102.38	102.90	101.85	98.07	2.796	2.824	2.867	2.938	57
58	101.50	87.901 6	104.13	104.65	103.60	99.82	2.796	2.825	2.867	2.938	58
59	103.25	89.417 1	105.88	106.40	105.35	101.57	2.796	2.825	2.867	2.939	59
60	105.00	90.932 7	107.63	108.15	107.10	103.31	2.796	2.825	2.868	2.939	60
61	106.75	92.448 2	109.38	109.90	108.85	105.06	2.797	2.825	2.868	2.940	61
62	108.50	93.963 8	111.13	111.65	110.60	106.81	2.797	2.825	2.868	2.940	62
63	110.25	95.479 3	112.88	113.40	112.35	108.56	2.797	2.826	2.869	2.941	63
64	112.00	96.994 8	114.63	115.15	114.10	110.31	2.797	2.826	2.869	2.941	64
65	113.75	98.510 4	116.38	116.90	115.85	112.06	2.797	2.826	2.869	2.942	65
66	115.50	100.025 9	118.13	118.65	117.60	113.81	2.797	2.826	2.870	2.942	66
67	117.25	101.541 5	119.88	120.40	119.35	115.56	2.797	2.826	2.870	2.943	67
68	119.00	103.057 0	121.63	122.15	121.10	117.31	2.797	2.827	2.870	2.943	68
69	120.75	104.572 6	123.38	123.90	122.85	119.06	2.798	2.827	2.871	2.944	69
70	122.50	106.088 1	125.13	125.65	124.60	120.80	2.798	2.827	2.871	2.944	70
71	124.25	107.603 7	126.88	127.40	126.35	122.55	2.798	2.827	2.871	2.945	71
72	126.00	109.119 2	128.63	129.15	128.10	124.30	2.798	2.827	2.872	2.945	72
73	127.75	110.634 7	130.38	130.90	129.85	126.05	2.798	2.828	2.872	2.946	73
74	129.50	112.150 3	132.13	132.65	131.60	127.80	2.798	2.828	2.872	2.946	74
75	131.25	113.665 8	133.88	134.40	133.35	129.55	2.798	2.828	2.873	2.947	75
76	133.00	115.181 4	135.63	136.15	135.10	131.30	2.798	2.828	2.873	2.947	76
77	134.75	116.696 9	137.38	137.90	136.85	133.05	2.799	2.828	2.873	2.948	77
78	136.50	118.212 5	139.13	139.65	138.60	134.80	2.799	2.829	2.873	2.948	78
79	138.25	119.728 0	140.88	141.40	140.35	136.55	2.799	2.829	2.874	2.949	79
80	140.00	121.243 6	142.63	143.15	142.10	138.30	2.799	2.829	2.874	2.949	80
81	141.75	122.759 1	144.38	144.90	143.85	140.05	2.799	2.829	2.874	2.950	81
82	143.50	124.274 6	146.13	146.65	145.60	141.80	2.799	2.829	2.875	2.950	82
83	145.25	125.790 2	147.88	148.40	147.35	143.55	2.799	2.830	2.875	2.950	83
84	147.00	127.305 7	149.63	150.15	149.10	145.30	2.799	2.830	2.875	2.951	84
85	148.75	128.821 3	151.38	151.90	150.85	147.05	2.800	2.830	2.875	2.951	85
86	150.50	130.336 8	153.13	153.65	152.60	148.79	2.800	2.830	2.876	2.952	86
87	152.25	131.852 4	154.88	155.40	154.35	150.54	2.800	2.830	2.876	2.952	87
88	154.00	133.367 9	156.63	157.15	156.10	152.29	2.800	2.830	2.876	2.953	88
89	155.75	134.883 5	158.38	158.90	157.85	154.04	2.800	2.831	2.877	2.953	89
90	157.50	136.399 0	160.13	160.65	159.60	155.79	2.800	2.831	2.877	2.954	90
91	159.25	137.914 5	161.88	162.40	161.35	157.54	2.800	2.831	2.877	2.954	91
92	161.00	139.430 1	163.63	164.15	163.10	159.29	2.800	2.831	2.877	2.954	92
93	162.75	140.945 6	165.38	165.90	164.85	161.04	2.800	2.831	2.878	2.955	93
94	164.50	142.461 2	167.13	167.65	166.60	162.79	2.800	2.831	2.878	2.955	94
95	166.25	143.976 7	168.88	169.40	168.35	164.54	2.801	2.832	2.878	2.956	95
96	168.00	145.492 3	170.63	171.15	170.10	166.29	2.801	2.832	2.878	2.956	96
97	169.75	147.007 8	172.38	172.90	171.85	168.04	2.801	2.832	2.879	2.956	97
98	171.50	148.523 4	174.13	174.65	173.60	169.79	2.801	2.832	2.879	2.957	98
99	173.25	150.038 9	175.88	176.40	175.35	171.54	2.801	2.832	2.879	2.957	99
100	175.00	151.554 4	177.63	178.15	177.10	173.29	2.801	2.832	2.879	2.958	100

表 7 30°内花键

模数 m=2 mm 作用齿槽宽最小值 $E_{v\ min}$=3.142 mm

单位为毫米

齿数 z	分度圆直径 D	基圆直径 D_b	大径 D_{ei}		渐开线终止圆直径 $D_{Fi\ min}$	小径 D_{ii}	实际齿槽宽最大值 $E_{max}=E_{v\ min}+(T+\lambda)$				齿数 z
			平齿根	圆齿根			4H	5H	6H	7H	
10	20.00	17.320 5	23.00	23.60	22.40	18.48	3.180	3.204	3.239	3.297	10
11	22.00	19.052 6	25.00	25.60	24.40	20.44	3.181	3.204	3.240	3.299	11
12	24.00	20.784 6	27.00	27.60	26.40	22.40	3.181	3.205	3.241	3.300	12
13	26.00	22.516 7	29.00	29.60	28.40	24.36	3.182	3.206	3.242	3.302	13
14	28.00	24.248 7	31.00	31.60	30.40	26.34	3.182	3.206	3.243	3.303	14
15	30.00	25.980 8	33.00	33.60	32.40	28.31	3.182	3.207	3.243	3.305	15
16	32.00	27.712 8	35.00	35.60	34.40	30.29	3.183	3.207	3.244	3.306	16
17	34.00	29.444 9	37.00	37.60	36.40	32.27	3.183	3.208	3.245	3.307	17
18	36.00	31.176 9	39.00	39.60	38.40	34.26	3.183	3.208	3.246	3.308	18
19	38.00	32.909 0	41.00	41.60	40.40	36.24	3.184	3.209	3.247	3.309	19
20	40.00	34.641 0	43.00	43.60	42.40	38.23	3.184	3.209	3.247	3.311	20
21	42.00	36.373 1	45.00	45.60	44.40	40.22	3.184	3.210	3.248	3.312	21
22	44.00	38.105 1	47.00	47.60	46.40	42.21	3.184	3.210	3.249	3.313	22
23	46.00	39.837 2	49.00	49.60	48.40	44.20	3.185	3.210	3.249	3.314	23
24	48.00	41.569 2	51.00	51.60	50.40	46.19	3.185	3.211	3.250	3.315	24
25	50.00	43.301 3	53.00	53.60	52.40	48.18	3.185	3.211	3.250	3.316	25
26	52.00	45.033 3	55.00	55.60	54.40	50.17	3.185	3.212	3.251	3.317	26
27	54.00	46.765 4	57.00	57.60	56.40	52.17	3.186	3.212	3.252	3.318	27
28	56.00	48.497 4	59.00	59.60	58.40	54.16	3.186	3.212	3.252	3.319	28
29	58.00	50.229 5	61.00	61.60	60.40	56.16	3.186	3.213	3.253	3.319	29
30	60.00	51.961 5	63.00	63.60	62.40	58.15	3.186	3.213	3.253	3.320	30
31	62.00	53.693 6	65.00	65.60	64.40	60.14	3.186	3.213	3.254	3.321	31
32	64.00	55.425 6	67.00	67.60	66.40	62.14	3.187	3.214	3.254	3.322	32
33	66.00	57.157 7	69.00	69.60	68.40	64.14	3.187	3.214	3.255	3.323	33
34	68.00	58.889 7	71.00	71.60	70.40	66.13	3.187	3.214	3.255	3.324	34
35	70.00	60.621 8	73.00	73.60	72.40	68.13	3.187	3.215	3.256	3.324	35
36	72.00	62.353 8	75.00	75.60	74.40	70.12	3.187	3.215	3.256	3.325	36
37	74.00	64.085 9	77.00	77.60	76.40	72.12	3.188	3.215	3.257	3.326	37
38	76.00	65.817 9	79.00	79.60	78.40	74.12	3.188	3.216	3.257	3.327	38
39	78.00	67.550 0	81.00	81.60	80.40	76.11	3.188	3.216	3.258	3.327	39
40	80.00	69.282 0	83.00	83.60	82.40	78.11	3.188	3.216	3.258	3.328	40
41	82.00	71.014 1	85.00	85.60	84.40	80.11	3.188	3.217	3.259	3.329	41
42	84.00	72.746 1	87.00	87.60	86.40	82.11	3.189	3.217	3.259	3.330	42
43	86.00	74.478 2	89.00	89.60	88.40	84.10	3.189	3.217	3.260	3.330	43
44	88.00	76.210 2	91.00	91.60	90.40	86.10	3.189	3.217	3.260	3.331	44
45	90.00	77.942 3	93.00	93.60	92.40	88.10	3.189	3.218	3.260	3.332	45
46	92.00	79.674 3	95.00	95.60	94.40	90.10	3.189	3.218	3.261	3.332	46
47	94.00	81.406 4	97.00	97.60	96.40	92.09	3.189	3.218	3.261	3.333	47
48	96.00	83.138 4	99.00	99.60	98.40	94.09	3.190	3.218	3.262	3.334	48
49	98.00	84.870 5	101.00	101.60	100.40	96.09	3.190	3.219	3.262	3.334	49
50	100.00	86.602 5	103.00	103.60	102.40	98.09	3.190	3.219	3.262	3.335	50
51	102.00	88.334 6	105.00	105.60	104.40	100.09	3.190	3.219	3.263	3.336	51
52	104.00	90.066 6	107.00	107.60	106.40	102.09	3.190	3.219	3.263	3.336	52
53	106.00	91.798 7	109.00	109.60	108.40	104.08	3.190	3.220	3.264	3.337	53
54	108.00	93.530 7	111.00	111.60	110.40	106.08	3.191	3.220	3.264	3.337	54
55	110.00	95.262 8	113.00	113.60	112.40	108.08	3.191	3.220	3.264	3.338	55

表 7（续）

单位为毫米

齿数 z	分度圆直径 D	基圆直径 D_b	大径 D_{ei}		渐开线终止圆直径 $D_{Fi\,min}$	小径 D_{ii}	实际齿槽宽最大值 $E_{max}=E_{v\,min}+(T+\lambda)$				齿数 z
			平齿根	圆齿根			4H	5H	6H	7H	
56	112.00	96.994 8	115.00	115.60	114.40	110.08	3.191	3.220	3.265	3.339	56
57	114.00	98.726 9	117.00	117.60	116.40	112.08	3.191	3.221	3.265	3.339	57
58	116.00	100.458 9	119.00	119.60	118.40	114.08	3.191	3.221	3.265	3.340	58
59	118.00	102.191 0	121.00	121.60	120.40	116.07	3.191	3.221	3.266	3.340	59
60	120.00	103.923 0	123.00	123.60	122.40	118.07	3.191	3.221	3.266	3.341	60
61	122.00	105.655 1	125.00	125.60	124.40	120.07	3.192	3.222	3.267	3.342	61
62	124.00	107.387 1	127.00	127.60	126.40	122.07	3.192	3.222	3.267	3.342	62
63	126.00	109.119 2	129.00	129.60	128.40	124.07	3.192	3.222	3.267	3.343	63
64	128.00	110.851 3	131.00	131.60	130.40	126.07	3.192	3.222	3.268	3.343	64
65	130.00	112.583 3	133.00	133.60	132.40	128.07	3.192	3.222	3.268	3.344	65
66	132.00	114.315 4	135.00	135.60	134.40	130.07	3.192	3.223	3.268	3.344	66
67	134.00	116.047 4	137.00	137.60	136.40	132.07	3.192	3.223	3.269	3.345	67
68	136.00	117.779 5	139.00	139.60	138.40	134.06	3.193	3.223	3.269	3.345	68
69	138.00	119.511 5	141.00	141.60	140.40	136.06	3.193	3.223	3.269	3.346	69
70	140.00	121.243 6	143.00	143.60	142.40	138.06	3.193	3.224	3.270	3.346	70
71	142.00	122.975 6	145.00	145.60	144.40	140.06	3.193	3.224	3.270	3.347	71
72	144.00	124.707 7	147.00	147.60	146.40	142.06	3.193	3.224	3.270	3.347	72
73	146.00	126.439 7	149.00	149.60	148.40	144.06	3.193	3.224	3.271	3.348	73
74	148.00	128.171 8	151.00	151.60	150.40	146.06	3.193	3.224	3.271	3.348	74
75	150.00	129.903 8	153.00	153.60	152.40	148.06	3.193	3.225	3.271	3.349	75
76	152.00	131.635 9	155.00	155.60	154.40	150.06	3.194	3.225	3.272	3.349	76
77	154.00	133.367 9	157.00	157.60	156.40	152.06	3.194	3.225	3.272	3.350	77
78	156.00	135.100 0	159.00	159.60	158.40	154.06	3.194	3.225	3.272	3.350	78
79	158.00	136.832 0	161.00	161.60	160.40	156.06	3.194	3.225	3.272	3.351	79
80	160.00	138.564 1	163.00	163.60	162.40	158.05	3.194	3.226	3.273	3.351	80
81	162.00	140.296 1	165.00	165.60	164.40	160.05	3.194	3.226	3.273	3.352	81
82	164.00	142.028 2	167.00	167.60	166.40	162.05	3.194	3.226	3.273	3.352	82
83	166.00	143.760 2	169.00	169.60	168.40	164.05	3.194	3.226	3.274	3.353	83
84	168.00	145.492 3	171.00	171.60	170.40	166.05	3.195	3.226	3.274	3.353	84
85	170.00	147.224 3	173.00	173.60	172.40	168.05	3.195	3.226	3.274	3.354	85
86	172.00	148.956 4	175.00	175.60	174.40	170.05	3.195	3.227	3.275	3.354	86
87	174.00	150.688 4	177.00	177.60	176.40	172.05	3.195	3.227	3.275	3.355	87
88	176.00	152.420 5	179.00	179.60	178.40	174.05	3.195	3.227	3.275	3.355	88
89	178.00	154.152 5	181.00	181.60	180.40	176.05	3.195	3.227	3.275	3.356	89
90	180.00	155.884 6	183.00	183.60	182.40	178.05	3.195	3.227	3.276	3.356	90
91	182.00	157.616 6	185.00	185.60	184.40	180.05	3.195	3.228	3.276	3.357	91
92	184.00	159.348 7	187.00	187.60	186.40	182.05	3.195	3.228	3.276	3.357	92
93	186.00	161.080 7	189.00	189.60	188.40	184.05	3.196	3.228	3.277	3.358	93
94	188.00	162.812 8	191.00	191.60	190.40	186.05	3.196	3.228	3.277	3.358	94
95	190.00	164.544 8	193.00	193.60	192.40	188.05	3.196	3.228	3.277	3.358	95
96	192.00	166.276 9	195.00	195.60	194.40	190.05	3.196	3.228	3.277	3.359	96
97	194.00	168.008 9	197.00	197.60	196.40	192.05	3.196	3.229	3.278	3.359	97
98	196.00	169.741 0	199.00	199.60	198.40	194.04	3.196	3.229	3.278	3.360	98
99	198.00	171.473 0	201.00	201.60	200.40	196.04	3.196	3.229	3.278	3.360	99
100	200.00	173.205 1	203.00	203.60	202.40	198.04	3.196	3.229	3.278	3.361	100

表 8　30°内花键

模数 m=2.5 mm　作用齿槽宽最小值 $E_{v\ min}$=3.927 mm　　单位为毫米

齿数 z	分度圆直径 D	基圆直径 D_b	大径 D_{ei}		渐开线终止圆直径 $D_{Fi\ min}$	小径 D_{ii}	实际齿槽宽最大值 $E_{max}=E_{v\ min}+(T+\lambda)$				齿数 z
			平齿根	圆齿根			4H	5H	6H	7H	
10	25.00	21.650 6	28.75	29.50	28.00	23.11	3.969	3.994	4.032	4.095	10
11	27.50	23.815 7	31.25	32.00	30.50	25.54	3.969	3.995	4.033	4.097	11
12	30.00	25.980 8	33.75	34.50	33.00	28.00	3.970	3.995	4.034	4.098	12
13	32.50	28.145 8	36.25	37.00	35.50	30.45	3.970	3.996	4.035	4.100	13
14	35.00	30.310 9	38.75	39.50	38.00	32.92	3.971	3.997	4.036	4.101	14
15	37.50	32.476 0	41.25	42.00	40.50	35.39	3.971	3.997	4.037	4.103	15
16	40.00	34.641 0	43.75	44.50	43.00	37.86	3.971	3.998	4.038	4.104	16
17	42.50	36.806 1	46.25	47.00	45.50	40.34	3.972	3.998	4.039	4.106	17
18	45.00	38.971 1	48.75	49.50	48.00	42.82	3.972	3.999	4.039	4.107	18
19	47.50	41.136 2	51.25	52.00	50.50	45.30	3.972	3.999	4.040	4.108	19
20	50.00	43.301 3	53.75	54.50	53.00	47.79	3.973	4.000	4.041	4.109	20
21	52.50	45.466 3	56.25	57.00	55.50	50.27	3.973	4.000	4.042	4.111	21
22	55.00	47.631 4	58.75	59.50	58.00	52.76	3.973	4.001	4.042	4.112	22
23	57.50	49.796 5	61.25	62.00	60.50	55.25	3.973	4.001	4.043	4.113	23
24	60.00	51.961 5	63.75	64.50	63.00	57.74	3.974	4.002	4.044	4.114	24
25	62.50	54.126 6	66.25	67.00	65.50	60.23	3.974	4.002	4.044	4.115	25
26	65.00	56.291 7	68.75	69.50	68.00	62.72	3.974	4.003	4.045	4.116	26
27	67.50	58.456 7	71.25	72.00	70.50	65.21	3.975	4.003	4.046	4.117	27
28	70.00	60.621 8	73.75	74.50	73.00	67.70	3.975	4.003	4.046	4.118	28
29	72.50	62.786 8	76.25	77.00	75.50	70.19	3.975	4.004	4.047	4.119	29
30	75.00	64.951 9	78.75	79.50	78.00	72.69	3.975	4.004	4.048	4.120	30
31	77.50	67.117 0	81.25	82.00	80.50	75.18	3.975	4.005	4.048	4.121	31
32	80.00	69.282 0	83.75	84.50	83.00	77.68	3.976	4.005	4.049	4.122	32
33	82.50	71.447 1	86.25	87.00	85.50	80.17	3.976	4.005	4.049	4.123	33
34	85.00	73.612 2	88.75	89.50	88.00	82.66	3.976	4.006	4.050	4.124	34
35	87.50	75.777 2	91.25	92.00	90.50	85.16	3.976	4.006	4.050	4.124	35
36	90.00	77.942 3	93.75	94.50	93.00	87.66	3.977	4.006	4.051	4.125	36
37	92.50	80.107 3	96.25	97.00	95.50	90.15	3.977	4.007	4.051	4.126	37
38	95.00	82.272 4	98.75	99.50	98.00	92.65	3.977	4.007	4.052	4.127	38
39	97.50	84.437 5	101.25	102.00	100.50	95.14	3.977	4.007	4.052	4.128	39
40	100.00	86.602 5	103.75	104.50	103.00	97.64	3.977	4.008	4.053	4.129	40
41	102.50	88.767 6	106.25	107.00	105.50	100.14	3.978	4.008	4.053	4.129	41
42	105.00	90.932 7	108.75	109.50	108.00	102.63	3.978	4.008	4.054	4.130	42
43	107.50	93.097 7	111.25	112.00	110.50	105.13	3.978	4.009	4.054	4.131	43
44	110.00	95.262 8	113.75	114.50	113.00	107.63	3.978	4.009	4.055	4.132	44
45	112.50	97.427 9	116.25	117.00	115.50	110.12	3.978	4.009	4.055	4.132	45
46	115.00	99.592 9	118.75	119.50	118.00	112.62	3.979	4.009	4.056	4.133	46
47	117.50	101.758 0	121.25	122.00	120.50	115.12	3.979	4.010	4.056	4.134	47
48	120.00	103.923 0	123.75	124.50	123.00	117.62	3.979	4.010	4.057	4.135	48
49	122.50	106.088 1	126.25	127.00	125.50	120.11	3.979	4.010	4.057	4.135	49
50	125.00	108.253 2	128.75	129.50	128.00	122.61	3.979	4.011	4.058	4.136	50
51	127.50	110.418 2	131.25	132.00	130.50	125.11	3.979	4.011	4.058	4.137	51
52	130.00	112.583 3	133.75	134.50	133.00	127.61	3.980	4.011	4.058	4.137	52
53	132.50	114.748 4	136.25	137.00	135.50	130.10	3.980	4.011	4.059	4.138	53
54	135.00	116.913 4	138.75	139.50	138.00	132.60	3.980	4.012	4.059	4.139	54
55	137.50	119.078 5	141.25	142.00	140.50	135.10	3.980	4.012	4.060	4.139	55

表 8（续）

单位为毫米

齿数 z	分度圆直径 D	基圆直径 D_b	大径 D_{ei}		渐开线终止圆直径 $D_{Fi\,min}$	小径 D_{ii}	实际齿槽宽最大值 $E_{max}=E_{v\,min}+(T+\lambda)$				齿数 z
			平齿根	圆齿根			4H	5H	6H	7H	
56	140.00	121.243 6	143.75	144.50	143.00	137.60	3.980	4.012	4.060	4.140	56
57	142.50	123.408 6	146.25	147.00	145.50	140.10	3.980	4.012	4.061	4.141	57
58	145.00	125.573 7	148.75	149.50	148.00	142.60	3.981	4.013	4.061	4.141	58
59	147.50	127.738 7	151.25	152.00	150.50	145.09	3.981	4.013	4.061	4.142	59
60	150.00	129.903 8	153.75	154.50	153.00	147.59	3.981	4.013	4.062	4.143	60
61	152.50	132.068 9	156.25	157.00	155.50	150.09	3.981	4.014	4.062	4.143	61
62	155.00	134.233 9	158.75	159.50	158.00	152.59	3.981	4.014	4.063	4.144	62
63	157.50	136.399 0	161.25	162.00	160.50	155.09	3.981	4.014	4.063	4.145	63
64	160.00	138.564 1	163.75	164.50	163.00	157.59	3.982	4.014	4.063	4.145	64
65	162.50	140.729 1	166.25	167.00	165.50	160.08	3.982	4.014	4.064	4.146	65
66	165.00	142.894 2	168.75	169.50	168.00	162.58	3.982	4.015	4.064	4.146	66
67	167.50	145.059 3	171.25	172.00	170.50	165.08	3.982	4.015	4.064	4.147	67
68	170.00	147.224 3	173.75	174.50	173.00	167.58	3.982	4.015	4.065	4.148	68
69	172.50	149.389 4	176.25	177.00	175.50	170.08	3.982	4.015	4.065	4.148	69
70	175.00	151.554 4	178.75	179.50	178.00	172.58	3.982	4.016	4.066	4.149	70
71	177.50	153.719 5	181.25	182.00	180.50	175.08	3.983	4.016	4.066	4.149	71
72	180.00	155.884 6	183.75	184.50	183.00	177.58	3.983	4.016	4.066	4.150	72
73	182.50	158.049 6	186.25	187.00	185.50	180.08	3.983	4.016	4.067	4.150	73
74	185.00	160.214 7	188.75	189.50	188.00	182.57	3.983	4.017	4.067	4.151	74
75	187.50	162.379 8	191.25	192.00	190.50	185.07	3.983	4.017	4.067	4.152	75
76	190.00	164.544 8	193.75	194.50	193.00	187.57	3.983	4.017	4.068	4.152	76
77	192.50	166.709 9	196.25	197.00	195.50	190.07	3.983	4.017	4.068	4.153	77
78	195.00	168.875 0	198.75	199.50	198.00	192.57	3.984	4.017	4.068	4.153	78
79	197.50	171.040 0	201.25	202.00	200.50	195.07	3.984	4.018	4.069	4.154	79
80	200.00	173.205 1	203.75	204.50	203.00	197.57	3.984	4.018	4.069	4.154	80
81	202.50	175.370 1	206.25	207.00	205.50	200.07	3.984	4.018	4.069	4.155	81
82	205.00	177.535 2	208.75	209.50	208.00	202.57	3.984	4.018	4.070	4.155	82
83	207.50	179.700 3	211.25	212.00	210.50	205.07	3.984	4.019	4.070	4.156	83
84	210.00	181.865 3	213.75	214.50	213.00	207.57	3.984	4.019	4.070	4.156	84
85	212.50	184.030 4	216.25	217.00	215.50	210.06	3.984	4.019	4.071	4.157	85
86	215.00	186.195 5	218.75	219.50	218.00	212.56	3.985	4.019	4.071	4.157	86
87	217.50	188.360 5	221.25	222.00	220.50	215.06	3.985	4.019	4.071	4.158	87
88	220.00	190.525 6	223.75	224.50	223.00	217.56	3.985	4.020	4.072	4.158	88
89	222.50	192.690 6	226.25	227.00	225.50	220.06	3.985	4.020	4.072	4.159	89
90	225.00	194.855 7	228.75	229.50	228.00	222.56	3.985	4.020	4.072	4.159	90
91	227.50	197.020 8	231.25	232.00	230.50	225.06	3.985	4.020	4.073	4.160	91
92	230.00	199.185 8	233.75	234.50	233.00	227.56	3.985	4.020	4.073	4.160	92
93	232.50	201.350 9	236.25	237.00	235.50	230.06	3.985	4.021	4.073	4.161	93
94	235.00	203.516 0	238.75	239.50	238.00	232.56	3.986	4.021	4.074	4.161	94
95	237.50	205.681 0	241.25	242.00	240.50	235.06	3.986	4.021	4.074	4.162	95
96	240.00	207.846 1	243.75	244.50	243.00	237.56	3.986	4.021	4.074	4.162	96
97	242.50	210.011 2	246.25	247.00	245.50	240.06	3.986	4.021	4.074	4.163	97
98	245.00	212.176 2	248.75	249.50	248.00	242.56	3.986	4.022	4.075	4.163	98
99	247.50	214.341 3	251.25	252.00	250.50	245.06	3.986	4.022	4.075	4.164	99
100	250.00	216.506 3	253.75	254.50	253.00	247.55	3.986	4.022	4.075	4.164	100

表 9　30°内花键

模数 $m=3$ mm　作用齿槽宽最小值 $E_{v\ min}=4.712$ mm

单位为毫米

齿数 z	分度圆直径 D	基圆直径 D_b	大径 D_{ei}		渐开线终止圆直径 $D_{Fi\ min}$	小径 D_{ii}	实际齿槽宽最大值 $E_{max}=E_{v\ min}+(T+\lambda)$				齿数 z
			平齿根	圆齿根			4H	5H	6H	7H	
10	30.00	25.980 8	34.50	35.40	33.60	27.73	4.757	4.784	4.824	4.891	10
11	33.00	28.578 8	37.50	38.40	36.60	30.65	4.757	4.785	4.825	4.893	11
12	36.00	31.176 9	40.50	41.40	39.60	33.59	4.758	4.785	4.826	4.895	12
13	39.00	33.775 0	43.50	44.40	42.60	36.54	4.758	4.786	4.827	4.896	13
14	42.00	36.373 1	46.50	47.40	45.60	39.50	4.759	4.787	4.828	4.898	14
15	45.00	38.971 1	49.50	50.40	48.60	42.47	4.759	4.787	4.829	4.900	15
16	48.00	41.569 2	52.50	53.40	51.60	45.44	4.760	4.788	4.830	4.901	16
17	51.00	44.167 3	55.50	56.40	54.60	48.41	4.760	4.788	4.831	4.902	17
18	54.00	46.765 4	58.50	59.40	57.60	51.38	4.760	4.789	4.832	4.904	18
19	57.00	49.363 4	61.50	62.40	60.60	54.36	4.761	4.790	4.833	4.905	19
20	60.00	51.961 5	64.50	65.40	63.60	57.34	4.761	4.790	4.834	4.907	20
21	63.00	54.559 6	67.50	68.40	66.60	60.33	4.761	4.791	4.835	4.908	21
22	66.00	57.157 7	70.50	71.40	69.60	63.31	4.762	4.791	4.835	4.909	22
23	69.00	59.755 8	73.50	74.40	72.60	66.30	4.762	4.792	4.836	4.910	23
24	72.00	62.353 8	76.50	77.40	75.60	69.28	4.762	4.792	4.837	4.911	24
25	75.00	64.951 9	79.50	80.40	78.60	72.27	4.762	4.792	4.838	4.913	25
26	78.00	67.550 0	82.50	83.40	81.60	75.26	4.763	4.793	4.838	4.914	26
27	81.00	70.148 1	85.50	86.40	84.60	78.25	4.763	4.793	4.839	4.915	27
28	84.00	72.746 1	88.50	89.40	87.60	81.24	4.763	4.794	4.840	4.916	28
29	87.00	75.344 2	91.50	92.40	90.60	84.23	4.764	4.794	4.840	4.917	29
30	90.00	77.942 3	94.50	95.40	93.60	87.22	4.764	4.795	4.841	4.918	30
31	93.00	80.540 4	97.50	98.40	96.60	90.22	4.764	4.795	4.841	4.919	31
32	96.00	83.138 4	100.50	101.40	99.60	93.21	4.764	4.795	4.842	4.920	32
33	99.00	85.736 5	103.50	104.40	102.60	96.20	4.765	4.796	4.843	4.921	33
34	102.00	88.334 6	106.50	107.40	105.60	99.20	4.765	4.796	4.843	4.922	34
35	105.00	90.932 7	109.50	110.40	108.60	102.19	4.765	4.797	4.844	4.923	35
36	108.00	93.530 7	112.50	113.40	111.60	105.19	4.765	4.797	4.844	4.924	36
37	111.00	96.128 8	115.50	116.40	114.60	108.18	4.765	4.797	4.845	4.925	37
38	114.00	98.726 9	118.50	119.40	117.60	111.18	4.766	4.798	4.846	4.925	38
39	117.00	101.325 0	121.50	122.40	120.60	114.17	4.766	4.798	4.846	4.926	39
40	120.00	103.923 0	124.50	125.40	123.60	117.17	4.766	4.798	4.847	4.927	40
41	123.00	106.521 1	127.50	128.40	126.60	120.16	4.766	4.799	4.847	4.928	41
42	126.00	109.119 2	130.50	131.40	129.60	123.16	4.767	4.799	4.848	4.929	42
43	129.00	111.717 3	133.50	134.40	132.60	126.15	4.767	4.799	4.848	4.930	43
44	132.00	114.315 4	136.50	137.40	135.60	129.15	4.767	4.800	4.849	4.931	44
45	135.00	116.913 4	139.50	140.40	138.60	132.15	4.767	4.800	4.849	4.931	45
46	138.00	119.511 5	142.50	143.40	141.60	135.14	4.767	4.800	4.850	4.932	46
47	141.00	122.109 6	145.50	146.40	144.60	138.14	4.768	4.801	4.850	4.933	47
48	144.00	124.707 7	148.50	149.40	147.60	141.14	4.768	4.801	4.851	4.934	48
49	147.00	127.305 7	151.50	152.40	150.60	144.14	4.768	4.801	4.851	4.935	49
50	150.00	129.903 8	154.50	155.40	153.60	147.13	4.768	4.802	4.852	4.935	50
51	153.00	132.501 9	157.50	158.40	156.60	150.13	4.768	4.802	4.852	4.936	51
52	156.00	135.100 0	160.50	161.40	159.60	153.13	4.768	4.802	4.853	4.937	52
53	159.00	137.698 0	163.50	164.40	162.60	156.13	4.769	4.802	4.853	4.938	53
54	162.00	140.296 1	166.50	167.40	165.60	159.12	4.769	4.803	4.854	4.938	54
55	165.00	142.894 2	169.50	170.40	168.60	162.12	4.769	4.803	4.854	4.939	55

表 9（续）

单位为毫米

齿数 z	分度圆直径 D	基圆直径 D_b	大径 D_{ei}		渐开线终止圆直径 $D_{Fi\ min}$	小径 D_{ii}	实际齿槽宽最大值 $E_{max}=E_{v\ min}+(T+\lambda)$				齿数 z
			平齿根	圆齿根			4H	5H	6H	7H	
56	168.00	145.492 3	172.50	173.40	171.60	165.12	4.769	4.803	4.854	4.940	56
57	171.00	148.090 3	175.50	176.40	174.60	168.12	4.769	4.804	4.855	4.940	57
58	174.00	150.688 4	178.50	179.40	177.60	171.11	4.770	4.804	4.855	4.941	58
59	177.00	153.286 5	181.50	182.40	180.60	174.11	4.770	4.804	4.856	4.942	59
60	180.00	155.884 6	184.50	185.40	183.60	177.11	4.770	4.804	4.856	4.942	60
61	183.00	158.482 6	187.50	188.40	186.60	180.11	4.770	4.805	4.857	4.943	61
62	186.00	161.080 7	190.50	191.40	189.60	183.11	4.770	4.805	4.857	4.944	62
63	189.00	163.678 8	193.50	194.40	192.60	186.10	4.770	4.805	4.857	4.944	63
64	192.00	166.276 9	196.50	197.40	195.60	189.10	4.771	4.805	4.858	4.945	64
65	195.00	168.875 0	199.50	200.40	198.60	192.10	4.771	4.806	4.858	4.946	65
66	198.00	171.473 0	202.50	203.40	201.60	195.10	4.771	4.806	4.859	4.946	66
67	201.00	174.071 1	205.50	206.40	204.60	198.10	4.771	4.806	4.859	4.947	67
68	204.00	176.669 2	208.50	209.40	207.60	201.10	4.771	4.807	4.859	4.948	68
69	207.00	179.267 3	211.50	212.40	210.60	204.10	4.771	4.807	4.860	4.948	69
70	210.00	181.865 3	214.50	215.40	213.60	207.09	4.772	4.807	4.860	4.949	70
71	213.00	184.463 4	217.50	218.40	216.60	210.09	4.772	4.807	4.861	4.950	71
72	216.00	187.061 5	220.50	221.40	219.60	213.09	4.772	4.808	4.861	4.950	72
73	219.00	189.659 6	223.50	224.40	222.60	216.09	4.772	4.808	4.861	4.951	73
74	222.00	192.257 6	226.50	227.40	225.60	219.09	4.772	4.808	4.862	4.951	74
75	225.00	194.855 7	229.50	230.40	228.60	222.09	4.772	4.808	4.862	4.952	75
76	228.00	197.453 8	232.50	233.40	231.60	225.09	4.772	4.809	4.863	4.953	76
77	231.00	200.051 9	235.50	236.40	234.60	228.09	4.773	4.809	4.863	4.953	77
78	234.00	202.649 9	238.50	239.40	237.60	231.08	4.773	4.809	4.863	4.954	78
79	237.00	205.248 0	241.50	242.40	240.60	234.08	4.773	4.809	4.864	4.954	79
80	240.00	207.846 1	244.50	245.40	243.60	237.08	4.773	4.809	4.864	4.955	80
81	243.00	210.444 2	247.50	248.40	246.60	240.08	4.773	4.810	4.864	4.956	81
82	246.00	213.042 2	250.50	251.40	249.60	243.08	4.773	4.810	4.865	4.956	82
83	249.00	215.640 3	253.50	254.40	252.60	246.08	4.773	4.810	4.865	4.957	83
84	252.00	218.238 4	256.50	257.40	255.60	249.08	4.774	4.810	4.865	4.957	84
85	255.00	220.836 5	259.50	260.40	258.60	252.08	4.774	4.811	4.866	4.958	85
86	258.00	223.434 6	262.50	263.40	261.60	255.08	4.774	4.811	4.866	4.958	86
87	261.00	226.032 6	265.50	266.40	264.60	258.08	4.774	4.811	4.867	4.959	87
88	264.00	228.630 7	268.50	269.40	267.60	261.07	4.774	4.811	4.867	4.960	88
89	267.00	231.228 8	271.50	272.40	270.60	264.07	4.774	4.811	4.867	4.960	89
90	270.00	233.826 9	274.50	275.40	273.60	267.07	4.774	4.812	4.868	4.961	90
91	273.00	236.424 9	277.50	278.40	276.60	270.07	4.775	4.812	4.868	4.961	91
92	276.00	239.023 0	280.50	281.40	279.60	273.07	4.775	4.812	4.868	4.962	92
93	279.00	241.621 1	283.50	284.40	282.60	276.07	4.775	4.812	4.869	4.962	93
94	282.00	244.219 2	286.50	287.40	285.60	279.07	4.775	4.813	4.869	4.963	94
95	285.00	246.817 2	289.50	290.40	288.60	282.07	4.775	4.813	4.869	4.963	95
96	288.00	249.415 3	292.50	293.40	291.60	285.07	4.775	4.813	4.870	4.964	96
97	291.00	252.013 4	295.50	296.40	294.60	288.07	4.775	4.813	4.870	4.964	97
98	294.00	254.611 5	298.50	299.40	297.60	291.07	4.776	4.813	4.870	4.965	98
99	297.00	257.209 5	301.50	302.40	300.60	294.07	4.776	4.814	4.871	4.966	99
100	300.00	259.807 6	304.50	305.40	303.60	297.07	4.776	4.814	4.871	4.966	100

表 10　30°内花键

模数 $m=4$ mm　作用齿槽宽最小值 $E_{v\,min}=6.283$ mm

单位为毫米

齿数 z	分度圆直径 D	基圆直径 D_b	大径 D_{ei}		渐开线终止圆直径 $D_{Fi\,min}$	小径 D_{ii}	实际齿槽宽最大值 $E_{max}=E_{v\,min}+(T+\lambda)$				齿数 z
			平齿根	圆齿根			4H	5H	6H	7H	
10	40.00	34.641 0	46.00	47.20	44.80	36.97	6.332	6.362	6.406	6.480	10
11	44.00	38.105 1	50.00	51.20	48.80	40.87	6.333	6.363	6.408	6.482	11
12	48.00	41.569 2	54.00	55.20	52.80	44.79	6.333	6.364	6.409	6.484	12
13	52.00	45.033 3	58.00	59.20	56.80	48.73	6.334	6.364	6.410	6.486	13
14	56.00	48.497 4	62.00	63.20	60.80	52.67	6.334	6.365	6.411	6.488	14
15	60.00	51.961 5	66.00	67.20	64.80	56.62	6.335	6.366	6.412	6.490	15
16	64.00	55.425 6	70.00	71.20	68.80	60.58	6.335	6.366	6.413	6.491	16
17	68.00	58.889 7	74.00	75.20	72.80	64.54	6.336	6.367	6.414	6.493	17
18	72.00	62.353 8	78.00	79.20	76.80	68.51	6.336	6.368	6.415	6.495	18
19	76.00	65.817 9	82.00	83.20	80.80	72.48	6.336	6.368	6.416	6.496	19
20	80.00	69.282 0	86.00	87.20	84.80	76.46	6.337	6.369	6.417	6.498	20
21	84.00	72.746 1	90.00	91.20	88.80	80.44	6.337	6.370	6.418	6.499	21
22	88.00	76.210 2	94.00	95.20	92.80	84.41	6.337	6.370	6.419	6.500	22
23	92.00	79.674 3	98.00	99.20	96.80	88.40	6.338	6.371	6.420	6.502	23
24	96.00	83.138 4	102.00	103.20	100.80	92.38	6.338	6.371	6.421	6.503	24
25	100.00	86.602 5	106.00	107.20	104.80	96.36	6.338	6.372	6.421	6.504	25
26	104.00	90.066 6	110.00	111.20	108.80	100.35	6.339	6.372	6.422	6.506	26
27	108.00	93.530 7	114.00	115.20	112.80	104.33	6.339	6.373	6.423	6.507	27
28	112.00	96.994 8	118.00	119.20	116.80	108.32	6.339	6.373	6.424	6.508	28
29	116.00	100.458 9	122.00	123.20	120.80	112.31	6.340	6.374	6.424	6.509	29
30	120.00	103.923 0	126.00	127.20	124.80	116.30	6.340	6.374	6.425	6.510	30
31	124.00	107.387 1	130.00	131.20	128.80	120.29	6.340	6.375	6.426	6.512	31
32	128.00	110.851 3	134.00	135.20	132.80	124.28	6.341	6.375	6.427	6.513	32
33	132.00	114.315 4	138.00	139.20	136.80	128.27	6.341	6.375	6.427	6.514	33
34	136.00	117.779 5	142.00	143.20	140.80	132.26	6.341	6.376	6.428	6.515	34
35	140.00	121.243 6	146.00	147.20	144.80	136.26	6.341	6.376	6.429	6.516	35
36	144.00	124.707 7	150.00	151.20	148.80	140.25	6.342	6.377	6.429	6.517	36
37	148.00	128.171 8	154.00	155.20	152.80	144.24	6.342	6.377	6.430	6.518	37
38	152.00	131.635 9	158.00	159.20	156.80	148.23	6.342	6.377	6.431	6.519	38
39	156.00	135.100 0	162.00	163.20	160.80	152.23	6.342	6.378	6.431	6.520	39
40	160.00	138.564 1	166.00	167.20	164.80	156.22	6.343	6.378	6.432	6.521	40
41	164.00	142.028 2	170.00	171.20	168.80	160.22	6.343	6.379	6.432	6.522	41
42	168.00	145.492 3	174.00	175.20	172.80	164.21	6.343	6.379	6.433	6.523	42
43	172.00	148.956 4	178.00	179.20	176.80	168.21	6.343	6.379	6.434	6.524	43
44	176.00	152.420 5	182.00	183.20	180.80	172.20	6.344	6.380	6.434	6.525	44
45	180.00	155.884 6	186.00	187.20	184.80	176.20	6.344	6.380	6.435	6.526	45
46	184.00	159.348 7	190.00	191.20	188.80	180.19	6.344	6.381	6.435	6.527	46
47	188.00	162.812 8	194.00	195.20	192.80	184.19	6.344	6.381	6.436	6.527	47
48	192.00	166.276 9	198.00	199.20	196.80	188.18	6.344	6.381	6.436	6.528	48
49	196.00	169.741 0	202.00	203.20	200.80	192.18	6.345	6.382	6.437	6.529	49
50	200.00	173.205 1	206.00	207.20	204.80	196.18	6.345	6.382	6.437	6.530	50
51	204.00	176.669 2	210.00	211.20	208.80	200.17	6.345	6.382	6.438	6.531	51
52	208.00	180.133 3	214.00	215.20	212.80	204.17	6.345	6.383	6.439	6.532	52
53	212.00	183.597 4	218.00	219.20	216.80	208.17	6.346	6.383	6.439	6.533	53
54	216.00	187.061 5	222.00	223.20	220.80	212.16	6.346	6.383	6.440	6.533	54
55	220.00	190.525 6	226.00	227.20	224.80	216.16	6.346	6.384	6.440	6.534	55

表 10（续）

单位为毫米

齿数 z	分度圆直径 D	基圆直径 D_b	大径 D_{ei}		渐开线终止圆直径 $D_{Fi\,min}$	小径 D_{ii}	实际齿槽宽最大值 $E_{max}=E_{v\,min}+(T+\lambda)$				齿数 z
			平齿根	圆齿根			4H	5H	6H	7H	
56	224.00	193.989 7	230.00	231.20	228.80	220.16	6.346	6.384	6.441	6.535	56
57	228.00	197.453 8	234.00	235.20	232.80	224.15	6.346	6.384	6.441	6.536	57
58	232.00	200.917 9	238.00	239.20	236.80	228.15	6.347	6.385	6.442	6.537	58
59	236.00	204.382 0	242.00	243.20	240.80	232.15	6.347	6.385	6.442	6.537	59
60	240.00	207.846 1	246.00	247.20	244.80	236.15	6.347	6.385	6.443	6.538	60
61	244.00	211.310 2	250.00	251.20	248.80	240.14	6.347	6.386	6.443	6.539	61
62	248.00	214.774 3	254.00	255.20	252.80	244.14	6.347	6.386	6.444	6.540	62
63	252.00	218.238 4	258.00	259.20	256.80	248.14	6.348	6.386	6.444	6.541	63
64	256.00	221.702 5	262.00	263.20	260.80	252.14	6.348	6.386	6.445	6.541	64
65	260.00	225.166 6	266.00	267.20	264.80	256.14	6.348	6.387	6.445	6.542	65
66	264.00	228.630 7	270.00	271.20	268.80	260.13	6.348	6.387	6.445	6.543	66
67	268.00	232.094 8	274.00	275.20	272.80	264.13	6.348	6.387	6.446	6.544	67
68	272.00	235.558 9	278.00	279.20	276.80	268.13	6.348	6.388	6.446	6.544	68
69	276.00	239.023 0	282.00	283.20	280.80	272.13	6.349	6.388	6.447	6.545	69
70	280.00	242.487 1	286.00	287.20	284.80	276.13	6.349	6.388	6.447	6.546	70
71	284.00	245.951 2	290.00	291.20	288.80	280.12	6.349	6.388	6.448	6.546	71
72	288.00	249.415 3	294.00	295.20	292.80	284.12	6.349	6.389	6.448	6.547	72
73	292.00	252.879 4	298.00	299.20	296.80	288.12	6.349	6.389	6.449	6.548	73
74	296.00	256.343 5	302.00	303.20	300.80	292.12	6.350	6.389	6.449	6.549	74
75	300.00	259.807 6	306.00	307.20	304.80	296.12	6.350	6.390	6.449	6.549	75
76	304.00	263.271 7	310.00	311.20	308.80	300.12	6.350	6.390	6.450	6.550	76
77	308.00	266.735 8	314.00	315.20	312.80	304.11	6.350	6.390	6.450	6.551	77
78	312.00	270.199 9	318.00	319.20	316.80	308.11	6.350	6.390	6.451	6.551	78
79	316.00	273.664 0	322.00	323.20	320.80	312.11	6.350	6.391	6.451	6.552	79
80	320.00	277.128 1	326.00	327.20	324.80	316.11	6.351	6.391	6.452	6.553	80
81	324.00	280.592 2	330.00	331.20	328.80	320.11	6.351	6.391	6.452	6.553	81
82	328.00	284.056 3	334.00	335.20	332.80	324.11	6.351	6.392	6.452	6.554	82
83	332.00	287.520 4	338.00	339.20	336.80	328.11	6.351	6.392	6.453	6.555	83
84	336.00	290.984 5	342.00	343.20	340.80	332.10	6.351	6.392	6.453	6.555	84
85	340.00	294.448 6	346.00	347.20	344.80	336.10	6.351	6.392	6.454	6.556	85
86	344.00	297.912 7	350.00	351.20	348.80	340.10	6.352	6.393	6.454	6.557	86
87	348.00	301.376 8	354.00	355.20	352.80	344.10	6.352	6.393	6.454	6.557	87
88	352.00	304.840 9	358.00	359.20	356.80	348.10	6.352	6.393	6.455	6.558	88
89	356.00	308.305 0	362.00	363.20	360.80	352.10	6.352	6.393	6.455	6.559	89
90	360.00	311.769 1	366.00	367.20	364.80	356.10	6.352	6.394	6.456	6.559	90
91	364.00	315.233 2	370.00	371.20	368.80	360.10	6.352	6.394	6.456	6.560	91
92	368.00	318.697 3	374.00	375.20	372.80	364.10	6.352	6.394	6.456	6.560	92
93	372.00	322.161 4	378.00	379.20	376.80	368.09	6.353	6.394	6.457	6.561	93
94	376.00	325.625 5	382.00	383.20	380.80	372.09	6.353	6.395	6.457	6.562	94
95	380.00	329.089 6	386.00	387.20	384.80	376.09	6.353	6.395	6.458	6.562	95
96	384.00	332.553 8	390.00	391.20	388.80	380.09	6.353	6.395	6.458	6.563	96
97	388.00	336.017 9	394.00	395.20	392.80	384.09	6.353	6.395	6.458	6.564	97
98	392.00	339.482 0	398.00	399.20	396.80	388.09	6.353	6.396	6.459	6.564	98
99	396.00	342.946 1	402.00	403.20	400.80	392.09	6.354	6.396	6.459	6.565	99
100	400.00	346.410 2	406.00	407.20	404.80	396.09	6.354	6.396	6.460	6.565	100

表 11 30°内花键

模数 m=5 mm 作用齿槽宽最小值 $E_{v\,min}$=7.854 mm

单位为毫米

齿数 z	分度圆直径 D	基圆直径 D_b	大径 D_{ei}		渐开线终止圆直径 $D_{Fi\,min}$	小径 D_{ii}	实际齿槽宽最大值 $E_{max}=E_{v\,min}+(T+\lambda)$				齿数 z
			平齿根	圆齿根			4H	5H	6H	7H	
10	50.00	43.301 3	57.50	59.00	56.00	46.21	7.907	7.939	7.987	8.066	10
11	55.00	47.631 4	62.50	64.00	61.00	51.09	7.908	7.940	7.988	8.069	11
12	60.00	51.961 5	67.50	69.00	66.00	55.99	7.908	7.941	7.990	8.071	12
13	65.00	56.291 7	72.50	74.00	71.00	60.91	7.909	7.942	7.991	8.073	13
14	70.00	60.621 8	77.50	79.00	76.00	65.84	7.909	7.942	7.992	8.075	14
15	75.00	64.951 9	82.50	84.00	81.00	70.78	7.910	7.943	7.993	8.077	15
16	80.00	69.282 0	87.50	89.00	86.00	75.73	7.910	7.944	7.995	8.079	16
17	85.00	73.612 2	92.50	94.00	91.00	80.68	7.911	7.945	7.996	8.081	17
18	90.00	77.942 3	97.50	99.00	96.00	85.64	7.911	7.945	7.997	8.082	18
19	95.00	82.272 4	102.50	104.00	101.00	90.60	7.912	7.946	7.998	8.084	19
20	100.00	86.602 5	107.50	109.00	106.00	95.57	7.912	7.947	7.999	8.086	20
21	105.00	90.932 7	112.50	114.00	111.00	100.54	7.912	7.947	8.000	8.087	21
22	110.00	95.262 8	117.50	119.00	116.00	105.52	7.913	7.948	8.001	8.089	22
23	115.00	99.592 9	122.50	124.00	121.00	110.49	7.913	7.948	8.002	8.090	23
24	120.00	103.923 0	127.50	129.00	126.00	115.47	7.913	7.949	8.003	8.092	24
25	125.00	108.253 2	132.50	134.00	131.00	120.45	7.914	7.950	8.003	8.093	25
26	130.00	112.583 3	137.50	139.00	136.00	125.43	7.914	7.950	8.004	8.094	26
27	135.00	116.913 4	142.50	144.00	141.00	130.42	7.914	7.951	8.005	8.096	27
28	140.00	121.243 6	147.50	149.00	146.00	135.40	7.915	7.951	8.006	8.097	28
29	145.00	125.573 7	152.50	154.00	151.00	140.39	7.915	7.952	8.007	8.098	29
30	150.00	129.903 8	157.50	159.00	156.00	145.37	7.915	7.952	8.008	8.100	30
31	155.00	134.233 9	162.50	164.00	161.00	150.36	7.916	7.953	8.008	8.101	31
32	160.00	138.564 1	167.50	169.00	166.00	155.35	7.916	7.953	8.009	8.102	32
33	165.00	142.894 2	172.50	174.00	171.00	160.34	7.916	7.954	8.010	8.103	33
34	170.00	147.224 3	177.50	179.00	176.00	165.33	7.917	7.954	8.011	8.105	34
35	175.00	151.554 4	182.50	184.00	181.00	170.32	7.917	7.955	8.011	8.106	35
36	180.00	155.884 6	187.50	189.00	186.00	175.31	7.917	7.955	8.012	8.107	36
37	185.00	160.214 7	192.50	194.00	191.00	180.30	7.917	7.956	8.013	8.108	37
38	190.00	164.544 8	197.50	199.00	196.00	185.29	7.918	7.956	8.013	8.109	38
39	195.00	168.875 0	202.50	204.00	201.00	190.29	7.918	7.956	8.014	8.110	39
40	200.00	173.205 1	207.50	209.00	206.00	195.28	7.918	7.957	8.015	8.111	40
41	205.00	177.535 2	212.50	214.00	211.00	200.27	7.919	7.957	8.015	8.112	41
42	210.00	181.865 3	217.50	219.00	216.00	205.26	7.919	7.958	8.016	8.113	42
43	215.00	186.195 5	222.50	224.00	221.00	210.26	7.919	7.958	8.017	8.114	43
44	220.00	190.525 6	227.50	229.00	226.00	215.25	7.919	7.959	8.017	8.116	44
45	225.00	194.855 7	232.50	234.00	231.00	220.25	7.920	7.959	8.018	8.117	45
46	230.00	199.185 8	237.50	239.00	236.00	225.24	7.920	7.959	8.019	8.118	46
47	235.00	203.516 0	242.50	244.00	241.00	230.24	7.920	7.960	8.019	8.119	47
48	240.00	207.846 1	247.50	249.00	246.00	235.23	7.920	7.960	8.020	8.120	48
49	245.00	212.176 2	252.50	254.00	251.00	240.23	7.921	7.961	8.021	8.120	49
50	250.00	216.506 3	257.50	259.00	256.00	245.22	7.921	7.961	8.021	8.121	50
51	255.00	220.836 5	262.50	264.00	261.00	250.22	7.921	7.961	8.022	8.122	51
52	260.00	225.166 6	267.50	269.00	266.00	255.21	7.921	7.962	8.022	8.123	52
53	265.00	229.496 7	272.50	274.00	271.00	260.21	7.922	7.962	8.023	8.124	53
54	270.00	233.826 9	277.50	279.00	276.00	265.20	7.922	7.962	8.023	8.125	54
55	275.00	238.157 0	282.50	284.00	281.00	270.20	7.922	7.963	8.024	8.126	55

表 11（续）

单位为毫米

齿数 z	分度圆直径 D	基圆直径 D_b	大径 D_{ei} 平齿根	大径 D_{ei} 圆齿根	渐开线终止圆直径 $D_{Fi\ min}$	小径 D_{ii}	实际齿槽宽最大值 $E_{max}=E_{v\ min}+(T+\lambda)$ 4H	5H	6H	7H	齿数 z
56	280.00	242.487 1	287.50	289.00	286.00	275.20	7.922	7.963	8.025	8.127	56
57	285.00	246.817 2	292.50	294.00	291.00	280.19	7.922	7.964	8.025	8.128	57
58	290.00	251.147 4	297.50	299.00	296.00	285.19	7.923	7.964	8.026	8.129	58
59	295.00	255.477 5	302.50	304.00	301.00	290.19	7.923	7.964	8.026	8.130	59
60	300.00	259.807 6	307.50	309.00	306.00	295.18	7.923	7.965	8.027	8.131	60
61	305.00	264.137 7	312.50	314.00	311.00	300.18	7.923	7.965	8.027	8.131	61
62	310.00	268.467 9	317.50	319.00	316.00	305.18	7.924	7.965	8.028	8.132	62
63	315.00	272.798 0	322.50	324.00	321.00	310.17	7.924	7.966	8.028	8.133	63
64	320.00	277.128 1	327.50	329.00	326.00	315.17	7.924	7.966	8.029	8.134	64
65	325.00	281.458 3	332.50	334.00	331.00	320.17	7.924	7.966	8.029	8.135	65
66	330.00	285.788 4	337.50	339.00	336.00	325.17	7.924	7.967	8.030	8.136	66
67	335.00	290.118 5	342.50	344.00	341.00	330.16	7.925	7.967	8.031	8.136	67
68	340.00	294.448 6	347.50	349.00	346.00	335.16	7.925	7.967	8.031	8.137	68
69	345.00	298.778 8	352.50	354.00	351.00	340.16	7.925	7.968	8.032	8.138	69
70	350.00	303.108 9	357.50	359.00	356.00	345.16	7.925	7.968	8.032	8.139	70
71	355.00	307.439 0	362.50	364.00	361.00	350.15	7.925	7.968	8.033	8.140	71
72	360.00	311.769 1	367.50	369.00	366.00	355.15	7.926	7.969	8.033	8.140	72
73	365.00	316.099 3	372.50	374.00	371.00	360.15	7.926	7.969	8.034	8.141	73
74	370.00	320.429 4	377.50	379.00	376.00	365.15	7.926	7.969	8.034	8.142	74
75	375.00	324.759 5	382.50	384.00	381.00	370.15	7.926	7.970	8.034	8.143	75
76	380.00	329.089 6	387.50	389.00	386.00	375.14	7.926	7.970	8.035	8.144	76
77	385.00	333.419 8	392.50	394.00	391.00	380.14	7.927	7.970	8.035	8.144	77
78	390.00	337.749 9	397.50	399.00	396.00	385.14	7.927	7.970	8.036	8.145	78
79	395.00	342.080 0	402.50	404.00	401.00	390.14	7.927	7.971	8.036	8.146	79
80	400.00	346.410 2	407.50	409.00	406.00	395.14	7.927	7.971	8.037	8.147	80
81	405.00	350.740 3	412.50	414.00	411.00	400.14	7.927	7.971	8.037	8.147	81
82	410.00	355.070 4	417.50	419.00	416.00	405.13	7.928	7.972	8.038	8.148	82
83	415.00	359.400 5	422.50	424.00	421.00	410.13	7.928	7.972	8.038	8.149	83
84	420.00	363.730 7	427.50	429.00	426.00	415.13	7.928	7.972	8.039	8.150	84
85	425.00	368.060 8	432.50	434.00	431.00	420.13	7.928	7.973	8.039	8.150	85
86	430.00	372.390 9	437.50	439.00	436.00	425.13	7.928	7.973	8.040	8.151	86
87	435.00	376.721 0	442.50	444.00	441.00	430.13	7.928	7.973	8.040	8.152	87
88	440.00	381.051 2	447.50	449.00	446.00	435.12	7.929	7.973	8.041	8.152	88
89	445.00	385.381 3	452.50	454.00	451.00	440.12	7.929	7.974	8.041	8.153	89
90	450.00	389.711 4	457.50	459.00	456.00	445.12	7.929	7.974	8.041	8.154	90
91	455.00	394.041 6	462.50	464.00	461.00	450.12	7.929	7.974	8.042	8.155	91
92	460.00	398.371 7	467.50	469.00	466.00	455.12	7.929	7.975	8.042	8.155	92
93	465.00	402.701 8	472.50	474.00	471.00	460.12	7.929	7.975	8.043	8.156	93
94	470.00	407.031 9	477.50	479.00	476.00	465.12	7.930	7.975	8.043	8.157	94
95	475.00	411.362 1	482.50	484.00	481.00	470.12	7.930	7.975	8.044	8.157	95
96	480.00	415.692 2	487.50	489.00	486.00	475.11	7.930	7.976	8.044	8.158	96
97	485.00	420.022 3	492.50	494.00	491.00	480.11	7.930	7.976	8.044	8.159	97
98	490.00	424.352 4	497.50	499.00	496.00	485.11	7.930	7.976	8.045	8.159	98
99	495.00	428.682 6	502.50	504.00	501.00	490.11	7.931	7.976	8.045	8.160	99
100	500.00	433.012 7	507.50	509.00	506.00	495.11	7.931	7.977	8.046	8.161	100

表 12　30°内花键

模数 $m=6$ mm　作用齿槽宽最小值 $E_{v\ min}=9.425$ mm

单位为毫米

齿数 z	分度圆直径 D	基圆直径 D_b	大径 D_{ei}		渐开线终止圆直径 $D_{Fi\ min}$	小径 D_{ii}	实际齿槽宽最大值 $E_{max}=E_{v\ min}+(T+\lambda)$				齿数 z
			平齿根	圆齿根			4H	5H	6H	7H	
10	60.00	51.961 5	69.00	70.80	67.20	55.45	9.481	9.515	9.566	9.566	10
11	66.00	57.157 7	75.00	76.80	73.20	61.31	9.482	9.516	9.568	9.568	11
12	72.00	62.353 8	81.00	82.80	79.20	67.19	9.483	9.517	9.569	9.569	12
13	78.00	67.550 0	87.00	88.80	85.20	73.09	9.483	9.518	9.571	9.571	13
14	84.00	72.746 1	93.00	94.80	91.20	79.01	9.484	9.519	9.572	9.572	14
15	90.00	77.942 3	99.00	100.80	97.20	84.93	9.484	9.520	9.573	9.573	15
16	96.00	83.138 4	105.00	106.80	103.20	90.87	9.485	9.521	9.575	9.575	16
17	102.00	88.334 6	111.00	112.80	109.20	96.82	9.485	9.521	9.576	9.576	17
18	108.00	93.530 7	117.00	118.80	115.20	102.77	9.486	9.522	9.577	9.577	18
19	114.00	98.726 9	123.00	124.80	121.20	108.73	9.486	9.523	9.578	9.578	19
20	120.00	103.923 0	129.00	130.80	127.20	114.69	9.487	9.524	9.579	9.579	20
21	126.00	109.119 2	135.00	136.80	133.20	120.65	9.487	9.524	9.580	9.580	21
22	132.00	114.315 4	141.00	142.80	139.20	126.62	9.487	9.525	9.581	9.581	22
23	138.00	119.511 5	147.00	148.80	145.20	132.59	9.488	9.526	9.582	9.582	23
24	144.00	124.707 7	153.00	154.80	151.20	138.57	9.488	9.526	9.583	9.583	24
25	150.00	129.903 8	159.00	160.80	157.20	144.54	9.489	9.527	9.584	9.584	25
26	156.00	135.100 0	165.00	166.80	163.20	150.52	9.489	9.527	9.585	9.585	26
27	162.00	140.296 1	171.00	172.80	169.20	156.50	9.489	9.528	9.586	9.586	27
28	168.00	145.492 3	177.00	178.80	175.20	162.48	9.490	9.529	9.587	9.587	28
29	174.00	150.688 4	183.00	184.80	181.20	168.47	9.490	9.529	9.588	9.588	29
30	180.00	155.884 6	189.00	190.80	187.20	174.45	9.490	9.530	9.589	9.589	30
31	186.00	161.080 7	195.00	196.80	193.20	180.43	9.491	9.530	9.589	9.589	31
32	192.00	166.276 9	201.00	202.80	199.20	186.42	9.491	9.531	9.590	9.590	32
33	198.00	171.473 0	207.00	208.80	205.20	192.41	9.491	9.531	9.591	9.591	33
34	204.00	176.669 2	213.00	214.80	211.20	198.39	9.492	9.532	9.592	9.592	34
35	210.00	181.865 3	219.00	220.80	217.20	204.38	9.492	9.532	9.593	9.593	35
36	216.00	187.061 5	225.00	226.80	223.20	210.37	9.492	9.533	9.593	9.593	36
37	222.00	192.257 6	231.00	232.80	229.20	216.36	9.493	9.533	9.594	9.594	37
38	228.00	197.453 8	237.00	238.80	235.20	222.35	9.493	9.534	9.595	9.595	38
39	234.00	202.649 9	243.00	244.80	241.20	228.34	9.493	9.534	9.596	9.596	39
40	240.00	207.846 1	249.00	250.80	247.20	234.33	9.493	9.535	9.596	9.596	40
41	246.00	213.042 2	255.00	256.80	253.20	240.33	9.494	9.535	9.597	9.597	41
42	252.00	218.238 4	261.00	262.80	259.20	246.32	9.494	9.536	9.598	9.598	42
43	258.00	223.434 6	267.00	268.80	265.20	252.31	9.494	9.536	9.599	9.599	43
44	264.00	228.630 7	273.00	274.80	271.20	258.30	9.495	9.536	9.599	9.599	44
45	270.00	233.826 9	279.00	280.80	277.20	264.30	9.495	9.537	9.600	9.600	45
46	276.00	239.023 0	285.00	286.80	283.20	270.29	9.495	9.537	9.601	9.601	46
47	282.00	244.219 2	291.00	292.80	289.20	276.28	9.495	9.538	9.601	9.601	47
48	288.00	249.415 3	297.00	298.80	295.20	282.28	9.496	9.538	9.602	9.602	48
49	294.00	254.611 5	303.00	304.80	301.20	288.27	9.496	9.539	9.603	9.603	49
50	300.00	259.807 6	309.00	310.80	307.20	294.27	9.496	9.539	9.603	9.603	50
51	306.00	265.003 8	315.00	316.80	313.20	300.26	9.496	9.539	9.604	9.604	51
52	312.00	270.199 9	321.00	322.80	319.20	306.26	9.497	9.540	9.605	9.605	52
53	318.00	275.396 1	327.00	328.80	325.20	312.25	9.497	9.540	9.605	9.605	53
54	324.00	280.592 2	333.00	334.80	331.20	318.25	9.497	9.541	9.606	9.606	54
55	330.00	285.788 4	339.00	340.80	337.20	324.24	9.497	9.541	9.607	9.607	55

表 12（续）

单位为毫米

齿数 z	分度圆直径 D	基圆直径 D_b	大径 D_{ei}		渐开线终止圆直径 $D_{Fi\,min}$	小径 D_{ii}	实际齿槽宽最大值 $E_{max}=E_{v\,min}+(T+\lambda)$				齿数 z
			平齿根	圆齿根			4H	5H	6H	7H	
56	336.00	290.984 5	345.00	346.80	343.20	330.24	9.498	9.542	9.607	9.717	56
57	342.00	296.180 7	351.00	352.80	349.20	336.23	9.498	9.542	9.608	9.718	57
58	348.00	301.376 8	357.00	358.80	355.20	342.23	9.498	9.542	9.608	9.719	58
59	354.00	306.573 0	363.00	364.80	361.20	348.22	9.498	9.543	9.609	9.720	59
60	360.00	311.769 1	369.00	370.80	367.20	354.22	9.499	9.543	9.610	9.720	60
61	366.00	316.965 3	375.00	376.80	373.20	360.22	9.499	9.543	9.610	9.721	61
62	372.00	322.161 4	381.00	382.80	379.20	366.21	9.499	9.544	9.611	9.722	62
63	378.00	327.357 6	387.00	388.80	385.20	372.21	9.499	9.544	9.611	9.723	63
64	384.00	332.553 8	393.00	394.80	391.20	378.21	9.500	9.545	9.612	9.724	64
65	390.00	337.749 9	399.00	400.80	397.20	384.20	9.500	9.545	9.612	9.725	65
66	396.00	342.946 1	405.00	406.80	403.20	390.20	9.500	9.545	9.613	9.726	66
67	402.00	348.142 2	411.00	412.80	409.20	396.20	9.500	9.546	9.614	9.727	67
68	408.00	353.338 4	417.00	418.80	415.20	402.19	9.501	9.546	9.614	9.728	68
69	414.00	358.534 5	423.00	424.80	421.20	408.19	9.501	9.546	9.615	9.729	69
70	420.00	363.730 7	429.00	430.80	427.20	414.19	9.501	9.547	9.615	9.730	70
71	426.00	368.926 8	435.00	436.80	433.20	420.19	9.501	9.547	9.616	9.730	71
72	432.00	374.123 0	441.00	442.80	439.20	426.18	9.501	9.547	9.616	9.731	72
73	438.00	379.319 1	447.00	448.80	445.20	432.18	9.502	9.548	9.617	9.732	73
74	444.00	384.515 3	453.00	454.80	451.20	438.18	9.502	9.548	9.617	9.733	74
75	450.00	389.711 4	459.00	460.80	457.20	444.18	9.502	9.548	9.618	9.734	75
76	456.00	394.907 6	465.00	466.80	463.20	450.17	9.502	9.549	9.619	9.735	76
77	462.00	400.103 7	471.00	472.80	469.20	456.17	9.502	9.549	9.619	9.736	77
78	468.00	405.299 9	477.00	478.80	475.20	462.17	9.503	9.549	9.620	9.736	78
79	474.00	410.496 0	483.00	484.80	481.20	468.17	9.503	9.550	9.620	9.737	79
80	480.00	415.692 2	489.00	490.80	487.20	474.16	9.503	9.550	9.621	9.738	80
81	486.00	420.888 3	495.00	496.80	493.20	480.16	9.503	9.550	9.621	9.739	81
82	492.00	426.084 5	501.00	502.80	499.20	486.16	9.504	9.551	9.622	9.740	82
83	498.00	431.280 6	507.00	508.80	505.20	492.16	9.504	9.551	9.622	9.741	83
84	504.00	436.476 8	513.00	514.80	511.20	498.16	9.504	9.552	9.624	9.743	84
85	510.00	441.672 9	519.00	520.80	517.20	504.15	9.505	9.552	9.624	9.744	85
86	516.00	446.869 1	525.00	526.80	523.20	510.15	9.505	9.553	9.625	9.745	86
87	522.00	452.065 3	531.00	532.80	529.20	516.15	9.505	9.553	9.625	9.746	87
88	528.00	457.261 4	537.00	538.80	535.20	522.15	9.505	9.554	9.626	9.747	88
89	534.00	462.457 6	543.00	544.80	541.20	528.15	9.506	9.554	9.627	9.748	89
90	540.00	467.653 7	549.00	550.80	547.20	534.15	9.506	9.554	9.627	9.749	90
91	546.00	472.849 9	555.00	556.80	553.20	540.14	9.506	9.555	9.628	9.750	91
92	552.00	478.046 0	561.00	562.80	559.20	546.14	9.506	9.555	9.628	9.751	92
93	558.00	483.242 2	567.00	568.80	565.20	552.14	9.506	9.555	9.629	9.752	93
94	564.00	488.438 3	573.00	574.80	571.20	558.14	9.507	9.556	9.630	9.752	94
95	570.00	493.634 5	579.00	580.80	577.20	564.14	9.507	9.556	9.630	9.753	95
96	576.00	498.830 6	585.00	586.80	583.20	570.14	9.507	9.557	9.631	9.754	96
97	582.00	504.026 8	591.00	592.80	589.20	576.14	9.507	9.557	9.631	9.755	97
98	588.00	509.222 9	597.00	598.80	595.20	582.13	9.508	9.557	9.632	9.756	98
99	594.00	514.419 1	603.00	604.80	601.20	588.13	9.508	9.558	9.633	9.757	99
100	600.00	519.615 2	609.00	610.80	607.20	594.13	9.508	9.558	9.633	9.758	100

表 13 30°内花键

模数 $m=8$ mm 作用齿槽宽最小值 $E_{v\,min}=12.566$ mm

单位为毫米

齿数 z	分度圆直径 D	基圆直径 D_b	大径 D_{ei}		渐开线终止圆直径 $D_{Fi\,min}$	小径 D_{ii}	实际齿槽宽最大值 $E_{max}=E_{v\,min}+(T+\lambda)$				齿数 z
			平齿根	圆齿根			4H	5H	6H	7H	
10	80.00	69.282 0	92.00	94.40	89.60	73.94	12.629	12.666	12.723	12.816	10
11	88.00	76.210 2	100.00	102.40	97.60	81.74	12.630	12.667	12.724	12.819	11
12	96.00	83.138 4	108.00	110.40	105.60	89.59	12.630	12.669	12.726	12.822	12
13	104.00	90.066 6	116.00	118.40	113.60	97.45	12.631	12.670	12.728	12.824	13
14	112.00	96.994 8	124.00	126.40	121.60	105.34	12.631	12.671	12.729	12.827	14
15	120.00	103.923 0	132.00	134.40	129.60	113.25	12.632	12.671	12.731	12.829	15
16	128.00	110.851 3	140.00	142.40	137.60	121.16	12.633	12.672	12.732	12.831	16
17	136.00	117.779 5	148.00	150.40	145.60	129.09	12.633	12.673	12.733	12.833	17
18	144.00	124.707 7	156.00	158.40	153.60	137.02	12.634	12.674	12.735	12.836	18
19	152.00	131.635 9	164.00	166.40	161.60	144.97	12.634	12.675	12.736	12.838	19
20	160.00	138.564 1	172.00	174.40	169.60	152.92	12.635	12.676	12.737	12.840	20
21	168.00	145.492 3	180.00	182.40	177.60	160.87	12.635	12.676	12.738	12.842	21
22	176.00	152.420 5	188.00	190.40	185.60	168.83	12.636	12.677	12.739	12.843	22
23	184.00	159.348 7	196.00	198.40	193.60	176.79	12.636	12.678	12.741	12.845	23
24	192.00	166.276 9	204.00	206.40	201.60	184.76	12.637	12.679	12.742	12.847	24
25	200.00	173.205 1	212.00	214.40	209.60	192.72	12.637	12.679	12.743	12.849	25
26	208.00	180.133 3	220.00	222.40	217.60	200.70	12.637	12.680	12.744	12.850	26
27	216.00	187.061 5	228.00	230.40	225.60	208.67	12.638	12.681	12.745	12.852	27
28	224.00	193.989 7	236.00	238.40	233.60	216.64	12.638	12.681	12.746	12.854	28
29	232.00	200.917 9	244.00	246.40	241.60	224.62	12.639	12.682	12.747	12.855	29
30	240.00	207.846 1	252.00	254.40	249.60	232.60	12.639	12.683	12.748	12.857	30
31	248.00	214.774 3	260.00	262.40	257.60	240.58	12.639	12.683	12.749	12.858	31
32	256.00	221.702 5	268.00	270.40	265.60	248.56	12.640	12.684	12.750	12.860	32
33	264.00	228.630 7	276.00	278.40	273.60	256.54	12.640	12.684	12.751	12.861	33
34	272.00	235.558 9	284.00	286.40	281.60	264.53	12.641	12.685	12.752	12.863	34
35	280.00	242.487 1	292.00	294.40	289.60	272.51	12.641	12.686	12.753	12.864	35
36	288.00	249.415 3	300.00	302.40	297.60	280.50	12.641	12.686	12.754	12.866	36
37	296.00	256.343 5	308.00	310.40	305.60	288.48	12.642	12.687	12.754	12.867	37
38	304.00	263.271 7	316.00	318.40	313.60	296.47	12.642	12.687	12.755	12.869	38
39	312.00	270.199 9	324.00	326.40	321.60	304.46	12.642	12.688	12.756	12.870	39
40	320.00	277.128 1	332.00	334.40	329.60	312.45	12.643	12.688	12.757	12.871	40
41	328.00	284.056 3	340.00	342.40	337.60	320.43	12.643	12.689	12.758	12.873	41
42	336.00	290.984 5	348.00	350.40	345.60	328.42	12.643	12.689	12.759	12.874	42
43	344.00	297.912 7	356.00	358.40	353.60	336.41	12.644	12.690	12.759	12.875	43
44	352.00	304.840 9	364.00	366.40	361.60	344.40	12.644	12.690	12.760	12.877	44
45	360.00	311.769 1	372.00	374.40	369.60	352.39	12.644	12.691	12.761	12.878	45
46	368.00	318.697 3	380.00	382.40	377.60	360.39	12.645	12.691	12.762	12.879	46
47	376.00	325.625 5	388.00	390.40	385.60	368.38	12.645	12.692	12.763	12.880	47
48	384.00	332.553 8	396.00	398.40	393.60	376.37	12.645	12.692	12.763	12.882	48
49	392.00	339.482 0	404.00	406.40	401.60	384.36	12.645	12.693	12.764	12.883	49
50	400.00	346.410 2	412.00	414.40	409.60	392.35	12.646	12.693	12.765	12.884	50
51	408.00	353.338 4	420.00	422.40	417.60	400.35	12.646	12.694	12.766	12.885	51
52	416.00	360.266 6	428.00	430.40	425.60	408.34	12.646	12.694	12.766	12.886	52
53	424.00	367.194 8	436.00	438.40	433.60	416.33	12.647	12.695	12.767	12.888	53
54	432.00	374.123 0	444.00	446.40	441.60	424.33	12.647	12.695	12.768	12.889	54
55	440.00	381.051 2	452.00	454.40	449.60	432.32	12.647	12.696	12.769	12.890	55

表 13（续）

单位为毫米

齿数 z	分度圆直径 D	基圆直径 D_b	大径 D_{ei}		渐开线终止圆直径 $D_{Fi\,min}$	小径 D_{ii}	实际齿槽宽最大值 $E_{max}=E_{v\,min}+(T+\lambda)$				齿数 z
			平齿根	圆齿根			4H	5H	6H	7H	
56	448.00	387.979 4	460.00	462.40	457.60	440.32	12.648	12.696	12.769	12.891	56
57	456.00	394.907 6	468.00	470.40	465.60	448.31	12.648	12.697	12.770	12.892	57
58	464.00	401.835 8	476.00	478.40	473.60	456.30	12.648	12.697	12.771	12.893	58
59	472.00	408.764 0	484.00	486.40	481.60	464.30	12.648	12.698	12.771	12.894	59
60	480.00	415.692 2	492.00	494.40	489.60	472.29	12.649	12.698	12.772	12.895	60
61	488.00	422.620 4	500.00	502.40	497.60	480.29	12.649	12.698	12.773	12.897	61
62	496.00	429.548 6	508.00	510.40	505.60	488.28	12.649	12.699	12.773	12.898	62
63	504.00	436.476 8	516.00	518.40	513.60	496.28	12.650	12.700	12.775	12.900	63
64	512.00	443.405 0	524.00	526.40	521.60	504.28	12.650	12.700	12.776	12.902	64
65	520.00	450.333 2	532.00	534.40	529.60	512.27	12.650	12.701	12.777	12.903	65
66	528.00	457.261 4	540.00	542.40	537.60	520.27	12.651	12.701	12.777	12.904	66
67	536.00	464.189 6	548.00	550.40	545.60	528.26	12.651	12.702	12.778	12.905	67
68	544.00	471.117 8	556.00	558.40	553.60	536.26	12.651	12.702	12.779	12.907	68
69	552.00	478.046 0	564.00	566.40	561.60	544.25	12.652	12.703	12.780	12.908	69
70	560.00	484.974 2	572.00	574.40	569.60	552.25	12.652	12.704	12.781	12.909	70
71	568.00	491.902 4	580.00	582.40	577.60	560.25	12.652	12.704	12.781	12.911	71
72	576.00	498.830 6	588.00	590.40	585.60	568.24	12.653	12.705	12.782	12.912	72
73	584.00	505.758 8	596.00	598.40	593.60	576.24	12.653	12.705	12.783	12.913	73
74	592.00	512.687 0	604.00	606.40	601.60	584.24	12.653	12.706	12.784	12.914	74
75	600.00	519.615 2	612.00	614.40	609.60	592.23	12.654	12.706	12.785	12.916	75
76	608.00	526.543 4	620.00	622.40	617.60	600.23	12.654	12.707	12.785	12.917	76
77	616.00	533.471 6	628.00	630.40	625.60	608.23	12.654	12.707	12.786	12.918	77
78	624.00	540.399 8	636.00	638.40	633.60	616.22	12.655	12.708	12.787	12.919	78
79	632.00	547.328 0	644.00	646.40	641.60	624.22	12.655	12.708	12.788	12.921	79
80	640.00	554.256 3	652.00	654.40	649.60	632.22	12.655	12.709	12.789	12.922	80
81	648.00	561.184 5	660.00	662.40	657.60	640.22	12.656	12.709	12.789	12.923	81
82	656.00	568.112 7	668.00	670.40	665.60	648.21	12.656	12.710	12.790	12.925	82
83	664.00	575.040 9	676.00	678.40	673.60	656.21	12.656	12.710	12.791	12.926	83
84	672.00	581.969 1	684.00	686.40	681.60	664.21	12.657	12.711	12.792	12.927	84
85	680.00	588.897 3	692.00	694.40	689.60	672.21	12.657	12.711	12.793	12.928	85
86	688.00	595.825 5	700.00	702.40	697.60	680.20	12.657	12.712	12.793	12.930	86
87	696.00	602.753 7	708.00	710.40	705.60	688.20	12.658	12.712	12.794	12.931	87
88	704.00	609.681 9	716.00	718.40	713.60	696.20	12.658	12.713	12.795	12.932	88
89	712.00	616.610 1	724.00	726.40	721.60	704.20	12.658	12.713	12.796	12.934	89
90	720.00	623.538 3	732.00	734.40	729.60	712.19	12.658	12.714	12.797	12.935	90
91	728.00	630.466 5	740.00	742.40	737.60	720.19	12.659	12.714	12.797	12.936	91
92	736.00	637.394 7	748.00	750.40	745.60	728.19	12.659	12.715	12.798	12.937	92
93	744.00	644.322 9	756.00	758.40	753.60	736.19	12.659	12.715	12.799	12.939	93
94	752.00	651.251 1	764.00	766.40	761.60	744.19	12.660	12.716	12.800	12.940	94
95	760.00	658.179 3	772.00	774.40	769.60	752.18	12.660	12.716	12.801	12.941	95
96	768.00	665.107 5	780.00	782.40	777.60	760.18	12.660	12.717	12.801	12.943	96
97	776.00	672.035 7	788.00	790.40	785.60	768.18	12.661	12.717	12.802	12.944	97
98	784.00	678.963 9	796.00	798.40	793.60	776.18	12.661	12.718	12.803	12.945	98
99	792.00	685.892 1	804.00	806.40	801.60	784.18	12.661	12.718	12.804	12.946	99
100	800.00	692.820 3	812.00	814.40	809.60	792.17	12.662	12.719	12.805	12.948	100

表 14 30°内花键

模数 m=10 mm 作用齿槽宽最小值 $E_{v\ min}$=15.708 mm 单位为毫米

齿数 z	分度圆直径 D	基圆直径 D_b	大径 D_{ei}		渐开线终止圆直径 $D_{Fi\ min}$	小径 D_{ii}	实际齿槽宽最大值 $E_{max}=E_{v\ min}+(T+\lambda)$				齿数 z
			平齿根	圆齿根			4H	5H	6H	7H	
10	100.00	86.602 5	115.00	118.00	112.00	92.42	15.775	15.816	15.877	15.978	10
11	110.00	95.262 8	125.00	128.00	122.00	102.18	15.776	15.817	15.879	15.981	11
12	120.00	103.923 0	135.00	138.00	132.00	111.98	15.777	15.818	15.881	15.984	12
13	130.00	112.583 3	145.00	148.00	142.00	121.82	15.778	15.820	15.882	15.987	13
14	140.00	121.243 6	155.00	158.00	152.00	131.68	15.778	15.821	15.884	15.990	14
15	150.00	129.903 8	165.00	168.00	162.00	141.56	15.779	15.822	15.886	15.992	15
16	160.00	138.564 1	175.00	178.00	172.00	151.45	15.780	15.823	15.887	15.995	16
17	170.00	147.224 3	185.00	188.00	182.00	161.36	15.780	15.824	15.889	15.997	17
18	180.00	155.884 6	195.00	198.00	192.00	171.28	15.781	15.824	15.890	15.999	18
19	190.00	164.544 8	205.00	208.00	202.00	181.21	15.781	15.825	15.891	16.002	19
20	200.00	173.205 1	215.00	218.00	212.00	191.15	15.782	15.826	15.893	16.004	20
21	210.00	181.865 3	225.00	228.00	222.00	201.09	15.782	15.827	15.894	16.006	21
22	220.00	190.525 6	235.00	238.00	232.00	211.04	15.783	15.828	15.895	16.008	22
23	230.00	199.185 8	245.00	248.00	242.00	220.99	15.783	15.829	15.897	16.010	23
24	240.00	207.846 1	255.00	258.00	252.00	230.95	15.784	15.830	15.898	16.012	24
25	250.00	216.506 3	265.00	268.00	262.00	240.91	15.784	15.830	15.899	16.014	25
26	260.00	225.166 6	275.00	278.00	272.00	250.87	15.785	15.831	15.900	16.016	26
27	270.00	233.826 9	285.00	288.00	282.00	260.84	15.785	15.832	15.901	16.018	27
28	280.00	242.487 1	295.00	298.00	292.00	270.80	15.786	15.833	15.903	16.019	28
29	290.00	251.147 4	305.00	308.00	302.00	280.78	15.786	15.833	15.904	16.021	29
30	300.00	259.807 6	315.00	318.00	312.00	290.75	15.787	15.834	15.905	16.023	30
31	310.00	268.467 9	325.00	328.00	322.00	300.72	15.787	15.835	15.906	16.025	31
32	320.00	277.128 1	335.00	338.00	332.00	310.70	15.788	15.835	15.907	16.026	32
33	330.00	285.788 4	345.00	348.00	342.00	320.68	15.788	15.836	15.908	16.028	33
34	340.00	294.448 6	355.00	358.00	352.00	330.66	15.788	15.837	15.909	16.030	34
35	350.00	303.108 9	365.00	368.00	362.00	340.64	15.789	15.837	15.910	16.031	35
36	360.00	311.769 1	375.00	378.00	372.00	350.62	15.789	15.838	15.911	16.033	36
37	370.00	320.429 4	385.00	388.00	382.00	360.60	15.790	15.839	15.912	16.034	37
38	380.00	329.089 6	395.00	398.00	392.00	370.59	15.790	15.839	15.913	16.036	38
39	390.00	337.749 9	405.00	408.00	402.00	380.57	15.790	15.840	15.914	16.037	39
40	400.00	346.410 2	415.00	418.00	412.00	390.56	15.791	15.840	15.915	16.039	40
41	410.00	355.070 4	425.00	428.00	422.00	400.54	15.791	15.841	15.916	16.040	41
42	420.00	363.730 7	435.00	438.00	432.00	410.53	15.791	15.842	15.917	16.042	42
43	430.00	372.390 9	445.00	448.00	442.00	420.52	15.792	15.842	15.918	16.043	43
44	440.00	381.051 2	455.00	458.00	452.00	430.50	15.792	15.843	15.919	16.045	44
45	450.00	389.711 4	465.00	468.00	462.00	440.49	15.793	15.843	15.919	16.046	45
46	460.00	398.371 7	475.00	478.00	472.00	450.48	15.793	15.844	15.920	16.048	46
47	470.00	407.031 9	485.00	488.00	482.00	460.47	15.793	15.844	15.921	16.049	47
48	480.00	415.692 2	495.00	498.00	492.00	470.46	15.794	15.845	15.922	16.050	48
49	490.00	424.352 4	505.00	508.00	502.00	480.45	15.794	15.846	15.923	16.052	49
50	500.00	433.012 7	515.00	518.00	512.00	490.44	15.794	15.846	15.924	16.053	50
51	510.00	441.672 9	525.00	528.00	522.00	500.43	15.795	15.847	15.926	16.056	51
52	520.00	450.333 2	535.00	538.00	532.00	510.43	15.795	15.848	15.927	16.058	52
53	530.00	458.993 5	545.00	548.00	542.00	520.42	15.796	15.849	15.928	16.059	53
54	540.00	467.653 7	555.00	558.00	552.00	530.41	15.796	15.849	15.929	16.061	54
55	550.00	476.314 0	565.00	568.00	562.00	540.40	15.797	15.850	15.930	16.063	55

表 14(续)

单位为毫米

齿数 z	分度圆直径 D	基圆直径 D_b	大径 D_{ei}		渐开线终止圆直径 $D_{Fi\ min}$	小径 D_{ii}	实际齿槽宽最大值 $E_{max}=E_{v\ min}+(T+\lambda)$				齿数 z
			平齿根	圆齿根			4H	5H	6H	7H	
56	560.00	484.974 2	575.00	578.00	572.00	550.39	15.797	15.850	15.931	16.064	56
57	570.00	493.634 5	585.00	588.00	582.00	560.39	15.797	15.851	15.932	16.066	57
58	580.00	502.294 7	595.00	598.00	592.00	570.38	15.798	15.852	15.933	16.067	58
59	590.00	510.955 0	605.00	608.00	602.00	580.37	15.798	15.852	15.934	16.069	59
60	600.00	519.615 2	615.00	618.00	612.00	590.37	15.799	15.853	15.935	16.071	60
61	610.00	528.275 5	625.00	628.00	622.00	600.36	15.799	15.854	15.936	16.072	61
62	620.00	536.935 7	635.00	638.00	632.00	610.36	15.799	15.854	15.937	16.074	62
63	630.00	545.596 0	645.00	648.00	642.00	620.35	15.800	15.855	15.938	16.075	63
64	640.00	554.256 3	655.00	658.00	652.00	630.34	15.800	15.856	15.939	16.077	64
65	650.00	562.916 5	665.00	668.00	662.00	640.34	15.801	15.856	15.940	16.079	65
66	660.00	571.576 8	675.00	678.00	672.00	650.33	15.801	15.857	15.941	16.080	66
67	670.00	580.237 0	685.00	688.00	682.00	660.33	15.801	15.858	15.942	16.082	67
68	680.00	588.897 3	695.00	698.00	692.00	670.32	15.802	15.858	15.943	16.083	68
69	690.00	597.557 5	705.00	708.00	702.00	680.32	15.802	15.859	15.944	16.085	69
70	700.00	606.217 8	715.00	718.00	712.00	690.31	15.803	15.859	15.945	16.087	70
71	710.00	614.878 0	725.00	728.00	722.00	700.31	15.803	15.860	15.946	16.088	71
72	720.00	623.538 3	735.00	738.00	732.00	710.31	15.803	15.861	15.947	16.090	72
73	730.00	632.198 5	745.00	748.00	742.00	720.30	15.804	15.861	15.948	16.091	73
74	740.00	640.858 8	755.00	758.00	752.00	730.30	15.804	15.862	15.949	16.093	74
75	750.00	649.519 0	765.00	768.00	762.00	740.29	15.805	15.863	15.950	16.095	75
76	760.00	658.179 3	775.00	778.00	772.00	750.29	15.805	15.863	15.951	16.096	76
77	770.00	666.839 6	785.00	788.00	782.00	760.28	15.805	15.864	15.952	16.098	77
78	780.00	675.499 8	795.00	798.00	792.00	770.28	15.806	15.865	15.953	16.099	78
79	790.00	684.160 1	805.00	808.00	802.00	780.28	15.806	15.865	15.954	16.101	79
80	800.00	692.820 3	815.00	818.00	812.00	790.27	15.807	15.866	15.955	16.103	80
81	810.00	701.480 6	825.00	828.00	822.00	800.27	15.807	15.866	15.956	16.104	81
82	820.00	710.140 8	835.00	838.00	832.00	810.27	15.807	15.867	15.957	16.106	82
83	830.00	718.801 1	845.00	848.00	842.00	820.26	15.808	15.868	15.958	16.107	83
84	840.00	727.461 3	855.00	858.00	852.00	830.26	15.808	15.868	15.959	16.109	84
85	850.00	736.121 6	865.00	868.00	862.00	840.26	15.809	15.869	15.960	16.111	85
86	860.00	744.781 8	875.00	878.00	872.00	850.25	15.809	15.870	15.961	16.112	86
87	870.00	753.442 1	885.00	888.00	882.00	860.25	15.809	15.870	15.962	16.114	87
88	880.00	762.102 3	895.00	898.00	892.00	870.25	15.810	15.871	15.963	16.115	88
89	890.00	770.762 6	905.00	908.00	902.00	880.25	15.810	15.872	15.964	16.117	89
90	900.00	779.422 9	915.00	918.00	912.00	890.24	15.811	15.872	15.965	16.119	90
91	910.00	788.083 1	925.00	928.00	922.00	900.24	15.811	15.873	15.966	16.120	91
92	920.00	796.743 4	935.00	938.00	932.00	910.24	15.811	15.874	15.967	16.122	92
93	930.00	805.403 6	945.00	948.00	942.00	920.24	15.812	15.874	15.968	16.123	93
94	940.00	814.063 9	955.00	958.00	952.00	930.23	15.812	15.875	15.969	16.125	94
95	950.00	822.724 1	965.00	968.00	962.00	940.23	15.813	15.875	15.970	16.127	95
96	960.00	831.384 4	975.00	978.00	972.00	950.23	15.813	15.876	15.971	16.128	96
97	970.00	840.044 6	985.00	988.00	982.00	960.23	15.813	15.877	15.972	16.130	97
98	980.00	848.704 9	995.00	998.00	992.00	970.22	15.814	15.877	15.973	16.131	98
99	990.00	857.365 1	1 005.00	1 008.00	1 002.00	980.22	15.814	15.878	15.974	16.133	99
100	1 000.00	866.025 4	1 015.00	1 018.00	1 012.00	990.22	15.815	15.879	15.975	16.135	100

表 15 30°外花键

模数 m=0.5 mm 作用齿厚最大值 $S_{v\ max}$=0.785 mm

单位为毫米

齿数 z	分度圆直径 D	基圆直径 D_b	大径 D_{ee}	渐开线起始圆直径 $D_{Fe\ max}$	小径 D_{ie}		实际齿厚最小值 $S_{min}=S_{v\ max}-(T+\lambda)$				齿数 z
					平齿根	圆齿根	4h	5h	6h	7h	
10	5.00	4.330 1	5.50	4.52	4.25	4.10	0.761	0.746	0.724	0.688	10
11	5.50	4.763 1	6.00	5.01	4.75	4.60	0.761	0.746	0.724	0.687	11
12	6.00	5.196 2	6.50	5.50	5.25	5.10	0.761	0.746	0.723	0.686	12
13	6.50	5.629 2	7.00	5.99	5.75	5.60	0.760	0.745	0.723	0.685	13
14	7.00	6.062 2	7.50	6.48	6.25	6.10	0.760	0.745	0.722	0.684	14
15	7.50	6.495 2	8.00	6.98	6.75	6.60	0.760	0.745	0.722	0.683	15
16	8.00	6.928 2	8.50	7.47	7.25	7.10	0.760	0.744	0.721	0.683	16
17	8.50	7.361 2	9.00	7.97	7.75	7.60	0.759	0.744	0.721	0.682	17
18	9.00	7.794 2	9.50	8.46	8.25	8.10	0.759	0.744	0.720	0.681	18
19	9.50	8.227 2	10.00	8.96	8.75	8.60	0.759	0.743	0.720	0.680	19
20	10.00	8.660 3	10.50	9.46	9.25	9.10	0.759	0.743	0.719	0.680	20
21	10.50	9.093 3	11.00	9.95	9.75	9.60	0.759	0.743	0.719	0.679	21
22	11.00	9.526 3	11.50	10.45	10.25	10.10	0.759	0.743	0.719	0.678	22
23	11.50	9.959 3	12.00	10.95	10.75	10.60	0.758	0.742	0.718	0.678	23
24	12.00	10.392 3	12.50	11.45	11.25	11.10	0.758	0.742	0.718	0.677	24
25	12.50	10.825 3	13.00	11.95	11.75	11.60	0.758	0.742	0.717	0.677	25
26	13.00	11.258 3	13.50	12.44	12.25	12.10	0.758	0.742	0.717	0.676	26
27	13.50	11.691 3	14.00	12.94	12.75	12.60	0.758	0.741	0.717	0.675	27
28	14.00	12.124 4	14.50	13.44	13.25	13.10	0.758	0.741	0.716	0.675	28
29	14.50	12.557 4	15.00	13.94	13.75	13.60	0.758	0.741	0.716	0.674	29
30	15.00	12.990 4	15.50	14.44	14.25	14.10	0.758	0.741	0.716	0.674	30
31	15.50	13.423 4	16.00	14.94	14.75	14.60	0.757	0.741	0.715	0.673	31
32	16.00	13.856 4	16.50	15.44	15.25	15.10	0.757	0.740	0.715	0.673	32
33	16.50	14.289 4	17.00	15.93	15.75	15.60	0.757	0.740	0.715	0.672	33
34	17.00	14.722 4	17.50	16.43	16.25	16.10	0.757	0.740	0.714	0.672	34
35	17.50	15.155 4	18.00	16.93	16.75	16.60	0.757	0.740	0.714	0.671	35
36	18.00	15.588 5	18.50	17.43	17.25	17.10	0.757	0.740	0.714	0.671	36
37	18.50	16.021 5	19.00	17.93	17.75	17.60	0.757	0.739	0.714	0.671	37
38	19.00	16.454 5	19.50	18.43	18.25	18.10	0.757	0.739	0.713	0.670	38
39	19.50	16.887 5	20.00	18.93	18.75	18.60	0.756	0.739	0.713	0.670	39
40	20.00	17.320 5	20.50	19.43	19.25	19.10	0.756	0.739	0.713	0.669	40
41	20.50	17.753 5	21.00	19.93	19.75	19.60	0.756	0.739	0.713	0.669	41
42	21.00	18.186 5	21.50	20.43	20.25	20.10	0.756	0.739	0.712	0.668	42
43	21.50	18.619 5	22.00	20.93	20.75	20.60	0.756	0.738	0.712	0.668	43
44	22.00	19.052 6	22.50	21.43	21.25	21.10	0.756	0.738	0.712	0.668	44
45	22.50	19.485 6	23.00	21.92	21.75	21.60	0.756	0.738	0.712	0.667	45
46	23.00	19.918 6	23.50	22.42	22.25	22.10	0.756	0.738	0.711	0.667	46
47	23.50	20.351 6	24.00	22.92	22.75	22.60	0.756	0.738	0.711	0.666	47
48	24.00	20.784 6	24.50	23.42	23.25	23.10	0.756	0.738	0.711	0.666	48
49	24.50	21.217 6	25.00	23.92	23.75	23.60	0.755	0.737	0.711	0.666	49
50	25.00	21.650 6	25.50	24.42	24.25	24.10	0.755	0.737	0.710	0.665	50
51	25.50	22.083 6	26.00	24.92	24.75	24.60	0.755	0.737	0.710	0.665	51
52	26.00	22.516 7	26.50	25.42	25.25	25.10	0.755	0.737	0.710	0.665	52
53	26.50	22.949 7	27.00	25.92	25.75	25.60	0.755	0.737	0.710	0.664	53
54	27.00	23.382 7	27.50	26.42	26.25	26.10	0.755	0.737	0.709	0.664	54
55	27.50	23.815 7	28.00	26.92	26.75	26.60	0.755	0.737	0.709	0.663	55

表 15（续）

单位为毫米

齿数 z	分度圆直径 D	基圆直径 D_b	大径 D_{ee}	渐开线起始圆直径 D_{Femax}	小径 D_{ie}		实际齿厚最小值 $S_{min}=S_{v\,max}-(T+\lambda)$				齿数 z
					平齿根	圆齿根	4h	5h	6h	7h	
56	28.00	24.248 7	28.50	27.42	27.25	27.10	0.755	0.736	0.709	0.663	56
57	28.50	24.681 7	29.00	27.92	27.75	27.60	0.755	0.736	0.709	0.663	57
58	29.00	25.114 7	29.50	28.42	28.25	28.10	0.755	0.736	0.709	0.662	58
59	29.50	25.547 7	30.00	28.92	28.75	28.60	0.755	0.736	0.708	0.662	59
60	30.00	25.980 8	30.50	29.42	29.25	29.10	0.754	0.736	0.708	0.662	60
61	30.50	26.413 8	31.00	29.92	29.75	29.60	0.754	0.736	0.708	0.661	61
62	31.00	26.846 8	31.50	30.42	30.25	30.10	0.754	0.736	0.708	0.661	62
63	31.50	27.279 8	32.00	30.92	30.75	30.60	0.754	0.736	0.708	0.661	63
64	32.00	27.712 8	32.50	31.42	31.25	31.10	0.754	0.735	0.707	0.660	64
65	32.50	28.145 8	33.00	31.92	31.75	31.60	0.754	0.735	0.707	0.660	65
66	33.00	28.578 8	33.50	32.42	32.25	32.10	0.754	0.735	0.707	0.660	66
67	33.50	29.011 9	34.00	32.92	32.75	32.60	0.754	0.735	0.707	0.660	67
68	34.00	29.444 9	34.50	33.42	33.25	33.10	0.754	0.735	0.707	0.659	68
69	34.50	29.877 9	35.00	33.92	33.75	33.60	0.754	0.735	0.706	0.659	69
70	35.00	30.310 9	35.50	34.42	34.25	34.10	0.754	0.735	0.706	0.659	70
71	35.50	30.743 9	36.00	34.92	34.75	34.60	0.754	0.735	0.706	0.658	71
72	36.00	31.176 9	36.50	35.42	35.25	35.10	0.754	0.734	0.706	0.658	72
73	36.50	31.609 9	37.00	35.92	35.75	35.60	0.753	0.734	0.706	0.658	73
74	37.00	32.042 9	37.50	36.41	36.25	36.10	0.753	0.734	0.705	0.657	74
75	37.50	32.476 0	38.00	36.91	36.75	36.60	0.753	0.734	0.705	0.657	75
76	38.00	32.909 0	38.50	37.41	37.25	37.10	0.753	0.734	0.705	0.657	76
77	38.50	33.342 0	39.00	37.91	37.75	37.60	0.753	0.734	0.705	0.657	77
78	39.00	33.775 0	39.50	38.41	38.25	38.10	0.753	0.734	0.705	0.656	78
79	39.50	34.208 0	40.00	38.91	38.75	38.60	0.753	0.734	0.705	0.656	79
80	40.00	34.641 0	40.50	39.41	39.25	39.10	0.753	0.734	0.704	0.656	80
81	40.50	35.074 0	41.00	39.91	39.75	39.60	0.753	0.733	0.704	0.655	81
82	41.00	35.507 0	41.50	40.41	40.25	40.10	0.753	0.733	0.704	0.655	82
83	41.50	35.940 1	42.00	40.91	40.75	40.60	0.753	0.733	0.704	0.655	83
84	42.00	36.373 1	42.50	41.41	41.25	41.10	0.753	0.733	0.704	0.655	84
85	42.50	36.806 1	43.00	41.91	41.75	41.60	0.753	0.733	0.704	0.654	85
86	43.00	37.239 1	43.50	42.41	42.25	42.10	0.753	0.733	0.703	0.654	86
87	43.50	37.672 1	44.00	42.91	42.75	42.60	0.753	0.733	0.703	0.654	87
88	44.00	38.105 1	44.50	43.41	43.25	43.10	0.752	0.733	0.703	0.654	88
89	44.50	38.538 1	45.00	43.91	43.75	43.60	0.752	0.733	0.703	0.653	89
90	45.00	38.971 1	45.50	44.41	44.25	44.10	0.752	0.732	0.703	0.653	90
91	45.50	39.404 2	46.00	44.91	44.75	44.60	0.752	0.732	0.703	0.653	91
92	46.00	39.837 2	46.50	45.41	45.25	45.10	0.752	0.732	0.702	0.653	92
93	46.50	40.270 2	47.00	45.91	45.75	45.60	0.752	0.732	0.702	0.652	93
94	47.00	40.703 2	47.50	46.41	46.25	46.10	0.752	0.732	0.702	0.652	94
95	47.50	41.136 2	48.00	46.91	46.75	46.60	0.752	0.732	0.702	0.652	95
96	48.00	41.569 2	48.50	47.41	47.25	47.10	0.752	0.732	0.702	0.652	96
97	48.50	42.002 2	49.00	47.91	47.75	47.60	0.752	0.732	0.702	0.651	97
98	49.00	42.435 2	49.50	48.41	48.25	48.10	0.752	0.732	0.701	0.651	98
99	49.50	42.868 3	50.00	48.91	48.75	48.60	0.752	0.732	0.701	0.651	99
100	50.00	43.301 3	50.50	49.41	49.25	49.10	0.752	0.731	0.701	0.651	100

表 16 30°外花键

模数 $m=0.75$ mm 作用齿厚最大值 $S_{v\,max}=1.178$ mm 单位为毫米

齿数 z	分度圆直径 D	基圆直径 D_b	大径 D_{ee}	渐开线起始圆直径 $D_{Fe\,max}$	小径 D_{ie}		实际齿厚最小值 $S_{min}=S_{v\,max}-(T+\lambda)$				齿数 z
					平齿根	圆齿根	4h	5h	6h	7h	
10	7.50	6.495 2	8.25	6.78	6.38	6.15	1.150	1.133	1.108	1.066	10
11	8.25	7.144 7	9.00	7.51	7.13	6.90	1.150	1.133	1.108	1.065	11
12	9.00	7.794 2	9.75	8.25	7.88	7.65	1.150	1.132	1.107	1.064	12
13	9.75	8.443 7	10.50	8.99	8.63	8.40	1.149	1.132	1.106	1.063	13
14	10.50	9.093 3	11.25	9.73	9.38	9.15	1.149	1.132	1.106	1.062	14
15	11.25	9.742 8	12.00	10.47	10.13	9.90	1.149	1.131	1.105	1.061	15
16	12.00	10.392 3	12.75	11.21	10.88	10.65	1.149	1.131	1.104	1.060	16
17	12.75	11.041 8	13.50	11.95	11.63	11.40	1.148	1.131	1.104	1.059	17
18	13.50	11.691 3	14.25	12.70	12.38	12.15	1.148	1.130	1.103	1.059	18
19	14.25	12.340 9	15.00	13.44	13.13	12.90	1.148	1.130	1.103	1.058	19
20	15.00	12.990 4	15.75	14.19	13.88	13.65	1.148	1.130	1.102	1.057	20
21	15.75	13.639 9	16.50	14.93	14.63	14.40	1.148	1.129	1.102	1.056	21
22	16.50	14.289 4	17.25	15.68	15.38	15.15	1.147	1.129	1.101	1.055	22
23	17.25	14.938 9	18.00	16.42	16.13	15.90	1.147	1.129	1.101	1.055	23
24	18.00	15.588 5	18.75	17.17	16.88	16.65	1.147	1.128	1.101	1.054	24
25	18.75	16.238 0	19.50	17.92	17.63	17.40	1.147	1.128	1.100	1.053	25
26	19.50	16.887 5	20.25	18.67	18.38	18.15	1.147	1.128	1.100	1.053	26
27	20.25	17.537 0	21.00	19.41	19.13	18.90	1.147	1.128	1.099	1.052	27
28	21.00	18.186 5	21.75	20.16	19.88	19.65	1.146	1.127	1.099	1.051	28
29	21.75	18.836 1	22.50	20.91	20.63	20.40	1.146	1.127	1.099	1.051	29
30	22.50	19.485 6	23.25	21.66	21.38	21.15	1.146	1.127	1.098	1.050	30
31	23.25	20.135 1	24.00	22.40	22.13	21.90	1.146	1.127	1.098	1.050	31
32	24.00	20.784 6	24.75	23.15	22.88	22.65	1.146	1.126	1.097	1.049	32
33	24.75	21.434 1	25.50	23.90	23.63	23.40	1.146	1.126	1.097	1.048	33
34	25.50	22.083 6	26.25	24.65	24.38	24.15	1.146	1.126	1.097	1.048	34
35	26.25	22.733 2	27.00	25.40	25.13	24.90	1.145	1.126	1.096	1.047	35
36	27.00	23.382 7	27.75	26.15	25.88	25.65	1.145	1.126	1.096	1.047	36
37	27.75	24.032 2	28.50	26.90	26.63	26.40	1.145	1.125	1.096	1.046	37
38	28.50	24.681 7	29.25	27.64	27.38	27.15	1.145	1.125	1.095	1.046	38
39	29.25	25.331 2	30.00	28.39	28.13	27.90	1.145	1.125	1.095	1.045	39
40	30.00	25.980 8	30.75	29.14	28.88	28.65	1.145	1.125	1.095	1.045	40
41	30.75	26.630 3	31.50	29.89	29.63	29.40	1.145	1.125	1.094	1.044	41
42	31.50	27.279 8	32.25	30.64	30.38	30.15	1.145	1.124	1.094	1.044	42
43	32.25	27.929 3	33.00	31.39	31.13	30.90	1.144	1.124	1.094	1.043	43
44	33.00	28.578 8	33.75	32.14	31.88	31.65	1.144	1.124	1.094	1.043	44
45	33.75	29.228 4	34.50	32.89	32.63	32.40	1.144	1.124	1.093	1.042	45
46	34.50	29.877 9	35.25	33.64	33.38	33.15	1.144	1.124	1.093	1.042	46
47	35.25	30.527 4	36.00	34.39	34.13	33.90	1.144	1.123	1.093	1.042	47
48	36.00	31.176 9	36.75	35.13	34.88	34.65	1.144	1.123	1.092	1.041	48
49	36.75	31.826 4	37.50	35.88	35.63	35.40	1.144	1.123	1.092	1.041	49
50	37.50	32.476 0	38.25	36.63	36.38	36.15	1.144	1.123	1.092	1.040	50
51	38.25	33.125 5	39.00	37.38	37.13	36.90	1.144	1.123	1.092	1.040	51
52	39.00	33.775 0	39.75	38.13	37.88	37.65	1.143	1.123	1.091	1.039	52
53	39.75	34.424 5	40.50	38.88	38.63	38.40	1.143	1.122	1.091	1.039	53
54	40.50	35.074 0	41.25	39.63	39.38	39.15	1.143	1.122	1.091	1.039	54
55	41.25	35.723 5	42.00	40.38	40.13	39.90	1.143	1.122	1.091	1.038	55

表 16（续）

单位为毫米

齿数 z	分度圆直径 D	基圆直径 D_b	大径 D_{ee}	渐开线起始圆直径 $D_{Fe\ max}$	小径 D_{ie}		实际齿厚最小值 $S_{min}=S_{v\ max}-(T+\lambda)$				齿数 z
					平齿根	圆齿根	4h	5h	6h	7h	
56	42.00	36.373 1	42.75	41.13	40.88	40.65	1.143	1.122	1.090	1.038	56
57	42.75	37.022 6	43.50	41.88	41.63	41.40	1.143	1.122	1.090	1.037	57
58	43.50	37.672 1	44.25	42.63	42.38	42.15	1.143	1.122	1.090	1.037	58
59	44.25	38.321 6	45.00	43.38	43.13	42.90	1.143	1.121	1.090	1.037	59
60	45.00	38.971 1	45.75	44.13	43.88	43.65	1.143	1.121	1.089	1.036	60
61	45.75	39.620 7	46.50	44.88	44.63	44.40	1.143	1.121	1.089	1.036	61
62	46.50	40.270 2	47.25	45.63	45.38	45.15	1.142	1.121	1.089	1.035	62
63	47.25	40.919 7	48.00	46.38	46.13	45.90	1.142	1.121	1.089	1.035	63
64	48.00	41.569 2	48.75	47.13	46.88	46.65	1.142	1.121	1.088	1.035	64
65	48.75	42.218 7	49.50	47.88	47.63	47.40	1.142	1.121	1.088	1.034	65
66	49.50	42.868 3	50.25	48.62	48.38	48.15	1.142	1.120	1.088	1.034	66
67	50.25	43.517 8	51.00	49.37	49.13	48.90	1.142	1.120	1.088	1.034	67
68	51.00	44.167 3	51.75	50.12	49.88	49.65	1.142	1.120	1.088	1.033	68
69	51.75	44.816 8	52.50	50.87	50.63	50.40	1.142	1.120	1.087	1.033	69
70	52.50	45.466 3	53.25	51.62	51.38	51.15	1.142	1.120	1.087	1.032	70
71	53.25	46.115 9	54.00	52.37	52.13	51.90	1.142	1.120	1.087	1.032	71
72	54.00	46.765 4	54.75	53.12	52.88	52.65	1.142	1.120	1.087	1.032	72
73	54.75	47.414 9	55.50	53.87	53.63	53.40	1.141	1.119	1.086	1.031	73
74	55.50	48.064 4	56.25	54.62	54.38	54.15	1.141	1.119	1.086	1.031	74
75	56.25	48.713 9	57.00	55.37	55.13	54.90	1.141	1.119	1.086	1.031	75
76	57.00	49.363 4	57.75	56.12	55.88	55.65	1.141	1.119	1.086	1.030	76
77	57.75	50.013 0	58.50	56.87	56.63	56.40	1.141	1.119	1.086	1.030	77
78	58.50	50.662 5	59.25	57.62	57.38	57.15	1.141	1.119	1.085	1.030	78
79	59.25	51.312 0	60.00	58.37	58.13	57.90	1.141	1.119	1.085	1.029	79
80	60.00	51.961 5	60.75	59.12	58.88	58.65	1.141	1.118	1.085	1.029	80
81	60.75	52.611 0	61.50	59.87	59.63	59.40	1.141	1.118	1.085	1.029	81
82	61.50	53.260 6	62.25	60.62	60.38	60.15	1.141	1.118	1.085	1.028	82
83	62.25	53.910 1	63.00	61.37	61.13	60.90	1.141	1.118	1.084	1.028	83
84	63.00	54.559 6	63.75	62.12	61.88	61.65	1.141	1.118	1.084	1.028	84
85	63.75	55.209 1	64.50	62.87	62.63	62.40	1.140	1.118	1.084	1.028	85
86	64.50	55.858 6	65.25	63.62	63.38	63.15	1.140	1.118	1.084	1.027	86
87	65.25	56.508 2	66.00	64.37	64.13	63.90	1.140	1.118	1.084	1.027	87
88	66.00	57.157 7	66.75	65.12	64.88	64.65	1.140	1.117	1.083	1.027	88
89	66.75	57.807 2	67.50	65.87	65.63	65.40	1.140	1.117	1.083	1.026	89
90	67.50	58.456 7	68.25	66.62	66.38	66.15	1.140	1.117	1.083	1.026	90
91	68.25	59.106 2	69.00	67.37	67.13	66.90	1.140	1.117	1.083	1.026	91
92	69.00	59.755 8	69.75	68.12	67.88	67.65	1.140	1.117	1.083	1.025	92
93	69.75	60.405 3	70.50	68.87	68.63	68.40	1.140	1.117	1.082	1.025	93
94	70.50	61.054 8	71.25	69.62	69.38	69.15	1.140	1.117	1.082	1.025	94
95	71.25	61.704 3	72.00	70.37	70.13	69.90	1.140	1.117	1.082	1.025	95
96	72.00	62.353 8	72.75	71.12	70.88	70.65	1.140	1.117	1.082	1.024	96
97	72.75	63.003 3	73.50	71.87	71.63	71.40	1.140	1.116	1.082	1.024	97
98	73.50	63.652 9	74.25	72.62	72.38	72.15	1.139	1.116	1.082	1.024	98
99	74.25	64.302 4	75.00	73.37	73.13	72.90	1.139	1.116	1.081	1.023	99
100	75.00	64.951 9	75.75	74.12	73.88	73.65	1.139	1.116	1.081	1.023	100

表 17 30°外花键

模数 $m=1$ mm 作用齿厚最大值 $S_{v\max}=1.571$ mm 单位为毫米

齿数 z	分度圆直径 D	基圆直径 D_b	大径 D_{ee}	渐开线起始圆直径 $D_{Fe\max}$	小径 D_{ie}		实际齿厚最小值 $S_{min}=S_{v\max}-(T+\lambda)$				齿数 z
					平齿根	圆齿根	4h	5h	6h	7h	
10	10.00	8.660 3	11.00	9.04	8.50	8.20	1.540	1.522	1.494	1.448	10
11	11.00	9.526 3	12.00	10.02	9.50	9.20	1.540	1.521	1.493	1.446	11
12	12.00	10.392 3	13.00	11.00	10.50	10.20	1.539	1.521	1.492	1.445	12
13	13.00	11.258 3	14.00	11.98	11.50	11.20	1.539	1.520	1.492	1.444	13
14	14.00	12.124 4	15.00	12.97	12.50	12.20	1.539	1.520	1.491	1.443	14
15	15.00	12.990 4	16.00	13.96	13.50	13.20	1.539	1.519	1.490	1.442	15
16	16.00	13.856 4	17.00	14.95	14.50	14.20	1.538	1.519	1.490	1.441	16
17	17.00	14.722 4	18.00	15.94	15.50	15.20	1.538	1.518	1.489	1.440	17
18	18.00	15.588 5	19.00	16.93	16.50	16.20	1.538	1.518	1.488	1.439	18
19	19.00	16.454 5	20.00	17.92	17.50	17.20	1.538	1.518	1.488	1.438	19
20	20.00	17.320 5	21.00	18.91	18.50	18.20	1.537	1.517	1.487	1.437	20
21	21.00	18.186 5	22.00	19.91	19.50	19.20	1.537	1.517	1.487	1.436	21
22	22.00	19.052 6	23.00	20.90	20.50	20.20	1.537	1.517	1.486	1.436	22
23	23.00	19.918 6	24.00	21.90	21.50	21.20	1.537	1.516	1.486	1.435	23
24	24.00	20.784 6	25.00	22.89	22.50	22.20	1.537	1.516	1.485	1.434	24
25	25.00	21.650 6	26.00	23.89	23.50	23.20	1.536	1.516	1.485	1.433	25
26	26.00	22.516 7	27.00	24.89	24.50	24.20	1.536	1.516	1.484	1.433	26
27	27.00	23.382 7	28.00	25.88	25.50	25.20	1.536	1.515	1.484	1.432	27
28	28.00	24.248 7	29.00	26.88	26.50	26.20	1.536	1.515	1.484	1.431	28
29	29.00	25.114 7	30.00	27.88	27.50	27.20	1.536	1.515	1.483	1.430	29
30	30.00	25.980 8	31.00	28.87	28.50	28.20	1.536	1.514	1.483	1.430	30
31	31.00	26.846 8	32.00	29.87	29.50	29.20	1.535	1.514	1.482	1.429	31
32	32.00	27.712 8	33.00	30.87	30.50	30.20	1.535	1.514	1.482	1.429	32
33	33.00	28.578 8	34.00	31.87	31.50	31.20	1.535	1.514	1.481	1.428	33
34	34.00	29.444 9	35.00	32.87	32.50	32.20	1.535	1.513	1.481	1.427	34
35	35.00	30.310 9	36.00	33.86	33.50	33.20	1.535	1.513	1.481	1.427	35
36	36.00	31.176 9	37.00	34.86	34.50	34.20	1.535	1.513	1.480	1.426	36
37	37.00	32.042 9	38.00	35.86	35.50	35.20	1.534	1.513	1.480	1.425	37
38	38.00	32.909 0	39.00	36.86	36.50	36.20	1.534	1.512	1.480	1.425	38
39	39.00	33.775 0	40.00	37.86	37.50	37.20	1.534	1.512	1.479	1.424	39
40	40.00	34.641 0	41.00	38.86	38.50	38.20	1.534	1.512	1.479	1.424	40
41	41.00	35.507 0	42.00	39.85	39.50	39.20	1.534	1.512	1.479	1.423	41
42	42.00	36.373 1	43.00	40.85	40.50	40.20	1.534	1.512	1.478	1.423	42
43	43.00	37.239 1	44.00	41.85	41.50	41.20	1.534	1.511	1.478	1.422	43
44	44.00	38.105 1	45.00	42.85	42.50	42.20	1.534	1.511	1.478	1.422	44
45	45.00	38.971 1	46.00	43.85	43.50	43.20	1.533	1.511	1.477	1.421	45
46	46.00	39.837 2	47.00	44.85	44.50	44.20	1.533	1.511	1.477	1.421	46
47	47.00	40.703 2	48.00	45.85	45.50	45.20	1.533	1.511	1.477	1.420	47
48	48.00	41.569 2	49.00	46.85	46.50	46.20	1.533	1.510	1.476	1.420	48
49	49.00	42.435 2	50.00	47.85	47.50	47.20	1.533	1.510	1.476	1.419	49
50	50.00	43.301 3	51.00	48.84	48.50	48.20	1.533	1.510	1.476	1.419	50
51	51.00	44.167 3	52.00	49.84	49.50	49.20	1.533	1.510	1.475	1.418	51
52	52.00	45.033 3	53.00	50.84	50.50	50.20	1.533	1.510	1.475	1.418	52
53	53.00	45.899 3	54.00	51.84	51.50	51.20	1.532	1.509	1.475	1.417	53
54	54.00	46.765 4	55.00	52.84	52.50	52.20	1.532	1.509	1.475	1.417	54
55	55.00	47.631 4	56.00	53.84	53.50	53.20	1.532	1.509	1.474	1.416	55

表 17（续）

单位为毫米

齿数 z	分度圆直径 D	基圆直径 D_b	大径 D_{ee}	渐开线起始圆直径 $D_{Fe\ max}$	小径 D_{ie}		实际齿厚最小值 $S_{min}=S_{v\ max}-(T+\lambda)$				齿数 z
					平齿根	圆齿根	4h	5h	6h	7h	
56	56.00	48.497 4	57.00	54.84	54.50	54.20	1.532	1.509	1.474	1.416	56
57	57.00	49.363 4	58.00	55.84	55.50	55.20	1.532	1.509	1.474	1.415	57
58	58.00	50.229 5	59.00	56.84	56.50	56.20	1.532	1.508	1.473	1.415	58
59	59.00	51.095 5	60.00	57.84	57.50	57.20	1.532	1.508	1.473	1.415	59
60	60.00	51.961 5	61.00	58.84	58.50	58.20	1.532	1.508	1.473	1.414	60
61	61.00	52.827 5	62.00	59.84	59.50	59.20	1.532	1.508	1.473	1.414	61
62	62.00	53.693 6	63.00	60.84	60.50	60.20	1.531	1.508	1.472	1.413	62
63	63.00	54.559 6	64.00	61.83	61.50	61.20	1.531	1.508	1.472	1.413	63
64	64.00	55.425 6	65.00	62.83	62.50	62.20	1.531	1.507	1.472	1.412	64
65	65.00	56.291 7	66.00	63.83	63.50	63.20	1.531	1.507	1.472	1.412	65
66	66.00	57.157 7	67.00	64.83	64.50	64.20	1.531	1.507	1.471	1.412	66
67	67.00	58.023 7	68.00	65.83	65.50	65.20	1.531	1.507	1.471	1.411	67
68	68.00	58.889 7	69.00	66.83	66.50	66.20	1.531	1.507	1.471	1.411	68
69	69.00	59.755 8	70.00	67.83	67.50	67.20	1.531	1.507	1.471	1.410	69
70	70.00	60.621 8	71.00	68.83	68.50	68.20	1.531	1.506	1.470	1.410	70
71	71.00	61.487 8	72.00	69.83	69.50	69.20	1.530	1.506	1.470	1.410	71
72	72.00	62.353 8	73.00	70.83	70.50	70.20	1.530	1.506	1.470	1.409	72
73	73.00	63.219 9	74.00	71.83	71.50	71.20	1.530	1.506	1.470	1.409	73
74	74.00	64.085 9	75.00	72.83	72.50	72.20	1.530	1.506	1.469	1.408	74
75	75.00	64.951 9	76.00	73.83	73.50	73.20	1.530	1.506	1.469	1.408	75
76	76.00	65.817 9	77.00	74.83	74.50	74.20	1.530	1.506	1.469	1.408	76
77	77.00	66.684 0	78.00	75.83	75.50	75.20	1.530	1.505	1.469	1.407	77
78	78.00	67.550 0	79.00	76.83	76.50	76.20	1.530	1.505	1.468	1.407	78
79	79.00	68.416 0	80.00	77.83	77.50	77.20	1.530	1.505	1.468	1.407	79
80	80.00	69.282 0	81.00	78.83	78.50	78.20	1.530	1.505	1.468	1.406	80
81	81.00	70.148 1	82.00	79.83	79.50	79.20	1.530	1.505	1.468	1.406	81
82	82.00	71.014 1	83.00	80.83	80.50	80.20	1.529	1.505	1.467	1.405	82
83	83.00	71.880 1	84.00	81.83	81.50	81.20	1.529	1.505	1.467	1.405	83
84	84.00	72.746 1	85.00	82.83	82.50	82.20	1.529	1.504	1.467	1.405	84
85	85.00	73.612 2	86.00	83.83	83.50	83.20	1.529	1.504	1.467	1.404	85
86	86.00	74.478 2	87.00	84.83	84.50	84.20	1.529	1.504	1.467	1.404	86
87	87.00	75.344 2	88.00	85.83	85.50	85.20	1.529	1.504	1.466	1.404	87
88	88.00	76.210 2	89.00	86.82	86.50	86.20	1.529	1.504	1.466	1.403	88
89	89.00	77.076 3	90.00	87.82	87.50	87.20	1.529	1.504	1.466	1.403	89
90	90.00	77.942 3	91.00	88.82	88.50	88.20	1.529	1.504	1.466	1.403	90
91	91.00	78.808 3	92.00	89.82	89.50	89.20	1.529	1.503	1.466	1.402	91
92	92.00	79.674 3	93.00	90.82	90.50	90.20	1.529	1.503	1.465	1.402	92
93	93.00	80.540 4	94.00	91.82	91.50	91.20	1.529	1.503	1.465	1.402	93
94	94.00	81.406 4	95.00	92.82	92.50	92.20	1.528	1.503	1.465	1.401	94
95	95.00	82.272 4	96.00	93.82	93.50	93.20	1.528	1.503	1.465	1.401	95
96	96.00	83.138 4	97.00	94.82	94.50	94.20	1.528	1.503	1.465	1.401	96
97	97.00	84.004 5	98.00	95.82	95.50	95.20	1.528	1.503	1.464	1.400	97
98	98.00	84.870 5	99.00	96.82	96.50	96.20	1.528	1.503	1.464	1.400	98
99	99.00	85.736 5	100.00	97.82	97.50	97.20	1.528	1.502	1.464	1.400	99
100	100.00	86.602 5	101.00	98.82	98.50	98.20	1.528	1.502	1.464	1.399	100

表 18 30°外花键

模数 m=1.25 mm 作用齿厚最大值 $S_{v\ max}$=1.963 mm

单位为毫米

齿数 z	分度圆直径 D	基圆直径 D_b	大径 D_{ee}	渐开线起始圆直径 $D_{Fe\ max}$	小径 D_{ie}		实际齿厚最小值 $S_{min}=S_{v\ max}-(T+\lambda)$				齿数 z
					平齿根	圆齿根	4h	5h	6h	7h	
10	12.50	10.825 3	13.75	11.30	10.63	10.25	1.930	1.910	1.881	1.831	10
11	13.75	11.907 8	15.00	12.52	11.88	11.50	1.930	1.910	1.880	1.829	11
12	15.00	12.990 4	16.25	13.75	13.13	12.75	1.930	1.909	1.879	1.828	12
13	16.25	14.072 9	17.50	14.98	14.38	14.00	1.929	1.909	1.878	1.827	13
14	17.50	15.155 4	18.75	16.21	15.63	15.25	1.929	1.908	1.877	1.826	14
15	18.75	16.238 0	20.00	17.44	16.88	16.50	1.929	1.908	1.877	1.825	15
16	20.00	17.320 5	21.25	18.68	18.13	17.75	1.928	1.907	1.876	1.823	16
17	21.25	18.403 0	22.50	19.92	19.38	19.00	1.928	1.907	1.875	1.822	17
18	22.50	19.485 6	23.75	21.16	20.63	20.25	1.928	1.907	1.875	1.821	18
19	23.75	20.568 1	25.00	22.40	21.88	21.50	1.928	1.906	1.874	1.820	19
20	25.00	21.650 6	26.25	23.64	23.13	22.75	1.927	1.906	1.873	1.819	20
21	26.25	22.733 2	27.50	24.89	24.38	24.00	1.927	1.906	1.873	1.819	21
22	27.50	23.815 7	28.75	26.13	25.63	25.25	1.927	1.905	1.872	1.818	22
23	28.75	24.898 2	30.00	27.37	26.88	26.50	1.927	1.905	1.872	1.817	23
24	30.00	25.980 8	31.25	28.62	28.13	27.75	1.927	1.904	1.871	1.816	24
25	31.25	27.063 3	32.50	29.86	29.38	29.00	1.926	1.904	1.871	1.815	25
26	32.50	28.145 8	33.75	31.11	30.63	30.25	1.926	1.904	1.870	1.814	26
27	33.75	29.228 4	35.00	32.35	31.88	31.50	1.926	1.904	1.870	1.814	27
28	35.00	30.310 9	36.25	33.60	33.13	32.75	1.926	1.903	1.869	1.813	28
29	36.25	31.393 4	37.50	34.85	34.38	34.00	1.926	1.903	1.869	1.812	29
30	37.50	32.476 0	38.75	36.09	35.63	35.25	1.925	1.903	1.868	1.811	30
31	38.75	33.558 5	40.00	37.34	36.88	36.50	1.925	1.902	1.868	1.811	31
32	40.00	34.641 0	41.25	38.59	38.13	37.75	1.925	1.902	1.868	1.810	32
33	41.25	35.723 5	42.50	39.83	39.38	39.00	1.925	1.902	1.867	1.809	33
34	42.50	36.806 1	43.75	41.08	40.63	40.25	1.925	1.902	1.867	1.809	34
35	43.75	37.888 6	45.00	42.33	41.88	41.50	1.925	1.901	1.866	1.808	35
36	45.00	38.971 1	46.25	43.58	43.13	42.75	1.924	1.901	1.866	1.807	36
37	46.25	40.053 7	47.50	44.83	44.38	44.00	1.924	1.901	1.865	1.807	37
38	47.50	41.136 2	48.75	46.07	45.63	45.25	1.924	1.901	1.865	1.806	38
39	48.75	42.218 7	50.00	47.32	46.88	46.50	1.924	1.900	1.865	1.805	39
40	50.00	43.301 3	51.25	48.57	48.13	47.75	1.924	1.900	1.864	1.805	40
41	51.25	44.383 8	52.50	49.82	49.38	49.00	1.924	1.900	1.864	1.804	41
42	52.50	45.466 3	53.75	51.07	50.63	50.25	1.924	1.900	1.864	1.804	42
43	53.75	46.548 9	55.00	52.31	51.88	51.50	1.923	1.899	1.863	1.803	43
44	55.00	47.631 4	56.25	53.56	53.13	52.75	1.923	1.899	1.863	1.802	44
45	56.25	48.713 9	57.50	54.81	54.38	54.00	1.923	1.899	1.863	1.802	45
46	57.50	49.796 5	58.75	56.06	55.63	55.25	1.923	1.899	1.862	1.801	46
47	58.75	50.879 0	60.00	57.31	56.88	56.50	1.923	1.898	1.862	1.801	47
48	60.00	51.961 5	61.25	58.56	58.13	57.75	1.923	1.898	1.861	1.800	48
49	61.25	53.044 1	62.50	59.81	59.38	59.00	1.923	1.898	1.861	1.800	49
50	62.50	54.126 6	63.75	61.06	60.63	60.25	1.922	1.898	1.861	1.799	50
51	63.75	55.209 1	65.00	62.30	61.88	61.50	1.922	1.898	1.860	1.799	51
52	65.00	56.291 7	66.25	63.55	63.13	62.75	1.922	1.897	1.860	1.798	52
53	66.25	57.374 2	67.50	64.80	64.38	64.00	1.922	1.897	1.860	1.798	53
54	67.50	58.456 7	68.75	66.05	65.63	65.25	1.922	1.897	1.860	1.797	54
55	68.75	59.539 2	70.00	67.30	66.88	66.50	1.922	1.897	1.859	1.797	55

表 18（续）

单位为毫米

齿数 z	分度圆直径 D	基圆直径 D_b	大径 D_{ee}	渐开线起始圆直径 $D_{Fe\ max}$	小径 D_{ie}		实际齿厚最小值 $S_{min}=S_{v\ max}-(T+\lambda)$				齿数 z
					平齿根	圆齿根	4h	5h	6h	7h	
56	70.00	60.621 8	71.25	68.55	68.13	67.75	1.922	1.897	1.859	1.796	56
57	71.25	61.704 3	72.50	69.80	69.38	69.00	1.922	1.896	1.859	1.796	57
58	72.50	62.786 8	73.75	71.05	70.63	70.25	1.921	1.896	1.858	1.795	58
59	73.75	63.869 4	75.00	72.30	71.88	71.50	1.921	1.896	1.858	1.795	59
60	75.00	64.951 9	76.25	73.55	73.13	72.75	1.921	1.896	1.858	1.794	60
61	76.25	66.034 4	77.50	74.80	74.38	74.00	1.921	1.896	1.857	1.794	61
62	77.50	67.117 0	78.75	76.04	75.63	75.25	1.921	1.895	1.857	1.793	62
63	78.75	68.199 5	80.00	77.29	76.88	76.50	1.921	1.895	1.857	1.793	63
64	80.00	69.282 0	81.25	78.54	78.13	77.75	1.921	1.895	1.857	1.792	64
65	81.25	70.364 6	82.50	79.79	79.38	79.00	1.921	1.895	1.856	1.792	65
66	82.50	71.447 1	83.75	81.04	80.63	80.25	1.920	1.895	1.856	1.791	66
67	83.75	72.529 6	85.00	82.29	81.88	81.50	1.920	1.895	1.856	1.791	67
68	85.00	73.612 2	86.25	83.54	83.13	82.75	1.920	1.894	1.855	1.791	68
69	86.25	74.694 7	87.50	84.79	84.38	84.00	1.920	1.894	1.855	1.790	69
70	87.50	75.777 2	88.75	86.04	85.63	85.25	1.920	1.894	1.855	1.790	70
71	88.75	76.859 8	90.00	87.29	86.88	86.50	1.920	1.894	1.855	1.789	71
72	90.00	77.942 3	91.25	88.54	88.13	87.75	1.920	1.894	1.854	1.789	72
73	91.25	79.024 8	92.50	89.79	89.38	89.00	1.920	1.893	1.854	1.788	73
74	92.50	80.107 3	93.75	91.04	90.63	90.25	1.920	1.893	1.854	1.788	74
75	93.75	81.189 9	95.00	92.29	91.88	91.50	1.920	1.893	1.854	1.788	75
76	95.00	82.272 4	96.25	93.54	93.13	92.75	1.919	1.893	1.853	1.787	76
77	96.25	83.354 9	97.50	94.79	94.38	94.00	1.919	1.893	1.853	1.787	77
78	97.50	84.437 5	98.75	96.04	95.63	95.25	1.919	1.893	1.853	1.786	78
79	98.75	85.520 0	100.00	97.28	96.88	96.50	1.919	1.893	1.853	1.786	79
80	100.00	86.602 5	101.25	98.53	98.13	97.75	1.919	1.892	1.852	1.786	80
81	101.25	87.685 1	102.50	99.78	99.38	99.00	1.919	1.892	1.852	1.785	81
82	102.50	88.767 6	103.75	101.03	100.63	100.25	1.919	1.892	1.852	1.785	82
83	103.75	89.850 1	105.00	102.28	101.88	101.50	1.919	1.892	1.852	1.784	83
84	105.00	90.932 7	106.25	103.53	103.13	102.75	1.919	1.892	1.851	1.784	84
85	106.25	92.015 2	107.50	104.78	104.38	104.00	1.919	1.892	1.851	1.784	85
86	107.50	93.097 7	108.75	106.03	105.63	105.25	1.918	1.891	1.851	1.783	86
87	108.75	94.180 3	110.00	107.28	106.88	106.50	1.918	1.891	1.851	1.783	87
88	110.00	95.262 8	111.25	108.53	108.13	107.75	1.918	1.891	1.850	1.783	88
89	111.25	96.345 3	112.50	109.78	109.38	109.00	1.918	1.891	1.850	1.782	89
90	112.50	97.427 9	113.75	111.03	110.63	110.25	1.918	1.891	1.850	1.782	90
91	113.75	98.510 4	115.00	112.28	111.88	111.50	1.918	1.891	1.850	1.781	91
92	115.00	99.592 9	116.25	113.53	113.13	112.75	1.918	1.891	1.849	1.781	92
93	116.25	100.675 5	117.50	114.78	114.38	114.00	1.918	1.890	1.849	1.781	93
94	117.50	101.758 0	118.75	116.03	115.63	115.25	1.918	1.890	1.849	1.780	94
95	118.75	102.840 5	120.00	117.28	116.88	116.50	1.918	1.890	1.849	1.780	95
96	120.00	103.923 0	121.25	118.53	118.13	117.75	1.918	1.890	1.849	1.780	96
97	121.25	105.005 6	122.50	119.78	119.38	119.00	1.917	1.890	1.848	1.779	97
98	122.50	106.088 1	123.75	121.03	120.63	120.25	1.917	1.890	1.848	1.779	98
99	123.75	107.170 6	125.00	122.28	121.88	121.50	1.917	1.890	1.848	1.779	99
100	125.00	108.253 2	126.25	123.53	123.13	122.75	1.917	1.889	1.848	1.778	100

表 19　30°外花键

模数 m=1.5 mm　作用齿厚最大值 $S_{v\ max}$=2.356 mm　　单位为毫米

齿数 z	分度圆直径 D	基圆直径 D_b	大径 D_{ee}	渐开线起始圆直径 $D_{Fe\ max}$	小径 D_{ie}		实际齿厚最小值 $S_{min}=S_{v\ max}-(T+\lambda)$				齿数 z
					平齿根	圆齿根	4h	5h	6h	7h	
10	15.00	12.990 4	16.50	13.56	12.75	12.30	2.321	2.300	2.268	2.215	10
11	16.50	14.289 4	18.00	15.03	14.25	13.80	2.321	2.299	2.267	2.214	11
12	18.00	15.588 5	19.50	16.50	15.75	15.30	2.320	2.299	2.266	2.212	12
13	19.50	16.887 5	21.00	17.97	17.25	16.80	2.320	2.298	2.265	2.211	13
14	21.00	18.186 5	22.50	19.45	18.75	18.30	2.320	2.298	2.265	2.210	14
15	22.50	19.485 6	24.00	20.93	20.25	19.80	2.319	2.297	2.264	2.208	15
16	24.00	20.784 6	25.50	22.42	21.75	21.30	2.319	2.297	2.263	2.207	16
17	25.50	22.083 6	27.00	23.90	23.25	22.80	2.319	2.296	2.262	2.206	17
18	27.00	23.382 7	28.50	25.39	24.75	24.30	2.318	2.296	2.262	2.205	18
19	28.50	24.681 7	30.00	26.88	26.25	25.80	2.318	2.295	2.261	2.204	19
20	30.00	25.980 8	31.50	28.37	27.75	27.30	2.318	2.295	2.260	2.203	20
21	31.50	27.279 8	33.00	29.86	29.25	28.80	2.318	2.295	2.260	2.202	21
22	33.00	28.578 8	34.50	31.36	30.75	30.30	2.317	2.294	2.259	2.201	22
23	34.50	29.877 9	36.00	32.85	32.25	31.80	2.317	2.294	2.259	2.200	23
24	36.00	31.176 9	37.50	34.34	33.75	33.30	2.317	2.293	2.258	2.199	24
25	37.50	32.476 0	39.00	35.84	35.25	34.80	2.317	2.293	2.258	2.198	25
26	39.00	33.775 0	40.50	37.33	36.75	36.30	2.317	2.293	2.257	2.198	26
27	40.50	35.074 0	42.00	38.83	38.25	37.80	2.316	2.292	2.256	2.197	27
28	42.00	36.373 1	43.50	40.32	39.75	39.30	2.316	2.292	2.256	2.196	28
29	43.50	37.672 1	45.00	41.82	41.25	40.80	2.316	2.292	2.255	2.195	29
30	45.00	38.971 1	46.50	43.31	42.75	42.30	2.316	2.291	2.255	2.194	30
31	46.50	40.270 2	48.00	44.81	44.25	43.80	2.316	2.291	2.255	2.194	31
32	48.00	41.569 2	49.50	46.31	45.75	45.30	2.315	2.291	2.254	2.193	32
33	49.50	42.868 3	51.00	47.80	47.25	46.80	2.315	2.291	2.254	2.192	33
34	51.00	44.167 3	52.50	49.30	48.75	48.30	2.315	2.290	2.253	2.191	34
35	52.50	45.466 3	54.00	50.80	50.25	49.80	2.315	2.290	2.253	2.191	35
36	54.00	46.765 4	55.50	52.29	51.75	51.30	2.315	2.290	2.252	2.190	36
37	55.50	48.064 4	57.00	53.79	53.25	52.80	2.314	2.289	2.252	2.189	37
38	57.00	49.363 4	58.50	55.29	54.75	54.30	2.314	2.289	2.251	2.189	38
39	58.50	50.662 5	60.00	56.79	56.25	55.80	2.314	2.289	2.251	2.188	39
40	60.00	51.961 5	61.50	58.28	57.75	57.30	2.314	2.289	2.251	2.187	40
41	61.50	53.260 6	63.00	59.78	59.25	58.80	2.314	2.288	2.250	2.187	41
42	63.00	54.559 6	64.50	61.28	60.75	60.30	2.314	2.288	2.250	2.186	42
43	64.50	55.858 6	66.00	62.78	62.25	61.80	2.313	2.288	2.249	2.185	43
44	66.00	57.157 7	67.50	64.28	63.75	63.30	2.313	2.288	2.249	2.185	44
45	67.50	58.456 7	69.00	65.77	65.25	64.80	2.313	2.287	2.249	2.184	45
46	69.00	59.755 8	70.50	67.27	66.75	66.30	2.313	2.287	2.248	2.184	46
47	70.50	61.054 8	72.00	68.77	68.25	67.80	2.313	2.287	2.248	2.183	47
48	72.00	62.353 8	73.50	70.27	69.75	69.30	2.313	2.287	2.248	2.182	48
49	73.50	63.652 9	75.00	71.77	71.25	70.80	2.313	2.286	2.247	2.182	49
50	75.00	64.951 9	76.50	73.27	72.75	72.30	2.312	2.286	2.247	2.181	50
51	76.50	66.250 9	78.00	74.77	74.25	73.80	2.312	2.286	2.246	2.181	51
52	78.00	67.550 0	79.50	76.26	75.75	75.30	2.312	2.286	2.246	2.180	52
53	79.50	68.849 0	81.00	77.76	77.25	76.80	2.312	2.286	2.246	2.180	53
54	81.00	70.148 1	82.50	79.26	78.75	78.30	2.312	2.285	2.245	2.179	54
55	82.50	71.447 1	84.00	80.76	80.25	79.80	2.312	2.285	2.245	2.178	55

表 19（续）

单位为毫米

齿数 z	分度圆直径 D	基圆直径 D_b	大径 D_{ee}	渐开线起始圆直径 $D_{Fe\ max}$	小径 D_{ie}		实际齿厚最小值 $S_{min}=S_{v\ max}-(T+\lambda)$				齿数 z
					平齿根	圆齿根	4h	5h	6h	7h	
56	84.00	72.746 1	85.50	82.26	81.75	81.30	2.312	2.285	2.245	2.178	56
57	85.50	74.045 2	87.00	83.76	83.25	82.80	2.312	2.285	2.244	2.177	57
58	87.00	75.344 2	88.50	85.26	84.75	84.30	2.311	2.284	2.244	2.177	58
59	88.50	76.643 2	90.00	86.76	86.25	85.80	2.311	2.284	2.244	2.176	59
60	90.00	77.942 3	91.50	88.26	87.75	87.30	2.311	2.284	2.244	2.176	60
61	91.50	79.241 3	93.00	89.75	89.25	88.80	2.311	2.284	2.243	2.175	61
62	93.00	80.540 4	94.50	91.25	90.75	90.30	2.311	2.284	2.243	2.175	62
63	94.50	81.839 4	96.00	92.75	92.25	91.80	2.311	2.283	2.243	2.174	63
64	96.00	83.138 4	97.50	94.25	93.75	93.30	2.311	2.283	2.242	2.174	64
65	97.50	84.437 5	99.00	95.75	95.25	94.80	2.311	2.283	2.242	2.173	65
66	99.00	85.736 5	100.50	97.25	96.75	96.30	2.310	2.283	2.242	2.173	66
67	100.50	87.035 6	102.00	98.75	98.25	97.80	2.310	2.283	2.241	2.172	67
68	102.00	88.334 6	103.50	100.25	99.75	99.30	2.310	2.283	2.241	2.172	68
69	103.50	89.633 6	105.00	101.75	101.25	100.80	2.310	2.282	2.241	2.172	69
70	105.00	90.932 7	106.50	103.25	102.75	102.30	2.310	2.282	2.240	2.171	70
71	106.50	92.231 7	108.00	104.75	104.25	103.80	2.310	2.282	2.240	2.171	71
72	108.00	93.530 7	109.50	106.25	105.75	105.30	2.310	2.282	2.240	2.170	72
73	109.50	94.829 8	111.00	107.75	107.25	106.80	2.310	2.282	2.240	2.170	73
74	111.00	96.128 8	112.50	109.24	108.75	108.30	2.309	2.281	2.239	2.169	74
75	112.50	97.427 9	114.00	110.74	110.25	109.80	2.309	2.281	2.239	2.169	75
76	114.00	98.726 9	115.50	112.24	111.75	111.30	2.309	2.281	2.239	2.168	76
77	115.50	100.025 9	117.00	113.74	113.25	112.80	2.309	2.281	2.239	2.168	77
78	117.00	101.325 0	118.50	115.24	114.75	114.30	2.309	2.281	2.238	2.167	78
79	118.50	102.624 0	120.00	116.74	116.25	115.80	2.309	2.281	2.238	2.167	79
80	120.00	103.923 0	121.50	118.24	117.75	117.30	2.309	2.280	2.238	2.167	80
81	121.50	105.222 1	123.00	119.74	119.25	118.80	2.309	2.280	2.237	2.166	81
82	123.00	106.521 1	124.50	121.24	120.75	120.30	2.309	2.280	2.237	2.166	82
83	124.50	107.820 2	126.00	122.74	122.25	121.80	2.308	2.280	2.237	2.165	83
84	126.00	109.119 2	127.50	124.24	123.75	123.30	2.308	2.280	2.237	2.165	84
85	127.50	110.418 2	129.00	125.74	125.25	124.80	2.308	2.280	2.236	2.164	85
86	129.00	111.717 3	130.50	127.24	126.75	126.30	2.308	2.279	2.236	2.164	86
87	130.50	113.016 3	132.00	128.74	128.25	127.80	2.308	2.279	2.236	2.164	87
88	132.00	114.315 4	133.50	130.24	129.75	129.30	2.308	2.279	2.236	2.163	88
89	133.50	115.614 4	135.00	131.74	131.25	130.80	2.308	2.279	2.235	2.163	89
90	135.00	116.913 4	136.50	133.24	132.75	132.30	2.308	2.279	2.235	2.162	90
91	136.50	118.212 5	138.00	134.74	134.25	133.80	2.308	2.279	2.235	2.162	91
92	138.00	119.511 5	139.50	136.24	135.75	135.30	2.308	2.278	2.235	2.162	92
93	139.50	120.810 5	141.00	137.74	137.25	136.80	2.307	2.278	2.234	2.161	93
94	141.00	122.109 6	142.50	139.23	138.75	138.30	2.307	2.278	2.234	2.161	94
95	142.50	123.408 6	144.00	140.73	140.25	139.80	2.307	2.278	2.234	2.160	95
96	144.00	124.707 7	145.50	142.23	141.75	141.30	2.307	2.278	2.234	2.160	96
97	145.50	126.006 7	147.00	143.73	143.25	142.80	2.307	2.278	2.233	2.160	97
98	147.00	127.305 7	148.50	145.23	144.75	144.30	2.307	2.277	2.233	2.159	98
99	148.50	128.604 8	150.00	146.73	146.25	145.80	2.307	2.277	2.233	2.159	99
100	150.00	129.903 8	151.50	148.23	147.75	147.30	2.307	2.277	2.233	2.159	100

表 20　30°外花键

模数 m=1.75 mm　作用齿厚最大值 $S_{v\,max}$=2.749 mm　　单位为毫米

齿数 z	分度圆直径 D	基圆直径 D_b	大径 D_{ee}	渐开线起始圆直径 $D_{Fe\,max}$	小径 D_{ie}		实际齿厚最小值 $S_{min}=S_{v\,max}-(T+\lambda)$				齿数 z
					平齿根	圆齿根	4h	5h	6h	7h	
10	17.50	15.155 4	19.25	15.82	14.88	14.35	2.712	2.689	2.656	2.600	10
11	19.25	16.671 0	21.00	17.53	16.63	16.10	2.711	2.689	2.655	2.599	11
12	21.00	18.186 5	22.75	19.25	18.38	17.85	2.711	2.688	2.654	2.597	12
13	22.75	19.702 1	24.50	20.97	20.13	19.60	2.711	2.688	2.653	2.596	13
14	24.50	21.217 6	26.25	22.69	21.88	21.35	2.710	2.687	2.652	2.594	14
15	26.25	22.733 2	28.00	24.42	23.63	23.10	2.710	2.687	2.652	2.593	15
16	28.00	24.248 7	29.75	26.15	25.38	24.85	2.710	2.686	2.651	2.592	16
17	29.75	25.764 3	31.50	27.89	27.13	26.60	2.709	2.686	2.650	2.591	17
18	31.50	27.279 8	33.25	29.62	28.88	28.35	2.709	2.685	2.649	2.590	18
19	33.25	28.795 3	35.00	31.36	30.63	30.10	2.709	2.685	2.649	2.588	19
20	35.00	30.310 9	36.75	33.10	32.38	31.85	2.709	2.684	2.648	2.587	20
21	36.75	31.826 4	38.50	34.84	34.13	33.60	2.708	2.684	2.647	2.586	21
22	38.50	33.342 0	40.25	36.58	35.88	35.35	2.708	2.683	2.647	2.585	22
23	40.25	34.857 5	42.00	38.32	37.63	37.10	2.708	2.683	2.646	2.584	23
24	42.00	36.373 1	43.75	40.07	39.38	38.85	2.708	2.683	2.645	2.583	24
25	43.75	37.888 6	45.50	41.81	41.13	40.60	2.707	2.682	2.645	2.583	25
26	45.50	39.404 2	47.25	43.55	42.88	42.35	2.707	2.682	2.644	2.582	26
27	47.25	40.919 7	49.00	45.30	44.63	44.10	2.707	2.682	2.644	2.581	27
28	49.00	42.435 2	50.75	47.04	46.38	45.85	2.707	2.681	2.643	2.580	28
29	50.75	43.950 8	52.50	48.79	48.13	47.60	2.706	2.681	2.643	2.579	29
30	52.50	45.466 3	54.25	50.53	49.88	49.35	2.706	2.681	2.642	2.578	30
31	54.25	46.981 9	56.00	52.28	51.63	51.10	2.706	2.680	2.642	2.577	31
32	56.00	48.497 4	57.75	54.02	53.38	52.85	2.706	2.680	2.641	2.577	32
33	57.75	50.013 0	59.50	55.77	55.13	54.60	2.706	2.680	2.641	2.576	33
34	59.50	51.528 5	61.25	57.52	56.88	56.35	2.705	2.679	2.640	2.575	34
35	61.25	53.044 1	63.00	59.26	58.63	58.10	2.705	2.679	2.640	2.574	35
36	63.00	54.559 6	64.75	61.01	60.38	59.85	2.705	2.679	2.639	2.574	36
37	64.75	56.075 1	66.50	62.76	62.13	61.60	2.705	2.678	2.639	2.573	37
38	66.50	57.590 7	68.25	64.50	63.88	63.35	2.705	2.678	2.638	2.572	38
39	68.25	59.106 2	70.00	66.25	65.63	65.10	2.705	2.678	2.638	2.571	39
40	70.00	60.621 8	71.75	68.00	67.38	66.85	2.704	2.678	2.638	2.571	40
41	71.75	62.137 3	73.50	69.74	69.13	68.60	2.704	2.677	2.637	2.570	41
42	73.50	63.652 9	75.25	71.49	70.88	70.35	2.704	2.677	2.637	2.569	42
43	75.25	65.168 4	77.00	73.24	72.63	72.10	2.704	2.677	2.636	2.569	43
44	77.00	66.684 0	78.75	74.99	74.38	73.85	2.704	2.677	2.636	2.568	44
45	78.75	68.199 5	80.50	76.74	76.13	75.60	2.704	2.676	2.635	2.567	45
46	80.50	69.715 0	82.25	78.48	77.88	77.35	2.703	2.676	2.635	2.567	46
47	82.25	71.230 6	84.00	80.23	79.63	79.10	2.703	2.676	2.635	2.566	47
48	84.00	72.746 1	85.75	81.98	81.38	80.85	2.703	2.676	2.634	2.566	48
49	85.75	74.261 7	87.50	83.73	83.13	82.60	2.703	2.675	2.634	2.565	49
50	87.50	75.777 2	89.25	85.48	84.88	84.35	2.703	2.675	2.634	2.564	50
51	89.25	77.292 8	91.00	87.23	86.63	86.10	2.703	2.675	2.633	2.564	51
52	91.00	78.808 3	92.75	88.97	88.38	87.85	2.702	2.675	2.633	2.563	52
53	92.75	80.323 9	94.50	90.72	90.13	89.60	2.702	2.674	2.632	2.563	53
54	94.50	81.839 4	96.25	92.47	91.88	91.35	2.702	2.674	2.632	2.562	54
55	96.25	83.354 9	98.00	94.22	93.63	93.10	2.702	2.674	2.632	2.561	55

表 20（续）

单位为毫米

齿数 z	分度圆直径 D	基圆直径 D_b	大径 D_{ee}	渐开线起始圆直径 $D_{Fe\,max}$	小径 D_{ie}		实际齿厚最小值 $S_{min}=S_{v\,max}-(T+\lambda)$				齿数 z
					平齿根	圆齿根	4h	5h	6h	7h	
56	98.00	84.870 5	99.75	95.97	95.38	94.85	2.702	2.674	2.631	2.561	56
57	99.75	86.386 0	101.50	97.72	97.13	96.60	2.702	2.673	2.631	2.560	57
58	101.50	87.901 6	103.25	99.47	98.88	98.35	2.702	2.673	2.631	2.560	58
59	103.25	89.417 1	105.00	101.22	100.63	100.10	2.701	2.673	2.630	2.559	59
60	105.00	90.932 7	106.75	102.96	102.38	101.85	2.701	2.673	2.630	2.559	60
61	106.75	92.448 2	108.50	104.71	104.13	103.60	2.701	2.673	2.630	2.558	61
62	108.50	93.963 8	110.25	106.46	105.88	105.35	2.701	2.672	2.629	2.558	62
63	110.25	95.479 3	112.00	108.21	107.63	107.10	2.701	2.672	2.629	2.557	63
64	112.00	96.994 8	113.75	109.96	109.38	108.85	2.701	2.672	2.629	2.557	64
65	113.75	98.510 4	115.50	111.71	111.13	110.60	2.701	2.672	2.628	2.556	65
66	115.50	100.025 9	117.25	113.46	112.88	112.35	2.701	2.672	2.628	2.555	66
67	117.25	101.541 5	119.00	115.21	114.63	114.10	2.700	2.671	2.628	2.555	67
68	119.00	103.057 0	120.75	116.96	116.38	115.85	2.700	2.671	2.627	2.554	68
69	120.75	104.572 6	122.50	118.71	118.13	117.60	2.700	2.671	2.627	2.554	69
70	122.50	106.088 1	124.25	120.45	119.88	119.35	2.700	2.671	2.627	2.553	70
71	124.25	107.603 7	126.00	122.20	121.63	121.10	2.700	2.671	2.626	2.553	71
72	126.00	109.119 2	127.75	123.95	123.38	122.85	2.700	2.670	2.626	2.552	72
73	127.75	110.634 7	129.50	125.70	125.13	124.60	2.700	2.670	2.626	2.552	73
74	129.50	112.150 3	131.25	127.45	126.88	126.35	2.700	2.670	2.626	2.552	74
75	131.25	113.665 8	133.00	129.20	128.63	128.10	2.699	2.670	2.625	2.551	75
76	133.00	115.181 4	134.75	130.95	130.38	129.85	2.699	2.670	2.625	2.551	76
77	134.75	116.696 9	136.50	132.70	132.13	131.60	2.699	2.669	2.625	2.550	77
78	136.50	118.212 5	138.25	134.45	133.88	133.35	2.699	2.669	2.624	2.550	78
79	138.25	119.728 0	140.00	136.20	135.63	135.10	2.699	2.669	2.624	2.549	79
80	140.00	121.243 6	141.75	137.95	137.38	136.85	2.699	2.669	2.624	2.549	80
81	141.75	122.759 1	143.50	139.70	139.13	138.60	2.699	2.669	2.623	2.548	81
82	143.50	124.274 6	145.25	141.45	140.88	140.35	2.699	2.668	2.623	2.548	82
83	145.25	125.790 2	147.00	143.20	142.63	142.10	2.699	2.668	2.623	2.547	83
84	147.00	127.305 7	148.75	144.95	144.38	143.85	2.698	2.668	2.623	2.547	84
85	148.75	128.821 3	150.50	146.70	146.13	145.60	2.698	2.668	2.622	2.546	85
86	150.50	130.336 8	152.25	148.44	147.88	147.35	2.698	2.668	2.622	2.546	86
87	152.25	131.852 4	154.00	150.19	149.63	149.10	2.698	2.668	2.622	2.546	87
88	154.00	133.367 9	155.75	151.94	151.38	150.85	2.698	2.667	2.622	2.545	88
89	155.75	134.883 5	157.50	153.69	153.13	152.60	2.698	2.667	2.621	2.545	89
90	157.50	136.399 0	159.25	155.44	154.88	154.35	2.698	2.667	2.621	2.544	90
91	159.25	137.914 5	161.00	157.19	156.63	156.10	2.698	2.667	2.621	2.544	91
92	161.00	139.430 1	162.75	158.94	158.38	157.85	2.698	2.667	2.620	2.543	92
93	162.75	140.945 6	164.50	160.69	160.13	159.60	2.697	2.667	2.620	2.543	93
94	164.50	142.461 2	166.25	162.44	161.88	161.35	2.697	2.666	2.620	2.543	94
95	166.25	143.976 7	168.00	164.19	163.63	163.10	2.697	2.666	2.620	2.542	95
96	168.00	145.492 3	169.75	165.94	165.38	164.85	2.697	2.666	2.619	2.542	96
97	169.75	147.007 8	171.50	167.69	167.13	166.60	2.697	2.666	2.619	2.541	97
98	171.50	148.523 4	173.25	169.44	168.88	168.35	2.697	2.666	2.619	2.541	98
99	173.25	150.038 9	175.00	171.19	170.63	170.10	2.697	2.666	2.619	2.541	99
100	175.00	151.554 4	176.75	172.94	172.38	171.85	2.697	2.665	2.618	2.540	100

表 21 30°外花键

模数 $m=2$ mm 作用齿厚最大值 $S_{v\,max}=3.142$ mm

单位为毫米

齿数 z	分度圆直径 D	基圆直径 D_b	大径 D_{ee}	渐开线起始圆直径 $D_{Fe\,max}$	小径 D_{ie}		实际齿厚最小值 $S_{min}=S_{v\,max}-(T+\lambda)$				齿数 z
					平齿根	圆齿根	4h	5h	6h	7h	
10	20.00	17.320 5	22.00	18.08	17.00	16.40	3.103	3.079	3.044	2.986	10
11	22.00	19.052 6	24.00	20.04	19.00	18.40	3.102	3.079	3.043	2.984	11
12	24.00	20.784 6	26.00	22.00	21.00	20.40	3.102	3.078	3.042	2.983	12
13	26.00	22.516 7	28.00	23.96	23.00	22.40	3.102	3.078	3.041	2.981	13
14	28.00	24.248 7	30.00	25.94	25.00	24.40	3.101	3.077	3.041	2.980	14
15	30.00	25.980 8	32.00	27.91	27.00	26.40	3.101	3.076	3.040	2.979	15
16	32.00	27.712 8	34.00	29.89	29.00	28.40	3.101	3.076	3.039	2.977	16
17	34.00	29.444 9	36.00	31.87	31.00	30.40	3.100	3.075	3.038	2.976	17
18	36.00	31.176 9	38.00	33.86	33.00	32.40	3.100	3.075	3.037	2.975	18
19	38.00	32.909 0	40.00	35.84	35.00	34.40	3.100	3.074	3.037	2.974	19
20	40.00	34.641 0	42.00	37.83	37.00	36.40	3.099	3.074	3.036	2.973	20
21	42.00	36.373 1	44.00	39.82	39.00	38.40	3.099	3.074	3.035	2.972	21
22	44.00	38.105 1	46.00	41.81	41.00	40.40	3.099	3.073	3.035	2.970	22
23	46.00	39.837 2	48.00	43.80	43.00	42.40	3.099	3.073	3.034	2.969	23
24	48.00	41.569 2	50.00	45.79	45.00	44.40	3.098	3.072	3.033	2.968	24
25	50.00	43.301 3	52.00	47.78	47.00	46.40	3.098	3.072	3.033	2.967	25
26	52.00	45.033 3	54.00	49.77	49.00	48.40	3.098	3.072	3.032	2.967	26
27	54.00	46.765 4	56.00	51.77	51.00	50.40	3.098	3.071	3.032	2.966	27
28	56.00	48.497 4	58.00	53.76	53.00	52.40	3.097	3.071	3.031	2.965	28
29	58.00	50.229 5	60.00	55.76	55.00	54.40	3.097	3.070	3.030	2.964	29
30	60.00	51.961 5	62.00	57.75	57.00	56.40	3.097	3.070	3.030	2.963	30
31	62.00	53.693 6	64.00	59.74	59.00	58.40	3.097	3.070	3.029	2.962	31
32	64.00	55.425 6	66.00	61.74	61.00	60.40	3.096	3.069	3.029	2.961	32
33	66.00	57.157 7	68.00	63.74	63.00	62.40	3.096	3.069	3.028	2.960	33
34	68.00	58.889 7	70.00	65.73	65.00	64.40	3.096	3.069	3.028	2.960	34
35	70.00	60.621 8	72.00	67.73	67.00	66.40	3.096	3.068	3.027	2.959	35
36	72.00	62.353 8	74.00	69.72	69.00	68.40	3.096	3.068	3.027	2.958	36
37	74.00	64.085 9	76.00	71.72	71.00	70.40	3.096	3.068	3.026	2.957	37
38	76.00	65.817 9	78.00	73.72	73.00	72.40	3.095	3.068	3.026	2.957	38
39	78.00	67.550 0	80.00	75.71	75.00	74.40	3.095	3.067	3.025	2.956	39
40	80.00	69.282 0	82.00	77.71	77.00	76.40	3.095	3.067	3.025	2.955	40
41	82.00	71.014 1	84.00	79.71	79.00	78.40	3.095	3.067	3.025	2.954	41
42	84.00	72.746 1	86.00	81.71	81.00	80.40	3.095	3.066	3.024	2.954	42
43	86.00	74.478 2	88.00	83.70	83.00	82.40	3.094	3.066	3.024	2.953	43
44	88.00	76.210 2	90.00	85.70	85.00	84.40	3.094	3.066	3.023	2.952	44
45	90.00	77.942 3	92.00	87.70	87.00	86.40	3.094	3.066	3.023	2.952	45
46	92.00	79.674 3	94.00	89.70	89.00	88.40	3.094	3.065	3.022	2.951	46
47	94.00	81.406 4	96.00	91.69	91.00	90.40	3.094	3.065	3.022	2.950	47
48	96.00	83.138 4	98.00	93.69	93.00	92.40	3.094	3.065	3.022	2.950	48
49	98.00	84.870 5	100.00	95.69	95.00	94.40	3.093	3.065	3.021	2.949	49
50	100.00	86.602 5	102.00	97.69	97.00	96.40	3.093	3.064	3.021	2.948	50
51	102.00	88.334 6	104.00	99.69	99.00	98.40	3.093	3.064	3.020	2.948	51
52	104.00	90.066 6	106.00	101.69	101.00	100.40	3.093	3.064	3.020	2.947	52
53	106.00	91.798 7	108.00	103.68	103.00	102.40	3.093	3.064	3.020	2.946	53
54	108.00	93.530 7	110.00	105.68	105.00	104.40	3.093	3.063	3.019	2.946	54
55	110.00	95.262 8	112.00	107.68	107.00	106.40	3.092	3.063	3.019	2.945	55

表 21（续）

单位为毫米

齿数 z	分度圆直径 D	基圆直径 D_b	大径 D_{ee}	渐开线起始圆直径 $D_{Fe\ max}$	小径 D_{ie}		实际齿厚最小值 $S_{min}=S_{v\ max}-(T+\lambda)$				齿数 z
					平齿根	圆齿根	4h	5h	6h	7h	
56	112.00	96.994 8	114.00	109.68	109.00	108.40	3.092	3.063	3.018	2.945	56
57	114.00	98.726 9	116.00	111.68	111.00	110.40	3.092	3.063	3.018	2.944	57
58	116.00	100.458 9	118.00	113.68	113.00	112.40	3.092	3.062	3.018	2.943	58
59	118.00	102.191 0	120.00	115.67	115.00	114.40	3.092	3.062	3.017	2.943	59
60	120.00	103.923 0	122.00	117.67	117.00	116.40	3.092	3.062	3.017	2.942	60
61	122.00	105.655 1	124.00	119.67	119.00	118.40	3.092	3.062	3.017	2.942	61
62	124.00	107.387 1	126.00	121.67	121.00	120.40	3.091	3.061	3.016	2.941	62
63	126.00	109.119 2	128.00	123.67	123.00	122.40	3.091	3.061	3.016	2.941	63
64	128.00	110.851 3	130.00	125.67	125.00	124.40	3.091	3.061	3.016	2.940	64
65	130.00	112.583 3	132.00	127.67	127.00	126.40	3.091	3.061	3.015	2.939	65
66	132.00	114.315 4	134.00	129.67	129.00	128.40	3.091	3.061	3.015	2.939	66
67	134.00	116.047 4	136.00	131.67	131.00	130.40	3.091	3.060	3.015	2.938	67
68	136.00	117.779 5	138.00	133.66	133.00	132.40	3.091	3.060	3.014	2.938	68
69	138.00	119.511 5	140.00	135.66	135.00	134.40	3.091	3.060	3.014	2.937	69
70	140.00	121.243 6	142.00	137.66	137.00	136.40	3.090	3.060	3.014	2.937	70
71	142.00	122.975 6	144.00	139.66	139.00	138.40	3.090	3.059	3.013	2.936	71
72	144.00	124.707 7	146.00	141.66	141.00	140.40	3.090	3.059	3.013	2.936	72
73	146.00	126.439 7	148.00	143.66	143.00	142.40	3.090	3.059	3.013	2.935	73
74	148.00	128.171 8	150.00	145.66	145.00	144.40	3.090	3.059	3.012	2.935	74
75	150.00	129.903 8	152.00	147.66	147.00	146.40	3.090	3.059	3.012	2.934	75
76	152.00	131.635 9	154.00	149.66	149.00	148.40	3.090	3.058	3.012	2.934	76
77	154.00	133.367 9	156.00	151.66	151.00	150.40	3.089	3.058	3.011	2.933	77
78	156.00	135.100 0	158.00	153.66	153.00	152.40	3.089	3.058	3.011	2.933	78
79	158.00	136.832 0	160.00	155.66	155.00	154.40	3.089	3.058	3.011	2.932	79
80	160.00	138.564 1	162.00	157.65	157.00	156.40	3.089	3.058	3.010	2.932	80
81	162.00	140.296 1	164.00	159.65	159.00	158.40	3.089	3.057	3.010	2.931	81
82	164.00	142.028 2	166.00	161.65	161.00	160.40	3.089	3.057	3.010	2.931	82
83	166.00	143.760 2	168.00	163.65	163.00	162.40	3.089	3.057	3.010	2.930	83
84	168.00	145.492 3	170.00	165.65	165.00	164.40	3.089	3.057	3.009	2.930	84
85	170.00	147.224 3	172.00	167.65	167.00	166.40	3.089	3.057	3.009	2.929	85
86	172.00	148.956 4	174.00	169.65	169.00	168.40	3.088	3.057	3.009	2.929	86
87	174.00	150.688 4	176.00	171.65	171.00	170.40	3.088	3.056	3.008	2.928	87
88	176.00	152.420 5	178.00	173.65	173.00	172.40	3.088	3.056	3.008	2.928	88
89	178.00	154.152 5	180.00	175.65	175.00	174.40	3.088	3.056	3.008	2.927	89
90	180.00	155.884 6	182.00	177.65	177.00	176.40	3.088	3.056	3.007	2.927	90
91	182.00	157.616 6	184.00	179.65	179.00	178.40	3.088	3.056	3.007	2.927	91
92	184.00	159.348 7	186.00	181.65	181.00	180.40	3.088	3.055	3.007	2.926	92
93	186.00	161.080 7	188.00	183.65	183.00	182.40	3.088	3.055	3.007	2.926	93
94	188.00	162.812 8	190.00	185.65	185.00	184.40	3.088	3.055	3.006	2.925	94
95	190.00	164.544 8	192.00	187.65	187.00	186.40	3.087	3.055	3.006	2.925	95
96	192.00	166.276 9	194.00	189.65	189.00	188.40	3.087	3.055	3.006	2.924	96
97	194.00	168.008 9	196.00	191.65	191.00	190.40	3.087	3.055	3.006	2.924	97
98	196.00	169.741 0	198.00	193.64	193.00	192.40	3.087	3.054	3.005	2.923	98
99	198.00	171.473 0	200.00	195.64	195.00	194.40	3.087	3.054	3.005	2.923	99
100	200.00	173.205 1	202.00	197.64	197.00	196.40	3.087	3.054	3.005	2.923	100

表 22 30°外花键

模数 m=2.5 mm 作用齿厚最大值 $S_{v\ max}$=3.927 mm

单位为毫米

齿数 z	分度圆直径 D	基圆直径 D_b	大径 D_{ee}	渐开线起始圆直径 $D_{Fe\ max}$	小径 D_{ie}		实际齿厚最小值 $S_{min}=S_{v\ max}-(T+\lambda)$				齿数 z
					平齿根	圆齿根	4h	5h	6h	7h	
10	25.00	21.650 6	27.50	22.61	21.25	20.50	3.885	3.860	3.822	3.759	10
11	27.50	23.815 7	30.00	25.04	23.75	23.00	3.885	3.859	3.821	3.757	11
12	30.00	25.980 8	32.50	27.50	26.25	25.50	3.884	3.858	3.820	3.756	12
13	32.50	28.145 8	35.00	29.95	28.75	28.00	3.884	3.858	3.819	3.754	13
14	35.00	30.310 9	37.50	32.42	31.25	30.50	3.883	3.857	3.818	3.753	14
15	37.50	32.476 0	40.00	34.89	33.75	33.00	3.883	3.857	3.817	3.751	15
16	40.00	34.641 0	42.50	37.36	36.25	35.50	3.883	3.856	3.816	3.750	16
17	42.50	36.806 1	45.00	39.84	38.75	38.00	3.882	3.856	3.815	3.748	17
18	45.00	38.971 1	47.50	42.32	41.25	40.50	3.882	3.855	3.815	3.747	18
19	47.50	41.136 2	50.00	44.80	43.75	43.00	3.882	3.855	3.814	3.746	19
20	50.00	43.301 3	52.50	47.29	46.25	45.50	3.881	3.854	3.813	3.745	20
21	52.50	45.466 3	55.00	49.77	48.75	48.00	3.881	3.854	3.812	3.743	21
22	55.00	47.631 4	57.50	52.26	51.25	50.50	3.881	3.853	3.812	3.742	22
23	57.50	49.796 5	60.00	54.75	53.75	53.00	3.881	3.853	3.811	3.741	23
24	60.00	51.961 5	62.50	57.24	56.25	55.50	3.880	3.852	3.810	3.740	24
25	62.50	54.126 6	65.00	59.73	58.75	58.00	3.880	3.852	3.809	3.739	25
26	65.00	56.291 7	67.50	62.22	61.25	60.50	3.880	3.851	3.809	3.738	26
27	67.50	58.456 7	70.00	64.71	63.75	63.00	3.879	3.851	3.808	3.737	27
28	70.00	60.621 8	72.50	67.20	66.25	65.50	3.879	3.851	3.808	3.736	28
29	72.50	62.786 8	75.00	69.69	68.75	68.00	3.879	3.850	3.807	3.735	29
30	75.00	64.951 9	77.50	72.19	71.25	70.50	3.879	3.850	3.806	3.734	30
31	77.50	67.117 0	80.00	74.68	73.75	73.00	3.879	3.849	3.806	3.733	31
32	80.00	69.282 0	82.50	77.18	76.25	75.50	3.878	3.849	3.805	3.732	32
33	82.50	71.447 1	85.00	79.67	78.75	78.00	3.878	3.849	3.805	3.731	33
34	85.00	73.612 2	87.50	82.16	81.25	80.50	3.878	3.848	3.804	3.730	34
35	87.50	75.777 2	90.00	84.66	83.75	83.00	3.878	3.848	3.804	3.730	35
36	90.00	77.942 3	92.50	87.16	86.25	85.50	3.877	3.848	3.803	3.729	36
37	92.50	80.107 3	95.00	89.65	88.75	88.00	3.877	3.847	3.803	3.728	37
38	95.00	82.272 4	97.50	92.15	91.25	90.50	3.877	3.847	3.802	3.727	38
39	97.50	84.437 5	100.00	94.64	93.75	93.00	3.877	3.847	3.801	3.726	39
40	100.00	86.602 5	102.50	97.14	96.25	95.50	3.877	3.846	3.801	3.725	40
41	102.50	88.767 6	105.00	99.64	98.75	98.00	3.876	3.846	3.801	3.725	41
42	105.00	90.932 7	107.50	102.13	101.25	100.50	3.876	3.846	3.800	3.724	42
43	107.50	93.097 7	110.00	104.63	103.75	103.00	3.876	3.845	3.800	3.723	43
44	110.00	95.262 8	112.50	107.13	106.25	105.50	3.876	3.845	3.799	3.722	44
45	112.50	97.427 9	115.00	109.62	108.75	108.00	3.876	3.845	3.799	3.722	45
46	115.00	99.592 9	117.50	112.12	111.25	110.50	3.875	3.845	3.798	3.721	46
47	117.50	101.758 0	120.00	114.62	113.75	113.00	3.875	3.844	3.798	3.720	47
48	120.00	103.923 0	122.50	117.12	116.25	115.50	3.875	3.844	3.797	3.719	48
49	122.50	106.088 1	125.00	119.61	118.75	118.00	3.875	3.844	3.797	3.719	49
50	125.00	108.253 2	127.50	122.11	121.25	120.50	3.875	3.843	3.796	3.718	50
51	127.50	110.418 2	130.00	124.61	123.75	123.00	3.875	3.843	3.796	3.717	51
52	130.00	112.583 3	132.50	127.11	126.25	125.50	3.874	3.843	3.795	3.717	52
53	132.50	114.748 4	135.00	129.60	128.75	128.00	3.874	3.843	3.795	3.716	53
54	135.00	116.913 4	137.50	132.10	131.25	130.50	3.874	3.842	3.795	3.715	54
55	137.50	119.078 5	140.00	134.60	133.75	133.00	3.874	3.842	3.794	3.715	55

表 22（续）

单位为毫米

齿数 z	分度圆直径 D	基圆直径 D_b	大径 D_{ee}	渐开线起始圆直径 $D_{Fe\ max}$	小径 D_{ie}		实际齿厚最小值 $S_{min}=S_{v\ max}-(T+\lambda)$				齿数 z
					平齿根	圆齿根	4h	5h	6h	7h	
56	140.00	121.243 6	142.50	137.10	136.25	135.50	3.874	3.842	3.794	3.714	56
57	142.50	123.408 6	145.00	139.60	138.75	138.00	3.874	3.841	3.793	3.713	57
58	145.00	125.573 7	147.50	142.10	141.25	140.50	3.873	3.841	3.793	3.713	58
59	147.50	127.738 7	150.00	144.59	143.75	143.00	3.873	3.841	3.793	3.712	59
60	150.00	129.903 8	152.50	147.09	146.25	145.50	3.873	3.841	3.792	3.711	60
61	152.50	132.068 9	155.00	149.59	148.75	148.00	3.873	3.840	3.792	3.711	61
62	155.00	134.233 9	157.50	152.09	151.25	150.50	3.873	3.840	3.791	3.710	62
63	157.50	136.399 0	160.00	154.59	153.75	153.00	3.873	3.840	3.791	3.709	63
64	160.00	138.564 1	162.50	157.09	156.25	155.50	3.872	3.840	3.791	3.709	64
65	162.50	140.729 1	165.00	159.58	158.75	158.00	3.872	3.839	3.790	3.708	65
66	165.00	142.894 2	167.50	162.08	161.25	160.50	3.872	3.839	3.790	3.708	66
67	167.50	145.059 3	170.00	164.58	163.75	163.00	3.872	3.839	3.790	3.707	67
68	170.00	147.224 3	172.50	167.08	166.25	165.50	3.872	3.839	3.789	3.706	68
69	172.50	149.389 4	175.00	169.58	168.75	168.00	3.872	3.839	3.789	3.706	69
70	175.00	151.554 4	177.50	172.08	171.25	170.50	3.872	3.838	3.788	3.705	70
71	177.50	153.719 5	180.00	174.58	173.75	173.00	3.871	3.838	3.788	3.705	71
72	180.00	155.884 6	182.50	177.08	176.25	175.50	3.871	3.838	3.788	3.704	72
73	182.50	158.049 6	185.00	179.58	178.75	178.00	3.871	3.838	3.787	3.704	73
74	185.00	160.214 7	187.50	182.07	181.25	180.50	3.871	3.837	3.787	3.703	74
75	187.50	162.379 8	190.00	184.57	183.75	183.00	3.871	3.837	3.787	3.702	75
76	190.00	164.544 8	192.50	187.07	186.25	185.50	3.871	3.837	3.786	3.702	76
77	192.50	166.709 9	195.00	189.57	188.75	188.00	3.871	3.837	3.786	3.701	77
78	195.00	168.875 0	197.50	192.07	191.25	190.50	3.870	3.837	3.786	3.701	78
79	197.50	171.040 0	200.00	194.57	193.75	193.00	3.870	3.836	3.785	3.700	79
80	200.00	173.205 1	202.50	197.07	196.25	195.50	3.870	3.836	3.785	3.700	80
81	202.50	175.370 1	205.00	199.57	198.75	198.00	3.870	3.836	3.785	3.699	81
82	205.00	177.535 2	207.50	202.07	201.25	200.50	3.870	3.836	3.784	3.699	82
83	207.50	179.700 3	210.00	204.57	203.75	203.00	3.870	3.835	3.784	3.698	83
84	210.00	181.865 3	212.50	207.07	206.25	205.50	3.870	3.835	3.784	3.698	84
85	212.50	184.030 4	215.00	209.56	208.75	208.00	3.870	3.835	3.783	3.697	85
86	215.00	186.195 5	217.50	212.06	211.25	210.50	3.869	3.835	3.783	3.697	86
87	217.50	188.360 5	220.00	214.56	213.75	213.00	3.869	3.835	3.783	3.696	87
88	220.00	190.525 6	222.50	217.06	216.25	215.50	3.869	3.834	3.782	3.696	88
89	222.50	192.690 6	225.00	219.56	218.75	218.00	3.869	3.834	3.782	3.695	89
90	225.00	194.855 7	227.50	222.06	221.25	220.50	3.869	3.834	3.782	3.695	90
91	227.50	197.020 8	230.00	224.56	223.75	223.00	3.869	3.834	3.781	3.694	91
92	230.00	199.185 8	232.50	227.06	226.25	225.50	3.869	3.834	3.781	3.694	92
93	232.50	201.350 9	235.00	229.56	228.75	228.00	3.869	3.833	3.781	3.693	93
94	235.00	203.516 0	237.50	232.06	231.25	230.50	3.868	3.833	3.780	3.693	94
95	237.50	205.681 0	240.00	234.56	233.75	233.00	3.868	3.833	3.780	3.692	95
96	240.00	207.846 1	242.50	237.06	236.25	235.50	3.868	3.833	3.780	3.692	96
97	242.50	210.011 2	245.00	239.56	238.75	238.00	3.868	3.833	3.780	3.691	97
98	245.00	212.176 2	247.50	242.06	241.25	240.50	3.868	3.832	3.779	3.691	98
99	247.50	214.341 3	250.00	244.56	243.75	243.00	3.868	3.832	3.779	3.690	99
100	250.00	216.506 3	252.50	247.05	246.25	245.50	3.868	3.832	3.779	3.690	100

表 23　30°外花键

模数 $m=3$ mm　作用齿厚最大值 $S_{v\,max}=4.712$ mm

单位为毫米

齿数 z	分度圆直径 D	基圆直径 D_b	大径 D_{ee}	渐开线起始圆直径 $D_{Fe\,max}$	小径 D_{ie}		实际齿厚最小值 $S_{min}=S_{v\,max}-(T+\lambda)$				齿数 z
					平齿根	圆齿根	4h	5h	6h	7h	
10	30.00	25.980 8	33.00	27.13	25.50	24.60	4.668	4.641	4.601	4.534	10
11	33.00	28.578 8	36.00	30.05	28.50	27.60	4.667	4.640	4.600	4.532	11
12	36.00	31.176 9	39.00	32.99	31.50	30.60	4.667	4.640	4.599	4.530	12
13	39.00	33.775 0	42.00	35.94	34.50	33.60	4.666	4.639	4.597	4.528	13
14	42.00	36.373 1	45.00	38.90	37.50	36.60	4.666	4.638	4.596	4.527	14
15	45.00	38.971 1	48.00	41.87	40.50	39.60	4.666	4.638	4.595	4.525	15
16	48.00	41.569 2	51.00	44.84	43.50	42.60	4.665	4.637	4.594	4.524	16
17	51.00	44.167 3	54.00	47.81	46.50	45.60	4.665	4.636	4.594	4.522	17
18	54.00	46.765 4	57.00	50.78	49.50	48.60	4.665	4.636	4.593	4.521	18
19	57.00	49.363 4	60.00	53.76	52.50	51.60	4.664	4.635	4.592	4.520	19
20	60.00	51.961 5	63.00	56.74	55.50	54.60	4.664	4.635	4.591	4.518	20
21	63.00	54.559 6	66.00	59.73	58.50	57.60	4.664	4.634	4.590	4.517	21
22	66.00	57.157 7	69.00	62.71	61.50	60.60	4.663	4.634	4.589	4.516	22
23	69.00	59.755 8	72.00	65.70	64.50	63.60	4.663	4.633	4.589	4.515	23
24	72.00	62.353 8	75.00	68.68	67.50	66.60	4.663	4.633	4.588	4.513	24
25	75.00	64.951 9	78.00	71.67	70.50	69.60	4.662	4.632	4.587	4.512	25
26	78.00	67.550 0	81.00	74.66	73.50	72.60	4.662	4.632	4.587	4.511	26
27	81.00	70.148 1	84.00	77.65	76.50	75.60	4.662	4.631	4.586	4.510	27
28	84.00	72.746 1	87.00	80.64	79.50	78.60	4.662	4.631	4.585	4.509	28
29	87.00	75.344 2	90.00	83.63	82.50	81.60	4.661	4.631	4.585	4.508	29
30	90.00	77.942 3	93.00	86.62	85.50	84.60	4.661	4.630	4.584	4.507	30
31	93.00	80.540 4	96.00	89.62	88.50	87.60	4.661	4.630	4.583	4.506	31
32	96.00	83.138 4	99.00	92.61	91.50	90.60	4.661	4.629	4.583	4.505	32
33	99.00	85.736 5	102.00	95.60	94.50	93.60	4.660	4.629	4.582	4.504	33
34	102.00	88.334 6	105.00	98.60	97.50	96.60	4.660	4.629	4.581	4.503	34
35	105.00	90.932 7	108.00	101.59	100.50	99.60	4.660	4.628	4.581	4.502	35
36	108.00	93.530 7	111.00	104.59	103.50	102.60	4.660	4.628	4.580	4.501	36
37	111.00	96.128 8	114.00	107.58	106.50	105.60	4.659	4.628	4.580	4.500	37
38	114.00	98.726 9	117.00	110.58	109.50	108.60	4.659	4.627	4.579	4.499	38
39	117.00	101.325 0	120.00	113.57	112.50	111.60	4.659	4.627	4.579	4.498	39
40	120.00	103.923 0	123.00	116.57	115.50	114.60	4.659	4.626	4.578	4.498	40
41	123.00	106.521 1	126.00	119.56	118.50	117.60	4.658	4.626	4.578	4.497	41
42	126.00	109.119 2	129.00	122.56	121.50	120.60	4.658	4.626	4.577	4.496	42
43	129.00	111.717 3	132.00	125.55	124.50	123.60	4.658	4.625	4.577	4.495	43
44	132.00	114.315 4	135.00	128.55	127.50	126.60	4.658	4.625	4.576	4.494	44
45	135.00	116.913 4	138.00	131.55	130.50	129.60	4.658	4.625	4.576	4.493	45
46	138.00	119.511 5	141.00	134.54	133.50	132.60	4.657	4.624	4.575	4.493	46
47	141.00	122.109 6	144.00	137.54	136.50	135.60	4.657	4.624	4.575	4.492	47
48	144.00	124.707 7	147.00	140.54	139.50	138.60	4.657	4.624	4.574	4.491	48
49	147.00	127.305 7	150.00	143.54	142.50	141.60	4.657	4.624	4.574	4.490	49
50	150.00	129.903 8	153.00	146.53	145.50	144.60	4.657	4.623	4.573	4.490	50
51	153.00	132.501 9	156.00	149.53	148.50	147.60	4.656	4.623	4.573	4.489	51
52	156.00	135.100 0	159.00	152.53	151.50	150.60	4.656	4.623	4.572	4.488	52
53	159.00	137.698 0	162.00	155.53	154.50	153.60	4.656	4.622	4.572	4.487	53
54	162.00	140.296 1	165.00	158.52	157.50	156.60	4.656	4.622	4.571	4.487	54
55	165.00	142.894 2	168.00	161.52	160.50	159.60	4.656	4.622	4.571	4.486	55

表 23（续）

单位为毫米

齿数 z	分度圆直径 D	基圆直径 D_b	大径 D_{ee}	渐开线起始圆直径 $D_{Fe\,max}$	小径 D_{ie}		实际齿厚最小值 $S_{min}=S_{v\,max}-(T+\lambda)$				齿数 z
					平齿根	圆齿根	4h	5h	6h	7h	
56	168.00	145.492 3	171.00	164.52	163.50	162.60	4.656	4.621	4.570	4.485	56
57	171.00	148.090 3	174.00	167.52	166.50	165.60	4.655	4.621	4.570	4.484	57
58	174.00	150.688 4	177.00	170.51	169.50	168.60	4.655	4.621	4.569	4.484	58
59	177.00	153.286 5	180.00	173.51	172.50	171.60	4.655	4.621	4.569	4.483	59
60	180.00	155.884 6	183.00	176.51	175.50	174.60	4.655	4.620	4.569	4.482	60
61	183.00	158.482 6	186.00	179.51	178.50	177.60	4.655	4.620	4.568	4.482	61
62	186.00	161.080 7	189.00	182.51	181.50	180.60	4.655	4.620	4.568	4.481	62
63	189.00	163.678 8	192.00	185.50	184.50	183.60	4.654	4.620	4.567	4.480	63
64	192.00	166.276 9	195.00	188.50	187.50	186.60	4.654	4.619	4.567	4.480	64
65	195.00	168.875 0	198.00	191.50	190.50	189.60	4.654	4.619	4.567	4.479	65
66	198.00	171.473 0	201.00	194.50	193.50	192.60	4.654	4.619	4.566	4.478	66
67	201.00	174.071 1	204.00	197.50	196.50	195.60	4.654	4.619	4.566	4.478	67
68	204.00	176.669 2	207.00	200.50	199.50	198.60	4.654	4.618	4.565	4.477	68
69	207.00	179.267 3	210.00	203.50	202.50	201.60	4.653	4.618	4.565	4.476	69
70	210.00	181.865 3	213.00	206.49	205.50	204.60	4.653	4.618	4.565	4.476	70
71	213.00	184.463 4	216.00	209.49	208.50	207.60	4.653	4.617	4.564	4.475	71
72	216.00	187.061 5	219.00	212.49	211.50	210.60	4.653	4.617	4.564	4.475	72
73	219.00	189.659 6	222.00	215.49	214.50	213.60	4.653	4.617	4.563	4.474	73
74	222.00	192.257 6	225.00	218.49	217.50	216.60	4.653	4.617	4.563	4.473	74
75	225.00	194.855 7	228.00	221.49	220.50	219.60	4.652	4.617	4.563	4.473	75
76	228.00	197.453 8	231.00	224.49	223.50	222.60	4.652	4.616	4.562	4.472	76
77	231.00	200.051 9	234.00	227.49	226.50	225.60	4.652	4.616	4.562	4.472	77
78	234.00	202.649 9	237.00	230.48	229.50	228.60	4.652	4.616	4.561	4.471	78
79	237.00	205.248 0	240.00	233.48	232.50	231.60	4.652	4.616	4.561	4.470	79
80	240.00	207.846 1	243.00	236.48	235.50	234.60	4.652	4.615	4.561	4.470	80
81	243.00	210.444 2	246.00	239.48	238.50	237.60	4.652	4.615	4.560	4.469	81
82	246.00	213.042 2	249.00	242.48	241.50	240.60	4.651	4.615	4.560	4.469	82
83	249.00	215.640 3	252.00	245.48	244.50	243.60	4.651	4.615	4.560	4.468	83
84	252.00	218.238 4	255.00	248.48	247.50	246.60	4.651	4.614	4.559	4.467	84
85	255.00	220.836 5	258.00	251.48	250.50	249.60	4.651	4.614	4.559	4.467	85
86	258.00	223.434 6	261.00	254.48	253.50	252.60	4.651	4.614	4.559	4.466	86
87	261.00	226.032 6	264.00	257.48	256.50	255.60	4.651	4.614	4.558	4.466	87
88	264.00	228.630 7	267.00	260.47	259.50	258.60	4.651	4.614	4.558	4.465	88
89	267.00	231.228 8	270.00	263.47	262.50	261.60	4.650	4.613	4.558	4.465	89
90	270.00	233.826 9	273.00	266.47	265.50	264.60	4.650	4.613	4.557	4.464	90
91	273.00	236.424 9	276.00	269.47	268.50	267.60	4.650	4.613	4.557	4.464	91
92	276.00	239.023 0	279.00	272.47	271.50	270.60	4.650	4.613	4.557	4.463	92
93	279.00	241.621 1	282.00	275.47	274.50	273.60	4.650	4.612	4.556	4.462	93
94	282.00	244.219 2	285.00	278.47	277.50	276.60	4.650	4.612	4.556	4.462	94
95	285.00	246.817 2	288.00	281.47	280.50	279.60	4.650	4.612	4.555	4.461	95
96	288.00	249.415 3	291.00	284.47	283.50	282.60	4.649	4.612	4.555	4.461	96
97	291.00	252.013 4	294.00	287.47	286.50	285.60	4.649	4.612	4.555	4.460	97
98	294.00	254.611 5	297.00	290.47	289.50	288.60	4.649	4.611	4.554	4.460	98
99	297.00	257.209 5	300.00	293.47	292.50	291.60	4.649	4.611	4.554	4.459	99
100	300.00	259.807 6	303.00	296.47	295.50	294.60	4.649	4.611	4.554	4.459	100

表 24　30°外花键

模数 $m=4$ mm　作用齿厚最大值 $S_{v\max}=6.283$ mm

单位为毫米

齿数 z	分度圆直径 D	基圆直径 D_b	大径 D_{ee}	渐开线起始圆直径 $D_{Fe\max}$	小径 D_{ie}		实际齿厚最小值 $S_{\min}=S_{v\max}-(T+\lambda)$				齿数 z
					平齿根	圆齿根	4h	5h	6h	7h	
10	40.00	34.641 0	44.00	36.17	34.00	32.80	6.234	6.204	6.160	6.086	10
11	44.00	38.105 1	48.00	40.07	38.00	36.80	6.233	6.204	6.159	6.084	11
12	48.00	41.569 2	52.00	43.99	42.00	40.80	6.233	6.203	6.158	6.082	12
13	52.00	45.033 3	56.00	47.93	46.00	44.80	6.232	6.202	6.156	6.080	13
14	56.00	48.497 4	60.00	51.87	50.00	48.80	6.232	6.201	6.155	6.078	14
15	60.00	51.961 5	64.00	55.82	54.00	52.80	6.232	6.201	6.154	6.077	15
16	64.00	55.425 6	68.00	59.78	58.00	56.80	6.231	6.200	6.153	6.075	16
17	68.00	58.889 7	72.00	63.74	62.00	60.80	6.231	6.199	6.152	6.073	17
18	72.00	62.353 8	76.00	67.71	66.00	64.80	6.230	6.199	6.151	6.072	18
19	76.00	65.817 9	80.00	71.68	70.00	68.80	6.230	6.198	6.150	6.070	19
20	80.00	69.282 0	84.00	75.66	74.00	72.80	6.230	6.197	6.149	6.069	20
21	84.00	72.746 1	88.00	79.64	78.00	76.80	6.229	6.197	6.148	6.067	21
22	88.00	76.210 2	92.00	83.61	82.00	80.80	6.229	6.196	6.147	6.066	22
23	92.00	79.674 3	96.00	87.60	86.00	84.80	6.229	6.196	6.147	6.065	23
24	96.00	83.138 4	100.00	91.58	90.00	88.80	6.228	6.195	6.146	6.063	24
25	100.00	86.602 5	104.00	95.56	94.00	92.80	6.228	6.195	6.145	6.062	25
26	104.00	90.066 6	108.00	99.55	98.00	96.80	6.228	6.194	6.144	6.061	26
27	108.00	93.530 7	112.00	103.53	102.00	100.80	6.227	6.194	6.143	6.059	27
28	112.00	96.994 8	116.00	107.52	106.00	104.80	6.227	6.193	6.143	6.058	28
29	116.00	100.458 9	120.00	111.51	110.00	108.80	6.227	6.193	6.142	6.057	29
30	120.00	103.923 0	124.00	115.50	114.00	112.80	6.226	6.192	6.141	6.056	30
31	124.00	107.387 1	128.00	119.49	118.00	116.80	6.226	6.192	6.140	6.055	31
32	128.00	110.851 3	132.00	123.48	122.00	120.80	6.226	6.191	6.140	6.054	32
33	132.00	114.315 4	136.00	127.47	126.00	124.80	6.226	6.191	6.139	6.053	33
34	136.00	117.779 5	140.00	131.46	130.00	128.80	6.225	6.191	6.138	6.052	34
35	140.00	121.243 6	144.00	135.46	134.00	132.80	6.225	6.190	6.138	6.050	35
36	144.00	124.707 7	148.00	139.45	138.00	136.80	6.225	6.190	6.137	6.049	36
37	148.00	128.171 8	152.00	143.44	142.00	140.80	6.224	6.189	6.136	6.048	37
38	152.00	131.635 9	156.00	147.43	146.00	144.80	6.224	6.189	6.136	6.047	38
39	156.00	135.100 0	160.00	151.43	150.00	148.80	6.224	6.188	6.135	6.046	39
40	160.00	138.564 1	164.00	155.42	154.00	152.80	6.224	6.188	6.135	6.045	40
41	164.00	142.028 2	168.00	159.42	158.00	156.80	6.224	6.188	6.134	6.044	41
42	168.00	145.492 3	172.00	163.41	162.00	160.80	6.223	6.187	6.133	6.044	42
43	172.00	148.956 4	176.00	167.41	166.00	164.80	6.223	6.187	6.133	6.043	43
44	176.00	152.420 5	180.00	171.40	170.00	168.80	6.223	6.187	6.132	6.042	44
45	180.00	155.884 6	184.00	175.40	174.00	172.80	6.223	6.186	6.132	6.041	45
46	184.00	159.348 7	188.00	179.39	178.00	176.80	6.222	6.186	6.131	6.040	46
47	188.00	162.812 8	192.00	183.39	182.00	180.80	6.222	6.185	6.131	6.039	47
48	192.00	166.276 9	196.00	187.38	186.00	184.80	6.222	6.185	6.130	6.038	48
49	196.00	169.741 0	200.00	191.38	190.00	188.80	6.222	6.185	6.129	6.037	49
50	200.00	173.205 1	204.00	195.38	194.00	192.80	6.221	6.184	6.129	6.036	50
51	204.00	176.669 2	208.00	199.37	198.00	196.80	6.221	6.184	6.128	6.035	51
52	208.00	180.133 3	212.00	203.37	202.00	200.80	6.221	6.184	6.128	6.035	52
53	212.00	183.597 4	216.00	207.37	206.00	204.80	6.221	6.183	6.127	6.034	53
54	216.00	187.061 5	220.00	211.36	210.00	208.80	6.221	6.183	6.127	6.033	54
55	220.00	190.525 6	224.00	215.36	214.00	212.80	6.220	6.183	6.126	6.032	55

表 24（续）

单位为毫米

齿数 z	分度圆直径 D	基圆直径 D_b	大径 D_{ee}	渐开线起始圆直径 $D_{Fe\max}$	小径 D_{ie}		实际齿厚最小值 $S_{\min}=S_{v\max}-(T+\lambda)$				齿数 z
					平齿根	圆齿根	4h	5h	6h	7h	
56	224.00	193.989 7	228.00	219.36	218.00	216.80	6.220	6.182	6.126	6.031	56
57	228.00	197.453 8	232.00	223.35	222.00	220.80	6.220	6.182	6.125	6.031	57
58	232.00	200.917 9	236.00	227.35	226.00	224.80	6.220	6.182	6.125	6.030	58
59	236.00	204.382 0	240.00	231.35	230.00	228.80	6.220	6.181	6.124	6.029	59
60	240.00	207.846 1	244.00	235.35	234.00	232.80	6.219	6.181	6.124	6.028	60
61	244.00	211.310 2	248.00	239.34	238.00	236.80	6.219	6.181	6.123	6.027	61
62	248.00	214.774 3	252.00	243.34	242.00	240.80	6.219	6.181	6.123	6.027	62
63	252.00	218.238 4	256.00	247.34	246.00	244.80	6.219	6.180	6.122	6.026	63
64	256.00	221.702 5	260.00	251.34	250.00	248.80	6.219	6.180	6.122	6.025	64
65	260.00	225.166 6	264.00	255.34	254.00	252.80	6.218	6.180	6.121	6.024	65
66	264.00	228.630 7	268.00	259.33	258.00	256.80	6.218	6.179	6.121	6.024	66
67	268.00	232.094 8	272.00	263.33	262.00	260.80	6.218	6.179	6.120	6.023	67
68	272.00	235.558 9	276.00	267.33	266.00	264.80	6.218	6.179	6.120	6.022	68
69	276.00	239.023 0	280.00	271.33	270.00	268.80	6.218	6.178	6.120	6.021	69
70	280.00	242.487 1	284.00	275.33	274.00	272.80	6.218	6.178	6.119	6.021	70
71	284.00	245.951 2	288.00	279.32	278.00	276.80	6.217	6.178	6.119	6.020	71
72	288.00	249.415 3	292.00	283.32	282.00	280.80	6.217	6.178	6.118	6.019	72
73	292.00	252.879 4	296.00	287.32	286.00	284.80	6.217	6.177	6.118	6.019	73
74	296.00	256.343 5	300.00	291.32	290.00	288.80	6.217	6.177	6.117	6.018	74
75	300.00	259.807 6	304.00	295.32	294.00	292.80	6.217	6.177	6.117	6.017	75
76	304.00	263.271 7	308.00	299.32	298.00	296.80	6.216	6.176	6.116	6.016	76
77	308.00	266.735 8	312.00	303.31	302.00	300.80	6.216	6.176	6.116	6.016	77
78	312.00	270.199 9	316.00	307.31	306.00	304.80	6.216	6.176	6.116	6.015	78
79	316.00	273.664 0	320.00	311.31	310.00	308.80	6.216	6.176	6.115	6.014	79
80	320.00	277.128 1	324.00	315.31	314.00	312.80	6.216	6.175	6.115	6.014	80
81	324.00	280.592 2	328.00	319.31	318.00	316.80	6.216	6.175	6.114	6.013	81
82	328.00	284.056 3	332.00	323.31	322.00	320.80	6.215	6.175	6.114	6.012	82
83	332.00	287.520 4	336.00	327.31	326.00	324.80	6.215	6.175	6.114	6.012	83
84	336.00	290.984 5	340.00	331.30	330.00	328.80	6.215	6.174	6.113	6.011	84
85	340.00	294.448 6	344.00	335.30	334.00	332.80	6.215	6.174	6.113	6.010	85
86	344.00	297.912 7	348.00	339.30	338.00	336.80	6.215	6.174	6.112	6.010	86
87	348.00	301.376 8	352.00	343.30	342.00	340.80	6.215	6.174	6.112	6.009	87
88	352.00	304.840 9	356.00	347.30	346.00	344.80	6.215	6.173	6.111	6.008	88
89	356.00	308.305 0	360.00	351.30	350.00	348.80	6.214	6.173	6.111	6.008	89
90	360.00	311.769 1	364.00	355.30	354.00	352.80	6.214	6.173	6.111	6.007	90
91	364.00	315.233 2	368.00	359.30	358.00	356.80	6.214	6.173	6.110	6.007	91
92	368.00	318.697 3	372.00	363.30	362.00	360.80	6.214	6.172	6.110	6.006	92
93	372.00	322.161 4	376.00	367.29	366.00	364.80	6.214	6.172	6.110	6.005	93
94	376.00	325.625 5	380.00	371.29	370.00	368.80	6.214	6.172	6.109	6.005	94
95	380.00	329.089 6	384.00	375.29	374.00	372.80	6.213	6.172	6.109	6.004	95
96	384.00	332.553 8	388.00	379.29	378.00	376.80	6.213	6.171	6.108	6.003	96
97	388.00	336.017 9	392.00	383.29	382.00	380.80	6.213	6.171	6.108	6.003	97
98	392.00	339.482 0	396.00	387.29	386.00	384.80	6.213	6.171	6.108	6.002	98
99	396.00	342.946 1	400.00	391.29	390.00	388.80	6.213	6.171	6.107	6.002	99
100	400.00	346.410 2	404.00	395.29	394.00	392.80	6.213	6.170	6.107	6.001	100

表 25　30°外花键

模数 $m=5$ mm　作用齿厚最大值 $S_{v\max}=7.854$ mm

单位为毫米

齿数 z	分度圆直径 D	基圆直径 D_b	大径 D_{ee}	渐开线起始圆直径 $D_{Fe\max}$	小径 D_{ie}		实际齿厚最小值 $S_{\min}=S_{v\max}-(T+\lambda)$				齿数 z
					平齿根	圆齿根	4h	5h	6h	7h	
10	50.00	43.301 3	55.00	45.21	42.50	41.00	7.801	7.769	7.721	7.641	10
11	55.00	47.631 4	60.00	50.09	47.50	46.00	7.800	7.768	7.720	7.639	11
12	60.00	51.961 5	65.00	54.99	52.50	51.00	7.800	7.767	7.718	7.637	12
13	65.00	56.291 7	70.00	59.91	57.50	56.00	7.799	7.766	7.717	7.635	13
14	70.00	60.621 8	75.00	64.84	62.50	61.00	7.799	7.766	7.716	7.633	14
15	75.00	64.951 9	80.00	69.78	67.50	66.00	7.798	7.765	7.715	7.631	15
16	80.00	69.282 0	85.00	74.73	72.50	71.00	7.798	7.764	7.713	7.629	16
17	85.00	73.612 2	90.00	79.68	77.50	76.00	7.797	7.763	7.712	7.627	17
18	90.00	77.942 3	95.00	84.64	82.50	81.00	7.797	7.763	7.711	7.626	18
19	95.00	82.272 4	100.00	89.60	87.50	86.00	7.796	7.762	7.710	7.624	19
20	100.00	86.602 5	105.00	94.57	92.50	91.00	7.796	7.761	7.709	7.622	20
21	105.00	90.932 7	110.00	99.54	97.50	96.00	7.796	7.761	7.708	7.621	21
22	110.00	95.262 8	115.00	104.52	102.50	101.00	7.795	7.760	7.707	7.619	22
23	115.00	99.592 9	120.00	109.49	107.50	106.00	7.795	7.759	7.706	7.618	23
24	120.00	103.923 0	125.00	114.47	112.50	111.00	7.795	7.759	7.705	7.616	24
25	125.00	108.253 2	130.00	119.45	117.50	116.00	7.794	7.758	7.705	7.615	25
26	130.00	112.583 3	135.00	124.43	122.50	121.00	7.794	7.758	7.704	7.613	26
27	135.00	116.913 4	140.00	129.42	127.50	126.00	7.794	7.757	7.703	7.612	27
28	140.00	121.243 6	145.00	134.40	132.50	131.00	7.793	7.757	7.702	7.611	28
29	145.00	125.573 7	150.00	139.39	137.50	136.00	7.793	7.756	7.701	7.609	29
30	150.00	129.903 8	155.00	144.37	142.50	141.00	7.793	7.756	7.700	7.608	30
31	155.00	134.233 9	160.00	149.36	147.50	146.00	7.792	7.755	7.700	7.607	31
32	160.00	138.564 1	165.00	154.35	152.50	151.00	7.792	7.755	7.699	7.606	32
33	165.00	142.894 2	170.00	159.34	157.50	156.00	7.792	7.754	7.698	7.605	33
34	170.00	147.224 3	175.00	164.33	162.50	161.00	7.791	7.754	7.697	7.603	34
35	175.00	151.554 4	180.00	169.32	167.50	166.00	7.791	7.753	7.697	7.602	35
36	180.00	155.884 6	185.00	174.31	172.50	171.00	7.791	7.753	7.696	7.601	36
37	185.00	160.214 7	190.00	179.30	177.50	176.00	7.790	7.752	7.695	7.600	37
38	190.00	164.544 8	195.00	184.29	182.50	181.00	7.790	7.752	7.694	7.599	38
39	195.00	168.875 0	200.00	189.29	187.50	186.00	7.790	7.751	7.694	7.598	39
40	200.00	173.205 1	205.00	194.28	192.50	191.00	7.790	7.751	7.693	7.597	40
41	205.00	177.535 2	210.00	199.27	197.50	196.00	7.789	7.751	7.692	7.596	41
42	210.00	181.865 3	215.00	204.26	202.50	201.00	7.789	7.750	7.692	7.595	42
43	215.00	186.195 5	220.00	209.26	207.50	206.00	7.789	7.750	7.691	7.593	43
44	220.00	190.525 6	225.00	214.25	212.50	211.00	7.789	7.749	7.691	7.592	44
45	225.00	194.855 7	230.00	219.25	217.50	216.00	7.788	7.749	7.690	7.591	45
46	230.00	199.185 8	235.00	224.24	222.50	221.00	7.788	7.749	7.689	7.590	46
47	235.00	203.516 0	240.00	229.24	227.50	226.00	7.788	7.748	7.689	7.589	47
48	240.00	207.846 1	245.00	234.23	232.50	231.00	7.788	7.748	7.688	7.588	48
49	245.00	212.176 2	250.00	239.23	237.50	236.00	7.787	7.747	7.687	7.587	49
50	250.00	216.506 3	255.00	244.22	242.50	241.00	7.787	7.747	7.687	7.587	50
51	255.00	220.836 5	260.00	249.22	247.50	246.00	7.787	7.747	7.686	7.586	51
52	260.00	225.166 6	265.00	254.21	252.50	251.00	7.787	7.746	7.686	7.585	52
53	265.00	229.496 7	270.00	259.21	257.50	256.00	7.786	7.746	7.685	7.584	53
54	270.00	233.826 9	275.00	264.20	262.50	261.00	7.786	7.746	7.684	7.583	54
55	275.00	238.157 0	280.00	269.20	267.50	266.00	7.786	7.745	7.684	7.582	55

表 25（续） 单位为毫米

齿数 z	分度圆直径 D	基圆直径 D_b	大径 D_{ee}	渐开线起始圆直径 $D_{Fe\ max}$	小径 D_{ie}		实际齿厚最小值 $S_{min}=S_{v\ max}-(T+\lambda)$				齿数 z
					平齿根	圆齿根	4h	5h	6h	7h	
56	280.00	242.487 1	285.00	274.20	272.50	271.00	7.786	7.745	7.683	7.581	56
57	285.00	246.817 2	290.00	279.19	277.50	276.00	7.786	7.744	7.683	7.580	57
58	290.00	251.147 4	295.00	284.19	282.50	281.00	7.785	7.744	7.682	7.579	58
59	295.00	255.477 5	300.00	289.19	287.50	286.00	7.785	7.744	7.682	7.578	59
60	300.00	259.807 6	305.00	294.18	292.50	291.00	7.785	7.743	7.681	7.577	60
61	305.00	264.137 7	310.00	299.18	297.50	296.00	7.785	7.743	7.681	7.577	61
62	310.00	268.467 9	315.00	304.18	302.50	301.00	7.784	7.743	7.680	7.576	62
63	315.00	272.798 0	320.00	309.17	307.50	306.00	7.784	7.742	7.680	7.575	63
64	320.00	277.128 1	325.00	314.17	312.50	311.00	7.784	7.742	7.679	7.574	64
65	325.00	281.458 3	330.00	319.17	317.50	316.00	7.784	7.742	7.678	7.573	65
66	330.00	285.788 4	335.00	324.17	322.50	321.00	7.784	7.741	7.678	7.572	66
67	335.00	290.118 5	340.00	329.16	327.50	326.00	7.783	7.741	7.677	7.572	67
68	340.00	294.448 6	345.00	334.16	332.50	331.00	7.783	7.741	7.677	7.571	68
69	345.00	298.778 8	350.00	339.16	337.50	336.00	7.783	7.740	7.676	7.570	69
70	350.00	303.108 9	355.00	344.16	342.50	341.00	7.783	7.740	7.676	7.569	70
71	355.00	307.439 0	360.00	349.15	347.50	346.00	7.783	7.740	7.675	7.568	71
72	360.00	311.769 1	365.00	354.15	352.50	351.00	7.782	7.739	7.675	7.568	72
73	365.00	316.099 3	370.00	359.15	357.50	356.00	7.782	7.739	7.674	7.567	73
74	370.00	320.429 4	375.00	364.15	362.50	361.00	7.782	7.739	7.674	7.566	74
75	375.00	324.759 5	380.00	369.15	367.50	366.00	7.782	7.738	7.673	7.565	75
76	380.00	329.089 6	385.00	374.14	372.50	371.00	7.782	7.738	7.673	7.564	76
77	385.00	333.419 8	390.00	379.14	377.50	376.00	7.781	7.738	7.673	7.564	77
78	390.00	337.749 9	395.00	384.14	382.50	381.00	7.781	7.738	7.672	7.563	78
79	395.00	342.080 0	400.00	389.14	387.50	386.00	7.781	7.737	7.672	7.562	79
80	400.00	346.410 2	405.00	394.14	392.50	391.00	7.781	7.737	7.671	7.561	80
81	405.00	350.740 3	410.00	399.14	397.50	396.00	7.781	7.737	7.671	7.561	81
82	410.00	355.070 4	415.00	404.13	402.50	401.00	7.780	7.736	7.670	7.560	82
83	415.00	359.400 5	420.00	409.13	407.50	406.00	7.780	7.736	7.670	7.559	83
84	420.00	363.730 7	425.00	414.13	412.50	411.00	7.780	7.736	7.669	7.558	84
85	425.00	368.060 8	430.00	419.13	417.50	416.00	7.780	7.735	7.669	7.558	85
86	430.00	372.390 9	435.00	424.13	422.50	421.00	7.780	7.735	7.668	7.557	86
87	435.00	376.721 0	440.00	429.13	427.50	426.00	7.780	7.735	7.668	7.556	87
88	440.00	381.051 2	445.00	434.12	432.50	431.00	7.779	7.735	7.667	7.555	88
89	445.00	385.381 3	450.00	439.12	437.50	436.00	7.779	7.734	7.667	7.555	89
90	450.00	389.711 4	455.00	444.12	442.50	441.00	7.779	7.734	7.667	7.554	90
91	455.00	394.041 6	460.00	449.12	447.50	446.00	7.779	7.734	7.666	7.553	91
92	460.00	398.371 7	465.00	454.12	452.50	451.00	7.779	7.733	7.666	7.553	92
93	465.00	402.701 8	470.00	459.12	457.50	456.00	7.778	7.733	7.665	7.552	93
94	470.00	407.031 9	475.00	464.12	462.50	461.00	7.778	7.733	7.665	7.551	94
95	475.00	411.362 1	480.00	469.12	467.50	466.00	7.778	7.733	7.664	7.551	95
96	480.00	415.692 2	485.00	474.11	472.50	471.00	7.778	7.732	7.664	7.550	96
97	485.00	420.022 3	490.00	479.11	477.50	476.00	7.778	7.732	7.663	7.549	97
98	490.00	424.352 4	495.00	484.11	482.50	481.00	7.778	7.732	7.663	7.548	98
99	495.00	428.682 6	500.00	489.11	487.50	486.00	7.777	7.732	7.663	7.548	99
100	500.00	433.012 7	505.00	494.11	492.50	491.00	7.777	7.731	7.662	7.547	100

表 26　30°外花键

模数 $m=6$ mm　作用齿厚最大值 $S_{v\,max}=9.425$ mm

单位为毫米

齿数 z	分度圆直径 D	基圆直径 D_b	大径 D_{ee}	渐开线起始圆直径 $D_{Fe\,max}$	小径 D_{ie}		实际齿厚最小值 $S_{min}=S_{v\,max}-(T+\lambda)$				齿数 z
					平齿根	圆齿根	4h	5h	6h	7h	
10	60.00	51.961 5	66.00	54.25	51.00	49.20	9.368	9.334	9.283	9.199	10
11	66.00	57.157 7	72.00	60.11	57.00	55.20	9.368	9.333	9.282	9.196	11
12	72.00	62.353 8	78.00	65.99	63.00	61.20	9.367	9.332	9.280	9.194	12
13	78.00	67.550 0	84.00	71.89	69.00	67.20	9.366	9.331	9.279	9.191	13
14	84.00	72.746 1	90.00	77.81	75.00	73.20	9.366	9.331	9.278	9.189	14
15	90.00	77.942 3	96.00	83.73	81.00	79.20	9.365	9.330	9.276	9.187	15
16	96.00	83.138 4	102.00	89.67	87.00	85.20	9.365	9.329	9.275	9.185	16
17	102.00	88.334 6	108.00	95.62	93.00	91.20	9.364	9.328	9.274	9.183	17
18	108.00	93.530 7	114.00	101.57	99.00	97.20	9.364	9.327	9.273	9.181	18
19	114.00	98.726 9	120.00	107.53	105.00	103.20	9.363	9.327	9.272	9.180	19
20	120.00	103.923 0	126.00	113.49	111.00	109.20	9.363	9.326	9.270	9.178	20
21	126.00	109.119 2	132.00	119.45	117.00	115.20	9.363	9.325	9.269	9.176	21
22	132.00	114.315 4	138.00	125.42	123.00	121.20	9.362	9.325	9.268	9.175	22
23	138.00	119.511 5	144.00	131.39	129.00	127.20	9.362	9.324	9.267	9.173	23
24	144.00	124.707 7	150.00	137.37	135.00	133.20	9.361	9.323	9.266	9.171	24
25	150.00	129.903 8	156.00	143.34	141.00	139.20	9.361	9.323	9.265	9.170	25
26	156.00	135.100 0	162.00	149.32	147.00	145.20	9.361	9.322	9.264	9.168	26
27	162.00	140.296 1	168.00	155.30	153.00	151.20	9.360	9.322	9.264	9.167	27
28	168.00	145.492 3	174.00	161.28	159.00	157.20	9.360	9.321	9.263	9.165	28
29	174.00	150.688 4	180.00	167.27	165.00	163.20	9.360	9.320	9.262	9.164	29
30	180.00	155.884 6	186.00	173.25	171.00	169.20	9.359	9.320	9.261	9.163	30
31	186.00	161.080 7	192.00	179.23	177.00	175.20	9.359	9.319	9.260	9.161	31
32	192.00	166.276 9	198.00	185.22	183.00	181.20	9.359	9.319	9.259	9.160	32
33	198.00	171.473 0	204.00	191.21	189.00	187.20	9.358	9.318	9.258	9.159	33
34	204.00	176.669 2	210.00	197.19	195.00	193.20	9.358	9.318	9.258	9.157	34
35	210.00	181.865 3	216.00	203.18	201.00	199.20	9.358	9.317	9.257	9.156	35
36	216.00	187.061 5	222.00	209.17	207.00	205.20	9.357	9.317	9.256	9.155	36
37	222.00	192.257 6	228.00	215.16	213.00	211.20	9.357	9.316	9.255	9.154	37
38	228.00	197.453 8	234.00	221.15	219.00	217.20	9.357	9.316	9.255	9.152	38
39	234.00	202.649 9	240.00	227.14	225.00	223.20	9.356	9.315	9.254	9.151	39
40	240.00	207.846 1	246.00	233.13	231.00	229.20	9.356	9.315	9.253	9.150	40
41	246.00	213.042 2	252.00	239.13	237.00	235.20	9.356	9.314	9.252	9.149	41
42	252.00	218.238 4	258.00	245.12	243.00	241.20	9.356	9.314	9.252	9.148	42
43	258.00	223.434 6	264.00	251.11	249.00	247.20	9.355	9.314	9.251	9.147	43
44	264.00	228.630 7	270.00	257.10	255.00	253.20	9.355	9.313	9.250	9.145	44
45	270.00	233.826 9	276.00	263.10	261.00	259.20	9.355	9.313	9.250	9.144	45
46	276.00	239.023 0	282.00	269.09	267.00	265.20	9.354	9.312	9.249	9.143	46
47	282.00	244.219 2	288.00	275.08	273.00	271.20	9.354	9.312	9.248	9.142	47
48	288.00	249.415 3	294.00	281.08	279.00	277.20	9.354	9.311	9.247	9.141	48
49	294.00	254.611 5	300.00	287.07	285.00	283.20	9.354	9.311	9.247	9.140	49
50	300.00	259.807 6	306.00	293.07	291.00	289.20	9.353	9.310	9.246	9.139	50
51	306.00	265.003 8	312.00	299.06	297.00	295.20	9.353	9.310	9.246	9.138	51
52	312.00	270.199 9	318.00	305.06	303.00	301.20	9.353	9.310	9.245	9.137	52
53	318.00	275.396 1	324.00	311.05	309.00	307.20	9.353	9.309	9.244	9.136	53
54	324.00	280.592 2	330.00	317.05	315.00	313.20	9.352	9.309	9.244	9.135	54
55	330.00	285.788 4	336.00	323.04	321.00	319.20	9.352	9.308	9.243	9.134	55

表 26（续）

单位为毫米

齿数 z	分度圆直径 D	基圆直径 D_b	大径 D_{ee}	渐开线起始圆直径 $D_{Fe\,max}$	小径 D_{ie}		实际齿厚最小值 $S_{min}=S_{v\,max}-(T+\lambda)$				齿数 z
					平齿根	圆齿根	4h	5h	6h	7h	
56	336.00	290.984 5	342.00	329.04	327.00	325.20	9.352	9.308	9.242	9.133	56
57	342.00	296.180 7	348.00	335.03	333.00	331.20	9.352	9.308	9.242	9.132	57
58	348.00	301.376 8	354.00	341.03	339.00	337.20	9.351	9.307	9.241	9.131	58
59	354.00	306.573 0	360.00	347.02	345.00	343.20	9.351	9.307	9.241	9.130	59
60	360.00	311.769 1	366.00	353.02	351.00	349.20	9.351	9.307	9.240	9.129	60
61	366.00	316.965 3	372.00	359.02	357.00	355.20	9.351	9.306	9.239	9.128	61
62	372.00	322.161 4	378.00	365.01	363.00	361.20	9.350	9.306	9.239	9.127	62
63	378.00	327.357 6	384.00	371.01	369.00	367.20	9.350	9.305	9.238	9.126	63
64	384.00	332.553 8	390.00	377.01	375.00	373.20	9.350	9.305	9.238	9.125	64
65	390.00	337.749 9	396.00	383.00	381.00	379.20	9.350	9.305	9.237	9.124	65
66	396.00	342.946 1	402.00	389.00	387.00	385.20	9.349	9.304	9.237	9.124	66
67	402.00	348.142 2	408.00	395.00	393.00	391.20	9.349	9.304	9.236	9.123	67
68	408.00	353.338 4	414.00	400.99	399.00	397.20	9.349	9.304	9.235	9.122	68
69	414.00	358.534 5	420.00	406.99	405.00	403.20	9.349	9.303	9.235	9.121	69
70	420.00	363.730 7	426.00	412.99	411.00	409.20	9.349	9.303	9.234	9.120	70
71	426.00	368.926 8	432.00	418.99	417.00	415.20	9.348	9.303	9.234	9.119	71
72	432.00	374.123 0	438.00	424.98	423.00	421.20	9.348	9.302	9.233	9.118	72
73	438.00	379.319 1	444.00	430.98	429.00	427.20	9.348	9.302	9.233	9.117	73
74	444.00	384.515 3	450.00	436.98	435.00	433.20	9.348	9.301	9.232	9.116	74
75	450.00	389.711 4	456.00	442.98	441.00	439.20	9.347	9.301	9.232	9.116	75
76	456.00	394.907 6	462.00	448.97	447.00	445.20	9.347	9.301	9.231	9.115	76
77	462.00	400.103 7	468.00	454.97	453.00	451.20	9.347	9.300	9.231	9.114	77
78	468.00	405.299 9	474.00	460.97	459.00	457.20	9.347	9.300	9.230	9.113	78
79	474.00	410.496 0	480.00	466.97	465.00	463.20	9.347	9.300	9.229	9.112	79
80	480.00	415.692 2	486.00	472.96	471.00	469.20	9.346	9.299	9.229	9.111	80
81	486.00	420.888 3	492.00	478.96	477.00	475.20	9.346	9.299	9.228	9.111	81
82	492.00	426.084 5	498.00	484.96	483.00	481.20	9.346	9.299	9.228	9.110	82
83	498.00	431.280 6	504.00	490.96	489.00	487.20	9.346	9.298	9.227	9.109	83
84	504.00	436.476 8	510.00	496.96	495.00	493.20	9.345	9.298	9.226	9.107	84
85	510.00	441.672 9	516.00	502.95	501.00	499.20	9.345	9.297	9.225	9.106	85
86	516.00	446.869 1	522.00	508.95	507.00	505.20	9.345	9.297	9.225	9.105	86
87	522.00	452.065 3	528.00	514.95	513.00	511.20	9.345	9.296	9.224	9.104	87
88	528.00	457.261 4	534.00	520.95	519.00	517.20	9.344	9.296	9.224	9.103	88
89	534.00	462.457 6	540.00	526.95	525.00	523.20	9.344	9.296	9.223	9.102	89
90	540.00	467.653 7	546.00	532.95	531.00	529.20	9.344	9.295	9.222	9.101	90
91	546.00	472.849 9	552.00	538.94	537.00	535.20	9.344	9.295	9.222	9.100	91
92	552.00	478.046 0	558.00	544.94	543.00	541.20	9.343	9.294	9.221	9.099	92
93	558.00	483.242 2	564.00	550.94	549.00	547.20	9.343	9.294	9.221	9.098	93
94	564.00	488.438 3	570.00	556.94	555.00	553.20	9.343	9.294	9.220	9.097	94
95	570.00	493.634 5	576.00	562.94	561.00	559.20	9.343	9.293	9.219	9.096	95
96	576.00	498.830 6	582.00	568.94	567.00	565.20	9.342	9.293	9.219	9.095	96
97	582.00	504.026 8	588.00	574.94	573.00	571.20	9.342	9.293	9.218	9.094	97
98	588.00	509.222 9	594.00	580.93	579.00	577.20	9.342	9.292	9.218	9.093	98
99	594.00	514.419 1	600.00	586.93	585.00	583.20	9.342	9.292	9.217	9.092	99
100	600.00	519.615 2	606.00	592.93	591.00	589.20	9.341	9.291	9.216	9.091	100

表 27 30°外花键

模数 m=8 mm 作用齿厚最大值 $S_{v\max}$=12.566 mm　　单位为毫米

齿数 z	分度圆直径 D	基圆直径 D_b	大径 D_{ee}	渐开线起始圆直径 $D_{Fe\max}$	小径 D_{ie}		实际齿厚最小值 $S_{min}=S_{v\max}-(T+\lambda)$				齿数 z
					平齿根	圆齿根	4h	5h	6h	7h	
10	80.00	69.282 0	88.00	72.34	68.00	65.60	12.504	12.466	12.410	12.316	10
11	88.00	76.210 2	96.00	80.14	76.00	73.60	12.503	12.465	12.408	12.314	11
12	96.00	83.138 4	104.00	87.99	84.00	81.60	12.503	12.464	12.407	12.311	12
13	104.00	90.066 6	112.00	95.85	92.00	89.60	12.502	12.463	12.405	12.308	13
14	112.00	96.994 8	120.00	103.74	100.00	97.60	12.501	12.462	12.404	12.306	14
15	120.00	103.923 0	128.00	111.65	108.00	105.60	12.501	12.461	12.402	12.304	15
16	128.00	110.851 3	136.00	119.56	116.00	113.60	12.500	12.460	12.401	12.301	16
17	136.00	117.779 5	144.00	127.49	124.00	121.60	12.500	12.460	12.399	12.299	17
18	144.00	124.707 7	152.00	135.42	132.00	129.60	12.499	12.459	12.398	12.297	18
19	152.00	131.635 9	160.00	143.37	140.00	137.60	12.499	12.458	12.397	12.295	19
20	160.00	138.564 1	168.00	151.32	148.00	145.60	12.498	12.457	12.396	12.293	20
21	168.00	145.492 3	176.00	159.27	156.00	153.60	12.498	12.456	12.394	12.291	21
22	176.00	152.420 5	184.00	167.23	164.00	161.60	12.497	12.456	12.393	12.289	22
23	184.00	159.348 7	192.00	175.19	172.00	169.60	12.497	12.455	12.392	12.288	23
24	192.00	166.276 9	200.00	183.16	180.00	177.60	12.496	12.454	12.391	12.286	24
25	200.00	173.205 1	208.00	191.12	188.00	185.60	12.496	12.453	12.390	12.284	25
26	208.00	180.133 3	216.00	199.10	196.00	193.60	12.495	12.453	12.389	12.282	26
27	216.00	187.061 5	224.00	207.07	204.00	201.60	12.495	12.452	12.388	12.281	27
28	224.00	193.989 7	232.00	215.04	212.00	209.60	12.495	12.451	12.387	12.279	28
29	232.00	200.917 9	240.00	223.02	220.00	217.60	12.494	12.451	12.386	12.277	29
30	240.00	207.846 1	248.00	231.00	228.00	225.60	12.494	12.450	12.385	12.276	30
31	248.00	214.774 3	256.00	238.98	236.00	233.60	12.493	12.450	12.384	12.274	31
32	256.00	221.702 5	264.00	246.96	244.00	241.60	12.493	12.449	12.383	12.273	32
33	264.00	228.630 7	272.00	254.94	252.00	249.60	12.493	12.448	12.382	12.271	33
34	272.00	235.558 9	280.00	262.93	260.00	257.60	12.492	12.448	12.381	12.270	34
35	280.00	242.487 1	288.00	270.91	268.00	265.60	12.492	12.447	12.380	12.268	35
36	288.00	249.415 3	296.00	278.90	276.00	273.60	12.492	12.447	12.379	12.267	36
37	296.00	256.343 5	304.00	286.88	284.00	281.60	12.491	12.446	12.378	12.266	37
38	304.00	263.271 7	312.00	294.87	292.00	289.60	12.491	12.445	12.377	12.264	38
39	312.00	270.199 9	320.00	302.86	300.00	297.60	12.490	12.445	12.377	12.263	39
40	320.00	277.128 1	328.00	310.85	308.00	305.60	12.490	12.444	12.376	12.261	40
41	328.00	284.056 3	336.00	318.83	316.00	313.60	12.490	12.444	12.375	12.260	41
42	336.00	290.984 5	344.00	326.82	324.00	321.60	12.489	12.443	12.374	12.259	42
43	344.00	297.912 7	352.00	334.81	332.00	329.60	12.489	12.443	12.373	12.257	43
44	352.00	304.840 9	360.00	342.80	340.00	337.60	12.489	12.442	12.373	12.256	44
45	360.00	311.769 1	368.00	350.79	348.00	345.60	12.489	12.442	12.372	12.255	45
46	368.00	318.697 3	376.00	358.79	356.00	353.60	12.488	12.441	12.371	12.254	46
47	376.00	325.625 5	384.00	366.78	364.00	361.60	12.488	12.441	12.370	12.252	47
48	384.00	332.553 8	392.00	374.77	372.00	369.60	12.488	12.440	12.369	12.251	48
49	392.00	339.482 0	400.00	382.76	380.00	377.60	12.487	12.440	12.369	12.250	49
50	400.00	346.410 2	408.00	390.75	388.00	385.60	12.487	12.439	12.368	12.249	50
51	408.00	353.338 4	416.00	398.75	396.00	393.60	12.487	12.439	12.367	12.248	51
52	416.00	360.266 6	424.00	406.74	404.00	401.60	12.486	12.438	12.366	12.246	52
53	424.00	367.194 8	432.00	414.73	412.00	409.60	12.486	12.438	12.366	12.245	53
54	432.00	374.123 0	440.00	422.73	420.00	417.60	12.486	12.437	12.365	12.244	54
55	440.00	381.051 2	448.00	430.72	428.00	425.60	12.485	12.437	12.364	12.243	55

表 27(续)

单位为毫米

齿数 z	分度圆直径 D	基圆直径 D_b	大径 D_{ee}	渐开线起始圆直径 $D_{Fe\ max}$	小径 D_{ie}		实际齿厚最小值 $S_{min}=S_{v\ max}-(T+\lambda)$				齿数 z
					平齿根	圆齿根	4h	5h	6h	7h	
56	448.00	387.979 4	456.00	438.72	436.00	433.60	12.485	12.437	12.363	12.242	56
57	456.00	394.907 6	464.00	446.71	444.00	441.60	12.485	12.436	12.363	12.241	57
58	464.00	401.835 8	472.00	454.70	452.00	449.60	12.485	12.436	12.362	12.239	58
59	472.00	408.764 0	480.00	462.70	460.00	457.60	12.484	12.435	12.361	12.238	59
60	480.00	415.692 2	488.00	470.69	468.00	465.60	12.484	12.435	12.361	12.237	60
61	488.00	422.620 4	496.00	478.69	476.00	473.60	12.484	12.434	12.360	12.236	61
62	496.00	429.548 6	504.00	486.68	484.00	481.60	12.484	12.434	12.359	12.235	62
63	504.00	436.476 8	512.00	494.68	492.00	489.60	12.483	12.433	12.358	12.232	63
64	512.00	443.405 0	520.00	502.68	500.00	497.60	12.483	12.432	12.357	12.231	64
65	520.00	450.333 2	528.00	510.67	508.00	505.60	12.482	12.432	12.356	12.230	65
66	528.00	457.261 4	536.00	518.67	516.00	513.60	12.482	12.431	12.355	12.229	66
67	536.00	464.189 6	544.00	526.66	524.00	521.60	12.482	12.431	12.354	12.227	67
68	544.00	471.117 8	552.00	534.66	532.00	529.60	12.481	12.430	12.354	12.226	68
69	552.00	478.046 0	560.00	542.65	540.00	537.60	12.481	12.430	12.353	12.225	69
70	560.00	484.974 2	568.00	550.65	548.00	545.60	12.481	12.429	12.352	12.224	70
71	568.00	491.902 4	576.00	558.65	556.00	553.60	12.480	12.429	12.351	12.222	71
72	576.00	498.830 6	584.00	566.64	564.00	561.60	12.480	12.428	12.350	12.221	72
73	584.00	505.758 8	592.00	574.64	572.00	569.60	12.480	12.428	12.350	12.220	73
74	592.00	512.687 0	600.00	582.64	580.00	577.60	12.479	12.427	12.349	12.218	74
75	600.00	519.615 2	608.00	590.63	588.00	585.60	12.479	12.427	12.348	12.217	75
76	608.00	526.543 4	616.00	598.63	596.00	593.60	12.479	12.426	12.347	12.216	76
77	616.00	533.471 6	624.00	606.63	604.00	601.60	12.478	12.426	12.346	12.215	77
78	624.00	540.399 8	632.00	614.62	612.00	609.60	12.478	12.425	12.346	12.213	78
79	632.00	547.328 0	640.00	622.62	620.00	617.60	12.478	12.425	12.345	12.212	79
80	640.00	554.256 3	648.00	630.62	628.00	625.60	12.477	12.424	12.344	12.211	80
81	648.00	561.184 5	656.00	638.62	636.00	633.60	12.477	12.424	12.343	12.209	81
82	656.00	568.112 7	664.00	646.61	644.00	641.60	12.477	12.423	12.342	12.208	82
83	664.00	575.040 9	672.00	654.61	652.00	649.60	12.476	12.423	12.342	12.207	83
84	672.00	581.969 1	680.00	662.61	660.00	657.60	12.476	12.422	12.341	12.206	84
85	680.00	588.897 3	688.00	670.61	668.00	665.60	12.476	12.422	12.340	12.204	85
86	688.00	595.825 5	696.00	678.60	676.00	673.60	12.476	12.421	12.339	12.203	86
87	696.00	602.753 7	704.00	686.60	684.00	681.60	12.475	12.421	12.338	12.202	87
88	704.00	609.681 9	712.00	694.60	692.00	689.60	12.475	12.420	12.338	12.200	88
89	712.00	616.610 1	720.00	702.60	700.00	697.60	12.475	12.419	12.337	12.199	89
90	720.00	623.538 3	728.00	710.59	708.00	705.60	12.474	12.419	12.336	12.198	90
91	728.00	630.466 5	736.00	718.59	716.00	713.60	12.474	12.418	12.335	12.197	91
92	736.00	637.394 7	744.00	726.59	724.00	721.60	12.474	12.418	12.334	12.195	92
93	744.00	644.322 9	752.00	734.59	732.00	729.60	12.473	12.417	12.334	12.194	93
94	752.00	651.251 1	760.00	742.59	740.00	737.60	12.473	12.417	12.333	12.193	94
95	760.00	658.179 3	768.00	750.58	748.00	745.60	12.473	12.416	12.332	12.192	95
96	768.00	665.107 5	776.00	758.58	756.00	753.60	12.472	12.416	12.331	12.190	96
97	776.00	672.035 7	784.00	766.58	764.00	761.60	12.472	12.415	12.330	12.189	97
98	784.00	678.963 9	792.00	774.58	772.00	769.60	12.472	12.415	12.330	12.188	98
99	792.00	685.892 1	800.00	782.58	780.00	777.60	12.471	12.414	12.329	12.186	99
100	800.00	692.820 3	808.00	790.57	788.00	785.60	12.471	12.414	12.328	12.185	100

表 28 30°外花键

模数 m=10 mm 作用齿厚最大值 $S_{v\,max}$=15.708 mm

单位为毫米

齿数 z	分度圆直径 D	基圆直径 D_b	大径 D_{ee}	渐开线起始圆直径 $D_{Fe\,max}$	小径 D_{ie}		实际齿厚最小值 $S_{min}=S_{v\,max}-(T+\lambda)$				齿数 z
					平齿根	圆齿根	4h	5h	6h	7h	
10	100.00	86.602 5	110.00	90.42	85.00	82.00	15.640	15.600	15.539	15.438	10
11	110.00	95.262 8	120.00	100.18	95.00	92.00	15.640	15.599	15.537	15.435	11
12	120.00	103.923 0	130.00	109.98	105.00	102.00	15.639	15.598	15.535	15.432	12
13	130.00	112.583 3	140.00	119.82	115.00	112.00	15.638	15.596	15.534	15.429	13
14	140.00	121.243 6	150.00	129.68	125.00	122.00	15.638	15.595	15.532	15.426	14
15	150.00	129.903 8	160.00	139.56	135.00	132.00	15.637	15.594	15.530	15.424	15
16	160.00	138.564 1	170.00	149.45	145.00	142.00	15.636	15.593	15.529	15.421	16
17	170.00	147.224 3	180.00	159.36	155.00	152.00	15.636	15.592	15.527	15.419	17
18	180.00	155.884 6	190.00	169.28	165.00	162.00	15.635	15.591	15.526	15.417	18
19	190.00	164.544 8	200.00	179.21	175.00	172.00	15.635	15.591	15.524	15.414	19
20	200.00	173.205 1	210.00	189.15	185.00	182.00	15.634	15.590	15.523	15.412	20
21	210.00	181.865 3	220.00	199.09	195.00	192.00	15.633	15.589	15.522	15.410	21
22	220.00	190.525 6	230.00	209.04	205.00	202.00	15.633	15.588	15.521	15.408	22
23	230.00	199.185 8	240.00	218.99	215.00	212.00	15.632	15.587	15.519	15.406	23
24	240.00	207.846 1	250.00	228.95	225.00	222.00	15.632	15.586	15.518	15.404	24
25	250.00	216.506 3	260.00	238.91	235.00	232.00	15.632	15.586	15.517	15.402	25
26	260.00	225.166 6	270.00	248.87	245.00	242.00	15.631	15.585	15.516	15.400	26
27	270.00	233.826 9	280.00	258.84	255.00	252.00	15.631	15.584	15.514	15.398	27
28	280.00	242.487 1	290.00	268.80	265.00	262.00	15.630	15.583	15.513	15.397	28
29	290.00	251.147 4	300.00	278.78	275.00	272.00	15.630	15.583	15.512	15.395	29
30	300.00	259.807 6	310.00	288.75	285.00	282.00	15.629	15.582	15.511	15.393	30
31	310.00	268.467 9	320.00	298.72	295.00	292.00	15.629	15.581	15.510	15.391	31
32	320.00	277.128 1	330.00	308.70	305.00	302.00	15.628	15.581	15.509	15.390	32
33	330.00	285.788 4	340.00	318.68	315.00	312.00	15.628	15.580	15.508	15.388	33
34	340.00	294.448 6	350.00	328.66	325.00	322.00	15.628	15.579	15.507	15.386	34
35	350.00	303.108 9	360.00	338.64	335.00	332.00	15.627	15.579	15.506	15.385	35
36	360.00	311.769 1	370.00	348.62	345.00	342.00	15.627	15.578	15.505	15.383	36
37	370.00	320.429 4	380.00	358.60	355.00	352.00	15.626	15.577	15.504	15.382	37
38	380.00	329.089 6	390.00	368.59	365.00	362.00	15.626	15.577	15.503	15.380	38
39	390.00	337.749 9	400.00	378.57	375.00	372.00	15.626	15.576	15.502	15.378	39
40	400.00	346.410 2	410.00	388.56	385.00	382.00	15.625	15.576	15.501	15.377	40
41	410.00	355.070 4	420.00	398.54	395.00	392.00	15.625	15.575	15.500	15.375	41
42	420.00	363.730 7	430.00	408.53	405.00	402.00	15.624	15.574	15.499	15.374	42
43	430.00	372.390 9	440.00	418.52	415.00	412.00	15.624	15.574	15.498	15.373	43
44	440.00	381.051 2	450.00	428.50	425.00	422.00	15.624	15.573	15.497	15.371	44
45	450.00	389.711 4	460.00	438.49	435.00	432.00	15.623	15.573	15.497	15.370	45
46	460.00	398.371 7	470.00	448.48	445.00	442.00	15.623	15.572	15.496	15.368	46
47	470.00	407.031 9	480.00	458.47	455.00	452.00	15.623	15.572	15.495	15.367	47
48	480.00	415.692 2	490.00	468.46	465.00	462.00	15.622	15.571	15.494	15.365	48
49	490.00	424.352 4	500.00	478.45	475.00	472.00	15.622	15.570	15.493	15.364	49
50	500.00	433.012 7	510.00	488.44	485.00	482.00	15.622	15.570	15.492	15.363	50
51	510.00	441.672 9	520.00	498.43	495.00	492.00	15.621	15.569	15.490	15.360	51
52	520.00	450.333 2	530.00	508.43	505.00	502.00	15.620	15.568	15.489	15.358	52
53	530.00	458.993 5	540.00	518.42	515.00	512.00	15.620	15.567	15.488	15.356	53
54	540.00	467.653 7	550.00	528.41	525.00	522.00	15.620	15.567	15.487	15.355	54
55	550.00	476.314 0	560.00	538.40	535.00	532.00	15.619	15.566	15.486	15.353	55

表 28（续）

单位为毫米

齿数 z	分度圆直径 D	基圆直径 D_b	大径 D_{ee}	渐开线起始圆直径 $D_{Fe\ max}$	小径 D_{ie}		实际齿厚最小值 $S_{min}=S_{v\ max}-(T+\lambda)$				齿数 z
					平齿根	圆齿根	4h	5h	6h	7h	
56	560.00	484.974 2	570.00	548.39	545.00	542.00	15.619	15.565	15.485	15.352	56
57	570.00	493.634 5	580.00	558.39	555.00	552.00	15.618	15.565	15.484	15.350	57
58	580.00	502.294 7	590.00	568.38	565.00	562.00	15.618	15.564	15.483	15.348	58
59	590.00	510.955 0	600.00	578.37	575.00	572.00	15.618	15.564	15.482	15.347	59
60	600.00	519.615 2	610.00	588.37	585.00	582.00	15.617	15.563	15.481	15.345	60
61	610.00	528.275 5	620.00	598.36	595.00	592.00	15.617	15.562	15.480	15.344	61
62	620.00	536.935 7	630.00	608.36	605.00	602.00	15.616	15.562	15.479	15.342	62
63	630.00	545.596 0	640.00	618.35	615.00	612.00	15.616	15.561	15.478	15.340	63
64	640.00	554.256 3	650.00	628.34	625.00	622.00	15.616	15.560	15.477	15.339	64
65	650.00	562.916 5	660.00	638.34	635.00	632.00	15.615	15.560	15.476	15.337	65
66	660.00	571.576 8	670.00	648.33	645.00	642.00	15.615	15.559	15.475	15.336	66
67	670.00	580.237 0	680.00	658.33	655.00	652.00	15.614	15.558	15.474	15.334	67
68	680.00	588.897 3	690.00	668.32	665.00	662.00	15.614	15.558	15.473	15.332	68
69	690.00	597.557 5	700.00	678.32	675.00	672.00	15.614	15.557	15.472	15.331	69
70	700.00	606.217 8	710.00	688.31	685.00	682.00	15.613	15.556	15.471	15.329	70
71	710.00	614.878 0	720.00	698.31	695.00	692.00	15.613	15.556	15.470	15.328	71
72	720.00	623.538 3	730.00	708.31	705.00	702.00	15.612	15.555	15.469	15.326	72
73	730.00	632.198 5	740.00	718.30	715.00	712.00	15.612	15.555	15.468	15.324	73
74	740.00	640.858 8	750.00	728.30	725.00	722.00	15.612	15.554	15.467	15.323	74
75	750.00	649.519 0	760.00	738.29	735.00	732.00	15.611	15.553	15.466	15.321	75
76	760.00	658.179 3	770.00	748.29	745.00	742.00	15.611	15.553	15.465	15.320	76
77	770.00	666.839 6	780.00	758.28	755.00	752.00	15.610	15.552	15.464	15.318	77
78	780.00	675.499 8	790.00	768.28	765.00	762.00	15.610	15.551	15.463	15.316	78
79	790.00	684.160 1	800.00	778.28	775.00	772.00	15.610	15.551	15.462	15.315	79
80	800.00	692.820 3	810.00	788.27	785.00	782.00	15.609	15.550	15.461	15.313	80
81	810.00	701.480 6	820.00	798.27	795.00	792.00	15.609	15.549	15.460	15.312	81
82	820.00	710.140 8	830.00	808.27	805.00	802.00	15.608	15.549	15.459	15.310	82
83	830.00	718.801 1	840.00	818.26	815.00	812.00	15.608	15.548	15.458	15.308	83
84	840.00	727.461 3	850.00	828.26	825.00	822.00	15.608	15.548	15.457	15.307	84
85	850.00	736.121 6	860.00	838.26	835.00	832.00	15.607	15.547	15.456	15.305	85
86	860.00	744.781 8	870.00	848.25	845.00	842.00	15.607	15.546	15.455	15.304	86
87	870.00	753.442 1	880.00	858.25	855.00	852.00	15.606	15.546	15.454	15.302	87
88	880.00	762.102 3	890.00	868.25	865.00	862.00	15.606	15.545	15.453	15.300	88
89	890.00	770.762 6	900.00	878.25	875.00	872.00	15.606	15.544	15.452	15.299	89
90	900.00	779.422 9	910.00	888.24	885.00	882.00	15.605	15.544	15.451	15.297	90
91	910.00	788.083 1	920.00	898.24	895.00	892.00	15.605	15.543	15.450	15.296	91
92	920.00	796.743 4	930.00	908.24	905.00	902.00	15.604	15.542	15.449	15.294	92
93	930.00	805.403 6	940.00	918.24	915.00	912.00	15.604	15.542	15.448	15.292	93
94	940.00	814.063 9	950.00	928.23	925.00	922.00	15.604	15.541	15.447	15.291	94
95	950.00	822.724 1	960.00	938.23	935.00	932.00	15.603	15.540	15.446	15.289	95
96	960.00	831.384 4	970.00	948.23	945.00	942.00	15.603	15.540	15.445	15.288	96
97	970.00	840.044 6	980.00	958.23	955.00	952.00	15.602	15.539	15.444	15.286	97
98	980.00	848.704 9	990.00	968.22	965.00	962.00	15.602	15.539	15.443	15.284	98
99	990.00	857.365 1	1 000.00	978.22	975.00	972.00	15.602	15.538	15.442	15.283	99
100	1 000.00	866.025 4	1 010.00	988.22	985.00	982.00	15.601	15.537	15.441	15.281	100

ICS 21.120.30
J 18

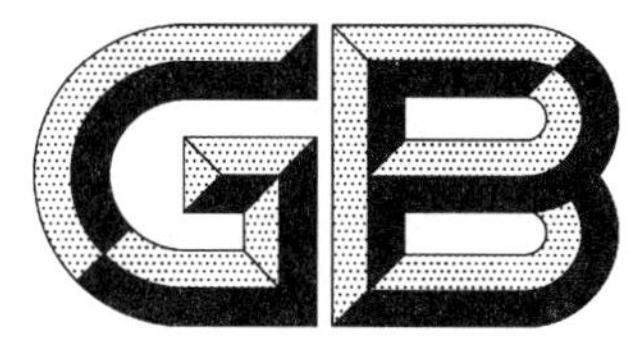

中华人民共和国国家标准

GB/T 3478.5—2008
代替 GB/T 3478.5—1995

圆柱直齿渐开线花键（米制模数 齿侧配合）第5部分：检验

Straight cylindrical involute splines—Metric module, side fit—Part 5: Inspection

(ISO 4156-3:2005, Straight cylindrical involute splines—Metric module, side fit—Part 3: Inspection, MOD)

2008-09-22 发布　　2009-05-01 实施

中华人民共和国国家质量监督检验检疫总局
中国国家标准化管理委员会　发布

前　言

GB/T 3478《圆柱直齿渐开线花键(米制模数　齿侧配合)》分为九个部分：

——第1部分：总论；

——第2部分：30°压力角尺寸表；

——第3部分：37.5°压力角尺寸表；

——第4部分：45°压力角尺寸表；

——第5部分：检验；

——第6部分：30°压力角 M 值和 W 值；

——第7部分：37.5°压力角 M 值和 W 值；

——第8部分：45°压力角 M 值和 W 值；

——第9部分：量棒。

本部分为GB/T 3478的第5部分。

本部分修改采用ISO 4156-3:2005《圆柱直齿渐开线花键(米制模数　齿侧配合)　第3部分：检验》，主要差异如下：

——将ISO 4156-3:2005的8.5量棒直径 D_{Ri} 和 D_{Re} 计算、8.6棒间距 M_{Ri} 和跨棒距 M_{Re} 的计算及第9章外花键公法线平均长度 W 的计算内容分别纳入GB/T 3478第6部分、第7部分和第8部分；

——将ISO 4156-3:2005第10章的量规设计部分放入附录A中；

——增加了单向检验法；

——增加了分析性检验，并将ISO 4156-3:2005附录 分度误差分析内容纳入5.4中。

本部分是对GB/T 3478.5—1995《圆柱直齿渐开线花键　检验方法》的修订。

本部分与GB/T 3478.5—1995相比主要差异如下：

——修改了标准名称，由《圆柱直齿渐开线花键　检验方法》改为《圆柱直齿渐开线花键(米制模数　齿侧配合)　第5部分：检验》；

——修改了原标准中的错误，并按GB/T 1.1做了编辑性的修改；

——增添附录A量规设计内容，方便使用。

本部分的附录A为规范性附录。

本部分由全国机器轴与附件标准化技术委员会提出并归口。

本部分起草单位：中机生产力促进中心、哈尔滨东安发动机制造公司、石家庄链轮总厂、中国第二重型机械集团公司、太原重工股份有限公司。

本部分主要起草人：明翠新、常宝印、许文江、谭仁万、王晓凌、邓高见。

本部分所代替标准的历次版本发布情况为：

——GB/T 3478.5—1995。

圆柱直齿渐开线花键
（米制模数　齿侧配合）
第5部分：检验

1　范围

GB/T 3478的本部分规定了圆柱直齿渐开线花键的检验方法。

本部分适用于按GB/T 3478.1制造的花键的检验，也可供圆柱直齿渐开线花键量规检验时参考。

2　规范性引用文件

下列文件中的条款通过GB/T 3478的本部分的引用而成为本部分的条款。凡是注日期的引用文件，其随后所有的修改单（不包括勘误的内容）或修订版均不适用于本部分，然而，鼓励根据本部分达成协议的各方研究是否可使用这些文件的最新版本。凡是不注日期的引用文件，其最新版本适用于本部分。

GB/T 1957　光滑极限量规　技术条件

GB/T 3478.1　圆柱直齿渐开线花键（米制模数　齿侧配合）　第1部分：总论（GB/T 3478.1—2008，ISO 4156-1：2005，MOD）

GB/T 3478.6　圆柱直齿渐开线花键（米制模数　齿侧配合）　第6部分：30°压力角 M 值和 W 值

GB/T 3478.7　圆柱直齿渐开线花键（米制模数　齿侧配合）　第7部分：37.5°压力角 M 值和 W 值

GB/T 3478.8　圆柱直齿渐开线花键（米制模数　齿侧配合）　第8部分：45°压力角 M 值和 W 值

GB/T 3478.9　圆柱直齿渐开线花键（米制模数　齿侧配合）　第9部分：量棒

GB/T 13924　渐开线圆柱齿轮精度　检验细则

3　标准温度

测量的标准温度为20 ℃。

4　花键大径和小径的检验

4.1　内花键小径 D_{ii} 的极限尺寸可用普通光滑塞规的通规和止规检验，也可用其他方法测量。

4.2　外花键大径 D_{ee} 的极限尺寸可用普通光滑环规的通规和止规检验，也可用其他方法测量。

4.3　使用的普通光滑塞规和环规应符合GB/T 1957的规定。

4.4　内花键大径 D_{ei}、外花键小径 D_{ie}、齿根圆弧最小曲率半径可由工艺保证。必要时，应予检验。

5　内花键齿槽宽和外花键齿厚以及渐开线终止圆直径和渐开线起始圆直径的检验

在GB/T 3478.1中规定了三种综合检验法和一种单项检验法共四种检验方法，用来检验齿槽宽和齿厚的四个极限尺寸（见图1），以及渐开线终止圆直径最小值 $D_{Fi\,min}$ 和起始圆直径最大值 $D_{Fe\,max}$。

检验齿槽宽和齿厚用的渐开线花键量规见附录A。

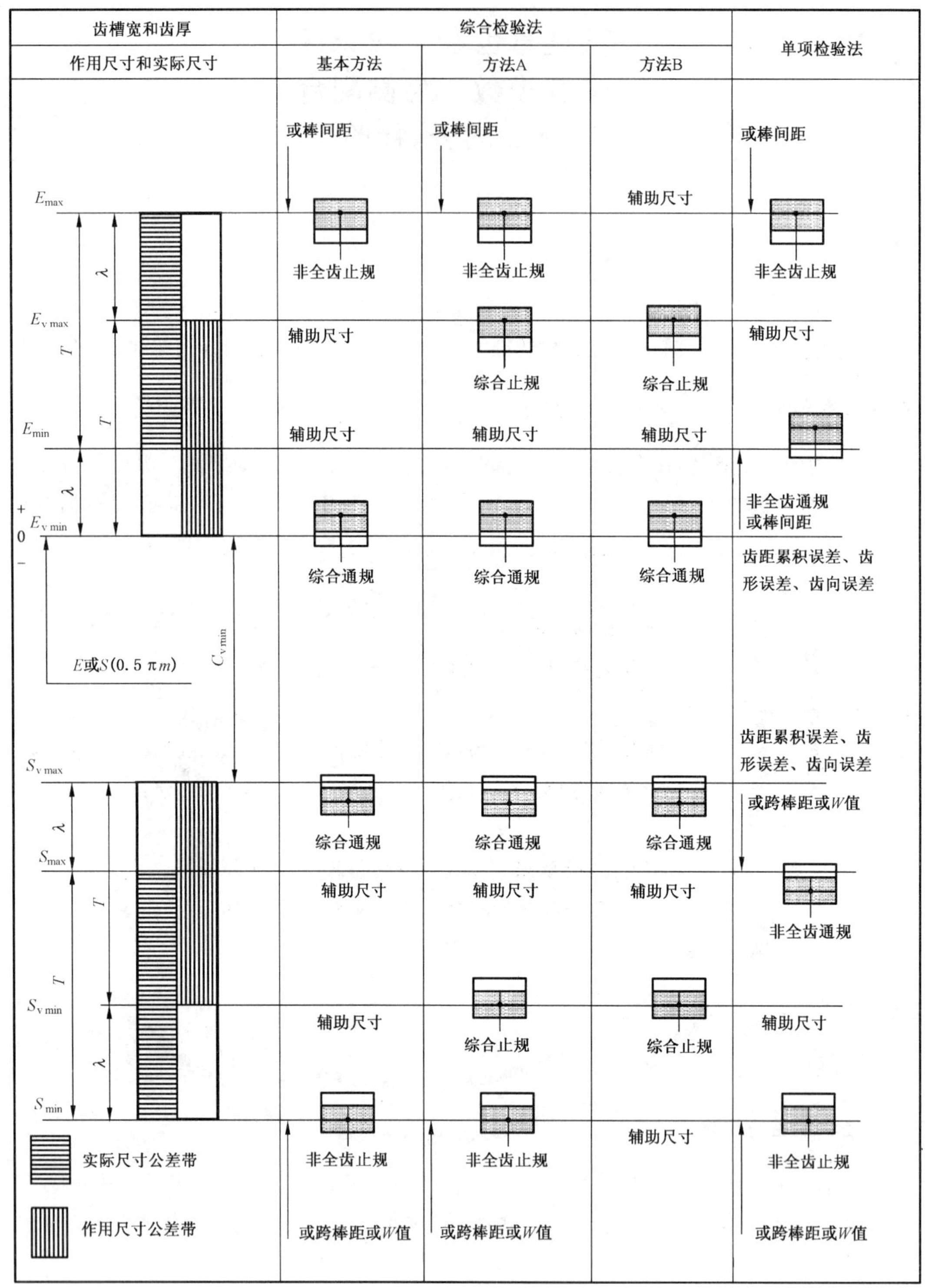

图 1　综合检验法和单项检验法

5.1　基本方法

用综合通端花键量规(塞规或环规)控制内花键作用齿槽宽最小值 $E_{v\ min}$ 或外花键作用齿厚最大值 $S_{v\ max}$，从而控制作用侧隙的最小值 $C_{v\ min}$。

同时，用非全齿止端花键量规(塞规或环规)或用测量 M 值(棒间距 M_{Ri} 或跨棒距 M_{Re})，对外花键可用测量公法线平均长度 W 值），控制内花键实际齿槽宽最大值 E_{max} 或外花键实际齿厚最小值 S_{min}，从而控制内、外花键的最小实体尺寸。

5.2 方法 A

在基本方法的基础上增加用综合止端花键量规（塞规或环规）控制内花键作用齿槽宽最大值 $E_{v\ max}$ 或外花键作用齿厚最小值 $S_{v\ min}$，从而控制作用侧隙的最大值 $C_{v\ max}$。

这种方法适用于双向转动并有回程要求的传动机构。

5.3 方法 B

用综合通端花键量规和综合止端花键量规（塞规或环规）分别控制内花键作用齿槽宽最小值 $E_{v\ min}$ 和最大值 $E_{v\ max}$ 或外花键作用齿厚的最大值 $S_{v\ max}$ 和最小值 $S_{v\ min}$，从而控制作用侧隙的最小值 $C_{v\ min}$ 和最大值 $C_{v\ max}$。

这种方法是须在采用方法 A 时，经过批量生产证明，工艺质量稳定后，方可采用。若工艺质量出现波动，可能影响产品质量时，还应采用方法 A。

5.4 单项检验法

用非全齿通规和非全齿止规，或测量棒间距 M_{Ri}，控制内花键实际齿槽宽最大值 E_{max} 和最小值 E_{min}；用非全齿通规和非全齿止规，或测量跨棒距 M_{Re} 或公法线平均长度 W 值，控制外花键实际齿厚最大值 S_{max} 和最小值 S_{min}。

同时，用测量齿距累积误差、齿形误差和齿向误差，控制综合误差。

这种方法适用于单件或小批量生产、工艺分析、质量分析、无量规，以及因尺寸偏大和偏小而无法制造综合量规的花键。

5.4.1 用于零件的验收

这种方法适用于无综合量规或无法制造综合量规的花键产品（如单件生产、小批量生产、直径大的花键）。

5.4.2 用于分析性检验

5.4.2.1 分析性检验的目的

当一个零件被量规拒收或一对花键工作状况不良时，可用分析性检验找出零件拒收及工作状态不良的原因（见表 1），以便提高产品质量。

在进行分析性检验时，建议用分度误差代替齿距累积误差。

表 1 零件拒收及工作状态不良的原因

序号	现　象	原　因	检测项目
1	综合通端花键量规拒收	1) $E_v < E_{v\ min}$；$S_v > S_{v\ max}$ 2) 综合误差超差	$M_{Ri\ min}$、$M_{Re\ max}$ 或 W_{max}、齿距累积误差或分度误差、齿形误差、齿向误差
2	综合止端花键量规拒收	1) $E_v > E_{v\ max}$；$S_v < S_{v\ min}$ 2) 综合误差过小	$M_{Ri\ max}$、$M_{Re\ min}$ 或 W_{min}
3	非全齿止端花键量规拒收	实际齿槽宽大于 E_{max} 实际齿厚小于 S_{min}	$M_{Ri\ max}$、$M_{Re\ min}$ 或 W_{min}
4	接触齿数少，各齿受力不均匀	齿距累积误差超差	齿距累积误差或分度误差
5	沿齿高接触不良	齿形误差超差	齿形误差
6	沿齿向接触不良	齿向误差超差	齿向误差
注：序号 5 不适用于内花键为直线齿形的花键。			

5.4.2.2 **分度误差的确定**

5.4.2.2.1 由于齿距累积误差包括了分度误差和花键实际轴线相对于加工基准或测量基准的偏心两部分，该偏心对齿侧配合的花键用综合量规检验时没有影响。因此，应将分度误差同花键的偏心分离开来。

5.4.2.2.2 分度误差可以用精确的分度装置测出齿距误差后，按下面方法分离出来。当花键的实际轴线偏离其理想轴线时，由于不同轴（径向偏心量）引起的附加误差为：

$$E_r \cos(i\varepsilon_z + \beta)$$

式中：

E_r——径向偏心量；

i——被测量花键齿的齿序号，其数值为 0，1，……$z-1$；

ε_z——理论齿距角，$\varepsilon_z = 360°/z$；

β——与偏心量 E_r 的偏斜方向和第一个被测齿位置有关的相位角。

E_r 和 β 最大概率的值可由对被测花键的误差曲线进行谐波分析来确定。

这种分析将得出一个付立叶级数的一些系数的数值，该级数的一般形式可写成：

$$f_n(i) = A_0 + A_1\cos(i\varepsilon_z) + \beta_1\sin(i\varepsilon_z) + A_2\cos(zi\varepsilon_z) + B_2\sin(zi\varepsilon_z) + \cdots\cdots$$

对于分离分度误差，只需 A_0、A_1、B_1 即可。

$$\tan\beta = -\frac{B_1}{A_1}$$

$$E_r = A_1/\cos\beta = -B_1/\sin\beta = \sqrt{A_1^2 + B_1^2}$$

（计算机谐波分析程序可直接给出 E_r 和 β）

A_0——测出的误差曲线的平均高度。

5.4.2.2.3 分度误差确定示例

示例 1：12 齿花键在精密分度装置上的测量结果见图 2。$\varepsilon_z = 360°/12 = 30°$

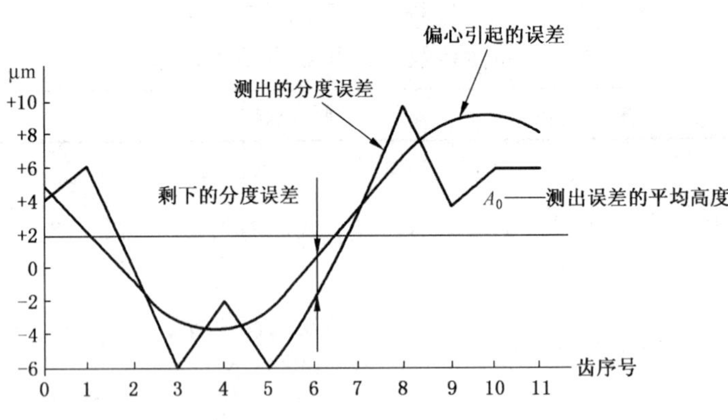

图 2

谐波分析的步骤见表 2 和表 3。

表 2　示例 1 的计算结果

单位为微米

① 齿序号	② 测出的分度误差 $f_n(i)$	③ $f_n(i)\cos(i\varepsilon_z)$	④ $f_n(i)\sin(i\varepsilon_z)$	⑤ 考虑偏心引起的 分度误差[a] $A_0+E_r\cos(i\varepsilon_z+\beta)$	⑥ 剩下的分度误差 ②−⑤
0	+4	+4	0	+4.854	−0.854
1	+6	+5.196	+3	+1.923	+4.077
2	0	0	0	−0.988	+0.988
3	−6	0	−6	−3.098	−2.902
4	−2	+1	−1.732	−3.842	+1.842
5	−6	+5.196	−3	−3.021	−2.979
6	−2	+2	0	−0.854	−1.146
7	+4	−3.464	−2	+2.077	+1.923
8	+10	−5	−8.66	+4.988	+5.012
9	+4	0	−4	+7.098	−3.098
10	+6	+3	−5.196	+7.842	−1.842
11	+6	+5.196	−3	+7.021	−1.021

[a] 如果 $A_1<0$，在计算表 2 中⑤时，必须将 β 加 180°，以便保证计算出的误差曲线的相位角与测出的误差曲线的相位角相一致。

由表 2 中①～④得：

$A_0=\sum ②/z=+24/12=+2$

$A_1=2\sum ③/z=2\times 17.124/12=2.854$

$B_1=2\sum ④/z=2\times(-30.588)/12=-5.098$

$E_r=\sqrt{A_1^2+B_1^2}=5.842$

$\beta=\tan^{-1}(-B_1/A_1)=\tan^{-1}(5.098/2.854)=60.7587°$

即可求出表 2 中⑤和⑥。结果见图 3 和表 3。

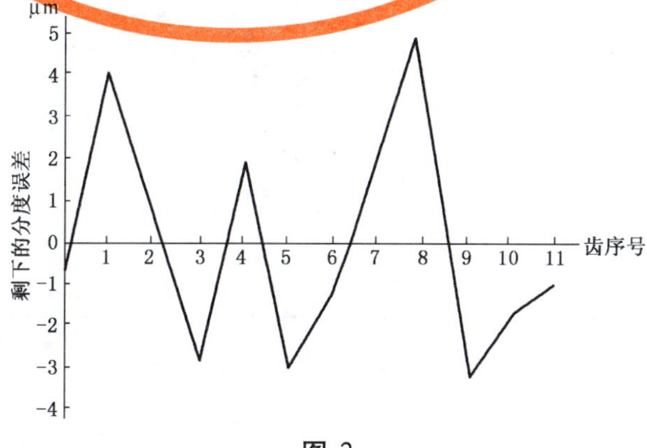

图 3

表 3 示例 1 的分度误差

单位为微米

偏 心 量		5.842
分度误差极值	正的(峰值)	5.012
	负的(谷值)	−3.098
分度误差		8.110

从示例 1 可以看出:该花键测出的齿距累积误差为+10−(−6)=16 μm,而真正影响花键配合和可能导致综合通端花键量规拒收的分度误差只有 8.11 μm。

示例 2:示例 1 的同一花键,将示例 1 的 4 号齿作为 0 号齿时,其误差测量结果见图 4,谐波分析的步骤见表 4。

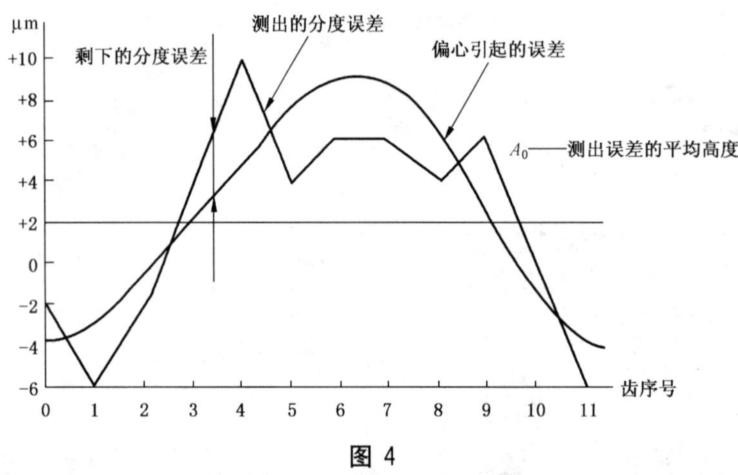

图 4

表 4 示例 2 的计算结果

单位为微米

① 齿序号	② 测出的分度误差 $f_n(i)$	③ $f_n(i)\cos(i\varepsilon_z)$	④ $f_n(i)\sin(i\varepsilon_z)$	⑤ 考虑偏心引起的 分度误差[a] $A_0+E_r\cos(i\varepsilon_z+\beta)$	⑥ 剩下的分度误差 ②—⑤
0	−2	−2	0	−3.842	+1.842
1	−6	−5.196	−3	−3.020	−2.980
2	−2	−1	−1.732	−0.854	−1.146
3	+4	0	+4	+2.077	+1.923
4	+10	−5	+8.660	+4.988	+5.012
5	+4	−3.464	+2	+7.098	−3.098
6	+6	−6	0	+7.842	−1.842
7	+6	−5.196	−3	+7.020	−1.020
8	+4	−2	−3.464	+4.854	−0.854
9	+6	0	−6	+1.923	+4.077
10	0	0	0	−0.988	+0.988
11	−6	−5.196	+3	−3.098	−2.902
[a] 同表 2。					

由表4中①～④得：

$A_0 = \sum ② / z = +24/12 = +2$

$A_1 = 2\sum ③ / z = 2 \times (-35.052)/12 = -5.842$

$B_1 = 2\sum ④ / z = 2 \times 0.464/12 = +0.0773$

$E_r = \sqrt{A_1^2 + B_1^2} = 5.842$

因 $A_1 < 0$，令 $\beta = \tan^{-1}(-B_1/A_1) + 180° = 0.7581° + 180° = 180.7581°$

即可求出表4中⑤和⑥。结果见图5和表5。

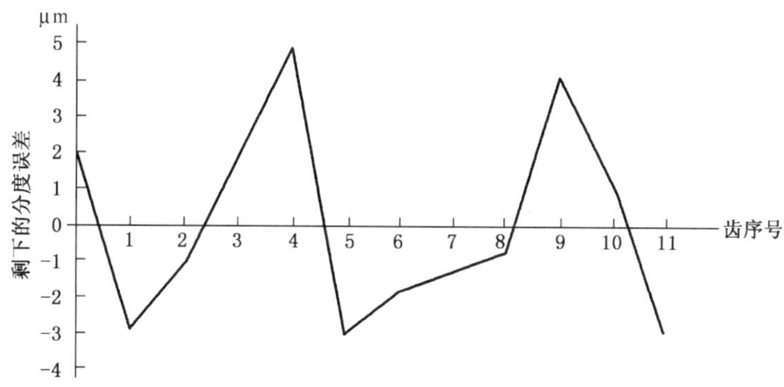

图 5

表 5　示例2的分度误差

单位为微米

偏　心　量		5.842
分度误差极值	正的（峰值）	5.012
	负的（谷值）	−3.098
分度误差		8.110

比较示例1、示例2可以看出：无论齿序号如何改变，对谐波分析结果没有影响。

5.4.3　齿距累积误差、齿形误差、齿向误差和齿圈径向跳动的检验

齿距累积误差、齿形误差、齿向误差和齿圈径向跳动的检验方法与齿轮的检验方法相同，见GB/T 13924。

5.4.3.1　齿距累积误差的检验

一般在分度圆附近、键长中部检验。

5.4.3.2　齿形误差的检验

在渐开线起始圆直径最大值 $D_{Fe\,max}$ 与大径之间或渐开线终止圆直径最小值 $D_{Fi\,min}$ 与小径之间（不包括齿棱）检验。

5.4.3.3　齿向误差的检验

在分度圆附近花键长度内的左右两齿面上检验。

5.4.4　量棒测量尺寸 *M* 值的检验

5.4.4.1　测量用量棒直径（D_{Ri}、D_{Re}）及量棒测量尺寸 M 值（$M_{Ri\,min}$，$M_{Ri\,max}$，$M_{Re\,min}$，$M_{Re\,max}$）见GB/T 3478.6～3478.8。

5.4.4.2　测量用量棒按GB/T 3478.9的规定。

5.4.4.3　当实际选用的量棒直径与GB/T 3478.9中所列直径不同时，其 M 值应按实际选用的量棒直径计算。

5.4.4.4　在同一外花键上实际测得的 M 值（最大值和最小值），应在规定的极限范围内。

5.4.5　公法线平均长度 *W* 值的检验

5.4.5.1　外花键用公法线平均长度 W 值和跨齿数 K 见GB/T 3478.6～3478.8。

5.4.5.2　在同一外花键上实际测得的公法线长度取平均值，应在规定的极限范围内。

6 检验方法的选择与标注

6.1 花键齿槽宽和齿厚的检验方法的选择，由产品设计人员根据产品的结构特点、功能要求确定，或由供方工艺条件或双方检验手段等情况确定。

6.2 对花键零件进行逐件检验、首件检验、抽查检验或定期检验等规定，应根据花键零件的重要程度和工艺质量稳定情况确定并纳入工艺文件中。

6.3 检验方法选定后，应在花键零件图上或供需双方的协议上相应地标注下列项目，可采用表格形式与花键其他参数一起标注，也可直接写入技术要求中。

6.3.1 采用基本方法检验时，应标注：

内花键：

a) 作用齿槽宽最小值 $E_{v\,min}$；

b) 实际齿槽宽最大值 E_{max}。

外花键：

a) 作用齿厚最大值 $S_{v\,max}$；

b) 实际齿厚最小值 S_{min}。

6.3.2 采用方法 A 检验时，应标注：

内花键：

a) 作用齿槽宽最小值 $E_{v\,min}$；

b) 作用齿槽宽最大值 $E_{v\,max}$；

c) 实际齿槽宽最大值 E_{max}。

外花键：

a) 作用齿厚最大值 $S_{v\,max}$；

b) 作用齿厚最小值 $S_{v\,min}$；

c) 实际齿厚最小值 S_{min}。

6.3.3 采用方法 B 检验时，应标注：

内花键：

a) 作用齿槽宽最小值 $E_{v\,min}$；

b) 作用齿槽宽最大值 $E_{v\,max}$；

c) 实际齿槽宽最大值 E_{max}（工艺保证）。

外花键：

a) 作用齿厚最大值 $S_{v\,max}$；

b) 作用齿厚最小值 $S_{v\,min}$；

c) 实际齿厚最小值 S_{min}（工艺保证）。

6.3.4 采用单项检验法时，应标注：

内花键：

a) 实际齿槽宽最小值 E_{min}；

b) 实际齿槽宽最大值 E_{max}；

c) 齿距累积公差 F_p；

d) 齿形公差 F_α；

e) 齿向公差 F_β。

外花键：

a) 实际齿厚最小值 S_{min}；

b) 实际齿厚最大值 S_{max}；

c） 齿距累积公差 F_p；

d） 齿形公差 F_α；

e） 齿向公差 F_β。

6.3.5 对于某些花键副，为了保证齿侧面有足够的接触面积，除采用上述三种综合检验法之一外，可同时选用单项公差的检验项目（F_p，F_α、F_β）。此时，应在花键产品图样上标注出来。

6.3.6 对于花键副的侧隙，通常不必标注。但有作用侧隙极限值（$C_{v\,min}$，$C_{v\,max}$）要求时，应在其装配图上或相应技术文件中予以标注。

附 录 A
(规范性附录)
量 规

A.1 总论

A.1.1 量规使用条件

A.1.1.1 通规

综合通规和环规应该进入并完全通过整个花键长度。综合花键通规应该被用在对量规件不产生任何外力破坏的情况下。在有争论的情况下,无论赞同方,还是拒绝方,综合通规应是双方优先一致接受的。如果有两个有效的量规或者在两个量规公差里,那么适合所有情况的量规应该被优先接受。

如果被综合通规拒绝的,量规本身不能提供这个被拒绝的缘由。这个原因可能仅通过用量棒或者球来测量实际齿厚或者齿槽宽或者对齿距累积误差、齿形误差、齿向误差的分析观察来确认。

A.1.1.2 非全齿通规

非全齿通规应该进入并完全通过整个花键长度的任何规定的位置。检测应该至少分布在三个尽可能等分的位置。

A.1.1.3 综合止规

综合止规不应进入被测花键。

A.1.2 量规使用的尺寸制约

量规使用的方便性,受量规的质量和尺寸制约。

当分度圆直径 $D \leqslant 180$ mm 时,可以用量规来检测。

量规的分度圆直径 $D > 180$ mm。如果经供需双方商定同意后,双方可采用量规。

A.1.3 花键塞规的结构

分度圆直径 $D < 50$ mm 的塞规,可以是整体的。

A.1.4 非全齿通规的齿数选择

表 A.1 给出了非全齿通规的齿数选择。

表 A.1 非全齿通规的齿数选择

产品的总齿数	$6 \leqslant z \leqslant 30$	$30 < z \leqslant 44$	$44 < z \leqslant 58$	$58 < z \leqslant 72$	$72 < z \leqslant 86$	$86 < z \leqslant 100$	$z > 100$
每个扇区的齿数	2	3	4	5	6	7	$0.075z$

A.2 量规的测量长度

A.2.1 花键有效长度和配合长度的影响

花键有效长度和配合长度见图 A.1。如果配合长度小于或等于分度圆半径,并且有效长度等于配合长度,除特殊情况外,花键分度误差被包含在总公差$(T+\lambda)$里,被量规同步检测。

如果配合长度大于分度圆半径,并且有效长度是大于或等于配合长度,则有必要独立在总公差$(T+\lambda)$外,独立描述花键分度误差,通过分析观察,这些误差应该被独立检查。

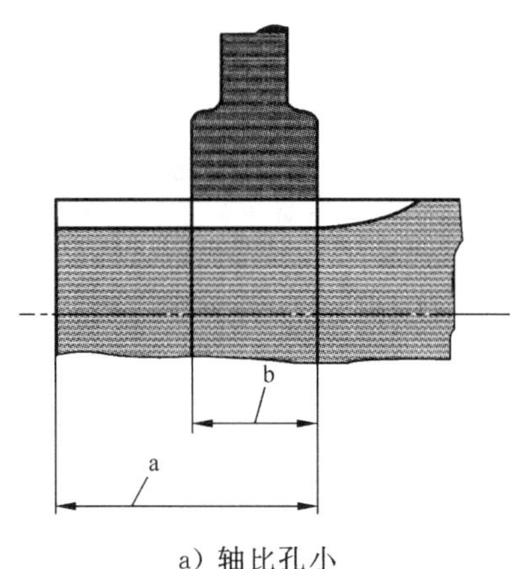

a) 轴比孔小

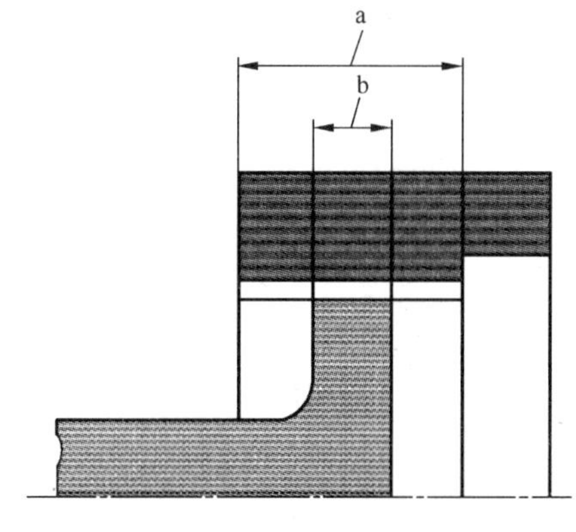

b) 孔比轴长

a 有效花键长度。

b 配合长度。

图 A.1 有效长度和配合长度

A.2.2 如果花键副配合长度大于表 A.2 中给出值的 1.5 倍，花键综合通规(塞规或环规)的长度应增加。通常量规的长度为配合长度的 75%，具体长度由用户与制造厂协商。

表 A.2 花键量规的最小长度

单位为毫米

花键分度圆直径 D	量规测量部分的最小长度			
	通端塞规	止端塞规	通端环规	止端环规
≤7	6	4	8	6
>7～12	8	6	10	8
>12～17	12	8	10	8
>17～22	16	10	16	12
>22～30	20	12	16	12
>30～40	25	15	20	15
>40～50	30	18	20	15
>50～70	30	20	25	20
>70～120	35	25	26	20
>120～150	40	25	30	25
>150～180	40	25	30	25

A.2.3 校对塞规检测部分长度的确定

确定校对塞规检测部分长度时，应考虑以下因素：

a) 应有一个引导长度，以便于使用；

b) 校对塞规锥形齿面部分的检测长度应大于其最小测量长度(检测环规制造公差与磨损公差之和的长度)；

c) 校对塞规齿面锥度和磨损公差取决于环规磨损公差。

A.2.4 分度圆直径大于 180 mm 的量规

分度圆直径大于 180 mm 的量规检测长度，可选择如下数值：

a) 通规为分度圆直径的 30%；

b) 止规为分度圆直径的 20%。

A.3 花键量规的制造公差

花键量规的制造公差见表 A.3～表 A.5。

表 A.3 量规的位置和公差

单位为毫米

量 规	位 置	公 差	磨损极限
非全齿止端塞规	E_{max}	$\pm H/2$	$E_{max}-W$
综合止端塞规	$E_{v\ max}$	$\pm H/2$	$E_{v\ max}-W$
综合通端塞规	$E_{v\ min}+Z$	$\pm H/2$	$E_{v\ min}-Y$
综合通端环规	$S_{v\ max}-Z$	$\pm H/2$	$S_{v\ max}+Y$
综合止端环规	$S_{v\ min}$	$\pm H/2$	$S_{v\ min}+W$
非全齿止端环规	S_{min}	$\pm H/2$	$S_{min}+W$

表 A.4 量规公差值

单位为微米

分度圆直径 D/mm	位置要素	塞规基本齿厚 S/mm				环规基本齿槽宽 E/mm			
		～3	>3～6	>6～10	>10～18	～3	>3～6	>6～10	>10～18
～3	H	2	—	—	—	2	—	—	—
	Z	4				4			
	Y	1				1.5			
	W	3				3			
>3～10	H	2.5	—	—	—	2.5	—	—	—
	Z	4				4			
	Y	1.25				2			
	W	3				3			
>10～18	H	3	3	—	—	3	3	—	—
	Z	4	5			4	5		
	Y	1.5	1.5			2.5	2.5		
	W	4	4			4	5		
>18～30	H	4	4	4	—	4	4	4	—
	Z	4	5	5		4	5	6	
	Y	2	2	2		3	3	3	
	W	4	5	6		5	5	6	
>30～50	H	4	4	4	4	4	4	4	4
	Z	4	5	6	8	4	5	6	8
	Y	2	2	2	2	3.5	3.5	3.5	3.5
	W	4	5	5	6	5	5	6	7
>50～80	H	5	5	5	5	5	5	5	5
	Z	4	5	6	8	4	5	6	8
	Y	2.5	2.5	2.5	2.5	4	4	4	4
	W	4	5	6	7	5	6	6	7
>80～120	H	6	6	6	6	6	6	6	6
	Z	4	5	6	8	4	5	6	6
	Y	3	3	3	3	5	5	5	5
	W	5	6	6	7	6	7	7	8
>120～180	H	8	8	8	8	8	8	8	8
	Z	4	5	6	8	4	5	6	8
	Y	4	4	4	4	6	6	6	6
	W	6	7	7	8	7	8	8	9

表 A.5 量规公差的位置

齿槽宽和齿厚
综合检验法
作用尺寸和实际尺寸
基本方法
方法A
方法B
锥形校对塞规
E_{max}
$E_{v\ max}$
E_{min}
$E_{v\ min}$
E或$S(0.5\ \pi m)$
$C_{v\ min}$
$S_{v\ max}$
S_{max}
$S_{v\ min}$
S_{min}
非全齿止规
综合止规
综合通规
C
B
A
实际尺寸公差带
作用尺寸公差带

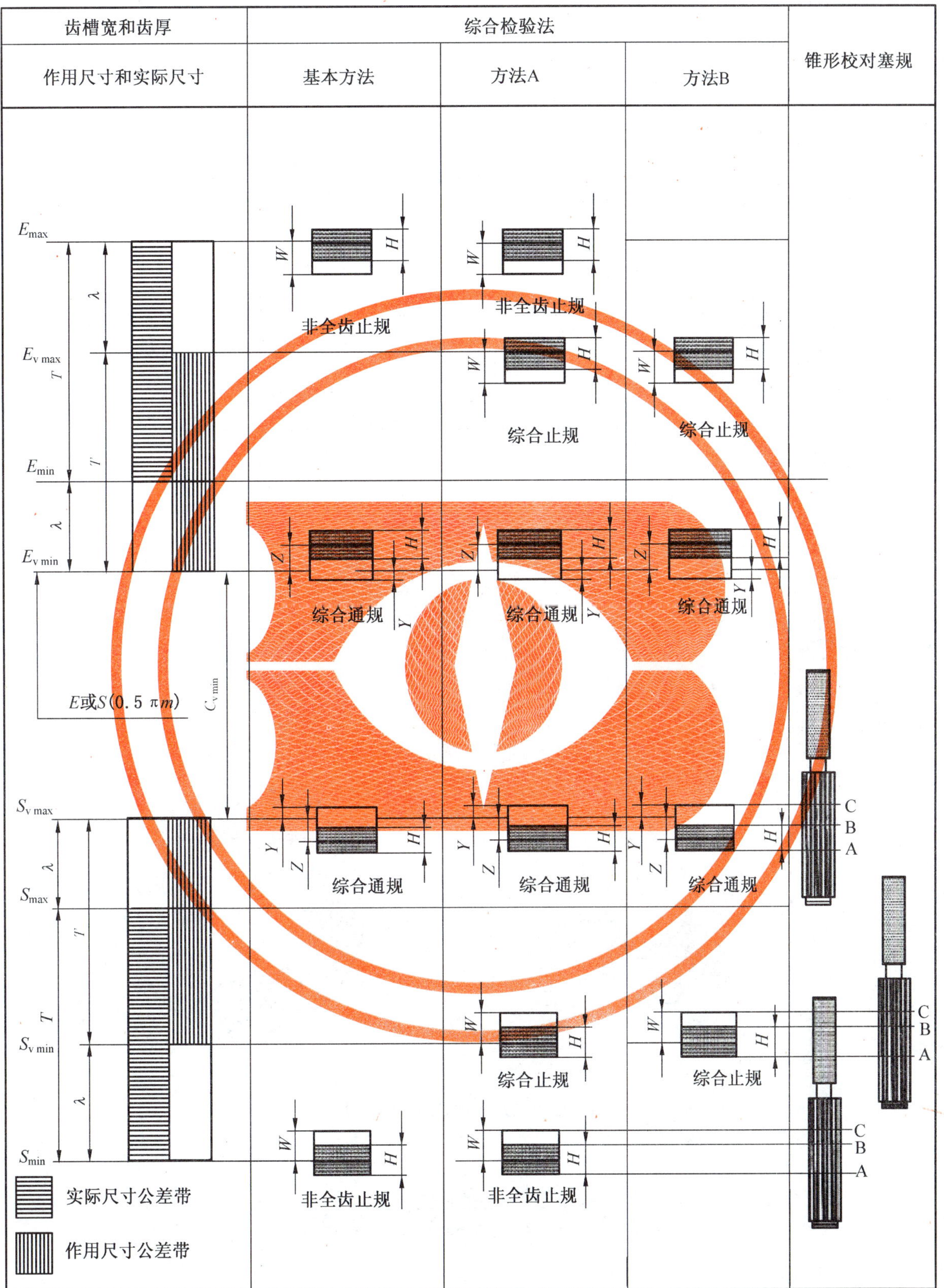

A.4 花键量规允许的公差值

花键量规检测如下相应的部分，其公差值见表 A.6。例如：

——齿距累积公差；

——齿形公差；

——齿向公差。

表 A.6 量规的公差

单位为微米

分度圆直径 D/mm	齿形公差 F_α	齿距累积公差 F_p	齿向公差 F_β	
			量规测量部分长度 ≤25 mm	量规测量部分长度 >25 mm
1～100	5	5	3	5
>100～150	5	8	3	5
>150～180	5	10	—	5

A.5 量规检测

A.5.1 毁损

检测方法：目测所有花键侧面和重要的直径。毁损和生锈是不允许的。

A.5.2 标记

检测方法：目测。标记应该是持久、完全和耐用的。

A.5.3 塞规的大径和环规小径

检测方法：偶数齿两点测量，奇数齿半径测量，如图 A.2 所示。

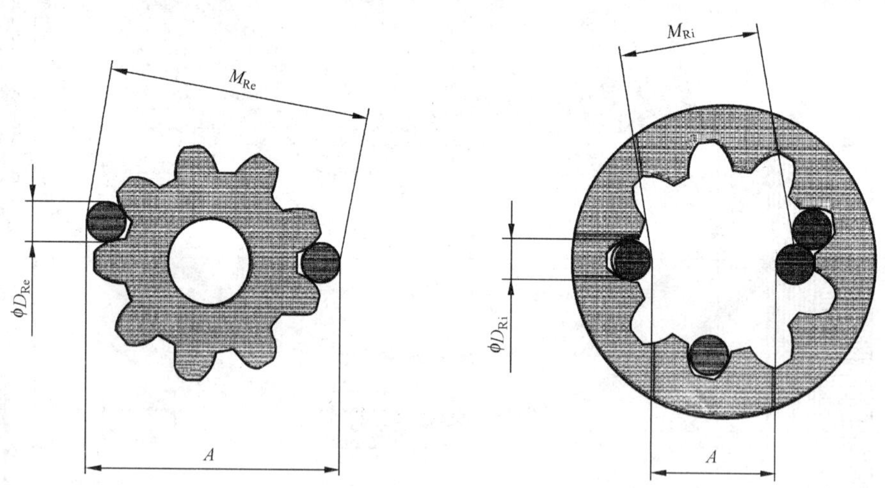

图 A.2 大径和小径的检测

大径：

$$D_{ee}=2\left\{A-\left[\frac{0.5(M_{Re}-D_{Re})}{\cos\frac{90^\circ}{z}}+\frac{D_{Re}}{2}\right]\right\}$$

小径：

$$D_{ii}=2\left\{A+D_{Ri}-\left[\frac{0.5(M_{Ri}+D_{Ri})}{\cos\frac{90^\circ}{z}}-\frac{D_{Ri}}{2}\right]\right\}$$

A.5.4 齿形直径

检测方法：渐开线检测仪器。

A.5.5 塞规齿厚

检测方法：两个以上量棒测量。测量应在0°到90°的范围里，在量棒的中间和末端。为了避免磨损和小污垢，量棒应擦干净。检测用的量棒，可能会存在影响测量的公差。为了满足要求，应使用被校准过的准确直径的量棒。

A.5.6 环规的齿槽宽

检测方法与A.5.5相同。环规用量棒和块规来检测。如果块规能没有阻碍的轴向移动并且没有径向移动，则环规是合格的。

锥形校对塞规也可以用来检测环规的尺寸。

A.5.7 形状公差

检测方法：齿轮测量机。齿形误差和齿向误差至少应在左边或右边侧面三个等分角度位置测量。对于综合量规，齿距累积误差和分度误差也应该被检测。

A.5.8 量规磨损检测

一个检测周期里，应该保证量规仍然在磨损极限范围里。当花键量规的齿槽宽和齿厚超过特定的磨损极限或形状误差超过1.5倍允许的误差时，则花键量规应该考虑废弃。

A.6 量规的结构、尺寸参数和标记

A.6.1 综合通端环规

综合通端环规的结构、尺寸参数和公差，见图A.3和表A.7。

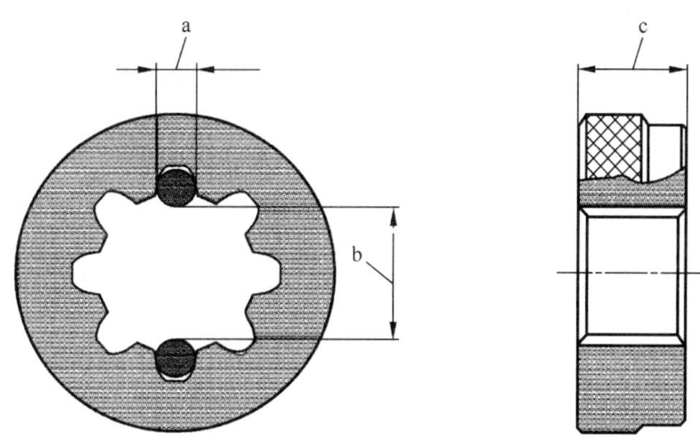

[a] 量棒直径。

[b] 棒间距。

[c] 量规长度。

图 A.3 综合通端环规

表 A.7 综合通端环规的尺寸参数和公差

量规尺寸参数	计算公式或代号	公差	相配合的锥形校对塞规
齿数	z		
模数	m		
压力角	α_D		
分度圆直径	mz		
基圆直径	$mz\cos\alpha_D$		
大径	$D_{ee\max}+0.3m$	min	

表 A.7（续）

量规尺寸参数	计算公式或代号	公差	相配合的锥形校对塞规
渐开线终止圆直径	$D_{ee\ max}+0.2m$	min	
小径	$D_{Fe\ max}$	K7	
齿槽宽	$S_{v\ max}-Z$	$\pm H/2$	刻线 A 处齿厚 $S_{v\ max}-Z-H/2$ 刻线 B 处齿厚 $S_{v\ max}-Z+H/2$
齿槽宽磨损极限	$S_{v\ max}+Y$		刻线 C 处齿厚 $S_{v\ max}+Y$
单项公差	见表 A.6		

标记示列：

检验 EXT 24z×2.5m×30R×5f　GB/T 3478.1　工件外花键的综合通端环规的标记为：

T_h　24z×2.5m×30R×5H　GB/T 3478.5—2008

A.6.2　综合通端环规用校对塞规

综合通端环规用校对塞规的结构、尺寸参数、公差和标记，见图 A.4 和表 A.8。

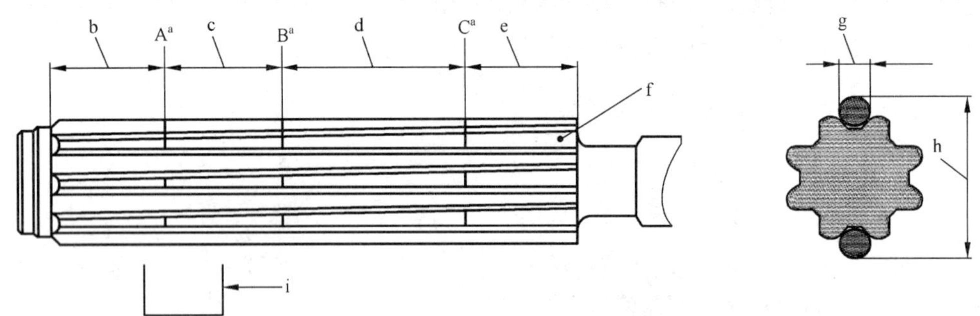

[a] 标志线。

[b] 引导长度。

[c] 环规的制造公差。

[d] 环规的磨损公差。

[e] 允许的超过量。

[f] 齿两侧面有锥度。

[g] 量棒直径。

[h] 跨棒距。

[i] 新环规的前端。

图 A.4　综合通端环规用校对塞规

表 A.8　综合通端环规用校对塞规的尺寸参数和公差

量规尺寸参数	计算公式或代号	公　差
齿数	z	
模数	m	
压力角	α_D	
分度圆直径	mz	
基圆直径	$mz\cos\alpha_D$	
大径	$D_{ee\ max}+0.2m$	h8
渐开线起始圆直径	$D_{Fe\ max}-0.1m$	max

表 A.8（续）

量规尺寸参数	计算公式或代号	公　　差
小径	$D_{Fe\ max}-0.2m$	max
刻线 A 处齿厚	$S_{v\ max}-Z-H/2$	
刻线 B 处齿厚	$S_{v\ max}-Z+H/2$	
刻线 C 处齿厚	$S_{v\ max}+Y$	
齿单侧面锥度	0.02%	min
单项公差	见表 A.6	

标记示列：

检验 EXT 24z×2.5m×30R×5f　GB/T 3478.1　工件外花键的综合通端环规校对规的标记为：

J_T　24z×2.5m×30R×5f　GB/T 3478.5—2008

A.6.3　**非全齿止端环规**

非全齿止端环规的结构、尺寸参数、公差和标记，见图 A.5 和表 A.9。

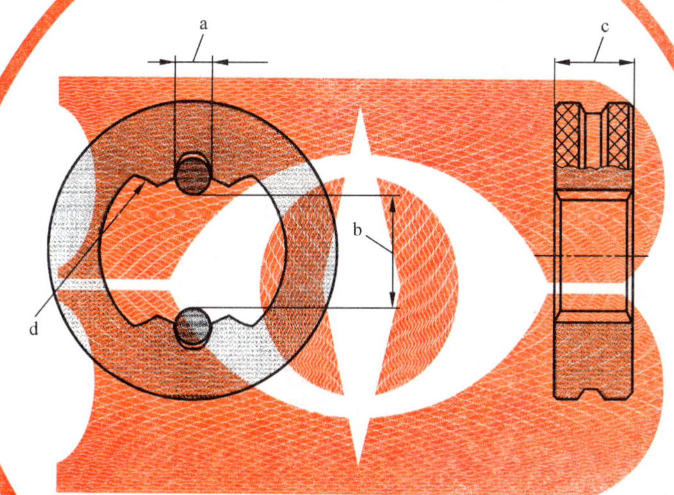

a 量棒直径。

b 棒间距。

c 量规长度。

d 齿侧减薄(4 处)。

图 A.5　非全齿止端环规

表 A.9　非全齿止端环规的尺寸参数和公差

量规尺寸参数	计算公式或代号	公差	相配合的锥形校对塞规
齿数	z		
模数	m		
压力角	α_D		
分度圆直径	mz		
基圆直径	$mz\cos\alpha_D$		
大径	$D_{ee\ max}+0.3\ m$	min	
渐开线终止圆直径	$D_{ee\ max}+0.2\ m$	min	
小径	$(D+2D_{Fe\ max})/3$	JS8	
齿槽宽	S_{min}	$\pm H/2$	刻线 A 处齿厚 $S_{min}-H/2$ 刻线 B 处齿厚 $S_{min}+H/2$
齿槽宽磨损极限	$S_{min}+W$		刻线 C 处齿厚 $S_{min}+W$
单项公差	见表 A.6		

标记示列：

检验 EXT 24z×2.5m×30R×5f GB/T 3478.1 工件外花键的非全齿止端环规的标记为：

Z_{Fh} 24z×2.5m×30R×5H GB/T 3478.5—2008

A.6.4 非全齿止端环规用校对塞规

非全齿止端环规用校对塞规的结构、尺寸参数和公差，见图 A.6 和表 A.10。

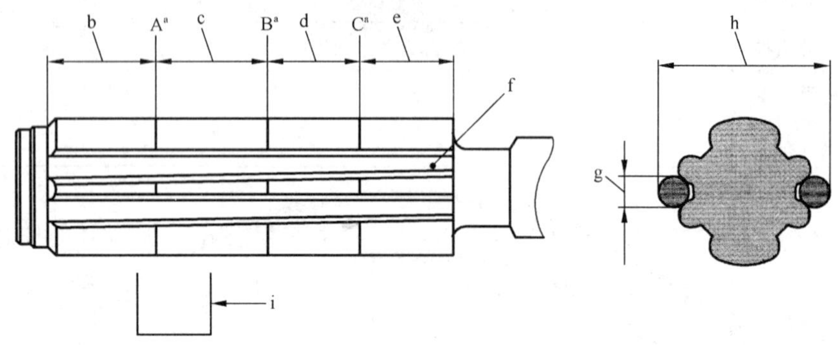

[a] 标志线。

[b] 引导长度。

[c] 环规的制造公差。

[d] 环规的磨损公差。

[e] 允许的超过量。

[f] 齿两侧面有锥度。

[g] 量棒直径。

[h] 跨棒距。

[i] 新环规的前端。

图 A.6 非全齿止端环规用校对塞规

表 A.10 非全齿止端环规用校对塞规尺寸和公差

量规尺寸参数	计算公式或代号	公　　差
齿数	z	
模数	m	
压力角	α_D	
分度圆直径	mz	
基圆直径	$mz\cos\alpha_D$	
大径	$D_{ee\,max}+0.2m$	h8
渐开线起始圆直径	$(D+2D_{Fe\,max})/3-0.1m$	max
小径	$(D+2D_{Fe\,max})/3-0.2m$	max
刻线 A 处齿厚	$S_{min}-H/2$	
刻线 B 处齿厚	$S_{min}+H/2$	
刻线 C 处齿厚	$S_{min}+W$	
齿单侧面锥度	0.02%	min
单项公差	见表 A.6	

标记示列：

检验 EXT 24z×2.5m×30R×5f　GB/T 3478.1　工件外花键非全齿止端环规校对塞规的标记为：

J_{ZF}　24z×2.5m×30R×5f　GB/T 3478.5—2008

A.6.5　综合止端环规

综合止端环规的结构、尺寸参数、公差和标记，见图 A.7 和表 A.11。

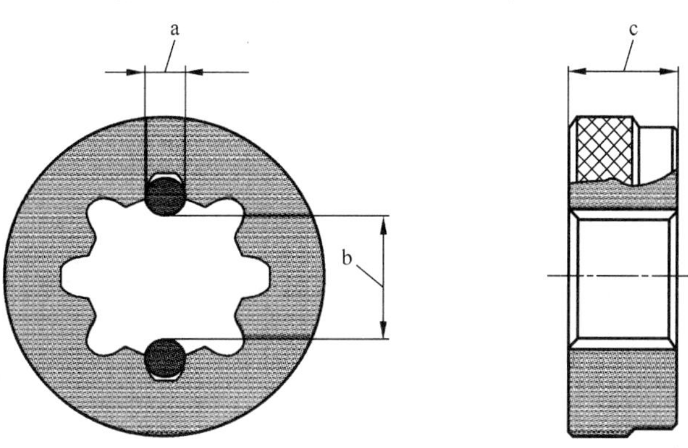

[a] 量棒直径。

[b] 棒间距。

[c] 量规长度。

图 A.7　综合止端环规

表 A.11　综合止端环规的尺寸参数和公差

量规尺寸参数	计算公式或代号	公差	相配合的锥形校对塞规
齿数	z		
模数	m		
压力角	α_D		
分度圆直径	mz		
基圆直径	$mz\cos\alpha_D$		
大径	$D_{ee\ max}+0.3m$	min	
渐开线终止圆直径	$D_{ee\ max}+0.2m$	min	
小径	$(D+2D_{Fe\ max})/3$	JS8	
齿槽宽	$S_{v\ min}$	$\pm H/2$	刻线 A 处齿厚 $S_{min}-H/2$ 刻线 B 处齿厚 $S_{min}+H/2$
齿槽宽磨损极限	$S_{v\ min}+W$		刻线 C 处齿厚 $S_{min}+W$
单项公差	见表 A.6		

标记示列：

检验 EXT 24z×2.5m×30R×5f　GB/T 3478.1　工件外花键的综合止端环规的标记为：

Z_h　24z×2.5m×30R×5H　GB/T 3478.5—2008

A.6.6 综合止端环规用校对塞规

综合止端环规用齿侧面带锥度的校对塞规的结构、尺寸参数、公差和标记，见图A.8和表A.12。

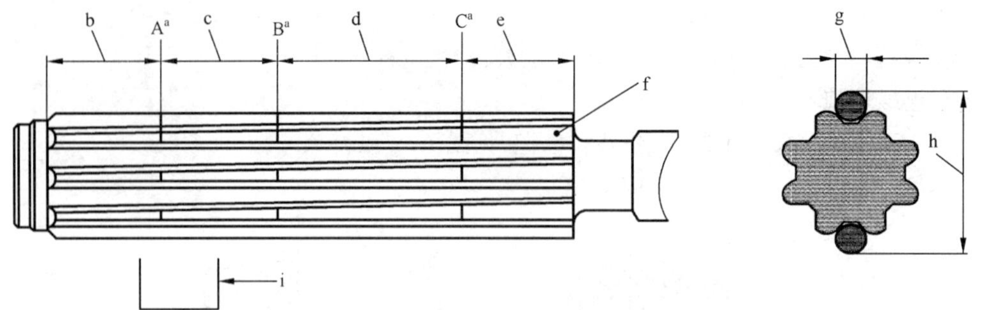

[a] 标志线。

[b] 引导长度。

[c] 环规的制造公差。

[d] 环规的磨损公差。

[e] 允许的超过量。

[f] 齿两侧面有锥度。

[g] 量棒直径。

[h] 跨棒距。

[i] 新环规的前端。

图A.8 综合止端环规用校对塞规

表A.12 综合止端环规用校对塞规的尺寸参数和公差

量规尺寸参数	计算公式或代号	公　　差
齿数	z	
模数	m	
压力角	α_D	
分度圆直径	mz	
基圆直径	$mz\cos\alpha_D$	
大径	$D_{ee\ max}+0.2m$	h8
渐开线起始圆直径	$(D+2D_{Fe\ max})/3-0.1m$	max
小径	$(D+2D_{Fe\ max})/3-0.2m$	max
刻线A处齿厚	$S_{v\ min}-H/2$	
刻线B处齿厚	$S_{v\ min}+H/2$	
刻线C处齿厚	$S_{v\ min}+W$	
齿单侧面锥度	0.02%	min
单项公差	见表A.6	

标记示列：

检验EXT 24z×2.5m×30R×5f　GB/T 3478.1　工件外花键的综合止端环规用校对塞规的标记为：

J_Z　24z×2.5m×30R×5f　GB/T 3478.5—2008

A.6.7 综合通端塞规

综合通端塞规结构、尺寸参数、公差和标记，见图 A.9 和表 A.13。

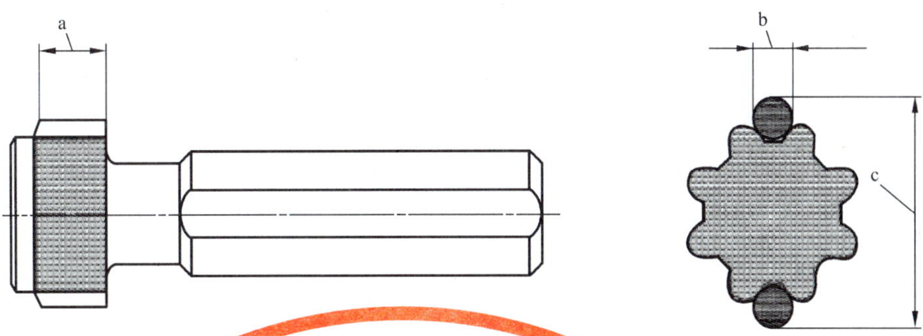

a 量规长度。

b 量棒直径。

c 跨棒距。

图 A.9 综合通端塞规

表 A.13 综合通端塞规的尺寸参数和公式

量规尺寸参数	计算公式或代号	公 差
齿数	z	
模数	m	
压力角	α_D	
分度圆直径	mz	
基圆直径	$mz\cos\alpha_D$	
大径	$D_{Fi\ min}$	k7
渐开线起始圆直径	$D_{ii\ min}-0.2m$	max
小径	$D_{ii\ min}-0.3m$	max
齿厚	$E_{v\ min}+Z$	$\pm H/2$
齿厚磨损极限	$E_{v\ min}-Y$	
单项公差	见表 A.6	

标记示例：

检验 INT 24z×2.5 m×30R×5H GB/T 3478.1 工件内花键的综合通端塞规的标记为：

T_S 24z×2.5m×30R×5f GB/T 3478.5—2008

A.6.8 非全齿止端塞规

非全齿止端塞规的结构、尺寸参数、公差和标记，见图 A.10 和表 A.14。

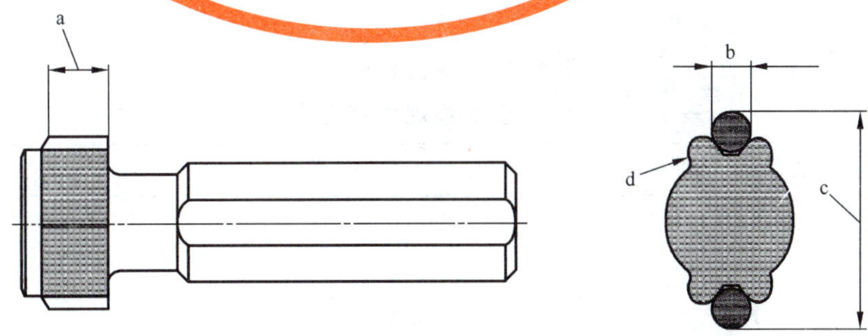

a 量规长度。

b 量棒直径。

c 跨棒距。

d 齿侧减薄(4 处)。

图 A.10 非全齿止端塞规

表 A.14　非全齿止端塞规的尺寸参数和公差

量规尺寸参数	计算公式或代号	公　　差
齿数	z	
模数	m	
压力角	α_D	
分度圆直径	mz	
基圆直径	$mz\cos\alpha_D$	
大径	$(D+2D_{Fi\,min})/3$	js8
渐开线起始圆直径	$D_{ii\,min}-0.2m$	max
小径	$D_{ii\,min}-0.3m$	max
齿厚	$E_{max}+Z$	$\pm H/2$
齿厚磨损极限	$E_{max}-W$	
单项公差	见表 A.6	

标记示列：

检验 INT 24z×2.5m×30R×5H　GB/T 3478.1　工件内花键的非全齿止端塞规的标记为：

Z_{FS}　24z×2.5m×30R×5f　GB/T 3478.5—2008

A.6.9　综合止端塞规

综合止端塞规的结构、尺寸参数、公差和标记，见图 A.11 和表 A.15。

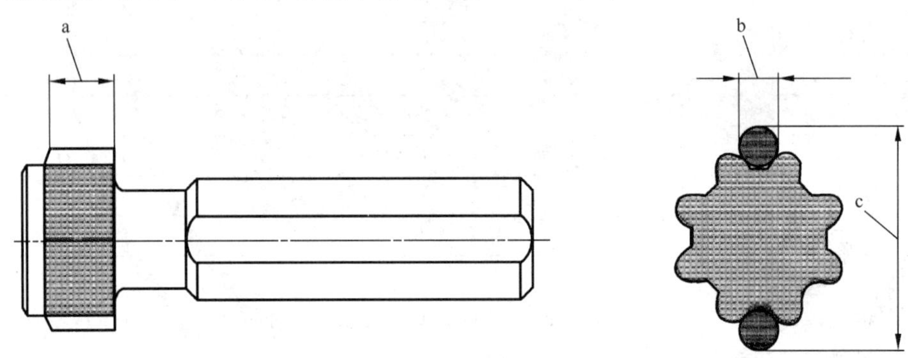

a 量规长度。

b 量棒直径。

c 跨棒距。

图 A.11　综合止端塞规

表 A.15　综合止端塞规的尺寸参数和公差

量规尺寸参数	计算公式或代号	公　　差
齿数	z	
模数	m	
压力角	α_D	
分度圆直径	mz	
基圆直径	$mz\cos\alpha_D$	
大径	$(D+2D_{Fi\,min})/3$	js8

表 A.15（续）

量规尺寸参数	计算公式或代号	公　差
渐开线起始圆直径	$D_{ii\ min}-0.2m$	max
小径	$D_{ii\ min}-0.3m$	max
齿厚	$E_{v\ max}+Z$	$\pm H/2$
齿厚磨损极限	$E_{v\ max}-W$	
单项公差	见表 A.6	

标记示列：

检验 INT 24z×2.5m×30R×5H　GB/T 3478.1　工件内花键的综合止端塞规的标记为：

Z_S　24z×2.5m×30R×5f　GB/T 3478.5—2008

A.7　内外花键用普通光滑量规检测

A.7.1　内花键小径的检测

用普通光滑塞规的通规和止规检测内花键小径，见图 A.12。

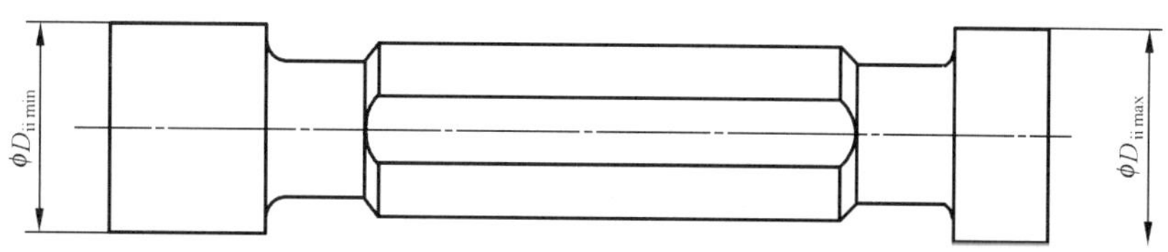

图 A.12　普通光滑塞规

A.7.2　外花键大径的检测

用普通光滑环规的通规和止规检测外花键大径，见图 A.13。

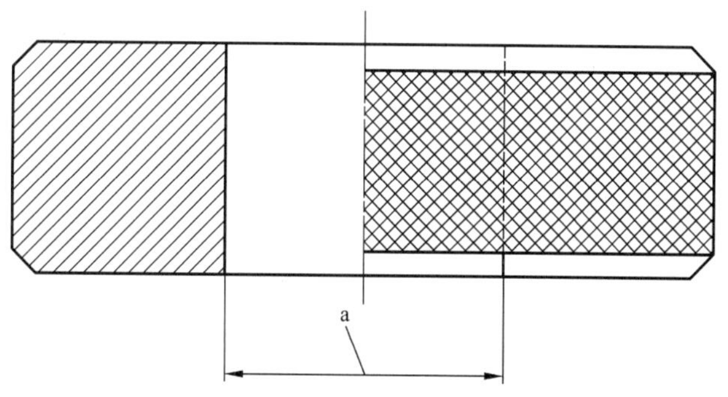

[a] $D_{ee\ max}$或 $D_{ee\ min}$。

图 A.13　普通光滑环规

ICS 21.120.30
J 18

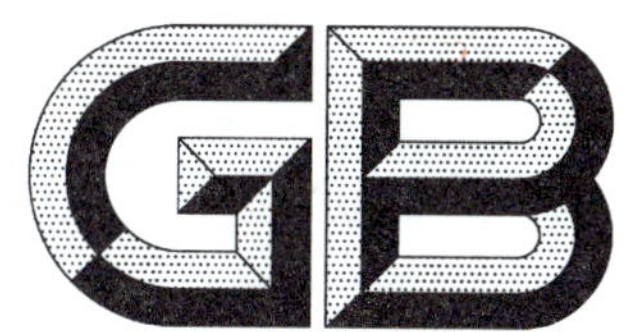

中华人民共和国国家标准

GB/T 3478.6—2008
代替 GB/T 3478.6—1995

圆柱直齿渐开线花键（米制模数 齿侧配合）第6部分：30°压力角 *M* 值和 *W* 值

Straight cylindrical involute splines—Metric module, side fit—Part 6: 30° pressure angle *M* and *W* values

2008-09-22 发布　　2009-05-01 实施

中华人民共和国国家质量监督检验检疫总局
中国国家标准化管理委员会　发布

前　言

GB/T 3478《圆柱直齿渐开线花键(米制模数　齿侧配合)》分为九个部分：

——第1部分：总论；

——第2部分：30°压力角尺寸表；

——第3部分：37.5°压力角尺寸表；

——第4部分：45°压力角尺寸表；

——第5部分：检验；

——第6部分：30°压力角 *M* 值和 *W* 值；

——第7部分：37.5°压力角 *M* 值和 *W* 值；

——第8部分：45°压力角 *M* 值和 *W* 值；

——第9部分：量棒。

本部分为 GB/T 3478 的第6部分。

本部分参考了 ISO 4156-2:2005《圆柱直齿渐开线花键(米制模数　齿侧配合)　第2部分：尺寸》中有关30°压力角 *M* 值和 *W* 值，是对 GB/T 3478.6—1995《圆柱直齿渐开线花键　30°压力角　*M* 值和 *W* 值》的修订。

本部分与 GB/T 3478.6—1995 相比主要差异如下：

——标准名称由《圆柱直齿渐开线花键　30°压力角　*M* 值和 *W* 值》改为《圆柱直齿渐开线花键(米制模数　齿侧配合)　第6部分：30°压力角 *M* 值和 *W* 值》；

——修改了原标准中的错误，并按 GB/T 1.1 做了编辑性的修改。

本部分由全国机器轴与附件标准化技术委员会提出并归口。

本部分起草单位：中机生产力促进中心、哈尔滨东安发动机制造公司、石家庄链轮总厂、中国第二重型机械集团公司、太原重工股份有限公司。

本部分主要起草人：明翠新、常宝印、许文江、谭仁万、王晓凌、邓高见。

本部分所代替标准的历次版本发布情况为：

——GB/T 3478.6—1995。

圆柱直齿渐开线花键
（米制模数　齿侧配合）
第6部分：30°压力角 *M* 值和 *W* 值

1　范围

GB/T 3478的本部分规定了压力角为30°的圆柱直齿渐开线花键的 M 值（棒间距 M_{Ri}、跨棒距 M_{Re}）和 W 值（外花键公法线平均长度）的计算公式及极限尺寸表。

本部分适用于按GB/T 3478.1设计制造的压力角为30°的渐开线花键。

2　规范性引用文件

下列文件中的条款通过GB/T 3478的本部分的引用而成为本部分的条款。凡是注日期的引用文件，其随后所有的修改单（不包括勘误的内容）或修订版均不适用于本部分，然而，鼓励根据本部分达成协议的各方研究是否可使用这些文件的最新版本。凡是不注日期的引用文件，其最新版本适用于本部分。

GB/T 321　优先数和优先数系

GB/T 3478.1　圆柱直齿渐开线花键（米制模数　齿侧配合）　第1部分：总论（GB/T 3478.1—2008，ISO 4156-1：2005，MOD）

3　量棒测量尺寸的计算公式

注：允许用相应的钢球代替量棒。

3.1　内花键量棒测量尺寸的计算公式

3.1.1　量棒直径 D_{Ri} 的确定（见图1）

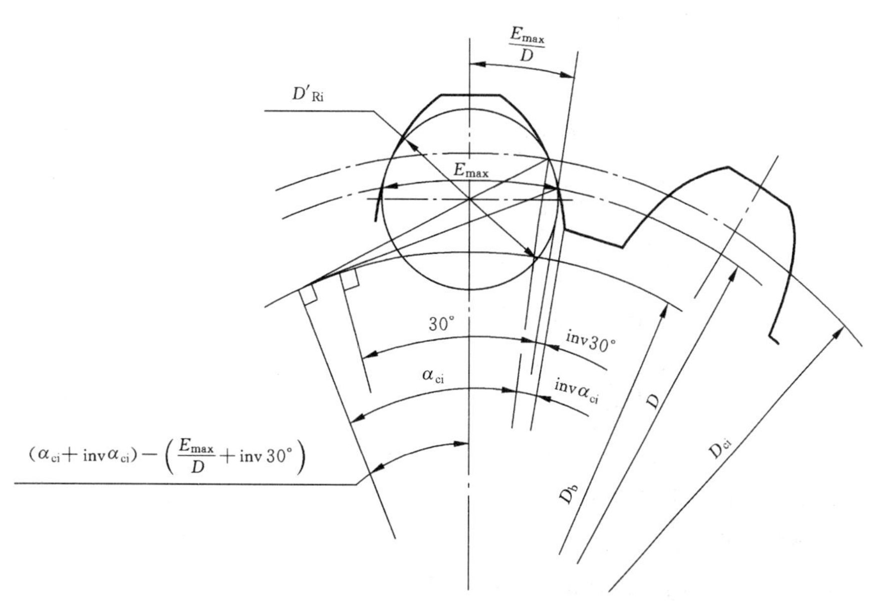

图1

$$D'_{Ri}=D_b\left[\tan\alpha_{ci}-\tan\left(\alpha_{ci}-\frac{E_{max}}{D}+\text{inv}\alpha_{ci}-\text{inv }30°\right)\right]\quad\cdots\cdots(1)$$

式中：

D'_{Ri}——量棒的计算直径；

α_{ci}——内花键与量棒接触点上的压力角，以弧度表示，$\alpha_{ci}=\cos^{-1}\dfrac{D_b}{D_{ci}}$；

D_{ci}——内花键与量棒接触点处直径：

$$D_{ci}=\frac{D_{ee\ max}+D_{ii\ min}}{2};$$

$D_{ee\ max}$——外花键大径最大值；

$D_{ii\ min}$——内花键小径最小值；

E_{max}——实际齿槽宽最大值，表中按公差等级为 7 级取值：

$$\text{inv}\alpha_{ci}=\tan\alpha_{ci}-\alpha_{ci};$$

$$\text{inv}30°=0.053\ 751\ 5。$$

量棒直径 D_{Ri}按 GB/T 321 中的 R40 选取，若 D'_{Ri}不为 R40 系列数值时，应选取最接近 D'_{Ri}较大的值。

3.1.2　**棒间距 M_{Ri}的计算**（见图 2）

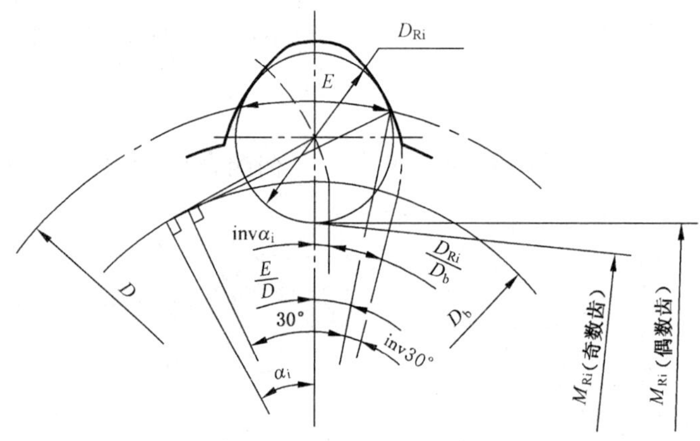

图 2

偶数齿：

$$M_{Ri\ max}=\frac{D_b}{\cos\alpha_{i\ max}}-D_{Ri} \quad\cdots\cdots(2)$$

$$M_{Ri\ min}=\frac{D_b}{\cos\alpha_{i\ min}}-D_{Ri} \quad\cdots\cdots(3)$$

奇数齿：

$$M_{Ri\ max}=\frac{D_b}{\cos\alpha_{i\ max}}\times\cos\frac{90°}{z}-D_{Ri} \quad\cdots\cdots(4)$$

$$M_{Ri\ min}=\frac{D_b}{\cos\alpha_{i\ min}}\times\cos\frac{90°}{z}-D_{Ri} \quad\cdots\cdots(5)$$

式中：

$M_{Ri\ max}$——内花键棒间距的最大值；

$M_{Ri\ min}$——内花键棒间距的最小值；

$\alpha_{i\ max}$——当 E 为 E_{max}时，内花键量棒中心圆上的压力角：

$$\text{inv}\alpha_{i\ max}=\frac{E_{max}}{D}+\text{inv}30°-\frac{D_{Ri}}{D_b};$$

$\alpha_{i\ min}$——当 E 为 E_{min}时，内花键量棒中心圆上的压力角：

$$\mathrm{inv}\alpha_{\mathrm{i\,min}}=\frac{E_{\min}}{D}+\mathrm{inv}30^{\circ}-\frac{D_{\mathrm{Ri}}}{D_{\mathrm{b}}};$$

D_{Ri}——内花键用量棒直径。

3.2 外花键量棒测量尺寸的计算公式

3.2.1 量棒直径 D_{Re} 的确定(见图 3)

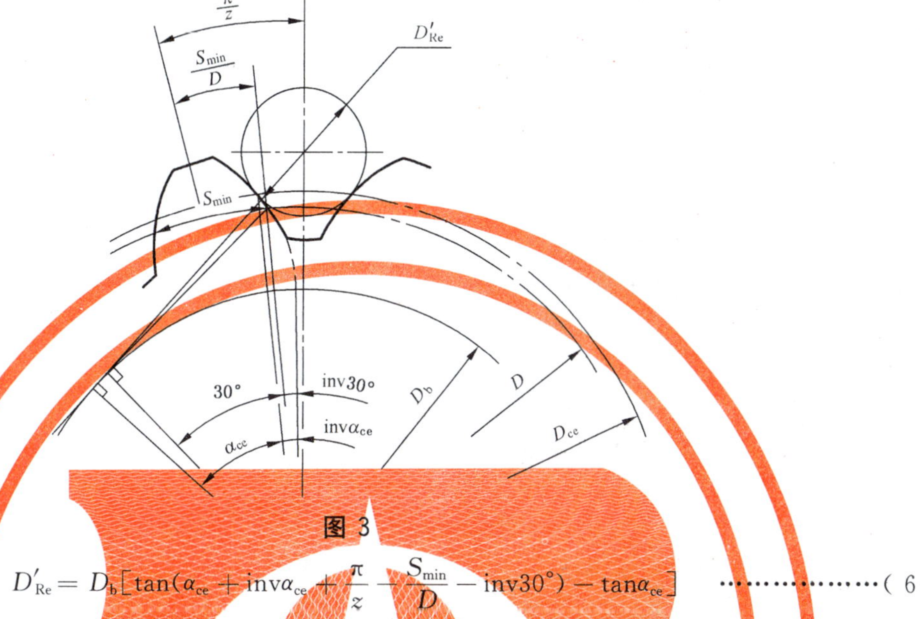

图 3

$$D'_{\mathrm{Re}}=D_{\mathrm{b}}\left[\tan\left(\alpha_{\mathrm{ce}}+\mathrm{inv}\alpha_{\mathrm{ce}}+\frac{\pi}{z}-\frac{S_{\min}}{D}-\mathrm{inv}30^{\circ}\right)-\tan\alpha_{\mathrm{ce}}\right]\quad\cdots\cdots(6)$$

式中：

D'_{Re}——量棒的计算直径；

α_{ce}——外花键与量棒接触点上的压力角，以弧度表示，$\alpha_{\mathrm{ce}}=\cos^{-1}\frac{D_{\mathrm{b}}}{D_{\mathrm{ce}}}$；

D_{ce}——外花键与量棒接触点处的直径；

$$D_{\mathrm{ce}}=\frac{D_{\mathrm{ee\,max}}+D_{\mathrm{ii\,min}}}{2};$$

$S_{\min}$——实际齿厚最小值，表中按公差等级 7 级和基本偏差为 h 取值；

$$\mathrm{inv}\alpha_{\mathrm{ce}}=\tan\alpha_{\mathrm{ce}}-\alpha_{\mathrm{ce}}。$$

量棒直径 D_{Re} 按 GB/T 321 中的 R40 选取，若 D'_{Re} 不为 R40 系列数值时，应选取最接近 D'_{Re} 较大的值。

3.2.2 跨棒距 M_{Re} 的计算(见图 4)

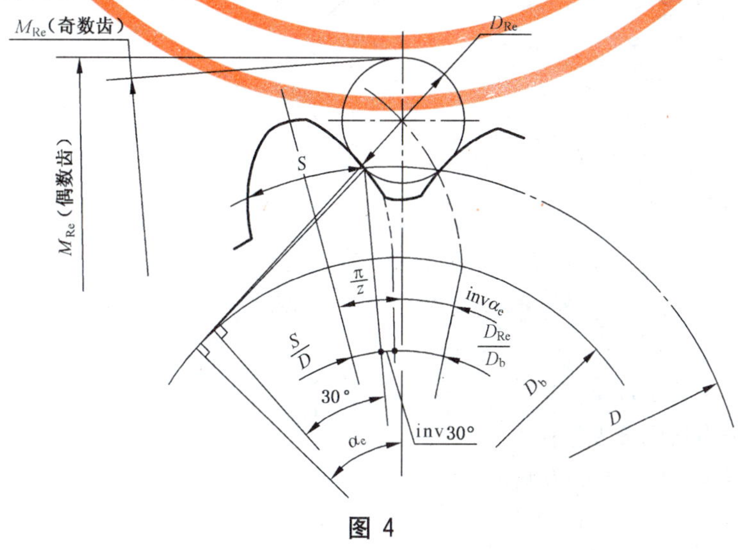

图 4

偶数齿：

$$M_{\mathrm{Re\,min}}=\frac{D_{\mathrm{b}}}{\cos\alpha_{\mathrm{e\,min}}}+D_{\mathrm{Re}} \tag{7}$$

$$M_{\mathrm{Re\,max}}=\frac{D_{\mathrm{b}}}{\cos\alpha_{\mathrm{e\,max}}}+D_{\mathrm{Re}} \tag{8}$$

奇数齿：

$$M_{\mathrm{Re\,min}}=\frac{D_{\mathrm{b}}}{\cos\alpha_{\mathrm{e\,min}}}\times\cos\frac{90^{\circ}}{z}+D_{\mathrm{Re}} \tag{9}$$

$$M_{\mathrm{Re\,max}}=\frac{D_{\mathrm{b}}}{\cos\alpha_{\mathrm{e\,max}}}\times\cos\frac{90^{\circ}}{z}+D_{\mathrm{Re}} \tag{10}$$

式中：

$M_{\mathrm{Re\,min}}$——外花键跨棒距的最小值；

$M_{\mathrm{Re\,max}}$——外花键跨棒距的最大值；

$\alpha_{\mathrm{e\,min}}$——当 S 为 $S_{\min}$ 时，外花键量棒中心圆上的压力角：

$$\mathrm{inv}\alpha_{\mathrm{e\,min}}=\frac{D_{\mathrm{Re}}}{D_{\mathrm{b}}}+\mathrm{inv}30^{\circ}+\frac{S_{\min}}{D}-\frac{\pi}{z};$$

$\alpha_{\mathrm{e\,max}}$——当 S 为 $S_{\max}$ 时，外花键量棒中心圆上的压力角：

$$\mathrm{inv}\alpha_{\mathrm{e\,max}}=\frac{D_{\mathrm{Re}}}{D_{\mathrm{b}}}+\mathrm{inv}30^{\circ}+\frac{S_{\max}}{D}-\frac{\pi}{z};$$

D_{Re}——外花键用量棒直径。

4 外花键公法线平均长度 W 的计算公式(见图 5)

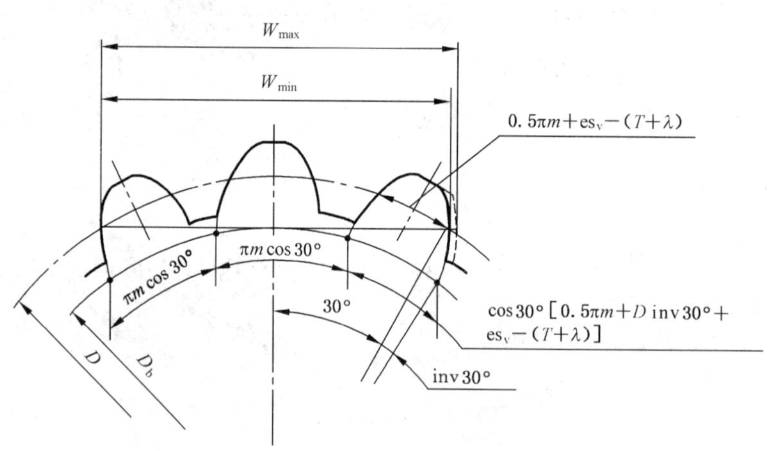

图 5

$$W_{\min}=\cos30^{\circ}[(K-0.5)\pi m+D\,\mathrm{inv}30^{\circ}+es_{v}-(T+\lambda)] \tag{11}$$

$$W_{\max}=W_{\min}+T\cos30^{\circ} \tag{12}$$

式中：

$W_{\min}$——公法线平均长度最小值；

$W_{\max}$——公法线平均长度最大值；

K——跨齿数，$K=z/6+0.5$(取整数)；

$(T+\lambda)$——总公差；

T——加工公差；

es_v——作用齿厚上偏差。

5 量棒测量尺寸

5.1 内花键的量棒测量尺寸

模数为 0.5 mm～10 mm、齿数 10～100、公差等级为 4～7 级、基本偏差为 H 的内花键测量用量棒直径 D_{Ri}、棒间距的最大值 $M_{Ri\ max}$和最小值 $M_{Ri\ min}$见表 1～表 14。

5.2 外花键的量棒测量尺寸

5.2.1 模数为 0.5 mm～10 mm、齿数 10～100、公差等级为 4～7 级、基本偏差为 h 的外花键测量用量棒直径 D_{Re}、跨棒距的最小值 $M_{Re\ min}$和最大值 $M_{Re\ max}$见表 15～表 28。

5.2.2 当外花键的基本偏差不为 h 时，其跨棒距尺寸应按 3.2.2 所列公式进行计算，也可按下式算出差值 ΔM_{Re}后，对表中的跨棒距数值进行修正。

$$\Delta M_{Re} = K_e \cdot es_v \qquad \cdots\cdots(13)$$

5.3 表 1～表 28 所列的量棒直径 D_{Ri}和 D_{Re}是按 3.1.1 和 3.2.1 确定的。必要时，在量棒上制出一个平面，以避免与花键小径接触。

5.4 当实际选用的量棒直径与标准中所列的直径有出入时，其内花键棒间距的最大值 $M_{Ri\ max}$和最小值 $M_{Ri\ min}$，外花键跨棒距的最小值 $M_{Re\ min}$和最大值 $M_{Re\ max}$，应按实际量棒直径进行计算。

6 公法线平均长度 W 极限值

6.1 模数 0.5 mm～10 mm、齿数 10～100、公差等级为 4～7 级、基本偏差为 h 的外花键公法线平均长度 W 极限值，见表 29～表 42。

6.2 当外花键齿厚的基本偏差不为 h 时，其公法线平均长度的差值 ΔW 按下式计算。

$$\Delta W = es_v \cdot \cos 30^\circ = 0.866 es_v \qquad \cdots\cdots(14)$$

表 1 棒间距 M_{Ri}

30°内花键 模数 m=0.5 mm 作用齿槽宽最小值 $E_{v\ min}$=0.785 mm 单位为毫米

齿数 z	量棒直径 D_{Ri}	E_{min}和E_{max}的棒间距M_{Ri}							
		4H		5H		6H		7H	
		min	max	min	max	min	max	min	max
10	0.95	3.537	3.488	3.520	3.418	3.492	3.487	3.438	3.605
11	0.95	3.811	3.831	3.770	3.895	3.826	3.968	3.881	4.069
12	0.95	4.376	4.426	4.396	4.473	4.423	4.537	4.463	4.631
13	0.95	4.865	4.906	4.881	4.948	4.903	5.006	4.938	5.095
14	0.95	5.426	5.464	5.441	5.503	5.462	5.559	5.495	5.646
15	1.00	5.685	5.730	5.703	5.775	5.727	5.838	5.765	5.933
16	1.00	6.245	6.286	6.261	6.328	6.284	6.387	6.319	6.480
17	1.00	6.729	6.766	6.744	6.806	6.765	6.863	6.798	6.952
18	1.00	7.275	7.311	7.289	7.349	7.309	7.404	7.341	7.492
19	1.00	7.755	7.789	7.769	7.826	7.788	7.881	7.819	7.967
20	1.00	8.293	8.327	8.307	8.363	8.326	8.417	8.356	8.502
21	1.00	8.773	8.805	8.786	8.841	8.805	8.894	8.834	8.978
22	1.00	9.306	9.338	9.319	9.374	9.338	9.426	9.367	9.509
23	1.00	9.786	9.818	9.799	9.853	9.817	9.904	9.846	9.987
24	1.00	10.316	10.347	10.329	10.382	10.347	10.433	10.376	10.516
25	1.00	10.797	10.827	10.809	10.862	10.827	10.912	10.856	10.995
26	1.00	11.324	11.354	11.336	11.388	11.354	11.439	11.383	11.521
27	1.00	11.805	11.835	11.818	11.869	11.835	11.919	11.864	12.001
28	1.00	12.330	12.360	12.342	12.394	12.360	12.444	12.388	12.526
29	1.00	12.812	12.842	12.825	12.876	12.842	12.926	12.871	13.007
30	1.00	13.335	13.364	13.347	13.398	13.365	13.448	13.393	13.530
31	1.00	13.818	13.847	13.831	13.881	13.848	13.931	13.876	14.012
32	1.00	14.339	14.368	14.352	14.402	14.369	14.452	14.398	14.534
33	1.00	14.823	14.852	14.836	14.886	14.853	14.935	14.881	15.017
34	1.00	15.343	15.372	15.355	15.405	15.373	15.455	15.401	15.537
35	1.06	15.628	15.658	15.641	15.692	15.659	15.744	15.688	15.828
36	1.06	16.147	16.177	16.160	16.211	16.178	16.263	16.207	16.347
37	1.06	16.633	16.663	16.646	16.697	16.665	16.749	16.694	16.833
38	1.06	17.151	17.181	17.164	17.215	17.183	17.266	17.212	17.351
39	1.06	17.638	17.667	17.651	17.702	17.669	17.753	17.699	17.837
40	1.06	18.155	18.184	18.168	18.219	18.186	18.270	18.216	18.354
41	1.06	18.642	18.671	18.655	18.706	18.674	18.757	18.703	18.841
42	1.06	19.158	19.187	19.171	19.222	19.190	19.273	19.219	19.357
43	1.06	19.646	19.675	19.659	19.709	19.678	19.761	19.707	19.845
44	1.06	20.161	20.190	20.174	20.225	20.193	20.276	20.222	20.360
45	1.06	20.650	20.678	20.663	20.713	20.681	20.764	20.710	20.848
46	1.06	21.164	21.193	21.177	21.227	21.196	21.278	21.225	21.363
47	1.06	21.653	21.681	21.666	21.716	21.684	21.767	21.714	21.851
48	1.06	22.167	22.195	22.180	22.229	22.198	22.281	22.228	22.365
49	1.06	22.656	22.684	22.669	22.718	22.687	22.770	22.717	22.854
50	1.06	23.169	23.197	23.182	23.232	23.201	23.283	23.230	23.368
51	1.06	23.658	23.686	23.671	23.721	23.690	23.772	23.720	23.857
52	1.06	24.171	24.199	24.184	24.234	24.203	24.285	24.233	24.370
53	1.06	24.661	24.689	24.674	24.723	24.693	24.775	24.722	24.860
54	1.06	25.173	25.201	25.186	25.235	25.205	25.287	25.235	25.372
55	1.06	25.663	25.691	25.676	25.725	25.695	25.777	25.725	25.862

表 1（续）

单位为毫米

齿数 z	量棒直径 D_{Ri}	E_{min} 和 E_{max} 的棒间距 M_{Ri}							
		4H		5H		6H		7H	
		min	max	min	max	min	max	min	max
56	1.06	26.175	26.202	26.188	26.237	26.207	26.289	26.237	26.374
57	1.06	26.665	26.693	26.678	26.727	26.697	26.779	26.727	26.865
58	1.06	27.176	27.204	27.190	27.239	27.209	27.291	27.239	27.376
59	1.06	27.667	27.695	27.680	27.729	27.699	27.781	27.729	27.867
60	1.06	28.178	28.205	28.191	28.240	28.210	28.292	28.241	28.378
61	1.06	28.669	28.696	28.682	28.731	28.701	28.783	28.732	28.869
62	1.06	29.179	29.207	29.193	29.242	29.212	29.294	29.242	29.380
63	1.06	29.670	29.698	29.684	29.733	29.703	29.785	29.734	29.871
64	1.06	30.181	30.208	30.194	30.243	30.214	30.295	30.244	30.381
65	1.06	30.672	30.699	30.686	30.734	30.705	30.787	30.735	30.873
66	1.06	31.182	31.209	31.196	31.244	31.215	31.297	31.246	31.383
67	1.06	31.673	31.701	31.687	31.736	31.707	31.788	31.737	31.875
68	1.06	32.183	32.210	32.197	32.245	32.216	32.298	32.247	32.385
69	1.06	32.675	32.702	32.689	32.737	32.708	32.790	32.739	32.877
70	1.06	33.184	33.211	33.198	33.247	33.218	33.299	33.249	33.386
71	1.06	33.676	33.703	33.690	33.739	33.710	33.791	33.741	33.878
72	1.06	34.185	34.212	34.199	34.248	34.219	34.300	34.250	34.388
73	1.06	34.677	34.705	34.692	34.740	34.711	34.793	34.742	34.880
74	1.06	35.186	35.213	35.200	35.249	35.220	35.302	35.251	35.389
75	1.06	35.679	35.706	35.693	35.741	35.713	35.794	35.744	35.882
76	1.06	36.187	36.214	36.201	36.250	36.221	36.303	36.253	36.391
77	1.06	36.680	36.707	36.694	36.742	36.714	36.795	36.745	36.883
78	1.06	37.188	37.215	37.202	37.251	37.222	37.304	37.254	37.392
79	1.06	37.681	37.708	37.695	37.744	37.715	37.797	37.747	37.885
80	1.06	38.189	38.216	38.203	38.252	38.224	38.305	38.255	38.393
81	1.06	38.682	38.709	38.696	38.745	38.717	38.798	38.748	38.886
82	1.06	39.190	39.217	39.204	39.253	39.225	39.306	39.256	39.395
83	1.06	39.683	39.710	39.697	39.746	39.718	39.799	39.750	39.888
84	1.06	40.191	40.218	40.205	40.253	40.226	40.307	40.257	40.396
85	1.06	40.684	40.711	40.698	40.747	40.719	40.800	40.751	40.889
86	1.06	41.191	41.218	41.206	41.254	41.227	41.308	41.259	41.397
87	1.06	41.685	41.712	41.699	41.748	41.720	41.801	41.752	41.891
88	1.06	42.192	42.219	42.207	42.255	42.227	42.309	42.260	42.398
89	1.06	42.686	42.713	42.700	42.749	42.721	42.803	42.753	42.892
90	1.06	43.193	43.220	43.208	43.256	43.228	43.310	43.261	43.399
91	1.06	43.687	43.713	43.701	43.750	43.722	43.804	43.755	43.893
92	1.06	44.194	44.220	44.208	44.257	44.229	44.311	44.262	44.401
93	1.06	44.687	44.714	44.702	44.750	44.723	44.805	44.756	44.895
94	1.06	45.194	45.221	45.209	45.257	45.230	45.312	45.263	45.402
95	1.06	45.688	45.715	45.703	45.751	45.724	45.806	45.757	45.896
96	1.06	46.195	46.222	46.210	46.258	46.231	46.312	46.264	46.403
97	1.06	46.689	46.716	46.704	46.752	46.725	46.807	46.758	46.897
98	1.06	47.196	47.222	47.211	47.259	47.232	47.313	47.265	47.404
99	1.06	47.690	47.716	47.705	47.753	47.726	47.808	47.759	47.898
100	1.06	48.196	48.223	48.211	48.259	48.233	48.314	48.266	48.405

表 2 棒间距 M_{Ri}

30°内花键 模数 m=0.75 mm 作用齿槽宽最小值 $E_{v\,min}$=1.178 mm 单位为毫米

齿数 z	量棒直径 D_{Ri}	E_{min}和E_{max}的棒间距 M_{Ri}							
		4H		5H		6H		7H	
		min	max	min	max	min	max	min	max
10	1.40	5.241	5.162	5.218	5.174	5.178	5.284	5.130	5.417
11	1.40	5.791	5.859	5.816	5.919	5.849	5.998	5.897	6.113
12	1.40	6.676	6.728	6.694	6.778	6.720	6.849	6.760	6.956
13	1.40	7.394	7.439	7.410	7.485	7.433	7.550	7.469	7.652
14	1.40	8.230	8.273	8.245	8.316	8.267	8.379	8.301	8.478
15	1.40	8.939	8.980	8.954	9.021	8.974	9.082	9.007	9.178
16	1.40	9.759	9.798	9.773	9.838	9.793	9.898	9.825	9.993
17	1.50	10.081	10.125	10.097	10.172	10.120	10.239	10.157	10.345
18	1.50	10.900	10.943	10.916	10.987	10.938	11.053	10.973	11.156
19	1.50	11.621	11.661	11.636	11.705	11.657	11.768	11.691	11.870
20	1.50	12.428	12.468	12.443	12.510	12.464	12.573	12.497	12.673
21	1.50	13.148	13.187	13.162	13.228	13.183	13.289	13.216	13.388
22	1.50	13.948	13.986	13.963	14.027	13.983	14.088	14.015	14.186
23	1.50	14.668	14.706	14.682	14.746	14.703	14.806	14.735	14.903
24	1.50	15.463	15.500	15.477	15.540	15.497	15.599	15.529	15.696
25	1.50	16.184	16.220	16.198	16.260	16.218	16.319	16.250	16.415
26	1.50	16.975	17.011	16.989	17.050	17.008	17.109	17.040	17.205
27	1.50	17.697	17.732	17.711	17.772	17.731	17.830	17.762	17.925
28	1.50	18.484	18.519	18.498	18.558	18.518	18.617	18.549	18.712
29	1.50	19.208	19.243	19.222	19.281	19.241	19.339	19.272	19.434
30	1.50	19.992	20.026	20.006	20.065	20.025	20.123	20.056	20.218
31	1.50	20.717	20.751	20.731	20.790	20.750	20.847	20.781	20.942
32	1.50	21.498	21.533	21.512	21.571	21.532	21.629	21.563	21.724
33	1.50	22.224	22.258	22.238	22.297	22.258	22.354	22.289	22.449
34	1.50	23.004	23.038	23.018	23.076	23.038	23.134	23.069	23.229
35	1.50	23.731	23.765	23.745	23.803	23.765	23.861	23.796	23.955
36	1.50	24.509	24.542	24.523	24.581	24.543	24.638	24.574	24.733
37	1.50	25.237	25.270	25.251	25.309	25.271	25.366	25.302	25.461
38	1.50	26.013	26.046	26.027	26.085	26.047	26.142	26.078	26.237
39	1.50	26.742	26.775	26.756	26.814	26.776	26.871	26.807	26.966
40	1.50	27.517	27.550	27.531	27.589	27.551	27.646	27.582	27.741
41	1.50	28.247	28.280	28.261	28.318	28.281	28.376	28.312	28.471
42	1.50	29.020	29.053	29.035	29.092	29.055	29.149	29.086	29.244
43	1.50	29.751	29.784	29.765	29.822	29.785	29.880	29.817	29.975
44	1.50	30.523	30.556	30.538	30.595	30.558	30.652	30.590	30.748
45	1.50	31.255	31.287	31.269	31.326	31.289	31.384	31.321	31.479
46	1.50	32.026	32.059	32.041	32.097	32.061	32.155	32.093	32.251
47	1.50	32.758	32.791	32.773	32.829	32.793	32.887	32.825	32.983
48	1.50	33.529	33.561	33.543	33.600	33.564	33.658	33.596	33.754
49	1.50	34.262	34.294	34.276	34.333	34.297	34.391	34.329	34.486
50	1.50	35.031	35.063	35.046	35.102	35.066	35.160	35.098	35.256
51	1.50	35.764	35.797	35.779	35.835	35.800	35.894	35.832	35.990
52	1.50	36.533	36.565	36.548	36.604	36.569	36.662	36.601	36.759
53	1.50	37.267	37.299	37.282	37.338	37.303	37.396	37.335	37.493
54	1.50	38.035	38.067	38.050	38.106	38.071	38.165	38.104	38.261
55	1.50	38.770	38.802	38.785	38.841	38.805	38.899	38.838	38.996

表 2（续）

单位为毫米

齿数 z	量棒直径 D_{Ri}	E_{min} 和 E_{max} 的棒间距 M_{Ri}							
		4H		5H		6H		7H	
		min	max	min	max	min	max	min	max
56	1.50	39.537	39.569	39.552	39.608	39.573	39.667	39.606	39.764
57	1.50	40.272	40.304	40.287	40.343	40.308	40.402	40.341	40.499
58	1.50	41.039	41.070	41.054	41.110	41.075	41.168	41.108	41.266
59	1.50	41.774	41.806	41.789	41.845	41.811	41.904	41.844	42.001
60	1.50	42.540	42.572	42.556	42.611	42.577	42.670	42.610	42.768
61	1.50	43.276	43.308	43.292	43.347	43.313	43.406	43.346	43.504
62	1.50	44.042	44.073	44.057	44.113	44.079	44.172	44.112	44.270
63	1.50	44.778	44.810	44.794	44.849	44.815	44.908	44.849	45.006
64	1.50	45.543	45.575	45.559	45.614	45.580	45.674	45.614	45.772
65	1.50	46.280	46.311	46.296	46.351	46.317	46.410	46.351	46.509
66	1.50	47.045	47.076	47.060	47.116	47.082	47.175	47.116	47.274
67	1.50	47.782	47.813	47.797	47.853	47.819	47.912	47.853	48.011
68	1.50	48.546	48.577	48.562	48.617	48.583	48.677	48.618	48.776
69	1.50	49.284	49.315	49.299	49.355	49.321	49.414	49.355	49.513
70	1.60	49.733	49.765	49.749	49.806	49.772	49.866	49.807	49.967
71	1.60	50.472	50.503	50.488	50.544	50.510	50.604	50.545	50.705
72	1.60	51.235	51.266	51.251	51.307	51.274	51.368	51.309	51.469
73	1.60	51.973	52.005	51.990	52.046	52.012	52.106	52.047	52.207
74	1.60	52.737	52.768	52.753	52.809	52.775	52.870	52.811	52.971
75	1.60	53.475	53.507	53.491	53.547	53.514	53.608	53.549	53.710
76	1.60	54.238	54.269	54.254	54.310	54.277	54.371	54.312	54.473
77	1.60	54.977	55.008	54.993	55.049	55.016	55.110	55.052	55.212
78	1.60	55.739	55.771	55.756	55.812	55.779	55.873	55.814	55.975
79	1.60	56.479	56.510	56.495	56.551	56.518	56.612	56.554	56.714
80	1.60	57.241	57.272	57.257	57.313	57.280	57.374	57.316	57.476
81	1.60	57.980	58.011	57.997	58.052	58.020	58.114	58.056	58.216
82	1.60	58.742	58.773	58.759	58.814	58.782	58.876	58.818	58.978
83	1.60	59.482	59.513	59.498	59.554	59.522	59.616	59.558	59.718
84	1.60	60.243	60.274	60.260	60.315	60.283	60.377	60.319	60.480
85	1.60	60.983	61.014	61.000	61.055	61.023	61.117	61.060	61.220
86	1.60	61.744	61.775	61.761	61.817	61.785	61.879	61.821	61.982
87	1.60	62.485	62.515	62.501	62.557	62.525	62.619	62.561	62.722
88	1.60	63.246	63.276	63.262	63.318	63.286	63.380	63.323	63.483
89	1.60	63.986	64.017	64.003	64.058	64.026	64.120	64.063	64.224
90	1.60	64.747	64.777	64.764	64.819	64.787	64.881	64.824	64.985
91	1.60	65.487	65.518	65.504	65.559	65.528	65.622	65.565	65.725
92	1.60	66.248	66.278	66.265	66.320	66.289	66.382	66.326	66.486
93	1.60	66.988	67.019	67.005	67.061	67.029	67.123	67.067	67.227
94	1.60	67.749	67.779	67.766	67.821	67.790	67.884	67.827	67.988
95	1.60	68.490	68.520	68.507	68.562	68.531	68.625	68.568	68.729
96	1.60	69.250	69.280	69.267	69.322	69.291	69.385	69.328	69.489
97	1.60	69.991	70.021	70.008	70.063	70.032	70.126	70.070	70.230
98	1.60	70.751	70.781	70.768	70.823	70.792	70.886	70.830	70.991
99	1.60	71.492	71.522	71.509	71.564	71.534	71.627	71.571	71.732
100	1.60	72.251	72.282	72.269	72.324	72.293	72.387	72.331	72.492

表 3 棒间距 M_{Ri}

30°内花键 模数 m=1 mm 作用齿槽宽最小值 $E_{v\,min}$=1.571 mm 单位为毫米

齿数 z	量棒直径 D_{Ri}	E_{min}和E_{max}的棒间距M_{Ri}							
		4H		5H		6H		7H	
		min	max	min	max	min	max	min	max
10	1.80	7.098	7.163	7.120	7.222	7.149	7.304	7.195	7.426
11	1.80	8.052	8.104	8.069	8.155	8.094	8.228	8.132	8.341
12	1.80	9.185	9.233	9.201	9.281	9.224	9.350	9.260	9.459
13	1.90	9.700	9.757	9.719	9.813	9.746	9.892	9.789	10.015
14	1.90	10.826	10.878	10.844	10.930	10.869	11.004	10.908	11.121
15	1.90	11.780	11.828	11.796	11.876	11.819	11.947	11.856	12.059
16	1.90	12.877	12.922	12.892	12.969	12.915	13.038	12.950	13.149
17	1.90	13.826	13.870	13.841	13.916	13.863	13.982	13.898	14.090
18	1.90	14.907	14.950	14.922	14.995	14.944	15.061	14.978	15.168
19	1.90	15.858	15.900	15.873	15.944	15.894	16.008	15.927	16.114
20	1.90	16.929	16.970	16.943	17.013	16.964	17.077	16.997	17.182
21	1.90	17.882	17.922	17.896	17.965	17.917	18.028	17.950	18.132
22	1.90	18.944	18.984	18.959	19.027	18.980	19.090	19.012	19.194
23	1.90	19.900	19.939	19.914	19.981	19.935	20.044	19.967	20.147
24	1.90	20.957	20.996	20.971	21.038	20.992	21.100	21.024	21.203
25	1.90	21.915	21.953	21.929	21.995	21.950	22.057	21.982	22.160
26	1.90	22.966	23.005	22.981	23.047	23.001	23.109	23.034	23.211
27	1.90	23.927	23.965	23.941	24.006	23.962	24.068	23.994	24.170
28	1.90	24.975	25.012	24.989	25.054	25.009	25.116	25.042	25.218
29	1.90	25.937	25.975	25.952	26.016	25.972	26.078	26.005	26.180
30	1.90	26.981	27.019	26.996	27.060	27.016	27.122	27.049	27.224
31	2.00	27.615	27.653	27.630	27.696	27.651	27.760	27.685	27.865
32	2.00	28.657	28.695	28.672	28.738	28.693	28.802	28.727	28.907
33	2.00	29.625	29.663	29.640	29.706	29.662	29.769	29.695	29.874
34	2.00	30.665	30.702	30.680	30.745	30.701	30.809	30.735	30.914
35	2.00	31.634	31.671	31.649	31.714	31.671	31.778	31.704	31.882
36	2.00	32.671	32.708	32.686	32.751	32.708	32.814	32.742	32.919
37	2.00	33.642	33.679	33.657	33.721	33.679	33.785	33.713	33.890
38	2.00	34.677	34.714	34.692	34.756	34.714	34.820	34.748	34.925
39	2.00	35.649	35.685	35.664	35.728	35.686	35.792	35.720	35.897
40	2.00	36.682	36.718	36.697	36.761	36.719	36.825	36.753	36.930
41	2.00	37.655	37.691	37.670	37.734	37.692	37.798	37.726	37.903
42	2.00	38.686	38.723	38.702	38.765	38.724	38.829	38.758	38.934
43	2.00	39.661	39.697	39.676	39.739	39.698	39.803	39.733	39.909
44	2.00	40.690	40.726	40.706	40.769	40.728	40.833	40.763	40.939
45	2.00	41.666	41.702	41.681	41.744	41.703	41.808	41.738	41.914
46	2.00	42.694	42.730	42.710	42.773	42.732	42.837	42.767	42.942
47	2.00	43.670	43.706	43.686	43.749	43.708	43.813	43.743	43.919
48	2.00	44.697	44.733	44.713	44.776	44.736	44.840	44.771	44.946
49	2.00	45.674	45.710	45.690	45.753	45.713	45.817	45.748	45.923
50	2.00	46.700	46.736	46.717	46.779	46.739	46.843	46.774	46.950
51	2.00	47.678	47.714	47.694	47.757	47.717	47.821	47.752	47.928
52	2.00	48.703	48.739	48.719	48.782	48.742	48.846	48.778	48.953
53	2.00	49.682	49.717	49.698	49.760	49.721	49.825	49.757	49.932
54	2.00	50.706	50.741	50.722	50.784	50.745	50.849	50.781	50.956
55	2.00	51.685	51.720	51.702	51.764	51.725	51.828	51.760	51.935

表 3（续）

单位为毫米

齿数 z	量棒直径 D_{Ri}	E_{min} 和 E_{max} 的棒间距 M_{Ri}							
		4H		5H		6H		7H	
		min	max	min	max	min	max	min	max
56	2.00	52.708	52.743	52.725	52.787	52.748	52.851	52.784	52.959
57	2.00	53.688	53.723	53.705	53.767	53.728	53.831	53.764	53.939
58	2.00	54.711	54.745	54.727	54.789	54.750	54.854	54.787	54.962
59	2.00	55.691	55.726	55.708	55.770	55.731	55.835	55.768	55.942
60	2.00	56.713	56.747	56.729	56.791	56.753	56.856	56.789	56.964
61	2.00	57.694	57.729	57.711	57.772	57.734	57.837	57.771	57.946
62	2.00	58.715	58.749	58.732	58.793	58.755	58.858	58.792	58.967
63	2.00	59.697	59.731	59.713	59.775	59.737	59.840	59.774	59.949
64	2.00	60.717	60.751	60.734	60.795	60.757	60.860	60.794	60.969
65	2.00	61.699	61.733	61.716	61.777	61.740	61.843	61.777	61.952
66	2.00	62.718	62.753	62.736	62.797	62.759	62.862	62.797	62.972
67	2.00	63.701	63.735	63.718	63.779	63.742	63.845	63.780	63.955
68	2.00	64.720	64.754	64.737	64.798	64.761	64.864	64.799	64.974
69	2.00	65.703	65.737	65.721	65.782	65.745	65.848	65.782	65.957
70	2.00	66.722	66.756	66.739	66.800	66.763	66.866	66.801	66.976
71	2.00	67.705	67.739	67.723	67.784	67.747	67.850	67.785	67.960
72	2.00	68.723	68.757	68.741	68.802	68.765	68.868	68.803	68.978
73	2.00	69.707	69.741	69.725	69.786	69.749	69.852	69.788	69.962
74	2.00	70.725	70.759	70.742	70.803	70.767	70.870	70.805	70.980
75	2.00	71.709	71.743	71.727	71.788	71.752	71.854	71.790	71.965
76	2.00	72.726	72.760	72.744	72.804	72.769	72.871	72.807	72.982
77	2.00	73.711	73.745	73.729	73.789	73.754	73.856	73.792	73.967
78	2.00	74.727	74.761	74.745	74.806	74.770	74.873	74.809	74.984
79	2.00	75.713	75.746	75.731	75.791	75.756	75.858	75.795	75.969
80	2.00	76.729	76.762	76.747	76.807	76.772	76.874	76.811	76.986
81	2.00	77.714	77.748	77.732	77.793	77.758	77.860	77.797	77.972
82	2.00	78.730	78.763	78.748	78.808	78.773	78.876	78.813	78.988
83	2.00	79.716	79.749	79.734	79.794	79.759	79.862	79.799	79.974
84	2.00	80.731	80.764	80.749	80.809	80.775	80.877	80.814	80.989
85	2.00	81.717	81.751	81.735	81.796	81.761	81.863	81.801	81.976
86	2.00	82.732	82.765	82.750	82.811	82.776	82.878	82.816	82.991
87	2.00	83.719	83.752	83.737	83.797	83.763	83.865	83.803	83.978
88	2.00	84.733	84.766	84.752	84.812	84.778	84.880	84.818	84.993
89	2.00	85.720	85.753	85.739	85.799	85.765	85.867	85.805	85.980
90	2.00	86.734	86.767	86.753	86.813	86.779	86.881	86.819	86.994
91	2.00	87.721	87.754	87.740	87.800	87.766	87.868	87.807	87.982
92	2.00	88.735	88.768	88.754	88.814	88.780	88.882	88.821	88.996
93	2.00	89.723	89.756	89.741	89.801	89.768	89.870	89.808	89.984
94	2.00	90.736	90.769	90.755	90.815	90.781	90.884	90.822	90.998
95	2.00	91.724	91.757	91.743	91.803	91.769	91.871	91.810	91.985
96	2.00	92.737	92.770	92.756	92.816	92.783	92.885	92.824	92.999
97	2.00	93.725	93.758	93.744	93.804	93.771	93.873	93.812	93.987
98	2.00	94.738	94.771	94.757	94.817	94.784	94.886	94.825	95.001
99	2.00	95.726	95.759	95.745	95.805	95.772	95.874	95.813	95.989
100	2.00	96.739	96.771	96.758	96.818	96.785	96.887	96.826	97.002

表 4 棒间距 M_{Ri}

30°内花键 模数 m=1.25 mm 作用齿槽宽最小值 $E_{v\ min}$=1.963 mm 单位为毫米

齿数 z	量棒直径 D_{Ri}	E_{min}和E_{max}的棒间距 M_{Ri}							
		4H		5H		6H		7H	
		min	max	min	max	min	max	min	max
10	2.24	8.916	8.984	8.938	9.047	8.968	9.135	9.015	9.268
11	2.24	10.101	10.158	10.119	10.212	10.145	10.290	10.185	10.413
12	2.24	11.516	11.568	11.532	11.619	11.556	11.693	11.594	11.811
13	2.24	12.682	12.731	12.698	12.779	12.720	12.850	12.756	12.964
14	2.36	13.589	13.645	13.608	13.699	13.633	13.779	13.674	13.906
15	2.36	14.778	14.829	14.795	14.881	14.819	14.957	14.857	15.078
16	2.36	16.147	16.196	16.164	16.247	16.187	16.320	16.224	16.440
17	2.36	17.333	17.380	17.349	17.429	17.372	17.500	17.408	17.617
18	2.36	18.683	18.729	18.699	18.777	18.722	18.848	18.757	18.963
19	2.36	19.870	19.915	19.886	19.962	19.908	20.032	19.943	20.146
20	2.36	21.208	21.252	21.224	21.299	21.246	21.368	21.281	21.481
21	2.36	22.399	22.442	22.414	22.488	22.436	22.556	22.470	22.668
22	2.36	23.727	23.770	23.742	23.815	23.764	23.884	23.798	23.995
23	2.36	24.921	24.963	24.936	25.008	24.958	25.076	24.992	25.187
24	2.36	26.241	26.283	26.256	26.328	26.278	26.396	26.313	26.507
25	2.36	27.438	27.480	27.454	27.525	27.475	27.592	27.510	27.702
26	2.36	28.753	28.794	28.768	28.839	28.790	28.906	28.824	29.016
27	2.36	29.953	29.994	29.968	30.039	29.990	30.105	30.024	30.215
28	2.36	31.262	31.303	31.278	31.348	31.300	31.415	31.334	31.525
29	2.36	32.465	32.506	32.481	32.550	32.503	32.617	32.537	32.727
30	2.36	33.770	33.810	33.786	33.855	33.808	33.922	33.842	34.032
31	2.36	34.976	35.016	34.991	35.060	35.013	35.127	35.048	35.237
32	2.36	36.277	36.317	36.293	36.362	36.315	36.428	36.350	36.539
33	2.36	37.485	37.524	37.501	37.569	37.523	37.636	37.558	37.746
34	2.50	38.325	38.365	38.341	38.412	38.364	38.480	38.400	38.594
35	2.50	39.537	39.577	39.553	39.623	39.576	39.692	39.612	39.805
36	2.50	40.833	40.873	40.849	40.919	40.872	40.988	40.909	41.102
37	2.50	42.046	42.086	42.063	42.132	42.086	42.201	42.122	42.315
38	2.50	43.340	43.380	43.357	43.426	43.380	43.495	43.416	43.608
39	2.50	44.555	44.595	44.572	44.641	44.595	44.709	44.631	44.823
40	2.50	45.846	45.886	45.863	45.932	45.886	46.001	45.923	46.115
41	2.50	47.063	47.102	47.079	47.148	47.103	47.217	47.140	47.331
42	2.50	48.352	48.391	48.369	48.437	48.392	48.506	48.429	48.620
43	2.50	49.570	49.609	49.587	49.655	49.610	49.724	49.647	49.838
44	2.50	50.857	50.896	50.874	50.942	50.898	51.011	50.935	51.125
45	2.50	52.076	52.115	52.093	52.161	52.117	52.230	52.154	52.344
46	2.50	53.362	53.400	53.379	53.446	53.403	53.516	53.440	53.630
47	2.50	54.582	54.620	54.599	54.667	54.623	54.736	54.660	54.850
48	2.50	55.866	55.904	55.883	55.950	55.907	56.020	55.945	56.135
49	2.50	57.087	57.125	57.104	57.172	57.129	57.241	57.166	57.356
50	2.50	58.370	58.408	58.387	58.454	58.411	58.524	58.449	58.639
51	2.50	59.592	59.630	59.609	59.676	59.634	59.746	59.672	59.861
52	2.50	60.873	60.911	60.891	60.958	60.915	61.027	60.953	61.143
53	2.50	62.096	62.134	62.114	62.181	62.139	62.250	62.177	62.366
54	2.50	63.376	63.414	63.394	63.461	63.419	63.531	63.457	63.646
55	2.50	64.600	64.638	64.618	64.685	64.643	64.755	64.682	64.871

表 4（续）

单位为毫米

齿数 z	量棒直径 D_{Ri}	E_{min} 和 E_{max} 的棒间距 M_{Ri}							
		4H		5H		6H		7H	
		min	max	min	max	min	max	min	max
56	2.50	65.879	65.917	65.897	65.964	65.922	66.034	65.961	66.150
57	2.50	67.104	67.142	67.122	67.189	67.147	67.259	67.186	67.375
58	2.50	68.382	68.420	68.400	68.466	68.425	68.537	68.464	68.653
59	2.50	69.608	69.645	69.626	69.692	69.651	69.763	69.690	69.879
60	2.50	70.885	70.922	70.903	70.969	70.928	71.040	70.968	71.156
61	2.50	72.111	72.148	72.129	72.196	72.155	72.266	72.194	72.383
62	2.50	73.387	73.424	73.405	73.472	73.431	73.542	73.471	73.659
63	2.50	74.614	74.651	74.633	74.699	74.658	74.769	74.698	74.887
64	2.50	75.890	75.926	75.908	75.974	75.934	76.045	75.974	76.162
65	2.50	77.117	77.154	77.136	77.202	77.162	77.273	77.202	77.390
66	2.50	78.392	78.428	78.410	78.476	78.436	78.547	78.476	78.665
67	2.50	79.620	79.657	79.639	79.704	79.665	79.776	79.705	79.894
68	2.50	80.894	80.930	80.912	80.978	80.939	81.049	80.979	81.168
69	2.50	82.123	82.159	82.142	82.207	82.168	82.279	82.209	82.397
70	2.50	83.396	83.432	83.415	83.480	83.441	83.552	83.482	83.670
71	2.50	84.625	84.662	84.644	84.710	84.671	84.781	84.712	84.900
72	2.50	85.898	85.934	85.917	85.982	85.943	86.054	85.984	86.173
73	2.50	87.128	87.164	87.147	87.212	87.173	87.284	87.215	87.403
74	2.50	88.399	88.436	88.418	88.484	88.445	88.556	88.487	88.675
75	2.50	89.630	89.666	89.649	89.714	89.676	89.786	89.718	89.906
76	2.50	90.901	90.937	90.920	90.985	90.947	91.058	90.989	91.178
77	2.50	92.132	92.168	92.151	92.216	92.179	92.289	92.220	92.409
78	2.50	93.403	93.439	93.422	93.487	93.449	93.559	93.491	93.680
79	2.50	94.634	94.670	94.654	94.719	94.681	94.791	94.723	94.912
80	2.50	95.904	95.940	95.924	95.989	95.951	96.061	95.993	96.182
81	2.50	97.136	97.172	97.156	97.221	97.183	97.293	97.226	97.414
82	2.50	98.406	98.441	98.425	98.490	98.453	98.563	98.496	98.684
83	2.50	99.638	99.674	99.658	99.722	99.685	99.795	99.728	99.917
84	2.50	100.907	100.943	100.927	100.991	100.955	101.065	100.998	101.186
85	2.50	102.140	102.175	102.160	102.224	102.188	102.298	102.231	102.419
86	2.50	103.408	103.444	103.428	103.493	103.456	103.566	103.500	103.688
87	2.50	104.642	104.677	104.662	104.726	104.690	104.800	104.733	104.922
88	2.50	105.910	105.945	105.930	105.994	105.958	106.068	106.001	106.190
89	2.50	107.143	107.179	107.163	107.228	107.192	107.301	107.235	107.424
90	2.50	108.411	108.446	108.431	108.496	108.460	108.569	108.503	108.692
91	2.50	109.645	109.680	109.665	109.729	109.694	109.803	109.738	109.926
92	2.50	110.912	110.947	110.933	110.997	110.961	111.071	111.005	111.194
93	2.50	112.146	112.181	112.167	112.231	112.196	112.305	112.240	112.428
94	2.50	113.413	113.448	113.434	113.498	113.463	113.572	113.507	113.696
95	2.50	114.648	114.683	114.668	114.733	114.697	114.807	114.742	114.931
96	2.50	115.914	115.949	115.935	115.999	115.964	116.074	116.009	116.197
97	2.50	117.149	117.184	117.170	117.234	117.199	117.309	117.244	117.433
98	2.50	118.415	118.450	118.436	118.500	118.466	118.575	118.510	118.699
99	2.50	119.651	119.685	119.672	119.735	119.701	119.810	119.746	119.935
100	2.50	120.917	120.951	120.937	121.001	120.967	121.076	121.012	121.201

表 5 棒间距 M_{Ri}

30°内花键 模数 m＝1.5 mm 作用齿槽宽最小值 $E_{v\,min}$＝2.356 mm 单位为毫米

齿数 z	量棒直径 D_{Ri}	E_{min}和E_{max}的棒间距M_{Ri}							
		4H		5H		6H		7H	
		min	max	min	max	min	max	min	max
10	2.65	10.877	10.941	10.896	11.002	10.925	11.089	10.969	11.224
11	2.65	12.276	12.332	12.293	12.387	12.318	12.467	12.358	12.593
12	2.65	13.964	14.017	13.981	14.069	14.005	14.146	14.042	14.269
13	2.80	14.760	14.821	14.779	14.881	14.807	14.967	14.850	15.104
14	2.80	16.434	16.491	16.452	16.547	16.478	16.630	16.519	16.762
15	2.80	17.854	17.907	17.871	17.961	17.896	18.039	17.935	18.167
16	2.80	19.493	19.545	19.510	19.597	19.534	19.674	19.573	19.799
17	2.80	20.912	20.962	20.929	21.013	20.952	21.088	20.990	21.210
18	2.80	22.531	22.579	22.547	22.630	22.571	22.704	22.608	22.825
19	2.80	23.953	24.001	23.970	24.050	23.993	24.123	24.029	24.243
20	2.80	25.557	25.604	25.574	25.653	25.597	25.726	25.633	25.845
21	2.80	26.984	27.030	27.000	27.079	27.023	27.151	27.059	27.269
22	2.80	28.577	28.623	28.593	28.671	28.616	28.743	28.652	28.861
23	2.80	30.009	30.053	30.025	30.101	30.048	30.173	30.083	30.290
24	2.80	31.593	31.637	31.609	31.685	31.632	31.756	31.668	31.873
25	2.80	33.028	33.072	33.045	33.120	33.067	33.191	33.103	33.308
26	2.80	34.605	34.649	34.621	34.696	34.644	34.767	34.680	34.884
27	2.80	36.045	36.088	36.061	36.135	36.084	36.206	36.120	36.323
28	2.80	37.616	37.659	37.632	37.706	37.655	37.777	37.691	37.894
29	2.80	39.059	39.101	39.075	39.149	39.098	39.219	39.134	39.336
30	2.80	40.624	40.667	40.641	40.714	40.664	40.785	40.700	40.902
31	2.80	42.071	42.113	42.087	42.160	42.110	42.231	42.147	42.347
32	3.00	42.974	43.017	42.991	43.067	43.015	43.140	43.053	43.262
33	3.00	44.426	44.469	44.443	44.518	44.467	44.592	44.505	44.713
34	3.00	45.985	46.028	46.002	46.077	46.027	46.151	46.065	46.272
35	3.00	47.439	47.482	47.456	47.531	47.481	47.604	47.519	47.726
36	3.00	48.995	49.037	49.012	49.086	49.037	49.160	49.075	49.281
37	3.00	50.451	50.493	50.468	50.542	50.493	50.616	50.531	50.737
38	3.00	52.003	52.045	52.021	52.094	52.045	52.168	52.084	52.289
39	3.00	53.461	53.503	53.479	53.552	53.504	53.626	53.542	53.747
40	3.00	55.011	55.052	55.028	55.102	55.053	55.175	55.092	55.296
41	3.00	56.470	56.512	56.488	56.561	56.513	56.635	56.552	56.756
42	3.00	58.017	58.059	58.035	58.108	58.060	58.181	58.100	58.303
43	3.00	59.479	59.520	59.497	59.569	59.522	59.643	59.561	59.764
44	3.00	61.023	61.065	61.041	61.114	61.067	61.187	61.106	61.309
45	3.00	62.486	62.527	62.504	62.577	62.530	62.650	62.569	62.772
46	3.00	64.029	64.070	64.047	64.119	64.073	64.193	64.112	64.315
47	3.00	65.493	65.534	65.511	65.583	65.537	65.657	65.577	65.779
48	3.00	67.034	67.074	67.052	67.124	67.078	67.198	67.118	67.320
49	3.00	68.499	68.540	68.518	68.589	68.544	68.663	68.584	68.786
50	3.00	70.038	70.079	70.057	70.128	70.083	70.202	70.123	70.325
51	3.00	71.505	71.545	71.524	71.595	71.550	71.669	71.590	71.792
52	3.00	73.043	73.083	73.061	73.132	73.087	73.207	73.128	73.330
53	3.00	74.510	74.550	74.529	74.600	74.556	74.674	74.596	74.798
54	3.00	76.046	76.086	76.065	76.136	76.092	76.211	76.133	76.334
55	3.00	77.515	77.555	77.534	77.605	77.561	77.680	77.602	77.803

表 5（续）

单位为毫米

齿数 z	量棒直径 D_{Ri}	E_{min} 和 E_{max} 的棒间距 M_{Ri}							
		4H		5H		6H		7H	
		min	max	min	max	min	max	min	max
56	3.00	79.050	79.090	79.069	79.140	79.096	79.214	79.137	79.338
57	3.00	80.520	80.560	80.539	80.610	80.566	80.684	80.607	80.808
58	3.00	82.053	82.093	82.072	82.143	82.099	82.218	82.141	82.342
59	3.00	83.524	83.564	83.543	83.614	83.571	83.689	83.612	83.813
60	3.00	85.056	85.096	85.076	85.146	85.103	85.221	85.145	85.346
61	3.00	86.528	86.567	86.548	86.618	86.575	86.693	86.617	86.818
62	3.00	88.059	88.099	88.079	88.149	88.106	88.224	88.149	88.349
63	3.00	89.532	89.571	89.552	89.621	89.579	89.697	89.622	89.822
64	3.00	91.062	91.101	91.082	91.152	91.109	91.227	91.152	91.353
65	3.00	92.535	92.574	92.555	92.625	92.583	92.701	92.626	92.826
66	3.00	94.065	94.103	94.084	94.154	94.112	94.230	94.155	94.356
67	3.00	95.539	95.578	95.559	95.628	95.587	95.704	95.630	95.830
68	3.00	97.067	97.106	97.087	97.157	97.115	97.233	97.159	97.359
69	3.00	98.542	98.581	98.562	98.631	98.590	98.708	98.634	98.834
70	3.00	100.069	100.108	100.090	100.159	100.118	100.235	100.162	100.362
71	3.00	101.545	101.583	101.565	101.634	101.594	101.711	101.637	101.838
72	3.00	103.072	103.110	103.092	103.161	103.121	103.238	103.165	103.365
73	3.00	104.548	104.586	104.568	104.637	104.597	104.714	104.641	104.841
74	3.00	106.074	106.112	106.094	106.163	106.123	106.240	106.167	106.368
75	3.00	107.550	107.589	107.571	107.640	107.600	107.717	107.644	107.845
76	3.00	109.076	109.114	109.096	109.165	109.125	109.242	109.170	109.370
77	3.00	110.553	110.591	110.574	110.642	110.603	110.720	110.648	110.848
78	3.00	112.078	112.115	112.098	112.167	112.128	112.244	112.173	112.373
79	3.00	113.555	113.593	113.576	113.645	113.606	113.722	113.651	113.851
80	3.00	115.079	115.117	115.100	115.169	115.130	115.246	115.175	115.375
81	3.00	116.558	116.595	116.579	116.647	116.608	116.725	116.654	116.854
82	3.00	118.081	118.119	118.102	118.171	118.132	118.248	118.178	118.378
83	3.00	119.560	119.598	119.581	119.650	119.611	119.727	119.657	119.857
84	3.00	121.083	121.120	121.104	121.172	121.134	121.250	121.180	121.380
85	3.00	122.562	122.600	122.583	122.652	122.614	122.730	122.660	122.860
86	3.00	124.084	124.122	124.106	124.174	124.136	124.252	124.182	124.382
87	3.00	125.564	125.601	125.586	125.654	125.616	125.732	125.662	125.862
88	3.00	127.086	127.123	127.107	127.176	127.138	127.254	127.184	127.385
89	3.00	128.566	128.603	128.588	128.656	128.618	128.734	128.665	128.865
90	3.00	130.087	130.124	130.109	130.177	130.140	130.256	130.187	130.387
91	3.00	131.568	131.605	131.590	131.658	131.621	131.737	131.668	131.868
92	3.00	133.089	133.126	133.111	133.178	133.141	133.257	133.189	133.389
93	3.00	134.570	134.607	134.592	134.660	134.623	134.739	134.670	134.870
94	3.00	136.090	136.127	136.112	136.180	136.143	136.259	136.191	136.391
95	3.00	137.571	137.608	137.594	137.661	137.625	137.741	137.673	137.873
96	3.00	139.091	139.128	139.114	139.181	139.145	139.261	139.193	139.393
97	3.00	140.573	140.610	140.596	140.663	140.627	140.743	140.675	140.875
98	3.00	142.093	142.129	142.115	142.183	142.147	142.262	142.195	142.395
99	3.00	143.575	143.611	143.597	143.665	143.629	143.745	143.677	143.877
100	3.00	145.094	145.130	145.116	145.184	145.148	145.264	145.197	145.397

表 6 棒间距 M_{Ri}

30°内花键 模数 m=1.75 mm 作用齿槽宽最小值 $E_{v\ min}$=2.749 mm 单位为毫米

齿数 z	量棒直径 D_{Ri}	E_{min} 和 E_{max} 的棒间距 M_{Ri}							
		4H		5H		6H		7H	
		min	max	min	max	min	max	min	max
10	3.15	12.393	12.477	12.419	12.554	12.455	12.659	12.510	12.820
11	3.15	14.068	14.135	14.089	14.198	14.118	14.290	14.163	14.434
12	3.15	16.054	16.114	16.073	16.173	16.099	16.259	16.141	16.397
13	3.15	17.691	17.747	17.709	17.802	17.734	17.884	17.773	18.016
14	3.15	19.624	19.677	19.641	19.731	19.665	19.811	19.704	19.940
15	3.15	21.262	21.314	21.279	21.366	21.303	21.444	21.341	21.570
16	3.15	23.165	23.216	23.182	23.268	23.206	23.344	23.243	23.469
17	3.15	24.811	24.860	24.827	24.911	24.851	24.986	24.888	25.109
18	3.35	25.977	26.030	25.995	26.086	26.020	26.168	26.061	26.301
19	3.35	27.643	27.695	27.660	27.749	27.686	27.829	27.725	27.960
20	3.35	29.518	29.569	29.535	29.622	29.560	29.702	29.600	29.832
21	3.35	31.187	31.237	31.204	31.290	31.229	31.368	31.268	31.497
22	3.35	33.048	33.097	33.065	33.149	33.090	33.227	33.129	33.355
23	3.35	34.721	34.770	34.739	34.821	34.763	34.899	34.802	35.026
24	3.35	36.571	36.619	36.588	36.671	36.613	36.747	36.652	36.874
25	3.35	38.248	38.296	38.266	38.347	38.290	38.423	38.329	38.550
26	3.35	40.089	40.136	40.107	40.188	40.131	40.264	40.170	40.390
27	3.35	41.771	41.817	41.788	41.868	41.813	41.944	41.851	42.070
28	3.35	43.605	43.651	43.622	43.702	43.647	43.778	43.685	43.903
29	3.35	45.290	45.335	45.307	45.386	45.332	45.462	45.371	45.587
30	3.35	47.117	47.163	47.135	47.213	47.160	47.289	47.198	47.414
31	3.35	48.806	48.851	48.823	48.901	48.848	48.977	48.887	49.102
32	3.35	50.628	50.673	50.646	50.723	50.671	50.799	50.710	50.924
33	3.35	52.320	52.364	52.337	52.415	52.363	52.490	52.402	52.615
34	3.35	54.137	54.182	54.155	54.232	54.180	54.308	54.220	54.433
35	3.35	55.832	55.876	55.850	55.926	55.875	56.002	55.914	56.127
36	3.35	57.645	57.689	57.663	57.740	57.689	57.816	57.728	57.941
37	3.35	59.342	59.386	59.361	59.437	59.386	59.513	59.426	59.638
38	3.35	61.152	61.196	61.171	61.247	61.196	61.323	61.236	61.448
39	3.35	62.852	62.895	62.870	62.946	62.896	63.022	62.936	63.148
40	3.35	64.659	64.702	64.677	64.753	64.703	64.829	64.743	64.955
41	3.35	66.361	66.404	66.379	66.454	66.405	66.530	66.446	66.657
42	3.35	68.165	68.207	68.183	68.258	68.209	68.335	68.250	68.461
43	3.35	69.868	69.911	69.887	69.962	69.913	70.038	69.954	70.165
44	3.35	71.670	71.712	71.688	71.763	71.715	71.840	71.756	71.966
45	3.35	73.375	73.418	73.394	73.469	73.421	73.545	73.462	73.672
46	3.35	75.174	75.217	75.193	75.268	75.220	75.345	75.261	75.472
47	3.35	76.882	76.924	76.901	76.975	76.928	77.052	76.969	77.179
48	3.35	78.679	78.721	78.698	78.772	78.725	78.849	78.767	78.976
49	3.35	80.388	80.430	80.407	80.481	80.434	80.558	80.476	80.686
50	3.35	82.183	82.224	82.202	82.276	82.229	82.353	82.271	82.481
51	3.35	83.893	83.935	83.913	83.986	83.940	84.064	83.982	84.192
52	3.35	85.686	85.728	85.706	85.780	85.733	85.857	85.776	85.985
53	3.35	87.398	87.440	87.418	87.491	87.445	87.569	87.488	87.697
54	3.35	89.190	89.231	89.209	89.283	89.237	89.360	89.280	89.489
55	3.35	90.903	90.944	90.923	90.996	90.951	91.074	90.994	91.203

表 6（续）

单位为毫米

齿数 z	量棒直径 D_{Ri}	E_{min} 和 E_{max} 的棒间距 M_{Ri}							
		4H		5H		6H		7H	
		min	max	min	max	min	max	min	max
56	3.35	92.693	92.734	92.713	92.786	92.741	92.864	92.784	92.993
57	3.35	94.407	94.448	94.427	94.500	94.455	94.578	94.499	94.708
58	3.35	96.196	96.237	96.216	96.289	96.244	96.367	96.288	96.497
59	3.35	97.911	97.952	97.931	98.004	97.960	98.083	98.004	98.213
60	3.35	99.698	99.739	99.719	99.792	99.747	99.870	99.791	100.000
61	3.35	101.415	101.456	101.435	101.508	101.464	101.587	101.508	101.717
62	3.35	103.201	103.242	103.222	103.294	103.250	103.373	103.295	103.504
63	3.35	104.919	104.959	104.939	105.012	104.968	105.091	105.013	105.222
64	3.35	106.703	106.744	106.724	106.797	106.753	106.876	106.798	107.007
65	3.35	108.422	108.462	108.443	108.515	108.472	108.594	108.517	108.726
66	3.35	110.206	110.246	110.227	110.299	110.256	110.378	110.301	110.510
67	3.35	111.925	111.965	111.946	112.018	111.976	112.098	112.021	112.230
68	3.35	113.708	113.748	113.729	113.801	113.759	113.881	113.804	114.013
69	3.35	115.428	115.468	115.449	115.521	115.479	115.601	115.525	115.734
70	3.35	117.210	117.250	117.231	117.303	117.261	117.383	117.307	117.516
71	3.35	118.931	118.971	118.952	119.024	118.982	119.104	119.029	119.237
72	3.35	120.712	120.752	120.733	120.805	120.764	120.885	120.810	121.019
73	3.35	122.434	122.473	122.455	122.527	122.486	122.607	122.532	122.741
74	3.35	124.214	124.253	124.236	124.307	124.266	124.388	124.313	124.521
75	3.35	125.936	125.976	125.958	126.030	125.989	126.110	126.036	126.244
76	3.35	127.716	127.755	127.737	127.809	127.768	127.890	127.815	128.024
77	3.35	129.439	129.478	129.461	129.532	129.492	129.613	129.539	129.747
78	3.35	131.217	131.257	131.239	131.311	131.270	131.392	131.318	131.526
79	3.55	132.321	132.360	132.343	132.415	132.375	132.497	132.423	132.633
80	3.55	134.099	134.138	134.121	134.193	134.153	134.275	134.201	134.412
81	3.55	135.824	135.863	135.846	135.918	135.878	136.000	135.926	136.137
82	3.55	137.601	137.640	137.624	137.695	137.655	137.778	137.704	137.915
83	3.55	139.326	139.366	139.349	139.421	139.381	139.503	139.430	139.640
84	3.55	141.103	141.142	141.126	141.197	141.158	141.280	141.207	141.417
85	3.55	142.829	142.868	142.852	142.923	142.884	143.006	142.933	143.144
86	3.55	144.605	144.644	144.628	144.699	144.660	144.782	144.709	144.920
87	3.55	146.331	146.371	146.354	146.426	146.387	146.509	146.436	146.647
88	3.55	148.107	148.146	148.130	148.201	148.162	148.284	148.212	148.423
89	3.55	149.834	149.873	149.857	149.928	149.890	150.012	149.939	150.150
90	3.55	151.609	151.647	151.632	151.703	151.665	151.787	151.715	151.925
91	3.55	153.336	153.375	153.359	153.431	153.392	153.514	153.443	153.653
92	3.55	155.110	155.149	155.134	155.205	155.167	155.289	155.217	155.428
93	3.55	156.838	156.877	156.862	156.933	156.895	157.017	156.945	157.156
94	3.55	158.612	158.651	158.636	158.707	158.669	158.791	158.720	158.930
95	3.55	160.340	160.379	160.364	160.435	160.397	160.519	160.448	160.659
96	3.55	162.114	162.152	162.137	162.208	162.171	162.292	162.222	162.432
97	3.55	163.842	163.881	163.866	163.937	163.900	164.021	163.951	164.162
98	3.55	165.615	165.654	165.639	165.710	165.673	165.794	165.724	165.935
99	3.55	167.344	167.383	167.368	167.439	167.402	167.524	167.454	167.664
100	3.55	169.117	169.155	169.141	169.211	169.175	169.296	169.226	169.437

表 7　棒间距 M_{Ri}

30°内花键　模数 m=2 mm　作用齿槽宽最小值 $E_{v\ min}$=3.142 mm　单位为毫米

齿数 z	量棒直径 D_{Ri}	E_{min} 和 E_{max} 的棒间距 M_{Ri}							
		4H		5H		6H		7H	
		min	max	min	max	min	max	min	max
10	3.55	14.413	14.489	14.436	14.559	14.468	14.660	14.518	14.818
11	3.55	16.289	16.354	16.309	16.416	16.337	16.507	16.381	16.652
12	3.55	18.545	18.605	18.563	18.664	18.590	18.750	18.631	18.890
13	3.55	20.405	20.462	20.423	20.518	20.448	20.601	20.488	20.735
14	3.55	22.609	22.663	22.626	22.718	22.651	22.800	22.690	22.932
15	3.55	24.476	24.529	24.493	24.583	24.518	24.662	24.556	24.791
16	3.75	25.919	25.977	25.938	26.035	25.965	26.122	26.007	26.263
17	3.75	27.813	27.868	27.831	27.925	27.858	28.010	27.899	28.147
18	3.75	29.972	30.026	29.991	30.082	30.016	30.166	30.057	30.302
19	3.75	31.870	31.923	31.888	31.978	31.914	32.060	31.954	32.194
20	3.75	34.010	34.062	34.028	34.116	34.053	34.197	34.093	34.330
21	3.75	35.913	35.964	35.931	36.018	35.956	36.098	35.996	36.230
22	3.75	38.038	38.088	38.055	38.141	38.081	38.221	38.120	38.353
23	3.75	39.947	39.996	39.965	40.050	39.990	40.129	40.029	40.260
24	3.75	42.059	42.108	42.077	42.161	42.102	42.241	42.142	42.371
25	3.75	43.974	44.022	43.992	44.075	44.017	44.154	44.057	44.284
26	3.75	46.077	46.125	46.095	46.178	46.120	46.256	46.160	46.386
27	3.75	47.996	48.044	48.014	48.097	48.040	48.175	48.080	48.305
28	3.75	50.091	50.138	50.109	50.191	50.135	50.269	50.174	50.399
29	3.75	52.015	52.062	52.033	52.115	52.059	52.193	52.099	52.323
30	3.75	54.103	54.150	54.121	54.202	54.147	54.281	54.187	54.410
31	3.75	56.032	56.078	56.050	56.130	56.076	56.209	56.116	56.338
32	3.75	58.113	58.160	58.132	58.212	58.158	58.291	58.198	58.420
33	3.75	60.046	60.092	60.064	60.144	60.090	60.222	60.131	60.352
34	3.75	62.122	62.168	62.141	62.221	62.167	62.299	62.208	62.429
35	3.75	64.058	64.103	64.077	64.156	64.103	64.234	64.144	64.365
36	3.75	66.130	66.175	66.149	66.228	66.175	66.307	66.217	66.437
37	3.75	68.069	68.114	68.088	68.167	68.114	68.245	68.156	68.376
38	3.75	70.137	70.182	70.156	70.235	70.183	70.314	70.224	70.444
39	3.75	72.079	72.123	72.098	72.176	72.125	72.255	72.166	72.386
40	3.75	74.143	74.188	74.162	74.241	74.189	74.320	74.231	74.451
41	3.75	76.087	76.132	76.107	76.185	76.134	76.264	76.176	76.395
42	3.75	78.149	78.193	78.168	78.246	78.196	78.325	78.238	78.457
43	3.75	80.095	80.140	80.115	80.193	80.142	80.272	80.185	80.403
44	3.75	82.154	82.198	82.173	82.251	82.201	82.331	82.244	82.462
45	3.75	84.103	84.146	84.122	84.200	84.150	84.279	84.193	84.411
46	3.75	86.158	86.202	86.178	86.255	86.206	86.335	86.249	86.468
47	3.75	88.109	88.153	88.129	88.206	88.157	88.286	88.201	88.419
48	4.00	89.369	89.414	89.390	89.468	89.419	89.550	89.463	89.686
49	4.00	91.323	91.368	91.344	91.422	91.373	91.504	91.418	91.640
50	4.00	93.375	93.419	93.396	93.474	93.425	93.556	93.470	93.692
51	4.00	95.331	95.375	95.352	95.430	95.381	95.512	95.426	95.648
52	4.00	97.381	97.425	97.402	97.480	97.431	97.562	97.476	97.698
53	4.00	99.338	99.382	99.359	99.437	99.389	99.519	99.434	99.656
54	4.00	101.386	101.430	101.407	101.485	101.437	101.567	101.482	101.704
55	4.00	103.345	103.388	103.366	103.443	103.396	103.526	103.441	103.663

表 7（续）

单位为毫米

齿数 z	量棒直径 D_{Ri}	E_{min} 和 E_{max} 的棒间距 M_{Ri}							
		4H		5H		6H		7H	
		min	max	min	max	min	max	min	max
56	4.00	105.391	105.434	105.412	105.489	105.442	105.572	105.488	105.709
57	4.00	107.351	107.394	107.372	107.449	107.402	107.532	107.448	107.669
58	4.00	109.395	109.438	109.417	109.493	109.447	109.576	109.493	109.714
59	4.00	111.356	111.399	111.378	111.455	111.408	111.538	111.455	111.675
60	4.00	113.399	113.442	113.421	113.498	113.451	113.581	113.498	113.719
61	4.00	115.361	115.404	115.383	115.460	115.414	115.543	115.461	115.681
62	4.00	117.403	117.446	117.425	117.501	117.456	117.585	117.503	117.723
63	4.00	119.366	119.409	119.388	119.465	119.419	119.548	119.467	119.687
64	4.00	121.407	121.449	121.429	121.505	121.460	121.589	121.507	121.728
65	4.00	123.371	123.413	123.393	123.469	123.424	123.553	123.472	123.692
66	4.00	125.410	125.452	125.432	125.508	125.464	125.592	125.512	125.732
67	4.00	127.375	127.418	127.398	127.474	127.429	127.558	127.478	127.697
68	4.00	129.413	129.455	129.436	129.511	129.467	129.596	129.516	129.736
69	4.00	131.380	131.421	131.402	131.478	131.434	131.562	131.483	131.702
70	4.00	133.416	133.458	133.439	133.514	133.471	133.599	133.520	133.739
71	4.00	135.383	135.425	135.406	135.482	135.438	135.566	135.487	135.707
72	4.00	137.419	137.461	137.442	137.517	137.474	137.602	137.523	137.743
73	4.00	139.387	139.429	139.410	139.485	139.442	139.570	139.492	139.711
74	4.00	141.422	141.463	141.445	141.520	141.477	141.605	141.527	141.746
75	4.00	143.391	143.432	143.414	143.489	143.446	143.574	143.496	143.716
76	4.00	145.424	145.465	145.447	145.522	145.480	145.608	145.530	145.750
77	4.00	147.394	147.435	147.417	147.492	147.450	147.578	147.500	147.720
78	4.00	149.427	149.468	149.450	149.525	149.483	149.611	149.534	149.753
79	4.00	151.397	151.438	151.421	151.495	151.454	151.581	151.504	151.724
80	4.00	153.429	153.470	153.453	153.527	153.486	153.613	153.537	153.756
81	4.00	155.400	155.441	155.424	155.498	155.457	155.584	155.508	155.727
82	4.00	157.431	157.472	157.455	157.530	157.489	157.616	157.540	157.759
83	4.00	159.403	159.444	159.427	159.501	159.461	159.588	159.512	159.731
84	4.00	161.433	161.474	161.457	161.532	161.491	161.618	161.543	161.762
85	4.00	163.406	163.446	163.430	163.504	163.464	163.591	163.516	163.735
86	4.00	165.435	165.476	165.460	165.534	165.494	165.621	165.546	165.765
87	4.00	167.408	167.449	167.433	167.507	167.467	167.594	167.519	167.738
88	4.00	169.437	169.478	169.462	169.536	169.496	169.623	169.548	169.767
89	4.00	171.411	171.451	171.436	171.509	171.470	171.597	171.523	171.741
90	4.00	173.439	173.479	173.464	173.538	173.498	173.625	173.551	173.770
91	4.00	175.413	175.454	175.438	175.512	175.473	175.599	175.526	175.745
92	4.00	177.441	177.481	177.466	177.540	177.501	177.627	177.554	177.773
93	4.00	179.416	179.456	179.441	179.514	179.476	179.602	179.529	179.748
94	4.00	181.443	181.483	181.468	181.541	181.503	181.629	181.556	181.775
95	4.00	183.418	183.458	183.443	183.517	183.478	183.605	183.532	183.751
96	4.00	185.445	185.484	185.470	185.543	185.505	185.631	185.559	185.778
97	4.00	187.420	187.460	187.446	187.519	187.481	187.607	187.535	187.754
98	4.00	189.446	189.486	189.472	189.545	189.507	189.633	189.561	189.780
99	4.00	191.422	191.462	191.448	191.521	191.483	191.610	191.538	191.757
100	4.00	193.448	193.487	193.473	193.546	193.509	193.635	193.564	193.783

表 8 棒间距 M_{Ri}

30°内花键 模数 m=2.5 mm 作用齿槽宽最小值 $E_{v\,min}$=3.927 mm 单位为毫米

齿数 z	量棒直径 D_{Ri}	E_{min}和E_{max}的棒间距M_{Ri}							
		4H		5H		6H		7H	
		min	max	min	max	min	max	min	max
10	4.50	17.687	17.784	17.717	17.874	17.758	17.998	17.821	18.189
11	4.50	20.083	20.160	20.107	20.233	20.139	20.339	20.191	20.507
12	4.50	22.921	22.990	22.943	23.058	22.973	23.156	23.020	23.315
13	4.50	25.261	25.325	25.281	25.388	25.309	25.481	25.354	25.632
14	4.50	28.022	28.083	28.042	28.145	28.069	28.236	28.113	28.384
15	4.50	30.364	30.422	30.383	30.482	30.410	30.570	30.452	30.714
16	4.50	33.082	33.140	33.101	33.198	33.128	33.285	33.170	33.428
17	4.50	35.434	35.489	35.452	35.547	35.478	35.632	35.520	35.773
18	4.50	38.123	38.178	38.142	38.235	38.168	38.320	38.209	38.460
19	4.50	40.485	40.539	40.503	40.595	40.530	40.679	40.571	40.818
20	4.50	43.153	43.206	43.171	43.262	43.198	43.346	43.239	43.485
21	4.50	45.525	45.577	45.543	45.633	45.569	45.716	45.610	45.854
22	4.75	47.324	47.379	47.344	47.438	47.372	47.526	47.415	47.670
23	4.75	49.713	49.767	49.733	49.826	49.761	49.913	49.804	50.056
24	4.75	52.355	52.409	52.375	52.467	52.403	52.553	52.446	52.697
25	4.75	54.750	54.803	54.770	54.861	54.798	54.947	54.841	55.090
26	4.75	57.380	57.432	57.399	57.490	57.427	57.576	57.471	57.718
27	4.75	59.781	59.833	59.801	59.890	59.829	59.976	59.872	60.118
28	4.75	62.400	62.451	62.420	62.509	62.448	62.594	62.492	62.736
29	4.75	64.807	64.858	64.826	64.915	64.855	65.000	64.898	65.142
30	4.75	67.417	67.467	67.437	67.525	67.465	67.610	67.509	67.752
31	4.75	69.828	69.879	69.849	69.936	69.877	70.021	69.921	70.163
32	4.75	72.431	72.481	72.451	72.538	72.480	72.624	72.524	72.765
33	4.75	74.847	74.897	74.868	74.954	74.896	75.039	74.941	75.181
34	4.75	77.444	77.493	77.464	77.550	77.493	77.636	77.537	77.777
35	4.75	79.864	79.913	79.884	79.970	79.913	80.056	79.958	80.197
36	4.75	82.454	82.503	82.475	82.561	82.504	82.646	82.549	82.788
37	4.75	84.879	84.927	84.899	84.984	84.928	85.070	84.974	85.212
38	4.75	87.464	87.512	87.485	87.570	87.514	87.655	87.560	87.798
39	4.75	89.892	89.940	89.912	89.997	89.942	90.083	89.988	90.225
40	4.75	92.473	92.520	92.494	92.578	92.523	92.664	92.569	92.806
41	4.75	94.903	94.951	94.924	95.008	94.954	95.094	95.000	95.237
42	4.75	97.480	97.528	97.501	97.585	97.531	97.671	97.578	97.814
43	4.75	99.914	99.961	99.935	100.019	99.965	100.105	100.012	100.248
44	4.75	102.487	102.534	102.509	102.592	102.539	102.678	102.586	102.822
45	4.75	104.923	104.970	104.945	105.028	104.976	105.115	105.023	105.258
46	4.75	107.493	107.540	107.515	107.598	107.546	107.685	107.593	107.829
47	4.75	109.932	109.979	109.954	110.037	109.985	110.124	110.032	110.268
48	4.75	112.499	112.546	112.521	112.604	112.552	112.691	112.600	112.835
49	4.75	114.940	114.987	114.962	115.045	114.993	115.132	115.042	115.276
50	4.75	117.504	117.551	117.527	117.609	117.558	117.696	117.606	117.841
51	4.75	119.948	119.994	119.970	120.052	120.001	120.139	120.050	120.285
52	4.75	122.509	122.555	122.532	122.614	122.563	122.701	122.612	122.847
53	4.75	124.954	125.000	124.977	125.059	125.009	125.147	125.058	125.292
54	4.75	127.514	127.559	127.536	127.618	127.568	127.706	127.618	127.852
55	4.75	129.961	130.006	129.984	130.065	130.016	130.153	130.065	130.299

表 8（续）

单位为毫米

齿数 z	量棒直径 D_{Ri}	E_{min} 和 E_{max} 的棒间距 M_{Ri}							
		4H		5H		6H		7H	
		min	max	min	max	min	max	min	max
56	4.75	132.518	132.563	132.541	132.622	132.573	132.710	132.623	132.857
57	4.75	134.967	135.012	134.990	135.071	135.022	135.159	135.072	135.306
58	4.75	137.522	137.567	137.545	137.626	137.578	137.715	137.628	137.862
59	4.75	139.972	140.017	139.996	140.077	140.028	140.165	140.079	140.313
60	4.75	142.525	142.570	142.549	142.630	142.582	142.719	142.633	142.866
61	4.75	144.977	145.022	145.001	145.082	145.034	145.171	145.085	145.319
62	4.75	147.529	147.574	147.552	147.633	147.586	147.722	147.637	147.871
63	4.75	149.982	150.027	150.006	150.087	150.040	150.176	150.091	150.324
64	4.75	152.532	152.577	152.556	152.636	152.590	152.726	152.641	152.875
65	4.75	154.987	155.031	155.011	155.091	155.045	155.181	155.097	155.330
66	4.75	157.535	157.579	157.559	157.639	157.593	157.729	157.645	157.879
67	4.75	159.991	160.035	160.015	160.096	160.050	160.186	160.102	160.335
68	4.75	162.538	162.582	162.562	162.642	162.597	162.732	162.649	162.882
69	4.75	164.995	165.039	165.020	165.100	165.054	165.190	165.107	165.340
70	4.75	167.541	167.585	167.565	167.645	167.600	167.736	167.653	167.886
71	4.75	169.999	170.043	170.024	170.104	170.059	170.194	170.112	170.345
72	4.75	172.543	172.587	172.568	172.648	172.603	172.739	172.657	172.890
73	4.75	175.003	175.046	175.028	175.107	175.063	175.198	175.117	175.350
74	4.75	177.546	177.589	177.571	177.650	177.606	177.741	177.660	177.893
75	4.75	180.006	180.050	180.032	180.111	180.067	180.202	180.121	180.354
76	4.75	182.548	182.591	182.573	182.653	182.609	182.744	182.663	182.896
77	4.75	185.010	185.053	185.035	185.114	185.071	185.206	185.126	185.358
78	4.75	187.550	187.593	187.576	187.655	187.612	187.747	187.667	187.900
79	4.75	190.013	190.056	190.039	190.117	190.075	190.209	190.130	190.362
80	4.75	192.552	192.595	192.578	192.657	192.614	192.749	192.670	192.903
81	4.75	195.016	195.059	195.042	195.120	195.078	195.213	195.134	195.366
82	4.75	197.554	197.597	197.580	197.659	197.617	197.752	197.673	197.906
83	4.75	200.019	200.062	200.045	200.123	200.082	200.216	200.138	200.370
84	4.75	202.556	202.599	202.583	202.661	202.620	202.754	202.676	202.909
85	4.75	205.022	205.064	205.048	205.126	205.085	205.219	205.142	205.374
86	4.75	207.558	207.601	207.585	207.663	207.622	207.756	207.679	207.911
87	4.75	210.024	210.067	210.051	210.129	210.088	210.222	210.145	210.378
88	4.75	212.560	212.603	212.587	212.665	212.624	212.759	212.682	212.914
89	4.75	215.027	215.069	215.054	215.132	215.091	215.225	215.149	215.381
90	4.75	217.562	217.604	217.589	217.667	217.627	217.761	217.684	217.917
91	4.75	220.029	220.071	220.056	220.134	220.094	220.228	220.152	220.385
92	4.75	222.564	222.606	222.591	222.669	222.629	222.763	222.687	222.919
93	4.75	225.032	225.074	225.059	225.137	225.097	225.231	225.155	225.388
94	4.75	227.565	227.607	227.593	227.670	227.631	227.765	227.690	227.922
95	4.75	230.034	230.076	230.061	230.139	230.100	230.234	230.159	230.391
96	4.75	232.567	232.609	232.594	232.672	232.633	232.767	232.692	232.925
97	4.75	235.036	235.078	235.064	235.141	235.103	235.236	235.162	235.394
98	4.75	237.568	237.610	237.596	237.673	237.635	237.769	237.695	237.927
99	4.75	240.038	240.080	240.066	240.143	240.105	240.239	240.165	240.397
100	4.75	242.570	242.611	242.598	242.675	242.637	242.771	242.697	242.929

表 9 棒间距 M_{Ri}

30°内花键 模数 m=3 mm 作用齿槽宽最小值 $E_{v\ min}$=4.712 mm 单位为毫米

齿数 z	量棒直径 D_{Ri}	E_{min}和E_{max}的棒间距 M_{Ri}							
		4H		5H		6H		7H	
		min	max	min	max	min	max	min	max
10	5.30	21.720	21.804	21.745	21.884	21.781	22.000	21.837	22.183
11	5.30	24.523	24.596	24.545	24.667	24.577	24.771	24.626	24.938
12	5.30	27.901	27.969	27.922	28.037	27.952	28.136	27.999	28.297
13	5.30	30.688	30.752	30.708	30.816	30.737	30.911	30.782	31.066
14	5.30	33.991	34.054	34.011	34.116	34.040	34.210	34.084	34.362
15	5.30	36.790	36.851	36.810	36.912	36.838	37.003	36.881	37.152
16	5.30	40.048	40.107	40.067	40.167	40.095	40.258	40.138	40.406
17	5.60	41.798	41.861	41.819	41.926	41.849	42.022	41.896	42.181
18	5.60	45.035	45.097	45.056	45.161	45.086	45.256	45.133	45.413
19	5.60	47.881	47.941	47.901	48.004	47.931	48.098	47.977	48.252
20	5.60	51.089	51.148	51.109	51.210	51.139	51.303	51.185	51.457
21	5.60	53.943	54.001	53.964	54.063	53.993	54.155	54.039	54.307
22	5.60	57.129	57.186	57.149	57.247	57.179	57.339	57.224	57.491
23	5.60	59.992	60.048	60.012	60.109	60.042	60.200	60.087	60.351
24	5.60	63.160	63.215	63.180	63.276	63.210	63.367	63.256	63.518
25	5.60	66.031	66.086	66.052	66.147	66.081	66.238	66.127	66.387
26	5.60	69.185	69.239	69.206	69.300	69.235	69.391	69.281	69.541
27	5.60	72.064	72.118	72.085	72.178	72.115	72.269	72.161	72.418
28	5.60	75.205	75.259	75.226	75.320	75.256	75.410	75.303	75.559
29	5.60	78.092	78.145	78.113	78.205	78.143	78.295	78.189	78.445
30	5.60	81.223	81.276	81.244	81.336	81.274	81.426	81.321	81.576
31	5.60	84.115	84.168	84.137	84.228	84.167	84.318	84.214	84.467
32	5.60	87.238	87.290	87.259	87.350	87.290	87.440	87.337	87.590
33	5.60	90.136	90.188	90.157	90.248	90.188	90.338	90.235	90.488
34	5.60	93.250	93.302	93.272	93.362	93.303	93.453	93.351	93.603
35	5.60	96.154	96.205	96.175	96.265	96.206	96.356	96.254	96.506
36	5.60	99.262	99.313	99.284	99.373	99.315	99.464	99.363	99.614
37	5.60	102.170	102.220	102.192	102.281	102.223	102.371	102.271	102.522
38	5.60	105.272	105.322	105.294	105.383	105.325	105.474	105.374	105.624
39	5.60	108.184	108.234	108.206	108.295	108.238	108.386	108.287	108.536
40	5.60	111.280	111.331	111.303	111.391	111.335	111.482	111.384	111.634
41	5.60	114.197	114.246	114.219	114.307	114.251	114.398	114.301	114.550
42	5.60	117.288	117.338	117.311	117.399	117.343	117.490	117.393	117.642
43	5.60	120.208	120.258	120.231	120.319	120.263	120.410	120.313	120.562
44	5.60	123.296	123.345	123.319	123.406	123.351	123.498	123.401	123.650
45	5.60	126.219	126.268	126.242	126.329	126.275	126.421	126.325	126.573
46	5.60	129.302	129.351	129.325	129.413	129.358	129.505	129.409	129.657
47	5.60	132.228	132.277	132.252	132.339	132.285	132.431	132.336	132.584
48	5.60	135.308	135.357	135.332	135.418	135.365	135.511	135.416	135.664
49	5.60	138.237	138.286	138.261	138.347	138.294	138.440	138.346	138.593
50	5.60	141.314	141.362	141.338	141.424	141.371	141.517	141.423	141.670
51	5.60	144.245	144.293	144.269	144.355	144.303	144.448	144.355	144.602
52	5.60	147.319	147.367	147.343	147.429	147.377	147.522	147.429	147.676
53	5.60	150.253	150.301	150.277	150.363	150.311	150.456	150.364	150.611
54	5.60	153.323	153.371	153.348	153.434	153.382	153.527	153.435	153.682
55	5.60	156.260	156.307	156.284	156.370	156.319	156.463	156.372	156.619

表 9（续）

单位为毫米

齿数 z	量棒直径 D_{Ri}	E_{min} 和 E_{max} 的棒间距 M_{Ri}							
		4H		5H		6H		7H	
		min	max	min	max	min	max	min	max
56	5.60	159.328	159.375	159.353	159.438	159.387	159.532	159.441	159.687
57	5.60	162.266	162.314	162.291	162.376	162.326	162.470	162.380	162.626
58	5.60	165.332	165.379	165.357	165.442	165.392	165.536	165.446	165.693
59	5.60	168.272	168.319	168.297	168.382	168.333	168.477	168.387	168.633
60	5.60	171.336	171.383	171.361	171.446	171.397	171.540	171.451	171.697
61	5.60	174.278	174.325	174.303	174.388	174.339	174.483	174.394	174.640
62	5.60	177.339	177.386	177.365	177.450	177.401	177.544	177.456	177.702
63	5.60	180.283	180.330	180.309	180.393	180.345	180.488	180.401	180.646
64	6.00	182.094	182.141	182.120	182.206	182.157	182.302	182.214	182.463
65	6.00	185.041	185.088	185.067	185.152	185.104	185.249	185.161	185.410
66	6.00	188.099	188.146	188.125	188.211	188.163	188.308	188.220	188.469
67	6.00	191.047	191.094	191.074	191.159	191.111	191.256	191.168	191.418
68	6.00	194.103	194.150	194.130	194.215	194.168	194.313	194.225	194.475
69	6.00	197.053	197.100	197.080	197.165	197.118	197.262	197.176	197.425
70	6.00	200.108	200.154	200.135	200.220	200.173	200.317	200.231	200.480
71	6.00	203.059	203.105	203.086	203.171	203.124	203.268	203.182	203.431
72	6.00	206.112	206.158	206.139	206.224	206.178	206.322	206.236	206.485
73	6.00	209.064	209.110	209.092	209.176	209.130	209.274	209.189	209.437
74	6.00	212.116	212.162	212.143	212.228	212.182	212.326	212.241	212.490
75	6.00	215.069	215.115	215.097	215.181	215.136	215.280	215.195	215.443
76	6.00	218.120	218.166	218.147	218.231	218.186	218.330	218.246	218.494
77	6.00	221.074	221.120	221.102	221.186	221.141	221.285	221.201	221.449
78	6.00	224.123	224.169	224.151	224.235	224.191	224.334	224.251	224.499
79	6.00	227.079	227.124	227.107	227.191	227.146	227.290	227.207	227.455
80	6.00	230.127	230.172	230.155	230.238	230.195	230.338	230.255	230.503
81	6.00	233.083	233.129	233.112	233.195	233.152	233.295	233.212	233.460
82	6.00	236.130	236.175	236.158	236.242	236.198	236.341	236.259	236.507
83	6.00	239.088	239.133	239.116	239.199	239.156	239.299	239.218	239.465
84	6.00	242.133	242.178	242.162	242.245	242.202	242.345	242.264	242.511
85	6.00	245.092	245.136	245.120	245.203	245.161	245.304	245.223	245.470
86	6.00	248.136	248.181	248.165	248.248	248.206	248.348	248.268	248.515
87	6.00	251.095	251.140	251.124	251.207	251.165	251.308	251.228	251.475
88	6.00	254.139	254.183	254.168	254.251	254.209	254.351	254.272	254.519
89	6.00	257.099	257.144	257.128	257.211	257.170	257.312	257.232	257.480
90	6.00	260.141	260.186	260.171	260.253	260.212	260.354	260.275	260.523
91	6.00	263.103	263.147	263.132	263.215	263.174	263.316	263.237	263.484
92	6.00	266.144	266.188	266.174	266.256	266.215	266.357	266.279	266.526
93	6.00	269.106	269.150	269.136	269.218	269.178	269.320	269.241	269.489
94	6.00	272.147	272.191	272.176	272.259	272.219	272.360	272.282	272.530
95	6.00	275.109	275.153	275.139	275.221	275.182	275.323	275.246	275.493
96	6.00	278.149	278.193	278.179	278.261	278.221	278.363	278.286	278.533
97	6.00	281.113	281.156	281.143	281.225	281.185	281.327	281.250	281.497
98	6.00	284.151	284.195	284.182	284.263	284.224	284.366	284.289	284.536
99	6.00	287.116	287.159	287.146	287.228	287.189	287.330	287.254	287.501
100	6.00	290.154	290.197	290.184	290.266	290.227	290.368	290.293	290.540

表 10 棒间距 M_{Ri}

30°内花键 模数 m=4 mm 作用齿槽宽最小值 $E_{v\,min}$=6.283 mm 单位为毫米

齿数 z	量棒直径 D_{Ri}	E_{min}和E_{max}的棒间距M_{Ri}							
		4H		5H		6H		7H	
		min	max	min	max	min	max	min	max
10	7.10	28.790	28.887	28.819	28.980	28.862	29.115	28.927	29.327
11	7.10	32.548	32.630	32.573	32.711	32.609	32.829	32.666	33.020
12	7.10	37.060	37.136	37.084	37.212	37.118	37.324	37.172	37.507
13	7.10	40.782	40.854	40.805	40.926	40.838	41.033	40.889	41.207
14	7.10	45.190	45.259	45.213	45.329	45.245	45.434	45.295	45.605
15	7.10	48.926	48.992	48.948	49.061	48.979	49.162	49.029	49.330
16	7.10	53.270	53.335	53.292	53.403	53.324	53.504	53.373	53.670
17	7.10	57.026	57.089	57.047	57.156	57.078	57.255	57.127	57.418
18	7.10	61.326	61.388	61.347	61.454	61.379	61.553	61.427	61.716
19	7.10	65.100	65.161	65.122	65.227	65.153	65.325	65.201	65.486
20	7.10	69.366	69.427	69.388	69.492	69.419	69.590	69.468	69.752
21	7.50	71.799	71.862	71.822	71.931	71.855	72.034	71.907	72.203
22	7.50	76.047	76.110	76.071	76.178	76.104	76.281	76.155	76.450
23	7.50	79.866	79.928	79.889	79.996	79.923	80.097	79.974	80.265
24	7.50	84.091	84.152	84.114	84.219	84.147	84.321	84.199	84.488
25	7.50	87.920	87.980	87.944	88.048	87.977	88.148	88.029	88.315
26	7.50	92.125	92.185	92.149	92.252	92.183	92.353	92.234	92.520
27	7.50	95.965	96.024	95.989	96.091	96.022	96.191	96.074	96.358
28	7.50	100.154	100.213	100.178	100.280	100.212	100.380	100.264	100.546
29	7.50	104.003	104.061	104.027	104.128	104.061	104.228	104.113	104.394
30	7.50	108.178	108.236	108.202	108.303	108.236	108.403	108.289	108.569
31	7.50	112.035	112.092	112.059	112.159	112.093	112.259	112.146	112.425
32	7.50	116.198	116.255	116.223	116.322	116.257	116.422	116.311	116.589
33	7.50	120.063	120.119	120.087	120.186	120.122	120.286	120.176	120.453
34	7.50	124.216	124.272	124.241	124.339	124.276	124.440	124.329	124.606
35	7.50	128.087	128.143	128.112	128.210	128.147	128.310	128.201	128.477
36	7.50	132.231	132.287	132.256	132.354	132.292	132.455	132.346	132.622
37	7.50	136.109	136.164	136.134	136.231	136.170	136.332	136.224	136.499
38	7.50	140.245	140.300	140.270	140.367	140.306	140.468	140.361	140.635
39	7.50	144.128	144.183	144.154	144.250	144.190	144.351	144.245	144.518
40	7.50	148.257	148.312	148.283	148.379	148.319	148.480	148.375	148.648
41	7.50	152.146	152.200	152.171	152.267	152.208	152.368	152.264	152.536
42	7.50	156.268	156.322	156.294	156.390	156.331	156.491	156.387	156.659
43	7.50	160.161	160.215	160.187	160.283	160.224	160.384	160.281	160.553
44	7.50	164.278	164.331	164.304	164.399	164.341	164.501	164.398	164.670
45	7.50	168.175	168.229	168.202	168.297	168.239	168.398	168.296	168.568
46	7.50	172.287	172.340	172.313	172.408	172.351	172.510	172.408	172.680
47	7.50	176.188	176.241	176.215	176.309	176.253	176.412	176.311	176.581
48	7.50	180.295	180.348	180.322	180.416	180.360	180.518	180.418	180.689
49	7.50	184.200	184.253	184.227	184.321	184.265	184.424	184.324	184.594
50	7.50	188.302	188.355	188.330	188.423	188.368	188.526	188.427	188.697
51	7.50	192.211	192.263	192.238	192.332	192.277	192.435	192.336	192.606
52	7.50	196.309	196.361	196.337	196.430	196.376	196.533	196.435	196.705
53	7.50	200.221	200.273	200.249	200.342	200.288	200.445	200.348	200.617
54	7.50	204.316	204.367	204.343	204.436	204.383	204.540	204.443	204.712
55	7.50	208.231	208.282	208.259	208.351	208.298	208.455	208.359	208.628

表 10（续）

单位为毫米

齿数 z	量棒直径 D_{Ri}	E_{min}和 E_{max}的棒间距 M_{Ri}							
		4H		5H		6H		7H	
		min	max	min	max	min	max	min	max
56	7.50	212.322	212.373	212.350	212.442	212.390	212.546	212.450	212.719
57	7.50	216.239	216.291	216.268	216.360	216.308	216.464	216.369	216.638
58	7.50	220.327	220.378	220.356	220.448	220.396	220.552	220.457	220.726
59	7.50	224.248	224.298	224.276	224.368	224.317	224.473	224.378	224.647
60	7.50	228.332	228.383	228.361	228.453	228.402	228.558	228.464	228.732
61	7.50	232.255	232.306	232.284	232.376	232.325	232.481	232.388	232.656
62	7.50	236.337	236.388	236.366	236.458	236.407	236.563	236.470	236.738
63	7.50	240.262	240.313	240.292	240.383	240.333	240.489	240.396	240.664
64	7.50	244.342	244.392	244.371	244.462	244.413	244.568	244.476	244.744
65	7.50	248.269	248.319	248.299	248.390	248.341	248.496	248.404	248.672
66	7.50	252.346	252.396	252.376	252.467	252.418	252.573	252.482	252.750
67	7.50	256.276	256.325	256.305	256.396	256.348	256.503	256.412	256.680
68	7.50	260.350	260.400	260.380	260.471	260.423	260.577	260.487	260.755
69	7.50	264.282	264.331	264.312	264.402	264.354	264.509	264.419	264.687
70	7.50	268.354	268.403	268.384	268.475	268.427	268.582	268.492	268.760
71	7.50	272.287	272.336	272.318	272.408	272.361	272.515	272.426	272.694
72	7.50	276.358	276.407	276.388	276.478	276.432	276.586	276.497	276.765
73	7.50	280.293	280.342	280.323	280.413	280.367	280.521	280.433	280.700
74	7.50	284.361	284.410	284.392	284.482	284.436	284.590	284.502	284.769
75	7.50	288.298	288.347	288.329	288.419	288.373	288.527	288.440	288.707
76	7.50	292.364	292.413	292.396	292.485	292.440	292.594	292.507	292.774
77	7.50	296.303	296.351	296.334	296.424	296.378	296.532	296.446	296.713
78	7.50	300.368	300.416	300.399	300.488	300.444	300.597	300.511	300.778
79	7.50	304.307	304.356	304.339	304.428	304.384	304.537	304.452	304.719
80	7.50	308.371	308.419	308.402	308.492	308.447	308.601	308.516	308.783
81	7.50	312.312	312.360	312.344	312.433	312.389	312.542	312.458	312.724
82	7.50	316.373	316.421	316.406	316.495	316.451	316.604	316.520	316.787
83	7.50	320.316	320.364	320.348	320.437	320.394	320.547	320.463	320.730
84	7.50	324.376	324.424	324.409	324.497	324.454	324.607	324.524	324.791
85	7.50	328.320	328.368	328.353	328.441	328.399	328.552	328.469	328.735
86	7.50	332.379	332.426	332.412	332.500	332.458	332.611	332.528	332.794
87	7.50	336.324	336.371	336.357	336.445	336.403	336.556	336.474	336.740
88	7.50	340.382	340.429	340.414	340.503	340.461	340.614	340.532	340.798
89	7.50	344.328	344.375	344.361	344.449	344.408	344.560	344.479	344.745
90	7.50	348.384	348.431	348.417	348.505	348.464	348.617	348.536	348.802
91	7.50	352.332	352.378	352.365	352.453	352.412	352.564	352.484	352.750
92	7.50	356.386	356.433	356.420	356.508	356.467	356.619	356.539	356.805
93	7.50	360.335	360.382	360.369	360.456	360.416	360.568	360.489	360.755
94	7.50	364.389	364.435	364.422	364.510	364.470	364.622	364.543	364.809
95	7.50	368.338	368.385	368.372	368.460	368.420	368.572	368.493	368.759
96	7.50	372.391	372.437	372.425	372.512	372.473	372.625	372.546	372.812
97	7.50	376.342	376.388	376.376	376.463	376.424	376.576	376.498	376.764
98	7.50	380.393	380.439	380.427	380.515	380.476	380.628	380.550	380.816
99	7.50	384.345	384.391	384.379	384.466	384.428	384.579	384.502	384.768
100	7.50	388.395	388.441	388.430	388.517	388.479	388.630	388.553	388.819

表 11 棒间距 M_{Ri}

30°内花键 模数 m=5 mm 作用齿槽宽最小值 $E_{v\ min}$=7.854 mm 单位为毫米

齿数 z	量棒直径 D_{Ri}	E_{min}和E_{max}的棒间距 M_{Ri}							
		4H		5H		6H		7H	
		min	max	min	max	min	max	min	max
10	8.50	37.586	37.667	37.611	37.746	37.647	37.863	37.703	38.053
11	8.50	42.150	42.225	42.173	42.299	42.207	42.410	42.260	42.591
12	9.00	45.810	45.897	45.838	45.984	45.878	46.112	45.940	46.320
13	9.00	50.491	50.571	50.517	50.652	50.555	50.773	50.614	50.969
14	9.00	56.015	56.091	56.040	56.170	56.077	56.287	56.134	56.478
15	9.00	60.698	60.771	60.723	60.847	60.759	60.961	60.815	61.147
16	9.00	66.136	66.208	66.161	66.282	66.196	66.394	66.252	66.578
17	9.00	70.839	70.908	70.863	70.981	70.898	71.091	70.953	71.272
18	9.00	76.218	76.286	76.243	76.359	76.278	76.468	76.332	76.648
19	9.00	80.942	81.008	80.966	81.080	81.001	81.188	81.055	81.366
20	9.00	86.278	86.343	86.302	86.415	86.337	86.522	86.392	86.700
21	9.00	91.021	91.086	91.046	91.157	91.081	91.264	91.135	91.440
22	9.00	96.323	96.387	96.348	96.458	96.383	96.565	96.438	96.741
23	9.00	101.085	101.148	101.109	101.219	101.145	101.325	101.200	101.500
24	9.00	106.359	106.422	106.384	106.493	106.419	106.599	106.475	106.774
25	9.00	111.137	111.199	111.162	111.270	111.198	111.375	111.253	111.550
26	9.00	116.388	116.450	116.413	116.521	116.449	116.626	116.505	116.802
27	9.00	121.180	121.241	121.206	121.312	121.242	121.418	121.298	121.593
28	9.00	126.413	126.473	126.438	126.544	126.475	126.650	126.531	126.826
29	9.00	131.217	131.278	131.243	131.348	131.280	131.454	131.336	131.630
30	9.00	136.433	136.493	136.459	136.564	136.496	136.670	136.553	136.846
31	9.50	139.627	139.688	139.654	139.761	139.692	139.870	139.751	140.051
32	9.50	144.832	144.893	144.859	144.966	144.898	145.075	144.957	145.257
33	9.50	149.664	149.725	149.691	149.798	149.730	149.907	149.790	150.088
34	9.50	154.857	154.917	154.884	154.990	154.923	155.099	154.983	155.281
35	9.50	159.697	159.757	159.725	159.830	159.764	159.939	159.824	160.121
36	9.50	164.878	164.937	164.906	165.010	164.945	165.120	165.006	165.302
37	9.50	169.726	169.785	169.754	169.858	169.794	169.968	169.854	170.150
38	9.50	174.897	174.955	174.925	175.029	174.965	175.138	175.026	175.321
39	9.50	179.752	179.810	179.780	179.883	179.820	179.993	179.882	180.176
40	9.50	184.914	184.972	184.942	185.045	184.982	185.155	185.044	185.338
41	9.50	189.775	189.833	189.803	189.906	189.844	190.016	189.906	190.199
42	9.50	194.928	194.986	194.957	195.060	194.998	195.170	195.061	195.353
43	9.50	199.796	199.853	199.825	199.927	199.866	200.037	199.929	200.221
44	9.50	204.942	204.999	204.971	205.073	205.012	205.183	205.076	205.367
45	9.50	209.814	209.871	209.844	209.945	209.885	210.056	209.949	210.240
46	9.50	214.954	215.011	214.984	215.085	215.025	215.196	215.090	215.380
47	9.50	219.832	219.888	219.861	219.962	219.903	220.073	219.968	220.258
48	9.50	224.965	225.021	224.995	225.096	225.037	225.207	225.102	225.392
49	9.50	229.847	229.903	229.877	229.978	229.920	230.089	229.985	230.275
50	9.50	234.975	235.031	235.006	235.106	235.049	235.218	235.114	235.404
51	9.50	239.862	239.917	239.892	239.992	239.935	240.104	240.001	240.290
52	9.50	244.985	245.040	245.015	245.115	245.059	245.227	245.125	245.414
53	9.50	249.875	249.930	249.906	250.005	249.950	250.118	250.016	250.305
54	9.50	254.993	255.048	255.024	255.123	255.068	255.236	255.135	255.424
55	9.50	259.888	259.942	259.919	260.018	259.963	260.131	260.030	260.318

表 11（续）

单位为毫米

齿数 z	量棒直径 D_{Ri}	E_{min} 和 E_{max} 的棒间距 M_{Ri}							
		4H		5H		6H		7H	
		min	max	min	max	min	max	min	max
56	9.50	265.001	265.056	265.033	265.131	265.077	265.245	265.145	265.433
57	9.50	269.899	269.953	269.931	270.029	269.975	270.142	270.043	270.331
58	9.50	275.009	275.063	275.041	275.139	275.086	275.253	275.154	275.442
59	9.50	279.910	279.964	279.942	280.040	279.987	280.154	280.056	280.343
60	9.50	285.016	285.070	285.048	285.146	285.093	285.260	285.163	285.450
61	9.50	289.920	289.973	289.952	290.050	289.998	290.164	290.067	290.354
62	9.50	295.022	295.076	295.055	295.152	295.101	295.267	295.171	295.458
63	9.50	299.929	299.982	299.962	300.059	300.008	300.174	300.078	300.365
64	9.50	305.029	305.082	305.061	305.158	305.108	305.273	305.178	305.465
65	9.50	309.938	309.991	309.971	310.068	310.018	310.183	310.089	310.375
66	9.50	315.034	315.087	315.067	315.164	315.114	315.280	315.186	315.472
67	9.50	319.947	319.999	319.980	320.076	320.027	320.192	320.099	320.385
68	9.50	325.040	325.092	325.073	325.170	325.121	325.286	325.193	325.479
69	9.50	329.954	330.007	329.988	330.084	330.036	330.200	330.108	330.394
70	9.50	335.045	335.097	335.079	335.175	335.127	335.291	335.199	335.485
71	9.50	339.962	340.014	339.996	340.092	340.044	340.208	340.117	340.403
72	9.50	345.050	345.102	345.084	345.180	345.132	345.297	345.206	345.491
73	9.50	349.969	350.021	350.003	350.099	350.052	350.216	350.126	350.411
74	9.50	355.054	355.106	355.089	355.184	355.138	355.302	355.212	355.497
75	9.50	359.976	360.027	360.010	360.105	360.059	360.223	360.134	360.419
76	9.50	365.059	365.110	365.094	365.189	365.143	365.307	365.218	365.503
77	9.50	369.982	370.033	370.017	370.112	370.066	370.230	370.142	370.427
78	9.50	375.063	375.114	375.098	375.193	375.148	375.311	375.224	375.509
79	9.50	379.988	380.039	380.023	380.118	380.073	380.237	380.149	380.434
80	9.50	385.067	385.118	385.103	385.197	385.153	385.316	385.229	385.514
81	9.50	389.994	390.044	390.029	390.124	390.080	390.243	390.157	390.441
82	9.50	395.071	395.121	395.107	395.201	395.157	395.320	395.234	395.519
83	9.50	399.999	400.050	400.035	400.129	400.086	400.249	400.164	400.448
84	9.50	405.075	405.125	405.111	405.205	405.162	405.325	405.240	405.524
85	9.50	410.005	410.055	410.041	410.135	410.092	410.255	410.170	410.455
86	9.50	415.078	415.128	415.115	415.208	415.166	415.329	415.245	415.529
87	9.50	420.010	420.060	420.046	420.140	420.098	420.260	420.177	420.461
88	9.50	425.081	425.131	425.118	425.212	425.170	425.332	425.249	425.534
89	9.50	430.015	430.064	430.052	430.145	430.104	430.266	430.183	430.467
90	9.50	435.085	435.134	435.122	435.215	435.174	435.336	435.254	435.538
91	9.50	440.019	440.069	440.057	440.150	440.109	440.271	440.189	440.473
92	9.50	445.088	445.137	445.125	445.218	445.178	445.340	445.259	445.543
93	9.50	450.024	450.073	450.061	450.154	450.115	450.276	450.195	450.479
94	9.50	455.091	455.140	455.129	455.221	455.182	455.343	455.263	455.547
95	9.50	460.028	460.077	460.066	460.159	460.120	460.281	460.201	460.485
96	9.50	465.094	465.142	465.132	465.224	465.186	465.347	465.267	465.551
97	9.50	470.032	470.081	470.070	470.163	470.125	470.286	470.207	470.490
98	9.50	475.097	475.145	475.135	475.227	475.189	475.350	475.272	475.555
99	9.50	480.036	480.085	480.075	480.167	480.129	480.290	480.212	480.496
100	9.50	485.099	485.147	485.138	485.230	485.193	485.353	485.276	485.559

表 12 棒间距 M_{Ri}

30°内花键　模数 m=6 mm　作用齿槽宽最小值 $E_{v\,min}$=9.425 mm　　单位为毫米

齿数 z	量棒直径 D_{Ri}	E_{min}和E_{max}的棒间距M_{Ri}							
		4H		5H		6H		7H	
		min	max	min	max	min	max	min	max
10	10.60	43.402	43.509	43.436	43.613	43.484	43.765	43.559	44.009
11	10.60	49.013	49.104	49.042	49.196	49.085	49.331	49.151	49.550
12	10.60	55.770	55.855	55.798	55.942	55.839	56.070	55.902	56.280
13	10.60	61.346	61.425	61.372	61.508	61.411	61.630	61.471	61.830
14	10.60	67.953	68.030	67.979	68.110	68.018	68.230	68.077	68.427
15	10.60	73.552	73.626	73.578	73.704	73.615	73.821	73.674	74.014
16	10.60	80.066	80.139	80.092	80.216	80.130	80.332	80.188	80.523
17	10.60	85.696	85.767	85.722	85.843	85.759	85.957	85.817	86.145
18	10.60	92.144	92.214	92.170	92.290	92.208	92.404	92.265	92.592
19	10.60	97.804	97.872	97.829	97.947	97.867	98.060	97.924	98.246
20	10.60	104.202	104.270	104.228	104.345	104.265	104.457	104.324	104.644
21	10.60	109.888	109.955	109.914	110.029	109.951	110.141	110.009	110.326
22	11.20	114.227	114.296	114.254	114.375	114.294	114.493	114.356	114.687
23	11.20	119.953	120.022	119.981	120.100	120.021	120.216	120.082	120.410
24	11.20	126.289	126.357	126.317	126.435	126.357	126.551	126.418	126.744
25	11.20	132.032	132.099	132.060	132.176	132.100	132.292	132.162	132.485
26	11.20	138.339	138.405	138.367	138.483	138.407	138.599	138.469	138.791
27	11.20	144.097	144.163	144.125	144.240	144.166	144.355	144.228	144.547
28	11.20	150.380	150.445	150.408	150.522	150.449	150.638	150.512	150.830
29	11.20	156.152	156.216	156.180	156.294	156.221	156.409	156.284	156.600
30	11.20	162.414	162.478	162.443	162.555	162.484	162.671	162.547	162.863
31	11.20	168.199	168.262	168.228	168.339	168.269	168.455	168.333	168.646
32	11.20	174.443	174.507	174.473	174.584	174.514	174.699	174.578	174.891
33	11.20	180.240	180.302	180.269	180.379	180.311	180.495	180.375	180.687
34	11.20	186.469	186.531	186.498	186.608	186.540	186.724	186.605	186.916
35	11.20	192.275	192.337	192.305	192.414	192.347	192.530	192.412	192.722
36	11.20	198.491	198.553	198.521	198.630	198.563	198.746	198.629	198.939
37	11.20	204.307	204.368	204.337	204.445	204.380	204.561	204.445	204.754
38	11.20	210.510	210.571	210.541	210.649	210.584	210.765	210.650	210.959
39	11.20	216.335	216.395	216.365	216.473	216.409	216.589	216.475	216.783
40	11.20	222.528	222.588	222.558	222.666	222.602	222.783	222.669	222.977
41	11.20	228.360	228.420	228.391	228.498	228.435	228.614	228.502	228.809
42	11.20	234.543	234.603	234.574	234.681	234.619	234.798	234.687	234.993
43	11.20	240.382	240.442	240.414	240.520	240.458	240.637	240.527	240.832
44	11.20	246.557	246.616	246.589	246.695	246.634	246.812	246.703	247.008
45	11.20	252.403	252.462	252.435	252.541	252.480	252.658	252.549	252.854
46	11.20	258.570	258.629	258.602	258.707	258.647	258.825	258.717	259.022
47	11.20	264.422	264.480	264.454	264.559	264.500	264.677	264.570	264.874
48	11.20	270.582	270.640	270.614	270.719	270.660	270.837	270.731	271.034
49	11.20	276.439	276.497	276.472	276.576	276.518	276.695	276.589	276.892
50	11.20	282.592	282.650	282.625	282.729	282.672	282.848	282.743	283.046
51	11.20	288.455	288.513	288.488	288.592	288.535	288.711	288.607	288.909
52	11.20	294.602	294.659	294.635	294.739	294.682	294.859	294.755	295.057
53	11.20	300.470	300.527	300.503	300.607	300.551	300.726	300.623	300.925
54	11.20	306.611	306.668	306.645	306.748	306.693	306.868	306.765	307.068
55	11.20	312.483	312.540	312.517	312.620	312.565	312.740	312.639	312.940

表 12（续）

单位为毫米

齿数 z	量棒直径 D_{Ri}	E_{min} 和 E_{max} 的棒间距 M_{Ri}							
		4H		5H		6H		7H	
		min	max	min	max	min	max	min	max
56	11.20	318.620	318.676	318.654	318.756	318.702	318.877	318.776	319.078
57	11.20	324.496	324.552	324.530	324.633	324.579	324.754	324.653	324.955
58	11.20	330.627	330.683	330.662	330.764	330.711	330.885	330.785	331.087
59	11.20	336.508	336.564	336.542	336.645	336.592	336.766	336.667	336.968
60	11.20	342.635	342.690	342.670	342.772	342.719	342.893	342.794	343.095
61	11.20	348.519	348.574	348.554	348.656	348.604	348.778	348.680	348.980
62	11.20	354.642	354.697	354.677	354.778	354.727	354.901	354.803	355.104
63	11.20	360.529	360.584	360.565	360.666	360.615	360.788	360.692	360.992
64	11.20	366.648	366.703	366.684	366.785	366.734	366.908	366.811	367.112
65	11.20	372.539	372.594	372.575	372.676	372.626	372.799	372.703	373.003
66	11.20	378.654	378.709	378.690	378.791	378.741	378.914	378.819	379.119
67	11.20	384.548	384.603	384.584	384.685	384.636	384.809	384.714	385.014
68	11.20	390.660	390.714	390.696	390.797	390.748	390.920	390.827	391.126
69	11.20	396.557	396.611	396.593	396.694	396.646	396.818	396.725	397.024
70	11.20	402.665	402.719	402.702	402.802	402.754	402.926	402.834	403.133
71	11.20	408.565	408.619	408.602	408.702	408.655	408.827	408.735	409.034
72	11.20	414.670	414.724	414.708	414.807	414.760	414.932	414.841	415.140
73	11.20	420.573	420.626	420.610	420.710	420.663	420.835	420.744	421.043
74	11.20	426.675	426.729	426.713	426.812	426.766	426.938	426.847	427.146
75	11.20	432.580	432.634	432.618	432.717	432.672	432.843	432.753	433.052
76	11.20	438.680	438.733	438.718	438.817	438.772	438.943	438.854	439.153
77	11.20	444.587	444.640	444.625	444.724	444.680	444.851	444.762	445.061
78	11.20	450.684	450.737	450.723	450.822	450.777	450.948	450.860	451.158
79	11.20	456.594	456.647	456.633	456.731	456.687	456.858	456.770	457.069
80	11.20	462.689	462.741	462.727	462.826	462.782	462.953	462.866	463.164
81	11.20	468.601	468.653	468.639	468.738	468.695	468.865	468.778	469.077
82	11.20	474.693	474.745	474.732	474.830	474.787	474.958	474.871	475.170
83	11.20	480.607	480.659	480.646	480.744	480.702	480.872	480.786	481.084
84	11.20	486.697	486.749	486.736	486.835	486.792	486.964	486.877	487.178
85	11.20	492.613	492.665	492.652	492.751	492.708	492.880	492.794	493.095
86	11.20	498.700	498.753	498.740	498.839	498.797	498.968	498.882	499.184
87	11.20	504.618	504.670	504.658	504.757	504.715	504.887	504.801	505.102
88	11.20	510.704	510.756	510.744	510.843	510.801	510.973	510.888	511.189
89	11.20	516.623	516.676	516.664	516.763	516.721	516.893	516.808	517.110
90	11.20	522.707	522.760	522.748	522.847	522.805	522.977	522.893	523.195
91	11.20	528.629	528.681	528.669	528.768	528.727	528.899	528.815	529.117
92	11.20	534.711	534.763	534.752	534.850	534.810	534.982	534.898	535.200
93	11.20	540.634	540.686	540.675	540.773	540.733	540.905	540.821	541.124
94	11.20	546.714	546.766	546.755	546.854	546.814	546.986	546.902	547.206
95	11.20	552.638	552.690	552.680	552.779	552.739	552.911	552.828	553.131
96	11.20	558.717	558.769	558.759	558.857	558.818	558.990	558.907	559.211
97	11.20	564.643	564.695	564.685	564.784	564.744	564.917	564.834	565.138
98	11.20	570.720	570.772	570.762	570.861	570.821	570.994	570.912	571.216
99	11.20	576.647	576.699	576.689	576.788	576.749	576.922	576.840	577.145
100	11.20	582.723	582.775	582.765	582.864	582.825	582.998	582.916	583.221

表 13 棒间距 M_{Ri}

30°内花键 模数 m=8 mm 作用齿槽宽最小值 $E_{v\ min}$=12.566 mm 单位为毫米

齿数 z	量棒直径 D_{Ri}	E_{min}和E_{max}的棒间距M_{Ri}							
		4H		5H		6H		7H	
		min	max	min	max	min	max	min	max
10	14.00	58.461	58.568	58.496	58.677	58.549	58.836	58.629	59.095
11	14.00	65.881	65.976	65.913	66.074	65.961	66.218	66.034	66.454
12	14.00	74.865	74.955	74.896	75.048	74.942	75.186	75.012	75.413
13	14.00	82.277	82.362	82.307	82.450	82.351	82.583	82.419	82.801
14	14.00	91.076	91.158	91.106	91.245	91.149	91.375	91.216	91.591
15	14.00	98.529	98.608	98.558	98.694	98.601	98.821	98.667	99.031
16	14.00	107.209	107.287	107.238	107.371	107.281	107.498	107.347	107.707
17	14.00	114.708	114.783	114.737	114.867	114.779	114.992	114.845	115.198
18	14.00	123.302	123.376	123.331	123.460	123.374	123.584	123.440	123.790
19	14.00	130.842	130.915	130.871	130.998	130.914	131.121	130.980	131.326
20	15.00	135.949	136.028	135.981	136.117	136.028	136.250	136.099	136.470
21	15.00	143.564	143.641	143.596	143.729	143.642	143.861	143.714	144.079
22	15.00	152.061	152.137	152.093	152.224	152.139	152.355	152.211	152.572
23	15.00	159.699	159.773	159.731	159.860	159.777	159.990	159.848	160.205
24	15.00	168.148	168.221	168.180	168.308	168.226	168.438	168.298	168.653
25	15.00	175.807	175.879	175.839	175.966	175.886	176.095	175.957	176.309
26	15.00	184.217	184.289	184.249	184.375	184.296	184.504	184.368	184.718
27	15.00	191.896	191.967	191.929	192.053	191.976	192.181	192.048	192.395
28	15.00	200.274	200.344	200.307	200.430	200.354	200.559	200.426	200.772
29	15.00	207.971	208.041	208.004	208.127	208.052	208.255	208.124	208.468
30	15.00	216.322	216.391	216.355	216.476	216.402	216.605	216.476	216.818
31	15.00	224.035	224.104	224.069	224.189	224.117	224.318	224.190	224.531
32	15.00	232.362	232.430	232.396	232.516	232.444	232.644	232.518	232.858
33	15.00	240.091	240.158	240.125	240.244	240.173	240.372	240.248	240.586
34	15.00	248.397	248.464	248.431	248.550	248.480	248.679	248.555	248.893
35	15.00	256.139	256.206	256.174	256.292	256.223	256.421	256.298	256.635
36	15.00	264.427	264.493	264.462	264.580	264.511	264.709	264.587	264.923
37	15.00	272.182	272.248	272.217	272.334	272.267	272.463	272.343	272.678
38	15.00	280.454	280.519	280.489	280.606	280.539	280.735	280.616	280.950
39	15.00	288.220	288.285	288.255	288.372	288.306	288.501	288.383	288.716
40	15.00	296.478	296.543	296.513	296.629	296.564	296.759	296.642	296.975
41	15.00	304.254	304.319	304.290	304.405	304.341	304.535	304.419	304.751
42	15.00	312.499	312.563	312.535	312.650	312.587	312.780	312.665	312.997
43	15.00	320.285	320.349	320.321	320.436	320.373	320.566	320.452	320.783
44	15.00	328.518	328.582	328.555	328.669	328.607	328.800	328.687	329.017
45	15.00	336.313	336.376	336.350	336.464	336.402	336.595	336.482	336.812
46	15.00	344.536	344.598	344.573	344.686	344.626	344.818	344.706	345.036
47	15.00	352.339	352.401	352.376	352.489	352.429	352.620	352.510	352.839
48	15.00	360.552	360.614	360.589	360.702	360.643	360.834	360.724	361.053
49	15.00	368.362	368.424	368.400	368.512	368.453	368.644	368.536	368.864
50	15.00	376.566	376.628	376.604	376.716	376.658	376.849	376.741	377.069
51	15.00	384.383	384.445	384.421	384.533	384.476	384.666	384.559	384.887
52	15.00	392.580	392.641	392.618	392.729	392.673	392.862	392.756	393.084
53	15.00	400.403	400.464	400.442	400.553	400.497	400.686	400.581	400.908
54	15.00	408.592	408.652	408.631	408.742	408.686	408.875	408.771	409.098
55	15.00	416.422	416.482	416.461	416.571	416.517	416.705	416.602	416.928

表 13（续）

单位为毫米

齿数 z	量棒直径 D_{Ri}	E_{min} 和 E_{max} 的棒间距 M_{Ri}							
		4H		5H		6H		7H	
		min	max	min	max	min	max	min	max
56	15.00	424.603	424.663	424.643	424.753	424.699	424.887	424.784	425.111
57	15.00	432.439	432.499	432.478	432.588	432.535	432.723	432.621	432.947
58	15.00	440.614	440.674	440.654	440.764	440.711	440.899	440.797	441.123
59	15.00	448.455	448.514	448.495	448.604	448.552	448.739	448.639	448.964
60	15.00	456.624	456.683	456.664	456.774	456.722	456.909	456.809	457.135
61	15.00	464.470	464.529	464.510	464.619	464.568	464.755	464.656	464.981
62	15.00	472.633	472.692	472.674	472.783	472.732	472.919	472.821	473.146
63	15.00	480.484	480.543	480.524	480.634	480.583	480.771	480.672	480.999
64	15.00	488.642	488.701	488.683	488.793	488.742	488.930	488.831	489.159
65	15.00	496.497	496.556	496.538	496.648	496.597	496.786	496.687	497.015
66	15.00	504.650	504.709	504.692	504.801	504.751	504.940	504.842	505.170
67	15.00	512.509	512.568	512.551	512.660	512.611	512.799	512.702	513.030
68	15.00	520.658	520.717	520.700	520.809	520.760	520.949	520.852	521.180
69	15.00	528.521	528.579	528.563	528.672	528.623	528.812	528.715	529.044
70	15.00	536.665	536.724	536.708	536.817	536.768	536.957	536.861	537.190
71	15.00	544.532	544.590	544.574	544.684	544.636	544.824	544.728	545.058
72	15.00	552.672	552.731	552.715	552.825	552.777	552.965	552.870	553.200
73	15.00	560.542	560.601	560.585	560.695	560.647	560.836	560.741	561.071
74	15.00	568.679	568.737	568.722	568.832	568.784	568.973	568.878	569.209
75	15.00	576.552	576.610	576.596	576.705	576.658	576.847	576.753	577.084
76	15.00	584.685	584.743	584.729	584.838	584.791	584.981	584.887	585.218
77	15.00	592.561	592.620	592.606	592.715	592.669	592.858	592.764	593.096
78	15.00	600.691	600.749	600.735	600.845	600.799	600.988	600.895	601.227
79	15.00	608.570	608.629	608.615	608.725	608.679	608.868	608.775	609.108
80	15.00	616.696	616.755	616.741	616.851	616.805	616.995	616.902	617.235
81	15.00	624.579	624.637	624.624	624.734	624.688	624.878	624.786	625.119
82	15.00	632.702	632.760	632.747	632.857	632.812	633.002	632.910	633.244
83	15.00	640.587	640.645	640.632	640.742	640.697	640.888	640.796	641.130
84	15.00	648.707	648.765	648.753	648.863	648.818	649.009	648.917	649.252
85	15.00	656.595	656.653	656.641	656.751	656.706	656.897	656.806	657.141
86	15.00	664.712	664.770	664.758	664.868	664.824	665.015	664.924	665.260
87	15.00	672.602	672.660	672.649	672.759	672.715	672.906	672.815	673.152
88	15.00	680.717	680.775	680.763	680.874	680.830	681.021	680.931	681.268
89	15.00	688.610	688.668	688.656	688.767	688.723	688.915	688.824	689.162
90	15.00	696.721	696.780	696.768	696.879	696.835	697.028	696.937	697.275
91	15.00	704.616	704.675	704.664	704.774	704.731	704.923	704.833	705.172
92	15.00	712.726	712.784	712.773	712.884	712.841	713.033	712.943	713.283
93	15.00	720.623	720.681	720.671	720.781	720.739	720.931	720.842	721.181
94	15.00	728.730	728.788	728.778	728.889	728.846	729.039	728.950	729.290
95	15.00	736.629	736.688	736.677	736.788	736.746	736.939	736.850	737.191
96	15.00	744.734	744.792	744.782	744.893	744.851	745.045	744.956	745.297
97	15.00	752.635	752.694	752.684	752.795	752.753	752.947	752.858	753.200
98	15.00	760.738	760.796	760.787	760.898	760.856	761.050	760.961	761.304
99	15.00	768.641	768.700	768.690	768.802	768.760	768.955	768.866	769.209
100	15.00	776.742	776.800	776.791	776.903	776.861	777.056	776.967	777.311

表 14 棒间距 M_{Ri}

30°内花键 模数 m=10 mm 作用齿槽宽最小值 $E_{v\ min}$=15.708 mm 单位为毫米

齿数 z	量棒直径 D_{Ri}	E_{min}和E_{max}的棒间距M_{Ri}							
		4H		5H		6H		7H	
		min	max	min	max	min	max	min	max
10	17.00	75.139	75.237	75.173	75.338	75.223	75.489	75.302	75.736
11	17.00	84.268	84.358	84.300	84.454	84.348	84.596	84.423	84.830
12	17.00	95.433	95.520	95.465	95.614	95.512	95.753	95.585	95.983
13	18.00	100.946	101.043	100.983	101.147	101.036	101.302	101.118	101.557
14	18.00	111.995	112.087	112.030	112.188	112.082	112.338	112.162	112.585
15	18.00	121.362	121.450	121.397	121.548	121.447	121.693	121.526	121.933
16	18.00	132.238	132.324	132.273	132.420	132.323	132.563	132.401	132.800
17	18.00	141.644	141.727	141.677	141.821	141.727	141.961	141.804	142.194
18	18.00	152.402	152.484	152.436	152.577	152.486	152.717	152.563	152.948
19	18.00	161.850	161.929	161.884	162.022	161.933	162.160	162.009	162.388
20	18.00	172.521	172.600	172.555	172.692	172.605	172.829	172.682	173.058
21	18.00	182.008	182.086	182.043	182.177	182.092	182.314	182.169	182.540
22	18.00	192.612	192.688	192.646	192.779	192.696	192.916	192.773	193.142
23	18.00	202.135	202.211	202.170	202.301	202.220	202.437	202.297	202.663
24	18.00	212.683	212.758	212.718	212.849	212.769	212.985	212.846	213.211
25	18.00	222.239	222.313	222.274	222.403	222.324	222.539	222.402	222.764
26	18.00	232.741	232.815	232.777	232.905	232.828	233.041	232.906	233.267
27	18.00	242.325	242.398	242.361	242.488	242.412	242.624	242.491	242.849
28	18.00	252.790	252.862	252.825	252.952	252.877	253.088	252.957	253.314
29	18.00	262.399	262.470	262.435	262.561	262.487	262.697	262.567	262.923
30	18.00	272.830	272.901	272.867	272.992	272.919	273.128	273.000	273.355
31	18.00	282.462	282.533	282.499	282.624	282.552	282.760	282.633	282.986
32	18.00	292.865	292.935	292.902	293.026	292.955	293.163	293.037	293.390
33	18.00	302.518	302.587	302.555	302.678	302.608	302.815	302.690	303.042
34	18.00	312.896	312.965	312.933	313.056	312.987	313.193	313.070	313.421
35	18.00	322.566	322.635	322.604	322.726	322.658	322.863	322.741	323.091
36	18.00	332.922	332.990	332.960	333.082	333.015	333.220	333.099	333.449
37	18.00	342.609	342.677	342.647	342.769	342.703	342.907	342.787	343.136
38	18.00	352.946	353.013	352.984	353.106	353.040	353.244	353.125	353.474
39	18.00	362.648	362.715	362.686	362.807	362.742	362.945	362.828	363.176
40	18.00	372.967	373.034	373.006	373.126	373.062	373.265	373.149	373.496
41	18.00	382.682	382.749	382.722	382.841	382.779	382.981	382.865	383.212
42	19.00	389.817	389.884	389.857	389.979	389.916	390.121	390.005	390.358
43	19.00	399.551	399.618	399.592	399.713	399.650	399.855	399.740	400.092
44	19.00	409.843	409.910	409.884	410.005	409.943	410.148	410.034	410.386
45	19.00	419.588	419.654	419.629	419.750	419.689	419.893	419.780	420.131
46	19.00	429.867	429.933	429.909	430.029	429.969	430.172	430.060	430.411
47	19.00	439.622	439.688	439.664	439.783	439.724	439.927	439.816	440.166
48	19.00	449.889	449.954	449.931	450.050	449.992	450.194	450.084	450.434
49	19.00	459.653	459.718	459.695	459.814	459.756	459.959	459.849	460.199
50	19.00	469.909	469.974	469.951	470.070	470.013	470.215	470.107	470.455
51	19.00	479.682	479.747	479.724	479.844	479.786	479.989	479.880	480.232
52	19.00	489.927	489.992	489.970	490.090	490.033	490.236	490.127	490.479
53	19.00	499.708	499.773	499.751	499.870	499.814	500.017	499.909	500.261
54	19.00	509.944	510.009	509.988	510.107	510.051	510.254	510.147	510.498
55	19.00	519.732	519.797	519.776	519.895	519.839	520.042	519.936	520.288

表 14（续）

单位为毫米

齿数 z	量棒直径 D_{Ri}	E_{min} 和 E_{max} 的棒间距 M_{Ri}							
		4H		5H		6H		7H	
		min	max	min	max	min	max	min	max
56	19.00	529.960	530.024	530.004	530.123	530.068	530.271	530.165	530.517
57	19.00	539.755	539.819	539.799	539.918	539.863	540.066	539.961	540.313
58	19.00	549.974	550.038	550.019	550.138	550.083	550.287	550.181	550.534
59	19.00	559.776	559.840	559.821	559.939	559.886	560.089	559.984	560.337
60	19.00	569.988	570.052	570.033	570.152	570.098	570.301	570.197	570.551
61	19.00	579.795	579.859	579.841	579.960	579.907	580.110	580.006	580.360
62	19.00	590.000	590.064	590.046	590.165	590.112	590.316	590.212	590.567
63	19.00	599.814	599.878	599.860	599.979	599.926	600.130	600.027	600.382
64	19.00	610.012	610.076	610.058	610.177	610.125	610.329	610.227	610.582
65	19.00	619.831	619.895	619.878	619.996	619.945	620.149	620.047	620.402
66	19.00	630.023	630.087	630.070	630.189	630.137	630.342	630.240	630.596
67	19.00	639.847	639.911	639.894	640.013	639.962	640.167	640.065	640.422
68	19.00	650.033	650.097	650.081	650.200	650.149	650.354	650.253	650.610
69	19.00	659.863	659.926	659.910	660.029	659.979	660.184	660.083	660.441
70	19.00	670.043	670.107	670.091	670.210	670.160	670.365	670.265	670.624
71	19.00	679.877	679.941	679.925	680.044	679.995	680.200	680.100	680.459
72	19.00	690.053	690.116	690.101	690.220	690.171	690.377	690.277	690.636
73	19.00	699.891	699.954	699.939	700.059	700.009	700.215	700.116	700.476
74	19.00	710.062	710.125	710.110	710.230	710.181	710.387	710.288	710.649
75	19.00	719.904	719.967	719.953	720.072	720.024	720.230	720.131	720.493
76	19.00	730.070	730.134	730.119	730.239	730.191	730.397	730.299	730.661
77	19.00	739.916	739.980	739.966	740.086	740.037	740.244	740.146	740.509
78	19.00	750.078	750.142	750.128	750.248	750.200	750.407	750.309	750.673
79	19.00	759.928	759.991	759.978	760.098	760.050	760.258	760.160	760.524
80	19.00	770.085	770.149	770.136	770.256	770.209	770.417	770.319	770.684
81	19.00	779.939	780.003	779.990	780.110	780.063	780.271	780.173	780.539
82	19.00	790.093	790.157	790.144	790.264	790.217	790.426	790.328	790.695
83	19.00	799.950	800.013	800.001	800.122	800.074	800.284	800.186	800.554
84	19.00	810.100	810.164	810.151	810.272	810.225	810.435	810.337	810.706
85	19.00	819.960	820.024	820.011	820.133	820.086	820.296	820.199	820.568
86	19.00	830.106	830.170	830.158	830.280	830.233	830.444	830.346	830.716
87	19.00	839.969	840.034	840.022	840.143	840.097	840.308	840.210	840.581
88	19.00	850.113	850.177	850.165	850.287	850.240	850.452	850.355	850.727
89	19.00	859.979	860.043	860.031	860.153	860.107	860.319	860.222	860.595
90	19.00	870.119	870.183	870.172	870.294	870.248	870.460	870.363	870.737
91	19.00	879.988	880.052	880.041	880.163	880.117	880.330	880.233	880.608
92	19.00	890.125	890.189	890.178	890.301	890.255	890.468	890.371	890.747
93	19.00	899.996	900.061	900.050	900.173	900.127	900.341	900.244	900.620
94	19.00	910.130	910.195	910.184	910.307	910.262	910.476	910.379	910.756
95	19.00	920.005	920.069	920.059	920.182	920.137	920.351	920.254	920.632
96	19.00	930.136	930.201	930.190	930.314	930.268	930.483	930.387	930.766
97	19.00	940.013	940.077	940.067	940.191	940.146	940.361	940.264	940.644
98	19.00	950.141	950.206	950.196	950.320	950.275	950.491	950.394	950.775
99	19.00	960.020	960.085	960.075	960.200	960.154	960.371	960.274	960.656
100	19.00	970.146	970.211	970.201	970.326	970.281	970.498	970.401	970.784

表 15 跨棒距 M_{Re}

30°外花键 模数 m=0.5 mm 作用齿厚最大值 $S_{v\,max}$=0.785 mm 单位为毫米

齿数 z	量棒直径 D_{Re}	S_{min}和S_{max}的跨棒距 M_{Re}								变换系数 K_e
		4h		5h		6h		7h		
		min	max	min	max	min	max	min	max	
10	1.25	7.161	7.178	7.142	7.172	7.114	7.162	7.067	7.147	1.297 0
11	1.25	7.605	7.622	7.586	7.616	7.558	7.606	7.510	7.591	1.303 1
12	1.25	8.179	8.197	8.159	8.190	8.130	8.180	8.080	8.164	1.334 3
13	1.18	8.455	8.473	8.435	8.466	8.404	8.456	8.353	8.439	1.371 3
14	1.18	9.014	9.033	8.993	9.026	8.962	9.015	8.909	8.998	1.396 1
15	1.18	9.473	9.493	9.452	9.485	9.421	9.474	9.367	9.457	1.401 8
16	1.18	10.024	10.043	10.002	10.036	9.970	10.025	9.915	10.007	1.421 9
17	1.18	10.488	10.508	10.466	10.500	10.434	10.489	10.378	10.471	1.427 3
18	1.18	11.032	11.052	11.010	11.044	10.976	11.033	10.920	11.014	1.444 1
19	1.12	11.341	11.361	11.318	11.353	11.284	11.341	11.226	11.323	1.476 4
20	1.12	11.879	11.899	11.855	11.891	11.820	11.879	11.762	11.860	1.490 2
21	1.12	12.349	12.370	12.326	12.362	12.291	12.350	12.231	12.330	1.494 3
22	1.12	12.883	12.904	12.859	12.896	12.824	12.884	12.764	12.864	1.506 1
23	1.12	13.357	13.378	13.333	13.369	13.297	13.357	13.236	13.337	1.509 8
24	1.12	13.887	13.909	13.863	13.900	13.826	13.887	13.765	13.867	1.520 1
25	1.12	14.363	14.384	14.338	14.375	14.302	14.363	14.240	14.343	1.523 5
26	1.12	14.891	14.912	14.866	14.903	14.829	14.891	14.766	14.870	1.532 5
27	1.12	15.368	15.390	15.343	15.381	15.306	15.368	15.243	15.347	1.535 5
28	1.12	15.894	15.916	15.869	15.907	15.831	15.894	15.767	15.873	1.543 5
29	1.12	16.373	16.395	16.348	16.386	16.309	16.372	16.245	16.351	1.546 3
30	1.12	16.897	16.919	16.871	16.909	16.832	16.896	16.768	16.875	1.553 4
31	1.12	17.377	17.399	17.351	17.390	17.312	17.376	17.247	17.355	1.556 0
32	1.12	17.899	17.921	17.873	17.912	17.834	17.898	17.768	17.876	1.562 3
33	1.12	18.380	18.403	18.354	18.393	18.315	18.380	18.249	18.358	1.564 7
34	1.12	18.901	18.923	18.875	18.914	18.835	18.900	18.769	18.878	1.570 4
35	1.12	19.384	19.406	19.357	19.396	19.317	19.382	19.250	19.360	1.572 6
36	1.12	19.903	19.926	19.876	19.916	19.836	19.902	19.769	19.879	1.577 8
37	1.12	20.387	20.409	20.360	20.399	20.319	20.385	20.252	20.362	1.579 8
38	1.12	20.905	20.927	20.878	20.917	20.837	20.903	20.769	20.880	1.584 5
39	1.12	21.389	21.412	21.362	21.402	21.321	21.387	21.252	21.364	1.586 4
40	1.12	21.906	21.929	21.879	21.919	21.838	21.904	21.769	21.881	1.590 7
41	1.12	22.391	22.414	22.364	22.404	22.323	22.389	22.253	22.366	1.592 5
42	1.12	22.908	22.931	22.880	22.920	22.838	22.906	22.769	22.882	1.596 5
43	1.12	23.393	23.416	23.366	23.406	23.324	23.391	23.254	23.368	1.598 1
44	1.12	23.909	23.932	23.881	23.922	23.839	23.907	23.768	23.883	1.601 7
45	1.12	24.395	24.418	24.367	24.408	24.325	24.393	24.254	24.369	1.603 3
46	1.12	24.910	24.933	24.882	24.923	24.839	24.908	24.768	24.884	1.606 6
47	1.12	25.397	25.420	25.369	25.410	25.326	25.394	25.255	25.370	1.608 1
48	1.12	25.911	25.934	25.883	25.924	25.840	25.908	25.768	25.884	1.611 2
49	1.12	26.399	26.422	26.370	26.411	26.327	26.396	26.255	26.371	1.612 5
50	1.12	26.912	26.936	26.883	26.925	26.840	26.909	26.768	26.885	1.615 4
51	1.12	27.400	27.424	27.371	27.413	27.328	27.397	27.255	27.372	1.616 7
52	1.12	27.913	27.936	27.884	27.925	27.840	27.910	27.767	27.885	1.619 4
53	1.12	28.402	28.425	28.372	28.414	28.329	28.398	28.255	28.373	1.620 6
54	1.12	28.914	28.937	28.885	28.926	28.841	28.910	28.767	28.885	1.623 1
55	1.12	29.403	29.426	29.373	29.415	29.329	29.399	29.255	29.374	1.624 2

表 15（续）

单位为毫米

齿数 z	量棒直径 D_{Re}	S_{min} 和 S_{max} 的跨棒距 M_{Re}								变换系数 K_e
		4h		5h		6h		7h		
		min	max	min	max	min	max	min	max	
56	1.12	29.915	29.938	29.885	29.927	29.841	29.911	29.766	29.885	1.626 6
57	1.12	30.404	30.427	30.374	30.416	30.330	30.400	30.255	30.374	1.627 6
58	1.12	30.915	30.939	30.886	30.928	30.841	30.911	30.766	30.886	1.629 9
59	1.12	31.405	31.429	31.375	31.417	31.330	31.401	31.255	31.375	1.630 9
60	1.12	31.916	31.940	31.886	31.928	31.841	31.912	31.766	31.886	1.632 9
61	1.12	32.406	32.430	32.376	32.418	32.331	32.402	32.255	32.375	1.633 9
62	1.12	32.917	32.940	32.886	32.929	32.841	32.912	32.765	32.886	1.635 9
63	1.12	33.407	33.431	33.377	33.419	33.331	33.402	33.255	33.376	1.636 7
64	1.12	33.917	33.941	33.887	33.929	33.841	33.912	33.765	33.886	1.638 6
65	1.12	34.408	34.431	34.377	34.420	34.331	34.403	34.255	34.376	1.639 4
66	1.12	34.918	34.941	34.887	34.930	34.841	34.913	34.764	34.886	1.641 2
67	1.12	35.408	35.432	35.378	35.420	35.332	35.403	35.254	35.377	1.642 0
68	1.12	35.918	35.942	35.887	35.930	35.841	35.913	35.764	35.886	1.643 7
69	1.12	36.409	36.433	36.378	36.421	36.332	36.404	36.254	36.377	1.644 4
70	1.12	36.919	36.942	36.888	36.930	36.841	36.913	36.763	36.886	1.646 0
71	1.12	37.410	37.434	37.379	37.422	37.332	37.404	37.254	37.377	1.646 7
72	1.12	37.919	37.943	37.888	37.931	37.841	37.913	37.762	37.886	1.648 2
73	1.12	38.411	38.435	38.379	38.422	38.332	38.405	38.254	38.377	1.648 9
74	1.12	38.919	38.943	38.888	38.931	38.841	38.913	38.762	38.886	1.650 4
75	1.12	39.411	39.435	39.380	39.423	39.332	39.405	39.253	39.377	1.651 0
76	1.12	39.920	39.944	39.888	39.931	39.841	39.914	39.761	39.886	1.652 4
77	1.12	40.412	40.436	40.380	40.423	40.333	40.405	40.253	40.377	1.653 0
78	1.12	40.920	40.944	40.888	40.931	40.841	40.914	40.761	40.886	1.654 3
79	1.12	41.412	41.436	41.380	41.424	41.333	41.406	41.253	41.378	1.654 9
80	1.12	41.920	41.944	41.888	41.932	41.841	41.914	41.760	41.885	1.656 1
81	1.12	42.413	42.437	42.381	42.424	42.333	42.406	42.252	42.378	1.656 7
82	1.12	42.921	42.945	42.889	42.932	42.840	42.914	42.760	42.885	1.657 9
83	1.12	43.413	43.437	43.381	43.424	43.333	43.406	43.252	43.378	1.658 4
84	1.12	43.921	43.945	43.889	43.932	43.840	43.914	43.759	43.885	1.659 6
85	1.12	44.414	44.438	44.381	44.425	44.333	44.406	44.251	44.378	1.660 1
86	1.12	44.921	44.945	44.889	44.932	44.840	44.914	44.758	44.885	1.661 2
87	1.12	45.414	45.438	45.382	45.425	45.333	45.407	45.251	45.378	1.661 7
88	1.12	45.921	45.946	45.889	45.932	45.840	45.914	45.758	45.885	1.662 7
89	1.12	46.415	46.439	46.382	46.425	46.333	46.407	46.251	46.378	1.663 2
90	1.12	46.922	46.946	46.889	46.932	46.840	46.914	46.757	46.884	1.664 2
91	1.12	47.415	47.439	47.382	47.426	47.333	47.407	47.250	47.377	1.664 7
92	1.12	47.922	47.946	47.889	47.933	47.840	47.914	47.757	47.884	1.665 6
93	1.12	48.415	48.439	48.382	48.426	48.333	48.407	48.250	48.377	1.666 1
94	1.12	48.922	48.946	48.889	48.933	48.839	48.914	48.756	48.884	1.667 0
95	1.12	49.416	49.440	49.382	49.426	49.333	49.407	49.249	49.377	1.667 4
96	1.12	49.922	49.946	49.889	49.933	49.839	49.914	49.756	49.884	1.668 3
97	1.12	50.416	50.440	50.383	50.426	50.333	50.407	50.249	50.377	1.668 7
98	1.12	50.922	50.947	50.889	50.933	50.839	50.914	50.755	50.883	1.669 5
99	1.12	51.416	51.440	51.383	51.427	51.332	51.407	51.248	51.377	1.670 0
100	1.12	51.923	51.947	51.889	51.933	51.839	51.914	51.754	51.883	1.670 8

表 16 跨棒距 M_{Re}

30°外花键 模数 m=0.75 mm 作用齿厚最大值 $S_{v\,max}$=1.178 mm 单位为毫米

齿数 z	量棒直径 D_{Re}	S_{min}和S_{max}的跨棒距 M_{Re}								变换系数 K_e
		4h		5h		6h		7h		
		min	max	min	max	min	max	min	max	
10	1.80	10.566	10.587	10.545	10.580	10.512	10.570	10.457	10.553	1.309 8
11	1.80	11.232	11.253	11.210	11.246	11.177	11.236	11.122	11.219	1.315 8
12	1.80	12.091	12.113	12.068	12.105	12.034	12.094	11.977	12.077	1.346 9
13	1.80	12.771	12.792	12.747	12.785	12.713	12.774	12.655	12.756	1.353 1
14	1.70	13.352	13.375	13.328	13.367	13.292	13.355	13.231	13.337	1.408 5
15	1.70	14.041	14.064	14.016	14.056	13.980	14.044	13.918	14.025	1.413 9
16	1.70	14.865	14.888	14.840	14.880	14.802	14.868	14.739	14.849	1.433 8
17	1.70	15.561	15.585	15.536	15.576	15.498	15.564	15.434	15.545	1.438 9
18	1.70	16.376	16.400	16.350	16.391	16.311	16.379	16.246	16.359	1.455 5
19	1.70	17.078	17.102	17.052	17.093	17.013	17.080	16.947	17.060	1.460 2
20	1.70	17.885	17.909	17.859	17.900	17.819	17.887	17.752	17.867	1.474 2
21	1.70	18.592	18.616	18.565	18.607	18.525	18.594	18.457	18.573	1.478 5
22	1.70	19.393	19.417	19.366	19.408	19.325	19.395	19.257	19.374	1.490 6
23	1.70	20.103	20.128	20.076	20.119	20.035	20.105	19.966	20.084	1.494 5
24	1.60	20.627	20.652	20.598	20.642	20.556	20.628	20.485	20.606	1.534 2
25	1.60	21.340	21.365	21.311	21.356	21.269	21.342	21.197	21.319	1.537 2
26	1.60	22.131	22.157	22.102	22.147	22.059	22.133	21.987	22.110	1.545 9
27	1.60	22.847	22.873	22.818	22.863	22.775	22.848	22.702	22.825	1.548 7
28	1.60	23.635	23.661	23.606	23.651	23.562	23.636	23.488	23.613	1.556 4
29	1.60	24.353	24.379	24.324	24.369	24.280	24.354	24.205	24.331	1.558 9
30	1.60	25.138	25.164	25.108	25.154	25.064	25.139	24.989	25.115	1.565 7
31	1.60	25.859	25.885	25.829	25.874	25.784	25.859	25.708	25.835	1.568 0
32	1.60	26.641	26.667	26.611	26.657	26.566	26.642	26.490	26.618	1.574 2
33	1.60	27.363	27.390	27.333	27.379	27.287	27.364	27.211	27.339	1.576 3
34	1.60	28.144	28.170	28.113	28.159	28.067	28.144	27.990	28.119	1.581 8
35	1.60	28.867	28.894	28.837	28.883	28.791	28.867	28.713	28.843	1.583 7
36	1.60	29.646	29.673	29.615	29.662	29.569	29.646	29.491	29.621	1.588 7
37	1.60	30.371	30.398	30.340	30.387	30.293	30.371	30.215	30.346	1.590 5
38	1.60	31.148	31.175	31.117	31.164	31.070	31.148	30.991	31.122	1.595 1
39	1.60	31.875	31.901	31.843	31.890	31.796	31.874	31.717	31.848	1.596 7
40	1.60	32.650	32.677	32.618	32.666	32.571	32.649	32.491	32.624	1.600 9
41	1.60	33.378	33.405	33.346	33.393	33.298	33.377	33.218	33.351	1.602 4
42	1.60	34.152	34.179	34.120	34.167	34.072	34.151	33.991	34.125	1.606 2
43	1.60	34.880	34.907	34.848	34.896	34.800	34.879	34.719	34.853	1.607 7
44	1.60	35.653	35.681	35.621	35.669	35.572	35.652	35.491	35.625	1.611 2
45	1.60	36.383	36.410	36.350	36.398	36.302	36.381	36.220	36.355	1.612 5
46	1.60	37.155	37.182	37.122	37.170	37.073	37.153	36.991	37.126	1.615 8
47	1.60	37.885	37.912	37.852	37.900	37.803	37.883	37.721	37.856	1.617 0
48	1.60	38.656	38.683	38.623	38.671	38.574	38.654	38.491	38.627	1.620 0
49	1.60	39.387	39.415	39.354	39.402	39.304	39.385	39.221	39.358	1.621 2
50	1.60	40.157	40.185	40.124	40.172	40.074	40.155	39.990	40.127	1.624 0
51	1.60	40.889	40.917	40.856	40.904	40.806	40.887	40.722	40.859	1.625 1
52	1.60	41.658	41.686	41.625	41.673	41.574	41.656	41.490	41.628	1.627 7
53	1.60	42.391	42.418	42.357	42.406	42.307	42.388	42.222	42.360	1.628 7
54	1.60	43.159	43.187	43.126	43.174	43.075	43.156	42.990	43.128	1.631 1
55	1.60	43.893	43.920	43.859	43.907	43.808	43.889	43.722	43.861	1.632 1

表 16（续）

单位为毫米

齿数 z	量棒直径 D_{Re}	S_{min} 和 S_{max} 的跨棒距 M_{Re}								变换系数 K_e
		4h		5h		6h		7h		
		min	max	min	max	min	max	min	max	
56	1.60	44.660	44.688	44.626	44.675	44.575	44.657	44.489	44.628	1.634 4
57	1.60	45.394	45.422	45.360	45.409	45.309	45.390	45.222	45.362	1.635 3
58	1.60	46.161	46.189	46.127	46.176	46.075	46.157	45.989	46.128	1.637 4
59	1.60	46.896	46.923	46.861	46.910	46.809	46.892	46.723	46.862	1.638 3
60	1.60	47.662	47.690	47.627	47.676	47.575	47.658	47.488	47.629	1.640 3
61	1.60	48.397	48.424	48.362	48.411	48.310	48.392	48.223	48.363	1.641 1
62	1.60	49.163	49.190	49.128	49.177	49.075	49.158	48.988	49.129	1.643 0
63	1.60	49.898	49.926	49.863	49.912	49.811	49.893	49.723	49.864	1.643 8
64	1.60	50.663	50.691	50.628	50.678	50.576	50.659	50.487	50.629	1.645 5
65	1.60	51.399	51.427	51.364	51.413	51.311	51.394	51.222	51.364	1.646 3
66	1.60	52.164	52.192	52.129	52.178	52.076	52.159	51.987	52.129	1.648 0
67	1.60	52.900	52.928	52.865	52.914	52.812	52.895	52.722	52.865	1.648 7
68	1.60	53.665	53.692	53.629	53.679	53.576	53.659	53.486	53.629	1.650 2
69	1.60	54.401	54.429	54.366	54.415	54.312	54.396	54.222	54.365	1.650 9
70	1.60	55.165	55.193	55.129	55.179	55.076	55.159	54.986	55.129	1.652 4
71	1.60	55.902	55.930	55.866	55.916	55.812	55.896	55.722	55.865	1.653 1
72	1.60	56.666	56.693	56.630	56.679	56.576	56.659	56.485	56.628	1.654 5
73	1.60	57.403	57.431	57.367	57.417	57.313	57.397	57.222	57.365	1.655 1
74	1.60	58.166	58.194	58.130	58.180	58.075	58.160	57.984	58.128	1.656 4
75	1.60	58.904	58.932	58.868	58.917	58.813	58.897	58.722	58.866	1.657 0
76	1.60	59.667	59.694	59.630	59.680	59.575	59.660	59.484	59.628	1.658 3
77	1.60	60.405	60.432	60.368	60.418	60.313	60.398	60.221	60.366	1.658 9
78	1.60	61.167	61.195	61.130	61.180	61.075	61.160	60.983	61.128	1.660 1
79	1.60	61.905	61.933	61.869	61.918	61.813	61.898	61.721	61.866	1.660 6
80	1.60	62.667	62.695	62.631	62.680	62.575	62.660	62.482	62.628	1.661 8
81	1.60	63.406	63.434	63.369	63.419	63.313	63.398	63.221	63.366	1.662 3
82	1.60	64.168	64.196	64.131	64.181	64.075	64.160	63.982	64.128	1.663 4
83	1.60	64.907	64.934	64.869	64.919	64.814	64.899	64.720	64.866	1.663 9
84	1.60	65.668	65.696	65.631	65.681	65.575	65.660	65.481	65.627	1.665 0
85	1.60	66.407	66.435	66.370	66.420	66.314	66.399	66.220	66.366	1.665 4
86	1.60	67.168	67.196	67.131	67.181	67.075	67.160	66.981	67.127	1.666 5
87	1.60	67.908	67.935	67.870	67.920	67.814	67.899	67.719	67.866	1.666 9
88	1.60	68.669	68.696	68.631	68.681	68.574	68.660	68.480	68.627	1.667 9
89	1.60	69.408	69.436	69.371	69.421	69.314	69.399	69.219	69.366	1.668 3
90	1.60	70.169	70.197	70.131	70.181	70.074	70.160	69.979	70.126	1.669 2
91	1.60	70.909	70.936	70.871	70.921	70.814	70.900	70.719	70.866	1.669 7
92	1.60	71.669	71.697	71.631	71.682	71.574	71.660	71.479	71.626	1.670 6
93	1.60	72.409	72.437	72.371	72.421	72.314	72.400	72.218	72.366	1.671 0
94	1.60	73.169	73.197	73.131	73.182	73.074	73.160	72.978	73.126	1.671 8
95	1.60	73.910	73.937	73.871	73.922	73.814	73.900	73.718	73.866	1.672 2
96	1.60	74.670	74.697	74.631	74.682	74.574	74.660	74.477	74.625	1.673 0
97	1.60	75.410	75.438	75.372	75.422	75.314	75.400	75.217	75.366	1.673 4
98	1.60	76.170	76.198	76.131	76.182	76.073	76.160	75.977	76.125	1.674 2
99	1.60	76.911	76.938	76.872	76.922	76.814	76.900	76.717	76.865	1.674 6
100	1.60	77.670	77.698	77.631	77.682	77.573	77.659	77.476	77.625	1.675 3

表 17 跨棒距 M_{Re}

30°外花键 模数 $m=1$ mm 作用齿厚最大值 $S_{v\,max}=1.571$ mm 单位为毫米

齿数 z	量棒直径 D_{Re}	S_{min} 和 S_{max} 的跨棒距 M_{Re}								变换系数 K_e
		4h		5h		6h		7h		
		min	max	min	max	min	max	min	max	
10	2.36	13.997	14.021	13.973	14.013	13.937	14.002	13.877	13.985	1.313 8
11	2.36	14.885	14.909	14.861	14.901	14.824	14.890	14.763	14.872	1.319 6
12	2.36	16.028	16.053	16.003	16.045	15.965	16.033	15.902	16.015	1.350 7
13	2.24	16.627	16.652	16.601	16.644	16.562	16.632	16.497	16.613	1.384 8
14	2.24	17.743	17.768	17.716	17.760	17.676	17.747	17.609	17.727	1.409 3
15	2.24	18.661	18.687	18.634	18.678	18.593	18.666	18.525	18.645	1.414 7
16	2.24	19.760	19.786	19.732	19.777	19.690	19.764	19.621	19.743	1.434 6
17	2.24	20.688	20.714	20.660	20.705	20.618	20.692	20.548	20.671	1.439 6
18	2.24	21.774	21.800	21.745	21.791	21.702	21.778	21.631	21.756	1.456 1
19	2.24	22.710	22.736	22.681	22.727	22.638	22.713	22.565	22.692	1.460 8
20	2.24	23.785	23.813	23.756	23.803	23.712	23.789	23.639	23.767	1.474 8
21	2.12	24.403	24.431	24.373	24.421	24.328	24.407	24.253	24.384	1.506 6
22	2.12	25.470	25.498	25.439	25.488	25.393	25.473	25.317	25.450	1.518 2
23	2.12	26.416	26.445	26.386	26.434	26.340	26.420	26.262	26.396	1.521 5
24	2.12	27.476	27.505	27.445	27.494	27.399	27.479	27.320	27.455	1.531 5
25	2.12	28.427	28.456	28.396	28.445	28.349	28.430	28.270	28.406	1.534 6
26	2.12	29.482	29.511	29.451	29.500	29.403	29.485	29.323	29.460	1.543 3
27	2.12	30.437	30.466	30.405	30.455	30.357	30.439	30.277	30.414	1.546 1
28	2.12	31.487	31.516	31.455	31.505	31.407	31.489	31.326	31.464	1.553 8
29	2.12	32.445	32.474	32.413	32.463	32.364	32.447	32.282	32.422	1.556 4
30	2.12	33.492	33.521	33.459	33.510	33.410	33.493	33.327	33.468	1.563 2
31	2.12	34.452	34.481	34.419	34.470	34.370	34.454	34.287	34.428	1.565 6
32	2.12	35.496	35.525	35.463	35.513	35.413	35.497	35.329	35.471	1.571 7
33	2.12	36.459	36.488	36.425	36.476	36.375	36.460	36.291	36.433	1.573 8
34	2.12	37.499	37.529	37.466	37.517	37.415	37.500	37.330	37.474	1.579 4
35	2.12	38.464	38.494	38.430	38.482	38.380	38.465	38.294	38.438	1.581 3
36	2.12	39.503	39.532	39.468	39.520	39.417	39.503	39.331	39.476	1.586 3
37	2.12	40.469	40.499	40.435	40.487	40.384	40.470	40.297	40.442	1.588 2
38	2.12	41.505	41.535	41.471	41.523	41.419	41.505	41.332	41.478	1.592 7
39	2.12	42.474	42.504	42.439	42.491	42.387	42.474	42.300	42.446	1.594 4
40	2.12	43.508	43.538	43.473	43.525	43.421	43.507	43.333	43.480	1.598 6
41	2.12	44.478	44.508	44.443	44.495	44.390	44.477	44.302	44.449	1.600 2
42	2.12	45.510	45.540	45.475	45.527	45.422	45.509	45.333	45.481	1.604 0
43	2.12	46.482	46.512	46.446	46.499	46.393	46.481	46.304	46.452	1.605 4
44	2.12	47.512	47.542	47.477	47.529	47.423	47.511	47.333	47.482	1.609 0
45	2.12	48.485	48.515	48.449	48.502	48.395	48.484	48.305	48.455	1.610 3
46	2.12	49.514	49.544	49.478	49.531	49.424	49.513	49.334	49.483	1.613 6
47	2.12	50.488	50.518	50.452	50.505	50.398	50.486	50.307	50.457	1.614 9
48	2.12	51.516	51.546	51.480	51.533	51.425	51.514	51.334	51.484	1.617 9
49	2.12	52.491	52.521	52.455	52.508	52.400	52.489	52.308	52.459	1.619 1
50	2.12	53.518	53.548	53.481	53.534	53.426	53.515	53.334	53.485	1.621 9
51	2.12	54.494	54.524	54.457	54.510	54.401	54.491	54.309	54.461	1.623 0
52	2.12	55.519	55.550	55.482	55.536	55.427	55.516	55.333	55.486	1.625 6
53	2.12	56.496	56.526	56.459	56.512	56.403	56.493	56.310	56.462	1.626 6
54	2.12	57.521	57.551	57.483	57.537	57.427	57.517	57.333	57.486	1.629 1
55	2.12	58.498	58.529	58.461	58.515	58.405	58.495	58.310	58.464	1.630 1

表 17（续）

单位为毫米

齿数 z	量棒直径 D_{Re}	S_{min} 和 S_{max} 的跨棒距 M_{Re}								变换系数 K_e
		4h		5h		6h		7h		
		min	max	min	max	min	max	min	max	
56	2.12	59.522	59.552	59.484	59.538	59.428	59.518	59.333	59.487	1.632 4
57	2.12	60.500	60.531	60.463	60.516	60.406	60.496	60.311	60.465	1.633 3
58	2.12	61.523	61.554	61.485	61.539	61.428	61.519	61.333	61.487	1.635 4
59	2.12	62.502	62.533	62.464	62.518	62.407	62.498	62.311	62.466	1.636 3
60	2.12	63.524	63.555	63.486	63.540	63.429	63.520	63.333	63.488	1.638 3
61	2.12	64.504	64.534	64.466	64.520	64.408	64.499	64.312	64.467	1.639 2
62	2.12	65.525	65.556	65.487	65.541	65.429	65.520	65.332	65.488	1.641 1
63	2.12	66.506	66.536	66.467	66.521	66.409	66.500	66.312	66.468	1.641 9
64	2.12	67.526	67.557	67.488	67.542	67.429	67.521	67.332	67.488	1.643 6
65	2.12	68.507	68.538	68.468	68.523	68.410	68.502	68.312	68.469	1.644 4
66	2.12	69.527	69.558	69.488	69.542	69.429	69.521	69.331	69.488	1.646 1
67	2.12	70.509	70.539	70.470	70.524	70.411	70.503	70.312	70.469	1.646 8
68	2.12	71.528	71.558	71.489	71.543	71.430	71.522	71.331	71.488	1.648 4
69	2.12	72.510	72.541	72.471	72.525	72.411	72.504	72.312	72.470	1.649 1
70	2.12	73.529	73.559	73.489	73.544	73.430	73.522	73.330	73.488	1.650 6
71	2.12	74.511	74.542	74.472	74.526	74.412	74.504	74.312	74.471	1.651 3
72	2.12	75.529	75.560	75.490	75.544	75.430	75.522	75.330	75.488	1.652 7
73	2.12	76.513	76.543	76.473	76.527	76.413	76.505	76.312	76.471	1.653 3
74	2.12	77.530	77.561	77.490	77.545	77.430	77.523	77.329	77.488	1.654 7
75	2.12	78.514	78.544	78.474	78.528	78.413	78.506	78.312	78.471	1.655 3
76	2.12	79.531	79.561	79.490	79.545	79.430	79.523	79.329	79.488	1.656 6
77	2.12	80.515	80.545	80.474	80.529	80.414	80.507	80.312	80.472	1.657 1
78	2.12	81.531	81.562	81.491	81.546	81.430	81.523	81.328	81.488	1.658 4
79	2.12	82.516	82.546	82.475	82.530	82.414	82.507	82.312	82.472	1.658 9
80	2.12	83.532	83.562	83.491	83.546	83.430	83.523	83.328	83.488	1.660 1
81	2.12	84.517	84.547	84.476	84.531	84.414	84.508	84.312	84.472	1.660 6
82	2.12	85.532	85.563	85.491	85.546	85.430	85.523	85.327	85.488	1.661 7
83	2.12	86.518	86.548	86.476	86.531	86.415	86.508	86.312	86.472	1.662 2
84	2.12	87.533	87.563	87.492	87.547	87.430	87.523	87.326	87.487	1.663 3
85	2.12	88.518	88.549	88.477	88.532	88.415	88.509	88.311	88.473	1.663 8
86	2.12	89.533	89.564	89.492	89.547	89.430	89.523	89.326	89.487	1.664 8
87	2.12	90.519	90.549	90.478	90.533	90.415	90.509	90.311	90.473	1.665 3
88	2.12	91.534	91.564	91.492	91.547	91.430	91.524	91.325	91.487	1.666 3
89	2.12	92.520	92.550	92.478	92.533	92.416	92.509	92.311	92.473	1.666 7
90	2.12	93.534	93.564	93.492	93.547	93.430	93.524	93.325	93.487	1.667 6
91	2.12	94.521	94.551	94.479	94.534	94.416	94.510	94.311	94.473	1.668 1
92	2.12	95.535	95.565	95.493	95.548	95.429	95.524	95.324	95.486	1.669 0
93	2.12	96.521	96.552	96.479	96.534	96.416	96.510	96.310	96.473	1.669 4
94	2.12	97.535	97.565	97.493	97.548	97.429	97.524	97.323	97.486	1.670 3
95	2.12	98.522	98.552	98.480	98.535	98.416	98.510	98.310	98.473	1.670 6
96	2.12	99.535	99.565	99.493	99.548	99.429	99.524	99.323	99.486	1.671 5
97	2.12	100.523	100.553	100.480	100.535	100.416	100.511	100.309	100.473	1.671 9
98	2.12	101.536	101.566	101.493	101.548	101.429	101.523	101.322	101.485	1.672 7
99	2.12	102.523	102.553	102.480	102.536	102.416	102.511	102.309	102.473	1.673 0
100	2.12	103.536	103.566	103.493	103.548	103.429	103.523	103.321	103.485	1.673 8

表 18 跨棒距 M_{Re}

30°外花键 模数 m=1.25 mm 作用齿厚最大值 $S_{v\,max}$=1.963 mm 单位为毫米

齿数 z	量棒直径 D_{Re}	S_{min}和 S_{max}的跨棒距 M_{Re}								变换系数 K_e
		4h		5h		6h		7h		
		min	max	min	max	min	max	min	max	
10	3.00	17.628	17.654	17.602	17.646	17.564	17.634	17.499	17.616	1.301 8
11	3.00	18.738	18.764	18.712	18.756	18.673	18.744	18.607	18.725	1.307 7
12	3.00	20.169	20.196	20.143	20.188	20.102	20.175	20.034	20.156	1.338 8
13	2.80	20.791	20.819	20.763	20.810	20.721	20.797	20.651	20.777	1.381 1
14	2.80	22.186	22.214	22.157	22.205	22.114	22.192	22.042	22.171	1.405 6
15	2.80	23.334	23.362	23.305	23.353	23.261	23.340	23.188	23.318	1.411 0
16	2.80	24.707	24.736	24.678	24.726	24.633	24.713	24.558	24.691	1.430 9
17	2.80	25.868	25.896	25.838	25.887	25.792	25.873	25.717	25.851	1.436 0
18	2.80	27.225	27.254	27.194	27.244	27.148	27.230	27.071	27.207	1.452 5
19	2.65	27.993	28.023	27.962	28.013	27.914	27.998	27.835	27.975	1.485 5
20	2.65	29.336	29.366	29.304	29.355	29.256	29.340	29.175	29.316	1.499 1
21	2.65	30.513	30.543	30.481	30.532	30.432	30.517	30.350	30.493	1.502 8
22	2.65	31.846	31.876	31.813	31.865	31.764	31.850	31.681	31.825	1.514 4
23	2.65	33.029	33.060	32.996	33.049	32.946	33.033	32.863	33.008	1.517 8
24	2.65	34.354	34.385	34.321	34.374	34.271	34.358	34.186	34.333	1.527 8
25	2.65	35.543	35.574	35.509	35.563	35.459	35.546	35.374	35.521	1.530 9
26	2.65	36.862	36.893	36.828	36.881	36.776	36.865	36.691	36.839	1.539 7
27	2.65	38.055	38.086	38.021	38.075	37.969	38.058	37.883	38.032	1.542 6
28	2.65	39.368	39.400	39.334	39.388	39.281	39.371	39.194	39.344	1.550 3
29	2.65	40.566	40.597	40.531	40.585	40.478	40.568	40.390	40.541	1.552 9
30	2.65	41.874	41.906	41.839	41.893	41.786	41.876	41.697	41.849	1.559 8
31	2.65	43.075	43.106	43.039	43.094	42.986	43.077	42.897	43.049	1.562 2
32	2.65	44.379	44.411	44.343	44.398	44.290	44.381	44.199	44.353	1.568 4
33	2.65	45.583	45.614	45.547	45.602	45.493	45.584	45.402	45.556	1.570 6
34	2.65	46.884	46.916	46.847	46.903	46.793	46.885	46.702	46.856	1.576 1
35	2.65	48.090	48.122	48.054	48.109	47.999	48.091	47.907	48.062	1.578 2
36	2.65	49.388	49.420	49.351	49.407	49.296	49.388	49.203	49.360	1.583 2
37	2.65	50.597	50.628	50.560	50.615	50.504	50.597	50.411	50.568	1.585 1
38	2.65	51.892	51.924	51.854	51.910	51.798	51.892	51.705	51.862	1.589 7
39	2.65	53.102	53.134	53.065	53.121	53.009	53.102	52.914	53.072	1.591 4
40	2.65	54.395	54.427	54.357	54.413	54.301	54.394	54.206	54.364	1.595 6
41	2.65	55.608	55.640	55.570	55.626	55.513	55.607	55.418	55.577	1.597 2
42	2.65	56.898	56.930	56.860	56.916	56.803	56.897	56.707	56.867	1.601 1
43	2.65	58.112	58.145	58.074	58.131	58.017	58.111	57.920	58.080	1.602 6
44	2.65	59.401	59.433	59.362	59.419	59.304	59.399	59.208	59.368	1.606 1
45	2.65	60.617	60.649	60.578	60.635	60.520	60.615	60.423	60.584	1.607 5
46	2.65	61.903	61.936	61.864	61.921	61.806	61.901	61.708	61.870	1.610 8
47	2.65	63.121	63.153	63.082	63.139	63.023	63.118	62.925	63.087	1.612 1
48	2.65	64.406	64.438	64.366	64.423	64.307	64.403	64.209	64.371	1.615 1
49	2.65	65.624	65.657	65.585	65.642	65.526	65.622	65.427	65.589	1.616 4
50	2.65	66.908	66.940	66.868	66.925	66.809	66.905	66.709	66.872	1.619 2
51	2.65	68.128	68.160	68.088	68.145	68.028	68.124	67.928	68.092	1.620 4
52	2.65	69.410	69.442	69.370	69.427	69.310	69.406	69.209	69.373	1.623 0
53	2.65	70.631	70.663	70.591	70.648	70.530	70.627	70.429	70.594	1.624 1
54	2.65	71.912	71.944	71.871	71.929	71.811	71.908	71.709	71.874	1.626 5
55	2.65	73.134	73.166	73.093	73.151	73.032	73.129	72.931	73.096	1.627 6

表 18（续）

单位为毫米

齿数 z	量棒直径 D_{Re}	S_{min}和S_{max}的跨棒距M_{Re}								变换系数 K_e
		4h		5h		6h		7h		
		min	max	min	max	min	max	min	max	
56	2.65	74.413	74.446	74.373	74.430	74.311	74.409	74.209	74.375	1.629 9
57	2.65	75.636	75.669	75.595	75.653	75.534	75.632	75.432	75.598	1.630 8
58	2.65	76.915	76.947	76.874	76.932	76.812	76.910	76.709	76.876	1.633 0
59	2.65	78.139	78.171	78.098	78.156	78.036	78.134	77.933	78.099	1.633 9
60	2.65	79.416	79.449	79.375	79.433	79.313	79.411	79.209	79.376	1.635 9
61	2.65	80.641	80.674	80.600	80.658	80.537	80.635	80.433	80.601	1.636 8
62	2.65	81.918	81.950	81.876	81.934	81.814	81.912	81.709	81.877	1.638 7
63	2.65	83.143	83.176	83.101	83.160	83.039	83.137	82.934	83.102	1.639 5
64	2.65	84.419	84.451	84.377	84.435	84.314	84.412	84.209	84.377	1.641 3
65	2.65	85.645	85.678	85.603	85.661	85.540	85.639	85.435	85.603	1.642 1
66	2.65	86.920	86.953	86.878	86.936	86.814	86.913	86.709	86.877	1.643 8
67	2.65	88.147	88.180	88.105	88.163	88.041	88.140	87.935	88.104	1.644 6
68	2.65	89.421	89.454	89.379	89.437	89.315	89.414	89.208	89.378	1.646 2
69	2.65	90.649	90.681	90.606	90.665	90.542	90.641	90.435	90.605	1.646 9
70	2.65	91.922	91.955	91.879	91.938	91.815	91.914	91.708	91.878	1.648 4
71	2.65	93.150	93.183	93.108	93.166	93.043	93.142	92.936	93.106	1.649 1
72	2.65	94.423	94.456	94.380	94.439	94.316	94.415	94.208	94.378	1.650 5
73	2.65	95.652	95.685	95.609	95.667	95.544	95.644	95.436	95.606	1.651 2
74	2.65	96.924	96.956	96.881	96.939	96.816	96.915	96.707	96.878	1.652 6
75	2.65	98.153	98.186	98.110	98.169	98.045	98.145	97.936	98.107	1.653 2
76	2.65	99.425	99.457	99.381	99.440	99.316	99.416	99.207	99.378	1.654 5
77	2.65	100.655	100.687	100.611	100.670	100.546	100.645	100.436	100.608	1.655 1
78	2.65	101.926	101.958	101.882	101.941	101.816	101.916	101.706	101.878	1.656 3
79	2.65	103.156	103.189	103.112	103.171	103.046	103.146	102.936	103.108	1.656 9
80	2.65	104.426	104.459	104.382	104.441	104.316	104.416	104.206	104.378	1.658 1
81	2.65	105.657	105.690	105.613	105.672	105.547	105.647	105.436	105.609	1.658 6
82	2.65	106.927	106.960	106.883	106.942	106.816	106.917	106.705	106.878	1.659 8
83	2.65	108.159	108.191	108.114	108.173	108.048	108.148	107.936	108.109	1.660 3
84	2.65	109.428	109.460	109.383	109.442	109.316	109.417	109.205	109.378	1.661 4
85	2.65	110.660	110.692	110.615	110.674	110.548	110.648	110.436	110.609	1.661 8
86	2.65	111.928	111.961	111.884	111.943	111.816	111.917	111.704	111.878	1.662 9
87	2.65	113.161	113.193	113.116	113.175	113.048	113.149	112.936	113.109	1.663 4
88	2.65	114.429	114.461	114.384	114.443	114.316	114.417	114.204	114.377	1.664 4
89	2.65	115.662	115.694	115.617	115.675	115.549	115.650	115.436	115.610	1.664 8
90	2.65	116.930	116.962	116.884	116.943	116.816	116.917	116.703	116.877	1.665 8
91	2.65	118.163	118.195	118.117	118.176	118.049	118.150	117.936	118.110	1.666 2
92	2.65	119.430	119.462	119.385	119.444	119.316	119.417	119.202	119.377	1.667 1
93	2.65	120.663	120.696	120.618	120.677	120.550	120.651	120.435	120.610	1.667 6
94	2.65	121.931	121.963	121.885	121.944	121.816	121.917	121.702	121.877	1.668 4
95	2.65	123.164	123.197	123.119	123.178	123.050	123.151	122.935	123.110	1.668 8
96	2.65	124.431	124.463	124.385	124.444	124.316	124.417	124.201	124.376	1.669 7
97	2.65	125.665	125.697	125.619	125.678	125.550	125.651	125.435	125.610	1.670 1
98	2.65	126.931	126.964	126.885	126.944	126.816	126.917	126.701	126.876	1.670 9
99	2.65	128.166	128.198	128.120	128.179	128.050	128.152	127.935	128.110	1.671 3
100	2.65	129.432	129.464	129.386	129.445	129.316	129.417	129.200	129.376	1.672 1

表 19 跨棒距 M_{Re}

30°外花键 模数 m=1.5 mm 作用齿厚最大值 $S_{v\,max}$=2.356 mm 单位为毫米

齿数 z	量棒直径 D_{Re}	S_{min}和S_{max}的跨棒距M_{Re}								变换系数 K_e
		4h		5h		6h		7h		
		min	max	min	max	min	max	min	max	
10	3.55	21.035	21.062	21.007	21.054	20.966	21.042	20.897	21.023	1.306 7
11	3.55	22.367	22.395	22.339	22.386	22.297	22.374	22.227	22.354	1.312 6
12	3.35	23.572	23.601	23.543	23.592	23.499	23.579	23.425	23.558	1.374 5
13	3.35	24.930	24.960	24.901	24.950	24.856	24.937	24.781	24.916	1.380 1
14	3.35	26.604	26.634	26.573	26.624	26.527	26.610	26.450	26.588	1.404 6
15	3.35	27.981	28.011	27.950	28.002	27.904	27.988	27.826	27.965	1.410 0
16	3.35	29.629	29.660	29.598	29.650	29.550	29.635	29.470	29.612	1.429 9
17	3.35	31.022	31.052	30.990	31.042	30.942	31.028	30.861	31.004	1.435 0
18	3.35	32.650	32.682	32.618	32.671	32.569	32.656	32.487	32.632	1.451 5
19	3.15	33.518	33.550	33.485	33.539	33.434	33.524	33.349	33.499	1.487 6
20	3.15	35.129	35.161	35.095	35.150	35.043	35.134	34.957	35.109	1.501 2
21	3.15	36.541	36.573	36.507	36.562	36.455	36.546	36.368	36.521	1.504 8
22	3.15	38.140	38.173	38.105	38.161	38.053	38.145	37.965	38.119	1.516 4
23	3.15	39.561	39.593	39.525	39.581	39.472	39.565	39.384	39.538	1.519 7
24	3.15	41.150	41.183	41.115	41.171	41.061	41.154	40.971	41.128	1.529 8
25	3.15	42.577	42.610	42.541	42.598	42.487	42.581	42.396	42.554	1.532 8
26	3.15	44.159	44.192	44.123	44.180	44.068	44.162	43.976	44.135	1.541 5
27	3.15	45.591	45.624	45.554	45.612	45.499	45.594	45.407	45.566	1.544 3
28	3.15	47.167	47.200	47.130	47.187	47.074	47.169	46.981	47.141	1.552 1
29	3.15	48.603	48.637	48.566	48.624	48.510	48.606	48.416	48.577	1.554 6
30	3.15	50.173	50.207	50.136	50.194	50.079	50.176	49.985	50.147	1.561 5
31	3.15	51.614	51.648	51.576	51.635	51.519	51.616	51.424	51.587	1.563 8
32	3.15	53.179	53.213	53.141	53.200	53.084	53.181	52.988	53.151	1.569 9
33	3.15	54.624	54.657	54.585	54.644	54.527	54.625	54.431	54.595	1.572 1
34	3.15	56.185	56.218	56.146	56.205	56.088	56.186	55.990	56.156	1.577 6
35	3.15	57.632	57.666	57.593	57.652	57.535	57.633	57.437	57.603	1.579 6
36	3.15	59.189	59.223	59.150	59.209	59.091	59.190	58.993	59.159	1.584 6
37	3.15	60.640	60.674	60.600	60.660	60.541	60.640	60.442	60.609	1.586 5
38	3.15	62.194	62.228	62.154	62.214	62.094	62.194	61.994	62.162	1.591 0
39	3.15	63.647	63.681	63.607	63.666	63.547	63.646	63.446	63.615	1.592 7
40	3.15	65.198	65.232	65.157	65.217	65.097	65.197	64.996	65.165	1.596 9
41	3.15	66.653	66.687	66.612	66.672	66.552	66.652	66.450	66.620	1.598 5
42	3.15	68.201	68.235	68.160	68.221	68.099	68.200	67.997	68.167	1.602 3
43	3.15	69.658	69.693	69.618	69.678	69.556	69.657	69.454	69.624	1.603 8
44	3.15	71.204	71.239	71.163	71.224	71.102	71.202	70.998	71.170	1.607 3
45	3.15	72.663	72.698	72.622	72.683	72.560	72.661	72.457	72.628	1.608 7
46	3.15	74.207	74.242	74.166	74.226	74.103	74.205	73.999	74.171	1.611 9
47	3.15	75.668	75.702	75.626	75.687	75.564	75.665	75.459	75.632	1.613 2
48	3.15	77.210	77.244	77.168	77.229	77.105	77.207	77.000	77.173	1.616 2
49	3.15	78.672	78.707	78.630	78.691	78.567	78.669	78.462	78.635	1.617 5
50	3.15	80.212	80.247	80.170	80.231	80.107	80.209	80.001	80.174	1.620 3
51	3.15	81.676	81.711	81.634	81.695	81.570	81.673	81.464	81.638	1.621 4
52	3.15	83.215	83.249	83.172	83.233	83.108	83.211	83.001	83.176	1.624 0
53	3.15	84.680	84.714	84.637	84.698	84.573	84.676	84.465	84.640	1.625 1
54	3.15	86.217	86.251	86.174	86.235	86.109	86.212	86.001	86.177	1.627 5
55	3.15	87.683	87.718	87.640	87.701	87.575	87.678	87.467	87.643	1.628 5

表 19（续）　　　　单位为毫米

齿数 z	量棒直径 D_{Re}	S_{min} 和 S_{max} 的跨棒距 M_{Re}								变换系数 K_e
		4h		5h		6h		7h		
		min	max	min	max	min	max	min	max	
56	3.15	89.219	89.253	89.176	89.237	89.110	89.214	89.002	89.178	1.630 8
57	3.00	90.255	90.289	90.211	90.273	90.145	90.249	90.035	90.213	1.645 5
58	3.00	91.788	91.823	91.744	91.806	91.678	91.783	91.568	91.746	1.647 5
59	3.00	93.257	93.292	93.213	93.275	93.146	93.251	93.035	93.214	1.648 2
60	3.00	94.790	94.824	94.745	94.807	94.678	94.783	94.567	94.746	1.650 1
61	3.00	96.259	96.294	96.215	96.277	96.148	96.253	96.036	96.215	1.650 8
62	3.00	97.791	97.825	97.746	97.808	97.679	97.784	97.567	97.746	1.652 5
63	3.00	99.261	99.296	99.216	99.279	99.149	99.254	99.036	99.216	1.653 2
64	3.00	100.792	100.826	100.747	100.809	100.679	100.784	100.566	100.746	1.654 8
65	3.00	102.263	102.298	102.218	102.280	102.150	102.255	102.037	102.217	1.655 4
66	3.00	103.793	103.827	103.747	103.810	103.679	103.785	103.566	103.746	1.657 0
67	3.00	105.265	105.300	105.219	105.282	105.151	105.257	105.037	105.218	1.657 5
68	3.00	106.793	106.828	106.748	106.810	106.679	106.785	106.565	106.746	1.659 0
69	3.00	108.267	108.301	108.221	108.283	108.152	108.258	108.037	108.219	1.659 6
70	3.00	109.794	109.829	109.748	109.811	109.679	109.785	109.564	109.746	1.661 0
71	3.00	111.268	111.303	111.222	111.285	111.153	111.259	111.038	111.219	1.661 5
72	3.00	112.795	112.830	112.749	112.811	112.680	112.786	112.564	112.746	1.662 8
73	3.00	114.270	114.304	114.223	114.286	114.154	114.260	114.038	114.220	1.663 3
74	3.00	115.796	115.830	115.749	115.812	115.680	115.786	115.563	115.746	1.664 6
75	3.00	117.271	117.306	117.224	117.287	117.154	117.261	117.038	117.220	1.665 0
76	3.00	118.796	118.831	118.750	118.812	118.680	118.786	118.562	118.745	1.666 2
77	3.00	120.272	120.307	120.225	120.288	120.155	120.262	120.038	120.221	1.666 7
78	3.00	121.797	121.832	121.750	121.813	121.679	121.786	121.562	121.745	1.667 8
79	3.00	123.274	123.308	123.226	123.289	123.156	123.262	123.037	123.221	1.668 3
80	3.00	124.798	124.832	124.750	124.813	124.679	124.786	124.561	124.745	1.669 3
81	3.00	126.275	126.309	126.227	126.290	126.156	126.263	126.037	126.221	1.669 8
82	3.00	127.798	127.833	127.751	127.813	127.679	127.786	127.560	127.744	1.670 8
83	3.00	129.276	129.310	129.228	129.291	129.157	129.263	129.037	129.222	1.671 2
84	3.00	130.799	130.833	130.751	130.814	130.679	130.786	130.559	130.744	1.672 2
85	3.00	132.277	132.311	132.229	132.292	132.157	132.264	132.037	132.222	1.672 6
86	3.00	133.799	133.833	133.751	133.814	133.679	133.786	133.559	133.744	1.673 5
87	3.00	135.278	135.312	135.230	135.292	135.157	135.264	135.037	135.222	1.673 9
88	3.00	136.800	136.834	136.751	136.814	136.679	136.786	136.558	136.743	1.674 8
89	3.00	138.279	138.313	138.230	138.293	138.158	138.265	138.036	138.222	1.675 1
90	3.00	139.800	139.834	139.751	139.814	139.679	139.786	139.557	139.743	1.676 0
91	3.00	141.280	141.314	141.231	141.294	141.158	141.265	141.036	141.222	1.676 3
92	3.00	142.800	142.835	142.752	142.814	142.678	142.786	142.556	142.742	1.677 1
93	3.00	144.280	144.315	144.232	144.294	144.158	144.266	144.036	144.222	1.677 5
94	3.00	145.801	145.835	145.752	145.814	145.678	145.786	145.555	145.742	1.678 3
95	3.00	147.281	147.315	147.232	147.295	147.158	147.266	147.035	147.222	1.678 6
96	3.00	148.801	148.835	148.752	148.815	148.678	148.786	148.555	148.741	1.679 4
97	3.00	150.282	150.316	150.233	150.295	150.159	150.266	150.035	150.222	1.679 7
98	3.00	151.801	151.835	151.752	151.815	151.678	151.785	151.554	151.741	1.680 4
99	3.00	153.283	153.317	153.233	153.296	153.159	153.266	153.035	153.221	1.680 7
100	3.00	154.802	154.836	154.752	154.815	154.677	154.785	154.553	154.740	1.681 4

表 20 跨棒距 M_{Re}

30°外花键 模数 m=1.75 mm 作用齿厚最大值 $S_{v\,max}$=2.749 mm 单位为毫米

齿数 z	量棒直径 D_{Re}	S_{min}和 S_{max}的跨棒距 M_{Re}								变换系数 K_e
		4h		5h		6h		7h		
		min	max	min	max	min	max	min	max	
10	4.25	24.815	24.844	24.787	24.835	24.744	24.823	24.672	24.803	1.292 1
11	4.00	25.744	25.774	25.715	25.765	25.670	25.752	25.595	25.731	1.328 9
12	4.00	27.741	27.772	27.711	27.763	27.665	27.749	27.587	27.727	1.360 0
13	4.00	29.327	29.357	29.295	29.348	29.249	29.334	29.170	29.312	1.365 8
14	4.00	31.281	31.313	31.250	31.303	31.201	31.289	31.121	31.266	1.390 4
15	3.75	32.236	32.268	32.202	32.257	32.153	32.243	32.069	32.219	1.430 2
16	3.75	34.155	34.187	34.121	34.177	34.070	34.161	33.985	34.137	1.449 9
17	3.75	35.778	35.811	35.744	35.800	35.693	35.785	35.607	35.760	1.454 5
18	3.75	37.676	37.709	37.641	37.698	37.588	37.682	37.501	37.656	1.470 8
19	3.75	39.313	39.346	39.278	39.335	39.225	39.319	39.136	39.293	1.475 1
20	3.75	41.193	41.227	41.157	41.215	41.104	41.199	41.014	41.173	1.488 8
21	3.75	42.841	42.875	42.805	42.863	42.751	42.847	42.660	42.820	1.492 7
22	3.75	44.708	44.742	44.672	44.730	44.617	44.713	44.525	44.686	1.504 5
23	3.75	46.365	46.400	46.328	46.387	46.273	46.370	46.180	46.343	1.508 1
24	3.75	48.221	48.256	48.184	48.243	48.128	48.225	48.034	48.198	1.518 3
25	3.75	49.886	49.920	49.848	49.908	49.792	49.890	49.697	49.862	1.521 5
26	3.75	51.733	51.767	51.694	51.754	51.637	51.736	51.541	51.707	1.530 5
27	3.75	53.404	53.438	53.365	53.425	53.307	53.407	53.211	53.378	1.533 5
28	3.75	55.242	55.277	55.204	55.264	55.145	55.245	55.048	55.216	1.541 3
29	3.55	56.363	56.398	56.323	56.384	56.263	56.365	56.164	56.335	1.567 8
30	3.55	58.193	58.229	58.153	58.215	58.093	58.196	57.993	58.165	1.574 4
31	3.55	59.874	59.909	59.834	59.896	59.773	59.876	59.672	59.845	1.576 5
32	3.55	61.699	61.735	61.658	61.721	61.597	61.701	61.495	61.669	1.582 4
33	3.55	63.384	63.420	63.343	63.405	63.282	63.385	63.179	63.354	1.584 3
34	3.55	65.204	65.240	65.163	65.226	65.101	65.205	64.998	65.173	1.589 7
35	3.55	66.893	66.929	66.851	66.914	66.789	66.893	66.685	66.861	1.591 4
36	3.55	68.709	68.745	68.667	68.730	68.605	68.709	68.500	68.677	1.596 2
37	3.55	70.401	70.437	70.359	70.422	70.296	70.401	70.191	70.368	1.597 9
38	3.55	72.213	72.249	72.171	72.234	72.107	72.213	72.001	72.179	1.602 2
39	3.55	73.908	73.944	73.865	73.929	73.802	73.907	73.695	73.874	1.603 7
40	3.55	75.717	75.753	75.674	75.738	75.610	75.716	75.503	75.682	1.607 7
41	3.55	77.414	77.450	77.371	77.435	77.307	77.413	77.199	77.379	1.609 1
42	3.55	79.220	79.256	79.177	79.241	79.112	79.219	79.004	79.184	1.612 8
43	3.55	80.920	80.956	80.877	80.940	80.812	80.918	80.703	80.883	1.614 1
44	3.55	82.723	82.759	82.680	82.744	82.614	82.721	82.505	82.686	1.617 5
45	3.55	84.425	84.462	84.382	84.446	84.316	84.423	84.206	84.388	1.618 7
46	3.55	86.226	86.262	86.182	86.246	86.116	86.223	86.005	86.188	1.621 8
47	3.55	87.930	87.967	87.886	87.950	87.820	87.927	87.709	87.891	1.622 9
48	3.55	89.729	89.765	89.684	89.748	89.617	89.725	89.506	89.689	1.625 8
49	3.55	91.435	91.471	91.390	91.454	91.323	91.431	91.211	91.395	1.626 9
50	3.55	93.231	93.267	93.186	93.251	93.119	93.227	93.006	93.190	1.629 5
51	3.55	94.939	94.975	94.894	94.958	94.826	94.934	94.713	94.897	1.630 5
52	3.55	96.733	96.770	96.688	96.753	96.620	96.729	96.507	96.691	1.633 0
53	3.55	98.443	98.479	98.397	98.462	98.329	98.438	98.215	98.400	1.634 0
54	3.55	100.235	100.272	100.190	100.254	100.121	100.230	100.007	100.192	1.636 3
55	3.55	101.946	101.982	101.900	101.965	101.832	101.940	101.717	101.902	1.637 2

表 20（续）

单位为毫米

齿数 z	量棒直径 D_{Re}	S_{min} 和 S_{max} 的跨棒距 M_{Re}								变换系数 K_e
		4h		5h		6h		7h		
		min	max	min	max	min	max	min	max	
56	3.55	103.737	103.773	103.691	103.756	103.622	103.731	103.507	103.693	1.639 3
57	3.55	105.449	105.486	105.403	105.468	105.334	105.443	105.218	105.405	1.640 2
58	3.55	107.239	107.275	107.193	107.257	107.123	107.232	107.007	107.194	1.642 2
59	3.55	108.952	108.989	108.906	108.971	108.836	108.945	108.719	108.906	1.643 0
60	3.55	110.741	110.777	110.694	110.759	110.624	110.733	110.507	110.694	1.644 9
61	3.55	112.455	112.491	112.408	112.473	112.338	112.448	112.220	112.408	1.645 7
62	3.55	114.242	114.278	114.195	114.260	114.124	114.234	114.006	114.194	1.647 5
63	3.55	115.958	115.994	115.911	115.976	115.840	115.950	115.721	115.910	1.648 2
64	3.55	117.743	117.780	117.696	117.761	117.625	117.735	117.506	117.695	1.649 9
65	3.55	119.460	119.496	119.413	119.478	119.341	119.452	119.222	119.411	1.650 5
66	3.55	121.245	121.281	121.197	121.262	121.125	121.236	121.006	121.195	1.652 1
67	3.55	122.963	122.999	122.915	122.980	122.843	122.953	122.723	122.912	1.652 8
68	3.55	124.746	124.782	124.698	124.763	124.626	124.736	124.505	124.695	1.654 3
69	3.55	126.465	126.501	126.416	126.482	126.344	126.455	126.223	126.413	1.654 9
70	3.55	128.247	128.283	128.199	128.264	128.126	128.237	128.005	128.195	1.656 3
71	3.55	129.967	130.003	129.918	129.983	129.845	129.956	129.724	129.914	1.656 9
72	3.55	131.748	131.784	131.699	131.765	131.626	131.737	131.504	131.695	1.658 3
73	3.55	133.469	133.505	133.420	133.485	133.347	133.458	133.224	133.415	1.658 8
74	3.55	135.249	135.285	135.200	135.265	135.127	135.238	135.004	135.195	1.660 1
75	3.55	136.970	137.006	136.921	136.987	136.848	136.959	136.725	136.916	1.660 6
76	3.55	138.750	138.786	138.701	138.766	138.627	138.738	138.503	138.695	1.661 9
77	3.55	140.472	140.508	140.423	140.488	140.349	140.460	140.225	140.417	1.662 4
78	3.55	142.251	142.287	142.201	142.267	142.127	142.238	142.003	142.195	1.663 6
79	3.55	143.974	144.009	143.924	143.989	143.849	143.961	143.725	143.917	1.664 0
80	3.55	145.752	145.788	145.702	145.767	145.627	145.739	145.502	145.695	1.665 2
81	3.55	147.475	147.511	147.425	147.490	147.350	147.462	147.225	147.418	1.665 6
82	3.55	149.252	149.288	149.202	149.268	149.127	149.239	149.002	149.195	1.666 7
83	3.55	150.976	151.012	150.926	150.992	150.851	150.963	150.725	150.918	1.667 1
84	3.55	152.753	152.789	152.703	152.768	152.627	152.739	152.501	152.694	1.668 1
85	3.55	154.478	154.514	154.427	154.493	154.352	154.463	154.225	154.418	1.668 6
86	3.55	156.254	156.290	156.203	156.269	156.127	156.239	156.000	156.194	1.669 5
87	3.55	157.979	158.015	157.928	157.994	157.852	157.964	157.725	157.919	1.670 0
88	3.55	159.755	159.790	159.704	159.769	159.627	159.739	159.500	159.694	1.670 9
89	3.55	161.480	161.516	161.429	161.495	161.353	161.465	161.225	161.419	1.671 3
90	3.55	163.255	163.291	163.204	163.269	163.127	163.239	162.999	163.193	1.672 2
91	3.55	164.981	165.017	164.930	164.995	164.853	164.965	164.725	164.919	1.672 5
92	3.55	166.756	166.791	166.704	166.770	166.627	166.739	166.498	166.693	1.673 4
93	3.55	168.482	168.518	168.431	168.496	168.354	168.466	168.225	168.419	1.673 8
94	3.55	170.256	170.292	170.205	170.270	170.127	170.239	169.998	170.193	1.674 6
95	3.55	171.983	172.019	171.932	171.997	171.854	171.966	171.724	171.919	1.674 9
96	3.55	173.757	173.792	173.705	173.770	173.627	173.739	173.497	173.692	1.675 7
97	3.55	175.484	175.520	175.432	175.498	175.354	175.467	175.224	175.419	1.676 1
98	3.55	177.257	177.293	177.205	177.270	177.127	177.239	176.996	177.192	1.676 8
99	3.55	178.985	179.021	178.933	178.998	178.855	178.967	178.724	178.919	1.677 1
100	3.55	180.758	180.793	180.705	180.771	180.627	180.739	180.495	180.691	1.677 9

表 21 跨棒距 M_{Re}

30°外花键 模数 m=2 mm 作用齿厚最大值 $S_{v\,max}$=3.142 mm 单位为毫米

齿数 z	量棒直径 D_{Re}	S_{min}和S_{max}的跨棒距M_{Re}								变换系数 K_e
		4h		5h		6h		7h		
		min	max	min	max	min	max	min	max	
10	4.75	28.099	28.129	28.068	28.120	28.023	28.107	27.947	28.086	1.301 9
11	4.50	29.246	29.278	29.215	29.268	29.168	29.255	29.090	29.233	1.335 8
12	4.50	31.527	31.559	31.494	31.549	31.446	31.535	31.365	31.512	1.366 9
13	4.50	33.338	33.370	33.305	33.360	33.256	33.345	33.173	33.322	1.372 6
14	4.50	35.570	35.603	35.536	35.593	35.486	35.578	35.401	35.554	1.397 1
15	4.50	37.407	37.441	37.373	37.430	37.322	37.415	37.237	37.390	1.402 7
16	4.25	38.944	38.979	38.909	38.967	38.855	38.951	38.766	38.926	1.452 8
17	4.25	40.800	40.834	40.764	40.823	40.710	40.807	40.620	40.781	1.457 3
18	4.25	42.968	43.002	42.931	42.991	42.876	42.974	42.784	42.948	1.473 6
19	4.25	44.839	44.874	44.802	44.862	44.746	44.845	44.653	44.818	1.477 8
20	4.25	46.987	47.022	46.950	47.010	46.893	46.993	46.799	46.965	1.491 4
21	4.25	48.871	48.906	48.833	48.894	48.776	48.876	48.681	48.848	1.495 3
22	4.25	51.004	51.039	50.965	51.027	50.908	51.009	50.811	50.981	1.507 0
23	4.25	52.898	52.933	52.859	52.920	52.801	52.902	52.703	52.874	1.510 5
24	4.25	55.018	55.054	54.979	55.041	54.920	55.022	54.821	54.993	1.520 7
25	4.25	56.920	56.957	56.881	56.943	56.822	56.924	56.722	56.895	1.523 9
26	4.25	59.031	59.067	58.991	59.053	58.931	59.034	58.830	59.004	1.532 8
27	4.25	60.940	60.977	60.900	60.963	60.839	60.944	60.738	60.913	1.535 7
28	4.25	63.042	63.078	63.001	63.064	62.940	63.045	62.838	63.014	1.543 6
29	4.25	64.957	64.994	64.916	64.980	64.855	64.960	64.752	64.929	1.546 3
30	4.25	67.051	67.088	67.010	67.074	66.948	67.054	66.844	67.022	1.553 2
31	4.25	68.973	69.009	68.931	68.995	68.868	68.974	68.764	68.943	1.555 7
32	4.25	71.060	71.097	71.018	71.082	70.955	71.061	70.849	71.029	1.562 0
33	4.25	72.986	73.023	72.944	73.008	72.880	72.987	72.774	72.954	1.564 3
34	4.25	75.068	75.105	75.025	75.090	74.961	75.068	74.854	75.035	1.569 9
35	4.00	76.294	76.331	76.251	76.316	76.185	76.294	76.076	76.261	1.595 6
36	4.00	78.369	78.407	78.325	78.391	78.260	78.369	78.150	78.335	1.600 3
37	4.00	80.303	80.340	80.259	80.325	80.193	80.302	80.082	80.268	1.601 9
38	4.00	82.374	82.411	82.329	82.395	82.263	82.373	82.151	82.338	1.606 2
39	4.00	84.311	84.348	84.266	84.332	84.199	84.309	84.087	84.274	1.607 6
40	4.00	86.378	86.415	86.333	86.399	86.265	86.376	86.153	86.341	1.611 5
41	4.00	88.318	88.355	88.273	88.339	88.205	88.316	88.092	88.280	1.612 8
42	4.00	90.381	90.419	90.336	90.403	90.268	90.379	90.154	90.343	1.616 4
43	4.00	92.324	92.362	92.278	92.345	92.210	92.322	92.096	92.285	1.617 7
44	4.00	94.385	94.422	94.339	94.406	94.270	94.382	94.155	94.345	1.621 0
45	4.00	96.330	96.368	96.284	96.351	96.215	96.327	96.099	96.290	1.622 2
46	4.00	98.388	98.425	98.341	98.408	98.272	98.384	98.156	98.347	1.625 2
47	4.00	100.335	100.373	100.289	100.356	100.219	100.331	100.102	100.294	1.626 3
48	4.00	102.390	102.428	102.344	102.411	102.274	102.386	102.156	102.348	1.629 1
49	4.00	104.340	104.378	104.293	104.360	104.223	104.335	104.105	104.297	1.630 1
50	4.00	106.393	106.431	106.346	106.413	106.275	106.388	106.157	106.349	1.632 7
51	4.00	108.345	108.382	108.297	108.364	108.226	108.339	108.108	108.300	1.633 7
52	4.00	110.395	110.433	110.348	110.415	110.276	110.390	110.157	110.350	1.636 1
53	4.00	112.349	112.386	112.301	112.368	112.229	112.343	112.110	112.303	1.637 0
54	4.00	114.397	114.435	114.349	114.417	114.277	114.391	114.157	114.351	1.639 3
55	4.00	116.353	116.390	116.304	116.372	116.232	116.346	116.112	116.306	1.640 1

表 21（续）

单位为毫米

齿数 z	量棒直径 D_{Re}	S_{min} 和 S_{max} 的跨棒距 M_{Re}								变换系数 K_e
		4h		5h		6h		7h		
		min	max	min	max	min	max	min	max	
56	4.00	118.399	118.437	118.351	118.419	118.278	118.392	118.157	118.352	1.642 3
57	4.00	120.356	120.394	120.308	120.375	120.235	120.349	120.113	120.308	1.643 1
58	4.00	122.401	122.439	122.352	122.420	122.279	122.394	122.157	122.353	1.645 1
59	4.00	124.359	124.397	124.311	124.378	124.237	124.351	124.115	124.310	1.645 8
60	4.00	126.403	126.441	126.354	126.421	126.280	126.395	126.157	126.353	1.647 7
61	4.00	128.362	128.400	128.313	128.381	128.239	128.354	128.116	128.312	1.648 4
62	4.00	130.404	130.442	130.355	130.423	130.281	130.396	130.157	130.354	1.650 2
63	4.00	132.365	132.403	132.316	132.383	132.241	132.356	132.117	132.314	1.650 8
64	4.00	134.406	134.444	134.356	134.424	134.281	134.396	134.157	134.354	1.652 5
65	4.00	136.368	136.406	136.318	136.386	136.243	136.358	136.118	136.315	1.653 1
66	4.00	138.407	138.445	138.357	138.425	138.282	138.397	138.156	138.354	1.654 7
67	4.00	140.370	140.408	140.320	140.388	140.245	140.360	140.119	140.317	1.655 3
68	4.00	142.409	142.446	142.358	142.426	142.282	142.398	142.156	142.354	1.656 8
69	4.00	144.373	144.410	144.322	144.390	144.246	144.362	144.119	144.318	1.657 4
70	4.00	146.410	146.447	146.359	146.427	146.283	146.398	146.156	146.354	1.658 8
71	4.00	148.375	148.412	148.324	148.392	148.248	148.363	148.120	148.319	1.659 3
72	4.00	150.411	150.448	150.360	150.428	150.283	150.399	150.155	150.354	1.660 7
73	4.00	152.377	152.414	152.326	152.394	152.249	152.365	152.120	152.320	1.661 2
74	4.00	154.412	154.449	154.361	154.429	154.283	154.399	154.155	154.354	1.662 5
75	4.00	156.379	156.416	156.327	156.395	156.250	156.366	156.121	156.321	1.663 0
76	4.00	158.413	158.450	158.361	158.429	158.284	158.400	158.154	158.354	1.664 2
77	4.00	160.381	160.418	160.329	160.397	160.251	160.367	160.121	160.322	1.664 6
78	4.00	162.414	162.451	162.362	162.430	162.284	162.400	162.153	162.354	1.665 8
79	4.00	164.383	164.420	164.330	164.398	164.252	164.368	164.121	164.322	1.666 2
80	4.00	166.415	166.452	166.362	166.430	166.284	166.400	166.153	166.354	1.667 3
81	4.00	168.384	168.421	168.332	168.400	168.253	168.369	168.122	168.323	1.667 8
82	4.00	170.415	170.453	170.363	170.431	170.284	170.400	170.152	170.353	1.668 8
83	4.00	172.386	172.423	172.333	172.401	172.254	172.370	172.122	172.323	1.669 2
84	4.00	174.416	174.453	174.363	174.431	174.284	174.400	174.151	174.353	1.670 2
85	4.00	176.387	176.424	176.334	176.402	176.255	176.371	176.122	176.324	1.670 6
86	4.00	178.417	178.454	178.364	178.432	178.284	178.401	178.151	178.353	1.671 6
87	4.00	180.389	180.426	180.335	180.403	180.255	180.372	180.122	180.324	1.672 0
88	4.00	182.418	182.455	182.364	182.432	182.284	182.401	182.150	182.352	1.672 9
89	4.00	184.390	184.427	184.336	184.404	184.256	184.373	184.122	184.324	1.673 3
90	4.00	186.418	186.455	186.365	186.433	186.284	186.401	186.149	186.352	1.674 1
91	4.00	188.391	188.428	188.337	188.405	188.256	188.373	188.122	188.324	1.674 5
92	4.00	190.419	190.456	190.365	190.433	190.284	190.401	190.149	190.352	1.675 3
93	4.00	192.392	192.429	192.338	192.406	192.257	192.374	192.121	192.325	1.675 7
94	4.00	194.419	194.456	194.365	194.433	194.284	194.401	194.148	194.351	1.676 5
95	4.00	196.393	196.430	196.339	196.407	196.257	196.374	196.121	196.325	1.676 8
96	4.00	198.420	198.457	198.365	198.433	198.284	198.401	198.147	198.351	1.677 6
97	4.00	200.394	200.431	200.340	200.408	200.258	200.375	200.121	200.325	1.677 9
98	4.00	202.420	202.457	202.366	202.434	202.283	202.401	202.146	202.350	1.678 6
99	4.00	204.395	204.432	204.341	204.408	204.258	204.375	204.121	204.325	1.678 9
100	4.00	206.421	206.457	206.366	206.434	206.283	206.401	206.145	206.350	1.679 7

表 22 跨棒距 M_{Re}

30°外花键 模数 m=2.5 mm 作用齿厚最大值 $S_{v\,max}$=3.927 mm 单位为毫米

齿数 z	量棒直径 D_{Re}	S_{min} 和 S_{max} 的跨棒距 M_{Re}								变换系数 K_e
		4h		5h		6h		7h		
		min	max	min	max	min	max	min	max	
10	6.00	35.287	35.320	35.255	35.310	35.206	35.296	35.125	35.274	1.294 7
11	5.60	36.504	36.538	36.470	36.528	36.419	36.513	36.334	36.489	1.335 9
12	5.60	39.353	39.388	39.318	39.377	39.266	39.362	39.178	39.338	1.367 0
13	5.60	41.617	41.652	41.582	41.641	41.529	41.626	41.440	41.601	1.372 7
14	5.60	44.407	44.443	44.371	44.432	44.316	44.415	44.225	44.390	1.397 2
15	5.30	45.917	45.953	45.879	45.941	45.823	45.925	45.729	45.898	1.431 9
16	5.30	48.657	48.694	48.619	48.682	48.561	48.665	48.465	48.637	1.451 6
17	5.30	50.977	51.014	50.938	51.001	50.880	50.984	50.782	50.956	1.456 1
18	5.30	53.686	53.724	53.647	53.711	53.587	53.693	53.488	53.665	1.472 4
19	5.30	56.025	56.063	55.985	56.050	55.925	56.031	55.825	56.003	1.476 6
20	5.30	58.711	58.749	58.670	58.736	58.609	58.717	58.508	58.687	1.490 3
21	5.30	61.065	61.103	61.024	61.090	60.963	61.071	60.860	61.041	1.494 1
22	5.30	63.732	63.770	63.690	63.756	63.628	63.737	63.524	63.706	1.505 8
23	5.30	66.099	66.137	66.057	66.123	65.994	66.104	65.889	66.073	1.509 4
24	5.30	68.750	68.788	68.707	68.774	68.644	68.754	68.537	68.722	1.519 5
25	5.30	71.127	71.166	71.085	71.152	71.021	71.131	70.913	71.099	1.522 7
26	5.30	73.765	73.804	73.722	73.789	73.657	73.769	73.549	73.736	1.531 6
27	5.30	76.152	76.191	76.109	76.176	76.043	76.155	75.934	76.122	1.534 6
28	5.30	78.779	78.818	78.735	78.803	78.669	78.782	78.559	78.748	1.542 4
29	5.30	81.174	81.213	81.130	81.198	81.063	81.176	80.952	81.142	1.545 2
30	5.00	82.953	82.993	82.907	82.977	82.839	82.955	82.725	82.920	1.576 7
31	5.00	85.354	85.393	85.308	85.378	85.239	85.355	85.125	85.320	1.578 8
32	5.00	87.961	88.001	87.915	87.985	87.845	87.962	87.730	87.926	1.584 6
33	5.00	90.367	90.407	90.321	90.391	90.252	90.368	90.135	90.332	1.586 5
34	5.00	92.968	93.008	92.921	92.991	92.851	92.968	92.734	92.931	1.591 8
35	5.00	95.380	95.420	95.333	95.403	95.262	95.379	95.145	95.343	1.593 5
36	5.00	97.974	98.014	97.927	97.997	97.856	97.973	97.737	97.936	1.598 2
37	5.00	100.391	100.431	100.343	100.414	100.272	100.390	100.153	100.352	1.599 8
38	5.00	102.980	103.020	102.932	103.003	102.860	102.978	102.740	102.940	1.604 1
39	5.00	105.401	105.441	105.353	105.423	105.280	105.399	105.160	105.360	1.605 6
40	5.00	107.985	108.025	107.936	108.007	107.864	107.982	107.742	107.944	1.609 6
41	5.00	110.410	110.450	110.361	110.432	110.288	110.407	110.166	110.368	1.610 9
42	5.00	112.989	113.030	112.940	113.012	112.867	112.986	112.744	112.947	1.614 5
43	5.00	115.418	115.458	115.369	115.440	115.295	115.414	115.171	115.374	1.615 8
44	5.00	117.994	118.034	117.944	118.016	117.870	117.990	117.746	117.949	1.619 1
45	5.00	120.425	120.466	120.376	120.447	120.301	120.421	120.176	120.380	1.620 3
46	5.00	122.997	123.038	122.948	123.019	122.872	122.993	122.747	122.952	1.623 4
47	5.00	125.432	125.472	125.382	125.453	125.306	125.427	125.181	125.386	1.624 5
48	5.00	128.001	128.041	127.951	128.022	127.875	127.995	127.748	127.954	1.627 3
49	5.00	130.438	130.479	130.388	130.459	130.312	130.432	130.184	130.390	1.628 4
50	5.00	133.004	133.045	132.953	133.025	132.877	132.998	132.749	132.956	1.631 0
51	5.00	135.444	135.484	135.393	135.465	135.316	135.437	135.188	135.395	1.632 0
52	5.00	138.007	138.048	137.956	138.028	137.879	138.000	137.750	137.957	1.634 4
53	5.00	140.449	140.489	140.398	140.470	140.320	140.442	140.191	140.398	1.635 3
54	5.00	143.010	143.050	142.958	143.030	142.881	143.002	142.751	142.959	1.637 6
55	5.00	145.454	145.494	145.402	145.474	145.324	145.446	145.194	145.402	1.638 5

表 22（续） 单位为毫米

齿数 z	量棒直径 D_{Re}	S_{min}和S_{max}的跨棒距M_{Re}								变换系数 K_e
		4h		5h		6h		7h		
		min	max	min	max	min	max	min	max	
56	5.00	148.013	148.053	147.960	148.033	147.882	148.004	147.751	147.960	1.640 6
57	5.00	150.459	150.499	150.406	150.478	150.328	150.450	150.196	150.405	1.641 5
58	5.00	153.015	153.055	152.962	153.035	152.883	153.006	152.751	152.961	1.643 5
59	5.00	155.463	155.503	155.410	155.482	155.331	155.453	155.198	155.408	1.644 2
60	5.00	158.017	158.057	157.964	158.037	157.885	158.007	157.752	157.962	1.646 1
61	5.00	160.467	160.507	160.414	160.486	160.334	160.456	160.200	160.411	1.646 9
62	5.00	163.019	163.059	162.966	163.038	162.886	163.008	162.752	162.962	1.648 6
63	5.00	165.470	165.510	165.417	165.489	165.336	165.459	165.202	165.413	1.649 3
64	5.00	168.021	168.061	167.967	168.040	167.887	168.010	167.752	167.963	1.651 0
65	5.00	170.474	170.514	170.420	170.492	170.339	170.462	170.204	170.415	1.651 7
66	5.00	173.023	173.063	172.969	173.041	172.888	173.011	172.752	172.963	1.653 2
67	5.00	175.477	175.517	175.423	175.495	175.341	175.464	175.205	175.417	1.653 9
68	5.00	178.025	178.065	177.970	178.043	177.888	178.012	177.752	177.964	1.655 4
69	5.00	180.480	180.520	180.425	180.498	180.343	180.466	180.206	180.419	1.655 9
70	5.00	183.026	183.066	182.971	183.044	182.889	183.012	182.751	182.964	1.657 4
71	5.00	185.483	185.523	185.428	185.500	185.345	185.469	185.207	185.420	1.657 9
72	5.00	188.028	188.068	187.973	188.045	187.890	188.013	187.751	187.964	1.659 3
73	5.00	190.486	190.525	190.430	190.503	190.347	190.471	190.208	190.421	1.659 8
74	5.00	193.029	193.069	192.974	193.046	192.890	193.014	192.751	192.964	1.661 1
75	5.00	195.488	195.528	195.432	195.505	195.349	195.472	195.209	195.423	1.661 6
76	5.00	198.031	198.070	197.975	198.047	197.891	198.014	197.750	197.964	1.662 8
77	5.00	200.490	200.530	200.434	200.507	200.350	200.474	200.210	200.424	1.663 3
78	5.00	203.032	203.071	202.975	203.048	202.891	203.015	202.750	202.964	1.664 5
79	5.00	205.493	205.532	205.436	205.509	205.352	205.476	205.210	205.425	1.664 9
80	5.00	208.033	208.072	207.976	208.049	207.891	208.015	207.749	207.964	1.666 0
81	5.00	210.495	210.534	210.438	210.510	210.353	210.477	210.211	210.426	1.666 5
82	5.00	213.034	213.073	212.977	213.049	212.892	213.016	212.749	212.964	1.667 5
83	5.00	215.497	215.536	215.440	215.512	215.354	215.478	215.211	215.426	1.668 0
84	5.00	218.035	218.074	217.978	218.050	217.892	218.016	217.748	217.964	1.669 0
85	5.00	220.499	220.538	220.441	220.514	220.355	220.479	220.211	220.427	1.669 4
86	5.00	223.036	223.075	222.978	223.051	222.892	223.016	222.748	222.964	1.670 3
87	5.00	225.500	225.540	225.443	225.515	225.356	225.481	225.212	225.428	1.670 7
88	5.00	228.037	228.076	227.979	228.051	227.892	228.017	227.747	227.964	1.671 7
89	5.00	230.502	230.541	230.444	230.516	230.357	230.482	230.212	230.428	1.672 0
90	5.00	233.038	233.077	232.980	233.052	232.892	233.017	232.747	232.963	1.672 9
91	5.00	235.504	235.543	235.445	235.518	235.358	235.483	235.212	235.429	1.673 3
92	5.00	238.038	238.077	237.980	238.052	237.892	238.017	237.746	237.963	1.674 1
93	5.00	240.505	240.544	240.447	240.519	240.359	240.483	240.212	240.429	1.674 5
94	5.00	243.039	243.078	242.981	243.053	242.892	243.017	242.745	242.963	1.675 3
95	5.00	245.507	245.546	245.448	245.520	245.359	245.484	245.212	245.429	1.675 6
96	5.00	248.040	248.079	247.981	248.053	247.892	248.017	247.744	247.962	1.676 4
97	5.00	250.508	250.547	250.449	250.521	250.360	250.485	250.212	250.430	1.676 8
98	5.00	253.041	253.079	252.981	253.054	252.892	253.017	252.744	252.962	1.677 5
99	5.00	255.509	255.548	255.450	255.522	255.361	255.486	255.212	255.430	1.677 8
100	5.00	258.041	258.080	257.982	258.054	257.892	258.017	257.743	257.961	1.678 5

表 23 跨棒距 M_{Re}

30°外花键 模数 $m=3$ mm 作用齿厚最大值 $S_{v\,max}=4.712$ mm

单位为毫米

齿数 z	量棒直径 D_{Re}	S_{min}和S_{max}的跨棒距 M_{Re}								变换系数 K_e
		4h		5h		6h		7h		
		min	max	min	max	min	max	min	max	
10	7.10	42.103	42.138	42.069	42.128	42.017	42.113	41.930	42.089	1.300 3
11	6.70	43.761	43.798	43.726	43.787	43.672	43.771	43.581	43.746	1.335 9
12	6.70	47.181	47.218	47.143	47.206	47.088	47.190	46.994	47.164	1.367 0
13	6.70	49.897	49.934	49.859	49.923	49.803	49.906	49.708	49.880	1.372 7
14	6.70	53.245	53.283	53.206	53.271	53.148	53.253	53.051	53.226	1.397 2
15	6.70	56.001	56.039	55.961	56.026	55.903	56.009	55.804	55.981	1.402 7
16	6.30	58.237	58.277	58.196	58.264	58.135	58.245	58.032	58.216	1.454 9
17	6.30	61.020	61.060	60.979	61.047	60.917	61.028	60.813	60.998	1.459 4
18	6.30	64.271	64.311	64.229	64.297	64.166	64.278	64.060	64.247	1.475 6
19	6.30	67.077	67.117	67.035	67.104	66.971	67.084	66.864	67.053	1.479 7
20	6.30	70.299	70.340	70.256	70.326	70.191	70.305	70.083	70.274	1.493 3
21	6.30	73.124	73.165	73.081	73.151	73.015	73.130	72.906	73.098	1.497 1
22	6.30	76.323	76.364	76.279	76.350	76.213	76.329	76.102	76.296	1.508 8
23	6.30	79.164	79.205	79.119	79.190	79.052	79.169	78.940	79.135	1.512 2
24	6.30	82.344	82.385	82.299	82.370	82.231	82.348	82.118	82.314	1.522 3
25	6.30	85.198	85.239	85.152	85.223	85.084	85.201	84.969	85.167	1.525 5
26	6.30	88.362	88.404	88.316	88.388	88.247	88.366	88.131	88.331	1.534 3
27	6.00	90.394	90.436	90.347	90.419	90.276	90.396	90.158	90.361	1.558 9
28	6.00	93.543	93.585	93.495	93.568	93.424	93.545	93.304	93.508	1.566 3
29	6.00	96.415	96.457	96.368	96.441	96.296	96.417	96.176	96.380	1.568 6
30	6.00	99.553	99.596	99.505	99.579	99.433	99.555	99.311	99.517	1.575 1
31	6.00	102.434	102.477	102.386	102.460	102.313	102.435	102.191	102.397	1.577 2
32	6.00	105.563	105.605	105.514	105.588	105.440	105.563	105.317	105.525	1.583 1
33	6.00	108.451	108.494	108.402	108.476	108.328	108.451	108.204	108.412	1.584 9
34	6.00	111.572	111.614	111.522	111.596	111.447	111.571	111.323	111.532	1.590 2
35	6.00	114.466	114.509	114.416	114.491	114.341	114.465	114.216	114.426	1.592 0
36	6.00	117.579	117.622	117.529	117.603	117.453	117.578	117.327	117.538	1.596 8
37	6.00	120.480	120.522	120.429	120.504	120.353	120.477	120.226	120.437	1.598 4
38	6.00	123.586	123.629	123.535	123.610	123.459	123.584	123.331	123.543	1.602 7
39	6.00	126.492	126.534	126.440	126.515	126.363	126.489	126.235	126.447	1.604 2
40	6.00	129.592	129.635	129.541	129.616	129.463	129.589	129.334	129.547	1.608 2
41	6.00	132.503	132.545	132.451	132.526	132.373	132.498	132.243	132.456	1.609 5
42	6.00	135.598	135.641	135.546	135.621	135.468	135.594	135.337	135.551	1.613 2
43	6.00	138.512	138.555	138.460	138.535	138.381	138.507	138.250	138.465	1.614 5
44	6.00	141.603	141.646	141.551	141.626	141.471	141.598	141.339	141.555	1.617 8
45	6.00	144.521	144.564	144.468	144.544	144.389	144.516	144.256	144.472	1.619 0
46	6.00	147.608	147.651	147.555	147.630	147.475	147.602	147.341	147.558	1.622 1
47	6.00	150.530	150.572	150.476	150.552	150.396	150.523	150.262	150.478	1.623 2
48	6.00	153.613	153.655	153.559	153.634	153.478	153.605	153.343	153.561	1.626 1
49	6.00	156.537	156.580	156.483	156.559	156.402	156.530	156.267	156.484	1.627 1
50	6.00	159.617	159.659	159.562	159.638	159.481	159.608	159.345	159.563	1.629 8
51	6.00	162.544	162.586	162.490	162.565	162.408	162.536	162.271	162.490	1.630 8
52	6.00	165.620	165.663	165.565	165.641	165.483	165.611	165.346	165.565	1.633 2
53	6.00	168.551	168.593	168.496	168.571	168.413	168.541	168.275	168.495	1.634 2
54	6.00	171.624	171.666	171.568	171.644	171.486	171.614	171.347	171.567	1.636 5
55	6.00	174.557	174.599	174.501	174.577	174.418	174.546	174.279	174.499	1.637 3

表 23（续）

单位为毫米

齿数 z	量棒直径 D_{Re}	S_{min}和S_{max}的跨棒距 M_{Re}								变换系数 K_e
		4h		5h		6h		7h		
		min	max	min	max	min	max	min	max	
56	6.00	177.627	177.669	177.571	177.647	177.488	177.616	177.348	177.568	1.639 5
57	6.00	180.562	180.604	180.506	180.582	180.422	180.551	180.282	180.503	1.640 3
58	6.00	183.630	183.672	183.574	183.650	183.489	183.618	183.349	183.570	1.642 3
59	6.00	186.567	186.609	186.511	186.587	186.426	186.555	186.285	186.507	1.643 1
60	6.00	189.633	189.675	189.576	189.652	189.491	189.620	189.349	189.571	1.645 0
61	6.00	192.572	192.614	192.515	192.591	192.430	192.559	192.288	192.510	1.645 8
62	6.00	195.635	195.677	195.578	195.654	195.493	195.622	195.350	195.572	1.647 5
63	6.00	198.576	198.618	198.519	198.595	198.433	198.563	198.290	198.513	1.648 2
64	6.00	201.637	201.679	201.580	201.656	201.494	201.623	201.350	201.573	1.649 9
65	6.00	204.581	204.623	204.523	204.599	204.437	204.566	204.292	204.516	1.650 6
66	6.00	207.640	207.682	207.582	207.658	207.495	207.625	207.350	207.574	1.652 2
67	6.00	210.585	210.626	210.527	210.603	210.439	210.569	210.294	210.518	1.652 8
68	6.00	213.642	213.684	213.584	213.660	213.496	213.626	213.350	213.574	1.654 3
69	6.00	216.588	216.630	216.530	216.606	216.442	216.572	216.296	216.520	1.654 9
70	6.00	219.644	219.685	219.585	219.661	219.497	219.627	219.350	219.575	1.656 4
71	6.00	222.592	222.633	222.533	222.609	222.445	222.575	222.297	222.522	1.656 9
72	6.00	225.646	225.687	225.587	225.663	225.498	225.628	225.350	225.575	1.658 3
73	6.00	228.595	228.637	228.536	228.612	228.447	228.577	228.299	228.524	1.658 8
74	6.00	231.647	231.689	231.588	231.664	231.499	231.629	231.350	231.576	1.660 1
75	6.00	234.598	234.640	234.538	234.615	234.449	234.579	234.300	234.526	1.660 6
76	6.00	237.649	237.690	237.589	237.665	237.500	237.630	237.350	237.576	1.661 9
77	6.00	240.601	240.642	240.541	240.617	240.451	240.582	240.301	240.527	1.662 4
78	6.00	243.650	243.692	243.590	243.667	243.500	243.631	243.350	243.576	1.663 5
79	6.00	246.604	246.645	246.543	246.619	246.453	246.584	246.302	246.529	1.664 0
80	6.00	249.652	249.693	249.591	249.668	249.501	249.631	249.349	249.576	1.665 1
81	6.00	252.606	252.647	252.546	252.622	252.455	252.585	252.303	252.530	1.665 6
82	6.00	255.653	255.694	255.592	255.669	255.501	255.632	255.349	255.576	1.666 6
83	6.00	258.609	258.650	258.548	258.624	258.456	258.587	258.304	258.531	1.667 1
84	6.00	261.655	261.696	261.593	261.669	261.502	261.633	261.349	261.576	1.668 1
85	6.00	264.611	264.652	264.550	264.626	264.458	264.589	264.304	264.532	1.668 5
86	6.00	267.656	267.697	267.594	267.670	267.502	267.633	267.348	267.576	1.669 5
87	6.00	270.613	270.654	270.552	270.628	270.459	270.590	270.305	270.533	1.669 9
88	6.00	273.657	273.698	273.595	273.671	273.502	273.633	273.348	273.576	1.670 8
89	6.00	276.615	276.656	276.553	276.629	276.460	276.591	276.305	276.534	1.671 2
90	6.00	279.658	279.699	279.596	279.672	279.503	279.634	279.347	279.576	1.672 1
91	6.00	282.617	282.658	282.555	282.631	282.462	282.593	282.306	282.534	1.672 4
92	6.00	285.659	285.700	285.597	285.672	285.503	285.634	285.346	285.575	1.673 3
93	6.00	288.619	288.660	288.557	288.632	288.463	288.594	288.306	288.535	1.673 7
94	6.00	291.660	291.701	291.597	291.673	291.503	291.634	291.346	291.575	1.674 5
95	6.00	294.621	294.662	294.558	294.634	294.464	294.595	294.306	294.535	1.674 8
96	6.00	297.661	297.701	297.598	297.674	297.503	297.634	297.345	297.575	1.675 6
97	6.00	300.623	300.663	300.559	300.635	300.465	300.596	300.306	300.536	1.675 9
98	6.00	303.662	303.702	303.598	303.674	303.503	303.635	303.345	303.574	1.676 7
99	6.00	306.624	306.665	306.561	306.637	306.465	306.597	306.306	306.536	1.677 0
100	6.00	309.663	309.703	309.599	309.675	309.503	309.635	309.344	309.574	1.677 7

表 24 跨棒距 M_{Re}

30°外花键 模数 $m=4$ mm 作用齿厚最大值 $S_{v\,max}=6.283$ mm

单位为毫米

齿数 z	量棒直径 D_{Re}	S_{min} 和 S_{max} 的跨棒距 M_{Re}								变换系数 K_e
		4h		5h		6h		7h		
		min	max	min	max	min	max	min	max	
10	9.50	56.234	56.272	56.196	56.261	56.138	56.244	56.043	56.218	1.296 7
11	9.00	58.531	58.571	58.491	58.559	58.432	58.541	58.333	58.513	1.329 9
12	9.00	63.093	63.133	63.052	63.120	62.990	63.102	62.888	63.074	1.360 9
13	9.00	66.715	66.756	66.674	66.743	66.612	66.724	66.508	66.695	1.366 7
14	8.50	69.874	69.916	69.830	69.902	69.765	69.883	69.656	69.852	1.421 6
15	8.50	73.546	73.588	73.502	73.574	73.436	73.554	73.326	73.523	1.426 5
16	8.50	77.932	77.975	77.887	77.960	77.819	77.939	77.706	77.907	1.446 2
17	8.50	81.643	81.686	81.598	81.672	81.530	81.650	81.416	81.617	1.450 8
18	8.50	85.980	86.023	85.933	86.008	85.864	85.986	85.748	85.952	1.467 1
19	8.50	89.722	89.766	89.675	89.750	89.605	89.728	89.488	89.694	1.471 4
20	8.50	94.020	94.064	93.972	94.048	93.901	94.025	93.782	93.990	1.485 2
21	8.50	97.787	97.831	97.739	97.815	97.667	97.792	97.547	97.756	1.489 1
22	8.50	102.054	102.098	102.006	102.082	101.932	102.058	101.810	102.022	1.500 9
23	8.50	105.842	105.886	105.793	105.870	105.719	105.846	105.596	105.809	1.504 5
24	8.00	108.706	108.751	108.655	108.734	108.579	108.709	108.452	108.671	1.543 0
25	8.00	112.509	112.555	112.458	112.537	112.381	112.512	112.253	112.473	1.545 7
26	8.00	116.725	116.771	116.673	116.753	116.596	116.727	116.466	116.687	1.554 2
27	8.00	120.543	120.588	120.491	120.570	120.413	120.544	120.282	120.504	1.556 7
28	8.00	124.742	124.787	124.689	124.769	124.610	124.742	124.478	124.701	1.564 1
29	8.00	128.572	128.618	128.519	128.599	128.440	128.572	128.307	128.531	1.566 4
30	8.00	132.756	132.802	132.703	132.783	132.623	132.756	132.489	132.714	1.573 0
31	8.00	136.598	136.644	136.544	136.624	136.463	136.597	136.329	136.554	1.575 1
32	8.00	140.769	140.815	140.715	140.796	140.634	140.768	140.498	140.725	1.581 0
33	8.00	144.620	144.666	144.566	144.646	144.484	144.618	144.347	144.575	1.582 9
34	8.00	148.781	148.827	148.726	148.807	148.644	148.778	148.506	148.734	1.588 2
35	8.00	152.641	152.686	152.585	152.666	152.502	152.637	152.364	152.593	1.590 0
36	8.00	156.791	156.837	156.736	156.817	156.652	156.788	156.513	156.742	1.594 8
37	8.00	160.659	160.705	160.603	160.684	160.519	160.654	160.378	160.609	1.596 4
38	8.00	164.801	164.847	164.745	164.826	164.660	164.796	164.518	164.750	1.600 8
39	8.00	168.675	168.721	168.618	168.700	168.533	168.669	168.391	168.623	1.602 3
40	8.00	172.809	172.855	172.752	172.834	172.667	172.803	172.524	172.756	1.606 3
41	8.00	176.690	176.735	176.632	176.714	176.546	176.683	176.402	176.635	1.607 7
42	8.00	180.817	180.863	180.760	180.841	180.673	180.810	180.528	180.762	1.611 4
43	8.00	184.703	184.749	184.645	184.727	184.558	184.695	184.413	184.647	1.612 7
44	8.00	188.824	188.870	188.766	188.848	188.678	188.816	188.532	188.767	1.616 0
45	8.00	192.715	192.761	192.657	192.738	192.569	192.706	192.422	192.657	1.617 2
46	8.00	196.831	196.877	196.772	196.854	196.683	196.821	196.536	196.772	1.620 4
47	8.00	200.726	200.772	200.667	200.749	200.578	200.716	200.430	200.666	1.621 5
48	8.00	204.837	204.883	204.777	204.859	204.688	204.826	204.539	204.776	1.624 4
49	8.00	208.737	208.782	208.677	208.759	208.587	208.725	208.437	208.674	1.625 4
50	8.00	212.842	212.888	212.782	212.864	212.692	212.831	212.542	212.779	1.628 1
51	8.00	216.746	216.792	216.686	216.768	216.595	216.734	216.444	216.682	1.629 1
52	8.00	220.848	220.893	220.787	220.869	220.696	220.835	220.544	220.782	1.631 6
53	8.00	224.755	224.800	224.694	224.776	224.602	224.742	224.450	224.689	1.632 6
54	8.00	228.852	228.898	228.791	228.873	228.699	228.839	228.546	228.785	1.634 9
55	8.00	232.763	232.808	232.701	232.784	232.609	232.749	232.455	232.695	1.635 8

表 24（续）

单位为毫米

齿数 z	量棒直径 D_{Re}	S_{min} 和 S_{max} 的跨棒距 M_{Re}								变换系数 K_e
		4h		5h		6h		7h		
		min	max	min	max	min	max	min	max	
56	8.00	236.857	236.902	236.795	236.877	236.702	236.842	236.548	236.788	1.637 9
57	8.00	240.770	240.816	240.708	240.791	240.615	240.755	240.460	240.701	1.638 8
58	8.00	244.861	244.906	244.799	244.881	244.705	244.845	244.549	244.790	1.640 8
59	8.00	248.777	248.823	248.715	248.797	248.621	248.761	248.465	248.706	1.641 6
60	8.00	252.865	252.910	252.802	252.884	252.708	252.848	252.551	252.792	1.643 5
61	8.00	256.784	256.829	256.721	256.803	256.627	256.767	256.469	256.711	1.644 3
62	8.00	260.868	260.913	260.805	260.887	260.710	260.850	260.552	260.794	1.646 1
63	8.00	264.790	264.835	264.727	264.809	264.631	264.772	264.473	264.715	1.646 8
64	8.00	268.871	268.917	268.808	268.890	268.712	268.853	268.553	268.795	1.648 5
65	8.00	272.796	272.841	272.732	272.814	272.636	272.776	272.476	272.719	1.649 2
66	8.00	276.875	276.920	276.810	276.893	276.714	276.855	276.554	276.797	1.650 8
67	8.00	280.801	280.846	280.737	280.819	280.640	280.781	280.479	280.722	1.651 4
68	8.00	284.877	284.922	284.813	284.895	284.716	284.857	284.554	284.798	1.652 9
69	8.00	288.806	288.851	288.741	288.824	288.644	288.785	288.482	288.726	1.653 6
70	8.00	292.880	292.925	292.815	292.897	292.718	292.858	292.555	292.799	1.655 0
71	8.00	296.811	296.856	296.746	296.828	296.648	296.789	296.484	296.729	1.655 6
72	8.00	300.883	300.927	300.817	300.900	300.719	300.860	300.555	300.800	1.657 0
73	8.00	304.815	304.860	304.750	304.832	304.651	304.792	304.487	304.732	1.657 5
74	8.00	308.885	308.930	308.819	308.902	308.720	308.862	308.556	308.801	1.658 8
75	8.00	312.819	312.864	312.753	312.836	312.654	312.795	312.489	312.734	1.659 3
76	8.00	316.887	316.932	316.821	316.903	316.722	316.863	316.556	316.801	1.660 6
77	8.00	320.823	320.868	320.757	320.839	320.657	320.798	320.491	320.737	1.661 1
78	8.00	324.890	324.934	324.823	324.905	324.723	324.864	324.556	324.802	1.662 3
79	8.00	328.827	328.871	328.760	328.842	328.660	328.801	328.492	328.739	1.662 7
80	8.00	332.892	332.936	332.825	332.907	332.724	332.865	332.556	332.802	1.663 9
81	8.00	336.831	336.875	336.764	336.846	336.663	336.804	336.494	336.741	1.664 3
82	8.00	340.894	340.938	340.826	340.908	340.725	340.866	340.556	340.803	1.665 4
83	8.00	344.834	344.878	344.766	344.848	344.665	344.806	344.495	344.742	1.665 8
84	8.00	348.895	348.939	348.828	348.909	348.726	348.867	348.556	348.803	1.666 9
85	8.00	352.837	352.881	352.769	352.851	352.667	352.809	352.497	352.744	1.667 3
86	8.00	356.897	356.941	356.829	356.911	356.726	356.868	356.555	356.803	1.668 3
87	8.00	360.840	360.884	360.772	360.854	360.669	360.811	360.498	360.746	1.668 7
88	8.00	364.899	364.942	364.830	364.912	364.727	364.869	364.555	364.803	1.669 6
89	8.00	368.843	368.887	368.774	368.856	368.671	368.813	368.499	368.747	1.670 0
90	8.00	372.900	372.944	372.831	372.913	372.728	372.869	372.555	372.803	1.670 9
91	8.00	376.846	376.890	376.777	376.859	376.673	376.815	376.500	376.748	1.671 3
92	8.00	380.902	380.945	380.832	380.914	380.728	380.870	380.554	380.803	1.672 2
93	8.00	384.849	384.892	384.779	384.861	384.675	384.816	384.501	384.749	1.672 5
94	8.00	388.903	388.946	388.833	388.915	388.729	388.870	388.554	388.803	1.673 4
95	8.00	392.851	392.894	392.781	392.863	392.676	392.818	392.501	392.750	1.673 7
96	8.00	396.904	396.948	396.834	396.916	396.729	396.871	396.554	396.803	1.674 5
97	8.00	400.854	400.897	400.783	400.865	400.678	400.820	400.502	400.751	1.674 8
98	8.00	404.906	404.949	404.835	404.917	404.729	404.871	404.553	404.802	1.675 6
99	8.00	408.856	408.899	408.785	408.867	408.679	408.821	408.502	408.752	1.675 9
100	8.00	412.907	412.950	412.836	412.917	412.730	412.872	412.553	412.802	1.676 7

表 25 跨棒距 M_{Re}

30°外花键 模数 m=5 mm 作用齿厚最大值 $S_{v\,max}$=7.854 mm

单位为毫米

齿数 z	量棒直径 D_{Re}	S_{min}和S_{max}的跨棒距 M_{Re}								变换系数 K_e
		4h		5h		6h		7h		
		min	max	min	max	min	max	min	max	
10	11.80	70.116	70.158	70.075	70.145	70.013	70.127	69.910	70.098	1.298 6
11	11.20	73.049	73.091	73.006	73.078	72.942	73.059	72.835	73.028	1.330 9
12	11.20	78.749	78.792	78.705	78.779	78.639	78.759	78.528	78.727	1.361 9
13	11.20	83.277	83.321	83.233	83.307	83.165	83.286	83.053	83.254	1.367 6
14	10.60	87.289	87.334	87.242	87.319	87.171	87.297	87.054	87.263	1.421 3
15	10.60	91.879	91.924	91.831	91.909	91.760	91.887	91.641	91.852	1.426 3
16	10.60	97.361	97.407	97.312	97.391	97.239	97.368	97.117	97.332	1.445 9
17	10.60	102.000	102.046	101.951	102.030	101.877	102.007	101.754	101.970	1.450 6
18	10.60	107.420	107.467	107.370	107.450	107.295	107.426	107.170	107.389	1.466 8
19	10.60	112.099	112.145	112.048	112.128	111.972	112.104	111.845	112.066	1.471 1
20	10.60	117.471	117.517	117.419	117.500	117.342	117.475	117.213	117.436	1.484 9
21	10.60	122.180	122.227	122.128	122.209	122.050	122.184	121.920	122.144	1.488 8
22	10.60	127.513	127.561	127.461	127.542	127.382	127.516	127.250	127.476	1.500 6
23	10.00	130.602	130.650	130.548	130.631	130.466	130.604	130.331	130.562	1.531 7
24	10.00	135.897	135.945	135.842	135.926	135.760	135.898	135.623	135.856	1.541 5
25	10.00	140.651	140.699	140.596	140.680	140.513	140.652	140.375	140.609	1.544 2
26	10.00	145.921	145.969	145.865	145.949	145.781	145.921	145.641	145.877	1.552 7
27	10.00	150.693	150.742	150.637	150.722	150.553	150.693	150.412	150.648	1.555 2
28	10.00	155.942	155.990	155.885	155.970	155.800	155.941	155.657	155.896	1.562 7
29	10.00	160.730	160.779	160.673	160.758	160.587	160.728	160.444	160.683	1.565 0
30	10.00	165.960	166.009	165.903	165.988	165.816	165.958	165.671	165.912	1.571 6
31	10.00	170.762	170.811	170.704	170.790	170.617	170.759	170.471	170.712	1.573 7
32	10.00	175.977	176.026	175.918	176.004	175.830	175.973	175.683	175.926	1.579 6
33	10.00	180.791	180.839	180.732	180.818	180.643	180.786	180.495	180.738	1.581 6
34	10.00	185.992	186.040	185.932	186.018	185.843	185.987	185.694	185.938	1.586 9
35	10.00	190.816	190.865	190.756	190.842	190.667	190.810	190.517	190.761	1.588 7
36	10.00	196.005	196.054	195.945	196.031	195.854	195.998	195.703	195.949	1.593 5
37	10.00	200.839	200.888	200.778	200.865	200.687	200.832	200.536	200.781	1.595 2
38	10.00	206.017	206.066	205.956	206.042	205.864	206.009	205.711	205.958	1.599 5
39	10.00	210.859	210.908	210.798	210.885	210.706	210.851	210.552	210.800	1.601 1
40	10.00	216.028	216.076	215.966	216.053	215.873	216.019	215.719	215.967	1.605 1
41	10.00	220.878	220.927	220.816	220.903	220.723	220.868	220.567	220.816	1.606 5
42	10.00	226.038	226.086	225.975	226.062	225.881	226.027	225.725	225.974	1.610 2
43	10.00	230.895	230.943	230.832	230.919	230.738	230.884	230.581	230.830	1.611 5
44	10.00	236.047	236.095	235.984	236.070	235.889	236.035	235.730	235.981	1.614 9
45	10.00	240.910	240.959	240.847	240.934	240.751	240.898	240.593	240.843	1.616 1
46	10.00	246.055	246.104	245.991	246.078	245.895	246.042	245.735	245.987	1.619 2
47	10.00	250.924	250.973	250.860	250.947	250.764	250.911	250.603	250.855	1.620 4
48	10.00	256.063	256.111	255.998	256.085	255.901	256.049	255.740	255.992	1.623 3
49	10.00	260.937	260.986	260.873	260.960	260.775	260.923	260.613	260.866	1.624 4
50	10.00	266.070	266.118	266.005	266.092	265.907	266.054	265.744	265.997	1.627 0
51	10.00	270.949	270.997	270.884	270.971	270.786	270.933	270.622	270.876	1.628 1
52	10.00	276.076	276.124	276.011	276.098	275.912	276.060	275.747	276.002	1.630 6
53	10.00	280.960	281.008	280.894	280.981	280.795	280.943	280.630	280.885	1.631 5
54	10.00	286.082	286.130	286.016	286.103	285.916	286.065	285.750	286.006	1.633 8
55	10.00	290.971	291.019	290.904	290.991	290.804	290.952	290.637	290.893	1.634 7

表 25（续）

单位为毫米

齿数 z	量棒直径 D_{Re}	S_{min} 和 S_{max} 的跨棒距 M_{Re}								变换系数 K_e
		4h		5h		6h		7h		
		min	max	min	max	min	max	min	max	
56	10.00	296.088	296.136	296.021	296.108	295.921	296.069	295.753	296.009	1.636 9
57	10.00	300.980	301.028	300.913	301.000	300.812	300.961	300.644	300.900	1.637 8
58	10.00	306.093	306.141	306.026	306.113	305.925	306.073	305.756	306.012	1.639 8
59	10.00	310.989	311.037	310.921	311.008	310.820	310.968	310.650	310.907	1.640 6
60	10.00	316.098	316.146	316.030	316.117	315.928	316.077	315.758	316.015	1.642 6
61	10.00	320.997	321.045	320.929	321.016	320.827	320.975	320.656	320.913	1.643 3
62	10.00	326.103	326.150	326.034	326.121	325.931	326.080	325.760	326.018	1.645 1
63	10.00	331.005	331.052	330.936	331.023	330.833	330.982	330.661	330.919	1.645 9
64	10.00	336.107	336.154	336.038	336.125	335.934	336.083	335.761	336.020	1.647 6
65	10.00	341.012	341.060	340.943	341.030	340.839	340.988	340.666	340.924	1.648 3
66	10.00	346.111	346.158	346.041	346.128	345.937	346.086	345.763	346.022	1.649 9
67	10.00	351.019	351.066	350.949	351.036	350.845	350.994	350.670	350.929	1.650 5
68	10.00	356.115	356.162	356.045	356.132	355.939	356.089	355.764	356.024	1.652 1
69	10.00	361.025	361.073	360.955	361.042	360.850	360.999	360.674	360.933	1.652 7
70	10.00	366.118	366.165	366.048	366.135	365.942	366.091	365.765	366.025	1.654 1
71	10.00	371.031	371.078	370.961	371.048	370.854	371.004	370.677	370.938	1.654 7
72	10.00	376.121	376.168	376.050	376.137	375.944	376.093	375.766	376.027	1.656 1
73	10.00	381.037	381.084	380.966	381.053	380.859	381.009	380.681	380.941	1.656 6
74	10.00	386.125	386.171	386.053	386.140	385.946	386.096	385.767	386.028	1.658 0
75	10.00	391.042	391.089	390.971	391.058	390.863	391.013	390.684	390.945	1.658 5
76	10.00	396.127	396.174	396.056	396.142	395.948	396.097	395.767	396.029	1.659 7
77	10.00	401.048	401.094	400.975	401.062	400.867	401.017	400.686	400.948	1.660 2
78	10.00	406.130	406.177	406.058	406.145	405.949	406.099	405.768	406.030	1.661 4
79	10.00	411.052	411.099	410.980	411.066	410.871	411.021	410.689	410.951	1.661 9
80	10.00	416.133	416.179	416.060	416.147	415.951	416.101	415.768	416.031	1.663 1
81	10.00	421.057	421.103	420.984	421.071	420.874	421.024	420.691	420.954	1.663 5
82	10.00	426.135	426.182	426.062	426.149	425.952	426.102	425.769	426.031	1.664 6
83	10.00	431.061	431.107	430.988	431.074	430.877	431.027	430.693	430.956	1.665 1
84	10.00	436.138	436.184	436.064	436.151	435.953	436.103	435.769	436.032	1.666 1
85	10.00	441.065	441.111	440.991	441.078	440.880	441.030	440.695	440.958	1.666 5
86	10.00	446.140	446.186	446.066	446.152	445.955	446.105	445.769	446.032	1.667 5
87	10.00	451.069	451.115	450.995	451.081	450.883	451.033	450.697	450.961	1.667 9
88	10.00	456.142	456.188	456.068	456.154	455.956	456.106	455.769	456.033	1.668 9
89	10.00	461.073	461.119	460.998	461.084	460.886	461.036	460.699	460.962	1.669 3
90	10.00	466.144	466.190	466.069	466.156	465.957	466.107	465.769	466.033	1.670 2
91	10.00	471.076	471.122	471.001	471.088	470.888	471.039	470.700	470.964	1.670 6
92	10.00	476.146	476.192	476.071	476.157	475.957	476.108	475.769	476.033	1.671 4
93	10.00	481.080	481.125	481.004	481.090	480.891	481.041	480.701	480.966	1.671 8
94	10.00	486.148	486.193	486.072	486.158	485.958	486.109	485.768	486.033	1.672 6
95	10.00	491.083	491.128	491.007	491.093	490.893	491.043	490.703	490.967	1.673 0
96	10.00	496.150	496.195	496.073	496.159	495.959	496.109	495.768	496.033	1.673 8
97	10.00	501.086	501.131	501.010	501.096	500.895	501.045	500.704	500.969	1.674 1
98	10.00	506.151	506.196	506.075	506.161	505.960	506.110	505.768	506.033	1.674 9
99	10.00	511.089	511.134	511.012	511.098	510.897	511.047	510.705	510.970	1.675 2
100	10.00	516.153	516.198	516.076	516.162	515.960	516.111	515.767	516.033	1.676 0

表 26 跨棒距 M_{Re}

30°外花键 模数 m=6 mm 作用齿厚最大值 $S_{v\,max}$=9.425 mm 单位为毫米

齿数 z	量棒直径 D_{Re}	S_{min}和 S_{max}的跨棒距 M_{Re}								变换系数 K_e
		4h		5h		6h		7h		
		min	max	min	max	min	max	min	max	
10	14.00	83.750	83.793	83.705	83.780	83.639	83.760	83.529	83.728	1.303 4
11	13.20	87.060	87.105	87.014	87.090	86.945	87.069	86.830	87.036	1.339 4
12	13.20	93.892	93.938	93.845	93.923	93.774	93.901	93.655	93.867	1.370 4
13	13.20	99.324	99.371	99.276	99.355	99.204	99.333	99.084	99.298	1.376 0
14	13.20	106.015	106.062	105.966	106.046	105.892	106.023	105.768	105.987	1.400 4
15	12.50	109.684	109.732	109.633	109.715	109.556	109.691	109.429	109.653	1.434 6
16	12.50	116.257	116.306	116.205	116.289	116.127	116.264	115.997	116.225	1.454 1
17	12.50	121.824	121.872	121.771	121.855	121.692	121.829	121.560	121.789	1.458 6
18	12.50	128.324	128.373	128.270	128.355	128.190	128.328	128.055	128.288	1.474 7
19	12.50	133.937	133.986	133.883	133.967	133.801	133.941	133.665	133.899	1.478 8
20	12.50	140.380	140.429	140.325	140.410	140.242	140.383	140.104	140.340	1.492 4
21	12.50	146.030	146.080	145.974	146.060	145.891	146.032	145.752	145.989	1.496 2
22	12.50	152.427	152.477	152.371	152.457	152.286	152.429	152.145	152.385	1.507 8
23	12.50	158.108	158.158	158.052	158.138	157.966	158.109	157.824	158.064	1.511 3
24	12.50	164.468	164.519	164.411	164.498	164.324	164.469	164.180	164.423	1.521 4
25	12.50	170.175	170.225	170.117	170.205	170.030	170.175	169.884	170.128	1.524 5
26	12.50	176.504	176.555	176.446	176.533	176.357	176.503	176.210	176.456	1.533 4
27	12.50	182.233	182.283	182.174	182.262	182.085	182.231	181.936	182.183	1.536 3
28	11.80	186.583	186.634	186.522	186.612	186.431	186.580	186.278	186.530	1.569 0
29	11.80	192.328	192.379	192.267	192.357	192.175	192.324	192.021	192.274	1.571 1
30	11.80	198.603	198.654	198.541	198.631	198.448	198.598	198.294	198.548	1.577 7
31	11.80	204.365	204.416	204.303	204.393	204.209	204.360	204.053	204.308	1.579 6
32	11.80	210.621	210.672	210.558	210.649	210.464	210.615	210.307	210.563	1.585 5
33	11.80	216.398	216.449	216.334	216.425	216.240	216.391	216.081	216.338	1.587 3
34	11.80	222.637	222.689	222.574	222.664	222.478	222.630	222.319	222.576	1.592 5
35	11.80	228.427	228.478	228.362	228.453	228.266	228.418	228.106	228.364	1.594 2
36	11.80	234.652	234.703	234.587	234.678	234.491	234.643	234.329	234.588	1.598 9
37	11.80	240.452	240.504	240.388	240.479	240.290	240.443	240.128	240.387	1.600 5
38	11.80	246.665	246.716	246.600	246.691	246.502	246.654	246.338	246.599	1.604 8
39	11.80	252.476	252.527	252.410	252.501	252.311	252.465	252.147	252.408	1.606 2
40	11.80	258.677	258.728	258.611	258.702	258.512	258.665	258.346	258.608	1.610 1
41	11.80	264.497	264.548	264.430	264.522	264.331	264.484	264.164	264.427	1.611 4
42	11.80	270.688	270.739	270.621	270.712	270.520	270.674	270.353	270.616	1.615 0
43	11.80	276.516	276.567	276.449	276.540	276.348	276.502	276.179	276.443	1.616 3
44	11.80	282.698	282.749	282.630	282.722	282.528	282.683	282.359	282.623	1.619 6
45	11.80	288.534	288.585	288.466	288.557	288.364	288.518	288.193	288.458	1.620 7
46	11.80	294.707	294.758	294.638	294.730	294.536	294.690	294.365	294.630	1.623 8
47	11.80	300.550	300.600	300.481	300.573	300.378	300.533	300.206	300.472	1.624 9
48	11.80	306.715	306.766	306.646	306.738	306.542	306.697	306.369	306.636	1.627 7
49	11.80	312.564	312.615	312.495	312.587	312.391	312.546	312.217	312.484	1.628 7
50	11.80	318.723	318.773	318.653	318.745	318.548	318.704	318.374	318.641	1.631 3
51	11.80	324.578	324.629	324.508	324.600	324.403	324.558	324.227	324.495	1.632 3
52	11.80	330.730	330.780	330.660	330.751	330.554	330.710	330.378	330.646	1.634 7
53	11.80	336.591	336.641	336.520	336.612	336.414	336.570	336.237	336.505	1.635 6
54	11.80	342.737	342.787	342.666	342.757	342.559	342.715	342.381	342.650	1.637 9
55	11.80	348.602	348.653	348.531	348.623	348.424	348.580	348.245	348.515	1.638 7

表 26（续）

单位为毫米

齿数 z	量棒直径 D_{Re}	S_{min} 和 S_{max} 的跨棒距 M_{Re}								变换系数 K_e
		4h		5h		6h		7h		
		min	max	min	max	min	max	min	max	
56	11.80	354.743	354.793	354.671	354.763	354.563	354.720	354.384	354.654	1.640 9
57	11.80	360.613	360.663	360.541	360.633	360.433	360.589	360.253	360.523	1.641 7
58	11.80	366.748	366.798	366.676	366.768	366.568	366.724	366.387	366.657	1.643 7
59	11.80	372.623	372.673	372.551	372.642	372.442	372.598	372.260	372.531	1.644 4
60	11.80	378.754	378.804	378.681	378.772	378.572	378.728	378.389	378.660	1.646 3
61	11.80	384.633	384.682	384.559	384.651	384.450	384.606	384.267	384.538	1.647 0
62	11.80	390.759	390.808	390.685	390.777	390.575	390.732	390.391	390.663	1.648 8
63	11.80	396.641	396.691	396.568	396.659	396.457	396.614	396.273	396.545	1.649 5
64	11.80	402.763	402.813	402.689	402.781	402.578	402.735	402.393	402.665	1.651 1
65	11.80	408.650	408.699	408.575	408.667	408.464	408.621	408.278	408.551	1.651 8
66	11.80	414.768	414.817	414.693	414.785	414.581	414.738	414.395	414.667	1.653 3
67	11.80	420.657	420.707	420.583	420.674	420.470	420.627	420.283	420.556	1.653 9
68	11.80	426.772	426.821	426.697	426.788	426.584	426.741	426.396	426.669	1.655 4
69	11.80	432.665	432.714	432.589	432.681	432.476	432.633	432.288	432.561	1.656 0
70	11.80	438.776	438.825	438.700	438.791	438.586	438.744	438.397	438.671	1.657 4
71	11.80	444.671	444.720	444.596	444.687	444.482	444.639	444.292	444.566	1.658 0
72	11.80	450.779	450.828	450.703	450.794	450.589	450.746	450.398	450.673	1.659 3
73	11.80	456.678	456.727	456.601	456.693	456.487	456.644	456.296	456.570	1.659 8
74	11.80	462.783	462.831	462.706	462.797	462.591	462.748	462.399	462.674	1.661 1
75	11.80	468.684	468.733	468.607	468.698	468.492	468.649	468.299	468.574	1.661 6
76	11.80	474.786	474.834	474.709	474.800	474.593	474.750	474.400	474.675	1.662 8
77	11.80	480.690	480.738	480.612	480.703	480.496	480.654	480.302	480.578	1.663 3
78	11.80	486.789	486.837	486.711	486.802	486.595	486.752	486.400	486.676	1.664 5
79	11.80	492.695	492.744	492.617	492.708	492.500	492.658	492.305	492.581	1.664 9
80	11.80	498.792	498.840	498.714	498.804	498.596	498.754	498.401	498.677	1.666 0
81	11.80	504.700	504.749	504.622	504.713	504.504	504.662	504.308	504.584	1.666 5
82	11.80	510.794	510.843	510.716	510.807	510.598	510.755	510.401	510.677	1.667 5
83	11.80	516.705	516.753	516.626	516.717	516.508	516.666	516.311	516.587	1.667 9
84	11.80	522.796	522.845	522.717	522.808	522.597	522.757	522.398	522.678	1.669 0
85	11.80	528.709	528.758	528.629	528.721	528.510	528.669	528.310	528.590	1.669 4
86	11.80	534.799	534.847	534.719	534.810	534.598	534.758	534.398	534.678	1.670 3
87	11.80	540.713	540.762	540.633	540.725	540.513	540.672	540.312	540.592	1.670 7
88	11.80	546.801	546.849	546.720	546.812	546.599	546.759	546.397	546.679	1.671 6
89	11.80	552.717	552.766	552.637	552.729	552.515	552.675	552.313	552.595	1.672 0
90	11.80	558.803	558.851	558.722	558.814	558.600	558.760	558.397	558.679	1.672 9
91	11.80	564.721	564.770	564.640	564.732	564.518	564.678	564.314	564.597	1.673 2
92	11.80	570.805	570.853	570.723	570.815	570.600	570.761	570.396	570.679	1.674 1
93	11.80	576.725	576.774	576.643	576.735	576.520	576.681	576.315	576.599	1.674 4
94	11.80	582.806	582.855	582.724	582.817	582.601	582.762	582.395	582.679	1.675 3
95	11.80	588.728	588.777	588.646	588.738	588.522	588.683	588.316	588.600	1.675 6
96	11.80	594.808	594.857	594.725	594.818	594.601	594.763	594.394	594.679	1.676 4
97	11.80	600.732	600.780	600.649	600.741	600.524	600.686	600.316	600.602	1.676 7
98	11.80	606.810	606.858	606.726	606.819	606.602	606.763	606.393	606.679	1.677 4
99	11.80	612.735	612.783	612.651	612.744	612.526	612.688	612.317	612.603	1.677 8
100	11.80	618.811	618.860	618.727	618.820	618.602	618.764	618.392	618.679	1.678 5

表 27 跨棒距 M_{Re}

30°外花键 模数 m=8 mm 作用齿厚最大值 $S_{v\,max}$=12.566 mm 单位为毫米

齿数 z	量棒直径 D_{Re}	S_{min}和 S_{max}的跨棒距 M_{Re}								变换系数 K_e
		4h		5h		6h		7h		
		min	max	min	max	min	max	min	max	
10	18.00	110.010	110.058	109.961	110.042	109.887	110.019	109.763	109.982	1.320 7
11	18.00	117.110	117.158	117.060	117.142	116.985	117.118	116.859	117.081	1.326 3
12	18.00	126.235	126.284	126.183	126.267	126.105	126.242	125.975	126.203	1.357 3
13	17.00	130.896	130.946	130.842	130.928	130.761	130.902	130.627	130.861	1.393 1
14	17.00	139.800	139.852	139.745	139.833	139.662	139.806	139.524	139.764	1.417 4
15	17.00	147.145	147.197	147.089	147.178	147.005	147.150	146.865	147.107	1.422 5
16	17.00	155.918	155.970	155.861	155.950	155.775	155.922	155.632	155.877	1.442 1
17	17.00	163.342	163.394	163.284	163.374	163.197	163.344	163.052	163.299	1.446 8
18	17.00	172.015	172.068	171.956	172.047	171.868	172.017	171.720	171.970	1.463 2
19	17.00	179.501	179.553	179.441	179.532	179.352	179.502	179.203	179.454	1.467 5
20	17.00	188.097	188.150	188.037	188.129	187.946	188.097	187.794	188.049	1.481 3
21	16.00	192.907	192.961	192.844	192.938	192.751	192.906	192.595	192.856	1.514 8
22	16.00	201.428	201.482	201.365	201.459	201.270	201.426	201.111	201.375	1.526 1
23	16.00	209.000	209.055	208.937	209.031	208.841	208.997	208.681	208.945	1.529 2
24	16.00	217.473	217.528	217.408	217.504	217.311	217.469	217.150	217.416	1.538 9
25	16.00	225.080	225.134	225.015	225.110	224.917	225.075	224.754	225.021	1.541 7
26	16.00	233.512	233.567	233.446	233.542	233.347	233.506	233.182	233.452	1.550 2
27	16.00	241.148	241.203	241.082	241.178	240.982	241.142	240.816	241.086	1.552 8
28	16.00	249.546	249.601	249.479	249.576	249.379	249.539	249.211	249.482	1.560 3
29	16.00	257.208	257.262	257.140	257.237	257.039	257.199	256.870	257.142	1.562 6
30	16.00	265.577	265.631	265.509	265.605	265.406	265.567	265.235	265.509	1.569 3
31	16.00	273.260	273.315	273.191	273.288	273.088	273.250	272.916	273.191	1.571 4
32	16.00	281.604	281.658	281.534	281.631	281.430	281.593	281.257	281.533	1.577 4
33	16.00	289.306	289.361	289.236	289.334	289.132	289.294	288.957	289.234	1.579 3
34	16.00	297.628	297.683	297.558	297.655	297.452	297.615	297.276	297.554	1.584 7
35	16.00	305.347	305.402	305.277	305.374	305.170	305.333	304.993	305.272	1.586 5
36	16.00	313.650	313.704	313.578	313.676	313.471	313.635	313.293	313.572	1.591 4
37	16.00	321.384	321.439	321.313	321.410	321.205	321.369	321.025	321.305	1.593 0
38	16.00	329.669	329.724	329.597	329.695	329.489	329.653	329.308	329.589	1.597 5
39	16.00	337.418	337.472	337.345	337.443	337.236	337.400	337.054	337.335	1.599 0
40	16.00	345.687	345.742	345.614	345.712	345.504	345.669	345.321	345.603	1.603 0
41	16.00	353.448	353.502	353.374	353.472	353.264	353.429	353.080	353.362	1.604 5
42	16.00	361.703	361.758	361.629	361.727	361.518	361.683	361.333	361.616	1.608 2
43	16.00	369.475	369.529	369.401	369.498	369.289	369.454	369.103	369.387	1.609 5
44	16.00	377.718	377.773	377.643	377.741	377.531	377.697	377.344	377.628	1.612 9
45	16.00	385.500	385.554	385.425	385.523	385.312	385.478	385.123	385.409	1.614 2
46	16.00	393.732	393.786	393.656	393.754	393.543	393.709	393.353	393.639	1.617 3
47	16.00	401.523	401.577	401.447	401.545	401.333	401.499	401.142	401.429	1.618 5
48	16.00	409.745	409.799	409.668	409.766	409.553	409.720	409.362	409.649	1.621 4
49	16.00	417.544	417.598	417.467	417.565	417.352	417.518	417.160	417.447	1.622 5
50	16.00	425.756	425.810	425.679	425.777	425.563	425.730	425.370	425.657	1.625 2
51	16.00	433.564	433.617	433.486	433.584	433.370	433.536	433.175	433.463	1.626 3
52	16.00	441.767	441.821	441.689	441.787	441.572	441.739	441.377	441.665	1.628 8
53	16.00	449.582	449.635	449.503	449.601	449.386	449.553	449.190	449.479	1.629 8
54	16.00	457.777	457.831	457.698	457.796	457.580	457.747	457.383	457.673	1.632 1
55	16.00	465.598	465.652	465.519	465.617	465.401	465.568	465.203	465.492	1.633 0

表 27（续）

单位为毫米

齿数 z	量棒直径 D_{Re}	S_{min} 和 S_{max} 的跨棒距 M_{Re}								变换系数 K_e
		4h		5h		6h		7h		
		min	max	min	max	min	max	min	max	
56	16.00	473.786	473.840	473.707	473.805	473.588	473.755	473.389	473.679	1.635 2
57	16.00	481.614	481.667	481.534	481.632	481.414	481.582	481.215	481.505	1.636 1
58	16.00	489.795	489.848	489.715	489.813	489.595	489.762	489.394	489.685	1.638 2
59	16.00	497.628	497.681	497.548	497.646	497.427	497.595	497.226	497.517	1.639 0
60	16.00	505.803	505.856	505.722	505.820	505.601	505.769	505.399	505.690	1.640 9
61	16.00	513.642	513.695	513.561	513.659	513.439	513.607	513.236	513.528	1.641 7
62	16.00	521.811	521.864	521.729	521.827	521.607	521.775	521.403	521.695	1.643 5
63	16.00	529.654	529.707	529.572	529.671	529.449	529.618	529.243	529.538	1.644 3
64	16.00	537.817	537.870	537.735	537.833	537.611	537.780	537.404	537.700	1.646 0
65	16.00	545.666	545.719	545.583	545.682	545.458	545.628	545.251	545.547	1.646 7
66	16.00	553.824	553.877	553.740	553.839	553.615	553.786	553.407	553.704	1.648 4
67	16.00	561.677	561.730	561.593	561.692	561.467	561.638	561.258	561.556	1.649 0
68	16.00	569.830	569.883	569.746	569.845	569.619	569.790	569.409	569.708	1.650 6
69	16.00	577.687	577.740	577.603	577.702	577.476	577.647	577.265	577.564	1.651 2
70	16.00	585.836	585.889	585.751	585.850	585.623	585.795	585.411	585.711	1.652 7
71	16.00	593.697	593.750	593.612	593.711	593.484	593.656	593.271	593.571	1.653 3
72	16.00	601.841	601.894	601.755	601.855	601.627	601.799	601.413	601.714	1.654 7
73	16.00	609.706	609.759	609.620	609.720	809.491	609.664	609.276	609.578	1.655 3
74	16.00	617.846	617.899	617.760	617.860	617.630	617.803	617.414	617.717	1.656 6
75	16.00	625.715	625.768	625.628	625.728	625.498	625.671	625.281	625.584	1.657 1
76	16.00	633.851	633.904	633.764	633.864	633.633	633.806	633.415	633.719	1.658 4
77	16.00	641.723	641.776	641.635	641.736	641.504	641.678	641.285	641.590	1.658 9
78	16.00	649.855	649.909	649.767	649.868	649.636	649.810	649.416	649.721	1.660 1
79	16.00	657.730	657.784	657.642	657.743	657.510	657.684	657.289	657.596	1.660 6
80	16.00	665.859	665.913	665.771	665.872	665.638	665.813	665.416	665.723	1.661 8
81	16.00	673.738	673.791	673.649	673.750	673.515	673.691	673.293	673.601	1.662 3
82	16.00	681.863	681.917	681.774	681.875	681.640	681.816	681.417	681.725	1.663 3
83	16.00	689.744	689.798	689.655	689.756	689.520	689.696	689.296	689.605	1.663 8
84	16.00	697.867	697.921	697.777	697.879	697.642	697.818	697.417	697.727	1.664 9
85	16.00	705.751	705.805	705.661	705.762	705.525	705.702	705.299	705.610	1.665 3
86	16.00	713.871	713.924	713.780	713.882	713.644	713.821	713.417	713.728	1.666 3
87	16.00	721.757	721.811	721.666	721.768	721.530	721.707	721.302	721.614	1.666 7
88	16.00	729.874	729.928	729.782	729.885	729.645	729.823	729.417	729.730	1.667 7
89	16.00	737.763	737.817	737.671	737.774	737.534	737.712	737.304	737.618	1.668 1
90	16.00	745.877	745.931	745.785	745.887	745.647	745.825	745.416	745.731	1.669 0
91	16.00	753.769	753.823	753.676	753.779	753.537	753.716	753.306	753.621	1.669 4
92	16.00	761.880	761.934	761.787	761.890	761.648	761.827	761.416	761.732	1.670 3
93	16.00	769.774	769.828	769.681	769.784	769.541	769.720	769.308	769.625	1.670 7
94	16.00	777.883	777.937	777.789	777.892	777.649	777.829	777.415	777.733	1.671 5
95	16.00	785.779	785.833	785.685	785.788	785.544	785.725	785.309	785.628	1.671 9
96	16.00	793.885	793.940	793.791	793.895	793.650	793.831	793.414	793.733	1.672 7
97	16.00	801.784	801.838	801.689	801.793	801.547	801.728	801.310	801.631	1.673 1
98	16.00	809.888	809.942	809.793	809.897	809.651	809.832	809.413	809.734	1.673 8
99	16.00	817.788	817.843	817.693	817.797	817.550	817.732	817.311	817.633	1.674 2
100	16.00	825.890	825.945	825.795	825.899	825.651	825.834	825.412	825.734	1.674 9

表 28 跨棒距 M_{Re}

30°外花键 模数 m=10 mm 作用齿厚最大值 $S_{v\ max}$=15.708 mm

单位为毫米

齿数 z	量棒直径 D_{Re}	S_{min}和S_{max}的跨棒距 M_{Re}								变换系数 K_e
		4h		5h		6h		7h		
		min	max	min	max	min	max	min	max	
10	22.40	137.275	137.326	137.221	137.308	137.141	137.281	137.007	137.240	1.322 2
11	22.40	146.149	146.200	146.095	146.182	146.013	146.155	145.877	146.113	1.327 7
12	22.40	157.552	157.604	157.496	157.585	157.411	157.557	157.271	157.513	1.358 7
13	21.20	163.505	163.558	163.446	163.538	163.359	163.508	163.214	163.463	1.393 4
14	21.20	174.635	174.689	174.575	174.668	174.485	174.637	174.336	174.590	1.417 7
15	21.20	183.815	183.870	183.755	183.848	183.664	183.817	183.513	183.768	1.422 7
16	21.20	194.780	194.835	194.718	194.813	194.626	194.781	194.471	194.731	1.442 4
17	21.20	204.060	204.115	203.997	204.093	203.904	204.060	203.747	204.009	1.447 1
18	21.20	214.901	214.957	214.837	214.934	214.742	214.900	214.582	214.847	1.463 4
19	21.20	224.258	224.314	224.194	224.290	224.097	224.256	223.936	224.202	1.467 8
20	20.00	231.737	231.794	231.670	231.769	231.570	231.733	231.402	231.677	1.510 5
21	20.00	241.151	241.208	241.083	241.183	240.982	241.146	240.813	241.089	1.513 8
22	20.00	251.803	251.860	251.734	251.834	251.631	251.797	251.460	251.739	1.525 1
23	20.00	261.268	261.325	261.199	261.299	261.095	261.261	260.923	261.202	1.528 2
24	20.00	271.859	271.917	271.789	271.890	271.684	271.851	271.509	271.791	1.538 0
25	20.00	281.368	281.425	281.297	281.398	281.192	281.359	281.015	281.298	1.540 8
26	20.00	291.908	291.966	291.837	291.938	291.730	291.898	291.551	291.836	1.549 3
27	20.00	301.454	301.511	301.382	301.483	301.274	301.442	301.094	301.380	1.551 9
28	20.00	311.952	312.009	311.879	311.981	311.770	311.939	311.588	311.876	1.559 4
29	20.00	321.528	321.586	321.455	321.557	321.345	321.515	321.162	321.450	1.561 7
30	20.00	331.990	332.047	331.916	332.018	331.805	331.975	331.620	331.910	1.568 4
31	20.00	341.594	341.651	341.520	341.622	341.408	341.578	341.221	341.512	1.570 6
32	20.00	352.024	352.081	351.949	352.051	351.836	352.007	351.648	351.940	1.576 5
33	20.00	361.652	361.709	361.576	361.679	361.463	361.634	361.274	361.566	1.578 5
34	20.00	372.054	372.112	371.978	372.081	371.864	372.036	371.673	371.967	1.583 9
35	20.00	381.704	381.761	381.627	381.730	381.512	381.684	381.320	381.614	1.585 7
36	20.00	392.082	392.139	392.004	392.107	391.888	392.061	391.695	391.990	1.590 6
37	20.00	401.750	401.807	401.672	401.775	401.555	401.728	401.361	401.657	1.592 3
38	20.00	412.106	412.164	412.028	412.131	411.910	412.084	411.714	412.011	1.596 7
39	20.00	421.792	421.849	421.713	421.816	421.595	421.768	421.397	421.695	1.598 2
40	20.00	432.129	432.186	432.050	432.153	431.930	432.104	431.732	432.030	1.602 3
41	20.00	441.830	441.887	441.750	441.853	441.630	441.804	441.430	441.729	1.603 7
42	20.00	452.149	452.206	452.069	452.172	451.949	452.123	451.747	452.047	1.607 5
43	20.00	461.864	461.921	461.783	461.886	461.662	461.836	461.460	461.760	1.608 8
44	20.00	472.168	472.225	472.087	472.190	471.965	472.140	471.761	472.063	1.612 2
45	20.00	481.896	481.952	481.814	481.917	481.691	481.866	481.487	481.788	1.613 5
46	20.00	492.186	492.242	492.103	492.207	491.980	492.155	491.774	492.077	1.616 6
47	20.00	501.924	501.981	501.842	501.945	501.718	501.893	501.511	501.814	1.617 8
48	20.00	512.202	512.258	512.118	512.222	511.994	512.169	511.786	512.089	1.620 7
49	20.00	521.951	522.007	521.868	521.971	521.742	521.918	521.533	521.837	1.621 9
50	20.00	532.216	532.273	532.132	532.235	532.006	532.182	531.796	532.101	1.624 6
51	20.00	541.975	542.032	541.890	541.994	541.763	541.940	541.551	541.858	1.625 6
52	20.00	552.229	552.286	552.144	552.248	552.016	552.194	551.802	552.111	1.628 2
53	20.00	561.997	562.054	561.912	562.016	561.783	561.961	561.568	561.878	1.629 1
54	20.00	572.242	572.298	572.155	572.260	572.026	572.205	571.810	572.120	1.631 5
55	20.00	582.018	582.075	581.932	582.036	581.801	581.981	581.584	581.896	1.632 4

表 28（续）

单位为毫米

齿数 z	量棒直径 D_{Re}	S_{min} 和 S_{max} 的跨棒距 M_{Re}								变换系数 K_e
		4h		5h		6h		7h		
		min	max	min	max	min	max	min	max	
56	20.00	592.253	592.310	592.166	592.271	592.035	592.215	591.817	592.129	1.634 7
57	20.00	602.038	602.094	601.950	602.055	601.818	601.998	601.599	601.912	1.635 5
58	20.00	612.264	612.321	612.176	612.281	612.044	612.224	611.823	612.137	1.637 6
59	20.00	622.056	622.113	621.967	622.073	621.834	622.015	621.612	621.927	1.638 4
60	20.00	632.274	632.331	632.185	632.291	632.051	632.233	631.828	632.144	1.640 4
61	20.00	642.072	642.129	641.983	642.089	641.849	642.030	641.624	641.941	1.641 2
62	20.00	652.283	652.340	652.193	652.299	652.058	652.240	651.833	652.151	1.643 0
63	19.00	659.186	659.244	659.095	659.202	658.958	659.142	658.730	659.051	1.656 7
64	19.00	669.388	669.446	669.296	669.404	669.159	669.344	668.930	669.252	1.658 3
65	19.00	679.198	679.256	679.106	679.214	678.968	679.153	678.737	679.060	1.658 8
66	19.00	689.394	689.451	689.301	689.409	689.162	689.348	688.931	689.255	1.660 3
67	19.00	699.209	699.267	699.116	699.224	698.977	699.163	698.744	699.069	1.660 8
68	19.00	709.399	709.457	709.305	709.414	709.165	709.352	708.931	709.257	1.662 2
69	19.00	719.220	719.278	719.126	719.234	718.985	719.172	718.750	719.077	1.662 7
70	19.00	729.404	729.462	729.309	729.418	729.168	729.355	728.932	729.259	1.664 1
71	19.00	739.230	739.288	739.135	739.244	738.993	739.180	738.755	739.084	1.664 6
72	19.00	749.408	749.466	749.313	749.422	749.170	749.358	748.932	749.261	1.665 8
73	19.00	759.239	759.297	759.143	759.253	759.000	759.188	758.760	759.091	1.666 3
74	19.00	769.412	769.471	769.316	769.426	769.172	769.361	768.931	769.263	1.667 5
75	19.00	779.248	779.306	779.151	779.261	779.006	779.196	778.764	779.097	1.667 9
76	19.00	789.416	789.475	789.319	789.429	789.174	789.364	788.931	789.265	1.669 1
77	19.00	799.256	799.314	799.158	799.269	799.012	799.203	798.768	799.103	1.669 5
78	19.00	809.420	809.479	809.322	809.433	809.175	809.366	808.930	809.266	1.670 6
79	19.00	819.264	819.322	819.165	819.276	819.018	819.209	818.771	819.108	1.671 0
80	19.00	829.424	829.482	829.325	829.436	829.176	829.369	828.929	829.267	1.672 0
81	19.00	839.271	839.330	839.172	839.283	839.023	839.216	838.774	839.113	1.672 4
82	19.00	849.427	849.486	849.327	849.439	849.177	849.371	848.928	849.268	1.673 4
83	19.00	859.278	859.337	859.178	859.290	859.027	859.221	858.777	859.118	1.673 7
84	19.00	869.430	869.489	869.329	869.441	869.178	869.373	868.926	869.269	1.674 7
85	19.00	879.284	879.344	879.183	879.296	879.032	879.227	878.779	879.122	1.675 0
86	19.00	889.433	889.492	889.331	889.444	889.179	889.374	888.925	889.269	1.676 0
87	19.00	899.290	899.350	899.189	899.302	899.036	899.232	898.781	899.126	1.676 3
88	19.00	909.435	909.495	909.333	909.446	909.179	909.376	908.923	909.270	1.677 2
89	19.00	919.296	919.356	919.193	919.307	919.039	919.237	918.782	919.130	1.677 5
90	19.00	929.438	929.498	929.334	929.448	929.180	929.377	928.921	929.270	1.678 3
91	19.00	939.302	939.362	939.198	939.312	939.043	939.241	938.783	939.133	1.678 6
92	19.00	949.440	949.500	949.336	949.450	949.180	949.379	948.919	949.270	1.679 4
93	19.00	959.307	959.367	959.202	959.317	959.046	959.245	958.784	959.136	1.679 7
94	19.00	969.442	969.503	969.337	969.452	969.180	969.380	968.917	969.270	1.680 5
95	19.00	979.312	979.372	979.207	979.322	979.048	979.249	978.785	979.139	1.680 8
96	19.00	989.444	989.505	989.338	989.454	989.179	989.381	988.915	989.270	1.681 5
97	19.00	999.317	999.377	999.210	999.326	999.051	999.253	998.785	999.141	1.681 8
98	19.00	1 009.446	1 009.507	1 009.339	1 009.456	1 009.179	1 009.382	1 008.912	1 009.270	1.682 5
99	19.00	1 019.321	1 019.382	1 019.214	1 019.331	1 019.053	1 019.256	1 018.785	1 019.144	1.682 8
100	19.00	1 029.448	1 029.509	1 029.340	1 029.457	1 029.179	1 029.383	1 028.910	1 029.270	1.683 4

表 29 公法线平均长度 W

30°外花键 模数 m=0.5 mm 作用齿厚最大值 $S_{v\,max}$=0.785 mm

单位为毫米

齿数 z	S_{min}和 S_{max}的公法线平均长度 W								跨齿数 K
	4h		5h		6h		7h		
	min	max	min	max	min	max	min	max	
10	2.252	2.264	2.239	2.259	2.220	2.253	2.189	2.243	2
11	2.275	2.287	2.262	2.283	2.243	2.276	2.211	2.265	2
12	3.659	3.671	3.646	3.666	3.626	3.659	3.594	3.649	3
13	3.682	3.694	3.669	3.689	3.649	3.682	3.617	3.672	3
14	3.705	3.717	3.692	3.712	3.672	3.706	3.639	3.695	3
15	3.728	3.740	3.715	3.735	3.695	3.729	3.662	3.718	3
16	3.751	3.763	3.738	3.758	3.718	3.752	3.684	3.741	3
17	3.774	3.786	3.761	3.781	3.740	3.775	3.707	3.763	3
18	5.158	5.170	5.144	5.165	5.124	5.158	5.090	5.147	4
19	5.181	5.193	5.167	5.188	5.147	5.181	5.112	5.170	4
20	5.204	5.216	5.190	5.211	5.170	5.204	5.135	5.193	4
21	5.227	5.239	5.213	5.234	5.192	5.227	5.158	5.216	4
22	5.250	5.262	5.236	5.257	5.215	5.250	5.181	5.239	4
23	5.273	5.286	5.259	5.281	5.238	5.273	5.203	5.262	4
24	6.657	6.669	6.643	6.664	6.622	6.657	6.586	6.645	5
25	6.680	6.692	6.666	6.687	6.645	6.680	6.609	6.668	5
26	6.703	6.715	6.689	6.710	6.668	6.703	6.632	6.691	5
27	6.726	6.739	6.712	6.733	6.691	6.726	6.655	6.714	5
28	6.749	6.762	6.735	6.757	6.713	6.749	6.678	6.737	5
29	6.773	6.785	6.758	6.780	6.736	6.772	6.700	6.760	5
30	8.156	8.169	8.142	8.163	8.120	8.156	8.084	8.144	6
31	8.179	8.192	8.165	8.186	8.143	8.179	8.106	8.167	6
32	8.202	8.215	8.188	8.210	8.166	8.202	8.129	8.190	6
33	8.226	8.238	8.211	8.233	8.189	8.225	8.152	8.213	6
34	8.249	8.261	8.234	8.256	8.212	8.248	8.175	8.236	6
35	8.272	8.284	8.257	8.279	8.235	8.271	8.198	8.259	6
36	9.655	9.668	9.641	9.662	9.618	9.655	9.581	9.642	7
37	9.679	9.691	9.664	9.686	9.641	9.678	9.604	9.665	7
38	9.702	9.714	9.687	9.709	9.664	9.701	9.627	9.688	7
39	9.725	9.738	9.710	9.732	9.687	9.724	9.650	9.711	7
40	9.748	9.761	9.733	9.755	9.710	9.747	9.673	9.734	7
41	9.771	9.784	9.756	9.778	9.733	9.770	9.696	9.757	7
42	11.155	11.167	11.140	11.162	11.117	11.154	11.079	11.141	8
43	11.178	11.191	11.163	11.185	11.140	11.177	11.102	11.164	8
44	11.201	11.214	11.186	11.208	11.163	11.200	11.125	11.187	8
45	11.224	11.237	11.209	11.231	11.186	11.223	11.148	11.210	8
46	11.248	11.260	11.232	11.254	11.209	11.246	11.171	11.233	8
47	11.271	11.283	11.255	11.278	11.232	11.269	11.193	11.256	8
48	12.654	12.667	12.639	12.661	12.616	12.653	12.577	12.640	9
49	12.678	12.690	12.662	12.684	12.639	12.676	12.600	12.663	9
50	12.701	12.713	12.685	12.707	12.662	12.699	12.623	12.686	9
51	12.724	12.737	12.708	12.731	12.685	12.722	12.646	12.709	9
52	12.747	12.760	12.731	12.754	12.708	12.745	12.669	12.732	9
53	12.770	12.783	12.755	12.777	12.731	12.768	12.692	12.755	9
54	14.154	14.167	14.138	14.160	14.114	14.152	14.075	14.138	10
55	14.177	14.190	14.161	14.184	14.137	14.175	14.098	14.161	10

表 29（续）

单位为毫米

齿数 z	S_{min}和S_{max}的公法线平均长度 W								跨齿数 K
	4h		5h		6h		7h		
	min	max	min	max	min	max	min	max	
56	14.200	14.213	14.184	14.207	14.161	14.198	14.121	14.185	10
57	14.223	14.236	14.208	14.230	14.184	14.221	14.144	14.208	10
58	14.247	14.259	14.231	14.253	14.207	14.244	14.167	14.231	10
59	14.270	14.283	14.254	14.276	14.230	14.268	14.190	14.254	10
60	15.653	15.666	15.637	15.660	15.613	15.651	15.573	15.637	11
61	15.677	15.689	15.661	15.683	15.636	15.674	15.596	15.660	11
62	15.700	15.713	15.684	15.706	15.659	15.697	15.619	15.683	11
63	15.723	15.736	15.707	15.729	15.683	15.721	15.642	15.706	11
64	15.746	15.759	15.730	15.753	15.706	15.744	15.665	15.730	11
65	15.769	15.782	15.753	15.776	15.729	15.767	15.688	15.753	11
66	17.153	17.166	17.137	17.159	17.112	17.150	17.071	17.136	12
67	17.176	17.189	17.160	17.183	17.135	17.173	17.094	17.159	12
68	17.199	17.212	17.183	17.206	17.158	17.197	17.117	17.182	12
69	17.223	17.235	17.206	17.229	17.182	17.220	17.140	17.205	12
70	17.246	17.259	17.229	17.252	17.205	17.243	17.163	17.228	12
71	17.269	17.282	17.253	17.275	17.228	17.266	17.187	17.252	12
72	18.653	18.665	18.636	18.659	18.611	18.650	18.570	18.635	13
73	18.676	18.689	18.659	18.682	18.634	18.673	18.593	18.658	13
74	18.699	18.712	18.682	18.705	18.657	18.696	18.616	18.681	13
75	18.722	18.735	18.706	18.728	18.681	18.719	18.639	18.704	13
76	18.745	18.758	18.729	18.752	18.704	18.742	18.662	18.727	13
77	18.769	18.781	18.752	18.775	18.727	18.765	18.685	18.751	13
78	20.152	20.165	20.135	20.158	20.110	20.149	20.068	20.134	14
79	20.175	20.188	20.159	20.181	20.133	20.172	20.091	20.157	14
80	20.199	20.211	20.182	20.205	20.157	20.195	20.114	20.180	14
81	20.222	20.235	20.205	20.228	20.180	20.218	20.137	20.203	14
82	20.245	20.258	20.228	20.251	20.203	20.241	20.161	20.226	14
83	20.268	20.281	20.251	20.274	20.226	20.265	20.184	20.250	14
84	21.652	21.665	21.635	21.658	21.609	21.648	21.567	21.633	15
85	21.675	21.688	21.658	21.681	21.633	21.671	21.590	21.656	15
86	21.698	21.711	21.681	21.704	21.656	21.694	21.613	21.679	15
87	21.722	21.734	21.704	21.727	21.679	21.718	21.636	21.702	15
88	21.745	21.757	21.728	21.750	21.702	21.741	21.659	21.725	15
89	21.768	21.781	21.751	21.774	21.725	21.764	21.682	21.749	15
90	23.152	23.164	23.134	23.157	23.109	23.147	23.066	23.132	16
91	23.175	23.187	23.158	23.180	23.132	23.171	23.089	23.155	16
92	23.198	23.211	23.181	23.204	23.155	23.194	23.112	23.178	16
93	23.221	23.234	23.204	23.227	23.178	23.217	23.135	23.201	16
94	23.244	23.257	23.227	23.250	23.201	23.240	23.158	23.224	16
95	23.268	23.280	23.250	23.273	23.224	23.263	23.181	23.248	16
96	24.651	24.664	24.634	24.657	24.608	24.647	24.564	24.631	17
97	24.674	24.687	24.657	24.680	24.631	24.670	24.587	24.654	17
98	24.698	24.710	24.680	24.703	24.654	24.693	24.610	24.677	17
99	24.721	24.734	24.703	24.726	24.677	24.716	24.633	24.700	17
100	24.744	24.757	24.727	24.750	24.700	24.739	24.657	24.724	17

表 30 公法线平均长度 W

30°外花键 模数 m=0.75 mm 作用齿厚最大值 $S_{v\,max}$=1.178 mm 单位为毫米

齿数 z	S_{min}和 S_{max}的公法线平均长度 W								跨齿数 K
	4h		5h		6h		7h		
	min	max	min	max	min	max	min	max	
10	3.386	3.400	3.371	3.395	3.349	3.388	3.313	3.377	2
11	3.420	3.435	3.406	3.430	3.384	3.423	3.347	3.411	2
12	5.496	5.510	5.481	5.505	5.459	5.498	5.422	5.486	3
13	5.530	5.545	5.515	5.540	5.493	5.532	5.456	5.521	3
14	5.565	5.579	5.550	5.574	5.527	5.567	5.490	5.555	3
15	5.600	5.614	5.584	5.609	5.562	5.602	5.524	5.590	3
16	5.634	5.649	5.619	5.644	5.596	5.636	5.558	5.624	3
17	5.669	5.684	5.654	5.678	5.631	5.671	5.592	5.659	3
18	7.744	7.759	7.729	7.754	7.706	7.746	7.667	7.734	4
19	7.779	7.794	7.763	7.788	7.740	7.781	7.701	7.768	4
20	7.814	7.828	7.798	7.823	7.774	7.815	7.735	7.803	4
21	7.849	7.863	7.833	7.858	7.809	7.850	7.769	7.838	4
22	7.883	7.898	7.867	7.892	7.844	7.885	7.804	7.872	4
23	7.918	7.933	7.902	7.927	7.878	7.919	7.838	7.907	4
24	9.993	10.008	9.977	10.002	9.953	9.994	9.913	9.982	5
25	10.028	10.043	10.012	10.037	9.988	10.029	9.947	10.016	5
26	10.063	10.078	10.047	10.072	10.022	10.064	9.981	10.051	5
27	10.098	10.112	10.081	10.107	10.057	10.098	10.016	10.085	5
28	10.132	10.147	10.116	10.141	10.091	10.133	10.050	10.120	5
29	10.167	10.182	10.151	10.176	10.126	10.168	10.085	10.155	5
30	12.243	12.257	12.226	12.251	12.201	12.243	12.160	12.230	6
31	12.277	12.292	12.261	12.286	12.236	12.278	12.194	12.264	6
32	12.312	12.327	12.295	12.321	12.270	12.312	12.228	12.299	6
33	12.347	12.362	12.330	12.356	12.305	12.347	12.263	12.334	6
34	12.382	12.396	12.365	12.390	12.339	12.382	12.297	12.368	6
35	12.417	12.431	12.400	12.425	12.374	12.417	12.332	12.403	6
36	14.492	14.507	14.475	14.500	14.449	14.492	14.407	14.478	7
37	14.527	14.541	14.510	14.535	14.484	14.526	14.441	14.513	7
38	14.561	14.576	14.544	14.570	14.518	14.561	14.476	14.547	7
39	14.596	14.611	14.579	14.605	14.553	14.596	14.510	14.582	7
40	14.631	14.646	14.614	14.639	14.588	14.631	14.544	14.616	7
41	14.666	14.681	14.648	14.674	14.622	14.665	14.579	14.651	7
42	16.741	16.756	16.724	16.750	16.698	16.741	16.654	16.726	8
43	16.776	16.791	16.758	16.784	16.732	16.775	16.688	16.761	8
44	16.811	16.826	16.793	16.819	16.767	16.810	16.723	16.796	8
45	16.846	16.860	16.828	16.854	16.802	16.845	16.757	16.830	8
46	16.880	16.895	16.863	16.889	16.836	16.879	16.792	16.865	8
47	16.915	16.930	16.898	16.923	16.871	16.914	16.827	16.899	8
48	18.991	19.005	18.973	18.999	18.946	18.989	18.902	18.975	9
49	19.025	19.040	19.008	19.033	18.981	19.024	18.936	19.009	9
50	19.060	19.075	19.042	19.068	19.015	19.059	18.971	19.044	9
51	19.095	19.110	19.077	19.103	19.050	19.094	19.005	19.079	9
52	19.130	19.145	19.112	19.138	19.085	19.128	19.040	19.113	9
53	19.165	19.179	19.147	19.173	19.119	19.163	19.074	19.148	9
54	21.240	21.255	21.222	21.248	21.195	21.238	21.149	21.223	10
55	21.275	21.290	21.257	21.283	21.229	21.273	21.184	21.258	10

表 30（续）

单位为毫米

齿数 z	S_{min}和S_{max}的公法线平均长度 W								跨齿数 K
	4h		5h		6h		7h		
	min	max	min	max	min	max	min	max	
56	21.310	21.324	21.291	21.317	21.264	21.308	21.218	21.292	10
57	21.345	21.359	21.326	21.352	21.299	21.342	21.253	21.327	10
58	21.379	21.394	21.361	21.387	21.333	21.377	21.288	21.362	10
59	21.414	21.429	21.396	21.422	21.368	21.412	21.322	21.396	10
60	23.490	23.504	23.471	23.497	23.443	23.487	23.397	23.472	11
61	23.524	23.539	23.506	23.532	23.478	23.522	23.432	23.506	11
62	23.559	23.574	23.541	23.567	23.513	23.557	23.466	23.541	11
63	23.594	23.609	23.575	23.602	23.548	23.591	23.501	23.576	11
64	23.629	23.644	23.610	23.636	23.582	23.626	23.536	23.610	11
65	23.664	23.678	23.645	23.671	23.617	23.661	23.570	23.645	11
66	25.739	25.754	25.720	25.746	25.692	25.736	25.645	25.720	12
67	25.774	25.789	25.755	25.781	25.727	25.771	25.680	25.755	12
68	25.809	25.823	25.790	25.816	25.762	25.806	25.715	25.790	12
69	25.844	25.858	25.825	25.851	25.796	25.840	25.749	25.824	12
70	25.878	25.893	25.859	25.886	25.831	25.875	25.784	25.859	12
71	25.913	25.928	25.894	25.920	25.866	25.910	25.818	25.894	12
72	27.989	28.003	27.970	27.996	27.941	27.985	27.894	27.969	13
73	28.023	28.038	28.004	28.031	27.976	28.020	27.928	28.004	13
74	28.058	28.073	28.039	28.065	28.011	28.055	27.963	28.038	13
75	28.093	28.108	28.074	28.100	28.045	28.090	27.997	28.073	13
76	28.128	28.143	28.109	28.135	28.080	28.124	28.032	28.108	13
77	28.163	28.177	28.144	28.170	28.115	28.159	28.067	28.142	13
78	30.238	30.253	30.219	30.245	30.190	30.234	30.142	30.218	14
79	30.273	30.288	30.254	30.280	30.225	30.269	30.176	30.252	14
80	30.308	30.322	30.288	30.315	30.259	30.304	30.211	30.287	14
81	30.343	30.357	30.323	30.349	30.294	30.339	30.246	30.322	14
82	30.378	30.392	30.358	30.384	30.329	30.373	30.280	30.356	14
83	30.412	30.427	30.393	30.419	30.364	30.408	30.315	30.391	14
84	32.488	32.502	32.468	32.494	32.439	32.483	32.390	32.466	15
85	32.523	32.537	32.503	32.529	32.474	32.518	32.425	32.501	15
86	32.557	32.572	32.538	32.564	32.508	32.553	32.459	32.536	15
87	32.592	32.607	32.573	32.599	32.543	32.588	32.494	32.570	15
88	32.627	32.642	32.607	32.634	32.578	32.623	32.529	32.605	15
89	32.662	32.676	32.642	32.668	32.613	32.657	32.563	32.640	15
90	34.737	34.752	34.718	34.744	34.688	34.733	34.639	34.715	16
91	34.772	34.787	34.752	34.779	34.723	34.767	34.673	34.750	16
92	34.807	34.822	34.787	34.813	34.757	34.802	34.708	34.785	16
93	34.842	34.856	34.822	34.848	34.792	34.837	34.742	34.819	16
94	34.877	34.891	34.857	34.883	34.827	34.872	34.777	34.854	16
95	34.912	34.926	34.892	34.918	34.862	34.906	34.812	34.889	16
96	36.987	37.001	36.967	36.993	36.937	36.982	36.887	36.964	17
97	37.022	37.036	37.002	37.028	36.972	37.016	36.922	36.999	17
98	37.057	37.071	37.037	37.063	37.006	37.051	36.956	37.033	17
99	37.091	37.106	37.071	37.098	37.041	37.086	36.991	37.068	17
100	37.126	37.141	37.106	37.132	37.076	37.121	37.026	37.103	17

表 31　公法线平均长度 W

30°外花键　模数 m=1 mm　作用齿厚最大值 $S_{v\max}$=1.571 mm　　单位为毫米

齿数 z	S_{min}和S_{max}的公法线平均长度 W								跨齿数 K
	4h		5h		6h		7h		
	min	max	min	max	min	max	min	max	
10	4.520	4.536	4.504	4.531	4.480	4.523	4.440	4.511	2
11	4.566	4.582	4.550	4.577	4.526	4.569	4.485	4.557	2
12	7.333	7.349	7.317	7.344	7.292	7.336	7.252	7.324	3
13	7.379	7.395	7.363	7.390	7.338	7.383	7.297	7.370	3
14	7.426	7.442	7.409	7.436	7.384	7.429	7.343	7.416	3
15	7.472	7.488	7.455	7.483	7.430	7.475	7.388	7.462	3
16	7.518	7.535	7.502	7.529	7.476	7.521	7.434	7.508	3
17	7.565	7.581	7.548	7.575	7.522	7.567	7.480	7.555	3
18	10.332	10.348	10.315	10.342	10.289	10.334	10.246	10.321	4
19	10.378	10.394	10.361	10.389	10.335	10.380	10.292	10.367	4
20	10.425	10.441	10.407	10.435	10.381	10.427	10.338	10.414	4
21	10.471	10.487	10.453	10.481	10.427	10.473	10.384	10.460	4
22	10.517	10.534	10.500	10.528	10.473	10.519	10.429	10.506	4
23	10.564	10.580	10.546	10.574	10.519	10.565	10.475	10.552	4
24	13.331	13.347	13.313	13.341	13.286	13.332	13.242	13.319	5
25	13.377	13.393	13.359	13.387	13.332	13.379	13.288	13.365	5
26	13.424	13.440	13.406	13.434	13.379	13.425	13.334	13.411	5
27	13.470	13.486	13.452	13.480	13.425	13.471	13.380	13.457	5
28	13.516	13.533	13.498	13.526	13.471	13.517	13.426	13.503	5
29	13.563	13.579	13.544	13.573	13.517	13.564	13.472	13.550	5
30	16.330	16.346	16.312	16.340	16.284	16.331	16.238	16.316	6
31	16.376	16.393	16.358	16.386	16.330	16.377	16.284	16.363	6
32	16.423	16.439	16.404	16.432	16.376	16.423	16.330	16.409	6
33	16.469	16.485	16.450	16.479	16.423	16.470	16.376	16.455	6
34	16.515	16.532	16.497	16.525	16.469	16.516	16.422	16.501	6
35	16.562	16.578	16.543	16.572	16.515	16.562	16.468	16.547	6
36	19.329	19.345	19.310	19.339	19.282	19.329	19.235	19.314	7
37	19.375	19.392	19.357	19.385	19.328	19.376	19.281	19.361	7
38	19.422	19.438	19.403	19.431	19.374	19.422	19.327	19.407	7
39	19.468	19.485	19.449	19.478	19.421	19.468	19.373	19.453	7
40	19.515	19.531	19.496	19.524	19.467	19.514	19.419	19.499	7
41	19.561	19.577	19.542	19.571	19.513	19.561	19.465	19.545	7
42	22.328	22.345	22.309	22.338	22.280	22.328	22.232	22.312	8
43	22.375	22.391	22.355	22.384	22.326	22.374	22.278	22.359	8
44	22.421	22.437	22.402	22.430	22.373	22.420	22.324	22.405	8
45	22.468	22.484	22.448	22.477	22.419	22.467	22.370	22.451	8
46	22.514	22.530	22.495	22.523	22.465	22.513	22.416	22.497	8
47	22.560	22.577	22.541	22.570	22.512	22.559	22.463	22.543	8
48	25.328	25.344	25.308	25.337	25.279	25.326	25.229	25.310	9
49	25.374	25.390	25.354	25.383	25.325	25.373	25.276	25.357	9
50	25.421	25.437	25.401	25.429	25.371	25.419	25.322	25.403	9
51	25.467	25.483	25.447	25.476	25.417	25.465	25.368	25.449	9
52	25.513	25.530	25.494	25.522	25.464	25.512	25.414	25.495	9
53	25.560	25.576	25.540	25.569	25.510	25.558	25.460	25.542	9
54	28.327	28.343	28.307	28.336	28.277	28.325	28.227	28.309	10
55	28.373	28.390	28.353	28.382	28.323	28.371	28.273	28.355	10

表 31（续） 单位为毫米

齿数 z	S_{min} 和 S_{max} 的公法线平均长度 W								跨齿数 K
	4h		5h		6h		7h		
	min	max	min	max	min	max	min	max	
56	28.420	28.436	28.400	28.429	28.370	28.418	28.319	28.401	10
57	28.466	28.483	28.446	28.475	28.416	28.464	28.365	28.447	10
58	28.513	28.529	28.493	28.521	28.462	28.510	28.412	28.494	10
59	28.559	28.575	28.539	28.568	28.509	28.557	28.458	28.540	10
60	31.326	31.343	31.306	31.335	31.276	31.324	31.225	31.307	11
61	31.373	31.389	31.352	31.381	31.322	31.370	31.271	31.353	11
62	31.419	31.435	31.399	31.428	31.368	31.417	31.317	31.399	11
63	31.466	31.482	31.445	31.474	31.414	31.463	31.363	31.446	11
64	31.512	31.528	31.492	31.520	31.461	31.509	31.409	31.492	11
65	31.559	31.575	31.538	31.567	31.507	31.556	31.456	31.538	11
66	34.326	34.342	34.305	34.334	34.274	34.323	34.222	34.305	12
67	34.372	34.388	34.352	34.380	34.321	34.369	34.269	34.351	12
68	34.419	34.435	34.398	34.427	34.367	34.415	34.315	34.398	12
69	34.465	34.481	34.444	34.473	34.413	34.462	34.361	34.444	12
70	34.512	34.528	34.491	34.520	34.460	34.508	34.407	34.490	12
71	34.558	34.574	34.537	34.566	34.506	34.555	34.453	34.537	12
72	37.325	37.341	37.304	37.333	37.273	37.322	37.220	37.304	13
73	37.372	37.388	37.351	37.380	37.319	37.368	37.267	37.350	13
74	37.418	37.434	37.397	37.426	37.366	37.414	37.313	37.396	13
75	37.465	37.481	37.444	37.472	37.412	37.461	37.359	37.442	13
76	37.511	37.527	37.490	37.519	37.458	37.507	37.405	37.489	13
77	37.558	37.574	37.536	37.565	37.505	37.553	37.452	37.535	13
78	40.325	40.341	40.304	40.332	40.272	40.320	40.218	40.302	14
79	40.371	40.387	40.350	40.379	40.318	40.367	40.265	40.348	14
80	40.418	40.434	40.396	40.425	40.364	40.413	40.311	40.395	14
81	40.464	40.480	40.443	40.472	40.411	40.460	40.357	40.441	14
82	40.511	40.527	40.489	40.518	40.457	40.506	40.403	40.487	14
83	40.557	40.573	40.536	40.565	40.503	40.552	40.450	40.534	14
84	43.324	43.340	43.303	43.332	43.270	43.319	43.217	43.301	15
85	43.371	43.387	43.349	43.378	43.317	43.366	43.263	43.347	15
86	43.417	43.433	43.396	43.424	43.363	43.412	43.309	43.393	15
87	43.464	43.480	43.442	43.471	43.410	43.459	43.355	43.439	15
88	43.510	43.526	43.489	43.517	43.456	43.505	43.402	43.486	15
89	43.557	43.573	43.535	43.564	43.502	43.551	43.448	43.532	15
90	46.324	46.340	46.302	46.331	46.269	46.318	46.215	46.299	16
91	46.370	46.386	46.349	46.377	46.316	46.365	46.261	46.345	16
92	46.417	46.433	46.395	46.424	46.362	46.411	46.307	46.392	16
93	46.463	46.479	46.441	46.470	46.408	46.458	46.354	46.438	16
94	46.510	46.526	46.488	46.517	46.455	46.504	46.400	46.484	16
95	46.556	46.572	46.534	46.563	46.501	46.550	46.446	46.531	16
96	49.324	49.339	49.301	49.330	49.268	49.317	49.213	49.298	17
97	49.370	49.386	49.348	49.377	49.315	49.364	49.259	49.344	17
98	49.416	49.432	49.394	49.423	49.361	49.410	49.306	49.390	17
99	49.463	49.479	49.441	49.469	49.407	49.457	49.352	49.437	17
100	49.509	49.525	49.487	49.516	49.454	49.503	49.398	49.483	17

表 32 公法线平均长度 W

30°外花键 模数 m=1.25 mm 作用齿厚最大值 $S_{v\,max}$=1.963 mm 单位为毫米

齿数 z	S_{min}和S_{max}的公法线平均长度 W								跨齿数 K
	4h		5h		6h		7h		
	min	max	min	max	min	max	min	max	
10	5.654	5.672	5.637	5.666	5.611	5.659	5.568	5.646	2
11	5.712	5.730	5.695	5.724	5.669	5.716	5.625	5.704	2
12	9.171	9.188	9.154	9.183	9.127	9.175	9.083	9.162	3
13	9.229	9.246	9.211	9.241	9.185	9.233	9.140	9.220	3
14	9.287	9.304	9.269	9.299	9.242	9.291	9.197	9.277	3
15	9.345	9.362	9.327	9.357	9.300	9.348	9.255	9.335	3
16	9.403	9.420	9.385	9.415	9.357	9.406	9.312	9.393	3
17	9.461	9.478	9.442	9.472	9.415	9.464	9.369	9.450	3
18	12.920	12.937	12.901	12.931	12.874	12.923	12.827	12.909	4
19	12.978	12.995	12.959	12.989	12.931	12.980	12.885	12.967	4
20	13.036	13.053	13.017	13.047	12.989	13.038	12.942	13.024	4
21	13.094	13.111	13.075	13.105	13.047	13.096	12.999	13.082	4
22	13.152	13.169	13.133	13.163	13.104	13.154	13.057	13.140	4
23	13.210	13.227	13.191	13.221	13.162	13.212	13.114	13.197	4
24	16.668	16.686	16.649	16.680	16.621	16.671	16.573	16.656	5
25	16.727	16.744	16.707	16.738	16.678	16.728	16.630	16.714	5
26	16.785	16.802	16.765	16.796	16.736	16.786	16.688	16.772	5
27	16.843	16.860	16.823	16.854	16.794	16.844	16.745	16.829	5
28	16.901	16.918	16.881	16.912	16.852	16.902	16.803	16.887	5
29	16.959	16.976	16.939	16.969	16.909	16.960	16.860	16.945	5
30	20.417	20.435	20.398	20.428	20.368	20.419	20.319	20.403	6
31	20.476	20.493	20.456	20.486	20.426	20.477	20.376	20.461	6
32	20.534	20.551	20.514	20.544	20.484	20.534	20.434	20.519	6
33	20.592	20.609	20.572	20.602	20.542	20.592	20.491	20.577	6
34	20.650	20.667	20.630	20.660	20.599	20.650	20.549	20.635	6
35	20.708	20.725	20.687	20.718	20.657	20.708	20.607	20.692	6
36	24.167	24.184	24.146	24.177	24.116	24.167	24.065	24.151	7
37	24.225	24.242	24.204	24.235	24.174	24.225	24.123	24.209	7
38	24.283	24.300	24.262	24.293	24.232	24.283	24.180	24.267	7
39	24.341	24.358	24.320	24.351	24.289	24.341	24.238	24.324	7
40	24.399	24.416	24.378	24.409	24.347	24.399	24.296	24.382	7
41	24.457	24.474	24.436	24.467	24.405	24.456	24.353	24.440	7
42	27.916	27.933	27.895	27.926	27.864	27.915	27.812	27.899	8
43	27.974	27.991	27.953	27.984	27.922	27.973	27.870	27.957	8
44	28.032	28.049	28.011	28.042	27.980	28.031	27.927	28.014	8
45	28.090	28.108	28.069	28.100	28.038	28.089	27.985	28.072	8
46	28.148	28.166	28.127	28.158	28.095	28.147	28.043	28.130	8
47	28.206	28.224	28.185	28.216	28.153	28.205	28.100	28.188	8
48	31.665	31.683	31.644	31.675	31.612	31.664	31.559	31.647	9
49	31.723	31.741	31.702	31.733	31.670	31.722	31.617	31.704	9
50	31.781	31.799	31.760	31.791	31.728	31.780	31.675	31.762	9
51	31.839	31.857	31.818	31.849	31.786	31.838	31.732	31.820	9
52	31.897	31.915	31.876	31.907	31.844	31.896	31.790	31.878	9
53	31.955	31.973	31.934	31.965	31.902	31.953	31.848	31.936	9
54	35.414	35.432	35.393	35.424	35.360	35.412	35.306	35.394	10
55	35.473	35.490	35.451	35.482	35.418	35.470	35.364	35.452	10

表 32（续）

单位为毫米

齿数 z	S_{min}和S_{max}的公法线平均长度 W								跨齿数 K
	4h		5h		6h		7h		
	min	max	min	max	min	max	min	max	
56	35.531	35.548	35.509	35.540	35.476	35.528	35.422	35.510	10
57	35.589	35.606	35.567	35.598	35.534	35.586	35.480	35.568	10
58	35.647	35.664	35.625	35.656	35.592	35.644	35.537	35.626	10
59	35.705	35.722	35.683	35.714	35.650	35.702	35.595	35.684	10
60	39.164	39.181	39.142	39.173	39.109	39.161	39.054	39.143	11
61	39.222	39.239	39.200	39.231	39.167	39.219	39.112	39.200	11
62	39.280	39.297	39.258	39.289	39.225	39.277	39.169	39.258	11
63	39.338	39.355	39.316	39.347	39.283	39.335	39.227	39.316	11
64	39.396	39.413	39.374	39.405	39.341	39.393	39.285	39.374	11
65	39.454	39.472	39.432	39.463	39.399	39.451	39.343	39.432	11
66	42.913	42.930	42.891	42.922	42.857	42.910	42.801	42.891	12
67	42.971	42.989	42.949	42.980	42.915	42.968	42.859	42.949	12
68	43.029	43.047	43.007	43.038	42.973	43.026	42.917	43.006	12
69	43.087	43.105	43.065	43.096	43.031	43.083	42.975	43.064	12
70	43.146	43.163	43.123	43.154	43.089	43.141	43.033	43.122	12
71	43.204	43.221	43.181	43.212	43.147	43.199	43.091	43.180	12
72	46.663	46.680	46.640	46.671	46.606	46.658	46.549	46.639	13
73	46.721	46.738	46.698	46.729	46.664	46.716	46.607	46.697	13
74	46.779	46.796	46.756	46.787	46.722	46.774	46.665	46.755	13
75	46.837	46.854	46.814	46.845	46.780	46.832	46.723	46.813	13
76	46.895	46.912	46.872	46.903	46.838	46.890	46.781	46.870	13
77	46.953	46.970	46.930	46.961	46.896	46.948	46.838	46.928	13
78	50.412	50.429	50.389	50.420	50.355	50.407	50.297	50.387	14
79	50.470	50.487	50.447	50.478	50.413	50.465	50.355	50.445	14
80	50.528	50.545	50.505	50.536	50.471	50.523	50.413	50.503	14
81	50.586	50.603	50.563	50.594	50.529	50.581	50.471	50.561	14
82	50.645	50.662	50.621	50.652	50.586	50.639	50.528	50.619	14
83	50.703	50.720	50.679	50.710	50.644	50.697	50.586	50.677	14
84	54.162	54.179	54.138	54.169	54.103	54.156	54.045	54.135	15
85	54.220	54.237	54.196	54.227	54.161	54.214	54.103	54.193	15
86	54.278	54.295	54.254	54.285	54.219	54.272	54.161	54.251	15
87	54.336	54.353	54.312	54.343	54.277	54.330	54.219	54.309	15
88	54.394	54.411	54.371	54.401	54.335	54.388	54.276	54.367	15
89	54.452	54.469	54.429	54.459	54.393	54.446	54.334	54.425	15
90	57.911	57.928	57.887	57.918	57.852	57.905	57.793	57.884	16
91	57.969	57.986	57.946	57.976	57.910	57.963	57.851	57.942	16
92	58.027	58.044	58.004	58.034	57.968	58.021	57.909	58.000	16
93	58.085	58.102	58.062	58.092	58.026	58.079	57.967	58.058	16
94	58.144	58.160	58.120	58.151	58.084	58.137	58.025	58.115	16
95	58.202	58.218	58.178	58.209	58.142	58.195	58.082	58.173	16
96	61.661	61.677	61.637	61.667	61.601	61.654	61.541	61.632	17
97	61.719	61.736	61.695	61.726	61.659	61.712	61.599	61.690	17
98	61.777	61.794	61.753	61.784	61.717	61.770	61.657	61.748	17
99	61.835	61.852	61.811	61.842	61.775	61.828	61.715	61.806	17
100	61.893	61.910	61.869	61.900	61.833	61.886	61.773	61.864	17

表 33 公法线平均长度 W

30°外花键 模数 m=1.5 mm 作用齿厚最大值 $S_{v\ max}$=2.356 mm

单位为毫米

齿数 z	S_{min}和S_{max}的公法线平均长度 W								跨齿数 K
	4h		5h		6h		7h		
	min	max	min	max	min	max	min	max	
10	6.789	6.808	6.771	6.802	6.743	6.794	6.698	6.781	2
11	6.859	6.877	6.840	6.872	6.812	6.863	6.766	6.850	2
12	11.009	11.028	10.991	11.022	10.963	11.014	10.916	11.000	3
13	11.079	11.098	11.060	11.092	11.032	11.083	10.984	11.070	3
14	11.148	11.167	11.129	11.161	11.101	11.153	11.053	11.139	3
15	11.218	11.237	11.199	11.231	11.170	11.222	11.122	11.208	3
16	11.288	11.306	11.268	11.300	11.239	11.291	11.191	11.277	3
17	11.357	11.376	11.338	11.370	11.308	11.361	11.260	11.346	3
18	15.508	15.527	15.488	15.520	15.459	15.511	15.410	15.497	4
19	15.577	15.596	15.558	15.590	15.528	15.581	15.479	15.566	4
20	15.647	15.666	15.627	15.659	15.597	15.650	15.547	15.635	4
21	15.717	15.735	15.697	15.729	15.667	15.719	15.616	15.705	4
22	15.786	15.805	15.766	15.798	15.736	15.789	15.685	15.774	4
23	15.856	15.875	15.836	15.868	15.805	15.858	15.754	15.843	4
24	20.007	20.025	19.986	20.019	19.956	20.009	19.905	19.994	5
25	20.076	20.095	20.056	20.088	20.025	20.078	19.974	20.063	5
26	20.146	20.165	20.125	20.158	20.094	20.148	20.043	20.132	5
27	20.215	20.234	20.195	20.227	20.164	20.217	20.112	20.202	5
28	20.285	20.304	20.264	20.297	20.233	20.287	20.181	20.271	5
29	20.355	20.374	20.334	20.366	20.302	20.356	20.250	20.340	5
30	24.505	24.524	24.484	24.517	24.453	24.507	24.400	24.491	6
31	24.575	24.594	24.554	24.587	24.522	24.576	24.469	24.560	6
32	24.645	24.664	24.624	24.656	24.592	24.646	24.539	24.629	6
33	24.714	24.733	24.693	24.726	24.661	24.715	24.608	24.699	6
34	24.784	24.803	24.763	24.795	24.731	24.785	24.677	24.768	6
35	24.854	24.873	24.832	24.865	24.800	24.854	24.746	24.837	6
36	29.005	29.023	28.983	29.016	28.951	29.005	28.897	28.988	7
37	29.074	29.093	29.053	29.085	29.020	29.074	28.966	29.057	7
38	29.144	29.163	29.122	29.155	29.089	29.144	29.035	29.127	7
39	29.214	29.232	29.192	29.224	29.159	29.213	29.104	29.196	7
40	29.283	29.302	29.261	29.294	29.228	29.283	29.174	29.266	7
41	29.353	29.372	29.331	29.364	29.298	29.352	29.243	29.335	7
42	33.504	33.522	33.482	33.514	33.448	33.503	33.393	33.485	8
43	33.573	33.592	33.551	33.584	33.518	33.573	33.462	33.555	8
44	33.643	33.662	33.621	33.654	33.587	33.642	33.532	33.624	8
45	33.713	33.731	33.690	33.723	33.657	33.712	33.601	33.694	8
46	33.782	33.801	33.760	33.793	33.726	33.781	33.670	33.763	8
47	33.852	33.871	33.830	33.862	33.796	33.851	33.740	33.832	8
48	38.003	38.021	37.980	38.013	37.946	38.001	37.890	37.983	9
49	38.073	38.091	38.050	38.083	38.016	38.071	37.959	38.052	9
50	38.142	38.161	38.120	38.152	38.085	38.140	38.029	38.122	9
51	38.212	38.230	38.189	38.222	38.155	38.210	38.098	38.191	9
52	38.282	38.300	38.259	38.292	38.225	38.280	38.167	38.261	9
53	38.351	38.370	38.328	38.361	38.294	38.349	38.237	38.330	9
54	42.502	42.521	42.479	42.512	42.445	42.500	42.387	42.481	10
55	42.572	42.590	42.549	42.582	42.514	42.569	42.456	42.550	10

表 33（续）

单位为毫米

齿数 z	S_{min}和 S_{max}的公法线平均长度 W								跨齿数 K
	4h		5h		6h		7h		
	min	max	min	max	min	max	min	max	
56	42.642	42.660	42.618	42.651	42.584	42.639	42.526	42.620	10
57	42.711	42.730	42.688	42.721	42.653	42.708	42.595	42.689	10
58	42.781	42.799	42.758	42.790	42.723	42.778	42.665	42.759	10
59	42.851	42.869	42.827	42.860	42.792	42.848	42.734	42.828	10
60	47.001	47.020	46.978	47.011	46.943	46.998	46.884	46.979	11
61	47.071	47.090	47.048	47.080	47.012	47.068	46.954	47.048	11
62	47.141	47.159	47.117	47.150	47.082	47.137	47.023	47.117	11
63	47.211	47.229	47.187	47.220	47.152	47.207	47.093	47.187	11
64	47.280	47.299	47.257	47.289	47.221	47.276	47.162	47.256	11
65	47.350	47.368	47.326	47.359	47.291	47.346	47.231	47.326	11
66	51.501	51.519	51.477	51.510	51.441	51.497	51.382	51.476	12
67	51.571	51.589	51.547	51.579	51.511	51.566	51.451	51.546	12
68	51.640	51.658	51.616	51.649	51.580	51.636	51.521	51.615	12
69	51.710	51.728	51.686	51.719	51.650	51.705	51.590	51.685	12
70	51.780	51.798	51.756	51.788	51.720	51.775	51.659	51.754	12
71	51.849	51.868	51.825	51.858	51.789	51.845	51.729	51.824	12
72	56.000	56.018	55.976	56.009	55.940	55.995	55.879	55.974	13
73	56.070	56.088	56.046	56.078	56.009	56.065	55.949	56.044	13
74	56.140	56.158	56.115	56.148	56.079	56.134	56.018	56.113	13
75	56.209	56.227	56.185	56.218	56.149	56.204	56.088	56.183	13
76	56.279	56.297	56.255	56.287	56.218	56.274	56.157	56.252	13
77	56.349	56.367	56.324	56.357	56.288	56.343	56.227	56.322	13
78	60.500	60.518	60.475	60.508	60.438	60.494	60.377	60.473	14
79	60.569	60.587	60.545	60.577	60.508	60.563	60.447	60.542	14
80	60.639	60.657	60.614	60.647	60.578	60.633	60.516	60.612	14
81	60.709	60.727	60.684	60.717	60.647	60.703	60.585	60.681	14
82	60.779	60.797	60.754	60.786	60.717	60.772	60.655	60.751	14
83	60.848	60.866	60.824	60.856	60.786	60.842	60.724	60.820	14
84	64.999	65.017	64.974	65.007	64.937	64.993	64.875	64.971	15
85	65.069	65.087	65.044	65.077	65.007	65.062	64.944	65.040	15
86	65.139	65.156	65.114	65.146	65.076	65.132	65.014	65.110	15
87	65.208	65.226	65.183	65.216	65.146	65.201	65.083	65.179	15
88	65.278	65.296	65.253	65.286	65.215	65.271	65.153	65.249	15
89	65.348	65.366	65.323	65.355	65.285	65.341	65.222	65.318	15
90	69.499	69.516	69.473	69.506	69.436	69.491	69.373	69.469	16
91	69.568	69.586	69.543	69.576	69.505	69.561	69.442	69.538	16
92	69.638	69.656	69.613	69.645	69.575	69.631	69.512	69.608	16
93	69.708	69.726	69.682	69.715	69.644	69.700	69.581	69.677	16
94	69.778	69.795	69.752	69.785	69.714	69.770	69.651	69.747	16
95	69.847	69.865	69.822	69.854	69.784	69.839	69.720	69.816	16
96	73.998	74.016	73.973	74.005	73.934	73.990	73.871	73.967	17
97	74.068	74.085	74.042	74.075	74.004	74.060	73.940	74.037	17
98	74.138	74.155	74.112	74.144	74.074	74.129	74.010	74.106	17
99	74.207	74.225	74.182	74.214	74.143	74.199	74.079	74.176	17
100	74.277	74.295	74.251	74.284	74.213	74.269	74.149	74.245	17

表 34 公法线平均长度 W

30°外花键 模数 $m=1.75$ mm 作用齿厚最大值 $S_{v\,max}=2.749$ mm 单位为毫米

齿数 z	S_{min} 和 S_{max} 的公法线平均长度 W								跨齿数 K
	4h		5h		6h		7h		
	min	max	min	max	min	max	min	max	
10	7.924	7.944	7.905	7.938	7.876	7.930	7.828	7.916	2
11	8.005	8.025	7.986	8.019	7.957	8.010	7.908	7.997	2
12	12.848	12.867	12.828	12.861	12.798	12.853	12.749	12.839	3
13	12.929	12.949	12.909	12.942	12.879	12.934	12.829	12.919	3
14	13.010	13.030	12.990	13.024	12.960	13.015	12.910	13.000	3
15	13.091	13.111	13.071	13.105	13.041	13.096	12.990	13.081	3
16	13.172	13.192	13.152	13.186	13.121	13.177	13.071	13.162	3
17	13.254	13.273	13.233	13.267	13.202	13.258	13.151	13.243	3
18	18.096	18.116	18.075	18.109	18.044	18.100	17.993	18.085	4
19	18.177	18.197	18.157	18.190	18.125	18.181	18.073	18.166	4
20	18.259	18.278	18.238	18.272	18.206	18.262	18.154	18.246	4
21	18.340	18.360	18.319	18.353	18.287	18.343	18.234	18.327	4
22	18.421	18.441	18.400	18.434	18.368	18.424	18.315	18.408	4
23	18.502	18.522	18.481	18.515	18.449	18.505	18.395	18.489	4
24	23.345	23.365	23.323	23.357	23.291	23.347	23.237	23.331	5
25	23.426	23.446	23.404	23.439	23.372	23.428	23.318	23.412	5
26	23.507	23.527	23.486	23.520	23.453	23.509	23.399	23.493	5
27	23.589	23.608	23.567	23.601	23.534	23.590	23.479	23.574	5
28	23.670	23.690	23.648	23.682	23.615	23.672	23.560	23.655	5
29	23.751	23.771	23.729	23.763	23.696	23.753	23.641	23.736	5
30	28.594	28.613	28.571	28.606	28.538	28.595	28.483	28.578	6
31	28.675	28.695	28.653	28.687	28.619	28.676	28.564	28.659	6
32	28.756	28.776	28.734	28.768	28.700	28.757	28.644	28.740	6
33	28.838	28.857	28.815	28.849	28.781	28.838	28.725	28.821	6
34	28.919	28.939	28.896	28.931	28.862	28.919	28.806	28.902	6
35	29.000	29.020	28.977	29.012	28.943	29.000	28.887	28.983	6
36	33.843	33.862	33.820	33.854	33.786	33.843	33.729	33.825	7
37	33.924	33.944	33.901	33.935	33.867	33.924	33.810	33.906	7
38	34.005	34.025	33.982	34.017	33.948	34.005	33.890	33.987	7
39	34.087	34.106	34.064	34.098	34.029	34.086	33.971	34.068	7
40	34.168	34.187	34.145	34.179	34.110	34.167	34.052	34.149	7
41	34.249	34.269	34.226	34.260	34.191	34.248	34.133	34.230	7
42	39.092	39.111	39.068	39.103	39.033	39.091	38.975	39.072	8
43	39.173	39.193	39.150	39.184	39.115	39.172	39.056	39.153	8
44	39.254	39.274	39.231	39.265	39.196	39.253	39.137	39.234	8
45	39.336	39.355	39.312	39.347	39.277	39.334	39.218	39.315	8
46	39.417	39.437	39.393	39.428	39.358	39.415	39.299	39.396	8
47	39.498	39.518	39.475	39.509	39.439	39.497	39.380	39.477	8
48	44.341	44.360	44.317	44.351	44.281	44.339	44.222	44.320	9
49	44.422	44.442	44.398	44.433	44.363	44.420	44.303	44.401	9
50	44.504	44.523	44.480	44.514	44.444	44.501	44.384	44.482	9
51	44.585	44.604	44.561	44.595	44.525	44.583	44.465	44.563	9
52	44.666	44.686	44.642	44.677	44.606	44.664	44.546	44.644	9
53	44.748	44.767	44.723	44.758	44.687	44.745	44.627	44.725	9
54	49.590	49.609	49.566	49.600	49.529	49.587	49.469	49.567	10
55	49.671	49.691	49.647	49.682	49.611	49.668	49.550	49.648	10

表 34（续）

单位为毫米

齿数 z	S_{min} 和 S_{max} 的公法线平均长度 W								跨齿数 K
	4h		5h		6h		7h		
	min	max	min	max	min	max	min	max	
56	49.753	49.772	49.728	49.763	49.692	49.750	49.631	49.729	10
57	49.834	49.853	49.810	49.844	49.773	49.831	49.712	49.810	10
58	49.916	49.935	49.891	49.925	49.854	49.912	49.793	49.891	10
59	49.997	50.016	49.972	50.007	49.935	49.993	49.874	49.973	10
60	54.839	54.859	54.815	54.849	54.778	54.836	54.716	54.815	11
61	54.921	54.940	54.896	54.930	54.859	54.917	54.797	54.896	11
62	55.002	55.021	54.977	55.012	54.940	54.998	54.878	54.977	11
63	55.083	55.103	55.059	55.093	55.021	55.079	54.959	55.058	11
64	55.165	55.184	55.140	55.174	55.102	55.160	55.040	55.139	11
65	55.246	55.265	55.221	55.255	55.184	55.242	55.121	55.220	11
66	60.089	60.108	60.064	60.098	60.026	60.084	59.963	60.063	12
67	60.170	60.189	60.145	60.179	60.107	60.165	60.044	60.144	12
68	60.251	60.270	60.226	60.260	60.188	60.246	60.125	60.225	12
69	60.333	60.352	60.307	60.342	60.269	60.328	60.206	60.306	12
70	60.414	60.433	60.389	60.423	60.351	60.409	60.287	60.387	12
71	60.496	60.514	60.470	60.504	60.432	60.490	60.368	60.468	12
72	65.338	65.357	65.313	65.347	65.274	65.332	65.211	65.310	13
73	65.419	65.438	65.394	65.428	65.356	65.414	65.292	65.391	13
74	65.501	65.520	65.475	65.509	65.437	65.495	65.373	65.473	13
75	65.582	65.601	65.556	65.591	65.518	65.576	65.454	65.554	13
76	65.664	65.682	65.638	65.672	65.599	65.657	65.535	65.635	13
77	65.745	65.764	65.719	65.753	65.680	65.739	65.616	65.716	13
78	70.587	70.606	70.562	70.596	70.523	70.581	70.458	70.558	14
79	70.669	70.688	70.643	70.677	70.604	70.662	70.539	70.639	14
80	70.750	70.769	70.724	70.758	70.685	70.743	70.620	70.720	14
81	70.832	70.850	70.805	70.840	70.766	70.825	70.701	70.802	14
82	70.913	70.932	70.887	70.921	70.848	70.906	70.782	70.883	14
83	70.994	71.013	70.968	71.002	70.929	70.987	70.863	70.964	14
84	75.837	75.856	75.811	75.845	75.771	75.830	75.706	75.806	15
85	75.918	75.937	75.892	75.926	75.853	75.911	75.787	75.887	15
86	76.000	76.018	75.973	76.007	75.934	75.992	75.868	75.968	15
87	76.081	76.100	76.055	76.089	76.015	76.073	75.949	76.050	15
88	76.162	76.181	76.136	76.170	76.096	76.154	76.030	76.131	15
89	76.244	76.262	76.217	76.251	76.177	76.236	76.111	76.212	15
90	81.086	81.105	81.060	81.094	81.020	81.078	80.953	81.054	16
91	81.168	81.186	81.141	81.175	81.101	81.159	81.035	81.135	16
92	81.249	81.268	81.222	81.256	81.182	81.241	81.116	81.217	16
93	81.330	81.349	81.304	81.338	81.264	81.322	81.197	81.298	16
94	81.412	81.430	81.385	81.419	81.345	81.403	81.278	81.379	16
95	81.493	81.512	81.466	81.500	81.426	81.484	81.359	81.460	16
96	86.336	86.354	86.309	86.343	86.268	86.327	86.201	86.302	17
97	86.417	86.436	86.390	86.424	86.350	86.408	86.282	86.383	17
98	86.499	86.517	86.471	86.505	86.431	86.489	86.363	86.465	17
99	86.580	86.598	86.553	86.587	86.512	86.571	86.445	86.546	17
100	86.661	86.680	86.634	86.668	86.593	86.652	86.526	86.627	17

表 35 公法线平均长度 W

30°外花键 模数 m=2 mm 作用齿厚最大值 $S_{v\,max}$=3.142 mm

单位为毫米

齿数 z	S_{min}和S_{max}的公法线平均长度 W								跨齿数 K
	4h		5h		6h		7h		
	min	max	min	max	min	max	min	max	
10	9.059	9.080	9.039	9.074	9.009	9.065	8.958	9.051	2
11	9.152	9.173	9.132	9.167	9.101	9.158	9.050	9.143	2
12	14.686	14.707	14.666	14.701	14.635	14.692	14.583	14.677	3
13	14.779	14.800	14.758	14.793	14.727	14.784	14.675	14.769	3
14	14.872	14.893	14.851	14.886	14.819	14.877	14.767	14.862	3
15	14.965	14.985	14.944	14.979	14.912	14.969	14.859	14.954	3
16	15.058	15.078	15.036	15.071	15.004	15.062	14.951	15.047	3
17	15.150	15.171	15.129	15.164	15.097	15.154	15.043	15.139	3
18	20.685	20.705	20.663	20.698	20.630	20.688	20.576	20.673	4
19	20.777	20.798	20.756	20.791	20.723	20.781	20.668	20.765	4
20	20.870	20.891	20.848	20.884	20.815	20.874	20.761	20.858	4
21	20.963	20.984	20.941	20.977	20.908	20.966	20.853	20.950	4
22	21.056	21.077	21.034	21.069	21.000	21.059	20.945	21.043	4
23	21.149	21.170	21.127	21.162	21.093	21.152	21.037	21.135	4
24	26.683	26.704	26.661	26.696	26.627	26.686	26.571	26.669	5
25	26.776	26.797	26.753	26.789	26.720	26.778	26.663	26.761	5
26	26.869	26.890	26.846	26.882	26.812	26.871	26.755	26.854	5
27	26.962	26.983	26.939	26.975	26.905	26.964	26.848	26.946	5
28	27.055	27.075	27.032	27.068	26.997	27.056	26.940	27.039	5
29	27.148	27.168	27.125	27.160	27.090	27.149	27.032	27.132	5
30	32.682	32.703	32.659	32.695	32.624	32.683	32.566	32.666	6
31	32.775	32.796	32.752	32.787	32.717	32.776	32.658	32.758	6
32	32.868	32.888	32.844	32.880	32.809	32.869	32.751	32.851	6
33	32.961	32.981	32.937	32.973	32.902	32.961	32.843	32.943	6
34	33.054	33.074	33.030	33.066	32.995	33.054	32.935	33.036	6
35	33.147	33.167	33.123	33.159	33.087	33.147	33.028	33.128	6
36	38.681	38.701	38.657	38.693	38.621	38.681	38.562	38.662	7
37	38.774	38.794	38.750	38.786	38.714	38.774	38.654	38.755	7
38	38.867	38.887	38.843	38.879	38.807	38.866	38.747	38.848	7
39	38.960	38.980	38.936	38.972	38.899	38.959	38.839	38.940	7
40	39.053	39.073	39.028	39.064	38.992	39.052	38.932	39.033	7
41	39.146	39.166	39.121	39.157	39.085	39.145	39.024	39.125	7
42	44.680	44.700	44.656	44.691	44.619	44.679	44.558	44.659	8
43	44.773	44.793	44.748	44.784	44.712	44.772	44.650	44.752	8
44	44.866	44.886	44.841	44.877	44.804	44.864	44.743	44.845	8
45	44.959	44.979	44.934	44.970	44.897	44.957	44.835	44.937	8
46	45.052	45.072	45.027	45.063	44.990	45.050	44.928	45.030	8
47	45.145	45.165	45.120	45.156	45.083	45.143	45.020	45.122	8
48	50.679	50.699	50.654	50.690	50.617	50.677	50.554	50.657	9
49	50.772	50.792	50.747	50.783	50.709	50.770	50.647	50.749	9
50	50.865	50.885	50.840	50.876	50.802	50.862	50.739	50.842	9
51	50.958	50.978	50.933	50.969	50.895	50.955	50.832	50.934	9
52	51.051	51.071	51.026	51.062	50.988	51.048	50.925	51.027	9
53	51.144	51.164	51.119	51.154	51.081	51.141	51.017	51.120	9
54	56.678	56.698	56.653	56.689	56.615	56.675	56.551	56.654	10
55	56.771	56.791	56.746	56.782	56.707	56.768	56.644	56.747	10

表 35（续）

单位为毫米

齿数 z	S_{min} 和 S_{max} 的公法线平均长度 W								跨齿数 K
	4h		5h		6h		7h		
	min	max	min	max	min	max	min	max	
56	56.864	56.884	56.839	56.874	56.800	56.861	56.736	56.839	10
57	56.957	56.977	56.932	56.967	56.893	56.953	56.829	56.932	10
58	57.050	57.070	57.024	57.060	56.986	57.046	56.921	57.025	10
59	57.143	57.163	57.117	57.153	57.079	57.139	57.014	57.117	10
60	62.678	62.697	62.652	62.687	62.613	62.673	62.548	62.651	11
61	62.771	62.790	62.745	62.780	62.706	62.766	62.641	62.744	11
62	62.863	62.883	62.837	62.873	62.798	62.859	62.733	62.837	11
63	62.956	62.976	62.930	62.966	62.891	62.952	62.826	62.929	11
64	63.049	63.069	63.023	63.059	62.984	63.044	62.919	63.022	11
65	63.142	63.162	63.116	63.152	63.077	63.137	63.011	63.115	11
66	68.677	68.697	68.650	68.686	68.611	68.671	68.545	68.649	12
67	68.770	68.790	68.743	68.779	68.704	68.764	68.638	68.742	12
68	68.863	68.883	68.836	68.872	68.797	68.857	68.730	68.834	12
69	68.956	68.975	68.929	68.965	68.889	68.950	68.823	68.927	12
70	69.049	69.068	69.022	69.058	68.982	69.043	68.916	69.020	12
71	69.142	69.161	69.115	69.151	69.075	69.136	69.008	69.112	12
72	74.676	74.696	74.649	74.685	74.609	74.670	74.542	74.647	13
73	74.769	74.789	74.742	74.778	74.702	74.763	74.635	74.730	13
74	74.862	74.882	74.835	74.871	74.795	74.855	74.728	74.832	13
75	74.955	74.975	74.928	74.964	74.888	74.948	74.820	74.925	13
76	75.048	75.068	75.021	75.057	74.981	75.041	74.913	75.017	13
77	75.141	75.161	75.114	75.150	75.073	75.134	75.006	75.110	13
78	80.675	80.695	80.648	80.684	80.608	80.668	80.540	80.644	14
79	80.768	80.788	80.741	80.777	80.700	80.761	80.632	80.737	14
80	80.861	80.881	80.834	80.870	80.793	80.854	80.725	80.830	14
81	80.954	80.974	80.927	80.963	80.886	80.947	80.818	80.922	14
82	81.047	81.067	81.020	81.056	80.979	81.040	80.911	81.015	14
83	81.140	81.160	81.113	81.148	81.072	81.132	81.003	81.108	14
84	86.675	86.694	86.647	86.683	86.606	86.667	86.537	86.642	15
85	86.768	86.787	86.740	86.776	86.699	86.760	86.630	86.735	15
86	86.861	86.880	86.833	86.869	86.792	86.852	86.723	86.828	15
87	86.954	86.973	86.926	86.962	86.885	86.945	86.815	86.920	15
88	87.047	87.066	87.019	87.054	86.977	87.038	86.908	87.013	15
89	87.140	87.159	87.112	87.147	87.070	87.131	87.001	87.106	15
90	92.674	92.693	92.646	92.682	92.605	92.665	92.535	92.640	16
91	92.767	92.786	92.739	92.775	92.697	92.758	92.628	92.733	16
92	92.860	92.879	92.832	92.868	92.790	92.851	92.720	92.825	16
93	92.953	92.972	92.925	92.960	92.883	92.944	92.813	92.918	16
94	93.046	93.065	93.018	93.053	92.976	93.037	92.906	93.011	16
95	93.139	93.158	93.111	93.146	93.069	93.129	92.998	93.104	16
96	98.674	98.693	98.645	98.681	98.603	98.664	98.533	98.638	17
97	98.767	98.786	98.738	98.774	98.696	98.757	98.625	98.731	17
98	98.860	98.879	98.831	98.867	98.789	98.849	98.718	98.823	17
99	98.953	98.972	98.924	98.959	98.882	98.942	98.811	98.916	17
100	99.046	99.065	99.017	99.052	98.975	99.035	98.903	99.009	17

表 36 公法线平均长度 W

30°外花键 模数 $m=2.5$ mm 作用齿厚最大值 $S_{v\ max}=3.927$ mm 单位为毫米

齿数 z	S_{min} 和 S_{max} 的公法线平均长度 W								跨齿数 K
	4h		5h		6h		7h		
	min	max	min	max	min	max	min	max	
10	11.330	11.352	11.308	11.346	11.276	11.336	11.221	11.321	2
11	11.446	11.468	11.424	11.462	11.391	11.452	11.336	11.437	2
12	18.364	18.386	18.342	18.379	18.308	18.369	18.253	18.354	3
13	18.480	18.502	18.457	18.495	18.424	18.485	18.368	18.469	3
14	18.596	18.618	18.573	18.611	18.539	18.601	18.483	18.585	3
15	18.712	18.734	18.689	18.727	18.655	18.717	18.598	18.701	3
16	18.828	18.850	18.805	18.843	18.770	18.833	18.713	18.816	3
17	18.944	18.966	18.921	18.959	18.886	18.948	18.828	18.932	3
18	25.862	25.884	25.839	25.877	25.803	25.866	25.745	25.849	4
19	25.978	26.000	25.954	25.993	25.919	25.982	25.860	25.965	4
20	26.094	26.116	26.070	26.109	26.035	26.098	25.976	26.080	4
21	26.210	26.233	26.186	26.225	26.151	26.214	26.091	26.196	4
22	26.326	26.349	26.302	26.341	26.266	26.329	26.206	26.312	4
23	26.443	26.465	26.418	26.457	26.382	26.445	26.322	26.427	4
24	33.360	33.383	33.336	33.374	33.300	33.363	33.239	33.345	5
25	33.477	33.499	33.452	33.491	33.415	33.479	33.354	33.460	5
26	33.593	33.615	33.568	33.607	33.531	33.595	33.470	33.576	5
27	33.709	33.731	33.684	33.723	33.647	33.711	33.585	33.692	5
28	33.825	33.847	33.800	33.839	33.763	33.827	33.701	33.808	5
29	33.941	33.963	33.916	33.955	33.879	33.942	33.816	33.923	5
30	40.859	40.881	40.834	40.872	40.796	40.860	40.734	40.841	6
31	40.975	40.997	40.950	40.989	40.912	40.976	40.849	40.957	6
32	41.091	41.113	41.066	41.105	41.028	41.092	40.965	41.072	6
33	41.208	41.230	41.182	41.221	41.144	41.208	41.081	41.188	6
34	41.324	41.346	41.298	41.337	41.260	41.324	41.196	41.304	6
35	41.440	41.462	41.414	41.453	41.376	41.440	41.312	41.420	6
36	48.358	48.380	48.332	48.371	48.294	48.358	48.229	48.337	7
37	48.474	48.496	48.448	48.487	48.409	48.474	48.345	48.453	7
38	48.590	48.612	48.564	48.603	48.525	48.589	48.460	48.569	7
39	48.707	48.728	48.680	48.719	48.641	48.705	48.576	48.685	7
40	48.823	48.845	48.797	48.835	48.757	48.821	48.692	48.800	7
41	48.939	48.961	48.913	48.951	48.873	48.937	48.807	48.916	7
42	55.857	55.879	55.830	55.869	55.791	55.855	55.725	55.834	8
43	55.973	55.995	55.947	55.985	55.907	55.971	55.841	55.950	8
44	56.089	56.111	56.063	56.101	56.023	56.087	55.956	56.066	8
45	56.206	56.227	56.179	56.217	56.139	56.203	56.072	56.181	8
46	56.322	56.343	56.295	56.333	56.255	56.319	56.188	56.297	8
47	56.438	56.460	56.411	56.449	56.371	56.435	56.304	56.413	8
48	63.356	63.377	63.329	63.367	63.288	63.353	63.221	63.331	9
49	63.472	63.494	63.445	63.483	63.404	63.469	63.337	63.447	9
50	63.588	63.610	63.561	63.600	63.520	63.585	63.453	63.562	9
51	63.705	63.726	63.677	63.716	63.636	63.701	63.568	63.678	9
52	63.821	63.842	63.793	63.832	63.752	63.817	63.684	63.794	9
53	63.937	63.958	63.910	63.948	63.868	63.933	63.800	63.910	9
54	70.855	70.876	70.828	70.866	70.786	70.851	70.717	70.828	10
55	70.971	70.993	70.944	70.982	70.902	70.967	70.833	70.944	10

表 36（续）

单位为毫米

齿数 z	S_{min}和S_{max}的公法线平均长度 W								跨齿数 K
	4h		5h		6h		7h		
	min	max	min	max	min	max	min	max	
56	71.087	71.109	71.060	71.098	71.018	71.083	70.949	71.059	10
57	71.204	71.225	71.176	71.214	71.134	71.199	71.065	71.175	10
58	71.320	71.341	71.292	71.330	71.250	71.315	71.181	71.291	10
59	71.436	71.457	71.408	71.446	71.366	71.431	71.297	71.407	10
60	78.354	78.375	78.326	78.364	78.284	78.349	78.214	78.325	11
61	78.470	78.492	78.442	78.480	78.400	78.465	78.330	78.441	11
62	78.587	78.608	78.558	78.597	78.516	78.581	78.446	78.557	11
63	78.703	78.724	78.675	78.713	78.632	78.697	78.562	78.673	11
64	78.819	78.840	78.791	78.829	78.748	78.813	78.677	78.788	11
65	78.935	78.956	78.907	78.945	78.864	78.929	78.793	78.904	11
66	85.853	85.874	85.825	85.863	85.782	85.847	85.711	85.822	12
67	85.970	85.991	85.941	85.979	85.898	85.963	85.827	85.938	12
68	86.086	86.107	86.057	86.095	86.014	86.079	85.943	86.054	12
69	86.202	86.223	86.173	86.211	86.130	86.195	86.059	86.170	12
70	86.318	86.339	86.290	86.328	86.246	86.311	86.174	86.286	12
71	86.435	86.456	86.406	86.444	86.362	86.427	86.290	86.402	12
72	93.353	93.373	93.324	93.362	93.280	93.345	93.208	93.319	13
73	93.469	93.490	93.440	93.478	93.396	93.461	93.324	93.435	13
74	93.585	93.606	93.556	93.594	93.512	93.577	93.440	93.551	13
75	93.701	93.722	93.672	93.710	93.628	93.693	93.556	93.667	13
76	93.818	93.838	93.788	93.826	93.745	93.809	93.671	93.783	13
77	93.934	93.955	93.905	93.942	93.861	93.925	93.787	93.899	13
78	100.852	100.873	100.823	100.860	100.778	100.843	100.705	100.817	14
79	100.968	100.989	100.939	100.977	100.895	100.959	100.821	100.933	14
80	101.084	101.105	101.055	101.093	101.011	101.075	100.937	101.049	14
81	101.201	101.221	101.171	101.209	101.127	101.191	101.053	101.165	14
82	101.317	101.337	101.287	101.325	101.243	101.307	101.169	101.281	14
83	101.433	101.454	101.403	101.441	101.359	101.424	101.285	101.397	14
84	108.351	108.372	108.321	108.359	108.277	108.341	108.202	108.314	15
85	108.467	108.488	108.438	108.475	108.393	108.457	108.318	108.430	15
86	108.584	108.604	108.554	108.591	108.509	108.574	108.434	108.546	15
87	108.700	108.720	108.670	108.708	108.625	108.690	108.550	108.662	15
88	108.816	108.837	108.786	108.824	108.741	108.806	108.666	108.778	15
89	108.933	108.953	108.902	108.940	108.857	108.922	108.782	108.894	15
90	115.851	115.871	115.820	115.858	115.775	115.840	115.700	115.812	16
91	115.967	115.987	115.937	115.974	115.891	115.956	115.816	115.928	16
92	116.083	116.103	116.053	116.090	116.007	116.072	115.931	116.044	16
93	116.199	116.220	116.169	116.206	116.123	116.188	116.047	116.160	16
94	116.316	116.336	116.285	116.323	116.239	116.304	116.163	116.276	16
95	116.432	116.452	116.401	116.439	116.356	116.420	116.279	116.392	16
96	123.350	123.370	123.319	123.357	123.273	123.338	123.197	123.310	17
97	123.466	123.486	123.436	123.473	123.390	123.454	123.313	123.426	17
98	123.582	123.603	123.552	123.589	123.506	123.570	123.429.	123.542	17
99	123.699	123.719	123.668	123.705	123.622	123.686	123.545	123.658	17
100	123.815	123.835	123.784	123.821	123.738	123.802	123.661	123.774	17

表 37 公法线平均长度 W

30°外花键 模数 $m=3$ mm 作用齿厚最大值 $S_{v\max}=4.712$ mm 单位为毫米

齿数 z	S_{min}和 S_{max}的公法线平均长度 W								跨齿数 K
	4h		5h		6h		7h		
	min	max	min	max	min	max	min	max	
10	13.601	13.625	13.578	13.618	13.543	13.608	13.485	13.592	2
11	13.740	13.764	13.717	13.757	13.682	13.747	13.623	13.730	2
12	22.042	22.065	22.018	22.058	21.982	22.048	21.923	22.031	3
13	22.181	22.205	22.157	22.197	22.121	22.187	22.061	22.170	3
14	22.320	22.344	22.296	22.336	22.260	22.326	22.200	22.308	3
15	22.459	22.483	22.435	22.475	22.399	22.465	22.338	22.447	3
16	22.599	22.622	22.574	22.615	22.538	22.604	22.476	22.586	3
17	22.738	22.762	22.713	22.754	22.676	22.743	22.615	22.725	3
18	31.040	31.063	31.015	31.055	30.977	31.044	30.915	31.026	4
19	31.179	31.203	31.154	31.194	31.116	31.183	31.054	31.164	4
20	31.318	31.342	31.293	31.334	31.255	31.322	31.192	31.303	4
21	31.458	31.481	31.432	31.473	31.394	31.461	31.331	31.442	4
22	31.957	31.621	31.572	31.612	31.533	31.600	31.469	31.581	4
23	31.736	31.760	31.711	31.751	31.672	31.739	31.608	31.720	4
24	40.038	40.061	40.012	40.053	39.973	40.040	39.909	40.021	5
25	40.177	40.201	40.151	40.192	40.112	40.179	40.047	40.160	5
26	40.317	40.340	40.291	40.331	40.251	40.319	40.186	40.299	5
27	40.456	40.480	40.430	40.471	40.390	40.458	40.325	40.438	5
28	40.596	40.619	40.569	40.610	40.530	40.597	40.463	40.577	5
29	40.735	40.758	40.708	40.749	40.669	40.736	40.602	40.716	5
30	49.037	49.060	49.010	49.051	48.970	49.037	48.903	49.017	6
31	49.176	49.199	49.149	49.190	49.109	49.176	49.042	49.156	6
32	49.315	49.339	49.288	49.329	49.248	49.316	49.181	49.295	6
33	49.455	49.478	49.428	49.468	49.387	49.455	49.319	49.434	6
34	49.594	49.617	49.567	49.608	49.526	49.594	49.458	49.572	6
35	49.734	49.757	49.706	49.747	49.665	49.733	49.597	49.711	6
36	58.035	58.058	58.008	58.048	57.967	58.034	57.898	58.013	7
37	58.175	58.198	58.147	58.188	58.106	58.174	58.037	58.152	7
38	58.314	58.337	58.287	58.327	58.245	58.313	58.176	58.291	7
39	58.454	58.477	58.426	58.466	58.384	58.452	58.315	58.430	7
40	58.593	58.616	58.565	58.606	58.523	58.591	58.454	58.569	7
41	58.733	58.756	58.705	58.745	58.663	58.730	58.593	58.708	7
42	67.034	67.057	67.006	67.047	66.964	67.032	66.894	67.009	8
43	67.174	67.197	67.145	67.186	67.103	67.171	67.032	67.148	8
44	67.313	67.336	67.285	67.325	67.242	67.310	67.171	67.287	8
45	67.453	67.475	67.424	67.465	67.381	67.449	67.310	67.426	8
46	67.592	67.615	67.564	67.604	67.521	67.589	67.449	67.565	8
47	67.732	67.754	67.703	67.743	67.660	67.728	67.588	67.704	8
48	76.033	76.056	76.004	76.045	75.961	76.029	75.889	76.005	9
49	76.173	76.195	76.144	76.184	76.100	76.169	76.028	76.144	9
50	76.312	76.335	76.283	76.324	76.240	76.308	76.167	76.284	9
51	76.452	76.474	76.423	76.463	76.379	76.447	76.306	76.423	9
52	76.591	76.614	76.562	76.602	76.518	76.586	76.445	76.562	9
53	76.731	76.753	76.701	76.742	76.657	76.726	76.584	76.701	9
54	85.032	85.055	85.003	85.043	84.959	85.027	84.885	85.002	10
55	85.172	85.194	85.142	85.183	85.098	85.166	85.024	85.141	10

表 37（续）

单位为毫米

齿数 z	S_{min}和S_{max}的公法线平均长度 W								跨齿数 K
	4h		5h		6h		7h		
	min	max	min	max	min	max	min	max	
56	85.311	85.334	85.282	85.322	85.237	85.305	85.164	85.280	10
57	85.451	85.473	85.421	85.461	85.377	85.445	85.303	85.419	10
58	85.590	85.612	85.560	85.601	85.516	85.584	85.442	85.558	10
59	85.730	85.752	85.700	85.740	85.655	85.723	85.581	85.698	10
60	94.031	94.054	94.001	94.042	93.957	94.025	93.882	93.999	11
61	94.171	94.193	94.141	94.181	94.096	94.164	94.021	94.138	11
62	94.310	94.332	94.280	94.320	94.235	94.303	94.160	94.277	11
63	94.450	94.472	94.420	94.460	94.374	94.443	94.299	94.416	11
64	94.589	94.611	94.559	94.599	94.514	94.582	94.438	94.555	11
65	94.729	94.751	94.698	94.739	94.653	94.721	94.577	94.694	11
66	103.030	103.052	103.000	103.040	102.954	103.023	102.878	102.996	12
67	103.170	103.192	103.139	103.179	103.094	103.162	103.017	103.135	12
68	103.309	103.331	103.279	103.319	103.233	103.301	103.157	103.274	12
69	103.449	103.471	103.418	103.458	103.372	103.440	103.296	103.413	12
70	103.588	103.610	103.558	103.598	103.512	103.580	103.435	103.552	12
71	103.728	103.750	103.697	103.737	103.651	103.719	103.574	103.692	12
72	112.030	112.051	111.999	112.039	111.952	112.020	111.875	111.993	13
73	112.169	112.191	112.138	112.178	112.092	112.160	112.014	112.132	13
74	112.309	112.330	112.278	112.317	112.231	112.299	112.153	112.271	13
75	112.448	112.470	112.417	112.457	112.370	112.438	112.292	112.410	13
76	112.588	112.609	112.556	112.596	112.510	112.578	112.432	112.549	13
77	112.727	112.749	112.696	112.736	112.649	112.717	112.571	112.689	13
78	121.029	121.050	120.997	121.037	120.950	121.018	120.872	120.990	14
79	121.168	121.190	121.137	121.177	121.090	121.158	121.011	121.129	14
80	121.308	121.329	121.276	121.316	121.229	121.297	121.150	121.268	14
81	121.447	121.469	121.416	121.455	121.368	121.436	121.289	121.408	14
82	121.587	121.608	121.555	121.595	121.508	121.576	121.428	121.547	14
83	121.726	121.748	121.695	121.734	121.647	121.715	121.568	121.686	14
84	130.028	130.049	129.996	130.036	129.948	130.017	129.869	129.987	15
85	130.168	130.189	130.136	130.175	130.088	130.156	130.008	130.126	15
86	130.307	130.328	130.275	130.315	130.227	130.295	130.147	130.266	15
87	130.447	130.468	130.415	130.454	130.366	130.435	130.286	130.405	15
88	130.586	130.607	130.554	130.593	130.506	130.574	130.426	130.544	15
89	130.726	130.747	130.693	130.733	130.645	130.713	130.565	130.683	15
90	139.027	139.048	138.995	139.034	138.947	139.015	138.866	138.985	16
91	139.167	139.188	139.134	139.174	139.086	139.154	139.005	139.124	16
92	139.306	139.327	139.274	139.313	139.225	139.293	139.144	139.263	16
93	139.446	139.467	139.413	139.453	139.365	139.433	139.284	139.402	16
94	139.585	139.606	139.553	139.592	139.504	139.572	139.423	139.541	16
95	139.725	139.746	139.692	139.732	139.643	139.711	139.562	139.681	16
96	148.027	148.048	147.994	148.033	147.945	148.013	147.863	147.982	17
97	148.166	148.187	148.133	148.173	148.084	148.152	148.002	148.121	17
98	148.306	148.327	148.273	148.312	148.224	148.292	148.142	148.260	17
99	148.445	148.466	148.412	148.452	148.363	148.431	148.281	148.400	17
100	148.585	148.606	148.552	148.591	148.502	148.570	148.420	148.539	17

表 38 公法线平均长度 W

30°外花键 模数 $m=4$ mm 作用齿厚最大值 $S_{v\max}=6.283$ mm

单位为毫米

齿数 z	S_{min}和S_{max}的公法线平均长度 W								跨齿数 K
	4h		5h		6h		7h		
	min	max	min	max	min	max	min	max	
10	18.144	18.169	18.118	18.162	18.080	18.151	18.016	18.133	2
11	18.329	18.355	18.303	18.347	18.265	18.336	18.200	18.318	2
12	29.398	29.424	29.372	29.416	29.333	29.404	29.267	29.386	3
13	29.584	29.610	29.557	29.601	29.518	29.589	29.452	29.571	3
14	29.769	29.795	29.743	29.787	29.703	29.775	29.636	29.756	3
15	29.955	29.981	29.928	29.973	29.888	29.960	29.821	29.941	3
16	30.141	30.167	30.114	30.158	30.073	30.146	30.006	30.126	3
17	30.327	30.353	30.300	30.344	30.259	30.331	30.191	30.311	3
18	41.396	41.421	41.368	41.412	41.327	41.400	41.258	41.379	4
19	41.581	41.607	41.554	41.598	41.512	41.585	41.443	41.565	4
20	41.767	41.793	41.740	41.784	41.698	41.771	41.628	41.750	4
21	41.953	41.979	41.925	41.970	41.883	41.956	41.813	41.935	4
22	42.139	42.165	42.111	42.155	42.069	42.142	41.998	42.120	4
23	42.325	42.351	42.297	42.341	42.254	42.327	42.183	42.306	4
24	53.394	53.419	53.365	53.410	53.322	53.396	53.251	53.374	5
25	53.580	53.605	53.551	53.595	53.508	53.581	53.436	53.559	5
26	53.766	53.791	53.737	53.781	53.693	53.767	53.621	53.744	5
27	53.952	53.977	53.923	53.967	53.879	53.952	53.806	53.930	5
28	54.138	54.163	54.108	54.153	54.064	54.138	53.991	54.115	5
29	54.323	54.349	54.294	54.338	54.250	54.324	54.177	54.301	5
30	65.392	65.418	65.363	65.407	65.318	65.392	65.245	65.369	6
31	65.578	65.603	65.548	65.593	65.504	65.578	65.430	65.554	6
32	65.764	65.789	65.734	65.779	65.690	65.763	65.615	65.740	6
33	65.950	65.975	65.920	65.964	65.875	65.949	65.800	65.925	6
34	66.136	66.161	66.106	66.150	66.061	66.135	65.986	66.110	6
35	66.322	66.347	66.292	66.336	66.246	66.320	66.171	66.296	6
36	77.391	77.416	77.360	77.405	77.315	77.389	77.239	77.364	7
37	77.577	77.602	77.546	77.590	77.501	77.574	77.424	77.550	7
38	77.763	77.788	77.732	77.776	77.686	77.760	77.610	77.735	7
39	77.949	77.974	77.918	77.962	77.872	77.946	77.795	77.920	7
40	78.135	78.160	78.104	78.148	78.058	78.131	77.980	78.106	7
41	78.321	78.346	78.290	78.334	78.243	78.317	78.166	78.291	7
42	89.390	89.414	89.358	89.402	89.312	89.386	89.234	89.360	8
43	89.576	89.600	89.544	89.588	89.497	89.571	89.419	89.545	8
44	89.762	89.786	89.730	89.774	89.683	89.757	89.605	89.731	8
45	89.948	89.972	89.916	89.960	89.869	89.943	89.790	89.916	8
46	90.134	90.158	90.102	90.146	90.054	90.128	89.975	90.102	8
47	90.320	90.344	90.288	90.332	90.240	90.314	90.161	90.287	8
48	101.388	101.413	101.356	101.400	101.309	101.383	101.229	101.356	9
49	101.574	101.599	101.542	101.586	101.494	101.568	101.415	101.541	9
50	101.760	101.785	101.728	101.772	101.680	101.754	101.600	101.727	9
51	101.946	101.971	101.914	101.958	101.866	101.940	101.785	101.912	9
52	102.132	102.157	102.100	102.144	102.052	102.126	101.971	102.098	9
53	102.318	102.343	102.286	102.330	102.237	102.311	102.156	102.283	9
54	113.387	113.411	113.355	113.398	113.306	113.380	113.225	113.352	10
55	113.573	113.597	113.541	113.584	113.492	113.566	113.410	113.537	10

表 38（续）

单位为毫米

齿数 z	S_{min}和S_{max}的公法线平均长度W								跨齿数 K
	4h		5h		6h		7h		
	min	max	min	max	min	max	min	max	
56	113.759	113.783	113.727	113.770	113.677	113.751	113.596	113.723	10
57	113.945	113.969	113.912	113.956	113.863	113.937	113.781	113.908	10
58	114.131	114.155	114.098	114.142	114.049	114.123	113.967	114.094	10
59	114.317	114.341	114.284	114.328	114.235	114.309	114.152	114.280	10
60	125.386	125.410	125.353	125.397	125.303	125.377	125.221	125.348	11
61	125.572	125.596	125.539	125.582	125.489	125.563	125.406	125.533	11
62	125.758	125.782	125.725	125.768	125.675	125.749	125.592	125.719	11
63	125.944	125.968	125.911	125.954	125.861	125.935	125.777	125.905	11
64	126.130	126.154	126.097	126.140	126.046	126.120	125.963	126.090	11
65	126.316	126.340	126.283	126.326	126.232	126.306	126.148	126.276	11
66	137.385	137.409	137.351	137.395	137.301	137.375	137.217	137.344	12
67	137.571	137.595	137.537	137.581	137.487	137.561	137.402	137.530	12
68	137.757	137.781	137.723	137.767	137.672	137.746	137.588	137.716	12
69	137.943	137.967	137.909	137.953	137.858	137.932	137.773	137.901	12
70	138.129	138.153	138.095	138.138	138.044	138.118	137.959	138.087	12
71	138.315	138.339	138.281	138.324	138.230	138.304	138.144	138.272	12
72	149.384	149.408	149.350	149.393	149.299	149.372	149.213	149.341	13
73	149.570	149.594	149.536	149.579	149.484	149.558	149.398	149.526	13
74	149.756	149.780	149.722	149.765	149.670	149.744	149.584	149.712	13
75	149.942	149.966	149.908	149.951	149.856	149.930	149.770	149.898	13
76	150.128	150.152	150.094	150.137	150.042	150.116	149.955	150.083	13
77	150.315	150.338	150.280	150.323	150.228	150.301	150.141	150.269	13
78	161.383	161.407	161.349	161.391	161.296	161.370	161.209	161.338	14
79	161.569	161.593	161.534	161.577	161.482	161.556	161.395	161.523	14
80	161.755	161.779	161.720	161.763	161.668	161.742	161.580	161.709	14
81	161.942	161.965	161.906	161.949	161.854	161.928	161.766	161.894	14
82	162.128	162.151	162.092	162.135	162.040	162.113	161.952	162.080	14
83	162.314	162.337	162.278	162.321	162.225	162.299	162.137	162.266	14
84	173.382	173.405	173.347	173.390	173.294	173.368	173.206	173.334	15
85	173.569	173.591	173.533	173.576	173.480	173.554	173.391	173.520	15
86	173.755	173.777	173.719	173.762	173.666	173.739	173.577	173.706	15
87	173.941	173.963	173.905	173.948	173.852	173.925	173.763	173.891	15
88	174.127	174.149	174.091	174.134	174.038	174.111	173.948	174.077	15
89	174.313	174.335	174.277	174.320	174.223	174.297	174.134	174.263	15
90	185.382	185.404	185.346	185.388	185.292	185.366	185.202	185.331	16
91	185.568	185.590	185.532	185.574	185.478	185.551	185.388	185.517	16
92	185.754	185.776	185.718	185.760	185.664	185.737	185.574	185.703	16
93	185.940	185.962	185.904	185.946	185.850	185.923	185.759	185.888	16
94	186.126	186.148	186.090	186.132	186.035	186.109	185.945	186.074	16
95	186.312	186.334	186.276	186.318	186.221	186.295	186.131	186.260	16
96	197.381	197.403	197.344	197.387	197.290	197.363	197.199	197.328	17
97	197.567	197.589	197.530	197.573	197.476	197.549	197.385	197.514	17
98	197.753	197.775	197.716	197.759	197.662	197.735	197.570	197.700	17
99	197.939	197.961	197.902	197.945	197.848	197.921	197.756	197.885	17
100	198.125	198.147	198.088	198.131	198.033	198.107	197.942	198.071	17

表 39 公法线平均长度 W

30°外花键 模数 $m=5$ mm 作用齿厚最大值 $S_{v\,max}=7.854$ mm 单位为毫米

齿数 z	S_{min} 和 S_{max} 的公法线平均长度 W								跨齿数 K
	4h		5h		6h		7h		
	min	max	min	max	min	max	min	max	
10	22.687	22.714	22.659	22.706	22.618	22.694	22.549	22.674	2
11	22.919	22.947	22.891	22.938	22.849	22.926	22.779	22.906	2
12	36.755	36.782	36.727	36.774	36.684	36.761	36.614	36.741	3
13	36.987	37.015	36.959	37.006	36.916	36.993	36.845	36.972	3
14	37.219	37.247	37.191	37.238	37.148	37.225	37.076	37.204	3
15	37.452	37.479	37.423	37.470	37.379	37.456	37.307	37.435	3
16	37.684	37.712	37.655	37.702	37.611	37.688	37.538	37.667	3
17	37.916	37.944	37.887	37.934	37.843	37.920	37.769	37.898	3
18	51.752	51.780	51.723	51.770	51.678	51.756	51.604	51.734	4
19	51.985	52.012	51.955	52.002	51.910	51.988	51.835	51.965	4
20	52.217	52.245	52.187	52.234	52.142	52.220	52.067	52.197	4
21	52.449	52.477	52.419	52.467	52.374	52.452	52.298	52.429	4
22	52.682	52.709	52.651	52.699	52.606	52.684	52.529	52.660	4
23	52.914	52.942	52.884	52.931	52.838	52.916	52.761	52.892	4
24	66.750	66.778	66.719	66.767	66.673	66.751	66.596	66.727	5
25	66.983	67.010	66.952	66.999	66.905	66.983	66.827	66.959	5
26	67.215	67.242	67.184	67.231	67.137	67.215	67.059	67.191	5
27	67.448	67.475	67.416	67.464	67.369	67.447	67.291	67.423	5
28	67.680	67.707	67.649	67.696	67.601	67.680	67.522	67.654	5
29	67.913	67.940	67.881	67.928	67.833	67.912	67.754	67.886	5
30	81.749	81.775	81.717	81.764	81.669	81.747	81.589	81.722	6
31	81.981	82.008	81.949	81.996	81.901	81.979	81.821	81.953	6
32	82.214	82.240	82.181	82.228	82.133	82.211	82.052	82.185	6
33	82.446	82.473	82.414	82.461	82.365	82.444	82.284	82.417	6
34	82.678	82.705	82.646	82.693	82.597	82.676	82.516	82.649	6
35	82.911	82.938	82.878	82.925	82.829	82.908	82.747	82.881	6
36	96.747	96.774	96.714	96.761	96.665	96.743	96.583	96.716	7
37	96.979	97.006	96.946	96.994	96.897	96.976	96.814	96.948	7
38	97.212	97.238	97.179	97.226	97.129	97.208	97.046	97.180	7
39	97.445	97.471	97.411	97.458	97.361	97.440	97.278	97.412	7
40	97.677	97.703	97.644	97.691	97.593	97.672	97.510	97.644	7
41	97.910	97.936	97.876	97.923	97.826	97.904	97.742	97.876	7
42	111.746	111.772	111.712	111.759	111.661	111.740	111.577	111.711	8
43	111.978	112.004	111.944	111.991	111.893	111.972	111.809	111.943	8
44	112.211	112.237	112.177	112.223	112.126	112.204	112.041	112.175	8
45	112.443	112.469	112.409	112.456	112.358	112.437	112.273	112.407	8
46	112.676	112.702	112.641	112.688	112.590	112.669	112.505	112.639	8
47	112.908	112.934	112.874	112.921	112.822	112.901	112.736	112.871	8
48	126.744	126.770	126.710	126.756	126.658	126.737	126.572	126.707	9
49	126.977	127.003	126.942	126.989	126.890	126.969	126.804	126.939	9
50	127.209	127.235	127.175	127.221	127.122	127.201	127.036	127.171	9
51	127.442	127.468	127.407	127.454	127.355	127.433	127.268	127.403	9
52	127.674	127.700	127.639	127.686	127.587	127.666	127.499	127.635	9
53	127.907	127.933	127.872	127.918	127.819	127.898	127.731	127.867	9
54	141.743	141.769	141.708	141.754	141.655	141.734	141.567	141.702	10
55	141.976	142.001	141.940	141.987	141.887	141.966	141.799	141.934	10

表 39（续）

单位为毫米

齿数 z	S_{min}和 S_{max}的公法线平均长度 W								跨齿数 K
	4h		5h		6h		7h		
	min	max	min	max	min	max	min	max	
56	142.208	142.234	142.173	142.219	142.119	142.198	142.031	142.166	10
57	142.441	142.466	142.405	142.451	142.352	142.430	142.263	142.398	10
58	142.673	142.699	142.638	142.684	142.584	142.663	142.495	142.630	10
59	142.906	142.931	142.870	142.916	142.816	142.895	142.727	142.862	10
60	156.742	156.767	156.706	156.752	156.652	156.731	156.562	156.698	11
61	156.974	157.000	156.938	156.984	156.884	156.963	156.794	156.930	11
62	157.207	157.232	157.171	157.217	157.117	157.195	157.026	157.162	11
63	157.440	157.465	157.403	157.449	157.349	157.427	157.258	157.394	11
64	157.672	157.697	157.636	157.682	157.581	157.660	157.490	157.626	11
65	157.905	157.930	157.868	157.914	157.814	157.892	157.722	157.858	11
66	171.741	171.766	171.704	171.750	171.649	171.728	171.558	171.694	12
67	171.973	171.998	171.937	171.982	171.882	171.960	171.790	171.926	12
68	172.206	172.231	172.169	172.215	172.114	172.192	172.022	172.158	12
69	172.438	172.463	172.402	172.447	172.346	172.425	172.254	172.390	12
70	172.671	172.696	172.634	172.680	172.579	172.657	172.486	172.622	12
71	172.904	172.928	172.867	172.912	172.811	172.889	172.718	172.854	12
72	186.740	186.764	186.703	186.748	186.647	186.725	186.554	186.690	13
73	186.972	186.997	186.935	186.981	186.879	186.957	186.786	186.922	13
74	187.205	187.229	187.167	187.213	187.111	187.190	187.018	187.154	13
75	187.437	187.462	187.400	187.445	187.344	187.422	187.250	187.386	13
76	187.670	187.694	187.632	187.678	187.576	187.654	187.482	187.618	13
77	187.903	187.927	187.865	187.910	187.808	187.887	187.714	187.851	13
78	201.739	201.763	201.701	201.746	201.644	201.722	201.550	201.686	14
79	201.971	201.996	201.933	201.979	201.877	201.955	201.782	201.918	14
80	202.204	202.228	202.166	202.211	202.109	202.187	202.014	202.151	14
81	202.436	202.461	202.398	202.444	202.341	202.419	202.246	202.383	14
82	202.669	202.693	202.631	202.676	202.574	202.652	202.478	202.615	14
83	202.902	202.926	202.863	202.909	202.806	202.884	202.710	202.847	14
84	216.738	216.762	216.699	216.744	216.642	216.720	216.546	216.683	15
85	216.970	216.994	216.932	216.977	216.874	216.952	216.778	216.915	15
86	217.203	217.227	217.164	217.209	217.106	217.185	217.010	217.147	15
87	217.436	217.459	217.397	217.442	217.339	217.417	217.242	217.379	15
88	217.668	217.692	217.629	217.674	217.571	217.649	217.474	217.611	15
89	217.901	217.925	217.862	217.907	217.804	217.882	217.706	217.843	15
90	231.737	231.761	231.698	231.743	231.639	231.717	231.542	231.679	16
91	231.969	231.993	231.930	231.975	231.872	231.950	231.774	231.911	16
92	232.202	232.226	232.163	232.208	232.104	232.182	232.006	232.143	16
93	232.435	232.458	232.395	232.440	232.337	232.414	232.238	232.376	16
94	232.667	232.691	232.628	232.673	232.569	232.647	232.471	232.608	16
95	232.900	232.923	232.860	232.905	232.801	232.879	232.703	232.840	16
96	246.736	246.759	246.696	246.741	246.637	246.715	246.538	246.676	17
97	246.968	246.992	246.929	246.974	246.870	246.947	246.771	246.908	17
98	247.201	247.224	247.161	247.206	247.102	247.180	247.003	247.140	17
99	247.434	247.457	247.394	247.438	247.334	247.412	247.235	247.372	17
100	247.666	247.690	247.626	247.671	247.567	247.644	247.467	247.604	17

表 40 公法线平均长度 W

30°外花键 模数 m=6 mm 作用齿厚最大值 $S_{v\,max}$=9.425 mm

单位为毫米

齿数 z	S_{min}和S_{max}的公法线平均长度 W								跨齿数 K
	4h		5h		6h		7h		
	min	max	min	max	min	max	min	max	
10	27.230	27.260	27.201	27.250	27.157	27.237	27.083	27.216	2
11	27.509	27.538	27.479	27.529	27.435	27.515	27.360	27.494	2
12	44.112	44.141	44.082	44.132	44.037	44.118	43.962	44.096	3
13	44.391	44.420	44.361	44.410	44.315	44.396	44.239	44.374	3
14	44.670	44.699	44.639	44.689	44.593	44.674	44.517	44.652	3
15	44.949	44.978	44.918	44.968	44.871	44.953	44.794	44.930	3
16	45.227	45.257	45.196	45.246	45.150	45.231	45.072	45.208	3
17	45.506	45.535	45.475	45.525	45.428	45.510	45.349	45.486	3
18	62.109	62.138	62.078	62.128	62.030	62.112	61.951	62.088	4
19	62.388	62.417	62.356	62.406	62.309	62.391	62.229	62.366	4
20	62.667	62.696	62.635	62.685	62.587	62.669	62.507	62.644	4
21	62.946	62.975	62.914	62.964	62.865	62.948	62.785	62.922	4
22	63.225	63.254	63.193	63.242	63.144	63.226	63.063	63.201	4
23	63.504	63.533	63.471	63.521	63.422	63.505	63.340	63.479	4
24	80.107	80.136	80.074	80.124	80.025	80.107	79.943	80.081	5
25	80.386	80.415	80.353	80.403	80.303	80.386	80.221	80.359	5
26	80.665	80.694	80.632	80.682	80.582	80.664	80.499	80.638	5
27	80.944	80.973	80.911	80.960	80.860	80.943	80.777	80.916	5
28	81.223	81.252	81.189	81.239	81.139	81.221	81.055	81.194	5
29	81.502	81.530	81.468	81.518	81.417	81.500	81.333	81.472	5
30	98.105	98.134	98.071	98.121	98.020	98.103	97.935	98.075	6
31	98.384	98.413	98.350	98.400	98.299	98.381	98.213	98.353	6
32	98.663	98.691	98.629	98.679	98.577	98.660	98.491	98.631	6
33	98.942	98.970	98.908	98.957	98.856	98.939	98.770	98.910	6
34	99.221	99.249	99.187	99.236	99.135	99.217	99.048	99.188	6
35	99.500	99.528	99.466	99.515	99.413	99.496	99.326	99.466	6
36	116.104	116.132	116.069	116.118	116.016	116.099	115.928	116.069	7
37	116.383	116.410	116.347	116.397	116.295	116.377	116.207	116.347	7
38	116.662	116.689	116.626	116.676	116.573	116.656	116.485	116.626	7
39	116.941	116.968	116.905	116.955	116.852	116.935	116.763	116.904	7
40	117.220	117.247	117.184	117.233	117.131	117.213	117.041	117.183	7
41	117.499	117.526	117.463	117.512	117.409	117.492	117.320	117.461	7
42	134.102	134.130	134.066	134.115	134.012	134.095	133.922	134.064	8
43	134.381	134.409	134.345	134.394	134.291	134.374	134.200	134.342	8
44	134.660	134.688	134.624	134.673	134.570	134.652	134.479	134.620	8
45	134.939	134.967	134.903	134.952	134.848	134.931	134.757	134.899	8
46	135.218	135.246	135.182	135.231	135.127	135.210	135.036	135.177	8
47	135.497	135.525	135.461	135.510	135.406	135.488	135.314	135.456	8
48	152.101	152.128	152.064	152.113	152.009	152.091	151.916	152.058	9
49	152.380	152.407	152.343	152.392	152.287	152.370	152.195	152.337	9
50	152.659	152.686	152.622	152.670	152.566	152.649	152.473	152.615	9
51	152.938	152.965	152.901	152.949	152.845	152.927	152.752	152.894	9
52	153.217	153.244	153.180	153.228	153.124	153.206	153.030	153.172	9
53	153.496	153.523	153.459	153.507	153.402	153.485	153.308	153.451	9
54	170.099	170.126	170.062	170.110	170.005	170.088	169.911	170.053	10
55	170.378	170.405	170.341	170.389	170.284	170.367	170.190	170.332	10

表 40（续）

单位为毫米

齿数 z	S_{min}和S_{max}的公法线平均长度 W								跨齿数 K
	4h		5h		6h		7h		
	min	max	min	max	min	max	min	max	
56	170.658	170.684	170.620	170.668	170.563	170.645	170.468	170.611	10
57	170.937	170.963	170.899	170.947	170.842	170.924	170.746	170.889	10
58	171.216	171.242	171.178	171.226	171.120	171.203	171.025	171.168	10
59	171.495	171.521	171.457	171.505	171.399	171.482	171.303	171.446	10
60	188.098	188.124	188.060	188.108	188.002	188.085	187.906	188.049	11
61	188.377	188.403	188.339	188.387	188.281	188.363	188.185	188.327	11
62	188.656	188.682	188.618	188.666	188.560	188.642	188.463	188.606	11
63	188.935	188.962	188.897	188.945	188.838	188.921	188.741	188.884	11
64	189.214	189.241	189.176	189.224	189.117	189.200	189.020	189.163	11
65	189.494	189.520	189.455	189.503	189.396	189.478	189.299	189.442	11
66	206.097	206.123	206.058	206.106	205.999	206.081	205.901	206.044	12
67	206.376	206.402	206.337	206.385	206.278	206.360	206.180	206.323	12
68	206.655	206.681	206.616	206.664	206.557	206.639	206.458	206.601	12
69	206.934	206.960	206.895	206.943	206.835	206.918	206.737	206.880	12
70	207.213	207.239	207.174	207.222	207.114	207.197	207.015	207.159	12
71	207.492	207.518	207.453	207.500	207.393	207.475	207.294	207.437	12
72	224.096	224.121	224.056	224.104	223.996	224.078	223.897	224.040	13
73	224.375	224.400	224.335	224.383	224.275	224.357	224.175	224.319	13
74	224.654	224.679	224.614	224.662	224.554	224.636	224.454	224.597	13
75	224.933	224.959	224.893	224.940	224.833	224.915	224.732	224.876	13
76	225.212	225.238	225.172	225.219	225.112	225.194	225.011	225.154	13
77	225.491	225.517	225.451	225.498	225.390	225.472	225.289	225.433	13
78	242.095	242.120	242.054	242.102	241.993	242.075	241.892	242.036	14
79	242.374	242.399	242.333	242.381	242.272	242.354	242.171	242.314	14
80	242.653	242.678	242.612	242.659	242.551	242.633	242.449	242.593	14
81	242.932	242.957	242.891	242.938	242.830	242.912	242.728	242.872	14
82	243.211	243.236	243.170	243.217	243.109	243.191	243.007	243.150	14
83	243.490	243.515	243.449	243.496	243.388	243.470	243.285	243.429	14
84	260.093	260.119	260.052	260.100	259.990	260.073	259.887	260.032	15
85	260.372	260.398	260.331	260.379	260.269	260.351	260.165	260.310	15
86	260.651	260.677	260.610	260.658	260.547	260.630	260.444	260.589	15
87	260.930	260.956	260.889	260.937	260.826	260.909	260.722	260.868	15
88	261.210	261.235	261.168	261.215	261.105	261.188	261.000	261.146	15
89	261.489	261.514	261.447	261.494	261.384	261.467	261.279	261.425	15
90	278.092	278.117	278.050	278.098	277.987	278.070	277.882	278.028	16
91	278.371	278.396	278.329	278.377	278.266	278.349	278.160	278.306	16
92	278.650	278.675	278.608	278.656	278.544	278.628	278.439	278.585	16
93	278.929	278.954	278.887	278.935	278.823	278.906	278.717	278.864	16
94	279.208	279.233	279.166	279.214	279.102	279.185	278.995	279.142	16
95	279.487	279.513	279.445	279.493	279.381	279.464	279.274	279.421	16
96	296.091	296.116	296.048	296.096	295.984	296.067	295.877	296.024	17
97	296.370	296.395	296.327	296.375	296.262	296.346	296.155	296.303	17
98	296.649	296.674	296.606	296.654	296.541	296.625	296.434	296.581	17
99	296.928	296.953	296.885	296.933	296.820	296.904	296.712	296.860	17
100	297.207	297.232	297.164	297.212	297.099	297.183	296.990	297.139	17

表 41 公法线平均长度 W

30°外花键 模数 $m=8$ mm 作用齿厚最大值 $S_{v\max}=12.566$ mm 单位为毫米

齿数 z	S_{min}和S_{max}的公法线平均长度 W								跨齿数 K
	4h		5h		6h		7h		
	min	max	min	max	min	max	min	max	
10	36.318	36.350	36.286	36.340	36.237	36.324	36.156	36.300	2
11	36.690	36.722	36.657	36.711	36.608	36.695	36.526	36.671	2
12	58.827	58.859	58.794	58.848	58.745	58.832	58.662	58.807	3
13	59.199	59.231	59.166	59.220	59.116	59.203	59.032	59.178	3
14	59.571	59.603	59.537	59.591	59.487	59.575	59.402	59.549	3
15	59.943	59.975	59.909	59.963	59.858	59.946	59.772	59.920	3
16	60.315	60.346	60.281	60.335	60.229	60.317	60.143	60.290	3
17	60.687	60.718	60.652	60.706	60.600	60.689	60.513	60.661	3
18	82.825	82.856	82.790	82.844	82.737	82.826	82.650	82.798	4
19	83.196	83.228	83.161	83.215	83.108	83.197	83.020	83.169	4
20	83.568	83.600	83.533	83.587	83.480	83.568	83.391	83.540	4
21	83.940	83.971	83.905	83.959	83.851	83.940	83.762	83.911	4
22	84.312	84.343	84.276	84.330	84.222	84.311	84.133	84.282	4
23	84.684	84.715	84.648	84.702	84.594	84.683	84.503	84.653	4
24	106.822	106.853	106.786	106.839	106.731	106.820	106.640	106.790	5
25	107.194	107.225	107.157	107.211	107.102	107.191	107.011	107.161	5
26	107.566	107.597	107.529	107.583	107.474	107.563	107.382	107.532	5
27	107.938	107.969	107.901	107.955	107.845	107.934	107.753	107.903	5
28	108.310	108.341	108.273	108.326	108.217	108.306	108.124	108.275	5
29	108.682	108.713	108.645	108.698	108.588	108.678	108.495	108.646	5
30	130.820	130.850	130.782	130.836	130.726	130.815	130.631	130.782	6
31	131.192	131.222	131.154	131.207	131.097	131.186	131.002	131.154	6
32	131.564	131.594	131.526	131.579	131.469	131.558	131.373	131.525	6
33	131.936	131.966	131.898	131.951	131.840	131.929	131.744	131.896	6
34	132.308	132.338	132.270	132.323	132.212	132.301	132.116	132.267	6
35	132.680	132.710	132.642	132.695	132.584	132.673	132.487	132.639	6
36	154.818	154.848	154.779	154.832	154.721	154.810	154.623	154.776	7
37	155.190	155.220	155.151	155.204	155.092	155.182	154.995	155.147	7
38	155.562	155.592	155.523	155.576	155.464	155.553	155.366	155.518	7
39	155.934	155.964	155.895	155.948	155.836	155.925	155.737	155.890	7
40	156.306	156.336	156.267	156.320	156.207	156.296	156.108	156.261	7
41	156.678	156.708	156.639	156.692	156.579	156.668	156.480	156.632	7
42	178.816	178.846	178.776	178.829	178.716	178.805	178.616	178.769	8
43	179.188	179.218	179.148	179.201	179.088	179.177	178.988	179.141	8
44	179.560	179.590	179.520	179.573	179.460	179.549	179.359	179.512	8
45	179.933	179.962	179.892	179.945	179.831	179.920	179.730	179.883	8
46	180.305	180.334	180.264	180.317	180.203	180.292	180.102	180.255	8
47	180.677	180.706	180.636	180.689	180.575	180.664	180.473	180.626	8
48	202.815	202.843	202.774	202.826	202.712	202.801	202.610	202.763	9
49	203.187	203.215	203.146	203.198	203.084	203.173	202.981	203.135	9
50	203.559	203.588	203.518	203.570	203.456	203.545	203.353	203.506	9
51	203.931	203.960	203.890	203.942	203.827	203.916	203.724	203.877	9
52	204.303	204.332	204.262	204.314	204.199	204.288	204.095	204.249	9
53	204.675	204.704	204.634	204.686	204.571	204.660	204.467	204.620	9
54	226.813	226.841	226.771	226.823	226.708	226.797	226.604	226.757	10
55	227.185	227.213	227.143	227.195	227.080	227.169	226.975	227.129	10

表 41（续）

单位为毫米

齿数 z	S_{min} 和 S_{max} 的公法线平均长度 W								跨齿数 K
	4h		5h		6h		7h		
	min	max	min	max	min	max	min	max	
56	227.557	227.586	227.515	227.567	227.452	227.541	227.346	227.500	10
57	227.929	227.958	227.887	227.939	227.824	227.912	227.718	227.872	10
58	228.302	228.330	228.259	228.311	228.195	228.284	228.089	228.243	10
59	228.674	228.702	228.631	228.683	228.567	228.656	228.461	228.615	10
60	250.812	250.840	250.769	250.821	250.705	250.793	250.598	250.752	11
61	251.184	251.212	251.141	251.192	251.076	251.165	250.969	251.123	11
62	251.556	251.584	251.513	251.564	251.448	251.537	251.341	251.495	11
63	251.928	251.956	251.884	251.936	251.819	251.909	251.711	251.866	11
64	252.300	252.328	252.256	252.308	252.191	252.280	252.082	252.238	11
65	252.672	252.700	252.628	252.680	252.563	252.652	252.453	252.609	11
66	274.810	274.838	274.766	274.818	274.700	274.790	274.590	274.747	12
67	275.182	275.210	275.138	275.190	275.072	275.161	274.962	275.118	12
68	275.554	275.582	275.510	275.562	275.443	275.533	275.333	275.490	12
69	275.926	275.954	275.882	275.934	275.815	275.905	275.704	275.861	12
70	276.298	276.326	276.254	276.306	276.187	276.277	276.075	276.233	12
71	276.670	276.698	276.626	276.678	276.559	276.649	276.447	276.604	12
72	298.808	298.836	298.763	298.815	298.696	298.786	298.584	298.741	13
73	299.180	299.208	299.135	299.187	299.068	299.158	298.955	299.113	13
74	299.552	299.580	299.507	299.559	299.439	299.530	299.326	299.485	13
75	299.924	299.952	299.879	299.931	299.811	299.902	299.698	299.856	13
76	300.297	300.324	300.251	300.303	300.183	300.273	300.069	300.228	13
77	300.669	300.697	300.623	300.675	300.554	300.645	300.440	300.599	13
78	322.806	322.834	322.760	322.813	322.692	322.783	322.577	322.736	14
79	323.178	323.206	323.132	323.185	323.063	323.154	322.948	323.108	14
80	323.551	323.579	323.504	323.557	323.435	323.526	323.320	323.480	14
81	323.923	323.951	323.876	323.929	323.807	323.898	323.691	323.851	14
82	324.295	324.323	324.248	324.301	324.179	324.270	324.062	324.223	14
83	324.667	324.695	324.620	324.673	324.550	324.642	324.433	324.594	14
84	346.805	346.833	346.758	346.811	346.688	346.779	346.570	346.732	15
85	347.177	347.205	347.130	347.183	347.059	347.151	346.942	347.103	15
86	347.549	347.577	347.502	347.555	347.431	347.523	347.313	347.475	15
87	347.921	347.949	347.874	347.927	347.803	347.895	347.684	347.847	15
88	348.293	348.321	348.246	348.299	348.174	348.267	348.056	348.218	15
89	348.665	348.693	348.618	348.671	348.546	348.639	348.427	348.590	15
90	370.803	370.831	370.755	370.808	370.683	370.776	370.564	370.727	16
91	371.175	371.203	371.127	371.180	371.055	371.148	370.935	371.099	16
92	371.547	371.575	371.499	371.552	371.427	371.520	371.306	371.470	16
93	371.919	371.947	371.871	371.925	371.798	371.892	371.678	371.842	16
94	372.292	372.320	372.243	372.297	372.170	372.264	372.049	372.214	16
95	372.664	372.692	372.615	372.669	372.542	372.635	372.420	372.585	16
96	394.801	394.829	394.752	394.806	394.679	394.773	394.557	394.722	17
97	395.173	395.202	395.124	395.178	395.051	395.145	394.928	395.094	17
98	395.546	395.574	395.496	395.550	395.423	395.517	395.300	395.466	17
99	395.918	395.946	395.868	395.922	395.794	395.889	395.671	395.837	17
100	396.290	396.318	396.240	396.294	396.166	396.260	396.042	396.209	17

表 42 公法线平均长度 W

30°外花键 模数 m=10 mm 作用齿厚最大值 $S_{v\ min}$=15.708 mm 单位为毫米

齿数 z	S_{min}和S_{max}的公法线平均长度 W								跨齿数 K
	4h		5h		6h		7h		
	min	max	min	max	min	max	min	max	
10	45.407	45.441	45.372	45.429	45.319	45.412	45.232	45.384	2
11	45.872	45.905	45.836	45.893	45.783	45.876	45.694	45.848	2
12	73.544	73.577	73.508	73.565	73.454	73.547	73.364	73.519	3
13	74.009	74.042	73.972	74.030	73.918	74.011	73.827	73.982	3
14	74.474	74.507	74.437	74.494	74.382	74.475	74.291	74.446	3
15	74.938	74.972	74.902	74.959	74.846	74.940	74.754	74.910	3
16	75.403	75.437	75.366	75.423	75.310	75.404	75.217	75.374	3
17	75.868	75.902	75.831	75.888	75.775	75.868	75.681	75.838	3
18	103.540	103.573	103.503	103.560	103.446	103.540	103.351	103.508	4
19	104.005	104.038	103.967	104.024	103.910	104.004	103.815	103.972	4
20	104.470	104.503	104.432	104.489	104.374	104.468	104.278	104.436	4
21	104.936	104.968	104.897	104.954	104.839	104.933	104.742	104.900	4
22	105.401	105.433	105.362	105.419	105.303	105.397	105.206	105.364	4
23	105.866	105.898	105.826	105.883	105.768	105.862	105.670	105.828	4
24	133.538	133.570	133.498	133.555	133.439	133.533	133.340	133.499	5
25	134.003	134.035	133.963	134.020	133.903	133.998	133.804	133.963	5
26	134.468	134.500	134.428	134.485	134.368	134.462	134.268	134.427	5
27	134.933	134.965	134.893	134.949	134.832	134.927	134.732	134.892	5
28	135.398	135.430	135.358	135.414	135.297	135.391	135.196	135.356	5
29	135.863	135.895	135.823	135.879	135.761	135.856	135.660	135.820	5
30	163.535	163.567	163.494	163.551	163.433	163.527	163.331	163.491	6
31	164.000	164.032	163.959	164.016	163.898	163.992	163.795	163.955	6
32	164.466	164.497	164.424	164.481	164.362	164.456	164.259	164.419	6
33	164.931	164.962	164.889	164.945	164.827	164.921	164.723	164.884	6
34	165.396	165.427	165.354	165.410	165.291	165.386	165.187	165.348	6
35	165.861	165.892	165.819	165.875	165.756	165.850	165.651	165.812	6
36	193.533	193.564	193.491	193.547	193.428	193.522	193.322	193.483	7
37	193.998	194.030	193.956	194.012	193.892	193.986	193.786	193.948	7
38	194.463	194.495	194.421	194.477	194.357	194.451	194.250	194.412	7
39	194.929	194.960	194.886	194.942	194.822	194.916	194.715	194.876	7
40	195.394	195.425	195.351	195.407	195.286	195.380	195.179	195.340	7
41	195.859	195.890	195.816	195.872	195.751	195.845	195.643	195.805	7
42	223.531	223.562	223.488	223.543	223.423	223.517	223.314	223.476	8
43	223.996	224.027	223.953	224.008	223.887	223.981	223.778	223.940	8
44	224.462	224.492	224.418	224.473	224.352	224.446	224.243	224.405	8
45	224.927	224.957	224.883	224.938	224.817	224.911	224.707	224.869	8
46	225.392	225.422	225.348	225.403	225.282	225.376	225.171	225.333	8
47	225.857	225.887	225.813	225.868	225.746	225.840	225.636	225.798	8
48	253.529	253.560	253.485	253.540	253.418	253.512	253.307	253.469	9
49	253.995	254.025	253.950	254.005	253.883	253.977	253.771	253.934	9
50	254.460	254.490	254.415	254.470	254.348	254.441	254.236	254.398	9
51	254.925	254.955	254.879	254.935	254.811	254.906	254.698	254.862	9
52	255.390	255.420	255.344	255.400	255.276	255.371	255.163	255.327	9
53	255.855	255.885	255.809	255.865	255.741	255.836	255.627	255.791	9
54	283.527	283.557	283.481	283.537	283.412	283.507	283.298	283.463	10
55	283.992	284.022	283.946	284.002	283.877	283.972	283.762	283.927	10

表 42（续）

单位为毫米

齿数 z	S_{min} 和 S_{max} 的公法线平均长度 W								跨齿数 K
	4h		5h		6h		7h		
	min	max	min	max	min	max	min	max	
56	284.457	284.488	284.411	284.467	284.342	284.437	284.226	284.391	10
57	284.923	284.953	284.876	284.932	284.806	284.902	284.690	284.856	10
58	285.388	285.418	285.341	285.397	285.271	285.366	285.154	285.320	10
59	285.853	285.883	285.806	285.862	285.736	285.831	285.618	285.785	10
60	313.525	313.555	313.478	313.534	313.407	313.503	313.289	313.456	11
61	313.990	314.020	313.943	313.999	313.872	313.968	313.754	313.921	11
62	314.455	314.485	314.408	314.464	314.336	314.433	314.218	314.385	11
63	314.920	314.951	314.873	314.929	314.801	314.897	314.682	314.850	11
64	315.386	315.416	315.338	315.394	315.266	315.362	315.146	315.314	11
65	315.851	315.881	315.803	315.859	315.730	315.827	315.610	315.779	11
66	343.523	343.553	343.475	343.531	343.402	343.499	343.281	343.450	12
67	343.988	344.018	343.939	343.996	343.867	343.964	343.745	343.915	12
68	344.453	344.483	344.404	344.461	344.331	344.428	344.209	344.379	12
69	344.918	344.949	344.869	344.926	344.796	344.893	344.673	344.844	12
70	345.384	345.414	345.334	345.391	345.261	345.358	345.138	345.308	12
71	345.849	345.879	345.799	345.856	345.725	345.823	345.602	345.773	12
72	373.521	373.551	373.471	373.528	373.397	373.495	373.273	373.444	13
73	373.986	374.016	373.936	373.993	373.861	373.960	373.737	373.909	13
74	374.451	374.481	374.401	374.458	374.326	374.425	374.201	374.373	13
75	374.916	374.947	374.866	374.923	374.791	374.889	374.665	374.838	13
76	375.381	375.412	375.331	375.388	375.255	375.354	375.129	375.303	13
77	375.847	375.877	375.796	375.853	375.720	375.819	375.593	375.767	13
78	403.519	403.549	403.468	403.525	403.392	403.491	403.264	403.439	14
79	403.984	404.014	403.933	403.990	403.856	403.956	403.729	403.903	14
80	404.449	404.480	404.398	404.455	404.321	404.421	404.193	404.368	14
81	404.914	404.945	404.863	404.920	404.786	404.886	404.657	404.832	14
82	405.379	405.410	405.328	405.386	405.250	405.350	405.121	405.297	14
83	405.845	405.875	405.793	405.851	405.715	405.815	405.585	405.762	14
84	433.517	433.547	433.465	433.523	433.386	433.487	433.256	433.433	15
85	433.982	434.013	433.929	433.988	433.851	433.952	433.720	433.898	15
86	434.447	434.478	434.394	434.453	434.316	434.417	434.184	434.362	15
87	434.912	434.943	434.859	434.918	434.780	434.882	434.649	434.827	15
88	435.377	435.408	435.324	435.383	435.245	435.347	435.113	435.292	15
89	435.842	435.873	435.789	435.848	435.710	435.812	435.577	435.756	15
90	463.515	463.546	463.461	463.520	463.381	463.483	463.248	463.428	16
91	463.980	464.011	463.926	463.985	463.846	463.948	463.712	463.893	16
92	464.445	464.476	464.391	464.450	464.310	464.413	464.176	464.357	16
93	464.910	464.941	464.856	464.915	464.775	464.878	464.640	464.822	16
94	465.375	465.406	465.321	465.380	465.240	465.343	465.104	465.286	16
95	465.840	465.872	465.786	465.846	465.704	465.808	465.568	465.751	16
96	493.512	493.544	493.458	493.518	493.376	493.480	493.240	493.423	17
97	493.978	494.009	493.923	493.983	493.841	493.945	493.704	493.887	17
98	494.443	494.474	494.388	494.448	494.305	494.410	494.168	494.352	17
99	494.908	494.939	494.853	494.913	494.770	494.875	494.632	494.817	17
100	495.373	495.405	495.318	495.378	495.235	495.340	495.096	495.281	17

ICS 21.120.30
J 18

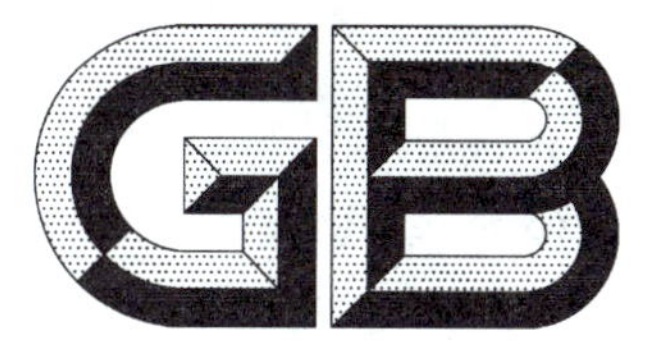

中华人民共和国国家标准

GB/T 3478.9—2008
代替 GB/T 3478.9—1995

圆柱直齿渐开线花键（米制模数 齿侧配合）第9部分：量棒

Straight cylindrical involute splines—Metric module, side fit—Part 9: Measuring pin

2008-09-22 发布　　2009-05-01 实施

中华人民共和国国家质量监督检验检疫总局
中国国家标准化管理委员会　发布

前　言

GB/T 3478《圆柱直齿渐开线花键(米制模数　齿侧配合)》分为九个部分:

——第1部分:总论;

——第2部分:30°压力角尺寸表;

——第3部分:37.5°压力角尺寸表;

——第4部分:45°压力角尺寸表;

——第5部分:检验;

——第6部分:30°压力角 *M* 值和 *W* 值;

——第7部分:37.5°压力角 *M* 值和 *W* 值;

——第8部分:45°压力角 *M* 值和 *W* 值;

——第9部分:量棒。

本部分为GB/T 3478的第9部分。

本部分主要参考了ISO 4156-2:2005《圆柱直齿渐开线花键(米制模数　齿侧配合)　第2部分:尺寸》,是对GB/T 3478.9—1995《圆柱直齿渐开线花键　量棒》的修订。

本部分与GB/T 3478.9—1995相比主要变化如下:

——修改了标准名称,由"圆柱直齿渐开线花键　量棒"改为"圆柱直齿渐开线花键(米制模数　齿侧配合)　第9部分:量棒";

——修改了原标准中的错误,并按GB/T 1.1做了编辑性的修改。

本部分由全国机器轴与附件标准化技术委员会提出并归口。

本部分起草单位:中机生产力促进中心、哈尔滨东安发动机制造公司、石家庄链轮总厂、中国第二重型机械集团公司、太原重工股份有限公司。

本部分主要起草人:明翠新、常宝印、许文江、谭仁万、王晓凌、邓高见。

本部分所代替标准的历次版本发布情况为:

——GB/T 3478.9—1995。

圆柱直齿渐开线花键
（米制模数　齿侧配合）
第9部分：量棒

1　范围

GB/T 3478的本部分规定了测量圆柱直齿渐开线花键齿槽宽和齿厚用的量棒尺寸及技术要求。

本部分用于测量模数为0.25 mm～10 mm、齿数为10～100、标准压力角为30°、37.5°和45°的圆柱直齿渐开线花键的量棒。

2　规范性引用文件

下列文件中的条款通过GB/T 3478的本部分的引用而成为本部分的条款。凡是注日期的引用文件，其随后所有的修改单（不包括勘误的内容）或修订版均不适用于本部分，然而，鼓励根据本部分达成协议的各方研究是否可使用这些文件的最新版本。凡是不注日期的引用文件，其最新版本适用于本部分。

GB/T 321　优先数和优先数系

3　量棒尺寸

3.1　量棒型式和尺寸见图1和表1。

3.2　当量棒尺寸超过表1数值时，可按GB/T 321中的R40选取。

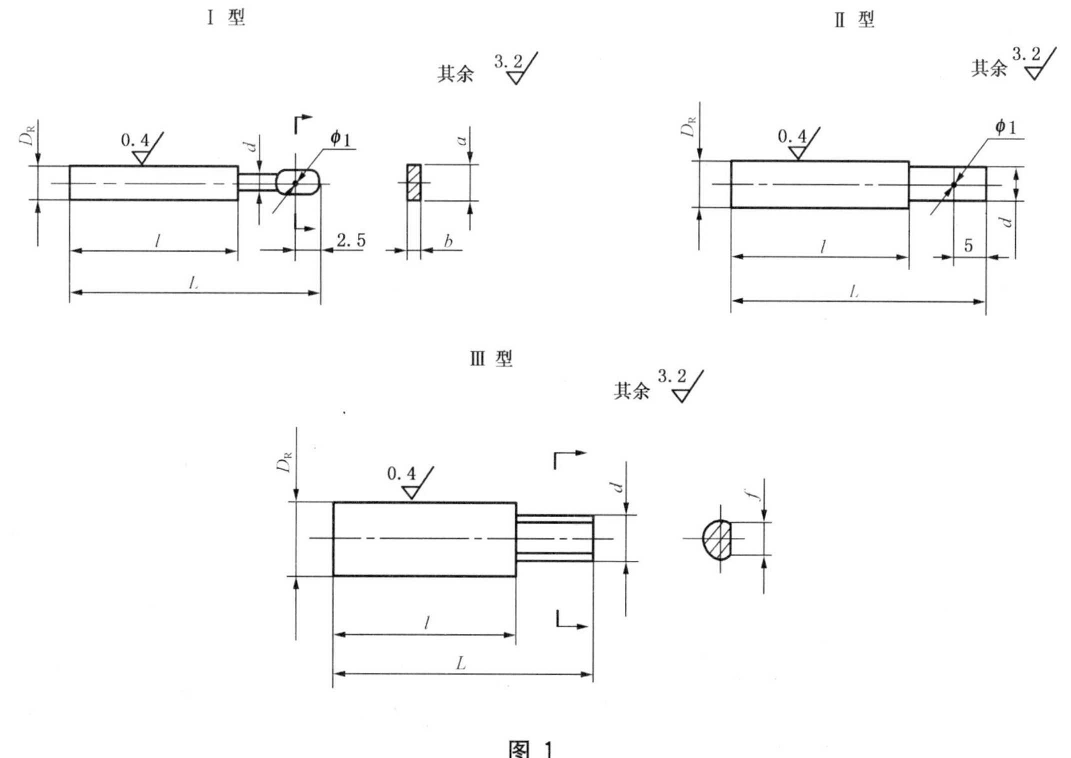

图1

表 1 量棒尺寸

单位为毫米

<table>
<tr><th colspan="2">量棒直径 D_R</th><th rowspan="2">量棒型式</th><th colspan="6">尺 寸</th></tr>
<tr><th>基本尺寸</th><th>极限偏差</th><th>L</th><th>l</th><th>d</th><th>a</th><th>b</th><th>f</th></tr>
<tr><td>0.56</td><td rowspan="39">±0.001</td><td rowspan="23">Ⅰ</td><td rowspan="11">28</td><td rowspan="11">20</td><td>0.51</td><td rowspan="8">2.0</td><td rowspan="8">0.20</td><td rowspan="39">—</td></tr>
<tr><td>0.60</td><td>0.55</td></tr>
<tr><td>0.63</td><td>0.58</td></tr>
<tr><td>0.67</td><td>0.62</td></tr>
<tr><td>0.71</td><td>0.66</td></tr>
<tr><td>0.75</td><td>0.70</td></tr>
<tr><td>0.80</td><td>0.75</td></tr>
<tr><td>0.85</td><td>0.80</td></tr>
<tr><td>0.90</td><td>0.85</td><td rowspan="10">2.5</td><td rowspan="4">0.25</td></tr>
<tr><td>0.95</td><td>0.90</td></tr>
<tr><td>1.00</td><td>0.95</td></tr>
<tr><td>1.06</td><td rowspan="28">40</td><td rowspan="28">30</td><td>1.01</td></tr>
<tr><td>1.12</td><td>1.07</td><td rowspan="2">0.30</td></tr>
<tr><td>1.18</td><td>1.13</td></tr>
<tr><td>1.25</td><td>1.20</td><td rowspan="2">0.40</td></tr>
<tr><td>1.32</td><td>1.27</td></tr>
<tr><td>1.40</td><td>1.35</td><td>0.50</td></tr>
<tr><td>1.50</td><td>1.45</td><td>0.60</td></tr>
<tr><td>1.60</td><td>1.52</td><td rowspan="5">3.0</td><td rowspan="3">0.70</td></tr>
<tr><td>1.70</td><td>1.62</td></tr>
<tr><td>1.80</td><td>1.72</td></tr>
<tr><td>1.90</td><td>1.82</td><td rowspan="2">0.80</td></tr>
<tr><td>2.00</td><td>1.92</td></tr>
<tr><td>2.12</td><td rowspan="16">Ⅱ</td><td>2.04</td><td rowspan="16">—</td><td rowspan="16">—</td></tr>
<tr><td>2.24</td><td>2.16</td></tr>
<tr><td>2.36</td><td>2.28</td></tr>
<tr><td>2.50</td><td>2.42</td></tr>
<tr><td>2.65</td><td>2.57</td></tr>
<tr><td>2.80</td><td>2.72</td></tr>
<tr><td>3.00</td><td>2.92</td></tr>
<tr><td>3.15</td><td>3.07</td></tr>
<tr><td>3.35</td><td>3.27</td></tr>
<tr><td>3.55</td><td>3.47</td></tr>
<tr><td>3.75</td><td>3.67</td></tr>
<tr><td>4.00</td><td>3.92</td></tr>
<tr><td>4.25</td><td>4.17</td></tr>
<tr><td>4.50</td><td>4.42</td></tr>
<tr><td>4.75</td><td>4.67</td></tr>
<tr><td>5.00</td><td>4.92</td></tr>
</table>

表 1（续）

单位为毫米

量棒直径 D_R		量棒型式	尺寸					
基本尺寸	极限偏差		L	l	d	a	b	f
5.30								
5.60					5.00			
6.00								
6.30								
6.70								
7.10					6.00			
7.50								
8.00								
8.50								
9.00		Ⅱ	55	40				—
9.50								
10.00					7.00			
10.60								
11.20	±0.001					—	—	
11.80								
12.50								
13.20								
14.00					7.50			
15.00								
16.00								
17.00								
18.00					10.00			5
19.00								
20.00		Ⅲ	65	50				
21.20								
22.40								
23.60					15.00			7
25.00								

3.3　量棒直径的公差应遵守包容原则。

4　技术要求

4.1　量棒的测量面不应有锈迹、黑斑和划痕等明显影响使用质量和外观的缺陷，两端面不应有锈迹和裂纹。

4.2　量棒可用合金工具钢、炭素工具钢等耐磨材料制造。

4.3　量棒测量面的硬度应为 664 HV～825 HV。

4.4　量棒应经稳定性热处理。

5 标志与包装

5.1 量棒上应标志：

a) 制造厂注册商标；

b) 量棒直径的基本尺寸。

量棒直径小于 16 mm 时，允许系挂带有上述标志的标签。

5.2 产品盒上应标志：

a) 产品名称、制造厂厂名与注册商标；

b) 量棒直径的基本尺寸。

5.3 量棒在包装前应经涂油等防锈处理，并妥善包装。不得因包装不善在装运过程中损坏产品。

5.4 产品盒中应附有产品合格证。产品合格证上应有本部分的标准编号，产品序号和出厂日期，检验部门印记。

前　　言

本标准等效采用国际标准 ISO 2492:1974《有钩头及无钩头薄型楔键及其键槽》制定的，在编写格式上根据我国国情分为 7 章。

本标准在键的剖面尺寸与轴径的对应关系、键槽的型式尺寸与公差、键的型式尺寸与公差等方面与 ISO 2492:1974 一致，为使用方便，将键的长度尺寸表格化，并增加了以下内容：

1. 增加了轮毂槽底面斜度公差的规定；

2. 增加了键的标记，以利于图样标记和商品购销。

本标准的附录 A 是提示的附录。

本标准由中华人民共和国机械工业部提出。

本标准由全国机器轴与附件标准化技术委员会归口。

本标准起草单位：机械工业部机械标准化研究所、上海弹簧垫圈厂、上海紧固件和焊接材料研究所、沈阳标准件研究所。

本标准主要起草人：王欣玲、詹昭平、沈志芳、汪士宏、明翠新、宿玉花。

中华人民共和国国家标准

薄型楔键及其键槽

GB/T 16922—1997
eqv ISO 2492:1974

Thin taper keys and their corresponding keyways

1 范围

本标准规定了薄型楔键和键槽的剖面尺寸和公差，并规定了薄型楔键和钩头薄型楔键的型式、尺寸和标记等内容。

本标准一般适用于薄壁结构及其他特殊用途的键联结。

2 引用标准

下列标准所包含的条文，通过在本标准中引用而构成为本标准的条文。本标准出版时，所示版本均为有效。所有标准都会被修订，使用本标准的各方应探讨使用下列标准最新版本的可能性。

GB 11334—89 圆锥公差

GB/T 1568—1997 键 技术条件

3 薄型楔键和键槽的剖面尺寸及公差

3.1 薄型楔键和键槽的剖面尺寸及公差按图 1 和表 1 规定。

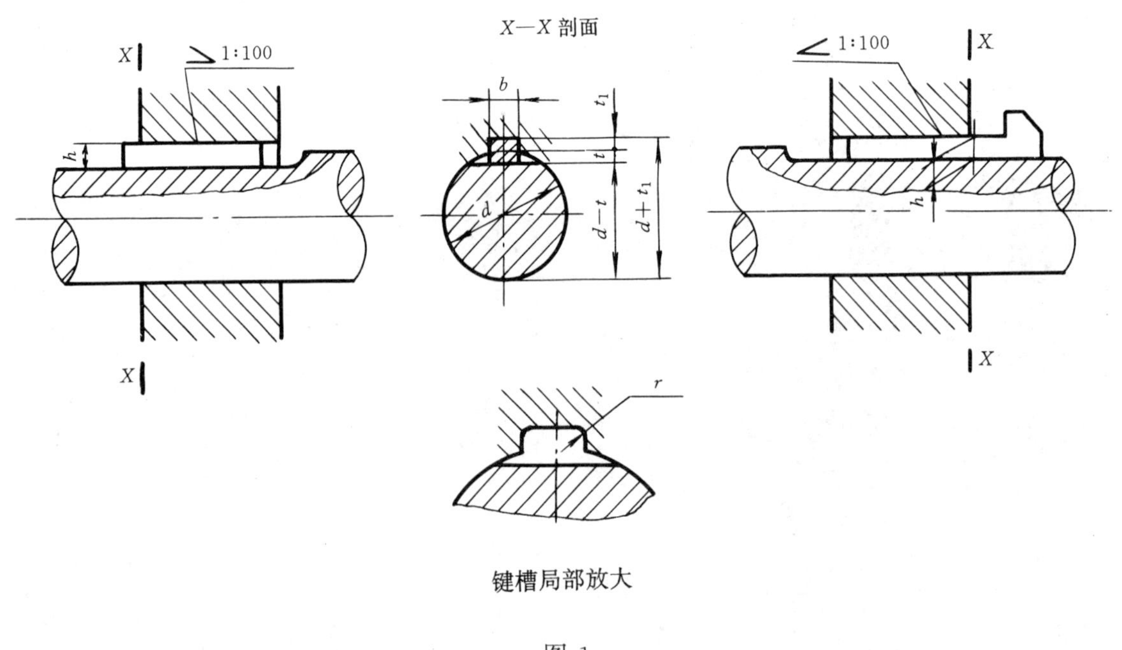

图 1

国家技术监督局1997-07-25批准　　　　1998-02-01实施

表 1 mm

轴 基本 直径 d	键 基本 尺寸 $b \times h$	键槽(轮毂)						平台(轴) 深度 t	
		宽度 b		深度 t_1		半径 r			
		基本尺寸	极限偏差 D10	基本尺寸	极限偏差	最小	最大	基本尺寸	极限偏差
22～30	8×5	8	+0.098 +0.040	1.7	+0.1 0	0.16	0.25	3.0	+0.1 0
>30～38	10×6	10		2.2		0.25	0.40	3.5	
>38～44	12×6	12	+0.120 +0.050	2.2				3.5	
>44～50	14×6	14		2.2				3.5	
>50～58	16×7	16		2.4	+0.2 0			4	+0.2 0
>58～65	18×7	18		2.4				4	
>65～75	20×8	20	+0.149 +0.065	2.4		0.40	0.60	5	
>75～85	22×9	22		2.9				5.5	
>85～95	25×9	25		2.9				5.5	
>95～110	28×10	28		3.4				6	
>110～130	32×11	32	+0.180 +0.080	3.4				7	
>130～150	36×12	36		3.9		0.70	1	7.5	
>150～170	40×14	40		4.4				9	
>170～200	45×16	45		5.4				10	
>200～230	50×18	50		6.4				11	

注：$(d-t)$和$(d+t_1)$两个组合尺寸的极限偏差按相应的 t 和 t_1 的极限偏差选取，但$(d-t)$极限偏差值应取负号(－)。

3.2 尺寸 t_1 或$(d+t_1)$表示大端轮毂槽的深度。

3.3 轴上的平台也可改成键槽结构，其轴槽宽度及极限偏差与轮毂槽相同，轴槽深度及极限偏差与平台相同。

3.4 轴槽长度公差为 H14。

3.5 轮毂槽底面的斜度公差按 GB 11334 中 $AT_\alpha8$ 级的规定，其极限偏差为 $\pm AT_\alpha/2$。

3.6 键槽的表面粗糙度见附录 A。

3.7 安装时，楔键的上工作面与轮毂槽的底面必须紧密贴合。

4 薄型楔键的型式与尺寸

4.1 薄型楔键有圆头薄型楔键(A 型)、平头薄型楔键(B 型)和单圆头薄型楔键(C 型)三种，见图 2。

4.2 薄型楔键的尺寸及极限偏差按图 2 和表 2 规定。

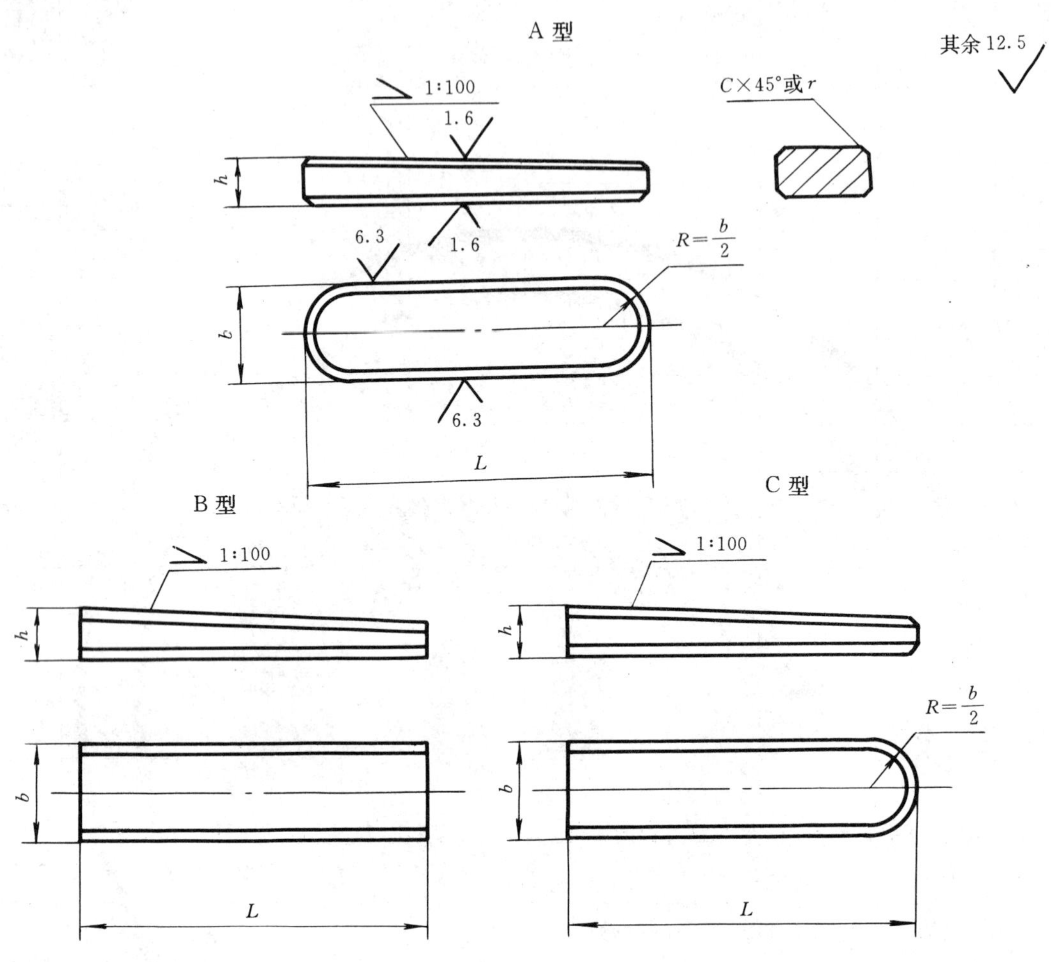

图 2

注：楔键的上、下工作面表面粗糙度参数 R_a 值也可以选用 3.2 μm。

表 2

mm

b	基本尺寸	8	10	12	14	16	18	20	22	25	28	32	36	40	45	50
	极限偏差 h9	0 −0.036		0 −0.043				0 −0.052				0 −0.062				
h	基本尺寸	5	6	6	6	7	7	8	9	9	10	11	12	14	16	18
	极限偏差 h 11	0 −0.075				0 −0.090						0 −0.110				
C 或 *r*[1)]	最小	0.25	0.40				0.6						1.0			
	最大	0.40	0.60				0.8						1.2			
L																
基本尺寸	极限偏差 h 14															
20	0 −0.52															
22																
25																
28																
32	0 −0.62															
36																
40																
45																
50				商												
56	0 −0.74															
63																
70																
80						品										
90	0 −0.87															
100								规								
110																
125	0 −1.0									格						
140																
160												范				
180																
200	0 −1.15															
220														围		
250																
280	0 −1.30															
320	0 −1.40															
360																
400																

1）只对长边和圆头的边倒角，其他边只去毛刺。

5 薄型楔键的标记

薄型楔键应依次标出：键、键的型式代号、键宽 b、键高 h、长度 L 和标准号。

标记示例：

圆头薄型楔键(A 型)b=16 mm、h=7 mm、L=100 mm

键 A 16×7×100 GB/T 16922—1997

平头薄型楔键(B 型)b=16 mm、h=7 mm、L=100 mm

键 B 16×7×100 GB/T 16922—1997

单圆头薄型楔键(C 型)b=16 mm、h=7 mm、L=100 mm

键 C 16×7×100 GB/T 16922—1997

6 钩头薄型楔键的型式尺寸

钩头薄型楔键的型式尺寸按图 3 和表 3 规定。

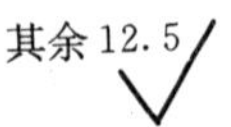

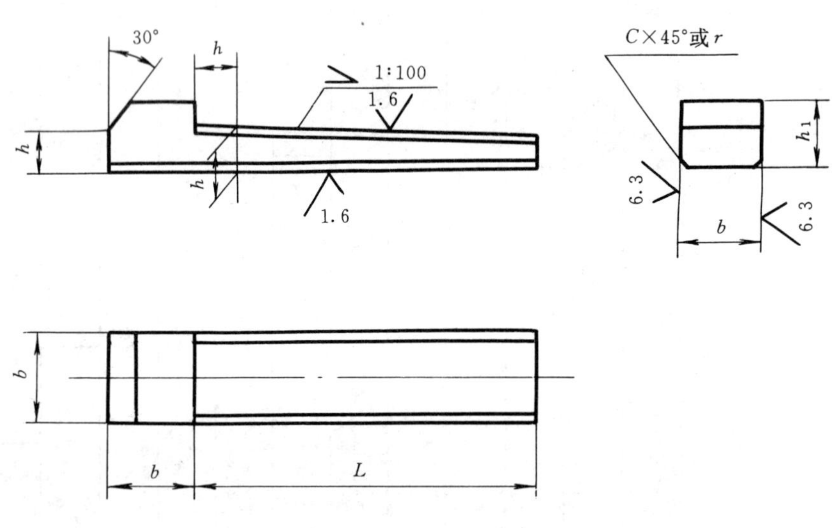

图 3

注：楔键的上、下工作面表面粗糙度参数 R_a 值也可选用 3.2 μm。

表 3

mm

		8	10	12	14	16	18	20	22	25	28	32	36	40	45	50
b	基本尺寸	8	10	12	14	16	18	20	22	25	28	32	36	40	45	50
	极限偏差 h9	0 −0.036		0 −0.043				0 −0.052				0 −0.062				
h	基本尺寸	5	6	6	6	7	7	8	9	9	10	11	12	14	16	18
	极限偏差 h 11[1]	0 −0.075				0 −0.090						0 −0.110				
h_1		8		10		11		12	14		16	18	20	22	25	28
C 或 r[2]	最小	0.25	0.40				0.6						1.0			
	最大	0.40	0.60				0.8						1.2			
L																
基本尺寸	极限偏差 h 14															
20	0 −0.52															
22																
25																
28																
32	0 −0.62															
36																
40																
45																
50																
56	0 −0.74			商												
63																
70																
80						品										
90	0 −0.87															
100								规								
110																
125	0 −1.0									格						
140																
160												范				
180																
200	0 −1.15															
220														围		
250																
280	0 −1.30															
320	0 −1.40															
360																
400																

1）极限偏差 h9、h 11只适用于键的剖面尺寸。

2）只对长边倒角，其他边只去毛刺。

7 钩头薄型楔键的标记

钩头薄型楔键应依次标出：键、键宽 b、键高 h、长度 L 和标准号。

标记示例：

钩头薄型楔键：b=16 mm、h=7 mm、L=100 mm

键 16×7×100 GB/T 16922—1997

附 录 A
（提示的附录）
键槽的表面粗糙度

A1 平台表面（或轴槽底面）、轮毂槽底面的粗糙度参数 R_a 值可以选用 1.6 μm 或 3.2 μm。

A2 轮毂槽、轴槽的键槽宽度 b 两侧面的粗糙度参数 R_a 值为 6.3 μm。

ICS 21.120.99
J 19

中华人民共和国国家标准

GB/T 28701—2012

胀紧联结套

Locking assemblies

2012-09-03 发布　　　　　　　　　　2013-03-01 实施

中华人民共和国国家质量监督检验检疫总局
中国国家标准化管理委员会　发布

前言

本标准是按照 GB/T 1.1—2009 给出的规则起草。

本标准由全国机器轴与附件标准化技术委员会(SAC/TC 109)提出并归口。

本标准起草单位:德阳立达基础件有限公司、中机生产力促进中心、山西大新传动技术有限公司、石家庄链轮总厂、武汉正通传动技术有限公司。

本标准主要起草人:刘学光、王译贤、明翠新、张新辉、许文江、余晓锁、邓高见。

胀 紧 联 结 套

1 范围

本标准规定了ZJ1型～ZJ19型胀紧联结套(以下简称胀紧套)的术语和定义、分类、技术要求、检验规则、标志、包装、运输、贮存等内容。

本标准适用于联结轴和轴上零件的胀紧联结套。

2 规范性引用文件

下列文件对于本文件的应用是必不可少的。凡是注日期的引用文件,仅注日期的版本适用于本文件。凡是不注日期的引用文件,其最新版本(包括所有的修改单)适用于本文件。

GB/T 70.1 内六角圆柱头螺钉

GB/T 191 包装贮运图示标志

GB/T 699 优质碳素结构钢

GB/T 1031 产品几何技术规范(GPS) 表面结构 轮廓法 表面粗糙度参数及其数值

GB/T 1184 形状和位置公差 未注公差值

GB/T 1800.2 产品几何技术规范(GPS) 极限与配合 第2部分:标准公差等级和孔、轴极限偏差表

GB/T 3098.1 紧固件机械性能 螺栓,螺钉和螺柱

GB/T 3177 产品几何技术规范(GPS) 光滑工件尺寸的检验

GB/T 4879 防锈包装

GB/T 6388 运输包装收发货标志

GB/T 13384 机电产品包装通用技术条件

JB/T 6396 大型合金结构钢锻件技术要求

JB/T 6399 重型机械用弹簧钢

3 术语和定义

下列术语和定义适用于本文件。

3.1

胀紧联结套 locking assemblies

在轴与孔的联结中,使包容面间产生压力和摩擦力,以实现传递负载的一种无键联结装置。

4 分类

4.1 型式

胀紧联结套型式分为19种,见表1。

4.2 型号

胀紧联结套型号按以下规定。

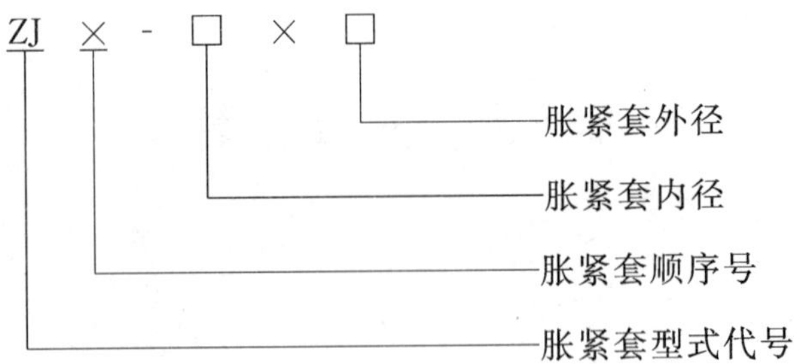

4.3 标记示例

示例 1:内径 d=100 mm,外径 D=145 mm 的 ZJ2 型胀紧联结套:

胀紧套 ZJ2-100×145 GB/T 28701—2012

示例 2:内径 d=120 mm,外径 D=165 mm 的 ZJ9A 型胀紧联结套:

胀紧套 ZJ9A-120×165 GB/T 28701—2012

表 1 胀紧联结套型式

序号	型式代号	名 称	图 示
1	ZJ1	ZJ1 型胀紧联结套	
2	ZJ2	ZJ2 型胀紧联结套	
3	ZJ3	ZJ3 型胀紧联结套	

表 1（续）

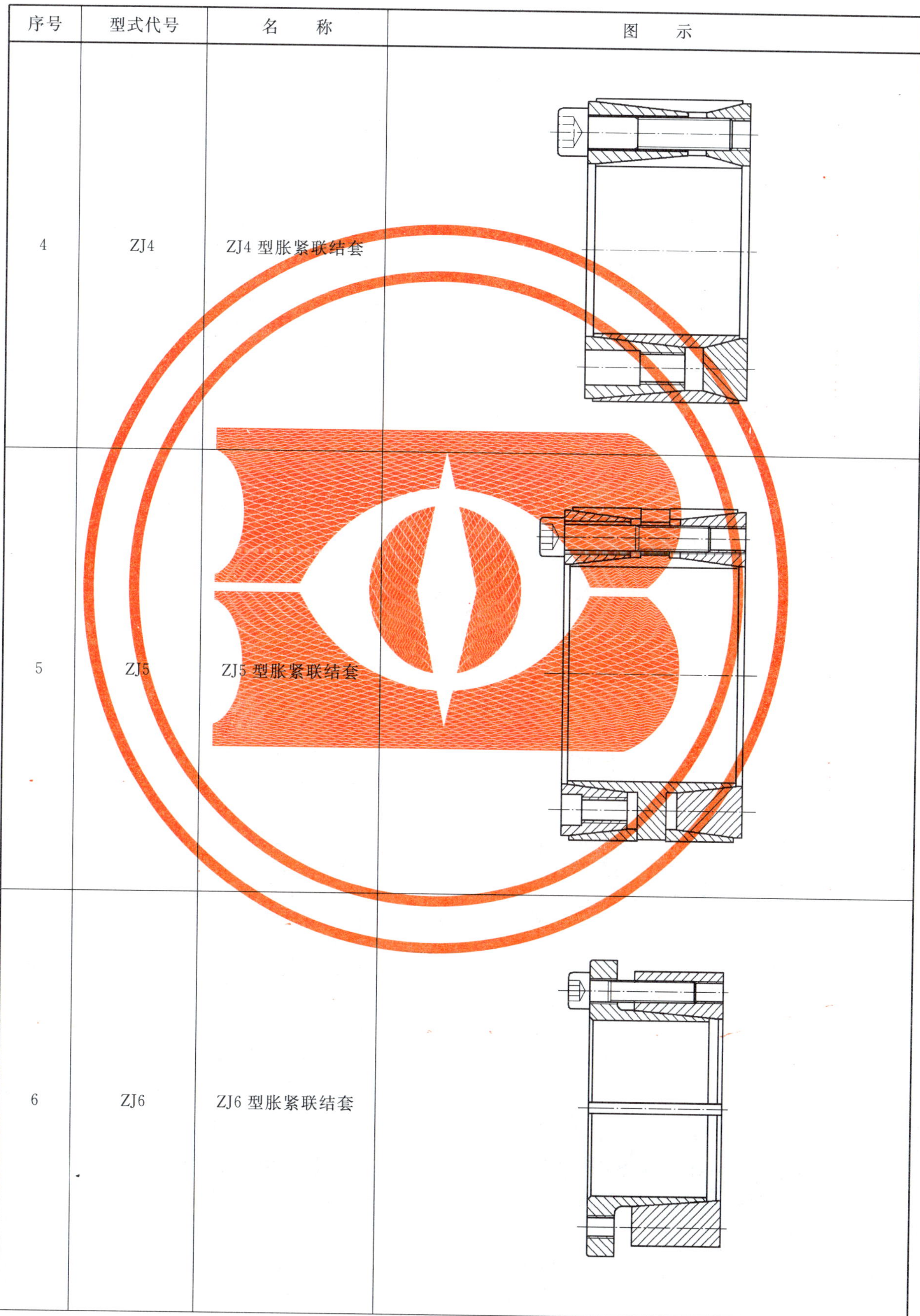

序号	型式代号	名 称	图 示
4	ZJ4	ZJ4 型胀紧联结套	
5	ZJ5	ZJ5 型胀紧联结套	
6	ZJ6	ZJ6 型胀紧联结套	

表 1（续）

序号	型式代号	名　称	图　示
7	ZJ7	ZJ7 型胀紧联结套	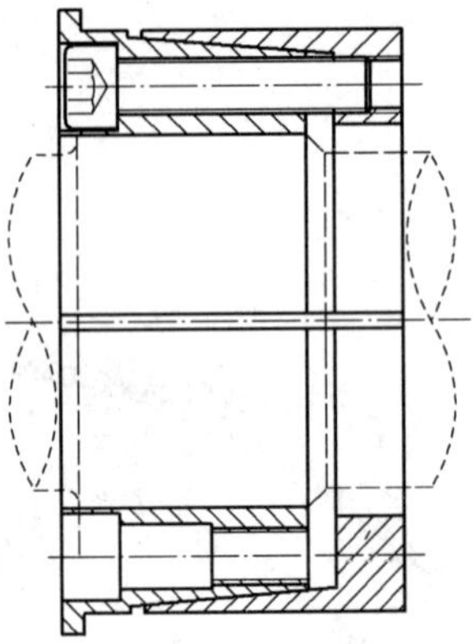
8	ZJ8	ZJ8 型胀紧联结套	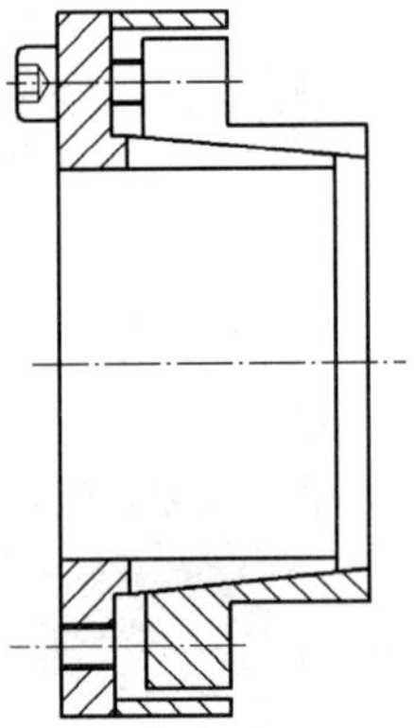
9	ZJ9A ZJ9B ZJ9C	ZJ9A 型、ZJ9B 型、 ZJ9C 型 胀紧联结套	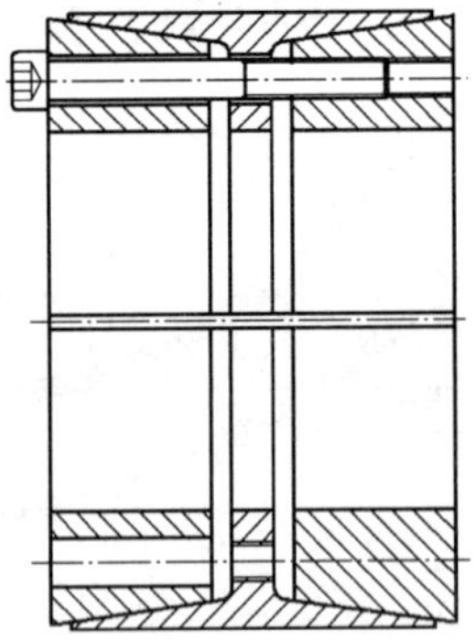
10	ZJ10	ZJ10 型胀紧联结套	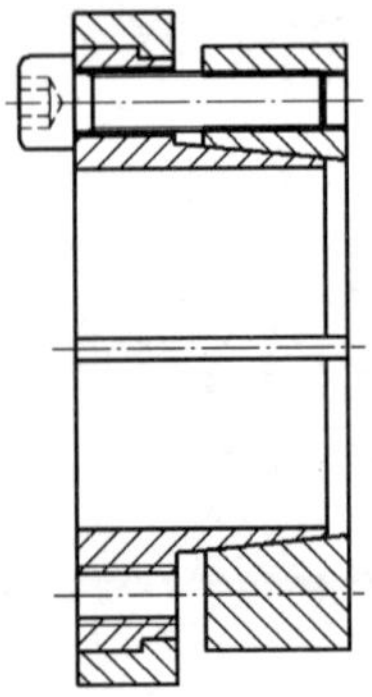

表 1（续）

序号	型式代号	名　　称	图　　示
11	ZJ11	ZJ11 型胀紧联结套	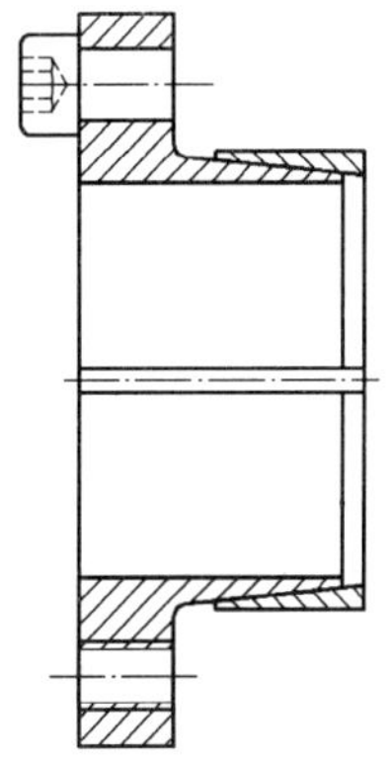
12	ZJ12	ZJ12 型胀紧联结套	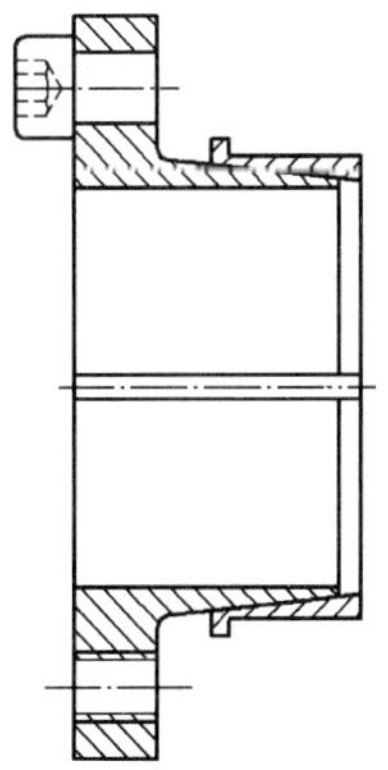
13	ZJ13	ZJ13 型胀紧联结套	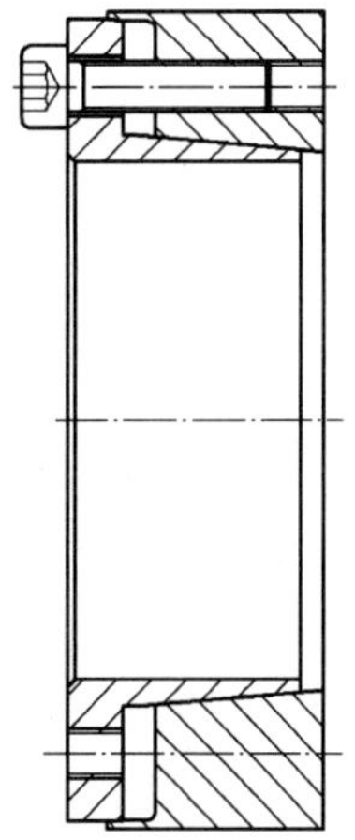

表 1（续）

序号	型式代号	名　称	图　示
14	ZJ14	ZJ14 型胀紧联结套	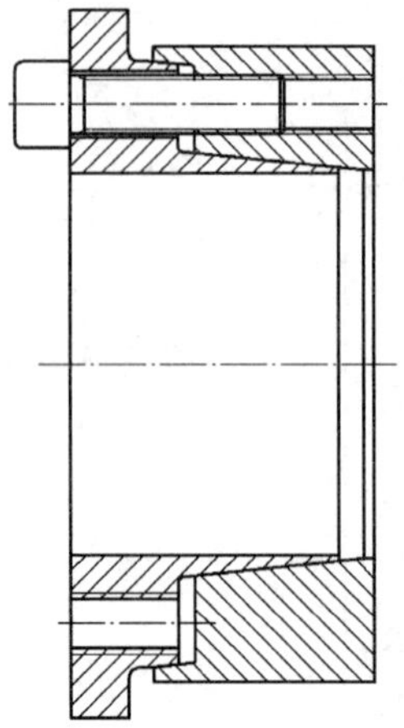
15	ZJ15	ZJ15 型胀紧联结套	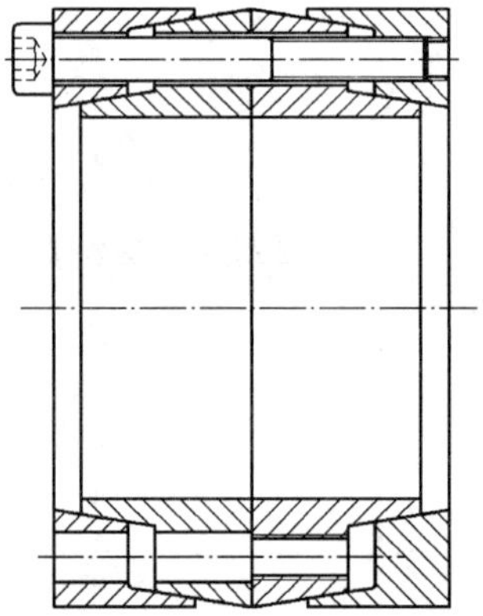
16	ZJ16	ZJ16 型胀紧联结套	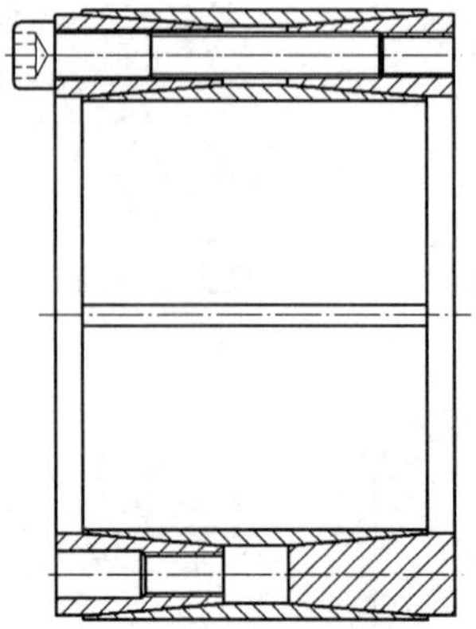

表 1（续）

序号	型式代号	名　　称	图　　示
17	ZJ17A	ZJ17A 型胀紧联结套	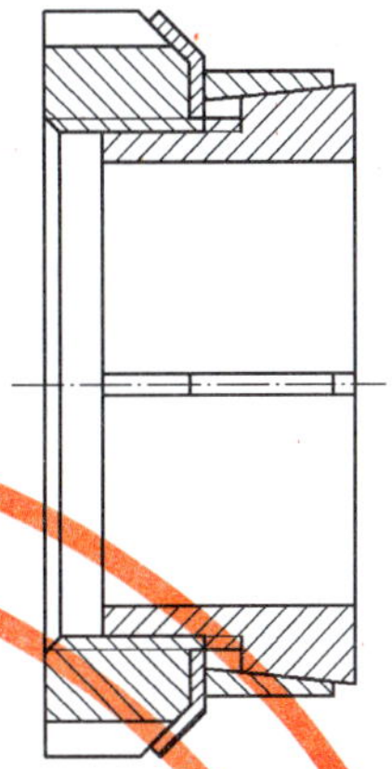
18	ZJ17B	ZJ17B 型胀紧联结套	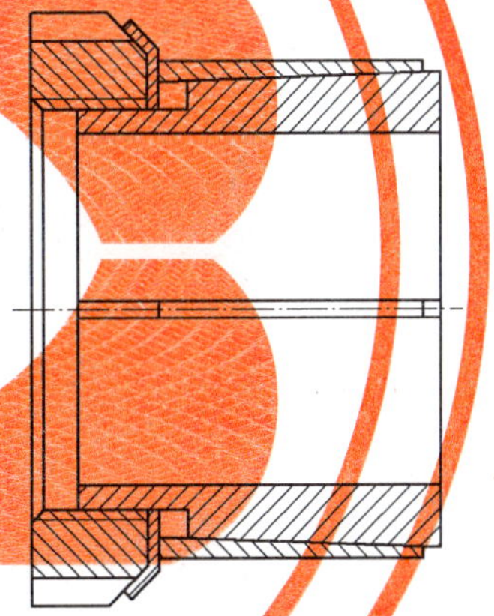
19	ZJ18	ZJ18 型胀紧联结套	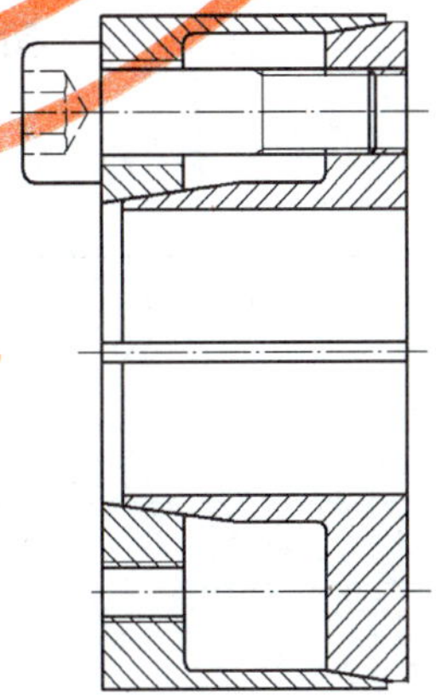

表 1（续）

序号	型式代号	名　　称	图　　示
20	ZJ19	ZJ19 型液压胀紧联结套	

4.4　基本参数和主要尺寸

4.4.1　ZJ1 型胀紧联结套的基本参数和主要尺寸应符合图 1 和表 2 的规定。

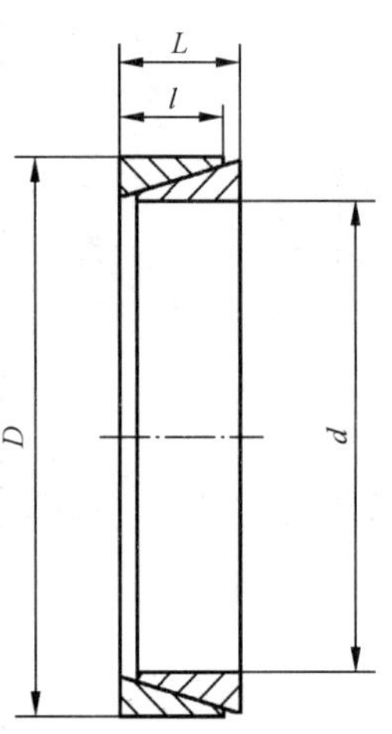

图 1　ZJ1 型胀紧联结套

表 2　ZJ1 型胀紧联结套的基本参数和主要尺寸

基本尺寸/mm				当 p_f=100 MPa 时的额定负荷		质量 kg
d	D	L	l	轴向力 F_t/kN	转矩 M_t/(kN·m)	
8	11	4.5	3.7	1.2	0.005	0.001
9	12			1.3	0.006	0.001
10	13			1.6	0.008	0.002
12	15			2.0	0.012	0.002
13	16			2.4	0.016	0.002

表 2（续）

基本尺寸/mm				当 p_f=100 MPa 时的额定负荷		质量 kg
d	D	L	l	轴向力 F_t/kN	转矩 M_t/(kN·m)	
14	18	6.3	5.3	2.8	0.020	0.004
15	19			3.0	0.022	0.004
16	20			3.2	0.025	0.005
17	21			3.3	0.028	0.005
18	22			3.6	0.032	0.005
19	24			3.8	0.036	0.007
20	25			4.0	0.040	0.007
22	26			4.5	0.050	0.007
24	28			4.8	0.055	0.007
25	30			5.0	0.060	0.009
28	32			5.6	0.080	0.009
30	35			6.0	0.09	0.01
32	36			6.4	0.10	0.01
35	40	7.0	6.0	8.5	0.15	0.02
36	42			9.0	0.16	0.02
38	44			9.4	0.18	0.02
40	45	8.0	6.6	10.0	0.20	0.02
42	48			10.5	0.22	0.03
45	52	10.0	8.6	14.6	0.33	0.04
48	55			15.4	0.37	0.05
50	57			16.2	0.40	0.05
55	62			17.8	0.49	0.05
56	64	12.0	10.4	21.7	0.61	0.06
60	68			23.5	0.70	0.07
65	73			25.6	0.83	0.08
70	79	14.0	12.2	32.0	1.12	0.11
75	84			34.4	1.29	0.12
80	91	17.0	15	45.0	1.81	0.19
85	96			48.0	2.04	0.20
90	101			51.0	2.29	0.22
95	106			54.0	2.55	0.23

表 2（续）

基本尺寸/mm				当 p_f=100 MPa 时的额定负荷		质量 kg
d	D	L	l	轴向力 F_t/kN	转矩 M_t/(kN·m)	
100	114	21.0	18.7	70.0	3.50	0.38
105	119			73.2	3.82	0.40
110	124			77.0	4.25	0.41
120	134			84.0	5.05	0.45
125	139			92.0	5.75	0.62
130	148	28.0	25.3	124.0	8.05	0.85
140	158			134.0	9.35	0.91
150	168			143.0	10.70	0.97
160	178			152.5	12.20	1.02
170	191	33.0	30.0	192.0	16.30	1.50
180	201			204.0	18.30	1.58
190	211			214.0	20.40	1.68
200	224	38.0	34.8	262.0	26.20	2.32
210	234			275.0	28.90	2.45
220	244			288.0	37.70	2.49
240	267	42.0	39.5	358.0	43.00	3.52
250	280	53.0	49.0	415.0	52.00	4.68
260	290			435.0	56.50	4.82
280	313	65.0	59.0	520.0	72.50	6.27
300	333			555.0	83.00	6.47
320	360			710.0	114.00	10.90
340	380			755.0	128.50	11.50
360	400			800.0	144.00	12.20
380	420			845.0	160.50	12.80
400	440			890.0	178.00	13.50
420	460			935.0	196.00	14.10
450	490			998.0	224.50	15.20
480	520			1 070.0	256.00	16.00
500	540			1 110.0	278.00	16.50
注：p_f 为胀紧联结套与轴结合面上的压力。						

4.4.2 ZJ2 型胀紧联结套的基本参数和主要尺寸应符合图 2 和表 3 的规定。

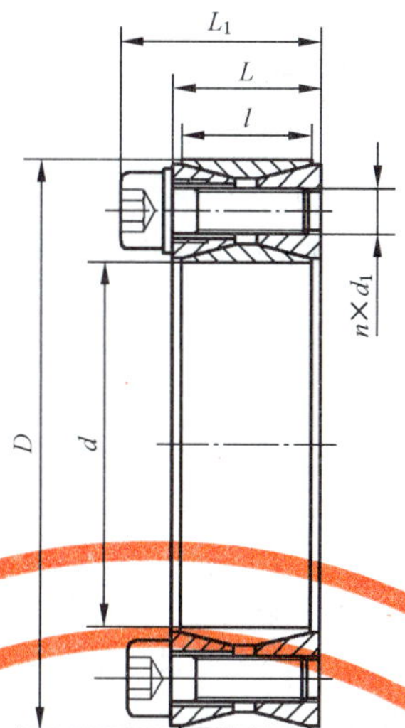

图 2　ZJ2 型胀紧联结套

表 3　ZJ2 型胀紧联结套的基本参数和主要尺寸

基本尺寸/mm					螺钉		额定负荷		胀紧套与轴结合面上的压力 p_f/MPa	胀紧套与轮毂结合面上的压力 p'_f/MPa	螺钉的拧紧力矩 M_a/N·m	质量 kg
d	D	l	L	L_1	d_1/mm	n	轴向力 F_t/kN	转矩 M_t/kN·m				
19	47	17	20	27.5	M6	8	27	0.25	215	85	14	0.24
20								0.27	210	90		0.23
22								0.30	195			0.20
24	50						30	0.36		95		0.26
25						9		0.38	190			0.25
28	55					10	33	0.47	185			0.30
30								0.50	175			0.29
35	60					12	40	0.70	180	105		0.32
38	63					14	46	0.88	190	115		0.33
38	65							0.88		110		0.34
40								0.92	180			0.34
42	72	20	24	33.5	M8	12	65	1.36	205	120	35	0.48
45	75						72	1.62	210	125		0.57
50	80						71	1.77	190	115		0.60
55	85					14	83	2.27	200	130		0.63
60	90							2.47	180	120		0.69
65	95					16	93	3.04	190	130		0.73

表 3（续）

基本尺寸/mm					螺钉		额定负荷		胀紧套与轴结合面上的压力 p_f/MPa	胀紧套与轮毂结合面上的压力 p'_f/MPa	螺钉的拧紧力矩 M_a/N·m	质量 kg
d	D	l	L	L_1	d_1/mm	n	轴向力 F_t/kN	转矩 M_t/kN·m				
70	110	24	28	39	M10	14	132	4.60	210	130	70	1.26
75	115						131	4.90	195	125		1.33
80	120							5.20	180	120		1.40
85	125					16	148	6.30	195	130		1.49
90	130						147	6.60	180	125		1.53
95	135					18	167	7.90	195	135		1.62
100	145	29	33	47	M12	14	192	9.60			125	2.01
105	150						190	9.98	165	115		2.10
110	155						191	10.50	180	125		2.15
120	165					16	218	13.10	185	135		2.35
125	170					18	220	13.78	160	118		2.95
130	180					20	272	17.60	165	120		3.51
140	190	34	38	52		22	298	20.90		125		3.85
150	200					24	324	24.20	170			4.07
160	210					26	350	28.00		130		4.30
170	225	38	44	60	M14	22	386	32.80	160	120	190	5.78
180	235					24	420	37.80	165	125		6.05
190	250	46	52	68		28	490	46.50	150	115		8.25
200	260					30	525	52.50				8.65
210	275	50	56	74	M16	24	599	62.89			295	10.10
220	285					26	620	68.00				11.22
240	305					30	715	85.50	160	125		12.20
250	315					32	768	96.00	165	130		12.70
260	325					34	800	104.00				13.20
280	355	60	66	86.5	M18	32	915	128.00	145	115	405	19.20
300	375					36	1 020	153.00	150	120		20.50
320	405	72	78	100.5	M20		1 310	210.00			580	29.60
340	425							224.00	145	115		31.10
360	455	84	90	116	M22		1 630	294.00			780	42.20
380	475						1 620	308.00	135	110		44.00
400	495						1 610	322.00	130	105		46.00
420	515					40	1 780	374.00	135	110		50.00

表 3（续）

基本尺寸/mm					螺钉		额定负荷		胀紧套与轴结合面上的压力 p_f/MPa	胀紧套与轮毂结合面上的压力 p'_f/MPa	螺钉的拧紧力矩 M_a/N·m	质量 kg
d	D	l	L	L_1	d_1/mm	n	轴向力 F_t/kN	转矩 M_t/kN·m				
450	555	96	102	130	M24	40	2 050	461.25	125	100	1 000	65.00
480	585					42	2 160	518.40				71.00
500	605					44	2 240	560.00				72.60
530	640					45	2 330	617.00	120			83.60
560	670					48	2 440	680.00				85.00
600	710					50	2 580	775.00				91.00
630	740					52	2 680	844.00		105		94.00
670	780					56	2 820	944.00	115	100		101.00
710	820					60	2 970	1 054.00				106.00
750	860					62	3 130	1 173.00				112.00
800	910					66	3 260	1 300.00				118.00
850	960					70	3 500	1 487.00				125.00
900	1 010					75	3 680	1 650.00				132.00
950	1 060					80	3 870	1 838.00				139.00
1 000	1 110					82	4 000	2 000.00	110			146.00

4.4.3 ZJ3 型胀紧联结套的基本参数和主要尺寸应符合图 3 和表 4 的规定。

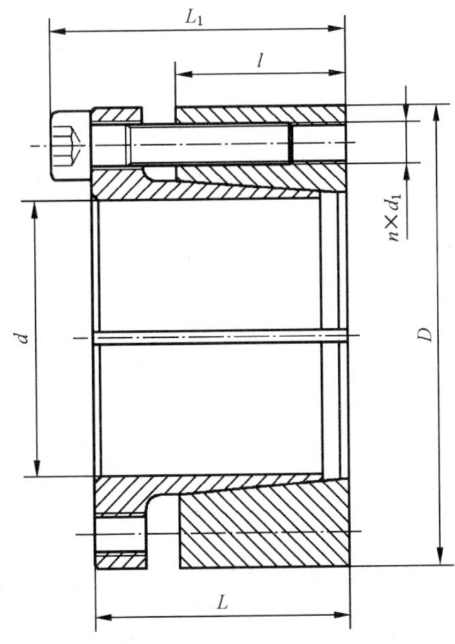

图 3 ZJ3 型胀紧联结套

表 4 ZJ3 型胀紧联结套的基本参数和主要尺寸

基本尺寸/mm					螺钉		额定负荷		胀紧套与轴结合面上的压力 p_f/MPa	胀紧套与轮毂结合面上的压力 p'_f/MPa	螺钉的拧紧力矩 M_a/N·m	质量 kg
d	D	l	L	L_1	d_1/mm	n	轴向力 F_t/kN	转矩 M_t/kN·m				
20	47	17	28	34	M6	5	37	0.377	286	124	14	0.25
22								0.416	260			0.25
24	50							0.481				0.27
25						6	47	0.585	279	143		0.27
28	55							0.650	260			0.32
30								0.702	247	130		0.35
32	60					8	62	1.001	279	150		0.37
35								1.092	247	143		0.34
38	65							1.183	254	150		0.40
40								1.248	247	137		0.38
45	75	20	33	41	M8	7	100	2.275	299	176	35	0.63
50	80							2.500	273	169		0.68
55	85					8	114	3.185	280	176		0.73
60	90							3.510	247	163		0.78
63	95					9	130	4.134	267	182		0.89
65								4.225	260	180		0.83
70	110	24	40	50	M10	8	183	6.500	286	182	70	1.33
75	115							6.825	260	169		1.40
80	120							7.280	247	163		1.48
85	125					9	207	8.775	260	176		1.55
90	130							9.230	247	169		1.63
95	135					10	229	10.855	260	182		1.70
100	145	26	44	56	M12	8	267	13.380	273	189	125	2.60
110	155							14.625	247	176		2.80
120	165					9	277	18.070	273	189		3.00
130	180	34	54	68		12	400	26.000	247	182		4.60
140	190				M14	9	412	28.925	234	169	190	4.90
150	200					10	458	34.19	247	182		5.20
160	210					11	504	40.30		189		5.50
170	225	44	64	78		12	549	46.67	195	149		7.75
180	235							49.40	189	143		8.15
190	250					15	686	65.13	221	169		9.50
200	260							68.64	208	163		9.90

表 4（续）

基本尺寸/mm					螺钉		额定负荷		胀紧套与轴结合面上的压力 p_f/MPa	胀紧套与轮毂结合面上的压力 p'_f/MPa	螺钉的拧紧力矩 M_a/N·m	质量 kg
d	D	l	L	L_1	d_1/mm	n	轴向力 F_t/kN	转矩 M_t/kN·m				
220	285	50	72	88	M16	12	763	83.85	189	143	295	13.40
240	305					15	945	114.40	215	169		14.30
260	325					18	1 144	148.72	234	189		15.50
280	355	60	84	102	M18	16	1 232	171.60	195	156	405	22.90
300	375					18	1 376	206.70	208	163		24.40
320	405	74	101	121	M20	18	1 786	286.00	195	156	580	36.10
340	425					21	2 084	354.25	228	176		38.40
360	455	86	116	138	M22	18	2 223	400.4	182	143	780	46.20
380	475					21	2 594	492.7	202	163		55.00
400	495							518.7	195	156		61.00

4.4.4　ZJ4 型胀紧联结套的基本参数和主要尺寸应符合图 4 和表 5 的规定。

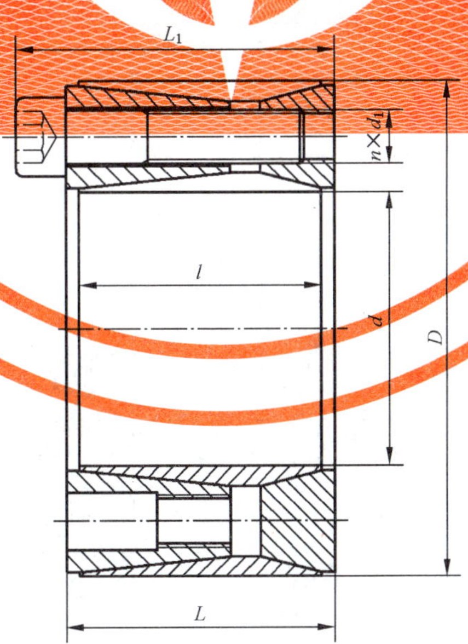

图 4　ZJ4 型胀紧联结套

表 5　ZJ4 型胀紧联结套的基本参数和主要尺寸

<table>
<tr><th colspan="5">基本尺寸/mm</th><th colspan="2">螺钉</th><th colspan="2">额定负荷</th><th rowspan="2">胀紧套与轴结合面上的压力 p_f/MPa</th><th rowspan="2">胀紧套与轮毂结合面上的压力 p'_f/MPa</th><th rowspan="2">螺钉的拧紧力矩 M_a/N·m</th><th rowspan="2">质量 kg</th></tr>
<tr><th>d</th><th>D</th><th>l</th><th>L</th><th>L_1</th><th>d_1/mm</th><th>n</th><th>轴向力 F_t/kN</th><th>转矩 M_t/kN·m</th></tr>
<tr><td>70</td><td>120</td><td rowspan="3">56</td><td rowspan="3">62</td><td rowspan="3">74</td><td rowspan="3">M12</td><td>8</td><td>197</td><td>6.85</td><td>201</td><td>117</td><td rowspan="3">145</td><td>3.3</td></tr>
<tr><td>80</td><td>130</td><td rowspan="2">12</td><td>291</td><td>11.65</td><td>263</td><td>162</td><td>3.7</td></tr>
<tr><td>90</td><td>140</td><td>290</td><td>13.00</td><td>234</td><td>150</td><td>4.0</td></tr>
<tr><td>100</td><td>160</td><td rowspan="6">74</td><td rowspan="6">80</td><td rowspan="6">94</td><td rowspan="6">M14</td><td rowspan="5">15</td><td>389</td><td>19.70</td><td>213</td><td>133</td><td rowspan="6">230</td><td>7.2</td></tr>
<tr><td>110</td><td>170</td><td>483</td><td>22.60</td><td>242</td><td>157</td><td>7.7</td></tr>
<tr><td>120</td><td>180</td><td>482</td><td>28.90</td><td>222</td><td>148</td><td>8.3</td></tr>
<tr><td>125</td><td>185</td><td rowspan="2">480</td><td>30.00</td><td>212</td><td>143</td><td>8.5</td></tr>
<tr><td>130</td><td>190</td><td>31.20</td><td>205</td><td>140</td><td>8.8</td></tr>
<tr><td>140</td><td>200</td><td rowspan="4">18</td><td>574</td><td>40.20</td><td>227</td><td>159</td><td>9.3</td></tr>
<tr><td>150</td><td>210</td><td>572</td><td>42.90</td><td>212</td><td>152</td><td>10.0</td></tr>
<tr><td>160</td><td>230</td><td rowspan="5">88</td><td rowspan="5">94</td><td rowspan="5">110</td><td rowspan="5">M16</td><td>800</td><td>64.00</td><td>227</td><td>158</td><td rowspan="5">355</td><td>14.9</td></tr>
<tr><td>170</td><td>240</td><td>795</td><td>67.80</td><td>214</td><td>152</td><td>15.7</td></tr>
<tr><td>180</td><td>250</td><td rowspan="2">21</td><td>923</td><td>83.00</td><td>235</td><td>170</td><td>16.4</td></tr>
<tr><td>190</td><td>260</td><td>921</td><td>88.00</td><td>223</td><td>163</td><td>17.2</td></tr>
<tr><td>200</td><td>270</td><td>24</td><td>1 050</td><td>105.00</td><td>242</td><td>179</td><td>18.8</td></tr>
<tr><td>210</td><td>290</td><td rowspan="5">110</td><td rowspan="5">116</td><td rowspan="5">134</td><td rowspan="5">M18</td><td>20</td><td>1 118</td><td>117.30</td><td>197</td><td>143</td><td rowspan="5">485</td><td>23.0</td></tr>
<tr><td>220</td><td>300</td><td>21</td><td>1 120</td><td>123.00</td><td>189</td><td>138</td><td>27.7</td></tr>
<tr><td>240</td><td>320</td><td>24</td><td>1 280</td><td>153.00</td><td>198</td><td>148</td><td>29.8</td></tr>
<tr><td>250</td><td>330</td><td rowspan="2">27</td><td>1 282</td><td>160.20</td><td>205</td><td>157</td><td>31.0</td></tr>
<tr><td>260</td><td>340</td><td>1 430</td><td>186.00</td><td>205</td><td>157</td><td>32.0</td></tr>
<tr><td>280</td><td>370</td><td rowspan="2">130</td><td rowspan="2">136</td><td rowspan="2">156</td><td rowspan="2">M20</td><td rowspan="2">24</td><td rowspan="2">1 650</td><td>230.00</td><td>192</td><td>145</td><td rowspan="2">690</td><td>46.0</td></tr>
<tr><td>300</td><td>390</td><td>245.00</td><td>179</td><td>138</td><td>49.0</td></tr>
</table>

4.4.5　ZJ5 型胀紧联结套的基本参数和主要尺寸应符合图 5 和表 6 的规定。

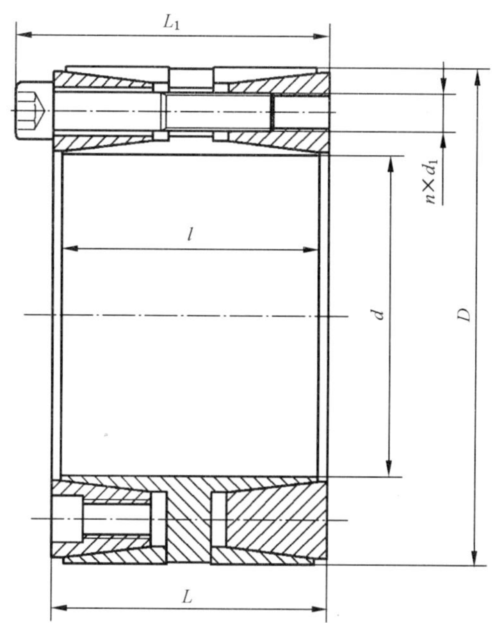

图 5 ZJ5 型胀紧联结套

表 6 ZJ5 型胀紧联结套的基本参数和主要尺寸

基本尺寸/mm					螺钉		额定负荷		胀紧套与轴结合面上的压力 p_f/MPa	胀紧套与轮毂结合面上的压力 p'_f/MPa	螺钉的拧紧力矩 M_a/N·m	质量 kg
d	D	l	L	L_1	d_1/mm	n	轴向力 F_t/kN	转矩 M_t/kN·m				
100	145	60	65	77	M12	10	288	14.4	192	132	145	4.1
110	155							15.8	175	123		4.4
120	165					12	346	20.8	192	139		4.8
130	180	68	74	86		15	433	28.1	193	139		6.5
140	190					18	519	36.3	214	157		7.0
150	200							39.0	200	150		7.4
160	210					21	606	48.5	219	167		7.8
170	225	75	81	95	M14	18	712	60.6	215	162	230	10.0
180	235							64.1	203	155		10.6
190	250	88	94	108		20	792	75.2	178	135		14.3
200	260					24	950	95.0	203	156		15.0
210	275	98	104	120	M16	18	970	102.0	187	142	355	17.5
220	285						990	109.0	183	141		19.8
240	305					24	1 318	158.0	222	176		21.4
250	315						1 340	167.5	215	170		22.0
260	325					25	1 370	178.0		172		23.0

表 6（续）

基本尺寸/mm					螺钉		额定负荷		胀紧套与轴结合面上的压力 p_f/MPa	胀紧套与轮毂结合面上的压力 p'_f/MPa	螺钉的拧紧力矩 M_a/N·m	质量 kg
d	D	l	L	L_1	d_1/mm	n	轴向力 F_t/kN	转矩 M_t/kN·m				
280	355	120	126	144	M18	24	1 590	222.5	188	149	485	35.2
300	375					25	1 650	248.0	183	146		37.4
320	405	135	142	162	M20		2 140	344.0	192	152	690	51.3
340	425							365.0	181	144		54.1
360	455	158	165	187	M22	25	2 670	480.0	176	139	930	75.4
380	475							508.0	166	133		79.0
400	495							535.0	158	128		82.8
420	515					30	3 200	673.0	181	147		86.5
450	555	172	180	204	M24		3 700	832.5	175	142	1 200	112.0
480	585					32	3 950	948.0		143		119.0
500	605							988.0	168	139		123.0
530	640	190	200	227	M27	30	4 320	1 145.0	157	130	1 600	151.0
560	670							1 210.0	148	124		160.0
600	710					32	4 610	1 380.0	147			170.0

4.4.6 ZJ6 型胀紧联结套的基本参数和主要尺寸应符合图 6 和表 7 的规定。

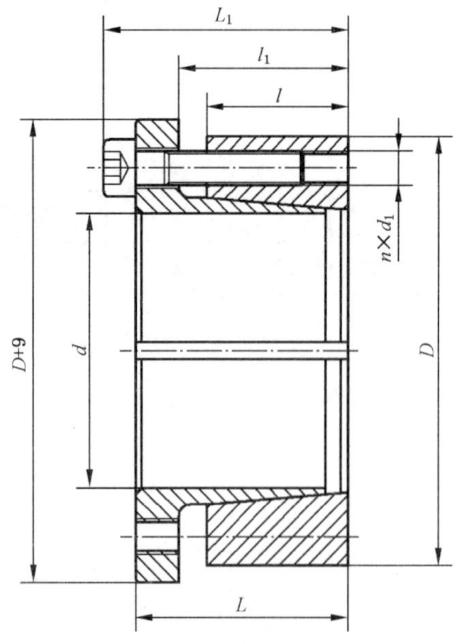

图 6 ZJ6 型胀紧联结套

表 7　ZJ6 型胀紧联结套的基本参数和主要尺寸

基本尺寸/mm						螺钉		额定负荷		胀紧套与轴结合面上的压力 p_f/MPa	胀紧套与轮毂结合面上的压力 p'_f/MPa	螺钉的拧紧力矩 M_a/N·m	质量 kg
d	D	l	l_1	L	L_1	d_1/mm	n	轴向力 F_t/kN	转矩 M_t/kN·m				
20	47	17	22	28	34	M6	5	30	0.29	220	95	17	0.25
22									0.32	200			0.25
24	50								0.37				0.27
25							6	36	0.45	215	110		0.27
28	55								0.50	200	100		0.32
30									0.54	190			0.35
32	60						8	48	0.77	215	115		0.37
35									0.84	190	110		0.34
38	65								0.91	195	115		0.40
40									0.96	190	105		0.38
45	75	20	25	33	41	M8	7	77	1.75	230	135	41	0.63
50	80								1.93	210	130		0.68
55	85						8	88	2.45	215	135		0.73
60	90								2.70	190	125		0.78
63	95						9	100	3.18	205	140		0.89
65									3.25	200	135		0.83
70	110	24	30	40	50	M10	8	141	5.00	220	140	83	1.33
75	115								5.25	200	130		1.40
80	120								5.60	190	125		1.48
85	125						9	159	6.75	200	135		1.55
90	130								7.10	190	130		1.63
95	135						10	176	8.35	200	140		1.70
100	145	26	32	44	56	M12	8	205	10.30	210	145	230	2.60
110	155								11.25	190	135		2.80
120	165						9	231	13.90	210	145		3.00
130	180	34	40	54	68		12	308	20.00	190	140		4.60
140	190					M14	9	317	22.25	180	130		4.90
150	200						10	352	26.30	190	140		5.20
160	210						11	387	31.00		145		5.50
170	225	44	50	64	78		12	422	35.90	150	115		7.75
180	235								38.00	145	110		8.15
190	250						15	528	50.10	170	130		9.50
200	260								52.80	160	125		9.90

表 7（续）

基本尺寸/mm						螺钉		额定负荷		胀紧套与轴结合面上的压力 p_f/MPa	胀紧套与轮毂结合面上的压力 p'_f/MPa	螺钉的拧紧力矩 M_a/N·m	质量 kg
d	D	l	l_1	L	L_1	d_1/mm	n	轴向力 F_t/kN	转矩 M_t/kN·m				
220	285	50	56	72	88	M16	12	587	64.50	145	110	335	13.40
240	305						15	734	88.00	165	130		14.30
260	325						18	880	114.00	180	145		15.50
280	355	60	66	84	102	M18	16	948	132.00	150	120	485	22.90
300	375						18	1 059	159.00	160	125		24.40
320	405	74	81	101	121	M20		1 374	220.00	150	120	690	36.10
340	425						21	1 603	272.50	175	135		38.40
360	455	86	94	116	138	M22	18	1 710	308.00	140	110	930	46.20
380	475						21	1 995	379.00	155	125		55.00
400	495								399.00	150	120		61.00

4.4.7 ZJ7 型胀紧联结套的基本参数和主要尺寸应符合图 7 和表 8 的规定。

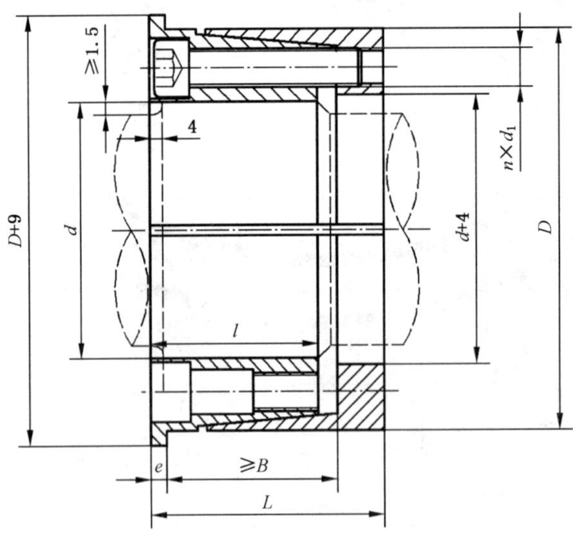

图 7 ZJ7 型胀紧联结套

表 8 ZJ7 型胀紧联结套的基本参数和主要尺寸

<table>
<tr><th colspan="6">基本尺寸/mm</th><th colspan="2">螺钉</th><th colspan="2">额定负荷</th><th rowspan="2">胀紧套与轴结合面上的压力 p_f/MPa</th><th rowspan="2">胀紧套与轮毂结合面上的压力 p'_f/MPa</th><th rowspan="2">螺钉的拧紧力矩 M_a/N·m</th><th rowspan="2">质量 kg</th></tr>
<tr><th>d</th><th>D</th><th>l</th><th>L</th><th>e</th><th>B</th><th>d_1/mm</th><th>n</th><th>轴向力 F_t/kN</th><th>转矩 M_t/kN·m</th></tr>
<tr><td>100</td><td>145</td><td rowspan="3">54</td><td rowspan="3">75</td><td rowspan="3">5</td><td rowspan="3">65</td><td rowspan="9">M12</td><td rowspan="2">8</td><td>192</td><td>9.6</td><td>102</td><td>70</td><td rowspan="9">145</td><td>4.7</td></tr>
<tr><td>110</td><td>155</td><td>191</td><td>10.5</td><td>92</td><td>65</td><td>5.1</td></tr>
<tr><td>120</td><td>165</td><td>9</td><td>216</td><td>13.0</td><td>96</td><td>70</td><td>5.5</td></tr>
<tr><td>130</td><td>180</td><td rowspan="6">63</td><td rowspan="6">84</td><td rowspan="9">6</td><td rowspan="6">72</td><td rowspan="3">12</td><td rowspan="3">287</td><td>17.8</td><td>100</td><td>72</td><td>7.5</td></tr>
<tr><td>140</td><td>190</td><td>20.2</td><td>95</td><td>70</td><td>7.9</td></tr>
<tr><td>150</td><td>200</td><td>21.6</td><td>86</td><td>65</td><td>8.4</td></tr>
<tr><td>160</td><td>210</td><td>15</td><td>360</td><td>28.8</td><td rowspan="2">101</td><td>77</td><td>8.9</td></tr>
<tr><td>170</td><td>225</td><td>16</td><td>383</td><td>32.6</td><td>76</td><td>10.5</td></tr>
<tr><td>180</td><td>235</td><td>18</td><td>431</td><td>38.8</td><td>108</td><td>83</td><td>11.0</td></tr>
<tr><td>190</td><td>250</td><td rowspan="3">69</td><td rowspan="3">94</td><td rowspan="3">81</td><td rowspan="2">M14</td><td>15</td><td>493</td><td>46.8</td><td>106</td><td>81</td><td rowspan="2">230</td><td>14.3</td></tr>
<tr><td>200</td><td>260</td><td>16</td><td>526</td><td>52.8</td><td>108</td><td>83</td><td>15.0</td></tr>
<tr><td>220</td><td>285</td><td rowspan="5">M16</td><td>14</td><td>640</td><td>70.0</td><td>118</td><td>91</td><td rowspan="5">355</td><td>17.8</td></tr>
<tr><td>240</td><td>305</td><td rowspan="2">86</td><td rowspan="2">112</td><td rowspan="2">7</td><td rowspan="2">98</td><td>16</td><td>731</td><td>88.0</td><td>99</td><td>78</td><td>23.2</td></tr>
<tr><td>260</td><td>325</td><td>18</td><td>822</td><td>107.0</td><td>102</td><td>82</td><td>24.8</td></tr>
<tr><td>280</td><td>355</td><td rowspan="2">94</td><td rowspan="2">120</td><td rowspan="8">8</td><td rowspan="2">106</td><td>20</td><td>914</td><td>128.0</td><td>96</td><td>76</td><td>33.0</td></tr>
<tr><td>300</td><td>375</td><td>22</td><td>1 000</td><td>151.0</td><td>99</td><td>79</td><td>36.0</td></tr>
<tr><td>320</td><td>405</td><td rowspan="2">109</td><td rowspan="2">142</td><td rowspan="2">125</td><td rowspan="2">M20</td><td>18</td><td>1 280</td><td>206.0</td><td>102</td><td>81</td><td rowspan="2">690</td><td>52.0</td></tr>
<tr><td>340</td><td>425</td><td>20</td><td>1 420</td><td>242.0</td><td>106</td><td>85</td><td>54.0</td></tr>
<tr><td>360</td><td>455</td><td rowspan="4">120</td><td rowspan="4">159</td><td rowspan="4">140</td><td rowspan="4">M22</td><td rowspan="3">20</td><td rowspan="3">1 770</td><td>319.0</td><td>113</td><td>89</td><td rowspan="4">930</td><td>72.0</td></tr>
<tr><td>380</td><td>475</td><td>337.0</td><td>107</td><td>86</td><td>75.0</td></tr>
<tr><td>400</td><td>495</td><td>355.0</td><td>101</td><td>82</td><td>78.0</td></tr>
<tr><td>420</td><td>515</td><td>22</td><td>1 980</td><td>410.0</td><td>106</td><td>86</td><td>82.0</td></tr>
</table>

4.4.8 ZJ8 型胀紧联结套的基本参数和主要尺寸应符合图 8 和表 9 的规定。

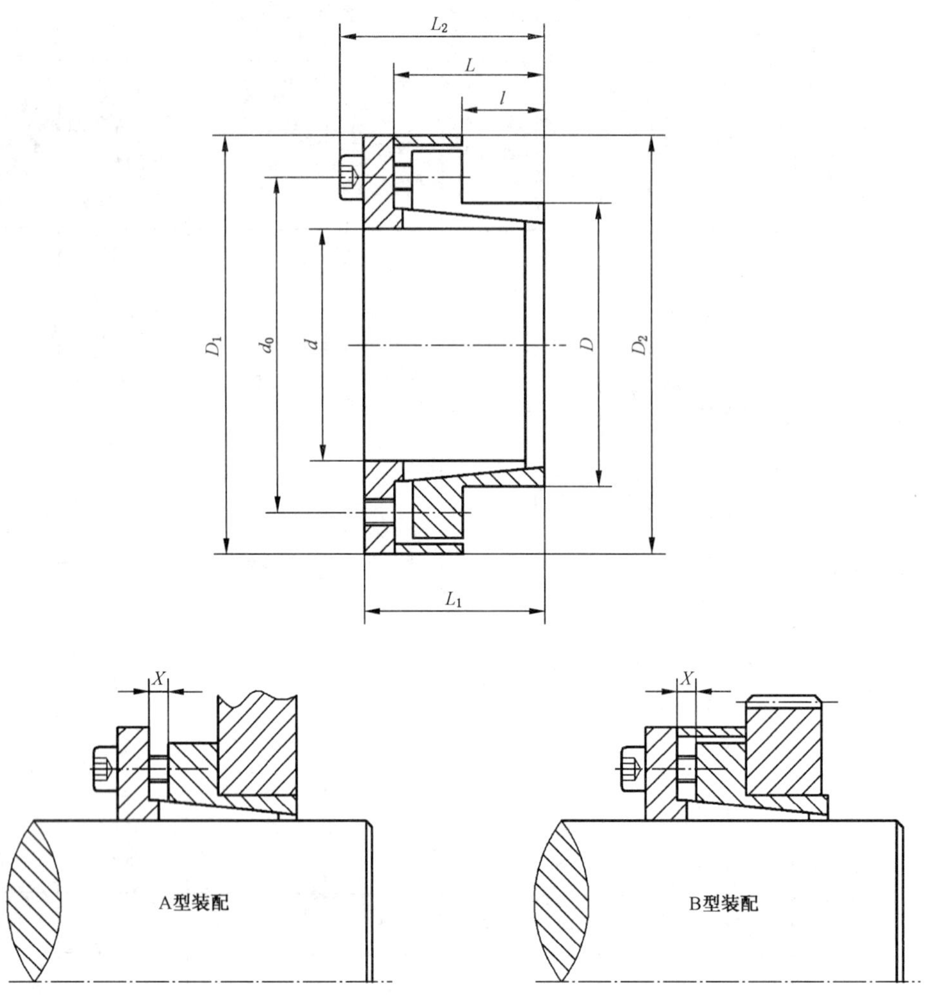

图 8 ZJ8 型胀紧联结套

表 9 ZJ8 型胀紧联结套的基本参数和主要尺寸

<table>
<tr><td colspan="9">基本尺寸/mm</td><td colspan="2">螺钉</td><td colspan="4">额定负荷</td><td colspan="2" rowspan="2">胀紧套与轴结合面上的压力 p_f/MPa</td><td colspan="2" rowspan="2">胀紧套与轮毂结合面上的压力 p'_f/MPa</td><td rowspan="3">螺钉的拧紧力矩 M_a/N·m</td><td rowspan="3">质量 kg</td></tr>
<tr><td>d</td><td>D</td><td>d_0</td><td>l</td><td>L</td><td>L_1</td><td>L_2</td><td>D_1</td><td rowspan="2">D_2</td><td rowspan="2">d_1/mm</td><td rowspan="2">n</td><td colspan="2">轴向力 F_t/kN</td><td colspan="2">转矩 M_t/kN·m</td></tr>
<tr><td colspan="8">装配形式</td><td>A</td><td>B</td><td>A</td><td>B</td><td>A</td><td>B</td><td>A</td><td>B</td></tr>
<tr><td>6</td><td>14</td><td>19</td><td>10</td><td>19.8</td><td>22.3</td><td>25.3</td><td>25</td><td>23</td><td>M3</td><td rowspan="4">3</td><td>6.7</td><td>4.2</td><td>20</td><td>13</td><td>297</td><td>186</td><td>127</td><td>80</td><td rowspan="7">4.9</td><td>0.08</td></tr>
<tr><td>8</td><td>15</td><td>20</td><td>12</td><td>21.8</td><td>24.8</td><td>28.8</td><td>27</td><td>24</td><td rowspan="6">M4</td><td rowspan="3">11.6</td><td rowspan="3">7.3</td><td>46</td><td>29</td><td>321</td><td>202</td><td>171</td><td>107</td><td>0.10</td></tr>
<tr><td>9</td><td>16</td><td rowspan="2">21</td><td rowspan="5">14</td><td rowspan="2">22.8</td><td rowspan="2">25.8</td><td rowspan="2">29.8</td><td rowspan="2">28</td><td rowspan="2">25</td><td>50</td><td>32</td><td>243</td><td>153</td><td rowspan="2">138</td><td rowspan="2">87</td><td>0.12</td></tr>
<tr><td>10</td><td>16</td><td>57</td><td>36</td><td>220</td><td>138</td><td>0.12</td></tr>
<tr><td>11</td><td>18</td><td rowspan="2">23</td><td rowspan="3">23</td><td rowspan="3">26</td><td rowspan="3">30</td><td rowspan="2">32</td><td rowspan="2">28</td><td rowspan="3">4</td><td rowspan="3">15.5</td><td rowspan="3">9.7</td><td>85</td><td>53</td><td>267</td><td>167</td><td rowspan="2">163</td><td rowspan="2">102</td><td>0.14</td></tr>
<tr><td>12</td><td>18</td><td>93</td><td>58</td><td>245</td><td>154</td><td>0.14</td></tr>
<tr><td>14</td><td>23</td><td>28.5</td><td>38</td><td>33</td><td>108</td><td>68</td><td>210</td><td>132</td><td>128</td><td>80</td><td>0.15</td></tr>
</table>

表 9（续）

基本尺寸/mm									螺钉		额定负荷				胀紧套与轴结合面上的压力 p_f/MPa		胀紧套与轮毂结合面上的压力 p'_f/MPa		螺钉的拧紧力矩 M_a/N·m	质量 kg
d	D	d_0	l	L	L_1	L_2	D_1	D_2	d_1/mm	n	轴向力 F_t/kN		转矩 M_t/kN·m							
装配形式											A	B	A	B	A	B	A	B		
15	24	32	16	29	36	42	45	40	M6	4	35.5	22.4	285	179	307	193	219	138	17	0.26
16															328	206				0.25
18	26	34	18	34	41	47	47	42					320	200	290	184	202	127		0.27
19	27	35					49	43					335	212	276	174	195	122		0.30
20	28	36					50	44					350	224	262	165	187	118		0.30
22	32	40	25	41	48	54	54	48					353	231	155	101	106	69		0.38
24	34	42					56	50		6	53.4	33.6	636	400	237	149	167	105		0.40
25													665	420	228	143				0.39
28	39	47					61	55					745	470	204	128	146	92		0.47
30	41	49					62	57					795	500	180	119	139	87		0.48
32	43	51					65	59		8	71.3	44.8	1 136	715	237	149	177	111		0.52
35	47	54	32	45	52	58	69	62					1 160	735	152	99	114	74		0.63
38	50	58					72	66					1 223	797	140	92	106	70		0.67
40	53	61					75	69					1 287	840	133	87	100	66		0.74
42	55	63					78	71					1 352	881	127	82	102	66		0.78
45	59	69.5	45	64	72	80	86	80	M8	9	119	77.6	2 677	1 745	155	102	119	78	41	1.23
48	62	71.5					87	81					2 855	1 860	145	95	113	74		1.24
50	65	75.5					92	86					2 975	1 940	140	92	108	70		1.40
55	71	81.5	55	74	82	90	98	92			133	87.2	3 680	2 400	117	77	91	60		1.70
60	77	87.5					104	98					4 015	2 620	107	70	84	55		1.90
65	84	94.5					111	105					4 350	2 840	100	65	77	55		2.20
70	90	101.5	65	87	97	107	119	113	M10		212	139	7 440	4 850	123	81	96	63	83	3.05
75	95	107					126	119					7 970	5 200	114	75	91	59		3.32
80	100	112.5					131	125		12	283	184	11 335	7 390	144	94	115	75		3.50
85	106	118.5					137	131					12 040	7 850	135	88	108	71		3.81
90	112	124.5					144	137					12 750	8 320	128	83	102	67		4.20

4.4.9 ZJ9A 型、ZJ9B 型、ZJ9C 型胀紧联结套的基本参数和主要尺寸应符合图 9 和表 10、表 11、表 12 的规定。

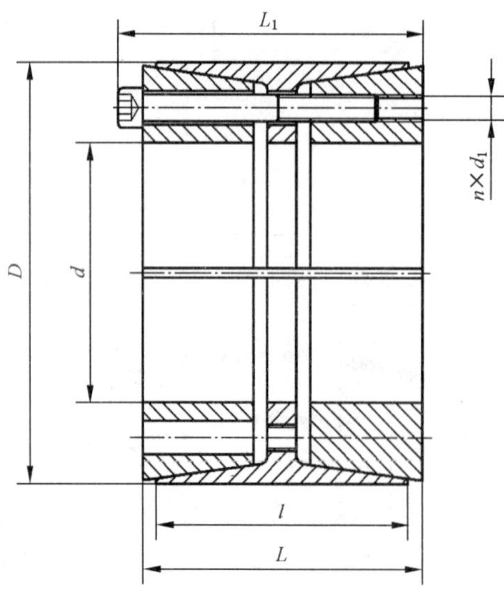

图 9 ZJ9A、ZJ9B、ZJ9C 型胀紧联结套 1

表 10 ZJ9A 型胀紧联结套的基本参数和主要尺寸

基本尺寸/mm					螺钉		额定负荷		胀紧套与轴结合面上的压力 p_f/MPa	胀紧套与轮毂结合面上的压力 p'_f/MPa	螺钉的拧紧力矩 M_a/N·m	质量 kg
d	D	l	L	L_1	d_1/mm	n	轴向力 F_t/kN	转矩 M_t/kN·m				
25	55	32	40	46	M6	6	67	0.84	297	101	17	0.47
28								0.94	265			0.44
30								1.00	248			0.42
35	60	44	54	60		7	74	1.30	165	87		1.00
40	75			62	M8		145	2.90	282	116	41	1.10
45	75							3.26	251			1.20
50	80	56	64	72		8	165	4.15	200	98		1.40
55	85					9	186	5.15	205	104		1.60
60	90					10	207	6.20	202	106		1.70
65	95							6.75	187	100		1.90
70	110	70	78	88	M10		329	11.50	223	114	83	3.10
80	120					11	362	14.50	215	115		3.50
90	130					12	390	17.80	208			3.80
100	145	90	100	112	M12	11	527	26.30	200	107	145	6.10
110	155					12	575	31.80	198	110		6.60
120	165					14	670	40.40	212	120		7.20

表 10（续）

基本尺寸/mm					螺钉		额定负荷		胀紧套与轴结合面上的压力	胀紧套与轮毂结合面上的压力	螺钉的拧紧力矩	质量
d	D	l	L	L_1	d_1/mm	n	轴向力 F_t/kN	转矩 M_t/kN·m	p_f/MPa	p'_f/MPa	M_a/N·m	kg
130	180	104	116	130	M14	12	789	51.50	192	112	230	10.00
140	190					14	920	64.70	208	124		10.60
150	200					15	986	74.2		127		11.30
160	210					16	1 050	84.50		128		11.90
170	225	134	146	162	M16	14	1 280	108.2	182	113	355	18.00
180	235					15	1 370	123.25	184	115		18.80
190	250					16	1 460	146	186	116		21.90
200	260							181	177	112		23.00
220	285					18	1 820	218	188	115		27.00
240	305					20	1 820	218	184	119		29.20
260	325					21	1 920	250	178	117		31.50
280	355	165	177	197	M20	18	2 550	360	185		690	48.00
300	375					20	2 850	428	192	123		51.00
320	405					21	3 000	480	188	119		62.00
340	425					22	3 140	530	186			66.00
360	455	190	202	22	M22	21	3 730	670	176	115	930	91.00
380	475					22	3 900	742	175			95.00
400	495					24	4 260	852	181	120		100.00
420	515							894	173	116		104.00
440	535							937	165	112		109.00
460	555							980	158	107		113.00
480	575					28	5 000	1 200	176	121		118.00
500	595							1 240	169	117		122.00
520	615					30	5 330	1 390	174	121		126.00
540	635							1 440	168	117		131.00
560	655					32	5 680	1 590	172	121		135.00
580	675					33	5 860	1 705	172			140.00
600	695							1 760	166	118		144.00

表 11 ZJ9B 型胀紧联结套的基本参数和主要尺寸

<table>
<tr><th colspan="5">基本尺寸/mm</th><th colspan="2">螺钉</th><th colspan="2">额定负荷</th><th rowspan="2">胀紧套与轴结合面上的压力 p_f/MPa</th><th rowspan="2">胀紧套与轮毂结合面上的压力 p'_f/MPa</th><th rowspan="2">螺钉的拧紧力矩 M_a/N · m</th><th rowspan="2">质量 kg</th></tr>
<tr><th>d</th><th>D</th><th>l</th><th>L</th><th>L_1</th><th>d_1/mm</th><th>n</th><th>轴向力 F_t/kN</th><th>转矩 M_t/kN · m</th></tr>
<tr><td>70</td><td>110</td><td rowspan="3">50</td><td rowspan="3">60</td><td rowspan="3">70</td><td rowspan="3">M10</td><td>8</td><td>204</td><td>7.15</td><td>194</td><td>107</td><td rowspan="3">83</td><td>2.3</td></tr>
<tr><td>80</td><td>120</td><td>10</td><td>250</td><td>10.25</td><td>212</td><td>123</td><td>2.5</td></tr>
<tr><td>90</td><td>130</td><td>11</td><td>280</td><td>12.60</td><td>207</td><td>125</td><td>2.7</td></tr>
<tr><td>100</td><td>145</td><td rowspan="3">60</td><td rowspan="3">70</td><td rowspan="3">82</td><td rowspan="7">M12</td><td rowspan="2">10</td><td rowspan="2">372</td><td>18.60</td><td>205</td><td>126</td><td rowspan="7">145</td><td>4.1</td></tr>
<tr><td>110</td><td>155</td><td>20.50</td><td>187</td><td>118</td><td>4.4</td></tr>
<tr><td>120</td><td>165</td><td>11</td><td>408</td><td>24.50</td><td>188</td><td>122</td><td>4.8</td></tr>
<tr><td>130</td><td>180</td><td rowspan="4">65</td><td rowspan="4">79</td><td rowspan="4">91</td><td>14</td><td>520</td><td>33.80</td><td>197</td><td>128</td><td>6.3</td></tr>
<tr><td>140</td><td>190</td><td rowspan="2">15</td><td rowspan="2">557</td><td>39.00</td><td>196</td><td>130</td><td>6.6</td></tr>
<tr><td>150</td><td>200</td><td>41.80</td><td rowspan="2">183</td><td>123</td><td>7.8</td></tr>
<tr><td>160</td><td>210</td><td>16</td><td>593</td><td>47.50</td><td>125</td><td>7.4</td></tr>
<tr><td>170</td><td>225</td><td rowspan="2">78</td><td rowspan="2">92</td><td rowspan="2">106</td><td rowspan="4">M14</td><td rowspan="2">15</td><td>764</td><td>65.00</td><td>193</td><td>133</td><td rowspan="4">230</td><td>10.7</td></tr>
<tr><td>180</td><td>235</td><td>766</td><td>69.00</td><td>182</td><td>127</td><td>11.3</td></tr>
<tr><td>190</td><td>250</td><td rowspan="2">88</td><td rowspan="2">102</td><td rowspan="2">116</td><td>16</td><td>815</td><td>77.50</td><td>163</td><td>103</td><td>14.6</td></tr>
<tr><td>200</td><td>260</td><td>18</td><td>1 020</td><td>102</td><td>194</td><td>124</td><td>15.3</td></tr>
<tr><td>220</td><td>285</td><td rowspan="5">96</td><td rowspan="3">108</td><td rowspan="3">124</td><td rowspan="3">M16</td><td>15</td><td>1 060</td><td>117</td><td>174</td><td>113</td><td rowspan="3">355</td><td>20.2</td></tr>
<tr><td>240</td><td>305</td><td>20</td><td>1 410</td><td>170</td><td>212</td><td>140</td><td>21.8</td></tr>
<tr><td>260</td><td>325</td><td>21</td><td>1 480</td><td>193</td><td>205</td><td>138</td><td>23.4</td></tr>
<tr><td>280</td><td>355</td><td rowspan="2">110</td><td rowspan="2">130</td><td rowspan="4">M20</td><td rowspan="2">15</td><td>1 650</td><td>232</td><td>213</td><td>141</td><td rowspan="4">690</td><td>30.0</td></tr>
<tr><td>300</td><td>375</td><td>1 660</td><td>249</td><td>198</td><td>134</td><td>31.2</td></tr>
<tr><td>320</td><td>405</td><td rowspan="2">124</td><td rowspan="2">136</td><td rowspan="2">156</td><td rowspan="4">20</td><td rowspan="2">2 210</td><td>354</td><td>191</td><td>125</td><td>48.0</td></tr>
<tr><td>340</td><td>425</td><td>376</td><td>180</td><td>119</td><td>51.0</td></tr>
<tr><td>360</td><td>455</td><td rowspan="13">140</td><td rowspan="13">155</td><td rowspan="13">177</td><td rowspan="13">M22</td><td rowspan="2">2 750</td><td>496</td><td>185</td><td>118</td><td rowspan="13">930</td><td>69.0</td></tr>
<tr><td>380</td><td>475</td><td>524</td><td>175</td><td>113</td><td>73.0</td></tr>
<tr><td>400</td><td>495</td><td>22</td><td>3 010</td><td>602</td><td>183</td><td>122</td><td>76.0</td></tr>
<tr><td>420</td><td>515</td><td rowspan="3">24</td><td rowspan="3">3 300</td><td>694</td><td>190</td><td>127</td><td>80.0</td></tr>
<tr><td>440</td><td>535</td><td>728</td><td>166</td><td>123</td><td>81.0</td></tr>
<tr><td>460</td><td>555</td><td>760</td><td rowspan="2">159</td><td>118</td><td>85.0</td></tr>
<tr><td>480</td><td>575</td><td rowspan="2">25</td><td rowspan="2">3 440</td><td>830</td><td>119</td><td>88.0</td></tr>
<tr><td>500</td><td>595</td><td>861</td><td>153</td><td>115</td><td>91.0</td></tr>
<tr><td>520</td><td>615</td><td rowspan="2">28</td><td>3 850</td><td>1 003</td><td>164</td><td>124</td><td>95.0</td></tr>
<tr><td>540</td><td>635</td><td>3 860</td><td>1 042</td><td>158</td><td>120</td><td>98.0</td></tr>
<tr><td>560</td><td>655</td><td rowspan="3">30</td><td rowspan="3">4 130</td><td>1 157</td><td>163</td><td>125</td><td>101.0</td></tr>
<tr><td>580</td><td>675</td><td>1 199</td><td>158</td><td>121</td><td>104.0</td></tr>
<tr><td>600</td><td>695</td><td>1 240</td><td>153</td><td>118</td><td>108.0</td></tr>
</table>

表 12 ZJ9C 型胀紧联结套的基本参数和主要尺寸

基本尺寸/mm					螺钉		额定负荷		胀紧套与轴结合面上的压力 p_f/MPa	胀紧套与轮毂结合面上的压力 p'_f/MPa	螺钉的拧紧力矩 M_a/N·m	质量 kg
d	D	l	L	L_1	d_1/mm	n	轴向力 F_t/kN	转矩 M_t/kN·m				
70	110	50	60	70	M10	8	121	4.25	115	64	49	2.3
80	120					10	152	6.10	125	73		2.5
90	130					11	167	7.50	122	74		2.7
100	145	60	70	82	M12	10	177	8.84	97	60	69	4.1
110	155							9.74	89	56		4.4
120	165					11	193	11.60	89	58		4.8
130	180	65	79	91		14	247	16.06	93	61		6.3
140	190					15	264	18.50	93	62		6.6
150	200							19.86	87	59		7.8
160	210					16	290	23.27	87	60		9.4
170	225	78	92	106	M14	15	363	30.87	92	63	108	10.7
180	235							32.75	87	60		11.3
190	250	88	102	116		16	387	36.80	78	50		14.6
200	260					18	484	48.45	92	59		15.3
220	285	96	108	124	M16	15	505	55.57	83	54	168	20.2
240	305					20	673	80.75	100	67		21.8
260	325					21	705	91.67	97	66		23.4
280	355		110	130	M20	15	877	122.80	114	75	369	30.0
300	375						887	133.00	106	72		21.2
320	405	124	136	156		20	1 181	189.00	102	67		48.0
340	425							200.80	96	64		51.0
360	455	140	155	177	M22		1 455	262.00	98	62	495	69.0
380	475							277.70	93	60		73.0
400	495					22	1 595	319.00	97	65		76.0
420	515					24	1 751	367.80	100	68		80.0
440	535						1 952	429.50	98	73	550	81.0
460	555							448.40	94	70		85.0
480	575					25	2 040	489.70	94	70		88.0
500	595							508.00	90	68		91.0
520	615					28	2 273	591.00	97	73		95.0
540	635							614.00	93	71		98.0
560	655					30	2 437	682.60	96	74		101.0
580	675							707.40	93	72		104.0
600	695							731.60	90	70		108.0

4.4.10　ZJ10 型胀紧联结套的基本参数和主要尺寸应符合图 10 和表 13 的规定。

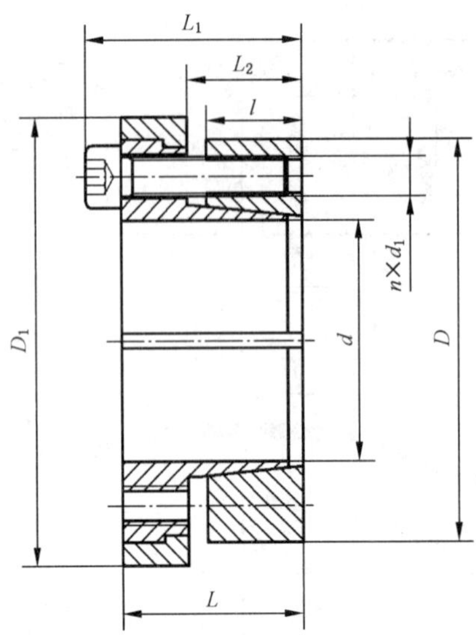

图 10　ZJ10 型胀紧联结套

表 13　ZJ10 型胀紧联结套的基本参数和主要尺寸

<table>
<tr><th colspan="7">基本尺寸/mm</th><th colspan="2">螺钉</th><th colspan="2">额定负荷</th><th rowspan="2">胀紧套与轴结合面上的压力 p_f/MPa</th><th rowspan="2">胀紧套与轮毂结合面上的压力 p'_f/MPa</th><th rowspan="2">螺钉的拧紧力矩 M_a/N·m</th><th rowspan="2">质量 kg</th></tr>
<tr><th>d</th><th>D</th><th>l</th><th>L</th><th>L_1</th><th>L_2</th><th>D_1</th><th>d_1/mm</th><th>n</th><th>轴向力 F_t/kN</th><th>转矩 M_t/kN·m</th></tr>
<tr><td>20</td><td rowspan="2">47</td><td rowspan="10">26</td><td rowspan="10">42</td><td rowspan="10">48</td><td rowspan="10">29</td><td rowspan="2">53</td><td rowspan="10">M6</td><td rowspan="6">7</td><td>0.54</td><td rowspan="6">54</td><td>276</td><td>117</td><td rowspan="10">14</td><td>0.51</td></tr>
<tr><td>22</td><td>0.60</td><td>253</td><td>118</td><td>0.53</td></tr>
<tr><td>24</td><td rowspan="2">50</td><td rowspan="2">56</td><td>0.65</td><td>230</td><td>110</td><td>0.55</td></tr>
<tr><td>25</td><td>0.68</td><td>222</td><td>111</td><td>0.65</td></tr>
<tr><td>28</td><td rowspan="2">55</td><td rowspan="2">61</td><td>0.76</td><td>198</td><td>100</td><td>0.62</td></tr>
<tr><td>30</td><td>0.82</td><td>186</td><td>101</td><td>0.80</td></tr>
<tr><td>32</td><td rowspan="2">60</td><td rowspan="2">66</td><td rowspan="4">11</td><td>1.31</td><td rowspan="4">82</td><td>261</td><td>139</td><td>0.70</td></tr>
<tr><td>35</td><td>1.44</td><td>240</td><td>140</td><td>0.81</td></tr>
<tr><td>38</td><td rowspan="2">65</td><td rowspan="2">71</td><td>1.56</td><td>220</td><td rowspan="2">129</td><td>0.77</td></tr>
<tr><td>40</td><td>1.64</td><td>209</td><td>1.33</td></tr>
<tr><td>42</td><td rowspan="2">75</td><td rowspan="7">30</td><td rowspan="7">51</td><td rowspan="7">59</td><td rowspan="7">34.5</td><td rowspan="2">81</td><td rowspan="7">M8</td><td rowspan="4">6</td><td>2.13</td><td rowspan="4">101</td><td>213</td><td rowspan="2">119</td><td rowspan="7">41</td><td>1.24</td></tr>
<tr><td>45</td><td>2.28</td><td>199</td><td>1.44</td></tr>
<tr><td>48</td><td rowspan="2">80</td><td rowspan="2">86</td><td>2.43</td><td>186</td><td rowspan="2">112</td><td>1.41</td></tr>
<tr><td>50</td><td>2.53</td><td>179</td><td>1.35</td></tr>
<tr><td>55</td><td>85</td><td>91</td><td rowspan="3">9</td><td>4.18</td><td rowspan="3">152</td><td>244</td><td>158</td><td>1.45</td></tr>
<tr><td>60</td><td>90</td><td>96</td><td>4.56</td><td>224</td><td>149</td><td>1.55</td></tr>
<tr><td>65</td><td>95</td><td>102</td><td>4.94</td><td>206</td><td>141</td><td>1.67</td></tr>
</table>

表 13（续）

基本尺寸/mm							螺钉		额定负荷		胀紧套与轴结合面上的压力 p_f/MPa	胀紧套与轮毂结合面上的压力 p'_f/MPa	螺钉的拧紧力矩 M_a/N·m	质量 kg
d	D	l	L	L_1	L_2	D_1	d_1/mm	n	轴向力 F_t/kN	转矩 M_t/kN·m				
70	110	40	56	66	45	117	M10	7	6.50	186	176	112	83	2.61
75	115					122			7.00		165	107		2.75
80	120					127			7.40		153	102		2.89
85	125					132		8	9.00	213	165	112		3.04
90	130					137			9.60		157	109		3.18
95	135					142		10	12.60	267	185	130		3.33
100	145	46	65	77	52	153	M12	7	13.30	270	153	105	145	4.62
110	155					163			14.70	270	140	99		5.00
120	165					173		8	18.40	309	147	107		5.37
130	180					188		10	25.10	388	171	124		6.46
140	190	51	73.5	87.5	58.5	199	M14	11	40.15	586	213	157	230	7.73
150	200					209		12	47.00	639	217	163		8.21
160	210					219		13	54.30	692	220	167		8.64
170	225					234		14	63.00	746	226	171		10.14
180	235					244			66.00	746	212	162		10.66

4.4.11 ZJ11 型胀紧联结套的基本参数和主要尺寸应符合图 11、表 14 的规定。

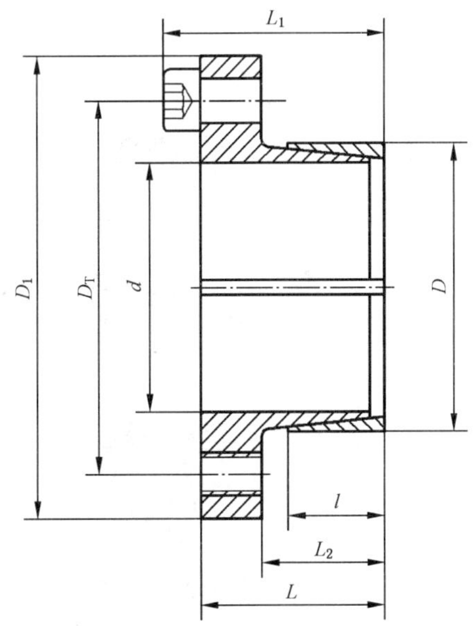

图 11 ZJ11 型胀紧联结套

表 14 ZJ11 型胀紧联结套的基本参数和主要尺寸

基本尺寸/mm								螺钉		额定负荷		胀紧套与轴结合面上的压力 p_f/MPa	胀紧套与轮毂结合面上的压力 p'_f/MPa	螺钉的拧紧力矩 M_a/N·m	质量 kg
d	D	D_T	D_1	l	L	L_1	L_2	d_1/mm	n	轴向力 F_t/kN	转矩 M_t/kN·m				
14	25	33	42	16	26	30	20	M4	4	64	9.20	109	61	2.9	0.091
16										74		95			0.082
18										82		85			0.072
19										87		80			0.068
20	30	39	50			31		M5		150	15.00	124	82	6	0.113
22										165		113			0.110
24										180		104			0.088
25	36	45	55							187	15.00	100	69	6	0.144
28										210		89			0.121
30										225		83			0.105
32	42	51	62		28	33				240		77	59		0.200
35										260		71			0.173
36										270		69			0.162
38	44	54	66			34		M6		400	21.20	93	80	10	0.182
40	48	58	70							425		88	73		0.223
42	48	58	70							446	21.20	83	73	10	0.191
45	55	67	82	20	35	43	25	M8		875	38.90	115	94	25	0.400
48										935		107			0.350
50	62	74	89	20						974		103	83		0.500
55										1 070		94			0.410
60	72	84	99	20						1 165		86	71		0.580
65										1 265		79			0.460

4.4.12 ZJ12 型胀紧联结套的基本参数和主要尺寸应符合图 12、表 15 的规定。

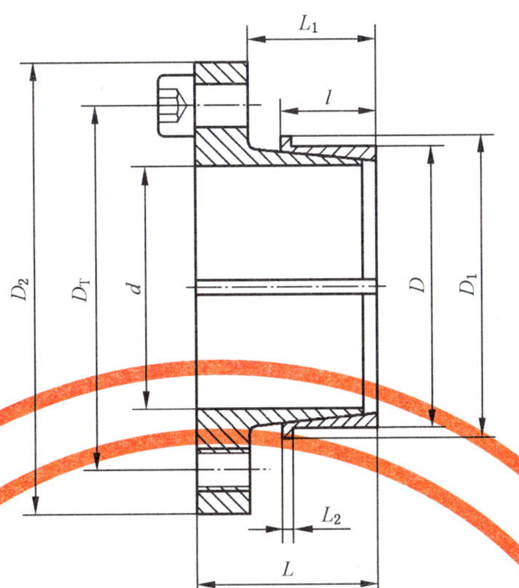

图 12 ZJ12 型胀紧联结套

表 15 ZJ12 型胀紧联结套的基本参数和主要尺寸

基本尺寸/mm									螺钉		额定负荷		胀紧套与轴结合面上的压力	胀紧套与轮毂结合面上的压力	螺钉的拧紧力矩	质量
d	D	D_T	l	L	L_1	L_2	D_1	D_2	d_1/mm	n	轴向力 F_t/kN	转矩 M_t/kN·m	p_f/MPa	p'_f/MPa	M_a/N·m	kg
9	12	21	11.5	19.5	15	1.5	15	29	M4	3	7.8	0.035	199	149	4.0	0.04
10	13	22					16	30				0.039	180	138		0.04
11	14	23					17	31				0.043	164	129		0.04
12	15	24					18	32				0.047	150	120		0.04
14	18	27	16.0	26.0	20	2.0	22	35		4	10.4	0.073	123	96		0.06
15	19	28					23	36				0.078	115	91		0.07
16	20	29		27.0			24	37		6	15.6	0.125	162	130		0.08
17	21	30					25	38				0.132	151	122		0.10
18	22	33					26	43	M5	4	17.1	0.154	156	128	8.5	0.11
19	24	35					28	45				0.162	149	118		0.12
20	25	36					29	46				0.171	142	114		0.12
22	26	38					30	48				0.188	129	109		0.16
24	28	40					32	50				0.205	118	101		0.16
25	30	42					34	52				0.214	114	95		0.19
28	32	44		28.5	21		36	54		6	25.6	0.358	151	132		0.20
30	35	47					39	57				0.384	141	121		0.23
32	36	49		30.0		2.5	41	59				0.410	133	118		0.33
35	40	53	17.5	31.5	23		45	63				0.448	111	97		0.33
38	44	58		33.0			49	70	M6		36.1	0.686	144	124	17.0	0.40
40	45	59	20.0	35.5	26		50	71				0.722	120	106		0.65
42	48	62		36.5			53	74		8	48.0	1.010	152	133		0.68

表 15（续）

基本尺寸/mm									螺钉		额定负荷		胀紧套与轴结合面上的压力 p_f/MPa	胀紧套与轮毂结合面上的压力 p'_f/MPa	螺钉的拧紧力矩 M_a/N·m	质量 kg
d	D	D_T	l	L	L_1	L_2	D_1	D_2	d_1/mm	n	轴向力 F_t/kN	转矩 M_t/kN·m				
45	52	69	25.0	44.5	32	3.0	58	84	M8	6	66.3	1.490	156	135	34.3	0.69
48	55	72					61	87				1.590	146	127		0.74
50	57	74					63	89				1.660	141	124		0.86
55	62	79					68	94				1.820	128	114		1.10
60	68	86	27.0	47.0	34	3.5	75	101				1.990	109	96		1.20
65	73	91		49.0			80	106		8	88.5	2.880	134	119		1.30
70	79	97	31.0	53.0	38		86	112				3.100	108	96		1.70
75	84	102		54.5	39		91	117		10	111	4.160	127	113		2.20
80	91	110	34.0	59.0	42	4.0	99	125				4.440	108	95		2.30

4.4.13 ZJ13 型胀紧联结套的基本参数和主要尺寸应符合图 13 和表 16 的规定。

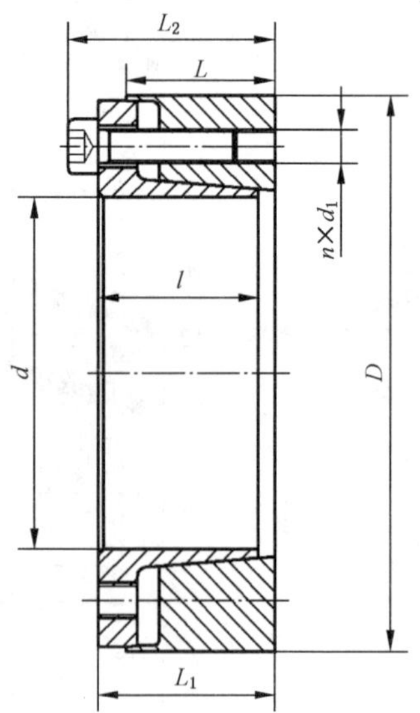

图 13 ZJ13 型胀紧联结套

表 16　ZJ13 型胀紧联结套的基本参数和主要尺寸

基本尺寸/mm						螺钉		额定负荷		胀紧套与轴结合面上的压力 p_f/MPa	胀紧套与轮毂结合面上的压力 p'_f/MPa	螺钉的拧紧力矩 M_a/N·m	质量 kg
d	D	l	L	L_1	L_2	d_1/mm	n	轴向力 F_t/kN	转矩 M_t/kN·m				
20	47	20	17	23	29	M6	5	34	0.34	242	121	17	0.25
22									0.38	220			0.24
24	50								0.41	202	114		0.27
25									0.43	194			0.29
28	55						6	43	0.60	208	124		0.31
30									0.64	194			0.30
35	60						7	51	0.90		133		0.33
40	65						8		1.00		140		0.37
45	75	24	20	28	36	M8	6	80	1.80	198	142	41	0.62
50	80						7	92	2.3	208	156		0.67
55	85						8	105	2.9	216	167		0.72
60	90							107	3.2	198	158		0.77
65	95						9	117	3.8	205	169		0.82
70	110	29	24	34	44	M10	8	171	6.0	223	172	83	1.50
75	115								6.4	208	164		1.59
80	120							170	6.8	195	157		1.67
85	125						9	191	8.1	207	170		1.76
90	130						10	213	9.6	217	181		1.84
95	135							210	10.0	206	175		1.90
100	145	33	28	38	50	M12	8	220	11	200	163	145	2.58
110	155						9	254	14	205	171		2.79
120	165						10	283	17	209	179		3.00
130	180	38	33	43	55		12	354	23	201	167		4.10
140	190							342	24	186	158		4.37
150	200						14	400	30	203	175		4.63
160	210						15	438	35	204	179		4.90
170	225	43	38	49	63	M14	12	494	42	186	159	230	6.56
180	235						14	560	51	205	178		6.90
190	250	51	46	57	71		16	640	61	187	158		9.27
200	260						18	720	72	200	171		9.70
220	285	55	50	61	77	M16	16	900	100	207	175	355	12.30
240	305								108	189	164		13.30
260	325						18	1 000	130	197	173		14.30
280	355	65	60	73	91	M18		1 200	170	188	161	485	21.40
300	375						20	1 330	200	195	169		22.70

表 16（续）

基本尺寸/mm						螺钉		额定负荷		胀紧套与轴结合面上的压力 p_f/MPa	胀紧套与轮毂结合面上的压力 p'_f/MPa	螺钉的拧紧力矩 M_a/N·m	质量 kg
d	D	l	L	L_1	L_2	d_1/mm	n	轴向力 F_t/kN	转矩 M_t/kN·m				
320	405	77	72	85	105	M20	18	1 700	275	198	167	930	32.20
340	425						20		290	187	160		34.00
360	455	89	84	99	121	M22		2 130	385	190	159		47.20
380	475						21	2 260	430	189	160		49.50
400	495								450	180	154		51.80
420	515						24	2 590	546	196	169		54.20
440	545	101	96	113	137	M24	22	3 000	660	190	161	1 200	72.00
460	565						24		690	182	156		74.90
480	585								720	174	150		77.90
500	605						28	3 520	880	195	170		80.80
520	630								915	178	155		88.10
540	650								950	171	150		91.10
560	670						30	3 780	1 060	178	156		94.20
580	690								1 100	172	152		97.30
600	710								1 130	165	148		100.3

4.4.14 ZJ14 型胀紧联结套的基本参数和主要尺寸应符合图 14 和表 17 的规定。

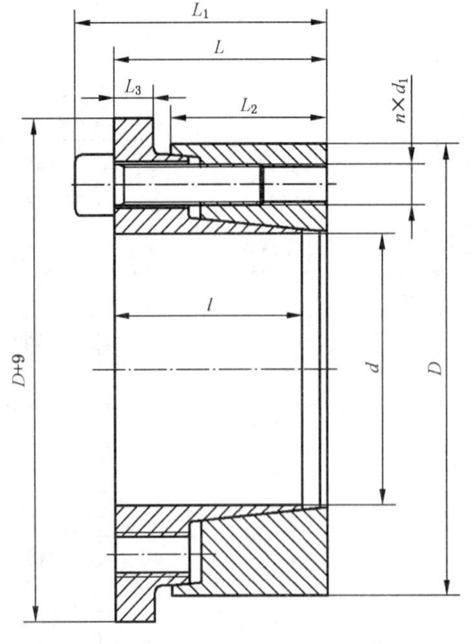

图 14 ZJ14 型胀紧联结套

表 17　ZJ14 型胀紧联结套的基本参数和主要尺寸

基本尺寸/mm							螺钉		额定负荷		胀紧套与轴结合面上的压力 p_f/MPa	胀紧套与轮毂结合面上的压力 p'_f/MPa	螺钉的拧紧力矩 M_a/N·m	质量 kg
d	D	l	L	L_1	L_2	L_3	d_1/mm	n	轴向力 F_t/kN	转矩 M_t/kN·m				
20	47	20	23	29	17	3	M6	6	28	0.28	185	93	17	0.26
22										0.31	168			0.25
24	50									0.34	154	87		0.28
25										0.35	148			0.30
28	55							8	37	0.52	176	105		0.32
30										0.56	164			0.31
35	60							9	42	0.74	158	109		0.34
40	65							10	46	0.93	154	112		0.38
45	75	24	28	36	20	4	M8	8	69	1.56	168	121	41	0.64
50	80							9	80	2.00	170	127		0.69
55	85							10	87	2.40	171	133		0.75
60	90									2.60	157	126		0.80
65	95							12	105	3.40	174	143		0.85
70	110	29	34	44	24	5	M10	10	137	4.80	177	136	83	1.56
75	115									5.15	166	130		1.65
80	120								151	6.05	171	138		1.73
85	125							12	164	7.0	175	144		1.83
90	130									7.4	166	138		1.91
95	135									7.8	157	133		1.99
100	145	33	38	50	28		M12	11	200	10.0	175	142	145	2.68
110	155									11.0	159	133		2.90
120	165							14	263	15.8	186	159		3.10
130	180	38	43	55	33		M12	16	300	19.5	170	142		4.25
140	190									21.0	158	134		4.50
150	200							18	338	25.4	166	143		4.80
160	210								375	30.0	156	137		5.00
170	225	43	49	63	38		M14	16	412	35.0	158	135	230	6.80
180	235							18	464	41.8	168	145		7.10
190	250	51	57	71	46			21	537	51.4	156	132		9.60
200	260							24	620	62	170	145		10.00
220	285	55	61	77	50		M16	20	718	79	164	139	355	12.70
240	305							21	766	92	158	137		13.80
260	325							24	862	112	167	147		14.80

表 17（续）

基本尺寸/mm							螺钉		额定负荷		胀紧套与轴结合面上的压力 p_f/MPa	胀紧套与轮毂结合面上的压力 p'_f/MPa	螺钉的拧紧力矩 M_a/N·m	质量 kg
d	D	l	L	L_1	L_2	L_3	d_1/mm	n	轴向力 F_t/kN	转矩 M_t/kN·m				
280	355	65	73	91	60	5	M18	24	1 035	145	159	136	485	22.20
300	375								1 166	175	167	145		23.60
320	405	77	85	105	72		M20		1 510	242	170	144	690	33.40
340	425									257	160	137		35.30
360	455	89	99	121	84		M22		1 880	338	156	130	930	49.00
380	475								1 890	360	147	125		51.50
400	495							28	2 195	439	163	140		53.80
420	515							30	2 350	494	167	144		56.30
440	545	101	113	137	96		M24	32	2 572	566	161	137	1 200	74.80
460	565									592	154	132		77.80
480	585									617	148	128		81.00
500	605							36	2 893	723	160	139		84.00
520	630									752	146	128		91.60
540	650									781	141	123		94.70
560	670							40	3 215	900	151	133		97.90
580	690									932	145	129		101.00
600	710									964	141	125		104.00

4.4.15　ZJ15A 型、ZJ15B 型胀紧联结套的基本参数和主要尺寸应符合图 15 和表 18、表 19 的规定。

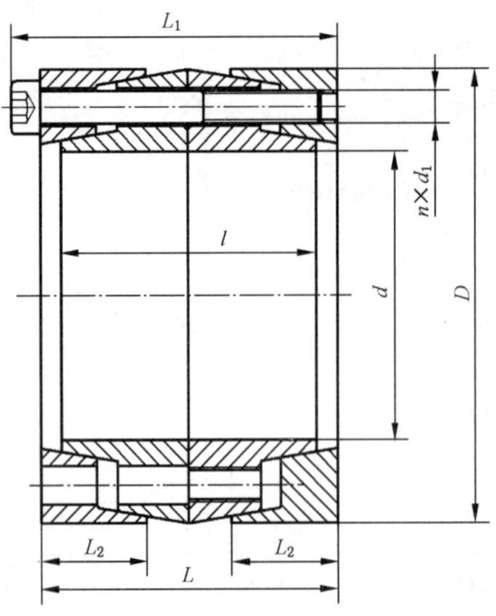

图 15　ZJ15 型胀紧联结套

表 18 ZJ15A 型胀紧联结套的基本参数和主要尺寸

基本尺寸/mm						螺钉		额定负荷		胀紧套与轴结合面上的压力 p_f/MPa	胀紧套与轮毂结合面上的压力 p'_f/MPa	螺钉的拧紧力矩 M_a/N·m	质量 kg
d	D	l	L	L_1	L_2	d_1/mm	n	轴向力 F_t/kN	转矩 M_t/kN·m				
30	55	40	46	52	17	M6	6	60	0.9	132	85	17	0.5
35	60						7	71	1.2	135	93		0.6
40	65						8	75	1.5	125	90		0.7
45	75	48	56	64	20	M8	6	111	2.5	136	98	41	1.1
50	80						7	120	3.0	133	100		1.2
55	85						8	138	3.8	139	108		1.3
60	90							143	4.3	132	106		1.4
65	95						9	163	5.3	139	114		1.5
70	110	58	68	78	24	M10	8	217	7.6	142	109	83	2.6
75	115							219	8.2	133	105		2.8
80	120							217	8.7	124	100		2.9
85	125						9	245	10.4	132	108		3.1
90	130						10	272	12	138	116		3.2
95	135							271	13	131	111		3.3
100	145	66	76	88	28	M12	8	317	16	127	104	145	4.5
110	155						9	340	19	124			4.9
120	165						10	377	23	126	108		5.3
130	180	76	86	98	33		12	453	29	122	101		7.3
140	190								32	113	96		7.8
150	200						14	528	40	23	106		8.2
160	210							566	45		108		8.7
170	225	86	98	112	38	M14	12	622	53	113	96	230	11.6
180	235						14	726	65	124	108		12.2
190	250	102	114	128	46		15	829	79	114	96		16.7
200	260						16	933	93	121	103		17.4
220	285	110	122	138	50	M16	15	1 141	126	125	106	355	22.3
240	305								137	115	99		24.1
260	325						16	1 284	167	119	105		25.8
280	355	130	146	164	60	M18		1 562	219	114	97	485	38.2
300	375						18	1 735	260	118	102		40.6
320	405	154	170	190	72	M20		2 230	357	120	101	690	58.6
340	425								379	113	97		61.8
360	455	178	198	220	84	M22		2 784	501	115		930	85.0
380	475						20	2 923	555				87.2
400	495								585	109	93		93.4
420	515						21	3 132	658	111	96		97.5
440	545	202	226	250	96	M24		3 616	696	108	92	1 200	128.9
460	565						22		832	103	88		134.1
480	585								868	99	85		139.3
500	605						26	3 938	984	103	90		144.5
520	630								1 024	99	86		157.6
540	650								1 063	96	84		163.1
560	670						27	4 219	1 181	99	87		168.6
580	690								1 224	96	84		174.0
600	710								1 266		82		179.5

表 19 ZJ15B 型胀紧联结套的基本参数和主要尺寸

基本尺寸/mm						螺钉		额定负荷		胀紧套与轴结合面上的压力 p_f/MPa	胀紧套与轮毂结合面上的压力 p'_f/MPa	螺钉的拧紧力矩 M_a/N·m	质量 kg
d	D	l	L	L_1	L_2	d_1/mm	d	轴向力 F_t/kN	转矩 M_t/kN·m				
100	145	66	76	86	28	M10	8	224	11	90	73	83	4.5
110	155						9	240	13	88			4.9
120	165						10	267	16	89	77		5.3
130	180	76	86	96	33		12	312	20	84	70		7.3
140	190							320	22	80	68		7.8
150	200						14	364	27	85	73		8.2
160	210						15	390	31		75		8.7
170	225	86	98	110	38	M12	12	449	38	82	70	145	11.6
180	235						14	524	47	90	78		12.2
190	250	102	114	126	46		16	599	57	82	69		16.7
200	260						18	674	67	88	75		17.4
220	285	110	122	136	50	M14	16	828	91	91	77	230	22.3
240	305							822	99	83	72		24.1
260	325						18	937	122	87	76		25.8
280	355	130	146	162	60	M16		1 294	181	94	81	355	38.2
300	375						20	1 431	215	97	84		40.6
320	405	154	170	188	72	M18	18	1 725	276	93	78	485	58.6
340	425							1 732	294	88	75		61.8
360	455	178	198	216	84		22	2 065	372	85	72		85.0
380	475							2 068	393	81	69		87.2
400	495						24		414	77	66		93.4
420	515						26	2 412	507	86	74		97.5
440	545	202	226	246	96	M20	21	2 409	530	72	61	690	128.9
460	565						22		554	69	59		134.1
480	585								578	66	57		139.3
500	605						26	2 811	703	74	64		144.5
520	630								731	71	62		157.6
540	650								759	68	60		163.1
560	670						27	3 012	843	71	62		168.6
580	690								873	68	60		174.0
600	710								903	66	59		179.5

4.4.16 ZJ16 型胀紧联结套的基本参数和主要尺寸应符合图 16 和表 20 的规定。

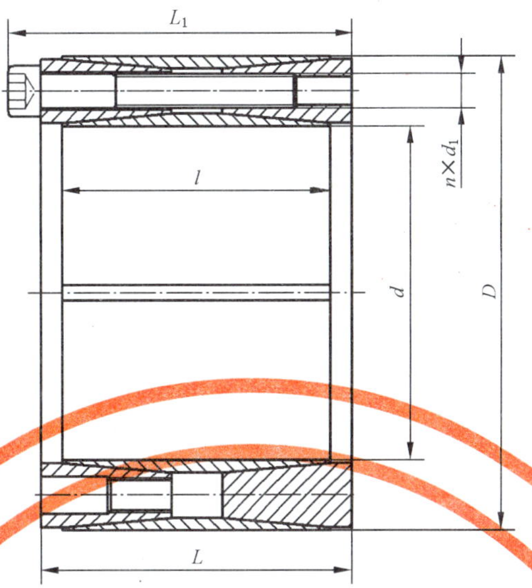

图 16 ZJ16 型胀紧联结套

表 20 ZJ16 型胀紧联结套的基本参数和主要尺寸

<table>
<tr><th colspan="5">基本尺寸/mm</th><th colspan="2">螺钉</th><th colspan="2">额定负荷</th><th rowspan="2">胀紧套与轴结合面上的压力 p_f/MPa</th><th rowspan="2">胀紧套与轮毂结合面上的压力 p'_f/MPa</th><th rowspan="2">螺钉的拧紧力矩 M_a/N·m</th><th rowspan="2">质量 kg</th></tr>
<tr><th>d</th><th>D</th><th>l</th><th>L</th><th>L_1</th><th>d_1/mm</th><th>n</th><th>轴向力 F_t/kN</th><th>转矩 M_t/kN·m</th></tr>
<tr><td>45</td><td>75</td><td rowspan="6">55</td><td rowspan="6">64</td><td rowspan="6">72</td><td rowspan="6">M8</td><td rowspan="4">9</td><td rowspan="4">174</td><td>3.90</td><td>185</td><td>110</td><td rowspan="6">41</td><td>1.5</td></tr>
<tr><td>48</td><td>80</td><td>4.15</td><td>170</td><td rowspan="2">105</td><td>1.7</td></tr>
<tr><td>50</td><td>80</td><td>4.30</td><td>165</td><td>1.6</td></tr>
<tr><td>55</td><td>85</td><td>4.80</td><td>150</td><td>95</td><td>1.7</td></tr>
<tr><td>60</td><td>90</td><td rowspan="4">11</td><td rowspan="2">213</td><td>6.40</td><td>170</td><td>110</td><td>1.8</td></tr>
<tr><td>65</td><td>95</td><td>6.90</td><td>155</td><td>105</td><td>2.0</td></tr>
<tr><td>70</td><td>110</td><td rowspan="6">70</td><td rowspan="6">78</td><td rowspan="6">88</td><td rowspan="6">M10</td><td rowspan="2">338</td><td>11.8</td><td>185</td><td>115</td><td rowspan="6">83</td><td>3.6</td></tr>
<tr><td>75</td><td>115</td><td>12.7</td><td>170</td><td>110</td><td>3.8</td></tr>
<tr><td>80</td><td>120</td><td rowspan="2">12</td><td rowspan="2">369</td><td>14.7</td><td>175</td><td>115</td><td>4.0</td></tr>
<tr><td>85</td><td>125</td><td>15.7</td><td>165</td><td>110</td><td>4.3</td></tr>
<tr><td>90</td><td>130</td><td rowspan="2">13</td><td rowspan="2">400</td><td>18.0</td><td>170</td><td>115</td><td>4.5</td></tr>
<tr><td>95</td><td>135</td><td>19.0</td><td rowspan="2">160</td><td rowspan="3">110</td><td>4.7</td></tr>
<tr><td>100</td><td>145</td><td rowspan="3">90</td><td rowspan="3">100</td><td rowspan="3">112</td><td rowspan="3">M12</td><td>12</td><td>538</td><td>26.9</td><td rowspan="3">145</td><td>7.2</td></tr>
<tr><td>110</td><td>155</td><td>13</td><td>583</td><td>32.0</td><td>155</td><td>7.7</td></tr>
<tr><td>120</td><td>165</td><td>15</td><td>673</td><td>40.3</td><td>165</td><td>120</td><td>8.3</td></tr>
</table>

表 20（续）

基本尺寸/mm					螺钉		额定负荷		胀紧套与轴结合面上的压力 p_f/MPa	胀紧套与轮毂结合面上的压力 p'_f/MPa	螺钉的拧紧力矩 M_a/N·m	质量 kg
d	D	l	L	L_1	d_1/mm	n	轴向力 F_t/kN	转矩 M_t/kN·m				
130	180	105	116	130	M14	13	800	52.0	155	115	230	11.7
140	190					15	923	64.6	170	125		12.5
150	200					16	985	73.8	165			13.2
160	210					17	1 045	83.7				14.0
170	225	132	146	162	M16	15	1 283	109.0	150	115	355	20.6
180	235					16	1 369	123.2				21.6
190	250					17	1 454	138.0				25.0
200	260							145.4	145	110		26.2
220	285					20	1 710	188.0	155	120		31.1
240	305					22	1 880	225.0				33.6
260	325							244.0	145	115		36.1
280	355	160	177	197	M20	20	2 670	373.0	155	120	690	54.9
300	375					22	2 930	440.0		125		58.3
320	405							470.0	145	115		71.0

4.4.17 ZJ17A 型、ZJ17B 型胀紧联结套的基本参数和主要尺寸应符合图 17、图 18 和表 21、表 22 的规定。

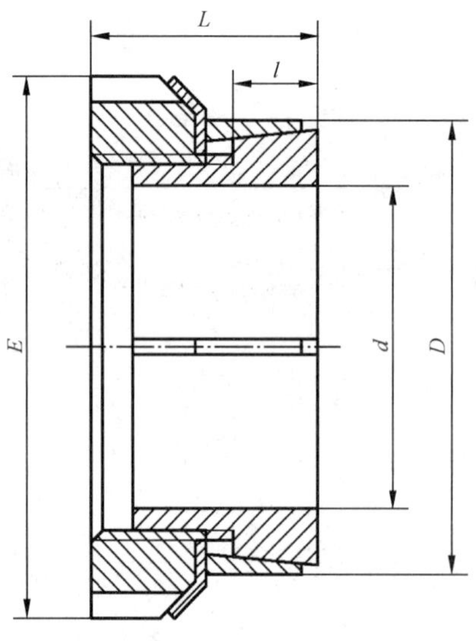

图 17 ZJ17A 型胀紧联结套

表 21　ZJ17A 型胀紧联结套的基本参数和主要尺寸

基本尺寸/mm					圆螺母螺纹直径 mm	额定负荷		胀紧套与轴结合面上的压力 p_f/MPa	胀紧套与轮毂结合面上的压力 p'_f/MPa	圆螺母的拧紧力矩 M_a/N·m	质量 kg
d	D	E	l	L		轴向力 F_t/kN	转矩 M_t/kN·m				
14	25	32	6.5	16.5	M20×1	5.10	38	200	110	95	0.05
15						5.50	41	185			0.04
16						5.45	43	174			
17	26					5.50	47	164	107		
18					M22×1	5.40	49	155			
18	30	38			M25×1.5	6.60	58	185	112	160	0.06
19				18			62	176			
20							66	167	111		
22	32						73	152	105		
24	35	45			M30×1.5	8.75	105	185	127	220	0.08
25						8.80	110	178			0.07
28	36				M32×1.5	8.55	120	159	124		0.06
28	40	52			M35×1.5	10.60	149	188	141	340	0.09
30			7	19.5			160	164	123		
32	42				M36×1.5		170	154	117		
35	45	58	8	21.5	M40×1.5	13.10	230	153	120	480	0.11
36						13.30	240	149			0.1
38	48				M42×1.5	13.10	250	141	112		0.12
38	50										0.14
40		65	10	24.5		15.50	310	124	93	680	
40	52				M45×1.5			120			0.17
42	55		10	25.5	M48×1.5	15.20	320	114	87		0.2
45		70			M50×1.5	17.70	400	122	96	870	0.16
45	57										0.2
48	60	75			M55×2	20.80	500	135	105	970	0.21
50	60	75			M55×2		520	130			0.18
50	62										0.22
55	65	80	12	27.5	M60×2	22.00	610	103	84	1 100	0.21
55	68										0.28
56							620	101	82		0.26
60	70	85		30	M65×2	26.60	800	113	93	1 300	0.24
60	73			30.5							0.33
63	79	92	14		M70×2	31.10	980	107	86	1 600	0.43
65						31.00	1 010	104			0.38
70	84	98		31.5	M75×2	35.40	1 240	110	92	2 000	0.42

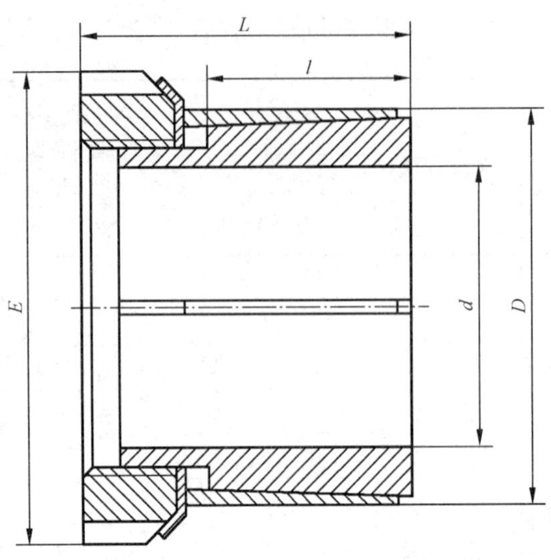

图 18 ZJ17B 型胀紧联结套

表 22 ZJ17B 型胀紧联结套的基本参数和主要尺寸

<table>
<tr><th colspan="5">基本尺寸/mm</th><th rowspan="2">圆螺母
螺纹直径
mm</th><th colspan="2">额定负荷</th><th rowspan="2">胀紧套与
轴结合面
上的压力
p_f/MPa</th><th rowspan="2">胀紧套与
轮毂结合面
上的压力
p'_f/MPa</th><th rowspan="2">圆螺母的
拧紧力矩
M_a/N·m</th><th rowspan="2">质量
kg</th></tr>
<tr><th>d</th><th>D</th><th>E</th><th>l</th><th>L</th><th>轴向力
F_t/kN</th><th>转矩
M_t/kN·m</th></tr>
<tr><td>14</td><td rowspan="4">25</td><td rowspan="5">32</td><td rowspan="7">20</td><td rowspan="3">30</td><td rowspan="3">M20×1</td><td rowspan="5">9.1</td><td>64</td><td>85</td><td rowspan="4">45</td><td rowspan="5">95</td><td rowspan="2">0.08</td></tr>
<tr><td>15</td><td>70</td><td>80</td></tr>
<tr><td>16</td><td>73</td><td>75</td><td rowspan="2">0.07</td></tr>
<tr><td>17</td><td rowspan="4">32</td><td rowspan="2">M22×1</td><td>80</td><td>70</td></tr>
<tr><td>18</td><td rowspan="3">30</td><td>83</td><td>65</td><td>40</td><td>0.12</td></tr>
<tr><td>19</td><td rowspan="2">38</td><td rowspan="2">M25×1.5</td><td rowspan="2">11.0</td><td>105</td><td>75</td><td rowspan="5">45</td><td rowspan="2">160</td><td>0.11</td></tr>
<tr><td>20</td><td>112</td><td rowspan="2">70</td><td>0.10</td></tr>
<tr><td>22</td><td rowspan="3">35</td><td rowspan="3">45</td><td rowspan="3">25</td><td rowspan="3">36</td><td rowspan="3">M30×1.5</td><td rowspan="4">14.5</td><td>163</td><td rowspan="3">220</td><td>0.17</td></tr>
<tr><td>24</td><td>178</td><td>65</td><td>0.15</td></tr>
<tr><td>25</td><td>185</td><td>60</td><td>0.14</td></tr>
<tr><td>28</td><td rowspan="2">40</td><td rowspan="3">52</td><td rowspan="12">30</td><td rowspan="2">42</td><td rowspan="2">M35×1.5</td><td>250</td><td>55</td><td rowspan="2">40</td><td rowspan="3">340</td><td>0.22</td></tr>
<tr><td>30</td><td>17.5</td><td>270</td><td>50</td><td>0.19</td></tr>
<tr><td>32</td><td>42</td><td rowspan="3">44</td><td>M36×1.5</td><td rowspan="3">21.5</td><td rowspan="2">350</td><td rowspan="2">60</td><td rowspan="4">45</td><td>0.20</td></tr>
<tr><td>32</td><td rowspan="2">45</td><td rowspan="2">58</td><td rowspan="2">M40×1.5</td><td rowspan="2">480</td><td>0.27</td></tr>
<tr><td>35</td><td>390</td><td>55</td><td>0.22</td></tr>
<tr><td>38</td><td rowspan="2">50</td><td rowspan="2">65</td><td rowspan="2">45</td><td rowspan="2">M45×1.5</td><td rowspan="2">26.0</td><td>500</td><td rowspan="5">60</td><td rowspan="2">680</td><td>0.30</td></tr>
<tr><td>40</td><td>520</td><td rowspan="4">50</td><td>0.25</td></tr>
<tr><td>45</td><td>55</td><td>70</td><td rowspan="4">46</td><td>M50×1.5</td><td>30.0</td><td>680</td><td>870</td><td>0.29</td></tr>
<tr><td>48</td><td rowspan="2">60</td><td rowspan="2">75</td><td rowspan="2">M55×2</td><td rowspan="2">35.0</td><td>840</td><td rowspan="2">970</td><td>0.37</td></tr>
<tr><td>50</td><td>880</td><td>0.32</td></tr>
<tr><td>55</td><td>65</td><td>80</td><td>M60×2</td><td>37.5</td><td>1 030</td><td>1 100</td><td>0.34</td></tr>
<tr><td>60</td><td>70</td><td>85</td><td>52</td><td>M65×2</td><td>45.0</td><td>1 360</td><td>65</td><td>55</td><td>1 300</td><td>0.42</td></tr>
</table>

4.4.18 ZJ18 型胀紧联结套的基本参数和主要尺寸应符合图 19 和表 23 的规定。

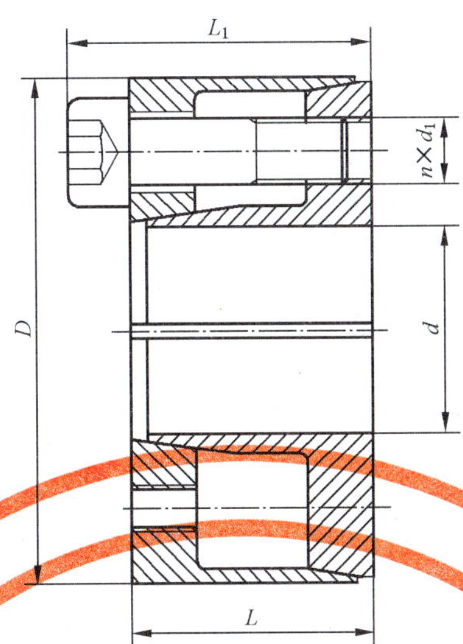

图 19 ZJ18 型胀紧联结套

表 23 ZJ18 型胀紧联结套的基本参数和主要尺寸

<table>
<tr><th colspan="4">基本尺寸/mm</th><th colspan="2">螺钉</th><th colspan="2">额定负荷</th><th rowspan="2">胀紧套与轴结合面上的压力 p_f/MPa</th><th rowspan="2">胀紧套与轮毂结合面上的压力 p'_f/MPa</th><th rowspan="2">螺钉的拧紧力矩 M_a/N·m</th><th rowspan="2">质量 kg</th></tr>
<tr><th>d</th><th>D</th><th>L</th><th>L_1</th><th>d_1/mm</th><th>n</th><th>轴向力 F_t/kN</th><th>转矩 M_t/kN·m</th></tr>
<tr><td>5</td><td rowspan="2">16</td><td rowspan="4">11</td><td rowspan="4">13.5</td><td rowspan="8">M2.5</td><td rowspan="8">4</td><td>2.4</td><td>6</td><td>159</td><td>50</td><td rowspan="8">1.2</td><td>0.010</td></tr>
<tr><td>6</td><td rowspan="2">2.6</td><td>8</td><td>147</td><td>55</td><td>0.012</td></tr>
<tr><td>7</td><td>17</td><td>9</td><td>122</td><td rowspan="2">50</td><td>0.013</td></tr>
<tr><td>8</td><td>18</td><td>2.8</td><td>11</td><td>113</td><td>0.015</td></tr>
<tr><td>9</td><td rowspan="2">20</td><td rowspan="4">13</td><td rowspan="4">15.5</td><td rowspan="4">3.6</td><td>16</td><td>116</td><td>52</td><td>0.020</td></tr>
<tr><td>10</td><td>18</td><td>106</td><td>53</td><td>0.019</td></tr>
<tr><td>11</td><td rowspan="2">22</td><td>20</td><td>97</td><td rowspan="2">49</td><td>0.024</td></tr>
<tr><td>12</td><td>22</td><td>90</td><td>0.022</td></tr>
<tr><td>14</td><td>26</td><td rowspan="4">17</td><td rowspan="2">20</td><td rowspan="2">M3</td><td rowspan="6">5</td><td rowspan="2">5.6</td><td>39</td><td>88</td><td>48</td><td rowspan="2">2.2</td><td>0.039</td></tr>
<tr><td>15</td><td>28</td><td>42</td><td>83</td><td>44</td><td>0.044</td></tr>
<tr><td>16</td><td>32</td><td>21</td><td rowspan="4">M4</td><td rowspan="2">9.6</td><td>77</td><td>132</td><td>66</td><td rowspan="4">5</td><td>0.067</td></tr>
<tr><td>17</td><td rowspan="3">35</td><td rowspan="3">25</td><td>82</td><td>125</td><td>61</td><td>0.090</td></tr>
<tr><td>18</td><td rowspan="2">21</td><td rowspan="2">9.7</td><td>87</td><td>102</td><td rowspan="2">53</td><td>0.087</td></tr>
<tr><td>19</td><td>92</td><td>97</td><td>0.098</td></tr>
<tr><td>20</td><td rowspan="2">47</td><td rowspan="10">29</td><td rowspan="10">35</td><td rowspan="10">M6</td><td rowspan="2">28</td><td>280</td><td>155</td><td rowspan="2">66</td><td rowspan="10">17</td><td>0.100</td></tr>
<tr><td>22</td><td>310</td><td>142</td><td>0.110</td></tr>
<tr><td>24</td><td rowspan="2">50</td><td rowspan="4">33</td><td>400</td><td>154</td><td rowspan="2">74</td><td>0.200</td></tr>
<tr><td>25</td><td>420</td><td>148</td><td>0.190</td></tr>
<tr><td>28</td><td rowspan="2">55</td><td rowspan="2">6</td><td>470</td><td>132</td><td rowspan="2">67</td><td>0.220</td></tr>
<tr><td>30</td><td>500</td><td>123</td><td>0.270</td></tr>
<tr><td>32</td><td rowspan="2">60</td><td rowspan="2">7</td><td>44</td><td>710</td><td>153</td><td rowspan="2">82</td><td>0.250</td></tr>
<tr><td>35</td><td rowspan="3">45</td><td>780</td><td>141</td><td>0.360</td></tr>
<tr><td>38</td><td rowspan="2">65</td><td rowspan="2">8</td><td>850</td><td>130</td><td rowspan="2">76</td><td>0.430</td></tr>
<tr><td>40</td><td>890</td><td>123</td><td>0.400</td></tr>
</table>

表 23（续）

基本尺寸/mm				螺钉		额定负荷		胀紧套与轴结合面上的压力	胀紧套与轮毂结合面上的压力	螺钉的拧紧力矩	质量
d	D	L	L_1	d_1/mm	n	轴向力 F_t/kN	转矩 M_t/kN·m	p_f/MPa	p'_f/MPa	M_a/N·m	kg
42	75	36	44	M8	6	71	1 500	150	84	41	0.670
45							1 600	140			0.630
48	80				8		1 700	130	78		0.740
50						72	1 800	127	80		0.700
55	85					84	2 300	134	87		1.100
60	90						2 500	123	82		1.000
63	95				9	92	2 900	129	86		1.000
65							3 000	125			0.860
70	110	46	56	M10	8	135	4 700	127	81	83	2.150
75	115						5 100	120	78		2.200
80	120						5 400	112	75		2.400
85	125				9	152	6 500	119	81		2.450
90	130				10		6 800	111	77		2.500
95	135					168	8 000	118	83		2.650
100	145	56	68	M12	8	202	10 100	107	74	145	3.850

4.4.19 ZJ19 型液压胀紧联结套的基本参数和主要尺寸应符合图 20 和表 24 的规定。

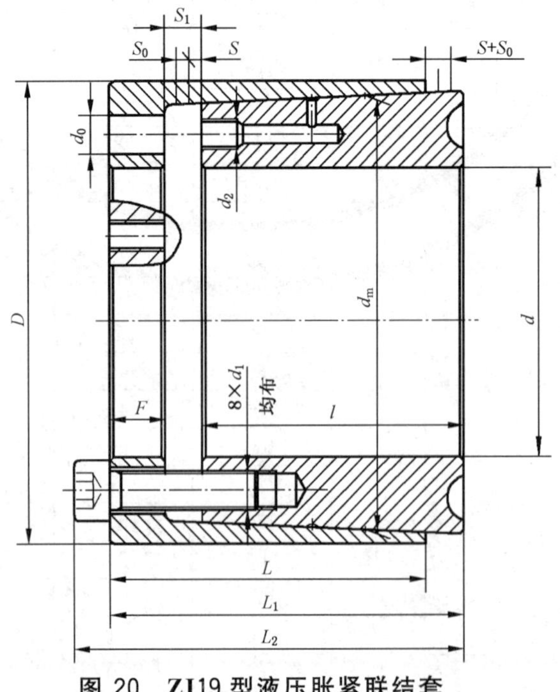

图 20 ZJ19 型液压胀紧联结套

表 24 ZJ19 型液压胀紧联结套基本参数和主要尺寸

<table>
<tr><th colspan="12">基本尺寸/mm</th><th>螺钉</th><th rowspan="2">注油孔径 d_2</th><th colspan="2">未注入液压油时</th><th rowspan="2">螺钉拧紧力矩 M_a/N·m</th><th rowspan="2">质量 kg</th></tr>
<tr><th>d</th><th>D</th><th>d_m</th><th>l</th><th>L</th><th>L_1</th><th>L_2</th><th>F</th><th>d_0</th><th>S</th><th>S_1</th><th>S_0</th><th>d_1/mm</th><th>转矩 M_t/kN·m</th><th>压力 p/MPa</th></tr>
<tr><td>100</td><td>145</td><td>139</td><td rowspan="3">70</td><td rowspan="3">85</td><td rowspan="3">95</td><td rowspan="3">105</td><td rowspan="3">15</td><td rowspan="3">10</td><td rowspan="3">2.9</td><td rowspan="3">10</td><td rowspan="21">S_0 的值见附录D表D1</td><td rowspan="3">M10</td><td rowspan="14">Rc1/8</td><td>12.5</td><td>80</td><td rowspan="3">83</td><td>6.5</td></tr>
<tr><td>110</td><td>155</td><td>149</td><td>14.0</td><td>75</td><td>7.0</td></tr>
<tr><td>120</td><td>165</td><td>159</td><td>15.6</td><td>70</td><td>7.5</td></tr>
<tr><td>130</td><td>180</td><td>172</td><td rowspan="4">104</td><td rowspan="4">120</td><td rowspan="4">135</td><td rowspan="4">147</td><td rowspan="4">18</td><td rowspan="4">15</td><td>3.1</td><td rowspan="4">13</td><td rowspan="4">M12</td><td>31.6</td><td>60</td><td rowspan="4">145</td><td>11.0</td></tr>
<tr><td>140</td><td>190</td><td>182</td><td rowspan="3">3.4</td><td>36.0</td><td>80</td><td>12.0</td></tr>
<tr><td>150</td><td>200</td><td>192</td><td>38.4</td><td>75</td><td>13.0</td></tr>
<tr><td>160</td><td>210</td><td>202</td><td>41.2</td><td>60</td><td>14.0</td></tr>
<tr><td>170</td><td>230</td><td>220</td><td rowspan="3">132</td><td rowspan="3">150</td><td rowspan="3">165</td><td rowspan="3">179</td><td rowspan="3">20</td><td rowspan="3">18</td><td rowspan="2">3.6</td><td rowspan="3">15</td><td rowspan="3">M14</td><td>71.0</td><td rowspan="2">80</td><td rowspan="3">230</td><td>22.0</td></tr>
<tr><td>180</td><td>240</td><td>230</td><td>76.4</td><td>23.0</td></tr>
<tr><td>200</td><td>260</td><td>250</td><td>4.0</td><td>81.0</td><td>70</td><td>25.0</td></tr>
<tr><td>220</td><td>285</td><td>274</td><td rowspan="5">157</td><td rowspan="5">180</td><td rowspan="5">200</td><td rowspan="5">216</td><td rowspan="5">24</td><td rowspan="5">18</td><td rowspan="2">4.0</td><td rowspan="5">25</td><td rowspan="5">M16</td><td>123</td><td>75</td><td rowspan="5">355</td><td>35.0</td></tr>
<tr><td>240</td><td>305</td><td>294</td><td>135</td><td>70</td><td>38.0</td></tr>
<tr><td>260</td><td>325</td><td>314</td><td rowspan="3">4.6</td><td>145</td><td>65</td><td>41.0</td></tr>
<tr><td>280</td><td>345</td><td>334</td><td>183</td><td rowspan="2">70</td><td>44.0</td></tr>
<tr><td>300</td><td>365</td><td>354</td><td>196</td><td>48.0</td></tr>
<tr><td>320</td><td>405</td><td>387</td><td rowspan="7">200</td><td rowspan="7">237</td><td rowspan="7">267</td><td rowspan="7">287</td><td rowspan="7">35</td><td rowspan="7">24</td><td rowspan="4">5.0</td><td rowspan="7">32</td><td rowspan="7">M20</td><td rowspan="7">Rc1/4</td><td>375</td><td>85</td><td rowspan="7">690</td><td>88.0</td></tr>
<tr><td>340</td><td>425</td><td>407</td><td>402</td><td rowspan="2">80</td><td>93.0</td></tr>
<tr><td>360</td><td>445</td><td>427</td><td>431</td><td>97.0</td></tr>
<tr><td>400</td><td>485</td><td>467</td><td>475</td><td>70</td><td>107.0</td></tr>
<tr><td>420</td><td>505</td><td>487</td><td rowspan="3">6.0</td><td>626</td><td>85</td><td>110.0</td></tr>
<tr><td>460</td><td>545</td><td>527</td><td>684</td><td>80</td><td>120.0</td></tr>
<tr><td>500</td><td>585</td><td>567</td><td>740</td><td>75</td><td>130.0</td></tr>
</table>

5 技术要求

5.1 胀紧联结套应符合本标准的规定，并按规定程序批准的产品图样和技术文件制造。

5.2 胀紧联结套的材料按表 25 的规定选取。

表 25 胀紧联结套的材料

胀紧套型式	选用材料		
	普通机械	重型机械	精密机械
ZJ1	45、40Cr	42CrMo、60Si2Mn	42CrMo、60Si2Mn
ZJ2	40Cr、42CrMo、65Mn	40Cr、42CrMo、60Si2Mn	40Cr、42CrMo
ZJ3	45、42CrMo	42CrMo、65Mn	42CrMo
ZJ4	40Cr、42CrMo、65Mn	40Cr、42CrMo、60Si2Mn	40Cr、42CrMo
ZJ5			
ZJ6	40Cr、42CrMo	42CrMo、65Mn	42CrMo
ZJ7			
ZJ8	45、40Cr	40Cr、42CrMo	
ZJ9A	45、40Cr、65Mn	40Cr、42CrMo、65Mn	40Cr、42CrMo
ZJ9B			
ZJ9C			
ZJ10	45、40Cr	40Cr、42CrMo、65Mn	
ZJ11			
ZJ12			
ZJ13	40Cr、65Mn	42CrMo、60Si2Mn	42CrMo
ZJ14			
ZJ15			
ZJ16	40Cr、42CrMo	40Cr、42CrMo、65Mn	40Cr、42CrMo
ZJ17A	45、40Cr	40Cr、42CrMo	42CrMo
ZJ17B			
ZJ18	45、40Cr、65Mn	40Cr、42CrMo、65Mn	
ZJ19	40Cr	42CrMo	

注 1：材料 45 应符合 GB/T 699 的规定。

注 2：材料 40Cr、42CrMo 应符合 JB/T 6396 的规定。

注 3：材料 65Mn、60Si2Mn 应符合 JB/T 6399 的规定。

5.3 胀紧联结套尺寸公差带应符合 GB/T 1800.2 的规定，其内径 d 按 E8 选取，外径 D 按 g6 选取。

5.4 胀紧联结套的形位公差应符合 GB/T 1184 的规定。

5.4.1 圆锥面的圆柱度及斜向圆跳动公差等级为 7 级。

5.4.2 轴向圆跳动公差等级为 8 级。

5.5 胀紧联结套的表面粗糙度应符合 GB/T 1031 及表 26 的相关规定。

表 26 胀紧联结套的表面粗糙度

内径 d/mm	Ra/μm			
	内表面	外表面	圆锥面	其他面
～120	1.6	0.8	0.8	6.3
>120～500	2.5	1.25	1.25	
>500	3.2	1.6	1.6	

5.6 胀紧联结套圆锥结合面接触率不得小于85%。

5.7 胀紧联结套选用螺钉应符合 GB/T 70.1 的相关规定，其机械性能应符合 GB/T 3098.1 规定的12.9级。

5.8 胀紧联结套的选用说明参见附录 A(资料性附录)。

5.9 胀紧联结套安装和拆卸的一般要求参见附录 B(资料性附录)。

5.10 ZJ1 型胀紧联结套的联结设计要点参见附录 C(资料性附录)。

5.11 液压胀紧联结套的设计要点与拆装参见附录 D(资料性附录)。

6 检验规则

6.1 出厂检验

6.1.1 每套胀紧联结套出厂前应按第4章和图样要求进行检验。

6.1.2 每套胀紧联结套均应经制造厂质量检验部门检验合格，并附有产品质量合格证方可出厂。

6.2 型式检验

系列首制产品或当产品结构、材料、工艺有较大改变或合同规定时，应进行型式检验。

6.2.1 检验项目

检验项目按6.1.1的规定执行。

6.2.2 抽样与组批规则

胀紧联结套首批产量小于10套抽检1套，10套～50套时抽检2套，50套以上抽检3套。首次抽检不合格时加倍抽检，再不合格时需全部检验。

7 标志、包装与贮存

7.1 标志

7.1.1 每套胀紧联结套应附有型号标签。

7.1.2 每套胀紧联结套的合格证上应注明下列内容：

a) 胀紧联结套的型号和标准号；
b) 制造厂名称；
c) 出厂日期；
d) 检验合格标记。

7.2 包装

7.2.1 胀紧联结套清洗后按 GB/T 4879 的规定进行防锈包装。

7.2.2 包装要求应符合 GB/T 13384 的相关规定。

7.2.3 外包装箱上标志应符合 GB/T 191 和 GB/T 6388 的规定。

7.3 贮存

7.3.1 胀紧联结套应存放在清洁、干燥、通风，避免日晒雨淋的环境中，存放期内避免与酸、碱、有机溶剂等物质接触。

7.3.2 在遵守 7.3.1 的情况下，制造厂应保证产品从出厂日起，在一年的贮存期内其性能仍符合本标准的相关规定。

附　录　A
（资料性附录）
胀紧联结套的选用说明

A.1　按传递负荷选用

A.1.1　选取胀紧联结套应符合式(A.1)、式(A.2)、式(A.3)和式(A.4)的规定。

a)　传递转矩：$M_t \geqslant M$ ……（A.1）

式中：

M_t ——胀紧套的额定转矩，单位为千牛米(kN·m)；

M ——需传递的转矩，单位为千牛米(kN·m)。

b)　承受轴向力：$F_t \geqslant F_x$ ……（A.2）

式中：

F_t ——胀紧套的额定轴向力，单位为千牛(kN)；

F_x ——需传递的轴向力，单位为千牛(kN)。

c)　传递力：$F_t \geqslant \sqrt{F_x{}^2 + (M \times d/2 \times 10^{-3})^2}$ ……（A.3）

式中：

F_t ——胀紧套的额定轴向力，单位为千牛(kN)；

F_x ——需传递的轴向力，单位为千牛(kN)；

M ——需传递的转矩，单位为千牛米(kN·m)；

d ——胀紧套内径，单位为毫米(mm)。

d)　承受径向力：$p_f \geqslant \frac{F_r}{dl} \times 10^3$ ……（A.4）

式中：

p_f ——胀紧套与轴结合面上的压力，单位为兆帕(MPa)；

F_r ——需承受的径向力，单位为千牛(kN)；

d ——胀紧套内径，单位为毫米(mm)；

l ——胀紧套内环宽度，单位为毫米(mm)。

A.1.2　一个联结采用数个胀紧套时的额定负荷

一个胀紧套的额定负荷小于需传递的负荷时，可用两个或两个以上的胀紧套串联使用，其总额定负荷按式(A.5)确定。

$$M_{tn} = m\,M_t \quad \cdots\cdots（A.5）$$

式中：

M_{tn}——n 个胀紧套总传递转矩，单位为千牛米(kN·m)；

M_t ——胀紧套的额定转矩，单位为千牛米(kN·m)；

m ——负荷系数，见表 A.1。

表 A.1 负荷系数 m

联结中胀紧套数量 n	m		
	ZJ1	ZJ1-ZJ5	ZJ9、ZJ13、ZJ15、Z16
1	1.00	1.0	1.0
2	1.56	1.8	1.8
3	1.86	2.7	—
4	2.03	—	—

A.2 结合面的公差及表面粗糙度

A.2.1 与胀紧套结合的轴、孔尺寸公差带应按 GB/T 1800.2 的规定。其中轴为 h8，孔为 H8。

A.2.2 与胀紧套结合的轴、孔表面粗糙度应按 GB/T 1031 的规定。其中与 ZJ1 型胀紧套结合的轴、孔表面粗糙度 $Ra \leqslant 1.6\ \mu m$，而与其他型胀紧套结合的轴、孔表面粗糙度 $Ra \leqslant 3.2\ \mu m$。

A.3 联结件的尺寸

A.3.1 与胀紧套联结的空心轴内径 d_i（见图 A.1）按式（A.6）计算：

$$d_i \leqslant d\sqrt{\frac{R_{eH} - 2p_f C}{R_{eH}}} \quad \cdots\cdots\cdots\cdots (A.6)$$

式中：

d_i ——空心轴内径，单位为毫米（mm）；

d ——胀紧套内径，单位为毫米（mm）；

R_{eH}——空心轴材料的屈服强度，单位为兆帕（MPa）；

p_f ——胀紧套与轴结合面上的压力，单位为兆帕（MPa）；

C ——系数，见表 A.2。

表 A.2 系数 C

系数	胀紧套型式							
	ZJ1			ZJ2		ZJ3、ZJ6 ZJ8、ZJ10 ZJ13、ZJ14	ZJ4、ZJ15 ZJ16、ZJ18	ZJ5、ZJ7 ZJ9、ZJ11 ZJ12、ZJ15 ZJ17、ZJ19
	一个联结中的胀紧套数量							
	1	2	>2	1	2			
C	0.60	0.80	1.00	0.60	0.80	0.80	0.85	0.90

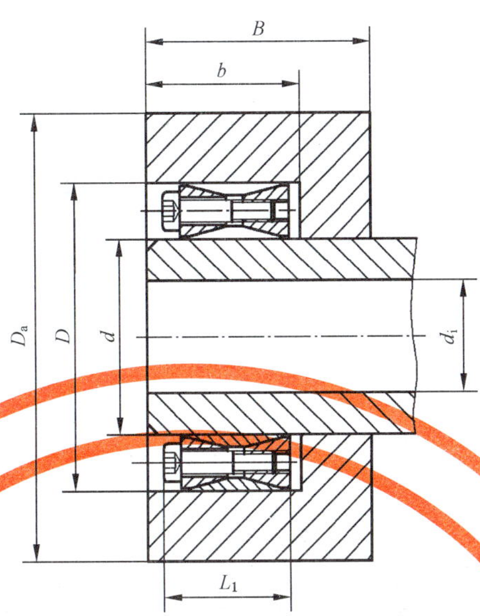

图 A.1

A.3.2 与胀紧套联结的轮毂外径 D_a 按式(A.7)计算：

$$D_a \geqslant D\sqrt{\frac{R_{eH}+p'_fC_1}{R_{eH}-p'_fC_1}} \qquad (A.7)$$

式中：

D_a ——轮毂外径，单位为毫米(mm)；

D ——胀紧套外径，单位为毫米(mm)；

R_{eH} ——轮毂材料的屈服强度，单位为兆帕(MPa)；

p'_f ——胀紧套与轮毂结合面上的压力，单位为兆帕(MPa)；

C_1 ——系数。

轮毂与胀紧套联结有 A、B、C 三种型式，如图 A.2～图 A.9。联结型式最好采用 A、C 型，因用材少、省工、较为经济。而型式 B 用后有可能产生锈蚀，拆卸困难。

毂型 A：$C_1=1.0$

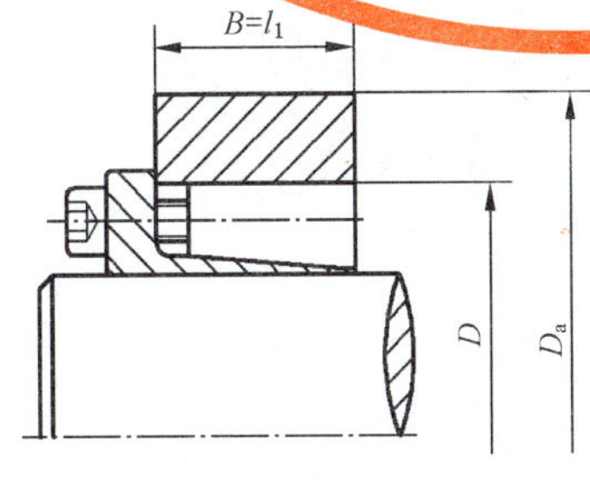

图 A.2

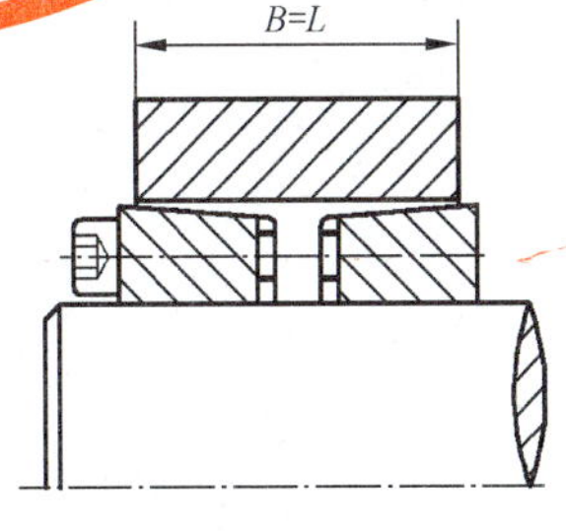

图 A.3

毂型 B：$C_1=0.8$

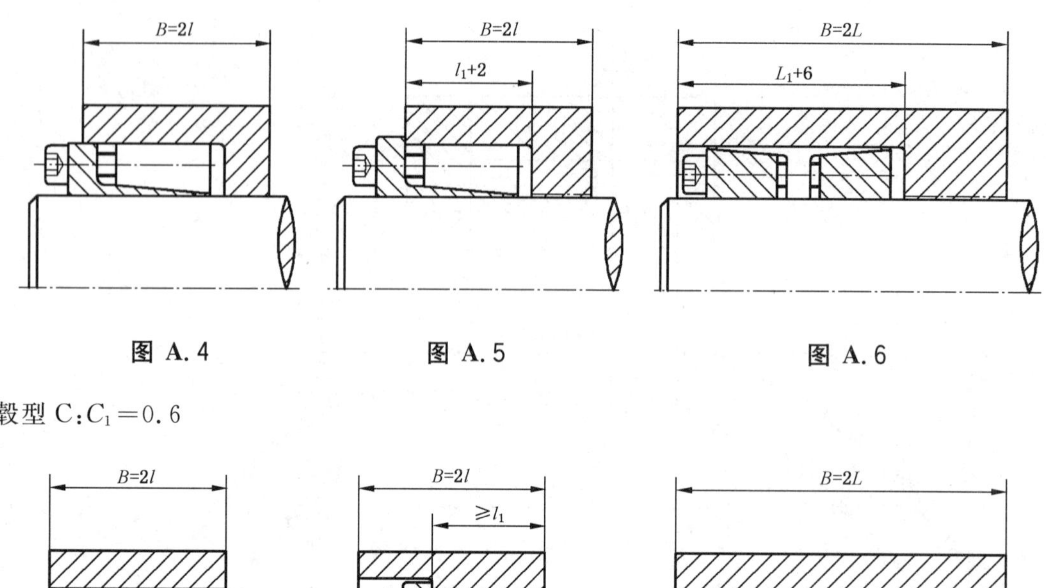

图 A.4　　图 A.5　　图 A.6

毂型 C：$C_1=0.6$

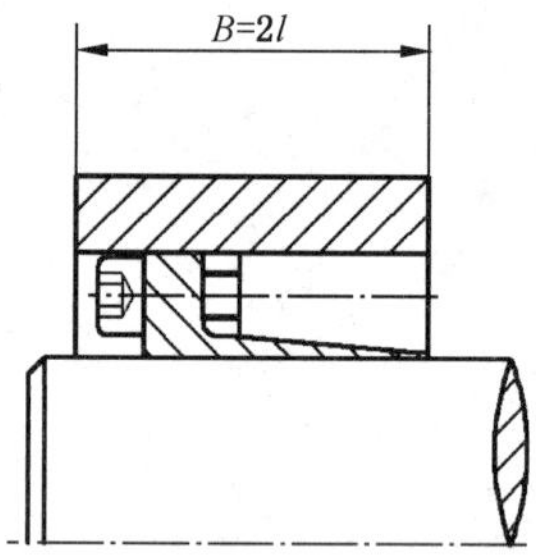

图 A.7 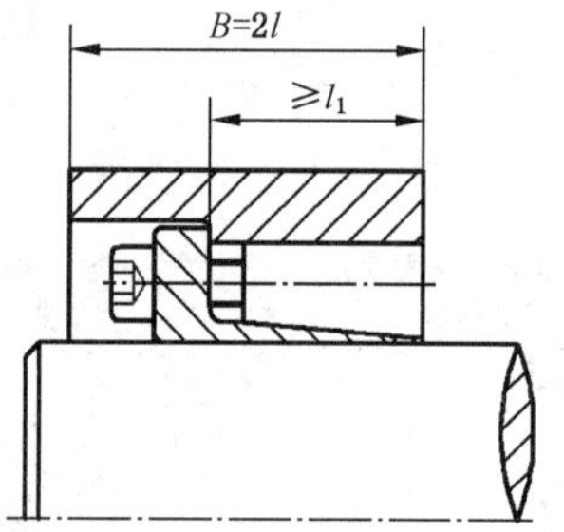　　图 A.8 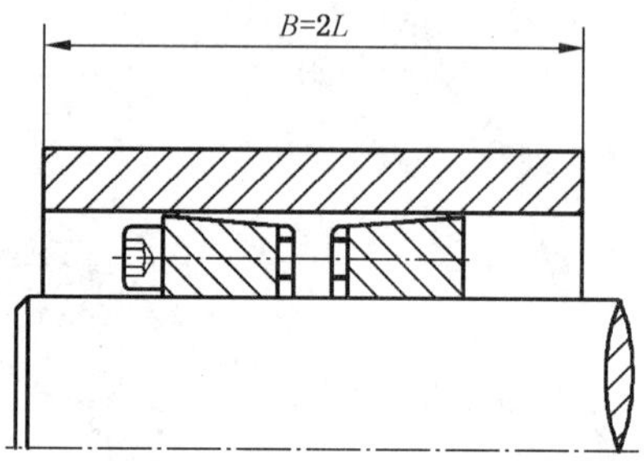　　图 A.9

使用 ZJ11 型和 ZJ12 型胀紧套时轮毂外径 D_a 按式(A.8)计算：

$$D_a \geqslant D\sqrt{\frac{R_{eH}+p_f' C_1}{R_{eH}-p_f' C_1}}+2d_1 \qquad \cdots\cdots(A.8)$$

式中：

D_a ——轮毂外径，单位为毫米(mm)；

D ——胀紧套外径，单位为毫米(mm)；

R_{eH} ——轮毂材料的屈服强度，单位为兆帕(MPa)；

p_f' ——胀紧套与轮毂结合面上的压力，单位为兆帕(MPa)；

C_1 ——系数。

d_1 ——螺孔直径，单位毫米(mm)。

附 录 B
（资料性附录）
胀紧联结套安装和拆卸的一般要求

B.1 安装准备

B.1.1 结合面的尺寸应按 GB/T 3177 规定的方法进行检验。

B.1.2 清除联结件与胀紧套结合面污物，然后均匀地涂抹薄薄一层不含二硫化钼（MoS_2）的润滑油或润滑脂。

B.1.3 松开所有螺钉数圈，并至少用三个螺钉拧入拆卸螺孔中使其压环与内外锥面保持有一定距离。

B.2 安装

B.2.1 把联结件之轮毂套在轴上，并推移到设计规定位置。

B.2.2 将拧松螺钉的胀紧套平滑地装入联结孔处（要防止结合件的倾斜），然后除去拆卸螺孔中的螺钉，并预紧紧固螺钉，使其固定在设计位置。

B.2.3 用力矩扳手对角、交叉、均匀地拧紧胀紧联结套各紧固螺钉，但开缝处两侧的螺钉应依次先后拧紧。其依次拧紧力矩按下列规定。

第一次：以三分之一拧紧力矩 M_a 值拧紧；

第二次：以二分之一拧紧力矩 M_a 值拧紧；

第三次：以拧紧力矩 M_a 值拧紧；

最后按螺钉排列顺序依次以拧紧力矩 M_a 值进行检查，确保全部达到规定的拧紧力矩。

M_a——拧紧力矩，按胀紧套基本参数表中规定，单位为牛米（N·m）。

B.3 拆卸

B.3.1 将所有螺钉转松数圈，并取出与拆卸螺孔数量相同的螺钉拧入拆卸螺孔中；

B.3.2 将拆卸螺孔中的螺钉对角逐级、平均拧入，必要时还可边拧入边无损敲击螺钉或联结件，使其胀紧套脱开。但在开缝处左右两侧的螺钉应依次拧入。

B.4 防护

B.4.1 胀紧套安装完毕，在其胀紧套外露端面及螺钉头部涂抹防锈油等措施进行防护。

B.4.2 在露天作业或工作环境较差的设备上使用，要定期检查外路部分的防护措施。

B.4.3 在腐蚀介质中工作的胀紧套，应使用有防锈功能的胀紧套或增加防护罩等专门措施进行防护。

附 录 C
(资料性附录)
ZJ1 型胀紧联结套的联结设计要点

C.1 ZJ1 型胀紧套的联结型式

ZJ1 型胀紧套需以法兰和螺栓夹紧，常用的有在轮毂上夹紧(图 C.1)和在轴端上夹紧(图 C.2)两种型式。

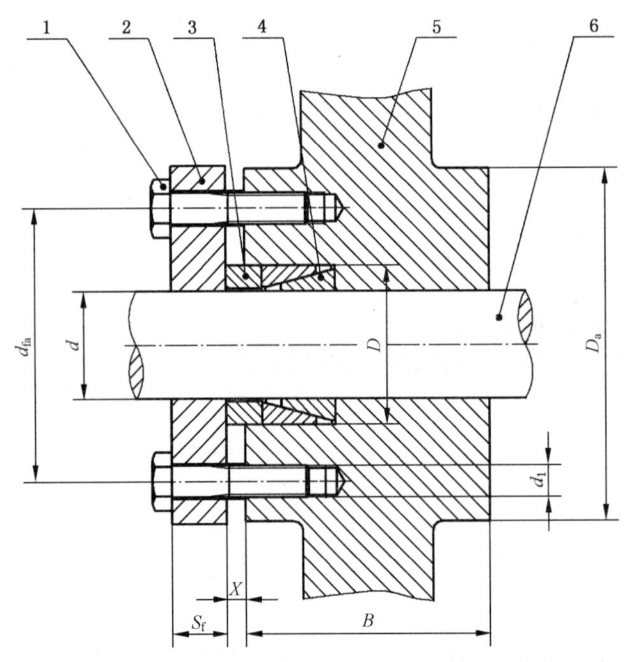

说明：1——螺栓；2——法兰；3——隔套；4——ZJ1 型胀紧套；5——轮毂；6——轴。

图 C.1 在轮毂上夹紧 ZJ1 型胀紧套

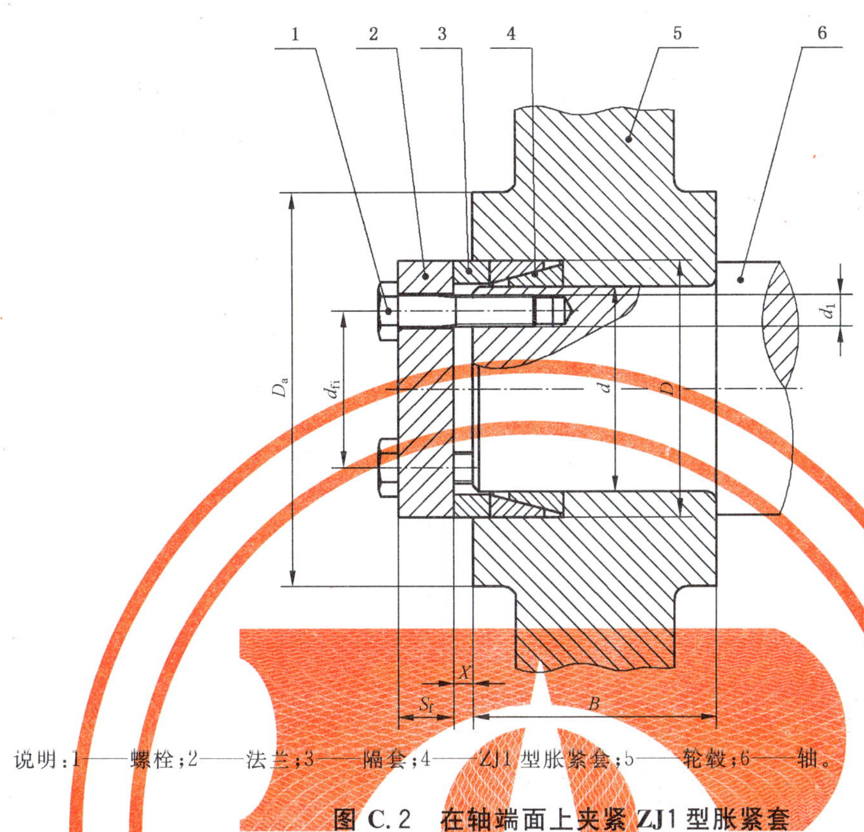

说明：1——螺栓；2——法兰；3——隔套；4——ZJ1 型胀紧套；5——轮毂；6——轴。

图 C.2 在轴端面上夹紧 ZJ1 型胀紧套

C.2 夹紧力

C.2.1 ZJ1 型胀紧套的总夹紧力 P_A 等于单件螺栓的夹紧力 P_v 乘以螺栓的数量 Z(即 $P_A = ZP_v$)。单件螺栓的拧紧力矩 M_a 与单件螺栓的夹紧力 P_v 的关系列于表 C.1。

表 C.1 螺栓的夹紧力 P_v

螺栓直径/mm	机械性能等级 8.8 级		机械性能等级 10.9 级	
	M_a/N·m	P_v/kN	M_a/N·m	P_v/kN
M5	6	6.4	8	8.43
M6	10	9.0	14	12.6
M8	25	16.5	35	23.2
M10	49	26.2	69	36.9
M12	86	38.3	120	54.0
M16	210	73.0	295	102.0
M20	410	114.0	580	160.0
M24	710	164.0	1 000	230.0

C.2.2　ZJ1 型胀紧套的夹紧过程(见图 C.3)

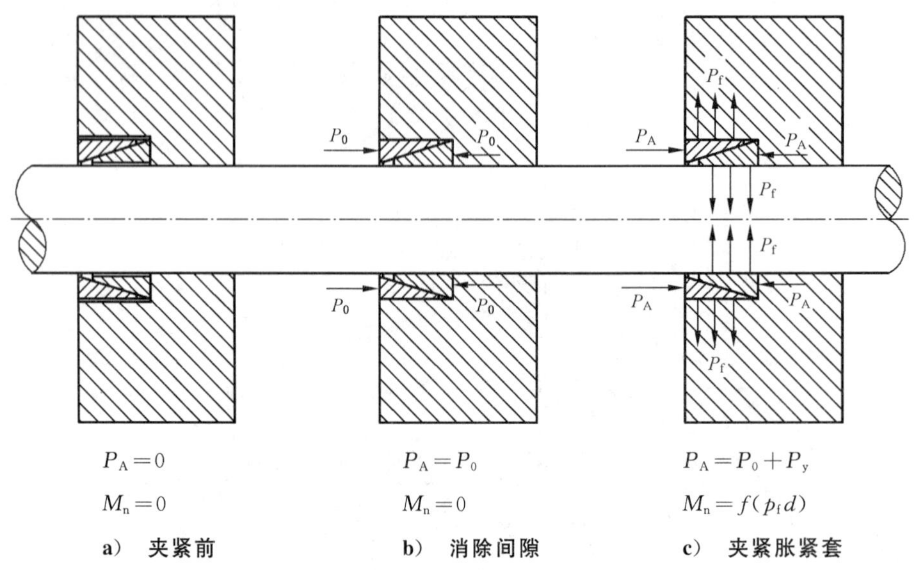

图 C.3　ZJ1 型胀紧套的夹紧过程

C.2.2.1　按附录 A 规定的公差带时,消除配合间隙所需夹紧力 P_0 列于表 C.2。

C.2.2.2　ZJ1 型胀紧套与轴结合面上的压力 $p_f=100$ MPa 时所需的有效夹紧力 P_y 列于表 C.2。

C.3　夹紧附件的基本尺寸

C.3.1　隔套(图 C.1、图 C.2 中件号 3)的基本尺寸见图 C.4 和表 C.2。

C.3.2　法兰与轮毂端面的距离 X(图 C.1、图 C.2)按联结中胀紧套的数量而定,见表 C.2。

C.3.3　法兰(图 C.1、图 C.2)的基本尺寸:

$$d_{fa}=D+10+d_1 \quad \text{mm}$$

$$d_{fi}=D-10-d_1 \quad \text{mm}$$

$$S_f \geqslant d_1(a_1+a/Z) \quad \text{mm}$$

式中:

d_1——螺栓直径,mm;

Z——螺栓数;

a——螺栓布置系数,见表 C.3;

a_1——系数。

对于法兰的屈服强度 $R_{eH}\geqslant 295$ MPa,螺栓的机械性能等级为 8.8 级时 $a_1=1$;

对于法兰的屈服强度 $R_{eH}\geqslant 345$ MPa,螺栓的机械性能等级为 10.9 级时 $a_1=1.5$。

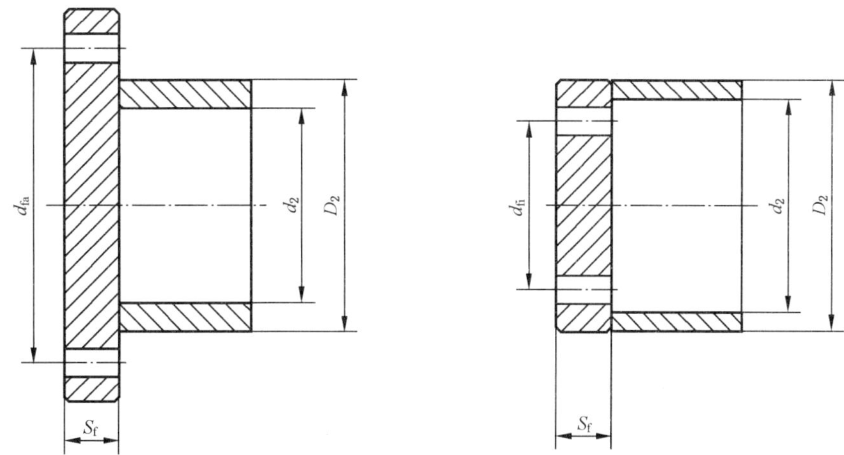

图 C.4 隔套的基本尺寸

表 C.2 夹紧力及隔套的基本尺寸

<table>
<tr><th rowspan="3">d/mm</th><th rowspan="3">D/mm</th><th rowspan="3">P_0/kN</th><th>P_f=100 MPa</th><th colspan="4">X/mm</th><th rowspan="3">d_2/mm</th><th rowspan="3">D_2/mm</th></tr>
<tr><th rowspan="2">P_y/kN</th><th colspan="4">联结中的胀紧套数量</th></tr>
<tr><th>1</th><th>2</th><th>3</th><th>4</th></tr>
<tr><td>20</td><td>25</td><td>12.1</td><td>18.0</td><td rowspan="7">3</td><td rowspan="7">3</td><td rowspan="7">4</td><td rowspan="7">5</td><td>20.2</td><td>24.8</td></tr>
<tr><td>22</td><td>26</td><td>9.1</td><td>19.8</td><td>22.2</td><td>25.8</td></tr>
<tr><td>25</td><td>30</td><td>9.9</td><td>22.5</td><td>25.2</td><td>29.8</td></tr>
<tr><td>28</td><td>32</td><td>7.4</td><td>25.2</td><td>28.2</td><td>31.8</td></tr>
<tr><td>30</td><td>35</td><td>8.5</td><td>27.0</td><td>30.2</td><td>34.8</td></tr>
<tr><td>32</td><td>36</td><td>7.9</td><td>28.8</td><td>32.2</td><td>35.8</td></tr>
<tr><td>35</td><td>40</td><td>10.1</td><td>35.6</td><td>35.2</td><td>39.8</td></tr>
<tr><td>40</td><td>45</td><td>13.8</td><td>45.0</td><td rowspan="8">3</td><td rowspan="7">4</td><td rowspan="7">5</td><td rowspan="3">6</td><td>40.2</td><td>44.8</td></tr>
<tr><td>45</td><td>52</td><td>28.2</td><td>66.0</td><td>45.2</td><td>51.8</td></tr>
<tr><td>50</td><td>57</td><td>23.5</td><td>73.0</td><td>50.2</td><td>56.8</td></tr>
<tr><td>55</td><td>62</td><td>21.8</td><td>80.0</td><td rowspan="5">7</td><td>55.2</td><td>61.8</td></tr>
<tr><td>60</td><td>68</td><td>27.4</td><td>106.0</td><td>60.2</td><td>67.8</td></tr>
<tr><td>65</td><td>73</td><td>25.4</td><td>115.0</td><td>65.2</td><td>72.8</td></tr>
<tr><td>70</td><td>79</td><td>31.0</td><td>145.0</td><td>70.3</td><td>78.7</td></tr>
<tr><td>75</td><td>84</td><td>34.6</td><td>155.0</td><td rowspan="5">5</td><td rowspan="5">6</td><td>75.3</td><td>83.7</td></tr>
<tr><td>80</td><td>91</td><td>48.0</td><td>203.0</td><td rowspan="8">4</td><td rowspan="4">8</td><td>20.3</td><td>90.7</td></tr>
<tr><td>85</td><td>96</td><td>45.6</td><td>216.0</td><td>85.3</td><td>95.7</td></tr>
<tr><td>90</td><td>101</td><td>43.4</td><td>229.0</td><td>90.3</td><td>100.7</td></tr>
<tr><td>95</td><td>106</td><td>41.2</td><td>242.0</td><td>95.3</td><td>105.7</td></tr>
<tr><td>100</td><td>114</td><td>60.7</td><td>347</td><td rowspan="4">6</td><td rowspan="4">7</td><td rowspan="4">9</td><td>100.3</td><td>113.7</td></tr>
<tr><td>105</td><td>119</td><td>63.2</td><td>332</td><td>105.3</td><td>119.7</td></tr>
<tr><td>110</td><td>124</td><td>66.0</td><td>349</td><td>110.3</td><td>123.7</td></tr>
<tr><td>120</td><td>134</td><td>60.2</td><td>380</td><td>120.4</td><td>133.6</td></tr>
</table>

表 C.2（续）

<table>
<tr><th rowspan="3">d/mm</th><th rowspan="3">D/mm</th><th rowspan="3">P_0/kN</th><th>P_f=100 MPa</th><th colspan="4">X/mm</th><th rowspan="3">d_2/mm</th><th rowspan="3">D_2/mm</th></tr>
<tr><th rowspan="2">P_y/kN</th><th colspan="4">联结中的胀紧套数量</th></tr>
<tr><th>1</th><th>2</th><th>3</th><th>4</th></tr>
<tr><td>125</td><td>139</td><td>70.1</td><td>420</td><td rowspan="5">5</td><td rowspan="5">7</td><td rowspan="5">9</td><td rowspan="5">11</td><td>125.4</td><td>138.6</td></tr>
<tr><td>130</td><td>148</td><td>96.2</td><td>558</td><td>130.4</td><td>147.6</td></tr>
<tr><td>140</td><td>158</td><td>89.0</td><td>600</td><td>140.4</td><td>157.6</td></tr>
<tr><td>150</td><td>168</td><td>84.5</td><td>643</td><td>150.4</td><td>167.6</td></tr>
<tr><td>160</td><td>178</td><td>78.5</td><td>686</td><td>160.4</td><td>177.6</td></tr>
<tr><td>170</td><td>191</td><td>117.5</td><td>865</td><td rowspan="7">6</td><td rowspan="6">8</td><td rowspan="6">11</td><td rowspan="6">13</td><td>170.5</td><td>190.5</td></tr>
<tr><td>180</td><td>201</td><td>111.2</td><td>916</td><td>180.5</td><td>200.5</td></tr>
<tr><td>190</td><td>211</td><td>105.0</td><td>966</td><td>190.5</td><td>211.5</td></tr>
<tr><td>200</td><td>224</td><td>134.0</td><td>1 180</td><td>200.6</td><td>223.4</td></tr>
<tr><td>210</td><td>234</td><td>127.0</td><td>1 239</td><td>210.6</td><td>233.4</td></tr>
<tr><td>220</td><td>244</td><td>122.0</td><td>1 298</td><td>220.6</td><td>243.4</td></tr>
<tr><td>240</td><td>267</td><td>157.5</td><td>1 610</td><td>9</td><td>12</td><td>14</td><td>240.6</td><td>266.4</td></tr>
<tr><td>250</td><td>280</td><td>190.0</td><td>1 870</td><td rowspan="4">7</td><td rowspan="2">10</td><td rowspan="2">13</td><td rowspan="2">16</td><td>250.8</td><td>279.2</td></tr>
<tr><td>260</td><td>290</td><td>182.0</td><td>1 950</td><td>260.8</td><td>289.2</td></tr>
<tr><td>280</td><td>313</td><td>206.0</td><td>2 330</td><td rowspan="2">11</td><td rowspan="2">14</td><td rowspan="2">17</td><td>280.8</td><td>312.2</td></tr>
<tr><td>300</td><td>333</td><td>214.0</td><td>2 490</td><td>300.8</td><td>332.2</td></tr>
<tr><td>320</td><td>360</td><td>292.0</td><td>3 200</td><td rowspan="9">10</td><td rowspan="9">15</td><td rowspan="9">15</td><td rowspan="9">25</td><td>321.0</td><td>359</td></tr>
<tr><td>340</td><td>380</td><td>272.0</td><td>3 400</td><td>341.0</td><td>379</td></tr>
<tr><td>360</td><td>400</td><td>258.0</td><td>3 600</td><td>361.0</td><td>399</td></tr>
<tr><td>380</td><td>420</td><td>269.0</td><td>3 800</td><td>381.0</td><td>419</td></tr>
<tr><td>400</td><td>440</td><td>256.0</td><td>4 000</td><td>401.0</td><td>439</td></tr>
<tr><td>420</td><td>460</td><td>244.0</td><td>4 200</td><td>421.0</td><td>459</td></tr>
<tr><td>450</td><td>490</td><td>238.0</td><td>4 500</td><td>451.0</td><td>489</td></tr>
<tr><td>480</td><td>520</td><td>239.0</td><td>4 800</td><td>481.0</td><td>519</td></tr>
<tr><td>500</td><td>540</td><td>229.0</td><td>5 000</td><td>501.0</td><td>539</td></tr>
</table>

表 C.3 螺栓布置系数 a

a	六角头螺栓直径 d_1							
	M5	M6	M8	M10	M12	M16	M20	M24
	d_{fa} 或 d_{fi}/mm							
3	18	19	26	30	33	41	51	60
4	22	23	32	37	41	50	63	74
5	26	28	38	44	49	60	75	88
6	30	32	44	52	58	71	88	104
7	35	37	51	60	66	82	102	119
8	39	42	58	68	75	92	115	135
9	44	47	65	76	84	103	129	152
10	49	52	72	84	93	114	143	168
11	53	57	78	92	102	125	156	184
12	58	62	85	100	111	136	170	200
13	63	67	92	108	119	147	184	216
14	67	72	99	116	128	158	198	222
15	72	77	106	124	138	170	212	249
16	77	82	113	133	147	181	226	266
17	81	87	120	141	156	192	240	281
18	86	93	127	149	165	203	254	298
19	91	98	134	157	174	214	268	314
20	96	103	141	165	183	225	282	330
21	100	108	148	174	192	237	296	347
22	105	113	155	182	201	247	309	363
23	110	118	162	190	211	259	324	380
24	115	123	169	198	219	270	338	396
25	119	128	176	206	228	281	351	412
26	124	133	183	215	238	293	365	429
27	129	138	190	222	246	304	379	445
28	134	143	197	231	256	315	394	463
29	138	148	204	239	265	326	407	479
30	143	153	211	247	274	337	421	495

C.4 胀紧套数量和夹紧螺栓数量的计算

胀紧套数量及夹紧螺栓数量的计算公式列于表 C.4。

表 C.4　胀紧套数量及夹紧螺栓数量的计算公式

序号	计算内容	计算公式	说　明
1	轮毂不产生塑性变形所容许的最大压力	在轮毂上夹紧(图 C.1) $p'_{f\max}=\frac{R_{eH}}{C}\left[\frac{(D_a-d_1)^2-D^2}{(D_a-d_1)^2+D^2}\right]$ 在轴端面上夹紧(图 C.1) $p'_{f\max}=\frac{R_{eH}}{C}\left[\frac{(D_a^2-D^2)}{(D_a^2+D^2)}\right]$	R_{eH}——轮毂的屈服强度，单位为兆帕(MPa)； d_1——螺栓直径，单位为毫米(mm)； C——系数，查附录 A 中表 A.2。
2	与 $p'_{f\max}$ 相应的压力 $p_{f\max}$	$p_{f\max}=\frac{D}{d}p'_{f\max}$	—
3	胀紧套可传递的负荷	当 $p_f=100$ MPa 时，胀紧套可传递的转矩为 M_t。 当压力为 $p_{f\max}$ 时，胀紧套可传递的转矩为 $M_{t\max}=\frac{M_t p_{f\max}}{100}$	M_t 值查标准中表 2
4	求载荷系数并求出传递给定负荷所需的胀紧套数 n	$m\geqslant\frac{M}{M_{t\max}}$ 由 m 值求出 n	n 值查附录 A 中表 A.1
5	传递给定负荷所需的有效夹紧力	当 $p_f=100$ MPa 时，胀紧套有效夹紧力为 P_y， 当压力为 $p_{f\max}$ 时，胀紧套有效夹紧力为 $p'_y=\frac{P_y p_{f\max}}{100}$	P_y 值查表 C.2
6	总夹紧力	$p_A=P_0+P'_y$	P_0 值查表 C.2
7	螺栓数量	$Z=\frac{P_A}{P_V}$	P_V 值查表 C.1 Z 值应取整数

C.5　计算举例

C.5.1　已知条件

如图 C.5，已知 $d=100$ mm，$D_a=175$ mm，轮毂材料 $R_{eH}=315$ MPa，法兰材料 $R_{eH}=295$ MPa，需传递的转矩 $M=7.8$ kN·m。

试确定胀紧套数量、螺栓数量及法兰尺寸。

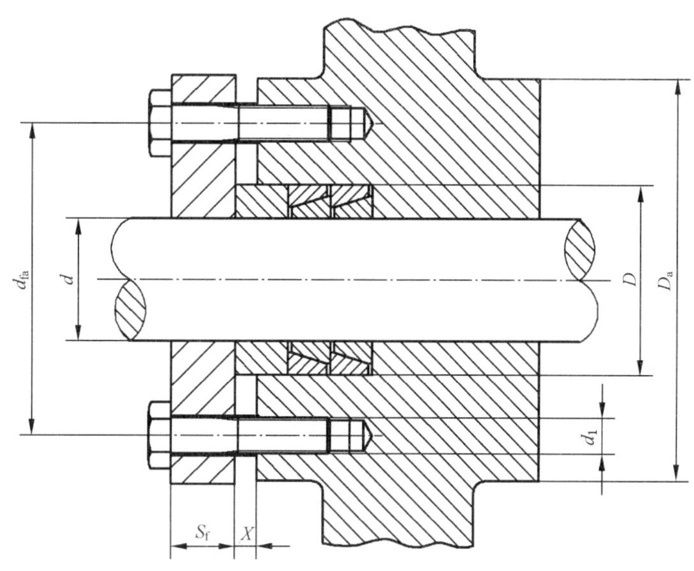

图 C.5

C.5.2 计算步骤和结果见表 C.5。

表 C.5 计算步骤和结果

序号	计算内容	计算公式	说明
1	选择胀紧套规格	根据 $d=100$ mm，选定胀紧套 ZJ1-100×114，即： $d=100$ mm，$D=114$ mm； 当 $p_f=100$ MPa 时，转矩 $M_t=3.50$ kN·m	查标准中表 2
2	查消除间隙所需夹紧力和有效夹紧力	$P_0=60.70$ kN 当 $p_f=100$ MPa 时：$P_y=347$ kN	查表 C.2
3	初选螺栓尺寸	根据联结结构选定： 螺栓直径 M12，机械性能等级 8.8 级； 拧紧力矩 $M_a=86$ N·m； 夹紧力 $P_V=38.3$ kN。	M_a 和 P_V 值查表 C.1
4	轮毂不产生塑性变形所容许的最大压力	$p'_{f\max}=\frac{R_{eH}}{C}\left[\frac{(D_a-d_1)^2-D^2}{(D_a-d_1)^2+D^2}\right]$ $=\frac{315}{0.8}\times\left[\frac{(175-12)^2-114^2}{(175-12)^2+114^2}\right]$ $=135.1$ MPa	C 值查附录 A 中表 A.2
5	与 $p'_{f\max}$ 相应的压力 $p_{f\max}$	$p_{f\max}=p'_{f\max}\frac{D}{d}$ $=135.1\times\frac{114}{100}$ $=154$ MPa	—

表 C.5（续）

序号	计算内容	计算公式	说明
6	胀紧套可传递的负荷	$p_f=100$ MPa，$M_t=3.50$ kN·m，当压力为 $p_{f\,max}=154$ MPa 时， $M_{t\,max}=\frac{M_t p_{f\,max}}{100}$ $=\frac{3.50\times154}{100}=5.39$ kN·m	查标准中表 2
7	传递负荷所需的胀紧套数量	载荷系数 $m=\frac{M}{M_{t\,max}}=\frac{7.8}{5.39}=1.45$ 胀紧套数量 $n=2$	查附录 A 中表 A.1，当 $m<1.56$ 时 $n=2$
8	传递给定负荷所需的有效夹紧力	当 $p_f=100$ MPa 时 $P_y=347$ kN 而 $p_{f\,max}=154$ MPa，则 $p'_y=\frac{p_y p_{f\,max}}{100}$ $=\frac{347\times154}{100}$ $=534.4$ kN	P_y 值查表 C.2
9	总夹紧力	$P_A=P_0+P'_y$ $=60.7+534.4$ $=595.1$ kN	P_0 值查表 C.2
10	螺栓数量	$Z=\frac{P_A}{P_V}=\frac{595.1}{38.3}=15.5$ 取 $Z=16$	—
11	螺栓的实际拧紧力矩	$p_{f\,max}=154$ MPa，且拧紧力矩 $M_a=86$ N·m 时需螺栓 $Z=15.5$ 个，现取螺栓 16 个，则实际拧紧力矩： $M_a=\frac{86\times15.5}{16}=83.3$ N·m	—
12	确定法兰尺寸	$d_{fa}=D+10+d_1$ $=114+10+12$ $=136$ mm $S_f=d_1(a_1+a/Z)$ $=12\times\left(1+\frac{15}{16}\right)$ $=23.25$，取 $S_f=24$ mm	a 值查表 C.3
13	法兰与轮毂端面的距离	$X=6$	X 值查表 C.2

附 录 D
（资料性附录）
液压胀紧联结套的设计要点与拆装

D.1 液压胀紧联结套的设计要点

D.1.1 先取液压胀紧联结套应符合式(D.1)、式(D.2)和式(D.3)的规定。

a) 当转矩 $M_t=0$ 时，可传递的轴向力 F_t 按式(D.1)计算：

$$F_t = p_m d_m \pi L \mu \times 10^{-3} \qquad \text{(D.1)}$$

式中：

F_t ——轴向力，单位为千牛(kN)；

p_m ——圆锥面液压油的压力，单位为兆帕(MPa)；

d_m ——圆锥面平均直径，单位为毫米(mm)；

L ——圆锥面结合长度，单位为毫米(mm)；

μ ——摩擦系数，$\mu=0.12$。

b) 当轴向力 $F_t=0$ 时，可传递的转矩 M_t 按式(D.2)计算：

$$M_t = p_m d_m \pi L \mu d \times 0.5 \times 10^{-6} \qquad \text{(D.2)}$$

式中：

M_t ——转矩，单位为千牛米(kN·m)；

p_m ——圆锥面液压油的压力，单位为兆帕(MPa)；

d_m ——圆锥面平均直径，单位为毫米(mm)；

L ——圆锥面结合长度，单位为毫米(mm)；

D ——胀紧联结套内径，单位为毫米(mm)；

μ ——摩擦系数，$\mu=0.12$。

c) 当同时需传递转矩和轴向力时，可传递转矩按式(D.3)计算：

$$M = \sqrt{M_t^2 + (0.5 \times dF_t)^2} \qquad \text{(D.3)}$$

式中：

M ——可传递的转矩，单位为千牛米(kN·m)；

M_t ——需传递转矩，单位为千牛米(kN·m)；

F_t ——需传递轴向力，单位为千牛(kN)；

d ——胀紧联结套内径，单位为毫米(mm)。

D.1.2 联结件的尺寸应符合式(D.4)和式(D.5)的规定。

a) 与液压胀紧联结套联结的轮毂，见图 D.1。其外径尺寸 D_a 按式(D.4)计算：

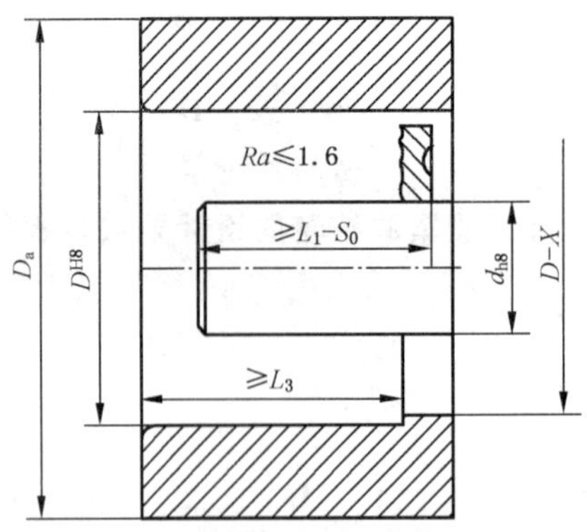

图 D.1

$$D_a = D\sqrt{\frac{R_{eH} + p'_f C}{R_{eH} \quad p'_f C}} \qquad \text{(D.4)}$$

式中：

D_a ——轮毂外径，单位为毫米(mm)；

D ——胀紧联结套外径，单位为毫米(mm)；

R_{eH}——轮毂材料的屈服强度，单位为兆帕(MPa)；

p'_f ——胀紧联结套与轮毂结合面上的压力，单位为兆帕(MPa)；

C ——系数，$C=1$。

b) 轮毂内径上的切向应力，按式(D.5)计算：

$$\sigma_t = \frac{p'_f(a_N{}^2 + 1)}{a_N{}^2 - 1} \qquad \text{(D.5)}$$

式中：

σ_t ——轮毂内径上的切向应力，单位为兆帕(MPa)；

p'_f ——胀紧联结套与轮毂结合面上的压力，单位为兆帕(MPa)；

a_N ——轮毂与胀紧联结套外径比，见式(D.6)。

$$a_N = \frac{D_a}{D} \qquad \text{(D.6)}$$

式中：

D_a ——轮毂外径，单位为毫米(mm)；

D ——胀紧联结套外径，单位为毫米(mm)。

D.1.3 液压胀紧联结套在安装过程中，靠圆锥面的相互移动产生胀紧力，其总的轴向移动量为 S_0+S_e。其中 S_0 值见标准中表 24 的规定，而移动量 S_e 可按式(D.7)计算：

$$S_e = \frac{24 p_m D_a}{E(a_N{}^2 - 1)} \qquad \text{(D.7)}$$

式中：

S_e ——轴向移动量，单位为毫米(mm)；

p_m ——圆锥面液压油的压力，单位为兆帕(MPa)；

D_a ——轮毂外径，单位为毫米(mm)；

E ——轮毂材料的弹性模量，单位为兆帕(MPa)；

a_N ——轮毂与胀紧联结套外径比，见式(D.6)。

D.1.4 与胀紧联结套联结的轮毂外径 D_a 应符合表 D.1 的规定。

表 D.1 与胀紧联结套联结的轮毂外径 D_a

轴径 d/mm	S_0/mm	油压 p_m/MPa	额定负荷		与轴结合面上的压力 p_f/MPa	与轮毂结合面上的压力 p'_f/MPa	轮毂材料的屈服强度 R_{eH}/MPa																			
			轴向力 F_t/kN	转矩 M_t/kN·m			200		220		250		270		300		350		400		450		500		600	
							D_a/mm	S_e/mm	D_a/mm	S_e/mm	D_a/mm	S_e/mm	D_a/mm	S_e/mm	D_a/mm	S_e/mm	D_a/mm	S_e/mm	D_a/mm	S_e/mm	D_a/mm	S_e/mm	D_a/mm	S_e/mm	D_a/mm	S_e/mm
100	2.9	50	140	7.0	53	40	178	1.6	175	1.8	170	2.0	170	2.0	165	2.3										
		100	320	16.0	122	88	232	1.5	222	1.7	210	1.9	204	2.1	196	2.3	187	2.7	181	3.0	177	3.3	173	3.6	168	4.2
		150	507	25.0	192	136			299	1.5	267	1.7	252	1.9	236	2.2	219	2.6	207	3.0	198	3.3	192	3.7	183	4.3
		200	680	34.0	261	184									296	2.0	260	2.4	239	2.8	224	3.2	214	3.6	200	4.3
		250	860	43.0	330	232													282	2.6	257	3.1	240	3.5	218	4.3
110	2.9	50	156	8.6	54	41	191	1.7	187	1.9	183	2.1	180	2.3	178	2.4										
		100	353	19.0	122	89	250	1.6	238	1.8	225	2.0	219	2.2	211	2.4	200	2.9	195	3.2	190	3.5	186	3.8	180	4.5
		150	551	30.0	190	138			324	1.5	289	1.8	273	2.0	255	2.3	235	2.7	222	3.2	213	2.5	206	4.0	196	4.6
		200	744	40.0	257	185									319	2.1	280	2.6	256	3.0	240	3.5	229	3.9	214	4.6
		250	941	51.0	325	233													302	2.8	275	3.3	257	3.8	234	4.6
120	2.9	50	177	10.6	56	42	205	1.8	200	2.0	196	2.2	193	2.4	190	2.6										
		100	386	23.0	122	91	270	1.7	257	1.9	242	2.1	235	2.3	226	2.6	216	3.0	208	3.4	203	3.7	199	4.1	193	4.7
		150	595	35.7	188	139			348	1.6	309	2.0	292	2.2	273	2.4	252	2.9	238	3.3	227	3.8	220	4.2	209	5.0
		200	804	48.0	254	187									343	2.2	300	2.7	274	3.2	257	3.7	245	4.1	228	5.0
		250	1 013	60.0	320	235											372	2.4	324	3.0	295	3.5	275	4.0	250	4.9
130	3.1	50	254	16.5	50	40	220	2.0	216	2.2	211	2.4														
		100	570	37.1	112	88	286	1.9	275	2.1	260	2.4	252	2.6	244	2.8	233	3.2	225	3.7	220	4.0	215	4.4	210	4.9
		150	881	57.3	173	136			370	1.8	331	2.1	314	2.4	294	2.7	272	3.2	257	3.6	246	4.1	238	4.5	227	5.3
		200	1 197	78.0	235	184									368	2.4	337	2.8	296	3.5	278	4.0	265	4.5	247	5.4
		250	1 508	98.0	296	23											398	2.7	348	3.2	318	3.8	297	4.3	270	5.3

表 D.1（续）

轴径 d/mm	S_0/mm	油压 p_m/MPa	额定负荷		与轴结合面上的压力 p_f/MPa	与轮毂结合面上的压力 p'_f/MPa	轮毂材料的屈服强度 R_{eH}/MPa																			
							200		220		250		270		300		350		400		450		500		600	
			轴向力 F_t/kN	转矩 M_t/kN·m			D_a/mm	S_e/mm	D_a/mm	S_e/mm	D_a/mm	S_e/mm	D_a/mm	S_e/mm	D_a/mm	S_e/mm	D_a/mm	S_e/mm	D_a/mm	S_e/mm	D_a/mm	S_e/mm	D_a/mm	S_e/mm	D_a/mm	S_e/mm
140	3.4	50	296	20.7	54	40	232	2.2	228	2.3	223	2.6														
		100	652	45.7	119	88	305	2.0	290	2.2	275	2.5	262	2.8	257	3.0	246	3.4	238	3.9	232	4.3	227	4.7	220	5.5
		150	1 014	71.0	185	136			391	1.9	350	2.3	330	2.5	310	2.8	286	3.4	270	3.9	260	4.3	251	4.8	240	5.6
		200	1 365	95.6	249	184									388	2.5	340	3.2	312	3.7	293	4.2	280	4.7	261	5.7
		250	1 722	120.6	314	231											420	2.8	367	3.5	335	4.0	313	4.6	285	5.6
150	3.4	50	323	24.2	55	41	246	2.2	242	2.4	236	2.7														
		100	698	52.4	119	90	325	2.2	310	2.2	292	2.6	283	2.8	273	3.1	260	3.6	252	4.0	245	4.5	240	4.9	233	5.7
		150	1 076	80.7	183	137			415	2.0	370	2.4	350	2.6	327	3.0	302	3.6	286	4.1	274	4.6	265	5.1	252	6.0
		200	1 452	108.9	247	185									410	2.7	360	3.3	330	3.9	310	4.5	295	5.0	275	6.0
		250	1 829	137.0	311	233													390	3.6	355	4.2	330	4.9	300	6.0
160	3.4	50	345	27.6	55	43	262	2.2	256	2.5	250	2.7														
		100	746	59.7	119	91	343	2.1	330	2.3	308	2.7	298	2.9	287	3.3	274	3.8	265	4.2	258	4.7	252	5.2	245	6.0
		150	1 141	91.0	182	139			442	2.0	393	2.5	371	2.7	347	3.1	320	3.7	302	4.2	288	4.8	279	5.3	265	6.3
		200	1 537	123.0	245	187									436	2.8	382	3.4	350	4.0	327	4.7	311	5.2	290	6.3
		250	1 932	154.0	308	235													412	3.8	375	4.4	350	5.0	318	6.2
170	3.6	50	448	38.0	53	42	285	2.4	280	2.6	273	2.9														
		100	998	84.5	118	89	371	2.3	353	2.6	334	3.0	324	3.2	313	3.5	298	4.1	288	4.7	281	5.1	275	5.6	267	6.5
		150	1 548	131.0	183	137			466	2.3	425	2.7	402	3.0	377	3.4	348	4.0	329	4.6	315	5.2	305	5.7	290	6.8
		200	2 090	177.0	247	185									427	3.0	414	3.8	380	4.4	356	5.1	339	5.7	317	6.8
		250	2 639	224.0	312	233											513	3.3	448	4.1	408	4.8	381	5.5	347	6.7

表 D.1（续）

轴径 d/mm	S_0/mm	油压 p_m/MPa	额定负荷		与轴结合面上的压力 p_f/MPa	与轮毂结合面上的压力 p'_f/MPa	轮毂材料的屈服强度 R_{eH}/MPa																			
			轴向力 F_t/kN	转矩 M_t/kN·m			200		220		250		270		300		350		400		450		500		600	
							D_a/mm	S_e/mm	D_a/mm	S_e/mm	D_a/mm	S_e/mm	D_a/mm	S_e/mm	D_a/mm	S_e/mm	D_a/mm	S_e/mm	D_a/mm	S_e/mm	D_a/mm	S_e/mm	D_a/mm	S_e/mm	D_a/mm	S_e/mm
180	3.6	50	483	43.5	54	42	297	2.6	291	2.8	284	3.1														
		100	1 057	95.0	118	90	390	2.4	370	2.7	350	3.1	340	3.3	327	3.7	312	4.3	302	4.8	293	5.4	288	5.0	280	6.7
		150	1 621	146.0	181	138			500	2.3	447	2.8	422	3.1	395	3.5	365	4.2	344	4.8	330	5.4	319	6.0	303	7.1
		200	2 194	197.0	245	186									496	3.1	434	3.9	397	4.6	372	5.3	355	5.9	336	6.8
		250	2 767	249.0	309	234											538	3.5	469	4.3	427	5.0	399	5.7	362	7.0
200	4.0	50	527	52.7	53	43	323	2.8	317	3.0	310	3.3														
		100	1 145	114.0	115	92	427	2.6	408	2.8	382	3.3	370	3.6	356	4.0	340	4.6	328	5.2	320	5.8	313	6.3	300	7.8
		150	1 771	177.0	178	139			547	2.5	487	3.0	460	3.3	430	3.8	395	4.6	374	5.2	358	5.9	345	6.6	330	7.7
		200	2 388	238.0	240	188									543	3.4	474	4.2	433	5.0	406	5.7	386	6.4	360	7.7
		250	3 015	301.0	303	236											590	3.7	512	4.6	465	5.4	434	6.2	394	7.6
220	4.0	50	664	73.0	51	43	355	3.0	347	3.3	340	3.6	335	3.9	330	4.2	322	4.9								
		100	1 484	163.0	114	91	466	2.9	439	3.2	417	3.7	405	4.0	390	4.4	372	5.1	360	5.7	350	6.4	343	7.0	332	8.1
		150	2 291	252.0	176	139			600	2.8	533	3.3	503	3.7	471	4.2	434	5.0	410	5.7	392	6.5	379	7.2	360	8.5
		200	3 099	340.0	238	188									594	3.7	520	4.6	475	5.5	445	6.3	423	7.0	395	8.4
		250	3 906	429.0	300	236													560	5.1	510	6.0	475	6.8	430	8.2
240	4.0	50	724	87.0	51	44	381	3.2	374	3.5	364	3.9	360	4.2	354	4.5	346	5.2								
		100	1 605	192.0	113	92	502	3.0	476	3.4	449	3.9	435	4.2	419	4.7	400	5.4	385	6.2	375	6.9	367	7.6	355	8.9
		150	2 471	296.0	174	140			647	2.9	574	3.5	542	3.9	506	4.5	465	5.3	440	6.1	420	7.0	406	7.7	387	9.1
		200	3 338	400.0	235	188									636	4.0	555	5.0	508	5.9	475	6.7	453	7.6	422	9.1
		250	4 204	504.0	296	236													597	5.5	546	6.4	510	7.3	462	9.0

表 D.1（续）

轴径 d/mm	S_0/mm	油压 p_m/MPa	额定负荷		与轴结合面上的压力 p_f/MPa	与轮毂结合面上的压力 p'_f/MPa	轮毂材料的屈服强度 R_{eH}/MPa																			
			轴向力 F_t/kN	转矩 M_t/kN·m			200		220		250		270		300		350		400		450		500		600	
							D_a/mm	S_e/mm	D_a/mm	S_e/mm	D_a/mm	S_e/mm	D_a/mm	S_e/mm	D_a/mm	S_e/mm	D_a/mm	S_e/mm	D_a/mm	S_e/mm	D_a/mm	S_e/mm	D_a/mm	S_e/mm	D_a/mm	S_e/mm
260	4.6	50	784	102.0	51	44	406	3.5	398	3.8	388	4.3	383	4.5	377	4.9	369	5.6								
		100	1 708	222.0	111	92	534	3.3	507	3.7	478	4.2	463	4.6	446	5.1	425	5.9	410	6.7	400	7.4	390	8.3	380	9.4
		150	2 647	344.0	172	140			690	3.1	612	3.8	577	4.2	540	4.8	496	6.6	468	6.6	448	7.8	433	8.3	412	9.8
		200	3 570	464.0	232	188									678	4.3	592	5.3	541	6.3	507	7.3	483	8.1	450	9.8
		250	4 493	584.0	292	234													635	5.9	578	7.0	540	7.9	490	9.8
280	4.6	50	845	118.0	51	45	437	3.6	425	4.0	414	4.5	408	4.8	402	5.2	393	5.9								
		100	1 839	257.0	111	93	574	3.4	544	3.8	512	4.4	497	4.7	478	5.3	455	6.1	440	6.9	428	7.7	419	8.4	405	9.9
		150	2 834	396.0	171	142			747	3.2	660	3.9	622	4.4	580	4.4	533	6.0	503	6.8	480	7.8	464	8.6	440	10.3
		200	3 811	533.0	230	190									732	4.4	637	5.6	581	6.6	544	7.6	517	8.5	480	10.3
		250	4 806	672.0	290	238													688	6.1	625	5.1	582	8.2	527	10.2
300	4.6	50	923	138.0	52	45	459	3.9	450	4.2	438	4.8	432	5.1	425	5.5	415	6.4								
		100	1 971	295.0	111	93	607	3.6	575	4.1	541	4.7	526	5.0	505	5.6	481	6.5	465	7.4	453	8.2	447	9.0	428	10.6
		150	3 018	452.0	170	142			790	3.4	698	4.2	658	4.6	614	5.3	564	6.3	532	7.3	508	8.3	490	9.2	466	10.9
		200	4 066	609.0	229	190									774	6.7	674	5.9	615	7.0	575	8.1	547	9.1	508	11.0
		250	5 113	767.0	288	239													727	6.5	661	7.6	615	8.8	557	10.8
320	5.0	50	1 254	200.0	52	43	504	4.2	493	4.6	483	5.0	476	5.3	469	5.8	457	6.7								
		100	2 726	436.0	113	91	662	4.0	624	4.5	592	5.1	575	5.5	554	6.1	528	7.0	511	7.9	497	8.8	487	9.6	471	11.2
		150	4 174	667.0	173	139			852	3.8	757	4.6	715	5.1	669	5.8	617	6.9	582	8.0	557	9.0	538	9.9	511	11.8
		200	5 621	899.0	233	187									844	5.2	739	6.4	675	7.6	633	8.7	601	9.8	561	11.7
		250	7 093	1 134.0	294	234											908	5.8	791	7.2	724	8.3	672	9.6	611	11.7

表 D.1（续）

轴径 d/mm	S_0/mm	油压 p_m/MPa	额定负荷		与轴结合面上的压力 p_f/MPa	与轮毂结合面上的压力 p'_f/MPa	轮毂材料的屈服强度 R_{eH}/MPa																			
			轴向力 F_t/kN	转矩 M_t/kN·m			200		220		250		270		300		350		400		450		500		600	
							D_a/mm	S_e/mm	D_a/mm	S_e/mm	D_a/mm	S_e/mm	D_a/mm	S_e/mm	D_a/mm	S_e/mm	D_a/mm	S_e/mm	D_a/mm	S_e/mm	D_a/mm	S_e/mm	D_a/mm	S_e/mm	D_a/mm	S_e/mm
340	5.0	50	1 358	230.0	53	43	529	4.4	517	4.9	507	5.3	500	5.7	493	6.1	480	7.1								
		100	2 871	488.0	112	91	695	4.2	655	4.8	621	5.4	604	5.8	581	6.4	554	7.5	536	8.4	521	9.4	511	10.2	494	12.0
		150	4 435	754.0	173	139			894	4.1	794	4.9	750	5.4	702	6.1	647	7.3	610	8.4	585	9.5	565	10.5	536	12.6
		200	5 947	1 011.0	232	187									880	4.3	775	6.8	708	8.0	664	9.2	630	10.4	588	12.4
		250	7 485	1 272.0	292	235											951	6.1	830	7.6	760	8.8	705	10.1	641	12.4
360	5.0	50	1 465	263.0	54	44	556	4.0	545	5.0	532	5.5	525	5.9	516	6.5	505	7.3								
		100	3 067	552.0	113	92	731	4.4	694	4.9	655	5.6	635	6.0	610	6.7	582	7.8	562	8.8	548	9.7	536	10.7	519	12.5
		150	4 668	840.0	172	140			944	4.2	838	5.1	790	5.6	738	6.4	680	7.6	641	8.8	614	9.9	593	11.0	564	13.0
		200	6 297	1 133.0	232	180									928	5.7	810	7.2	741	8.5	694	9.7	660	10.9	615	13.1
		250	7 898	1 421.0	291	236											998	6.4	876	7.8	796	9.2	738	10.7	674	13.0
380	5.0	50	1 518	288.0	53	44	582	4.8	570	5.2	555	5.9	548	6.3	539	6.8	527	7.8								
		100	3 180	604.0	111	93	770	4.5	730	5.0	687	5.8	665	6.3	640	7.0	610	8.1	589	9.2	573	10.2	561	11.2	544	13.0
		150	4 900	930.0	171	140			986	4.4	875	5.3	825	5.9	771	6.7	710	8.0	670	9.3	640	10.5	620	11.5	590	13.7
		200	6 590	1 252.0	230	188									970	6.0	847	7.5	775	8.9	726	10.2	690	11.5	643	13.8
		250	8 251	1 567.0	288	237											1 060	6.5	919	7.9	835	9.5	778	10.9	706	13.3
400	5.0	50	1 598	320.0	53	44	607	5.1	595	5.5	578	6.3	572	6.6	562	7.2	550	8.2								
		100	3 347	670.0	111	93	803	4.7	761	5.3	717	6.1	693	6.6	667	7.4	636	8.5	614	9.7	597	10.8	585	11.8	567	13.7
		150	5 096	1 019.0	169	140					913	5.6	860	6.2	804	7.1	740	8.4	698	9.7	667	11.0	647	12.1	615	14.4
		200	6 876	1 375.0	228	188									1 011	6.3	883	7.9	808	9.3	757	10.7	720	12.0	670	14.5
		250	8 625	1 725.0	286	237													958	8.6	870	10.1	811	11.5	736	14.2

表 D.1（续）

轴径 d/mm	S_0/mm	油压 p_m/MPa	额定负荷		与轴结合面上的压力 p_f/MPa	与轮毂结合面上的压力 p'_f/MPa	轮毂材料的屈服强度 R_{eH}/MPa																			
							200		220		250		270		300		350		400		450		500		600	
			轴向力 F_t/kN	转矩 M_t/kN·m			D_a/mm	S_e/mm	D_a/mm	S_e/mm	D_a/mm	S_e/mm	D_a/mm	S_e/mm	D_a/mm	S_e/mm	D_a/mm	S_e/mm	D_a/mm	S_e/mm	D_a/mm	S_e/mm	D_a/mm	S_e/mm	D_a/mm	S_e/mm
420	6.0	50	1 710	359.0	54	44	632	5.3	620	5.8	602	6.6	595	6.9	589	7.3	572	8.7								
		100	3 515	738.0	111	93	836	5.0	792	5.5	746	6.4	721	7.0	695	7.7	662	9.0	640	10.1	621	11.4	610	12.3	590	14.5
		150	5 351	1 123.0	169	140					950	5.9	895	6.5	837	7.4	770	8.8	726	10.2	695	11.5	673	12.7	640	15.1
		200	7 220	1 516.0	228	189									1 050	6.6	920	8.2	840	9.8	788	11.2	750	12.5	700	15.0
		250	9 056	1 901.0	286	237													998	9.0	905	10.6	845	12.0	765	14.9
440	6.0	50	1 758	386.0	53	45	660	5.5	646	6.0	630	6.7	621	7.1	610	7.8	597	8.9								
		100	3 682	810.0	111	93	868	5.2	824	5.8	776	6.7	751	7.2	723	8.0	690	9.3	665	10.6	647	11.8	633	13.0	614	15.1
		150	5 573	1 226.0	168	141					994	6.0	937	6.7	874	7.6	805	9.1	759	10.5	726	11.9	701	13.2	667	15.7
		200	7 497	1 649.0	226	189									1 100	6.8	960	8.5	877	10.1	821	11.6	780	13.1	727	15.8
		250	9 421	2 072.0	284	237													1 035	9.4	942	11.0	878	12.6	796	15.6
460	6.0	50	1 838	422.0	53	45	685	5.7	670	6.3	654	7.0	645	7.4	633	8.2	620	9.3								
		100	3 815	877.0	110	93	901	5.4	855	6.0	806	6.9	780	7.5	750	8.4	716	9.7	680	11.7	672	12.3	657	13.6	638	15.7
		150	5 826	1 340.0	168	141					1 031	6.3	973	7.0	907	8.0	836	9.5	788	11.0	753	12.4	728	13.8	692	16.4
		200	7 803	1 794.0	225	190									1 141	7.1	996	8.9	910	10.5	852	12.1	810	13.6	755	16.4
		250	9 780	2 249.0	282	238													1 075	9.8	978	11.5	911	13.1	826	16.2
500	6.0	50	1 960	490.0	52	45	735	6.2	720	6.8	702	7.6	692	8.1	680	8.9	665	10.2								
		100	4 071	1 017.0	108	93	967	5.8	918	6.5	865	7.5	837	8.2	806	9.1	769	10.5	741	11.7	721	13.4	705	14.8	684	17.2
		150	6 258	1 564.0	166	142					1 107	6.8	1 044	7.5	974	8.6	897	10.3	845	11.9	809	13.4	781	15.0	743	17.8
		200	8 370	2 092.0	222	190									1 225	7.7	1 070	9.6	997	11.4	915	13.1	869	14.8	810	17.8
		250	10 518	2 629.0	279	238													1 153	10.6	1 050	12.4	980	14.1	887	17.6

D.2 液压胀紧联结套的安装与拆卸

D.2.1 安装

D.2.1.1 安装前通过三个调节螺钉调整间距 S_1（S_1 的值按标准中表 24 的规定），然后再用三个预紧螺钉锁定，使外套与内环之间具有一定的间距，见图 D.2。

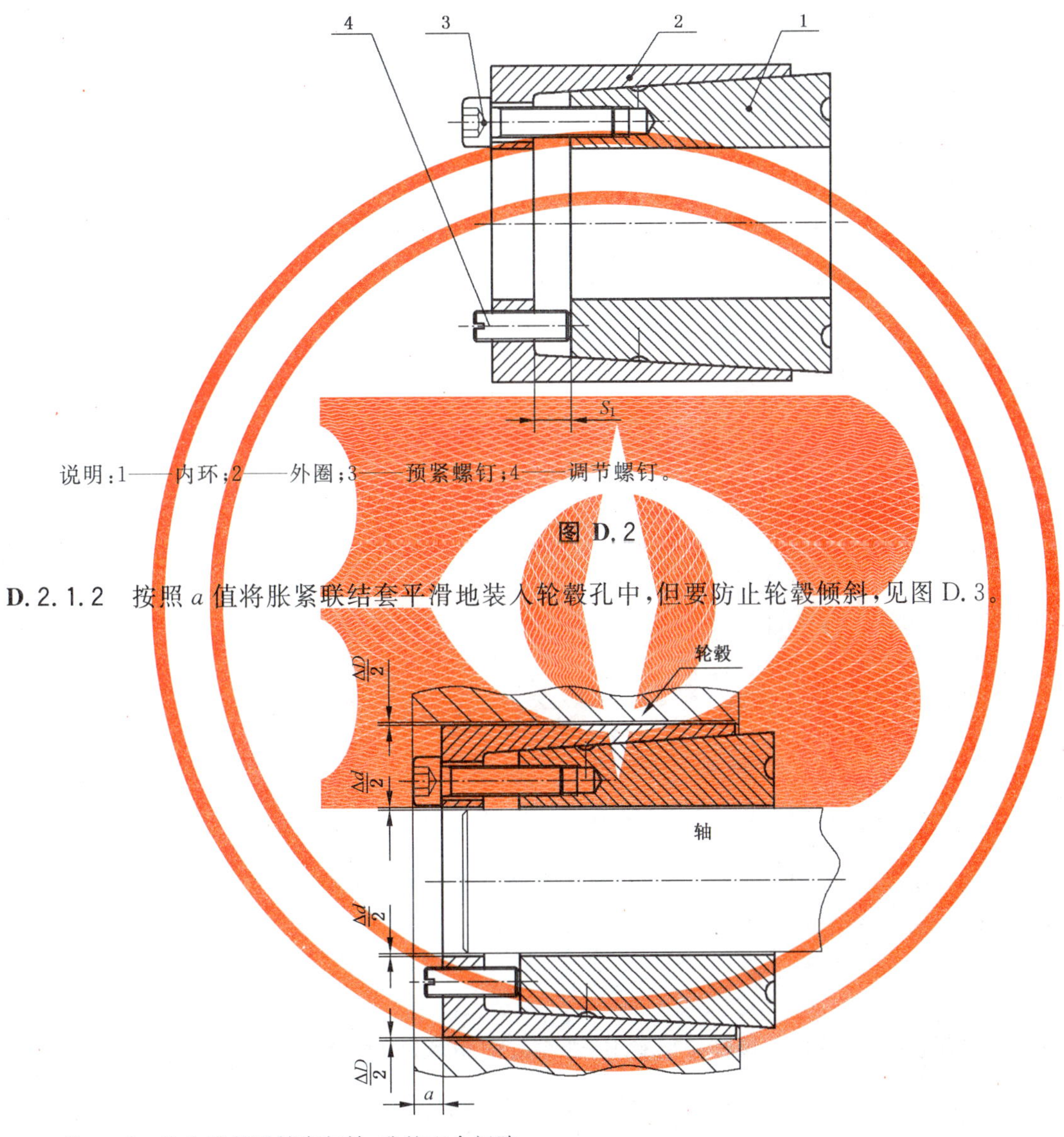

说明：1——内环；2——外圈；3——预紧螺钉；4——调节螺钉。

图 D.2

D.2.1.2 按照 a 值将胀紧联结套平滑地装入轮毂孔中，但要防止轮毂倾斜，见图 D.3。

注：Δd、ΔD 为胀紧联结套与轴、孔的配合间隙。

图 D.3

D.2.1.3 平滑地将轴装入，并按尺寸 a 控制正确位置，见图 D.3。

D.2.1.4 取下调节螺钉，拧入所有预紧螺钉，然后拧紧螺钉直到外套与内环紧密配合，并消除胀紧联结套与轴和轮毂之间的间隙。

D.2.1.5 装入全部调节螺钉并拧紧，然后再通过调节螺钉精确调整间距 S_e（S_e 值按表 D.1 的规定），见图 D.4。

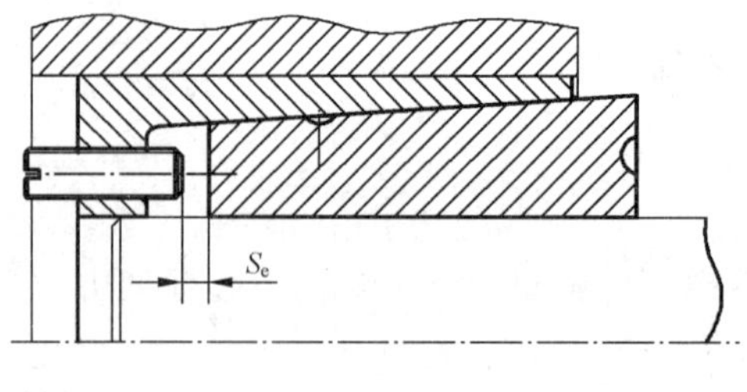

图 D.4

D.2.1.6 以本标准表 24 规定的预紧力矩 M_a，并按下列步骤拧紧螺钉：

a) 以 30%的 M_a 值拧紧；

b) 以 60%的 M_a 值拧紧；

c) 以 100%的 M_a 值拧紧。

D.2.1.7 接好注油装置，并向胀紧联结套中注入压力油，通过不断注油，油压逐渐增大，此时可按 D.2.1.6 的要求顺序从新拧紧螺钉，直到内环接触到调节螺钉，见图 D.5。

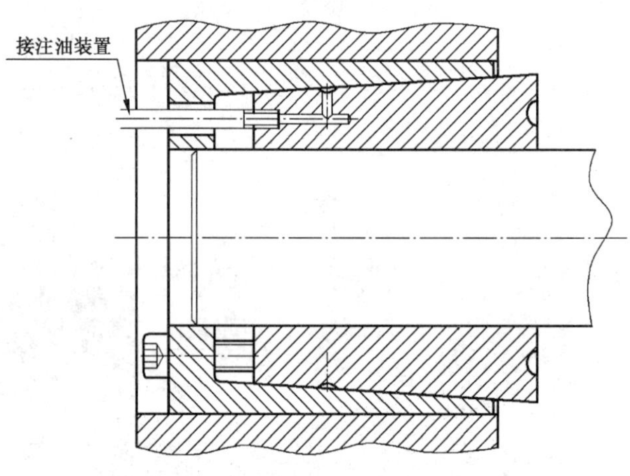

图 D.5

D.2.1.8 卸压并拆掉注油装置，待半小时后(油必须从沟槽中泄出)将螺塞拧入注油孔中。

D.2.1.9 待六小时后胀紧联结套即可全载运转。

D.2.2 拆卸

D.2.2.1 松开所有预紧螺钉，并保证螺钉拧出有 $S=2$ mm 的距离，见图 D.6。

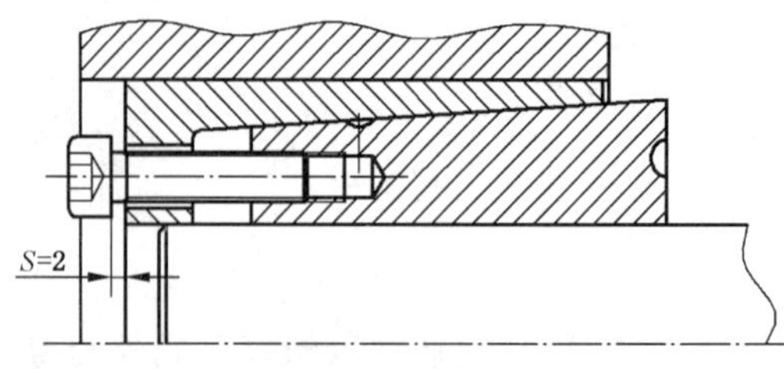

图 D.6

D.2.2.2 将注油孔中的螺塞拧出，接好注油装置并持续注入压力油，此时胀紧联结套的外套和轮毂一起与内环分开，然后接触到预紧螺钉(即 S=0)。在此操作过程中为防止发生意外，人必须离开危险区域(注油侧)，见图 D.7。

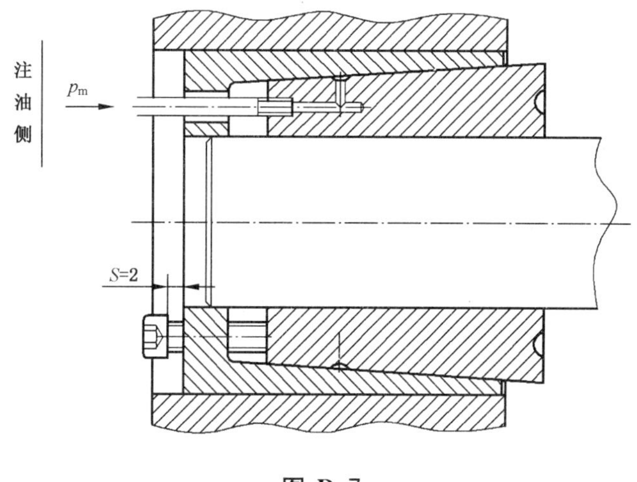

图 D.7

D.2.2.3 当 S=0 时，胀紧联结套已经基本松开，不会再有危险，继续注油并逐渐旋松预紧螺钉直到油压下降。当预紧螺钉旋出约 5 mm 时，夹紧状态基本消除。

D.2.2.4 将预紧螺钉拧出几个，并拧入调节螺孔中，将胀紧联结套内环顶出，此时即可将胀紧联结套卸下，见图 D.8。

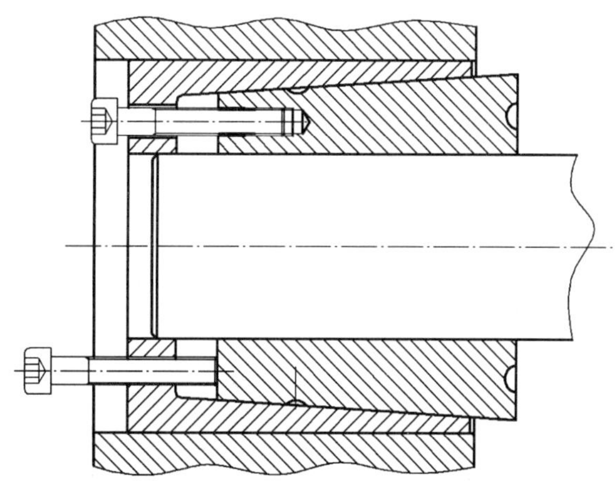

图 D.8

前　言

本标准是对 JB/Z 325—88《矩形花键　加工余量及公差》指导性技术文件的修订。修订时，对原标准进行了编辑性的修改，其主要技术内容没有变化。

本标准自实施之日起代替 JB/Z 325—88。

本标准由全国机器轴与附件标准化技术委员会提出并归口。

本标准主要起草单位：机械标准化研究所、沈阳第一机床厂、哈尔滨第一工具厂。

本标准主要起草人：明翠新、薛恒明、张连娣、齐秀坤。

中华人民共和国机械行业标准

JB/T 9146—1999

代替 JB/Z 325—88

矩形花键　加工余量及公差

Straight-sided spline machining allowance and tolerances

1　范围

本标准规定了矩形齿花键的切削加工余量及公差。

本标准适用于按 GB/T 1144《矩形花键尺寸、公差和检验》规定的花键规格。

2　引用标准

下列标准所包含的条文，通过在本标准中引用而构成为本标准的条文。本标准出版时，所示版本均为有效。所有标准都会被修订，使用本标准的各方应探讨使用下列标准最新版本的可能性。

GB/T 1144—1987　矩形花键尺寸、公差和检验

3　加工余量及公差

3.1　内花键

内花键小径的拉削余量、极限偏差及磨削余量见图 1 和表 1。

3.2　外花键

外花键长度在 1 000 mm 以内的小径和键宽的磨削余量及极限偏差见图 2 和表 2。

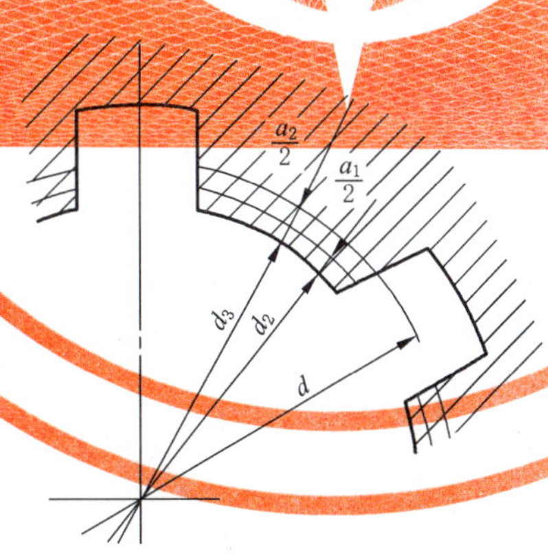

图 1

国家机械工业局 1999-06-28 批准　　　　2000-01-01 实施

表 1

mm

花键小径基本尺寸 d	拉削余量 a_1	磨削余量 a_2	拉前小径 d_2	拉前小径 极限偏差 (H10)	拉后小径 d_3	拉后小径 极限偏差 (H7)
11	0.25	0.15	10.60	$^{+0.070}_{0}$	10.85	$^{+0.018}_{0}$
13			12.60		12.85	
16			15.60		15.85	
18			17.60		17.85	
21			20.60	$^{+0.084}_{0}$	20.85	$^{+0.021}_{0}$
23			22.60		22.85	
26	0.30		25.55		25.85	
28			27.55		27.85	
32			31.55	$^{+0.100}_{0}$	31.85	$^{+0.025}_{0}$
36			35.55		35.85	
42			41.55		41.85	
46			45.55		45.85	
52		0.20	51.50	$^{+0.120}_{0}$	51.80	$^{+0.030}_{0}$
56			55.50		55.80	
62			61.50		61.80	
72	0.35	0.25	71.40		71.75	
82			81.40	$^{+0.140}_{0}$	81.75	$^{+0.035}_{0}$
92			91.40		91.75	
102			101.40		101.75	
112			111.40		111.75	

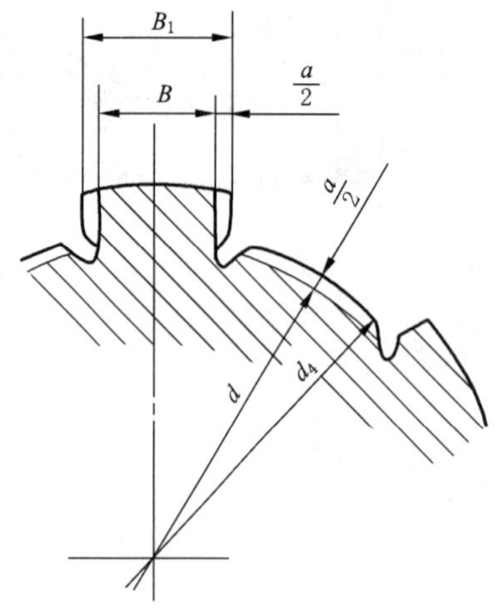

图 2

表 2

mm

花键小径基本尺寸 d	花键键宽基本尺寸 B	磨削余量 a	磨削前			
			小径 d_4	极限偏差 (h9)	键宽 B_1	极限偏差 (h10)
11	3	0.20	11.20	0 −0.043	3.20	0 −0.048
13	3.5		13.20		3.70	
16	4		16.20		4.20	
18	5		18.20	0 −0.052	5.20	
21	5		21.20		5.20	
23	6		23.20		6.20	0 −0.058
26	6		26.20		6.20	
28	7		28.20		7.20	
32	6		32.20	0 −0.062	6.20	
36	7		36.20		7.20	
42	8	0.30	42.30		8.30	
46	9		46.30		9.30	
52	10		52.30	0 −0.074	10.30	0 −0.070
56	10		56.30		10.30	
62	12		62.30		12.30	
72	12		72.30		12.30	
82	12		82.30	0 −0.087	12.30	
92	14	0.40	92.40		14.40	
102	16		102.40		14.40	
112	18		112.40		18.40	0 −0.084

带 传 动

ICS 21.220.10
G 42

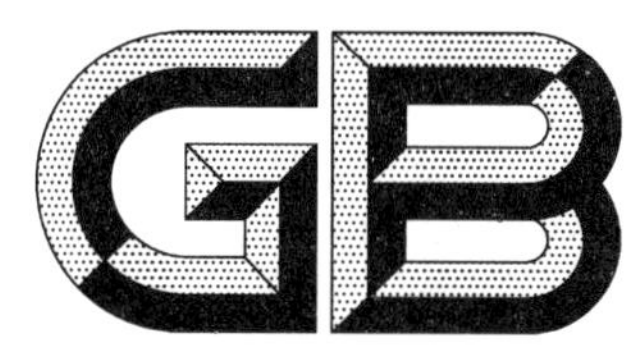

中华人民共和国国家标准

GB/T 1171—2017
代替 GB/T 1171—2006

一般传动用普通 V 带

Classical V-belt for general drive

2017-02-28 发布　　2017-09-01 实施

中华人民共和国国家质量监督检验检疫总局
中国国家标准化管理委员会　发布

前　言

本标准按照 GB/T 1.1—2009 给出的规则起草。

本标准代替 GB/T 1171—2006《一般传动用普通 V 带》，与 GB/T 1171—2006 相比，除编辑性修改外主要技术变化如下：

——删除了适用范围中适应线绳架构的要求(见第 1 章，2006 年版的第 1 章)；

——修改了标记的表示方法(见 4.2，2006 年版的 3.3)；

——删除了物理性能中的线绳粘合强度的要求及其试验方法(见 5.3，2006 年版的 5.3 和 7.3)；

——修改了抽样中关于尺寸的检查(6.1，2006 年版的 6.1)；

——增加了单根基本额定功率 P_1 和功率增量 ΔP_1 表(见附录 A)。

本标准由中国石油和化学工业联合会提出。

本标准由全国带轮与带标准化技术委员会摩擦型带传动分技术委员会(SAC/TC 428/SC 3)归口。

本标准起草单位：三力士股份有限公司、浙江三维橡胶制品股份有限公司、浙江宏达橡胶有限公司、无锡市中惠橡胶科技有限公司、宁波凯驰胶带有限公司、青岛市产品质量检验技术研究所。

本标准主要起草人：石水祥、刘友良、戴建秋、朱树生、应建丽、李晓东。

本标准所代替标准的历次版本发布情况为：

——GB 1171—1974、GB 1171—1989、GB/T 1171—1996、GB/T 1171—2006。

一般传动用普通 V 带

1 范围

本标准规定了一般传动用普通 V 带(以下简称 V 带)的结构、型号和标记、要求、抽样、试验方法及标志、标签、包装、运输和贮存。

本标准适用于一般机械传动装置用的普通 V 带。

本标准不适用于汽车、摩托车等机械传动装置。

2 规范性引用文件

下列文件对于本文件的应用是必不可少的。凡是注日期的引用文件,仅注日期的版本适用于本文件。凡是不注日期的引用文件,其最新版本(包括所有的修改单)适用于本文件。

GB/T 3686 带传动 V 带和多楔带 拉伸强度和伸长率试验方法

GB/T 11544 带传动 普通 V 带和窄 V 带 尺寸(基准宽度制)

GB/T 12833 橡胶和塑料 撕裂强度和粘合强度测定中的多峰曲线分析

GB/T 15328 普通 V 带疲劳试验方法 无扭矩法

3 结构

3.1 V 带根据其结构分为包边 V 带、切边 V 带(普通切边 V 带、有齿切边 V 带和底胶夹布切边 V 带)两种。

3.2 V 带由胶帆布(顶布)、顶胶、缓冲胶、抗拉体、底胶、底布(底胶夹布)等组成(参见图 1)。

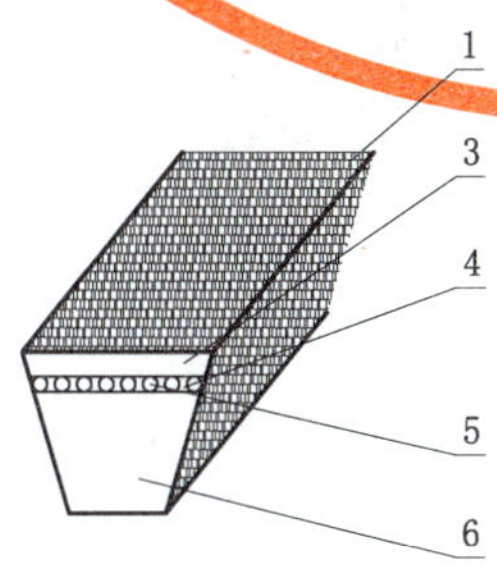

a) 包边 V 带

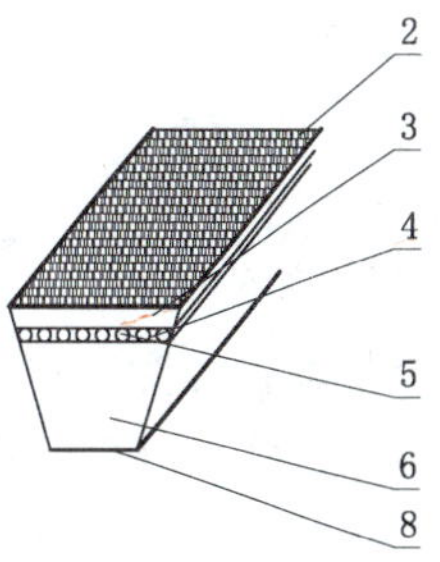

b) 普通切边 V 带

图 1 V 带结构示意图

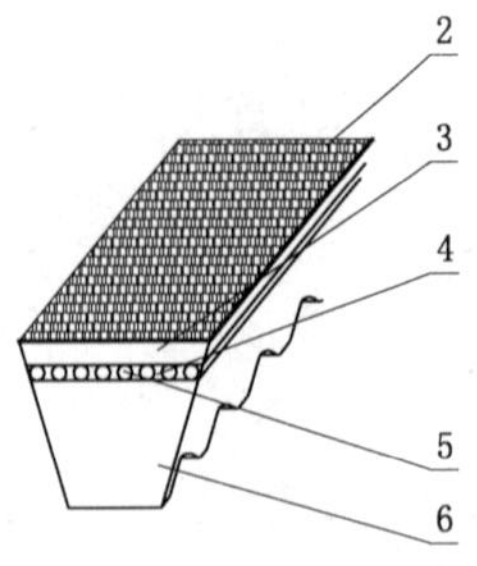

c） 有齿切边 V 带

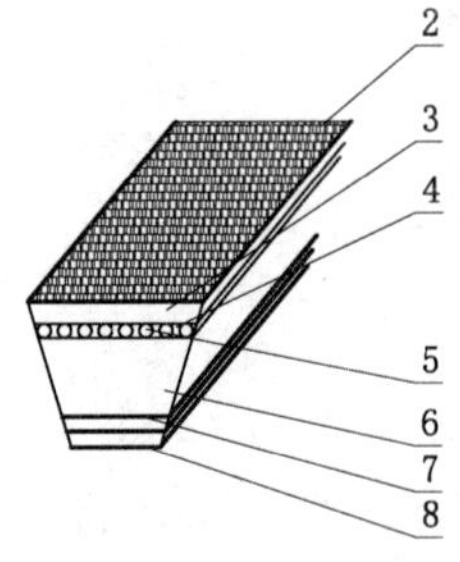

d） 底胶夹布切边 V 带

说明：
1——胶帆布；
2——顶布；
3——顶胶；
4——缓冲胶；
5——抗拉体；
6——底胶；
7——底胶夹布；
8——底布。

图 1（续）

4 型号和标记

4.1 型号

V 带应具有对称的梯形横截面，高与节宽之比约为 0.7，其型号分为 Y、Z、A、B、C、D、E 等七种。

注 1：对切边带在型号后加符号“X”表示。

注 2：V 带型号的选择参见附录 A。

4.2 标记

V 带的标记示例。以符合 GB/T 1171，A 型号，基准长度为 1 430 mm 的 V 带为例，其标记为：

A1430 GB/T 1171

标记中各要素的含义如下；

A ——型号为 A 型；

1 430——带基准长度为 1 430 mm。

注：根据供需双方协商，可在标记中增加内周长度。

5 要求

5.1 外观质量

V 带的外观质量应符合表 1 的规定。

表 1 V 带外观质量要求

<table>
<tr><th>V 带类别</th><th>缺陷名称</th><th>要求</th></tr>
<tr><td rowspan="5">包边 V 带</td><td>带角胶帆布破损</td><td>外胶帆布每边累积长度不超过带长的 30%(内胶帆布不应有)</td></tr>
<tr><td>鼓泡</td><td rowspan="4">不应有</td></tr>
<tr><td>胶帆布搭缝脱开</td></tr>
<tr><td>带身压偏</td></tr>
<tr><td>海绵状</td></tr>
<tr><td rowspan="4">切边 V 带</td><td>飞边</td><td>顶面单侧飞边不得超过 0.5 mm</td></tr>
<tr><td>鼓泡</td><td rowspan="3">不应有</td></tr>
<tr><td>带偏、开裂</td></tr>
<tr><td>海绵状</td></tr>
</table>

5.2 尺寸

V 带的基准长度极限偏差、露出高度、中心距变化量、配组差应符合 GB/T 11544 的规定。

5.3 物理性能

V 带的物理性能应符合表 2 的规定。

表 2 普通 V 带的物理性能

<table>
<tr><th rowspan="3">型号</th><th colspan="4">项 目</th></tr>
<tr><th rowspan="2">拉伸强度/kN
≥</th><th colspan="2">参考力伸长率/%
≤</th><th rowspan="2">布与顶胶间粘合强度/(kN/m)
≥</th></tr>
<tr><th>包边 V 带</th><th>切边 V 带</th></tr>
<tr><td>Y</td><td>1.2</td><td rowspan="7">7.0</td><td rowspan="5">5.0</td><td rowspan="3">—</td></tr>
<tr><td>Z</td><td>2.0</td></tr>
<tr><td>A</td><td>3.0</td></tr>
<tr><td>B</td><td>5.0</td><td rowspan="4">2.0</td></tr>
<tr><td>C</td><td>9.0</td></tr>
<tr><td>D</td><td>15.0</td><td rowspan="2">—</td></tr>
<tr><td>E</td><td>20.0</td></tr>
</table>

5.4 疲劳性能

A 型和 B 型 V 带无扭矩疲劳寿命不小于 1.0×10^{7} 次,24 h 中心距变化率不大于 2.0%。

6 抽样

6.1 V 带应逐条进行外观质量检查,对其尺寸可进行抽检。

6.2 同型号、同材质的 V 带以不多于 200 000 条为一批,出厂检验的项目在每批产品中包括外观质量、尺寸、物理性能,但每周不得少于一次。

6.3 若V带尺寸、外观质量、物理性能中有不合格项目时，应在该批产品中另取双倍数量的试样对不合格项目进行复验，若试验结果中有一项仍不合格，则该批产品为不合格产品。

6.4 对同种型号同种材质的A型和B型V带，每次应抽取两条试样进行V带疲劳试验，若出现不合格项目时，应在该批产品中另取两条试样进行复验，若试验结果中有一项仍不合格，则该批产品为不合格品。V带疲劳试验每季不得少于一次。

6.5 如遇到转产、转厂、停产后复产，结构、材料或工艺有重大改变时，V带需要进行型式检验，V带型式检验时，应检验第5章中全部内容。

7 试验方法

7.1 V带的外观质量，带角胶帆布破损及飞边长度用卷尺或卡尺测量，其余用目测法检验。

7.2 V带的尺寸按GB/T 11544的规定进行测量。

7.3 V带的拉伸强度和参考力伸长率按GB/T 3686的规定进行试验。参考力按表3的规定。

表3 参考力参数

单位为千牛顿

V带型号	Y	Z	A	B	C	D	E
参考力	0.6	0.8	1.4	2.4	3.9	7.8	11.8

7.4 对于布与顶胶间粘合强度试验，先在V带顶部切取两个试样，试样为矩形，宽度为10.0 mm±0.2 mm，必要时厚度应适当减薄。并有足够长度能使测量过程中的分离长度不小于100 mm。夹持器的移动速度为100 mm/min±10 mm/min，按GB/T 12833得出数值，计算两个试样的算术平均值。

7.5 V带无扭矩疲劳寿命和带轮中心距变化率按GB/T 15328的规定进行试验。

8 标志、标签、包装、运输和贮存

8.1 标志

每条V带应有水洗不掉的明显标志，应至少包括以下内容：

a) 标记；

b) 制造商名或商标；

c) 制造年月。

8.2 标签和包装

采用合适的包装物进行包装，标签应至少包括以下内容：

a) 标记；

b) 制造商名或商标；

c) 制造年月。

8.3 运输和贮存

8.3.1 V带在运输和贮存中，应避免阳光直射或雨雪浸淋，保持清洁；防止与酸、碱、油及有机溶剂等有害于带质量的物质接触，V带的贮存位置应离热源装置1 m以上，贮存中不能使带受到过大的弯曲和挤压，不得反向折曲。

8.3.2 贮存时库房温度宜保持在−18 ℃～40 ℃，相对湿度不宜超过70%。

8.3.3 贮存期间应避免使V带变形，可将V带挂在月牙形的架子上或平整的放在货架上。

附　录　A
（资料性附录）
单根基本额定功率 P_1 和功率增量 ΔP_1

包角为 180°($i=1$)、特定基准长度、载荷平稳时，单根 V 带基本额定功率的推荐值参见表 A.1～表 A.7。

表 A.1　Y 型 V 带单根基准额定功率 P_1 和功率增量 ΔP_1

n_1[a] r/min	d_{d1}[b]/mm								i[c] 或 $1/i$										v[d] m/s ≈
	20	25	28	31.5	35.5	40	45	50	1～1.01	1.02～1.04	1.05～1.08	1.09～1.12	1.13～1.18	1.19～1.24	1.25～1.34	1.35～1.5	1.51～1.99	≥2.00	
	P_1/kW								ΔP_1/kW										
200	—	—	—	—	—	—	—	0.04	0.00	0.00	0.00	0.00	0.00	0.00	0.00	0.00	0.00	0.00	
400	—	—	—	—	—	—	0.04	0.05	0.00	0.00	0.00	0.00	0.00	0.00	0.00	0.00	0.00	0.00	
700	—	—	—	0.03	0.04	0.04	0.05	0.06	0.00	0.00	0.00	0.00	0.00	0.00	0.00	0.00	0.00	0.00	
800	—	0.03	0.03	0.04	0.05	0.05	0.06	0.07	0.00	0.00	0.00	0.00	0.00	0.00	0.00	0.00	0.00	0.00	
950	0.01	0.03	0.04	0.04	0.05	0.06	0.07	0.08	0.00	0.00	0.00	0.00	0.00	0.00	0.01	0.01	0.01	0.01	
1 200	0.02	0.03	0.04	0.05	0.06	0.07	0.08	0.09	0.00	0.00	0.00	0.00	0.00	0.00	0.01	0.01	0.01	0.01	
1 450	0.02	0.04	0.05	0.06	0.06	0.08	0.09	0.11	0.00	0.00	0.00	0.00	0.00	0.01	0.01	0.01	0.01	0.01	
1 600	0.03	0.05	0.05	0.06	0.07	0.09	0.11	0.12	0.00	0.00	0.00	0.00	0.00	0.01	0.01	0.01	0.01	0.01	5
2 000	0.03	0.05	0.06	0.07	0.08	0.11	0.12	0.14	0.00	0.00	0.00	0.00	0.00	0.01	0.01	0.01	0.01	0.02	
2 400	0.04	0.06	0.07	0.09	0.09	0.12	0.14	0.16	0.00	0.00	0.00	0.00	0.01	0.01	0.01	0.01	0.02	0.02	
2 800	0.04	0.07	0.08	0.10	0.11	0.14	0.16	0.18	0.00	0.00	0.00	0.01	0.01	0.01	0.01	0.02	0.02	0.02	
3 200	0.05	0.08	0.09	0.11	0.12	0.15	0.17	0.20	0.00	0.00	0.00	0.01	0.01	0.01	0.02	0.02	0.02	0.02	
3 600	0.06	0.08	0.10	0.12	0.13	0.16	0.19	0.22	0.00	0.00	0.01	0.01	0.01	0.02	0.02	0.02	0.02	0.03	
4 000	0.06	0.09	0.11	0.13	0.14	0.18	0.20	0.23	0.00	0.00	0.01	0.01	0.01	0.02	0.02	0.02	0.03	0.03	10
4 500	0.07	0.10	0.12	0.14	0.16	0.19	0.21	0.24	0.00	0.00	0.01	0.01	0.01	0.02	0.02	0.02	0.03	0.03	
5 000	0.08	0.11	0.13	0.15	0.18	0.20	0.23	0.25	0.00	0.01	0.01	0.01	0.01	0.02	0.02	0.02	0.03	0.03	
5 500	0.09	0.12	0.14	0.16	0.19	0.22	0.24	0.26	0.00	0.01	0.01	0.01	0.01	0.02	0.02	0.02	0.03	0.03	
6 000	0.10	0.13	0.15	0.17	0.20	0.24	0.26	0.27	0.00	0.01	0.01	0.01	0.01	0.02	0.02	0.02	0.03	0.03	

[a] 小带轮转速，单位为转每分(r/min)。

[b] 小带轮的基准直径，单位为毫米(mm)。

[c] V 带的传动比。

[d] 带速，单位为米每秒(m/s)。

表 A.2　Z 型 V 带单根基准额定功率 P_1 和功率增量 ΔP_1

n_1 r/min	d_{d1}/mm						i 或 $1/i$										v m/s ≈
	50	56	63	71	80	90	1.00～1.01	1.02～1.04	1.05～1.08	1.09～1.12	1.13～1.18	1.19～1.24	1.25～1.34	1.35～1.50	1.51～1.99	≥2.00	
	P_1/kW						ΔP_1/kW										
200	0.04	0.04	0.05	0.06	0.10	0.10											
400	0.06	0.06	0.08	0.09	0.14	0.14											
700	0.09	0.11	0.13	0.17	0.20	0.22				0.00							
800	0.10	0.12	0.15	0.20	0.22	0.24											
960	0.12	0.14	0.18	0.23	0.26	0.28						0.01					5
1 200	0.14	0.17	0.22	0.27	0.30	0.33											
1 450	0.16	0.19	0.25	0.30	0.35	0.36							0.02				
1 600	0.17	0.20	0.27	0.33	0.39	0.40											10
2 000	0.20	0.25	0.32	0.39	0.44	0.48											
2 400	0.22	0.30	0.37	0.46	0.50	0.54											
2 800	0.26	0.33	0.41	0.50	0.56	0.60						0.03					15
3 200	0.28	0.35	0.45	0.54	0.61	0.64											
3 600	0.30	0.37	0.47	0.58	0.64	0.68											
4 000	0.32	0.39	0.49	0.61	0.67	0.72											20
4 500	0.33	0.40	0.50	0.62	0.67	0.73							0.05				
5 000	0.34	0.41	0.50	0.62	0.66	0.73		0.02							0.06		
5 500	0.33	0.41	0.49	0.61	0.64	0.65											
6 000	0.31	0.40	0.48	0.56	0.61	0.56											

表 A.3　A 型 V 带单根基准额定功率 P_1 和功率增量 ΔP_1

n_1 r/min	d_{d1}/mm								i 或 $1/i$										v m/s ≈
	75	90	100	112	125	140	160	180	1～1.01	1.02～1.04	1.05～1.08	1.09～1.12	1.13～1.18	1.19～1.24	1.25～1.34	1.35～1.51	1.52～1.99	≥2.00	
	P_1/kW								ΔP_1/kW										
200	0.15	0.22	0.26	0.31	0.37	0.43	0.51	0.59	0.00	0.00	0.01	0.01	0.01	0.01	0.02	0.02	0.02	0.03	
400	0.26	0.39	0.47	0.56	0.67	0.78	0.94	1.09	0.00	0.01	0.01	0.02	0.02	0.03	0.03	0.04	0.04	0.05	5
700	0.40	0.61	0.74	0.90	1.07	1.26	1.51	1.76	0.00	0.01	0.02	0.03	0.04	0.05	0.06	0.07	0.08	0.09	
800	0.45	0.68	0.83	1.00	1.19	1.41	1.69	1.97	0.00	0.01	0.02	0.03	0.04	0.05	0.06	0.08	0.09	0.10	
950	0.51	0.77	0.95	1.15	1.37	1.62	1.95	2.27	0.00	0.01	0.03	0.04	0.05	0.06	0.07	0.08	0.10	0.11	10
1 200	0.60	0.93	1.14	1.39	1.66	1.96	2.36	2.74	0.00	0.02	0.03	0.05	0.07	0.08	0.10	0.11	0.13	0.15	
1 450	0.68	1.07	1.32	1.61	1.92	2.28	2.73	3.16	0.00	0.02	0.04	0.06	0.08	0.09	0.11	0.13	0.15	0.17	15
1 600	0.73	1.15	1.42	1.74	2.07	2.45	2.94	3.40	0.00	0.02	0.04	0.06	0.09	0.11	0.13	0.15	0.17	0.19	
2 000	0.84	1.34	1.66	2.04	2.44	2.87	3.42	3.93	0.00	0.03	0.06	0.08	0.11	0.13	0.16	0.19	0.22	0.24	20
2 400	0.92	1.50	1.87	2.30	2.74	3.22	3.80	4.32	0.00	0.03	0.07	0.10	0.13	0.16	0.19	0.23	0.26	0.29	25
2 800	1.00	1.64	2.05	2.51	2.98	3.48	4.06	4.54	0.00	0.04	0.08	0.11	0.15	0.19	0.23	0.26	0.30	0.34	30
3 200	1.04	1.75	2.19	2.68	3.16	3.65	4.19	4.58	0.00	0.04	0.09	0.13	0.17	0.22	0.26	0.30	0.34	0.39	
3 600	1.08	1.83	2.28	2.78	3.26	3.72	4.17	4.40	0.00	0.05	0.10	0.15	0.19	0.24	0.29	0.34	0.39	0.44	35
4 000	1.09	1.87	2.34	2.83	3.28	3.67	3.98	4.00	0.00	0.05	0.11	0.16	0.22	0.27	0.32	0.38	0.43	0.48	40
4 500	1.07	1.83	2.33	2.79	3.17	3.44	3.48	3.13	0.00	0.06	0.12	0.18	0.24	0.30	0.36	0.42	0.48	0.54	
5 000	1.02	1.82	2.25	2.64	2.91	2.99	2.67	1.81	0.00	0.07	0.14	0.20	0.27	0.34	0.40	0.47	0.54	0.60	
5 500	0.96	1.70	2.07	2.37	2.48	2.31	1.51	—	0.00	0.08	0.15	0.23	0.30	0.38	0.46	0.53	0.60	0.68	
6 000	0.80	1.50	1.80	1.96	1.87	1.37	—	—	0.00	0.08	0.16	0.24	0.32	0.40	0.49	0.57	0.65	0.73	

表 A.4　B 型 V 带单根基准额定功率 P_1 和功率增量 ΔP_1

n_1 r/min	d_{d1}/mm								i 或 $1/i$										v m/s ≈
	125	140	160	180	200	224	250	280	1～1.01	1.02～1.04	1.05～1.08	1.09～1.12	1.13～1.18	1.19～1.24	1.25～1.34	1.35～1.51	1.52～1.99	≥2.00	
	P_1/kW								ΔP_1/kW										
200	0.48	0.59	0.74	0.88	1.02	1.19	1.37	1.58	0.00	0.01	0.01	0.02	0.03	0.04	0.04	0.05	0.06	0.06	5
400	0.84	1.05	1.32	1.59	1.85	2.17	2.50	2.89	0.00	0.01	0.03	0.04	0.06	0.07	0.08	0.10	0.11	0.13	
700	1.30	1.64	2.09	2.53	2.96	3.47	4.00	4.61	0.00	0.02	0.05	0.07	0.10	0.12	0.15	0.17	0.20	0.22	10
800	1.44	1.82	2.32	2.81	3.30	3.86	4.46	5.13	0.00	0.03	0.06	0.08	0.11	0.14	0.17	0.20	0.23	0.25	
950	1.64	2.08	2.66	3.22	3.77	4.42	5.10	5.85	0.00	0.03	0.07	0.10	0.13	0.17	0.20	0.23	0.26	0.30	15
1 200	1.93	2.47	3.17	3.85	4.50	5.26	6.04	6.90	0.00	0.04	0.08	0.13	0.17	0.21	0.25	0.30	0.34	0.38	
1 450	2.19	2.82	3.62	4.39	5.13	5.97	6.82	7.76	0.00	0.05	0.10	0.15	0.20	0.25	0.31	0.36	0.40	0.46	20
1 600	2.33	3.00	3.86	4.68	5.46	6.33	7.20	8.13	0.00	0.06	0.11	0.17	0.23	0.28	0.34	0.39	0.45	0.51	
1 800	2.50	3.23	4.15	5.02	5.83	6.73	7.63	8.46	0.00	0.06	0.13	0.19	0.25	0.32	0.38	0.44	0.51	0.57	25
2 000	2.64	3.42	4.40	5.30	6.13	7.02	7.87	8.60	0.00	0.07	0.14	0.21	0.28	0.35	0.42	0.49	0.56	0.63	
2 200	2.76	3.58	4.60	5.52	6.35	7.19	7.97	8.53	0.00	0.08	0.16	0.23	0.31	0.39	0.46	0.54	0.62	0.70	30
2 400	2.85	3.70	4.75	5.67	6.47	7.25	7.89	8.22	0.00	0.08	0.17	0.25	0.24	0.42	0.51	0.59	0.68	0.76	35
2 800	2.96	3.85	4.89	5.76	6.43	6.95	7.14	6.80	0.00	0.10	0.20	0.29	0.39	0.49	0.59	0.69	0.79	0.89	40
3 200	2.94	3.83	4.8	5.52	5.95	6.05	5.60	4.26	0.00	0.11	0.23	0.34	0.45	0.56	0.68	0.79	0.90	1.01	
3 600	2.80	3.63	4.46	4.92	4.98	4.47	3.12	—	0.00	0.13	0.25	0.38	0.51	0.63	0.76	0.89	1.01	1.14	
4 000	2.51	3.24	3.82	3.92	3.47	2.14	—	—	0.00	0.14	0.28	0.42	0.56	0.70	0.84	0.99	1.13	1.27	
4 500	1.93	2.45	2.59	2.04	0.73	—	—	—	0.00	0.16	0.32	0.48	0.63	0.79	0.95	1.11	1.27	1.43	
5 000	1.09	1.29	0.81	—	—	—	—	—	0.00	0.18	0.36	0.53	0.71	0.89	1.07	1.24	1.42	1.60	

表 A.5 C 型 V 带单根基准额定功率 P_1 和功率增量 ΔP_1

n_1 r/min	d_{d1}/mm								i 或 $1/i$										v m/s ≈
	200	224	250	280	315	355	400	450	1～1.01	1.02～1.04	1.05～1.08	1.09～1.12	1.13～1.18	1.19～1.24	1.25～1.34	1.35～1.51	1.52～1.99	≥2.00	
	P_1/kW								ΔP_1/kW										
200	1.39	1.70	2.03	2.42	2.84	3.36	3.91	4.51	0.00	0.02	0.04	0.06	0.08	0.10	0.12	0.14	0.16	0.18	5
300	1.92	2.37	2.85	3.40	4.04	4.75	5.54	6.40	0.00	0.03	0.06	0.09	0.12	0.15	0.18	0.21	0.24	0.26	
400	2.41	2.99	3.62	4.32	5.14	6.05	7.06	8.20	0.00	0.04	0.08	0.12	0.16	0.20	0.23	0.27	0.31	0.35	10
500	2.87	3.58	4.33	5.19	6.17	7.27	8.52	9.80	0.00	0.05	0.10	0.15	0.20	0.24	0.29	0.34	0.39	0.44	
600	3.30	4.12	5.00	6.00	7.14	8.45	9.82	11.29	0.00	0.06	0.12	0.18	0.24	0.29	0.35	0.41	0.47	0.53	15
700	3.69	4.64	5.64	6.76	8.09	9.50	11.02	12.63	0.00	0.07	0.14	0.21	0.27	0.34	0.41	0.48	0.55	0.62	
800	4.07	5.12	6.23	7.52	8.92	10.46	12.10	13.80	0.00	0.08	0.16	0.23	0.31	0.39	0.47	0.55	0.63	0.71	20
950	4.58	5.78	7.04	8.49	10.05	11.73	13.48	15.23	0.00	0.09	0.19	0.27	0.37	0.47	0.56	0.65	0.74	0.83	
1 200	5.29	6.71	8.21	9.81	11.53	13.31	15.04	16.59	0.00	0.12	0.24	0.35	0.47	0.59	0.70	0.82	0.94	1.06	25
1 450	5.84	7.45	9.04	10.72	12.46	14.12	15.53	16.47	0.00	0.14	0.28	0.42	0.58	0.71	0.85	0.99	1.14	1.27	30
1 600	6.07	7.75	9.38	11.06	12.72	14.19	15.24	15.57	0.00	0.16	0.31	0.47	0.63	0.78	0.94	1.10	1.25	1.41	35
1 800	6.28	8.00	9.63	11.22	12.67	13.73	14.08	13.29	0.00	0.18	0.35	0.53	0.71	0.88	1.06	1.23	1.41	1.59	40
2 000	6.34	8.06	9.62	11.04	12.14	12.59	11.95	9.64	0.00	0.20	0.39	0.59	0.78	0.98	1.17	1.37	1.57	1.76	
2 200	6.26	7.92	9.34	10.48	11.08	10.70	8.75	4.44	0.00	0.22	0.43	0.65	0.86	1.08	1.29	1.51	1.72	1.94	
2 400	6.02	7.57	8.75	9.50	9.43	7.98	4.34	—	0.00	0.23	0.47	0.70	0.94	1.18	1.41	1.65	1.88	2.12	
2 600	5.61	6.93	7.85	8.08	7.11	4.32	—	—	0.00	0.25	0.51	0.76	1.02	1.27	1.53	1.78	2.04	2.29	
2 800	5.01	6.08	6.56	6.13	4.16	—	—	—	0.00	0.27	0.55	0.82	1.10	1.37	1.64	1.92	2.19	2.47	
3 200	3.23	3.57	2.93	—	—	—	—	—	0.00	0.31	0.61	0.91	1.22	1.53	1.63	2.14	2.44	2.75	

表 A.6 D 型 V 带单根基准额定功率 P_1 和功率增量 ΔP_1

n_1 r/min	d_{d1}/mm								i 或 $1/i$										v m/s ≈
	355	400	450	500	560	630	710	800	1～1.01	1.02～1.04	1.05～1.08	1.09～1.12	1.13～1.18	1.19～1.24	1.25～1.34	1.35～1.51	1.52～1.99	≥2.00	
	P_1/kW								ΔP_1/kW										
100	3.01	3.66	4.37	5.08	5.91	6.88	8.01	9.22	0.00	0.03	0.07	0.10	0.14	0.17	0.21	0.24	0.28	0.31	5
150	4.20	5.14	6.17	7.18	8.43	9.82	11.38	13.11	0.00	0.05	0.11	0.15	0.21	0.26	0.31	0.36	0.42	0.47	
200	5.31	6.52	7.90	9.21	10.76	12.54	14.55	16.76	0.00	0.07	0.14	0.21	0.28	0.35	0.42	0.49	0.56	0.63	10
250	6.36	7.88	9.50	11.09	12.97	15.13	17.54	20.18	0.00	0.09	0.18	0.26	0.35	0.44	0.57	0.61	0.70	0.78	
300	7.35	9.13	11.02	12.88	15.07	17.57	20.35	23.39	0.00	0.10	0.21	0.31	0.42	0.52	0.62	0.73	0.83	0.94	15
400	9.24	11.45	13.85	16.20	18.95	22.05	25.45	29.08	0.00	0.14	0.28	0.42	0.56	0.70	0.83	0.97	1.11	1.25	
500	10.90	13.55	16.40	19.17	22.38	25.94	29.76	33.72	0.00	0.17	0.35	0.52	0.70	0.87	1.04	1.22	1.39	1.56	20
600	12.39	15.42	18.67	21.78	25.32	29.18	33.18	37.13	0.00	0.21	0.42	0.62	0.83	1.04	1.25	1.46	1.67	1.88	25
700	13.70	17.07	20.63	23.99	27.73	31.68	35.59	39.14	0.00	0.24	0.49	0.73	0.97	1.22	1.46	1.70	1.95	2.19	
800	14.83	18.46	22.25	25.76	29.55	33.38	36.87	39.55	0.00	0.28	0.56	0.83	1.11	1.39	1.67	1.95	2.22	2.50	30
950	16.15	20.06	24.01	27.50	31.04	34.19	36.35	36.76	0.00	0.33	0.66	0.99	1.32	1.60	1.92	2.31	2.64	2.97	35
1 100	16.98	20.99	24.84	28.02	30.85	32.65	32.52	29.26	0.00	0.38	0.77	1.15	1.53	1.91	2.29	2.68	3.06	3.44	40
1 200	17.25	21.20	24.84	26.71	29.67	30.15	27.88	21.32	0.00	0.42	0.84	1.25	1.67	2.09	2.50	2.92	3.34	3.75	
1 300	17.26	21.06	24.35	26.54	27.58	26.37	21.42	10.73	0.00	0.45	0.91	1.35	1.81	2.26	2.71	3.16	3.61	4.06	
1 450	16.77	20.15	22.02	23.59	22.58	18.06	7.99	—	0.00	0.51	1.01	1.51	2.02	2.52	3.02	3.52	4.03	4.53	
1 600	15.63	18.31	19.59	18.88	15.13	6.25	—	—	0.00	0.56	1.11	1.67	2.23	2.78	3.33	3.89	4.45	5.00	
1 800	12.97	14.28	13.34	9.59	—	—	—	—	0.00	0.63	1.24	1.88	2.51	3.13	3.74	4.38	5.01	5.62	

表 A.7 E 型 V 带单根基准额定功率 P_1 和功率增量 ΔP_1

n_1 r/min	d_{d1}/mm								i 或 $1/i$										v m/s ≈
	500	560	630	710	800	900	1 000	1 120	1～1.01	1.02～1.04	1.05～1.08	1.09～1.12	1.13～1.18	1.19～1.24	1.25～1.34	1.35～1.51	1.52～1.99	≥2.00	
	P_1/kW								ΔP_1/kW										
100	6.21	7.32	8.75	10.31	12.05	13.96	15.64	18.07	0.00	0.07	0.14	0.21	0.28	0.34	0.41	0.48	0.55	0.62	5
150	8.60	10.33	12.32	14.56	17.05	19.76	22.14	25.58	0.00	0.10	0.20	0.31	0.41	0.52	0.62	0.72	0.83	0.93	
200	10.86	13.09	15.65	18.52	21.70	25.15	28.52	32.47	0.00	0.14	0.28	0.41	0.55	0.69	0.83	0.96	1.10	1.24	10
250	12.97	15.67	18.77	22.23	26.03	30.14	34.11	38.71	0.00	0.17	0.34	0.52	0.69	0.86	1.03	1.20	1.37	1.55	15
300	14.96	18.10	21.69	25.69	30.05	34.71	39.17	44.26	0.00	0.21	0.41	0.62	0.83	1.03	1.24	1.45	1.65	1.86	
350	16.81	20.38	24.42	28.89	33.73	38.64	43.66	49.04	0.00	0.24	0.48	0.72	0.96	1.20	1.45	1.69	1.92	2.17	20
400	18.55	22.49	26.95	31.83	37.05	42.49	47.52	52.98	0.00	0.28	0.55	0.83	1.00	1.38	1.65	1.93	2.20	2.48	
500	21.65	26.25	31.36	36.85	42.53	48.20	53.12	57.94	0.00	0.34	0.64	1.03	1.38	1.72	2.07	2.41	2.75	3.10	25
600	24.21	29.30	34.83	40.58	46.26	51.48	55.45	58.42	0.00	0.41	0.83	1.24	1.65	2.07	2.48	2.89	3.31	3.72	30
700	26.21	31.59	37.26	42.87	47.96	51.95	54.00	53.62	0.00	0.48	0.97	1.45	1.93	2.41	2.89	3.38	3.86	4.34	35
800	27.57	33.03	38.52	43.52	47.38	49.21	48.19	42.77	0.00	0.55	1.10	1.65	2.21	2.76	3.31	3.86	4.41	4.96	40
950	28.32	33.40	37.92	41.02	41.59	38.19	30.08	—	0.00	0.65	1.29	1.95	2.62	3.27	3.92	4.58	5.23	5.89	
1 100	27.30	31.35	33.94	33.74	29.06	17.65	—	—	0.00	0.76	1.52	2.27	3.03	3.79	4.40	5.30	6.06	6.82	
1 200	25.53	28.49	29.17	25.91	16.46	—	—	—	0.00										
1 300	22.82	24.31	22.56	15.44	—	—	—	—	0.00										
1 450	16.82	15.35	8.85	—	—	—	—	—	0.00										

ICS 21.220.10
J 18

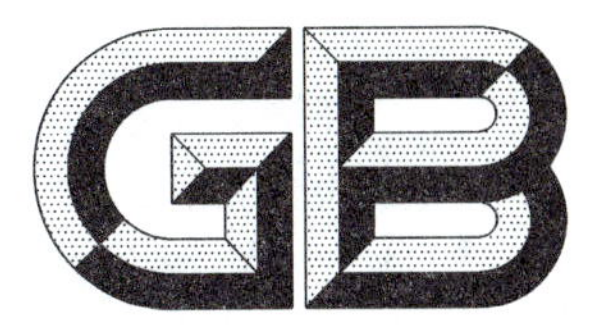

中华人民共和国国家标准

GB/T 10412—2002
代替 GB/T 10412—1989

普通和窄 V 带轮(基准宽度制)

Grooved pulleys for classical and narrow V-belts(system based on datum width)

(ISO 4183:1995 Belt drives—Classical and narrow V-belts—Grooved pulleys(system based on datum width),MOD)

2002-10-11 发布　　2003-05-01 实施

中华人民共和国
国家质量监督检验检疫总局　发布

前　言

本标准修改采用ISO 4183:1995《带传动　普通和窄V带　带轮(基准宽度制)》。

本标准是GB/T 10412—1989《普通V带轮》的修订版。修订后的标准注重通用性、互换性,删除了原标准中轮幅结构、轮缘和轮毂等规定;改变了圆跳动公差的测量位置;增加了多槽带轮任意两个轮槽基准直径间最大偏差的规定。

本标准的附录A是资料性附录。

本标准自实施之日起,同时代替GB/T 10412—1989。

本标准由中国机械工业联合会提出。

本标准由机械科学研究院归口。

本标准起草单位:机械科学研究院。

本标准主要起草人:秦书安。

本标准于1989年首次发布,2002年第一次修订。

普通和窄 V 带轮(基准宽度制)

1 范围

本标准规定了基准宽度制的普通 V 带轮(Y、Z、A、B、C、D 和 E 型)和窄 V 带轮(SPZ、SPA、SPB 和 SPC 型)轮槽、基准直径系列等基本尺寸。

窄 V 带不能用于专为普通 V 带设计的带轮，本标准规定的带轮也不适用联组带。

2 规范性引用文件

下列文件中的条款通过本标准的引用而成为本标准的条款。凡是注日期的引用文件，其随后所有的修改单(不包括勘误的内容)或修订版均不适用于本标准，然而，鼓励根据本标准达成协议的各方研究是否可使用这些文件的最新版本。凡是不注日期的引用文件，其最新版本适用于本标准。

GB/T 321—1980 优先数和优先数系

GB/T 6931.2 V 带传动术语(eqv ISO 1081)

GB/T 11356.1 带传动 普通及窄 V 带传动用带轮(基准宽度制) 槽形检验(eqv ISO 255)

GB/T 11357 带轮的材质、表面粗糙度及平衡(eqv ISO 254)

3 术语和定义

本标准中与 V 带传动有关的术语、定义和符号按 GB/T 6931.2 的规定。

4 带轮槽形尺寸

4.1 带轮槽形尺寸

带轮槽形尺寸见图 1 和表 1。

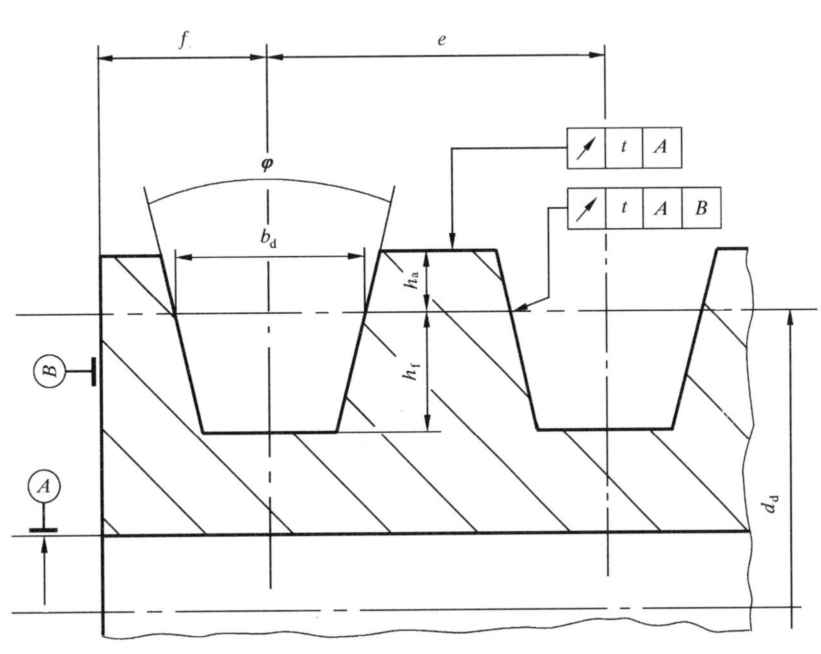

图 1 带轮槽形尺寸

表 1 带轮槽形尺寸

单位为毫米

槽型		基准宽度 b_d	h_a min	h_f min	槽间距 e[a]			f[d] min
普通V带轮	窄V带轮				基本值	极限偏差[b]	累积极限偏差[c]	
Y	—	5.3	1.6	4.7	8	±0.3	±0.6	6
Z	SPZ	8.5	2	7 9	12	±0.3	±0.6	7
A	SPA	11	2.75	8.7 11	15	±0.3	±0.6	9
B	SPB	14	3.5	10.8 14	19	±0.4	±0.8	11.5
C	SPC	19	4.8	14.3 19	25.5	±0.5	±1	16
D	—	27	8.1	19.9	37	±0.6	±1.2	23
E	—	32	9.6	23.4	44.5	±0.7	±1.4	28

a 实际使用中，如冲压板材带轮时，槽间距 e 可能被加大。当不按本标准规定的带轮与符合本标准规定的带轮配合使用时，应引起注意。

b 槽间距(两相邻轮槽截面中线距离)e 的极限偏差。

c 同一带轮所有轮槽相对槽间距 e 基本值的累计偏差不应超出表中规定值。

d f 值的偏差应考虑带轮的找正。

4.2 带轮槽角

带轮槽角及极限偏差、槽角与带轮基准直径的对应关系见表 2。

表 2 带轮槽角与带轮基准直径的对应关系

槽型		带轮槽角 φ,±0.5°			
		38°	36°	34°	32°
普通V带轮	窄V带轮	基准直径 d_d/mm			
Y	—	—	>60	—	≤60
Z	SPZ	>80	—	≤80	—
A	SPA	>118	—	≤118	—
B	SPB	>190	—	≤190	—
C	SPC	>315	—	≤315	—
D	—	>475	≤475	—	—
E	—	>600	≤600	—	—

5 带轮基准直径

5.1 最小基准直径

保持V带传动性能的带轮最小基准直径见表 3。

表 3 带轮最小基准直径

单位为毫米

槽 型	最小基准直径 d_{dmin}
Y	20
Z	50
A	75
B	125
C	200
D	355
E	500
SPZ	63
SPA	90
SPB	140
SPC	224

5.2 基准直径系列

根据带轮槽型优先使用的基准直径系列见表4,其极限偏差为±0.8%。表中包括轮槽的轴向和径向圆跳动公差值 t(见图1)。

表 4 带轮基准直径系列

单位为毫米

基准直径 d_d	圆跳动公差 t	槽型						
		Y	Z SPZ	A SPA	B SPB	C SPC	D	E
20	0.2	+	—	—	—	—	—	—
22.4		+	—	—				
25		+	—	—				
28		+	—	—				
31.5		+	—	—				
35.5		+	—	—				
40		+	—	—				
45		+	—	—				
50		+	+	—				
53		—	—	—				
56		+	+	—				
60		—	—	—				
63		+	×	—				
67		—	—	—				
71		+	×	—				
75		—	×	+				

表 4（续）

单位为毫米

基准直径 d_d	圆跳动公差 t	槽型						
		Y	Z SPZ	A SPA	B SPB	C SPC	D	E
80		+	×	+				
85		—	—	+				
90	0.2	+	×	×	—	—	—	—
95		—	—	×				
100		+	×	×				
106		—	—	×				
112		+	×	×				
118		—	—	×				
125		+	×	×	+			
	0.3					—	—	—
132			×	×	+			
140			×	×	×			
150			×	×	×			
160			×	×	×			
170			—	—	×	—		
180			×	×	×	—		
190			—	—	—	—		
200			×	×	×	+		
	0.4						—	—
212			—	—	—	+		
224			×	×	×	×		
236			—	—	—	×		
250			×	×	×	×		
265			—	—	—	×	—	
280			×	×	×	×	—	
300			—	—	—	×	—	
315			×	×	×	×	—	
	0.5	—						—
335			—	—	—	×	—	
355			×	×	×	×	+	
375			—	—	—	—	+	
400			×	×	×	×	+	
425			—	—	—	—	+	—
450			—	×	×	×	+	—
475			—	—	—	—	+	—
500			×	×	×	×	+	+
	0.6	—						
530			—	—	—	—	—	+
560			—	×	×	×	+	+
600			—	—	×	×	+	+
630			×	×	×	×	+	+
670				—	—	—	—	+
710	0.8	—	—	×	×	×	+	+
750				—	×	×	+	—
800				×	×	×	+	+

表 4（续） 单位为毫米

基准直径 d_d	圆跳动公差 t	槽型						
		Y	Z SPZ	A SPA	B SPB	C SPC	D	E
850	0.8	—	—	—	—	—	—	—
900				—	×	×	+	+
950				—	—	—	—	—
1 000				—	×	×	+	+
1 060	1	—	—	—	—	—	+	—
1 120					×	×	+	+
1 180					—	—	—	—
1 250					—	×	+	+
1 350					—	—	—	—
1 400					—	×	+	+
1 500					—	—	+	+
1 600					—	×	+	+
1 700	1.2	—	—	—	—	—	—	—
1 800						—	+	+
1 900						—	—	+
2 000						×	+	+
2 120						—	—	—
2 240						—	—	+
2 360						—	—	—
2 500						—	—	+

注 1：＋配合使用普通 V 带。

注 2：×配合使用窄 V 带和普通 V 带。

注 3：—不选用。

6 同一带轮任意两个轮槽基准直径间的最大偏差

同一带轮任意两个轮槽基准直径间的最大偏差见表 5。

表 5 带轮轮槽基准直径间的最大偏差 单位为毫米

槽型	轮槽基准直径间的最大偏差
Y	0.3
Z、A、B、SPZ、SPA、SPB	0.4
C、D、E、SPC	0.6

7 带轮和轮槽几何形状检验

带轮和轮槽几何形状检验按 GB/T 11356.1 的方法进行。

8 带轮材质、表面粗糙度和平衡

带轮材质、表面粗糙度和平衡按 GB/T 11357 的规定。

附　录　A
（资料性附录）
带轮基准宽度

A.1　基准宽度是轮槽和与其作为一个整体配合使用的普通和窄 V 带的标准化的基本尺寸。

A.2　基准线位置和基准宽度确定了带轮槽形、带轮基准直径以及带在轮槽中的位置。

ICS 21.220.10
J 18

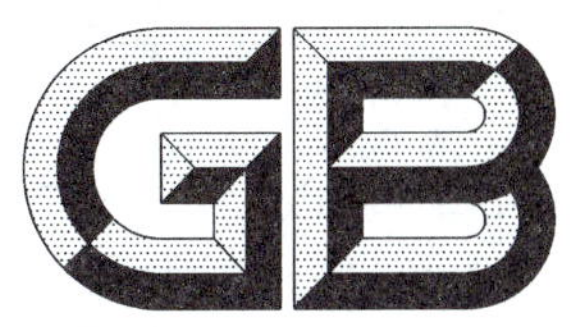

中华人民共和国国家标准

GB/T 10413—2002
代替 GB/T 10413—1989

窄V带轮(有效宽度制)

Grooved pulleys for narrow V-belts(system based on effective width)

(ISO 5290:2001 Belt drives—Grooved pulleys for joined narrow V-belts—Groove sections 9 N/J,15 N/J and 25 N/J(effective system),MOD)

2002-10-11 发布　　2003-05-01 实施

中华人民共和国国家质量监督检验检疫总局　发布

前　言

本标准修改采用 ISO 5290:2001《带传动　窄 V 带轮　槽型 9 N/J、15 N/J 和 25 N/J(有效宽度制)》,为便于实际应用,增加了带轮槽角公差。

本标准是 GB/T 10413—1989《窄 V 带轮》的修订版。修订后的标准注重通用性、互换性,删除了原标准中轮幅结构、轮缘和轮毂等规定;改变了圆跳动公差的测量位置;增加了多轮槽带轮任意两个轮槽基准直径间最大偏差的规定。

本标准的附录 A 是资料性附录。

本标准自实施之日起,同时代替 GB/T 10413—1989。

本标准由中国机械工业联合会提出。

本标准由机械科学研究院归口。

本标准起草单位:机械科学研究院。

本标准主要起草人:秦书安。

本标准于 1989 年首次发布,2002 年第一次修订。

窄 V 带轮(有效宽度制)

1 范围

本标准规定了有效宽度制窄 V 带轮(9 N/J、15 N/J 和 25 N/J 型)轮槽的基本尺寸。

本标准适用于工业动力传动中单根和联组窄 V 带用带轮。

2 规范性引用文件

下列文件中的条款通过本标准的引用而成为本标准的条款。凡是注日期的引用文件,其随后所有的修改单(不包括勘误的内容)或修订版均不适用于本标准,然而,鼓励根据本标准达成协议的各方研究是否可使用这些文件的最新版本。凡是不注日期的引用文件,其最新版本适用于本标准。

GB/T 321—1980 优先数和优先数系

GB/T 6931.2 V 带传动术语(eqv ISO 1081)

GB/T 11356.2 带传动 普通及窄 V 带传动用带轮(有效宽度制) 槽形检验(eqv ISO 9980)

GB/T 11357 带轮的材质、表面粗糙度及平衡(eqv ISO 254)

3 术语和定义

本标准中与 V 带传动有关的术语、定义和符号按 GB/T 6931.2 的规定。

4 带轮槽形尺寸

4.1 带轮槽形尺寸

带轮槽形尺寸见图 1、图 2 和表 1。

节线位置仅能是近似的,可通过以下公式近似计算带轮的节圆直径 d_p:

$$d_p = d_e - 2\Delta_e$$

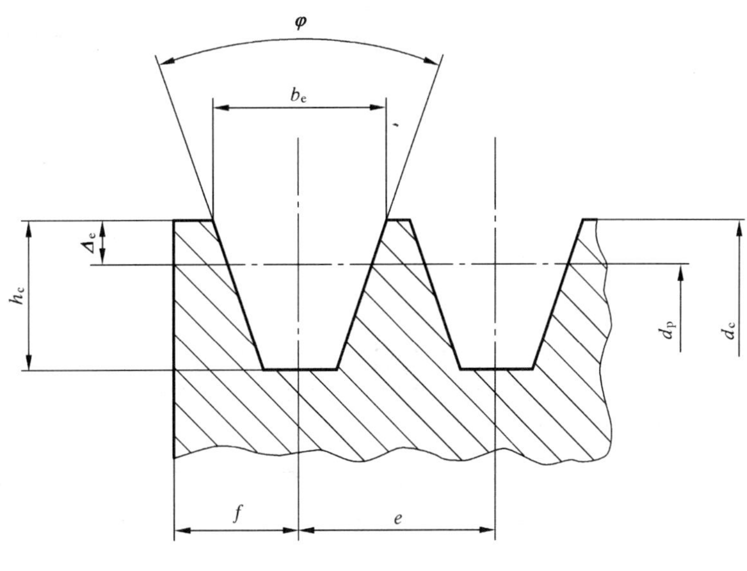

图 1 带轮槽形尺寸 1

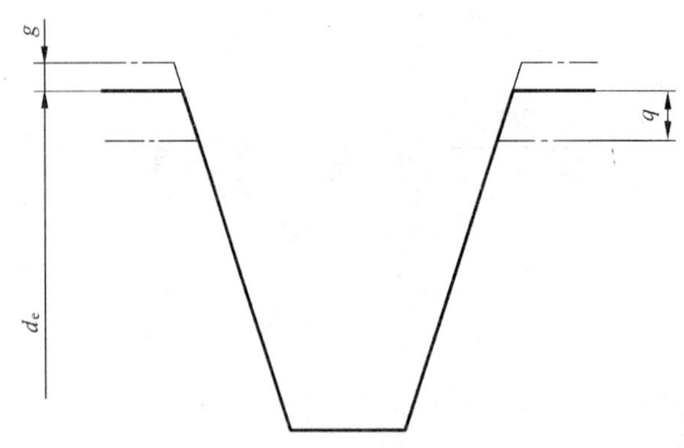

图 2 带轮槽形尺寸 2

表 1 带轮槽形尺寸

单位为毫米

槽型	有效宽度 b_e	槽顶最大增量 g	槽顶弧最大深度 q	有效线差 Δ_e[a]	槽深 h_c^d min	槽间距 e			轮槽与端面距离 f min
						基本值	极限偏差[b]	累积极限偏差[c]	
9 N/J	8.9	0.2	0.3	0.6	8.9	10.3	±0.25	±0.5	9
15 N/J	15.2	0.25	0.4	1.3	15.2	17.5	±0.25	±0.5	13
25 N/J	25.4	0.3	0.5	2.5	25.4	28.6	±0.4	±0.8	19

a 能够趋近于零。

b 槽间距(两相邻轮槽截面中线距离)e 的极限偏差。

c 同一带轮所有轮槽相对槽间距 e 基本值的累计偏差不应超出表中规定值。

d 轮槽截面直边尺寸应不小于 d_e-2q(参见图 2)。

4.2 轮槽槽角

轮槽槽角及极限偏差、槽角与带轮有效直径的对应关系见表 2。

表 2 带轮槽角与带轮有效直径的对应关系

槽 型	带轮槽角 φ,±0.5°			
	36°	38°	40°	42°
	有效直径 d_e/mm			
9 N/J	$d_e \leqslant 90$	$90 < d_e \leqslant 150$	$150 < d_e \leqslant 300$	$d_e > 300$
15 N/J	—	$d_e \leqslant 250$	$250 < d_e \leqslant 400$	$d_e > 400$
25 N/J	—	$d_e \leqslant 400$	$400 < d_e \leqslant 560$	$d_e > 560$

5 带轮有效直径

5.1 最小有效直径

保持 V 带传动性能的带轮最小有效直径见表 3。

表 3 带轮最小有效直径

单位为毫米

槽 型	最小有效直径 d_{emin}
9 N/J	67
15 N/J	180
25 N/J	315

5.2 有效直径系列

有效直径系列见表 4。

表 4 带轮有效直径系列

单位为毫米

有效直径 d_e		槽型					
		9 N/J		15 N/J		25 N/J	
基本值	min	选用情况	d_{emax}	选用情况	d_{emax}	选用情况	d_{emax}
67 71	67 71	× ××	71 75	—	—	—	—
75 80	75 80	× ××	79 84	—	—	—	—
85 90	85 90	× ××	89 94	—	—	—	—
95 100	95 100	× ××	99 104	—	—	—	—
106 112	106 112	× ××	110 116	—	—	—	—
118 125	118 125	× ××	122 129	—	—	—	—
132 140	132 140	× ××	136 144	—	—	—	—
150 160	150 160	× ××	154 164	—	—	—	—
170 180	170 180	— ×	— 184	— ××	— 187	—	—
190 200	190 200	— ××	— 204	× ××	197 207	—	—
212 224	212 224	— ×	— 228	× ××	219 231	—	—
236 250	236 250	— ××	— 254	× ××	243 257	—	—
265 280	265 280	— ×	— 284.5	× ××	272 287	—	—
300 315	300 315	— ××	— 320	× ××	307 322	— ××	— 320
335 355	335 355	— ×	— 360.7	— ×	— 362	× ××	340.4 360.7
375 400	375 400	— ××	— 406.4	— ××	— 407	× ××	381 406.4
425 450	425 450	— ×	— 457.2	— ×	— 457.2	× ××	431.8 457.2
475 500	475 500	— ××	— 508	— ××	— 508	× ××	482.6 508

表 4（续）

单位为毫米

有效直径 d_e		槽型					
		9 N/J		15 N/J		25 N/J	
基本值	min	选用情况	d_{emax}	选用情况	d_{emax}	选用情况	d_{emax}
530	530	—	—	—	—	×	538.5
560	560	×	569	×	569	××	569
600	600	—	—	—	—	×	609.6
630	630	×	640.1	××	640.1	××	640.1
670	670	—	—	—	—	—	—
710	710	×	721.4	×	721.4	×	721.4
750	750	—	—	—	—	—	—
800	800	×	812.8	××	812.8	××	812.8
850	850	—	—	—	—	—	—
900	900			×	914.4	×	914.4
950	950	—	—	—	—	—	—
1 000	1 000			××	1 016	××	1 016
1 060	1 060	—	—	—	—	—	—
1 120	1 120			×	1 137.9	×	1 137.9
1 180	1 180	—	—	—	—	—	—
1 250	1 250			××	1 270	××	1 270
1 320	1 320	—	—	—	—	—	—
1 400	1 400			×	1 422.4	×	1 422.4
1 500	1 500	—	—	—	—	—	—
1 600	1 600			×	1 625.6	××	1 625.6
1 700	1 700	—	—	—	—	—	—
1 800	1 800			×	1 828.8	×	1 828.8
1 900	1 900	—	—	—	—	—	—
2 000	2 000					××	2 032
2 120	2 120	—	—	—	—	—	—
2 240	2 240					×	2 275.8
2 360	2 360	—	—		—	—	—
2 500	2 500					××	2 540

注 1：××——优先选用。
注 2：×——选用。
注 3：— ——不选用。

6 轮槽几何形状检验

6.1 槽形

使用按 GB/T 11356.2 规定的极限量规进行检验。

6.2 轮槽间距

使用按 GB/T 11356.2 规定的带有可更换测量球的测量装置进行检验。

6.3 有效直径

使用按 GB/T 11356.2 规定的测量球或量棒检验，测量球或量棒在轮槽中的位置见图 3，其直径和测量修正项见表 5。

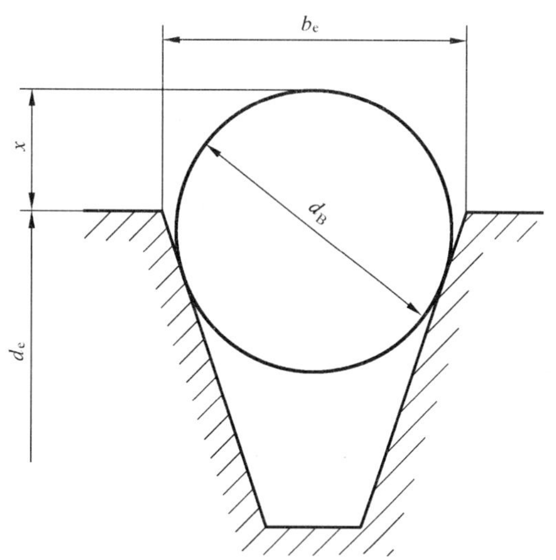

图 3 测量球或量棒在轮槽中的位置

表 5 测量球或量棒直径和修正项

单位为毫米

槽 型	槽 角 φ	测量球或量棒直径 d_B		修正项 2x
		基准值	极限偏差	
9 N/J	36°～42°	9	0 −0.036	11
15 N/J	38°～42°	14.7	0 −0.043	16
25 N/J	38° 40° 42°	25	0 −0.052	28 28 29

6.4 圆跳动

按 GB/T 11356.2 方法检验径向圆跳动和轴向圆跳动，其规定值见表 6。

表 6 径向和轴向圆跳动公差

单位为毫米

有效直径基本值 d_e	径向圆跳动 t_1	轴向圆跳动 t_2
$d_e \leqslant 125$	0.2	0.3
$125 < d_e \leqslant 315$	0.3	0.4
$315 < d_e \leqslant 710$	0.4	0.6
$710 < d_e \leqslant 1\ 000$	0.6	0.8
$1\ 000 < d_e \leqslant 1\ 250$	0.8	1
$1\ 250 < d_e \leqslant 1\ 600$	1	1.2
$1\ 600 < d_e \leqslant 2\ 500$	1.2	1.2
注 1：轴向圆跳动的测量位置按 GB/T 11356.2(其中 $a=\Delta_e$)。		

7 带轮材质、表面粗糙度和平衡

带轮材质、表面粗糙度和平衡按 GB/T 11357 的规定。

附 录 A
（资料性附录）
带轮有效宽度和有效直径

A.1 有效宽度是描述带轮轮槽的基本尺寸。带轮有效直径是带轮的基本直径。

A.2 有效直径系列选自 GB/T 321—1980 优先数系 R20，当不能满足使用时，可由 R40 系列和 R10 系列补充。

A.3 因为米制和英制的差别，需要 $^{+1.6}_{0}$% 的公差。为使所有使用要求通过选择能够得到满足，最大有效直径在基本直径基础上增加如下尺寸：9 N/J 加 4 mm，15 N/J 加 7 mm，25 N/J 加 1.6%。

因为仅需要正偏差，所以最小有效直径等于基本有效直径。

ICS 21.220.10
J 18

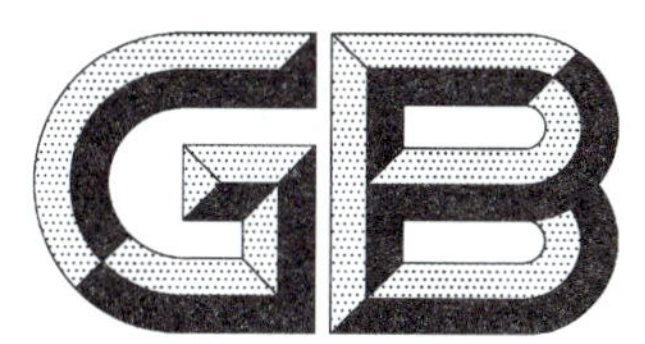

中华人民共和国国家标准

GB/T 11356.1—2008
代替 GB/T 11356.1—1997

带传动　V带轮(基准宽度制)槽形检验

Belt drives—Pulleys for V-belts (system based on datum width)—Geometrical inspection of grooves

(ISO 255:1990,MOD)

2008-04-16 发布　　　　2008-10-01 实施

中华人民共和国国家质量监督检验检疫总局
中国国家标准化管理委员会　发布

前　言

GB/T 11356《带传动　V带轮　槽形检验》由以下两部分组成：

——GB/T 11356.1　带传动　V带轮(基准宽度制)　槽型检验；

——GB/T 11356.2　带传动　V带轮(有效宽度制)　槽型检验。

本部分是GB/T 11356的第1部分。

本部分修改采用ISO 255:1990《带传动　V带轮(基准宽度制)　槽形检验》。

为与现行带传动国家标准一致，本部分对ISO 255:1990中的符号做了如下修改：

——基准宽度符号“W_d”改为“b_d”；

——槽角符号“α”改为“φ”；

——槽顶高符号“b”改为“h_a”；

——槽底深符号“h”改为“h_f”；

——修正项符号“h_s”改为“x”；

——测量球或量棒直径符号“d”改为“d_B”。

本部分代替GB/T 11356.1—1997《带传动　普通及窄V带轮(基准宽度制)　槽形检验》。

本部分与GB/T 11356.1—1997相比主要变化如下：

按照ISO标准格式，对标准结构进行了编排；

——增加了图的名称；

——增加了引言部分；

——范围中增加了“槽型带轮的检测参数和公差”的说明；

——增加了ISO原文中的引用标准；

——6.2中增加了对多槽带轮槽形检验的要求；

——增加了参考文献。

本部分的附录A是规范性附录。

本部分由中国机械工业联合会提出并归口。

本部分起草单位：中机生产力促进中心。

本部分主要起草人：秦书安、黄刚。

本部分由中机生产力促进中心负责解释。

本部分所代替标准的历次版本发布情况为：

——GB 11356—1989；

——GB/T 11356.1—1997。

引　言

使用V带传动时,带轮轮槽的尺寸可基于基准宽度制或者有效宽度制来定义,因此开发了带轮和带尺寸定义及描述的两种体系。两种体系互相独立。

基于基准宽度制定义的带轮槽形检验,通过规定必要的机械检测方法来确保带实际轮槽形与标准带轮槽形的一致性。但是没有规定用以控制带轮产品槽形的快速或连续槽型检验方法。

带传动　V 带轮(基准宽度制)槽形检验

1　范围

GB/T 11356 的本部分规定了基准宽度制的普通及窄 V 带轮轮槽的常规检验方法。

带轮的检测参数和公差在 GB/T 10412 中规定。

2　规范性引用文件

下列文件中的条款通过 GB/T 11356 的本部分的引用而成为本部分的条款。凡是注日期的引用文件,其随后所有的修改单(不包括勘误的内容)或修订版均不适用于本部分,然而,鼓励根据本部分达成协议的各方研究是否可使用这些文件的最新版本。凡是不注日期的引用文件,其最新版本适用于本部分。

GB/T 10412　普通和窄 V 带轮(基准宽度制)(ISO 4183:1995,MOD)

3　基本程序

带轮的检验应按下列四个连续检验程序进行:

a)　检验槽截面(见第 4 章);

b)　检验槽间距(见第 5 章);

c)　检验基准直径(见第 6 章);

d)　检验圆跳动(见第 7 章)。

4　槽截面的检验

4.1　槽截面尺寸

槽截面具体尺寸应符合有关标准的规定,检验参数见图 1 和表 1。

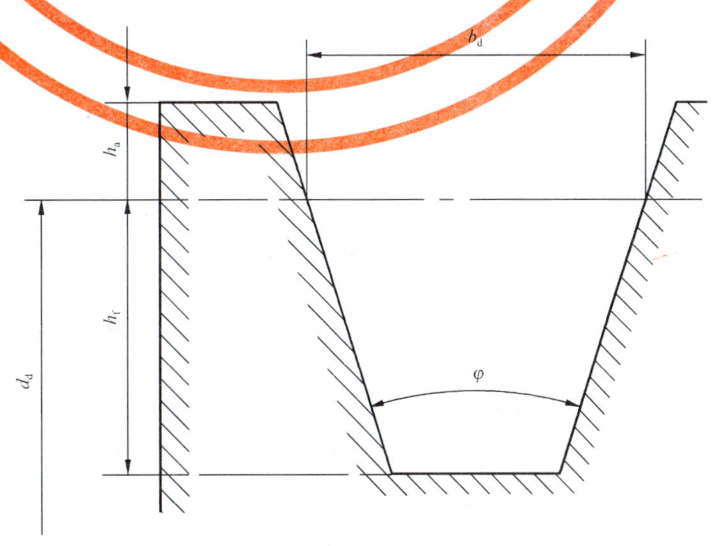

图 1　槽截面

表 1　槽截面尺寸参数

槽截面尺寸	代　号	公　差
基准宽度	b_d	规定值(无公差)
槽　角	φ	$\pm\Delta\varphi$
槽顶高(基准宽度以上)	h_a	最小值
槽底深(基准宽度以下)	h_f	最小值

4.2　检验

4.2.1　极限量规

槽截面应用图 2 所示的极限量规进行检验。

符合标准规定的每个槽截面的各个标准角度,均应有一个极限量规。

极限量规应标志有槽型和槽角。

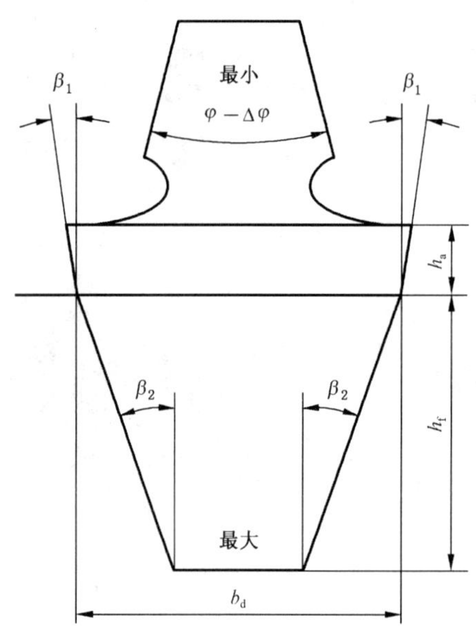

$\beta_1=\dfrac{\varphi-\Delta\varphi}{2}$

$\beta_2=\dfrac{\varphi+\Delta\varphi}{2}$

图 2　极限量规

4.2.2　检验方法

极限量规见图 2。

极限量规的"最小"端用于检验槽角的最小值。符合规定的槽角,量规的底角与槽侧边应接触(见图 3)或均匀地靠在槽侧边。

极限量规的"最大"端用于检验槽角的最大值、基准宽度、槽顶高 h_a 和槽底深 h_f。

如果量规在宽度 b_d 处的角顶与槽侧边接触,并且量规的平台位于轮槽的直侧边以内(见图 4),则槽角、基准宽度、槽顶高 h_a 和槽底深 h_f 符合规定。

如果仅是量规"最大"端的角顶与槽接触,则槽角过大。

如果量规的平台位于槽的直侧边以上,则基准宽度或槽顶高 h_a 过小(见图 5)。

如果量规与槽底接触,并且量规在 b_d 宽度处的角顶未接触槽的侧边,则槽深过小(见图 6)。

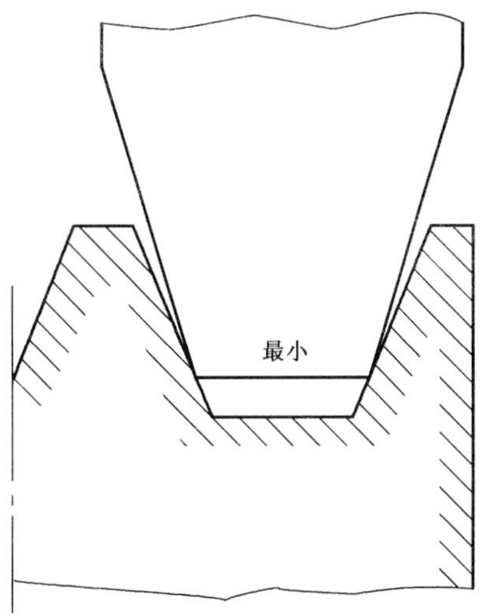

图 3　待检槽形中的极限量规

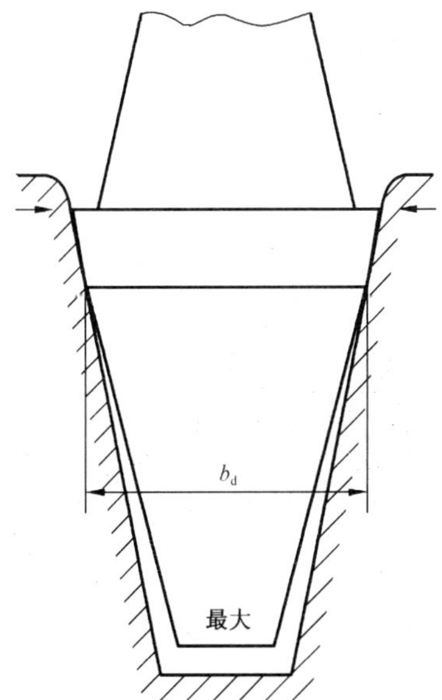

图 4　槽形检验(合格)

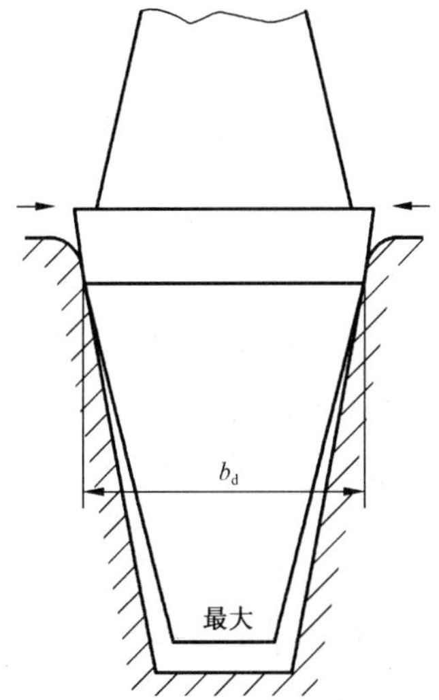

图 5　槽形检验(不合格)

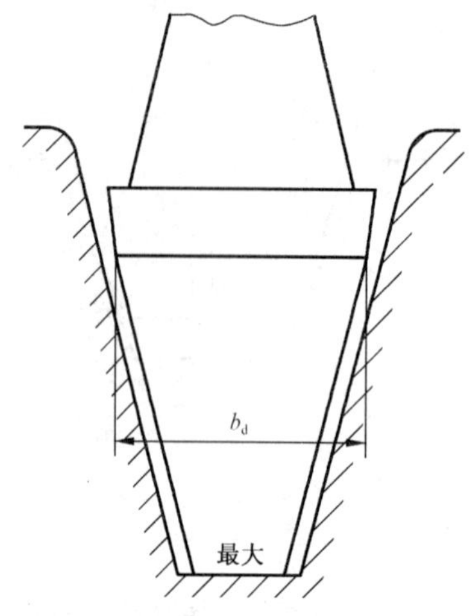

图6　槽形检验(不合格)

5　槽间距的检验

5.1　槽间距参数

5.1.1　槽间距

下列尺寸应符合 GB/T 10412 中的规定(见图 7)。

——两相邻轮槽截面中心线之间的距离,公称值 e;

——任意两相邻轮槽截面中心线间距离公称值 e 的公差。

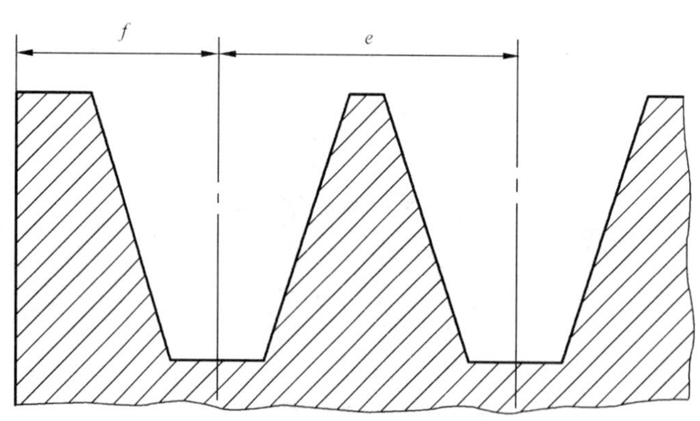

图7　多槽带轮

5.1.2　带轮端面与第一个轮槽截面中心线间的距离

对于所有单槽或多槽带轮,带轮端面与相邻轮槽截面中心线间的距离 f 值,应规定其最小值。为便于带轮找正,可规定 f 值的正负偏差。

5.2　检验

使用可更换测量球的测量装置检验槽间距(不同的槽型应更换相应的测量球)。测量球直径应符合 6.1.2 的规定。测量球或量棒直径及修正项的值在表 A.1 中给出。

使用带游标卡尺，并且测量球可换的测量装置测量每个轮槽的槽间距值 e(见图 8)。测量球直径在表 A.1 中给出。当测量球完全放入轮槽后，可动测量球的滑动装置应固定，用游标卡尺或千分尺测出距离 X。被测槽间距 e 值等于两测量球外端间距离 X 与测量球直径 d_B 之差。被测槽间距 e 值按式(1)计算：

$$e = X - d_B \quad \cdots\cdots(1)$$

式中：

e——槽间距，单位为毫米(mm)；

X——两测量球外端间距离，单位为毫米(mm)；

d_B——测量球直径，单位为毫米(mm)。

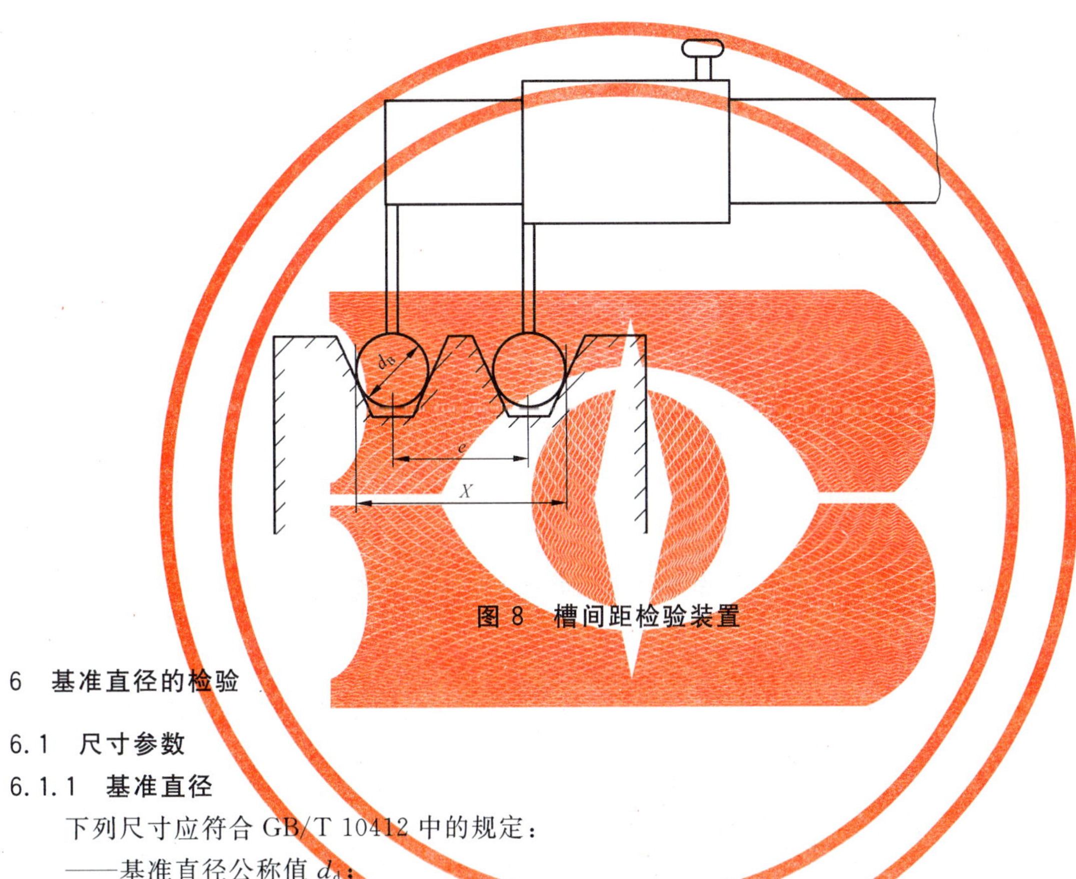

图 8 槽间距检验装置

6 基准直径的检验

6.1 尺寸参数

6.1.1 基准直径

下列尺寸应符合 GB/T 10412 中的规定：

——基准直径公称值 d_d；

——基准直径公称值 d_d 的公差；

——多槽带轮中各轮槽基准直径间的公差。

6.1.2 测量球或量棒

下列尺寸应符合附录 A 中的规定：

——测量球或量棒直径 d_B；

——直径 d_B 的公差；

——修正项 $2x$。

基准直径 d_d 应在测量球或量棒同时与轮槽侧边紧密接触时通过测量确定。

6.2 检验

使用直径符合 6.1.2 中规定的测量球或量棒。将两个测量球或量棒放入待测轮槽中(见图 9)。测量与带轮轴线平行的两个测量球或量棒外切面的距离 K，此距离可用平面平行量具，如游标卡尺测量。

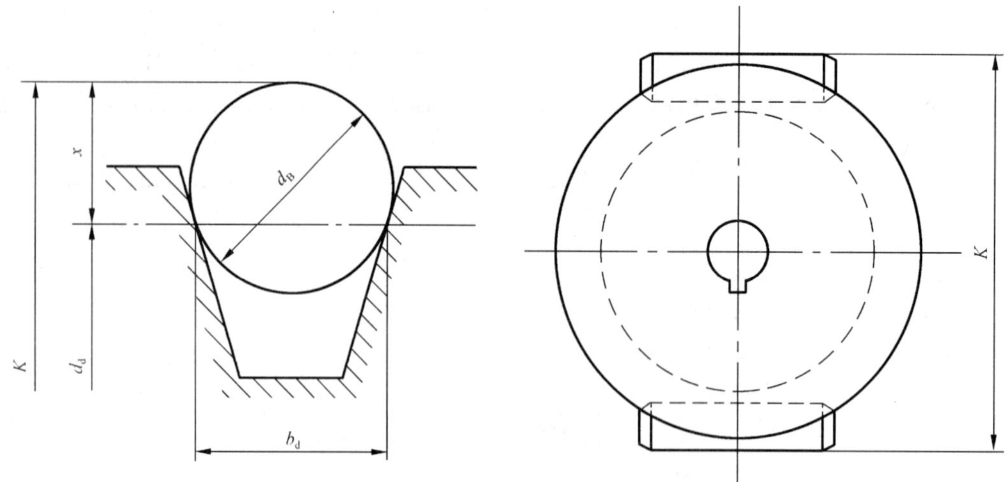

图 9 待检轮槽中的测量棒

基准直径由式(2)求出：

$$d_d = K - 2x \qquad (2)$$

式中：

$2x$——修正项。

如果带轮有多个轮槽，则应分别测量每一个轮槽。

7 圆跳动的检验

7.1 公差

下列公差应符合有关标准的规定：

——外圆径向圆跳动公差 t_1，以轴孔中心线为基准 A。

——斜向圆跳动公差 t_2，t_2 应在垂直于轮槽工作面的基准直径处测量。基准由基准 A 和基准 B（与轴肩端面配合的带轮端面）组成。

7.2 检验

在测量位置（见图 10），围绕基准 A 旋转一周过程中的径向和斜向圆跳动不应大于规定值。

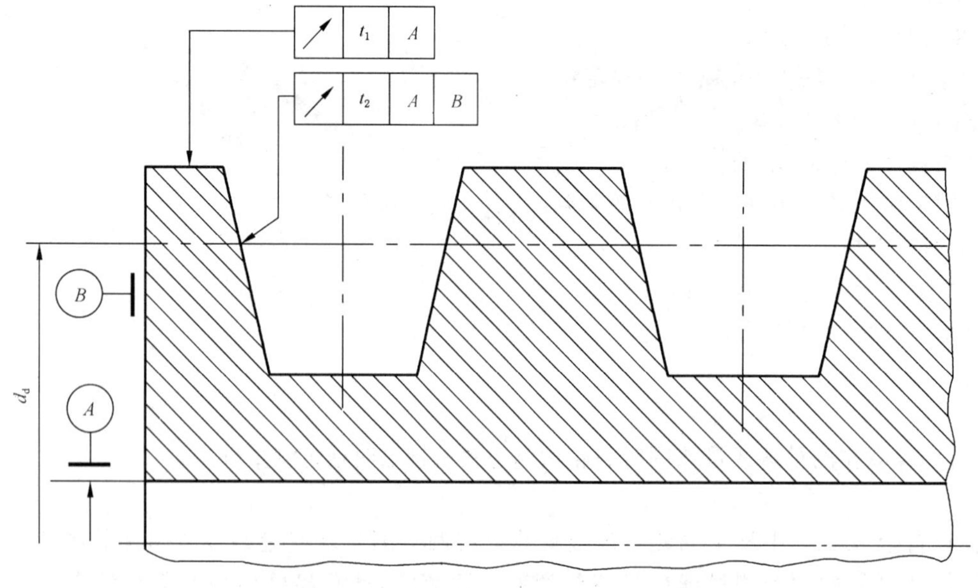

图 10 外圆径向及斜向圆跳动公差

附 录 A
（规范性附录）
测量球或量棒直径 d_B 和修正项 $2x$

测量球或量棒直径 d_B 和修正项 $2x$ 见表 A.1。

表 A.1

槽 型	测量球或量棒直径 d_B		修正项 $2x$
	基本尺寸	极限偏差	
Y	5.5	$^{0}_{-0.03}$	7
Z、SPZ	9	$^{0}_{-0.036}$	12
A、SPA	11.6	$^{0}_{-0.043}$	15
B、SPB	14.7	$^{0}_{-0.043}$	19
C、SPC	20	$^{0}_{-0.052}$	26
D	28.5	$^{0}_{-0.052}$	37
E	33.8	$^{0}_{-0.062}$	44

参 考 文 献

[1] GB/T 1800.4—1999 极限与配合 标准公差等级和孔、轴的极限偏差表(eqv ISO 286-2:1988)

[2] GB/T 6931.2—1986 V带传动 术语(eqv ISO 1081:1980)

[3] GB/T 1182—1996 形状和位置公差 通则、定义、符号和图样表示法(eqv ISO 1101:1996)

前　　言

本标准等效采用 ISO 9980:1990《带传动　V 带轮(有效宽度制)　槽形检验》。

本标准修订了 GB 11356—89《普通及窄 V 带传动用带轮　槽形检验》中规定的有效宽度制窄 V 带轮的槽形检验部分。修订后的标准规定了有效宽度制的普通及窄 V 带轮的槽形检验方法,其中以槽截面的综合检验代替了原来的槽角和槽深的检验;增加了轮槽工作面及带轮外缘的圆跳动检验;保留了槽间距和有效直径的检验,并在检验方法上有所改进。

基准宽度制普通及窄 V 带轮的槽形检验方法见 GB 11356.1—1997《带传动　普通和窄 V 带传动用带轮(基准宽度制)　槽形检验》。

本标准自 1998 年 7 月 1 日实施之日起,代替 GB 11356—89 中的窄 V 带轮槽形检验部分。

本标准由中华人民共和国机械工业部提出。

本标准由机械工业部机械标准化研究所归口。

本标准起草单位:机械工业部机械标准化研究所、石家庄链轮总厂。

本标准主要起草人:秦书安、杜刚、毛立新、吴国川。

ISO 前言

国际标准化组织(ISO)是各国国家标准团体(ISO 成员)的世界性联合组织。制定国际标准的工作通常由技术委员会进行。每个对已成立技术委员会的某项目有兴趣的 ISO 成员,均有权参加该委员会。同 ISO 有联系的国际组织、政府和非政府团体也参与 ISO 的工作。ISO 与国际电工委员会(IEC)在电工标准化的各个方面保持紧密的合作。

由技术委员会通过的国际标准草案需发送到各 ISO 成员投票。草案作为国际标准被公布,ISO 成员投票赞成率至少为 75%。

国际标准 ISO 9980 由 ISO/TC 41 带轮和带(包括 V 带)技术委员会中的 SC1 V 带和带轮分技术委员会起草。

本国际标准的附录 A 仅作为参考。

中华人民共和国国家标准

带传动　普通及窄V带传动用带轮（有效宽度制）　槽形检验

Belt drives—Pulleys for classical and narrow V-belts drives(system based on effective width)—Geometrical inspection of grooves

GB/T 11356.2—1997
eqv ISO 9980:1990
代替 GB 11356—89

1　范围

本标准规定了有效宽度制的普通及窄V带轮（非联组或联组用带轮）轮槽的常规检验方法。

2　基本程序

带轮的检验应按下列四个连续检验程序进行：

a）检验槽截面（见第3章）；

b）检验槽间距（见第4章）；

c）检验有效直径（见第5章）；

d）检验圆跳动（见第6章）。

3　槽截面的检验

3.1　槽截面尺寸

槽截面具体尺寸应符合有关标准的规定，检验参数见图1和表1。

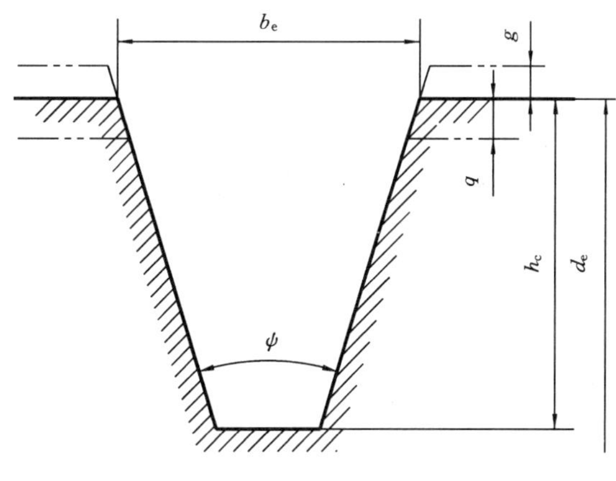

图1

国家技术监督局1997-12-30批准　　　　1998-07-01实施

表 1

槽截面尺寸	代号	公差
有效宽度	b_e	规定值(无公差)
槽　　角	φ	$\pm\Delta\varphi$
槽　　深	h_c	最小值
槽顶最大增量	g	最大值
顶弧最大深度	q	最大值

注

1 g 值仅适用于与联组 V 带一起使用的带轮。

2 带轮实际外缘直径不大于 d_e+2g。

3 轮槽直线边最外端直径最小为 d_e-2q。

3.2 检验

3.2.1 极限量规

槽截面应用图 2 或图 7 所示的极限量规进行检验。

符合标准规定的每个槽截面的各个标准角度,均应有一个极限量规。

极限量规应标志有槽型和槽角。

3.2.2 非联组 V 带用轮槽截面检验

极限量规见图 2。

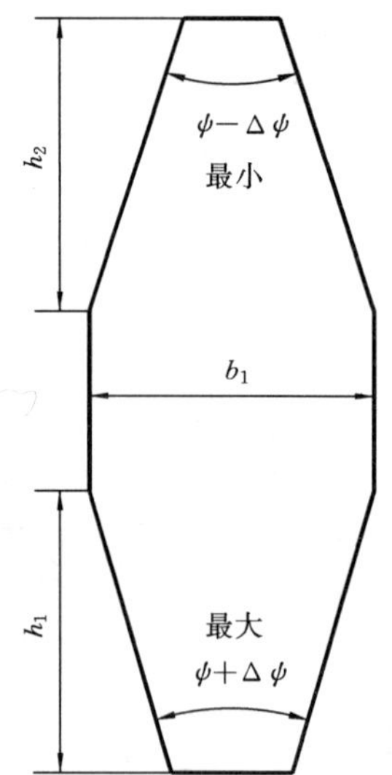

$$b_1=b_e-2q\cdot\tan\frac{\varphi}{2}$$

$$h_1=h_c-q$$

$$h_2\leqslant h_1$$

图 2

极限量规的“最小”端用于检验槽角的最小值。符合规定的槽角,量规应底角与槽侧边接触(见图 3)或均匀地靠在槽侧边。

极限量规的“最大”端用于检验槽角的最大值、有效宽度、槽深、顶弧最大深度 q 值。

如果量规在宽度 b_1 处的角顶与槽直侧边接触,则槽角、有效宽度、槽深和顶弧最大深度 q 值均符合规定(见图 4)。

图 3　　　　图 4

如果仅是量规“最大”端的角顶与槽接触，则槽角过大。

如果量规在宽度 b_1 处的角顶位于槽直侧边以上，则有效宽度过小或槽顶弧深度 q 值过大（见图 5）。

如果量规与槽底相接触，则槽深过小（见图 6）。

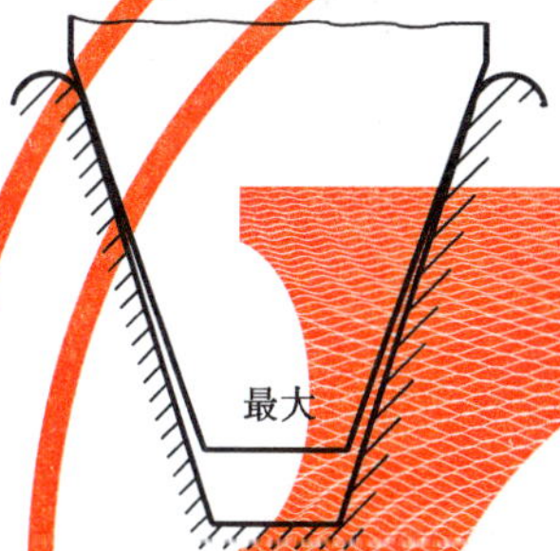

图 5 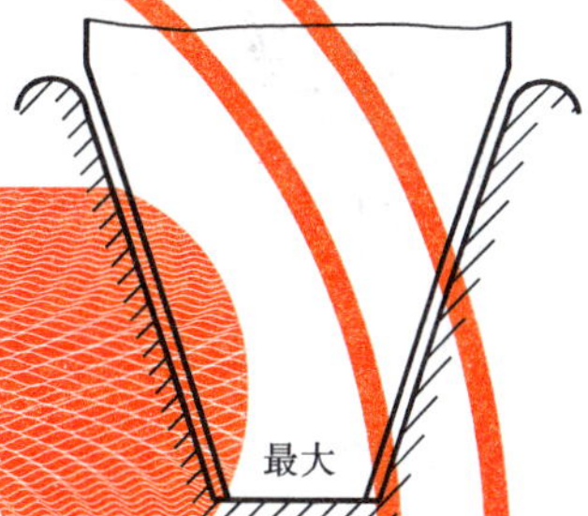　　　　图 6

3.2.3　联组 V 带用轮槽槽截面检验

极限量规见图 7。

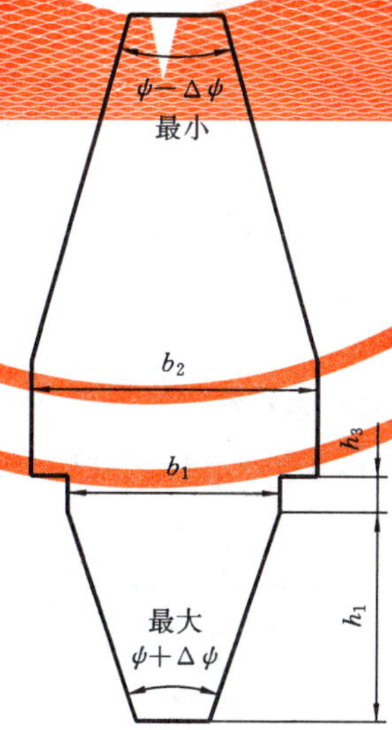

$$b_1 = b_e - 2q \cdot \tan\frac{\psi}{2}$$

$b_2 > e$（见 4.1 条）

$$h_1 = h_c - q$$

$$h_3 = g + q$$

图 7

极限量规的“最小”端用于检验槽角的最小值。极限量规应底角与槽侧边接触（见图 3）或均匀地靠在槽侧边。

极限量规的“最大”端用于同时检验槽角的最大值、有效宽度、槽深、槽顶弧深度 q 值和槽顶增量 g 值。

如果量规在宽度 b_1 处的角顶与槽直侧边相接触(见图 8),则槽角、有效宽度、槽顶弧深度 q 值、槽顶增量 g 值和槽深均符合规定。

如果仅是量规“最大”端的角顶与槽接触,则槽角过大。

如果量规的平台与带轮外缘接触,而量规没有稳固地置于槽中,则槽顶增量 g 值过大(见图 9)。

如果量规在 b_1 宽度处的角顶位于槽直侧边以上,则有效宽度太小或槽顶弧深度 q 值过大(见图 10)。

如果量规与槽底相接触,则槽深过小(见图 6)。

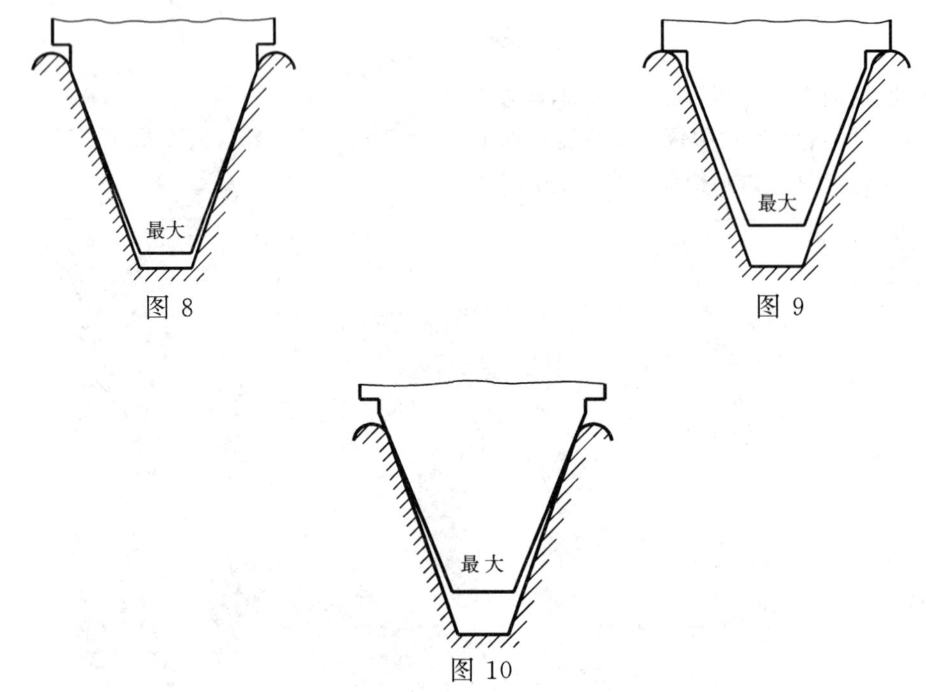

图 8

图 9

图 10

4 槽间距的检验

4.1 尺寸参数

下列尺寸应符合有关标准的规定(见图 11)。

4.1.1 槽间距

两相邻轮槽截面中心线间距离公称值 e 及公差。

4.1.2 联组 V 带轮任意轮槽间公称值 e 的最大累积偏差值。

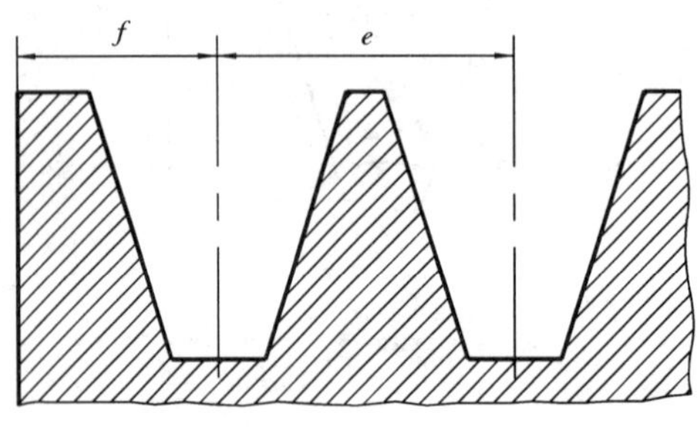

图 11

4.1.3 带轮端面与相邻轮槽截面中心线间的距离

对于所有单槽或多槽带轮,带轮端面与相邻轮槽截面中心线间的距离 f 值,应规定其最小值。为便于带轮找正,可规定 f 值的正负偏差。

4.2 检验

使用图12所示可更换测量球的测量装置检验槽间距(对不同的槽型应更换相应的测量球)。测量球直径应符合5.1条的规定。

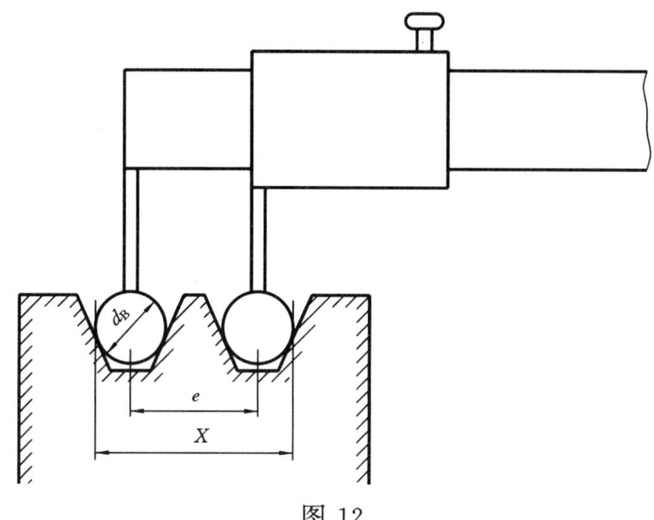

图 12

当测量球完全放入轮槽后,可动测量球的滑动装置应固定,用游标卡尺或千分尺测出距离 X。被测槽间距 e 值按式(1)计算:

$$e = X - d_B \quad \cdots\cdots(1)$$

式中:e——槽间距,mm;

X——两测量球外端间距离,mm;

d_B——测量球直径,mm。

5 有效直径的检验

5.1 尺寸参数

下列尺寸应符合有关标准的规定。

5.1.1 有效直径公称值 d_e 及其公差。

5.1.2 多槽带轮中各轮槽有效直径间的公差。

5.1.3 测量球或量棒的直径 d_B 及其公差。

5.1.4 修正项 $2x$。

$2x$ 可由式(2)求出:

$$2x = d_B\left(1 + \frac{1}{\sin\frac{\psi}{2}}\right) - b_e\frac{1}{\mathrm{tg}\frac{\psi}{2}} \quad \cdots\cdots(2)$$

式中:b_e——有效宽度,mm;

ψ——槽角,(°);

d_B——测量球或量棒的直径,mm。

修正项应按适当方式圆整。

5.2 检验

将两个测量球或量棒放入待测轮槽中(见图13),测量与带轮轴线平行的两个测量球或量棒外切面的距离 K,此距离可用平面平行量具测量。

有效直径由式(3)求出:

$$d_e = K - 2x \quad \cdots\cdots(3)$$

式中:$2x$ 为修正项。

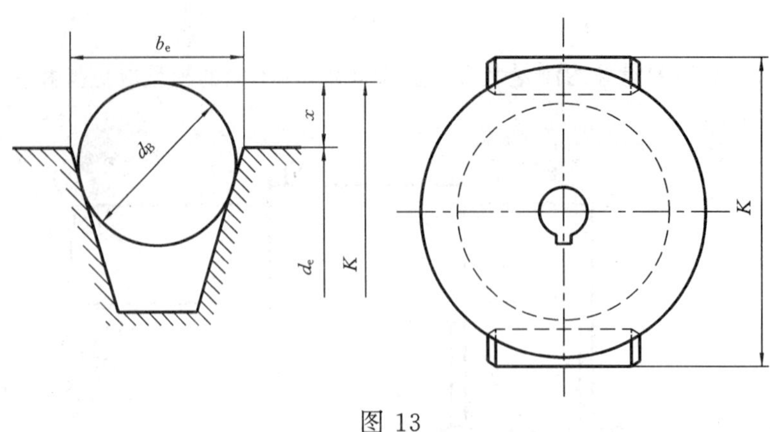

图 13

6 圆跳动的检验

6.1 尺寸和公差

下列尺寸和公差应符合有关标准的规定。

6.1.1 外圆径向圆跳动公差 t_1，以轴孔中心线为基准 A。

6.1.2 斜向圆跳动公差 t_2，t_2 应在垂直于轮槽工作面的 a 值范围内测量。基准由基准 A 和基准 B（与轴肩端面配合的带轮端面）组成。

6.1.3 测量位置与有效直径 d_e 间的距离 a。

6.2 检验

在测量位置（见图 14），围绕基准 A 旋转一周过程中的径向和斜向圆跳动不应大于规定值。

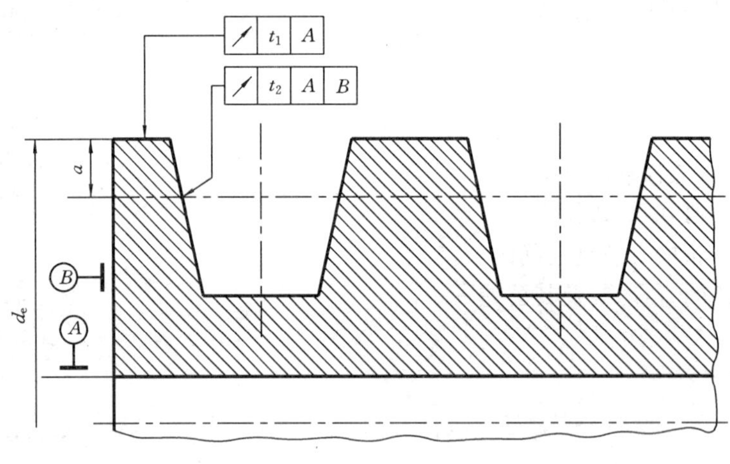

图 14

ICS 21.220.10
J 18

中华人民共和国国家标准

GB/T 11357—2008
代替 GB/T 11357—1989

带轮的材质、表面粗糙度及平衡

Quality, roughness and balance of transmission pulleys

(ISO 254:1998, Belt drives—Pulleys—Quality, finish and balance of transmission pulleys, MOD)

2008-04-16 发布 2008-10-01 实施

中华人民共和国国家质量监督检验检疫总局
中国国家标准化管理委员会 发布

前　言

本标准修改采用 ISO 254:1998《带传动　带轮　质量、表面粗糙度及平衡》。本标准相对国际标准做了下列修改:编辑方法有所不同,引用了国家标准,并删减了部分分析性语言。

本标准是对 GB/T 11357—1989《带轮的材质、表面粗糙度及平衡》的修订。

本标准与 GB/T 11357—1989 相比,主要技术差异如下:

——带轮材料要求更具有普遍性,不规定具体材料,删减了对铸造、焊接及烧结带轮的具体要求;

——表面粗糙度增加了对多楔带轮的规定;

——增加试验带轮粗糙度要求;

——机械转速不仅由图确定,同时可由计算公式得出。

本标准由中国机械工业联合会提出并归口。

本标准起草单位:中机生产力促进中心。

本标准主要起草人:黄刚、秦书安。

本标准所代替标准的历次版本发布情况为:

——GB/T 11357—1989。

带轮的材质、表面粗糙度及平衡

1 范围

本标准规定了传动带轮的质量特性，传动带轮和试验带轮的表面粗糙度和平衡的质量水平。

本标准适用于V带轮、多楔带轮、平带轮、同步带轮，不适用于有活动轮缘的变速带轮。

2 规范性引用文件

下列文件中的条款，通过本标准的引用而成为本标准的条款。凡是注日期的引用文件，其随后所有的修改单(不包括勘误的内容)或修订版均不适用于本标准，然而，鼓励根据本标准达成协议的各方研究是否可使用这些文件的最新版本。凡是不注日期的引用文件，其最新版本适用于本标准。

GB/T 9239.1—2006 机械振动 恒态(刚性)转子平衡品质要求 第1部分：规范与平衡允差的检验(ISO 1940-1:2003，IDT)

GB/T 9239.2—2006 机械振动 恒态(刚性)转子平衡品质要求 第2部分：平衡误差(ISO 1940-2:2003，IDT)

3 带轮的材料及质量要求

带轮可以由能够被加工成符合标准规定尺寸和公差，并能承受各种工作条件(包括温升、机械应力、摩擦等各种环境)而不损坏的材料制造。带轮材料应适于发散由传动中产生的热量。

4 表面粗糙度

4.1 传动带轮

工作表面粗糙度不应超出表1规定值。

表1 传动带轮工作表面粗糙度

带轮工作表面		表面粗糙度 $Ra/\mu m$
V带和多楔带轮槽和各种带轮轴孔		3.2
平带轮轮缘，各种带轮轮缘棱边		6.3
同步带轮的齿侧和齿顶	一般工业传动	3.2
	高性能传动(如汽车用传动)	1.6

4.2 试验带轮

工作表面粗糙度不应超出表2规定值。

表2 试验带轮工作表面粗糙度

带轮工作表面	表面粗糙度 $Ra/\mu m$
V带和多楔带轮槽(动态试验)	1.6
同步带轮槽	
张紧轮	

4.3 平带轮轮缘、V带轮和多楔带轮轮槽的棱边应倒角或倒圆。

5 平衡

5.1 带轮平衡的目的在于改善它的质量分布，以减少它在旋转时产生的不平衡力。经校正平衡的带轮，其残余不平衡量应不大于允许值。

5.2 残余不平衡量的规定极限值应等同预计使用中的允许值。

5.3 带轮平衡有静平衡和动平衡两种方式：

在一个平面内的平衡，称为静平衡；

在两个平面内的平衡，称为动平衡。

5.4 带轮带有较宽的轮缘表面或带轮以相对较高的速度转动时，需要进行动平衡。

5.5 作为生产储备用的带轮，因尚未确定使用条件，只需作静平衡。

5.6 静平衡应使带轮在工作直径(由带轮类型确定为基准或有效直径)上的偏心残留量不大于下列二值中较大的值：

a) 0.005 kg；

b) 带轮及附件的当量质量的0.2%。

注：当量质量系指几何形状与被检带轮相同的铸铁带轮的质量。

5.7 当带轮转速已知时应确定是否需要进行动平衡。

由图1或通过下列公式计算确定带轮极限速度 n_1：

$$n_1 = \sqrt{1.58 \times 10^{11}/Bd}$$

式中：

B——带轮轮缘宽度，单位为毫米(mm)；

d——带轮直径(基准直径或有效直径)，单位为毫米(mm)。

当带轮转速 $n \leqslant n_1$ 时，进行静平衡；

$n > n_1$ 时，进行动平衡。

5.8 动平衡按 GB/T 9239.1 及 GB/T 9239.2 进行。质量等级由下列二值中选取较大值：

$$G_1 = 6.3 \quad \text{mm/s}$$

$$G_2 = 5\ v/M \quad \text{mm/s}$$

式中：

5——残留偏心量的实际限度[见5.6a)]，单位为克(g)；

v——带轮的圆周速度，单位为米每秒(m/s)；

M——带轮的当量质量[见5.6b)]，单位为千克(kg)。

如果使用者有特殊需求时，质量等级可能小于 G_1 或 G_2。

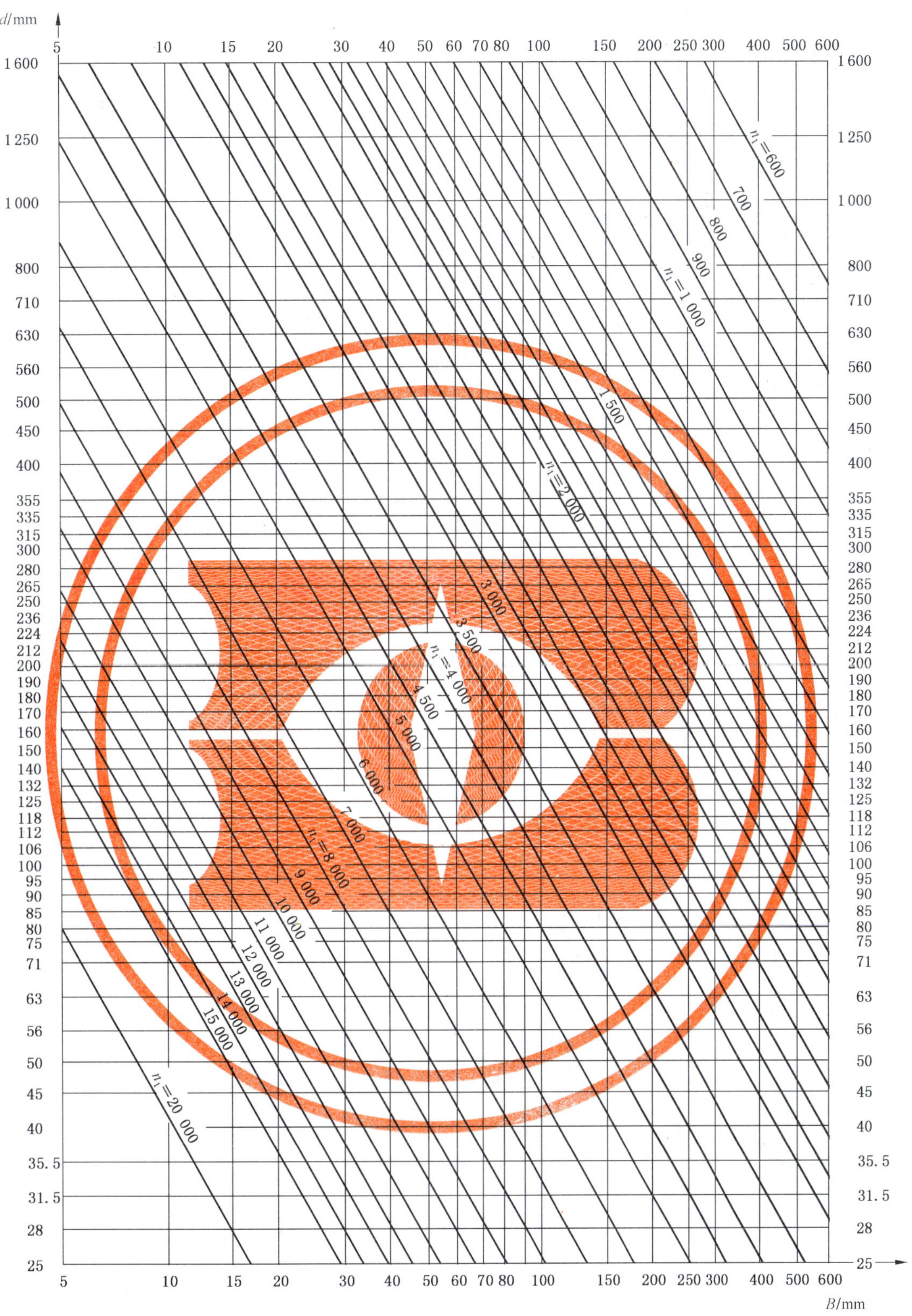

B——带轮轮缘宽度，mm；

d——带轮直径（基准直径或有效直径），mm。

图 1　静平衡、动平衡极限转速 n_1/（r/min）

前　　言

本标准等效采用 ISO 22:1991《带传动　平带和带轮　尺寸和公差》。

本标准修订并代替了 GB/T 11358—1989《平带传动　带轮直径尺寸》、GB/T 11359—1989《平带传动　平带及带轮的宽度》及 GB/T 11360—1989《平带传动　带轮轮缘凸面》等三项标准。与过去标准不同的是，本标准统一规定了平带带长、带宽、平带轮轮宽、直径系列，并在附录中对轮缘凸面尺寸进行了规定。考虑到实际使用情况，带与带轮最大宽度与原国家标准一致，分别规定到 560 mm 和 630 mm，而与 ISO 标准规定到 500 mm 和 560 mm 不同。同样带轮直径最小尺寸较 ISO 标准多出 20 mm、25 mm 和 32 mm 三个尺寸。

本标准从实施之日起，同时代替 GB/T 11358～11360—1989。

本标准的附录 A 和附录 B 都是提示的附录。

本标准由国家机械工业局提出。

本标准由机械工业标准化研究所归口。

本标准起草单位：机械工业标准化研究所、济南天齐特种平带有限公司。

本标准主要起草人：秦书安、武尚春、吴国川。

本标准由机械工业标准化研究所负责解释。

ISO 前言

国际标准化组织(ISO)是各国国家标准团体(ISO 成员)的世界性联合组织。制定国际标准的工作通常由技术委员会进行。每个对已成立技术委员会的某项目有兴趣的 ISO 成员,均有权参加该委员会。同 ISO 有联系的国际组织、政府和非政府团体也参与 ISO 的工作。ISO 与国际电工委员会(IEC)在电工标准化的各方面保持紧密合作。

由技术委员会通过的国际标准草案需发送到各 ISO 成员投票。草案作为国际标准公布,ISO 成员投票赞成率至少为 75%。

国际标准 ISO 22 是由 ISO/TC 41 带轮和带(包括 V 带)技术委员会中的 SC 1 V 带和带轮分技术委员会起草的。

标准第二版取消和代替了第一版 ISO 22:1975 以及 ISO 63:1975、ISO 99:1975 和 ISO 100:1984。相对第一版进行了技术修改。

本国际标准的附录 A 和附录 B 仅作为参考。

中华人民共和国国家标准

GB/T 11358—1999
eqv ISO 22:1991

代替 GB/T 11358—1989
GB/T 11359—1989
GB/T 11360—1989

带传动 平带和带轮 尺寸和公差

Belt drives—Flat transmission belts and corresponding pulleys—Dimensions and tolerances

1 范围

本标准规定了平带传动中带和带轮的基本尺寸。

2 引用标准

下列标准所包含的条文,通过在本标准中引用而构成为本标准的条文。本标准出版时,所示版本均为有效。所有标准都会被修订,使用本标准的各方应探讨使用下列标准最新版本的可能性。

GB/T 321—1980 优先数和优先数系

3 带

3.1 带长

平带长度系列见表1,本长度系列是指在规定预紧力下的长度。

表1 长度系列 mm

优选系列	第二系列
500	530
560	600
630	670
710	750
800	850
900	950
1 000	1 060
1 120	1 180
1 250	1 320
1 400	1 500
1 600	1 700
1 800	1 900
2 000	
2 240	
2 500	
2 800	
3 150	
3 550	
4 000	
4 500	
5 000	

注

1 表中所列长度值如不够使用,可在系列两端按GB/T 321—1980中R20系列扩展,也可在系列中任意两个长度值间按GB/T 321—1980中R40系列增项。

2 如需要,可切去一部分带长,并在带的断头处连接起来,形成任意长度以适应特殊用途。

国家质量技术监督局1999-09-03批准 2000-03-01实施

3.2 带宽

带宽基本尺寸及公差见表 2。

表 2 带宽基本尺寸及公差

mm

基本尺寸	公差	基本尺寸	公差
16 20 25 32 40 50 63	±2	140 160 180 200 224 250	±4
71 80 90 100 112 125	±3	280 315 355 400 450 500 560	±5

4 带轮

4.1 轮宽

轮宽基本尺寸及公差见表 3。

表 3 轮宽基本尺寸及公差

mm

基本尺寸	公差	基本尺寸	公差
20 25 32 40 50 63 71	±1	160 180 200 224 250 280	±2
80 90 100 112 125 140	±1.5	315 355 400 450 500 560 630	±3

4.2 直径

平带轮的直径是指在带轮外缘对称平面处所测量的带轮直径 D(见图 A1)。

带轮直径基本尺寸及公差见表 4。

表 4 带轮直径

mm

基本尺寸	公差	基本尺寸	公差
20 25	±0.4	224 250	±2.5
32 40	±0.5	280 315 355	±3.2
45 50	±0.6	400 450 500	±4
56 63	±0.8	560 630 710	±5
71 80	±1	800 900 1 000	±6.3
90 100 112	±1.2	1 120 1 250 1 400	±8
125 140	±1.6	1 600 1 800 2 000	±10
160 180 200	±2		

附 录 A
（提示的附录）
轮 冠

A1 轮冠的形状

带轮轮冠截面形状是规则对称曲线，并在中部带有一段直线部分（见图 A1）。并且：

a）直线部分与曲线相切；

b）直线部分宽度不大于轮宽的 40%。

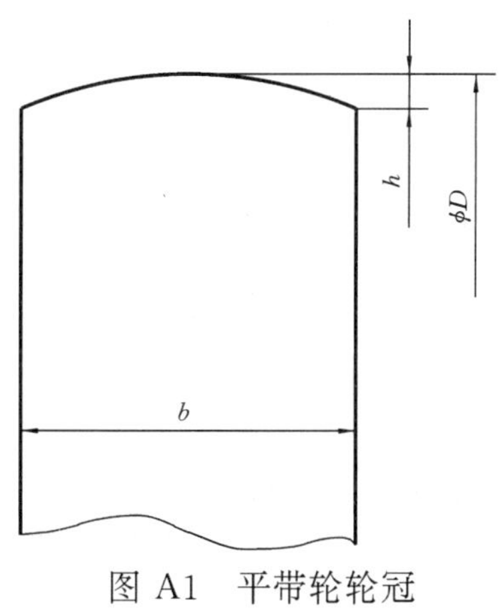

图 A1 平带轮轮冠

A2 轮冠高度

轮冠高度值因带轮直径的不同而变化（对于大直径带轮，轮冠高度还与轮宽有关）。此外轮冠高度值也与带的结构材料有关。

A2.1 带轮直径 20 mm≤D≤710 mm 时，轮冠高度值见表 A1。

表 A1 带轮直径 20 mm≤D≤710 mm 时轮冠高度值 mm

带 轮 直 径 D	轮 冠 高 度 h
20≤D≤112	0.3
125≤D≤140	0.4
160≤D≤180	0.5
200≤D≤224	0.6
250≤D≤280	0.8
315≤D≤355	1
400≤D≤500	1
560≤D≤710	1.2

A2.2 带轮直径 800 mm≤D≤2 000 mm 时，轮冠高度值见表 A2。

表 A2 带轮直径 800 mm≤D≤2 000 mm 时轮冠高度值 mm

带轮直径 D	轮宽	
	b≤250	b≥280
	轮冠高度 h	
800≤D≤1 000	1.2	1.5
1 120≤D≤1 400	1.5	2
1 600≤D≤2 000	1.8	2.5

附 录 B
（提示的附录）
平带和带轮宽度对应关系

B1 推荐带和带轮宽度对应关系见表 B1。

表 B1 带和带轮宽度对应关系 mm

带宽	轮宽	带宽	轮宽
16	20	140	160
20	25	160	180
25	32	180	200
32	40	200	224
40	50	224	250
50	63	250	280
63	71		
71	80	280	315
80	90	315	355
90	100	355	400
100	112	400	450
112	125	450	500
125	140	500	560
		560	630

ICS 21.220.10
G 42

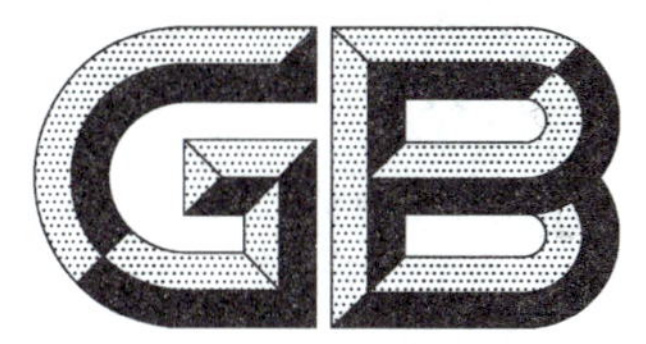

中华人民共和国国家标准

GB/T 11544—2012
代替 GB/T 11544—1997

带传动 普通V带和窄V带尺寸(基准宽度制)

Belt drives—Classical and narrow V-belts—Dimensions(system based on datum width)

(ISO 4184:1992,Belt drives—Classical and narrow V-belts—Lengths in datum system,MOD)

2012-12-31 发布 2013-10-01 实施

中华人民共和国国家质量监督检验检疫总局
中国国家标准化管理委员会 发布

前　言

本标准按照 GB/T 1.1—2009 给出的规则起草。

本标准代替 GB/T 11544—1997《普通 V 带和窄 V 带尺寸》，与 GB/T 11544—1997 相比，主要技术内容变化如下：

——删除了表 7“注”中的 A 型 450mm 和 B 型 600mm 的测量带轮的基准圆周长(1997 年版的 8.1)；

——增加表 7 中“注”(见 8.1)；

——删除了标记(1997 年版的第 9 章)；

——修改了测量带轮顶宽极限偏差和 A 型、SPZ 型测量力(见 8.1,1997 年版的 8.1)；

——删除了“附录 A　有效宽度制 V 带尺寸”(1997 年版的附录 A)；

——删除了“附录 B　V 带的分组代号”(1997 年版的附录 B)。

本标准使用重新起草法修改采用 ISO 4184:1992《带传动　普通 V 带和窄 V 带　基准长度》。

本标准与 ISO 4184:1992 相比在结构上有较多调整，附录 B 中列出了本标准与 ISO 4184:1992 的章条编号对照一览表。

本标准与 ISO 4184:1992 相比存在技术性差异，这些差异涉及的条款已通过在其外侧页边空白位置的垂直单线(|)进行了标示，附录 C 中给出了相应技术性差异及其原因的一览表。

本标准由中国石油和化学工业联合会提出。

本标准由全国带轮与带标准化技术委员会摩擦型带传动分技术委员(SAC/TC 428/SC 3)归口。

本标准起草单位：浙江三力士橡胶股份有限公司、浙江三维橡胶制品股份有限公司、尉氏县久龙橡塑有限公司、无锡市中惠橡胶科技有限公司、浙江凯欧传动带有限公司、青岛市产品质量检验技术研究所。

本标准主要起草人：石水祥、张国方、孙光明、范景云、朱树生、解德利、綦伟、吴桂卿。

本标准所代替标准的历次版本发布情况为：

——GB/T 11544—1989,GB/T 11544—1997。

带传动　普通V带和窄V带
尺寸(基准宽度制)

1　范围

本标准规定了普通V带和窄V带的截面尺寸、基准长度、基准长度偏差、中心距变化量、尺寸测量方法。

本标准适用于一般机械传动用普通V带和窄V带(以下简称V带)。

2　规范性引用文件

下列文件对于本文件的应用是必不可少的。凡是注日期的引用文件,仅注日期的版本适用于本文件。凡是不注日期的引用文件,其最新版本(包括所有的修改单)适用于本文件。

GB/T 321　优先数和优先数系(GB/T 321—2005,ISO 3:1973,IDT)

GB/T 6931.2　带传动术语　第2部分:V带和多楔带传动术语(GB/T 6931.2—2008,ISO 1081:1995,MOD)

GB/T 10412　普通和窄V带轮(基准宽度制)(GB/T 10412—2002,ISO 4183:1995,MOD)

GB/T 11356.1　带传动　V带轮(基准宽度制)槽型检验(GB/T 11356.1—2008,ISO 255:1990,MOD)

GB/T 13490　V带　带的均匀性　测量中心距变化量的试验方法(GB/T 13490—2006,ISO 9608:1994,IDT)

3　术语

GB/T 6931.2界定的有关V带传动的术语和定义适用于本文件。

4　截面尺寸

截面为Y、Z、A、B、C、D、E型的V带称为普通V带。而截面为SPZ、SPA、SPB、SPC型的V带为窄V带。基准宽度制的普通V带和窄V带,其对应的带轮槽型基本宽度规定如下:

——Y型(用于基准宽度5.3 mm的槽型)

——Z型(用于基准宽度8.5 mm的槽型)

——A型(用于基准宽度11 mm的槽型)

——B型(用于基准宽度14 mm的槽型)

——C型(用于基准宽度19 mm的槽型)

——D型(用于基准宽度27 mm的槽型)

——E型(用于基准宽度32 mm的槽型)

——SPZ型(用于基准宽度8.5 mm的槽型)

——SPA型(用于基准宽度11 mm的槽型)

——SPB型(用于基准宽度14 mm的槽型)

——SPC 型(用于基准宽度 19 mm 的槽型)

V 带的截面公称尺寸如图 1 和表 1 所示。截面尺寸的合格与否通过在测长机上施加表 7 规定的测量力测量 V 带在轮槽中的露出高度 f(见图 2)来判断。表 2 中给出了 V 带露出高度的规定值。

注：底边带齿的 V 带可参照表 1 规定。

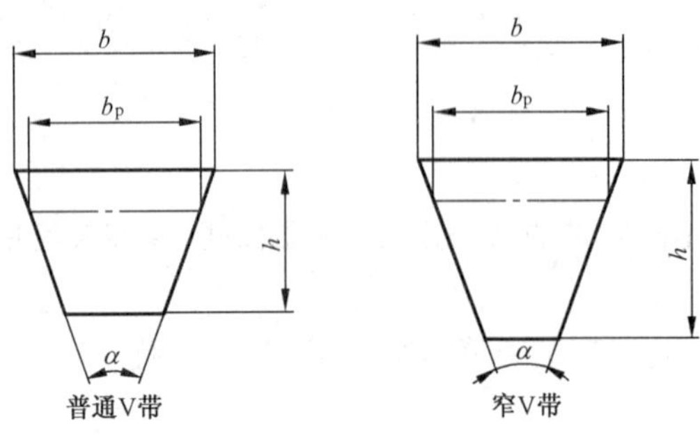

图 1　V 带截面尺寸示意图

表 1　V 带截面尺寸

型号	节宽 b_p mm	顶宽 b mm	高度 h mm	楔角 α (°)
Y	5.3	6	4	40
Z	8.5	10	6	40
A	11.0	13	8	40
B	14.0	17	11	40
C	19.0	22	14	40
D	27.0	32	19	40
E	32.0	38	23	40
SPZ	8.5	10	8	40
SPA	11.0	13	10	40
SPB	14.0	17	14	40
SPC	19.0	22	18	40

表 2　V 带露出高度

单位为毫米

型号	露出高度 f	
	最　大	最　小
Y/YX	+0.8	−0.8
Z/ZX	+1.6	−1.6
A/AX	+1.6	−1.6
B/BX	+1.6	−1.6
C/CX	+1.5	−2.0
D/DX	+1.6	−3.2
E/EX	+1.6	−3.2
SPZ/XPZ	+1.1	−0.4
SPA/XPA	+1.3	−0.6
SPB/XPB	+1.4	−0.7
SPC/XPC	+1.5	−1.0

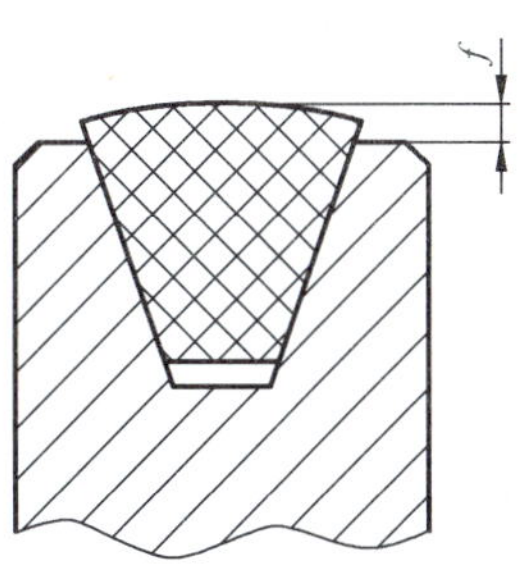

图 2 露出高度示意图

5 基准长度

5.1 基准长度是在施加表 7 所示测量力的情况下，按 8.2 的测量方法测得的。

5.2 基准长度(Y 型除外)应根据 GB/T 321 从优先数系 R20 常用值选取：

a) 当 R20 优先数系不能满足需要时，Z、A、B、C、D、E 型普通 V 带的基准长度数值参见附录 A；

b) SPZ、SPA、SPB、SPC 型窄 V 带的基准长度可从表 3 所列数值中选取，极限偏差见表 4。

5.3 Y 型普通 V 带的基准长度数值参见附录 A。

表 3 窄 V 带基准长度

单位为毫米

L_d	不同型号的分布范围			
	SPZ	SPA	SPB	SPC
630	+			
710	+			
800	+	+		
900	+	+		
1 000	+	+		
1 120	+	+		
1 250	+	+	+	
1 400	+	+	+	
1 600	+	+	+	
1 800	+	+	+	
2 000	+	+	+	+
2 240	+	+	+	+
2 500	+	+	+	+
2 800	+	+	+	+
3 150	+	+	+	+
3 550	+	+	+	+
4 000		+	+	+
4 500		+	+	+
5 000			+	+
5 600			+	+
6 300			+	+
7 100			+	+

表 3（续） 单位为毫米

L_d	不同型号的分布范围			
	SPZ	SPA	SPB	SPC
8 000			+	+
9 000				+
10 000				+
11 200				+
12 500				+

表 4 V带基准长度的极限偏差 单位为毫米

基准长度 L_d	极限偏差	
	Y、YX、Z、ZX、A、AX、B、BX、C、CX、D、DX、E、EX	SPZ、XPZ、SPA、XPA、SPB、XPB、SPC、XPC
$L_d \leqslant 250$	$^{+8}_{-4}$	
$250 < L_d \leqslant 315$	$^{+9}_{-4}$	
$315 < L_d \leqslant 400$	$^{+10}_{-5}$	
$400 < L_d \leqslant 500$	$^{+11}_{-6}$	
$500 < L_d \leqslant 630$	$^{+13}_{-6}$	±6
$630 < L_d \leqslant 800$	$^{+15}_{-7}$	±8
$800 < L_d \leqslant 1\ 000$	$^{+17}_{-8}$	±10
$1\ 000 < L_d \leqslant 1\ 250$	$^{+19}_{-10}$	±13
$1\ 250 < L_d \leqslant 1\ 600$	$^{+23}_{-11}$	±16
$1\ 600 < L_d \leqslant 2\ 000$	$^{+27}_{-13}$	±20
$2\ 000 < L_d \leqslant 2\ 500$	$^{+31}_{-16}$	±25
$2\ 500 < L_d \leqslant 3\ 150$	$^{+37}_{-18}$	±32
$3\ 150 < L_d \leqslant 4\ 000$	$^{+44}_{-22}$	±40
$4\ 000 < L_d \leqslant 5\ 000$	$^{+52}_{-26}$	±50
$5\ 000 < L_d \leqslant 6\ 300$	$^{+63}_{-32}$	±63
$6\ 300 < L_d \leqslant 8\ 000$	$^{+77}_{-38}$	±80

表 4 （续）

单位为毫米

基准长度 L_d	极限偏差	
	Y、YX、Z、ZX、A、AX、B、BX、C、CX、D、DX、E、EX	SPZ、XPZ、SPA、XPA、SPB、XPB、SPC、XPC
8 000＜L_d≤10 000	$^{+93}_{-46}$	±100
10 000＜L_d≤12 500	$^{+112}_{-66}$	±125
12 500＜L_d≤16 000	$^{+140}_{-70}$	
16 000＜L_d≤20 000	$^{+170}_{-85}$	

6 基准长度偏差

6.1 极限偏差

V 带基准长度极限偏差见表 4。普通 V 带中 Y、Z、A、B、C、D、E 型 V 带的极限偏差约为＋1.2p 和－0.6p，其中 p 由下式一定的近似度计算。

$$p=0.8\sqrt[3]{L}+0.006L$$

式中：

L——R10 系列优先数（见 GB/T 321），其值等于或略大于用 mm 值表示的基准长度。

6.2 同组带的配组差

多带成组传动时同组 V 带长度的最大允许差值（即配组差）见表 5。

表 5 V 带的配组差

单位为毫米

基准长度 L_d	配组差	
	Y、YX、Z、ZX、A、AX、B、BX、C、CX、D、DX、E、EX	SPZ、XPZ、SPA、XPA、SPB、XPB、SPC、XPC
L_d≤1 250	2	2
1 250＜L_d≤2 000	4	2
2 000＜L_d≤3 150	8	4
3 150＜L_d≤5 000	12	6
5 000＜L_d≤8 000	20	10
8 000＜L_d≤12 500	32	16
12 500＜L_d≤20 000	48	—

7 中心距变化量

V 带中心距变化量见表 6。

表 6 中心距变化量

单位为毫米

带长 L_d	顶宽	
	≤25	>25
	小于或等于	
L_d<1 000	1.2	1.8
1 000<L_d≤2 000	1.6	3.2
2 000<L_d≤5 000	2	3.4
L_d>5 000	2.5	3.4

8 尺寸测量方法

8.1 测量装置

测量装置为普通V带和窄V带测长机。测长机包括两个相同的测量带轮、测量力施加机构和中心距测量机构。

符合GB/T 10412的两个测量带轮分别安装在试验台的两个相互平行的水平轴上，一个带轮中心位置固定，另一个带轮可沿两轮中心连线移动。带轮尺寸如表7和图3所示。带轮槽形检验按GB/T 11356.1规定进行。

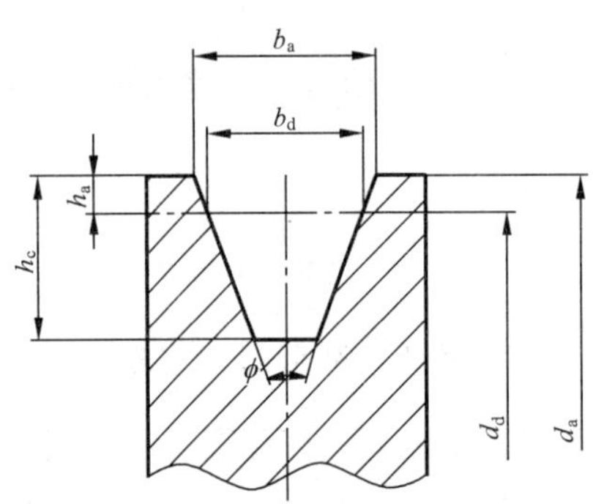

图 3 带轮截面示意图

表 7 基准宽度制测量带轮参数及测量力

型号	基准宽度 b_d mm	基准直径 d_d mm	基准圆周长 c_d mm	外径 d_a mm	顶宽 b_a mm	槽深 h_c mm	槽角 ϕ	测量力 F N
Y/YX	5.3	28.7	90	$32.13^{+0.00}_{-0.06}$	$6.24^{+0.00}_{-0.03}$	6.3	32°±0.25°	40
Z/ZX	8.5	57.3	180	$62.60^{+0.00}_{-0.06}$	$10.06^{+0.00}_{-0.03}$	9.5	34°±0.25°	110

表 7（续）

型号	基准宽度 b_d mm	基准直径 d_d mm	基准圆周长 c_d mm	外径 d_a mm	顶宽 b_a mm	槽深 h_c mm	槽角 ϕ	测量力 F N
A/AX	11.0	95.5	300	$102.42^{+0.00}_{-0.06}$	$13.05^{+0.00}_{-0.03}$	12.0	34°±0.25°	200
B/BX	14.0	127.3	400	$136.08^{+0.00}_{-0.06}$	$16.61^{+0.00}_{-0.03}$	15.0	34°±0.25°	300
C/CX	19.0	222.8	700	$234.62^{+0.00}_{-0.06}$	$22.53^{+0.00}_{-0.03}$	20.0	34°±0.25°	750
D/DX	27.0	318.3	1 000	$334.97^{+0.00}_{-0.06}$	$32.32^{+0.00}_{-0.03}$	28.0	36°±0.25°	1 400
E/EX	32.0	573.0	1 800	$592.62^{+0.00}_{-0.06}$	$38.28^{+0.00}_{-0.03}$	32.0	36°±0.25°	1 800
SPZ/XPZ	8.5	95.5	300	$99.76^{+0.00}_{-0.06}$	$9.91^{+0.00}_{-0.03}$	11.0	38°±0.25°	360
SPA/XPA	11.0	143.2	450	$149.13^{+0.00}_{-0.06}$	$12.96^{+0.03}_{-0.03}$	14.0	38°±0.25°	560
SPB/XPB	14.0	191.0	600	$198.29^{+0.00}_{-0.06}$	$16.45^{+0.00}_{-0.03}$	17.5	38°±0.25°	900
SPC/XPC	19.0	318.3	1 000	$328.26^{+0.00}_{-0.06}$	$22.35^{+0.00}_{-0.03}$	23.8	38°±0.25°	1 500

注：型号带 X 的 V 带为底边有齿的切边 V 带。

8.2 带长测量

测量 V 带基准长度时，将 V 带安装在测长机两带轮的轮槽中。通过可移动带轮对 V 带施加表 7 所示的测量力。将 V 带转动 1～3 圈，以使 V 带正确的嵌入轮槽中。测量两带轮的中心距，按下式计算 V 带的基准长度 L_d。

$$L_d = a_{max} + a_{min} + c_d$$

式中：

a_{max}——两带轮的最大中心距，单位为毫米（mm）；

a_{min}——两带轮的最小中心距，单位为毫米（mm）；

c_d ——测量带轮基准圆周长（见表 7），单位为毫米（mm）。

8.3 露出高度测量

将被测量 V 带安装在测长机两带轮轮槽中。通过可移动带轮对 V 带施加表 7 所示的测量力。将 V 带转动 1～3 圈，以使 V 带正确地嵌入轮槽中。待其停稳后，在 V 带与带轮接触孤段的任意点上带顶宽中央部位测量 V 带在轮槽中的露出高度。但注意不要在 V 带上有布层接头和商标的部位测量。取测量任意三点的平均值,作为露出高度测量结果。

8.4 中心距变化量测量

中心距变化量的测量按 GB/T 13490 规定进行。

附 录 A
（资料性附录）
普通 V 带基准长度

普通 V 带基准长度应符合表 A.1 的规定。

表 A.1 普通 V 带基准长度 单位为毫米

截面型号						
Y	Z	A	B	C	D	E
200	406	630	930	1 565	2 740	4 660
224	475	700	1 000	1 760	3 100	5 040
250	530	790	1 100	1 950	3 330	5 420
280	625	890	1 210	2 195	3 730	6 100
315	700	990	1 370	2 420	4 080	6 850
355	780	1 100	1 560	2 715	4 620	7 650
400	920	1 250	1 760	2 880	5 400	9 150
450	1 080	1 430	1 950	3 080	6 100	12 230
500	1 330	1 550	2 180	3 520	6 840	13 750
	1 420	1 640	2 300	4 060	7 620	15 280
	1 540	1 750	2 500	4 600	9 140	16 800
		1 940	2 700	5 380	10 700	
		2 050	2 870	6 100	12 200	
		2 200	3 200	6 815	13 700	
		2 300	3 600	7 600	15 200	
		2 480	4 060	9 100		
		2 700	4 430	10 700		
			4 820			
			5 370			
			6 070			

附 录 B
（资料性附录）
本标准与 ISO 4184:1992 相比的结构变化情况

本标准与 ISO 4184:1992 相比在结构上有较多调整，具体章条编号对照情况参照表 B.1。

表 B.1 本标准与 ISO 4184:1992 的章条编号对照情况

本标准章条编号	对应的国际标准章条编号
1	无
2	2
3	3
4	1+BS 3790 有关内容
5	4
6	5
7	6
8.1	无
8.2	7.1
8.3	无
8.4	7.2
无	8
附录 A	附录 A
附录 B	无
附录 C	无

附　录　C
（资料性附录）
本标准与 ISO 4184:1992 的技术性差异及其原因

本标准与 ISO 4184:1992 的技术性差异及其原因参照表 C.1。

表 C.1　本标准与 ISO 4184:1992 的技术性差异及其原因

本标准章条编号	技术性差异	原因
2	引用了修改采用国际标准的国家标准 GB/T 6931.2—2008（ISO 1081:1995,MOD）；GB/T 10412—2002（ISO 4183:1995,MOD），增加了修改采用国际标准的国家标准 GB/T 11356.1—2008(ISO 255:1990,MOD)，部分符号与国际标准不同	以适合我国国情
4	按 BS 3790:2006《带传动　环形窄 V 带、环形普通 V 带、联组窄 V 带、联组普通 V 带与它们相应的带轮规范》，增加了普通 V 带和窄 V 带截面尺寸、V 带露高度及示意图	为了控制截面尺寸
8.1	增加了基准宽度制测量带轮参数及测量力表与图	统一测量方法
8.3	增加了露出高度测量	保证 V 带质量
	删除了 ISO 4184 中第 8 章标记和标志	按我国标准惯例将标记和标志放在产品标准中

参 考 文 献

[1] BS 3790:2006 带传动 环形窄V带、环形普通V带、联组窄V带、联组普通V带与它们相应的带轮规范

[2] RMA/MPTA IP-20:2007 普通V带与带轮(A、B、C和D截面)传动规范

ICS 21.220.10
G 42

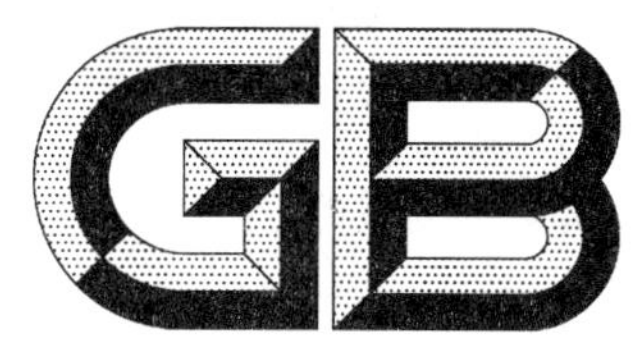

中华人民共和国国家标准

GB/T 12730—2008
代替 GB/T 12730—2002

一般传动用窄 V 带

Narrow V-belt for general drive

2008-03-31 发布 2008-09-01 实施

中华人民共和国国家质量监督检验检疫总局
中国国家标准化管理委员会 发布

前　言

本标准代替 GB/T 12730—2002《一般用窄 V 带》。

本标准与 GB/T 12730—2002 相比主要变化如下：

——提高了窄 V 带线绳粘合强度要求(2002 年版的 4.2,本版的 5.2)；

——增加切边窄 V 带的结构图(见图 1)；

——增加包边窄 V 带和切边窄 V 带布与顶胶间粘合强度要求(见 5.3)；

——修订窄 V 带疲劳试验测试方法,由无扭距试验方法改为有扭距试验方法(2002 年版的附录 A,本版的 6.5)。

本标准由中国石油和化学工业协会提出。

本标准由化学工业胶带标准化技术归口单位归口。

本标准起草单位:浙江三力士橡胶股份有限公司、浙江三维橡胶制品有限公司、浙江紫金港胶带有限公司、马鞍山锐生工贸有限公司、无锡市中惠橡胶科技有限公司、青岛橡胶工业研究所。

本标准主要起草人:石水祥、张国方、郑有灿、朱六生、朱树生、韩德深、许喆。

本标准所代替标准的历次版本发布情况为：

——GB 12730—1991、GB/T 12730—2002。

一般传动用窄 V 带

1 范围

本标准规定了一般传动用窄 V 带(以下简称窄 V 带)的分类、结构、要求、试验方法及标志、标签、包装、贮存和运输。

本标准规定的窄 V 带适用于高速及大动力的机械传动,也适用于一般的动力传递。

2 规范性引用文件

下列文件中的条款通过本标准的引用而成为本标准的条款。凡是注日期的引用文件,其随后所有的修改单(不包括勘误的内容)或修订版均不适用于本标准,然而,鼓励根据本标准达成协议的各方研究是否可使用这些文件的最新版本。凡是不注日期的引用文件,其最新版本适用于本标准。

GB/T 3686 V 带拉伸强度和伸长率试验方法

GB/T 3688 V 带线绳粘合强度试验方法

GB/T 11544 普通 V 带和窄 V 带尺寸(GB/T 11544—1997,neq ISO 4184:1992)

GB/T 14562 V 带疲劳试验方法 有扭矩法

HG/T 3864 V 带的层间粘合强度试验方法

3 分类

3.1 型式

窄 V 带的型式根据其结构分为包边窄 V 带、切边窄 V 带两类,分为包边窄 V 带、普通切边窄V 带、有齿切边窄 V 带和底胶夹布切边窄 V 带等四种。

3.2 规格系列

窄 V 带的规格系列、截面尺寸、长度及极限偏差、同组长度允差均按 GB/T 11544 进行。

3.3 标记

窄 V 带的标记示例:

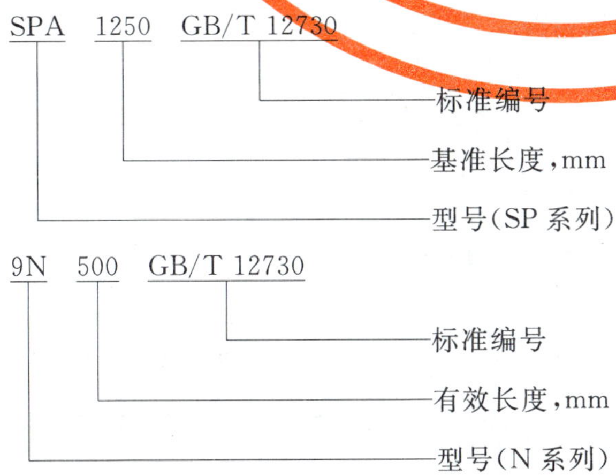

4 结构

窄 V 带由胶帆布、顶胶、缓冲胶、芯绳、底胶等组成(见图 1)。

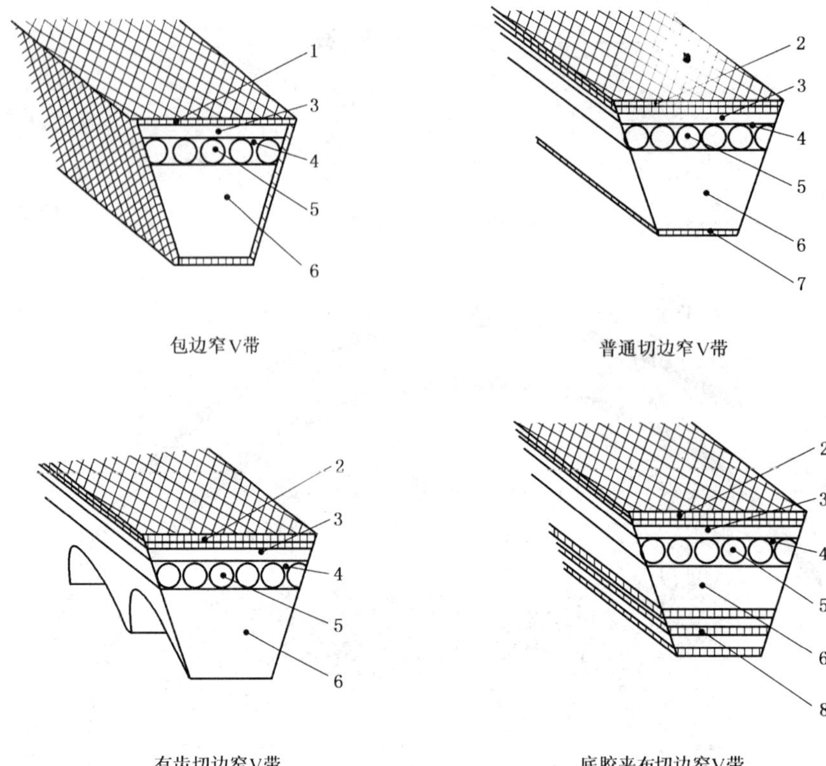

1——胶帆布；
2——顶布；
3——顶胶；
4——缓冲胶；
5——芯绳；
6——底胶；
7——底布；
8——底胶夹布。

图 1　窄 V 带结构(示意图)

5　要求

5.1　外观质量

窄 V 带的外观质量应符合表 1 的规定。

表 1　窄 V 带外观质量要求

V 带类别	缺陷名称	要　　求
包边窄 V 带	工作面凸起	SPZ、9N 型不允许有；SPA、SPB、15N 型此缺陷高度不得超过 0.5 mm；SPC、25N 型允许高度不超过 1 mm
	包布破损	SPZ、9N 型不允许有；SPA、SPB、15N、SPC、25N 型外包布破损总长度不得超过带长的 25%，内包布不允许有
	包布搭缝脱开	SPZ、9N 型不允许有；SPA、SPB、15N、SPC、25N 型此缺陷只允许有一处且不得超过 30 mm 长和 3 mm 宽
	海绵	不允许有

表 1（续）

<table>
<tr><th>V 带类别</th><th>缺陷名称</th><th>要　　求</th></tr>
<tr><td rowspan="6">切边
窄 V 带</td><td>飞边</td><td>顶面单侧飞边不得超过 0.5 mm</td></tr>
<tr><td>鼓泡</td><td rowspan="5">不允许有</td></tr>
<tr><td>带偏</td></tr>
<tr><td>开裂</td></tr>
<tr><td>角度不对称</td></tr>
<tr><td>海绵</td></tr>
</table>

5.2 物理机械性能

窄 V 带的物理性能应符合表 2 的规定。

表 2 窄 V 带的物理性能

<table>
<tr><th rowspan="2">型号</th><th rowspan="2">拉伸强度/kN
≥</th><th colspan="2">参考力伸长率/%
≤</th><th colspan="2">线绳粘合强度/(kN/m)
≥</th><th rowspan="2">布与顶胶间
粘合强度/(kN/m)
≥</th></tr>
<tr><th>包边 V 带</th><th>切边 V 带</th><th>包边 V 带</th><th>切边 V 带</th></tr>
<tr><td>SPZ、9N</td><td>2.3</td><td rowspan="3">4.0</td><td rowspan="3">3.0</td><td>13.0</td><td>20.0</td><td rowspan="2">—</td></tr>
<tr><td>SPA</td><td>3.0</td><td>17.0</td><td>25.0</td></tr>
<tr><td>SPB、15N</td><td>5.4</td><td>21.0</td><td>28.0</td><td rowspan="3">2.0</td></tr>
<tr><td>SPC</td><td>9.8</td><td rowspan="2">5.0</td><td rowspan="2">4.0</td><td>27.0</td><td>35.0</td></tr>
<tr><td>25N</td><td>12.7</td><td>31.0</td><td>—</td></tr>
</table>

5.3 疲劳性能

窄 V 带的疲劳性能应符合表 3 的规定。

表 3 窄 V 带的疲劳性能

<table>
<tr><th rowspan="2">型　　号</th><th colspan="2">疲劳寿命/h
≥</th></tr>
<tr><th>包边式窄 V 带</th><th>切边式窄 V 带</th></tr>
<tr><td>SPZ、SPA、SPB</td><td>60.0</td><td>100.0</td></tr>
</table>

6 试验方法

6.1 窄 V 带的长度、截面尺寸按 GB/T 11544 规定进行测量。

6.2 窄 V 带的全截面拉伸强度和参考力伸长率按 GB/T 3686 规定进行试验。参考力按表 4 的规定。

表 4 参考力参数

截型	SPZ、9N	SPA	SPB、15N	SPC	25N
参考力/kN	0.8	1.1	2.0	3.9	5.0

6.3 窄 V 带的线绳粘合强度按 GB/T 3688 规定进行试验。

6.4 窄 V 带的布与顶胶间粘合强度按 HG/T 3864 规定进行试验。

6.5 窄 V 带有扭矩疲劳寿命按 GB/T 14562 规定进行试验。

7 检验规则

7.1 出厂检验

7.1.1 产品应有制造厂的质检部门进行验收。

7.1.2 窄V带的出厂检验项目包括长度、外观质量和物理机械性能。

7.1.3 产品应逐条进行长度和外观质量检查。

7.1.4 每批产品不得多于50 000条，在每批产品中抽取足够试样进行各项物理机械性能检查，每月不得少于一次。

7.2 型式检验

7.2.1 窄V带的型式检验每半年至少进行一次。

7.2.2 窄V带的型式检验时，应检验本标准第3章和第5章中的全部项目。

7.3 不合格品的判定

7.3.1 若窄V带尺寸和物理机械性能检验中有一项不符合本标准要求，应在该批产品中另取双倍试样对不合格项目进行复试，若其中一个复试结果仍不符合本标准要求，则该批产品为不合格品。

7.3.2 对同样型号同种材质的窄V带每次试验应抽取一条试样进行疲劳试验。若试验结果不符合本标准合格品要求，则应该在该批产品中另取二条试样进行复试，如所得结果中有一个仍不符合标准要求，则该批产品为不合格品。

8 标志、标签、包装、贮存和运输

8.1 标志

每条窄V带应有水洗不掉的明显标志，包括下述内容：

a) 制造厂名和商标；

b) 标记；

c) 配组代号；

d) 制造年、月。

8.2 标签和包装

窄V带按型号捆扎。每捆中窄V带的标记和配组代号应相同，并采用合适的方式对产品进行包装，在包装物内应附有标签，其上应包括以下内容：

a) 制造厂名和商标；

b) 标记和带芯材质；

c) 包装物内V带的条数；

d) 质检部门合格章；

e) 窄V带使用和保养条件。

8.3 贮存和运输

8.3.1 窄V带在贮存和运输中，应避免阳光直射或雨雪浸淋，保持清洁；防止与酸、碱、油类及有机溶剂等影响V带质量的物质接触；防止机械损伤，并距发热装置1 m以外。

8.3.2 贮存时，库房内温度保持在−18℃～+40℃之间，相对湿度宜保持在50%～80%之间。

8.3.3 贮存期间应避免使V带承受过大重量而变形，最好将窄V带悬挂在月牙形的架子上或平整地放在货架上。

8.3.4 在上述条件下贮存期不超过一年时，制造方保证产品自制造日起在不超过一年的贮存期内，其性能仍符合本标准规定。

ICS 21.220.10
J 18

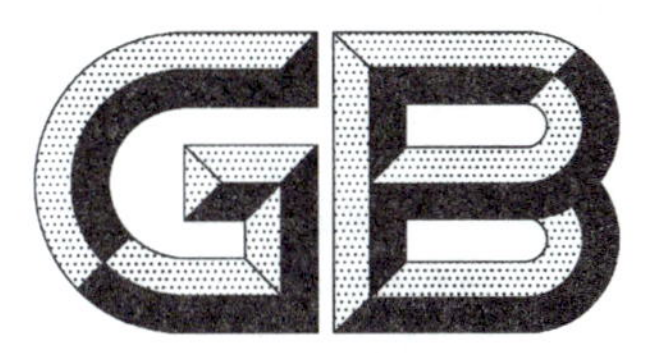

中华人民共和国国家标准

GB/T 13575.1—2008
代替 GB/T 13575.1—1992

普通和窄V带传动 第1部分:基准宽度制

Classical and narrow V-belt drives—Part 1:System based on datum width

[ISO 4183:1995,Belt drives—Classical and narrow V-belts—Grooved pulleys (system based on datum width),MOD]

2008-08-25 发布 2009-03-01 实施

中华人民共和国国家质量监督检验检疫总局
中国国家标准化管理委员会 发布

前言

GB/T 13575《普通和窄 V 带传动》由以下两部分组成：

——第 1 部分：基准宽度制；

——第 2 部分：有效宽度制。

本部分为 GB/T 13575 的第 1 部分。

本部分修改采用 ISO 4183:1995《带传动　普通和窄 V 带　槽轮(基准宽度制)》。与 ISO 4183:1995 相比，主要差异为：

——符号与我国标准不一致的按我国标准修改，如槽角由 α 改为 φ，基准宽度由 w_d 改为 b_d，基准线上槽深由 b 改为 h_a，基准线上槽深由 h 改为 h_f；

——槽角与基准直径的关系由单独一章文字叙述改为在表 4 中一并列出；

——增加了带截面尺寸；

——增加了传动设计内容。

本部分代替 GB/T 13575.1—1992《带传动　普通 V 带传动》，与 GB/T 13575.1—1992 相比，主要修改如下：

——名称改为"普通和窄 V 带传动　第 1 部分：基准宽度制"；

——将原标准附录中带的截面尺寸放入正文，并删减带长尺寸、增加基准宽度制窄 V 带截面尺寸；

——带轮基准直径增加 1 350 mm、1 700 mm、2 120 mm、2 360 mm 四个尺寸；

——删减带轮外径尺寸。

本部分由中国机械工业联合会提出。

本部分由全国带轮与带标准化技术委员会(SAC/TC 428)归口。

本部分起草单位：中机生产力促进中心、湖北汽车工业学院。

本部分主要起草人：黄刚、刘雍德、秦书安。

本部分由中机生产力促进中心负责解释。

本部分所代替标准的历次版本发布情况为：

——GB/T 13575.1—1992。

普通和窄V带传动
第1部分:基准宽度制

1 范围

本部分按基准宽度制规定了基准宽度制普通V带和窄V带传动的设计方法和传动装置的安装与使用等。

本部分适用于一般工业用V带传动。

专门用于普通V带的带轮不能配合使用窄V带,用于单根V带的多槽带轮不能配合使用联组带。

2 规范性引用文件

下列文件中的条款通过GB/T 13575的本部分的引用而成为本部分的条款。凡是注日期的引用文件,其随后所有的修改单(不包括勘误的内容)或修订版均不适用于本部分,然而,鼓励根据本部分达成协议的各方研究是否可使用这些文件的最新版本。凡是不注日期的引用文件,其最新版本适用于本部分。

GB/T 1171 一般传动用普通V带

GB/T 10412 普通和窄V带轮(基准宽度制)(GB/T 10412—2002,ISO 4183:1985,MOD)

GB/T 11356.1 带传动 V带轮(基准宽度制) 槽形检验(GB/T 11356.1—2008,ISO 255:1990,MOD)

GB/T 11357 带轮的材质、表面粗糙度及平衡(GB/T 11357—2008,ISO 254:1998,MOD)

GB/T 11544 普通V带和窄V带尺寸(GB/T 11544—1997,neq ISO 4184:1992)

GB/T 15531 带传动 带轮 中心距调整极限值(GB/T 15531—2008,ISO 155:1998,MOD)

GB/T 12730 一般传动用窄V带

3 带

3.1 带的截面尺寸

带截面的基本尺寸见图1和表1。

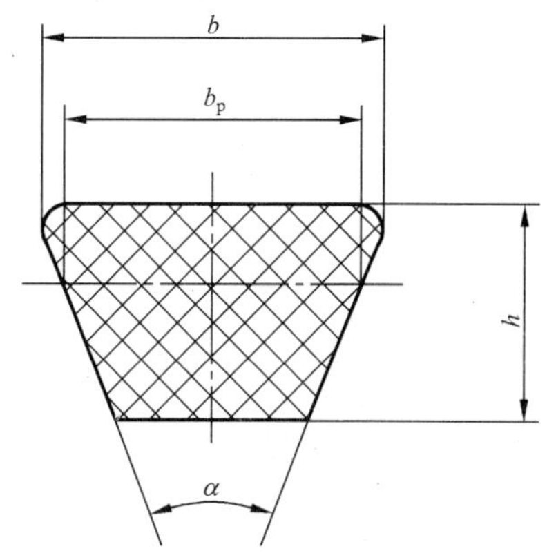

图1 V带截面示意图

表 1　带截面基本尺寸

单位为毫米

带　　型	节宽 b_p	顶宽 b	高度 h	楔角 α/(°)
Y	5.3	6.0	4.0	40°
Z	8.5	10.0	6.0	
A	11	13.0	8.0	
B	14	17.0	11.0	
C	19	22.0	14.0	
D	27	32.0	19.0	
E	32	38.0	23.0	
SPZ	8.5	10.0	8.0	40°
SPA	11	13.0	10.0	
SPB	14	17.0	14.0	
SPC	19	22.0	18.0	

3.2　带的基准长度

普通 V 带的基准长度系列见表 2，窄 V 带的基准长度系列见表 3。普通 V 带和窄 V 带的基准长度应符合 GB/T 11544。

表 2　普通 V 带基准长度

型　　号						
Y	Z	A	B	C	D	E
200	405	630	930	1 565	2 740	4 660
224	475	700	1 000	1 760	3 100	5 040
250	530	790	1 100	1 950	3 330	5 420
280	625	890	1 210	2 195	3 730	6 100
315	700	990	1 370	2 420	4 080	6 850
355	780	1 100	1 560	2 715	4 620	7 650
400	920	1 250	1 760	2 880	5 400	9 150
450	1 080	1 430	1 950	3 080	6 100	12 230
500	1 330	1 550	2 180	3 520	6 840	13 750
	1 420	1 640	2 300	4 060	7 620	15 280
	1 540	1 750	2 500	4 600	9 140	16 800
		1 940	2 700	5 380	10 700	
		2 050	2 870	6 100	12 200	
		2 200	3 200	6 815	13 700	
		2 300	3 600	7 600	15 200	
		2 480	4 060	9 100		
		2 700	4 430	10 700		
			4 820			
			5 370			
			6 070			

表 3　窄 V 带基准长度

L_d	不同型号的分布范围			
	SPZ	SPA	SPB	SPC
630	+			
710	+			
800	+	+		
900	+	+		
1 000	+	+		
1 120	+	+		
1 250	+	+	+	
1 400	+	+	+	
1 600	+	+	+	
1 800	+	+	+	
2 000	+	+	+	+
2 240	+	+	+	+
2 500	+	+	+	+
2 800	+	+	+	+
3 150	+	+	+	+
3 550	+	+	+	+
4 000		+	+	+
4 500		+	+	+
5 000			+	+
5 600			+	+
6 300			+	+
7 100			+	+
8 000			+	+
9 000				+
10 000				+
11 200				+
12 500				+

3.3　技术要求

3.3.1　普通 V 带应符合 GB/T 1171 的规定。

3.3.2　窄 V 带应符合 GB/T 12730 的规定。

4　带轮

4.1　轮槽截面尺寸

轮槽的截面尺寸见图 2 和表 4。

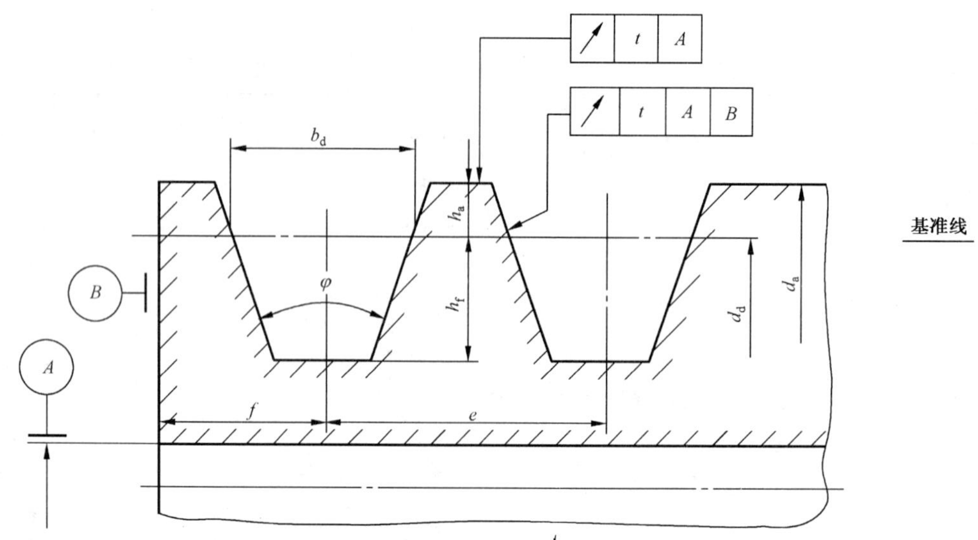

图 2　轮槽截面

表 4　轮槽截面尺寸

单位为毫米

<table>
<tr><th colspan="2">槽　型</th><th rowspan="3">b_d</th><th rowspan="3">h_{amin}</th><th rowspan="3">h_{fmin}</th><th rowspan="3">e</th><th rowspan="3">e 值累计极限偏差</th><th rowspan="3">f_{min}</th><th colspan="4">d_d</th></tr>
<tr><th rowspan="2">普通 V 带</th><th rowspan="2">窄 V 带</th><th colspan="4">与 φ 相对应的 d_d</th></tr>
<tr><th>φ=32°</th><th>φ=34°</th><th>φ=36°</th><th>φ=38°</th></tr>
<tr><th colspan="8"></th><th colspan="4">φ 的极限偏差：±0.5°</th></tr>
<tr><td>Y</td><td></td><td>5.3</td><td>1.6</td><td>4.7</td><td>8±0.3</td><td>±0.6</td><td>6</td><td>≤60</td><td>—</td><td>>60</td><td>—</td></tr>
<tr><td>Z</td><td>SPZ</td><td>8.5</td><td>2</td><td>7
9</td><td>12±0.3</td><td>±0.6</td><td>7</td><td>—</td><td>≤80</td><td>—</td><td>>80</td></tr>
<tr><td>A</td><td>SPA</td><td>11</td><td>2.75</td><td>8.7
11</td><td>15±0.3</td><td>±0.6</td><td>9</td><td>—</td><td>≤118</td><td>—</td><td>>118</td></tr>
<tr><td>B</td><td>SPB</td><td>14</td><td>3.5</td><td>10.8
14</td><td>19±0.4</td><td>±0.8</td><td>11.5</td><td>—</td><td>≤190</td><td>—</td><td>>190</td></tr>
<tr><td>C</td><td>SPC</td><td>19</td><td>4.8</td><td>14.3
19</td><td>25.5±0.5</td><td>±1.0</td><td>16</td><td>—</td><td>≤315</td><td>—</td><td>>315</td></tr>
<tr><td>D</td><td></td><td>27</td><td>8.1</td><td>19.9</td><td>37±0.6</td><td>±1.2</td><td>23</td><td>—</td><td>—</td><td>≤475</td><td>>475</td></tr>
<tr><td>E</td><td></td><td>32</td><td>9.6</td><td>23.4</td><td>44.5±0.7</td><td>±1.4</td><td>28</td><td>—</td><td>—</td><td>≤600</td><td>>600</td></tr>
</table>

4.2　基准直径

4.2.1　基准直径

表 5 规定了带轮的基准直径系列，基准直径的极限偏差为其基本尺寸的±0.8%。普通 V 带轮应符合 GB/T 10412 的规定。

注：窄 V 带轮应符合将要制定的基准宽度制窄 V 带轮国家标准。

表 5　V 带轮基准直径

单位为毫米

d_d	槽　　　型						
	Y	Z SPZ	A SPA	B SPB	C SPC	D	E
20	+						
22.4	+						
25	+						
28	+						
31.5	+						
35.5	+						
40	+						
45	+						
50	+	+					
56	+	+					
63		•					
71		•					
75		•	+				
80	+	•	+				
85			+				
90	+	•	•				
95			•				
100	+	•	•				
106			•				
112	+	•	•				
118			•				
125	+	•	•	+			
132		•	•	+			
140		•	•	•			
150		•	•	•			
160		•	•	•			
170				•			
180		•	•	•			
200		•	•	•	+		
212					+		
224		•	•	•	•		
236					•		
250		•	•	•	•		
265					•		
280		•	•	•	•		
300					•		
315		•	•	•	•		
335					•		
355		•	•	•	•	+	
375						+	
400		•	•	•	•	+	
425						+	
450			•	•	•	+	
475						+	

表 5（续）

单位为毫米

d_d	槽型						
	Y	Z SPZ	A SPA	B SPB	C SPC	D	E
500		•	•	•	•	+	+
530							+
560			•	•	•	+	+
600				•	•	+	+
630		•	•	•	•	+	+
670							+
710			•	•	•	+	+
750				•	•	+	
800			•	•	•	+	+
900				•	•	+	+
1 000				•	•	+	+
1 060						+	
1 120				•	•	+	+
1 250					•	+	+
1 350							
1 400					•	+	+
1 500						+	+
1 600					•	+	+
1 700							
1 800						+	+
2 000					•	+	+
2 120							
2 240							+
2 360							
2 500							+

注 1：表中带“+”符号的尺寸只适用于普通 V 带。

注 2：表中带“•”符号的尺寸同时适用于普通 V 带和窄 V 带。

注 3：不推荐使用表中未注符号的尺寸。

4.2.2 最小基准直径

表 6 规定了带轮的最小基准直径。

表 6 最小基准直径

单位为毫米

槽型	d_{dmin}
Y	20
Z	50
A	75
B	125
C	200
D	355
E	500
SPZ	63
SPA	90
SPB	140
SPC	224

4.2.3 **带轮的技术要求**

4.2.3.1 带轮外圆的径向圆跳动和基准圆的斜向圆跳动公差应符合 GB/T 10412 的规定。

4.2.3.2 同一带轮的任意两个轮槽基准直径间的公差应符合 GB/T 10412 的规定。

4.2.3.3 带轮的平衡和轮槽工作面的表面粗糙度应符合 GB/T 11357 的规定，轮槽的棱边要倒圆或倒钝。

4.2.3.4 轮槽槽形的检验按 GB/T 11356.1 的规定。

5 传动设计

5.1 设计已知条件

传动功率（通常指设备原动机的额定功率，或从动机的实际功率），kW；

主动轮的转速，r/min；

传动比或从动轮的转速，r/min；

对传动空间方面的要求；

工况条件，如环境温度、介质条件、每天运转时间、载荷变动等。

5.2 设计功率

设计功率 P_d 按式(1)计算：

$$P_d = K_A \cdot P \tag{1}$$

式中：

P_d——设计功率，单位为千瓦(kW)；

K_A——工况系数，按表 7 选取；

P——传递功率，单位为千瓦(kW)。

按表 7 选取工况系数时，在反复启动、正反转频繁、工作条件恶劣等场合，普通 V 带 K_A 应乘以 1.2，窄 V 带 K_A 应乘以 1.1，在增速传动场合 K_A 应乘以下列系数：

当 $1.25 \leqslant 1/i \leqslant 1.74$ 时为 1.05；

$1.75 \leqslant 1/i \leqslant 2.49$ 时为 1.11；

$2.50 \leqslant 1/i \leqslant 3.49$ 时为 1.18；

$1/i \geqslant 3.50$ 时为 1.25。

表 7 工况系数 K_A

工况		K_A					
		空、轻载启动			重载启动		
		每天工作小时数/h					
		<10	10~16	>16	<10	10~16	>16
载荷变动最小	液体搅拌机、通风机和鼓风机(≤7.5 kW)、离心式水泵和压缩机、轻负荷输送机	1.0	1.1	1.2	1.1	1.2	1.3
载荷变动小	带式输送机(不均匀负荷)、通风机(>7.5 kW)、旋转式水泵和压缩机(非离心式)、发电机、金属切削机床、印刷机、旋转筛、锯木机和木工机械	1.1	1.2	1.3	1.2	1.3	1.4
载荷变动较大	制砖机、斗式提升机、往复式水泵和压缩机、起重机、磨粉机、冲剪机床、橡胶机械、振动筛、纺织机械、重载输送机	1.2	1.3	1.4	1.4	1.5	1.6
载荷变动很大	破碎机(旋转式、颚式等)、磨碎机(球磨、棒磨、管磨)	1.3	1.4	1.5	1.5	1.6	1.8

注 1：空、轻载启动——电动机(交流启动、三角启动、直流并励)、四缸以上的内燃机、装有离心式离合器、液力联轴器的动力机。

注 2：重载启动——电动机(联机交流启动、直流复励或串励)、四缸以下的内燃机。

5.3 带型的选择

5.3.1 普通 V 带的带型根据设计功率和小带轮的转速按图 3 选取。

注：Y 型主要传递运动，故未列入图中。

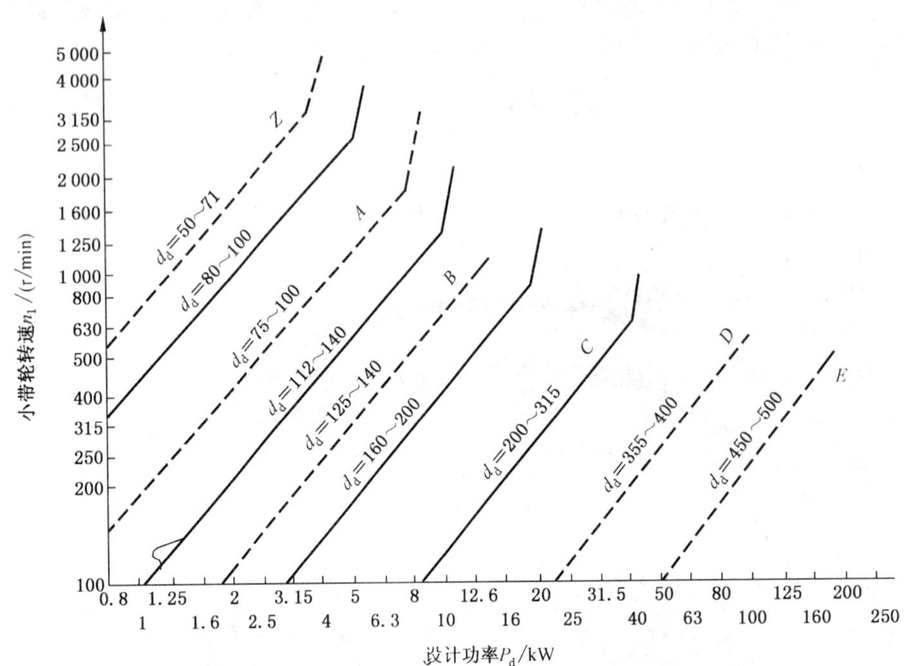

图 3 普通 V 带选型图

5.3.2 窄 V 带的带型根据设计功率和小带轮的转速按图 4 选取。

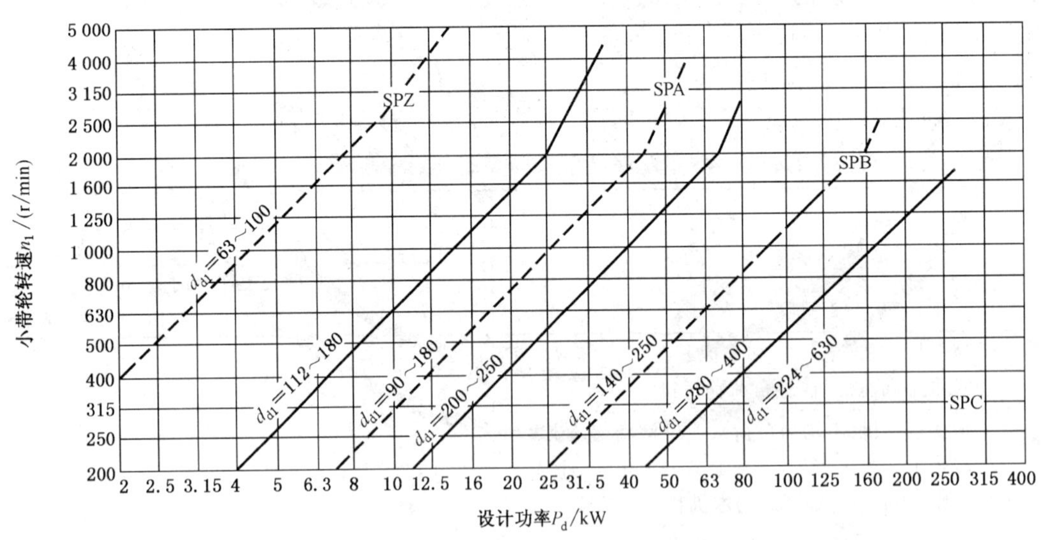

图 4 窄 V 带选型图

5.4 带传动的传动比

传动比用带轮的转速或节圆直径按式(2)或式(3)计算：

减速传动时：

$$i=\frac{n_1}{n_2}=\frac{d_{p_2}}{d_{p_1}} \quad \cdots\cdots (2)$$

增速传动时：

$$i=\frac{n_2}{n_1}=\frac{d_{p_1}}{d_{p_2}} \quad \cdots\cdots (3)$$

式中：

n_1——小带轮转速，单位为转每分钟(r/min)；

n_2——大带轮转速，单位为转每分钟(r/min)；

d_{p_1}——小带轮的节圆直径，单位为毫米(mm)；

d_{p_2}——大带轮的节圆直径，单位为毫米(mm)。

通常，带轮的节圆直径可视为其基准直径。

5.5 确定带轮直径

确定小带轮基准直径：应使 $d_{d_1} \geqslant d_{d_{min}}$。$d_{d_{min}}$ 见表 6。大带轮基准直径按式(4)计算：

$$d_{d_2} = i \times d_{d_1} \qquad \cdots\cdots(4)$$

根据计算结果在表 5 中选取合适的大带轮直径。

5.6 带速

带速按式(5)计算：

$$v = \pi \times d_{d_1} \times n_1 / 60 \times 1\,000 / 60 \times 1\,000 \leqslant v_{max} \qquad \cdots\cdots(5)$$

式中：

v——带速，单位为米每秒(m/s)。

普通 V 带传动 $v_{max}=30$ m/s；

窄 V 带传动 $v_{max}=40$ m/s。

当 $v \leqslant 35$ m/s 时，带轮选择普通材料；当 $v>35$ m/s 时，选用高强度材料。

5.7 带的基准长度

按式(6)计算带所需带长，根据 L_{d_0} 由表 2 和表 3 选取带的基准长度 L_d。

$$L_{d_0} = 2a_0 + \frac{\pi}{2}(d_{d_1} + d_{d_2}) + \frac{(d_{d_2} - d_{d_1})^2}{4a_0} \qquad \cdots\cdots(6)$$

式中：

L_{d_0}——计算的带的基准长度，单位为毫米(mm)；

d_{d_1}——小带轮的基准直径，单位为毫米(mm)；

d_{d_2}——大带轮的基准直径，单位为毫米(mm)；

a_0——设计要求的传动中心距，或在 $0.7(d_{d_1}+d_{d_2}) \leqslant a_0 \leqslant 2(d_{d_1}+d_{d_2})$ 范围内选取，单位为毫米(mm)。

5.8 传动中心距

传动的实际中心距用式(7)计算：

$$a = A + \sqrt{A^2 - B} \qquad \cdots\cdots(7)$$

式中：

$A=\frac{L_d}{4}+\frac{\pi(d_{d_1}+d_{d_2})}{8}$，单位为毫米(mm)；

$B=\frac{(d_{d_2}-d_{d_1})^2}{8}$，单位为毫米(mm)。

5.9 小带轮包角

$$\alpha_1 = 180° - 57.3° \times \frac{d_{d_2} - d_{d_1}}{a} \qquad \cdots\cdots(8)$$

一般应使 $\alpha_1 \geqslant 120°$。

5.10 额定功率

表 8～表 14 给出了包角为 180°($i=1$)、特定基准长度、载荷平稳时，单根普通 V 带基本额定功率的推荐值。

表 15～表 18 给出了包角为 180°($i=1$)、特定基准长度、载荷平稳时，单根窄 V 带基本额定功率的

推荐值。

如果安装参数或运行工况发生变化，则上述基本额定功率值必须乘以修正系数。表 19 给出了包角的修正系数。表 20 和表 21 分别给出了普通 V 带和 SP 型窄 V 带的带长修正系数。

5.11 带的根数

$$Z=\frac{P_d}{(P_1+\Delta P_1)K_\alpha K_L} \quad \cdots\cdots(9)$$

式中：

P_d——设计功率，单位为千瓦(kW)；

P_1——单根普通 V 带的基本额定功率，单位为千瓦(kW)；

ΔP_1——$i\neq1$ 时，单根普通 V 带额定功率的增量，单位为千瓦(kW)；

K_α——包角修正系数；

K_L——带长修正系数。

对于窄 V 带，公式(9)中应以 P_N 代替 $P_1+\Delta P_1$。

5.12 压轴力

作用在轴上的力按式(10)计算：

$$F_r=2F_0Z\sin\alpha_1/2 \quad \cdots\cdots(10)$$

式中：

F_r——作用在轴上的力，单位为牛(N)；

F_0——初拉力，单位为牛(N)；

Z——带的根数；

α_1——小带轮包角，单位为度(°)。

表 8　Y 型 V 带单根基准额定功率 P_1 和功率增量 ΔP_1

n_1/(r/min)	d_{d_1}/mm								i 或 $1/i$										v/(m/s) ≈
	20	25	28	31.5	35.5	40	45	50	1～1.01	1.02～1.04	1.05～1.08	1.09～1.12	1.13～1.18	1.19～1.24	1.25～1.34	1.35～1.5	1.51～1.99	≥2.00	
	P_1/kW								ΔP_1/kW										
200	—	—	—	—	—	—	—	0.04											
400	—	—	—	—	—	—	0.04	0.05											
700	—	—	—	0.03	0.04	0.04	0.05	0.06											
800	—	0.03	0.03	0.04	0.05	0.05	0.06	0.07						0.00					
950	0.01	0.03	0.04	0.04	0.05	0.06	0.07	0.08											
1 200	0.02	0.03	0.04	0.05	0.06	0.07	0.08	0.09											
1 450	0.02	0.04	0.05	0.06	0.06	0.08	0.09	0.11											
1 600	0.03	0.05	0.05	0.06	0.07	0.09	0.11	0.12											5
2 000	0.03	0.05	0.06	0.07	0.08	0.11	0.12	0.14							0.01				
2 400	0.04	0.06	0.07	0.09	0.09	0.12	0.14	0.16											
2 800	0.04	0.07	0.08	0.10	0.11	0.14	0.16	0.18											
3 200	0.05	0.08	0.09	0.11	0.12	0.15	0.17	0.20											
3 600	0.06	0.08	0.10	0.12	0.13	0.16	0.19	0.22							0.02				
4 000	0.06	0.09	0.11	0.13	0.14	0.18	0.20	0.23											10
4 500	0.07	0.10	0.12	0.14	0.16	0.19	0.21	0.24											
5 000	0.08	0.11	0.13	0.15	0.18	0.20	0.23	0.25											
5 500	0.09	0.12	0.14	0.16	0.19	0.22	0.24	0.26											
6 000	0.10	0.13	0.15	0.17	0.20	0.24	0.26	0.27									0.03		

表 9 Z 型 V 带单根基准额定功率 P_1 和功率增量 ΔP_1

n_1/(r/min)	d_{d_1}/mm						i 或 $1/i$										v/(m/s) ≈
	50	56	63	71	80	90	1.00～1.01	1.02～1.04	1.05～1.08	1.09～1.12	1.13～1.18	1.19～1.24	1.25～1.34	1.35～1.50	1.51～1.99	≥2.00	
	P_1/kW						ΔP_1/kW										
200	0.04	0.04	0.05	0.06	0.10	0.10											
400	0.06	0.06	0.08	0.09	0.14	0.14											
700	0.09	0.11	0.13	0.17	0.20	0.22			0.00								
800	0.10	0.12	0.15	0.20	0.22	0.24											5
960	0.12	0.14	0.18	0.23	0.26	0.28					0.01						
1 200	0.14	0.17	0.22	0.27	0.30	0.33							0.02				
1 450	0.16	0.19	0.25	0.30	0.35	0.36											10
1 600	0.17	0.20	0.27	0.33	0.39	0.40											
2 000	0.20	0.25	0.32	0.39	0.44	0.48											
2 400	0.22	0.30	0.37	0.46	0.50	0.54											15
2 800	0.26	0.33	0.41	0.50	0.56	0.60						0.03					
3 200	0.28	0.35	0.45	0.54	0.61	0.64											
3 600	0.30	0.37	0.47	0.58	0.64	0.68											
4 000	0.32	0.39	0.49	0.61	0.67	0.72											20
4 500	0.33	0.40	0.50	0.62	0.67	0.73		0.02						0.05		0.06	
5 000	0.34	0.41	0.50	0.62	0.66	0.73											
5 500	0.33	0.41	0.49	0.61	0.64	0.65											
6 000	0.31	0.40	0.48	0.56	0.61	0.56											

表 10　A 型 V 带单根基准额定功率 P_1 和功率增量 ΔP_1

n_1/(r/min)	d_{d_1}/mm								i 或 $1/i$										v/(m/s) ≈
	75	90	100	112	125	140	160	180	1～1.01	1.02～1.04	1.05～1.08	1.09～1.12	1.13～1.18	1.19～1.24	1.25～1.34	1.35～1.51	1.52～1.99	≥2.00	
	P_1/kW								ΔP_1/kW										
200	0.15	0.22	0.26	0.31	0.37	0.43	0.51	0.59	0.00	0.00	0.01	0.01	0.01	0.01	0.02	0.02	0.02	0.03	
400	0.26	0.39	0.47	0.56	0.67	0.78	0.94	1.09	0.00	0.01	0.01	0.02	0.02	0.03	0.03	0.04	0.04	0.05	5
700	0.40	0.61	0.74	0.90	1.07	1.26	1.51	1.76	0.00	0.01	0.02	0.03	0.04	0.05	0.06	0.07	0.08	0.09	
800	0.45	0.68	0.83	1.00	1.19	1.41	1.69	1.97	0.00	0.01	0.02	0.03	0.04	0.05	0.06	0.08	0.09	0.10	
950	0.51	0.77	0.95	1.15	1.37	1.62	1.95	2.27	0.00	0.01	0.03	0.04	0.05	0.06	0.07	0.08	0.10	0.11	
1 200	0.6	0.93	1.14	1.39	1.66	1.96	2.36	2.74	0.00	0.02	0.03	0.05	0.07	0.08	0.10	0.11	0.13	0.15	10
1 450	0.68	1.07	1.32	1.61	1.92	2.28	2.73	3.16	0.00	0.02	0.04	0.06	0.08	0.09	0.11	0.13	0.15	0.17	15
1 600	0.73	1.15	1.42	1.74	2.07	2.45	2.94	3.40	0.00	0.02	0.04	0.06	0.09	0.11	0.13	0.15	0.17	0.19	
2 000	0.84	1.34	1.66	2.04	2.44	2.87	3.42	3.93	0.00	0.03	0.06	0.08	0.11	0.13	0.16	0.19	0.22	0.24	20
2 400	0.92	1.50	1.87	2.30	2.74	3.22	3.80	4.32	0.00	0.03	0.07	0.10	0.13	0.16	0.19	0.23	0.26	0.29	25
2 800	1.00	1.64	2.05	2.51	2.98	3.48	4.06	4.54	0.00	0.04	0.08	0.11	0.15	0.19	0.23	0.26	0.30	0.34	30
3 200	1.04	1.75	2.19	2.68	3.16	3.65	4.19	4.58	0.00	0.04	0.09	0.13	0.17	0.22	0.26	0.30	0.34	0.39	
3 600	1.08	1.83	2.28	2.78	3.26	3.72	4.17	4.40	0.00	0.05	0.10	0.15	0.19	0.24	0.29	0.34	0.39	0.44	35
4 000	1.09	1.87	2.34	2.83	3.28	3.67	3.98	4.00	0.00	0.05	0.11	0.16	0.22	0.27	0.32	0.38	0.43	0.48	40
4 500	1.07	1.83	2.33	2.79	3.17	3.44	3.48	3.13	0.00	0.06	0.12	0.18	0.24	0.30	0.36	0.42	0.48	0.54	
5 000	1.02	1.82	2.25	2.64	2.91	2.99	2.67	1.81	0.00	0.07	0.“	0.20	0.27	0.34	0.40	0.47	0.54	0.60	
5 500	0.96	1.70	2.07	2.37	2.48	2.31	1.51	—	0.00	0.08	0.15	0.23	0.30	0.38	0.46	0.53	0.60	0.68	
6 000	0.80	1.50	1.80	1.96	1.87	1.37	—	—	0.00	0.08	0.“	0.24	0.32	0.40	0.49	0.57	0.65	0.73	

表 11　B 型 V 带单根基准额定功率 P_1 和功率增量 ΔP_1

n_1/(r/min)	d_{d_1}/mm								i 或 $1/i$										v/(m/s) ≈
	125	140	160	180	200	224	250	280	1～1.01	1.02～1.04	1.05～1.08	1.09～1.12	1.13～1.18	1.19～1.24	1.25～1.34	1.35～1.51	1.52～1.99	≥2.00	
	P_1/kW								ΔP_1/kW										
200	0.48	0.59	0.74	0.88	1.02	1.19	1.37	1.58	0.00	0.01	0.01	0.02	0.03	0.04	0.04	0.05	0.06	0.06	5
400	0.84	1.05	1.32	1.59	1.85	2.17	2.50	2.89	0.00	0.01	0.03	0.04	0.06	0.07	0.08	0.10	0.11	0.13	
700	1.30	1.64	2.09	2.53	2.96	3.47	4.00	4.61	0.00	0.02	0.05	0.07	0.10	0.12	0.15	0.17	0.20	0.22	10
800	1.44	1.82	2.32	2.81	3.30	3.86	4.46	5.13	0.00	0.03	0.06	0.08	0.11	0.14	0.17	0.20	0.23	0.25	
950	1.64	2.08	2.66	3.22	3.77	4.42	5.10	5.85	0.00	0.03	0.07	0.10	0.13	0.17	0.20	0.23	0.26	0.30	15
1 200	1.93	2.47	3.17	3.85	4.50	5.26	6.04	6.90	0.00	0.04	0.08	0.13	0.17	0.21	0.25	0.30	0.34	0.38	
1 450	2.19	2.82	3.62	4.39	5.13	5.97	6.82	7.76	0.00	0.05	0.10	0.15	0.20	0.25	0.31	0.36	0.40	0.46	20
1 600	2.33	3.00	3.86	4.68	5.46	6.33	7.20	8.13	0.00	0.06	0.11	0.17	0.23	0.28	0.34	0.39	0.45	0.51	
1 800	2.50	3.23	4.15	5.02	5.83	6.73	7.63	8.46	0.00	0.06	0.13	0.19	0.25	0.32	0.38	0.44	0.51	0.57	25
2 000	2.64	3.42	4.40	5.30	6.13	7.02	7.87	8.60	0.00	0.07	0.14	0.21	0.28	0.35	0.42	0.49	0.56	0.63	
2 200	2.76	3.58	4.60	5.52	6.35	7.19	7.97	8.53	0.00	0.08	0.16	0.23	0.31	0.39	0.46	0.54	0.62	0.70	30
2 400	2.85	3.70	4.75	5.67	6.47	7.25	7.89	8.22	0.00	0.08	0.17	0.25	0.24	0.42	0.51	0.59	0.68	0.76	35
2 800	2.96	3.85	4.89	5.76	6.43	6.95	7.14	6.80	0.00	0.10	0.20	0.29	0.39	0.49	0.59	0.69	0.79	0.89	40
3 200	2.94	3.83	4.8	5.52	5.95	6.05	5.60	4.26	0.00	0.11	0.23	0.34	0.45	0.56	0.68	0.79	0.90	1.01	
3 600	2.80	3.63	4.46	4.92	4.98	4.47	3.12	—	0.00	0.13	0.25	0.38	0.51	0.63	0.76	0.89	1.01	1.14	
4 000	2.51	3.24	3.82	3.92	3.47	2.14	—	—	0.00	0.14	0.28	0.42	0.56	0.70	0.84	0.99	1.13	1.27	
4 500	1.93	2.45	2.59	2.04	0.73	—	—	—	0.00	0.16	0.32	0.48	0.63	0.79	0.95	1.11	1.27	1.43	
5 000	1.09	1.29	0.81	—	—	—	—	—	0.00	0.18	0.36	0.53	0.71	0.89	1.07	1.24	1.42	1.60	

表 12　C 型 V 带单根基准额定功率 P_1 和功率增量 ΔP_1

n_1/(r/min)	d_{d_1}/mm 200	224	250	280	315	355	400	450	i 或 $1/i$ 1～1.01	1.02～1.04	1.05～1.08	1.09～1.12	1.13～1.18	1.19～1.24	1.25～1.34	1.35～1.51	1.52～1.99	≥2.00	v/(m/s) ≈
	P_1/kW								ΔP_1/kW										
200	1.39	1.70	2.03	2.42	2.84	3.36	3.91	4.51	0.00	0.02	0.04	0.06	0.08	0.10	0.12	0.14	0.16	0.18	5
300	1.92	2.37	2.85	3.40	4.04	4.75	5.54	6.40	0.00	0.03	0.06	0.09	0.12	0.15	0.18	0.21	0.24	0.26	
400	2.41	2.99	3.62	4.32	5.14	6.05	7.06	8.20	0.00	0.04	0.08	0.12	0.16	0.20	0.23	0.27	0.31	0.35	10
500	2.87	3.58	4.33	5.19	6.17	7.27	8.52	9.80	0.00	0.05	0.10	0.15	0.20	0.24	0.29	0.34	0.39	0.44	
600	3.30	4.12	5.00	6.00	7.14	8.45	9.82	11.29	0.00	0.06	0.12	0.18	0.24	0.29	0.35	0.41	0.47	0.53	15
700	3.69	4.64	5.64	6.76	8.09	9.50	11.02	12.63	0.00	0.07	0.14	0.21	0.27	0.34	0.41	0.48	0.55	0.62	
800	4.07	5.12	6.23	7.52	8.92	10.46	12.10	13.80	0.00	0.08	0.16	0.23	0.31	0.39	0.47	0.55	0.63	0.71	20
950	4.58	5.78	7.04	8.49	10.05	11.73	13.48	15.23	0.00	0.09	0.19	0.27	0.37	0.47	0.56	0.65	0.74	0.83	
1 200	5.29	6.71	8.21	9.81	11.53	13.31	15.04	16.59	0.00	0.12	0.24	0.35	0.47	0.59	0.70	0.82	0.94	1.06	25
1 450	5.84	7.45	9.04	10.72	12.46	14.12	15.53	16.47	0.00	0.14	0.28	0.42	0.58	0.71	0.85	0.99	1.14	1.27	30
1 600	6.07	7.75	9.38	11.06	12.72	14.19	15.24	15.57	0.00	0.16	0.31	0.47	0.63	0.78	0.94	1.10	1.25	1.41	35
1 800	6.28	8.00	9.63	11.22	12.67	13.73	14.08	13.29	0.00	0.18	0.35	0.53	0.71	0.88	1.06	1.23	1.41	1.59	40
2 000	6.34	8.06	9.62	11.04	12.14	12.59	11.95	9.64	0.00	0.20	0.39	0.59	0.78	0.98	1.17	1.37	1.57	1.76	
2 200	6.26	7.92	9.34	10.48	11.08	10.70	8.75	4.44	0.00	0.22	0.43	0.65	0.86	1.08	1.29	1.51	1.72	1.94	
2 400	6.02	7.57	8.75	9.50	9.43	7.98	4.34	—	0.00	0.23	0.47	0.70	0.94	1.18	1.41	1.65	1.88	2.12	
2 600	5.61	6.93	7.85	8.08	7.11	4.32	—	—	0.00	0.25	0.51	0.76	1.02	1.27	1.53	1.78	2.04	2.29	
2 800	5.01	6.08	6.56	6.13	4.16	—	—	—	0.00	0.27	0.55	0.82	1.10	1.37	1.64	1.92	2.19	2.47	
3 200	3.23	3.57	2.93	—	—	—	—	—	0.00	0.31	0.61	0.91	1.22	1.53	1.63	2.14	2.44	2.75	

表 13 D 型 V 带单根基准额定功率 P_1 和功率增量 ΔP_1

n_1/(r/min)	d_{d_1}/mm								i 或 $1/i$										v/(m/s) ≈
	355	400	450	500	560	630	710	800	1～1.01	1.02～1.04	1.05～1.08	1.09～1.12	1.13～1.18	1.19～1.24	1.25～1.34	1.35～1.51	1.52～1.99	≥2.00	
	P_1/kW								ΔP_1/kW										
100	3.01	3.66	4.37	5.08	5.91	6.88	8.01	9.22	0.00	0.03	0.07	0.10	0.14	0.17	0.21	0.24	0.28	0.31	5
150	4.20	5.14	6.17	7.18	8.43	9.82	11.38	13.11	0.00	0.05	0.11	0.15	0.21	0.26	0.31	0.36	0.42	0.47	
200	5.31	6.52	7.90	9.21	10.76	12.54	14.55	16.76	0.00	0.07	0.14	0.21	0.28	0.35	0.42	0.49	0.56	0.63	10
250	6.36	7.88	9.50	11.09	12.97	15.13	17.54	20.18	0.00	0.09	0.18	0.26	0.35	0.44	0.57	0.61	0.70	0.78	
300	7.35	9.13	11.02	12.88	15.07	17.57	20.35	23.39	0.00	0.10	0.21	0.31	0.42	0.52	0.62	0.73	0.83	0.94	15
400	9.24	11.45	13.85	16.20	18.95	22.05	25.45	29.08	0.00	0.14	0.28	0.42	0.56	0.70	0.83	0.97	1.11	1.25	
500	10.90	13.55	16.40	19.17	22.38	25.94	29.76	33.72	0.00	0.17	0.35	0.52	0.70	0.87	1.04	1.22	1.39	1.56	20
600	12.39	15.42	18.67	21.78	25.32	29.18	33.18	37.13	0.00	0.21	0.42	0.62	0.83	1.04	1.25	1.46	1.67	1.88	25
700	13.70	17.07	20.63	23.99	27.73	31.68	35.59	39.14	0.00	0.24	0.49	0.73	0.97	1.22	1.46	1.70	1.95	2.19	
800	14.83	18.46	22.25	25.76	29.55	33.38	36.87	39.55	0.00	0.28	0.56	0.83	1.11	1.39	1.67	1.95	2.22	2.50	30
950	16.15	20.06	24.01	27.50	31.04	34.19	36.35	36.76	0.00	0.33	0.66	0.99	1.32	1.60	1.92	2.31	2.64	2.97	35
1 100	16.98	20.99	24.84	28.02	30.85	32.65	32.52	29.26	0.00	0.38	0.77	1.15	1.53	1.91	2.29	2.68	3.06	3.44	40
1 200	17.25	21.20	24.84	26.71	29.67	30.15	27.88	21.32	0.00	0.42	0.84	1.25	1.67	2.09	2.50	2.92	3.34	3.75	
1 300	17.26	21.06	24.35	26.54	27.58	26.37	21.42	10.73	0.00	0.45	0.91	1.35	1.81	2.26	2.71	3.16	3.61	4.06	
1 450	16.77	20.15	22.02	23.59	22.58	18.06	7.99	—	0.00	0.51	1.01	1.51	2.02	2.52	3.02	3.52	4.03	4.53	
1 600	15.63	18.31	19.59	18.88	15.13	6.25	—	—	0.00	0.56	1.11	1.67	2.23	2.78	3.33	3.89	4.45	5.00	
1 800	12.97	14.28	13.34	9.59	—	—	—	—	0.00	0.63	1.24	1.88	2.51	3.13	3.74	4.38	5.01	5.62	

表 14　E 型 V 带单根基准额定功率 P_1 和功率增量 ΔP_1

n_1/(r/min)	d_{d_1}/mm								i 或 $1/i$										v/(m/s) ≈
	500	560	630	710	800	900	1 000	1 120	1～1.01	1.02～1.04	1.05～1.08	1.09～1.12	1.13～1.18	1.19～1.24	1.25～1.34	1.35～1.51	1.52～1.99	≥2.00	
	P_1/kW								ΔP_1/kW										
100	6.21	7.32	8.75	10.31	12.05	13.96	15.64	18.07	0.00	0.07	0.14	0.21	0.28	0.34	0.41	0.48	0.55	0.62	5
150	8.60	10.33	12.32	14.56	17.05	19.76	22.14	25.58	0.00	0.10	0.20	0.31	0.41	0.52	0.62	0.72	0.83	0.93	
200	10.86	13.09	15.65	18.52	21.70	25.15	28.52	32.47	0.00	0.14	0.28	0.41	0.55	0.69	0.83	0.96	1.10	1.24	10
250	12.97	15.67	18.77	22.23	26.03	30.14	34.11	38.71	0.00	0.17	0.34	0.52	0.69	0.86	1.03	1.20	1.37	1.55	15
300	14.96	18.10	21.69	25.69	30.05	34.71	39.17	44.26	0.00	0.21	0.41	0.62	0.83	1.03	1.24	1.45	1.65	1.86	
350	16.81	20.38	24.42	28.89	33.73	38.64	43.66	49.04	0.00	0.24	0.48	0.72	0.96	1.20	1.45	1.69	1.92	2.17	20
400	18.55	22.49	26.95	31.83	37.05	42.49	47.52	52.98	0.00	0.28	0.55	0.83	1.00	1.38	1.65	1.93	2.20	2.48	
500	21.65	26.25	31.36	36.85	42.53	48.20	53.12	57.94	0.00	0.34	0.64	1.03	1.38	1.72	2.07	2.41	2.75	3.10	25
600	24.21	29.30	34.83	40.58	46.26	51.48	55.45	58.42	0.00	0.41	0.83	1.24	1.65	2.07	2.48	2.89	3.31	3.72	30
700	26.21	31.59	37.26	42.87	47.96	51.95	54.00	53.62	0.00	0.48	0.97	1.45	1.93	2.41	2.89	3.38	3.86	4.34	35
800	27.57	33.03	38.52	43.52	47.38	49.21	48.19	42.77	0.00	0.55	1.10	1.65	2.21	2.76	3.31	3.86	4.41	4.96	40
950	28.32	33.40	37.92	41.02	41.59	38.19	30.08	—	0.00	0.65	1.29	1.95	2.62	3.27	3.92	4.58	5.23	5.89	
1 100	27.30	31.35	33.94	33.74	29.06	17.65	—	—	0.00	0.76	1.52	2.27	3.03	3.79	4.40	5.30	6.06	6.82	
1 200	25.53	28.49	29.17	25.91	16.46	—	—	—	0.00										
1 300	22.82	24.31	22.56	15.44	—	—	—	—	0.00										
1 450	16.82	15.35	8.85	—	—	—	—	—	0.00										

表 15　SPZ 型窄 V 带单根基准额定功率

d_{d_1}/mm	i 或 $1/i$	小轮转速 n_1/(r/min)																	
		200	400	700	800	950	1 200	1 450	1 600	2 000	2 400	2 800	3 200	3 600	4 000	4 500	5 000	5 500	6 000
		额定功率 P_N/kW																	
63	1	0.20	0.35	0.54	0.60	0.68	0.81	0.93	1.00	1.17	1.32	1.45	1.56	1.66	1.74	1.81	1.85	1.87	1.85
	1.05	0.21	0.37	0.58	0.64	0.73	0.88	1.01	1.09	1.27	1.44	1.59	1.73	1.84	1.94	2.04	2.11	2.15	2.16
	1.2	0.22	0.39	0.61	0.68	0.78	0.94	1.08	1.17	1.38	1.57	1.74	1.89	2.03	2.15	2.27	2.37	2.43	2.47
	1.5	0.23	0.41	0.65	0.72	0.83	1.00	1.16	1.25	1.48	1.69	1.88	2.06	2.21	2.35	2.50	2.63	2.72	2.77
	≥3	0.24	0.43	0.68	0.76	0.88	1.06	1.23	1.33	1.58	1.81	2.03	2.22	2.40	2.56	2.74	2.88	3.00	3.08
71	1	0.25	0.44	0.70	0.78	0.90	1.08	1.25	1.35	1.59	1.81	2.00	2.18	2.33	2.46	2.59	2.68	2.73	2.74
	1.05	0.26	0.46	0.74	0.82	0.95	1.14	1.32	1.43	1.69	1.93	2.15	2.34	2.51	2.67	2.82	2.94	3.02	3.05
	1.2	0.27	0.49	0.77	0.87	1.00	1.20	1.40	1.51	1.79	2.05	2.29	2.51	2.70	2.87	3.05	3.20	3.30	3.26
	1.5	0.28	0.51	0.81	0.91	1.04	1.26	1.47	1.59	1.90	2.18	2.43	2.67	2.88	3.08	3.28	3.45	3.58	3.67
	≥3	0.29	0.53	0.85	0.95	1.09	1.33	1.55	1.68	2.00	2.30	2.58	2.83	3.07	3.28	3.51	3.71	3.86	3.98
80	1	0.31	0.55	0.88	0.99	1.14	1.38	1.60	1.73	2.05	2.34	2.61	2.85	3.06	3.24	3.42	3.56	3.64	3.66
	1.05	0.32	0.57	0.92	1.03	1.19	1.44	1.67	1.81	2.15	2.47	2.75	3.01	3.24	3.45	3.65	3.81	3.92	3.97
	1.2	0.33	0.59	0.96	1.07	1.24	1.50	1.75	1.89	2.25	2.59	2.90	3.18	3.43	3.65	3.89	4.07	4.20	4.27
	1.5	0.34	0.61	0.99	1.11	1.28	1.56	1.82	1.97	2.36	2.71	3.04	3.34	3.61	3.86	4.12	4.33	4.48	4.58
	≥3	0.35	0.64	1.03	1.15	1.33	1.62	1.90	2.06	2.46	2.84	3.18	3.51	3.80	4.06	4.35	4.58	4.77	4.89
90	1	0.37	0.67	1.09	1.21	1.40	1.70	1.98	2.14	2.55	2.93	3.26	3.57	3.84	4.07	4.30	4.46	4.55	4.56
	1.05	0.38	0.69	1.12	1.26	1.45	1.76	2.06	2.23	2.65	3.05	3.41	3.73	4.02	4.27	4.53	4.71	4.83	4.87
	1.2	0.39	0.71	1.16	1.30	1.50	1.82	2.13	2.31	2.76	3.17	3.55	3.90	4.21	4.48	4.76	4.97	5.11	5.17
	1.5	0.40	0.74	1.19	1.34	1.55	1.88	2.20	2.39	2.86	3.30	3.70	4.06	4.39	4.68	4.99	5.23	5.39	5.48
	≥3	0.41	0.76	1.23	1.38	1.60	1.95	2.28	2.47	2.96	3.42	3.84	4.23	4.58	4.89	5.22	5.48	5.68	5.79
100	1	0.43	0.79	1.28	1.44	1.66	2.02	2.36	2.55	3.05	3.49	3.90	4.26	4.58	4.85	5.10	5.27	5.35	5.32
	1.05	0.44	0.81	1.32	1.48	1.71	2.08	2.43	2.64	3.15	3.62	4.05	4.43	4.76	5.05	5.34	5.53	5.63	5.63
	1.2	0.45	0.83	1.35	1.52	1.76	2.14	2.51	2.72	3.25	3.74	4.19	4.59	4.95	5.26	5.57	5.79	5.92	5.94
	1.5	0.46	0.85	1.39	1.56	1.81	2.20	2.58	2.80	3.35	3.86	4.33	4.76	5.13	5.46	5.80	6.05	6.20	6.25
	≥3	0.47	0.87	1.43	1.60	1.86	2.27	2.66	2.88	3.46	3.99	4.48	4.92	5.32	5.67	6.03	6.30	6.48	6.56
112	1	0.51	0.93	1.52	1.70	1.97	2.40	2.80	3.04	3.62	4.16	4.64	5.06	5.42	5.72	5.99	6.14	6.16	6.05
	1.05	0.52	0.95	1.55	1.74	2.02	2.46	2.88	3.12	3.73	4.28	4.78	5.23	5.61	5.92	6.22	6.40	6.45	6.36
	1.2	0.53	0.98	1.59	1.78	2.07	2.52	2.95	3.20	3.83	4.41	4.93	5.39	5.79	6.13	6.45	6.65	6.73	6.66
	1.5	0.54	1.00	1.63	1.83	2.12	2.58	3.03	3.28	3.93	4.53	5.07	5.55	5.98	6.33	6.68	6.91	7.01	6.97
	≥3	0.55	1.02	1.66	1.87	2.17	2.65	3.10	3.37	4.04	4.65	5.21	5.72	6.16	6.54	6.91	7.17	7.29	7.28
125	1	0.59	1.09	1.77	1.91	2.30	2.80	3.28	3.55	4.24	4.85	5.40	5.88	6.27	6.58	6.83	6.92	6.84	6.57
	1.05	0.60	1.11	1.81	2.03	2.35	2.86	3.35	3.63	4.34	4.98	5.55	6.04	6.46	6.78	7.06	7.18	7.12	6.88
	1.2	0.61	1.13	1.84	2.07	2.40	2.93	3.43	3.72	4.44	5.10	5.69	6.21	6.64	6.99	7.29	7.44	7.41	7.19
	1.5	0.62	1.15	1.88	2.11	2.45	2.99	3.50	3.80	4.54	5.22	5.83	6.37	6.83	7.19	7.52	7.69	7.69	7.50
	≥3	0.63	1.17	1.91	2..15	2.50	3.05	3.58	3.88	4.65	5.35	5.98	6.53	7.01	7.40	7.75	7.95	7.97	7.81
140	1	0.68	1.26	2.06	2.31	2.68	3.26	3.82	4.13	4.92	5.63	6.24	6.75	7.16	7.45	7.64	7.60	7.34	6.81
	1.05	0.69	1.28	2.09	2.35	2.73	3.32	3.89	4.21	5.02	5.75	6.38	6.92	7.35	7.66	7.87	7.86	7.62	7.12
	1.2	0.70	1.30	2.13	2.39	2.77	3.39	3.96	4.30	5.13	5.87	6.53	7.08	7.53	7.86	8.10	8.12	7.90	7.43
	1.5	0.71	1.32	2.17	2.43	2.82	3.45	4.04	4.38	5.23	6.00	6.67	7.25	7.72	8.07	8.33	8.37	8.18	7.74
	≥3	0.72	1.34	2.20	2.47	2.87	3.51	4.11	4.46	5.33	6.12	6.81	7.41	7.90	8.27	8.56	8.63	8.47	8.04
160	1	0.80	1.49	2.44	2.73	3.17	3.86	4.51	4.88	5.80	6.60	7.27	7.81	8.19	8.40	8.41	8.11	7.47	6.45
	1.05	0.81	1.51	2.47	2.78	3.22	3.92	4.59	4.97	5.90	6.72	7.42	7.97	8.37	8.61	8.64	8.37	7.75	6.76
	1.2	0.82	1.53	2.51	2.82	3.27	3.98	4.66	5.05	6.00	6.84	7.56	8.13	8.56	8.81	8.88	8.62	8.03	7.07
	1.5	0.83	1.55	2.54	2.86	3.32	4.05	4.74	5.13	6.11	6.97	7.70	8.30	8.74	9.02	9.11	8.88	8.31	7.37
	≥3	0.84	1.57	2.58	2.90	3.37	4.11	4.81	5.21	6.21	7.09	7.85	8.46	8.93	9.22	9.34	9.14	8.60	7.68
180	1	0.92	1.71	2.81	3.15	3.65	4.45	5.19	5.61	6.63	7.50	8.20	8.71	9.01	9.08	8.81	8.11	6.93	5.22
	1.05	0.93	1.74	2.84	3.19	3.70	4.51	5.26	5.69	6.74	7.63	8.35	8.88	9.20	9.29	9.04	8.36	7.21	5.53
	1.2	0.94	1.76	2.88	3.23	3.75	4.57	5.34	5.77	6.84	7.75	8.49	9.04	9.38	9.49	9.28	8.62	7.49	5.84
	1.5	0.95	1.78	2.92	3.28	3.80	4.63	5.41	5.86	6.94	7.87	8.63	9.21	9.57	9.70	9.51	8.88	7.77	6.15
	≥3	0.96	1.80	2.95	3.32	3.85	4.69	5.49	5.94	7.04	8.00	8.78	9.37	9.75	9.90	9.74	9.14	8.06	6.45
v/(m/s)≈			5			10		15		20	25	30		35	40				
注：表格中带黑框的速度为电机的负荷转速。																			

表 16 SPA 型窄 V 带单根基准额定功率

d_{d_1}/mm	i 或 $1/i$	小轮转速 n_1/(r/min)																	
		200	400	700	800	950	1 200	1 450	1 600	2 000	2 400	2 800	3 200	3 600	4 000	4 500	5 000	5 500	6 000
		额定功率 P_N/kW																	
90	1	0.43	0.75	1.17	1.30	1.48	1.76	2.02	2.16	2.49	2.77	3.00	3.16	3.26	3.29	3.24	3.07	2.77	2.34
	1.05	0.45	0.80	1.25	1.39	1.59	1.90	2.18	2.34	2.72	3.05	3.32	3.53	3.67	3.76	3.76	3.64	3.40	3.03
	1.2	0.47	0.85	1.34	1.49	1.70	2.04	2.35	2.53	2.96	3.33	3.64	3.90	4.09	4.22	4.28	4.22	4.04	3.72
	1.5	0.50	0.89	1.42	1.58	1.81	2.18	2.52	2.71	3.19	3.60	3.96	4.27	4.50	4.68	4.80	4.80	4.67	4.41
	≥3	0.52	0.94	1.5	1.67	1.92	2.32	2.69	2.90	3.42	3.88	4.29	4.63	4.92	5.14	5.30	5.37	5.31	5.10
100	1	0.53	0.94	1.49	1.65	1.89	2.27	2.61	2.80	3.27	3.67	3.99	4.25	4.42	4.50	4.42	4.31	3.97	3.46
	1.05	0.55	0.99	1.57	1.75	2.00	2.41	2.78	2.99	3.50	3.94	4.32	4.61	4.83	4.96	5.00	4.89	4.61	4.15
	1.2	0.57	1.03	1.65	1.84	2.11	2.54	2.95	3.17	3.73	4.22	4.64	4.98	5.25	5.43	5.52	5.46	5.24	4.84
	1.5	0.60	1.08	1.73	1.93	2.22	2.68	3.11	3.36	3.96	4.50	4.96	5.35	5.66	5.89	6.04	6.04	5.88	5.53
	≥3	0.62	1.13	1.81	2.02	2.33	2.82	3.28	3.54	4.19	4.78	5.29	5.72	6.08	6.35	6.56	6.62	6.51	6.22
112	1	0.64	1.16	1.86	2.07	2.38	2.86	3.31	3.57	4.18	4.71	5.15	5.49	5.72	5.85	5.83	5.61	5.16	4.47
	1.05	0.67	1.21	1.94	2.16	2.49	3.00	3.48	3.75	4.41	4.99	5.47	5.86	6.14	6.31	6.35	6.18	5.80	5.17
	1.2	0.69	1.26	2.02	2.26	2.6	3.14	3.65	3.94	4.64	5.27	5.79	6.23	6.55	6.77	6.87	6.76	6.43	5.86
	1.5	0.71	1.30	2.10	2.35	2.71	3.28	3.82	4.12	4.87	5.54	6.12	6.60	6.97	7.23	7.39	7.34	7.06	6.55
	≥3	0.74	1.35	2.18	2.44	2.82	3.42	3.98	4.30	5.11	5.82	6.44	6.96	7.38	7.69	7.91	7.91	7.70	7.24
125	1	0.77	1.40	2.25	2.52	2.90	3.50	4.06	4.38	5.15	5.80	6.34	6.76	7.03	7.16	7.09	6.75	6.11	5.14
	1.05	0.79	1.45	2.33	2.61	3.01	3.64	4.23	4.56	5.38	6.08	6.67	7.13	7.45	7.62	7.61	7.33	6.74	5.00
	1.2	0.82	1.50	2.42	2.70	3.12	3.78	4.40	4.73	5.61	6.36	6.99	7.49	7.36	9.08	3.13	7.9	7.37	6.52
	1.5	0.84	1.54	2.50	2.80	3.23	3.92	4.56	4.93	5.84	6.63	7.31	7.86	8.28	8.54	8.65	8.48	8.01	7.21
	≥3	0.86	1.59	2.58	2.89	3.34	4.06	4.73	5.12	6.07	6.91	7.63	8.23	8.69	9.01	9.17	9.06	8.64	7.91
140	1	0.92	1.66	2.71	3.03	3.49	4.23	4.91	5.29	6.22	7.01	7.64	8.11	8.39	8.48	8.27	7.69	6.71	5.28
	1.05	0.94	1.72	2.79	3.12	3.60	4.37	5.07	5.48	6.45	7.29	7.97	8.48	8.81	8.94	8.79	8.27	7.34	5.97
	1.2	0.96	1.77	2.87	3.21	3.71	4.50	5.24	5.66	6.68	7.56	8.29	8.85	9.22	9.40	9.31	8.85	7.98	6.66
	1.5	0.99	1.82	2.95	3.31	3.82	4.64	5.41	5.84	6.91	7.84	8.61	9.22	9.64	9.85	9.83	9.42	8.61	7.35
	≥3	1.01	1.86	3.03	3.40	3.93	4.78	5.58	6.03	7.14	8.12	8.94	9.59	10.05	10.32	10.35	10.00	9.25	8.05
160	1	1.11	2.04	3.30	3.70	4.27	5.17	6.01	6.47	7.60	8.53	9.24	9.72	9.94	9.87	9.34	8.28	6.62	4.31
	1.05	1.13	2.08	3.38	3.79	4.38	5.31	6.17	6.66	7.83	8.80	9.57	10.09	10.35	10.33	9.85	8.85	7.25	5.00
	1.2	1.15	2.13	3.46	3.88	4.49	5.45	6.34	6.84	8.06	9.08	9.89	10.46	10.77	10.79	10.38	9.43	7.88	5.70
	1.5	1.18	2.18	3.55	3.98	4.60	5.59	6.51	7.03	8.29	9.36	10.21	10.83	11.18	11.25	10.90	10.01	8.52	6.39
	≥3	1.20	2.22	3.63	4.07	4.71	5.73	6.68	7.21	8.52	9.63	10.53	11.20	11.60	11.72	11.42	10.58	9.15	7.08
180	1	1.30	2.39	3.89	4.36	5.04	6.10	7.07	7.62	8.9	9.93	10.67	11.09	11.15	10.81	9.78	7.99	6.33	1.83
	1.05	1.32	2.44	3.97	4.45	5.15	6.23	7.24	7.80	9.13	10.21	11.00	11.46	11.56	11.27	10.29	8.57	6.02	2.57
	1.2	1.34	2.49	4.05	4.54	5.25	6.37	7.41	7.99	9.37	10.49	11.32	11.83	11.98	11.73	10.31	9.15	6.65	3.26
	1.5	1.37	2.53	4.13	4.64	5.36	6.51	7.57	8.17	9.60	10.76	11.64	12.20	12.39	12.19	11.33	9.72	7.29	3.95
	≥3	1.39	2.58	4.21	4.73	5.47	6.65	7.74	8.35	9.83	11.04	11.96	12.56	12.81	12.65	11.85	10.3	7.92	4.64
200	1	1.49	2.75	4.47	5.01	5.79	7.00	8.10	8.72	10.13	11.22	11.92	12.19	11.98	11.25	9.50	6.75	2.89	
	1.05	1.51	2.79	4.55	5.10	5.89	7.14	8.27	8.90	10.37	11.49	12.24	12.56	12.40	11.71	10.02	7.33	3.52	
	1.2	1.53	2.84	4.63	5.19	6.00	7.27	8.44	9.08	10.60	11.77	12.56	12.93	12.81	12.17	10.54	7.91	4.16	
	1.5	1.55	2.89	4.71	5.29	6.11	7.41	8.61	9.27	10.83	12.05	12.89	13.30	13.23	12.63	11.06	8.43	4.79	
	≥3	1.58	2.93	4.79	5.38	6.22	7.55	8.77	9.45	11.06	12.32	13.21	13.67	13.64	13.09	11.58	9.06	5.43	
224	1	1.71	3.17	5.16	5.77	6.67	8.05	9.30	9.97	11.51	12.59	13.15	13.13	12.45	11.04	8.15	3.87		
	1.05	1.73	3.21	5.24	5.87	6.78	8.19	9.46	10.16	11.74	12.86	13.47	13.49	12.86	11.50	8.67	4.44		
	1.2	1.75	3.26	5.32	5.96	6.89	8.33	9.63	10.34	11.97	13.14	13.79	13.86	13.28	11.96	9.19	5.02		
	1.5	1.78	3.30	5.40	6.05	6.99	8.46	9.80	10.53	12.2	13.42	14.12	14.23	13.69	12.42	9.71	5.60		
	≥3	1.80	3.35	5.48	6.14	7.10	8.60	9.96	10.71	12.43	13.69	14.44	14.60	14.11	12.89	10.23	6.17		
250	1	1.95	3.62	5.88	6.59	7.60	9.15	10.53	11.26	12.85	13.84	14.13	13.62	12.22	9.83	5.29			
	1.05	1.97	3.66	5.97	6.68	7.71	9.29	10.69	11.44	13.08	14.12	14.45	13.99	12.64	10.29	5.81			
	1.2	1.99	3.71	6.05	6.77	7.82	9.43	10.86	11.63	13.31	14.39	14.77	14.36	13.05	10.75	6.33			
	1.5	2.02	3.75	6.13	6.87	7.93	9.56	11.03	11.81	13.54	14.67	15.1	14.73	13.47	11.21	6.85			
	≥3	2.04	3.80	6.21	6.96	8.04	9.70	11.19	12.00	13.77	14.95	15.42	15.10	13.83	11.67	7.36			
v/(m/s)≈		5		10		15		20	25	30	35	40							

注：同表 15 注。

表 17 SPB 型窄 V 带单根基准额定功率

d_{d1}/mm	i 或 $1/i$	小轮转速 n_K/(r/min)																
		200	400	700	800	950	1 200	1 450	1 600	1 800	2 000	2 200	2 400	2 800	3 200	3 600	4 000	4 500
		额定功率 P_N/kW																
140	1	1.08	1.92	3.02	3.35	3.83	4.55	5.19	5.54	5.95	6.31	6.62	6.86	7.15	7.17	6.89	6.23	5.00
	1.05	1.12	2.02	3.19	3.55	4.06	4.84	5.55	5.93	6.39	6.80	7.15	7.44	7.84	7.95	7.77	7.25	6.10
	1.2	1.17	2.12	3.35	3.74	4.29	5.14	5.90	6.32	6.83	7.29	7.69	8.03	8.52	8.73	8.65	8.23	7.20
	1.5	1.22	2.21	3.53	3.94	4.52	5.43	6.25	6.71	7.27	7.70	8.23	8.61	9.20	9.51	9.52	9.80	8.30
	≥3	1.27	2.31	3.70	4.13	4.76	5.72	6.61	7.40	7.71	8.26	8.76	9.20	9.89	10.29	10.40	10.18	9.39
160	1	1.37	2.47	3.92	4.37	5.01	5.98	6.86	7.33	7.89	8.38	8.80	9.13	9.52	9.53	9.10	8.21	6.36
	1.05	1.41	2.57	4.10	4.57	5.24	6.28	7.21	7.72	8.33	8.87	9.33	9.71	10.2	10.31	9.98	9.18	7.45
	1.2	1.46	2.66	4.27	4.76	5.17	6.57	7.56	8.11	8.77	9.36	9.87	10.30	10.89	11.09	10.86	10.16	8.55
	1.5	1.51	2.76	4.44	4.96	5.70	6.86	7.92	8.50	9.21	9.85	10.41	10.88	11.57	11.87	11.74	11.13	9.65
	≥3	1.56	2.86	4.61	5.15	5.93	7.15	8.27	8.89	9.65	10.33	10.94	11.47	12.25	12.65	12.61	12.11	10.75
180	1	1.65	3.01	4.82	5.37	6.16	7.38	8.46	9.05	9.74	10.34	10.83	11.21	11.62	11.49	10.77	9.40	6.68
	1.05	1.70	3.11	4.99	5.57	6.40	7.67	8.82	9.44	10.18	10.83	11.37	11.80	12.30	12.27	11.65	10.37	7.77
	1.2	1.75	3.20	5.16	5.76	6.63	7.97	9.17	9.83	10.62	11.32	11.91	12.39	12.98	13.05	12.52	11.35	8.87
	1.5	1.80	3.30	5.83	5.96	6.86	8.26	9.53	10.22	11.06	11.80	12.44	12.97	13.66	13.83	13.40	12.32	9.97
	≥3	1.85	3.40	5.50	6.15	7.09	8.55	9.88	10.61	11.50	12.29	12.98	13.56	14.35	14.61	14.28	13.30	11.07
200	1	1.94	3.54	5.69	6.35	7.30	8.74	10.02	10.70	11.50	12.18	12.72	13.11	13.41	13.01	11.83	9.77	5.85
	1.05	1.99	3.64	5.86	6.55	7.53	9.04	10.37	11.09	11.94	12.67	13.25	13.69	14.10	13.79	12.71	10.75	6.95
	1.2	2.03	3.74	6.03	6.75	7.76	9.33	10.73	11.48	12.38	13.15	13.79	14.28	14.78	14.57	13.69	11.72	8.04
	1.5	2.08	3.84	6.21	6.94	7.99	9.52	11.03	11.87	12.82	13.64	11.33	14.86	15.46	15.36	14.46	12.70	9.14
	≥3	2.13	3.93	6.38	7.14	8.23	9.91	11.43	12.26	13.26	14.13	14.86	15.45	16.14	16.14	15.34	13.68	10.24
224	1	2.28	4.18	6.73	7.52	8.63	10.33	11.81	12.59	13.49	14.21	14.76	15.10	15.14	14.22	12.23	9.04	3.18
	1.05	2.32	4.28	6.90	7.71	8.86	10.62	12.17	12.98	13.93	14.70	15.29	15.69	15.83	15.00	13.11	10.01	4.28
	1.2	2.37	4.37	7.07	7.91	9.10	10.92	12.58	13.37	14.37	15.19	15.83	16.27	16.51	15.78	13.98	10.99	5.38
	1.5	2.42	4.47	7.24	8.10	9.33	11.21	12.87	13.76	14.80	15.68	16.37	16.86	17.19	16.57	14.86	11.96	6.47
	≥3	2.47	4.57	7.41	8.30	9.56	11.50	13.23	14.15	15.24	16.16	16.90	17.44	17.87	17.35	15.74	12.94	7.57
250	1	2.64	4.86	7.84	8.75	10.04	11.99	13.66	14.51	15.47	16.19	16.68	16.89	16.44	14.69	11.48	6.63	
	1.05	2.69	4.96	8.01	8.94	10.27	12.28	14.01	14.90	15.91	16.68	17.21	17.47	17.13	15.47	12.36	7.61	
	1.2	2.74	5.05	8.18	9.14	10.50	12.57	14.37	15.29	16.35	17.17	17.75	18.06	17.81	16.25	13.23	8.58	
	1.5	2.79	5.15	8.35	9.33	10.74	12.87	14.72	15.68	16.78	17.66	18.28	18.65	18.49	17.03	14.11	9.55	
	≥3	2.83	5.25	8.52	9.53	10.97	13.16	15.07	16.07	17.22	18.15	18.82	19.23	19.17	17.81	14.99	10.53	
280	1	3.05	5.63	9.09	10.14	11.62	13.82	15.65	16.56	17.52	18.17	18.48	18.43	17.13	14.04	8.92	1.55	
	1.05	3.10	5.73	9.26	10.33	11.85	14.11	16.01	16.95	17.96	18.65	19.01	19.01	17.81	14.82	9.80	2.53	
	1.2	3.15	5.83	9.43	10.53	12.08	14.41	16.36	17.34	18.39	19.14	19.55	19.60	18.49	15.60	10.68	3.50	
	1‘5	3.20	5.93	9.6	10.72	12.32	14.70	16.72	17.73	18.83	19.63	20.09	20.18	19.18	16.38	11.56	4.48	
	≥3	3.25	6.02	9.77	10.92	12.55	14.99	17.07	18.12	19.27	20.12	20.62	20.77	19.86	17.16	12.43	5.45	
315	1	3.53	6.53	10.51	11.71	13.40	15.84	17.79	18.70	19.55	20.00	19.97	19.44	16.71	11.47	3.40		
	1.05	3.58	6.62	10.68	11.91	13.68	16.13	18.15	19.09	20.00	20.49	20.51	20.03	17.39	12.25	4.28		
	1.2	3.63	6.72	10.85	12.11	13.86	16.43	18.50	19.48	20.44	20.97	21.05	20.61	18.07	13.03	5.16		
	1.5	3,68	6.82	11.02	12.30	14.09	16.72	18.85	19.87	20.88	21.46	21.58	21.20	18.76	13.81	6.04		
	≥3	3.73	6.92	11.19	12.50	14.38	17.01	19.21	20.26	21.32	21.95	22.12	21.78	19.44	14.59	6.91		
355	1	4.08	7.53	12.10	13.46	15.33	17.99	19.96	20.78	21.39	21.42	20.79	19.46	14.45	5.91			
	1.05	4.18	7.63	12.27	13.65	15.57	18.28	20.31	21.17	21.83	21.91	21.33	20.05	15.13	6.69			
	1.2	4.17	7.73	12.44	13.85	15.80	18.57	20.67	21.56	22.27	22.39	21.87	20.63	15.81	7.47			
	1.5	4.22	7.82	12.61	14.04	16.03	18.86	21.02	21.95	22.71	22.88	22.40	21.22	16.50	8.85			
	≥3	4.27	7.92	12.78	14.24	16.26	19.16	21.37	22.34	23.15	23.37	22.94	21.80	17.18	9.03			
400	1	4.68	8.64	13.82	15.34	17.39	20.17	22.02	22.62	22.76	22.07	20.46	17.87	9.37				
	1.05	4.73	8.74	13.99	15.53	17.62	20.46	22.37	23.01	23.19	22.55	21.00	18.46	10.05				
	1.2	4.78	8.84	14.16	15.73	17.85	20.75	22.72	23.4	23.63	23.04	21.54	19.04	10.74				
	1.5	4.83	8.94	14.33	15.92	18.09	21.05	23.08	23.79	24.07	23.53	22.07	19.63	11.42				
	≥3	4.87	9.03	14.50	16.12	18.32	21.34	23.43	24.18	24.51	24.02	22.61	20.21	12.10				
v/(m/s)≈		5	10	15		20	25 30		35	40								

注：同表 15 注。

表 18　SPC 型窄 V 带单根基准额定功率

d_{d1}/mm	i 或 $1/i$	小轮转速 n_K/(r/min)																
		200	300	400	500	600	700	800	950	1 200	1 450	1 600	1 800	2 000	2 200	2 400	2 800	3 200
		额定功率 P_N/kW																
224	1	2.90	4.08	5.19	6.23	7.21	8.13	8.99	10.19	11.89	13.22	13.81	14.35	14.58	14.47	14.01	11.89	8.01
	1.05	3.02	4.26	5.43	6.53	7.57	8.55	9.47	10.76	12.61	14.09	14.77	15.43	15.78	15.79	15.44	13.57	9.93
	1.2	3.14	4.44	5.67	6.83	7.92	8.97	9.95	11.33	13.33	14.95	15.73	16.51	16.98	17.11	16.88	15.25	11.85
	1.5	3.26	4.62	5.91	7.13	8.28	9.39	10.43	11.90	14.05	15.82	16.69	17.59	18.17	18.43	18.32	16.92	13.77
	≥3	3.38	4.80	6.15	7.43	8.64	9.81	10.91	12.47	14.77	16.69	17.65	18.66	19.37	19.75	19.75	18.60	15.68
250	1	3.50	4.95	6.31	7.60	8.81	9.95	11.02	12.51	14.61	16.21	16.52	17.52	17.70	17.44	16.69	13.60	8.12
	1.05	3.62	5.13	6.55	7.89	9.17	10.37	11.50	13.07	15.33	17.08	17.88	18.59	18.90	18.76	18.13	15.28	10.04
	1.2	3.74	5.31	6.79	8.19	9.53	10.79	11.98	13.64	16.05	17.95	18.83	19.67	20.10	20.08	19.57	16.96	11.96
	1.5	3.86	5.49	7.03	8.49	9.89	11.21	12.46	14.21	16.77	18.82	19.79	20.75	21.30	21.40	21.01	18.64	13.88
	≥3	3.98	5.67	7.27	8.79	10.25	11.63	12.94	14.78	17.49	19.69	20.75	21.83	22.50	22.72	22.45	20.32	15.80
280	1	4.18	5.94	7.59	9.15	10.62	12.01	13.31	15.10	17.60	19.44	20.20	20.75	20.75	20.13	18.86	14.11	6.10
	1.05	4.30	6.12	7.83	9.45	10.98	12.43	13.79	15.67	18.32	20.31	21.16	21.83	21.95	21.45	20.30	15.79	8.02
	1.2	4.42	6.30	8.07	9.75	11.34	12.85	14.27	16.24	19.04	21.18	22.12	22.91	23.15	22.77	21.73	17.47	9.93
	1.5	4.54	6.48	8.31	10.05	11.70	13.27	14.75	16.81	19.76	22.05	23.07	23.99	24.34	24.09	23.17	19.15	11.85
	≥3	4.66	6.66	8.55	10.35	12.06	13.69	15.23	17.38	20.48	22.92	24.03	25.07	25.54	25.41	24.61	20.83	13.77
315	1	4.97	7.08	9.07	10.94	12.70	14.36	15.90	18.01	20.88	22.87	23.58	23.91	23.47	22.18	19.98	12.53	
	1.05	5.09	7.26	9.31	11.24	13.06	14.78	16.38	18.58	21.60	23.74	24.54	24.99	24.67	23.50	21.42	14.20	
	1.2	5.21	7.44	9.55	11.54	13.42	15.20	16.86	19.15	22.32	24.60	25.50	26.07	25.87	24.82	32.86	15.88	
	1.5	5.33	7.62	9.79	11.84	13.73	15.62	17.34	19.72	23.04	25.47	26.46	27.15	27.07	26.14	24.30	17.56	
	≥3	5.45	7.80	10.03	12.14	14.14	16.04	17.82	20.29	23.76	26.34	27.42	28.23	28.26	27.46	25.74	19.24	
355	1	5.87	8.37	10.72	12.94	15.02	16.96	18.76	21.17	24.34	26.29	26.80	26.62	25.37	22.94	19.22		
	1.05	5.99	8.55	10.96	13.24	15.38	17.38	19.24	21.74	25.06	27.16	27.76	27.70	26.57	24.26	20.66		
	1.2	6.11	8.73	11.20	13.54	15.74	17.80	19.72	22.31	25.78	28.03	28.72	28.78	27.77	25.58	22.10		
	1.5	6.23	8.91	11.44	13.84	16.10	18.22	20.20	22.88	26.50	28.90	29.68	29.86	28.97	26.90	23.54		
	≥3	6.35	9.09	11.68	14.14	16.46	18.64	20.68	23.45	27.22	29.77	30.64	30.94	30.17	28.22	24.98		
400	1	6.86	9.80	12.56	15.15	17.56	19.79	21.84	24.52	27.83	29.46	29.53	28.42	25.81	21.54	15.48		
	1.05	6.98	9.98	12.80	15.45	17.92	20.21	22.32	25.09	28.55	30.33	30.49	29.50	27.01	22.86	16.91		
	1.2	7.10	10.16	13.04	15.75	18.28	20.63	22.80	25.66	29.27	31.20	31.45	30.58	28.21	24.18	18.35		
	1.5	7.22	10.34	13.28	16.04	18.64	21.05	23.28	26.23	29.99	32.07	32.41	31.66	29.41	25.50	19.79		
	≥3	7.34	10.52	13.52	16.34	19.00	21.47	23.76	26.80	30.70	32.94	33.37	32.74	30.60	26.82	21.23		
450	1	7.96	11.37	14.56	17.54	20.29	22.81	25.07	27.94	31.15	32.06	31.33	28.69	23.95	16.89			
	1.05	8.08	11.55	14.80	17.83	20.65	23.23	25.55	28.51	31.87	32.93	32.29	29.77	25.15	18.21			
	1.2	8.20	11.73	15.04	18.13	21.01	23.65	26.03	29.08	32.59	33.80	33.25	30.85	26.34	19.53			
	1.5	8.32	11.91	15.28	18.43	21.37	24.07	26.51	29.65	33.31	34.67	34.21	31.92	27.54	20.85			
	≥3	8.44	12.09	15.52	18.73	21.73	24.48	26.99	30.22	34.03	35.54	35.16	33.00	28.74	22.17			
500	1	9.04	12.91	16.52	19.86	22.92	25.67	28.09	31.04	33.85	33.58	31.70	26.94	19.35				
	1.05	9.16	13.09	16.76	20.16	23.28	26.09	28.57	31.61	34.57	34.45	32.66	28.02	20.54				
	1.2	9.28	13.27	17.00	20.46	23.64	26.51	29.05	32.18	35.29	35.31	33.62	29.10	21.74				
	1.5	9.40	13.45	17.24	20.76	24.00	26.93	29.53	32.75	36.01	36.18	34.57	30.18	22.94				
	≥3	9.52	13.63	17.48	21.06	24.35	27.35	30.01	33.32	36.73	37.05	35.53	31.26	24.14				
560	1	10.32	14.74	18.82	22.56	25.93	28.90	31.43	34.29	36.18	33.83	30.05	21.90					
	1.05	10.44	14.92	19.06	22.86	26.29	29.32	31.91	34.86	36.90	34.70	31.01	22.98					
	1.2	10.56	15.09	19.30	23.16	26.65	29.74	32.39	35.43	37.62	35.57	31.97	24.05					
	1.5	10.68	15.27	19.54	23.46	27.01	30.16	32.87	36.00	38.34	36.44	32.93	25.14					
	≥3	10.80	15.45	19.78	23.76	27.37	30.58	33.35	36.57	39.06	37.31	33.89	26.22					
630	1	11.80	16.82	21.42	25.56	29.25	32.37	34.88	37.37	37.52	31.74	24.90						
	1.05	11.92	17.00	21.66	25.88	29.61	32.79	35.36	37.94	38.24	32.61	25.92						
	1.2	12.04	17.18	21.90	26.18	29.96	33.21	35.84	38.51	38.96	33.48	26.88						
	1.5	12.16	17.36	22.14	26.48	30.32	33.63	36.32	39.07	39.68	34.35	27.84						
	≥3	12.28	17.54	22.38	26.78	30.68	34.04	36.80	39.64	40.40	35.22	28.79						
v/(m/s)≈			10	15		20	25	30	35	40								
注：同表 15 注。																		

表 19　包角修正系数 K_α

α_1/(°)	K_α
180	1.00
175	0.99
170	0.98
165	0.96
160	0.95
155	0.93
150	0.92
145	0.91
140	0.89
135	0.88
130	0.86
125	0.84
120	0.82
115	0.80
110	0.78
105	0.76
100	0.74
95	0.72
90	0.69

表 20　普通 V 带带长修正系数 K_L

Y L_d	K_L	Z L_d	K_L	A L_d	K_L	B L_d	K_L	C L_d	K_L	D L_d	K_L	E L_d	K_L
200	0.81	405	0.87	630	0.81	930	0.83	1 565	0.82	2 740	0.82	4 660	0.91
224	0.82	475	0.90	700	0.83	1 000	0.84	1 760	0.85	3 100	0.86	5 040	0.92
250	0.84	530	0.93	790	0.85	1 100	0.86	1 950	0.87	3 330	0.87	5 420	0.94
280	0.87	625	0.96	890	0.87	1 210	0.87	2 195	0.90	3 730	0.90	6 100	0.96
315	0.89	700	0.99	990	0.89	1 370	0.90	2 420	0.92	4 080	0.91	6 850	0.99
355	0.92	780	1.00	1 100	0.91	1 560	0.92	2 715	0.94	4 620	0.94	7 650	1.01
400	0.96	920	1.04	1 250	0.93	1 760	0.94	2 880	0.95	5 400	0.97	9 150	1.05
450	1.00	1 080	1.07	1 430	0.96	1 950	0.97	3 080	0.97	6 100	0.99	12 230	1.11
500	1.02	1 330	1.13	1 550	0.98	2 180	0.99	3 520	0.99	6 840	1.02	13 750	1.15
		1 420	1.14	1 640	0.99	2 300	1.01	4 060	1.02	7 620	1.05	15 280	1.17
		1 540	1.54	1 750	1.00	2 500	1.03	4 600	1.05	9 140	1.08	16 800	1.19
				1 940	1.02	2 700	1.04	5 380	1.08	10 700	1.13		
				2 050	1.04	2 870	1.05	6 100	1.11	12 200	1.16		
				2 200	1.06	3 200	1.07	6 815	1.14	13 700	1.19		
				2 300	1.07	3 600	1.09	7 600	1.17	15 200	1.21		
				2 480	1.09	4 060	1.13	9 100	1.21				
				2 700	1.10	4 430	1.15	10 700	1.24				
						4 820	1.17						
						5 370	1.20						
						6 070	1.24						

表 21 窄 V 带带长修正系数

L_d	K_L			
	SPZ	SPA	SPB	SPC
630	0.82			
710	0.84			
800	0.86	0.81		
900	0.88	0.83		
1 000	1.90	0.85		
1 120	0.93	0.87		
1 250	0.94	0.89	0.82	
1 400	0.96	0.91	0.84	
1 600	1.00	0.93	0.86	
1 800	1.01	0.95	0.88	
2 000	1.02	0.96	0.90	0.81
2 240	1.05	0.98	0.92	0.83
2 500	1.07	1.00	0.94	0.86
2 800	1.09	1.02	0.96	0.88
3 150	1.11	1.04	0.98	0.90
3 550	1.13	1.06	1.00	0.92
4 000		1.08	1.02	0.94
4 500		1.09	1.04	0.96
5 000			1.06	0.98
5 600			1.08	1.00
6 300			1.10	1.02
7 100			1.12	1.04
8 000			1.14	1.06
9 000				1.08
10 000				1.10
11 200				1.12
12 500				1.14

6 传动装置的安装与使用

6.1 初拉力的计算

初拉力按式(11)计算：

$$F_0 = 500 \times \frac{(2.5 - K_\alpha)P_d}{K_\alpha Zv} + mv^2 \qquad \cdots\cdots\cdots\cdots(11)$$

式中：

F_0——单根带的初拉力，单位为牛(N)；

P_d——设计功率，单位为千瓦(kW)；

Z——V 带根数；

v——带速，单位为米每秒(m/s)；

K_α——包角修正系数；

m——V 带单位长度质量(见表 22 和表 23)，单位为千克每米(kg/m)。

表 22 普通 V 带单位长度质量 m

带型	Y	Z	A	B	C	D	E
m/(kg/m)	0.023	0.060	0.105	0.170	0.300	0.630	0.970

表 23 窄 V 带单位长度质量 m

带 型	SPZ	SPA	SPB	SPC
m/(kg/m)	0.072	0.112	0.192	0.370

6.2 初拉力的测定

初拉力的测定，通常是在 V 带与两带轮切点的跨度中点处，施加一规定的垂直带边的力 G(见图 5)，使跨度每 100 m 产生挠度 1.6 mm。

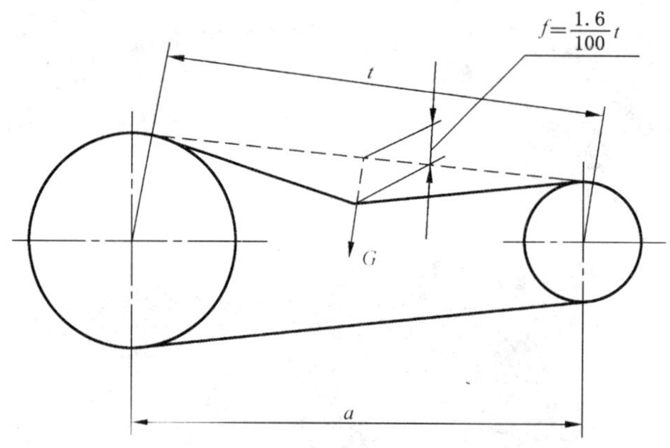

图 5 初拉力的测定

跨度长 t 可以实测，或用式(12)计算：

$$t=\sqrt{a^2-\frac{(d_{a_2}-d_{a_1})^2}{4}} \quad \cdots\cdots (12)$$

式中：

t——跨度长，单位为毫米(mm)；

a——两轮轴的中心距，单位为毫米(mm)；

d_{a_2}——大带轮的外径，单位为毫米(mm)；

d_{a_1}——小带轮的外径，单位为毫米(mm)。

对测定初拉力所加的 G 值，应随 V 带的使用程度不同而改变。

G 值由式(13)～式(15)算出：

新安装的 V 带：
$$G=\frac{1.5F_0+\Delta F_0}{16} \quad \cdots\cdots (13)$$

运转后的 V 带：
$$G=\frac{1.3F_0+\Delta F_0}{16} \quad \cdots\cdots (14)$$

最小极限值：
$$G=\frac{F_0+\Delta F_0}{16} \quad \cdots\cdots (15)$$

式中：

G——垂直力，单位为牛(N)；

ΔF_0——初拉力的增量，见表 24，单位为牛(N)。

表 24　初拉力的增量 ΔF_0

带型	Y	Z	A	B	C	D	E	SPZ	SPA	SPB	SPC
ΔF_0/N	6	10	15	20	29.4	58.8	108	20	25	40	78

6.3　安装前的准备

安装前应检查带是否配组，不配组的带不得同组安装。新旧带不能同组混装使用。

6.4　安装

套装带时不得强行撬入，应在 GB/T 15531 规定的中心距调整极限值范围内将中心距离缩小，待 V 带进入轮槽后再进行张紧。张紧时应在传动装置同一边上试一下每根带的松紧程度，如不均匀可空转几圈使其均匀后再张紧到规定的位置。

6.5　中心距的调整和初拉力的检查

中心距的调整(见图 6) 应在 GB/T 15531 规定的中心距调整极限值范围内进行，调整中同时检查带的初拉力值，检查方法见图 5。其测试力 G 值可按式(13)～式(15)，并根据带的新旧程度进行计算。

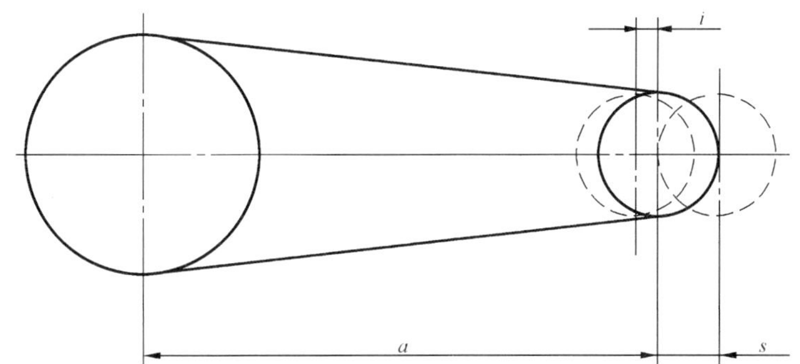

注 1：安装时所需最小中心距：$a_{min}=a-i$；张紧 V 带或补偿 V 带伸长所需最大中心距：$a_{max}=a+s$。

注 2：i 为中心距减小极限值，s 为中心距增大极限值。对于单根 V 带，$i=2b_d+0.009L_d$；$s=0.02L_d$。

图 6　中心距的调整

6.6　带轮相对位置

传动装置中，各带轮轴线应相互平行，各带轮相对应的 V 型槽的对称平面应重合，其误差不得超过 20′(见图 7)。

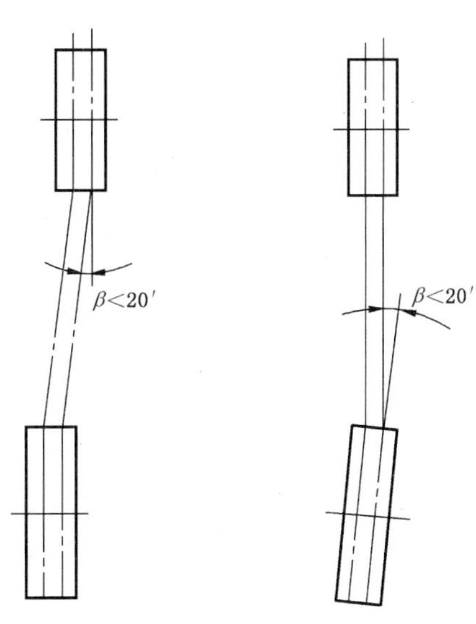

图 7　带轮安装的位置

6.7 **使用与维护**

a) 对安装完的新带，在运转 24 h 或 48 h 后应按 6.2 和 6.5 有关规定进行检查和调整。

b) 带传动装置应加防护罩，并应能保证通风和排污。

ICS 21.220.10
J 18

中华人民共和国国家标准

GB/T 13575.2—2008
代替 GB/T 13575.2—1992,GB/T 17197—1997

普通和窄V带传动 第2部分:有效宽度制

Classical and Narrow V-belt drives—Part 2:Effective system

(ISO 5291:1993,Belt drives-Grooved pulleys for joined classical V-belts-Groove sections AJ,BJ,CJ and DJ(effective system),NEQ)

2008-08-25 发布 2009-03-01 实施

中华人民共和国国家质量监督检验检疫总局
中国国家标准化管理委员会 发布

前　言

GB/T 13575《普通和窄 V 带传动》由以下两部分组成：

——第 1 部分：基准宽度制；

——第 2 部分：有效宽度制。

本部分为 GB/T 13575 的第 2 部分。

本部分与 ISO 5291：1993《带传动　普通联组 V 带轮　槽型 AJ，BJ，CJ 和 DJ(有效宽度制)》的一致性程度为非等效，本部分将其作为附录与 GB/T 13575.2—1992《带传动　窄 V 带传动》整合。与 ISO 5291：1993 相比，主要差异为：

——修改部分标准符号，使其与我国原有术语一致，以便于使用。如有效宽度由 w_e 改为 b_e，槽深由 h_g 改为 h_c，槽深允许增加量由 δ_{h1} 改为 g，允许减小量由 δ_{h2} 改为 q，带轮槽角由 α 改为 φ，有效线差 b_e 改为 Δe。

——增加有效宽度制窄 V 带、带轮尺寸和设计方法作为标准主要内容。

本部分代替 GB/T 13575.2—1992《带传动　窄 V 带传动》和 GB/T 17197—1997《带传动　联组普通 V 带轮(有效宽度制)》，与 GB/T 13575.2—1992 和 GB/T 17197—1997 相比，主要技术差异如下：

——名称改为"普通和窄 V 带传动　第 2 部分：有效宽度制"，将有效宽度制窄 V 带尺寸由附录改到正文；

——将有效宽度制联组普通 V 带轮整合进入本部分，作为规范性附录。

本部分的附录 A 是规范性附录。

本部分由中国机械工业联合会提出。

本部分由全国带轮与带标准化技术委员会(SAC/TC 428)归口。

本部分起草单位：中机生产力促进中心、湖北汽车工业学院、长春理工大学。

本部分主要起草人：秦书安、刘雍德、张学忱、黄刚。

本部分由中机生产力促进中心负责解释。

本部分所代替标准的历次版本发布情况为：

——GB/T 13575.2—1992；

——GB/T 17197—1997。

普通和窄 V 带传动
第 2 部分：有效宽度制

1 范围

本部分按有效宽度制规定了窄 V 带传动带轮及带的主要尺寸、极限偏差和技术要求，传动设计方法和传动装置的安装与使用等。适用于一般工业用 V 带传动。

本部分附录按有效宽度制规定了槽型为 AJ、BJ、CJ 和 DJ 的联组用普通 V 带轮的基本特性，包括带轮轮槽截面尺寸、带轮有效直径和轮槽的几何检验。适用于一般工业动力传动。

多槽带轮不能配合使用联组 V 带。

2 规范性引用文件

下列文件中的条款通过 GB/T 13575 的本部分的引用而成为本部分的条款。凡是注日期的引用文件，其随后所有的修改单(不包括勘误的内容)或修订版均不适用于本部分，然而，鼓励根据本部分达成协议的各方研究是否可使用这些文件的最新版本。凡是不注日期的引用文件，其最新版本适用于本部分。

GB/T 10413 窄 V 带轮(有效宽度制)(GB/T 10413—2002，ISO 5290：2001，MOD)

GB/T 11356.2—1997 带传动 普通及窄 V 带传动用带轮(有效宽度制) 槽形检验(eqv ISO 9980：1990)

GB/T 11357 带轮的材质、表面粗糙度及平衡(GB/T 11357—2008，ISO 254：1998，MOD)

GB/T 11544 普通 V 带和窄 V 带尺寸(GB/T 11544—1997，neq ISO 4184：1992)

GB/T 15531 带传动 带轮 中心距调整极限值(GB/T 15531—2008，ISO 155：1998，MOD)

3 窄 V 带

3.1 单根窄 V 带截面尺寸见图 1 和表 1。

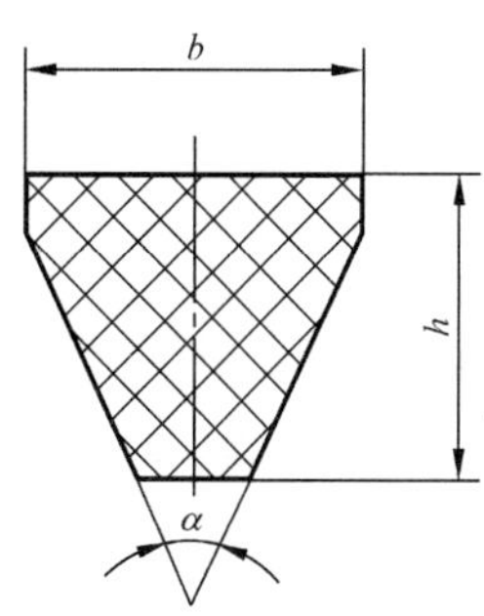

图 1 单根带截面

表 1　单根带截面尺寸

带型	b/ mm	h/ mm	α
9N	9.5	8	40°
15N	16	13.5	
25N	25.5	23	

3.2　联组窄 V 带截面尺寸见图 2 和表 2。

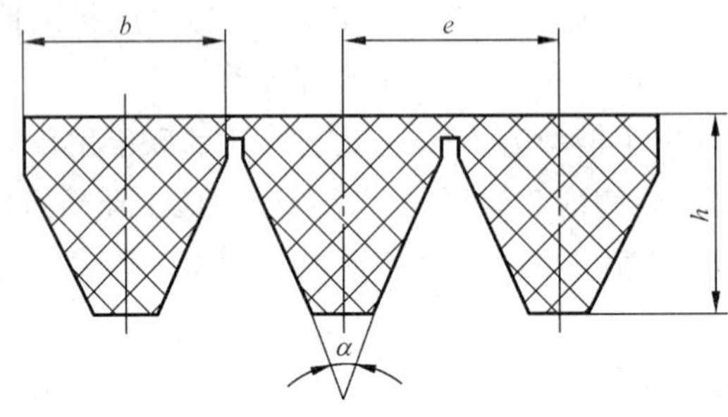

图 2　联组窄 V 带截面

表 2　联组窄 V 带截面尺寸

带型	b/ mm	h/ mm	e/ mm	α	联组数
9J	9.5	10	10.3	40°	2～5
15J	16	16	17.5		
25J	25.5	26.5	28.6		
注：联组数一般不超过 5。					

3.3　有效长度

有效宽度制窄 V 带的有效长度见表 3。有效长度的极限偏差应符合 GB/T 11544 中的规定。

表 3　带的有效长度系列

单位为毫米

L_e	带　　型		
基本尺寸	9N、9J	15N、15J	25N、25J
630	+		
670	+		
710	+		
760	+		
800	+		
850	+		
900	+		
950	+		
1 015	+		
1 080	+		
1 145	+		
1 205	+		
1 270	+	+	
1 345	+	+	
1 420	+	+	

表 3（续）

单位为毫米

L_e	带型		
基本尺寸	9N、9J	15N、15J	25N、25J
1 525	+	+	
1 600	+	+	
1 700	+	+	
1 800	+	+	
1 900	+	+	
2 030	+	+	
2 160	+	+	
2 290	+	+	
2 410	+	+	
2 540	+	+	+
2 690	+	+	+
2 840	+	+	+
3 000	+	+	+
3 180	+	+	+
3 350	+	+	+
3 550	+	+	+
3 810		+	+
4 060		+	+
4 320		+	+
4 570		+	+
4 830		+	+
5 080		+	+
5 380		+	+
5 690		+	+
6 000		+	+
6 350		+	+
6 730		+	+
7 100		+	+
7 620		+	+
8 000		+	+
8 500		+	+
9 000		+	+
9 500			+
10 160			+
10 800			+
11 430			+
12 060			+
12 700			+

4 带轮

4.1 轮槽截面及尺寸

轮槽截面见图 3，轮槽截面尺寸见表 4。

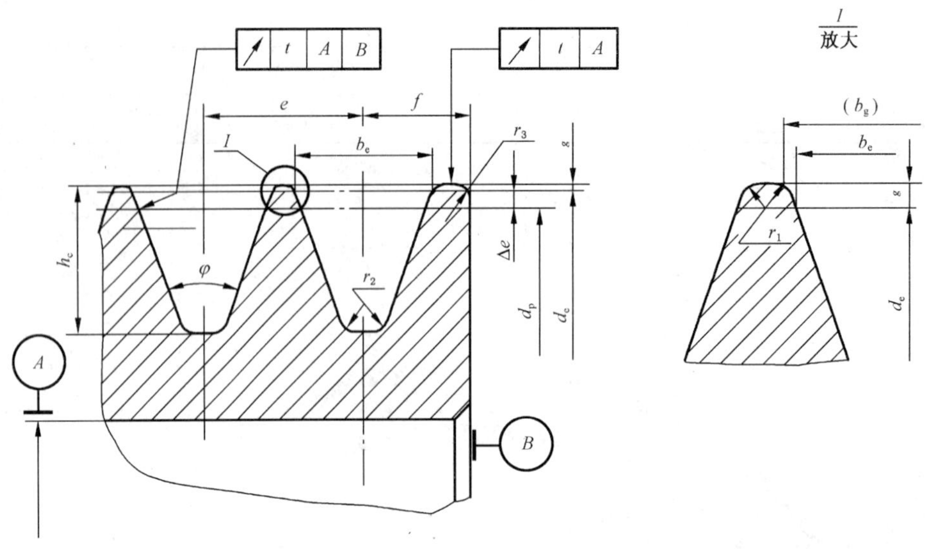

图 3 轮槽截面

表 4 轮槽截面尺寸

单位为毫米

槽型	d_e	φ/(°)	b_e	Δe	e	f_{min}	h_c	(b_g)	g	r_1	r_2	r_3
9N、9J	≤90 >90～150 >150～305 >305	36 38 40 42	8.9	0.6	10.3 ±0.25	9	$9.5^{+0.5}_{0}$	9.23 9.24 9.26 9.28	0.5	0.2～ 0.5	0.5～ 1.0	1～2
15N、15J	≤255 >255～405 >405	38 40 42	15.2	1.3	17.5 ±0.25	13	$15.5^{+0.5}_{0}$	15.54 15.56 15.58	0.5	0.2～ 0.5	0.5～ 1.0	2～3
25N、25J	≤405 >405～570 >570	38 40 42	25.4	2.5	28.6 ±0.25	19	$25.5^{+0.5}_{0}$	25.74 25.76 25.78	0.5	0.2～ 0.5	0.5～ 1.0	3～5

4.2 有效直径

4.2.1 表 5 规定了带轮的有效直径系列。

表 5 有效直径系列

单位为毫米

9N、9J	15N、15J	25N、25J
67	180	315
71	190	335
75	200	355
80	212	375
85	224	400
90	236	425
92.5	243	450
100	250	475
103	258	500
112	265	530
118	272	560
125	280	600
132	300	630
140	315	750
150	335	800

表 5（续） 单位为毫米

9N、9J	15N、15J	25N、25J
160 165 175 200 250	355 375 400 475 500	900 1 000 1 120 1 250 1 320
265 315	530 600	1 600 1 800
355 400 475	630 710 800	2 000 2 500
500 630 800 850	950 1 000 1 120 1 250 1 600 1 800	

4.2.2 表 6 规定了窄 V 带带轮最小有效直径。

表 6 最小有效直径 单位为毫米

槽型	9N、9J	15N、15J	25N、25J
d_{emin}	67	180	315

4.3 带轮的技术要求

4.3.1 带轮的平衡和轮槽工作面表面粗糙度按 GB/T 11357 的规定，轮槽的棱边要倒圆或倒钝。

4.3.2 带轮外圆的径向圆跳动和节圆附近的斜向圆跳动公差 t（见图 3）应符合 GB/T 10413 的规定。

4.3.3 带轮各轮槽间距的累积误差不得超过±0.8 mm。

4.3.4 轮槽槽形的检验按 GB/T 11356.2—1997 的规定。

5 传动设计

窄 V 带传动的设计按以下步骤和方法进行。

5.1 设计已知条件

传动功率（通常指设备原动机的额定功率，或从动机的实际功率），kW；

主动轴的转速，r/min；

传动比或从动轴的转速，r/min；

对传动空间方面的要求；

工况条件，如环境温度、介质条件、每天运转时间、载荷变动等。

5.2 设计功率的确定

设计功率 P_d 按下式计算：

$$P_d = K_A \cdot P \tag{1}$$

式中：

P_d——设计功率，单位为千瓦（kW）；

K_A——工况系数，按表 7 选取；

P——所需传递功率，单位为千瓦（kW）。

选取工况系数时，在反复启动，正反转频繁，工作条件恶劣等场合 K_A 应乘以系数 1.1。

增速传动场合，K_A 应乘以下列系数：

当 $1.25 \leqslant 1/i \leqslant 1.74$ 时为 1.05；

1.75≤1/i≤2.49 时为 1.11；

2.50≤1/i≤3.49 时为 1.18；

1/i≥3.50 时为 1.25。

表 7 载荷工况系数 K_A

工况		K_A					
		空、轻载启动			重载启动		
		每天工作小时数/h					
		<10	10～16	>16	<10	10～16	>16
载荷变动最小	液体搅拌机、通风机和鼓风机(≤7.5 kW)、离心机和压缩机、风扇轻负荷输送机	1.0	1.1	1.2	1.1	1.2	1.3
载荷变动小	带式输送机(不均匀负荷)、通风机(>7.5 kW)、发电机、天轴、洗涤机械、机床、冲床、压力机、剪床、印刷机械、正位移旋转泵、旋转筛与振动筛	1.1	1.2	1.3	1.2	1.3	1.4
载荷变动较大	制砖机、励磁机、斗式提升机、活塞式压缩机、输送机、锤磨机、纸厂打浆机、活塞泵、正位移鼓风机、磨粉机、锯木机等木材加工机械、纺织机械	1.2	1.3	1.4	1.4	1.5	1.6
载荷变动很大	破碎机、研磨机、卷扬机、橡胶压延机、压出机、炼胶机	1.3	1.4	1.5	1.5	1.6	1.8

注 1：空、轻载启动——电动机(交流启动、三角启动、直流并励)，四缸以上的内燃机，装有离心式离合器、液力联轴器的动力机。

注 2：重载启动——电动机(联机交流启动、直流复励或串励)，四缸以下的内燃机。

5.3 带型的选择

根据设计功率和小带轮的转速，按图 4 选取带型，如果选择点处于两种带型的交界处，就按两种带型分别设计，最后按实际情况选择其中一种。

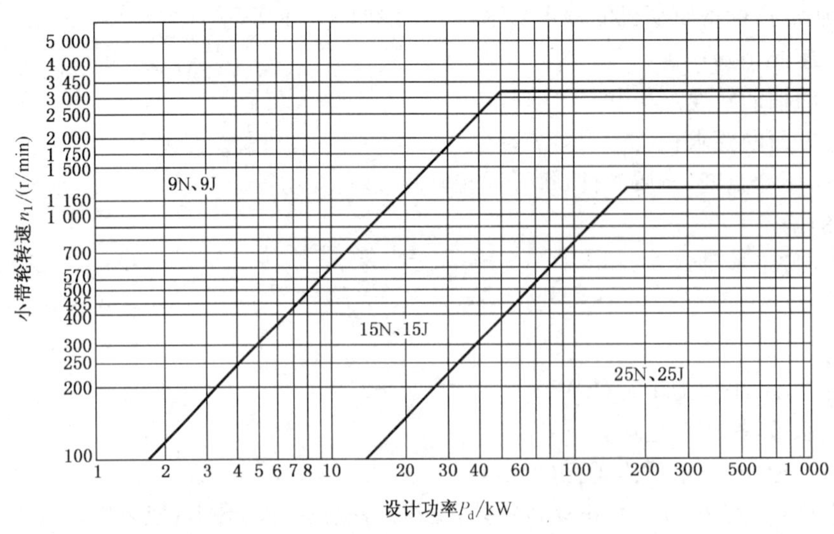

图 4 窄 V 带选型图

5.4 带轮直径的确定

减速传动时：

$$i = \frac{n_1}{n_2} = \frac{d_{p2}}{d_{p1}} \quad \cdots\cdots(2)$$

增速传动时：

$$i = \frac{n_2}{n_1} = \frac{d_{p1}}{d_{p2}} \quad \cdots\cdots(3)$$

式中：

d_{p2}——大带轮的节径，单位为毫米(mm)；

d_{p1}——小带轮的节径，单位为毫米(mm)；

n_1——小带轮转速，单位为转每分钟(r/min)；

n_2——大带轮转速，单位为转每分钟(r/min)。

确定时必须保证：

a) 小带轮直径应等于或大于表 6 中推荐的最小值；

b) 计算带的线速度 v，使之不超过 35 m/s。

$$即\ v = \frac{\pi n_i d_{p1}}{60 \times 1\ 000} \leqslant 35\ \text{m/s} \quad \cdots\cdots(4)$$

带轮的节径可由表 4 中的 Δe 值确定，即：$d_p = d_e - 2\Delta e$

5.5 带的有效长度和中心距的确定

当带轮直径确定以后，根据结构初定中心距 a_0，一般使

$$0.7(d_{e2}+d_{e1}) \leqslant a_0 \leqslant 2(d_{e2}+d_{e1}) \quad \cdots\cdots(5)$$

此时带的有效长度：

$$L_{e0} = 2a_0 + \pi/2(d_{e2}+d_{e1}) + \frac{(d_{e2}+d_{e1})^2}{4a_0} \quad \cdots\cdots(6)$$

式中：

L_{e0}——计算的窄 V 带有效长度，单位为毫米(mm)；

d_{e1}——小带轮有效直径，单位为毫米(mm)；

d_{e2}——大带轮有效直径，单位为毫米(mm)。

将计算出的 L_{e0} 值按表 3 标准值圆整，然后再根据选出的标准有效长度值 L_e，计算实际中心距。即：

$$a = A + \sqrt{(A^2 - B)} \quad \cdots\cdots(7)$$

式中：

$A = \frac{L_e}{4} - \frac{\pi(d_{e2}+d_{e1})}{8}$，单位为毫米(mm)；

$B = \frac{(d_{e2}-d_{e1})^2}{8}$，单位为毫米(mm)。

在设计时应考虑中心距的调整余量，中心距调整余量应在 GB/T 15531 规定的极限值范围内。

5.6 带轮包角

小带轮包角 α_1，由下式算出：

$$\alpha_1 = 180° - 57.3° \times \frac{d_{e2}-d_{e1}}{a} \quad \cdots\cdots(8)$$

5.7 V 带根数的确定

$$Z = \frac{P_d}{(P_1 + \Delta P_1)K_L K_\alpha} \quad \cdots\cdots(9)$$

式中：

Z——带的根数；

P_d——设计功率，单位为千瓦(kW)；

P_1——单根V带的基本额定功率，单位为千瓦(kW)；

ΔP_1——由传动比不同所附加的功率，单位为千瓦(kW)；

P_1 和 ΔP_1，见表10、表11、表12；

K_L——长度修正系数，见表8；

K_α——包角修正系数，见表9。

表8 长度修正系数 K_L

单位为毫米

L_e	带型		
	9N、9J	15N、15J	25N、25J
630	0.83		
670	0.84		
710	0.85		
760	0.86		
800	0.87		
850	0.88		
900	0.89		
950	0.9		
1 050	0.92		
1 080	0.93		
1 145	0.94		
1 205	0.95		
1 270	0.96	0.85	
1 345	0.97	0.86	
1 420	0.98	0.87	
1 525	0.99	0.88	
1 600	1.00	0.89	
1 700	1.01	0.90	
1 800	1.02	0.91	
1 900	1.03	0.92	
2 030	1.04	0.93	
2 160	1.06	0.94	
2 290	1.07	0.95	
2 410	1.08	0.96	
2 540	1.09	0.96	0.87
2 690	1.10	0.97	0.88
2 840	1.11	0.98	0.88
3 000	1.12	0.99	0.89
3 180	1.13	1.00	0.90
3 350	1.14	1.01	0.91
3 550	1.15	1.02	0.92
3 810		1.03	0.93
4 060		1.04	0.94
4 320		1.05	0.94
4 570		1.06	0.95

表 8（续）

单位为毫米

L_e	带型		
	9N、9J	15N、15J	25N、25J
4 830		1.07	0.96
5 080		1.08	0.97
5 380		1.09	0.98
5 690		1.09	0.98
6 000		1.10	0.99
6 350		1.11	1.00
6 730		1.12	1.01
7 100		1.13	1.02
7 620		1.14	1.03
8 000		1.15	1.03
8 500		1.16	1.04
9 000		1.17	1.05
9 500			1.06
10 160			1.07
10 800			1.08
11 430			1.09
12 060			1.09
12 700			1.10

表 9　包角修正系数 K_α

$\alpha_1/(°)$	K_α
180	1.00
175	0.99
170	0.98
165	0.96
160	0.95
155	0.93
150	0.92
145	0.91
140	0.89
135	0.88
130	0.86
125	0.84
120	0.82
115	0.80
110	0.78
105	0.76
100	0.74
95	0.72
90	0.69

表 10　9N、9J 基本额定功率值

n_1 / (r/min)	d_{e1}/mm													
	67	71	75	80	90	100	112	125	140	160	180	200	250	315
	P_1													
575	0.52	0.60	0.68	0.78	0.97	1.16	1.39	1.64	1.92	2.30	2.67	3.03	3.93	5.06
690	0.60	0.70	0.79	0.91	1.14	1.37	1.64	1.93	2.26	2.70	3.14	3.57	4.62	5.94
725	0.63	0.73	0.82	0.95	1.90	1.43	1.71	2.02	2.37	2.83	3.28	3.73	4.83	6.21
870	0.73	0.84	0.96	1.10	1.39	1.67	2.01	2.37	2.78	3.32	3.86	4.38	5.67	7.27
950	0.78	0.91	1.03	1.19	1.50	1.80	2.17	2.56	3.00	3.59	4.17	4.73	6.11	7.83
1 160	0.91	1.07	1.22	1.40	1.77	2.14	2.58	3.05	3.58	4.27	4.96	5.63	7.25	9.22
1 425	1.07	1.26	1.44	1.66	2.11	2.55	3.08	3.63	4.27	5.10	5.91	6.70	8.58	10.81
1 750	1.26	1.47	1.69	1.96	2.50	3.03	3.66	4.32	5.07	6.05	7.00	7.91	10.04	12.45
2 850	1.78	2.12	2.45	2.86	3.67	4.47	5.39	6.35	7.41	8.75	9.98	11.09	13.32	
3 450	2.01	2.41	2.80	3.28	4.22	5.12	6.17	7.24	8.41	9.82	11.05	12.10		
100	0.12	0.13	0.15	0.17	0.21	0.24	0.29	0.34	0.39	0.47	0.54	0.61	0.79	1.02
200	0.21	0.24	0.27	0.31	0.38	0.46	0.54	0.64	0.74	0.88	1.02	1.16	1.50	1.94
300	0.30	0.35	0.39	0.44	0.55	0.66	0.78	0.92	1.07	1.28	1.48	1.68	2.18	2.81
400	0.38	0.44	0.50	0.57	0.71	0.85	1.01	1.19	1.39	1.66	1.92	2.18	2.83	3.65
500	0.46	0.53	0.60	0.69	0.86	1.03	1.23	1.45	1.70	2.03	2.35	2.67	3.46	4.46
600	0.54	0.62	0.70	0.80	1.01	1.21	1.45	1.71	2.00	2.39	2.77	3.15	4.08	5.25
700	0.61	0.70	0.80	0.92	1.15	1.38	1.66	1.96	2.29	2.74	3.18	3.61	4.68	6.02
800	0.68	0.79	0.89	1.03	1.29	1.55	1.87	2.20	2.58	3.08	3.58	4.07	5.26	6.76
900	0.75	0.87	0.99	1.13	1.43	1.72	2.07	2.44	2.86	3.42	3.97	4.51	5.83	7.48
1 000	0.81	0.94	1.08	1.24	1.56	1.89	2.27	2.68	3.14	3.75	4.36	4.95	6.39	8.17
1 100	0.88	1.02	1.16	1.34	1.70	2.05	2.46	2.91	3.42	4.08	4.73	5.38	6.93	8.84
1 200	0.94	1.09	1.25	1.44	1.83	2.21	2.66	3.14	3.68	4.40	5.10	5.79	7.46	9.48
1 300	1.00	1.17	1.33	1.54	1.95	2.36	2.84	3.36	3.95	4.71	5.47	6.20	7.97	10.09
1 400	1.06	1.24	1.42	1.64	2.08	2.51	3.03	3.58	4.21	5.02	5.82	6.60	8.46	10.67
1 500	1.12	1.31	1.50	1.73	2.20	2.67	3.21	3.80	4.46	5.32	6.17	6.99	8.93	11.22
1 600	1.17	1.38	1.58	1.83	2.32	2.81	3.39	4.01	4.71	5.62	6.50	7.36	9.39	11.74
1 700	1.23	1.44	1.66	1.92	2.44	2.96	3.57	4.22	4.95	5.91	6.83	7.73	9.83	12.22
1 800	1.28	1.51	1.73	2.01	2.56	3.10	3.74	4.42	5.19	6.19	7.16	8.09	10.25	12.67
1 900	1.33	1.57	1.81	2.10	2.68	3.24	3.91	4.63	5.43	6.47	7.47	8.43	10.65	13.08
2 000	1.39	1.63	1.88	2.19	2.79	3.38	4.08	4.82	5.66	6.74	7.77	8.77	11.03	13.45
2 100	1.44	1.70	1.95	2.27	2.90	3.52	4.25	5.02	5.88	7.00	8.07	9.09	11.39	13.78
2 200	1.49	1.76	2.02	2.35	3.01	3.65	4.41	5.21	6.11	7.26	8.36	9.40	11.73	14.07
2 300	1.53	1.81	2.09	2.44	3.12	3.78	4.57	5.39	6.32	7.51	8.63	9.70	12.04	14.32
2 400	1.58	1.87	2.16	2.52	3.22	3.91	4.72	5.58	6.53	7.75	8.90	9.98	12.33	14.52
2 500	1.63	1.93	2.23	2.60	3.33	4.04	4.88	5.76	6.74	7.98	9.16	10.25	12.60	
2 600	1.67	1.98	2.29	2.68	3.43	4.16	5.03	5.93	6.94	8.21	9.41	10.51	12.84	
2 700	1.72	2.04	2.36	2.75	3.53	4.29	5.17	6.10	7.13	8.43	9.64	10.75	13.05	
2 800	1.76	2.09	2.42	2.83	3.63	4.41	5.32	6.27	7.32	8.64	9.87	10.98	13.24	
2 900	1.80	2.14	2.48	2.90	3.72	4.52	5.46	6.43	7.50	8.85	10.08	11.20	13.40	
3 000	1.84	2.19	2.54	2.97	3.82	4.64	5.59	6.59	7.68	9.04	10.29	11.40	13.53	
3 100	1.88	2.24	2.60	3.04	3.91	4.75	5.73	6.74	7.85	9.23	10.48	11.58		
3 200	1.92	2.29	2.66	3.11	4.00	4.86	5.86	6.89	8.02	9.41	10.66	11.75		
3 300	1.96	2.34	2.72	3.18	4.09	4.97	5.98	7.04	8.18	9.58	10.83	11.90		
3 400	2.00	2.39	2.77	3.25	4.17	5.07	6.11	7.18	8.33	9.74	10.98	12.04		
3 500	2.03	2.43	2.82	3.31	4.26	5.17	6.23	7.31	8.48	9.89	11.12	12.15		
3 600	2.07	2.47	2.88	3.37	4.34	5.27	6.34	7.44	8.62	10.04	11.25	12.25		
3 700	2.10	2.52	2.93	3.43	4.42	5.37	6.46	7.57	8.76	10.17	11.37	12.33		
3 800	2.13	2.56	2.98	3.49	4.50	5.46	6.57	7.69	8.88	10.29	11.47	12.40		
3 900	2.16	2.60	3.03	3.55	4.57	5.55	6.67	7.80	9.00	10.40	11.56			
4 000	2.19	2.64	3.07	3.61	4.65	5.64	6.77	7.91	9.12	10.51	11.63			
4 100	2.22	2.67	3.12	3.66	4.72	5.73	6.87	8.02	9.22	10.60	11.69			
4 200	2.25	2.71	3.16	3.72	4.79	5.81	6.96	8.12	9.32	10.68	11.74			
4 300	2.28	2.75	3.20	3.77	4.85	5.89	7.05	8.21	9.41	10.75				
4 400	2.31	2.78	3.25	3.82	4.92	5.96	7.14	8.30	9.50	10.81				
4 500	2.33	2.81	3.29	3.87	4.98	6.04	7.22	8.39	9.57	10.86				
4 600	2.35	2.84	3.32	3.91	5.04	6.11	7.30	8.46	9.64	10.90				
4 700	2.38	2.87	3.36	3.96	5.10	6.17	7.37	8.53	9.70	10.92				
4 800	2.40	2.90	3.40	4.00	5.15	6.24	7.44	8.60	9.75	10.93				
4 900	2.42	2.93	3.43	4.04	5.21	6.30	7.50	8.66	9.79					
5 000	2.44	2.96	3.46	4.08	5.26	6.36	7.56	8.71	9.83					

P_1 和附加功率值 ΔP_1 kW

i									
1.00~1.01	1.02~1.05	1.06~1.11	1.12~1.18	1.19~1.26	1.27~1.38	1.39~1.57	1.58~1.94	1.95~3.38	3.39~以上
ΔP_1									
0.0	0.01	0.02	0.04	0.05	0.07	0.08	0.09	0.09	0.10
0.0	0.01	0.03	0.05	0.07	0.08	0.09	0.10	0.11	0.12
0.0	0.01	0.03	0.05	0.07	0.08	0.10	0.11	0.12	0.13
0.0	0.01	0.03	0.06	0.08	0.10	0.12	0.13	0.14	0.15
0.0	0.01	0.04	0.07	0.09	0.11	0.13	0.14	0.16	0.17
0.0	0.02	0.05	0.08	0.11	0.13	0.16	0.17	0.19	0.20
0.0	0.02	0.06	0.10	0.13	0.16	0.19	0.21	0.23	0.25
0.0	0.03	0.07	0.12	0.16	0.20	0.23	0.26	0.29	0.30
0.0	0.04	0.11	0.20	0.27	0.33	0.38	0.43	0.47	0.50
0.0	0.05	0.14	0.24	0.33	0.39	0.46	0.52	0.57	0.60
0.0	0.00	0.00	0.01	0.01	0.01	0.01	0.02	0.02	0.02
0.0	0.00	0.01	0.01	0.02	0.02	0.03	0.03	0.03	0.03
0.0	0.00	0.01	0.02	0.03	0.03	0.04	0.05	0.05	0.05
0.0	0.01	0.02	0.03	0.04	0.05	0.05	0.06	0.07	0.07
0.0	0.01	0.02	0.03	0.05	0.06	0.07	0.08	0.08	0.09
0.0	0.01	0.02	0.04	0.06	0.07	0.08	0.09	0.10	0.10
0.0	0.01	0.03	0.05	0.07	0.08	0.09	0.11	0.11	0.12
0.0	0.01	0.03	0.06	0.08	0.09	0.11	0.12	0.13	0.14
0.0	0.01	0.04	0.06	0.08	0.10	0.12	0.14	0.15	0.16
0.0	0.01	0.04	0.07	0.09	0.11	0.13	0.15	0.16	0.17
0.0	0.02	0.04	0.08	0.10	0.13	0.15	0.17	0.18	0.19
0.0	0.02	0.05	0.08	0.11	0.14	0.16	0.18	0.20	0.21
0.0	0.02	0.05	0.09	0.12	0.15	0.17	0.20	0.21	0.23
0.0	0.02	0.06	0.10	0.13	0.16	0.19	0.21	0.23	0.24
0.0	0.02	0.06	0.10	0.14	0.17	0.20	0.23	0.25	0.26
0.0	0.02	0.06	0.11	0.15	0.18	0.21	0.24	0.26	0.28
0.0	0.02	0.07	0.12	0.16	0.19	0.23	0.26	0.28	0.30
0.0	0.03	0.07	0.12	0.17	0.21	0.24	0.27	0.30	0.31
0.0	0.03	0.08	0.13	0.18	0.22	0.25	0.29	0.31	0.33
0.0	0.03	0.08	0.14	0.19	0.23	0.27	0.30	0.33	0.35
0.0	0.03	0.08	0.15	0.20	0.24	0.28	0.32	0.34	0.36
0.0	0.03	0.09	0.15	0.21	0.25	0.29	0.33	0.36	0.38
0.0	0.03	0.09	0.16	0.22	0.26	0.31	0.35	0.38	0.40
0.0	0.03	0.10	0.17	0.23	0.27	0.32	0.36	0.39	0.42
0.0	0.04	0.10	0.17	0.24	0.29	0.33	0.38	0.41	0.43
0.0	0.04	0.10	0.18	0.25	0.30	0.35	0.39	0.43	0.45
0.0	0.04	0.11	0.19	0.25	0.31	0.36	0.41	0.44	0.47
0.0	0.04	0.11	0.19	0.26	0.32	0.37	0.42	0.46	0.49
0.0	0.04	0.12	0.20	0.27	0.33	0.39	0.44	0.48	0.50
0.0	0.04	0.12	0.21	0.28	0.34	0.40	0.45	0.49	0.52
0.0	0.05	0.12	0.21	0.29	0.35	0.41	0.47	0.51	0.54
0.0	0.05	0.13	0.22	0.30	0.37	0.43	0.48	0.52	0.56
0.0	0.05	0.13	0.23	0.31	0.38	0.44	0.50	0.54	0.57
0.0	0.05	0.14	0.24	0.32	0.39	0.45	0.51	0.56	0.59
0.0	0.05	0.14	0.24	0.33	0.40	0.47	0.53	0.57	0.61
0.0	0.05	0.14	0.25	0.34	0.41	0.48	0.54	0.59	0.63
0.0	0.05	0.15	0.26	0.35	0.42	0.49	0.56	0.61	0.64
0.0	0.06	0.15	0.26	0.36	0.43	0.51	0.57	0.62	0.66
0.0	0.06	0.15	0.27	0.37	0.45	0.52	0.59	0.64	0.68
0.0	0.06	0.16	0.28	0.38	0.46	0.54	0.60	0.66	0.69
0.0	0.06	0.16	0.28	0.39	0.47	0.55	0.62	0.67	0.71
0.0	0.06	0.17	0.29	0.40	0.48	0.56	0.63	0.69	0.73
0.0	0.06	0.17	0.30	0.41	0.49	0.58	0.65	0.71	0.75
0.0	0.06	0.17	0.30	0.41	0.50	0.59	0.66	0.72	0.76
0.0	0.07	0.18	0.31	0.42	0.51	0.60	0.68	0.74	0.78
0.0	0.07	0.18	0.32	0.43	0.53	0.62	0.69	0.75	0.80
0.0	0.07	0.19	0.33	0.44	0.54	0.63	0.71	0.77	0.82
0.0	0.07	0.19	0.33	0.45	0.55	0.64	0.72	0.79	0.83
0.0	0.07	0.19	0.34	0.46	0.56	0.66	0.74	0.80	0.85
0.0	0.07	0.20	0.35	0.47	0.57	0.67	0.75	0.82	0.87

表 11　15N、15J 基本额定功率值 P_1

n_1/(r/min)	d_{e1}/mm												
	180	190	200	212	224	236	250	280	315	355	400	450	500
	P_1												
485	4.63	5.09	5.55	6.10	6.65	7.19	7.82	9.16	10.70	12.44	14.36	16.45	18.51
575	5.36	5.90	6.44	7.08	7.71	8.35	9.08	10.64	12.43	14.44	16.65	19.06	21.40
690	6.26	6.90	7.53	8.28	9.03	9.78	10.64	12.46	14.55	16.89	19.45	22.21	24.88
725	6.53	7.20	7.86	8.64	9.43	10.20	11.10	13.00	15.18	17.61	20.27	23.13	25.89
870	7.61	8.39	9.17	10.09	11.00	11.91	12.96	15.17	17.69	20.49	23.51	26.73	29.78
950	8.19	9.03	9.87	10.86	11.85	12.82	13.95	16.32	19.01	21.99	25.19	28.56	31.73
1 160	9.63	10.63	11.62	12.79	13.95	15.09	16.41	19.16	22.25	25.61	29.15	32.78	36.04
1 425	11.31	12.49	13.65	15.02	16.37	17.69	19.21	22.35	25.81	29.46	33.17	36.73	
1 750	13.15	14.52	15.86	17.43	18.97	20.46	22.16	25.60	29.26	32.93	36.34		
2 850	17.30	19.00	20.60	22.40	24.06	25.58	27.15						
3 450	17.95	19.56	21.02	22.56	23.86								
50	0.62	0.67	0.73	0.79	0.86	0.93	1.00	1.17	1.36	1.57	1.81	2.07	2.34
60	0.73	0.79	0.86	0.94	1.02	1.09	1.19	1.38	1.60	1.86	2.14	2.46	2.77
70	0.83	0.91	0.99	1.08	1.17	1.26	1.36	1.59	1.85	2.14	2.47	2.83	3.19
80	0.94	1.03	1.11	1.22	1.32	1.42	1.54	1.80	2.09	2.42	2.79	3.20	3.61
90	1.05	1.14	1.24	1.35	1.47	1.58	1.72	2.00	2.33	2.70	3.11	3.57	4.02
100	1.15	1.26	1.36	1.49	1.62	1.74	1.89	2.20	2.56	2.97	3.43	3.93	4.44
150	1.65	1.81	1.96	2.15	2.33	2.52	2.73	3.19	3.71	4.31	4.98	5.71	6.44
200	2.13	2.33	2.54	2.78	3.02	3.26	3.54	4.14	4.83	5.61	6.47	7.43	8.38
250	2.59	2.84	3.09	3.39	3.69	3.99	4.33	5.06	5.91	6.87	7.93	9.10	10.26
300	3.05	3.34	3.64	3.99	4.34	4.69	5.10	5.97	6.97	8.10	9.35	10.73	12.10
350	3.49	3.83	4.17	4.58	4.98	5.38	5.85	6.85	8.00	9.30	10.74	12.33	13.89
400	3.92	4.30	4.69	5.15	5.61	6.06	6.59	7.72	9.02	10.48	12.11	13.89	15.64
450	4.34	4.77	5.20	5.71	6.22	6.73	7.32	8.57	10.01	11.64	13.44	15.41	17.34
500	4.75	5.23	5.70	6.26	6.83	7.38	8.03	9.41	10.99	12.77	14.75	16.89	19.00
550	5.16	5.68	6.19	6.81	7.42	8.03	8.73	10.23	11.95	13.89	16.02	18.35	20.61
600	5.56	6.12	6.68	7.34	8.00	8.66	9.42	11.04	12.90	14.98	17.27	19.76	22.18
650	5.95	6.56	7.15	7.87	8.58	9.28	10.10	11.83	13.82	16.05	18.49	21.14	23.70
700	6.34	6.98	7.62	8.39	9.15	9.90	10.77	12.62	14.73	17.10	19.69	22.48	25.18
750	6.72	7.41	8.09	8.90	9.70	10.50	11.43	13.38	15.62	18.12	20.85	23.78	26.60
800	7.10	7.82	8.54	9.40	10.25	11.10	12.07	14.14	16.50	19.12	21.98	25.04	27.96
850	7.47	8.23	8.99	9.89	10.79	11.68	12.71	14.88	17.35	20.10	23.08	26.26	29.28
900	7.83	8.63	9.43	10.38	11.32	12.26	13.33	15.61	18.19	21.05	24.15	27.43	30.53
950	8.19	9.03	9.87	10.86	11.85	12.82	13.95	16.32	19.01	21.99	25.19	28.56	31.73
1 000	8.54	9.42	10.29	11.33	12.36	13.38	14.55	17.02	19.81	22.89	26.19	29.65	32.86
1 100	9.23	10.18	11.13	12.25	13.36	14.46	15.72	18.37	21.36	24.62	28.09	31.66	34.93
1 200	9.89	10.92	11.93	13.14	14.33	15.50	16.85	19.67	22.82	26.24	29.83	33.48	36.73
1 300	10.54	11.63	12.71	13.99	15.26	16.50	17.93	20.90	24.21	27.75	31.42	35.07	38.22
1 400	11.16	12.32	13.46	14.82	16.15	17.46	18.96	22.07	25.50	29.14	32.84	36.43	39.41
1 500	11.76	12.98	14.19	15.61	17.01	18.38	19.94	23.17	26.70	30.39	34.08	37.54	
1 600	12.33	13.61	14.88	16.36	17.82	19.25	20.87	24.20	27.80	31.52	35.13	38.38	
1 700	12.89	14.22	15.54	17.08	18.60	20.07	21.75	25.16	28.80	32.50	35.99	38.95	
1 800	13.41	14.80	16.17	17.77	19.33	20.85	22.56	26.03	29.70	33.33	36.63		
1 900	13.91	15.35	16.76	18.41	20.02	21.57	23.32	26.83	30.48	34.00	37.05		
2 000	14.39	15.88	17.33	19.02	20.66	22.24	24.02	27.55	31.15	34.52			
2 100	14.84	16.37	17.85	19.58	21.25	22.86	24.65	28.18	31.69	34.86			
2 200	15.27	16.83	18.35	20.11	21.80	23.42	25.22	28.71	32.11				
2 300	15.66	17.26	18.80	20.59	22.30	23.93	25.72	29.16	32.40				
2 400	16.03	17.65	19.22	21.03	22.74	24.37	26.15	29.51	32.56				
2 500	16.37	18.01	19.60	21.42	23.14	24.75	26.51	29.75					
2 600	16.67	18.34	19.94	21.76	23.47	25.07	26.79	29.89					
2 700	16.95	18.63	20.23	22.05	23.75	25.33	27.00	29.93					
2 800	17.19	18.88	20.49	22.30	23.97	25.51	27.12						
2 900	17.41	19.10	20.70	22.49	24.13	25.62	27.16						
3 000	17.59	19.28	20.87	22.63	24.23	25.67	27.11						
3 100	17.73	19.41	20.98	22.71	24.27	25.63	26.98						
3 200	17.84	19.51	21.06	22.74	24.24	25.52							
3 300	17.91	19.56	21.08	22.71	24.14	25.34							
3 400	17.95	19.57	21.05	22.63	23.97								
3 500	17.95	19.54	20.97	22.48									
3 600	17.90	19.46	20.84	22.26									
3 700	17.82	19.33	20.66										
3 800	17.70	19.16	20.42										

和附加功率值 ΔP_1　　kW

i									
1.00～1.01	1.02～1.05	1.06～1.11	1.12～1.18	1.19～1.26	1.27～1.38	1.39～1.57	1.58～1.94	1.95～3.38	3.39～以上
ΔP_1									
0.0	0.04	0.11	0.19	0.26	0.31	0.37	0.41	0.45	0.48
0.0	0.05	0.13	0.23	0.31	0.37	0.44	0.49	0.53	0.57
0.0	0.06	0.16	0.27	0.37	0.45	0.52	0.59	0.64	0.68
0.0	0.06	0.16	0.28	0.39	0.47	0.55	0.62	0.67	0.71
0.0	0.07	0.20	0.34	0.46	0.56	0.66	0.74	0.81	0.88
0.0	0.08	0.21	0.37	0.51	0.61	0.72	0.81	0.88	0.93
0.0	0.10	0.26	0.45	0.62	0.75	0.88	0.99	1.08	1.14
0.0	0.12	0.32	0.56	0.76	0.92	1.08	1.21	1.32	1.40
0.0	0.14	0.39	0.69	0.93	1.13	1.33	1.49	1.62	1.72
0.0	0.24	0.64	1.12	1.52	1.84	2.16	2.43	2.65	2.80
0.0	0.28	0.78	1.35	1.84	2.23	2.61	2.94	3.20	3.39
0.0	0.00	0.01	0.02	0.03	0.03	0.04	0.04	0.05	0.05
0.0	0.00	0.01	0.02	0.03	0.04	0.05	0.05	0.06	0.06
0.0	0.01	0.02	0.03	0.04	0.05	0.05	0.06	0.06	0.07
0.0	0.01	0.02	0.03	0.04	0.05	0.06	0.07	0.07	0.08
0.0	0.01	0.02	0.04	0.05	0.06	0.07	0.08	0.08	0.09
0.0	0.01	0.02	0.04	0.05	0.06	0.08	0.09	0.09	0.10
0.0	0.01	0.03	0.06	0.08	0.10	0.11	0.13	0.14	0.15
0.0	0.02	0.04	0.08	0.11	0.13	0.15	0.17	0.19	0.20
0.0	0.02	0.06	0.10	0.13	0.16	0.19	0.21	0.23	0.25
0.0	0.02	0.07	0.12	0.16	0.19	0.23	0.26	0.28	0.30
0.0	0.03	0.08	0.14	0.19	0.23	0.27	0.30	0.32	0.34
0.0	0.03	0.09	0.16	0.21	0.26	0.30	0.34	0.37	0.39
0.0	0.04	0.10	0.18	0.24	0.29	0.34	0.38	0.42	0.44
0.0	0.04	0.11	0.20	0.27	0.32	0.38	0.43	0.46	0.49
0.0	0.05	0.12	0.22	0.29	0.36	0.42	0.47	0.51	0.54
0.0	0.05	0.13	0.24	0.32	0.39	0.45	0.51	0.56	0.59
0.0	0.05	0.15	0.25	0.35	0.42	0.49	0.55	0.60	0.64
0.0	0.06	0.16	0.27	0.37	0.45	0.53	0.60	0.65	0.69
0.0	0.06	0.17	0.29	0.40	0.48	0.57	0.64	0.70	0.74
0.0	0.07	0.18	0.31	0.43	0.52	0.61	0.68	0.74	0.79
0.0	0.07	0.19	0.33	0.45	0.55	0.64	0.72	0.79	0.84
0.0	0.07	0.20	0.35	0.48	0.58	0.68	0.77	0.84	0.89
0.0	0.08	0.21	0.37	0.51	0.61	0.72	0.81	0.88	0.93
0.0	0.08	0.22	0.39	0.53	0.65	0.76	0.85	0.93	0.98
0.0	0.09	0.25	0.43	0.59	0.71	0.83	0.94	1.02	1.08
0.0	0.10	0.27	0.47	0.64	0.78	0.91	1.02	1.11	1.18
0.0	0.11	0.29	0.51	0.69	0.84	0.98	1.11	1.21	1.28
0.0	0.12	0.31	0.55	0.75	0.91	1.06	1.19	1.30	1.38
0.0	0.12	0.34	0.59	0.80	0.97	1.14	1.28	1.39	1.48
0.0	0.13	0.36	0.63	0.85	1.03	1.21	1.36	1.49	1.57
0.0	0.14	0.38	0.67	0.91	1.10	1.29	1.45	1.58	1.67
0.0	0.15	0.40	0.71	0.96	1.16	1.36	1.53	1.67	1.77
0.0	0.16	0.43	0.74	1.01	1.23	1.44	1.62	1.76	1.87
0.0	0.17	0.45	0.78	1.07	1.29	1.51	1.70	1.86	1.97
0.0	0.17	0.47	0.82	1.12	1.36	1.59	1.79	1.95	2.07
0.0	0.18	0.49	0.86	1.17	1.42	1.67	1.88	2.04	2.16
0.0	0.19	0.52	0.90	1.23	1.49	1.74	1.96	2.14	2.26
0.0	0.20	0.54	0.94	1.28	1.55	1.82	2.05	2.23	2.36
0.0	0.21	0.56	0.98	1.33	1.62	1.89	2.13	2.32	2.46
0.0	0.21	0.58	1.02	1.39	1.68	1.97	2.22	2.41	2.56
0.0	0.22	0.61	1.06	1.44	1.75	2.04	2.30	2.51	2.66
0.0	0.23	0.63	1.10	1.49	1.81	2.12	2.39	2.60	2.75
0.0	0.24	0.65	1.14	1.55	1.88	2.20	2.47	2.69	2.85
0.0	0.25	0.67	1.18	1.60	1.94	2.27	2.56	2.79	2.95
0.0	0.26	0.70	1.22	1.65	2.00	2.35	2.64	2.88	3.05
0.0	0.26	0.72	1.25	1.71	2.07	2.42	2.73	2.97	3.15
0.0	0.27	0.74	1.29	1.76	2.13	2.50	2.81	3.06	3.25
0.0	0.28	0.76	1.33	1.81	2.20	2.57	2.90	3.16	3.34
0.0	0.29	0.79	1.37	1.87	2.26	2.65	2.98	3.25	3.44
0.0	0.30	0.81	1.41	1.92	2.33	2.73	3.07	3.34	3.54
0.0	0.31	0.83	1.45	1.97	2.39	2.80	3.15	3.44	3.64
0.0	0.31	0.85	1.49	2.03	2.46	2.88	3.24	3.53	3.74

表 12　25N、25J 基本额定功率值 P_1

n_1/(r/min)	d_{e1}/mm												
	315	335	355	375	400	425	450	475	500	560	630	710	800
	P_1												
485	19.26	21.66	24.05	26.42	29.35	32.26	35.14	38.00	40.82	47.48	55.04	63.38	72.37
575	22.15	24.94	27.71	30.44	33.83	37.18	40.49	43.76	46.98	54.55	63.06	72.33	82.13
690	25.64	28.89	32.11	35.28	39.20	43.06	46.85	50.59	54.26	62.80	72.24	82.30	92.60
725	26.66	30.04	33.38	36.68	40.75	44.75	48.68	52.55	56.33	65.12	74.78	84.98	95.30
870	30.61	34.51	38.35	42.13	46.76	51.28	55.70	60.00	64.18	73.72	83.90	94.15	
950	32.62	30.79	40.87	44.87	49.76	54.52	59.15	63.63	67.96	77.72	87.89	97.75	
1 160	37.29	42.02	46.63	51.11	56.51	61.69	66.63	71.33	75.78	85.34	94.36		
1 425	41.78	47.00	51.99	56.76	62.38	67.60	72.41	76.79	80.71				
1 750	44.87	50.23	55.20	59.77	64.87	69.28							
10	0.62	0.68	0.75	0.81	0.89	0.97	1.05	1.13	1.21	1.40	1.62	1.86	2.14
20	1.16	1.28	1.41	1.53	1.68	1.84	1.99	2.14	2.29	2.66	3.08	3.55	4.08
30	1.67	1.85	2.03	2.21	2.44	2.66	2.89	3.11	3.33	3.86	4.48	5.18	5.95
40	2.16	2.40	2.64	2.88	3.17	3.47	3.76	4.05	4.34	5.04	5.84	6.75	7.77
50	2.64	2.94	3.23	3.52	3.89	4.25	4.61	4.97	5.33	6.19	7.18	8.30	9.56
60	3.11	3.46	3.81	4.15	4.59	5.02	5.44	5.87	6.30	7.31	8.49	9.82	11.31
70	3.57	3.97	4.37	4.78	5.27	5.77	6.27	6.76	7.25	8.42	9.78	11.32	13.04
80	4.02	4.48	4.93	5.39	5.95	6.51	7.08	7.63	8.19	9.52	11.06	12.80	14.74
90	4.46	4.97	5.48	5.99	6.62	7.25	7.87	8.50	9.12	10.60	12.32	14.26	16.43
100	4.90	5.46	6.02	6.58	7.28	7.97	8.66	9.35	10.04	11.67	13.57	15.71	18.10
110	5.33	5.95	6.56	7.17	7.93	8.69	9.45	10.20	10.95	12.73	14.80	17.14	19.75
120	5.76	6.43	7.09	7.75	8.58	9.40	10.22	11.03	11.85	13.78	16.02	18.56	21.39
130	6.18	6.90	7.62	8.33	9.22	10.10	10.99	11.86	12.74	14.82	17.24	19.97	23.01
140	6.60	7.37	8.14	8.90	9.85	10.80	11.75	12.69	13.62	15.86	18.44	21.36	24.61
150	7.01	7.83	8.65	9.47	10.48	11.49	12.50	13.50	14.50	16.88	19.63	22.74	26.21
160	7.42	8.29	9.16	10.03	11.11	12.18	13.25	14.31	15.37	17.90	20.82	24.12	27.79
170	7.82	8.75	9.67	10.58	11.72	12.86	13.99	15.11	16.24	18.91	21.99	25.48	29.35
180	8.22	9.20	10.17	11.14	12.34	13.54	14.73	15.91	17.09	19.91	23.16	26.83	30.91
190	8.62	9.65	10.67	11.68	12.95	14.21	15.46	16.70	17.94	20.90	24.31	28.17	32.45
200	9.02	10.09	11.16	12.23	13.55	14.87	16.18	17.49	18.79	21.89	25.46	29.50	33.98
250	10.95	12.27	13.58	14.89	16.52	18.14	19.75	21.35	22.94	26.73	31.09	36.01	41.45
300	12.82	14.38	15.93	17.48	19.40	21.30	23.20	25.09	26.96	31.42	36.53	42.28	48.62
350	14.63	16.42	18.21	19.98	22.19	24.38	26.56	28.72	30.86	35.96	41.79	48.32	55.48
400	16.38	18.41	20.42	22.42	24.91	27.37	29.82	32.24	34.65	40.35	46.86	54.12	62.03
450	18.09	20.34	22.58	24.80	27.55	30.28	32.98	35.66	38.32	44.60	51.74	59.66	68.24
500	19.75	22.22	24.67	27.10	30.12	33.10	36.06	38.98	41.88	48.70	56.43	64.94	74.08
550	21.36	24.05	26.71	29.35	32.61	35.84	39.03	42.19	45.31	52.64	60.90	69.94	79.55
600	22.93	25.82	28.69	31.53	35.03	38.50	41.92	45.29	48.62	56.42	65.16	74.64	84.61
650	24.46	27.55	30.61	33.64	37.38	41.07	44.70	48.28	51.81	60.03	69.19	79.03	89.23
700	25.93	29.22	32.47	35.69	39.65	43.55	47.38	51.15	54.86	63.47	72.98	83.08	93.40
750	27.37	30.84	34.28	37.67	41.84	45.94	49.96	53.91	57.78	66.72	76.51	86.79	97.07
800	28.75	32.41	36.02	39.58	43.95	48.23	52.43	56.54	60.55	69.78	79.79	90.13	100.24
850	30.09	33.92	37.70	41.41	45.97	50.43	54.79	59.03	63.17	72.64	82.78	93.08	
900	31.38	35.38	39.32	43.18	47.91	52.53	57.03	61.40	65.65	75.29	85.49	95.63	
950	32.62	36.79	40.87	44.87	49.76	54.52	59.15	63.63	67.96	77.72	87.89	97.75	
1 000	33.82	38.13	42.35	46.49	51.52	56.41	61.14	65.71	70.10	79.93	89.98	99.42	
1 050	34.96	39.41	43.77	48.02	53.19	58.19	63.01	67.64	72.08	81.89	91.73	100.63	
1 100	36.05	40.64	45.11	49.48	54.76	59.85	64.74	69.41	73.87	83.61	93.14		
1 150	37.09	41.80	46.39	50.85	56.23	61.40	66.33	71.03	75.48	85.08	94.19		
1 200	38.07	42.90	47.59	52.13	57.60	62.82	67.78	72.48	76.90	86.28	94.87		
1 250	39.00	43.93	48.71	53.32	58.86	64.11	69.09	73.76	78.11	87.20			
1 300	39.87	44.89	49.75	54.42	60.01	65.28	70.24	74.86	79.12	87.84			
1 350	40.68	45.79	50.71	55.43	61.04	66.31	71.23	75.77	79.92	88.19			
1 400	41.43	46.61	51.59	56.34	61.96	67.21	72.06	76.50	80.50				
1 450	42.12	47.36	52.38	57.15	62.76	67.96	72.72	77.03	80.86				
1 500	42.74	48.04	53.08	57.86	63.44	68.57	73.22	77.36	80.98				
1 550	43.30	48.64	53.70	58.46	63.99	69.03	73.53	77.48					
1 600	43.80	49.16	54.22	58.96	64.42	69.33	73.66	77.39					
1 650	44.23	49.60	54.64	59.34	64.71	69.47	73.61						
1 700	44.58	49.96	54.97	59.61	64.86	69.45	73.36						
1 750	44.87	50.23	55.20	59.77	64.87	69.26							
1 800	45.08	50.42	55.33	59.80	64.74	68.91							
1 850	45.22	50.52	55.35	59.71	64.46								
1 900	45.29	50.52	55.27	59.50	64.03								
1 950	45.28	50.44	55.08	59.16									
2 000	45.18	50.26	54.77	58.69									

和附加功率值 ΔP_1

kW

i									
1.00～1.01	1.02～1.05	1.06～1.11	1.12～1.18	1.19～1.26	1.27～1.38	1.39～1.57	1.58～1.94	1.95～3.38	3.39～以上
ΔP_1									
0.0	0.20	0.55	0.97	1.32	1.59	1.87	2.10	2.29	2.43
0.0	0.24	0.66	1.15	1.56	1.89	2.21	2.49	2.71	2.88
0.0	0.29	0.79	1.38	1.87	2.27	2.66	2.99	3.26	3.45
0.0	0.30	0.83	1.44	1.97	2.38	2.79	3.14	3.42	3.63
0.0	0.37	0.99	1.73	2.36	2.86	3.35	3.77	4.11	4.35
0.0	0.40	1.09	1.89	2.58	3.12	3.66	4.12	4.49	4.75
0.0	0.49	1.33	2.31	3.15	3.81	4.47	5.03	5.48	5.80
0.0	0.60	1.63	2.84	3.87	4.68	5.49	6.18	6.73	7.13
0.0	0.73	2.00	3.49	4.75	5.75	6.74	7.58	8.26	8.75
0.0	0.00	0.01	0.02	0.03	0.03	0.04	0.04	0.05	0.05
0.0	0.01	0.02	0.04	0.05	0.07	0.08	0.09	0.09	0.10
0.0	0.01	0.03	0.06	0.08	0.10	0.12	0.13	0.14	0.15
0.0	0.02	0.05	0.08	0.11	0.13	0.15	0.17	0.19	0.20
0.0	0.02	0.06	0.10	0.14	0.16	0.19	0.22	0.24	0.25
0.0	0.03	0.07	0.12	0.16	0.20	0.23	0.26	0.28	0.30
0.0	0.03	0.08	0.14	0.19	0.23	0.27	0.30	0.33	0.35
0.0	0.03	0.09	0.16	0.22	0.26	0.31	0.35	0.38	0.40
0.0	0.04	0.10	0.18	0.24	0.30	0.35	0.39	0.42	0.45
0.0	0.04	0.11	0.20	0.27	0.33	0.39	0.43	0.47	0.50
0.0	0.05	0.13	0.22	0.30	0.36	0.42	0.48	0.52	0.55
0.0	0.05	0.14	0.24	0.33	0.39	0.46	0.52	0.57	0.60
0.0	0.05	0.15	0.26	0.35	0.43	0.50	0.56	0.61	0.65
0.0	0.06	0.16	0.28	0.38	0.46	0.54	0.61	0.66	0.70
0.0	0.06	0.17	0.30	0.41	0.49	0.58	0.65	0.71	0.75
0.0	0.07	0.18	0.32	0.43	0.53	0.62	0.69	0.76	0.80
0.0	0.07	0.19	0.34	0.46	0.56	0.65	0.74	0.80	0.85
0.0	0.08	0.21	0.36	0.49	0.59	0.69	0.78	0.85	0.90
0.0	0.08	0.22	0.38	0.52	0.62	0.73	0.82	0.90	0.95
0.0	0.08	0.23	0.40	0.54	0.66	0.77	0.87	0.94	1.00
0.0	0.10	0.29	0.50	0.68	0.82	0.96	1.08	1.18	1.25
0.0	0.13	0.34	0.60	0.81	0.99	1.16	1.30	1.42	1.50
0.0	0.15	0.40	0.70	0.95	1.15	1.35	1.52	1.65	1.75
0.0	0.17	0.46	0.80	1.09	1.32	1.54	1.73	1.89	2.00
0.0	0.19	0.51	0.90	1.22	1.48	1.73	1.95	2.12	2.25
0.0	0.21	0.57	1.00	1.36	1.64	1.93	2.17	2.36	2.50
0.0	0.23	0.63	1.10	1.49	1.81	2.12	2.38	2.60	2.75
0.0	0.25	0.69	1.20	1.63	1.97	2.31	2.60	2.83	3.00
0.0	0.27	0.74	1.30	1.76	2.14	2.50	2.82	3.07	3.25
0.0	0.29	0.80	1.40	1.90	2.30	2.70	3.03	3.30	3.50
0.0	0.31	0.86	1.49	2.03	2.47	2.89	3.25	3.54	3.75
0.0	0.34	0.91	1.59	2.17	2.63	3.08	3.47	3.78	4.00
0.0	0.36	0.97	1.69	2.31	2.79	3.27	3.68	4.01	4.25
0.0	0.38	1.03	1.79	2.44	2.96	3.47	3.90	4.25	4.50
0.0	0.40	1.09	1.89	2.58	3.12	3.66	4.12	4.49	4.75
0.0	0.42	1.14	1.99	2.71	3.29	3.85	4.33	4.72	5.00
0.0	0.44	1.20	2.09	2.85	3.45	4.04	4.55	4.96	5.25
0.0	0.46	1.26	2.19	2.98	3.62	4.24	4.77	5.19	5.50
0.0	0.48	1.31	2.29	3.12	3.78	4.43	4.98	5.43	5.75
0.0	0.50	1.37	2.39	3.26	3.95	4.62	5.20	5.67	6.00
0.0	0.52	1.43	2.49	3.39	4.11	4.81	5.42	5.90	6.25
0.0	0.55	1.49	2.59	3.53	4.27	5.01	5.63	6.14	6.50
0.0	0.57	1.54	2.69	3.66	4.44	5.20	5.85	6.37	6.75
0.0	0.59	1.60	2.79	3.80	4.60	5.39	6.07	6.61	7.00
0.0	0.61	1.66	2.89	3.93	4.77	5.58	6.28	6.85	7.25
0.0	0.63	1.72	2.99	4.07	4.93	5.78	6.50	7.08	7.50
0.0	0.65	1.77	3.09	4.20	5.10	5.97	6.72	7.32	7.75
0.0	0.67	1.83	3.19	4.34	5.26	6.16	6.93	7.55	8.00
0.0	0.69	1.89	3.29	4.48	5.42	6.35	7.15	7.79	8.25
0.0	0.71	1.94	3.39	4.61	5.59	6.55	7.37	8.03	8.50
0.0	0.73	2.00	3.49	4.75	5.75	6.74	7.58	8.26	8.75
0.0	0.76	2.06	3.59	4.88	5.92	6.93	7.80	8.50	9.00
0.0	0.78	2.12	3.69	5.02	6.08	7.12	8.02	8.73	9.25
0.0	0.80	2.17	3.79	5.15	6.25	7.32	8.23	8.97	9.50
0.0	0.82	2.23	3.89	5.29	6.41	7.51	8.45	9.21	9.75
0.0	0.84	2.29	3.99	5.43	6.53	7.70	8.67	9.44	10.00

6 传动装置的安装与使用

6.1 初拉力的计算

初拉力可按下式计算：

$$F_0 = 0.9\left[500 \times \frac{(2.5 - K_\alpha)P_d}{K_\alpha \times Z \times v} + mv^2\right] \qquad \cdots\cdots(10)$$

式中：

F_0——单根带的初拉力，单位为牛(N)；

P_d——设计功率，单位为千瓦(kW)；

Z——单根 V 带根数；

v——带速，单位为米每秒(m/s)；

m——V 带单位长度质量(见表 13)，单位为千克每米(kg/m)；

K_α——包角修正系数，见表 9。

6.2 初拉力的测定

初拉力的测定，通常是在 V 带与两带轮切点的跨度中点处，施加一规定的垂直于带边的力 G(见图 5)，使跨度长每 100 mm 产生的挠度为 1.6 mm。

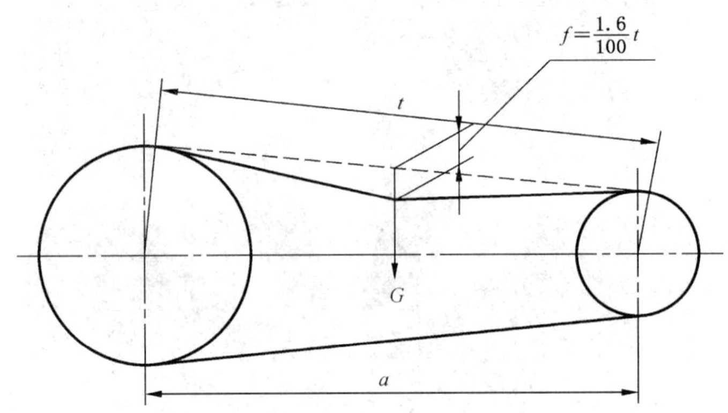

图 5 初拉力的测定

跨度长 t 用实测的方法，也可用计算的方法得到。

计算公式：

$$t = \sqrt{a^2 - \frac{(d_{e2} - d_{e1})^2}{4}} \qquad \cdots\cdots(11)$$

式中：

t——跨度长，单位为毫米(mm)；

a——两轮轴的中心距，单位为毫米(mm)；

d_{e2}——大带轮的有效直径，单位为毫米(mm)；

d_{e1}——小带轮的有效直径，单位为毫米(mm)。

测定初拉力所加的 G 值，应随 V 带的使用程度不同而改变，用式(12)～式(17)分别计算。

多根带的传动：

新安装的带：
$$G = \frac{1.5F_0 + \Delta F_0}{16} \qquad \cdots\cdots(12)$$

运转后的带：
$$G = \frac{1.3F_0 + \Delta F_0}{16} \qquad \cdots\cdots(13)$$

最小极限值：
$$G = \frac{F_0 + \Delta F_0}{16} \qquad \cdots\cdots(14)$$

单根带传动：

新安装的带：
$$G=\frac{1.5F_0+\frac{\Delta F_0\cdot t}{L_e}}{16} \quad \cdots\cdots(15)$$

运转后的带：
$$G=\frac{1.3F_0+\frac{\Delta F_0\cdot t}{L_e}}{16} \quad \cdots\cdots(16)$$

最小值：
$$G=\frac{F_0+\frac{\Delta F_0\cdot t}{L_e}}{16} \quad \cdots\cdots(17)$$

式中：

F_0——初拉力，单位为牛顿(N)；

t——两带轮切点间的跨度，单位为毫米(mm)；

ΔF_0——初拉力增量，见表13，单位为牛顿(N)；

L_e——V带有效长度，单位为毫米(mm)。

表13　窄V带的单位长度质量 m 与 ΔF_0 值

带　　型	m/(kg/m)	ΔF_0/N
9N	0.08	20
15N	0.20	40
25N	0.57	100
9J	0.122	20
15J	0.252	40
25J	0.693	100

对于联组窄V带，通常是在最小组合数的联组带上进行测定，测定方法同上，只是所需总的 G 值应等于单根窄V带所需 G 值乘以联组数。

6.3　安装前的准备

a)　安装前应检查带是否配组，不配组的带不得同组安装。新旧带不能同组混装使用。

b)　在联组带安装前必须检查轮槽的尺寸和间距，对超过规定公差值的带轮应更换。

6.4　安装

套装带时不得强行撬入，应在GB/T 15531规定的中心距调整极限值范围内将中心距离缩小，待V带进入轮槽后再进行张紧。张紧时应在传动装置同一边上试一下每根带的松紧程度，如不均匀可空转几圈使其均匀后再张紧到规定的位置。

6.5　中心距的调整和初拉力的检查

中心距的调整(见图6)应按GB/T 15531规定的中心距调整极限值范围内进行，调整中同时检查带的初拉力值，检查方法见图5。其测试力 G 值可按式(12)～式(17)计算。

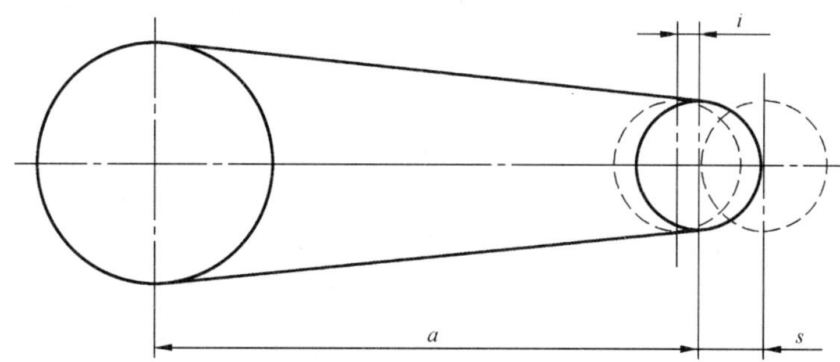

注1：安装时所需最小中心距：$a_{min}=a-i$；张紧V带或补偿V带伸长所需最大中心距：$a_{max}=a+s$。

注2：i 为中心距减小极限值，s 为中心距增大极限值。对于单根V带，$i=2b_e+0.009L_e$；$s=0.02L_e$。

图6　中心距的调整

6.6 带轮相对位置

传动装置中，各带轮轴线应相互平行，各带轮相对应的 V 型槽的对称平面应重合，其误差不得超过 20′(见图 7)。

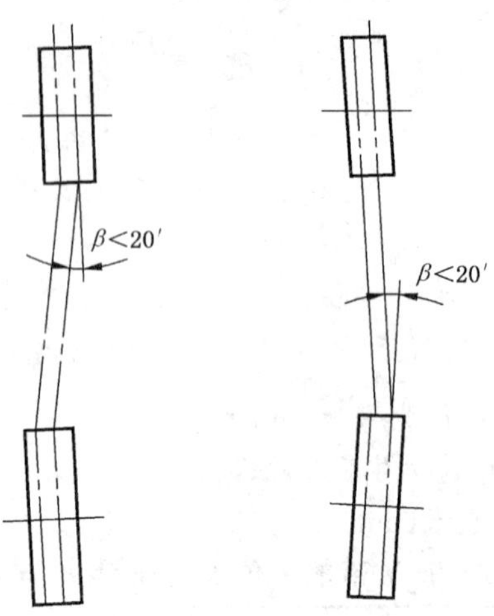

图 7 带轮安装位置

6.7 使用与维护

a) 对安装完的新带，在运转 24 h 或 48 h 后应按 6.2 和 6.5 有关规定进行检查和调整。

b) 带传动装置应加防护罩，并应能保证通风和排污。

附　录　A
（规范性附录）
联组普通 V 带轮（有效宽度制）

A.1　轮槽截面尺寸

A.1.1　轮槽截面尺寸见图 A.1、图 A.2 和表 A.1。

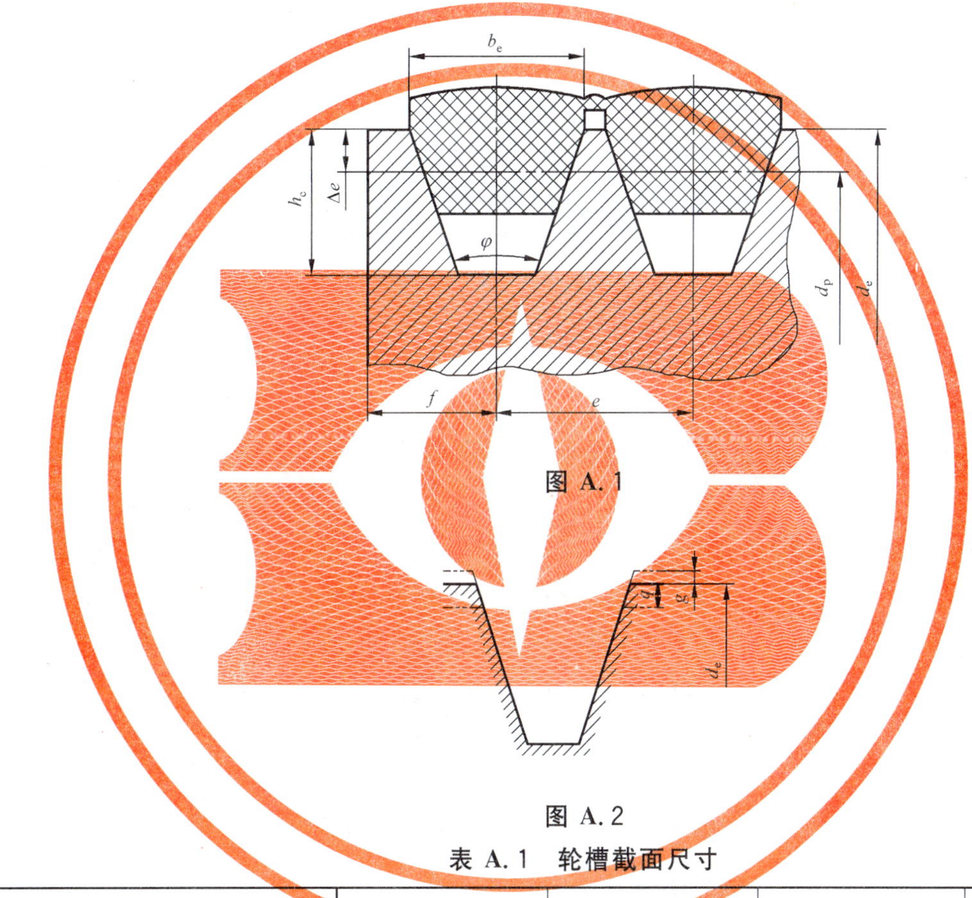

图 A.1

图 A.2

表 A.1　轮槽截面尺寸

单位为毫米

槽　　型	AJ	BJ	CJ	DJ
有效宽度 b_e	13	16.5	22.5	32.8
槽顶最大增量 g	0.2	0.25	0.3	0.3
槽顶弧最大深度 q	0.35	0.40	0.45	0.55
有效线差 Δe	1.5	2.0	3.0	4.5
槽深 h_e	12	14	19	26
槽间距 e	15.88±0.3	19.05±0.4	25.40±0.5	36.53±0.6
e 值累积公差 $\sum\Delta e$	±0.6	±0.8	±1.0	±1.2
轮槽与端面距离 f_{min}	9	11.5	16	23

注 1：槽间距 e 的公差适用于两相邻槽截面中心线距离。

注 2：带轮各实际槽距对公称值 e 的误差总和不得超过表中规定的 e 值累积公差。

注 3：f 值的公差应与带轮的找正一起考虑。

A.1.2 轮槽槽角见表 A.2。

表 A.2 单位为毫米

槽型	槽角 φ		
	34°	36°	38°
	有效直径 d_e		
AJ	$d_e \leqslant 125$		$d_e > 125$
BJ	$d_e \leqslant 195$		$d_e > 195$
CJ	$d_e \leqslant 325$		$d_e > 325$
DJ		$d_e \leqslant 490$	$d_e > 490$

A.2 最小有效直径

最小有效直径 d_{emin} 见表 A.3。

表 A.3 最小有效直径 单位为毫米

槽型	d_{emin}
AJ	80
BJ	132
CJ	212
DJ	375

A.3 轮槽检验

A.3.1 槽截面形状的检验

应按 GB/T 11356.2—1997 中 3.2.3 规定的极限量规和检验方法进行检验。

A.3.2 轮槽间距的检验

按 GB/T 11356.2—1997 第 4 章规定的方法，用带有测量球或量棒的装置进行检验。测量球或量棒尺寸按表 A.4 规定。

A.3.3 有效直径的检验

按 GB/T 11356.2—1997 第 5 章规定的方法，用表 A.4 中规定的测量球或量棒进行检验。

A.3.4 圆跳动公差

按 GB/T 11356.2—1997 第 6 章规定的方法进行检验。轮槽工作表面的径向和斜向圆跳动公差应符合表 A.5 的规定。

表 A.4 测量球或量棒尺寸 单位为毫米

槽型	槽角 φ	测量球或量棒直径 d_B		修正项
		基本尺寸	极限偏差	2x
AJ	34°和 38°	11.6	$^{0}_{-0.043}$	9
BJ	34° 38°	14.7	$^{0}_{-0.043}$	11 12
CJ	34° 38°	20	$^{0}_{-0.052}$	15 16
DJ	36° 38°	28.5	$^{0}_{-0.052}$	20 21

表 A.5　轮槽工作表面的径向和斜向圆跳动公差

单位为毫米

d_e	径向圆跳动	斜向圆跳动
$d_e \leqslant 125$	0.2	0.3
$125 < d_e \leqslant 315$	0.3	0.4
$315 < d_e \leqslant 710$	0.4	0.6
$710 < d_e \leqslant 1\ 000$	0.6	0.8
$1\ 000 < d_e \leqslant 1\ 250$	0.8	1.0
$1\ 250 < d_e \leqslant 1\ 600$	1.0	1.2
$1\ 600 < d_e \leqslant 2\ 500$	1.2	1.2

ICS 21.220.10
J 18

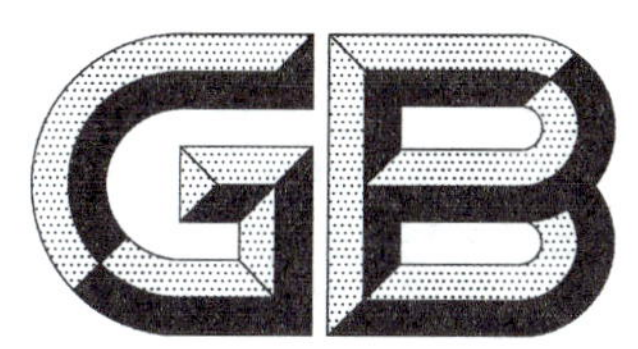

中华人民共和国国家标准

GB/T 15531—2008
代替 GB/T 15531—1995

带传动　带轮
中心距调整极限值

Belt drives—Pulleys—
Limiting values for adjustment of centres

(ISO 155:1998,MOD)

2008-08-25 发布　　2009-03-01 实施

中华人民共和国国家质量监督检验检疫总局
中国国家标准化管理委员会　发布

前言

本标准修改采用ISO 155:1998《带传动 带轮 中心距调整极限值》(英文版)。

与ISO 155:1998相比,主要差异如下:

——在符号章节增加“i-中心距减小极限值,mm”和“s-中心距增大极限值,mm”,代替原来的文字叙述;

——符号与我国标准不一致的修改成与我国标准中的符号一致;

——参考文献中增加带传动术语标准系列。

本标准代替GB/T 15531—1995《带传动 带轮 中心距调整极限值》,与GB/T 15531—1995相比,主要修改如下:

——按照GB/T 1.1要求的标准格式,对标准结构进行了编排;

——删减了术语条款;

——在符号章节删减了“$a-\delta$——中心距下极限值”和“$a+\Delta$——中心距上极限值”;

——增加说明“参数i和s的值是各种组成部分的累积,应圆整到毫米。”;

——增加了多楔带轮中心距调整极限值的确定,相应增加表5和其他表内容。

本标准由中国机械工业联合会提出。

本标准由全国带轮与带标准化技术委员会(SAC/TC 428)归口。

本标准起草单位:中机生产力促进中心、长春大学。

本标准主要起草人:秦书安、李占国、黄刚。

本标准由中机生产力促进中心负责解释。

本标准所代替标准的历次版本发布情况为:

——GB/T 15531—1995。

带传动 带轮
中心距调整极限值

1 范围

本标准规定了两传动带轮中心距的调整极限值。

本标准适用于下列两传动带轮中心距调整极限值的确定：

a) 凸面平带轮；

b) 单根 V 带带轮、多根 V 带带轮、联组 V 带带轮；

c) 多楔带轮；

d) 梯形齿同步带轮。

2 规范性引用文件

下列文件中的条款通过本标准的引用而成为本标准的条款。凡是注日期的引用文件，其随后所有的修改单(不包括勘误的内容)或修订版均不适用于本标准，然而，鼓励根据本标准达成协议的各方研究是否可使用这些文件的最新版本。凡是不注日期的引用文件，其最新版本适用于本标准。

GB/T 11361 同步带传动 梯形齿带轮(GB/T 11361—2008，ISO 5294:1989，MOD)

3 符号

a——公称中心距

i——中心距减小极限值，mm

s——中心距增大极限值，mm

L——带长

d——平带小带轮直径

D——平带大带轮直径

δ_1——平带小带轮直径极限偏差

δ_2——平带大带轮直径极限偏差

b_d——V 带轮轮槽的基准宽度

b_e——V 带轮轮槽的有效宽度

e——多楔带轮槽间距

P_b——同步带轮节距

4 中心距调整极限值

4.1 中心距调整极限值

中心距调整极限值根据参数 i 和 s 确定，见图 1。

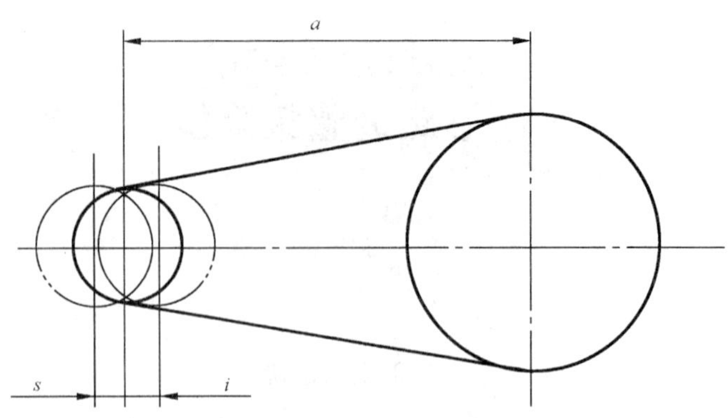

图 1　中心距调整极限值

最小中心距为：$a_{min}=a-i$；

最大中心距为：$a_{max}=a+s$。

4.2　参数 *i* 和 *s*

参数 i 和 s 的值由如下公式确定：

$i=i_1+i_2$，mm

$s=s_1+s_2+s_3+s_4$，mm

i_1 和 s_1：与带轮尺寸有关，见表 1，其中同步带 i_1 的值见表 6。

i_2 和 s_2：与带长公差有关，见表 1。

s_3：与带轮中凸面有关，见表 1。

s_4：与带的弹性有关，见表 1，其中平带和多楔带 s_4 的值见表 7。

参数 i 和 s 的值是各种组成部分的累积，应圆整到毫米。

参数 i_1、i_2 确定了将带安装在带轮上所需的中心距调整量。s_1、s_2、s_3 确定了带安装后并施加所需工作张力的中心距调整量。参数 s_4 确定了带在使用伸长和磨损后仍能保持正常工作所需要的中心距调整量。

表 1　参数 *i* 和 *s*

单位为毫米

参数	带的种类					中心距变化
	平带	普通和窄 V 带		多楔带	同步带	
		单根	联组			
i_1	$2(\delta_1+\delta_2)$	$2b_d/2\ b_e$	$5.1b_e$	$5.1e$	（见表 6）	减小
i_2	$0.01\ L$	$0.009\ L$		$0.009\ L$	0	
s_1	$1.5(\delta_1+\delta_2)$	0	0	0	0	增大
s_2	$0.01\ L$	$0.009\ L$		$0.009\ L$	0	
s_3	$0.003(d+D)$	0		0	0	
s_4	（见表 7）	$0.011\ L$		（见表 7）	$0.005\ L$	

注 1：δ_1、δ_2 和 d、D 值见表 2。

注 2：b_d、b_e 值见表 3 和表 4。

注 3：e 值见表 5。

注 4：L 值对基准宽度制的 V 带为基准长度 L_d；对有效宽度制的 V 带为有效长度 L_e；对多楔带为有效长度 L_e；对同步带为节线长度 L_p；对平带为内周长度 L_i。

表 2　平带轮直径极限偏差　　单位为毫米

带轮直径 d、D	极限偏差 δ_1、δ_2	带轮直径 d、D	极限偏差 δ_1、δ_2
40	±0.5	224 和 250	±2.5
45 和 50	±0.6	280～355	±3.2
56 和 63	±0.8	400～500	±4.0
71 和 80	±1.0	560～710	±5.0
90～112	±1.2	800～1 000	±6.3
125 和 140	±1.6	1 120～1 400	±8.0
160～200	±2.0	1 600～2 000	±10.0

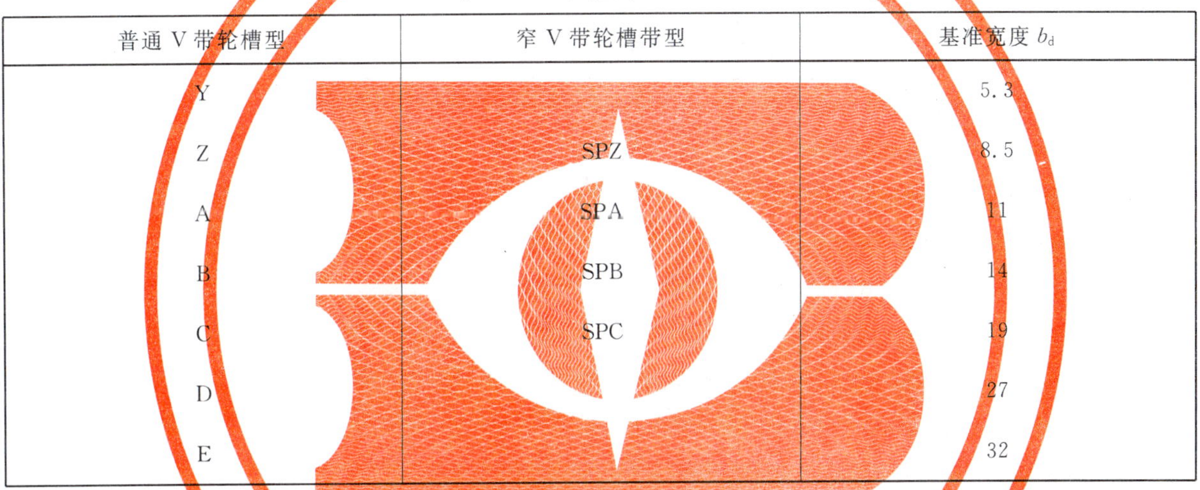

表 3　V 带轮的基准宽度　　单位为毫米

普通 V 带轮槽型	窄 V 带轮槽带型	基准宽度 b_d
Y		5.3
Z	SPZ	8.5
A	SPA	11
B	SPB	14
C	SPC	19
D		27
E		32

表 4　联组 V 带轮有效宽度　　单位为毫米

普通 V 带轮槽型	有效宽度 b_e	窄 V 带轮槽型	有效宽度 b_e
AJ	13.0	9N/9J	8.9
BJ	16.5	15N/15J	15.2
CJ	22.4	25N/25J	25.4
DJ	32.8		

表 5　多楔带轮槽间距　　单位为毫米

槽型	槽间距 e
PH	1.6
PJ	2.34
PK	3.56
PL	4.7
PM	9.4

表 6　梯形齿同步带轮的 i_1 值

单位为毫米

带型	P_b	i_1		
		在大带轮上或在两个带轮上有挡边	仅在小带轮上有挡边	无挡边
MXL	2.032	2.5 P_b	1.3 P_b	0.9 P_b
XXL	3.175	2.5 P_b		
XL	5.080	1.8 P_b		
L	9.525	1.5 P_b		
H	12.700	1.5 P_b		
XH	22.225	2 P_b		
XXH	31.750	2 P_b		
注：表中的值仅适用于挡边高度符合 GB/T 11361 的情况。如挡边高度超过 GB/T 11361 的规定时，则需将表中规定值适当增大。				

表 7　不同强力层材料的 s_4 值

带强力层材料	s_4
低弹性模量材料，如锦纶或类似材料	0.016 L
中弹性模量材料，如聚酯或类似材料	0.011 L
高弹性模量材料，如芳纶、玻纤、金属丝等	0.005 L

参 考 文 献

[1] GB/T 6931.1 带传动术语 第1部分:带传动基本术语

[2] GB/T 6931.2 带传动术语 第2部分:V带和多楔带传动术语

[3] GB/T 6931.3 带传动术语 第3部分:同步带传动术语

[4] GB/T 10412—2002 普通和窄V带轮(基准宽度制)(ISO 4183:1995,MOD)

[5] GB/T 10413—2002 窄V带轮(有效宽度制)(ISO 5290:2001,MOD)

[6] GB/T 11358—1999 带传动 平带和带轮 尺寸和公差(eqv ISO 22:1991)

[7] GB/T 11544—1997 普通V带和窄V带尺寸(neq ISO 4184:1992)

[8] GB/T 11616—1989 同步带尺寸(eqv ISO 5296:1982)

[9] GB/T 16588—1996 工业用多楔带及带轮尺寸 (PH,PJ,PK,PL和PM型)(eqv ISO 9982:1991)

[10] GB/T 17197—1997 带传动 联组普通V带轮(有效宽度制)(eqv ISO 5291:1993)

[11] ISO 5296—2:1989 同步带传动 带 第2部分:节距代码MXL和XXL——公制尺寸

[12] ISO 8419:1994 带传动 窄V带 有效长度系列

链 传 动

ICS 21.220.30
J 18

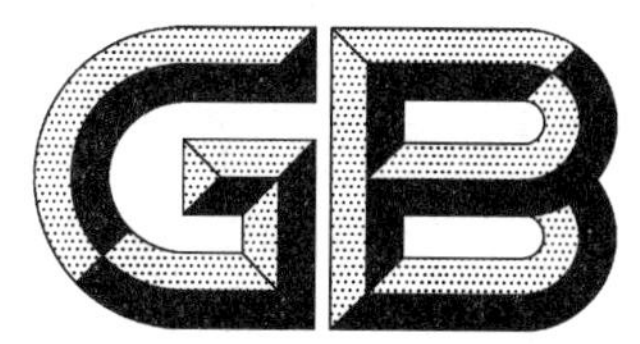

中华人民共和国国家标准

GB/T 1243—2006/ISO 606:2004
代替 GB/T 1243—1997
GB/T 6076—2003

传动用短节距精密滚子链、套筒链、附件和链轮

Short-pitch transmission precision roller and bush chains, attachments and associated chain sprockets

(ISO 606:2004,IDT)

2006-12-25 发布　　2007-05-01 实施

中华人民共和国国家质量监督检验检疫总局
中国国家标准化管理委员会　发布

前　言

本标准等同采用国际标准 ISO 606:2004《传动用短节距精密滚子链、套筒链、附件和链轮》(英文版)。

本标准是对 GB/T 1243—1997《短节距传动用精密滚子链和链轮》的修订,并将 GB/T 6076—2003《传动用短节距精密套筒链》和 JB/T 3876—1999《传动用短节距精密滚子链　加重系列》整合并入本标准。

本标准与 GB/T 1243—1997 相比主要技术内容变化如下:

——预拉载荷为最小抗拉强度的 30%,原标准规定的预拉载荷为最小抗拉强度的三分之一;

——增加了对动载试验的规定(见 3.4.5 和表 1、表 2);

——表 1 中增加了 04C 和 06C 两种规格,并增加了对动载强度值的规定;

——增加了表 2 ANSI 重载系列链条内容,由于 ANSI 重载系列链条的链号没有与之相对应的我国标准链号,所以本标准采用了 ANSI 链号系统;

——表 3 中增加了对 06C 和 40A 两种规格的 K 型附板尺寸的规定;

——增加了表 4 对 M 型附板尺寸的规定;

——增加了表 5 对加长销轴尺寸的规定;

——在链轮部分增加了对四排以上链轮齿宽尺寸的规定,以及计算 04C 和 06C 链条最大齿侧凸缘直径的公式;

——增加了附录 B 等同链号对照表[GB(ISO)链号与 ANSI 链号的对照表];

——增加了附录 C 链条最小动载强度的计算方法;

——增加了附录 D 链条最大动载试验载荷 F_{max} 的计算方法;

——增加了参考文献。

本标准的附录 A 为规范性附录,附录 B、附录 C 和附录 D 均为资料性附录。

本标准由中国机械工业联合会提出。

本标准由全国链传动标准化技术委员会(SAC/TC 164)归口。

本标准负责起草单位:吉林大学(原吉林工业大学)、杭州东华链条集团有限公司、浙江恒久机械集团有限公司、江苏双菱链传动有限公司、杭州西林链条制造有限公司。

本标准参加起草单位:常州市链轮厂、桂盟链条(深圳)有限公司、青岛征和工业有限公司。

本标准主要起草人:孟祥宾、叶斌、寿峰、曹苏建、马锦华。

本标准参加起草人:陈小兴、陈新强、金玉谟。

本标准所代替标准的历次版本发布情况为:

——GB 1243—1976、GB 1243.1—1983、GB 1243.2—1983、GB/T 1243—1997;

——GB 1244—1976、GB 1244—1985;

——GB/T 6076—1985、GB/T 6076—2003。

ISO 引言

这份经修订后的国际标准规定了在世界上大多数国家使用的链条的规格尺寸，统一了在各国标准中不尽相同的尺寸、强度和其他数据。删除了不被广泛使用的规格系列。

标准的应用领域范围包括了已制定有标准的链条。链条的节距规格从 6.35 mm 到 114.3 mm，它包括了两种系列，一种系列是源自 ANSI 标准的链条(用后缀 A 标记)，另一系列源自欧洲(用后缀 B 标记)，这两种系列的链条相互补充，覆盖了最广泛的应用领域。

ANSI 链条的链号(25,35,40,50 等)在世界范围被广泛使用，附录 B 中给出了 ISO 和 ANSI 链号的对照表。

本标准中也包括了 ANSI 重载系列链条(后缀 H 标记)。ANSI 重载系列链条在链板厚度上不同于 ANSI 标准系列链条。由于 ANSI 链号系统的重载链条没有 ISO 链号与之对应，所以本标准采用了 ANSI 链号系统。

条款 4 对用于符合本标准的传动用滚子链和套筒链的 K 型附件、M 型附件和加长销轴附件作了详细规定。

条款 5 代表了世界所有相关国家对链轮的统一要求，特别是涉及齿形的完整公差要求。

标准中所规定的链条尺寸是为保证任何同一规格链条的完全互换性，以及单个链节的互换性。

本标准也包括了传动用短节距套筒链，而该种链条以前在 ISO 1395 中规定。

传动用短节距精密滚子链、套筒链、附件和链轮

1 范围

本标准规定了适合于机械传动和类似应用的短节距精密滚子链和套筒链以及链轮的技术要求，包括尺寸、公差、长度测量、预拉、最小抗拉强度和最小动载强度。

尽管第5章可应用于自行车和摩托车的链轮，但本标准不适用于自行车和摩托车的链条，自行车和摩托车链条标准分别规定于GB/T 3579和GB/T 14212。

2 规范性引用文件

下列文件中的条款通过本标准的引用而成为本标准的条款。凡是注日期的引用文件，其随后所有的修改单(不包括勘误的内容)或修订版均不适用于本标准，然而，鼓励根据本标准达成协议的各方研究是否可使用这些文件的最新版本。凡是不注日期的引用文件，其最新版本适用于本标准。

GB/T 1800.4 极限与配合 标准公差等级和孔、轴的极限偏差表(GB/T 1800.4—1999, eqv ISO 286-2:1988)

GB/T 1801 极限与配合 公差带和配合的选择(GB/T 1801—1999, eqv ISO 1829:1975)

GB/T 3579—2006 自行车链条 技术条件和试验方法(ISO 9633:2001, IDT)

GB/T 14212—2003 摩托车链条 技术条件和试验方法(ISO 10190:1992, IDT)

GB/T 18150—2006 滚子链传动选择指导(ISO 10823:2004, IDT)

GB/T 20736—2006 传动用精密滚子链疲劳试验方法(ISO 15654:2004, IDT)

3 链条

3.1 链条及其零部件术语

链条及其零部件术语见图1和图2，图示并不定义链板的实际形状。

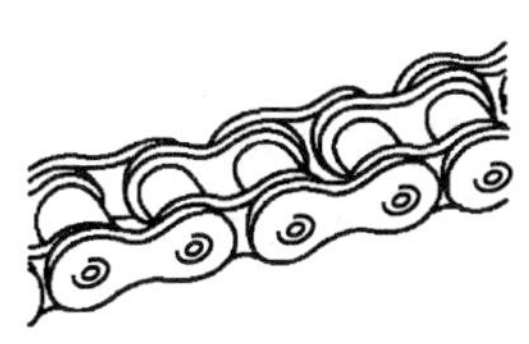

a) 单排链

b) 双排链

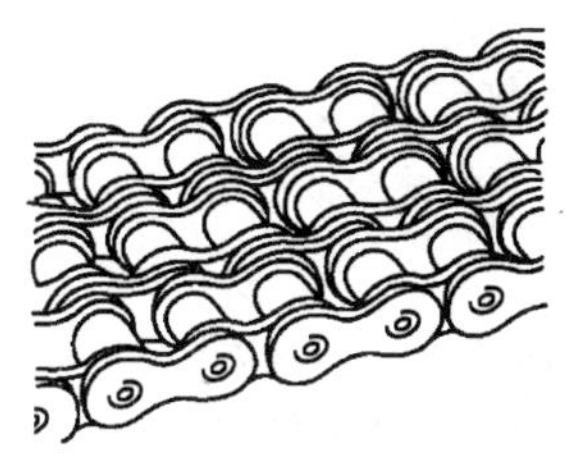

c) 三排链

图1 滚子链型式

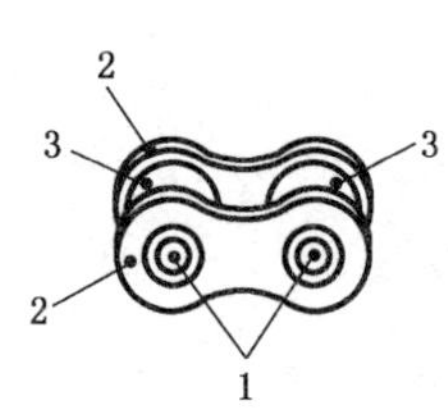

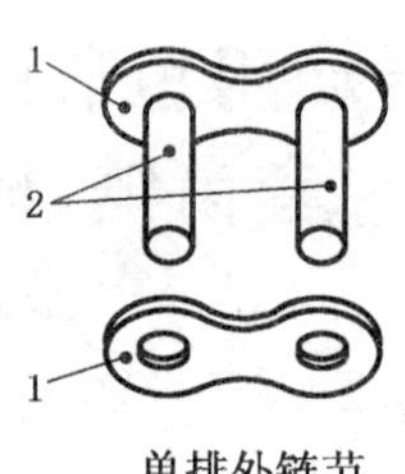

单排外链节

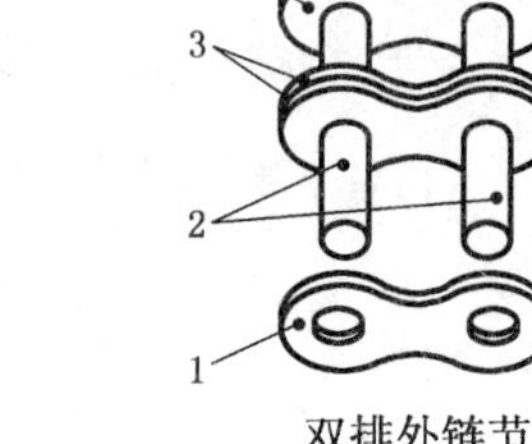

双排外链节

1——套筒；
2——内链板；
3——滚子。

a) 内链节

1——外链板；
2——销轴；
3——中链板。

b) 铆头外链节

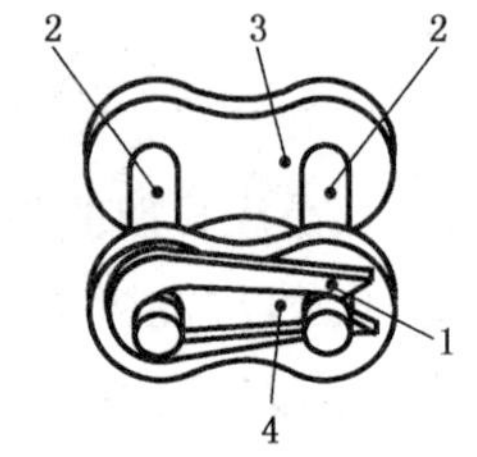

带弹性锁片的连接链节

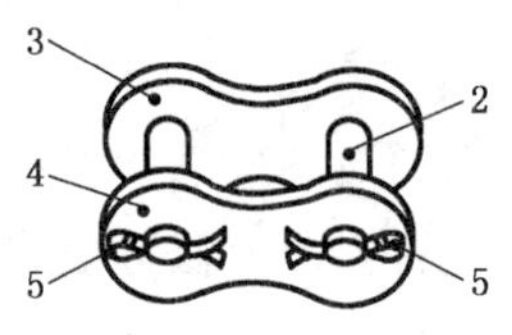

带开口销的连接链节

1——弹性锁片；
2——连接销轴；
3——外链板；
4——可拆装链板；
5——开口销。

c) 可拆装连接链节

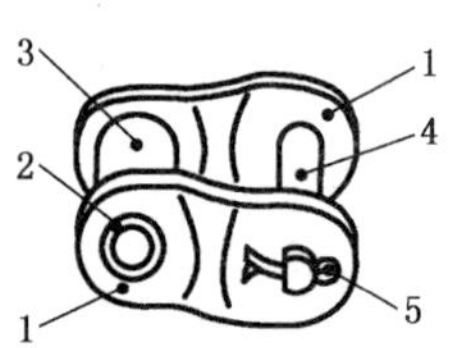

单节过渡链节

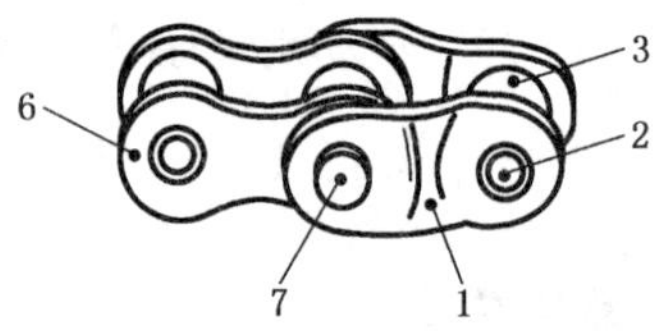

复合过渡链节

1——过渡链板；
2——套筒；
3——滚子；
4——可拆式销轴；
5——开口销；
6——内链板；
7——铆头销轴。

d) 过渡链节

注1:链板尺寸的规定见表1和表2。

注2:锁紧件可以设计成各种形式,图示仅为示例。

图2 链节型式

3.2 标示

链条使用表1和表2中的标准链号来标示。表1中的链号后加一连线和后缀,其中后缀1表示为单排链,2为双排链,3为三排链。例如:16B-1,16B-2,16B-3等。链条081,083,084和085不遵循这一规则,因为这些链条通常仅以单排形式使用。

在表2中的链条是ANSI重载系列链条,它们也用链号后加一连线和后缀的形式表示,其中后缀1表示为单排链,2为双排链,3为三排链。例如:80H-1,80H-2,80H-3等。

3.3 尺寸

链条尺寸应符合图 3 和表 1 及表 2 的规定。规定的最大和最小尺寸是保证由不同链条厂家生产的链条的链节具有互换性，它们代表了互换性的极限，而不是制造链条时的公差。

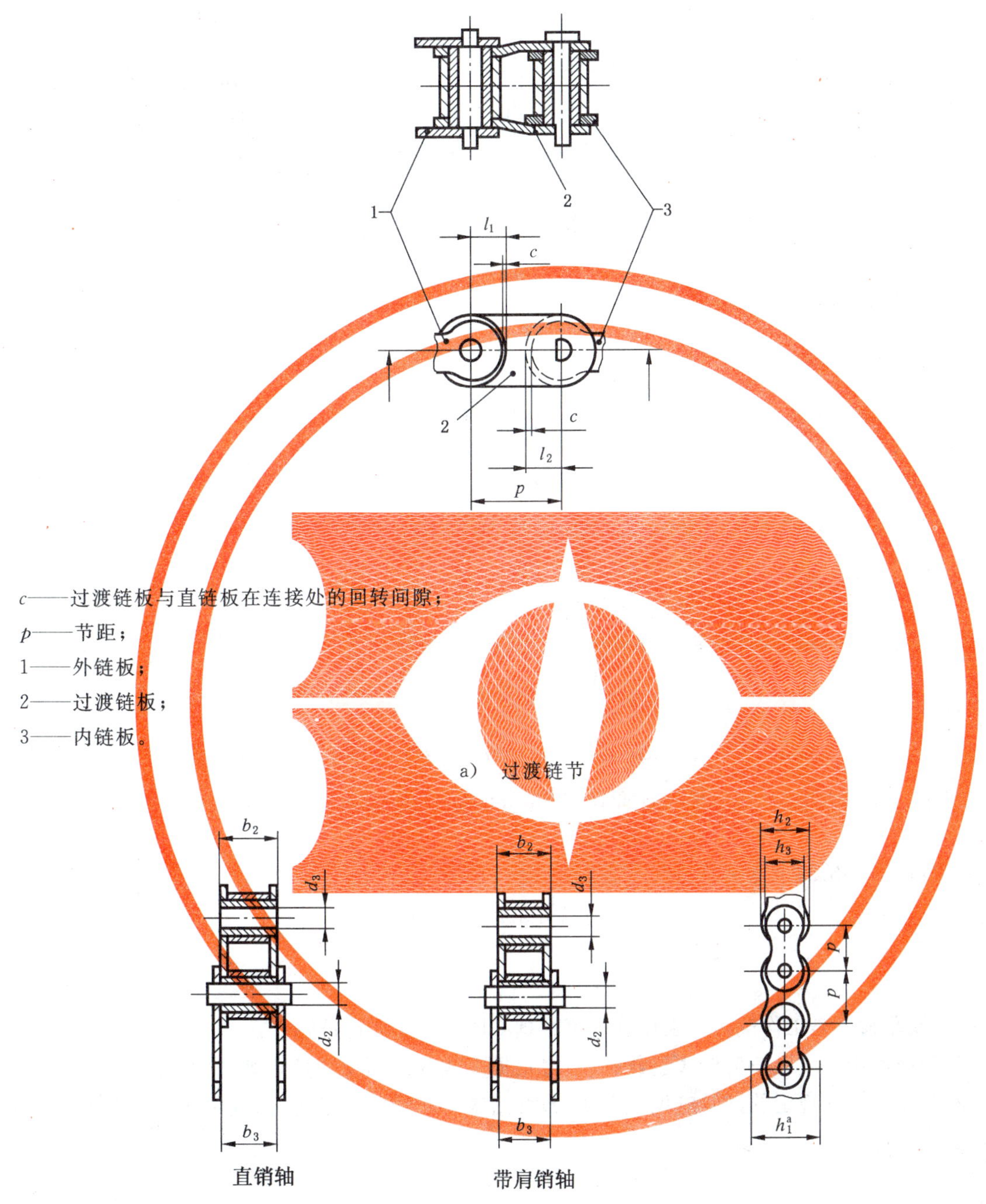

c——过渡链板与直链板在连接处的回转间隙；

p——节距；

1——外链板；

2——过渡链板；

3——内链板。

a) 过渡链节

[a] 链条通道高度 h_1 是考虑过渡链板与直链板在连接处的回转间隙。

b) 链条剖面图

图 3 链条尺寸代号

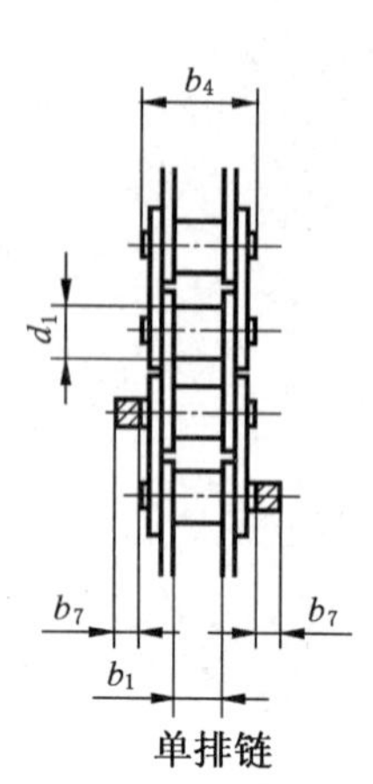

单排链

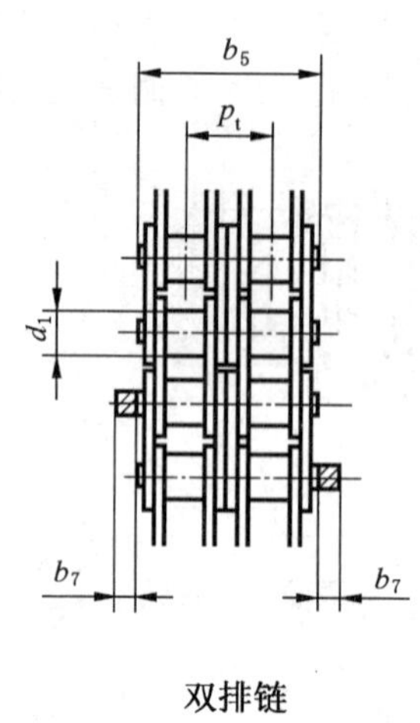

双排链

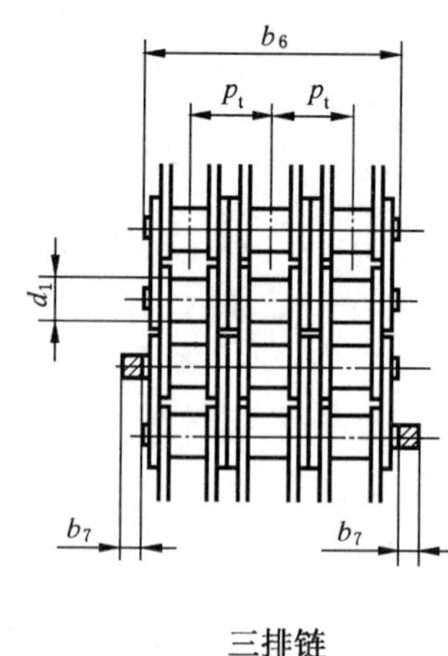

三排链

c) 链条型式

注:图中符号的定义和尺寸见表1。

图3(续)

带止锁件的单排、双排或三排链条的全宽由下列公式确定:

a) 对于铆头的链条,如果止锁件仅在一侧时:

$$(b_4+b_7)\text{或}(b_5+b_7)\text{或}(b_6+b_7)$$

b) 对于铆头的链条,如果止锁件在两侧时:

$$(b_4+2b_7)\text{或}(b_5+2b_7)\text{或}(b_6+2b_7)$$

c) 对于销轴露头的链条,如果止锁件仅在一侧时:

$$(b_4+1.6b_7)\text{或}(b_5+1.6b_7)\text{或}(b_6+1.6b_7)$$

d) 对于销轴露头的链条,如果止锁件在两侧时:

$$(b_4+3.2b_7)\text{或}(b_5+3.2b_7)\text{或}(b_6+3.2b_7)$$

对于三排以上链条的全宽由下列公式确定:

$$b_4+p_t(\text{链条排数}-1)$$

3.4 性能要求

3.4.1 概述

提示:试验载荷不是工作载荷。工作载荷可根据GB/T 18150标准选择。

假如链条被使用过或以任何形式超载过(不含根据3.4.3的预拉处理),则试验结果无效。

从3.4.2至3.4.5规定的试验应仅对未使用过的、未损坏的链条进行,以确定链条是否满足表1或表2中规定的最低要求。

3.4.2 拉力试验

3.4.2.1 最小抗拉强度是指当拉力被施加到试样上直至试样被破坏时必须达到的最低强度值,试验步骤按3.4.2.2。

注:最小抗拉强度值不是链条的工作载荷,它主要用于比较不同结构链条的数据。

3.4.2.2 拉力应缓慢地施加到至少包含有5个自由链节的链段的两端,用允许在链条铰链的法平面以及链条中心线的两侧自由运动的夹头联接。

链条破坏被认为是发生在当链条伸长增加而不再伴随着载荷增加的第一点上,即“载荷-变形”图的顶点。在此点的拉力值必须超过或等于表1或表2中规定的最小抗拉强度值。

若破坏发生在与夹头联接处时,则认为该试验无效。

表 1 链条主要尺寸、测量力、抗拉强度及动载强度

链号[a]	节距	滚子直径	内节内宽	销轴直径	套筒孔径	链条通道高度	内链板高度	外或中链板高度	过渡链节尺寸[b]			排距	内节外宽	外节内宽	销轴长度			止锁件附加宽度[c]	测量力			抗拉强度 F_u			动载强度[d,e,f]
															单排	双排	三排		单排	双排	三排	单排	双排	三排	单排
	p nom	d_1 max	b_1 min	d_2 max	d_3 min	h_1 min	h_2 max	h_3 max	l_1 min	l_2 min	c	p_t	b_2 max	b_3 min	b_4 max	b_5 max	b_6 max	b_7 max				min	min	min	F_d min
	mm																		N			kN			N
04C	6.35	3.30[g]	3.10	2.31	2.34	6.27	6.02	5.21	2.65	3.08	0.10	6.40	4.80	4.85	9.1	15.5	21.8	2.5	50	100	150	3.5	7.0	10.5	630
06C	9.525	5.08[g]	4.68	3.60	3.62	9.30	9.05	7.81	3.97	4.60	0.10	10.13	7.46	7.52	13.2	23.4	33.5	3.3	70	140	210	7.9	15.8	23.7	1 410
05B	8.00	5.00	3.00	2.31	2.36	7.37	7.11	7.11	3.71	3.71	0.08	5.64	4.77	4.90	8.6	14.3	19.9	3.1	50	100	150	4.4	7.8	11.1	820
06B	9.525	6.35	5.72	3.28	3.33	8.52	8.26	8.26	4.32	4.32	0.08	10.24	8.53	8.66	13.5	23.8	34.0	3.3	70	140	210	8.9	16.9	24.9	1 290
08A	12.70	7.92	7.85	3.98	4.00	12.33	12.07	10.42	5.29	6.10	0.08	14.38	11.17	11.23	17.8	32.3	46.7	3.9	120	250	370	13.9	27.8	41.7	2 480
08B	12.70	8.51	7.75	4.45	4.50	12.07	11.81	10.92	5.66	6.12	0.08	13.92	11.30	11.43	17.0	31.0	44.9	3.9	120	250	370	17.8	31.1	44.5	2 480
081	12.70	7.75	3.30	3.66	3.71	10.17	9.91	9.91	5.36	5.36	0.08	—	5.80	5.93	10.2	—	—	1.5	125	—	—	8.0	—	—	
083	12.70	7.75	4.88	4.09	4.14	10.56	10.30	10.30	5.36	5.36	0.08	—	7.90	8.03	12.9	—	—	1.5	125	—	—	11.6	—	—	
084	12.70	7.75	4.88	4.09	4.14	11.41	11.15	11.15	5.77	5.77	0.08	—	8.80	8.93	14.8	—	—	1.5	125	—	—	15.6	—	—	
085	12.70	7.77	6.25	3.60	3.62	10.17	9.91	8.51	4.35	5.03	0.08	—	9.06	9.12	14.0	—	—	2.0	80	—	—	6.7	—	—	1 340
10A	15.875	10.16	9.40	5.09	5.12	15.35	15.09	13.02	6.61	7.62	0.10	18.11	13.84	13.89	21.8	39.9	57.9	4.1	200	390	590	21.8	43.6	65.4	3 850
10B	15.875	10.16	9.65	5.08	5.13	14.99	14.73	13.72	7.11	7.62	0.10	16.59	13.28	13.41	19.6	36.2	52.8	4.1	200	390	590	22.2	44.5	66.7	3 330
12A	19.05	11.91	12.57	5.96	5.98	18.34	18.10	15.62	7.90	9.15	0.10	22.78	17.75	17.81	26.9	49.8	72.6	4.6	280	560	840	31.3	62.6	93.9	5 490
12B	19.05	12.07	11.68	5.72	5.77	16.39	16.13	16.13	8.33	8.33	0.10	19.46	15.62	15.75	22.7	42.2	61.7	4.6	280	560	840	28.9	57.8	86.7	3 720
16A	25.40	15.88	15.75	7.94	7.96	24.39	24.13	20.83	10.55	12.20	0.13	29.29	22.60	22.66	33.5	62.7	91.9	5.4	500	1 000	1 490	55.6	111.2	166.8	9 550
16B	25.40	15.88	17.02	8.28	8.33	21.34	21.08	21.08	11.15	11.15	0.13	31.88	25.45	25.58	36.1	68.0	99.9	5.4	500	1 000	1 490	60.0	106.0	160.0	9 530
20A	31.75	19.05	18.90	9.54	9.56	30.48	30.17	26.04	13.16	15.24	0.15	35.76	27.45	27.51	41.1	77.0	113.0	6.1	780	1 560	2 340	87.0	174.0	261.0	14 600
20B	31.75	19.05	19.56	10.19	10.24	26.68	26.42	26.42	13.89	13.89	0.15	36.45	29.01	29.14	43.2	79.7	116.1	6.1	780	1 560	2 340	95.0	170.0	250.0	13 500

表 1（续）

链号[a]	节距	滚子直径	内节内宽	销轴直径	套筒孔径	链条通道高度	内链板高度	外或中链板高度	过渡链节尺寸[b]			排距	内节外宽	外节内宽	销轴长度			止锁件附加宽度[c]	测量力			抗拉强度 F_u			动载强度[d,e,f]
															单排	双排	三排		单排	双排	三排	单排	双排	三排	单排
	p	d_1	b_1	d_2	d_3	h_1	h_2	h_3	l_1	l_2	c	p_t	b_2	b_3	b_4	b_5	b_6	b_7							F_d
	nom	max	min	max	min	min	max	max	min	min			max	min	max	max	max	max				min	min	min	min
	mm																		N			kN			N
24A	38.10	22.23	25.22	11.11	11.14	36.55	36.2	31.24	15.80	18.27	0.18	45.44	35.45	35.51	50.8	96.3	141.7	6.6	1 110	2 220	3 340	125.0	250.0	375.0	20 500
24B	38.10	25.40	25.40	14.63	14.68	33.73	33.4	33.40	17.55	17.55	0.18	48.36	37.92	38.05	53.4	101.8	150.2	6.6	1 110	2 220	3 340	160.0	280.0	425.0	19 700
28A	44.45	25.40	25.22	12.71	12.74	42.67	42.23	36.45	18.42	21.32	0.20	48.87	37.18	37.24	54.9	103.6	152.4	7.4	1 510	3 020	4 540	170.0	340.0	510.0	27 300
28B	44.45	27.94	30.99	15.90	15.95	37.46	37.08	37.08	19.51	19.51	0.20	59.56	46.58	46.71	65.1	124.7	184.3	7.4	1 510	3 020	4 540	200.0	360.0	530.0	27 100
32A	50.80	28.58	31.55	14.29	14.31	48.74	48.26	41.68	21.04	24.33	0.20	58.55	45.21	45.26	65.5	124.2	182.9	7.9	2 000	4 000	6 010	223.0	446.0	669.0	34 800
32B	50.80	29.21	30.99	17.81	17.86	42.72	42.29	42.29	22.20	22.20	0.20	58.55	45.57	45.70	67.4	126.0	184.5	7.9	2 000	4 000	6 010	250.0	450.0	670.0	29 900
36A	57.15	35.71	35.48	17.46	17.49	54.86	54.30	46.86	23.65	27.36	0.20	65.84	50.85	50.90	73.9	140.0	206.0	9.1	2 670	5 340	8 010	281.0	562.0	843.0	44 500
40A	63.50	39.68	37.85	19.85	19.87	60.93	60.33	52.07	26.24	30.36	0.20	71.55	54.88	54.94	80.3	151.9	223.5	10.2	3 110	6 230	9 340	347.0	694.0	1 041.0	53 600
40B	63.50	39.37	38.10	22.89	22.94	53.49	52.96	52.96	27.76	27.76	0.20	72.29	55.75	55.88	82.6	154.9	227.2	10.2	3 110	6 230	9 340	355.0	630.0	950.0	41 800
48A	76.20	47.63	47.35	23.81	23.84	73.13	72.39	62.49	31.45	36.40	0.20	87.83	67.81	67.87	95.5	183.4	271.3	10.5	4 450	8 900	13 340	500.0	1 000.0	1 500.0	73 100
48B	76.20	48.26	45.72	29.24	29.29	64.52	63.88	63.88	33.45	33.45	0.20	91.21	70.56	70.69	99.1	190.4	281.6	10.5	4 450	8 900	13 340	560.0	1 000.0	1 500.0	63 600
56B	88.90	53.98	53.34	34.32	34.37	78.64	77.85	77.85	40.61	40.61	0.20	106.60	81.33	81.46	114.6	221.2	327.8	11.7	6 090	12 190	20 000	850.0	1 600.0	2 240.0	88 900
64B	101.60	63.50	60.96	39.40	39.45	91.08	90.17	90.17	47.07	47.07	0.20	119.89	92.02	92.15	130.9	250.8	370.7	13.0	7 960	15 920	27 000	1 120.0	2 000.0	3 000.0	106 900
72B	114.30	72.39	68.58	44.48	44.53	104.67	103.63	103.63	53.37	53.37	0.20	136.27	103.81	103.94	147.4	283.7	420.0	14.3	10 100	20 190	33 500	1400.0	2 500.0	3 750.0	132 700

a 重载系列链条详见表 2。

b 对于高应力使用场合，不推荐使用过渡链节。

c 止锁件的实际尺寸取决于其类型，但都不应超过规定尺寸，使用者应从制造商处获取详细资料。

d 动载强度值不适用于过渡链节、连接链节或带有附件的链条。

e 双排链和三排链的动载试验不能用单排链的值按比例套用。

f 动载强度值是基于 5 个链节的试样，不含 36A，40A，40B，48A，48B，56B，64B 和 72B，这些链条是基于 3 个链节的试样。链条最小动载强度的计算方法见附录 C。

g 套筒直径。

表 2　ANSI 重载系列链条主要尺寸、测量力、抗拉强度及动载强度

链号[a]	节距	滚子直径	内节内宽	销轴直径	套筒孔径	链条通道高度	内链板高度	外或中链板高度	过渡链节尺寸[b]			排距	内节外宽	外节内宽	销轴长度			止锁件附加宽度[c]	测量力			抗拉强度 F_u			动载强度[d,e,f] 单排
															单排	双排	三排		单排	双排	三排	单排	双排	三排	
	p nom	d_1 max	b_1 min	d_2 max	d_3 min	h_1 min	h_2 max	h_3 max	l_1 min	l_2 min	c	p_t	b_2 max	b_3 min	b_4 max	b_5 max	b_6 max	b_7 max				min	min	min	F_d min
	mm																		N			kN			N
60H	19.05	11.91	12.57	5.96	5.98	18.34	18.10	15.62	7.90	9.15	0.10	26.11	19.43	19.48	30.2	56.3	82.4	4.6	280	560	840	31.3	62.6	93.9	6 330
80H	25.40	15.88	15.75	7.94	7.96	24.39	24.13	20.83	10.55	12.20	0.13	32.59	24.28	24.33	37.4	70.0	102.6	5.4	500	1 000	1 490	55.6	112.2	166.8	10 700
100H	31.75	19.05	18.90	9.54	9.56	30.48	30.17	26.04	13.16	15.24	0.15	39.09	29.10	29.16	44.5	83.6	122.7	6.1	780	1 560	2 340	87.0	174.0	261.0	16 000
120H	38.10	22.23	25.22	11.11	11.14	36.55	36.2	31.24	15.80	18.27	0.18	48.87	37.18	37.24	55.0	103.9	152.8	6.6	1 110	2 220	3 340	125.0	250.0	375.0	22 200
140H	44.45	25.40	25.22	12.71	12.74	42.67	42.23	36.45	18.42	21.32	0.20	52.20	38.86	38.91	59.0	111.2	163.4	7.4	1 510	3 020	4 540	170.0	340.0	510.0	29 200
160H	50.80	28.58	31.55	14.29	14.31	48.74	48.26	41.66	21.04	24.33	0.20	61.90	46.88	46.94	69.4	131.3	193.2	7.9	2 000	4 000	6 010	223.0	446.0	669.0	36 900
180H	57.15	35.71	35.48	17.46	17.49	54.86	54.30	46.86	23.65	27.36	0.20	69.16	52.50	52.55	77.3	146.5	215.7	9.1	2 670	5 340	8 010	281.0	562.0	843.0	46 900
200H	63.50	39.68	37.85	19.85	19.87	60.93	60.33	52.07	26.24	30.36	0.20	78.31	58.29	58.34	87.1	165.4	243.7	10.2	3 110	6 230	9 340	347.0	694.0	1 041.0	58 700
240H	76.20	47.63	47.35	23.81	23.84	73.13	72.39	62.49	31.45	36.40	0.20	101.22	74.54	74.60	111.4	212.6	313.8	10.5	4 450	8 900	13 340	500.0	1 000.0	1 500.0	84 400

a　标准系列链条详见表 1。

b　对于高应力使用场合，不推荐使用过渡链节。

c　止锁件的实际尺寸取决于其类型，但都不应超过规定尺寸，使用者应从制造商处获取详细资料。

d　动载强度值不适用于过渡链节、连接链节或带有附件的链条。

e　双排链和三排链的动载试验不能用单排链的值按比例套用。

f　动载强度值是基于 5 个链节的试样，不含 180H，200H，240H，这些链条是基于 3 个链节的试样。链条最小动载强度的计算方法见附录 C。

3.4.2.3 拉力试验是破坏性试验，尽管链条在经过最小抗拉强度试验后试样可能没有产生明显破坏，但链条所受拉力超过了其屈服限，因此经过拉力试验后的链条将不能再使用。

3.4.2.4 以上要求不适用于过渡链节、连接链节或带有附件的链条，这些链条的抗拉强度应当减少。

3.4.3 预拉

按本标准制造的链条要经过预拉，施加的预拉载荷等于表 1 和表 2 中规定的最小抗拉强度值的 30%。

3.4.4 链长测量

链长的测量应在预拉之后、润滑之前进行。

最小标准测量长度为：

a) 从 04C 到 12B，081 到 085 的链条，标准测量长度至少应为 610 mm；

b) 从 16A 到 72B，标准测量长度至少应为 1 220 mm。

测量时，整个链长应全部得到支撑，并按表 1 或表 2 的规定施加测量力。

测量长度的公差应为链条公称长度的$^{+0.15}_{0}$%；

对于带有附件链条的测量长度的公差应为链条公称长度的$^{+0.30}_{0}$%。

必须平行工作的传动链条的链长精度应该在最接近的公差范围内选配。

3.4.5 动载试验

符合本标准的链条应进行疲劳试验，其试验方法按 GB/T 20736—2006 中的规定，不同规格链条所采用的动载强度值规定在表 1 或表 2 中。这些规定不适用于过渡链节、连接链节或带有附件的链条，这些链条的动载强度值应当减少。用来计算最小动载强度的方法见附录 C。确定最大动态试验载荷的方法见附录 D。

3.5 标记

链条应标有制造商标识或商标。

表 1 或表 2 中的链号应标记在链条上。

3.6 过渡链节

对于重载系列的链条或承受高应力载荷的链条不应使用过渡链节。过渡链节将降低链条的使用性能。

4 附件

4.1 术语

链条附件的术语见图 4～图 7 和表 1、表 3～表 5。

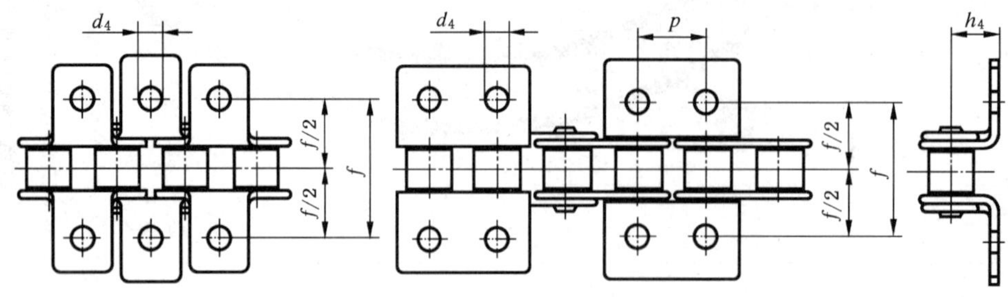

注 1：尺寸 d_4，h_4 和 f 见表 3，p 见表 1。

注 2：K 型附板既可装在外链节，也可装在内链节。

注 3：K1 和 K2 型附板可以相同，区别是 K1 型附板中心有一个孔。

注 4：K2 型附板不能逐节安装。

图 4 K 型附板

表 3　K 型附板尺寸

单位为毫米

链　号	附板平台高 h_4	板孔直径 d_4 min	孔中心间横向距离 f
06C	6.4	2.6	19.0
08A	7.9	3.3	25.4
08B	8.9	4.3	
10A	10.3	5.1	31.8
10B		5.3	
12A	11.9	5.1	38.1
12B	13.5	6.4	
16A	15.9	6.6	50.8
16B		6.4	
20A	19.8	8.2	63.5
20B		8.4	
24A	23.0	9.8	76.2
24B	26.7	10.5	
28A	28.6	11.4	88.9
28B		13.1	
32A 32B	31.8	13.1	101.6
40A	42.9	16.3	127.0

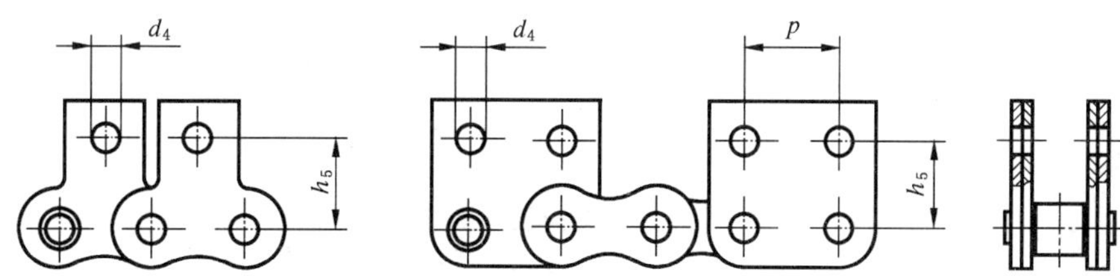

注 1:尺寸 d_4,h_5 见表 4,p 见表 1。

注 2:M 型附板既可装在外链节,也可装在内链节。

注 3:M1 和 M2 型附板可以相同,区别是 M1 型附板中心有一个孔。

注 4:M2 型附板不推荐逐节安装。

图 5　M 型附板

表 4　M 型附板尺寸

单位为毫米

链　　号	附板孔与链板中心的距离 h_5	板孔直径 d_4 min
06C	9.5	2.6
08A	12.7	3.3
08B	13.0	4.3
10A	15.9	5.1
10B	16.5	5.3
12A	18.3	5.1
12B	21.0	6.4
16A	24.6	6.6
16B	23.0	6.4
20A	31.8	8.2
20B	30.5	8.4
24A	36.5	9.8
24B	36.0	10.5
28A	44.4	11.4
32A	50.8	13.1
40A	63.5	16.3

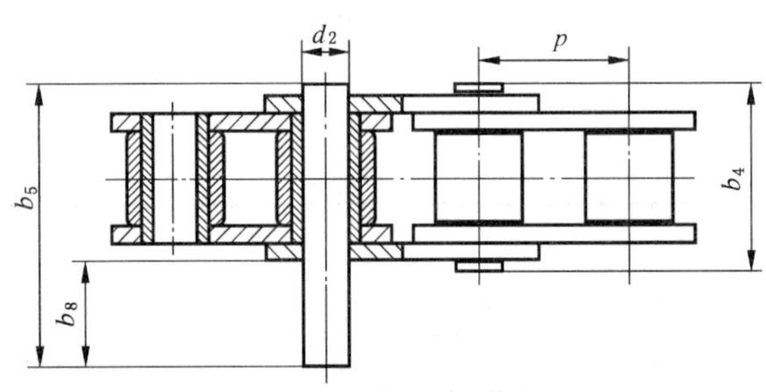

注：尺寸 b_4 和 p 见表 1；尺寸 d_2，b_5 和 b_8 见表 5。

图 6　X 型加长销轴（基于双排链销轴）

表 5　加长销轴尺寸

单位为毫米

链　号	X 型加长销轴		Y 型加长销轴[a]		X 型和 Y 型销轴直径
	b_8 max	b_5 max	b_{10} max	b_9 max	d_2 max
05B	7.1	14.3	—	—	2.31
06C	12.3	23.4	10.2	21.9	3.60
06B	12.2	23.8	—	—	3.28
08A	16.5	32.3	10.2	26.3	3.98
08B	15.5	31.0	—	—	4.45

表 5（续）

单位为毫米

链　号	X 型加长销轴		Y 型加长销轴[a]		X 型和 Y 型销轴直径
	b_8 max	b_5 max	b_{10} max	b_9 max	d_2 max
10A	20.6	39.9	12.7	32.6	5.09
10B	18.5	36.2	—	—	5.08
12A	25.7	49.8	15.2	40.0	5.96
12B	21.5	42.2	—	—	5.72
16A	32.2	62.7	20.3	51.7	7.94
16B	34.5	68.0	—	—	8.28
20A	39.1	77.0	25.4	63.8	9.54
20B	39.4	79.7	—	—	10.19
24A	48.9	96.3	30.5	78.6	11.11
24B	51.4	101.8	—	—	14.63
28A	—	—	35.6	87.5	12.71
32A	—	—	40.60	102.6	14.29

[a] Y 型加长销轴可选择使用，通常用在“A”系列链条。

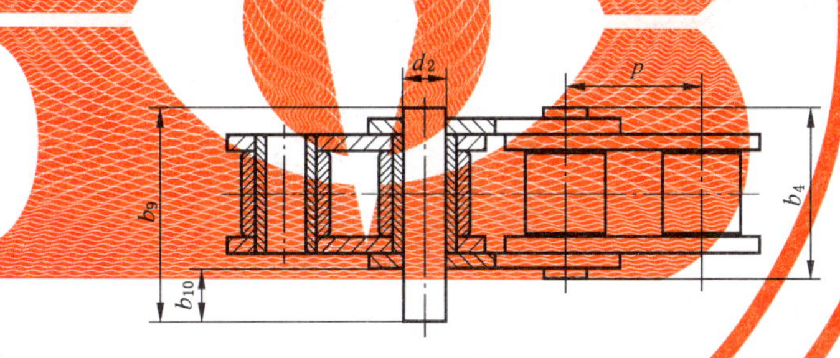

注：尺寸 b_4 和 p 见表 1；尺寸 d_2，b_9 和 b_{10} 见表 5。

图 7　Y 型加长销轴（通常用于“A”系列链条）

4.2　概述

除非另有说明，带附件链条的性能、尺寸和试验方法应符合第 3 章的规定。

4.3　标示

标准中规定了 3 种类型的附件，它们的基本尺寸规定于表 3～表 5。标示与特征分别如下所述：

a）K 型附件，见图 4：

K1：在每个附板平台的中心位置有一个孔；

K2：沿每个附板平台的纵向有两个孔。

b）M 型附件，见图 5：

M1：在每个附板的中心位置有一个孔；

M2：沿每个附板的纵向有两个孔。

c）加长销轴：图 6 和图 7 所示为一侧带有加长销轴的链条。两幅图提供了两种选择，图 6 所示采用了双排链销轴，图 7 所示加长销轴通常用于“A”系列链条。

4.4　尺寸

附件的尺寸应符合表 3～表 5 的规定。

4.5 制造

附板的实际形状留给制造商去决定。K型附板通常是从M型附板弯曲得到。

附板的长度也留给制造商去决定,但沿着K2型附板纵向应能够容纳两个附板孔,而不能与相邻链节发生干涉。K1和K2型附板应采用相同的长度。

4.6 标记

对K型和M型附板没有标记要求。

对加长销轴链条的标记应与没有附件链条的标记相同(见3.5)。

5 链轮

5.1 概述

本章内容规定了与符合第3章的传动用滚子链和套筒链相配用的链轮的技术要求,以保证在正常使用条件下能够正确啮合并传递载荷。

5.2 术语

链轮的术语规定见图8～图10。

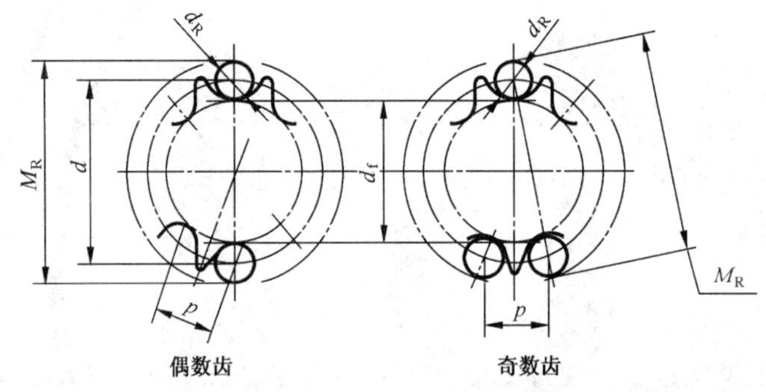

d——分度圆直径;

d_f——齿根圆直径;

d_R——量柱直径;

M_R——跨柱测量距;

p——弦节距,等于链条节距;

z——齿数。

注:以上术语对滚子链和套筒链均适用。

图8 链轮直径尺寸

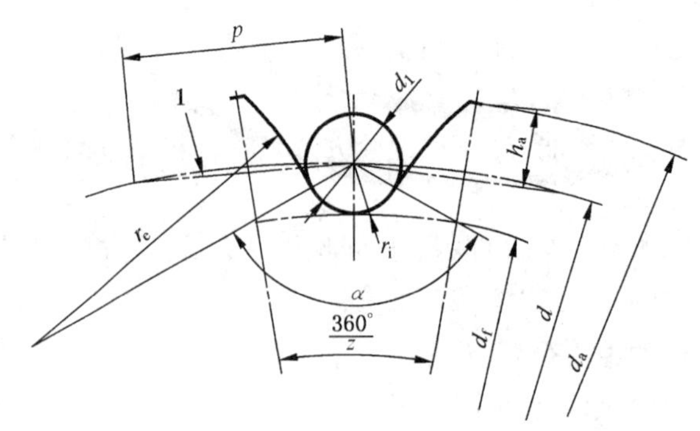

1——节距多边形;

d——分度圆直径;

d_1——最大滚子直径;

d_a——齿顶圆直径;

d_f——齿根圆直径;

h_a——节距多边形以上的齿高;

p——弦节距,等于链条节距;

r_e——齿槽圆弧半径;

r_i——齿沟圆弧半径;

z——齿数;

α——齿沟角。

图9 齿槽形状

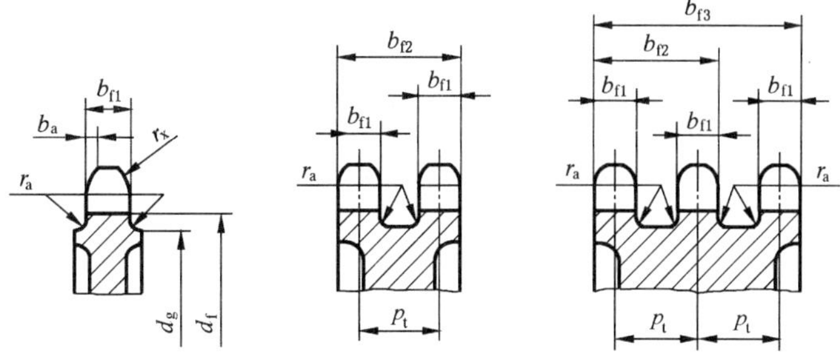

链轮剖面齿廓是从轴面通过齿槽中心的剖面。

b_a——齿边倒角宽；

b_{f1}——齿宽；

b_{f2}和b_{f3}——齿全宽；

d_f——齿根圆直径；

d_g——最大齿侧凸缘直径；

p_t——链条排距；

r_a——齿侧凸缘圆角半径；

r_x——齿侧半径。

图 10　链轮剖面齿廓

5.3　链轮直径尺寸

5.3.1　术语

术语见图 8。

5.3.2　尺寸

5.3.2.1　分度圆直径 *d*

链轮分度圆直径 d 由下式确定：

$$d=\frac{p}{\sin\frac{180^\circ}{z}}$$

附录 A 给出了单位节距的分度圆直径，它是链轮齿数的函数。

5.3.2.2　量柱直径 d_R

量柱直径 d_R 由下式确定：

$$d_R=d_1\text{（见图 9）}$$

极限偏差为 ${}^{+0.01}_{\ 0}$ mm。

5.3.2.3　齿根圆直径 d_f

齿根圆直径 d_f 由下式确定：

$$d_f=d-d_1$$

极限偏差见表 6。

表 6　齿根圆直径极限偏差

单位为毫米

齿根圆直径 d_f	极限偏差
$d_f \leqslant 127$	${}^{0}_{-0.25}$
$127 < d_f \leqslant 250$	${}^{0}_{-0.30}$
$d_f > 250$	h11[a]

a　见 GB/T 1801、GB/T 1802。

5.3.2.4　跨柱测量距 M_R

对于偶数齿的链轮，跨柱测量距 M_R 由下式确定：

$$M_R=d+d_{R\min}$$

测量方法是把与链轮相配的两个量柱放在链轮直径方向上相对应的两个齿槽中进行测量。

对于奇数齿的链轮，跨柱测量距 M_R 由下式确定：

$$M_R = d\cos\frac{90^\circ}{z} + d_{Rmin}$$

测量方法是把与链轮相配的两个量柱放在最接近于链轮直径方向上相对应的两个齿槽中进行测量。

跨柱测量距的极限偏差与相应齿根圆直径极限偏差相同。

5.4 齿槽形状

5.4.1 术语

术语见图 9。

5.4.2 尺寸

5.4.2.1 概述

最大和最小齿槽形状决定了齿槽形状的极限。用切齿或等效加工方法得到的实际齿槽形状应位于最大和最小齿槽圆弧半径之间，并在对应的定位圆弧角处与滚子定位圆弧平滑连接。

5.4.2.2 最小齿槽形状

r_e，r_i 和 α 的值由下式确定：

$$r_{e\,max} = 0.12d_1(z+2)$$

$$r_{i\,min} = 0.505d_1$$

$$\alpha_{max} = 140^\circ - \frac{90^\circ}{z}$$

5.4.2.3 最大齿槽形状

r_e，r_i 和 α 的值由下式确定：

$$r_{e\,min} = 0.008d_1(z^2+180)$$

$$r_{i\,max} = 0.505d_1 + 0.069\sqrt[3]{d_1}$$

$$\alpha_{min} = 120^\circ - \frac{90^\circ}{z}$$

5.5 齿高和齿顶圆直径

5.5.1 术语

术语见图 9。

5.5.2 尺寸

齿顶圆直径 d_a 的最大和最小值由下式确定：

$$d_{a\,max} = d + 1.25p - d_1$$

$$d_{a\,min} = d + p\left(1 - \frac{1.6}{z}\right) - d_1$$

注：$d_{a\,max}$ 和 $d_{a\,min}$ 都可应用于最大和最小齿槽形状。$d_{a\,max}$ 的极限由刀具来限制。

为便于绘制放大齿槽形状，用下式计算节距多边形以上的弦齿高：

$$h_{a\,max} = 0.625p - 0.5d_1 + \frac{0.8p}{z}$$

$$h_{a\,min} = 0.5(p - d_1)$$

注：$h_{a\,max}$ 对应于 $d_{a\,max}$，$h_{a\,min}$ 对应于 $d_{a\,min}$。

5.6 剖面齿廓

5.6.1 术语

术语见图 10。

5.6.2 尺寸

5.6.2.1 齿宽

齿宽尺寸由下列公式确定：

a) $p \leqslant 12.7$ mm:

对单排链轮　　$b_{f1}=0.93b_1$:h14[1)]

对双排和三排链轮　$b_{f1}=0.91b_1$:h14

对四排以上链轮　$b_{f1}=0.88b_1$:h14

b) $p>12.7$mm

对单排链轮　　$b_{f1}=0.95b_1$:h14

对双排和三排链轮　$b_{f1}=0.93b_1$:h14

注:a) 中给出的四排以上链轮的公式可以由用户和制造商之间协议后使用。

5.6.2.2 **其他尺寸**

对所有的链条:

$$b_{f2}\text{和}b_{f3}=(\text{链条排数}-1)\times p_t+b_{f1}(b_{f1}\text{的公差为 h14})$$

$$r_{x\,nom}=p$$

对链号为 081,083,084 和 085 的链条:

$$b_{a\,nom}=0.06p$$

对所有其他的链条:

$$b_{a\,nom}=0.13p$$

对链号为 04C 和 06C 的链条:

$$d_g=p\cot\frac{180^\circ}{z}-1.05h_2-1.00-2r_a$$

对所有其他的链条:

$$d_g=p\cot\frac{180^\circ}{z}-1.04h_2-0.76\text{ mm}$$

5.7 **径向跳动**

在轴孔和齿根圆之间的径向圆跳动量的指示器读数值不应大于下列两值中较大的数值:

$0.000\,8d_f+0.08$ mm,或 0.15 mm,最大可达 0.76 mm。

5.8 **轴向跳动(摆动)**

以轴孔和齿部侧面的平面部分为参考测得的轴向跳动指示器读数值不应超过下列计算值:

$0.000\,9d_f+0.08$ mm,最大可达 1.14 mm。

对于焊接链轮,如果上式计算值较小,可以采用 0.25 mm。

5.9 **轮齿的节距精度**

轮齿的节距精度很重要,用户应向制造商详细咨询。

5.10 **齿数**

本标准主要应用的齿数范围为 9~150 齿。

优选齿数为:17,19,21,23,25,38,57,76,95 和 114。

5.11 **轴孔公差**

轴孔公差应是 H8[1)],除非用户与制造商之间另有协议。

5.12 **标记**

链轮应作下列标记:

a) 制造商名或商标;

b) 齿数;

c) 链条标号(GB 链号和/或制造商家的标号)。

---

1) 见 GB/T 1800.4、GB/T 1801、GB/T 1803,后同。

附 录 A
（规范性附录）
分度圆直径

表 A.1 给出了适用于单位节距链条的链轮分度圆直径，其他任何节距链条的链轮分度圆直径与链条节距是直接比例关系。

表 A.1 分度圆直径

单位为毫米

齿数 z	单位节距分度圆直径	齿数 z	单位节距分度圆直径	齿数 z	单位节距分度圆直径
9	2.923 8	32	10.202 3	55	17.516 6
10	3.236 1	33	10.520 1	56	17.834 7
11	3.549 4	34	10.838 0	57	18.152 9
12	3.863 7	35	11.155 8	58	18.471 0
13	4.178 6	36	11.473 7	59	18.789 2
14	4.494 0	37	11.791 6	60	19.107 3
15	4.809 7	38	12.109 6	61	19.425 5
16	5.125 8	39	12.427 5	62	19.743 7
17	5.442 2	40	12.745 5	63	20.061 9
18	5.758 8	41	13.063 5	64	20.380 0
19	6.075 5	42	13.381 5	65	20.698 2
20	6.392 5	43	13.699 5	66	21.016 4
21	6.709 5	44	14.017 6	67	21.334 6
22	7.026 6	45	14.335 6	68	21.652 8
23	7.343 9	46	14.653 7	69	21.971 0
24	7.661 3	47	14.971 7	70	22.289 2
25	7.978 7	48	15.289 8	71	22.607 4
26	8.296 2	49	15.607 9	72	22.925 6
27	8.613 8	50	15.926 0	73	23.243 8
28	8.931 4	51	16.244 1	74	23.562 0
29	9.249 1	52	16.562 2	75	23.880 2
30	9.566 8	53	16.880 3	76	24.198 5
31	9.884 5	54	17.198 4	77	24.516 7

表 A.1（续）

单位为毫米

齿数 z	单位节距 分度圆直径	齿数 z	单位节距 分度圆直径	齿数 z	单位节距 分度圆直径
78	24.334 9	105	33.427 5	132	42.020 9
79	25.153 1	106	33.745 8	133	42.339 1
80	25.471 3	107	34.064 0	134	42.657 4
81	25.789 6	108	34.382 3	135	42.975 7
82	26.107 8	109	34.700 6	136	43.294 0
83	26.426 0	110	35.018 8	137	43.612 3
84	26.744 3	111	35.337 1	138	43.930 6
85	27.062 5	112	35.655 4	139	44.248 8
86	27.380 7	113	35.973 7	140	44.567 1
87	27.699 0	114	36.291 9	141	44.885 4
88	28.017 2	115	36.610 2	142	45.203 7
89	28.335 5	116	36.928 5	143	45.522 0
90	28.653 7	117	37.246 7	144	45.840 3
91	28.971 9	118	37.565 0	145	46.158 5
92	29.290 2	119	37.883 3	146	46.476 8
93	29.608 4	120	38.201 6	147	46.795 1
94	29.926 7	121	38.519 8	148	47.113 4
95	30.244 9	122	38.838 1	149	47.431 7
96	30.563 2	123	39.156 4	150	47.750 0
97	30.881 5	124	39.474 6		
98	31.199 7	125	39.792 9		
99	31.518 0	126	40.111 2		
100	31.836 2	127	40.429 5		
101	32.154 5	128	40.474 8		
102	32.472 7	129	41.066 0		
103	32.791 0	130	41.384 3		
104	33.109 3	131	41.702 6		

附　录　B
（资料性附录）
等同链条标号

表 B.1 给出了等同链条标号。

表 B.1　等同链条标号

链条节距/mm	GB(ISO)链号	ANSI 链号
6.35	04C	25
9.525	06C	35
12.70	08A	40
12.70	085	41
15.875	10A	50
19.05	12A	60
25.40	16A	80
31.75	20A	100
38.10	24A	120
44.45	28A	140
50.80	32A	160
57.15	36A	180
63.5	40A	200
76.2	48A	240

附　录　C
（资料性附录）
链条最小动载强度的计算方法

C.1　A 系列链条

对 085 链条：

$$F_d = K_s \times A_i \times p^{-0.0008p}$$

对所有其他的链条：

$$F_d = K_s \times 0.118 \times p^{2-0.0008p}$$

式中：

F_d——链条在 3×10^6 循环次数时的最小动载强度，单位为牛顿(N)；

p——链条节距，单位为毫米(mm)；

$A_i = 12.01\ mm^2$，仅用于 085 链条；

$K_s = 115\ N/mm^2$，仅用于 085 链条；

$K_s = 134\ N/mm^2$，32A 规格以下的链条(含 32A)；

$K_s = 139\ N/mm^2$，36A 规格以上的链条[2]。

C.2　A 系列重载链条

$$F_d = K_s \times 0.118 \times p^{2-0.0008p} \times \left(\frac{b_{i加重}}{b_{i标准}}\right)^{0.5}$$

式中：

p——链条节距，单位为毫米(mm)；

b_2——内链节外宽最大值，单位为毫米(mm)；

b_1——内链节内宽最小值，单位为毫米(mm)；

$b_i = (b_2 - b_1)/2.11\ mm$，估算内链板厚度；

$K_s = 134\ N/mm^2$，160H 规格以下的链条(含 160 H)；

$K_s = 139\ N/mm^2$，180H 规格以上的链条[3]。

C.3　B 系列链条

$$F_d = K_s \times A_i \times p^{-0.0009p}$$

式中：

b_2——内链节外宽最大值，单位为毫米(mm)；

b_1——内链节内宽最小值，单位为毫米(mm)；

d_2——销轴直径最大值，单位为毫米(mm)；

d_1——滚子直径最大值，单位为毫米(mm)；

h_2——内链板高度最大值，单位为毫米(mm)；

p——链条节距，单位为毫米(mm)；

$A_i = 2b_i \times (0.99h_2 - d_b)\ mm^2$，内链板横截面积；

---

2) 当进行动载强度试验时，随着试样链节数从 5 节减少到 3 节，常数 K_s 则从 $134\ N/mm^2$ 增加至 $139\ N/mm^2$。

3) 同上。

$b_i=(b_2-b_1)/2.11$ mm，估算内链板厚度；

$d_b=d_2\times\left(\frac{d_1}{d_2}\right)^{0.475}$ mm，估算套筒直径；

$K_s=134$ N/mm^2，32B 规格以下的链条(含 32B)；

$K_s=139$ N/mm^2，40B 规格以上的链条。

附　录　D
（资料性附录）
最大动载试验载荷 F_{max} 的计算方法

D.1　概述

最大试验载荷由下式确定：

$$F_{max}=\frac{F_d F_u+[F_{min}(F_u-F_d)]}{F_u}$$

式中：

F_{max}——最大试验载荷，单位为牛顿(N)；

F_d——最小动载强度，单位为牛顿(N)，见表 1 或表 2；

F_u——最小抗拉强度，单位为牛顿(N)，见表 1 或表 2；

F_{min}——最小试验载荷，单位为牛顿(N)。

D.2　16B 链条应用举例

假如链条制造商打算选取 2 700 N 作为最小试验载荷(F_{min})(即为表 1 所示的最小抗拉强度的 4.5%)，那么最大试验载荷 F_{max} 应按如下确定：

应用公式：

$$F_{max}=\frac{F_d F_u+[F_{min}(F_u-F_d)]}{F_u}$$

从表 1 查得：

$$F_d=9\ 530\ \text{N}$$

$$F_u=60\ 000\ \text{N}$$

以及

$$F_{min}=2\ 700\ \text{N}$$

代入公式：

$$F_{max}=\frac{(9\ 530\times 60\ 000)+[2\ 700\times(60\ 000-9\ 530)]}{60\ 000}=11\ 800\text{N}$$

参 考 文 献

［1］ ISO 13203—2005 链条链轮名词术语

ICS 21.220.30
J 18

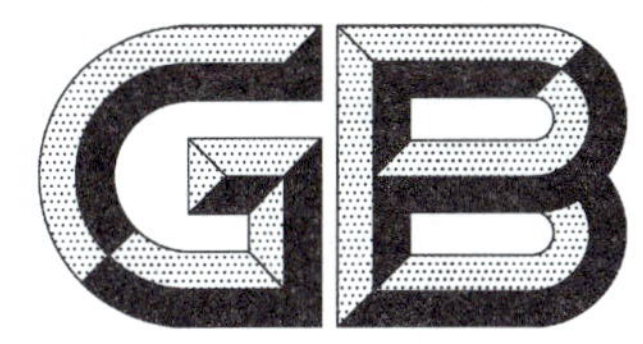

中华人民共和国国家标准

GB/T 5269—2008/ISO 1275:2006
代替 GB/T 5269—1999

传动与输送用双节距精密滚子链、附件和链轮

Double-pitch precision roller chains, attachments and associated chain sprockets for transmission and conveyors

(ISO 1275:2006,IDT)

2008-07-01 发布　　2009-02-01 实施

中华人民共和国国家质量监督检验检疫总局
中国国家标准化管理委员会　发布

前言

本标准等同采用ISO 1275:2006《传动与输送用双节距精密滚子链、附件和链轮》(英文版)。

本标准等同翻译ISO 1275:2006。

为便于使用,本标准做了下列编辑性修改:

——“本国际标准”一词改为“本标准”;

——用小数点“.”代替作为小数点的逗号“,”。

采标过程中,还纠正了ISO 1275:2006中“5.2.3.2最小齿槽形状”和“5.2.3.3最大齿槽形状”计算公式的错误。将5.2.3.2中的“$r_{e\,min}=0.12d_1(z+2)$”改为“$r_{e\,max}=0.12d_1(z+2)$”;将5.2.3.3“$r_{e\,max}=0.008d_1(z^2+180)$”改为“$r_{e\,min}=0.008d_1(z^2+180)$”。

本标准是对GB/T 5269—1999《传动与输送用双节距精密滚子链、附件和链轮》的修订。

本标准与GB/T 5269—1999相比主要技术内容变化如下:

——增加了图1d)带卡簧的连接链节;

——对3.4做了技术修订,调整了部分内容;

——对3.5做了技术修订,将原来的预拉载荷值为最小抗拉强度的1/3调整为30%;

——对原表1~表3中的部分数据进行了调整;

——新增了M1、M2型附件,X和Y型加长销轴及所对应的图(图6~图9)与表(表4~表6);

——调整了4.5的规定,将带有附件的链长公差由原来的$^{+0.25}_{0}$%调整为$^{+0.30}_{0}$%,同时增加了对平行传动链条链长精度的选配要求;

——新增了4.7.5对附板制造的要求;

——新增了5.6对链轮孔径公差的要求;

——将原标准5.6对齿数范围的规定移至第1章适用范围。

本标准的附录A为规范性附录。

本标准由中国机械工业联合会提出。

本标准由全国链传动标准化技术委员会归口。

本标准负责起草单位:吉林大学。

本标准参加起草单位:浙江恒久机械集团有限公司、杭州东华链条集团有限公司、青岛征和工业有限公司、杭州西林链条制造有限公司、江苏双菱链传动有限公司、杭州永利百合实业有限公司、常州骏安工程机械部件有限公司。

本标准主要起草人:孟祥宾、寿飞峰、叶斌、金玉谟、马锦华、谈光成、曹永年、王亚香。

本标准参加起草人:孟丹红、张春生、付振明、汪志军、李奇伟、冯鑫、吕少亮。

本标准所代替标准的历次版本发布情况为:

——GB 5269—85、GB/T 5269—1999。

ISO 引言

本国际标准包括了在世界上大多数国家使用的链条规格范围。并对现有各国家标准中的尺寸、强度与其他数据进行了统一。

本国际标准规定的双节距链条的特点主要是由 ISO 606 标准链派生出来的，是在原链节的基础上使标准节距增加一倍。

本国际标准采用了来自 ANSI、BS 和 DIN 的双节距链条系列。链条的节距范围从 25.4 mm 到 101.6 mm，其种类包括标准链板、加厚链板、大滚子、小滚子、附板以及链轮的内容。

标准规定的链条尺寸可使链节完全互换，链轮尺寸也能与具有相同节距的链条完全互换(适用于 A 或 B 系列)。

传动与输送用双节距精密滚子链、附件和链轮

1 范围

本标准规定了适用于机械动力传动和输送用双节距精密滚子链条及配用链轮的技术要求，内容包括尺寸、公差、长度测量、预拉和最小抗拉强度。

双节距链条是由 GB/T 1243 传动用短节距精密滚子链派生出来的，节距是其两倍，其余互换性尺寸相同。

本标准规定的链条应用于传递的功率和速度比派生出它的基本链条相对要低一些的场合。

本标准规定的链轮齿数应用范围为 5～75 齿(包括中间值，从 $5\frac{1}{2}$ 到 $74\frac{1}{2}$)。

优选齿数为：7、9、10、11、13、19、27、38 和 57。

2 规范性引用文件

下列文件中的条款通过本标准的引用而成为本标准的条款。凡是注日期的引用文件，其随后所有的修改单(不包括勘误的内容)或修订版均不适用于本标准，然而，鼓励根据本标准达成协议的各方研究是否可使用这些文件的最新版本。凡是不注日期的引用文件，其最新版本适用于本标准。

GB/T 1800.3 极限与配合 基础 第 3 部分：标准公差和基本偏差数值表(GB/T 1800.3—1998，eqv ISO 286-1:1988)；

GB/T 1243 传动用短节距精密滚子链、套筒链、附件和链轮(GB/T 1243—2006，ISO 606:2004，IDT)

3 传动链条

3.1 链条及其零部件术语

链条及其零部件的名词术语见图 1 和图 2。

注：图 1 和图 2 并不是对链板实际形状的规定。

图 1 传动链

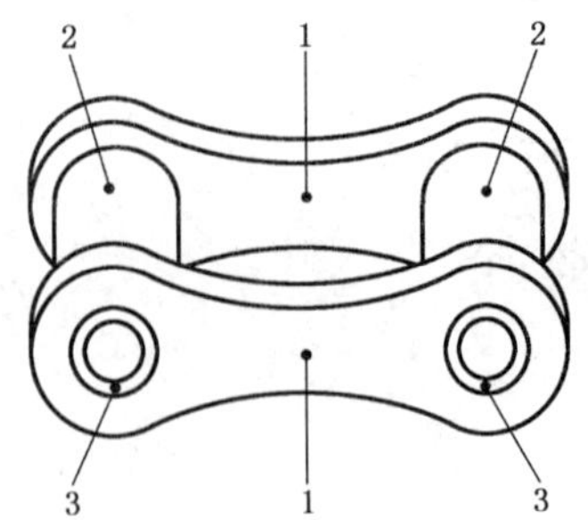

1——内链板；
2——滚子；
3——套筒。

a) 内链节

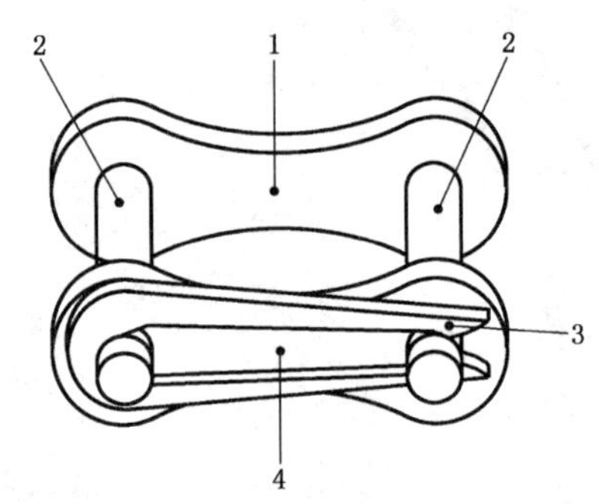

1——外链板；
2——销轴。

b) 外链节

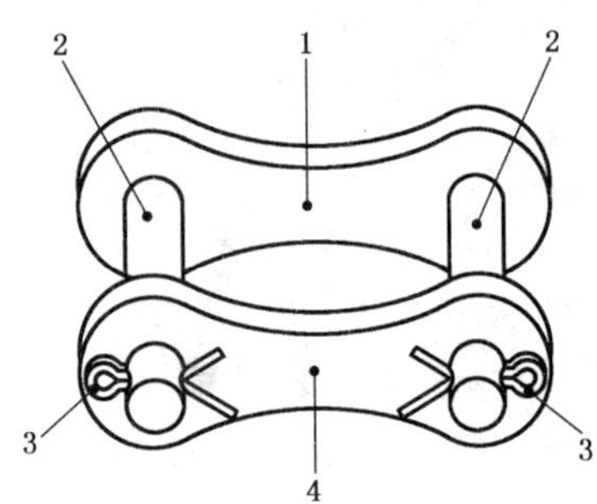

1——外链板；
2——带孔连接销轴；
3——开口销；
4——连接链板。

c) 带开口销的连接链节

1——外链板；
2——带槽连接销轴；
3——卡簧；
4——连接链板。

d) 带卡簧的连接链节

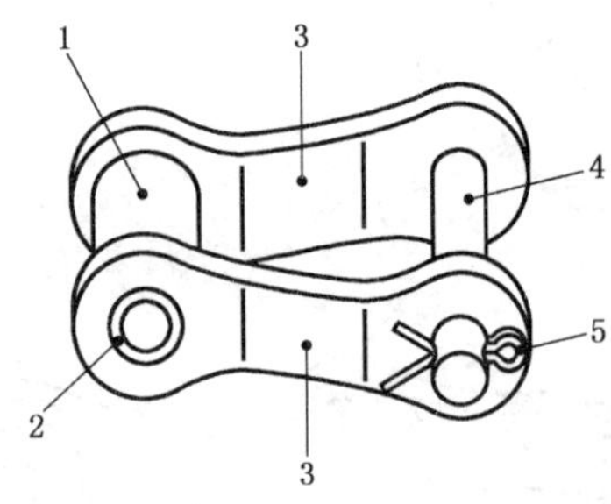

1——滚子；
2——套筒；
3——过渡链板；
4——过渡销轴；
5——开口销。

e) 单节过渡链节

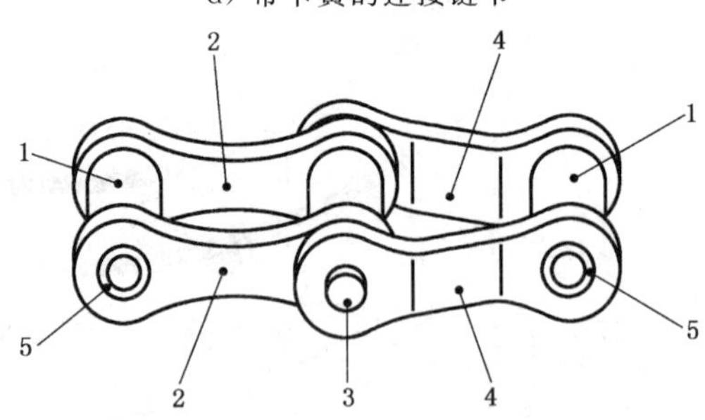

1——滚子；
2——内链板；
3——销轴；
4——过渡链板；
5——套筒。

f) 复合过渡链节

注 1：链板尺寸规定于表 1。

注 2：止锁件可以有多种形式，图示仅为示例。

图 2 链节的型式

3.2 标号

传动用双节距精密滚子链应按表 1 中的标准链号标号。这些链号是在基本链号(见 GB/T 1243)的前面加上数字“2”组成的。

举例：链条 GB/T 5269-208B

3.3 尺寸

链条尺寸应符合图3和表1的规定，标准中规定的最大和最小尺寸是为保证由不同制造厂家生产的链节具有互换性，这是对链条互换性所作的限制，并不是链条的制造公差。

本标准只给出了单排双节距链条的尺寸。

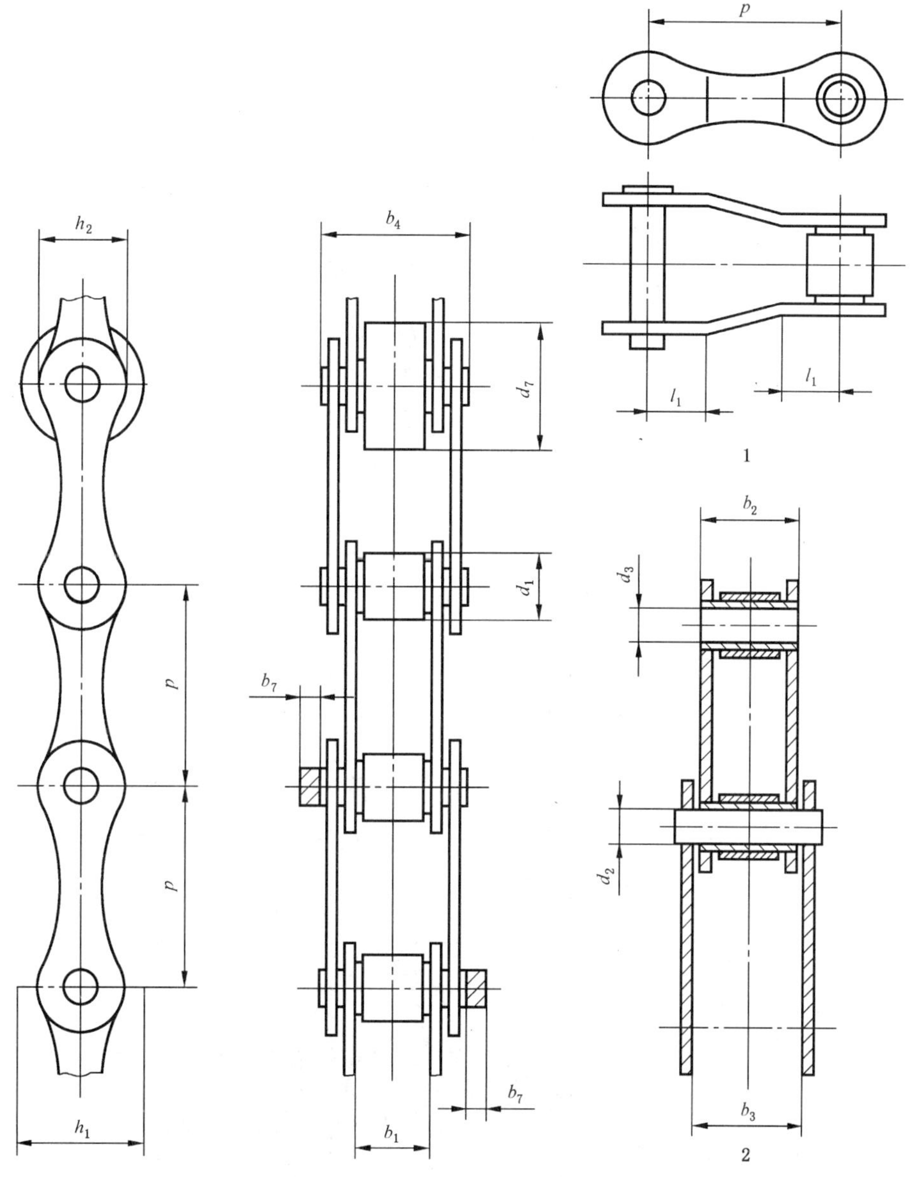

1——过渡链节；

2——链条剖面图。

链条通道高度 h_1 是装配完成的小滚子系列链条所能通过的最小高度。

带有止锁件的链条全宽为：

铆头销轴、一侧带有止锁件：b_4+b_7；

带头部的销轴、一侧带有止锁件：$b_4+1.6b_7$；

两侧均带止锁件：b_4+2b_7。

图3 传动链条

表 1　传动链条主要尺寸、测量力和抗拉强度(见图 3)

链号	节距 p	小滚子直径[a] d_1 max	大滚子直径[a] d_7 max	内链节内宽 b_1 min	销轴直径 d_2 max	套筒内径 d_3 min	链条通道高度 h_1 min	链板高度 h_2 max	过渡链板尺寸[b] l_1 min	内链节外宽 b_2 max	外链节内宽 b_3 min	销轴长度 b_4 max	销轴止锁端加长量[c] b_7 max	测量力	抗拉强度 min
	mm													N	kN
208A	25.4	7.92	15.88	7.85	3.98	4.00	12.33	12.07	6.9	11.17	11.31	17.8	3.9	120	13.9
208B	25.4	8.51	15.88	7.75	4.45	4.50	12.07	11.81	6.9	11.30	11.43	17.0	3.9	120	17.8
210A	31.75	10.16	19.05	9.40	5.09	5.12	15.35	15.09	8.4	13.84	13.97	21.8	4.1	200	21.8
210B	31.75	10.16	19.05	9.65	5.08	5.13	14.99	14.73	8.4	13.28	13.41	19.6	4.1	200	22.2
212A	38.1	11.91	22.23	12.57	5.96	5.98	18.34	18.10	9.9	17.75	17.88	26.9	4.6	280	31.3
212B	38.1	12.07	22.23	11.68	5.72	5.77	16.39	16.13	9.9	15.62	15.75	22.7	4.6	280	28.9
216A	50.8	15.88	28.58	15.75	7.94	7.96	24.39	24.13	13	22.60	22.74	33.5	5.4	500	55.6
216B	50.8	15.88	28.58	17.02	8.28	8.33	21.34	21.08	13	25.45	25.58	36.1	5.4	500	60.0
220A	63.5	19.05	39.67	18.90	9.54	9.56	30.48	30.17	16	27.45	27.59	41.1	6.1	780	87.0
220B	63.5	19.05	39.67	19.56	10.19	10.24	26.68	26.42	16	29.01	29.14	43.2	6.1	780	95.0
224A	76.2	22.23	44.45	25.22	11.11	11.14	36.55	36.20	19.1	35.45	35.59	50.8	6.6	1 110	125.0
224B	76.2	25.4	44.45	25.40	14.63	14.68	33.73	33.40	19.1	37.92	38.05	53.4	6.6	1 110	160.0
228B	88.9	27.94	—	30.99	15.90	15.95	37.46	37.08	21.3	46.58	46.71	65.1	7.4	1 510	200.0
232B	101.6	29.21	—	30.99	17.81	17.86	42.72	42.29	24.4	45.57	45.70	67.4	7.9	2 000	250.0

[a] 大滚子链条在链号后加 L,它主要用于输送,但有时也用于传动。

[b] 对繁重的工况不推荐使用过渡链节。

[c] 实际尺寸取决于止锁件的形式,但不得超过所给尺寸,详细资料应从链条制造商得到。

3.4 抗拉试验

3.4.1 概述

最小抗拉强度是试验链条在拉伸载荷作用下发生破坏时应该超过的最低强度值。这个最低强度值不是工作载荷，它主要是用来对不同结构的链条作比较用的数值。

这些试验要求不适用于过渡链节、连接链节或带附件的链节，这些链节的抗拉强度应该减低。

3.4.2 试验

拉伸载荷应缓慢地施加在链段的两端，链段至少应包含5个自由链节，用允许在链条铰链的法平面以及链条中心线的两侧自由运动的夹头连接。

链条破坏是发生在当链条伸长增加而不再伴随着载荷增加的第一点上，即“载荷-拉伸”图的顶点。其值不得低于表1中的规定。

若破坏发生在与夹头连接处时，则认为该试验无效。

拉伸试验是破坏性的试验，即使链条在经受了等于最小抗拉强度的载荷作用后，可能没有产生明显损坏，但是链条所受应力已超过了其屈服极限，所以经过拉伸试验的链条不能再使用。

3.5 预拉

推荐对所有链条都应进行预拉，预拉载荷值应为表1中规定的最小抗拉强度的30%。

3.6 链长精度

装配好的链条应在经受预拉之后，在加润滑油之前，进行长度测量。

测量的标准长度至少为：

a) 链号范围从208A至210B，为610 mm；

b) 链号范围从212A至232B，为1 220 mm；

被测链条应在整个长度内得到支撑，并施加表1中规定的测量力。

链长公差为其公称长度值的$^{+0.15}_{\ 0}\%$。

在平行工作条件下使用的链条的链长精度可以按较接近的公差进行选配。

3.7 标记

链条应标有制造厂名或商标的标记。

表1中给出的链号应标记在链条上。

4 输送链条

4.1 概述

除了以下说明，输送链条与链轮的形状、尺寸和检验项目应分别符合本标准第3章和第5章中的相应规定，同时相应以表2代替表1。

输送用链条一般采用直边（无腰部的）链板，另外还可以采用大直径滚子（d_7）。这些特点见图4。

4.2 术语

图2中的术语也可应用于输送链，图2和图4并不是对链板实际形状的规定。

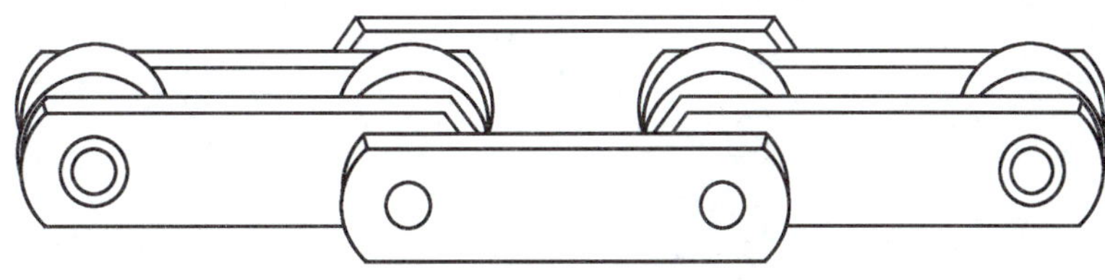

图4 大滚子输送链条

4.3　标号

输送用双节距精密滚子链，当采用如图 4 所示的直边链板时，则在原标号前加字母 C；当采用大直径滚子(d_7)时，则在原标号后加字尾 L。如有必要区分链条所用滚子的大小，则对小滚子链条，在原标号后加字尾 S。

4.4　尺寸

当采用大滚子时，链轮计算公式中的 d_1 须改用 d_7 代替(齿顶圆直径除外)，尺寸则按表 2 的规定。

4.5　链长精度

链长公差为其公称长度值的 $^{+0.30}_{\ 0}\%$；

必须平行工作的链条，其链长精度可以按较接近的公差进行选配。

4.6　标记

链条应标记有制造厂名或商标，表 2 中的链号应标在链条上。

4.7　附件

4.7.1　概述

除了以下说明，对带有附件的链条，其尺寸和检验要求应符合第 3 章的规定。

4.7.2　术语

链条附件的术语见图 5～图 9。

4.7.3　标号

本标准规定了具有共同基本尺寸链条的三种附件形式，他们分别列于表 3～表 6。他们的标号及区别特征如下：

a)　K 型附板(见图 5)

K1 型附板：在每块附板中间开一个孔；

K2 型附板：沿附板纵向开两个孔。

b)　M 型附板(见图 6 和图 7)

M1 型附板：在每块附板中间开一个孔；

M2 型附板：沿附板纵向开两个孔。

c)　加长销轴(见图 8 和图 9)

在链条的一侧加长销轴。

4.7.4　尺寸

附板的尺寸应符合表 3～表 6 的规定。

4.7.5　制造

附板的实际形状由制造厂确定。

附板的长度也由制造厂确定，但是须能足够容纳附板的两个纵向孔。对于 K2 型附板，不得对相邻链节的工作发生干涉。对于具有一个孔或两个孔的附板来说，通常采用相同的长度。

4.7.6　标记

对 K 型和 M 型附板的标记一般不做要求；

对带加长销轴链条的标记应与没有附板的链条相一致(见 4.6)。

表 2　输送链条主要尺寸、测量力和抗拉强度

链号[a]	节距 p	小滚子直径 d_1 max	大滚子直径 d_7 max	内链节内宽 b_1 min	销轴直径 d_2 max	套筒内径 d_3 min	链条通道高度 h_1 min	链板高度 h_2 max	过渡链板尺寸[b] l_1 min	内链节外宽 b_2 max	外链节内宽 b_3 min	销轴长度 b_4 max	销轴止锁端加长量[c] b_7 max	测量力	抗拉强度 min
	mm													N	kN
C208A	25.4	7.92	15.88	7.85	3.98	4.00	12.33	12.07	6.9	11.17	11.31	17.8	3.9	120	13.9
C208B	25.4	8.51	15.88	7.75	4.45	4.50	12.07	11.81	6.9	11.30	11.43	17.0	3.9	120	17.8
C210A	31.75	10.16	19.05	9.40	5.09	5.12	15.35	15.09	8.4	13.84	13.97	21.8	4.1	200	21.8
C210B	31.75	10.16	19.05	9.65	5.08	5.13	14.99	14.73	8.4	13.28	13.41	19.6	4.1	200	22.2
C212A	38.1	11.91	22.23	12.57	5.96	5.98	18.34	18.10	9.9	17.75	17.88	26.9	4.6	280	31.3
C212A-H	38.1	11.91	22.23	12.57	5.96	5.98	18.34	18.10	9.9	19.43	19.56	30.2	4.6	280	31.3
C212B	38.1	12.07	22.23	11.68	5.72	5.77	16.39	16.13	9.9	15.62	15.75	22.7	4.6	280	28.9
C216A	50.8	15.88	28.58	15.75	7.94	7.96	24.39	24.13	13	22.60	22.74	33.5	5.4	500	55.6
C216A-H	50.8	15.88	28.58	15.75	7.94	7.96	24.39	24.13	13	24.28	24.41	37.4	5.4	500	55.6
C216B	50.8	15.88	28.58	17.02	8.28	8.33	21.34	21.08	13	25.45	25.58	36.1	5.4	500	60.0
C220A	63.5	19.05	39.67	18.90	9.54	9.56	30.48	30.17	16	27.45	27.59	41.1	6.1	780	87.0
C220A-H	63.5	19.05	39.67	18.90	9.54	9.56	30.48	30.17	16	29.11	29.24	44.5	6.1	780	87.0
C220B	63.5	19.05	39.67	19.56	10.19	10.24	26.68	26.42	16	29.01	29.14	43.2	6.1	780	95.0
C224A	76.2	22.23	44.45	25.22	11.11	11.14	36.55	36.20	19.1	35.45	35.59	50.8	6.6	1 110	125.0
C224A-H	76.2	22.23	44.45	25.22	11.11	11.14	36.55	36.20	19.1	37.18	37.31	55.0	6.6	1 110	125.0
C224B	76.2	25.4	44.45	25.40	14.63	14.68	33.73	33.40	19.1	37.92	38.05	53.4	6.6	1 110	160.0
C232A-H	101.6	28.58	57.15	31.55	14.29	14.31	48.74	48.26	25.2	46.88	47.02	69.4	7.9	2 000	222.4

注：带大滚子链条的基本尺寸与表 1 相同，其链板通常是直边的(不是曲边的)。

[a] 链号是从表 1 中的基本链号派生出来的，前缀加字母 C 表示输送链，字尾加 S 表示小滚子链、L 表示大滚子链、加 H 表示重载链条。

[b] 重载应用场合，不推荐使用过渡链节。

[c] 实际尺寸取决于止锁件的形式，但不得超过所给尺寸。详细资料应从链条制造商得到。

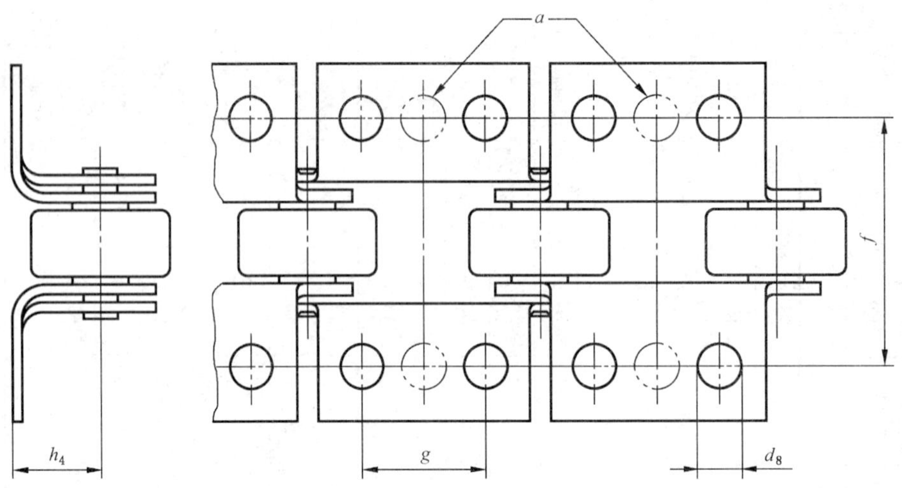

[a] K2 型附板带有两个孔;K1 附板只在中间开一个孔(见 4.7.3)。

图 5　K 型附板

表 3　K 型附板尺寸(见图 5)

单位为毫米

链　号[a]	附板平台高度 h_4	附板孔中心线之间横向距离 f	最小孔径 d_8	附板孔中心线之间纵向距离 g
C208A	9.1	25.4	3.3	9.5
C208B	9.1	25.4	4.3	12.7
C210A	11.1	31.8	5.1	11.9
C210B	11.1	31.8	5.3	15.9
C212A	14.7	42.9	5.1	14.3
C212A-H	14.7	42.9	5.1	14.3
C212B	14.7	38.1	6.4	19.1
C216A	19.1	55.6	6.6	19.1
C216A-H	19.1	55.6	6.6	19.1
C216B	19.1	50.8	6.4	25.4
C220A	23.4	66.6	8.2	23.8
C220A-H	23.4	66.6	8.2	23.8
C220B	23.4	63.5	8.4	31.8
C224A	27.8	79.3	9.8	28.6
C224A-H	27.8	79.3	9.8	28.6
C224B	27.8	76.2	10.5	38.1
C232A-H	36.5	104.7	13.1	38.1

[a] 重载链条标以后缀 H。

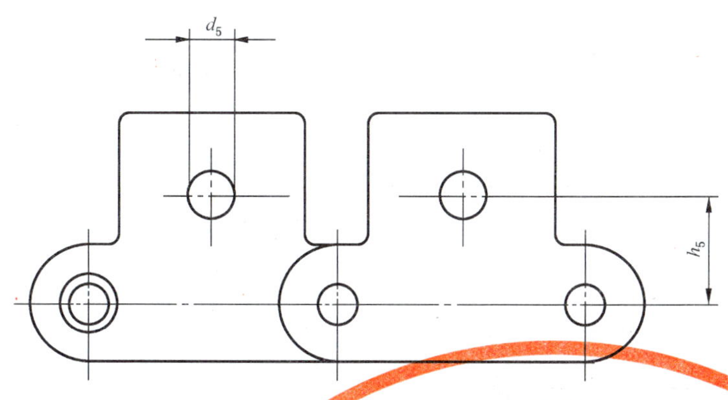

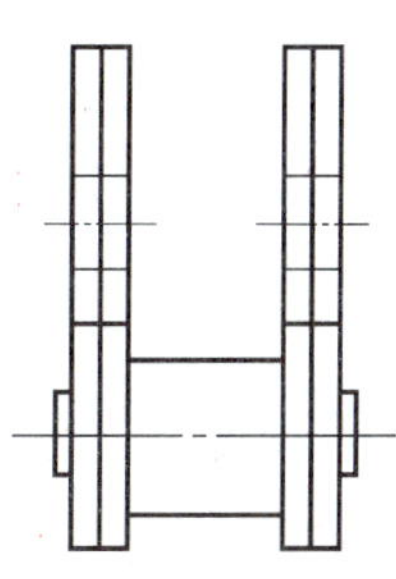

注：M1 型附板既可放在内链板上，也可放在外链板上。

图 6 M1 型附板

表 4 M1 型附板尺寸(见图 6)

单位为毫米

链号[a]	附板孔至链条中心线高度 h_5	最小孔径 d_5
C208A C208B	11.1 13.0	5.1 4.3
C210A C210B	14.3 16.5	6.6 5.3
C212A C212A-H C212B	17.5 17.5 21.0	8.2 8.2 6.4
C216A C216A-H C216B	22.2 22.2 23.0	9.8 9.8 6.4
C220A C220A-H C220B	28.6 28.6 30.5	13.1 13.1 8.4
C224A C224A-H C224B	33.3 33.3 36.0	14.7 14.7 10.5
C232A-H	44.5	19.5

[a] 重载链条标以后缀 H。

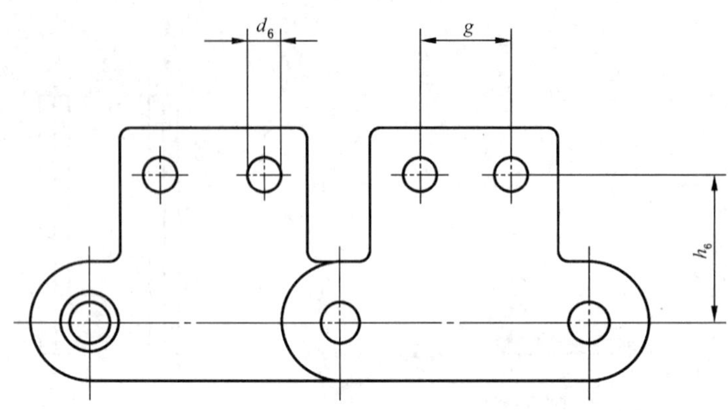

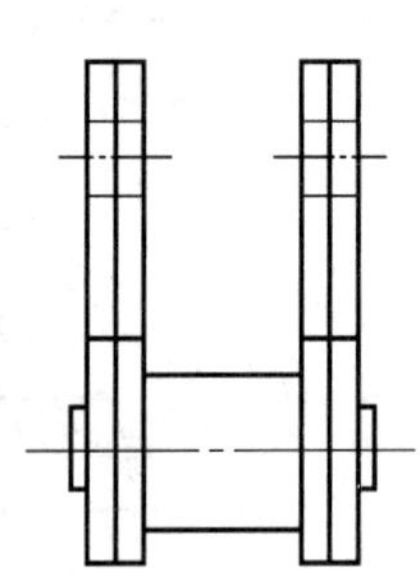

注：M2 型附板既可放在内链板上，也可放在外链板上。

图 7　M2 型附板

表 5　M2 型附板尺寸(见图 7)　　单位为毫米

链　号[a]	附板孔至链条中心线高度 h_6	最小孔径 d_6	附板孔中心线之间纵向距离 g
C208A	13.5	3.3	9.5
C208B	13.7	4.3	12.7
C210A	15.9	5.1	11.9
C210B	16.5	5.3	15.9
C212A	19.0	5.1	14.3
C212A-H	19.0	5.1	14.3
C212B	18.5	6.4	19.1
C216A	25.4	6.6	19.1
C216A-H	25.4	6.6	19.1
C216B	27.4	6.4	25.4
C220A	31.8	8.2	23.8
C220A-H	31.8	8.2	23.8
C220B	33.0	8.4	31.8
C224A	37.3	9.8	28.6
C224A-H	37.3	9.8	28.6
C224B	42.7	10.5	38.1
C232A-H	50.8	13.1	38.1

[a] 重载链条标以后缀 H。

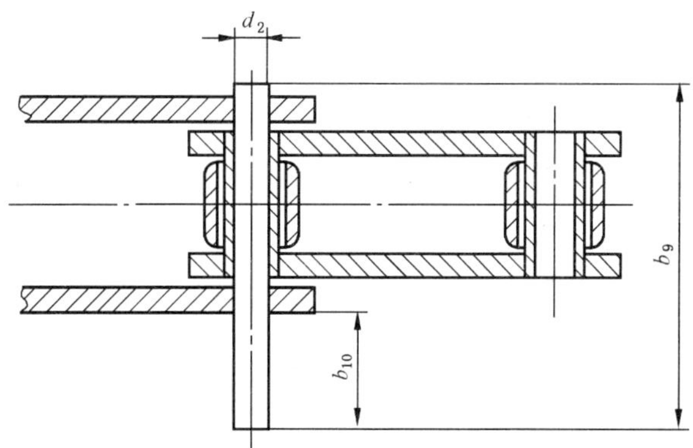

图 8　X 型加长销轴（双排链销轴）

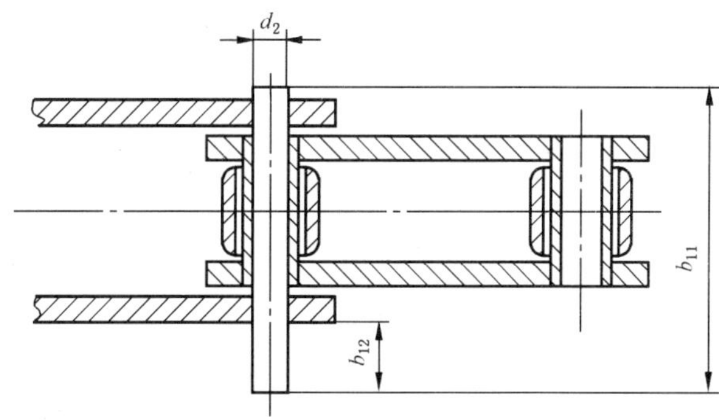

图 9　Y 型加长销轴（通常用于 A 系列链条）

表 6　加长销轴尺寸（见图 8 和图 9）

单位为毫米

链　号[a]	X 型销轴加长量		Y 型销轴加长量		销轴直径 d_2 max
	b_{10} max	b_9 max	b_{12} max	b_{11} max	
C208A	—	—	10.2	26.3	3.98
C208B	15.5	31.0	—	—	4.45
C210A	—	—	12.7	32.6	5.09
C210B	18.5	36.2	—	—	5.08
C212A	—	—	15.2	40.0	5.96
C212A-H	—	—	15.2	43.3	5.96
C212B	21.5	42.2	—	—	5.72
C216A	—	—	20.3	51.7	7.94
C216A-H	—	—	20.3	55.3	7.94
C216B	34.5	68.0	—	—	8.28
C220A	—	—	25.4	63.8	9.54
C220A-H	—	—	25.4	67.2	9.54
C220B	39.4	79.7	—	—	10.19
C224A	—	—	30.5	78.6	11.11
C224A-H	—	—	30.5	82.4	11.11
C224B	51.4	101.8	—	—	14.63
C232A-H	—	—	40.6	106.3	14.29

[a] 重载链条标以后缀 H。

5 链轮

5.1 术语

链轮全部参数的术语是以链条的基本尺寸术语(见图 3 及表 1 和表 2)为依据。

5.2 直径尺寸与齿形

5.2.1 术语

直径尺寸与齿形的术语由图 10 给出。

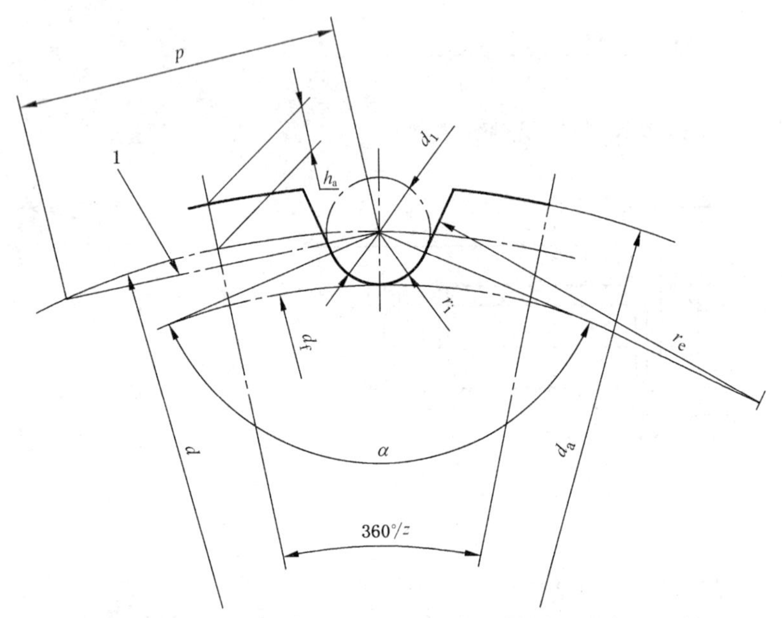

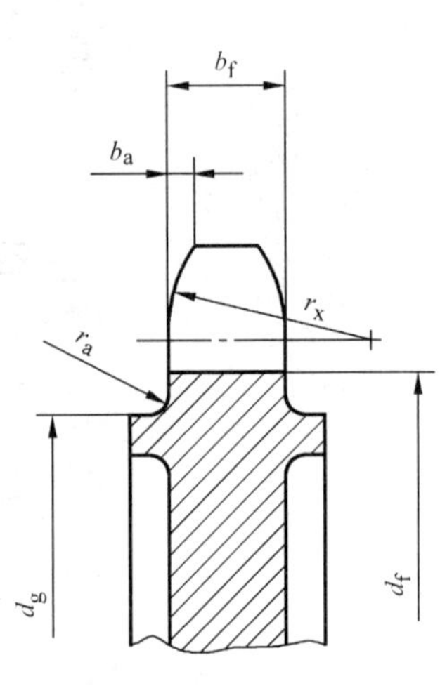

1——弦节距；

b_a——齿侧倒角宽；

b_f——齿宽；

d——分度圆直径；

d_a——齿顶圆直径；

d_f——齿根圆直径；

d_g——最大齿侧凸缘直径；

d_1——最大滚子直径；

h_a——分度圆弦齿高；

h_2——最大链板高度；

p——弦节距，等于链条节距；

r_a——齿侧凸缘圆角半径；

r_e——齿廓圆弧半径；

r_i——滚子定位圆弧半径；

r_x——齿侧半径；

z——有效围链齿数；

z_1——双切齿链轮齿数＝$2z$；

α——滚子定位角。

图 10 直径尺寸与齿形

5.2.2 直径尺寸

5.2.2.1 分度圆直径 d

$$d = \frac{p}{\sin \frac{180°}{z}}$$

附录 A 中按齿数给出了单位节距的分度圆直径。

5.2.2.2 量柱直径 d_R(见图 11)

$$d_R = d_1{}^{+0.01}_{\ 0}\ \mathrm{mm}$$

5.2.2.3 齿根圆直径 d_f

$$d_f = d - d_1$$

表 7 给出了齿根圆直径极限偏差。

表 7　齿根圆直径极限偏差

单位为毫米

齿根圆直径 d_f	上　偏　差	下　偏　差
$d_f \leqslant 127$	0	−0.25
$127 < d_f \leqslant 250$	0	−0.30
$d_f > 250$	h11[a]	
[a] 见 GB/T 1800.3。		

5.2.2.4　跨柱测量距(见图 11)

对偶数齿链轮：

$$M_R = d + d_{R\,min}$$

对奇数齿的单切齿链轮：

$$M_R = d\cos\frac{90^\circ}{z} + d_{R\,min}$$

对奇数齿的双切齿链轮：

$$M_R = d\cos\frac{90^\circ}{z_1} + d_{R\,min}$$

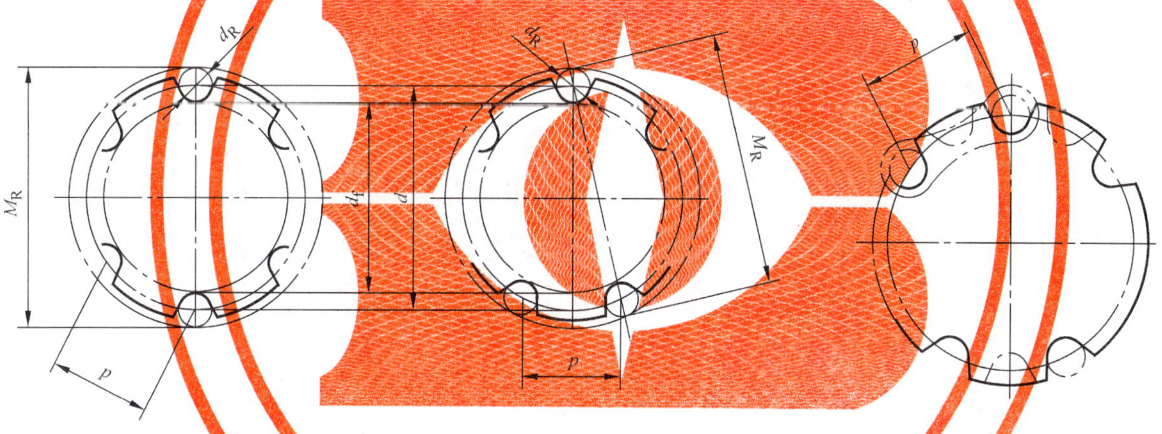

偶数齿　　奇数齿　　单切齿(实线)和双切齿(点画线)

d——分度圆直径；

d_f——齿根圆直径；

d_R——量柱直径；

M_R——量柱测量距；

p——弦节距，等于链条节距。

图 11　跨柱测量距

测量偶数齿的量柱距离，须将两个量柱放在相对称的两个齿槽中；

测量奇数齿的量柱距离，须将两个量柱放在最接近于对称的两个齿槽中；

量柱测量距的极限偏差与齿根圆直径的极限偏差相同。

注 1：双节距链的链轮，既可用齿数为 z 的单切齿链轮，也可用双切齿链轮。双切齿链轮相当于在单切齿链轮的各齿中间位置上又切出一组齿。在后者情况下链轮的总齿数是 $z_1 = 2z$。

注 2：单切齿链轮的齿数必是整数；双切齿链轮的 z_1 为整数，但 z_1 取成奇数时，z 则为分数。

短节距链条不能用于与双节距链条配套的双切齿链轮，反之，双节距链条也不能与短节距基本链条配套的链轮配合使用。

5.2.2.5　齿顶圆直径 d_a

$$d_{a\,max} = d + 0.625p - d_1$$

$$d_{a\,min}=d+p\left(0.5-\frac{0.4}{z}\right)-d_1$$

必须注意 $d_{a\,max}$ 和 $d_{a\,min}$ 无论对最小或是最大的齿槽形状都可采用，其受到的限制是刀具受最大加工直径的限制。

为便于在图板上以较大的图样绘出齿槽形状，弦齿高可从下列公式求得：

$$h_{a\,max}=p\left(0.312\,5+\frac{0.8}{z}\right)-0.5d_1$$

$$h_{a\,min}=p\left(0.25+\frac{0.6}{z}\right)-0.5d_1$$

注：$h_{a\,max}$ 对应于 $d_{a\,max}$，$h_{a\,min}$ 对应于 $d_{a\,min}$。

5.2.3 齿槽形状

5.2.3.1 概述

用切削或等同方法加工而成的实际齿槽形状，其齿廓应位于最小齿廓半径和最大齿廓半径之间，并与链轮上的滚子定位齿沟圆弧曲线圆滑过渡连接。

5.2.3.2 最小齿槽形状

$$r_{e\,max}=0.12d_1(z+2)$$

$$r_{i\,min}=0.505d_1$$

$$\alpha_{max}=140°-\frac{90°}{z}$$

5.2.3.3 最大齿槽形状

$$r_{e\,min}=0.008d_1(z^2+180)$$

$$r_{i\,max}=0.505d_1+0.069\sqrt[3]{d_1}$$

$$\alpha_{min}=120°-\frac{90°}{z}$$

5.2.3.4 齿宽

$$b_f=0.95b_1:\mathrm{h14}^{1)}$$

注：经用户与制造厂协商也可用 $b_f=0.93b_1:\mathrm{h14}$。

5.2.3.5 齿侧倒角

$$b_{a\,nom}=0.065p$$

5.2.3.6 最大齿侧凸缘直径

$$d_g=p\cot\frac{180°}{z}-1.05h_2-1-2r_a$$

5.2.3.7 齿侧倒角半径

$$r_{x\,nom}=0.5p$$

5.3 径向跳动

以轴孔和齿根圆作为参考，将链轮回转一周，测得的链轮径向跳动量不应超过下列两数值中的较大数值：

$(0.000\,8d_f+0.08)$ mm 或 0.15 mm，最大到 0.76 mm。

5.4 轴向跳动(摆动)

以轴孔和链轮齿侧平面部分作为参考，将链轮回转一周，测得的链轮轴向跳动量不应超过下列数值：

$(0.000\,9d_f+0.08)$ mm，最大到 1.14 mm。

对于装配(或焊接)结构的链轮，如上述公式的计算值较小，可以采用 0.25 mm 作为最小值。

5.5 轮齿的节距精度

轮齿的节距精度是重要的，详情要从制造厂取得。

5.6 孔径公差

除非用户与制造厂之间另有商议，孔径公差应为 H8[1)]。

5.7 标记

链轮应作以下标记：

a) 制造厂名或商标；

b) 齿数；

c) 链条标号(链号或制造厂用标号)。

1) 见 GB/T 1800.3。

附　录　A
（规范性附录）
分度圆直径

表 A.1 给出了单位节距的链条所对应的链轮的正确分度圆直径。对应用于任意节距链条的链轮分度圆直径，其数值与链条节距直接成比例。

表 A.1　分度圆直径

单位为毫米

齿数 z	单位节距 分度圆直径[a] d	齿数 z	单位节距 分度圆直径[a] d	齿数 z	单位节距 分度圆直径[a] d	齿数 z	单位节距 分度圆直径[a] d
5	1.701 3	23	7.343 9	41	13.063 5	59	18.789 2
5½	1.849 6	23½	7.502 6	41½	13.222 5	59½	18.948 2
6	2	24	7.661 3	42	13.381 5	60	19.107 3
6½	2.151 9	24½	7.82	42½	13.540 5	60½	19.266 5
7	2.304 8	25	7.978 7	43	13.699 5	61	19.425 5
7½	2.458 6	25½	8.137 5	43½	13.858 5	61½	19.584 7
8	2.613 1	26	8.296 2	44	14.017 6	62	19.743 7
8½	2.768 2	26½	8.455	44½	14.176 5	62½	19.902 9
9	2.923 8	27	8.613 8	45	14.335 6	63	20.061 9
9½	3.079 8	27½	8.772 6	45½	14.494 6	63½	20.221
10	3.236 1	28	8.931 4	46	14.653 7	64	20.38
10½	3.392 7	28½	9.090 2	46½	14.812 7	64½	20.539 3
11	3.549 4	29	9.249 1	47	14.971 7	65	20.698 2
11½	3.706 5	29½	9.408 0	47½	15.130 8	65½	20.857 5
12	3.863 7	30	9.566 8	48	15.289 8	66	21.016 4
12½	4.021 1	30½	9.725 6	48½	15.448 8	66½	21.175 7
13	4.178 6	31	9.884 5	49	15.607 9	67	21.334 6
13½	4.336 2	31½	10.043 4	49½	15.766 9	67½	21.493 9
14	4.494	32	10.202 3	50	15.926	68	21.652 8
14½	4.651 8	32½	10.361 2	50½	16.085	68½	21.812 1
15	4.809 7	33	10.520 1	51	16.244 1	69	21.971
15½	4.967 7	33½	10.679	51½	16.403 1	69½	22.130 3
16	5.125 8	34	10.838	52	16.562 2	70	22.289 2
16½	5.284	34½	10.996 9	52½	16.721 2	70½	22.448 5
17	5.442 2	35	11.155 8	53	16.880 3	71	22.607 4
17½	5.600 5	35½	11.314 8	53½	17.039 3	71½	22.766 7
18	5.758 8	36	11.473 7	54	17.198 4	72	22.925 6
18½	5.917 1	36½	11.632 7	54½	17.357 5	72½	23.084 9
19	6.075 5	37	11.791 6	55	17.516 6	73	23.243 8
19½	6.234	37½	11.950 6	55½	17.675 6	73½	23.403 1
20	6.392 5	38	12.109 6	56	17.834 7	74	23.562
20½	6.550 9	38½	12.268 5	56½	17.993 8	74½	23.721 3
21	6.709 5	39	12.427 5	57	18.152 9	75	23.880 2
21½	6.868 1	39½	12.586 5	57½	18.311 9	—	—
22	7.026 6	40	12.745 5	58	18.471	—	—
22½	7.185 3	40½	12.904 5	58½	18.630 1	—	—

[a] 有时称为“单位分度圆直径”。

前　　言

本标准是根据国际标准化组织ISO/TC100制定的ISO 3512:1992《传动用重载弯板滚子链》对GB 5858—86《重载传动用弯板滚子链和链轮》进行的修订。标准修订前为等效采用ISO 3512:76，此次修订后，标准除删除了ISO原文标准中作为参考资料（附录B）给出的原始英制尺寸表外，在技术内容及结构上与ISO 3512:1992等同。

本标准自发布实施之日起，代替原GB 5858—86。

本标准的附录A是标准的附录。

本标准由中华人民共和国机械工业部提出。

本标准由全国链传动标准化技术委员会归口。

本标准负责起草单位：吉林工业大学链传动研究所。

本标准参加起草单位：武进链条厂、江门链条厂、机械工业部机械科学研究院。

本标准主要起草人：赵塞良、谈光诚、钟松根、孟祥宾、隋学民、李欣欣、王金武。

本标准首次制定于1986年2月。

ISO 前言

ISO(国际标准化组织)是一个世界性的各国家标准化组织(ISO 成员国)的联合会。制定国际标准的工作通常是由 ISO 各技术委员会执行。每个成员国对已建立有技术委员会的项目有兴趣,均有权参与部分工作,与 ISO 有关的政府或非政府的国际组织也可参加有关工作。ISO 同国际电工委员会(IEC)在制定电工方面的标准中紧密合作。

国际标准草案由技术委员会向各成员国寄发后表决,要有不少于75%的成员国投票赞成方可作为国际标准颁发。

国际标准 ISO 3512由 ISO/TC100传动和输送用链条链轮技术委员会提出。

这次发表的第二版代替原有的第一版(ISO 3512:1976),内容上作了技术修订。

附录 A 是本国际标准的组成部分,附录 B 仅供参考。

中华人民共和国国家标准

重载传动用弯板滚子链和链轮

Heavy-duty cranked-link transmission roller chains and chain wheels

GB/T 5858—1997
idt ISO 3512:1992
代替 GB 5858—86

1 范围

本标准规定了弯板滚子链条的尺寸、公差、测量载荷和最小抗拉载荷,同时也规定了与链条相配的链轮的齿槽形状和轴向齿廓。本标准适用于应用在繁重工况下,作动力、机械传动用的弯板滚子链条。

标准中规定的链条尺寸保证了同种规格的链条在整链使用上有互换性,以及在维修时能使链条的单个链节实现互换。

注:这些链条的米制尺寸是从英制系列换算出来的。

2 链条

2.1 链条和零件术语

链条和零件术语见图1和图2。这些图示不是对链板的实际形状所作的规定。图3中的链条尺寸规定于表1。

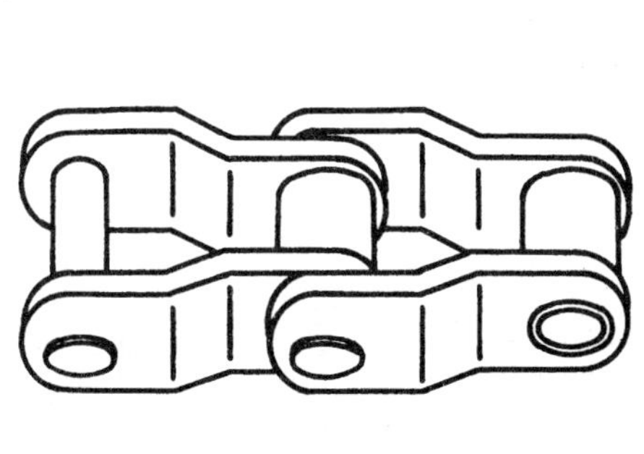

图 1 弯板链装配图

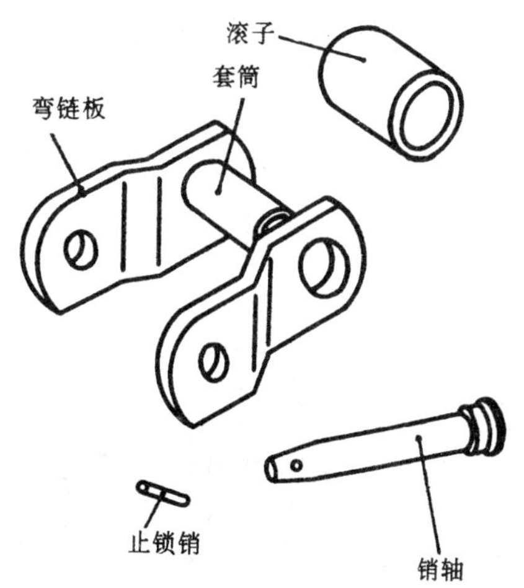

图 2 典型弯板链零件

国家技术监督局1997-07-04批准　　1997-12-01实施

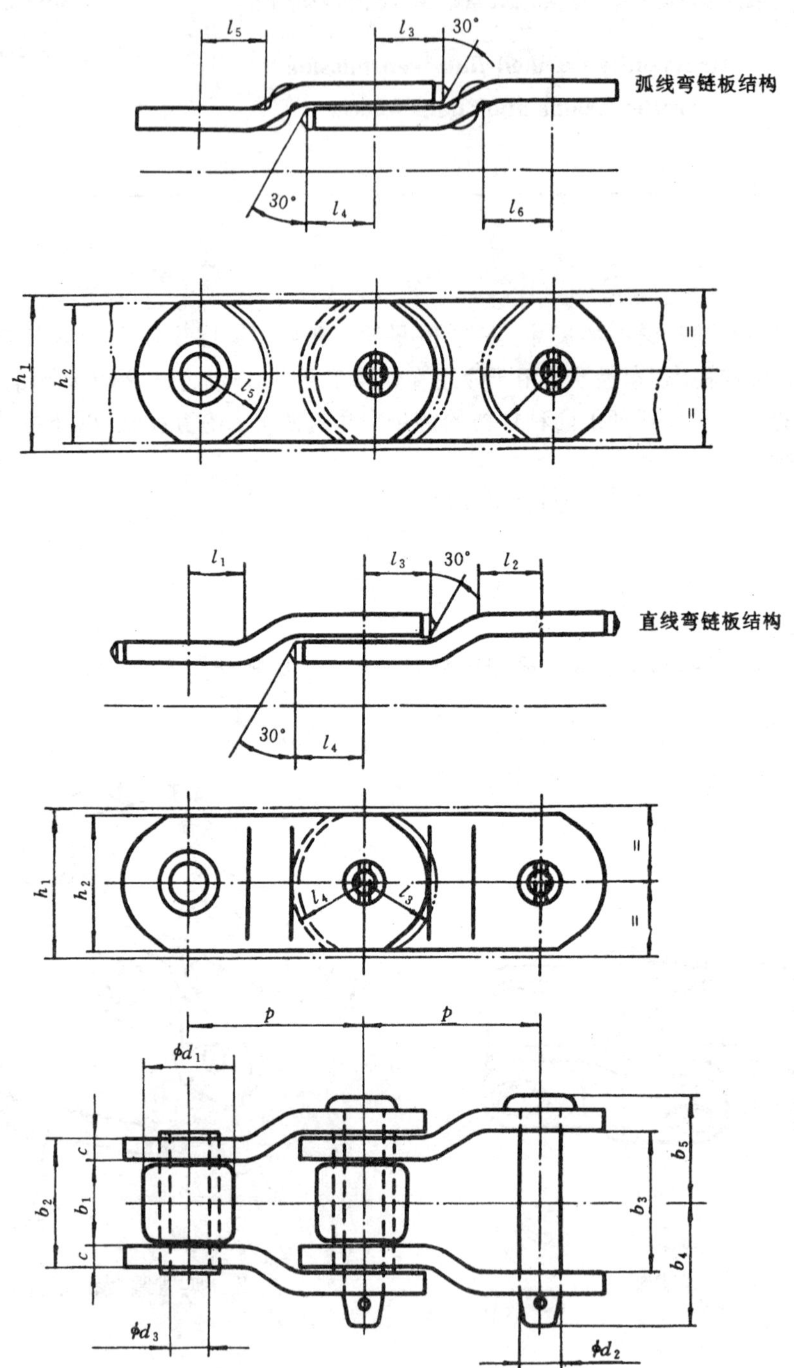

图 3　尺寸代号(见表1)

2.2　链条标号

重载弯板滚子链用表1中的链号标号:前两位数字为1/8节距的英寸数;后两位数字为1/16销轴直径的英寸数。

表 1 链条尺寸、测量力和最小抗拉载荷(见图3)

链号	节距 p	滚子直径 d_1 max	窄端内宽 b_1 [2] 名义	销轴直径 d_2 max	套筒内径 d_3 min	链条通道高度 h_1 min	链板高度 h_2 max	弯链板间隙尺寸[1] l_1 min	l_2 min
	mm								
2 010	63.5	31.75	38.1	15.9	15.95	48.3	47.8	22.4	23.9
2 512	77.9	41.28	39.6	19.08	19.13	61.1	60.5	26.9	29.5
2 814	88.9	44.45	38.1	22.25	22.33	61.6	60.5	31.8	33.3
3 315	103.45	45.24	49.3	23.85	23.93	64.1	63.5	33.3	35.1
3 618	114.3	57.15	52.3	27.97	28.07	80	79.2	39.6	41.2
4 020	127	63.5	69.9	31.78	31.88	93	91.9	47.8	52.3
4 824	152.4	76.2	76.2	38.13	38.25	105.7	104.6	55.6	58.7
5 628	177.8	88.9	82.6	44.48	44.63	134.6	133.4	65	68.1

链号	窄端外宽 b_2 max	宽端内宽 b_3 min	销轴尾端至中线的距离 b_4 max	销轴头端至中线的距离 b_5 max	链板厚度 c 名义	测量力	抗拉载荷 min
	mm					N	kN
2 010	54.38	54.51	47.8	42.9	7.9	900	250
2 512	59.13	59.26	55.6	47.8	9.7	1 300	340
2 814	64.01	64.14	62	55.6	12.7	1 800	470
3 315	78.28	78.41	71.4	63.5	14.2	2 200	550
3 618	81.46	81.58	76.2	65	14.2	2 700	760
4 020	102.39	102.51	90.4	77.7	15.7	3 600	990
4 824	115.09	115.21	98.6	88.9	19	5 000	1 400
5 628	127.79	129.91	114.3	101.6	22.4	6 800	1 890

注：连接链节总宽$=b_4+b_5$，两端都有止锁销的总宽$=2b_4$。

1) $l_{3max}=l_{1min}$；$l_{4max}=l_{2min}$。

2) 最小宽度$=0.95\ b_1$。

2.3 尺寸

链条应符合图3及表1中的尺寸规定。规定的最大最小尺寸是保证由不同链条制造厂家所生产的链节能够互换，它们是保证互换性的极限尺寸，而不是在生产过程中的制造公差。

节距 p 是用于计算链条长度和链轮尺寸的一个理论值。这个值不用来检验单个链节的节距。

2.4 抗拉试验

2.4.1 最小抗拉载荷是对链条样品按2.4.2所做破断试验时要求必须达到的抗拉载荷数值。这个最小抗拉载荷不是工作性载荷，它只能作为不同结构的链条之间的比较。至于链条用户应向制造者咨询或查看他们给出的数值。

2.4.2 试验时抗拉载荷不得低于表1中规定的抗拉载荷值，并应缓慢地施加到链条两端；链长至少包含三个自由链节；所使用的夹具应能使链条中线的两端在铰接法平面上自由移动。

失效应认为是发生在载荷—变形曲线的第一个顶点处，在这一点上当变形继续增加时力也不再随之增大。

损坏若发生在链条与夹头联接的链节上，则该次试验无效。

2.4.3 抗拉试验是一种破坏性试验，即使链条在经受了最小抗拉载荷作用后没有产生明显损坏，但由于链条所受力超过了它的屈服点，因此经过抗拉试验的链条不能再使用。

2.5 链长精度

成品链条应在未加润滑或加少许润滑的条件下测量其长度。

标准的测量长度应该取最接近于3 050 mm。

被测链条应在整个测量长度内得到支撑，并施加表1中规定的测量力。

被测链长极限偏差不超过测量长度名义尺寸的$^{+0.32}_{0}$%。

对于平行传动的链条其链长精度应该在上述公差之内，并与制造厂商议进行选配。

2.6 工作间隙

弯板链节宽度方向的折弯部分(见图3下部)可以是直线弯，或者是弧线弯。

若是直线弯式，从节距点到弯曲部位直线的距离应该是 l_1或 l_2。

若是弧线弯式，这个距离应该是 l_5或 l_6。当链条围在具有7个齿的链轮上时，半径 l_5或 l_6应保证与相邻的由半径 l_3和 l_4形成的链板端部之间留有足够的间隙。

链板的端部允许延长，并有一个小于30°的角度，如图3所示。链节结构通常要允许采用这种延伸。

2.7 标志

链条应作如下标志：

a) 制造厂名或商标；

b) 标准链号(见表1)。

3 链轮

3.1 术语

以下链轮的所有数据都基于表1所列的相关链条的基本尺寸参数。链轮术语列于下述条款。

3.2 链轮的直径尺寸

3.2.1 术语(见图4)。

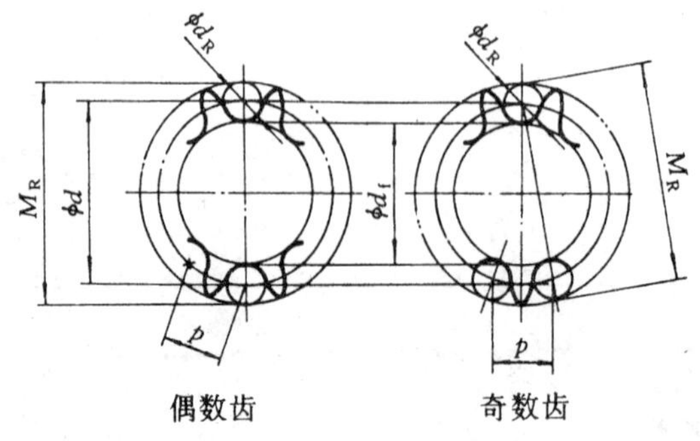

图 4 链轮直径尺寸

3.2.2 尺寸

3.2.2.1 分度圆直径 d

$$d = \frac{p}{\sin \frac{180^\circ}{z}}$$

附录 A(标准的附录)给出了单位节距的分度圆直径,可对照齿数查找。

3.2.2.2 量柱直径 d_R

$$d_R = d_1 (见图 5)$$

极限偏差为 $^{+0.01}_{0}$ mm。

3.2.2.3 齿根圆直径 d_f

$$d_f = d - d_1$$

偏差值规定于表2和表3。

表 2 机加工齿 mm

齿根圆直径	偏　　差
$d_f \leqslant 305$	0 −0.38
$305 < d_f \leqslant 1\ 215$	0 −0.5
$d_f > 1\ 215$	0 −0.77

表 3 非机加工齿 mm

齿根圆直径	偏　　差
$d_f \leqslant 305$	0 −1.52
$305 < d_f \leqslant 508$	0 −2.54
$508 < d_f \leqslant 914$	0 −3.81
$d_f > 914$	0 −6.35

3.2.2.4 量柱测量距

偶数齿

$$M_R = d + d_{Rmin}$$

奇数齿

$$M_R = d\cos(90^\circ/z) + d_{Rmin}$$

对偶数齿链轮,应把两测量柱放入相对的两个齿槽内来测量量柱测量距。

对奇数齿链轮,应把两测量柱放入最接近相对的两个齿槽内来测量量柱测量距。

测量时应将量柱始终接触于相应轮齿的工作表面。

量柱测量距的极限偏差与相应齿根圆直径的极限偏差相一致。

3.3 齿槽形状

3.3.1 术语(见图5)。

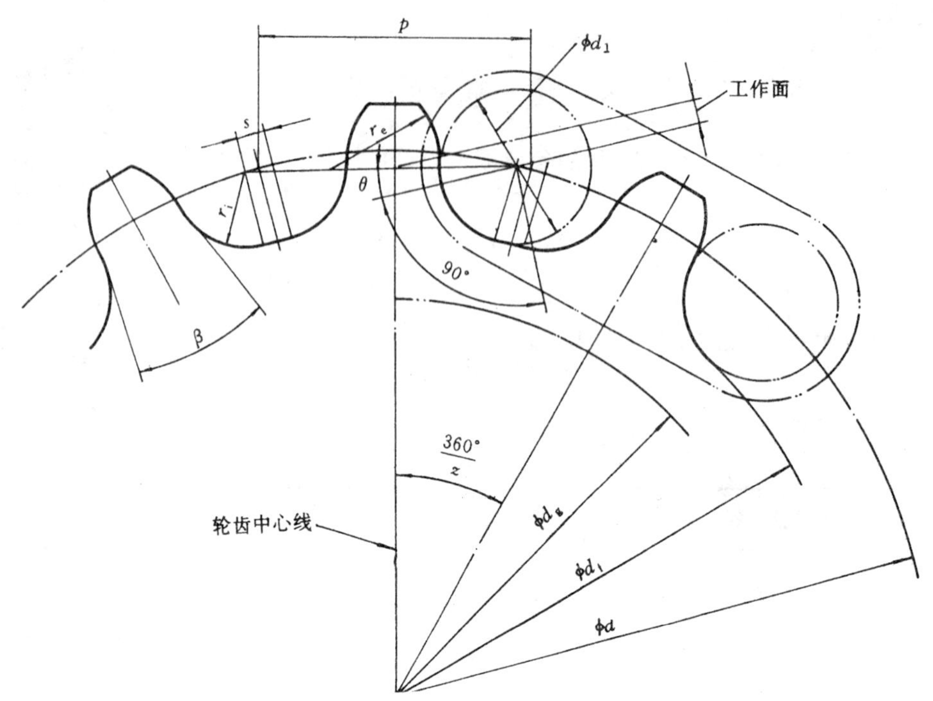

p—弦节距,等于链条节距;β—齿形角(见附录A);d—分度圆直径;r_e—齿廓(齿顶)段圆弧半径;

d_1—滚子直径,最大;d_f—齿根圆直径;r_i—齿沟圆弧半径;d_g—最大齿侧凸缘直径;

s—齿沟中心分离量;z—齿数;θ—作用角;

图 5 齿槽形状

3.3.2 尺寸

由切削或者类似方法加工得到的实际齿槽形状由齿廓(齿顶)段圆弧、工作面长度和齿沟圆弧以及过渡曲线互相光滑连接组成,有关准则列于3.3.2.1至3.3.2.6。

3.3.2.1 工作面

工作面是齿形的主要功能部分,它的长度等于$0.01pz$,除非在下述情况受限制而减少,即所有的该部分齿形垂线均应在过分度圆上相邻节距点的垂线以内。工作面可以是直平面,也可以是凸曲面。

注:当$z<40$齿时,上述规定考虑的链条节距伸长量约为6%,此量随齿数的增加而减少,当$z=100$齿时,链条节距伸长量减至低于2%。

3.3.2.2 作用角 θ

作用角是链节的中心线与滚子在齿面接触点的法线之间的夹角。各链轮齿面的工作段作用角θ随其链轮齿数而有所不同,参见附录A。

3.3.2.3 最大齿侧凸缘直径 d_g

$$d_g = p\mathrm{ctg}(180°/z) - 1.05h_2 - 2r_a(\text{实际值})$$

式中:h_2——链板高度(见图3和表1),轮毂、垫圈、凸缘和嵌条如果超出上述限制就会与链板发生干涉。

3.3.2.4 齿沟中心分离量 s

用于非机加工齿或脏污环境下工作的链轮:

$$s = 0.1p$$

用于机加工齿或清洁环境下工作的链轮:

$$s = 0.003p$$

3.3.2.5 齿沟圆弧半径 r_i

$$r_{imax} = d_1/2$$

3.3.2.6 齿廓(齿顶)段圆弧半径 r_e

$$r_e = p/2$$

3.4 轴向齿廓

3.4.1 术语(见图6)。

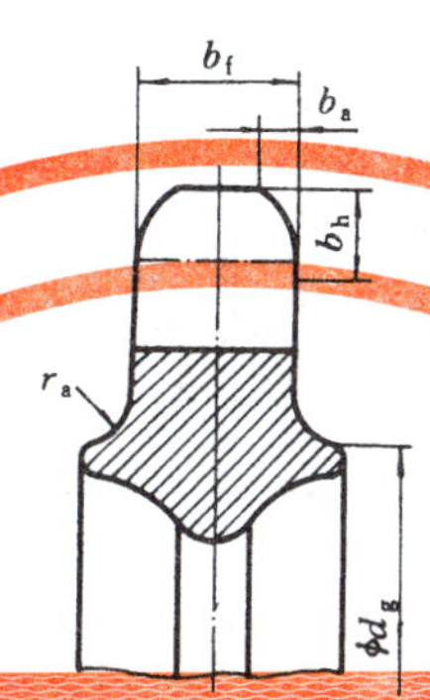

b_f—齿宽；b_a—齿边倒角宽；b_h—齿边倒角高；d_g—凸缘直径；r_a—齿侧凸缘圆角半径

图 6 轴向齿廓

3.4.2 尺寸

$$b_{fmax} = 0.9b_1$$

$$b_a \approx 0.2b_f$$

$$b_h \approx 0.5d_1$$

3.5 径向圆跳动

链轮旋转一周测得的齿根圆相对于孔的径向跳动不应超出下述值。

用于非机加工齿：$0.005d_f$ 或1.5 mm。两者中取较大值，但最大不超过10 mm。

用于机加工齿：$0.001d_f$ 或0.2 mm。两者中取较大值，但最大不超过5 mm。

3.6 端面圆跳动

链轮齿端面相对于轴孔的轴向跳动量不得超出在3.5条中所规定的径向圆跳动量值。

3.7 齿数范围

本标准主要应用齿数范围为7～100齿。

3.8 标记

链轮应作如下标记：

a）制造厂名或商标；

b）齿数；

c）链条标记(标准链号或/与制造厂标号)。

附 录 A
（标准的附录）
分度圆直径

表 A1给出了单位节距的链条所对应的链轮的标准分度圆直径，对应于各标准节距链条的链轮分度圆直径，其数值与链条节距直接成正比例。

注：为避免齿根圆过大的危险，因此已将表列数值最后位上的数圆整舍去。

表 A1 分度圆直径 d、作用角 θ、齿形角 β

齿 数 z	单位节距分度圆直径[1)] d mm	作用角 θ，(°) ±2°	齿形角 β，(°) ≈	齿 数 z	单位节距分度圆直径[1)] d mm	作用角 θ，(°) ±2°	齿形角 β，(°) ≈
7	2.304	10	25	35	11.155	25	51
8	2.613	11	26	36	11.473	5	51
9	2.923	12	28	37	11.791	25	51
10	3.236	13	30	38	12.109	25	51
11	3.549	14	31	39	12.427	25	51
12	3.863	15	33	40	12.745	25	51
13	4.178	16	35	41	13.063	26	53
14	4.494	17	36	42	13.381	26	53
15	4.809	18	38	43	13.699	26	53
16	5.125	19	40	44	14.017	26	53
17	5.442	20	42	45	14.335	26	53
18	5.758	20	42	46	14.653	26	53
19	6.075	21	44	47	14.971	26	53
20	6.392	21	44	48	15.289	26	53
21	6.709	22	46	49	15.607	26	53
22	7.026	22	46	50	15.926	26	53
23	7.343	22	46	51	16.244	26	53
24	7.661	23	47	52	16.562	26	53
25	7.978	23	47	53	16.880	27	55
26	8.296	23	47	54	17.198	27	55
27	8.613	23	47	55	17.516	27	55
28	8.931	24	49	56	17.834	27	55
29	9.249	24	49	57	18.152	27	55
30	9.566	24	49	58	18.471	27	55
31	9.884	24	49	59	18.789	27	55
32	10.202	24	49	60	19.107	27	55
33	10.520	25	51	61	19.425	27	55
34	10.837	25	51	62	19.743	27	55

表 A1(完)

齿　　数 z	单位节距分度圆直径[1)] d mm	作用角 θ,（°） ±2°	齿形角 β,（°） ≈	齿　　数 z	单位节距分度圆直径[1)] d mm	作用角 θ,（°） ±2°	齿形角 β,（°） ≈
63	20.061	27	55	82	26.107	28	56
64	20.380	27	55	83	26.426	28	56
65	20.698	27	55	84	26.744	28	56
66	21.016	27	55	85	27.062	28	56
67	21.334	27	55	86	27.380	28	56
68	21.652	27	55	87	27.699	28	56
69	21.971	27	55	88	28.017	28	56
70	22.289	27	55	89	28.335	28	56
71	22.607	28	56	90	28.653	28	56
72	22.925	28	56	91	28.971	28	56
73	23.243	28	56	92	29.290	28	56
74	23.562	28	56	93	29.608	28	56
75	23.880	28	56	94	29.926	28	56
76	24.198	28	56	95	30.244	28	56
77	24.516	28	56	96	30.563	28	56
78	24.834	28	56	97	30.881	29	58
79	25.153	28	56	98	31.199	29	58
80	25.471	28	56	99	31.518	29	58
81	25.789	28	56	100	31.836	29	58

1）有时称为“单位分度圆直径”。

ICS 21.220.30
J 18

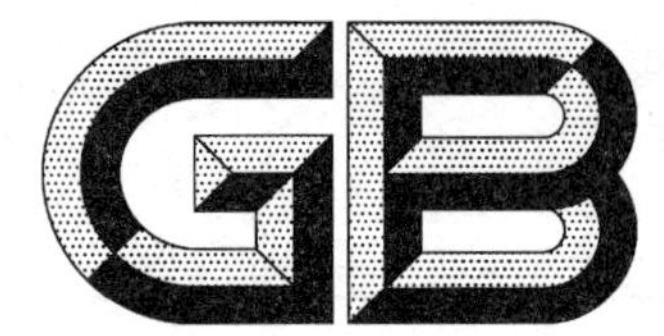

中华人民共和国国家标准

GB/T 6074—2006/ISO 4347:2004
代替 GB/T 6074—1995

板式链、连接环和槽轮 尺寸、测量力和抗拉强度

**Leaf chains, clevises and sheaves—
Dimensions, measuring forces and tensile strengths**

(ISO 4347:2004,IDT)

2006-12-25 发布　　　　2007-05-01 实施

中华人民共和国国家质量监督检验检疫总局
中国国家标准化管理委员会　发布

前　言

本标准等同采用 ISO 4347:2004《板式链、连接环和槽轮　尺寸、测量力和抗拉强度》(英文版)。

本标准是对 GB/T 6074—1995《板式链、端接头及槽轮》的修订。

本标准与 GB/T 6074—1995 相比主要技术内容变化如下:

——删除了 8×8 的板数组合;

——对 3.2 链条标号的举例做了修订;

——预拉载荷为最小抗拉强度的 30%,原标准规定的预拉载荷为最小抗拉强度的三分之一;

——对 3.6 链长精度一节所要求的“标准的最小测量长度”做了修订,较原标准规定得更加具体;

——增加了 3.7 弯板链节,规定在板式链中不得使用弯板链节;

——修订了对连接环的规定,将原标准规定的一种形式的连接环增加为本标准的两种形式,即外连接环和内连接环;

——对槽轮的计算公式也做了修订;

——表 1 增加了 ASME 链号、外链节内宽和测量力,删除了每米质量;

——表 2 增加了外链节内宽和测量力,删除了每米质量;

——表 3 增加了 ASME 链号、尺寸参数 b_7、b_{13} 和 b_{14};

——表 4 增加了尺寸参数 b_7、b_{11}、b_{13} 和 b_{14}。

本标准由中国机械工业联合会提出。

本标准由全国链传动标准化技术委员会(SAC/TC 164)归口。

本标准负责起草单位:吉林大学(原吉林工业大学)。

本标准参加起草单位:江苏双菱链传动有限公司、浙江恒久机械集团有限公司、杭州东华链条集团有限公司、杭州西林链条制造有限公司、青岛征和工业有限公司。

本标准主要起草人:孟祥宾、曹苏建、寿峰、叶斌、马锦华、金玉谟。

本标准参加起草人:谈光成、孟丹红、徐美珍、汪志军、付振明。

本标准所代替标准的历次版本发布情况为:

——GB 6074—1985、GB/T 6074—1995。

ISO 引言

本标准包括了两种系列的链条，一种是由 ISO 606 A 系列和美国 ASME B29.8 标准派生出来的，这一系列的链条由符号“LH”或“BL”标记；另一个系列是由 ISO 606 B 系列派生出来的，它们由符号“LL”标记。

标准中所有的尺寸均以毫米(mm)为单位表示，这些尺寸是由原始的英制尺寸转换过来的。

板式链、连接环和槽轮 尺寸、测量力和抗拉强度

1 范围

本标准规定了一般提升用板式链条的技术特性，槽轮和连接环的形状。内容包括尺寸、互换性极限、链长测量、预拉和最小抗拉强度。本标准中的规定不适用于8×8的板数组合。

2 规范性引用文件

下列文件中的条款通过本标准的引用而成为本标准的条款。凡是注日期的引用文件，其随后所有的修改单(不包括勘误的内容)或修订版均不适用于本标准，然而，鼓励根据本标准达成协议的各方研究是否可使用这些文件的最新版本。凡是不注日期的引用文件，其最新版本适用于本标准。

GB/T 1243 传动用短节距精密滚子链、套筒链、附件和链轮(GB/T 1243—2006，ISO 606:2004，IDT)

GB/T 1800.4 极限与配合 标准公差等级和孔、轴的极限偏差表(GB/T 1800.4—1999，eqv ISO 286-2:1988)

GB/T 1801 极限与配合 公差带和配合的选择(GB/T 1801—1999，eqv ISO 1829:1975)

ASME[1)] B 29.8 板式链、连接环和槽轮

3 链条

3.1 术语

链条的术语见图1、表1和表2，图示并不定义链板的实际形状。

3.2 链条标号

由GB/T 1243 A系列派生出的板式链条用前缀“LH”标号；由GB/T 1243 B系列派生出的板式链条用前缀“LL”标号；标号中的头两位数字表示链条节距，它是3.175 mm(1/16 in)的倍数；后两位数字表示链板组合(外链板数目和内链板数目的组合)。

同样的原理被使用在ASME“BL”的标号方法中，标号的头一位或两位数字表示链条节距，它是1/8 in的倍数。

例1：由GB/T 1243 08B派生出的公称节距为12.7 mm，包含各2片内外链板的板式链标号如下：

LL 0822

例2：由GB/T 1243 12A(ASME 60号链条)派生出的公称节距为19.05 mm，包含3片外链板和4片内链板的板式链标号如下：

LH 1234 [BL634]

3.3 尺寸

表1和表2规定的链条尺寸提供了最大和最小尺寸极限，是保证链条的互换以及链条与正确设计的连接环相连接的尺寸。

制造商对其产品的实际尺寸特性负有责任。

由不同制造商制造的链条决不能放在同一应用场合中一起使用。

---

1) ASME为美国机械工程师学会。

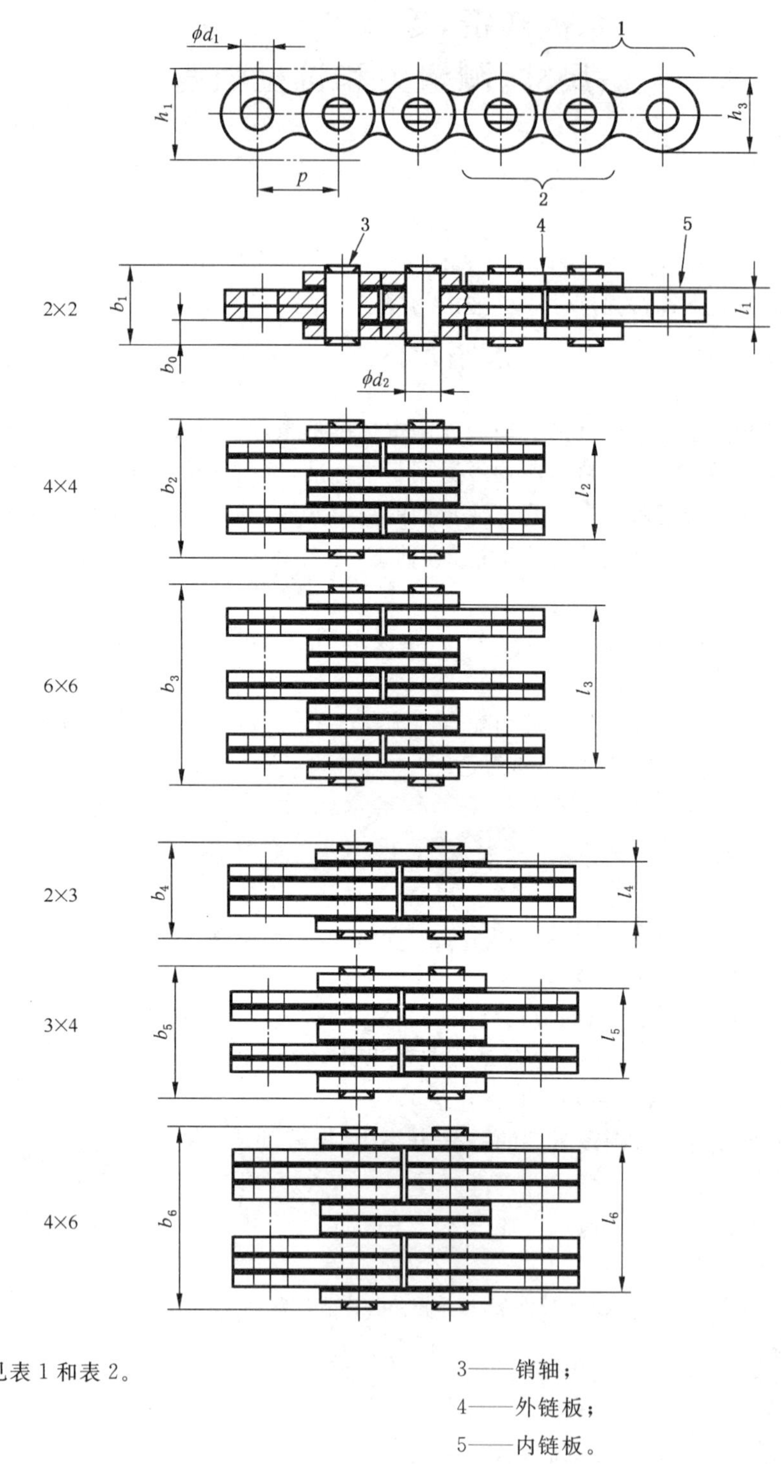

注：图中尺寸见表1和表2。

1——内链节；

2——外链节；

3——销轴；

4——外链板；

5——内链板。

图1 链条的板数组合形式和尺寸代号

表 1 LH 系列链条主要尺寸、测量力和抗拉强度

链号	ASME 链号	节距 p nom	板数组合	链板厚度 b_0 max	内链板孔径 d_1 min	销轴直径 d_2 max	链条通道高度 h_1^a min	链板高度 h_3 max	铆接销轴高度 $b_1 \sim b_6$ max	外链节内宽 $l_1 \sim l_6$ min	测量力	抗拉强度 min
		mm		mm							N	kN
LH0822[b]	BL422	12.7	2×2	2.08	5.11	5.09	12.32	12.07	11.1	4.2	222	22.2
LH0823	BL423	12.7	2×3	2.08	5.11	5.09	12.32	12.07	13.2	6.3	222	22.2
LH0834	BL434	12.7	3×4	2.08	5.11	5.09	12.32	12.07	17.4	10.4	334	33.4
LH0844[b]	BL444	12.7	4×4	2.08	5.11	5.09	12.32	12.07	19.6	12.4	445	44.5
LH0846	BL446	12.7	4×6	2.08	5.11	5.09	12.32	12.07	23.8	16.6	445	44.5
LH0866	BL466	12.7	6×6	2.08	5.11	5.09	12.32	12.07	28	21	667	66.7
LH1022[b]	BL522	15.875	2×2	2.48	5.98	5.96	15.34	15.09	12.9	4.9	334	33.4
LH1023	BL523	15.875	2×3	2.48	5.98	5.96	15.34	15.09	15.4	7.4	334	33.4
LH1034	BL534	15.875	3×4	2.48	5.98	5.96	15.34	15.09	20.4	12.3	489	48.9
LH1044[b]	BL544	15.875	4×4	2.48	5.98	5.96	15.34	15.09	22.8	14.7	667	66.7
LH1046	BL546	15.875	4×6	2.48	5.98	5.96	15.34	15.09	27.7	19.5	667	66.7
LH1066	BL566	15.875	6×6	2.48	5.98	5.96	15.34	15.09	32.7	24.6	1000	100.1
LH1222[b]	BL622	19.05	2×2	3.3	7.96	7.94	18.34	18.11	17.4	6.6	489	48.9
LH1223	BL623	19.05	2×3	3.3	7.96	7.94	18.34	18.11	20.8	9.9	489	48.9
LH1234	BL634	19.05	3×4	3.3	7.96	7.94	18.34	18.11	27.5	16.5	756	75.6
LH1244[b]	BL644	19.05	4×4	3.3	7.96	7.94	18.34	18.11	30.8	19.8	979	97.9
LH1246	BL646	19.05	4×6	3.3	7.96	7.94	18.34	18.11	37.5	26.4	979	97.9
LH1266	BL666	19.05	6×6	3.3	7.96	7.94	18.34	18.11	44.2	33.2	1 468	146.8
LH1622[b]	BL822	25.4	2×2	4.09	9.56	9.54	24.38	24.13	21.4	8.2	845	84.5
LH1623	BL823	25.4	2×3	4.09	9.56	9.54	24.38	24.13	25.5	12.3	845	84.5
LH1634	BL834	25.4	3×4	4.09	9.56	9.54	24.38	24.13	33.8	20.5	1 290	129
LH1644[b]	BL844	25.4	4×4	4.09	9.56	9.54	24.38	24.13	37.9	24.6	1 690	169
LH1646	BL846	25.4	4×6	4.09	9.56	9.54	24.38	24.13	46.2	32.7	1 690	169
LH1666	BL866	25.4	6×6	4.09	9.56	9.54	24.38	24.13	54.5	41.1	2 536	253.6
LH2022[b]	BL1022	31.75	2×2	4.9	11.14	11.11	30.48	30.18	25.4	9.8	1 156	115.6
LH2023	BL1023	31.75	2×3	4.9	11.14	11.11	30.48	30.18	30.4	14.8	1 156	115.6
LH2034	BL1034	31.75	3×4	4.9	11.14	11.11	30.48	30.18	40.3	24.5	1 824	182.4
LH2044[b]	BL1044	31.75	4×4	4.9	11.14	11.11	30.48	30.18	45.2	29.5	2 313	231.3
LH2046	BL1046	31.75	4×6	4.9	11.14	11.11	30.48	30.18	55.1	39.4	2 313	231.3
LH2066	BL1066	31.75	6×6	4.9	11.14	11.11	30.48	30.18	65	49.2	3 470	347

表 1(续)

链号	ASME 链号	节距 p nom	板数组合	链板厚度 b_0 max	内链板孔径 d_1 min	销轴直径 d_2 max	链条通道高度 h_1^a min	链板高度 h_3 max	铆接销轴高度 $b_1 \sim b_6$ max	外链节内宽 $l_1 \sim l_6$ min	测量力	抗拉强度 min
		mm		mm							N	kN
LH2422[b]	BL1222	38.1	2×2	5.77	12.74	12.71	36.55	36.2	29.7	11.6	1 512	151.2
LH2423	BL1223	38.1	2×3	5.77	12.74	12.71	36.55	36.2	35.5	17.4	1 512	151.2
LH2434	BL1234	38.1	3×4	5.77	12.74	12.71	36.55	36.2	47.1	28.9	2 446	244.6
LH2444[b]	BL1244	38.1	4×4	5.77	12.74	12.71	36.55	36.2	52.9	34.4	3 025	302.5
LH2446	BL1246	38.1	4×6	5.77	12.74	12.71	36.55	36.2	64.6	46.3	3 025	302.5
LH2466	BL1266	38.1	6×6	5.77	12.74	12.71	36.55	36.2	76.2	57.9	4 537	453.7
LH2822[b]	BL1422	44.45	2×2	6.6	14.31	14.29	42.67	42.24	33.6	13.2	1 913	191.3
LH2823	BL1423	44.45	2×3	6.6	14.31	14.29	42.67	42.24	40.2	19.7	1 913	191.3
LH2834	BL1434	44.45	3×4	6.6	14.31	14.29	42.67	42.24	53.4	32.7	3 158	315.8
LH2844[b]	BL1444	44.45	4×4	6.6	14.31	14.29	42.67	42.24	60.0	39.1	3 826	382.6
LH2846	BL1446	44.45	4×6	6.6	14.31	14.29	42.67	42.24	73.2	52.3	3 826	382.6
LH2866	BL1466	44.45	6×6	6.6	14.31	14.29	42.67	42.24	86.4	65.5	5 783	578.3
LH3222[b]	BL1622	50.8	2×2	7.52	17.49	17.46	48.74	48.26	40.0	15.0	2 891	289.1
LH3223	BL1623	50.8	2×3	7.52	17.49	17.46	48.74	48.26	46.6	22.5	2 891	289.1
LH3234	BL1634	50.8	3×4	7.52	17.49	17.46	48.74	48.26	61.8	37.5	4 404	440.4
LH3244[b]	BL1644	50.8	4×4	7.52	17.49	17.46	48.74	48.26	69.3	44.8	5 783	578.3
LH3246	BL1646	50.8	4×6	7.52	17.49	17.46	48.74	48.26	84.5	59.9	5 783	578.3
LH3266	BL1666	50.8	6×6	7.52	17.49	17.46	48.74	48.26	100.0	75.0	8 674	867.4
LH4022[b]	BL2022	63.5	2×2	9.91	23.84	23.81	60.88	60.33	51.8	19.9	4 337	433.7
LH4023	BL2023	63.5	2×3	9.91	23.84	23.81	60.88	60.33	61.7	29.8	4 337	433.7
LH4034	BL2034	63.5	3×4	9.91	23.84	23.81	60.88	60.33	81.7	49.4	6 494	649.4
LH4044[b]	BL2044	63.5	4×4	9.91	23.84	23.81	60.88	60.33	91.6	59.1	8 674	867.4
LH4046	BL2046	63.5	4×6	9.91	23.84	23.81	60.88	60.33	111.5	78.9	8 674	867.4
LH4066	BL2066	63.5	6×6	9.91	23.84	23.81	60.88	60.33	131.4	99.0	13 011	1 301.1

a 链条通道高度是装配好的链条应能通过的最小高度。

b 与具有相同节距和相同最小抗拉强度的非偶数组合的链条相比，这些链条已经降低了疲劳强度和磨损寿命。当选择特殊应用的链条时应引起注意。

表 2　LL 系列链条主要尺寸、测量力和抗拉强度

链号	节距 p nom	板数组合	链板厚度 b_0 max	内链板孔径 d_1 min	销轴直径 d_2 max	链条通道高度 h_1[a] min	链板高度 h_3 max	铆接销轴高度 $b_1 \sim b_3$ max	外链节内宽 $l_1 \sim l_3$ min	测量力	抗拉强度 min
	mm		mm							N	kN
LL0822	12.7	2×2	1.55	4.46	4.45	11.18	10.92	8.5	3.1	180	18
LL0844		4×4						14.6	9.1	360	36
LL0866		6×6						20.7	15.2	540	54
LL1022	15.875	2×2	1.65	5.09	5.08	13.98	13.72	9.3	3.4	220	22
LL1044		4×4						16.1	10.1	440	44
LL1066		6×6						22.9	16.8	660	66
LL1222	19.05	2×2	1.9	5.73	5.72	16.39	16.13	10.7	3.9	290	29
LL1244		4×4						18.5	11.6	580	58
LL1266		6×6						26.3	19.0	870	87
LL1622	25.4	2×2	3.2	8.3	8.28	21.34	21.08	17.2	6.2	600	60
LL1644		4×4						30.2	19.4	1 200	120
LL1666		6×6						43.2	31.0	1 800	180
LL2022	31.75	2×2	3.7	10.21	10.19	26.68	26.42	20.1	7.2	950	95
LL2044		4×4						35.1	22.4	1 900	190
LL2066		6×6						50.1	36.0	2 850	285
LL2422	38.1	2×2	5.2	14.65	14.63	33.73	33.4	28.4	10.2	1 700	170
LL2444		4×4						49.4	30.6	3 400	340
LL2466		6×6						70.4	51.0	5 100	510
LL2822	44.45	2×2	6.45	15.92	15.9	37.46	37.08	34	12.8	2 000	200
LL2844		4×4						60	38.4	4 000	400
LL2866		6×6						86	64.0	6 000	600
LL3222	50.8	2×2	6.45	17.83	17.81	42.72	42.29	35	12.8	2 600	260
LL3244		4×4						61	38.4	5 200	520
LL3266		6×6						87	64.0	7 800	780
LL4022	63.5	2×2	8.25	22.91	22.89	53.49	52.96	44.7	16.2	3 600	360
LL4044		4×4						77.9	48.6	7 200	720
LL4066		6×6						111.1	81.0	10 800	1 080
LL4822	76.2	2×2	10.3	29.26	29.24	64.52	63.88	56.1	20.2	5 600	560
LL4844		4×4						97.4	60.6	11 200	1 120
LL4866		6×6						138.9	101.0	16 800	1 680

[a] 链条通道高度是装配好的链条应能通过的最小高度。

3.4 拉力试验

3.4.1 概述

拉力试验是破坏性试验，尽管链条在经过最小抗拉强度作用后试样可能没有产生明显破坏，但链条所受拉力超过了其屈服限，因此经过拉力试验后的链条将不能再使用。

3.4.2 最小抗拉强度

最小抗拉强度是指当拉力被施加到试样上直至试样破坏时必须达到的最低强度值，见3.4.3中的定义。

注：最小抗拉强度不是链条的工作载荷，它主要用于比较不同结构链条的数据。对于应用信息，应向制造商咨询或查阅他们发布的数据。

3.4.3 施加抗拉载荷

拉力应缓慢地施加到至少包含5个自由链节的链段的两端，其值不得低于表1或表2中规定的最小抗拉强度。用允许在链条铰链的法平面以及链条中心线的两侧自由运动的夹头连接。

链条破坏被认为是发生在当链条伸长增加而不再伴随着载荷增加的第一点上，即“载荷-变形”图的顶点。

若破坏发生在与夹头连接处时，则认为该试验无效。

3.5 预拉

按本标准制造的链条要经过预拉，施加的预拉载荷应等于表1或表2中规定的最小抗拉强度的30%。

3.6 链长精度

由传动用短节距滚子链链板构成的“LL”系列板式链条，其实际节距不必等于它的公称节距，这取决于链条制造商。

装配好的链条，其链长的测量应在预拉之后、加润滑剂之前进行。

标准的最小测量长度为：

a) 节距为19.05 mm及以下的链条，标准测量长度应是610 mm；

b) 节距为19.05 mm以上的链条，标准测量长度应是1 220 mm。

测量时，整个链长应全部得到支撑，并按表1或表2的规定施加测量力。

测量长度应为链条公称节距乘以由制造商规定的链节数，其链长公差为±0.25%。节距数(链节数)应与本条中a)或b)规定的最小数值相一致。

3.7 弯板链节

板式链中不使用弯板链节。

3.8 标记

链条应标有制造商名称或商标，表1或表2中的链号应标记在链条上(去掉表示板数组合的数字)。

4 连接环

4.1 形式

板式链连接环有两种基本形式，如图2所示，即内连接环和外连接环。

4.2 尺寸

用于LH系列和LL系列板式链终端连接环的尺寸见图3、表3和表4。

注：列在表中的极限尺寸是为了保证与按本标准的先前版本制造的链条相连接。

4.3 最小抗拉强度

连接环和用于固定链条的销轴应能承受至少和链条一样的最小抗拉强度(见3.4.2和3.4.3)。

4.4 链长调整

当板式链多排应用时，就必须补偿在不同链排之间存在的长度误差。通常使用长度调节器，将其装在固定装置上，其长度调节能力至少等于一个链条节距。

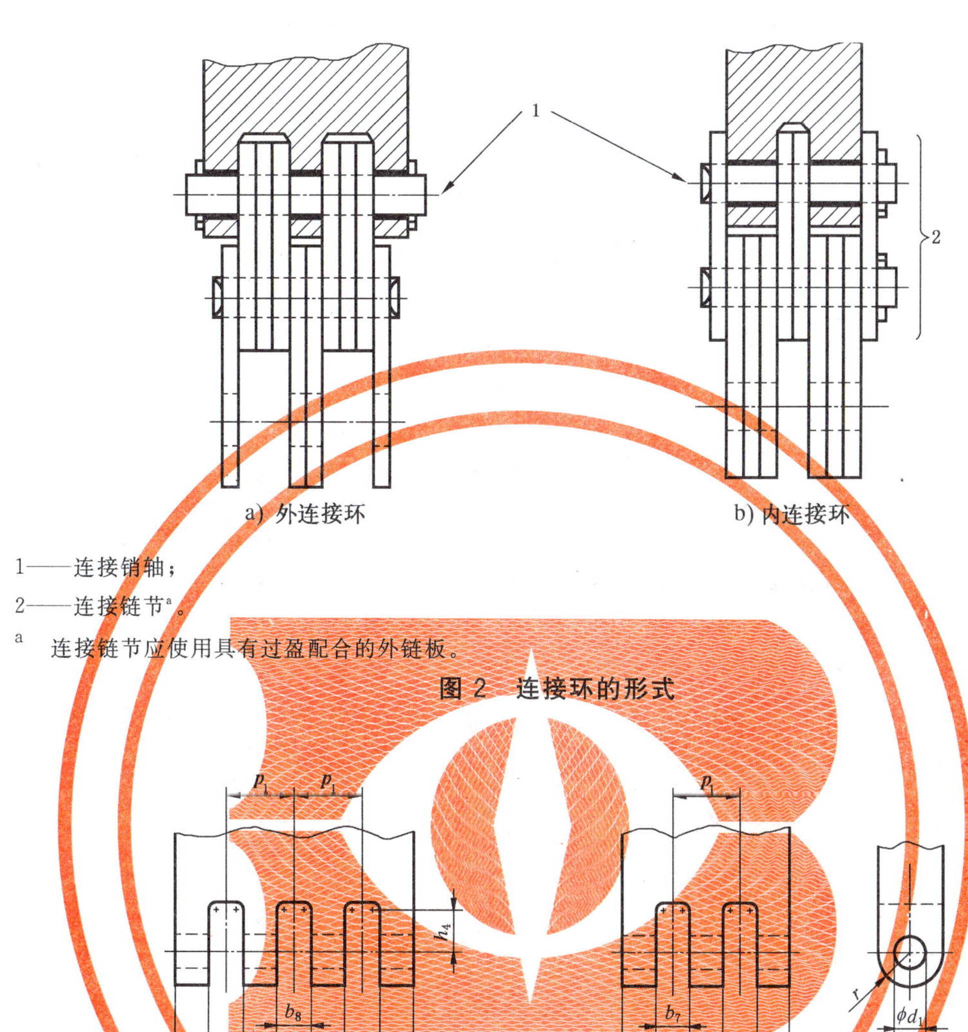

1——连接销轴；

2——连接链节[a]。

a 连接链节应使用具有过盈配合的外链板。

图 2 连接环的形式

a) 外连接环　　b) 内连接环

注：图中尺寸见表 3 和表 4。

图 3 连接环的尺寸代号

表 3 LH 系列连接环尺寸

单位为毫米

链号	ASME 链号	b_7	b_8	b_9	b_{10}	b_{12}	b_{11}	b_{13}	b_{14}	p_1	d_1	h_4	r
		H12[a]				min	max	max	max	nom	min	min	max
LH0822	BL422	—	4.41	—	—	3.12	4.03	—	—	—	5.11	6.35	6.35
LH0823	BL423	—	6.53	—	—		6.05	—	—	—			
LH0834	BL434	2.21	4.33	10.68	—		4.03	10.20	—	6.35			
LH0844	BL444	4.41	4.41	12.89	—		4.03	12.25	—	8.47			
LH0846	BL446	4.41	6.53	17.12	—		6.05	16.32	—	10.59			
LH0866	BL466	4.41	4.41	12.89	21.36		4.03	12.25	20.47	8.47			

表 3(续)

单位为毫米

链号	ASME 链号	b_7	b_8	b_9	b_{10}	b_{12}	b_{11}	b_{13}	b_{14}	p_1	d_1	h_4	r
		H12[a]				min	max	max	max	nom	min	min	max
LH1022	BL522	—	5.24	—	—	3.72	4.80	—	—	—	5.98	7.92	7.92
LH1023	BL523	—	7.76	—	—		7.20	—	—	—			
LH1034	BL534	2.62	5.14	12.69	—		4.80	12.12	—	7.55			
LH1044	BL544	5.24	5.24	15.31	—		4.80	14.56	—	10.07			
LH1046	BL546	5.24	7.76	20.35	—		7.20	19.40	—	12.59			
LH1066	BL566	5.24	5.24	15.31	25.38		4.80	14.56	24.31	10.07			
LH1222	BL622	—	6.96	—	—	4.95	6.41	—	—	—	7.96	9.53	9.53
LH1223	BL623	—	10.31	—	—		9.61	—	—	—			
LH1234	BL634	3.48	6.83	16.88	—		6.41	16.18	—	10.05			
LH1244	BL644	6.96	6.96	20.36	—		6.41	19.43	—	13.40			
LH1246	BL646	6.96	10.31	27.06	—		9.61	25.89	—	16.75			
LH1266	BL666	6.96	6.96	20.36	33.76		6.41	19.43	32.45	13.40			
LH1622	BL822	—	8.59	—	—	6.13	7.93	—	—	—	9.56	12.70	12.70
LH1623	BL823	—	12.73	—	—		11.89	—	—	—			
LH1634	BL834	4.29	8.43	20.86	—		7.93	19.97	—	12.42			
LH1644	BL844	8.59	8.59	25.15	—		7.93	23.98	—	16.56			
LH1646	BL846	8.59	12.73	33.43	—		11.89	31.96	—	20.70			
LH1666	BL866	8.59	8.59	25.15	41.71		7.93	23.98	40.04	16.56			
LH2022	BL1022	—	10.26	—	—	7.35	9.48	—	—	—	11.14	15.88	15.88
LH2023	BL1023	—	15.21	—	—		14.22	—	—	—			
LH2034	BL1034	5.13	10.08	24.93	—		9.48	23.86	—	14.85			
LH2044	BL1044	10.26	10.26	30.06	—		9.48	28.65	—	19.80			
LH2046	BL1046	10.26	15.21	39.96	—		14.22	38.18	—	24.75			
LH2066	BL1066	10.26	10.26	30.06	49.86		9.48	28.65	47.82	19.80			
LH2422	BL1222	—	12.05	—	—	8.66	11.16	—	—	—	12.74	19.05	19.05
LH2423	BL1223	—	17.87	—	—		16.74	—	—	—			
LH2434	BL1234	6.02	11.84	29.31	—		11.16	28.05	—	17.46			
LH2444	BL1244	12.05	12.05	35.33	—		11.16	33.68	—	23.28			
LH2446	BL1246	12.05	17.87	46.97	—		16.74	44.89	—	29.10			
LH2466	BL1266	12.05	12.05	35.33	58.61		11.16	34.68	56.20	23.28			
LH2822	BL1422	—	13.76	—	—	9.90	12.76	—	—	—	14.31	22.23	22.23
LH2823	BL1423	—	20.41	—	—		19.13	—	—	—			
LH2834	BL1434	6.88	13.53	33.48	—		12.76	32.04	—	19.95			
LH2844	BL1444	13.76	13.76	40.36	—		12.76	38.47	—	26.60			
LH2846	BL1446	13.76	20.41	53.66	—		19.13	51.28	—	33.25			
LH2866	BL1466	13.76	13.76	40.36	66.97		12.76	38.47	64.18	26.60			

表 3(续)

单位为毫米

链号	ASME链号	b_7	b_8	b_9	b_{10}	b_{12} min	b_{11} max	b_{13} max	b_{14} max	p_1 nom	d_1 min	h_4 min	r max
		H12[a]											
LH3222	BL1622	—	15.65	—	—		14.53	—	—	—			
LH3223	BL1623	—	23.22	—	—		21.80	—	—	—			
LH3234	BL1634	7.82	15.40	38.11	—	11.28	14.53	36.48	—	22.71	17.49	25.40	25.40
LH3244	BL1644	15.65	15.65	45.93	—		14.53	43.80	—	30.28			
LH3246	BL1646	15.65	23.22	61.07	—		21.80	58.38	—	37.85			
LH3266	BL1666	15.65	15.65	45.93	76.22		14.53	43.80	73.07	30.28			
LH4022	BL2022	—	20.53	—	—		19.19	—	—	—			
LH4023	BL2023	—	30.49	—	—		28.78	—	—	—			
LH4034	BL2034	10.27	20.23	50.11	—	14.86	19.19	48.11	—	29.88	23.84	31.75	31.75
LH4044	BL2044	20.53	20.53	60.37	—		19.19	57.76	—	39.84			
LH4046	BL2046	20.53	30.49	80.30	—		28.78	76.99	—	49.80			
LH4066	BL2066	20.53	20.53	60.37	100.22		19.19	57.76	96.33	39.84			

[a] 公差 H12 是根据 GB/T 1801 确定的。

表 4 LL 系列连接环尺寸

单位为毫米

链号	b_7	b_8	b_9	b_{10}	b_{12} min	b_{11} max	b_{13} max	b_{14} max	p_1 nom	d_1 min	h_4 min	r max
	H12[a]											
LL0822	—		—	—			—	—				
LL0844	3.35	3.35	—	—	2.33	2.97	9.07	—	6.35	4.46	6	6.35
LL0866	3.35		9.71	16.06			9.07	15.17				
LL1022	—		—	—			—	—				
LL1044	3.58	3.58	—	—	2.48	3.14	9.58	—	6.75	5.09	8	7.92
LL1066	3.58		10.33	17.08			9.58	16.01				
LL1222	—		—	—			—	—				
LL1244	4.16	4.16	—	—	2.85	3.61	11.03	—	7.80	5.73	9	9.52
LL1266	4.16		11.96	19.76			11.03	18.45				
LL1622	—		—	—			—	—				
LL1644	6.81	6.81	—	—	4.8	6.15	18.64	—	13	8.3	12	12.7
LL1666	6.81		19.81	31.81			18.64	31.14				
LL2022	—		—	—			—	—				
LL2044	7.86	7.86	—	—	5.55	7.08	21.45	—	15	10.21	14	15.88
LL2066	7.86		22.86	37.86			22.45	35.82				
LL2422	—		—	—			—	—				
LL2444	10.91	10.91	—	—	7.8	10.02	30.26	—	21	14.65	18	19.05
LL2466	10.91		31.91	52.91			30.26	50.50				
LL2822	—		—	—			—	—				
LL2844	13.46	13.46	—	—	9.68	12.46	37.57	—	26	15.92	20	22.2
LL2866	13.46		39.46	65.47			37.57	62.68				

表 4（续）

单位为毫米

链号	b_7	b_8	b_9	b_{10}	b_{12}	b_{11}	b_{13}	b_{14}	p_1	d_1	h_4	r
	H12[a]				min	max	max	max	nom	min	min	max
LL3222	—		—	—	9.68	12.39	—	—	26	17.83	23	25.4
LL3244	13.51	13.51	—	—			37.38	—				
LL3266	13.51		39.51	65.52			37.38	62.37				
LL4022	—		—	—	12.38	15.87	—	—	33.2	22.91	28	31.75
LL4044	17.21	17.21	—	—			47.80	—				
LL4066	17.21		50.41	83.62			47.80	79.73				
LL4822	—		—	—	15.45	19.84	—	—	41.4	29.26	34	38.1
LL4844	21.41	21.41	—	—			59.72	—				
LL4866	21.41		62.82	104.2			59.72	99.60				

[a] 公差 H12 是根据 GB/T 1801 确定的。

5 槽轮

槽轮尺寸代号见图 4，其值由下列公式设计计算：

a) 最小槽轮直径：

$$D_1 = 5 \times \text{链条公称节距}$$

假如有试验根据，可以采用更小的槽轮直径。

b) 最小轮缘内宽：

$$b_{15} = 1.05 \times \text{铆接销轴高度}$$

c) 最小轮缘直径：

$$D_{2\ min} = D_1 + h_3$$

尺寸 h_3 和铆接销轴高度（尺寸 $b_1 \sim b_6$）见图 1、表 1 或表 2。

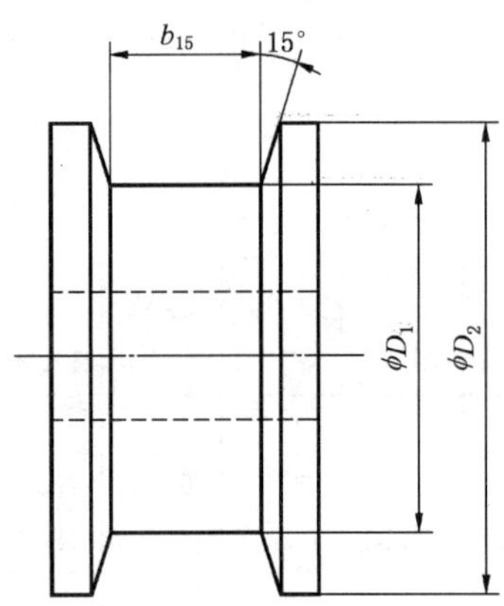

图 4 槽轮尺寸代号

ICS 21.220.30
J 18

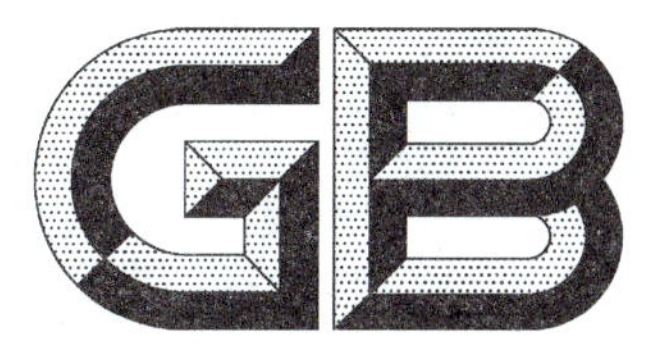

中华人民共和国国家标准

GB/T 8350—2008/ISO 1977:2006
代替 GB/T 8350—2003

输送链、附件和链轮

Conveyor chains, attachments and sprockets

(ISO 1977:2006, IDT)

2008-07-01 发布　　2009-02-01 实施

中华人民共和国国家质量监督检验检疫总局
中国国家标准化管理委员会　发布

前　言

本标准等同采用 ISO 1977:2006《输送链、附件及链轮》(英文版)。

为便于使用,本标准做了下列编辑性修改:

——“本国际标准”一词改为“本标准”;

——用小数点“.”代替作为小数点的逗号“,”。

本标准是对 GB/T 8350—2003《输送链、附件及链轮》的修订。

本标准与 GB/T 8350—2003 相比主要技术内容变化如下:

——对图 2 和图 5 做了技术修订;

——对 5.4 和 5.5 做了技术修订。

本标准的附录 A 为规范性附录。

本标准由中国机械工业联合会提出。

本标准由全国链传动标准化技术委员会归口。

本标准负责起草单位:吉林大学。

本标准参加起草单位:杭州东华链条集团有限公司、浙江恒久机械集团有限公司、青岛征和工业有限公司、杭州西林链条制造有限公司、江苏双菱链传动有限公司、杭州永利百合实业有限公司、常州骏安工程机械部件有限公司。

本标准主要起草人:孟祥宾、叶斌、寿飞峰、金玉谟、马锦华、谈光成、曹永年、王亚香。

本标准参加起草人:张春生、孟丹红、付振明、汪志军、李奇伟、冯鑫、吕少亮。

本标准所代替标准的历次版本发布情况为:

——GB 8350—87、GB/T 8350—2003。

ISO 引言

ISO 1977 是将三个单独的标准结合在一起，即：ISO 1977-1，ISO 1977-2 和 ISO 1977-3，它包含了米制系列的链条、附件和链轮，同时修订了技术内容。

标准中对技术内容的修订主要为：减小了带边滚子直径 d_5 和 MC 链条系列中的外链节内宽 b_3；加大了 M 系列链条以及 MC56，MC112 和 MC224 链条的内链节内宽 b_1；新增了 MC 系列链条的小滚子直径 d_7。标准中也给出了计算链轮齿顶圆直径 d_a 以及在齿根圆直径 d_f 以上齿高 h_a 的新的计算方法。

输送链、附件和链轮

1 范围

本标准规定了用于一般输送和机械化传送用实心和空心销轴套筒链、小滚子链、大滚子链、带边滚子链条以及与这些链条相配的链轮和附件的技术特性。标准中规定的链条尺寸应保证整链和用于维修目的的链节的互换性。

本标准规定的链轮轮齿的适用范围为6～40齿。链轮的控制标准就是保证与链条的正确啮合，运行平稳以及在正常的使用条件下传递负荷。

注：控制条件不一定决定链轮的设计参数。

标准中也对K型附件以及加高链板的尺寸 h_6 做了规定。

2 规范性引用文件

下列文件中的条款通过本标准的引用而成为本标准的条款。凡是注日期的引用文件，其随后所有的修改单(不包括勘误的内容)或修订版均不适用于本标准，然而，鼓励根据本标准达成协议的各方研究是否可使用这些文件的最新版本。凡是不注日期的引用文件，其最新版本适用于本标准。

GB/T 1800.3 极限与配合 基础 第3部分:标准公差和基本偏差数值表(GB/T 1800.3—1998,eqv ISO 286-1:1988)

3 链条

3.1 链条及其零部件术语

链条及其零部件的名词术语见图1。

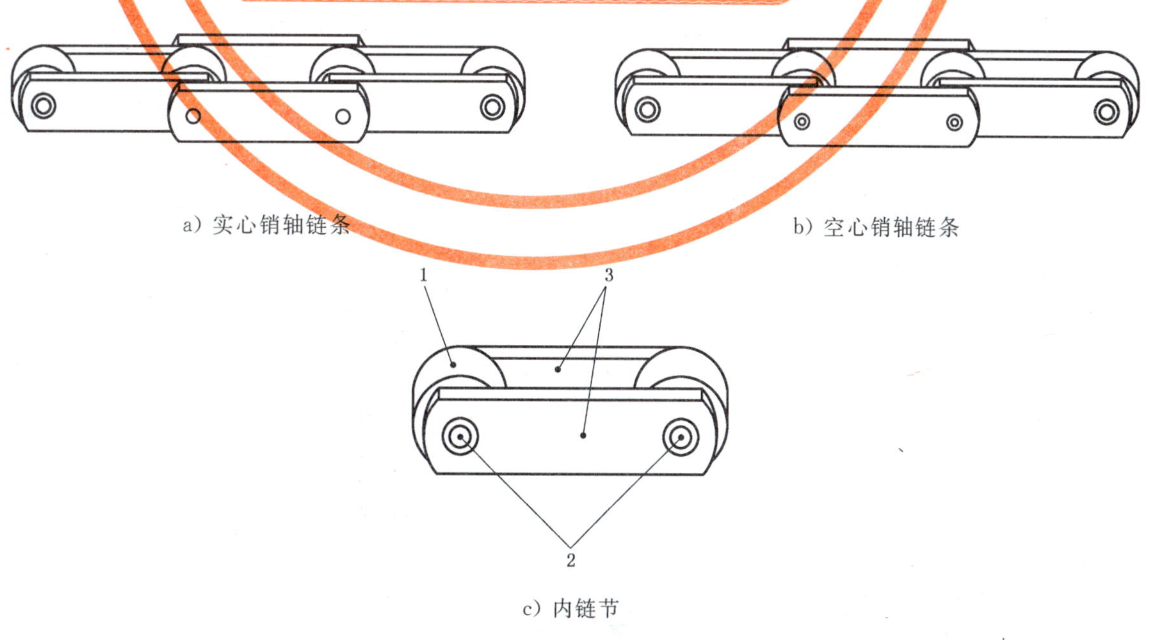

a) 实心销轴链条

b) 空心销轴链条

c) 内链节

图1 链条及零部件

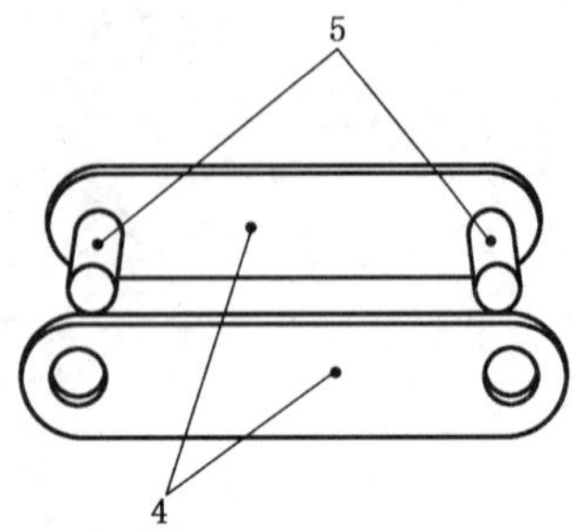

d) 外链节(实心销轴)

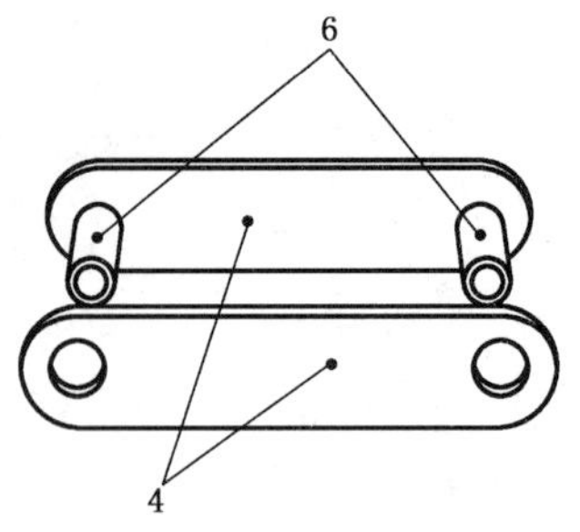

e) 外链节(空心销轴)

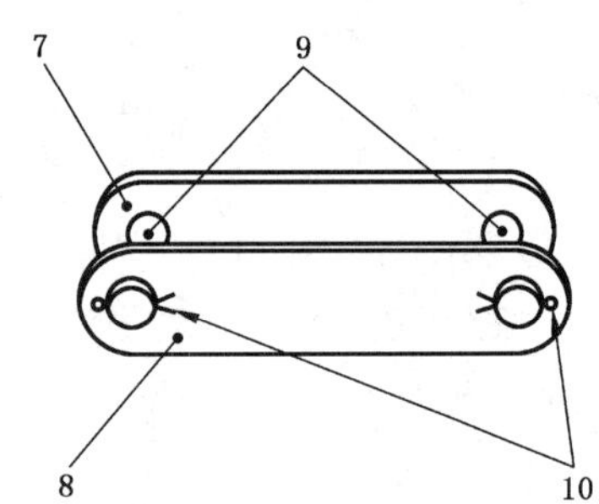

f) 连接链节(开口销式)

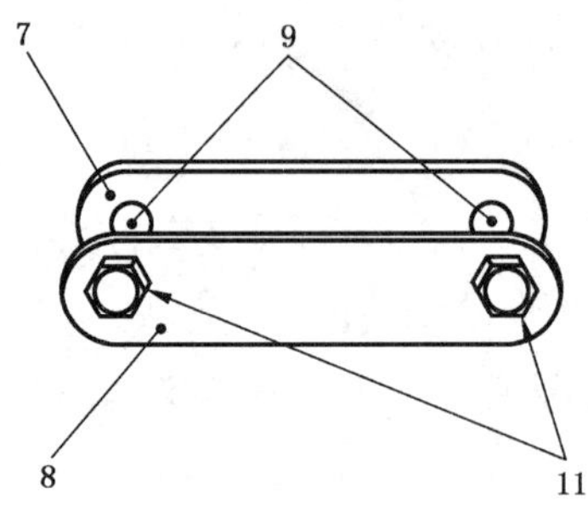

g) 连接链节(螺栓式)

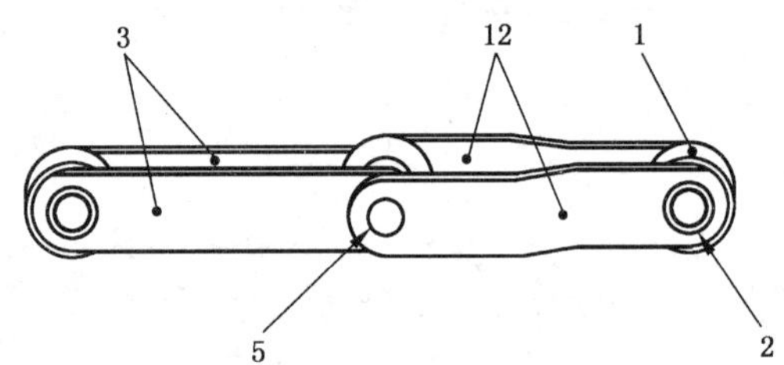

h) 复合过渡链节(实心销轴)

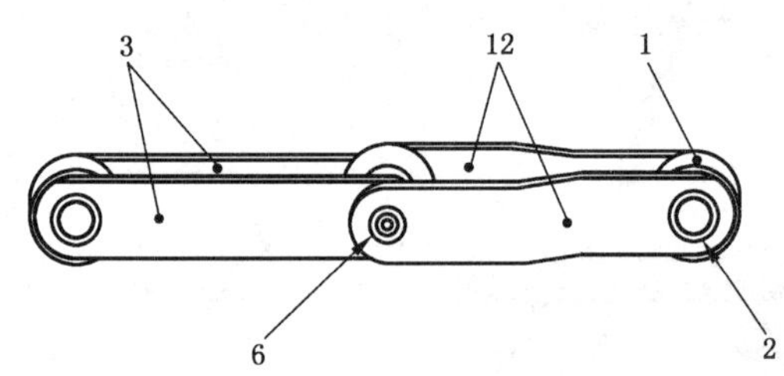

i) 复合过渡链节(空心销轴)

1——滚子；
2——套筒；
3——内链板；
4——外链板；
5——实心销轴；
6——空心销轴；
7——固定外链板；
8——连接链板；
9——连接销轴；
10——开口销[a]；
11——锁紧螺母[a]；
12——过渡链板。

[a] 锁紧件类型(开口销，螺母等)可任选。

图 1 (续)

3.2 尺寸

输送链条的尺寸应符合表1或表2(见图2)的规定。规定的最大和最小尺寸是为了保证由不同厂家生产的链节具有互换性。尽管规定了用于互换性的极限尺寸,但链条制造商不要把它作为链条制造时的公差。

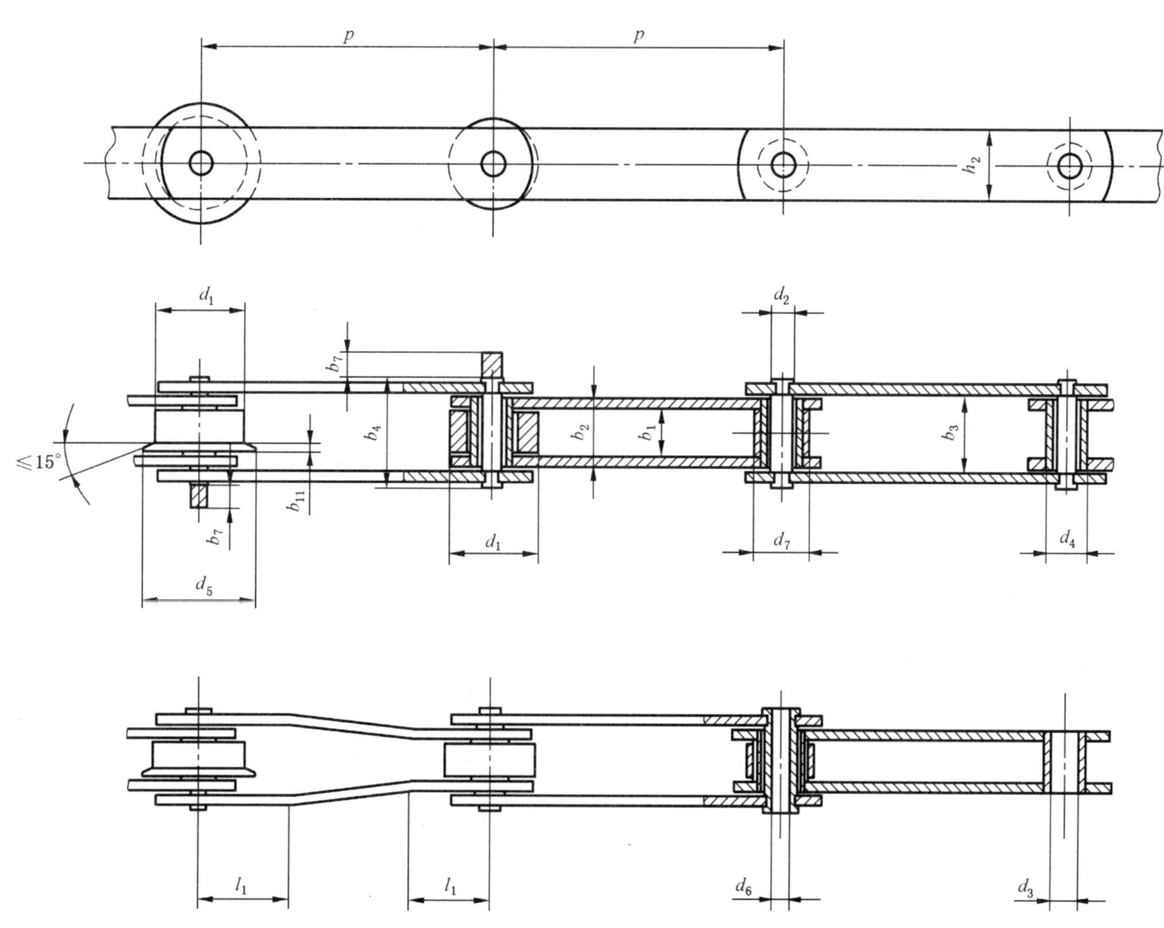

b_1——内链节内宽；

b_2——内链节外宽；

b_3——外链节内宽；

b_4——销轴长度；

b_7——销轴止锁端加长量；

b_{11}——带边滚子边缘宽度；

d_1——大滚子或带边滚子直径；

d_2——销轴直径；

d_3——套筒孔径；

d_4——套筒外径；

d_5——带边滚子边缘直径；

d_6——空心销轴内径；

d_7——小滚子直径；

h_2——链板高度；

l_1——过渡链节尺寸；

p——节距。

注1:销轴可以设计成带肩的,如本图所示,也可以是平直的,如图1所示。

注2:以上图示并不定义链板、销轴、套筒或滚子的真实形状。

图2 链条尺寸和符号(见表1和表2)

表 1　实心销轴输送链主要尺寸和技术要求

链号（基本）	抗拉强度	d_1	节距 $p^{a,b,c}$															d_2	d_3	d_4	h_2	b_1	b_2	b_3	b_4	b_7	l_1^d	d_5	b_{11}	d_7	测量力
	min	max	40	50	63	80	100	125	160	200	250	315	400	500	630	800	1 000	max	min	max	max	min	max	min	max	max	min	max	max	max	
	kN	mm																													kN
M20	20	25	×															6	6.1	9	19	16	22	22.2	35	7	12.5	32	3.5	12.5	0.4
M28	28	30		×														7	7.1	10	21	18	25	25.2	40	8	14	36	4	15	0.56
M40	40	36																8.5	8.6	12.5	26	20	28	28.3	45	9	17	42	4.5	18	0.8
M56	56	42			×													10	10.1	15	31	24	33	33.3	52	10	20.5	50	5	21	1.12
M80	80	50																12	12.1	18	36	28	39	39.4	62	12	23.5	60	6	25	1.6
M112	112	60				×												15	15.1	21	41	32	45	45.5	73	14	27.5	70	7	30	2.24
M160	160	70					×											18	18.1	25	51	37	52	52.5	85	16	34	85	8.5	36	3.2
M224	224	85						×										21	21.2	30	62	43	60	60.6	98	18	40	100	10	42	4.5
M315	315	100							×									25	25.2	36	72	48	70	70.7	112	21	47	120	12	50	6.3
M450	450	120																30	30.2	42	82	56	82	82.8	135	25	55	140	14	60	9
M630	630	140																36	36.2	50	103	66	96	97	154	30	66.5	170	16	70	12.5
M900	900	170									×							44	44.2	60	123	78	112	113	180	37	81	210	18	85	18

a 节距 p 是理论参考尺寸，用来计算链长和链轮尺寸，而不是用作检验链节的尺寸。

b 用×表示的链条节距规格仅用于套筒链条和小滚子链条。

c 阴影区内的节距规格是优选节距规格。

d 过渡链节尺寸 l_1 决定最大链板长度和对铰链轨迹的最小限制。

表 2　空心销轴输送链主要尺寸和技术要求

链号（基本）	抗拉强度	d_1	节距 $p^{a,b}$										d_2	d_3	d_4	h_2	b_1	b_2	b_3	b_4	b_7	l_1^c	d_5	b_{11}	d_6	d_7	测量力
	min	max	63	80	100	125	160	200	250	315	400	500	max	min	max	max	min	max	min	max	max	min	max	max	min	max	
	kN	mm																									kN
MC28	28	36											13	13.1	17.5	26	20	28	28.3	42	10	17.0	42	4.5	8.2	25	0.56
MC56	56	50											15.5	15.6	21.0	36	24	33	33.3	48	13	23.5	60	5	10.2	30	1.12
MC112	112	70											22	22.2	29.0	51	32	45	45.5	67	19	34.0	85	7	14.3	42	2.24
MC224	224	100											31	31.2	41.0	72	43	60	60.6	90	24	47.0	120	10	20.3	60	4.50

a 节距 p 是理论参考尺寸，用来计算链长和链轮尺寸，而不是用作检验链节的尺寸。

b 阴影区内的节距规格是优选节距规格。

c 过渡链节尺寸 l_1 决定最大链板长度和对铰链轨迹的最小限制。

3.3 抗拉试验

试验链段至少应由3个自由链节组成。链段的两端应连接到试验机的夹头，由销轴与链板孔或套筒孔连接。试验夹头应设计成能万向移动，实际的试验方法应留给制造商自行选择。当失效发生在与夹头连接处时，则该试验无效。

3.4 链长精度

3.4.1 一般要求

链长的测量要求应按3.4.2,3.4.3,3.4.4的规定。成品链条的链长精度应为测量长度公称尺寸的$^{+0.25}_{0}$%。

注：平行传动的链条应配装，具体由用户和制造商之间协商解决。

3.4.2 标准测量长度

链条的测量长度应接近3 000 mm，节距数为奇数，链条的两端应为内链节。

3.4.3 支撑

在未经润滑的条件下，链条应在整个长度上得到支撑。

3.4.4 测量力

测量力应是抗拉强度的1/50，见表1和表2。

3.5 过渡链节

为了在一挂封闭的链条中获得奇数链节，需要使用一个过渡链节[见图1h)和图1i)]。过渡链节的尺寸l_1规定于表1和表2。

3.6 标示

输送链条应根据表1和表2中的链号进行标示。其数值是从最小抗拉强度(kN)派生出来的，数值的前缀为字母M时表示实心销轴链条，前缀为字母MC时表示空心销轴链条。

示例：M80表示实心销轴链条，其抗拉强度为80 kN；

MC224表示空心销轴链条，其抗拉强度为224 kN。

其后的字母B,F,P,S分别表示链条的类型，即套筒链、带边滚子链、大滚子链和小滚子链。跟随其后的数值表示链条的节距(mm)。

示例：MC224-F-200表示链条装有带边滚子，节距为200 mm。

3.7 标记

链条应标有制造商名字或商标，也应标有表1或表2中列出的链号。

4 附件

4.1 K型附板

4.1.1 尺寸

K型附板如图3所示，它们的尺寸见表3。

4.1.2 标示

本标准规定了三种类型的K型附板：

——K1型，在每块附板的中间位置有一个孔；

——K2型，在每块附板上有两个孔(见图3)；

——K3型，在每块附板上有三个孔，第三个孔位于K2型附板两个孔的中心位置；附板可以安装在链条的一侧或两侧。

4.1.3 制造

为方便起见，图3所示的K型附板应由角钢制造。然而，实际的附板是由钢板弯曲而成，制造商可以自由决定它们的结构，可以是整体形式。

附板长度由制造商自由决定。

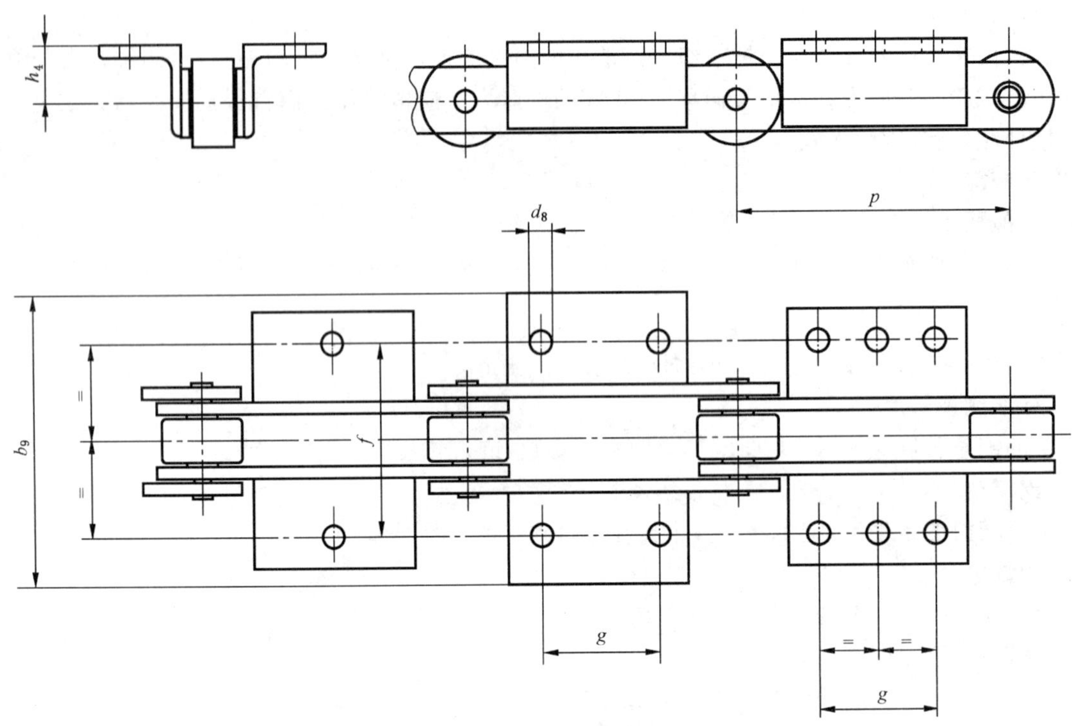

b_9——附板横向外宽；
d_8——附板孔直径；
f——附板孔中心线之间的横向距离；
g——附板孔中心线之间的纵向距离；
h_4——附板平台高度；
p——节距。

图 3　K 型附板尺寸和符号(见表 3)

表 3　K 型附板尺寸

单位为毫米

链号	d_8	h_4	f	b_9 max	纵向孔心距					
					短		中		长	
					p[a] min	g	p[a] min	g	p[a] min	g
M20	6.6	16	54	84	63	20	80	35	100	50
M28	9	20	64	100	80	25	100	40	125	65
M40	9	25	70	112	80	20	100	40	125	65
M56	11	30	88	140	100	25	125	50	160	85
M80	11	35	96	160	125	50	160	85	200	125
M112	14	40	110	184	125	35	160	65	200	100
M160	14	45	124	200	160	50	200	85	250	145
M224	18	55	140	228	200	65	250	125	315	190
M315	18	65	160	250	200	50	250	100	315	155
M450	18	75	180	280	250	85	315	155	400	240
M630	24	90	230	380	315	100	400	190	500	300
M900	30	110	280	480	315	65	400	155	500	240
MC28	9	25	70	112	80	20	100	40	125	65
MC56	11	35	88	152	125	50	160	85	200	125
MC112	14	45	110	192	160	50	200	85	250	145
MC224	18	65	140	220	200	50	250	100	315	155

[a] 对应纵向孔心距 g 的最小链条节距。

4.2 加高链板

加高链板的高度 h_6 如图 4 所示，其值见表 4。其他的规定(包括抗拉强度)见表 1 和表 2。

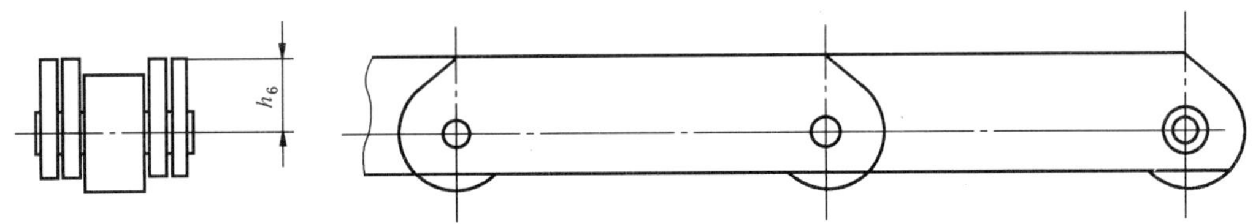

h_6——加高链板高度。

图 4 加高链板高度(见表 4)

表 4 加高链板高度

单位为毫米

链　　号	h_6	链号	h_6
M20	16	M315	65
M28	20	M450	80
M40	22.5	M630	90
M56	30	M900	120
M80	32.5	MC28	22.5
M112	40	MC56	32.5
M160	45	MC112	45
M224	60	MC224	65
注：包括抗拉强度及其他所有的数据都与第 3 章规定的基本链板数据一样。			

5 链轮

5.1 直径尺寸

5.1.1 概述

链轮的直径尺寸见图 5，详细规定见 5.1.2～5.1.6。

5.1.2 分度圆直径 d

$$d = \frac{p}{\sin\dfrac{180^\circ}{z}}$$

附录 A 给出了以单位节距表示的常用齿数范围的分度圆直径。

5.1.3 齿顶圆直径 d_a

$$d_{a\,max} = d + d_1$$

最小齿顶圆直径应能保证轮齿工作表面满足 5.2.2 的规定。

5.1.4 量柱直径 d_R

$d_R = d_1$、d_4 或者 d_7，d_R 的极限偏差为 $^{+0.01}_{\ 0}$ mm。

5.1.5 齿根圆直径 d_f

根据不同情况，$d_{f\,max} = d - d_1$，$d - d_4$ 或者 $d - d_7$，公差带按 h11。

最小齿根圆直径应该由制造商选择，以提供与链条良好的啮合。

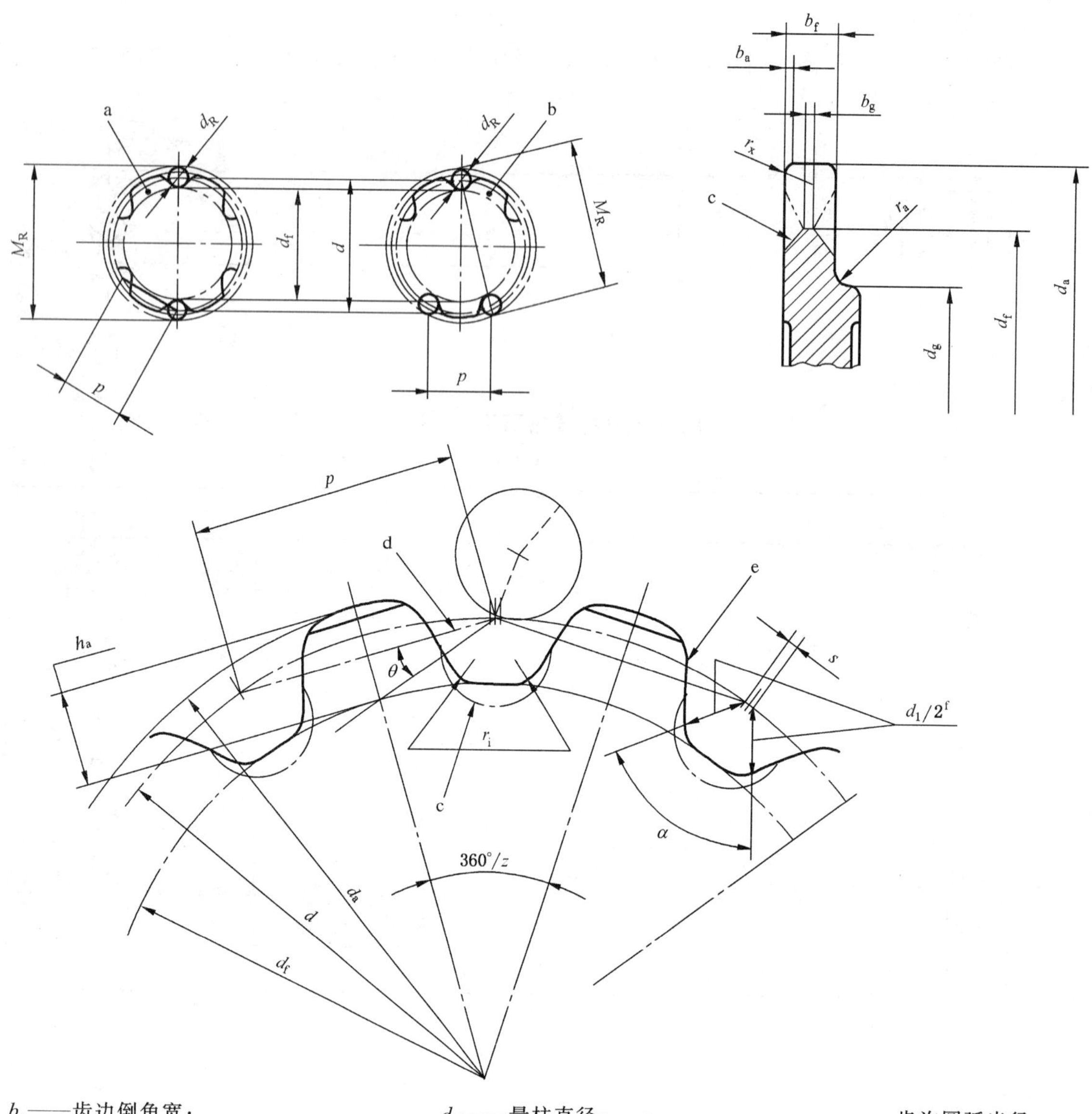

b_a——齿边倒角宽；

b_f——齿宽；

b_g——齿根部最小倒角宽度；

d——分度圆直径；

d_a——齿顶圆直径；

d_f——齿根圆直径；

d_g——最大齿侧凸缘直径；

d_R——量柱直径；

d_1——滚子直径；

d_2——销轴直径；

h_a——齿根圆以上的齿高；

M_R——跨柱测量距；

p——弦节距，等于链条节距；

r_a——齿侧凸缘圆角半径；

r_i——齿沟圆弧半径；

r_x——最小齿边倒圆半径；

s——齿槽中心分离量；

z——齿数；

α——齿沟角；

θ——压力角。

对非滚子链条，用套筒代替滚子。

[a] 偶数齿。

[b] 奇数齿。

[c] 齿沟倒角。

[d] 节距多边形。

[e] 齿廓。

[f] 根据不同滚子类型，d_1 可由 d_4 或 d_7 替换。

图 5 链轮术语及尺寸

5.1.6 跨柱测量距 M_R

对于偶数齿的链轮,跨柱测量距 $M_R = d + d_{R\,min}$,测量方法是把与链轮相配的两个量柱放在链轮直径方向上相对应的两个齿槽中进行测量。

对于奇数齿的链轮,跨柱测量距 $M_R = d\cos(90°/z) + d_{R\,min}$,测量方法是把与链轮相配的两个量柱放在最接近于链轮直径方向上相对应的两个齿槽中进行测量。

测量过程中,两个量柱应该总是分别接触链轮两个对应轮齿的齿根。

跨柱测量距的极限偏差与相应齿根圆直径的极限偏差相同。

5.2 齿槽形状

5.2.1 概述

齿槽形状应根据5.2.2~5.2.7的规定定义(见图5)。

5.2.2 工作面

工作面是链轮齿的有效工作部分。工作面是两个滚子与齿面接触线之间的区域,即其中一个滚子的中心线位于分度圆上,另一个滚子的中心线位于直径等于$\frac{p+0.25d_2}{\sin(180°/z)}$的圆周上,这不包括由于齿高的限制而使这个圆周减小的情况,如5.2.4所规定的。

工作面可以是平直的,也可以是凸曲面。

5.2.3 压力角 θ

压力角是由链节的节距线与链轮工作面和滚子接触点的法线之间形成的夹角。在工作表面任何接触点的压力角应与表5一致。

表5 压力角

齿数 z	压力角 θ	
	min	max
6或7	7°	10°
8或9	9°	12°
10或11	12°	15°
12或13	14°	17°
14或15	16°	20°
16至19	18°	22°
20至27	20°	25°
28以上	23°	28°

5.2.4 齿根圆直径以上的齿高 h_a

$$h_a = \frac{d_a - d_f}{2}$$

当K型附板的平台上装有板条时,链节就成为了桥梁,此时齿顶高度不应超过分度圆弦线以上$0.8h_4$,h_4是附件平台高度,其值见表3。

5.2.5 齿槽中心分离量 s

对非机加工齿链轮:$s_{min} = 0.04p$

对机加工齿链轮:$s_{min} = 0.08d_1$

5.2.6 最大齿沟圆弧半径 r_i

根据滚子的不同类型,$r_{i\,max} = \frac{d_1}{2}$或$\frac{d_4}{2}$或$\frac{d_7}{2}$。

5.2.7 齿形

不管齿沟圆弧半径的大小,也不管齿形是直线的还是曲线的,根据滚子类型的不同,从节距线与齿沟中心分离量尺寸线的交点到齿面之间的距离应等于$\frac{d_1}{2}$或$\frac{d_4}{2}$或$\frac{d_7}{2}$,沿齿沟角尺寸线方向测量(见图5)。

5.3 剖面齿廓

5.3.1 齿宽 b_f

a) 对于非带边滚子

$$b_{f\max}=0.9b_1-1\ \text{mm}$$

$$b_{f\min}=0.87b_1-1.7\ \text{mm}$$

b) 对于带边滚子

$$b_{f\max}=0.9(b_1-b_{11})-1\ \text{mm}$$

$$b_{f\min}=0.87(b_1-b_{11})-1.7\ \text{mm}$$

5.3.2 最小齿边倒圆半径 r_x

$$r_x=1.6b_1$$

5.3.3 公称齿边倒角宽 b_a

$$b_a=0.16b_1$$

5.3.4 齿根部最小倒角宽度 b_g

$$b_g=0.25b_f$$

注:在特殊操作条件下,被运送的材料可能被堆积在滚子和轮齿之间,为防止发生故障,可将齿沟部倒角(见图5)。

5.3.5 齿侧凸缘圆角半径 r_a

实际的齿侧凸缘圆角半径表示为:$r_{a\,act}$。

5.3.6 最大齿侧凸缘直径 d_g

$$d_g=p\cot\frac{180^\circ}{z}-h_2-2r_{a\,act}$$

5.4 径向跳动

在孔和齿根圆之间的径向跳动不应超过从下列公式推导出的数值,但在任何情况下都不能超过2 mm:

——对非机加工齿:$0.005d_f$ 或 1.5 mm,取两者中较大的数值;

——对机加工齿:$0.001d_f+0.1$ mm 或 0.2 mm,取两者中较大的数值。

5.5 轴向跳动

轴向跳动不应超过从下列公式推导出的数值,但在任何情况下都不能超过2 mm。测量方法为测量孔和齿部侧面的平面部分:

——对非机加工齿:$0.005d_f$ 或 1.5 mm,取两者中较大的数值;

——对机加工齿:$0.001d_f+0.1$ mm 或 0.2 mm,取两者中较大的数值。

5.6 轴孔公差

除非制造商和用户之间另有协议,否则孔公差应取GB/T 1800.3中规定的H9。

5.7 标记

链轮应作如下标记:

——制造厂名或商标;

——链轮齿数;

——链号(见表1和表2)。

附　录　A
（规范性附录）
分度圆直径

表 A.1 规定了与单位节距链条相配链轮的分度圆直径。对于适用于任何实际节距链条的链轮，其分度圆直径为表中值乘以特定链条的节距数值即可获得。

表 A.1　分度圆直径

单位为毫米

齿数 z	单位节距分度圆直径[a] d	齿数 z	单位节距分度圆直径[a] d	齿数 z	单位节距分度圆直径[a] d
6	2.000 0	18	5.758 8	30	9.566 8
6½	2.151 9	18½	5.917 1	30½	9.725 6
7	2.304 8	19	6.075 5	31	9.884 5
7½	2.458 6	19½	6.234 0	31½	10.043 4
8	2.613 1	20	6.392 5	32	10.202 3
8½	2.768 2	20½	6.550 9	32½	10.361 2
9	2.923 8	21	6.709 5	33	10.520 1
9½	3.079 8	21½	6.868 1	33½	10.679 0
10	3.236 1	22	7.026 6	34	10.838 0
10½	3.392 7	22½	7.185 3	34½	10.996 9
11	3.549 4	23	7.343 9	35	11.155 8
11½	3.706 5	23½	7.502 6	35½	11.314 8
12	3.863 7	24	7.661 3	36	11.473 7
12½	4.021 1	24½	7.820 0	36½	11.632 7
13	4.178 6	25	7.978 7	37	11.791 6
13½	4.336 2	25½	8.137 5	37½	11.950 6
14	4.494 0	26	8.296 2	38	12.109 5
14½	4.651 8	26½	8.455 0	38½	12.268 5
15	4.809 7	27	8.613 8	39	12.427 5
15½	4.967 7	27½	8.772 6	39½	12.586 5
16	5.125 8	28	8.931 4	40	12.745 5
16½	5.284 0	28½	9.090 2		
17	5.442 2	29	9.249 1		
17½	5.600 5	29½	9.408 0		

[a] 实际链轮的分度圆直径为表中值乘以链条节距值即可获得。